Hermann Weidenfeller

Grundlagen der Kommunikationstechnik

Leitfaden der Elektrotechnik

Begründet von Professor Dr.-Ing. Franz Moeller

Herausgegeben von:
Professor Dr.-Ing. Hans Fricke, Braunschweig
Professor Dr.-Ing. Heinrich Frohne, Hannover
Professor Dr.-Ing. Karl-Heinz Löcherer, Hannover
Professor Dr.-Ing. Jürgen Meins, Braunschweig
Professor Dr.-Ing. Rainer Scheithauer, Furtwangen
Professor Dr.-Ing. Hermann Weidenfeller, Frankfurt

Grundlagen der Regelungstechnik
von F. Dörrscheidt und W. Latzel

Hochspannungstechnik
von G. Hilgarth

Elektrische Energietechnik
von D. Nelles und C. Tuttas

Signale und System
von R. Scheithauer

Elektronische Antriebstechnik
von U. Riefenstahl

Elektrische Energieverteilung
von R. Flosdorff und G. Hilgarth

Digitaltechnik
von L. Borucki

Moeller Grundlagen der Elektrotechnik
von H. Frohne und K.-H. Löcherer und H. Müller

Grundlagen der Kommunikationstechnik
von H. Weidenfeller

Teubner

Springer Fachmedien Wiesbaden GmbH

Hermann Weidenfeller

Grundlagen der Kommunikationstechnik

Mit 599 Abbildungen, 36 Tabellen
und 115 Beispielen und Aufgaben

Teubner

Springer Fachmedien Wiesbaden GmbH

Bibliografische Information Der Deutschen Bibliothek
Die Deutsche Bibliothek verzeichnet diese Publikation in der Deutschen Nationalbibliografie; detaillierte bibliografische Daten sind im Internet über <http://dnb.ddb.de> abrufbar.

Prof. Dr.-Ing. Hermann Weidenfeller lehrt am Fachbereich Elektrotechnik an der Fachhochschule Frankfurt/Main

1. Auflage Dezember 2002

Ursprünglich erschienen bei B. G. Teubner GmbH, Stuttgart/Leipzig/Wiesbaden 2002
Softcover reprint of the hardcover 1st edition 2002
Der Teubner Verlag ist ein Unternehmen der Fachverlagsgruppe BertelsmannSpringer.
www.teubner.de

Umschlaggestaltung: Ulrike Weigel, www.CorporateDesignGroup.de

Gedruckt auf säurefreiem und chlorfrei gebleichtem Papier.

ISBN 978-3-663-07806-7 ISBN 978-3-663-07805-0 (eBook)
DOI 10.1007/978-3-663-07805-0

Vorwort

Die Kommunikationstechnik befaßt sich mit den technischen Verfahren der Telekommunikation - der Übermittlung von Nachrichten zwischen räumlich getrennten Teilnehmern (Endstellen). Als Träger der Nachrichten verwendet man physikalische Größen wie die elektrische Spannung oder den elektrischen Strom, wenn die Übermittlung auf Kupferleitungen erfolgt. Ist der Träger der Nachricht eine Lichtwelle bestimmter Wellenlänge, die als elektromagnetische Welle oder als korpuskulare Größe aufgefaßt werden kann, so erfolgt der Nachrichten-Transport in der Regel über die Glasfaserleitung. Träger der Nachricht bei der Übermittlung durch die Atmosphäre oder den freien Raum ist eine elektromagnetische Welle geeigneter Wellenlänge bzw. Frequenz (z.B. eine Mikrowelle). Über kurze atmosphärische Strecken (einige 100 m) und im freien Raum kann dies auch eine Lichtwelle sein.

Dieses Lehrbuch wendet sich an Studenten, Entwickler und Anwender der Kommunikationstechnik und alle, die sich mit der Materie der Kommunikationstechnik einführend befassen wollen. So eignet sich dieses Buch beispielsweise auch für den Automatisierungstechniker, Energietechniker und Experimental-Physiker, der sich einen Einblick in die Methoden der Kommunikationstechnik verschaffen will.

Zunächst werden die grundlegenden Prinzipien der Informationstheorie, der Signal- und Systemtheorie sowie der Theorie der Zweipol- und Vierpol-Netzwerke behandelt. Aufbauend auf diesen Basis-Betrachtungen werden die Schwerpunkte Hochfrequenztechnik, Übertragungstechnik, Multiplextechnik und Signalverarbeitung dargestellt. Quellencodierung, Kanalcodierung, Telekommunikationsnetze, Protokolle und Vermittlungstechnik stellen weitere Schwerpunkte dar. Alle Kapitel sind durch erläuternde Beispiele und eine Reihe von Übungsaufgaben ergänzt.

Ein umfassendes Literaturverzeichnis und entsprechende Querverweise im Text ermöglichen den Einstieg in vertiefende Betrachtungen.

Die **Informationstheorie** in Kapitel 1 liefert die Möglichkeit, eine Information unabhängig von dem sie tragenden Signal zu charakterisieren. Übermittelt ein Absender einem zugeordneten Empfänger eine Nachricht, die bei diesem eine bestehende Ungewißheit vollständig beseitigt, dann ist die Nachricht identisch mit einer Information im informationstheoretischen Sinne. Die Aussage, welche die

Information beinhaltet, interessiert hierbei nicht. Eine Nachricht, getragen von einem Signal, enthält umso mehr Information je größer ihr Neuigkeitsgrad ist. Der mittlere Informationsgehalt eines Signals, das im binären Fall die zufällig aufeinanderfolgenden Symbole logisch 0 (z.B. 0 Volt) und logisch 1 (z.B. 1 Volt) trägt, wird in bit/Symbol gemessen. Im allgemeinen hat jedes Symbol eines Binärsignals den Informationsgehalt 1 bit. Die Symbolfolge wird deshalb oft Bitrate genannt. In der Informationstheorie charakterisiert man ein System zur Informationsübermittlung durch Quelle (Informationserzeugung), Kanal (Informationsübertragung) und Senke (Informationsverarbeitung). Die Beschreibung der drei Komponenten erfolgt hierbei mit Hilfe mathematischer Modelle.

Signale und Systeme (Kapitel 2) beinhaltet theoretische Betrachtungen von Signalarten und Übertragungssystemen. Man unterscheidet grundsätzlich determinierte Signale - dies sind alle periodischen Signale und Einzelimpulse - von den Zufallssignalen. Letztere werden in kontinuierliche Zufallssignale - z.B. Sprachsignale wie sie in einem Mikrofon erzeugt werden - und diskrete Zufallssignale unterschieden - z.B. Sprachsignale, die einer Analog-Digital-Umsetzung unterworfen wurden oder Computer-Datensignale. Information tragende Signale sind immer Zufallssignale. Periodische Signale enthalten keine Information im Sinne der Informationstheorie. Will man ein Nachrichtensignal beurteilen, so interessiert einerseits sein Zeitverlauf und andererseits sein spektraler Gehalt. Bei determinierten Signalen sind Zeitfunktion und Spektralfunktion durch die Fourier-Transformation verknüpft. Die spektrale Leistungsdichte eines diskreten Zufallssignals kann aus der Autokorrelationsfunktion des Zufallssignals ermittelt werden. Autokorrelationsfunktion und spektrale Leistungsdichte sind ebenfalls Fourier-Transformierte voneinander (Wiener-Khintchine-Theorem). Die Übertragung digitaler (und analoger) Signale erfolgt über lineare Übertragungssysteme, also Systeme, deren Komponenten entweder frequenzunabhängig sind oder im Falle der Frequenzabhängigkeit durch lineare Differentialgleichungen beschrieben werden können. Für den Systementwurf wichtige Größen sind hier die *Impulsantwort* - die Signalantwort eines Systems auf den Dirac-Impuls, ein unendlich schmaler und unendlich hoher fiktiver Impuls - und die *Übertragungsfunktion*, die beide wiederum über die Fourier-Transformation verknüpft sind. Bei sinusförmiger Erregung eines frequenzabhängigen Systems ermittelt man die Übertragungsfunktion aus dem Verhältnis der System-Ausgangsspannung zur System-Eingangsspannung. Herzstück der digitalen Übertragung ist die geeignete *Impulsformung*, mit der eine entsprechende spektrale Formung des zu übertragenden Signals einhergeht. Durch Impulsformung gelingt es, Digitalsignale auch über weite Strecken zu übertragen. Allerdings ist in bestimmten Abständen (z.B. alle 20 km) eine Regeneration des Digitalsignals erforderlich, um das akkumulierende thermische Rauschen und andere Störgrößen zu unterdrücken.

Systeme zur Übertragung von Nachrichten sind im Allgemeinen aus **Zweipol- und Vierpol-Netzwerken** (Kapitel 3) aufgebaut, die zum größten Teil frequenzabhängig sind. Passive Zweipole bestehen aus passiven RLC-Komponenten (ohmschen Widerständen, Induktivitäten, Kapazitäten). Aktive Zweipole sind im allgemeinen Signal-Quellen. In einer Signal-Quelle (Sendeseite) wird die zu übermittelnde Nachricht erzeugt - z.B. elektrische Sprachsignal-Erzeugung im Mikrofon, elektrische Bildsignal-Erzeugung in der Video-Kamera oder die Erzeugung von Daten in einem Computer. Signalsenken (Empfangsseite) führen die zu den Quellen umgekehrten Operationen durch, wie z.B. die Umsetzung eines elektrischen Sprachsignals in verständliche Sprache im Lautsprecher, die Umwandlung eines elektrischen Video-Signals in Fernsehbilder oder die Verarbeitung und Auswertung von Computer-Datensignalen im empfangsseitigen Computer. Ist der Träger der Nachricht auf dem Übertragungsmedium eine Lichtwelle, so muß das Signal im Sender einer elektro-optischen und im Empfänger eine opoto-elektrischen Umsetzung unterworfen werden. Der in der Informationstheorie theoretisch definierte Kanal eines Übertragungsystems setzt sich in der Praxis aus der Kettenschaltung von passiven (Leitung, passive Filter, passive Entzerrer, etc.) und/oder aktiven Vierpolen (Verstärker, aktive Entzerrer, aktive Filter, etc.) zusammen. Ein Filter ist ein Vierpol zur Begrenzung eines Signals auf einen bestimmten spektralen Bereich. Basis für den Entwurf dieser Komponenten ist die Netzwerktheorie zur Schaltungssynthese und Analyse sowie die Zweipol- bzw. Vierpoltheorie, mit deren Hilfe die zu entwerfenden Schaltungen ermittelt werden können.

Die **Hochfrequenztechnik** (HF-Technik, Kapitel 4) liefert geeignete theoretische und technologische Methoden, wenn die Signal-Übertragung bei hohen Frequenzen erfolgt. Wesentliche Grundlage hochfrequenztechnischer Betrachtungen ist die Theorie elektromagnetischer Wellen und Felder. Mit ihr ist die Signal-Fortpflanzung im Übertragungsmedium Atmosphäre, freier Raum und auf Leitungen darstellbar. Ab welcher Frequenz hochfrequenztechnische Betrachtungen vorgenommen werden müssen, hängt vom Anwendungsfall ab. Bei nicht zu hohen Frequenzen können auch in der Hochfrequentechnik für den Entwurf von Komponenten Zweipol- und Vierpoltheorie bzw. Netzwerktheorie benutzt werden. Liegen allerdings die Signalfrequenzen z.B. im GHz-Bereich, dann müssen die Methoden der Mikrowellen-Technik für den Entwurf von Komponenten herangezogen werden. Die speziellen Komponenten der Mikrowellentechnik sind mannigfaltig. So benötigt man HF-Verstärker, die wesentlich vom Aufbau niederfrequenter Verstärker abweichen. Auch die Leitungen zur Signal-Fortleitung sind spezieller Natur, wie z.B. Hohlleiter oder Streifenleiter. Liegt eine Nachricht zur Übertragung im HF-Bereich vor, so erzeugt man in einem ***Oszillator*** das Trägersignal hoher Frequenz, welchem die zu übertragende Information aufgeprägt wird; dieser Vorgang wird als ***Modulation*** bezeichnet. ***Antennen*** sind das Bindeglied zwischen elektromagnetischen Signalwellen, die auf Leitungen geführt werden und solchen, die sich in der Atmosphäre bzw. dem freien Raum fortpflanzen. Sendeseitig setzen sie eine leitungsgeführte Welle in eine Raumwelle und empfangsseitig eine Raumwelle in eine leitungsgeführte Welle um. Sie finden ihren Einsatz in Systemen des

Funkbereichs vom Kurzwellen-Amateurfunk und terrestrischen Mobilfunk bis hin zum außerterrestrischen Satellitenfunk.

Die **Grundlagen und Komponenten der optischen Nachrichtentechnik** (Kapitel 5) gehören thematisch zur Hochfrequenztechnik. Die optische Nachrichtentechnik befaßt sich mit der Signal-Übertragung auf Lichtwellenleitern (Lichtwellenleiter, LWL) sowie mit dem Entwurf und der Beschreibung der hierzu erforderlichen Sende- und Empfangselemente. Die optische Übertragung in der Atmosphäre hat aufgrund der den Lichtstrahl beeinflussenden atmosphärischen Effekte (Regen, Schnee, Nebel , etc.) nur auf kurzen Strecken (einige 100 m) Bedeutung. Im freien Raum dagegen (Weltall) ist zwischen Satelliten eine optische Freiraum-Übertragung möglich. Hauptanwendungsbereich ist die Übertragung von Signal-Lichtwellen auf Glasfaserleitungen. Lichtwellenleiter werden auf der Basis ihrer Brechzahlstruktur über dem Leiterquerschnitt - bestehend aus dem Innenleiter (Kern) und dem Außenleiter (Mantel) - klassifiziert. So eignet sich der *Stufenprofil-LWL* aufgrund seiner ungünstigen Dispersionseigenschaften, die einen Lichtimpuls bei der Übertragung verbreitern, nur für die Übertragung über kurze Strecken, z.B. in Labor-Einrichtungen. Der *Gradientenprofil-LWL* beeinflußt durch Dispersionseffekte ein zu übertragendes Signal geringer. Er kann deshalb für Signale im MHz-Bereich verwendet werden. Signale sehr hoher Frequenz (einige GHz) können mit dem *Monomode-LWL* übertragen werden, der breiten Einsatz in Weitverkehrsnetzen findet. Sendeelemente der optischen Übertragung sind Lumineszenzdiode (Light Emitting Diode, LED) und Laserdiode (Light Amplification by Stimulated Emission of Radiation, LASER). Zur Lichtwellen-Übertragung benutzt man meist Laserlicht, das wegen seiner spektralen Reinheit, d.h. seines sehr schmalen Spektrums in der Umgebung der Sendewellenlänge, durch ein Nachrichtensignal moduliert werden kann. PIN-Photodiode und Avalanche-Diode sind typische Empfangselemente in Systemen mit Lichtwellen-Übertragung. Die Avalanche-Diode liefert besonders hohe Photoströme. Mechanisch sehr präzise Baulelemente sind LWL-Steck-Verbindungen. Die möglichst dämpfungsfreie Verbindung von Lichtwellenleitern erfordert besonders bei dem sehr dünnen Monomode-Lichtwellenleiter (ca. 10μm Kerndurchmesser) höchste Präzision. Optische Verstärker arbeiten - wie der Laser - auf der Basis der stimulierten Licht-Emission. Damit sie entsteht, wird durch "Pumpen" optische oder elektrische Energie zugeführt.

Bei der **Wellenausbreitung im Raum, Funkstrecken** (Kapitel 6) sind die Wechselwirkungen einer sich in der Atmosphäre fortpflanzenden elektromagnetischen Welle mit atmosphärischen Effekten wie Regen, Schnee, Nebel, etc. zu beachten. Im Richtfunk wird der Signal-Beeinflussung durch atmosphärische Effekte und der Beschaffenheit der Erdoberfläche (Berge, Bebauuung, etc.) durch Wahl der Sendefrequenzen im GHz-Bereich und der Begrenzung der Abstände der Richtfunkstationen ("Fernsehtürme") voneinander auf 50 km Rechnung getragen. Die Freiraumdämpfung führt bei einer sich fortpflanzenden elektromagnetischen Welle - auch im freien Raum (z.B. im Weltall) - zu einer Verringerung der Signalamplitude in Abhängigkeit der Entfernung vom Sender. Zur Übertragung in Satelliten-Verbindungen wählt man ebenfalls Trägerfrequenzen des Mikrowellenbereichs, da diese durch atmosphärische Vorgänge nur geringfügig beeinflußt werden und so die Atmosphäre praktisch unbeeinflußt durchstoßen. Im Mobilfunk führt der Einfluß atmosphärischer Vorgänge und die Struktur der Erdoberfläche infolge von Brechung und Beugung des Sendesignals zu der sogenannten "Mehrwege-Ausbreitung". Ein von einem Sender abgegebenes Signal gelangt hierbei auf verschiedenen unterschiedlich langen Wegen zum Empfänger. Dort entstehen somit Signal-Überlagerungen (Fading), die störend wirken. Ultrakurzwellen (UKW) (30 MHz- 300 MHz) durchstoßen zu bestimmten Tageszeiten ebenfalls den atmosphärischen Raum. Sie werden jedoch auch z.B. in den Abendstunden in der Ionosphäre reflektiert, so daß es zu Überreichweiten kommt. Im allgemeinen halten Sender und Empfänger im UKW-Bereich (= VHF-Bereich, Very High Frequency) den Abstand der "Radiosicht" ein, die von der Sende- und Empfangsantennenhöhe abhängt. SHF (Super High Frequency) und UHF (Ultra High Frequency) sind die typischen Fernsehkanal-Frequenzbereiche. Signale des Kurz (KW)-und Mittelwellenbereichs (MW) (KW = 3 MHz - 30 MHz; MW = 300 kHz - 3 MHz) verlassen im allgemeinen den atmosphärischen Raum nicht. Ihre Ausbreitung erfolgt über eine Raum- und Bodenwelle. Letzere ist eine elektromagnetische Welle, die sich im Erdboden aufbaut und sich dort bis zur überirdischen Empfangsantenne fortpflanzt. Empfängt man Raum- und Bodenwelle gleichzeitig, dann entstehen Überlagerungen (Fading), die zur Signalauslöschung führen können. Solche Phänomene beobachtet man häufig beim abendlichen Mittelwellen-Empfang. Im Langwellen-Bereich (30 kHz - 300 kHz) verschwindet die Raumwelle fast vollständig, und die Wellenausbreitung - die erdumspannend sein kann - findet ausschließlich im Erdboden bzw. Meer statt.

Die **Analogen Nachrichtenübertragungs- und Multiplexverfahren** (Kapitel 7), sind zumindest im teilnehmernahen Netzbereich immer noch aktuell. Hat ein Fernsprechteilnehmer keinen ISDN-Anschluß, so wird das Fernsprechsignal analog empfangen und gesendet. Das Telephon-Gerät und die Fernsprechsignal-Übertragung funktionieren hierbei wie eh und je mit Hilfe von Gabelschaltungen, die Sende- und Empfangssignal trennen. Ebenso werden im Rundfunk nach wie vor die Rundfunksignale mit Hilfe analoger Modulationsverfahren übertragen (UKW-Bereich: Frequenzmodulation, Kurzwellen- und Mittelwellenbereich: Amplitudenmodulation). Zur Zeit erfolgt allerdings auch hier die Umstellung auf digitale Verfahren (DAB, Digital Audio Broadcasting). Die zu früheren Zeiten ausschließlich benutzte Trägerfrequenztechnik im Fernsprech-Weitverkehrsnetz ist inzwischen kaum noch im Einsatz.

In Kapitel 8 werden die **Digitalen Nachrichtenübertragungs- und Multiplexverfahren** behandelt, wobei hauptsächlich auf die Verfahren des Weitverkehrsbereichs eingegangen wird. Der Weitverkehrsbereich verbindet Netzknoten

(Vermittlungsstellen), die weit voneinander entfernt sind. Hierzu gehören auch internationale Verbindungen über Satellit oder Seekabel. Bei der Basisband-Übertragung über Cu-Kabel wird ein Digitalsignal (z.B. digitalisierte Sprache, Computer-Daten), nach einer geeigneten Codierung (Leitungs-Codierung) und Impulsformung, ohne Verschiebung in einen höheren Frequenzbereich gesendet. Zur Übertragung eines Digitalsignals über eine Funkstrecke (z.B. Richtfunk, Satellitenfunk) ist eine Frequenzverschiebung notwendig. Hierzu wird einem analogen Sinusträger hoher Frequenz das zu übertragende Digitalsignal eingeprägt. Das Digitalsignal moduliert den Sinusträger. Die Signalübertragung auf Lichtwellenleitern erfolgt meist nach einem sehr einfachen Modulationsverfahren. So tasten die zwei jeweils in einem festen Zeitintervall definierten Zustände eines Binärsignals eine Lichtwelle in zufälliger Folge "Ein" oder "Aus", wodurch die Modulation erreicht wird. Um die zwischen einem Fernsprechteilnehmer und der teilnehmernächsten Vermittlungsstelle verlegten Kupferkabel (Teilnehmer-Anschlußleitung), die ursprünglich nur zur Übertragung eines Fernsprechsignals benutzt wurden, auch für die Übertragung von breitbandigen Digitalsignalen verwenden zu können, werden zur Zeit spezielle Methoden wie ADSL (Asymetric Digital Subscriber Line) eingesetzt und weiterentwickelt.

Bei digitaler Übertragung erfolgt die Signal-Bündelung, die Zusammenfassung mehrerer Digitalsignale geringer Symbolrate (= Bitrate im binären Fall) zu einem Multiplex-Signal hoher Bitrate mit Hilfe der Zeitmultiplextechnik. Die Signale niedriger Bitrate werden hierbei zeitlich ineinander verschachtelt.

Oft greifen viele Teilnehmer eines Netzes zur Absendung ihres gerade vorliegenden (gespeicherten) Signals auf das gleiche Übertragungsmedium (z.B. die gleiche Leitung oder den gleichen Satellitentransponder, etc.) in zeitlicher Folge oder durch Benutzung unterschiedlicher Sendefrequenzen zu. Man spricht im ersten Fall von Vielfachzugriff im Zeitmultiplex und im zweiten Fall von Vielfachzugriff im Frequenzmultiplex.

Die Beurteilung digitaler Signale erfordert spezielle Meßtechniken. So benutzt man zur Beurteilung der Signale im Zeitbereich das Augendiagramm - eine Überlagerung aller Symbole einer zufälligen Folge. Zur Betrachtung des spektralen Signalgehalts mißt man in Spektrum-Analysatoren die spektrale Leistungsdichte, die alle Frequenzkomponenten eines Signals darstellt. Besonders aufschlußreich ist die Messung der Bitfehlerquote, die die Häufigkeit der Bitfehler innerhalb einer Signalfolge bestimmter Länge, festgelegt durch die Meßdauer, angibt.

Die **Digitale Signalverarbeitung** (Kapitel 9) ist nicht nur in der Kommunikationstechnik von Bedeutung. Signalverabeitung erfolgt in hohem Maße auch in Systemen der Automatisierungstechnik wie z.B. in der Regelungstechnik und Robotik. Obwohl grundsätzlich Verfahren wie Codierung, Modulation und Multiplextechik zur Signalverarbeitung gerechnet werden können, zählen diese Methoden offenbar aus der historischen Entwicklung heraus in der Kommunikationstechnik nicht zur Signalverarbeitung. Kernbereich der Signalverabeitung in der Kommunikationstechnik ist der Entwurf digitaler Filter. Mit Hilfe der Signal-Abtastung - wobei das Abtasttheorem einzuhalten ist - und der Analog-Digital-Wandlung lassen sich Rechenwerke ermitteln, die die gewünschten Filtereigenschaften aufweisen.

Kapitel 10 **Codierung** beinhaltet die Themen *Quellencodierung* und *Kanalcodierung*. Betrachtungen zur *Leitungscodierung* sind in Kapitel 8 dargestellt. Oft enthalten die sendeseitigen Quellen-Signale Anteile, die zur empfangsseitigen Signal-Interpretation (Verständlichkeit, Signalerkennung) nicht erforderlich sind. Man sagt, das Signal enthält Redundanz - ein Signalanteil, der nicht unmittelbar zur eigentlichen Information (= Beseitigung von Ungewißheit) gehört. Oft wird deshalb in Quellen-Codierern die Redundanz weitgehend beseitigt, um die spektrale Breite des Signals zu reduzieren. Auf der Empfangsseite kann - falls erforderlich - durch einen Quellen-Decodierer das Ursprungssignal näherungsweise wiederhergestellt werden. Den genau umgekehrten Weg geht die Kanalcodierung. Die in einem Signal mitgeführte Redundanz erleichtert die Signalerkennung. Beispielsweise ist aufgrund der Redundanz in der menschlichen Sprache auch ein bis zu einem gewissen Grad verstümmelter Text noch verständlich. Bei der Kanalcodierung führt man deshalb im sendeseitigen Kanal-Codierer gezielt geeignete Redundanz in das Signal ein, um dann im empfangsseitigen Kanal-Decodierer mit deren Hilfe Fehler im Signal (Bitfehler) zu erkennen und teilweise zu korrigieren.

Telekommunikationsnetze (Kapitel 11) sind Einrichtungen zur Verbindung (Vernetzung) von Teilnehmern, die miteinander über kleine, größere und große Entfernungen kommunizieren wollen. Im OSI-Referenzmodell (Open System Interconnection) sind die beim Teilnehmer und im Netz nötigen Funktionen zur Durchführung der Kommunikation so beschrieben, daß eine herstellerunabhängige Realisierung der Netzkomponenten (Übertragungstechnik, Vermittlungstechnik), der Teilnehmer-Komponenten (Endgeräte) und der Protokolle möglich ist. Protokolle sind Prozeduren von Sende- und Empfangssignalen, um den Verbindungsaufbau und -abbau, die fehlerfreie Übertragung, Netzüberwachung und Verwaltung, und weitere Funktionen zu gewährleisten. Digitale Kommunikationsnetze werden oft in Netzklassen gemäß ihrer geographischen Ausdehnung eingeteilt. So ist ein LAN (Local Area Network), ein Netz das Endeinrichtungen in einem Gebäude oder einem Unternehmen verbindet. Diese Einteilung setzt sich fort auf die flächenhafte Ausdehnung von Stadtnetzen (MAN, Metropolitan Area Network), regionalen Netzen (WAN, Wide Area Network) und globalen Netzen (GAN, Global Area Network). Der technische Aufbau und die Protokollstruktur dieser Netze ist grundsätzlich anwendungsbezogen und deshalb sehr vielfältig. Neben den "öffentlichen" Netzen, z.B. ISDN, die auch in die vorgenannte Struktur eingeordnet werden können, gibt es eine Vielfalt privater Netze zur Datenübertragung. Neuerdings wird in den ursprünglich reinen Datennetzen, z.B. dem GAN "Internet", auch Sprache übertragen.

In der **Vermittlungstechnik** (Kapitel 12) existieren Leitungs- bzw. Durchschaltetechnik stetig einfallender Digitalsignale und Systeme der Paketvermittlung nebeneinander. In Netzen zur Sprachübertragung wie dem "öffentlichen" Fernsprechnetz dominiert die *Leitungsvermittlung*, mit Vermittlungssystemen, die bereits in der Analogtechnik eingesetzt wurden (Motordrehwähler) und die *Durchschaltevermittlung* mit rechnergesteuerten digitalen Vermittlungsstellen (Koppelanordnungen) zur Durchschaltung von Zeitschlitzen (z.B. 64 kbit/s im ISDN), gemäß einer einfallenden Wählinformation. Solche Vermittlungsstellen arbeiten in der Regel als *Verlustsyteme* bei denen im Falle der Überlast ein einfallender Kommunikationswunsch verloren geht. Bei paketvermittlelnden Systemen wird ein in einer Vermittlungstelle ankommender Kommunikationswunsch und auch die in "Pakete" strukturierte Information gespeichert; man spricht dann auch von Speichervermittlung. Werden in einem Kommunikationssystem alle Kommunikationswünsche nach bestimmten Wartezeiten abgewickelt, so nennt man dieses System *Wartesystem.*
Die Paketvermittlung ermöglicht auch den Aufbau von logischen Verbindungen, die verbindungsorientiert als **virtuelle Verbindungen** oder auch verbindungslos durch **Datagramme** hergestellt werden können. Derzeit wird Paketvermittlung hauptsächlich in Datennetzen, z.B. mit dem Protkoll X.25 und dem Internet, durchgeführt. Im Internet und vielen anderen kleineren Datennetzen wird das TCP/IP-Protokoll zum Aufbau von Datagramm-Verbindungen (Internet Protocol, IP) und virtuellen Verbindungen (Transmission Control Protocol, TCP) verwendet.

Nach dieser Einführung in die Thematik des vorliegenden Buches möchte ich mich bei allen Bedanken, die mir mit Rat und Tat zur Seite standen.

Meiner Frau Juliane danke ich für die arbeitsintensive Erstellung der Abbildungen und ihre Geduld, meiner Tochter Hanna für ihre Mithilfe beim Korrekturlesen.

Mein besonderer Dank gilt Herrn Prof. Dr.-Ing. K.-H. Löcherer. Er hat das Buch schon in einem frühen Stadium der Entwicklung gelesen, korrigiert und durch manch nützlichen Vorschlag zur Verbesserung beigetragen. Seine kritische Unterstützung - in fachlicher wie in redaktioneller Hinsicht - hat mich letztendlich bestärkt, dieses aufwendige Buch fertigzustellen.

Weiterhin danke ich Herrn Dr. rer. nat. Martin Ziegler, Lehrbeauftragter an der FH Frankfurt/Main, für die kritische Durchsicht von Kapitel 11 und Herrn Prof. Dr. rer. nat. Manfred Jungke, FH Frankfurt/Main, für das Korrekturklesen von Kapitel 9.

Das große Interesse des Verlags an diesem Buch hat mich stets motiviert, das Werk auch zum Abschluß zu bringen. Für die Ermunterung hierzu bedanke ich mich besonders bei Herrn Dr. Martin Feuchte vom Lektorat Technik.

Ladenburg, August 2002 H. Weidenfeller

Inhaltsverzeichnis

Vorwort v

1 **Informationstheorie** 1
1.1 Quellen und Senken 2
1.2 Kanäle 7
1.2.1 Diskrete Kanäle 7
1.2.2 Zeit-und wertkontinuierlicher Kanal bei additivem Rauschen, Gaußscher Kanal 12
Übungsaufgaben 16

2 **Signale und Systeme** 19
2.1 Determinierte Signale 20
2.1.1 Fourier-Analyse 20
2.1.2 Fourier-Transformation 23
2.1.2.1 Sätze der Fourier-Transformation 27
2.1.3 Laplace-Transformation 27
2.1.4 Zeitmittelwerte, Korrelationsfunktion und spektrale Leistungsdichte determinierter Signale 31
2.2 Zufallssignale 35
2.2.1 Diskrete Zufallssignale 36
2.2.2 Kontinuierliche Zufallssignale 41
2.2.3 Zeitmittelwerte, Korrelationsfunktion und spektrale Leistungsdichte von Zufallssignalen 45
2.3 Lineare Systeme 49
2.3.1 System-Übertragungsfunktion 52
2.3.2 Impulsantwort 53
2.3.3 Faltungsintegral 56
2.3.4 Ideale Übertragung, ideales Tiefpaßsystem, ideales Bandpaßsystem 57
2.3.5 Systemanalyse 62

2.4 Abtastsysteme ... 66
2.4.1 Abtastung, Abtasttheorem ... 67
2.4.2 Zeitdiskrete Signale und Systeme, Diskrete Fourier-Transformation, z-Transformation ... 71
Übungsaufgaben ... 76

3 Zweipol- und Vierpol-Netzwerke ... 81
3.1 Zweipole ... 82
3.1.1 Zweipol- Impedanz- und Admittanzfunktionen, komplexe Frequenz ... 82
3.1.2 Zweipolfunktionen in der komplexen Ebene ... 83
3.1.3 Reaktanz-Zweipole ... 86
3.2 Vierpole ... 90
3.2.1 Vierpolgleichungen in Leitwertform ... 91
3.2.2 Vierpolgleichungen in Widerstandsform ... 92
3.2.3 Vierpolgleichungen in hybrider Form ... 93
3.2.4 Vierpolgleichungen in Kettenform ... 94
3.2.5 Theorie der homogenen verlustbehafteten Doppelleitung, Vierpolgleichungen in Wellenparameterform ... 96
3.2.5.1 Frequenzgang der Wellenparameter ... 101
3.2.5.2 Wellenparameter des übertragungssymmetrischen Vierpols, reflexionsfeier Abschluß ... 105
3.2.6 Vierpol-Übertragungsfunktion, Dämpfungsfaktor ... 108
3.2.7 Logaritmierte Größen, logarithmische Darstellung ... 112
3.2.7.1 Logarithmische Maße ... 112
3.2.7.2 Darstellung einer Übertragungsfunktion mit dem Bode-Diagramm ... 114
3.2.8 Anpassung ... 116
3.2.8.1 Wirkleistungsanpassung ... 116
3.2.8.2 Scheinleistungsanpassung ... 118
3.2.9 Vierpol-Betriebsgrößen ... 119
3.2.9.1 Komplexes Betriebsdämpfungsmaß ... 119
3.2.9.2 Reflexionsfaktor, Stoßfaktor, Echofaktor ... 122
3.3 Passive Vierpol-Komponenten ... 125
3.3.1 Technische Ausführung metallischer Leitungen ... 125
3.3.1.1 Symmetrische Leitungen, Nebensprechen ... 125
3.3.1.2 Koaxiale Leitungen ... 132
3.3.2 Übertrager ... 134
3.3.3 Wellenparameterfilter ... 136
3.3.3.1 Normtiefpaß-Halbglied ... 138
3.3.3.2 Filterdimensionierung mit Hilfe der Frequenztransformation ... 140
3.3.3.3 Grund-Filterketten ... 142

3.3.3.4 Betriebsverhalten von Filterketten ... 142
3.3.3.5 Weichen ... 144
3.3.4 Betriebsparameterfilter ... 144
3.3.4.1 Normierter Butterworth-Tiefpaß (Potenz-Tiefpaß) ... 147
3.3.4.2 Normierter Tschebyscheff-Tiefpaß ... 150
3.3.4.3 Tiefpaß-Filter mit wählbaren Dämpfungs-Nullstellen und Sperrstellen ... 155
3.3.4.4 Frequenztransformation ... 155
3.3.5 Passive Entzerrer ... 157
3.3.5.1 Passive Amplitudenentzerrer ... 157
3.3.5.2 Passive Gruppenlaufzeitentzerrer ... 159
3.4 Aktive Vierpol-Komponenten ... 160
3.4.1 NF-Kleinsignal-Verstärker ... 160
3.4.1.1 Kleinsignalparameter, Ersatzbilder ... 163
3.4.1.2 Verstärker-Grundschaltungen ... 165
3.4.1.3 Gegenkopplung ... 171
3.4.2 Großsignal-Verstärker ... 173
3.4.2.1 A-Verstärker ... 173
3.4.2.2 B-Verstärker ... 174
3.4.3 Operationsverstärker ... 175
3.4.4 Aktive Betriebsparameterfilter ... 183
3.4.4.1 Synthese aktiver Filter (Leap-Frog-Verfahren) ... 183
3.4.5 Aktive Entzerrer ... 187
3.4.5.1 Linearer Dämpfungsentzerrer ... 187
3.4.5.2 Linearer Gruppenlaufzeitentzerrer ... 189
3.4.5.3 Echoentzerrer, Transversalentzerrer ... 190
3.4.6 Schalter-Kondensator-Filter (Switched-Capacity-Filter) ... 193
Übungsaufgaben ... 196

4 Hochfrequenztechnik ... 201
4.1 Elektromagnetische Wellen und Felder ... 201
4.1.1 Ausbreitung elektromagnetischer Wellen im leeren Raum, Wellentypen ... 205
4.1.1.1 Poyntingscher Vektor ... 205
4.1.2 Ebene Wellen ... 206
4.1.3 Polarisation, duale Polarisation ... 209
4.1.4 Reflexions- und Brechungsgesetze ebener Wellen ... 211
4.1.5 Skineffekt ... 212
4.2 Passive Komponenten der HF-Technik ... 213
4.2.1 Schwingkreise ... 214
4.2.1.1 Reihen-Schwingkreis ... 214
4.2.1.2 Parallel-Schwingkreis ... 218

4.2.2 Schwingquarze 221
4.2.3 Kopplungsbandfilter 224
4.2.4 HF-Leitungen 229
4.2.4.1 Stromverdrängung bei der Doppelleitung, Bereich IV 230
4.2.4.2 Dieelektrische Verluste bei der Doppelleitung, Bereich V 231
4.2.4.3 Verlustlose Doppelleitung 232
4.2.4.4 Leitungsdiagramme (Kreisdiagramme) 238
4.2.4.5 Streifenleitungen 246
4.2.4.6 Hohlleiter 248
4.2.4.7 Wellengröße und Streumatrix 253
4.2.5 Komponenten aus Leitungsstücken 256
4.2.5.1 ($\lambda/4$)-Transformator 256
4.2.5.2 Impedanz-Transformation mit inhomogenen Leitungen 257
4.2.5.3 Zusammenschaltung von koaxialer und erdsymmetrischer Doppelleitung 258
4.2.5.4 Richtkoppler 259
4.2.5.5 Leitungsresonatoren 260
4.2.5.6 Mikrowellenfilter 262
4.2.6 Gyromagnetische Komponenten 263
4.2.6.1 Zirkulator, Richtungsleitung 264
4.3 Aktive Komponenten der HF-Technik 265
4.3.1 Ersatzbilder bipolarer Transistoren 265
4.3.2 Ersatzbilder von HF-Feldeffekttransistoren (FET) 267
4.3.3 HF-Kleinsignalverstärker 271
4.3.3.1 RC-Verstärker 271
4.3.3.2 Schwingkreisverstärker 272
4.3.3.3 Bandfilterverstärker (Mehrkreisverstärker) 276
4.3.4 Rauscharme Kleinsignal-Transistorverstärker 277
4.3.4.1 Rauschen, Rauschvierpole 277
4.3.4.2 Rauscharme Verstärker mit Feldeffekttransistoren 280
4.3.4.3 Reflexionsverstärker, parametrische Verstärker 280
4.3.5 HF-Großsignalverstärker 283
4.3.5.1 C-Verstärker 285
4.3.5.2 Wanderfeldröhrenverstärker 286
4.3.5.3 Halbleiter-Leistungsverstärker 288
4.3.6 Schwingungserzeugung, Oszillatoren 290
4.3.6.1 Zweipoloszillatoren 290
4.3.6.2 Vierpoloszillatoren 292
4.3.6.3 Analoge Phasenregelschleife (Phase Locked Loop) 301
4.3.7 Frequenzumsetzung 304
4.3.7.1 Frequenzvervielfachung durch Aussteuerung einer nichtlinearen Kennlinie mit einer Sinusschwingung 304

4.3.7.2 Frequenzvervielfachung mit der Phasenregelschleife (PLL-Synthesizer) ... 306
4.3.7.3 Frequenzteilung ... 308
4.3.7.4 Mischung ... 309
4.4 Antennen ... 313
4.4.1 Elementare, fiktive Strahlungsquellen ... 317
4.4.1.1 Isotroper Kugelstrahler ... 317
4.4.1.2 Hertzscher Dipol ... 318
4.4.2 Antennen aus am Ende offenen Leitungsstücken ... 322
4.4.2.1 Dipole ... 322
4.4.2.2 Monopole ... 326
4.4.3 Empfangsantennen (Dipol, Monopol) ... 330
4.4.4 Antennen aus kurzgeschlossenen Leitungsstücken und äquivalente Formen ... 331
4.4.4.1 Rahmenantenne ... 331
4.4.4.2 Schlitzantenne ... 333
4.4.5 Richtantennen ... 334
4.4.5.1 Langdrahtantenne, Rhombusantenne ... 335
4.4.5.2 Dipolzeile, Dipollinie (Dipolspalte), Dipolwand, (Dipolebene) ... 335
4.4.5.3 Logarithmisch-periodische Antenne ... 337
4.4.5.4 Flächenantennen (Aperturstrahler), Hornstrahler, Parabolspiegel ... 338
Übungsaufgaben ... 344

5 Grundlagen und Komponenten der optischen Nachrichtentechnik ... 349
5.1 Optische Grundlagen ... 350
5.2 Stufenprofil-Lichtwellenleiter ... 353
5.2.1 Dispersion ... 357
5.3 Monomode-Lichtwellenleiter ... 360
5.4 Gradientenprofil-Lichtwellenleiter ... 362
5.4.1 Moden- und Profildisperison beim Gradienten-LWL ... 363
5.5 LWL-Dämpfung ... 364
5.6 LWL-Herstellung ... 366
5.7 Stecker und Spleiße ... 368
5.8 Sende- und Empfangselemente ... 369
5.8.1 Bändermodell, Wechselwirkungsmechanismen zwischen Atom und Lichtquant ... 370
5.8.1.1 Lumineszenzdiode ... 372
5.8.1.2 Laserdiode ... 374
5.8.2 Empfangselemente ... 379
5.8.2.1 Funktionsprinzip der Photodiode ... 379

5.8.2.2 PIN-Photodiode 381
5.8.2.3 Avalanche-Photodiode 382
5.9 Kopplung Sendeelement-LWL-Empfangselement 383
5.10 Optische Verstärker 384
Übungsaufgaben 387

6 Wellenausbreitung im Raum, Funkstrecken 391
6.1 Funkstrecken mit optischer Sicht 395
6.1.1 Richtfunk-Strecken 396
6.1.2 Satelliten-Strecken 399
6.1.2.1 Frequenzbänder für Satellitenverbindungen 400
6.1.2.2 Satellitenbahnen, Ausleuchtgebiete 402
6.1.2.3 Streckenanalyse (Link-Budget) 406
6.2 Funkstrecken ohne optische Sicht 409
6.2.1 Mobilfunkstrecken 410
6.2.2 Kurzwellen-Strecken 413
6.2.3 Mittelwellen-Strecken 414
6.2.4 Lang- und Längswellenstrecken 415
Übungsaufgaben 416

7 Analoge Nachrichtenübertragungs- und Multiplexverfahren 419
7.1 Fernsprechapparat, Fernsprech-Übertragungstechnik 421
7.2 NF-Übertragung 426
7.3 Modulationsverfahren 427
7.3.1 Amplitudenmodulation (AM) 428
7.3.1.1 Zweiseitenband-Amplitudenmodulation (ZSB-AM) 428
7.3.1.2 Zweiseitenband-Amplitudenmodulation mit unterdrücktem Träger 432
7.3.1.3 Einseitenband-Modulation 434
7.3.1.4 Restseitenband-modulation (RSB-AM) 436
7.3.2 Winkelmodulation 437
7.3.2.1 Phasenmodulation (PM) 437
7.3.2.2 Frequenzmodulation (FM) 439
7.3.2.3 Spektrum eines WM-Signals 442
7.3.2.4 Bandbreite und Leistung eines WM-Signals 443
7.4 Trägerfrequenztechnik 445
7.4.1 Harmonischer Frequenzplan 446
Übungsaufgaben 449

8 Digitale Nachrichtenübertragungs- und Multiplexverfahren 453
8.1 Puls-Modulation 453
8.1.1 Puls-Amplituden-Modulation (PAM) 455

8.1.2 Puls-Dauer-Modulation (PDM) 456
8.1.3 Puls-Phasen- (PPM) und Puls-Frequenzmodulation 458
8.1.4 Puls-Code-Modulation (PCM) 460
8.1.4.1 Lineare Quantisierung 461
8.1.4.2 Nichtlineare Quantisierung 462
8.1.5 Adaptive Differenz-Puls-Code-Modulation (ADPCM) 465
8.1.6 Delta-Modulation 466
8.2 Zeitmultiplex-Verfahren 467
8.2.1 Plesiochrone digitale Hierarchie (PDH) 469
8.2.2 Synchrone digitale Hierarchie (SDH) 474
8.2.3 Asynchronous Transfer Mode (ATM) 480
8.3 Basisband-Übertragung auf metallischen Leitungen 484
8.3.1 Merkmale des idealen Basisband-Übertragungssystems 485
8.3.2 Reale Basisband-Übertragungssysteme 487
8.3.2.1 Impulsformung, spektrale Formung 487
8.3.3 Leitungscodierung 494
8.3.3.1 Scrambler-Descrambler 495
8.3.3.2 Ternäre Leitungscodes 498
8.3.3.3 Binäre Leitungscodes 499
8.3.4 Symbolfehler-Wahrscheinlichkeit bei m-stufiger Übertragung 501
8.4 Signal-Übertragung auf Lichtwellenleitern 504
8.4.1 LWL-Impulsübertragung 504
8.4.1.1 Impulsübertragung beim Einmoden-LWL 506
8.4.1.2 Impulsübertragung auf Mehrmoden-Lichtwellenleitern 508
8.4.2 LWL-Modulationsverfahren 509
8.4.2.1 Intensitätsmodulation 509
8.4.2.2 Kohärente optische Modulationsverfahren 511
8.4.3 LWL-Multiplextechnik 513
8.4.4 LWL-Netzwerk-Komponenten 514
8.4.4.1 Koppel- und Steckerverluste an optischen Datenbus-Systemen 515
8.5 Digitale Sinusträger-Modulation 518
8.5.1 Amplituden-Tastung (ASK) 518
8.5.2 Phasen-Umtastung (PSK) 524
8.5.2.1 Offset-4PSK 533
8.5.3 Amplituden-Phasen-Tastung (APK) 536
8.5.4 Frequenz-Umtastung (FSK) 542
8.5.4.1 Continous Phase Modulation (CPM) 550
8.6 Übertragung hoher Bitraten in teilnehmernahen Bereich 551
8.6.1 HDSL- und VHDSL-Verfahren (High and Very High - Bit Rate Digital Subscriber Line) 551
8.6.2 ADSL (Asymmetric Digital Subscriber Line) 553
8.7 Vielfachzugriff 555
8.7.1 Vielfachzugriff im Frequenzmultiplex 555

8.7.2 Vielfachzugriff im Zeitmultiplex 559
8.7.3 Vielfachzugriff im Codemultiplex 563
8.8 Meßtechnik bei Digitalübertragung 569
8.8.1 Messung des Zustands- und Augendiagramms 570
8.8.2 Messung der spektralen Leistungsdichte 572
8.8.3 Messung der Bitfehlerquote 573
8.8.3.1 Bitfehlerquote bei Basisband-Übertragung 574
8.8.3.2 Bitfehlerquote bei trägerfrequenter Übertragung 576
Übungsaufgaben 578

9 Digitale Signalverarbeitung 581
9.1 Grundlagen digitaler Filter 582
9.1.1 Signaldarstellung im Zeitbereich, Differenzengleichungen 583
9.1.2 Dikontinuierliche Signale und Systeme im z-Bereich 588
9.2 Entwurf digitaler Filter 593
9.2.1 Nichtrekursive Digitalfilter, FIR-Filter 596
9.2.2 Rekursive Digitalfilter, IIR-Filter 601
Übungsaufgaben 606

10 Codierung 609
10.1 Quellencodierung 612
10.2 Kanalcodierung 621
10.2.1 Begriffe der Kanalcodierung 622
10.2.2 Fehlerkorrektur durch wiederholte Aussendung, Parity Codes 626
10.2.3 Binäre (lineare) Blockcodes 630
10.2.4 Zyklische binäre Blockcodes 634
10.2.5 CRC-Verfahren (Cyclic Redundancy Check) 643
10.2.6 BCH-Codes, Reed-Solomon Codes 645
10.2.7 Faltungscodes 645
10.2.7.1 Decodierung von Faltungscodes 648
10.2.8 Codierte Modulation 652
Übungsaufgaben 657

11 Telekommunikationsnetze 659
11.1 OSI-Referenzmodell 662
11.2 Protokolle 673
11.2.1 ARQ-Protokolle 673
11.2.2 HDLC-Protokoll 678
11.2.3 Protokoll/Schnittstelle X.21 682
11.2.4 Protokoll X.25 686
11.2.5 Zeichengabe-System Nr. 7 (ZGS Nr. 7) 688
11.2.6 Protokoll-Familie TCP/IP 693

11.3 Netzklassen ... 704
11.3.1 Local Area Networks (LANs) ... 706
11.3.1.1 LAN-Zugriffsverfahren ... 707
11.3.1.2 Token-Ring und Token-Bus ... 715
11.3.1.3 Ethernet ... 717
11.3.2 Koppelelemente ... 721
11.3.3 Metropolitan Area Networks (MANs) ... 726
11.3.3.1 Fiber Distributed Data Interface (FDDI) ... 726
11.3.3.2 Distributed Queue Dual Bus (DQDB) ... 728
11.3.3.3 ATM-MAN ... 730
11.3.4 Wide Area Networks (WANs) ... 732
11.3.4.1 Integrated Service Digital Network (ISDN) ... 732
11.3.4.2 Schnittstellen im ISDN ... 734
11.3.4.3 B-ISDN ... 743
11.3.4.4 Frame-Relay-Netze ... 749
11.3.4.5 Datex-P ... 751
11.3.4.6 Mobilfunknetze ... 752
11.3.5 Global Area Networks (GANs) ... 762
11.3.5.1 Globales Fernsprechnetz ... 762
11.3.5.2 Internet ... 765
Übungsaufgaben ... 769

12 Vermittlungstechnik ... 771
12.1 Verkehrstheorie, Bedientheorie ... 772
12.1.1 Statistik des Nachrichtenverkehrs ... 773
12.1.2 Verlustsysteme ... 777
12.1.3 Wartesysteme ... 781
12.1.4 Warte-Verlust-Systeme ... 784
12.1.5 Warteschlangen ... 786
12.2 Durchschaltevermittlung ... 787
12.2.1 Koppelnetze für die Durchschaltevermittlung ... 788
12.2.2 Wegesuche bei Durchschaltevermittlung ... 796
12.2.3 Vermittlungssystem zur Durchschaltevermittlung (Prinzip) ... 799
12.3 Paketvermittlung (Speichervermittlung) ... 800
12.3.1 Prinzip der Paketvermittlung ... 801
12.3.2 Koppelnetze zur Paketvermittlung ... 805
12.3.2.1 ATM-Switch ... 809
12.3.3 Routing (Wegesuche) bei Paketvermittlung ... 811
12.3.3.1 ATM-Table-Routing ... 813
12.3.3.2 ATM-Self-Routing ... 816
12.3.3.3 Internet-Routing ... 817
Übungsaufgaben ... 823

Anhang **825**
Literaturverzeichnis **829**
Index **841**

Kapitel 1

Informationstheorie

In der *Informationstheorie* wird ein Telekommunikationssystem (Nachrichten-Übertragungssystem) mit Hilfe mathematischer Modelle von Quelle, Kanal und Senke beschrieben, s. Abb. 1.1. In der Quelle (Sender) wird eine Nachricht

Abbildung 1.1: Informationstheoretische Darstellung eines Übertragungssystems

erzeugt, über deren Informationsgehalt in der Senke (Empfänger) vollständige Ungewißheit herrscht. Trifft die Nachricht nach der Übertragung mittels eines Zufallssignals in der Senke ein, so beseitigt die in ihr enthaltene Information diese Ungewißheit. Im Idealfall entnimmt die Senke dem einfallenden Nachrichtensignal die Information vollständig. Da der Kanal jedoch das Signal durch Störungen wie Verzerrungen und additives Rauschen beeinflußt, kann Information verloren gehen oder auch "unnütze Information" hinzugefügt werden. Beispielsweise bewirkt eine Rauschquelle im Nachrichtensignal nicht nur einen Informationsverlust, sondern kann selbst als Informationsquelle betrachtet werden; die von ihr erzeugten Störungen sind Signale, die ihrerseits Nachrichten mit einem gewissen Informationsgehalt darstellen [3].

Bei Berücksichtigung der Informationsverluste infolge der Beeinträchtigungen des Kanals lassen sich mit Hilfe der Informationstheorie nichtüberschreitbare Grenzen der Nachrichten-Übertragung angeben, wie z.B. die maximal übertragbare Bitrate bei einer bestimmten Kanalbandbreite [1-8].

Information beseitigt Ungewißheit; diese Aussage liegt der Informationstheorie zugrunde. Hierbei ist die Bedeutung der in der Nachricht enthaltenen Information nicht von Interesse. Relevant ist lediglich die zu übertragende Informationsmenge und ihr Neuigkeitsgrad. Information wird in der Nachrichten-Übertragungstechnik auf Folgen von Nachrichtenelementen (= Symbolen) eindeutig abgebildet. Die Menge der verwendeten Symbole ist das **Alphabet**, während die Bedeutung der Symbole oder Folgen aus ihnen als **Semantik** bezeichnet wird. Regeln zur Zusammensetzung von Folgen aus Symbolen nennt man **Syntax** (Grammatik). Eine Symbolfolge entstammt einer **Quelle**; sie wird über den **Kanal** der **Senke** zugeleitet, s. Abb. 1.1. Die für die Senke bestimmte Information in der Nachricht nennt man **relevante Information** (Relevanz), die uninteressante **irrelevante Information** (Irrelevanz). Z.B. sind im analogen Fernsprechsignal alle spektralen Signalanteile oberhalb einer Frequenz von 3,4 kHz irrelevant, da sie zum Verständnis der Sprache nicht unbedingt notwendig sind [1-7].

1.1 Quellen und Senken

Diskrete Quellen sind digitale Signalgeneratoren wie z.B. Computer oder allgemein Endeinrichtungen zur Digitalübertragung. Kontinuierliche Quellen dagegen sind (analoge) Signalgeneratoren wie beispielsweise ein Mikrofon oder eine analog arbeitende Fernsehkamera. Nachfolgend werden diskrete Quellen betrachtet.

Eine Nachrichtenquelle liefert Symbole x_ν in stochastischer Folge, welche die Nachricht kennzeichnen [1]. Eine *stationäre Quelle* ändert ihr Verhalten, Symbole mit einer bestimmten Wahrscheinlichkeit abzugeben, in Abhängigkeit von der Zeit nicht. Sie gibt n verschiedene Symbole x_ν in stochastischer Folge ab, die den Symbolvorrat $X = \{x_1, x_2, \ldots, x_n\}$ (= Alphabet) darstellen. Der Quellencodierer ordnet jedem Symbol x_ν der Quelle ein *Codewort* der Länge l_ν zu, das aus Symbolen des Quellencodierers mit dem Alphabet $B = \{b_1, b_2, \ldots, b_r\}$ zusammengestellt wird, s. Abschn. 1.2 und Abschn. 10.1. Ist $r = 2$, dann liegt eine binäre Codierung vor.

Ein Maß für die "Größe" der Information ist der **Informationsgehalt** $I(x_\nu)$ eines Symbols x_ν. Er ist umso größer, je kleiner die Wahrscheinlichkeit $p(x_\nu)$ ist, mit der ein Symbol x_ν am Ausgang der Quelle erscheint

$$I(x_\nu) = \mathrm{ld}\,\frac{1}{p(x_\nu)} = -\mathrm{ld}\,p(x_\nu) \tag{1.1}$$

(ld = logarithmus dualis). Aus der vorgenannten Gleichung geht hervor, daß ein seltenes Symbol x_ν mehr Information enthält als ein häufig erscheinendes.

Der Informationsgehalt eines Symbols wird mit dem Pseudomaß bit (binary digit) gemessen.

Eine Gruppe von N Symbolen hat den Informationsgehalt

$$I(x_1, x_2, \ldots x_N) = -\mathrm{ld}\,p(x_1, x_2, \ldots, x_N), \tag{1.2}$$

wobei $p(x_1, x_2, \ldots, n_N)$ die sogenannte **Verbundwahrscheinlichkeit** darstellt. Sind die Symbole der Gruppe statistisch voneinander unabhängig, so ist ihr Informationsgehalt

$$I(x_1, x_2, \ldots, x_N) = I(x_1) + I(x_2) + \cdots + I(x_N). \tag{1.3}$$

Neben dem Informationsgehalt der einzelnen Symbole einer Quelle interessiert auch der mittlere Informationsgehalt eines Symbols. Zur Bestimmung des mittleren Informationsgehalts eines Symbols x_ν bildet man mit den n verschiedenen Symbolen einer Quelle den Mittelwert

$$H(X) = \sum_{\nu=1}^{n} p(x_\nu) \mathrm{ld} \frac{1}{p(x_\nu)} = \sum_{\nu=1}^{n} p(x_\nu) I(x_\nu) \quad \text{bit/Symbol}. \tag{1.4}$$

Man nennt diesen mittleren Informationsgehalt eines Symbols **Entropie**, ein Begriff, der aus der Thermodynamik stammt und dort als Maß für die statistische Unordnung in thermodynamischen Systemen verwendet wird. Das Maximum der Entropie $H(X)$ wird erreicht, wenn alle n Symbole x_ν gleichwahrscheinlich mit $p(x_\nu) = 1/n$ auftreten, wie sich durch Anwendung der Maxima-Minima-Regel der Differentialrechnung zeigen läßt. Man erhält dann die **maximale Entropie**

$$H_{max} = H_0 = \mathrm{ld}\, n. \tag{1.5}$$

Bildet man die Differenz aus maximaler Entropie H_0 und Entropie $H(X)$, so ergibt dies die in einem Symbol enthaltene **Redundanz** R; die **relative Redundanz** r folgt durch den Bezug auf H_0.

$$R = H_0 - H; \quad r = \frac{H_0 - H}{H_0} \tag{1.6}$$

Jede Abweichung vom gleichwahrscheinlichen Erscheinen der Symbole einer Quelle bewirkt eine Verringerung des mittleren Informationsgehalts. Im Quellensignal erscheinen dadurch redundante Anteile, die zur Information nicht beitragen. Offensichtlich sind Quellensignale so zu konstruieren, daß ihre Symbole gleichwahrscheinlich auftreten; nur dann hat das Quellensignal maximalen Informationsgehalt.

Die Geschwindigkeit der Symbol-Übertragung nennt man in der Informationstheorie den **Informationsfluß** ($\hat{=}$ Bitrate), der durch

$$F = \frac{H(X)}{T_s} \tag{1.7}$$

definiert ist. Hierbei ist T_s die mittlere Zeit, die für die Übertragung eines Symbols benötigt wird. Nur bei maximaler Entropie $H(X) = H_0$ wird auch der maximale Informationsfluß erreicht.

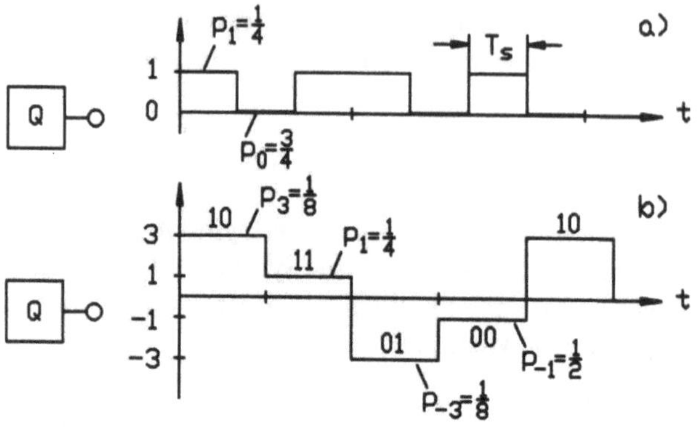

Abbildung 1.2: a) binäres Quellensignal; b) quaternäres Quellensignal

□ **Beispiel 1.1**

In Abb. 1.2 sind Signale dargestellt, die aus einer binären und einer quaternären Quelle stammen.

Im Binärsignal erscheine der Zustand logisch 1 mit der Wahrscheinlichkeit $p_1 = 1/4$ und der Zustand logisch 0 mit der Wahrscheinlichkeit $p_0 = 3/4$. Mit Gl. (1.1) erhält man den Informationsgehalt der beiden Symbole zu $I(x_1) = 2$ bit und $I(x_0) = 0,415$ bit. Die Entropie je Symbol - der mittlere Informationsgehalt - ist dann mit Gl. (1.4) $H = (1/4)\text{ld}\,4 + (3/4)\text{ld}\,(4/3) = 0,81$ bit/Symbol. Fordert man für das Binärsignal $p_0 = p_1 = 1/2$, so haben beide Symbole gleichen Informationsgehalt, nämlich $I(x_0) = I(x_1) = 1$ bit. Die Entropie des Quellensignals wird damit maximal $H_0 = 1$ bit/Symbol, und die Redundanz beträgt $R = H_0 - H = 0,189$ bit/Symbol. Bei gleichwahrscheinlichem Auftreten $p_0 = p_1 = 1/2$ der beiden Symbole wird $R = 0$. Eine Amplitudenstufe (= 1 Symbol) des Binärsignals repräsentiert nur dann 1 bit, wenn $p_0 = p_1 = 1/2$ gewählt wird. Das Quellensignal ist dann redundanzfrei. Es sei die mittlere Dauer eines Symbols $T_s = 1\ \mu s$. Bei maximaler Entropie hat man dann den Informationsfluß $F = 1\,\text{bit}/1\mu s = 1$ Mbit/s. Der Verlauf der Entropie $H(p_0)$ läßt sich grafisch darstellen, wenn man in Gl. (1.4) für $p_1 = 1 - p_0$ setzt. Es ist dann $H(p_0) = -p_0\text{ld}\,p_0 - (1 - p_0)\text{ld}\,(1 - p_0)$, s. Abb. 1.3.

Im Quaternärsignal nach Abb. 1.2b treten die Symbole (= Amplitudenzustände) $x_3 = (10), x_1 = (11), x_{-1} = (00)$ und $x_{-3} = (01)$ mit den Wahrscheinlichkeiten $p_3 = 1/8, p_1 = 1/4, p_{-1} = 1/2$ und $p_{-3} = 1/8$ auf. Für den Informationsgehalt der einzelnen Symbole erhält man dann $I_3 = 3$ bit, $I_1 = 2$ bit, $I_{-1} = 1$ bit und $I_{-3} = 3$ bit. Die Entropie ist $H = (1/8)\text{ld}\,8 + (1/4)\text{ld}\,4 + (1/2)\text{ld}\,2 + (1/8)\text{ld}\,8 = 1,75$ bit/Symbol. Mit $p_3 = p_1 = p_{-1} = p_{-3} = 1/4$ ist dann die maximale Entropie $H_0 = 2$ bit/Symbol und die Redundanz $R = H_0 - H = 0,25$ bit/Symbol. Wie zu erwarten, repräsentiert ein Amplitudenzustand des Quaternärsignals nur dann 2

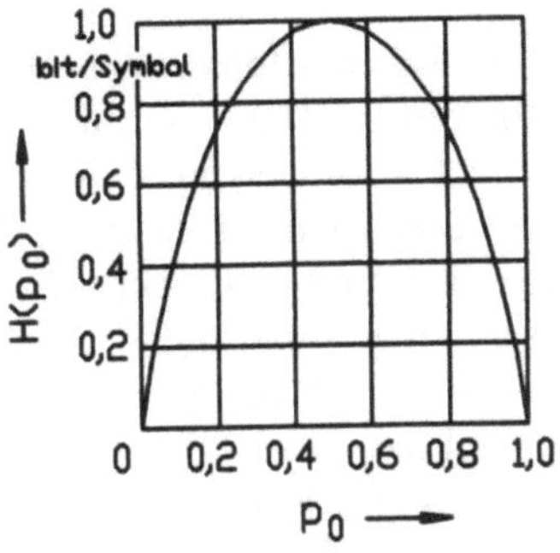

Abbildung 1.3: Die Entropie einer binären Quelle

bit, wenn die Signalzustände gleichwahrscheinlich erscheinen. Nimmt man an, die Dauer einer Amplitudenstufe sei wie im binären Fall ebenfalls $T_s = 1$ μs, so ist der Informationsfluß $F = 2$ Mbit/s, also doppelt so hoch wie im binären Fall.

Quellensignale sind offenbar nur dann redundanzfrei, wenn die Symbole x_ν im Signal gleichwahrscheinlich auftreten. Man spricht dann von *optimal* codierten Quellensignalen. Durch optimale Codierung läßt sich für jede Quelle der Entropie H ein Code mit der mittleren Codewortlänge

$$l_m = \sum_{\nu=1}^{n} p(x_\nu) l_\nu \tag{1.8}$$

finden, so daß gilt

$$H \leq l_m \leq H + \epsilon; \quad (\epsilon > 0). \tag{1.9}$$

l_ν ist die Codewortlänge des Symbols x_ν. Die Aufstellung solcher Codes gelingt mit dem Verfahren nach Fano [5].

Den Symbolen x_ν der Quelle werden im Quellencodierer Codeworte der Länge l_ν bit zugeordnet. In der Senke muß entschieden werden, welches Codewort mit größter Wahrscheinlichkeit gesendet wurde. Die Senke entnimmt dem empfangenen Signal der Quelle im Idealfall die relevante Information, indem sie bestimmte Entscheidungsvorgänge (Entscheider), s. Kapitel 8, durchführt. Die Anzahl der notwendigen Entscheidungen in der Senke ist durch den **Entscheidungsgehalt** H_0 definiert, der mit der maximalen Entropie der Quelle identisch ist [8].

$$H_0 = \mathrm{ld}\, n \quad \text{bit/Symbol}$$

Beispielsweise hat eine binäre Quelle wegen $n = 2$ den Entscheidungsgehalt $H_0 = 1$ bit. In der Senke ist bei einem solchen Signal nur eine Binärentscheidung erforderlich. Gibt die Quelle ein 4-stufiges Signal ab ($n = 4$), so sind in der Senke $H_0 = \mathrm{ld}\, 4 = 2$ Binärentscheidungen erforderlich.

□ **Beispiel 1.2**

Der Vorrat an Symbolen des deutschen Alphabets besteht aus $n = 27$ Buchstaben (ß eingeschlossen, ohne Umlaute). Damit enthält die deutsche Sprache die maximale Entropie $H_0 = \mathrm{ld}\, 27 = 4,75$ bit/Symbol, wenn jeder Buchstabe gleichwahrscheinlich auftreten würde. Dies ist nicht der Fall, da z.B. die Buchstaben y und z weniger häufig erscheinen als a und e. Berücksichtigt man noch statistische Bindungen (z.B. ch, qu, st, sch, -ing, -ung, etc.) so beträgt die Entropie z.B. bei einem Schriftstück nur ca. $H = 1,3$ bit/Symbol. Die Redundanz ist dann $R = 4,75 - 1,3 = 3,45$ bit/Symbol bzw. $r = 72,6\%$. Sie ist von großer Bedeutung für die Verständlichkeit der Sprache [9]. Einerseits verlängert sie zwar die eigentliche Nachricht und verlangsamt damit die Informationsübertragung, andererseits erlaubt sie das Erkennen und Korrigieren verstümmelter Texte. Diese Eigenschaft wird auch bei der Kanalcodierung zur Fehlerentdeckung und Fehlerkorrektur benutzt, s. Kapitel 10.

Bisher wurde vorausgesetzt, daß zwischen den zeitlich aufeinanderfolgenden Symbolen x_ν einer Quelle keine statistischen Abhängigkeiten vorliegen (gedächtnislose Quelle). Die Wahrscheinlichkeit für das Auftreten eines aktuellen Symbols x_ν war unabhängig von den zeitlich vorher erscheinenden Symbolen einer Folge. Besteht dagegen eine statistische Abhängigkeit, die k ($k = 1, 2, 3, \ldots$) Symbole zurückreicht (gedächtnisbehaftete Quelle), so spricht man von einer **Markoff-Quelle** k-ter Ordnung. Eine Markoff-Quelle k-ter Ordnung liefert an ihrem Ausgang alle T_s Sekunden Symbole x_ν mit der Wahrscheinlichkeit $p(x_\nu | x_{\nu-1}, x_{\nu-2}, \ldots, x_{\nu-k})$, die *bedingte Wahrscheinlichkeit* genannt wird. Diese Darstellung einer Wahrscheinlichkeit drückt aus, daß ihr Wert von k zurückliegenden Symbolen $x_{\nu-k}$ abhängt.

□ **Beispiel 1.3**

Betrachtet werde eine Markoff-Quelle 2. Ordnung ($k = 2$), die alle T_s Sekunden die Symbole $x_1 = 0$ oder $x_2 = 1$ abgibt. Da sie gedächtnisbehaftet ist, wird ihr Verhalten durch die logischen Zustände der zurückliegenden Symbole $x_{\nu-1}$ und $x_{\nu-2}$, nämlich $00, 01, 10$, und 11 bestimmt. Sie charakterisieren die möglichen "Zustände" der Quelle.

Die vier Quellenzustände können mit Hilfe eines **Zustandsdiagramms** (Zustandsgraph) veranschaulicht werden. s. Abb. 1.4. In den Kreisen des Zustandsgraphen stehen die vier möglichen Zustände 00, 11, 01 und 10 der Quelle. An den Zweigen des Graphen sind die bedingten Wahrscheinlichkeiten $p(x_\nu | x_{\nu-1}, x_{\nu-2})$ vermerkt, mit denen die Übergänge von einem Zustand in einen anderen erfolgen. So kann die Quelle vom Zustand 00 mit der Wahrscheinlichkeit 0,8 in den Zustand 00 oder mit der Wahrscheinlichkeit 0,2 in den Zustand 01 übergehen. Vom Zustand 11 geht sie mit der Wahrscheinlichkeit 0,8 in den Zustand 11 über, oder es erfolgt ein Übergang nach 10 mit der Wahrscheinlichkeit 0,2. Vom Zustand 01 geht sie mit der Wahrscheinlichkeit 0,5 in den Zustand 10 oder mit der Wahrscheinlichkeit 0,5 in den Zustand 11 über. Schließlich kann ein Übergang von 10 nach 01 mit der Wahrscheinlichkeit 0,4 oder ein Übergang nach 00 mit der Wahrscheinlichkeit 0,6

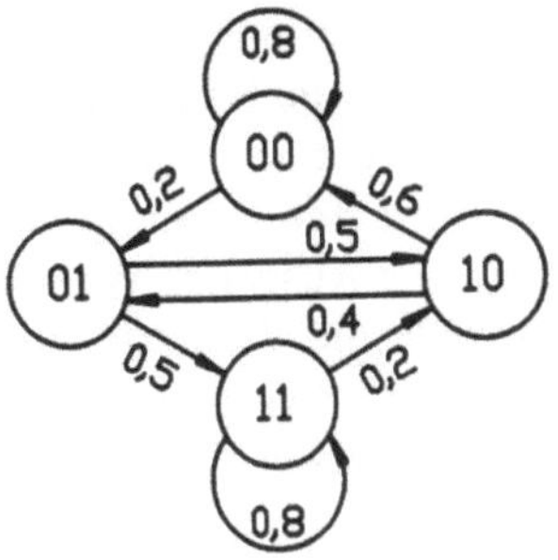

Abbildung 1.4: Zustandsgraph einer binären Quelle

erfolgen.

Für Markoff-Quellen kann, ähnlich wie oben für gedächtnisfreie Quellen gezeigt, der mittlere Informationsgehalt (bedingte Entropie) angegeben werden [4].

1.2 Kanäle

Räumlich getrennte Teilnehmer eines Netzes kommunizieren miteinander über Verbindungen, die mit Hilfe von Einrichtungen der Übertragungs- und Vermittlungstechnik hergestellt werden. In der Praxis werden hierbei vom lokalen Netz zur Büro-Kommunikation bis hin zu weltweiten Satellitenverbindungen viele unterschiedliche Telekommunikationssysteme benutzt. Die Verbindungen sowie die zugehörigen Einrichtungen werden in der Informationstheorie als **Kanäle** bezeichnet und durch mathematische Modelle beschrieben. Die den Kanal beeinflussenden Störungen werden ebenfalls durch mathematische Modelle erfaßt.

1.2.1 Diskrete Kanäle

Mit dem Begriff **Nachrichtenkanal** wird ein stochastisches Modell des Übertragungsmediums charakterisiert, über das Information übertragen (und u.U. gespeichert) wird. Kanäle werden grundsätzlich durch Rauschen (z.B. thermisches Rauschen) beeinflußt. Die am Kanaleingang und -ausgang erscheinenden Symbole müssen deshalb nicht gleich sein. An den Kanaleingang wird alle T_s Sekunden ein Symbol $x_\mu \in X$ angelegt, mit X dem Symbolvorrat der Quelle, und am Kanalausgang erscheint alle T_s Sekunden ein Symbol $y_\nu \in Y$ mit Y dem Symbolvorrat der Senke. Bezüglich der mittleren Symboldauer T_s wird der Kanal als zeitinvariant vorausgesetzt. Ist kein Symbol z.B. durch Rauschen verfälscht, so sind die beiden Symbolsätze X und Y innerhalb einer bestimmten Beobachtungszeit identisch.

Ein gedächtnisbehafteter Kanal k-ter Ordnung - dies ist ein Kanal, der Speicher enthält - liegt vor, wenn ein Symbol am Kanalausgang von k zurückliegenden Kanal-Eingangssymbolen abhängt. Wenn am Kanaleingang ein Symbol x_μ angelegt wird, erscheint dann mit der bedingten Ausgangs-Wahrscheinlichkeit $p(y_\nu|x_\mu)$ ein Symbol y_ν am Kanalausgang. Die Ausgangs-Wahrscheinlichkeiten sind durch die **Kanalmatrix** verknüpft, welche die Wahrscheinlichkeit $p(Y|X)$ beschreibt, daß die Senke das Ausgangsalphabet $Y = y_1, y_2, \ldots, y_n$ empfängt, wenn die Quelle das Eingangsalphabet $X = x_1, x_2, \ldots, x_m$ sendet.

$$p(Y|X) = \begin{pmatrix} p(y_1|x_1) & p(y_2|x_1) & \cdots & p(y_n|x_1) \\ p(y_1|x_2) & p(y_2|x_2) & \cdots & p(y_n|x_2) \\ \vdots & \vdots & \cdots & \vdots \\ p(y_1|x_m) & p(y_2|x_m) & \cdots & p(y_n|x_m) \end{pmatrix} \tag{1.10}$$

In der Kanalmatrix sind die Zeilensummen gleich 1.

Das Verhalten des Kanals kann wie bei der Quelle durch ein Zustandsdiagramm mit den Zuständen der Symbole am Eingang $x_1, x_2 \ldots x_m$ und den Zuständen der Symbole $y_1, y_2, \ldots, y_n$ am Ausgang angegeben werden. Die Übergangswahrscheinlichkeiten werden, wie bereits für Quellen gezeigt, an den Zweigen vermerkt. Das folgende Beispiel erläutert diesen Sachverhalt.

□ **Beispiel 1.4**

Betrachtet werde ein diskreter Kanal mit Speichern, der $m = 2$ Signalzustände am Eingang und $n = 3$ Signalzustände am Ausgang aufweist. Sein Zustandsdiagramm mit den Übergangswahrscheinlichkeiten der Kanalzustände ist in Abb. 1.5 dargestellt. Die Kanalmatrix lautet deshalb

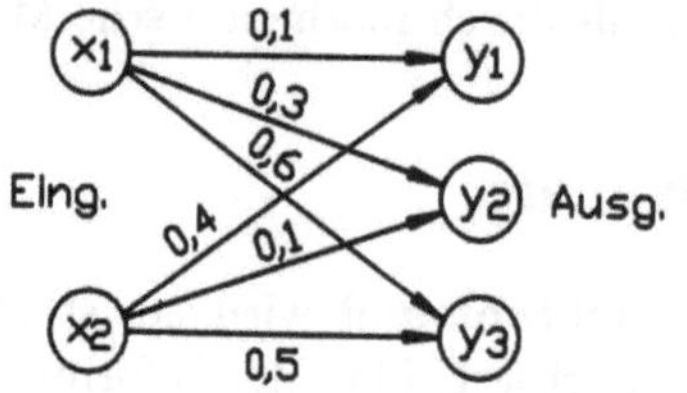

Abbildung 1.5: Zustandsdiagramm eines Kanals $m = 2$, $n = 3$

$$p(Y|X) = \begin{pmatrix} 0,1 & 0,3 & 0,6 \\ 0,4 & 0,1 & 0,5 \end{pmatrix}. \tag{1.11}$$

Nimmt man an, daß die beiden Zustände x_1 und x_2 mit der Wahrscheinlichkeit $p(x_1) = p(x_2) = p(x_\mu) = 1/2$ am Kanaleingang erscheinen, dann ermittelt man die Ausgangs-Wahrscheinlichkeiten aus

$$p(y_\nu) = \sum_{\mu=1}^{2} p(y_\nu|x_\mu) \cdot p(x_\mu); \quad (\nu = 1,2,3) \tag{1.12}$$

zu $p(y_1) = p(y_1|x_1)p(x_1) + p(y_1|x_2)p(x_2) = 0,1 \cdot 0,5 + 0,4 \cdot 0,5 = 0,25$ sowie entsprechend $p(y_2) = 0,2$ und $p(y_3) = 0,55$.

Ein Kanal-Eingangssymbol x_μ werde aufgrund des Rauschens mit der **Fehler-Wahrscheinlichkeit** p verfälscht. Ist bei einem speicherfreien Kanal die Anzahl der Aus- und Eingangszustände z gleich groß, dann liegt ein **symmetrischer Kanal** vor. Für die Elemente seiner Kanalmatrix gilt dann mit der Fehler-Wahrscheinlichkeit p

$$\begin{aligned} p(y_\nu|x_\mu) &= 1-p \quad \text{für} \quad \nu = \mu \\ p(y_\nu|x_\mu) &= \frac{p}{z-1} \quad \text{für} \quad \nu \neq \mu. \end{aligned} \tag{1.13}$$

Beim gedächtnislosen **symmetrischen Binärkanal** werden mit der Wahrscheinlichkeit p die Kanal-Eingangssymbole $x_\mu = 0$ in die Kanal-Ausgangssymbole $y_\nu = 1$ und $x_\mu = 1$ in $y_\nu = 0$ verfälscht. Die Wahrscheinlichkeit, daß beide Symbole richtig übertragen werden, ist in beiden Fällen $1-p$. Mit Gl. (1.10) lautet damit die Kanalmatrix des symmetrischen Binärkanals ($z = 2$)

$$p(Y|X) = \begin{pmatrix} 1-p & p \\ p & 1-p \end{pmatrix} \tag{1.14}$$

Abb. 1.6 zeigt das Zustandsdiagramm.

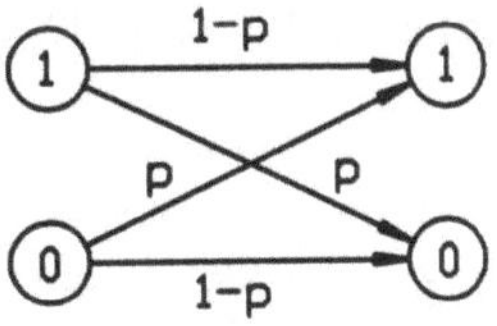

Abbildung 1.6: Zustandsdiagramm des symmetrischen Binärkanals

Wie für die Symbolfolgen von Quellen kann man auch für Kanal-Ausgangsfolgen die Entropie ermitteln . Die Entropie einer Folge von Symbolen am Kanaleingang ist durch Gl. (1.4) definiert. Für eine Symbolfolge am Kanalausgang gilt dann für die Entropie entprechend, falls der Kanal gedächtnislos ist, also keine Speicher enthält,

$$H(Y) = -\sum_{\nu=1}^{n} p(y_\nu) \cdot \mathrm{ld}\, p(y_\nu). \tag{1.15}$$

In der Regel liegt im Kanal ein irrelevanter Informationszuwachs vor, z.B. durch additives Rauschen. Die Entropie der irrelevanten Information in einem Kanal-Ausgangssymbol wird **Streuentropie** oder **Irrelevanz** $H(Y|X)$ genannt [4].

$$H(Y|X) = -\sum_{\nu=1}^{n}\sum_{\mu=1}^{m} p(x_\mu, y_\nu) \mathrm{ld}\, p(y_\nu|x_\mu); \quad p(x_\mu, y_\nu) = p(x_\mu) \cdot p(y_\nu|x_\mu) \quad (1.16)$$

Dementprechend ist die **Äquivokation** bzw. **Rückschlußentropie** ein Maß für die im Mittel in einem Kanal-Eingangssymbol bereits vorliegende irrelevante Information [4].

$$H(X|Y) = -\sum_{\nu=1}^{n}\sum_{\mu=1}^{m} p(x_\mu, y_\nu) \mathrm{ld}\, p(x_\mu|y_\nu) \quad (1.17)$$

In einem störungsfreien Kanal sind Streuentropie und Äquivokation gleich Null.

Den mittleren Informationsgehalt eines Eingangs-Ausgangs-Symbolpaares x_μ, y_ν gibt die **Verbundentropie** wieder [4].

$$H(X,Y) = -\sum_{\nu=1}^{n}\sum_{\mu=1}^{m} p(x_\mu, y_\nu) \mathrm{ld}\, p(x_\mu, y_\nu) = H(Y|X) + H(X) \quad (1.18)$$

Sind die Signale am Kanal-Eingang und -Ausgang statistisch voneinander unabhängig, dann wird die Verbundentropie maximal: $H_{max}(X,Y) = H(X) + H(Y)$.

Die Differenz aus maximaler Verbundentropie und tatsächlicher Verbundentropie heißt **Transinformation** $T(X,Y)$. Dies ist der mittlere Informationsgehalt eines Symbols, das am Kanalausgang erscheint, vermindert um die Streuentropie.

$$T(X,Y) = H(X,Y)_{max} - H(X,Y) = H(Y) - H(Y|X) = H(X) - H(X|Y) \quad (1.19)$$

Bei einem störungsfreien Kanal verschwinden sowohl Äquivokation als auch Streuentropie. Die Transinformation ist dann maximal. Abb. 1.7 zeigt die verschiedenen Entropien bei der Übertragung von der Quelle über den Kanal zur Senke. Nur ein Teil der Entropie der Quelle, die Transinformation $T(X,Y)$, gelangt über den Kanal zur Senke, da in der Quelle eine zusätzliche Störquelle enthalten ist, deren Entropie, die Äquivokation $H(X|Y)$, verloren geht. Aufgrund der Störungen im Kanal wird der Transinformation nutzlose Information (Rauschen), die Irrelevanz $H(Y|X)$, hinzugefügt, die zusammen mit der Transinformation zur Senke gelangt und dort - soweit möglich - unterdrückt wird.

Unter dem Begriff **Kanalkapazität** ist der maximale Informationsfluß in bit/Symbol · s zu verstehen, der über einen Kanal fehlerfrei übertragen werden kann.

$$C = \frac{T(X,Y)_{max}}{T_s}, \quad (1.20)$$

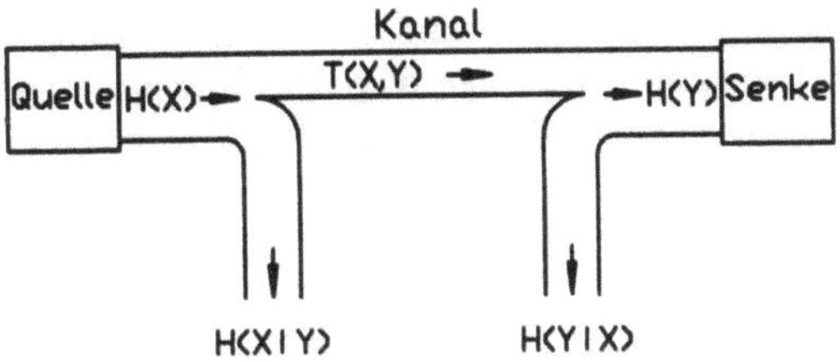

Abbildung 1.7: Entropien einer gestörten Informationsübertragung

T_s ist hierbei die mittlere Übertragungszeit je Symbol. Liegt eine optimale Codierung vor, d.h. alle Symbole treten gleichwahrscheinlich auf, dann hat ein Symbol den Informationsgehalt 1 bit, falls eine binäre Quelle vorliegt. Das Maß für die Kanalkapazität bit/Symbol · s kann daher in bit/s verkürzt werden.

□ **Beispiel 1.5**
Ermittelt werden maximale Transinformation $T(X,Y)$ und Kanalkapazität $C = v_{bit,max}$ für den:
a) *total gestörten Kanal*
b) *ungestörten Kanal*
c) *symmetrischen Binärkanal.*

Zu a)
Beim *total gestörten Binärkanal* ist die Transinformation $T(X,Y) = 0$ bit/Symbol. Es gelangt keine Nutzinformation zur Senke; sie empfängt lediglich Irrelevanz. Die Kanalkapazität C ist damit ebenfalls gleich Null.
Zu b)
Der *ungestörte Binärkanal* hat die Transinformation $T(X,Y) = H(Y) - H(Y|X) =$ 1 bit/Symbol $= H_0$. Sie ist identisch mit der maximalen Entropie der Quelle H_0, da keinerlei Information verloren geht. Die Kanalkapazität wird maximal. Äquivokation und Irrelevanz sind gleich Null.
Zu c)
Beim *symmetrischen Binärkanal* nach Abb. 1.6 hängt die Kanalkapazität von der Bitfehler-Wahrscheinlichkeit p des Kanals ab, mit der ein Binär-Symbol verfälscht wird. Die Wahrscheinlichkeit der Verfälschung einer 0 in eine 1 bzw. einer 1 in eine 0 ist gleich p. Mit der Kanalmatrix Gl. (1.14) ermittelt man die von den Kanaleigenschaften abhängige Irrelevanz mit Gl. (1.16) zu $H(Y|X) = -(1-p) \cdot \mathrm{ld}(1-p) - p \cdot \mathrm{ld}\, p$. Die Transinformation wird maximal, wenn die Entropie am Ausgang des Kanals gleich der Entropie der Quelle ist, $H(Y) = H_0 = \mathrm{ld}\, n = 1$ bit/Symbol. Mit Gl. (1.19) folgt dann $T(X,Y) = 1 + (1-p)\mathrm{ld}\,(1-p) + p \cdot \mathrm{ld}\, p$ und damit die Kanalkapazität $C = [1 + (1-p) \cdot \mathrm{ld}\,(1-p) + p \cdot \mathrm{ld}\, p]/T_s$ in bit/s.

Die Bitfehler-Wahrscheinlichkeit p kann durch Einfügung redundanter Signalanteile in das Quellensignal (Verlängerung des Quellensignals) verbessert werden. Dies ist die Aufgabe der Kanalcodierung, die in Kapitel 10 behandelt wird.

1.2.2 Zeit- und wertkontinuierlicher Kanal bei additivem Rauschen, Gaußscher Kanal

Im zeit- und wertkontinuierlichen "Gaußschen Kanal" (*engl.* Additive White Gaussian Noise - Channel, AWGN - Channel) liegt als angenommene Störgröße additives gaußverteiltes Rauschen $n(t)$ mit konstanter Rauschleistungsdichte N_0 (weißes Rauschen, s. Abb. 2.15) vor.

Unabhängig davon, ob eine Quelle diskrete oder kontinuierliche (z.B. analoge) Signale abgibt, hat das Signal im *frequenzbandbegrenzten* gestörten Kanal einen zeit- und wertkontinuierlichen Verlauf. Vor der Übertragung erfolgt grundsätzlich eine Bandbegrenzung auf die Bandbreite B. Die Bandbegrenzung führt zu linearen Verzerrungen (Amplituden- und Gruppenlaufzeit-Verzerrungen), die selbst ursprünglich zeit- und wertdiskrete Signale in zeit- und wertkontinuierliche umwandeln. In Kapitel 2 wird dieser Sachverhalt näher erläutert. Abb. 1.8b zeigt prinzipiell, wie ein zeit- und wertdiskretes Quellensignal mit dem Alphabet $X = \{x_1, x_2, \ldots x_n\}$ durch ein Tiefpaßfilter auf die Bandbreite B bandbegrenzt wird. Diskrete Quelle und Bandbegrenzung zusammen können dann als kontinuierliche Quelle (Abb. 1.8a) aufgefaßt werden. Damit man die Eigenschaften der kontinuierlichen Quelle

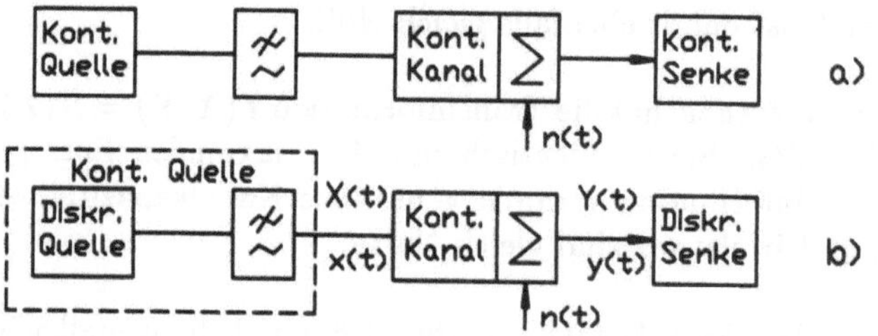

Abbildung 1.8: Übertragungssystem mit: a) kontinuierlicher Quelle und kontinuierlichem Kanal; b) diskreter Quelle, aber kontinuierlichem Kanal infolge der Bandbegrenzung

beschreiben kann, muß die Wahrscheinlichkeit $p(x_\nu)$, mit der die diskrete Quelle ein Symbol abgibt, durch die Dichtefunktion $p(x)$ mit x der Variablen des zeit- und wertkontinuierlichen Zufallssignals der kontinuierlichen Quelle ersetzt werden. Für die Entropien von kontinuierlicher Quelle $H(x)$ und kontinuierlichem Kanal

$H(y)$ gilt damit [5]

$$H(X) = \int_{-\infty}^{+\infty} p(x) \mathrm{ld} \frac{1}{p(x)} dx; \quad H(Y) = \int_{-\infty}^{+\infty} p(y) \mathrm{ld} \frac{1}{p(y)} dy. \tag{1.21}$$

$X(t)$ und $Y(t)$ sind kontinuierliche Zufallsprozesse, die $x(t)$ und $y(t)$ als Musterfunktionen enthalten. $p(x)$ (bzw. $p(y)$) ist die Gaußsche Wahrscheinlichkeitsdichte

$$p(x) = \frac{1}{\sigma\sqrt{2\pi}} \cdot \exp\left[-\frac{(x - E\{x\})^2}{\sigma^2}\right] \tag{1.22}$$

mit der Standardabweichung σ, der Abweichung vom Scharmittelwert $E\{x\}$, und der Varianz σ^2, der quadratischen Abweichung vom Scharmittelwert. Bei thermischem (gaußverteiltem) Rauschen ist $E\{x\} = 0$ [5].

Am Ausgang des bandbegrenzten diskreten Kanals erscheint nach Abb. 1.8b das zeitkontinuierliche Signal $y(t) = x(t) + n(t)$, mit $n(t)$ dem Zeitverlauf des Rauschsignals. $X(t)$ und $Y(t)$ gehen hier aus den Alphabeten X und Y der diskreten Quelle und des diskreten Kanals hervor.

Verbundentropie $H(X,Y)$ und **Irrelevanz** $H(Y|X)$ kontinuierlicher Quellen sind entsprechend der Darstellung diskreter Quellen durch

$$H(X,Y) = \int_{-\infty}^{+\infty} \int_{-\infty}^{+\infty} p(x,y) \mathrm{ld} \frac{1}{p(x,y)} dx dy \tag{1.23}$$

$$H(Y|X) = \int_{-\infty}^{+\infty} \int_{-\infty}^{+\infty} p(x,y) \mathrm{ld} \frac{1}{p(y|x)} dx dy \tag{1.24}$$

definiert. Hierbei ist $p(x,y) = p(x) \cdot p(y)$ bei statistischer Unabhängigkeit von x und y.

Auch für die **Transinformation** erhält man in Äquivalenz zu diskreten Quellen

$$T(X,Y) = H(Y) - H(Y|X), \tag{1.25}$$

mit $H(Y)$ der Entropie am Ausgang des kontinuierlichen Kanals und $H(Y|X)$ der Irrelevanz, die durch das additive Rauschen verursacht wird. Mit Gl. (1.21) sowie $p(x)$ und $p(y)$ nach Gl. (1.22) folgt für die Irrelevanz $H(Y|X)$ und die Entropie am Kanalausgang $H(Y)$ [5].

$$H(Y|X) = H(\sigma_n^2) = \frac{1}{2} \mathrm{ld}(2\pi e \sigma_n^2); \quad H(Y) = \frac{1}{2} \mathrm{ld}(2\pi e \sigma_y^2). \tag{1.26}$$

Hierbei bezeichnen σ_n^2 den Effektivwert der Rauschleistung und σ_y^2 den Effektivwert der Signalleistung am Ausgang des kontinuierlichen Kanals. Bei statistischer Unabhängigkeit von Kanaleingangssignal und Störung ist $\sigma_y^2 = \sigma_x^2 + \sigma_n^2$ mit

σ_x^2 der effektiven Signalleistung am Eingang des kontinuierlichen Kanals. Damit erhält man mit Gl. (1.25) die **maximale Transinformation**

$$T(X,Y)_{max} = \frac{1}{2}\mathrm{ld}\left(1 + \frac{\sigma_x^2}{\sigma_n^2}\right) = \frac{1}{2}\mathrm{ld}\,(1 + S/N) \tag{1.27}$$

Nach Abb. 1.8b liegt ein Signal vor, das auf die Bandbreite B bandbegrenzt ist. Wird das Abtasttheorem $f_a \geq 2B$ erfüllt (s. Kapitel 2), dann können ohne Informationsverlust die Signal-Abtastwerte im Abstand $T_s = T_a = 1/2B$ übertragen werden. Man erhält dann die **Kanalkapazität** gemäß Gl. (1.20)

$$C = v_{b,max} = \frac{T(X,Y)_{max}}{T_s} = B \cdot \mathrm{ld}(1 + S/N) \approx \frac{B}{3} \cdot 10\,\mathrm{lg}(1 + S/N) \quad \mathrm{bit/s} \tag{1.28}$$

mit dem Signal-Rausch-Verhältnis S/N am Kanalausgang. Die logarithmische Darstellung mit dem Pseudomaß dB liefert dann $(S/N)_{\mathrm{dB}} = 10\,\mathrm{lg}(S/N)$).

Abb. 1.9 zeigt den Verlauf $E_b/N_0 = f(v_{b,max}/B)$ mit

$$E_b/N_0 = \frac{S/v_{b,max}}{N/B} = \frac{B}{v_{b,max}} \frac{S}{N}. \tag{1.29}$$

E_b ist die mittlere Signalenergie je Symbol (1 Symbol= 1 bit, bei optimaler Codierung der binären Quelle), und N_0 ist die Rauschleistungsdichte. Als Frequenzgrenze wird $B = B_N = 1/T_s = v_s$ die *Nyquistbandbreite* bei *modulierter* Übertragung angenommen. Dies ist zulässig, da die oben ermittelten Ergebnisse sowohl für Tiefpaß-, als auch für Bandpaß-Systeme gültig sind, s. hierzu auch Kapitel 8. Damit erhält man mit Gl. (1.28)

$$\left(\frac{E_b}{N_0}\right)_{dB} = 10\,\mathrm{lg}\left[\left(2^{v_{b,max}/v_s} - 1\right)\frac{v_s}{v_{b,max}}\right]. \tag{1.30}$$

Der Kurvenverlauf stellt eine nichtunterschreitbare Grenze dar. Alle realen Übertragungssysteme haben Kanalkapazitäten $v_{b,max}/B$ in (bit/s)/Hz bei Signal-Rausch-Verhältnissen S/N bzw. E_b/N_0, die oberhalb der Grenzkurve liegen [1].

□ **Beispiel 1.6**

Mit Gl. (1.28) ermittelt man bei einem $S/N = 1023$ ($\hat{=}$ 30,1 dB) und $B = 1$ MHz bei optimaler Codierung die Kanalkapazität $C = 10$ Mbit/s. Dieser Wert wird auch erzielt, wenn man $S/N = 15$ ($\hat{=}$ 11,76 dB) und $B = 2,5$ MHz wählt.

Bei vorgegebener Kanalkapazität benötigen breitbandige Kanäle ein geringeres Signal-Rausch-Verhältnis als schmalbandige. Signal-Rausch-Verhältnis und Bandbreite sind dann austauschbar. Dies ist eines der wichtigsten Ergebnisse der Informationstheorie.

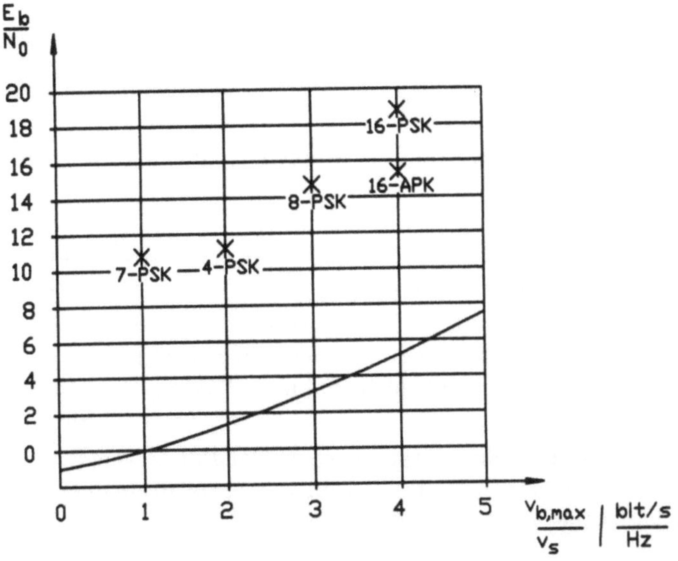

Abbildung 1.9: Grenzkurve der Kanalkapazität im AWGN-Kanal (E_b/N_0-Werte von 4PSK, 8PSK, 16PSK und 16APK bei $p_{bit} = 10^{-7}$, s. Abb. 8.67 bzw. Abb. 8.72)

□ **Beispiel 1.7**

Ermittelt und in Abb. 1.9 eingetragen werden die bezogenen Kanalkapazitäten $v_{b,max}/B$ in bit/s/Hz von 2PSK, 4PSK, 8PSK, 16APK und 16PSK, s. Abschn. 8.5.2 und 8.5.3, bei Bezug auf die Nyquistbandbreite $B_N = v_s$ (v_s in Hz), bei einer Bitfehler-Wahrscheinlichkeit von $p_{bit} = 10^{-7}$. Optimale Codierung der diskreten Quelle wird vorausgesetzt.

Man erhält für die 2PSK, da 1 Symbol = 1 bit ist, $v_s/v_s = 1$ bit/s/Hz. Bei der 4PSK repräsentiert 1 Symbol = 2 bit, damit erhält man $2v_s/v_s = 2$ bit/s/Hz. Die 8PSK überträgt 3 bit/Symbol also $3v_s/v_s = 3$ bit/s/Hz und 16APK sowie 16PSK übertragen 4 bit/Symbol mit $4v_s/v_s = 4$ bit/s/Hz.

Übungsaufgaben

Aufgabe 1.1

In einem 16QAM-Modulationssystem, s. Kapitel 2, gibt es 16 mögliche diskrete Signalzustände (n=16 Symbole).

a) Bestimmen Sie die maximale Entropie bei optimaler Codierung.
b) Infolge nichtoptimaler Codierung treten 4 Signalzustände mit der Wahrscheinlichkeit $p_a = 1/16$, 8 Signalzustände mit der Wahrscheinlichkeit $p_b = 1/32$ und 4 Signalzustände mit der Wahrscheinlichkeit $p_c = 1/8$ auf. Welche Entropie hat das 16QAM-Signal jetzt ? Wie groß ist die Redundanz in % ?
c) Wie groß ist die Kanalkapazität bei einer Bandbreite von B = 4 kHz und additivem Gaußschem Rauschen, wenn am Empfängereingang ein Signal-Rausch-Verhältnis von S/N = 30 dB vorliegt ?

Aufgabe 1.2

Betrachtet werde eine Quelle mit dem Quellenalphabet $A = \{a, b, c, d, e, f, g, h\}$. Die einzelnen Symbole erscheinen am Quellenausgang mit den Wahrscheinlichkeiten $p(a) = p(b) = 1/4$, $p(c) = p(d) = 1/8$ und $p(e) = p(f) = p(g) = p(h) = 1/16$.

a) Bestimmen Sie den Informationsgehalt der einzelnen Symbole.
b) Wie groß ist die Quellenentropie ?
c) Wie groß ist die maximale Entropie, wenn alle Symbole gleichwahrscheinlich am Quellenausgang erscheinen ?
d) Ermitteln Sie die Redundanz im Quellensignal.

Aufgabe 1.3

Ein rauschfreier Kanal, bei dem die Eingangsinformation vollständig zum Kanalausgang gelangt und dort keine Irrelevanz hinzugefügt wird, kann durch die Kanalmatrix

$$p(Y|X) = \begin{pmatrix} 1 & 0 & 0 \\ 0 & 1 & 0 \\ 0 & 0 & 1 \end{pmatrix}$$

beschrieben werden. Ermitteln Sie:

a) Die Entropie am Kanaleingang
b) Die Entropie am Kanalausgang
c) Die Streuentropie
d) Die Rückflußentropie
e) Die Verbundentropie

f) Die Transinformation

Aufgabe 1.4

Eine Urne enthalte Kugeln. Davon sind 70 % weiß, 20 % schwarz und 10 % rot. Sie stellen Symbole dar, deren Information ihre Farbe ist. Eine Person x entnimmt jeweils eine Kugel aus der Urne, übermittelt einer Person y die Farbe der Kugel, legt sie wieder in die Urne zurück und durchmischt alle Kugeln, bevor er die nächste zieht.

a) Wie groß ist der Informationsgehalt einer jeden Kugel ?
b) Wie groß ist die Entropie und die maximale Entropie ?
c) Welchen Wert erreicht die relative Redundanz in % ?
d) Wie groß ist der Informationsfluß bei einer Übermittlungszeit von 1s ?

Lösungen

Aufgabe 1.1

a) $H_0 = \mathrm{ld}\,16 = 4$ bit/Symbol.
b) Mit (Gl. 1.4) folgt $H = 3,75$ bit/Symbol, $r = (H_0 - H)/H_0 \cdot 100 = 6,25\%$.
c) Nach Gl. (1.28) folgt $C = v_{b,max} \approx B/3) \cdot 10\lg[1 + (S/N)] = 40$ kbit/s.

Aufgabe 1.2

a) $I(a) = I(b) = -\mathrm{ld}p(a) = -\mathrm{ld}p(b) = -\mathrm{ld}(1/4) = 2$ bit/Symbol $I(c) = I(d) = -\mathrm{ld}p(c) = -\mathrm{ld}p(d) = -\mathrm{ld}(1/8) = 3$ bit/Symbol $I(e) = I(f) = I(g) = I(h) = -\mathrm{ld}(1/16) = 4$ bit
b) $H = -\sum_{i=1}^{8} p(x_i)\mathrm{ld}p(x_i) = 2,75$ bit/Symbol
c) $H_{max} = H_0 = \mathrm{ld}(1/8) = 3$ bit/Symbol
d) $R = H_max - H = 0,25$ bit/Symbol

Aufgabe 1.3

a) $H(X) = 1,5$ bit/Symbol
b) $H(Y) = 1,5$ bit/Symbol
c) $H(Y|X) = 0$ bit/Symbol
d) $H(X,Y) = 1,5$ bit/Symbolpaar
e) $H(X,Y) = 1,5$ bit/Symbolpaar

Aufgabe 1.4

a) Gl. (1.1) $I_w = 0,5$ bit/Symbol; $I_s = 2,3$ bit/Symbol; $I_r = 3,3$ bit/Symbol.
b) (Gl. 1.4) $H = 1,14$ bit/Symbol; Gl. (1.5) $H_0 = 1,6$ bit/Symbol.
c) Gl. (1:6) $r = 28,75\%$
d) Gl. (1.7) $F = 1,14$ bit/s, bzw. $F_0 = 1,6$ bit/s.

Kapitel 2

Signale und Systeme

Information wird in Form von Informationssignalen übertragen. Letztere sind zeitabhängige physikalische Größen, denen die Information aufgeprägt wird. Für die Informationsübertragung geeignete physikalische Größen sind beispielsweise der elektrische Strom, die elektrische Spannung, die Lichtwelle, im allgemeinen also elektromagnetische Wellen.

Als Grundmuster von Signalen kennt man zunächst **determinierte Signale**, dies sind Impulse mit endlicher Amplitude, die sowohl zeitbegrenzt auf die Impulsdauer T_s im Intervall $kT_s \leq t \leq (k+1)T_s$ $(k \in 0, \pm 1, \pm 2, \pm 3 \ldots)$ oder auch zeitlich nicht beschränkt sein können. Besonders einfach erzeugbare Impulse nennt man auch **Elementarimpulse**.

Zu den determinierten Signalen gehören auch die **periodischen Signale**, beispielsweise eine im gleichen zeitlichen Abstand sich wiederholende Folge von gleichartigen Elementarimpulsen.

Schließlich kennt man die Gruppe der **Zufallssignale**, die entweder als zeit- und wertkontinuierliche **analoge Zufallssignale** vorkommen - z.B. die am Ausgang eines Mikrofons erscheinenden Sprachsignale - oder die zeit- und wertdiskreten, bzw. zeitdiskreten, aber im Intervall $kT_s \leq t \leq (k+1)T_s$ wertkontinuierlichen **digitalen Zufallssignale**, kurz **Digitalsignale** genannt. Letztere sind stochastische Folgen von Elementarimpulsen, z.B. Computer-Datensignale, oder auch im vorgenannten Intervall definierte Sinusschwingungen diskreter Amplitude, Phase oder Frequenz. Von Zufallssignalen ist lediglich eine zeitliche Momentaufnahme bildhaft darstellbar.

Informationssignale sind immer Zufallssignale. Zu ihrer qualitativen Beurteilung sind neben dem Zeitverlauf die spektralen Eigenschaften von Interesse.

Informationssignale werden vom Sender zum Empfänger über ein sogenanntes

Übertragungssystem, kurz **System**, transportiert. Die **System-Übertragungsfunktion** bzw. die **System-Impulsantwort** stellen hier die wichtigsten Kriterien zur Beurteilung des Systemeinflusses auf das Informationssignal dar, das durch additives Rauschen (z.B. thermisches Rauschen) beeinflußt wird und mit weiteren Störgrößen behaftet sein kann [10-17].

2.1 Determinierte Signale

Wichtige determinierte Signale sind Elementarimpulse wie Rechteckimpuls, Gauß-Impuls, cos^2-Impuls oder Nyquist-Impuls, die einfach zu erzeugen sind. Wegen ihrer günstigen spektralen Eigenschaften werden Gauß-Impuls und Nyquist-Impuls häufig zur digitalen Übertragung verwendet. Weitere determinierte Signale von praktischer Bedeutung sind die periodischen Sinus-Cosinus-Schwingungen, die z.B. als "Träger" der Informationssignale bei der Funk-Übertragung benutzt werden, und periodische Rechteckschwingungen, die als "Taktsignale" in der Datentechnik Anwendung finden. Abb. 2.1 zeigt den Zeitverlauf einiger determinierter Signale. Die **Stoßfunktion** bzw. die **Sprungfunktion** sind System-Eingangssignale zur Ermittlung der Impuls-Antwort bzw. Sprung-Antwort. Die spektralen Eigenschaften determinierter Signale ermittelt man allgemein mit der **Fourier-Transformation**, oft auch **Fourierintegral** genannt; für den Sonderfall periodischer Signale geht sie in die Fourier-Analyse über.

2.1.1 Fourier-Analyse

Periodische Signale, wie z.B. die in Abb. 2.1f dargestellte periodische Rechteckschwingung mit der Periodendauer T, können in eine Fourierreihe entwickelt werden. Aus der Fourierreihe ist allgemein ablesbar, daß periodische Signale aus einer sinusförmigen (cosinusförmigen) Grundschwingung mit der Frequenz $f_0 = 1/T$ und den sinusförmigen (cosinusförmigen) Oberschwingungen bestehen, deren Frequenzen ganzzahlige Vielfache der Grundfrequenz sind. Ein Gleichanteil im periodischen Signal erscheint in der Fourierreihe als konstantes Glied. Die Fourierreihe lautet in reeller Form

$$s(t) = a_0 + \sum_{\nu=1}^{\infty} a_\nu \cos \nu\omega_0 t + b_\nu \sin \nu\omega_0 t. \tag{2.1}$$

Den Gleichanteil a_0 erhält man durch Integration von 0 bis T über die zu analysierende Funktion $s(t)$. Zur Ermittlung der weiteren **Fourierkoeffizienten** a_ν und b_ν multipliziert man Gl. (2.1) mit $\cos \nu\omega_0 t$ bzw. $\sin \nu\omega_0 t$ und integriert über

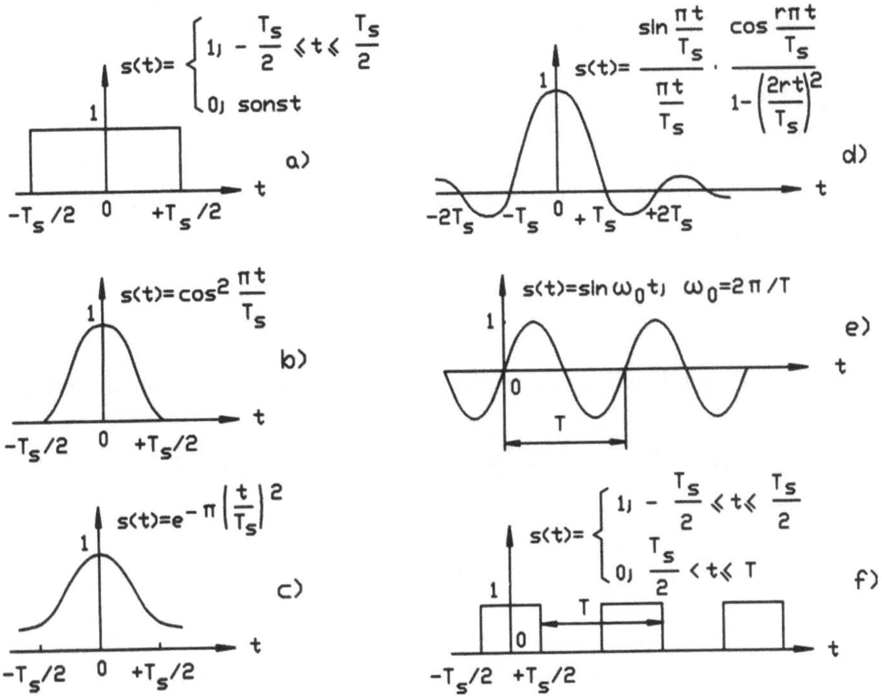

Abbildung 2.1: Einige determinierte Signale: a) Rechteck-Impuls; b) cos^2-Impuls; c) Gauß-Impuls; d) Nyquist-Impuls $r \approx 0,5$; e) Sinusschwingung; f) Rechteckschwingung

die jeweiligen Produkte im Intervall 0 bis T.

$$a_0 = \frac{1}{T}\int_0^T s(t)dt; \quad a_\nu = \frac{2}{T}\int_0^T s(t)\cos \nu\omega_0 t dt; \quad b_\nu = \frac{2}{T}\int_0^T s(t)\sin \nu\omega_0 t dt \tag{2.2}$$

Ist $s(t)$ eine gerade Funktion, so wird b_ν zu Null, und die Fourierreihe enthält dann nur Cosinus-Glieder. Bei einer ungeraden Funktion $s(t)$ verschwindet der Koeffizient a_ν, und die Fourierreihe ist dann eine reine Sinusreihe.

Neben der reellen Darstellung der Fourierreihe gibt es auch eine Darstellung als **komplexe Fourierreihe**; sie hat die Form

$$s(t) = \sum_{\nu=-\infty}^{+\infty} \underline{c}_\nu e^{j\nu\omega_0 t}; \quad \underline{c}_\nu = \frac{1}{T}\int_0^T s(t)e^{-j\nu\omega_0 t}dt \tag{2.3}$$

mit i. allg. komplexen Koeffizienten (Amplituden) $\underline{c}_\nu$. Aus den Gln. (2.1) und

(2.3) ist ablesbar, daß periodische Signale grundsätzlich nur spektrale Komponenten bei den diskreten Frequenzen νf_0 ($f_0 = \omega_0/2\pi$) aufweisen. Allerdings erscheinen unendlich viele dieser diskreten Komponenten; streng genommen belegt ein beliebiges periodisches Signal ein unendlich breites Frequenzband [10-19].

□ **Beispiel 2.1:**
Fourier-Analyse der periodischen Rechteck-Schwingung nach Abb. 2.1f.
Die periodische Rechteckschwingung stellt mathematisch eine gerade Funktion dar. Ihre Fourierreihe ist deshalb eine reine cos-Reihe. Für den Sonderfall $T = 2Ts$ bestimmt man ihre Fourierkoeffizienten mit den Gln. (2.2) zu

$$a_0 = \frac{1}{2}; \quad a_\nu = \frac{\sin \nu\omega_0 T_s/2}{\nu\omega_0 T_s/2} = \frac{\sin \nu\pi/2}{\nu\pi/2}. \tag{2.4}$$

Setzt man die Fourierkoeffizienten in Gl. (2.1) ein, so findet man die Fourierreihe

$$s(t) = \frac{1}{2} + \sum_{\nu=1}^{\infty} \frac{\sin \nu\pi/2}{\nu\pi/2} \cos \nu\omega_0 t; \quad (\nu = 1, 3, 5, \ldots) \tag{2.5}$$

$$s(t) = \frac{1}{2} + \frac{2}{\pi}\cos \omega_0 t - \frac{2}{3\pi}\cos 3\omega_0 t + \frac{2}{5\pi}\cos 5\omega_0 t - \cdots \tag{2.6}$$

In Abb. 2.2 ist das Linienspektrum (Amplitudenspektrum) nach Gl. (2.5) wiedergegeben. Die spektralen Amplituden klingen schnell ab, werden jedoch erst im

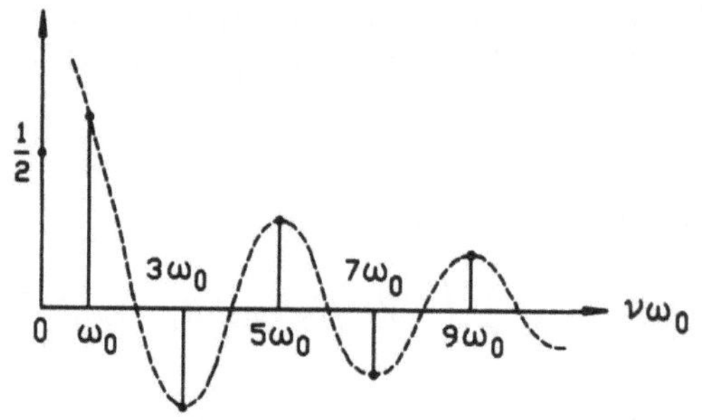

Abbildung 2.2: Spektrale Amplituden der periodischen Rechteckschwingung nach Abb. 2.1f

Unendlichen zu Null.

Berechnet man die komplexe Fourierreihe der periodischen Rechteckschwingung mit Gl. (2.3), so läßt sich wegen der komplexen Koeffizienten neben einem diskreten Betragsspektrum $|\underline{c}_\nu|$ auch ein zugehöriges diskretes Phasenspektrum arg $\underline{c}_\nu$

ermitteln.

$$|\underline{c}_\nu| = \sqrt{(\mathrm{Im}[\underline{c}_\nu])^2 + (\mathrm{Re}[\underline{c}_\nu])^2}; \quad \arg \underline{c}_\nu = \arctan(\mathrm{Im}[\underline{c}_\nu]/\mathrm{Re}[\underline{c}_\nu]) \tag{2.7}$$

2.1.2 Fourier-Transformation

Man findet das Paar der Fourier-Transformierten

$$\text{a)} \quad \underline{S}(f) = \int_{-\infty}^{+\infty} s(t)e^{-j2\pi ft}dt; \quad \text{b)} \quad s(t) = \int_{-\infty}^{+\infty} \underline{S}(f)e^{j2\pi ft}df \tag{2.8}$$

wenn man in den Gln. (2.3) in geeigneter Weise die Periodendauer $T \to \infty$ gehen läßt [10, 16]. Die Spektrallinien im Linienspektrum nach Abb. 2.2 rücken dann wegen $f_0 = (1/T) \to 0$ unendlich dicht zusammen. Das Linienspektrum geht über in eine über der Frequenz kontinuierlich verlaufende **Spektralfunktion** $\underline{S}(f)$. $s(t)$ kann ein Impuls unendlicher Dauer sein, wie zum Beispiel der Nyquistimpuls nach Abb. 2.1d, ein zeitbegrenzter Impuls wie der Rechteckimpuls nach Abb. 2.1a, oder ein Signalabschnitt. Man nennt $\underline{S}(f)$ auch **komplexe Spektraldichte** der Zeitfunktion $s(t)$. Aus ihr ermittelt man die **Amplitudenbetragsdichte** $|\underline{S}(f)|$, und die **spektrale Phasendichte** arg $\underline{S}(f)$. Beide verlaufen, unabhängig von der Gestalt von $s(t)$, über der Frequenz kontinuierlich. Bestimmte Impulsformen, wie z.B der symmetrisch zu $t = 0$ liegende Rechteckimpuls, haben reelle Spektralfunktionen $S(f)$.

Ist $s(t)$ zeitbegrenzt, wie der Rechteckimpuls, so ist der entstehende Spektralverlauf zwar über der Frequenz kontinuierlich, aber nicht frequenzbandbegrenzt. Bei zeitlich nicht begrenztem $s(t)$, z.B. Nyquist-Impuls, ist der Spektralverlauf ebenfalls kontinuierlich, aber frequenzbandbegrenzt auf eine obere Frequenzgrenze f_g. Der Nyquist-Impuls hat wegen dieser Eigenschaft für die digitale Übertragung besondere Bedeutung, da ein Digitalsignal aus einer Folge von Nyquist-Impulsen auf seinen "Frequenz-Kanal" beschränkt bleibt und in benachbarten "Frequenz-Kanälen" keine Störungen hervorruft.

Zur weiteren Erläuterung dieses Sachverhalts werden in den folgenden beiden Beispielen die Spektralfunktionen von Rechteckimpuls nach Abb. 2.1a und Nyquist-Impuls nach Abb. 2.1d ermittelt und über der Frequenz grafisch dargestellt.

□ **Beispiel 2.2:**
Spektralfunktion des Rechteckimpulses nach Abb. 2.1a.
Mit Gl. (2.8)a ermittelt man die Spektralfunktion

$$\underline{S}(f) = \int_{-T_s/2}^{+T_s/2} e^{-j2\pi ft}dt = T_s \frac{\sin \pi f T_s}{\pi f T_s}, \tag{2.9}$$

die eine reelle Amplitudendichte (Amplitudenspektrum) darstellt. Ihr Verlauf über der Frequenz f ist in Abb. 2.3 wiedergegeben.

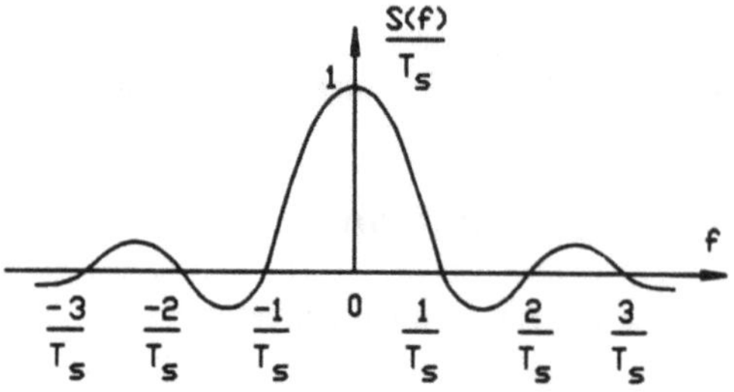

Abbildung 2.3: Spektralfunktion eines zeitbegrenzten Rechteckimpulses

Streng genommen liefert $S(f)$ bei allen Frequenzen eine bestimmte spektrale Amplitude. Bereits bei Frequenzen $> 3/T_s$ ist diese aber so klein, daß sie im praktischen Fall meist vernachlässigt werden kann. Eine Bandbegrenzung des Impulses (Tiefpaßfilter) auf diese Frequenz würde seine Impulsgestalt - nach einer Fourier-Rücktransformation in den Zeitbereich gemäß Gl. (2.8b) - deshalb nur geringfügig verändern, obwohl er nun infolge der Bandbegrenzung nicht mehr zeitbegrenzt ist.

□ **Beispiel 2.3:**
Spektralfunktion des Nyquist-Impulses nach Abb. 2.1d.
Nyquist-Impulse sind im Gegensatz zum Rechteckimpuls nach Abb. 2.1a nicht zeitbegrenzt. Sie haben den Zeitverlauf

$$s(t) = \frac{\sin(\pi t/T_s)}{\pi t/T_s}\frac{\cos(r\pi t/T_s)}{1-(2rt/T_s)^2}, \tag{2.10}$$

mit dem Parameter r, dem "Roll-Off-Faktor" ($0 \leq r \leq 1$), und sind im Intervall $-\infty \leq t \leq +\infty$ definiert. Für $r = 0$ erhält man den Zeitverlauf

$$s(t) = \frac{\sin(\pi t/T_s)}{\pi t/T_s}. \tag{2.11}$$

Allgemein findet man mit dem Fourierintegral Gl. (2.8a) die reelle Spektralfunktion

$$\frac{S(f)}{T_s} = 1; \quad \text{für} \quad 0 \leq f \leq \frac{1}{2T_s}(1-r) \tag{2.12}$$

$$\frac{S(f)}{T_s} = \frac{1}{2} + \frac{1}{2}\cos\frac{\pi}{2r}[2fT_s - (1-r)]; \quad \text{für} \quad \frac{1}{2T_s}(1-r) \leq f \leq \frac{1}{2T_s}(1+r) \tag{2.13}$$

$$\frac{S(f)}{T_s} = 0; \quad \text{sonst.} \tag{2.14}$$

Ihr Verlauf über der Frequenz ist in Abb. 2.4 wiedergegeben. In der Spektralfunktion beschreibt der "Roll-Off" den cosinusförmigen Übergang vom konstanten Spektralverlauf $S(f)/T_s = 1$ bis zur Frequenzbandgrenze mit der spektralen

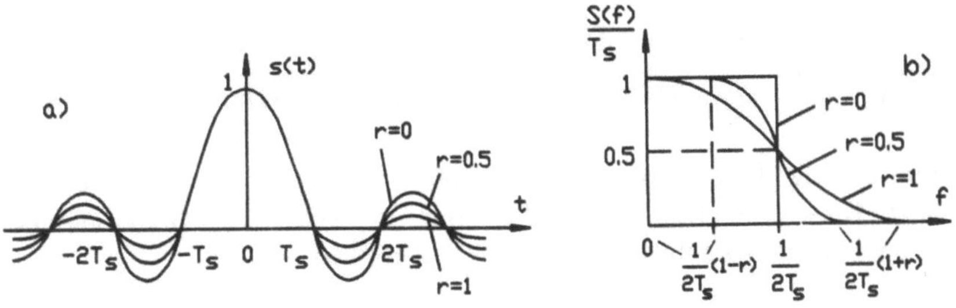

Abbildung 2.4: Zeit-und Spektralfunktion von Nyquist-Impulsen bei variablem "Roll-Off-Faktor" r: a) Zeitfunktion; b) Spektralfunktion

Amplitude Null. Die obere Frequenzgrenze, sie stellt auch die **Bandbreite** des Nyquistimpulses dar, findet man gemäß Gl. 2.13 zu

$$B = f_g = \frac{1}{2T_s}(1+r). \tag{2.15}$$

Oberhalb von f_g treten keine spektralen Anteile mehr auf. Bei $r = 0$ erhält man die Rechteck-Spektralfunktion mit der **Nyquist-Bandbreite** $B_N = f_g = 1/2T_s$.

□ **Beispiel 2.4:**
Stoßfunktion (Dirac-Impuls) und Sprungfunktion (Einheitsprung).
Wenn man die Höhe des Rechteckimpulses nach Abb. 2.1a auf $1/T_s$ verändert und danach seine Dauer T_s gegen Null gehen läßt, erhält man einen unendlich schmalen und unendlich hohen Impuls der konstanten "Fläche" 1, der **Stoßfunktion** oder **Dirac-Impuls** genannt und mit $\delta(t)$ bezeichnet wird; symbolisch wird er durch einen vertikalen Pfeil endlicher Länge dargestellt s. Abb. 2.5a. In der Mathematik

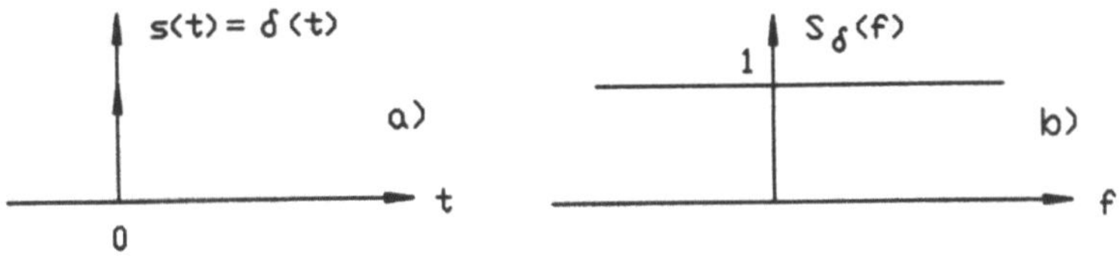

Abbildung 2.5: Dirac-Impuls: a) Zeitfunktion; b) Spektralfunkiton

wird die Stoßfunktion auch Delta-Funktion genannt und als *Distribution* aufgefaßt [16].

Das Paar der Fourier-Transformationen der Stoßfunktion lautet

$$S_\delta(f) = \int_{-\infty}^{+\infty} \delta(t)e^{-j2\pi ftdt} = 1; \quad \delta(t) = \int_{-\infty}^{+\infty} 1 \cdot e^{+j2\pi ft}df. \tag{2.16}$$

Eine weitere wichtige Eigenschaft der Stoßfunktion ist die sogenannte **Ausblendeigenschaft**. Diese ermöglicht es, den Wert einer stetigen Funktion $s(t)$ an einer beliebigen Stelle t_0 in der folgenden Form zu beschreiben.

$$s(t_0) = \int_{-\infty}^{+\infty} s(t)\delta(t - t_0)dt \tag{2.17}$$

Bei der Betrachtung der Abtastsysteme in Abschn. 2.4 wird die Ausblendeigenschaft zur Beschreibung der Abtastung an äquidistanten Stellen $t_n = nT_a$ angewendet, s. Abb. 2.6.

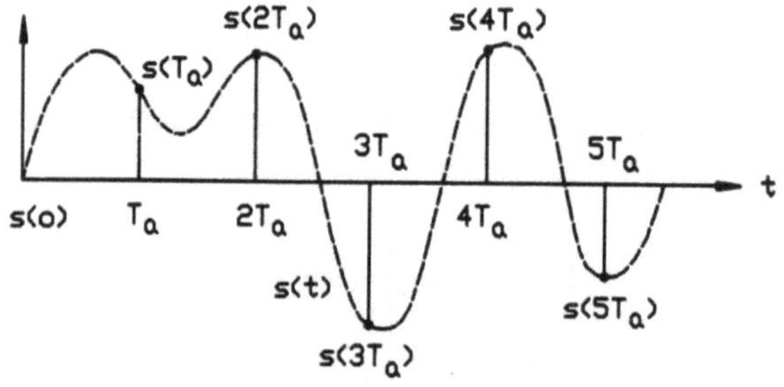

Abbildung 2.6: Abtastung eines stetigen (analogen) Signals

Die **Sprungfunktion** $\sigma(t)$ oder der **Einheitssprung** kann aus einer Rampenfunktion durch den Grenzübergang $\epsilon \to 0$ hergeleitet werden, s. Abb. 2.7. Sie ist durch

$$\sigma(t) = 0, \quad t < 0; \quad \sigma(t) = 1, \quad t \geq 0 \tag{2.18}$$

definiert.

Wählt man im Paar der Fourier-Transformierten als Variable anstelle der Frequenz f die Kreisfrequenz ω, so lauten wegen $d\omega = 2\pi df$ die beiden Gln. (2.8)

$$\underline{S}(\omega) = \int_{-\infty}^{+\infty} s(t)e^{-j\omega t}dt; \quad s(t) = \frac{1}{2\pi}\int_{-\infty}^{+\infty} \underline{S}(\omega)e^{j\omega t}d\omega. \tag{2.19}$$

Allgemein führt die Fourier-Transformation immer dann auf endliche Lösungen, wenn $s(t)$ mindestens stückweise stetig und die hinreichende Bedingung

$$\int_{-\infty}^{+\infty} |s(t)|dt < \infty \tag{2.20}$$

erfüllt ist [10, 11, 16, 18].

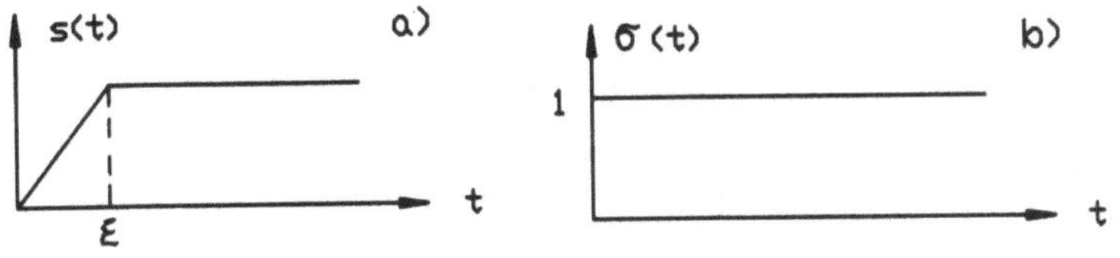

Abbildung 2.7: a) Rampenfunktion und b) Sprungfunktion

2.1.2.1 Sätze der Fourier-Transformation

Mit der Fourier-Transformation kann ein determiniertes Zeitsignal $s(t)$, das fouriertransformierbar ist, in den Frequenzbereich und umgekehrt von dort wieder mit der Fourier-Rücktransformation in den Zeitbereich transformiert werden.

Die Korrespondenzen wichtiger Zeitsignalen und ihrer Fourier-Transformierten sind in **Anhang A** zusammengestellt.

Bei systemtheoretischen Anwendungen der Fourier-Transformation in der Kommunikationstechnik sind weitere Regeln und mathematische Zusammenhänge von Bedeutung; die wichtigsten sind in Tab. 2.1 und Tab. 2.2 wiedergegeben.

Besonders hingewiesen sei auf die beiden Signalarten **Energiesignale**, die im Intervall $-\infty \leq t \leq +\infty$ eine endliche Signalenergie besitzen und **Leistungssignale**, mit einer im vorgenannten Intervall endlichen Signalleistung, s. Tab. 2.2. Beide Signalarten haben praktische Bedeutung. So sind z.B. die als Digitalsignale bekannten stochastischen Folgen aus Rechteckimpulsen typische Leistungssignale, während stochastische Folgen aus Nyquistimpulsen, die häufig zur Signalübertragung benutzt werden, Energiesignale darstellen. Die Anwendung der beiden Signalarten, wird in Kapitel 8 noch genauer demonstriert.

2.1.3 Laplace-Transformation

Für viele in der Praxis wichtige Signalformen ist die Fourier-Transformation nicht anwendbar, da die Integrierbarkeit der Fourier-Hintransformation Gl. (2.8) nur dann gewährleistet ist, wenn Gl. (2.20) erfüllt wird. Beispielsweise interessiert in vielen passiven oder aktiven Schaltungen der Kommunikationstechnik, die zum Zeitpunkt $t = 0$ durch eine Sprungfunktion eingeschaltet werden, der Verlauf von Strömen und Spannungen nach dem Einschalten. Durch Aufstellung der Differentialgleichungen für Strom bzw. Spannung der betreffenden Netzwerke, kann man deren Zeitverlauf nach dem Schalten ermitteln. Eine Vereinfachung der Lösung der Differentialgleichungen würde man erreichen, wenn man den Differentiations - bzw. Integrationsatz der Fourier-Transformation anwenden könnte, um die Lösung

Tabelle 2.1: Sätze der Fourier-Transformation

Zeitfunktion	**Spektralfunktion**
Addition	
$A_1 s_1(t) + A_2 s_2(t)$	$A_1 \underline{S}_1(f) + A_2 \underline{S}_2(f)$; A_1, A_2 Konstanten
Ähnlichkeit	
$s(at); a > 0$, Signaldehnung	$(1/\vert a\vert)\underline{S}(f/a)$; Spektrum-Stauchung
Zeitverschiebung	
$s(t - t_0)$; Verzögerung: t_0	$\underline{S}(f)e^{-j2\pi f t_0}$; Phase $\phi = -2\pi f t_0$
Frequenzverschiebung	
$s(t)e^{j2\pi f_0 t}$; Phase $\phi = 2\pi f_0 t$	$\underline{S}(f - f_0)$; Verschiebung: $-f_0$
$s(t)e^{-j2\pi f_0 t}$; Phase $\phi = -2\pi f_0 t$	$\underline{S}(f + f_0)$; Verschiebung: $+f_0$
Vertauschung	
$s(t)$	$\underline{S}(f)$
$\underline{S}(t)$	$s(-f)$
Differentiation	
$d^n s(t)/dt^n$	$(j2\pi f)^n \underline{S}(f)$
Integration	
$\int_{-\infty}^{+\infty} s(t)dt$	$(1/j2\pi f)\underline{S}(f) + \frac{1}{2}\underline{S}(0)\delta(0)$
$s(t)$ ohne Gleichanteil	$(1/j2\pi f)\underline{S}(f)$
Faltung	
$s_1(t) * s_2(t) = \int_{-\infty}^{+\infty} s_1(t-\tau)s_2(\tau)d\tau$	$\underline{S}_1(f)\underline{S}_2(f)$
$s_1(t)s_2(t)$	$\underline{S}_1(f) * \underline{S}_2(f) = \int_{-\infty}^{+\infty} \underline{S}_1(f - f_\tau)\underline{S}_2(f_\tau)df_\tau$

Tabelle 2.2: Signaldefinitionen

Parsevalsches Theorem
$E = \int_{-\infty}^{+\infty} s^2(t)dt = \int_{-\infty}^{+\infty} \vert\underline{S}(f)\vert^2 df$; E=Signalenergie
Energiesignal
$0 < \int_{-\infty}^{+\infty} s^2(t)dt < \infty$; z.B. Nyquistimpuls
spektrale Energiedichte
$\vert\underline{S}(f)\vert^2 = \underline{S}(f) * \underline{S}^*(f)$
Leistungssignal
$P = \lim_{T\to\infty} \frac{1}{2T} \int_{-T}^{+T} s^2(t)dt < \infty$; P=Signalleistung [18]
spektrale Leistungsdichte
$L(f) = \lim_{T\to\infty} \frac{1}{T}\overline{\vert S(f)\vert^2}$ [18]

der Differentialgleichung im Frequenzbereich durchzuführen, da sie dort als algebraische Gleichung erscheint. Dies ist jedoch wegen der Bedingung Gl. (2.20) nicht für beliebige Signale möglich. Um Konvergenz zu erzwingen, beschränkt man sich auf kausale Funktionen mit $s(t) = 0$ für $t < 0$ - die Integrationsgrenzen der Fourier-Transformation liegen nun zwischen $t = 0$ und $t = \infty$ - und multipliziert das Argument der nun "einseitigen Fouriertransformation" mit dem "Konvergenzfaktor" $e^{-\sigma t}$, $\sigma > 0$. Der Ausdruck $s(t)e^{-\sigma t}$ stellt hierbei eine gedämpfte Zeitfunktion dar und erzwingt so für alle praktisch relevanten Zeitfunktionen $s(t)$ die Integrierbarkeit der einseitigen Fourier-Transformation, die nach ihrem Erfinder **Laplace-Transformation** genannt wird. Als neue Variable erscheint nun der komplexe Frequenzparameter $p = \sigma + j\omega$.

$$\underline{S}(p) = \int_0^{\infty} s(t)e^{-(\sigma+j\omega t)}dt = \int_0^{\infty} s(t)e^{-pt}dt \qquad (2.21)$$

Vielfach wird der komplexe Frequenzparameter p mit s bezeichnet, z.B. [16, 17]. Die Zeitfunktion $s(t)$ bezeichnet man oft als **Originalfunktion** und ihre Laplace-Transformierte $\underline{S}(p)$ als **Bildfunktion.**

Die Laplace-Rücktransformation aus dem Bildbereich in den Originalbereich führt dann auf Zeitsignale $s(t)$, die für $t \geq 0$ definiert sind.

$$s(t) = \frac{1}{2\pi j} \int_{\sigma-j\infty}^{\sigma+j\infty} \underline{S}(p)e^{+pt}dp \qquad (2.22)$$

Mathematisch findet man die Laplace-Rücktransformierte einer Bildfunktion $\underline{S}(p)$ mit Hilfe des **Residuensatzes** oder durch Anwendung der **Partialbruchzerlegung**. Für die am häufigsten vorkommenden Zeitfunktionen existieren Korrespondenztabellen der Original- und Bildfunktionen, s. **Anhang B**.

Für die Laplace-Transformation gelten die in Tab. 2.3 dargestellen Regeln, die weitgehend mit den entsprechenden Sätzen der Fourier-Transformation übereinstimmen. Sie finden Anwendung bei der Berechnung von **Schaltvorgängen**, wie z.B. beim Einschalten des in Abb. 2.8 gezeigten RL-Netzwerks.

□ **Beispiel 2.5:**
Bestimmung des Stromes $i(t)$ nach dem Schalten im RL-Netzwerk, Abb. 2.8.

Nach dem Schalten erhält man mit dem 2.Kirchhoffschen Satz für das Netzwerk die Differentialgleichung

$$U_q = u_R + u_L = Ri + L\frac{di}{dt}. \qquad (2.23)$$

Dies ist eine lineare Differentialgleichung 1. Ordnung mit konstanten Koeffizienten, die durch "Trennung der Variablen" lösbar ist. Einfacher ist sie jedoch lösbar, wenn man sie mit der Laplace-Transformation in den Bildbereich transformiert.

$$U_q\mathbf{L}\{1\} = R \cdot \mathbf{L}\{i\} + L \cdot \mathbf{L}\left\{\frac{di}{dt}\right\} \qquad (2.24)$$

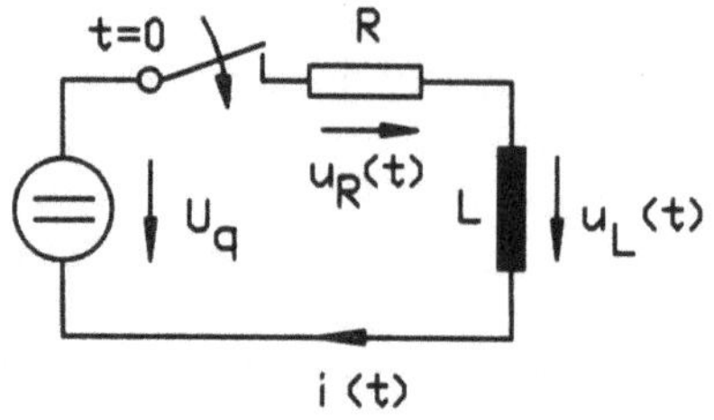

Abbildung 2.8: RL-Netzwerk

Tabelle 2.3: Regeln der Laplace-Transformation

	Originalfunktion	**Bildfunktion**
Addition	$k_1 s_1(t) + k_2 s_2(t)$	$k_1 \underline{S}_1(p) + k_2 \underline{S}_2(p)$
Ähnlichkeit	$s(\alpha t)$	$\frac{1}{\lvert\alpha\rvert}\underline{S}\left(\frac{p}{\alpha}\right)$
Verschiebung	$s(t - t_0)$	$\underline{S}(p)e^{-pt_0}$
	$s(t)e^{p_0 t}$	$\underline{S}(p)(p - p_0)$
Differentiation	$ds(t)/dt$	$p\underline{S}(p) - s(0)$
	$d^2 s(t)/dt^2$	$p^2 \underline{S}(p) - ps(0) - s'(0)$
Integration	$\int_0^t s(\tau)d\tau$	$\frac{1}{p}\underline{S}(p)$
	$\frac{1}{t}s(t)$	$\int_p^\infty \underline{S}(q)dq$
Faltung	$s_1(t) * s_2(t)$	$\underline{S}_1(p)\underline{S}_2(p)$
s. auch Tab. 2.1	$s_1(t)s_2(t)$	$\frac{1}{2\pi j}\underline{S}_1(p) * \underline{S}_2(p)$

L bezeichnet die Laplace-Transformation allgemein. Für die Sprungfunktion erhält man mit Gl. (2.21)

$$\underline{S}_\sigma(p) = \int_0^\infty e^{-pt}dt = \frac{1}{p}, \tag{2.25}$$

s. **Anhang B**. Das Schließen des Schalters entspricht einem Einheitssprung der Spannung zur Zeit $t = 0$. Aus der Tab. 2.3 folgt weiter

$$\mathbf{L}\left\{\frac{di}{dt}\right\} = p\mathbf{L}\{i\} - i(0). \tag{2.26}$$

$i(0)$ bezeichnet die Anfangsbedingung. Da vor dem Schalten das Netzwerk stromlos war, ist $i(0) = 0$.

Setzt man nun die Laplace-Transformierten in Gl. (2.26) ein und stellt um, so erhält man eine algebraische Gleichung für die Laplace-Transformierte des Stromes.

$$\mathbf{L}\{i\} = \frac{U_q}{R}\frac{1}{p\left(1+\frac{L}{R}p\right)} = \frac{U_q}{R}\frac{1}{p(1+\tau p)} \tag{2.27}$$

mit der Zeitkonstanten $\tau = L/R$. Nun bildet man von Gl. (2.27) die Laplace-Rücktransformierte des transformierten Stromes $\mathbf{L}^{-1}\{\mathbf{L}\{i\}\} = i$ mit Hilfe der Korrespondenztabelle in **Anhang B** und findet so den gesuchten Strom.

$$i(t) = \frac{U_q}{R}\mathbf{L}^{-1}\left\{\frac{1}{p(1+p\tau)}\right\} = \frac{U_q}{R}\left(1-e^{-t/\tau}\right) \tag{2.28}$$

Der Strom $i(t)$ besteht aus dem stationären Anteil U_q/R und dem flüchtigen Anteil $(-U_q/R)e^{-t/\tau}$ [16, 20].

2.1.4 Zeitmittelwerte, Korrelationsfunktion und spektrale Leistungsdichte determinierter Signale

Informationssignale sind, wie bereits eingangs erwähnt, zeitabhängige Vorgänge. Zur Charakterisierung solcher Signale bestimmt man oft die Mittelwerte dieser Zeitfunktionen. So kennt man den **linearen Mittelwert** eines periodischen Signals $s(t)$ mit der Periodendauer T

$$\overline{s} = \frac{1}{T}\int_0^T s(t)dt, \tag{2.29}$$

und den **quadratischen Mittelwert**

$$\overline{s^2} = \frac{1}{T}\int_0^T s^2(t)dt, \tag{2.30}$$

der die Wirkleistung P des Signals an einem Widerstand von $R = 1\Omega$ angibt, wenn $s(t)$ ein Spannungsverlauf ist. Die Wurzel aus dem quadratischen Mittelwert $\sqrt{\overline{s^2}}$ ist der Effektivwert der Spannung.

Auch für nichtperiodische Zeitfunktionen, wie z.B. die Elementarimpulse cos^2-Impuls oder Gauß-Impuls kann man Zeitmittelwerte angeben.

Ein weiterer in der Kommunikationstechnik wichtiger Zeitmittelwert ist die **Kreuzkorrelationsfunktion (KKF)**. Hierbei ist zwischen der Kreuzkorrelationsfunktion von Leistungssignalen und Energiesignalen zu unterscheiden [18]. Die Kreuzkorrelationsfunktion von zwei Leistungssignalen $s_1(t)$ und $s_2(t)$ ist durch

$$R(\tau) = \lim_{T\to\infty}\frac{1}{2T}\int_{-T}^{+T} s_1(t)s_2(t+\tau)dt \tag{2.31}$$

definiert. Sie gibt in Abhängigkeit der zeitlichen Verschiebung τ den Verwandtschaftsgrad der zwei zu vergleichenden Signale $s_1(t)$ und $s_2(t)$ an.

Gilt für die Leistungssignale $s_1(t) = s_2(t) = s(t)$, so nennt man die dann folgende Beziehung **Autokorrelationsfunktion (AKF)**.

$$R_{ss}(\tau) = \lim_{T\to\infty} \frac{1}{2T} \int_{-T}^{+T} s(t)s(t+\tau)dt \qquad (2.32)$$

Bei zeitbegrenzten Energiesignalen liefert der Grenzwert $2T \to \infty$ den Wert 0. Die AKF wird für solche Signale durch

$$R_{ss}(\tau) = \int_{-\infty}^{+\infty} s(t)s(t+\tau)dt \qquad (2.33)$$

definiert.

Die AKF ist eine gerade Funktion der Verschiebung τ. Sie wird in der Kommunikationstechnik häufig zur Signalerkennung in digitalen Empfängern in der Form

$$R_{ss}(\tau) = \lim_{T\to\infty} \frac{1}{2T} \int_{-T}^{+T} s(t)s(t-\tau)dt \qquad (2.34)$$

realisiert. Hierbei wird ein Empfangssignal $s_i(t-\tau)$ mit allen zulässigen abgespeicherten n Digitalsignalen $s_j(t)$ $(j = 1, 2, \ldots, n)$ durch Nachbildung der AKF im Empfänger verglichen. Für $i = j$ wird $R_{ss}(\tau)$ maximal, ein Kriterium, das sich zur Signalerkennung eignet. Je kleiner die Verschiebung τ und die Verzerrung des Empfangssignals ist, umso größer ist die Signalverwandtschaft und umso sicherer die Signalerkennung. Für $\tau = 0$ stellt die AKF die Wirkleistung des Signals $s(t)$ dar.

Anwendungen der Autokorrelationsfunktion werden in **Kapitel 8** diskutiert.

Die Autokorrelationsfunktion hat neben ihrer Verwendung zur Signaldetektion in der Kommunikationstechnik noch eine andere wichtige Eigenschaft: Autokorrelationsfunktion $R_{ss}(\tau)$ und **spektrale Leistungsdichte** $L(f)$ von Leistungssignalen sind Fourier-Transformierte voneinander, **(Theorem von Wiener und Khintchine)**

$$L(f) = \int_{-\infty}^{+\infty} R_{ss}(\tau)e^{-j2\pi f\tau}d\tau; \quad R_{ss}(\tau) = \int_{-\infty}^{+\infty} L(f)e^{+j2\pi f\tau}df. \qquad (2.35)$$

Dieser Zusammenhang wurde zwar für stochastische Leistungssignale ermittelt, ist jedoch auch für determinierte Leistungssignale anwendbar.

In reeller Schreibweise lautet die spektrale Leistungsdichte

$$L(f) = 2\int_{0}^{\infty} R_{ss}(\tau)\cos 2\pi f\tau d\tau. \qquad (2.36)$$

Wenn $s(t)$ einen Spannungsverlauf darstellt, hat $R_{ss}(\tau)$ die Dimension V^2. An dem in der Systemtheorie üblichen Bezugswiderstand $R = 1\Omega$ entspricht dies einer

Wirkleistung. Die spektrale Leistungsdichte hat damit die Dimension Leistung/Hz (= *Energie* = *Leistung* · *Zeit*).

Die Kenntnis der spektralen Leistungsdichte eines Signals ist besonders bei stochastischen Signalen (Zufallssignalen) von Bedeutung. Sie ist bei diesen Signalen neben der Bitfehlerquote ein wichtiges Kriterium zur Beurteilung der Signalqualität. Da in realen Informations-Übertragungssystemen oft determinierte Signale und Zufallssignale miteinander verknüpft werden, wie zum Beispiel bei der digitalen Sinusträgermodulation, wird auch von einigen determinierten Signalen die spektrale Leistungsdichte benötigt.

Die spektrale Leistungsdichte wird mit **Spektrumanalysatoren** näherungsweise gemessen und ermöglicht - neben der Darstellung des spektralen Signalverlaufs - auch die Erkennung parasitärer spektraler Komponenten.

□ **Beispiel 2.6:**
Autokorrelationsfunktion und spektrale Leistungsdichte determinierter Signale:
a) Gleichspannungssignal U_0
b) Rechteckimpuls (Energiesignal) der Dauer T_s und der Amplitude S_0
c) Cosinusschwingung $s(t) = \hat{s}\cos(\omega_c t + \phi)$

Zu a):
Die AKF der Gleichspannung U_0 findet man aus

$$R_{ss}(\tau) = \lim_{T\to\infty} \frac{1}{2T}\int_{-T}^{+T} U_0^2 dt = \frac{U_0^2}{2T}(T-(-T)) = U_0^2 \tag{2.37}$$

Mit Gl. (2.35) folgt für die spektrale Leistungsdichte, mit der Fourier-Transformierten von U_0 aus der Tabelle in **Anhang A**,

$$L(f) = \int_{-\infty}^{+\infty} U_0^2 e^{-j2\pi f\tau} d\tau = U_0^2\delta(f). \tag{2.38}$$

Abb. 2.9abc zeigt die grafischen Darstellungen des Zeitverlaufs, der AKF und der spektralen Leistungsdichte.
Zu b):
Für den Rechteckimpuls (Energiesignal) erhält man die AKF mit Gl. (2.33)

$$R_{ss}(\tau) = \frac{1}{T_s}\int_{-T_s/2}^{+T_s/2} s(t)s(t+\tau)dt = \frac{S_0^2}{T_s}\int_0^{T_s-|\tau|} dt = S_0^2\left(1-\frac{|\tau|}{T_s}\right). \tag{2.39}$$

Die spektrale Energiedichte des Rechteckimpulses (Energiesignal) $|\underline{S}(f)|^2$ folgt aus Gl. (2.9), wenn man als Impulsamplitude S_0 setzt, zu

$$|\underline{S}(f)|^2 = S_0^2 T_s^2 \left(\frac{\sin\pi f T_s}{\pi f T_s}\right)^2 = L(f)T_s, \tag{2.40}$$

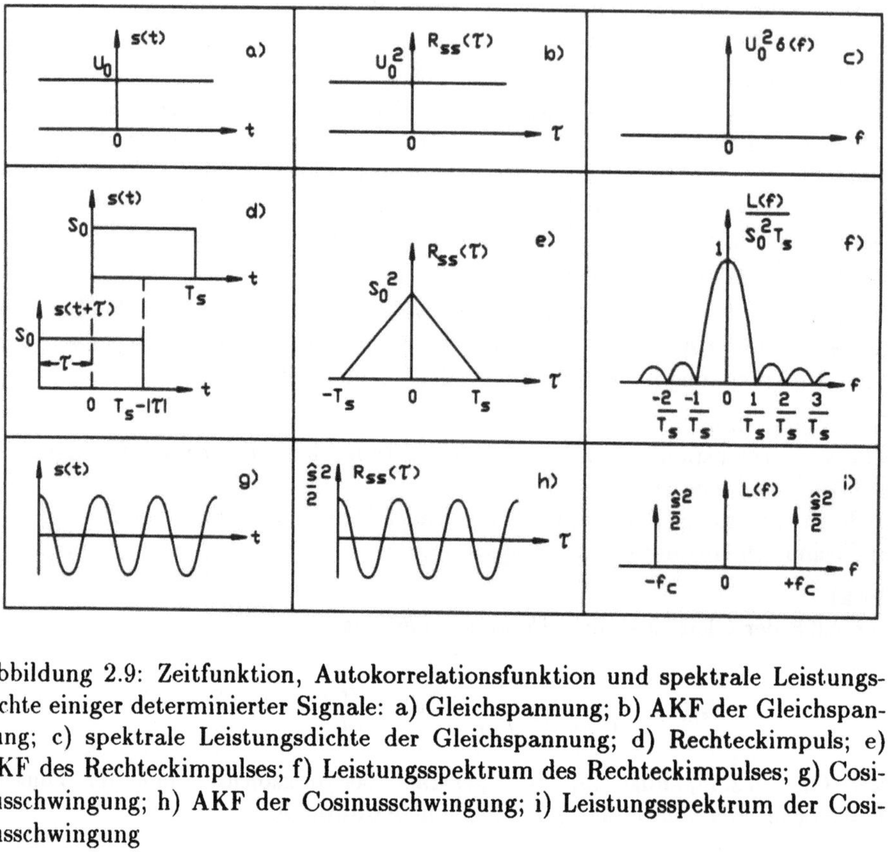

Abbildung 2.9: Zeitfunktion, Autokorrelationsfunktion und spektrale Leistungsdichte einiger determinierter Signale: a) Gleichspannung; b) AKF der Gleichspannung; c) spektrale Leistungsdichte der Gleichspannung; d) Rechteckimpuls; e) AKF des Rechteckimpulses; f) Leistungsspektrum des Rechteckimpulses; g) Cosinusschwingung; h) AKF der Cosinusschwingung; i) Leistungsspektrum der Cosinusschwingung

mit $L(f)$ der spektralen Leistungdichte des Rechteckimpulses. Die zugehörigen grafischen Darstellungen findet man unter Abb. 2.9def.
Zu c):
Die AKF der Cosinusschwingung ist wiederum eine Cosinusschwingung, wie ihre Berechnung zeigt.

$$R_{ss}(\tau) = \lim_{T\to\infty} \frac{\hat{s}^2}{2T} \int_{-T}^{+T} \cos(\omega_c t + \varphi)\cos(\omega_c(t+\tau)) + \varphi)dt \tag{2.41}$$

$$R_{ss}(\tau) = \frac{\hat{s}^2}{2} \cos\omega_c\tau \tag{2.42}$$

Die spektrale Leistungsdichte lautet dann mit Gl. (2.35)

$$L(f) = \frac{\hat{s}^2}{2} \int_{-\infty}^{+\infty} \cos\omega_c\tau e^{-j2\pi f\tau} d\tau = \frac{\hat{s}^2}{4}[\delta(f-f_c) + \delta(f+f_c)] \tag{2.43}$$

s. Abb. 2.9ghi [18].

2.2 Zufallssignale

Signale mit eingeprägter Information sind Zufallssignale; sie werden auch stochastische Signale genannt. Man unterscheidet **diskrete Zufallssignale** und **kontinuierliche Zufallssignale**; letztere gehören zu den Analogsignalen. Zufallssignale sind im Intervall $\infty \leq t \leq +\infty$ definiert. Abb. 2.10a zeigt ein diskretes Zufallssignal in Form eines Binärsignals und Abb. 2.10b ein vierstufiges diskretes Zufallssignal. Ein kontinuierliches Zufallssignal, das ein Rauschsignal sein könnte, ist in Abb. 2.10c wiedergegeben.

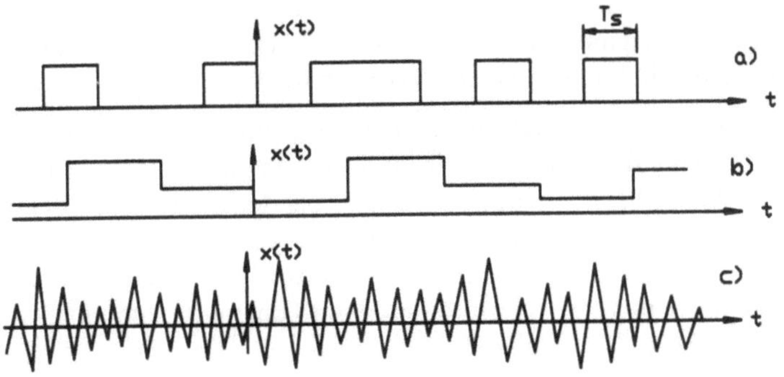

Abbildung 2.10: a) binäres - b) quaternäres - c) stetiges Zufallssignal

Das Binärsignal kann wegen seiner diskreten Struktur mathematisch durch

$$x(t) = \sum_{k=-\infty}^{+\infty} x_{ik}\gamma(t - kT_s) \quad (i = 1, 2) \tag{2.44}$$

dargestellt werden. Hierbei bezeichnet x_{ik} die binären Amplituden des Signals und $\gamma(t)$ die Impulsform in irgend einem Impulsintervall $kT_s \leq t \leq (k+1)T_s$, wobei hier zunächst die rechteckige Impulsform vorausgesetzt wird. Später wird gezeigt, daß andere Impulsformen, wie Nyquistimpuls, Gaußimpuls oder cos^2-Impuls zur Signalübertragung besser geeignet sind.

Für das 4-stufige Zufallssignal gilt entsprechend

$$x(t) = \sum_{k=-\infty}^{+\infty} x_{ik}\gamma(t - kT_s) \quad (i = 1, 2, 3, 4). \tag{2.45}$$

Für das stetige Zufallssignal nach Abb. 2.10c ist eine entsprechende mathematische Darstellung nicht möglich.

In einem Informationssignal kann das die Information darstellende Zufallsereignis in der Signal-Amplitude, -Phase oder -Frequenz liegen. Zur Erläuterung des Zufallsbegriffs werden im nächsten Abschnitt nur solche Zufallssignale betrachtet, deren Zufallsereignisse in der Amplitude liegen.

2.2.1 Diskrete Zufallssignale

Das im vorigen Abschnitt dargestellte Binärsignal nimmt in jedem der Intervalle $kT_s \leq t \leq (k+1)T_s$ mit $-\infty \leq k \leq +\infty$ eine von 2 möglichen Amplitudenstufen ein, die über k zufällig verteilt sind. Von praktischer Bedeutung in der Kommunikationstechnik sind jedoch auch Signale mit 2^n $(n = 1, 2, 3, \ldots)$ verschiedenen zufälligen Amplitudenzuständen. Abb. 2.10b zeigt beispielsweise ein $2^2 = 4$-stufiges Informationssignal, das durch Serien-Parallel-Umsetzung und Codierung entsteht, wie in Kapitel 8 noch genauer gezeigt wird.

Üblicherweise treten in Informationssignalen die Amplitudenzustände gleichwahrscheinlich auf. Beim Binärsignal erscheint jeder der beiden Amplitudenzustände mit der Wahrscheinlichkeit $p_1 = p_2 = 1/2$, und bei dem 4-stufigen Nachrichtensignal ist die entsprechende Wahrscheinlichkeit $p_1 = p_2 = p_3 = p_4 = 1/4$. Die Wahl gleichwahrscheinlicher diskreter Amplitudenzustände ist deshalb wichtig, weil bei solchen Signalen der mittlere Informationsgehalt (Entropie) maximal wird, s. Abschn. 1.1, Gl. (1.5).

Zur weiteren Erläuterung von stochastischen Signalen wird ein $2^2 = 4$-stufiges Zufallssignal betrachtet, das nun kein Informationssignal sein soll, sondern in einem Zufallsgenerator erzeugt werde. Ein Abschnitt des vierstufigen Zufallssignals ist zusammen mit einem Zufallsgenerator und einer Meßeinrichtung in Abb. 2.11 wiedergegeben. Die Amplituden x_{ik} sind Zufallsereignisse. Z.B. ist das Erschei-

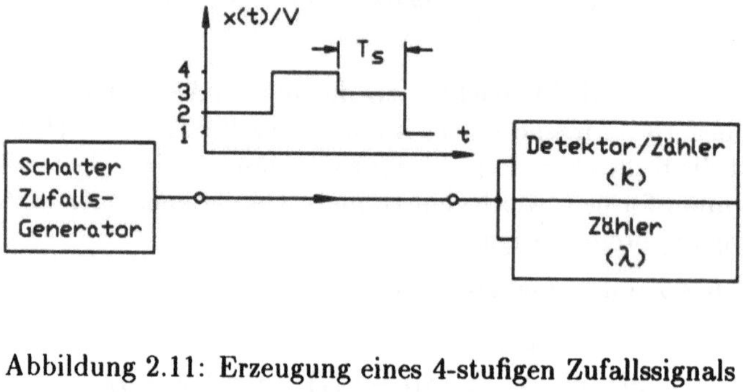

Abbildung 2.11: Erzeugung eines 4-stufigen Zufallssignals

nen der Amplitude $x_{1k} = 1V$ ein Zufallsereignis. In der Meßeinrichtung werde innerhalb einer Meßzeit T_M das Zufallsereignis x_{1k} detektiert und κ-mal gezählt. Außerdem werden während der Meßdauer T_M insgesamt λ Amplitudenstufen x_{ik} in der Meßeinrichtung gezählt. Um nun die relative Häufigkeit des Ereignisses $x_{1k} = 1V$ zu bestimmen, bildet man den Quotienten

$$h(x_{1k}) = \frac{\kappa}{\lambda} \tag{2.46}$$

Hierbei wir $h(x_{ik})$ als unabhängig von k vorausgesetzt. Bei hinreichend langer Meßzeit T_M und einer großen Anzahl gesendeter Impulse λ wird die relative Häufigkeit als Zahlenwert für die statistische Wahrscheinlichkeit (nach v.Mises) gewählt.

$$p(x_{ik}) = \lim_{\lambda \to \infty} \frac{\kappa}{\lambda} \tag{2.47}$$

Im Zufallssignal nach Abb. 2.11 treten die Ereignisse x_{1k}, x_{2k}, x_{3k} und x_{4k} unabhängig voneinander auf. Da der Zufallsgenerator als ideal vorausgesetzt wird, erscheinen die Ereignisse x_{ik} jeweils gleichwahrscheinlich mit der Wahrscheinlichkeit 1/4. Die Wahrscheinlichkeit dafür, daß entweder das Ereignis x_{1k} oder x_{2k} oder x_{4k} erscheint (inclusives ODER) ist dann

$$p(x_{1k} \vee x_{2k} \vee x_{4k}) = \frac{3}{4} \tag{2.48}$$

da im Mittel, innerhalb der Meßzeit T_M, 3/4 der gesendeten Impulse die Amplituden x_{1k}, x_{2k} oder x_{4k} besitzen; die Wahrscheinlichkeiten addieren sich. Man kann somit das **Additionsgesetz** der Wahrscheinlichkeitslehre für unabhängige Zufallsereingnisse formulieren.

$$p(x_{1k} \vee x_{2k} \vee \cdots) = p(x_{1k}) + p(x_{2k}) + \cdots \tag{2.49}$$

Die Wahrscheinlichkeit für das Auftreten der Ereignisse x_{1k} oder x_{2k} oder x_{3k} oder x_{4k} (inklusives ODER) innerhalb der Meßzeit T_M im Signal nach Abb. 2.11 ist somit

$$p(x_{1k}) + p(x_{2k}) + p(x_{3k}) + p(x_{4k}) = 1 \tag{2.50}$$

Ist die Summe der Wahrscheinlichkeiten in einem System von Ereignissen gleich 1, so nennt man es ein **vollständiges System.**

Tritt in einem vollständigen System das Ereignis x_{ik} mit der Wahrscheinlichkeit $p(x_{ik})$ auf, so ist die Wahrscheinlichkeit für das Nichteintreten dieses Ereignisses

$$q(x_{ik}) = 1 - p(x_{ik}). \tag{2.51}$$

Wahrscheinlichkeiten, die ohne Berücksichtigung anderer Zufallsereignisse bestimmt werden, nennt man **unbedingte Wahrscheinlichkeiten**. Oft wird jedoch für das Eintreten eines Ereignisses x_{ik} vorausgesetzt, daß bereits ein anderes

Ereignis y_{ik} mit einer bestimmten Wahrscheinlichkeit eingetreten sei. Eine solche Wahrscheinlichkeit heißt **bedingte Wahrscheinlichkeit** und wird mit $p(x_{ik}|y_{ik})$ bezeichnet. Wenn $p(x_{ik}|y_{ik})$ gleich der unbedingten Wahrscheinlichkeit $p(x_{ik})$ ist, dann ist das Ereignis x_{ik} vom Ereignis y_{ik} statistisch unabhängig.

x_{ik} und y_{ik} sind also **unabhängige Ereignisse**, wenn das Eintreten oder Nichteintreten des einen Ereignisses keinen Einfluß auf das Eintreten oder Nichteintreten des anderen Ereignisses hat. Als praktisches Beispiel kann man sich zwei gleichartige Zufallsgeneratoren gemäß Abb. 2.11 vorstellen, die unabhängig voneinander betrieben werden. Der eine erzeuge eine Zufallsfolge mit den zufälligen Ereignissen (Amplituden) x_{ik}, und der andere erzeuge entsprechend die Ereignisfolge y_{ik}. Die Ereignisse x_{ik} der einen Zufallsfolge sind dann unabhängig von den Ereignissen y_{ik} der anderen Zufallsfolge. Die Wahrscheinlichkeit, daß in der einen Zufallsfolge das Ereignis x_{ik} und in der anderen Zufallsfolge das Ereignis y_{ik} gleichzeitig auftritt (logisches UND), ist dann

$$p(x_{ik} \wedge y_{ik}) = p(x_{ik})p(y_{ik}). \tag{2.52}$$

Verallgemeinert gilt für mehr als zwei unabhängige Ereignisse

$$p(x_{1k} \wedge x_{2k} \wedge \cdots) = p(x_{1k})p(x_{2k}) \cdots; \tag{2.53}$$

das **Multiplikationsgesetz** der Wahrscheinlichkeitslehre [16, 23, 24].

Ein diskretes Zufallssignal wird vollständig durch seine **Verteilung** beschrieben. Sie gibt an, welche Wahrscheinlichkeit $p(x_{ik})$ einem bestimmten Ereignis x_{ik} zuzuordnen ist. Aus der Verteilung des diskreten Signals kann man seine **Verteilungsfunktion** ermitteln, welche die Wahrscheinlichkeit angibt, daß beispielsweise eine Amplitude eines Zufallssignals kleiner ist als ein vorgegebener Wert.

Aus der Verteilung eines diskreten Zufallssignals lassen sich zur pauschalen Erfassung der Zufallsgrössen auch einige Parameter ableiten, die sich in der Praxis bewährt haben. Dies sind der **Erwartungswert** oder **Scharmittelwert** und die **Varianz** oder **Streuung**.

Den Erwartungswert eines diskreten Zufallssignals erhält man, wenn man jeden diskreten Signalzustand x_{ik} $(i = 1, 2, 3, \ldots, m)$ mit der zugehörigen Wahrscheinlichkeit p_i seines Erscheinens im Signal multipliziert und die Summe der so gebildeten Produkte bildet.

$$E\{x\} = \sum_{i=1}^{m} x_{ik}p_i \tag{2.54}$$

Die Varianz eines diskreten Zufallssignals σ^2 ist ein Maß für die Größe der Abweichung vom Erwartungswert. Ihre Wurzel ist die **Standardabweichung**. Man ermittelt die Varianz eines diskreten Zufallssignal, indem man das Quadrat jeder Abweichung einer Zufallsgröße vom Erwartungswert $(x_{ik} - E\{x\})^2$ mit der zugehörigen Wahrscheinlichkeit p_i multipliziert und alle Produkte addiert.

$$\sigma^2 = \sum_{i=1}^{m} p_i(x_{ik} - E\{x\})^2 = E\{x^2\} - [E\{x\}]^2 \tag{2.55}$$

Im folgenden werden einige wichtige Verteilungen vorgestellt.

Die **Gleichverteilung** ist durch

$$p_i = konstant \tag{2.56}$$

definiert; ein Beispiel ist das 4-stufige Zufallssignal nach Abb. 2.11.

□ **Beispiel 2.7:**
Beschreibung eines 4-stufigen Zufallssignals, Abb. 2.11, durch
a) die Verteilung und das Histogramm der Verteilung
b) die Verteilungsfunktion
c) den Erwartungswert und die Varianz

Zu a):
Die Verteilung ist in Tab. 2.4 dargestellt. Das Histogramm der Verteilung ist in

Tabelle 2.4: Gleichverteilung des quaternären Zufallssignals nach Abb. 2.11

x_{ik}/V	1	2	3	4
p_i	1/4	1/4	1/4	1/4

Abb. 2.12 wiedergegeben.

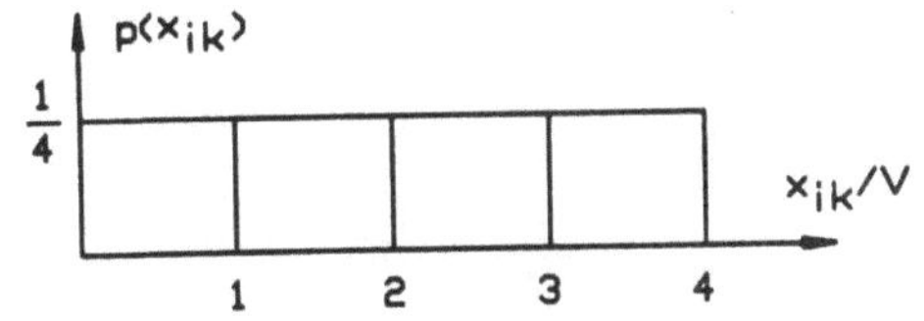

Abbildung 2.12: Histogramm der Verteilung nach Tab. 2.4

Zu b):
Für die Verteilungsfunktion findet man

$$F(1) = p(x_{ik} < 1\text{V}) = 0$$

$$F(2) = p(x_{ik} < 2\text{V}) = 1/4$$

$$F(3) = p(x_{ik} < 3\text{V}) = 1/2$$

$$F(4) = p(x_{ik} < 4\text{V}) = 3/4$$

$$F(x_{ik} > 4) = 1.$$

Sie ist in Abb. 2.13 grafisch dargestellt.

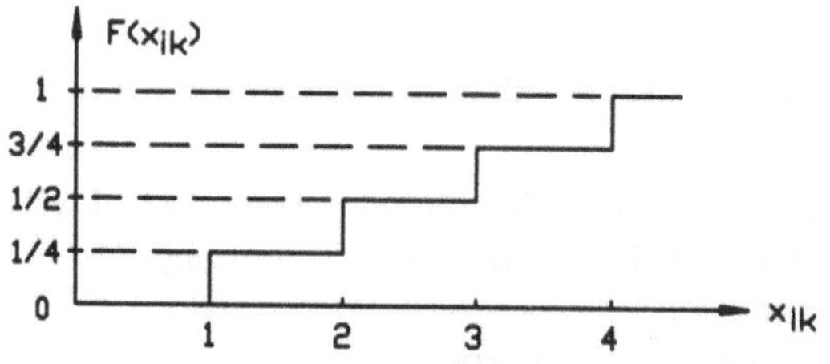

Abbildung 2.13: Verteilungsfunktion des 4-stufigen Zufallssignals nach Abb. 2.11

Zu c):
Den Erwartungswert ermittelt man zu $E\{x\} = \frac{1}{4}(1\text{V}+2\text{V}+3\text{V}+4\text{V}) = 2,5$ V und die Varianz ist dann $\sigma^2 = \frac{1}{4}[(1-2,5)^2+(2-2,5)^2+(3-2,5)^2+(4-2,5)^2] = 1,25$ V^2.

Neben der Gleichverteilung gibt es weitere in der Kommunikationstechnik wichtige diskrete Verteilungen.

Die **Bernoulli-Verteilung**, auch **Binomial-Verteilung** oder **Newton-Verteilung** genannt,

$$B_n(\nu) = \binom{n}{\nu} p^\nu (1-p)^{n-\nu} \tag{2.57}$$

mit

$$\binom{n}{\nu} = \frac{n!}{\nu!(n-\nu)!} \tag{2.58}$$

wird angewendet, wenn z.B. der folgende Sachverhalt vorliegt. Ein diskretes Informationssignal, z.B. ein Binärsignal, werde durch ein additiv überlagertes Rauschsignal so gestört, daß am Empfängereingang jedes Symbol (1 Symbol = 1 bit) mit der gleichen Wahrscheinlichkeit (=Bitfehler-Wahrscheinlichkeit) p verfälscht wird. Die Wahrscheinlichkeit, daß in einer Folge von n bit genau ν bit verfälscht werden, ist dann durch die Binomial-Verteilung $B_n(\nu)$ gegeben. Vorausgesetzt wird hierbei lediglich, daß die einzelnen Symbole voneinander unabhängig sind. Verteilungsfunktion $F_n(\nu)$, Scharmittelwert $E\{x\}$ und Varianz σ^2 der Bernoulli-Verteilung lauten

$$F_n(\nu) = \sum_{\mu=0}^{\nu-1} B_n(\nu); \quad E\{x\} = np; \quad \sigma^2 = np(1-p). \tag{2.59}$$

□ **Beispiel 2.8:**
Das in Abb. 2.10a dargestellte Binärsignal werde bei der Übertragung durch additives Rauschen beeinflußt. Am Eingang eines Empfängers liege deshalb die hohe Symbolfehler-Wahrscheinlichkeit (=Bitfehler-Wahrscheinlichkeit) $p = 10^{-2}$ (von 100 bit ist im Mittel 1 bit verfälscht) vor.

Die Wahrscheinlichkeit, daß in einer Folge von $n = 16$ bit, $\nu = 4$ bit falsch sind, ist dann $B_{16}(4) = \binom{16}{4}\left(10^{-2}\right)^4\left(1-10^{-2}\right)^{16-4} = 1,6\cdot 10^{-5}$. Der Erwartungswert der Bernoulliverteilung ist $E\{x\} = np = 0,16$, für die Varianz ermittelt man $\sigma^2 = np(1-p) = 0,1584$ und für die Standardabweichung $\sigma = 0,398$.

Die Binomial-Verteilung ist für kleine Werte von n und ν gut brauchbar. Für große Werte wird die Rechnung jedoch sehr aufwendig. Man verwendet dann besser die **Poisson-Verteilung**, die für die gleichen Problemstellungen anwendbar ist. Sie geht aus der Binomial-Verteilung durch den Grenzübergang $n \to \infty$ und $p \to 0$ mit $n \cdot p = E\{x\}$ =const. hervor und lautet

$$p_n(\nu) = \frac{(np)^\nu e^{-np}}{\nu!}. \tag{2.60}$$

Ihre Verteilungsfunktion ist

$$F_n(\nu) = \sum_{\mu=0}^{\nu-1} p_n(\nu). \tag{2.61}$$

Erwartungswert und Varianz sind bei der Poisson-Verteilung gleich.

$$E\{x\} = \sigma^2 = np \tag{2.62}$$

Die Poisson-Verteilung wird häufig auch für Berechnungen in der Vermittlungstechnik benutzt, s. Kapitel 12 [21, 24].

2.2.2 Kontinuierliche Zufallssignale

Typische kontinuierliche Zufallssignale der Kommunikationstechnik sind beispielsweise analoge Sprach- oder Video-Signale sowie das in jedem Informations-Übertragungssystem vorhandene thermische Rauschen. Stetige Zufallssignale können in einem bestimmten Zeitintervall, im Gegensatz zum diskreten Zufallssignal, unendlich viele, unendlich dicht beieinander liegende Amplituden annehmen. Die Beschreibung einer kontinuierlichen Zufallsgröße kann deshalb auch nicht durch eine diskrete Verteilung erfolgen. An ihre Stelle tritt die **Dichtefunktion** oder **Wahrscheinlichkeitsdichte** $p(x)$, die einen über der Zufallsvariablen x kontinuierlichen Verlauf hat und für die die Bedingung

$$\int_{-\infty}^{+\infty} p(x)dx = 1 \tag{2.63}$$

mit $p(x) \geq 0$ gelten muß. Häufig werden die Dichtefunktionen stetiger Zufallssignale auch als "Verteilungen" bezeichnet. Üblich ist beispielsweise die Bezeichnung "Gauß-Verteilung" für die gaußsche Wahrscheinlichkeitsdichte, die im folgenden wegen ihrer Bedeutung in der Kommunikationstechnik genauer betrachtet werden soll. Zunächst sollen jedoch - wie für die diskreten Zufallssignale bereits geschehen - die "Qualitäts-Parameter" **Erwartungswert** bzw. **Scharmittelwert** und **Varianz** bzw. **Streuung** definiert werden. Den Erwartungswert $E\{x\}$ eines stetigen Zufallssignals x ermittelt man, indem man die mit der Zufallsvariablen x multiplizierte Wahrscheinlichkeitsdichte $p(x)$ von $x = -\infty$ bis $x = +\infty$ integriert.

$$E\{x\} = \int_{-\infty}^{+\infty} xp(x)dx \tag{2.64}$$

Die **Varianz** eines kontinuierlichen Zufallssignals erhält man, wenn man die Dichtefunktion $p(x)$, multipliziert mit dem Quadrat der Abweichung vom Scharmittelwert, im Intervall $\infty \leq x \leq +\infty$ integriert.

$$\sigma^2 = \int_{-\infty}^{+\infty} (x - E\{x\})^2 p(x)dx \tag{2.65}$$

Ihre Wurzel ist die **Standardabweichung**.

Eine in der Kommunikationstechnik besonders wichtige Dichtefunktion ist die **Gaußsche Wahrscheinlichkeitsdichte** oder kurz **Gauß-Verteilung** genannt. Sie kann aus der Poisson-Verteilung ermittelt werden, wenn man den Erwartungswert $E\{x\}$ als sehr groß annimmt und $n \to \infty$ gehen läßt.

$$p(x) = \lim_{n\to\infty} p_n(x) = \frac{1}{a\sqrt{2\pi}} e^{-\frac{(x-a)^2}{2a^2}} \tag{2.66}$$

Für den Erwartungswert $E\{x\}$ und die Varianz σ^2 der Gaußverteilung findet man

$$E\{x\} = a; \quad \sigma^2 = a^2. \tag{2.67}$$

Setzt man beide Größen in Gl. (2.66) ein so erhält man ganz allgemein für die Gauß-Verteilung

$$p(x) = \frac{1}{\sigma\sqrt{2\pi}} e^{-\frac{(x-E\{x\})^2}{2\sigma^2}}; \tag{2.68}$$

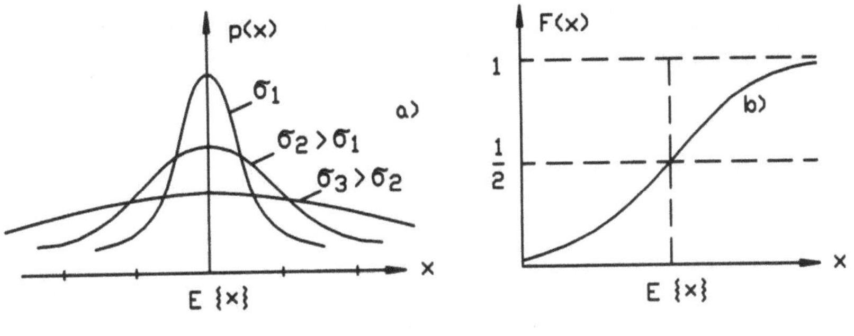

Abbildung 2.14: Gaußsche Wahrscheinlichkeitsdichte und ihre Verteilungsfunktion: a) Gauß-Verteilung; b) Verteilungsfunktion

sie gilt übrigens - entgegen der Herleitung - auch für $\sigma \neq a$. Abb. 2.14a zeigt den Verlauf der Gauß-Verteilung mit der Standardabweichung σ als Parameter. Die Gauß-Verteilung verläuft glockenförmig über der Zufallsvariablen x. Der Maximalwert jeder Verteilung in Abb. 2.14a liegt beim Scharmittelwert $E\{x\}$. Von ihm aus fällt die Kurve symmetrisch nach beiden Seiten ab und nähert sich asymptotisch der x-Achse. Im Abstand σ vom Erwartungswert liegen die Wendepunkte der Kurven, die mit wachsendem σ immer flacher werden.

Die Verteilungsfunktion $F(x)$ der Gauß-Verteilung nennt man **Gaußsches Integral** oder **Gaußsches Fehlerintegral**.

$$F(x) = \int_{-\infty}^{x} p(t)dt = \frac{1}{\sigma\sqrt{2\pi}} \int_{-\infty}^{x} e^{-\frac{(t-E\{x\})^2}{2\sigma^2}} dt \tag{2.69}$$

$F(x)$ hat die x-Achse und die Gerade $F(x) = 1$ als Asymptote und beim Erwartungswert $E\{x\}$ einen Wendepunkt (s. Abb. 2.14b).

Die Gauß-Verteilung beschreibt die Amplituden-Verteilung des thermischen Rauschens, oft auch **Gaußsches Rauschen** genannt. Das Rauschen als Störgröße überlagert sich dem Nutzsignal additiv und kommt grundsätzlich in jedem Informations-Übertragungssystem aufgrund der Wärmebewegung von Elektronen in Bauelementen vor. Da es außerdem breitbandig ist, stellt es die effizienteste Störgröße in Kommunikationssystemen überhaupt dar.

□ **Beispiel 2.9:**

Betrachtet werde die Rauschspannung $u(t)$ an einem ohmschen Widerstand R im Falle der Bandbegrenzung auf die Bandbreite B und im nicht bandbegrenzten Fall. Der Widerstand sei der Umgebungstemperatur T_k ausgesetzt. Zur Beschreibung der Eigenschaften der Rauschspannung werden die folgenden Parameter ermittelt.

a) Der Erwartungswert

b) Die Varianz und Standardabweichung sowie die Rauschleistungsdichte und Rauschleistung

c) Die Rauschleistung und Rauschspannung an einem Widerstand $R = 10$ kΩ bei einer Bandbreite von $B = 10$ MHz und einer Umgebungstemperatur von $T_k = 20^o$ C = 293 K.

Zu a):

Der Erwartungswert der gaußverteilten Rauschspannung $u(t)$ ist Null $E\{u\} = \int_{-\infty}^{+\infty} up(u)du = 0$

Zu b):

Die Varianz stellt wegen $E\{u\} = 0$ die Rauschleistung $\sigma^2 = \int_{-\infty}^{+\infty} u^2 p(u)du = N$ an einem Widerstand von $R = 1\ \Omega$ dar. Die Standardabweichung ist identisch mit dem Effektivwert der Rauschspannung $U_r = \sigma = \sqrt{N}$ an $R = 1\ \Omega$.

Zu c):

Ein ohmscher Widerstand R, welcher der Umgebungstemperatur T_k ausgesetzt ist, erzeugt innerhalb der Bandbreite B infolge der thermischen Bewegung der Elektronen eine Leerlauf-Rauschspannung mit dem Effektivwert [22]

$$U_r = \sigma = \sqrt{4kT_kBR}; \tag{2.70}$$

hierbei ist $k = 1,38 \cdot 10^{-23}$ Joule/K die Boltzmann-Konstante. Setzt man voraus, daß sich der vom Nutzsignal durchflossene Widerstand in einem Übertragungssystem befindet und durch **Leistungsanpassung** mit einem nichtrauschenden Widerstand ($T_k = 0$) verbunden ist, so gibt er an diesen die verfügbare Leistung

$$N = \frac{U_r^2}{4R} = kT_kB = N_0B. \tag{2.71}$$

ab, wenn man eine konstante Rauschleistungsdichte N_0 voraussetzt. N_0 ist in den meisten praktisch relevanten Fällen frequenzunabhängig; genau genommen ist dies jedoch nur im Frequenzbereich $f \ll (20,8/[\mathrm{K}])T[\mathrm{GHz}]$ der Fall. Abb. 2.15b zeigt die spektrale Rauschleistungsdichte über der Frequenz f bei der Bandbegrenzung auf die Bandbreite B.

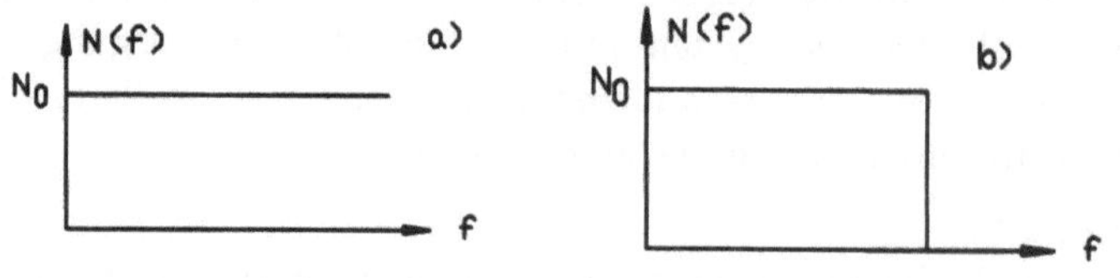

Abbildung 2.15: Rauschleistungsdichte $N(f)$ bei thermischem Rauschen: a) ohne Bandbegrenzung; b) bei idealer Bandbegrenzung (Tiefpaß)

Mit Gl. (2.70) ermittelt man $U_r = 40,2\ \mu$V und Gl. (2.71) $N = 4.04 \cdot 10^{-14}$ W.

Bei Berücksichtigung der Symmetrie der gaußschen Glockenkurve ist die Gauß-Verteilung und das Fehlerintegral mit $E\{x\} = 0$ und $\sigma^2 = 1$ auch in normierter Form bekannt. Die Dichtefunktion wird dann **Normalverteilung** genannt. Sie lautet

$$\varphi(\lambda) = \frac{1}{\sqrt{2\pi}} e^{-\frac{\lambda^2}{2}}; \quad \lambda = \frac{x - E\{x\}}{\sigma}. \tag{2.72}$$

Man erhält dann das *Gaußsche Wahrscheinlichkeitsintegral*

$$\Phi(\lambda) = \sqrt{\frac{2}{\pi}} \int_0^\lambda e^{-\frac{t^2}{2}} dt. \tag{2.73}$$

Bei der Berechnung der Symbolfehler-Wahrscheinlichkeit bzw. Bitfehler-Wahrscheinlichkeit in digitalen Übertragungssystemen wird das Gaußsche Wahrscheinlichkeitsintegral oft in der Form

$$erf(\lambda) = \Phi(\lambda\sqrt{2}) = 1 - 2Q(\lambda\sqrt{2}) = \frac{2}{\sqrt{\pi}} \int_0^\lambda e^{-t^2} dt \tag{2.74}$$

mit

$$Q(\lambda) = \frac{1}{\sqrt{2\pi}} \int_\lambda^\infty e^{-\frac{t^2}{2}} dt = \frac{1}{2} - \frac{1}{2}\Phi(\lambda) \tag{2.75}$$

verwendet.

Für Gl. (2.74) kann man dann die Näherung

$$erf(\lambda) \approx 1 - \frac{e^{-\lambda^2}}{1{,}172\lambda + \sqrt{0{,}361\lambda^2 + 0{,}995}} \tag{2.76}$$

benutzen. Sie ist im gesamten Intervall $\lambda \geq 1$ bei einem nur geringen Fehler von 0,27% brauchbar [24, 25].

2.2.3 Zeitmittelwerte, Korrelationsfunktion und spektrale Leistungsdichte von Zufallssignalen

Wie für determinierte Signale bereits formuliert, kann man auch für stochastische Signale Zeitmittelwerte angeben. Wie dort sind auch hier zur Ermittlung der entsprechenden Mittelwerte die Grenzübergänge $T \to \infty$ durchzuführen, wobei T einen Signalabschnitt des Zufallssignals darstellt.

Signale, die aus der Verknüpfung von determinierten Signalen und Zufallssignalen entstehen, wie zum Beispiel die in der Funkübertragung üblichen Sinusschwingungen mit aufgeprägtem Digitalsignal, haben die Eigenschaften eines diskreten Zufallssignals und werden deshalb als solches definiert.

Der **lineare Zeitmittelwert** eines Zufallssignals $x(t)$ ist definiert durch

$$\overline{x} = \lim_{T\to\infty} \frac{1}{2T} \int_{-T}^{+T} x(t)dt \tag{2.77}$$

und der **quadratische Mittelwert** durch

$$\overline{x^2} = \lim_{T\to\infty} \int_{-T}^{+T} x^2(t)dt. \tag{2.78}$$

Der quadratische Mittelwert stellt bei einem reellen Spannungssignal $x(t)$ die Wirkleistung an einem Widerstand von $R = 1\Omega$ dar. Der Effektivwert dieser Spannung ist dann $\sqrt{\overline{x^2}}$. Wie bereits in Tab. 2.2 für determinierte Signale definiert, ist $x(t)$ ein **Leistungssignal**, wenn die vorstehende Gleichung einen endlichen Wert liefert. Entsprechend muß für stochastische **Energiesignale** - z.B. stochastische Folgen von Nyquistimpulsen - wie bei den determinierten Signalen nach Tab. 2.2 eine endliche Signalenergie

$$E = \int_{-\infty}^{+\infty} x^2(t)dt < \infty \tag{2.79}$$

vorliegen.

Die **Varianz** oder **Streuung** um den linearen Zeitmittelwert lautet bei stochastischen Zeitsignalen

$$\rho^2 = \lim_{T\to\infty} \frac{1}{2T} \int_{-T}^{+T} [x(t) - \overline{x}]^2 dt = \overline{x^2} - \overline{x}^2 \tag{2.80}$$

mit der **Standardabweichung** ρ.

In der Praxis bedeutet der Grenzübergang $T \to \infty$ die Mittelung über einen genügend großen Zeitabschnitt der Dauer T.

In der Theorie stochastischer Prozesse stellen Zufallssignale sogenannte Musterfunktionen dar. Der Prozeß selbst besteht damit aus vielen solcher Musterfunktionen. Man bezeichnet Zufallsprozesse, bei denen die Scharmittelwerte (Erwartungswert, Varianz) und die Zeitmittelwerte (linearer Mittelwert, Streuung) gleich sind, als **ergodische Prozesse**. Für Zufallssignale, die als Musterfunktionen ergodischer Prozesse aufgefaßt werden können, gilt dann

$$E\{x\} = \overline{x} \tag{2.81}$$

$$\sigma^2 = \rho^2 \tag{2.82}$$

Ergodische Prozesse sind immer **stationäre Prozesse**. Stochastische Prozesse heißen stationär, wenn Scharmittelwert $E\{x\}$ und Varianz σ^2 unabhängig vom Beobachtungszeitpunkt sind.

Für stationäre Zufallssignale sind **Kreuzkorrelationfunktion** und **Autokorrelationfunktion** genau so definiert wie für determinierte Signale, s. Gl. (2.31) und Gl. (2.31). Dies gilt auch für die sonst in diesem Zusammenhang definierten Eigenschaften und das **Wiener-Khintchine-Theorem**, Gl. (2.35), und Gl. (2.36), das den Zusammenhang zwischen Autokorrelationsfunktion und spektraler Leistungsdichte angibt.

Bei nichtstationären Prozessen - z.B. stochastischen Folgen aus Rechteckimpulsen - existiert die Grenzwertbildung $T \to \infty$ wie z.B. in Gl. (2.31) nicht. Sie muß durch eine Scharmittelwertbildung ersetzt werden, wie im nächsten Beispiel bei der Ermittlung der Autokorrelationsfunktion und spektralen Leistungsdichte eines stochastischen Binärsignals mit rechteckförmigen Elementarimpulsen gezeigt wird.

□ **Beispiel 2.10:**
Für das in Abb. 2.16 dargestellte Binärsignal $x(t)$ wird die Autokorrelationsfunktion und die spektrale Leistungsdichte ermittelt. Hierbei wird angenommen, daß im Binärsignal jeder Signalzustand X_0 bzw. $-X_0$ gleichwahrscheinlich mit der Wahrscheinlichkeit $p = 1/2$ erscheint.

Obwohl die beiden Binärsignale in Abb. 2.16 Zufallssignale sind, gibt es innerhalb der Abschnitte I und II nur eine endliche Anzahl verschiedener numerischer Werte des Produkts der Form $x(t)x(t+\tau)$. Zur Vereinfachung wird für $x(t) = x_1$ und für $x(t+\tau) = x_2$ gesetzt. Durch einen weiteren Index wird der logische Zustand der Signale bezeichnet. So ist

$$\begin{aligned} x_{11} &= x(t)\,\text{logisch}\,1 = X_0; \quad x_{12} = x(t)\,\text{logisch}\,0 = -X_0 \\ x_{21} &= x(t+\tau)\,\text{logisch}\,1 = X_0; \quad x_{22} = x(t+\tau)\,\text{logisch}\,0 = -X_0. \end{aligned}$$

Insgesamt findet man aus Abb. 2.16 die Produkte:

<u>Bereiche I</u>:
$x_{11}x_{21}$ und $x_{12}x_{22}$. Jede der beiden Verknüpfungen tritt mit der Wahrscheinlichkeit 1/2 auf.

<u>Bereiche II</u>:
$x_{11}x_{22}$; $x_{12}x_{21}$; $x_{11}x_{21}$; $x_{12}x_{22}$. Jede der 4 Verknüpfungen tritt mit der Wahrscheinlichkeit 1/4 auf.

Zur Berechnung der Autokorrelationsfunktion $R_{xx}(\tau)$ werden nun die Integrationsgrenzen ermittelt, innerhalb derer die vorgenannten Verknüpfungen erscheinen. In den Bereichen I erscheinen beide Verknüpfungen im Intervall $0 \leq t \leq (T_s - \tau)$, während die 4 Verknüpfungen der Bereiche II im Intervall $(T_s - \tau) \leq t \leq T_s$ liegen.

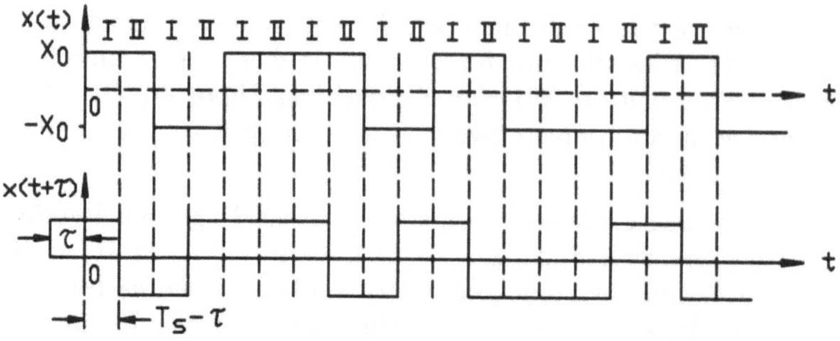

Abbildung 2.16: Binärsignale $x(t)$ und $x(t+\tau)$

Zur Bestimmung des Scharmittelwerts wird nun jedes Integral, das als Argument eines der genannten Produkte enthält, mit der Wahrscheinlichkeit ihres Auftretens multipliziert. Mit $2T = T_s$ und Gl. (2.32) erhält man

$$\begin{aligned} R_{xx}(\tau) &= \frac{1}{T_s}[\frac{1}{2}\int_0^{T_s-\tau} x_{11}x_{21}dt + \frac{1}{2}\int_0^{T_s-\tau} x_{12}x_{22}dt \qquad \text{Bereiche I} \qquad (2.83) \\ &+\frac{1}{4}\int_{T_s-\tau}^{T_s} x_{11}x_{22}dt + +\frac{1}{4}\int_{T_s-\tau}^{T_s} x_{12}x_{21}dt + \frac{1}{4}\int_{T_s-\tau}^{T_s} x_{11}x_{21}dt + \\ &+\frac{1}{4}\int_{T_s-\tau}^{T_s} x_{12}x_{22}dt] \qquad \text{Bereiche II} \end{aligned}$$

$$R_{xx}(\tau) = \frac{X_0^2}{T_s}(T_s - \tau), \qquad (2.84)$$

wenn man $x_{11}x_{22} = x_{12}x_{21} = -X_0^2$ und $x_{12}x_{22} = x_{11}x_{21} = +X_0^2$ gemäß Abb. 2.16 setzt. Für $\tau < 0$ ist in Gl. (2.84) τ durch $-\tau$ zu ersetzen.

Dies ist das gleiche Ergebnis wie für den Rechteckimpuls, Abb. 2.9e.

In Abb. 2.17a ist die normierte Autokorrelationsfunktion $R_{xx}(\tau)/X_0^2$ dargestellt. Für $\tau = 0$ ist die Signalverwandtschaft am größten, da die normierte AKF in Abb. 2.17 gleich 1 wird. Mit zunehmendem $|\tau|$ nimmt die Signalverwandtschaft ab, bis sie bei $|\tau| \geq T_s$ zu Null wird. Wie bereits erwähnt kann diese Eigenschaft zur Signaldetektion benutzt werden (s. Kapitel 8).

Die spektrale Leistungsdichte des stochastischen Binärsignals findet man mit dem Wiener-Khintchine-Theorem Gl. (2.35)

$$L(f) = \int_{-\infty}^{+\infty} R_{xx}(\tau)e^{-j2\pi f\tau}d\tau = X_0^2T_s\left(\frac{\sin \pi f T_s}{\pi f T_s}\right)^2. \qquad (2.85)$$

Sie hat qualitativ den gleichen Verlauf wie die spektrale Energiedichte des Rechteckimpulses, s. Gl. (2.40). Ihr Verlauf über der Frequenz ist in normierter Form in

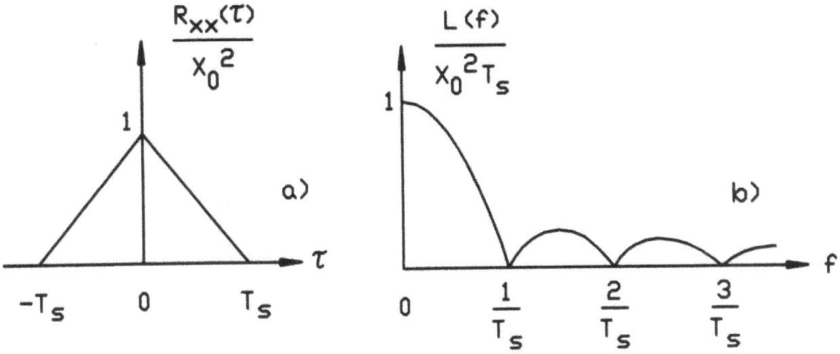

Abbildung 2.17: AKF und spektrale Leistungsdichte eines stochastischen Rechteckbinärsignals: a) Autokorrelationsfunktion; b) Leistungsspektrum

Abb. 2.17b wiedergegeben, wobei zur Darstellung bei der Frequenz $f = 0$ (Gleichanteil) die L'Hospitalsche Regel anzuwenden ist: $L(0) = X_0^2 T_s$. Die Nullstellen des Leistungsspektrums liegen bei $\alpha/T_s; (\alpha = 1, 2, 3, \ldots)$. Es belegt ein unendlich breites Frequenzband, da es erst im Unendlichen zu Null wird.

2.3 Lineare Systeme

Ein Übertragungssystem besteht prinzipiell aus der Informationsquelle (Zweipol), einer Kettenschaltung von Verstärkern, Filtern, Entzerrern, etc. (Vierpole) und der Informationssenke (Zweipol). Näheres zur Theorie der Zwei- und Vierpole ist in Kapitel 3 dargestellt.

Die einzelnen Komponenten eines Übertragungssystems, die im Sinne der Systemtheorie oft selbst **Systeme** darstellen, zeigen niemals ideales Verhalten und beeinflussen das zu übertragende Nutzsignal z.B. durch Frequenzbandbegrenzung (Filter) oder Verzerrung. **System-Übertragungsfunktion** und **System-Impulsantwort** geben Auskunft über das Systemverhalten.

Abb. 2.18 zeigt Prinzipbilder von Übertragungssystemen. Abb. 2.18a stellt ein prinzipielles **Basisband-Übertragungssystem** zur binären Übertragung über metallische Leiter dar. Das Ausgangssignal $s_1(t)$ der Quelle Q wird zunächst in die für die Übertragung günstige bipolare Form mit den Amplituden $+1$ für logisch 1 und -1 für logisch 0 umgesetzt. Im darauffolgenden Tiefpaßfilter erfolgt die Frequenzbandbegrenzung auf die obere Frequenzgrenze f_g und damit eine gezielte Impulsformung, auf z.B. Nyquistimpulse am Filterausgang. Am Empfängereingang wird ein gleichartiges Tiefpaßfilter eingefügt, das der Geräusch- und Störungsunterdrückung dient. Im Entscheider erfolgt die Abtastung und Regeneration des

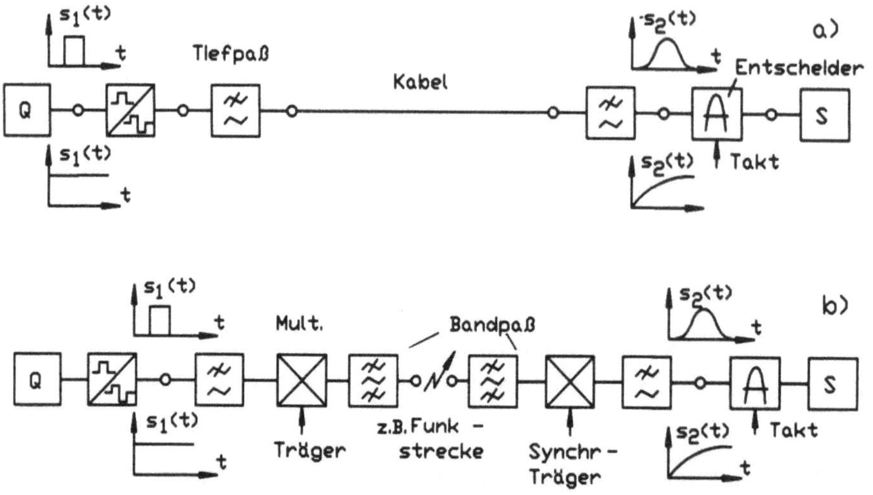

Abbildung 2.18: Prinzipielle Übertragungssysteme: a) Basisband-Übertragungssystem; b) Modulierte Übertragung

Empfangssignals.

Bei **digital modulierter Übertragung** nach dem in Abb. 2.18b dargestellten Prinzip wird das Quellensignal, nach einer Impulsformung und Frequenzbandbegrenzung wie im Basisband-System, einer Sinus- (Cosinus) - Schwingung aufmoduliert. Unter Modulation versteht man die Einprägung der Information des Basisbandsignals in die Amplitude, Phase oder Frequenz eines Sinus- (Cosinus) Trägers. Dies geschieht gemäß Abb. 2.18b mit einem Multiplizierer. Die Sinus- (Cosinus) - Schwingung nennt man "Träger", da sie nach der Modulation im Modulator die Information trägt. Am Modulator-Ausgang wird ein Bandpaßfilter eingefügt, welches das modulierte Signal links und rechts von der Trägerfrequenz f_c auf eine untere Grenzfrequenz $f_u = f_c - f_g$ und eine obere Grenzfrequenz $f_o = f_c + f_g$ beschränkt. Die Übertragung solcherart modulierter Signale erfolgt meist über Funkstrecken.

Am Demodulator-Eingang wird das gleiche Bandpaß-Filter wie im Sender zur Unterdrückung des außerhalb des Nutzbandes der Bandbreite $B_M = f_o - f_u = 2f_g$ liegenden Geräuschs bzw. der außerhalb des Nutzbandes liegenden Störungen verwendet. Rauschanteile und Störungen, die ins Nutzband fallen, können durch den Demodulator nicht vollständig unterdrückt werden. Bei störungsfreier Übertragung setzt der Demodulator das modulierte Empfangssignal in ein Basisbandsignal um, das die gleiche Information enthält wie im Sender. Nach Abb. 2.18b wird die Demodulation ebenfalls mit einem Multiplizierer und einem zum Sender synchronen Träger durchgeführt. Wie im Basisband-System erfolgt dann die Abtastung und Regeneration im Entscheider.

Auf Einzelheiten dieser Übertragungs-Verfahren wird in Kapitel 8 näher eingegangen.

Wichtig ist die Interpretation der System-Eingangs-und Ausgangssignalform $s_1(t)$ und $s_2(t)$. In Abb. 2.18 sind die Eingangs-und Ausgangssignale entsprechend eingezeichnet. $s_2(t)$ ist die jeweilige Antwortfunktion des Systems auf das Eingangssignal $s_1(t)$. Ist $s_1(t) = \delta(t)$ ein Dirac-Impuls, so nennt man $s_2(t) = h(t)$ die **Impulsantwort** des Systems und ist $s_1(t) = \sigma(t)$ die Sprungfunktion, so heißt $s_2(t) = a(t)$ **Sprungantwort**.

Die folgenden Betrachtungen beschränken sich im wesentlichen auf lineare, zeitinvariante Systeme, sogenannte LTI-Systeme (Linear Time-Invariant Systems). Außerdem werden in der Regel kausale und stabile Systeme vorausgesetzt. Ein System heißt **lineares zeitinvariantes System**, wenn die Ströme und Spannungen der das System darstellenden Netzwerke durch lineare Differentialgleichungen mit konstanten Koeffizienten beschrieben werden können. Hierbei ist die Gestalt des System-Ausgangssignals unabhängig von der zeitlichen Verschiebung des System-Eingangssignals, die durch Verzögerung (Signal-Laufzeit) entsteht. Beispielsweise hat eine stochastische Folge von Rechteckimpulsen am Systemeingang immer eine stochastische Folge von Nyquistimpulsen am System-Ausgang zur Folge, wenn im Übertragungssytem eine entsprechende Impulsformung durchgeführt wird. Hat das Systemausgangs- und eingangssignal eine endliche Amplitude, so spricht man von einem **stabilen System**. Für **kausale Systeme** exisistiert ein gesetzmäßiger Zusammenhang zwischen Ursache und Wirkung, wobei die Wirkung nicht vor der Ursache auftreten kann.

In Kapitel 3 werden Netzwerke mit den vorgenannten Eigenschaften vorgestellt, die für sich wiederum Systeme darstellen und als Untersysteme (Komponenten) eines Übertragungssystems zu betrachten sind.

Für Systeme mit den vorstehend beschriebenen Eigenschaften führt eine Linearkombination eines Systemeingangsignals

$$s_1(t) = ae(t) + bg(t - t_0) \tag{2.86}$$

mit den Konstanten a und b stets auf eine entsprechende Linearkombination eines System-Ausgangssignals

$$s_2(t) = Af(t) + Br(t - t_0) \tag{2.87}$$

mit den Konstanten A und B. A und B entstehen beispielsweise durch Verstärkung (oder Dämpfung) aus a und b, wobei $f(t)$ die Antwort auf $e(t)$ und $r(t - t_0)$ die Antwort auf $g(t - t_0)$ ist.

Setzt man determinierte Signale $s_1(t)$ und $s_2(t)$ voraus, liefern die Fourier-

Transformierten der vorgenannten Gleichungen die Spektralfunktionen

$$\underline{S}_1(f) = a\underline{E}(f) + b\underline{G}(f) \tag{2.88}$$

$$\underline{S}_2(f) = A\underline{F}(f) + B\underline{R}(f). \tag{2.89}$$

Sind $s_1(t)$ und $s_2(t)$ Zufallssignale, für die die spektrale Leistungsdichte existiert, so gilt für die spektralen Leistungsdichten sinngemäß

$$L_1(f) = aL_e(f) + bL_g(f) \tag{2.90}$$

$$L_2(f) = AL_f(f) + BL_r(f). \tag{2.91}$$

2.3.1 System-Übertragungsfunktion

Den Zusammenhang zwischen System-Ausgangssignal und System-Eingangssignal stellt im Spektralbereich die **System-Übertragungsfunktion** $\underline{H}(f)$ dar. Sind $\underline{S}_1(f)$ und $\underline{S}_2(f)$ die Fourier-Transformierten determinierter Signale, dann gilt

$$\underline{H}(f) = \frac{\underline{S}_2(f)}{\underline{S}_1(f)}. \tag{2.92}$$

Liegen Zufallssignale vor und sind $L_1(f)$ und $L_2(f)$ ihre spektralen Leistungsdichten, dann erhält man entsprechend

$$|\underline{H}(f)|^2 = \frac{L_2(f)}{L_1(f)} \tag{2.93}$$

Ist das zu übertragende Signal ein stochastisches Energiesignal, dann definiert man den Betrag der System-Übertragungsfunktion mit Hilfe der spektralen Energiedichten

$$|\underline{H}(f)|^2 = \frac{|\underline{S}_2|^2}{|\underline{S}_1|^2} \tag{2.94}$$

mit $|\underline{S}(f)|^2 = \underline{S}(f)\underline{S}(f)^*$. $\underline{S}(f)^*$ bezeichnet die konjugiert komplexe Funktion von $\underline{S}(f)$ [18, 22].

□ **Beispiel 2.11:**
Bestimmung von Übertragungsfunktion und Bandbreite eines RC-Gliedes (RC-Tiefpaß), siehe Abb. 2.19a.

Für die Übertragungsfunktion des RC-Gliedes ermittelt man bei sinusförmiger Erregung mit den komplexen Spannungs-Amplituden $\underline{U}_1(f)$ am Eingang und $\underline{U}_2(f)$ am Ausgang

$$\underline{H}(f) = \frac{\underline{U}_2}{\underline{U}_1} = \frac{1}{1 + j2\pi fRC} = |\underline{H}(f)|e^{-j\arctan 2\pi fRC} \tag{2.95}$$

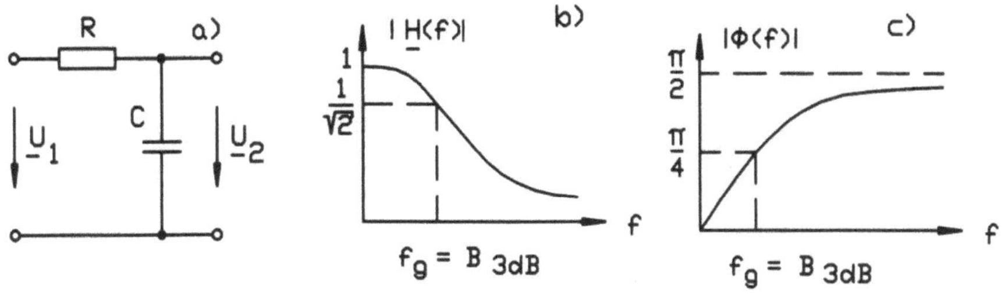

Abbildung 2.19: a) RC-Tiefpaß; b) Betrags-Übertragungsfunktion; c) Betrags-Phasenverlauf

$$\underline{H}(f) = \frac{1}{\sqrt{1+4\pi^2 f^2 R^2 C^2}} e^{j \arctan 2\pi f RC} \tag{2.96}$$

mit $RC = T_1$ der Zeitkonstanten des RC-Gliedes. Die Bandbreite f_g des RC-Tiefpasses wird bei $|\underline{H}(f)| = 1/\sqrt{2}$ definiert und wegen $20\lg(1/\sqrt{2}) = -3$ dB auch **3 dB-Bandbreite** genannt.

$$\frac{1}{\sqrt{1+4\pi^2 f_g^2 R^2 C^2}} = 1/\sqrt{2}; \quad f_g = B_{3dB} = \frac{1}{2\pi T_1}. \tag{2.97}$$

Den Phasenverlauf $\phi(f)$ über der Frequenz entnimmt man aus Gl. (2.96).

$$\phi(f) = -\arctan 2\pi f RC = -\arctan 2\pi f T_1 \tag{2.98}$$

Bei $\phi(f_g) = -\pi/4$ erhält man ebenfalls die 3 dB - Bandbreite des RC-Gliedes.

In Abb. 2.19b ist der Verlauf der Betrags-Übertragungsfunktion $|\underline{H}(f)|$ und in Abb. 2.19c der Betrags-Phasenverlauf $|\phi(f)|$ qualitativ wiedergegeben.

2.3.2 Impulsantwort, Sprungantwort

Die Übertragungsfunktion eines Systems $\underline{H}(f)$ stellt selbst eine Fourier-Transformierte dar, wenn System-Eingangs- und Ausgangssignal determiniert sind. Die Fourier-Rücktransformierte der Übertragungsfunktion $H(f)$ ist die Impulsantwort des Übertragungssystems, d.h. die ausgangsseitige Reaktion des Systems auf den eingangseitigen Dirac-Impuls $\delta(t)$. Mit Abb. 2.20a läßt sich dies einfach nachweisen.

Es sei $s_1(t) = \delta(t)$ der Dirac-Impuls mit der Fourier-Transformierten $S_\delta = 1$. Damit gilt für die Fourier-Transformierte des System-Ausgangssignals

$$\underline{S}_2(f) = 1 \cdot \underline{H}(f) = \underline{H}(f). \tag{2.99}$$

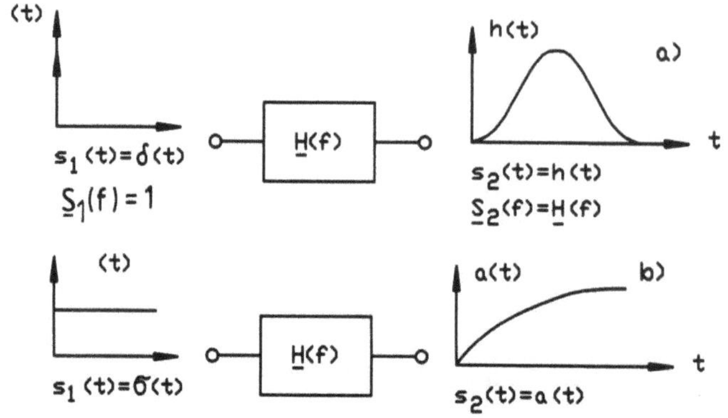

Abbildung 2.20: Definition der Impuls- und Sprungantwort eines Systems: a) Impulsantwort; b) Sprungantwort

Die Fourier-Rücktransformierte liefert dann die Impulsantwort

$$h(t) = s_2(t) \tag{2.100}$$

Das Verhalten eines Übertragungssystems kann somit gleichwertig entweder durch die Übertragungsfunktion oder die Impulsantwort beschrieben werden.

Der Zeitverlauf der Impulsantwort am Ausgang eines Übertragungssystems gibt Aufschluß über die im Empfänger zu erwartende Impulsgestalt, die bei digitaler Übertragung maßgebend ist für die fehlerfreie Wiedergewinnung der übertragenen Information.

Eine weitere Möglichkeit zur Beurteilung des Verhaltens eines Übertragungssystems bietet die Sprungfunktion $\sigma(t)$ am System-Eingang, welche die Sprungantwort $a(t)$ am System-Ausgang zur Folge hat, siehe Abb. 2.18b. Zwischen der Delta-Funktion $\delta(t)$ und der Sprungfunktion $\sigma(t)$ sowie der Impulsantwort $h(t)$ und der Sprungantwort $a(t)$ gelten die Zusammenhänge

$$\delta(t) = \frac{d\sigma(t)}{dt}; \quad \sigma(t) = \int_{-\infty}^{t} \delta(\tau)d\tau; \quad h(t) = \frac{da(t)}{dt}; \quad a(t) = \int_{-\infty}^{t} h(\tau d\tau. \tag{2.101}$$

Man ermittelt die Impulsantwort entweder als Fourier-Rücktransformierte der Übertragungsfunktion

$$h(t) = \int_{-\infty}^{+\infty} \underline{H}(f)e^{+j2\pi ft}df \tag{2.102}$$

und hieraus mit Gl. (2.101) die Sprungantwort, oder man bestimmt zunächst die Sprungantwort mit Hilfe der Differentialgleichung des Netzwerks - und u.U. der Laplace-Transformation - und berechnet mit der entsprechenden Gl. (2.101) die

Impulsantwort. Die letztgenannte Methode wird im folgenden Beispiel demonstriert.

□ **Beispiel 2.12:**
Für das RC-Glied in Abb. 2.21 wird die Sprungantwort und Impulsantwort ermittelt.

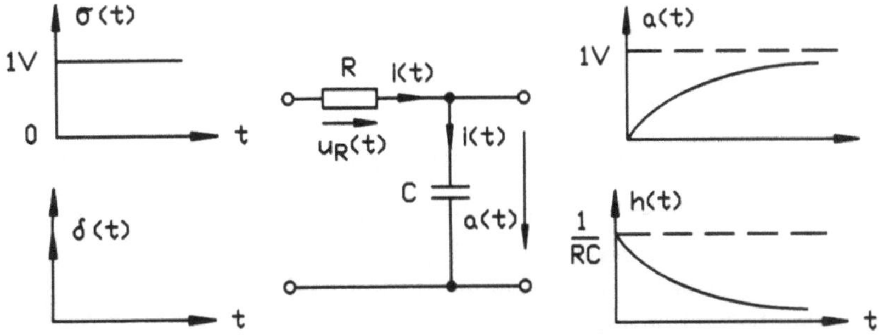

Abbildung 2.21: Sprung- und Impulsantwort eines RC-Tiefpasses

Zur Zeit $t = 0$ ändere sich am Eingang des RC-Gliedes nach Abb. 2.21 die Spannung sprungartig, gemäß der Sprungfunktion $\sigma(t)$, von 0 V auf 1 V. Die Sprungantwort am Ausgang des RC-Gliedes ist zu diesem Zeitpunkt $a(0) = 0$, und es fließt der Strom $i(0) = 1\text{V}/\text{R}$, da der ungeladene Kondensator wie ein Kurzschluß wirkt. Damit ist die Anfangsbedingung festgelegt. Mit dem 2. Kirchhoffschen Satz findet man für das Netzwerk

$$1\text{V} = u_R(t) + a(t) = i(t)R + \frac{1}{C}\int i(t)dt = RC\frac{da(t)}{dt} + a(t) \qquad (2.103)$$

Gl. (2.103) ist eine lineare Differentialgleichung 1. Ordnung mit konstanten Koeffizienten, die durch "Trennung der Variablen" lösbar ist. Durch Umstellung und Integration findet man

$$dt = RC\frac{da(t)}{1\text{V} - a(t)}; \quad t = -RC\ln(1\text{V} - a(t)) + K. \qquad (2.104)$$

Aus der Anfangsbedingung $a(0) = 0$ zur Zeit $t = 0$ ermittelt man die Konstante $K = 0s$. Aus Gl. (2.104) erhält man dann die gesuchte Sprungantwort zu

$$a(t) = 1 - e^{-t/T_1} \quad [\text{V}] \qquad (2.105)$$

mit $T_1 = RC$ der Zeitkonstanten des RC-Gliedes. Aus Gl. (2.101) folgt die Impulsantwort

$$h(t) = \frac{da(t)}{dt} = \frac{1}{T_1}e^{-t/T_1} \quad [\text{V/s}] \qquad (2.106)$$

Auch Sprung-und Impulsantwort sind dimensionsbehaftet. Dies bleibt in der Systemtheorie jedoch unberücksichtigt; man setzt also beispielsweise 1 V = 1. Leistungen werden an $R = 1\Omega$ definiert. So wird beispielsweise an $R = 1\Omega$ die Wirkleistung eines Spannungseffektivwertes U durch $P = U^2$ beschrieben.

Wie bereits erwähnt findet man die Impulsantwort auch aus der Fourier-Rücktransformierten der Übertragungsfunktion des RC-Tiefpasses. Mit Gl. (2.102)ermittelt man ebenfalls

$$h(t) = \int_{-\infty}^{+\infty} \frac{1}{1 + j2\pi f T_1} e^{+j2\pi f t} df = \frac{1}{T_1} e^{-t/T_1} \quad [\mathrm{V/s}], \tag{2.107}$$

wenn auch mit mathematisch höherem Aufwand.

In Abb. 2.21 sind Sprung- und Impulsantwort in qualitativer Form wiedergegeben.

In Abschnitt 2.3. 5 wird gezeigt, wie man die Übertragungsfunktion bzw. Impulsantwort eines Übertragungssystems, das aus der Kettenschaltung mehrerer Komponenten besteht, ermitteln kann.

2.3.3 Faltungsintegral

Approximiert man ein gegebenes Systemeingangssignal $s_1(t)$ durch eine Treppenfunktion aus Rechteckimpulsen, so kann dieses genäherte Signal durch

$$s_{a1}(t) = \sum_{k=-\infty}^{+\infty} s_1(kT_0) s_0(t - kT_0) T_0 \approx s_1(t) \tag{2.108}$$

beschrieben werden, s. z.B. Abb. 2.22a. $s_1(kT_0)$ beschreibt die Abtastwerte von $s_1(t)$, die zu den Zeiten $\ldots - 3T_0, -2T_0, -T_0, 0, T_0, 2T_0, 2T_0, \ldots$ genommen werden. Jeder Rechteckimpuls $s_0(t - kT_0)$ habe zunächst die Amplitude $1/T_0$. Zur Bestimmung der für die Approximation notwendigen Höhe eines jeden Rechtecks wird mit $s_1(kT_0)T_0$ multipliziert. Aufgrund der Zeitinvarianz der hier betrachteten Systeme und dem Superpositonsgesetz erscheint am Systemausgang ein genähertes Signal der Form (Abb. 2.22b)

$$s_{a2}(t) = \sum_{k=-\infty}^{+\infty} s_1(kT_0) g_0(t - kT_0) T_0 \approx s_2(t). \tag{2.109}$$

$g_0(t - kT_0)T_0$ ist die Systemantwort auf einen Rechteckimpuls $s_0(t - kT_0)$ der Dauer T_0 und der Höhe $1/T_0$. Je geringer die Dauer T_0 der approximierenden Rechteckimpulse wird, umso mehr ähnelt $s_0(t)$ dem Dirac-Impuls $\delta(t)$ und $g_0(t)$ der Impulsantwort $h(t)$. Führt man den Grenzübergang $T_0 \rightarrow 0$ durch ($kT_0 \rightarrow \tau, T_0 \rightarrow d\tau$), so erhält man aus Gl. (2.108)

$$s_1(t) = \int_{-\infty}^{+\infty} s_1(\tau) \delta(t - \tau) d\tau = s_1(t) * \delta(t) \tag{2.110}$$

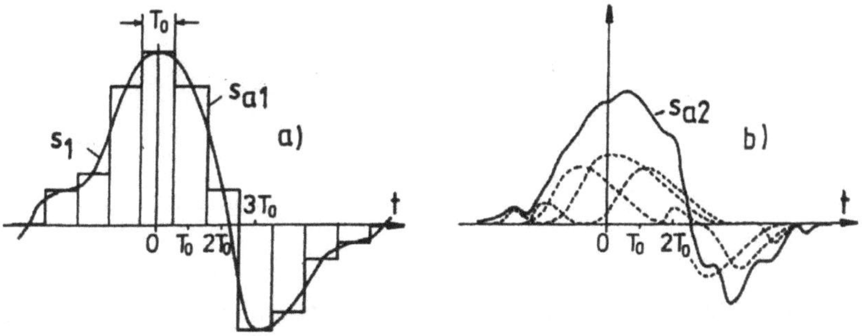

Abbildung 2.22: Näherung eines System-Eingangs- und Ausgangs-Signals

eine unendlich dichte Folge von bewerteten Dirac-Impulsen, die das Eingangssignal $s_1(t)$ beschreiben. Aus Gl. (2.109) erhält man infolge des Grenzübergangs die exakte Antwort des Systems $s_2(t)$ auf das Eingangsignal $s_1(t)$,

$$s_2(t) = \int_{-\infty}^{+\infty} s_1(\tau)h(t-\tau)d\tau = s_1(t) * h(t) \tag{2.111}$$

mit $h(t)$ der Impulsantwort [18].

Die Reihenfolge bei der Faltung ist vertauschbar (kommutativ).

$$s_1(t) * h(t) = h(t) * s_1(t) \tag{2.112}$$

Verknüpft man das Faltungsintegral mit der Fouriertransformation, dann gilt

$$\int_{-\infty}^{+\infty} [s_1(t) * h(t)]e^{-j2\pi ft}dt = \underline{S}_1(f) \cdot \underline{H}(f) \tag{2.113}$$

Die Faltung kann auch im Frequenzbereich definiert werden

$$\underline{S}_1(f) * \underline{H}(f) = \int_{-\infty}^{+\infty} \underline{S}_1(x)\underline{H}(f-x)dx \tag{2.114}$$

In den folgenden Abschnitten wird auf die Anwendung des Faltungsintegrals eingegangen.

2.3.4 Ideale Übertragung, ideales Tiefpaßsystem, ideales Bandpaßsystem

Betrachtet werde ein System mit der Übertragungsfunktion

$$\underline{H}(f) = H_0 e^{-j2\pi f\tau_p}. \tag{2.115}$$

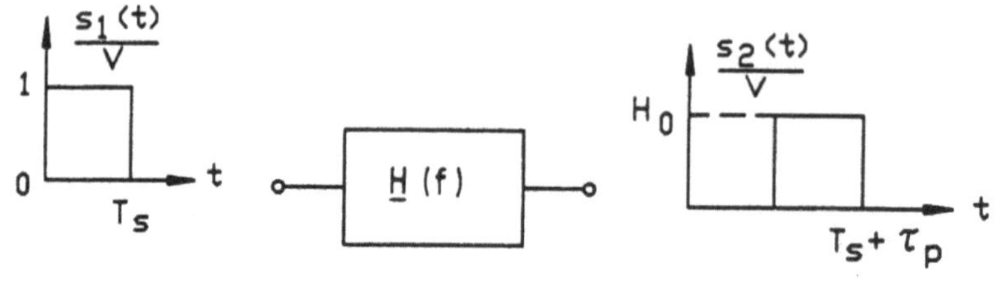

Abbildung 2.23: Verzerrungsfreies Übertragungssystem

Die Betragsübertragungsfunktion dieses Systems $|\underline{H}(f)| = H_0$ ist konstant, lediglich die Phase $\phi(f) = -j2\pi f \tau_p$ hängt linear von der Frequenz ab (s. Abb. 2.23). τ_p stellt die Laufzeit der Phase durch das System dar. Die Fourier-Rücktransformierte der Übertragungsfunktion, siehe hierzu die Tabelle in **Anhang A**, liefert die Impulsantwort

$$h_0(t) = H_0\delta(t - \tau_p). \tag{2.116}$$

Das Systemausgangssignal $s_2(t)$ ermittelt man durch Faltung mit der Impulsantwort $h_0(t)$ und erhält.

$$s_2(t) = h_0(t) * s_1(t) \tag{2.117}$$

$$s_2(t) = H_0 \int_{-\infty}^{+\infty} \delta(\tau - \tau_p) s_1(t - \tau) d\tau = H_0 s_1(t - \tau_p) \tag{2.118}$$

Das Systemeingangssignal $s_1(t)$ erscheint lediglich um die Laufzeit τ_p verzögert, jedoch unverändert in seiner Gestalt, auch am Systemausgang. Das durch Gl. (2.115) definierte Übertragungssystem nennt man ein **verzerrungsfreies Übertragungssystem**.

Ein verzerrungsfreies System kann somit durch die folgenden Kriterien charakterisiert werden:

a) Die Betragsübertragungsfunktion H_0 ist frequenzunabhängig.
b) Phase $\phi(f)$ verläuft linear über der Frequenz.

In Abb. 2.24 ist der Verlauf von H_0 und $\phi(f)$ über der Frequenz dargestellt.

In allen praktischen Übertragungssystemen ist man bemüht, wenigstens innerhalb eines bestimmten Frequenzbandes Verzerrungsfreiheit zu erreichen. Alle frequenzabhängigen Komponenten wie Filter, Verstärker, etc. müssen wenigstens näherungsweise die vorstehend definierten Eigenschaften eines verzerrungsfreien Systems aufweisen. Dies ist jedoch wegen der nichtidealen Bauelemente immer nur innerhalb spezifizierter Grenzen möglich.

Besser meßbar als die Phasenlaufzeit τ_p, welche die Laufzeit einer einzelnen Sinusschwingung darstellt, ist in der Praxis die **Gruppenlaufzeit τ_g**. Sie charakterisiert die Laufzeit eines Informationssignals (Zufallssignal), dessen Spektrum immer eine bestimmte "Gruppe" von Frequenzkomponenten enthält.

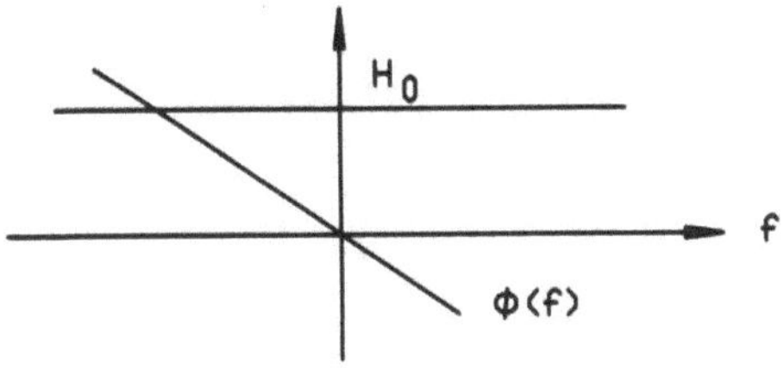

Abbildung 2.24: Übertragungsfunktion und Phase bei verzerrungsfreier Übertragung

Weiteres zum Begriff der Gruppenlaufzeit findet man in Kapitel 3.

Die Gruppenlaufzeit ist allgemein als die Ableitung des Dämpfungswinkels $b(\omega) = -\phi(\omega) = \omega\tau_p$ nach der Kreisfrequenz ω definiert. Der Dämpfungswinkel stellt die Phase des Dämpfungsfaktors (Dämpfungsfaktor= Kehrwert der Übertragungsfunktion) dar, $\underline{D}(\omega) = 1/\underline{H}(\omega)$.

$$\tau_g = \frac{db(\omega)}{d\omega} = \frac{d(\omega\tau_p)}{d\omega} = \tau_p \tag{2.119}$$

Gruppenlaufzeit und Phasenlaufzeit sind in verzerrungsfreien Systemen gleich und konstant, $\tau_g = \tau_p =$ konstant.

In der Übertragungstechnik kennt man **Tiefpaßsysteme** (Basisband-Übertragungssysteme bei denen die Signal-Übertragung ohne Frequenzverschiebung erfolgt) und **Bandpaßsysteme** (Systeme zur Übertragung von Signalen die einem Sinusträger zur Frequenzverschiebung aufmoduliert sind). Ein **ideales Tiefpaßsystem** ist ein Übertragungssystem mit Tiefpaß-Charakter. Die Übertragungsfunktion eines solchen Systems ist die eines idealen Tiefpasses, auch **Küpfmüller-Tiefpaß** genannt. Unterhalb der Grenzfrequenz f_g erfüllt der ideale Tiefpaß die Bedingungen eines verzerrungsfreien Systems. Die Übertragungsfunktion eines idealen Tiefpasses lautet

$$\underline{H}_T(f) = H_0 e^{-j2\pi f\tau_p}; \quad (-f_g \leq f \leq f_g) \tag{2.120}$$

im übrigen Frequenzbereich ist sie Null. Ihr Verlauf über der Frequenz ist in Abb. 2.25a wiedergegeben. Im Durchlaßbereich des idealen Tiefpasses $-f_g \leq f \leq f_g$ verläuft die Phase $\phi(f)$ linear.

Aus der Fourier-Rücktransformierten der Übertragungsfunktion findet man die Impulsantwort des idealen Tiefpasses, siehe Abb. 2.25b, zu

$$h_T(t) = 2f_g H_0 \frac{\sin 2\pi f_g(t-\tau_p)}{2\pi f_g(t-\tau_p)}. \tag{2.121}$$

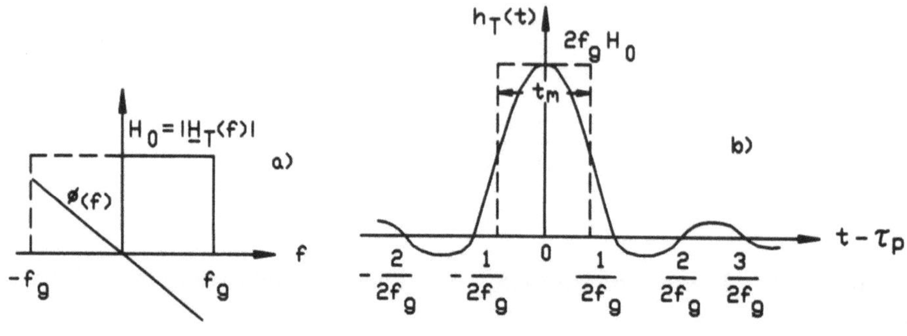

Abbildung 2.25: a) Übertragungsfunktion; b) Impulsantwort des idealen Tiefpasses

Ein Dirac-Impuls am Eingang hat eine Impulsantwort von streng genommen unendlicher Dauer zur Folge. Als mittlere Dauer t_m der Impulsantwort wird nach Küpfmüller die Breite eines Rechtecks definiert, dessen Höhe durch den Spitzenwert von $h_T(t)$, nämlich $2f_gH_0$ begrenzt ist und dessen Fläche mit der unter $h(t)$ liegenden übereinstimmt.

$$t_m = \frac{1}{2f_gH_0}\int_{-\infty}^{+\infty} h_T(t)dt = \frac{H_0}{2f_gH_0} = \frac{1}{2f_g} \tag{2.122}$$

Die Signaldauer t_m ist der Bandbreite des idealen Tiefpasses f_g umgekehrt proportional. Das Produkt

$$t_m f_g = 1/2 \tag{2.123}$$

ist auch unter der Bezeichnung **Zeit-Bandbreite-Produkt** bekannt. Für reale Tiefpässe, dies sind solche mit stetiger Flanke, gilt dann entsprechend

$$t_m f_g = const. \tag{2.124}$$

Das Zeit-Bandbreite-Produkt stellt für die Auswahl günstiger Elementarimpulse bei digitaler Übertragung ein wichtiges Kriterium dar. Das Tiefpaßfilter dessen Impulsantwort das kleinste Zeit-Bandbreite-Produkt aufweist, liefert die zur Übertragung günstigste Impulsform.

Näheres hierzu wird in Kapitel 8 diskutiert.

Die Gln. (2.123) und (2.124) beinhalten auch die Aussage, daß Bandbreite f_g und mittlere Dauer der Impulsantwort t_m eines Tiefpassfilters nicht beliebig klein gemacht werden können. Grundsätzlich gilt der Zusammenhang

$$t_m \text{ klein} \leftrightarrow f_g \text{ groß}$$
$$t_m \text{ groß} \leftrightarrow f_g \text{ klein.}$$

Diese Eigenschaft ist auch unter dem Namen **Unschärferelation der Nachrichtentechnik** bekannt.

Ein **ideales Bandpaßsystem** ist ein Übertragungssystem mit Bandpaßcharakter, also ein System zur Übertragung von modulierten Signalen mit der Trägerfrequenz f_c, die auch die Signalmittenfrequenz darstellt. Der ideale Bandpaß erfüllt in seinem Durchlaßbereich $(f_c - \frac{B}{2}) \leq f \leq (f_c + \frac{B}{2})$ ebenfalls die Bedingung der Verzerrungsfreiheit. Seine Übertragungsfunktion lautet

$$H_B(f) = H_0 e^{-j2\pi f\tau_p}; \quad \left(f_c - \frac{B}{2}\right) \leq f \leq \left(f_c + \frac{B}{2}\right). \tag{2.125}$$

Abb. 2.26a zeigt die Übertragungsfunktion des idealen Bandpasses. Beispielsweise

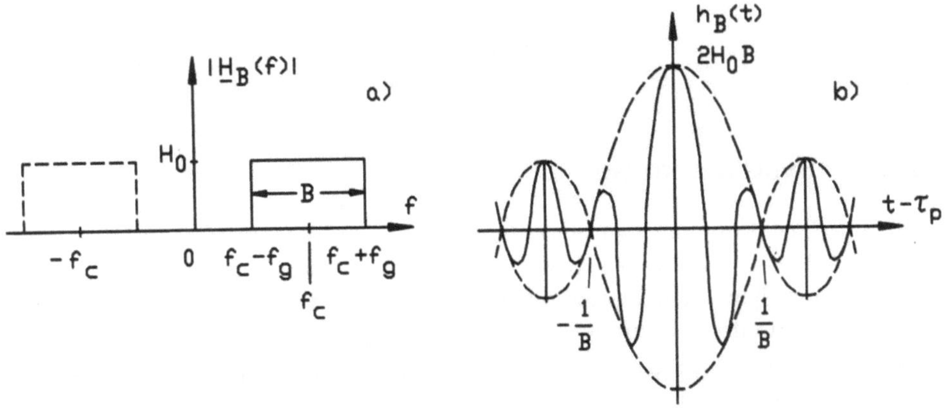

Abbildung 2.26: a) Übertragungsfunktion; b) Impulsantwort des idealen Bandpasses

entsteht bei den digitalen Modulationsverfahren Amplitudentastung und Phasenumtastung (s. Kapitel 8) ein Bandpaßsystem aus der Frequenzverschiebung - Verschiebungssatz der Fouriertransformation, siehe Tabelle 2.1 - um die Trägerfrequenz f_c, wobei rechts und links von f_c die beiden Tiefpaß-Seitenbänder der Bandbreite $B/2 = f_g$ liegen. Die Frequenzverschiebung entsteht dabei durch den "bilinearen" Modulationsvorgang, bei dem einer Sinus-(Cosinus)-Schwingung entweder in Amplitude oder Phase das Informationssignal der Bandbreite f_g aufgeprägt wird. "Bilinear" bedeutet hier die verzerrungsfreie Umsetzung des Basisbandspektrums, das auf f_g frequenzbandbegrenzt ist in eine höhere Frequenzlage bei Bildung der obengenannten zwei Seitenbänder. Für die Bandbreite des Bandpaßsystems folgt damit

$$B = f_c + f_g - (f_c - f_g) = 2f_g. \tag{2.126}$$

Die Fourier-Rücktransformation der Übertragungsfunktion liefert die Impulsantwort des idealen Bandpasses, die in Abb. 2.26b dargestellt ist.

$$h_B(t) = 2H_0B\frac{\sin \pi B(t-\tau_p)}{\pi B(t-\tau_p)}\cos 2\pi f_c(t-\tau_p) \qquad (2.127)$$

Für den idealen Bandpaß und auch alle realen Bandpässe - dies sind ebenfalls solche mit stetiger Flanke - ist das Zeit-Bandbreite-Produkt auf entsprechende Weise ermittelbar, wie für den idealen Tiefpaß; das Zeit-Bandbreite-Produkt lautet hier

$$t_mB = const.. \qquad (2.128)$$

Es gilt also auch für Bandpässe die "Unschärferelation der Nachrichtentechnik", dh.

t_m klein $\leftrightarrow$ B groß
t_m groß $\leftrightarrow$ B klein.

2.3.5 Systemanalyse

Die einzelnen Komponenten eines digitalen Übertragungssystems, s. z.B. Abb. 2.18, sind so zu entwerfen bzw. auszuwählen, daß Vorgaben wie System-Bandbreite, Symbolfehlerquote (dies ist die meßbare Symbolfehlerhäufigkeit), spektrale Form des Informationssignals etc., eingehalten werden.

Allgemeines Entwurfsziel ist es, über ein System ein Informationssignal mit möglichst hoher Symbolrate (Symbolrate = Bitrate bei binärer Übertragung) bei möglichst geringem Bandbreitebedarf zu übertragen. Dieses Ziel wird nur erreicht, wenn jede Komponente sorgfältig entworfen und gemäß dieser Forderung optimiert wird.

Mit Hilfe der Systemtheorie kann diese Systemoptimierung erreicht werden, wobei die Systemanalyse sowohl im Zeitbereich als auch im Frequenzbereich durchgeführt werden kann.

Im Frequenzbereich findet man bei determinierten Signalen die Spektralfunktion der Ausgangsgröße $\underline{S}_2(f)$ eines Übertragungssystems, indem man die das System kennzeichnende Übertragungsfunktion $\underline{H}(f)$ mit der Spektralfunktion der Eingangsgröße $\underline{S}_1(f)$ multipliziert, siehe Gl. (2.92).

$$\underline{S}_2(f) = \underline{H}(f)\underline{S}_1(f) \qquad (2.129)$$

Rechnet man mit Energiedichten, dann gilt

$$|\underline{S}_2(f)|^2 = |\underline{H}(f)|^2|\underline{S}_1(f)|^2. \qquad (2.130)$$

Bei nichtdeterminierten Leistungssignalen lautet der Zusammenhang

$$L_2(f) = |\underline{H}(f)|^2 L_1(f). \qquad (2.131)$$

Im Rahmen der folgenden Betrachtungen werden der Einfacheit halber nur determinierte Signale angenommen. Für Zufallssignale, die spektrale Leistungsdichten besitzen, ist sinngemäß Gl. (2.131) anzuwenden.

Die multiplikative Verknüpfung im Frequenzbereich entspricht im Zeitbereich der **Faltung**, wie bereits für determinierte Signale in Abschn. 2.3.3 gezeigt. Für die Fourier-Rücktransformierten von Gl. (2.129) gilt dann der bekannte Zusammenhang

$$s_2(t) = h(t) * s_1(t), \qquad (2.132)$$

wobei $h(t)$ die Impulsantwort des Systems darstellt.

In Abb. 2.27 werden am Beispiel eines Tiefpaßfilters und einer Signalmultiplikation (Mischung) die Gesetzmäßigkeiten nach Gl. (2.129) und Gl. (2.132) angewendet. Bei der Filterung entsteht im Zeitbereich das Ausgangsignal $s_2(t)$ aus der Faltung

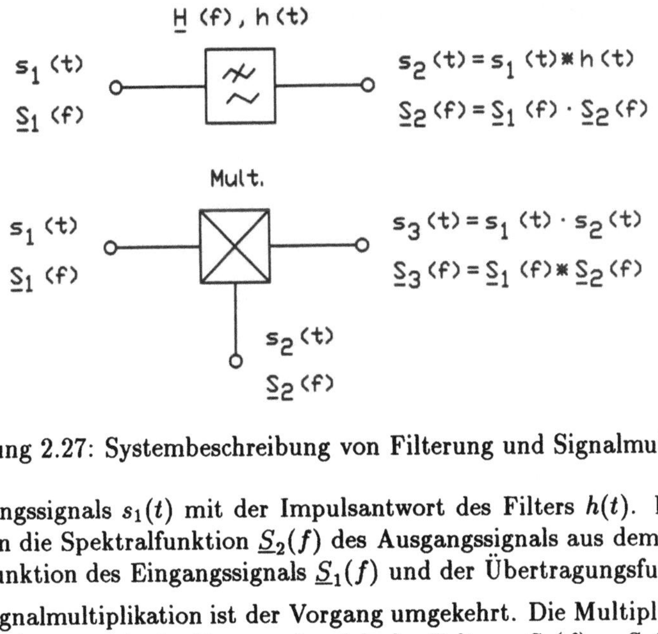

Abbildung 2.27: Systembeschreibung von Filterung und Signalmultiplikation

des Eingangssignals $s_1(t)$ mit der Impulsantwort des Filters $h(t)$. Entsprechend erhält man die Spektralfunktion $\underline{S}_2(f)$ des Ausgangssignals aus dem Produkt der Spektralfunktion des Eingangssignals $\underline{S}_1(f)$ und der Übertragungsfunktion $\underline{H}(f)$.

Bei der Signalmultiplikation ist der Vorgang umgekehrt. Die Multiplikation $s_1(t) \cdot s_2(t) = s_3(t)$ entspricht im Frequenzbereich der Faltung $\underline{S}_3(f) = \underline{S}_1(f) * \underline{S}_2(f)$.

□ **Beispiel 2.13:**

Für das in Abb. 2.28 dargestellte Basisband-Übertragungssystem mit einem eingangsseitigen stochastischen Rechteckbinärsignal $s_1(t)$ der spektralen Leistungsdichte $L_1(f)$ wird ermittelt:

a) Das Ausgangssignal $s_2(t)$ und die spektrale Leistungsdichte $L_2(f)$ in allgemeiner Form.
b) $L_2(f)$, wenn als Tiefpässe die in Beispiel 2.11 diskutierten RC-Glieder benutzt werden und die Strecke ideales Tiefpaßverhalten aufweist, sowie die grafische Darstellung von $L_2(f)$ in normierter Form.
c) Die Gesamt-Übertragungsfunktion des Systems und die allgemeine Darstellung der System-Impulsantwort.

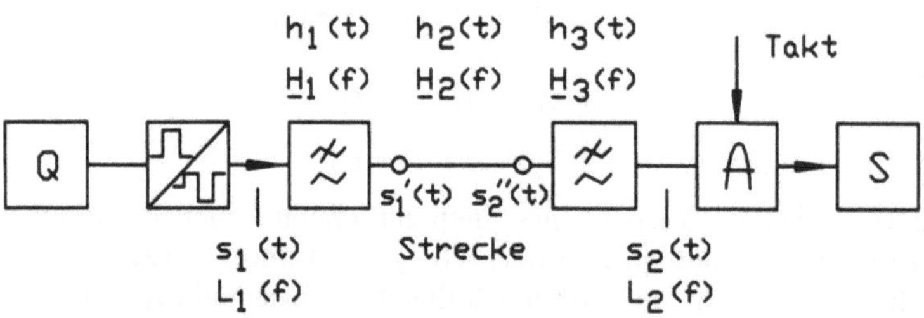

Abbildung 2.28: Basisband-Übertragungssystem und seine charakteristischen Größen

Zu a):
Die spektrale Leistungsdichte des Ausgangssignals findet man am einfachsten im Frequenzbereich:

$$L_2(f) = L_1(f)|\underline{H}_1(f)|^2|\underline{H}_2(f)|^2|\underline{H}_3(f)|^2$$

Gibt man $L_1(f)$ und $L_2(f)$ vor, so kann man bei bekannter Kabelübertragungsfunktion $\underline{H}_2(f)$ die erforderliche Filter-Betragsübertragungsfunktion $|\underline{H}_1(f)| = |\underline{H}_2(f)| = |\underline{H}(f)|$ ermitteln.

Da für die spektrale Leistungsdichte keine Rücktransformation existiert - sie enthält keine Phaseninformation - muß das Ausgangssignal $s_2(t)$ im Zeitbereich bestimmt werden. Hierbei sind mehrere Faltungsoperationen erforderlich. Mit der der "Faltungsalgebra" erhält man

$$s_1'(t) = s_1(t) * h(t) \tag{2.133}$$

$$s_1''(t) = s_1'(t) * h_2(t) = [s_1(t) * h_1(t)] * h_2(t) \tag{2.134}$$

$$s_2(t) = s_1''(t) * h_3(t) = s_1(t) * h_1(t) * h_2(t) * h_3(t). \tag{2.135}$$

Zu b):
Die spektrale Leistungsdichte des stochastischen Binärsingals lautet nach Gl.

(2.85)

$$L_1(f) = X_0^2 T_s \left(\frac{\sin \pi f T_s}{\pi f T_s} \right)^2$$

Die Übertragungsfunktion der beiden Tiefpässe ist, gemäß Gl. (2.95), mit $\underline{H}(f) = \underline{H}_1(f) = \underline{H}_2(f)$

$$\underline{H}(f) = \frac{1}{1 + j2\pi f RC} = \frac{1}{\sqrt{1 + (2\pi f RC)^2}} e^{-j2\pi f RC}.$$

Für die Strecke mit idealem Tiefpaßverhalten lautet die Übertragungsfunktion nach Gl. (2.120)

$$\underline{H}_T(f) = H_0 e^{-j2\pi f \tau_p}$$

im Intervall $-f_g \leq f \leq f_g$. Setzt man die vorgenannten Gleichungen in die unter a) ermittelte allgemeine Gleichung für $L_2(f)$ ein, so erhält man als Ergebnis

$$\frac{L_2(f)}{H_0^2 X_0^2 T_s} = \left(\frac{\sin \pi f T_s}{\pi f T_s [1 + (2\pi f RC)^2]} \right)^2,$$

die spektrale Leistungsdichte am System-Ausgang. Ihr Verlauf ist in Abb. 2.29 für den Spezialfall $T_s = RC = 0,5$ ms wiedergegeben.

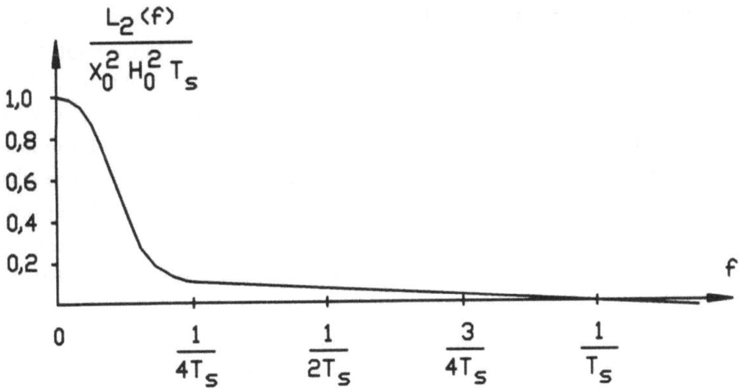

Abbildung 2.29: Verlauf der spektralen Leistungsdichte am Ausgang des Systems nach Abb. 2.28 über der Frequenz, $T_s = RC = 0,5$ ms

Zu c):
Die System-Übertragungsfunktion ist

$$\underline{H}_{sys}(f) = \underline{H}_1(f) \underline{H}_2(f) \underline{H}_3(f)$$

$$\underline{H}_{sys}(f) = H_0 \left(\frac{1}{1 + j2\pi fRC} \right)^2 e^{-j2\pi f\tau_p} = \frac{1}{1 + (2\pi fRC)^2} \cdot e^{-j[2\arctan(2\pi fRC) + 2\pi f\tau_p]}.$$

und die System-Impulsantwort findet man aus

$$h_{sys}(t) = \int_{-\infty}^{+\infty} \underline{H}_{sys}(f) e^{j2\pi ft} df.$$

Am Ende von Kapitel 2 ist die entprechende Aufgabe 2.2 für ein System zur Übertragung modulierter Signale formuliert.

2.4 Abtastsysteme

Die Signalverarbeitung in der Kommunikationstechnik aber auch in anderen Disziplinen wie z.B. der Automatisierungstechnik erfolgt heutzutage fast auschließlich in digitaler Form. Analoge Signale werden durch Analog-Digital-Wandlung in eine Folge von codierten Signalwerten umgesetzt, die dann in Mikrocomputern oder Signalprozessoren verarbeitet werden.

Grundlage der Analog-Digital-Wandlung stellt hierbei das **Abtasttheorem** dar, das im folgenden abgeleitet wird. Bei Einhaltung des Abtasttheorems gelingt es, von einem bandbegrenzten zeit- und wertkontinuierlichen Analogsignal in regelmässigen Zeitabständen T_a Abtastwerte zu entnehmen, wobei eine Folge dieser nun zeitdiskreten aber immer noch wertkontinuierlichen Abtastwerte (auch Abtastproben) den gleichen Informationsgehalt besitzt wie das bandbegrenzte Analogsignal. Da infolge der Amplitudendynamik des Analogsignals sehr viele - u.U. sogar unendlich viele - Abtastproben unterschiedlicher Amplitude auftreten können, müssen die Abtastwerte durch **Quantisierung** in eine endliche Anzahl umgesetzt werden. Man bildet eine endliche Anzahl von Amplitudenfenstern, auch Amplitudenintervalle oder Quantisierungsstufen genannt, und kennzeichnet diese durch binäre Codeworte, näheres hierzu s. Kapitel 8. Durch die Quantisierung erzielt man eine Folge von zeit- und wertdiskreten Abtastwerten. Da jedem Abtastwert in einem bestimmten Amplitudenintervall ein binäres Codewort zugeordnet wird, erhält man ein stochastisches Binärsignal. In Abb. 2.30 sind für ein beliebiges bandbegrenztes Analogsignal Abtastung, Quantisierung und Codierung schematisch dargestellt. Infolge der Quantisierung enthalten all die quantisierten Abtastwerte, die nicht genau mit der Amplitude des Analogsignals zum Abtastzeitpunkt übereinstimmen, einen Amplitudenfehler. Diese Amplitudenfehler der quantisierten Abtastwerte führen auf das sogenannte **Quantisierungsgeräusch** im Digitalsignal. Durch eine hohe Zahl von Quantisierungsstufen kann dieses Geräusch jedoch auf vernachlässigbar kleine Werte reduziert werden.

Abtastsignale und Abtastsysteme werden oft auch als diskrete oder diskontinuierliche Signale und Systeme bezeichnet im Gegensatz zu den linearen (kontinuierlichen) Signalen und Systemen aus Abschn. 2.3.

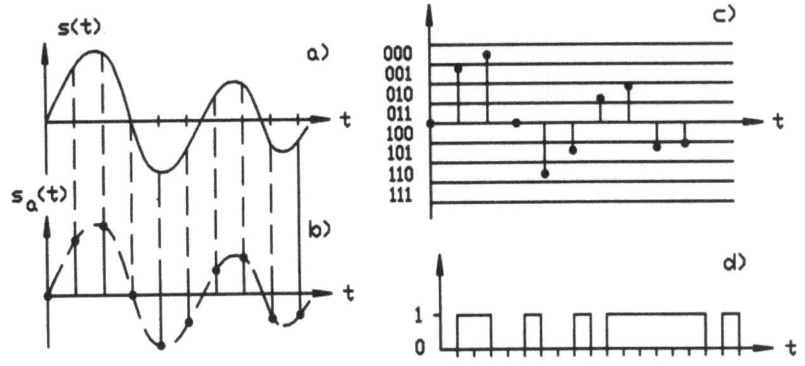

Abbildung 2.30: Schema der Analog-Digital-Wandlung; a) Analogsignal; b) Abtastung; c) Quantisierung, d) Codierung (3 bit/Quantisierungstufe)

Die systemtheoretische Behandlung der Abtastsignale kann mit der Fourier-Transformation erfolgen, für die auch eine diskrete Form existiert. Aus der diskreten Fouriertransformation läßt sich jedoch die speziell für Abtastsysteme entwickelte **z-Transformation** ableiten, die - ähnlich wie die Laplace-Transformation bei determinierten Signalen - den Konvergenzbereich erweitert [16, 18, 26-29].

2.4.1 Abtastung, Abtasttheorem

Betrachtet werde ein bandbegrenztes analoges **Tiefpaßsignal** $s(t)$ z.B. ein bandbegrenztes Sprachsignal, das in einer Einrichtung nach Abb. 2.31 in eine periodische Folge von Abtastwerten $s_a(t)$ umgesetzt werden soll. Die Abtastung erfolgt durch Multiplikation des bandbegrenzten Analogsignals $s(t)$ mit einer periodischen Folge von Dirac-Impulsen $s_\delta(t)$. Im Falle der Realisierung wäre die Dirac-Impulsfolge durch eine Folge sehr schmaler Rechteckimpulse darzustellen. Das Analogsignal sei auf die obere Grenzfrequenz f_g bandbegrenzt. Die periodische Folge von Dirac-Impulsen

$$s_\delta(t) = \sum_{k=-\infty}^{+\infty} \delta(t - kT_a) \tag{2.136}$$

kann in die Fourierreihe

$$s_\delta(t) = \frac{1}{T_a} \sum_{k=-\infty}^{+\infty} e^{jk\omega_a t} \tag{2.137}$$

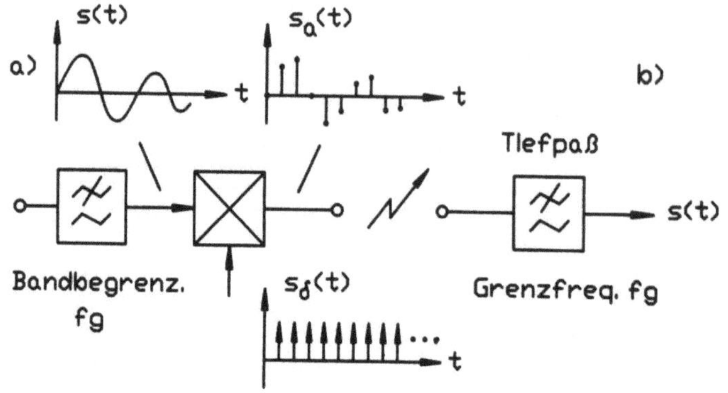

Abbildung 2.31: Prinzip der Signalabtastung; a) PAM-Modulator; b) PAM-Demodulator

mit $\omega_a = 2\pi/T_a$ entwickelt werden. Damit gilt für das am Ausgang des Abtastsystems erscheinende pulsamplitudenmodulierte Signal (PAM) $s_a(t)$

$$s_a(t) = s(t)s_\delta(t) = s(t) \sum_{k=-\infty}^{+\infty} \delta(t - kT_a) \tag{2.138}$$

$$s_a(t) = \frac{s(t)}{T_a} \sum_{k=-\infty}^{+\infty} e^{jk2\pi f_a t} \tag{2.139}$$

Seine Fourier-Transformierte lautet nach Gl. (2.8)

$$\underline{S}_a(f) = \frac{1}{T_a} \int_{-\infty}^{+\infty} s(t) \sum_{k=-\infty}^{+\infty} e^{jk2\pi f_a t} e^{-j2\pi f t} dt. \tag{2.140}$$

Mit dem Verschiebungssatz nach Tab. 2.1 folgt hieraus

$$\underline{S}_a(f) = \frac{1}{T_a} \sum_{k=-\infty}^{+\infty} \underline{S}(f + kf_a) \tag{2.141}$$

$$\underline{S}_a(f) = \frac{1}{T_a} [\cdots + \underline{S}(f - 2f_a) + \underline{S}(f - f_a) + \tag{2.142}$$

$$+ \underline{S}(f) + \underline{S}(f + f_a) + \underline{S}(f + 2f_a) + \cdots]$$

Die Spektralfunktion $\underline{S}_a(f)$ setzt sich aus einer periodischen Folge sich überlappender Spektren zusammen, siehe hierzu auch Abb. 2.32. Zur Vereinfachung der Darstellung ist $\underline{S}_a(f)$ als reell und willkürlich $f_a < 2f_g$ angenommen worden. Die Mittenfrequenzen der Einzelspektren liegen bei $0, \pm f_a, \pm 2f_a, \pm 3f_a, \cdots$.

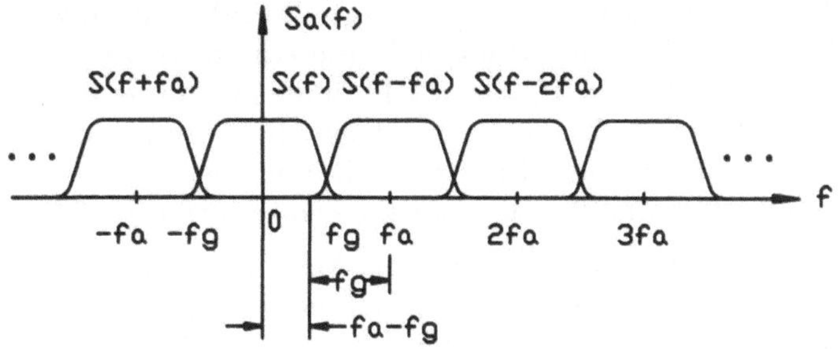

Abbildung 2.32: Spektralfunktion einer Folge von Abtastwerten

Von Interesse als Nutzsignal ist eigentlich nur das Basisbandspektrum im Intervall $0 \leq f \leq f_g$ (die in Abb. 2.32 dargestellten negativen nichtrealisierbaren Frequenzen haben nur bei theoretischen Betrachtungen Bedeutung). Die restlichen Spektren können somit in einem PAM-Demodulator, der gemäß Abb. 2.31 lediglich aus einem Tiefpaß geeigneter Flankensteilheit besteht, unterdrückt werden. Dies ist jedoch nur dann ohne Verzerrungen möglich, wenn sich benachbarte Spektren nicht überlappen. Dazu muß die Bedingung

$$f_a - f_g \geq f_g \tag{2.143}$$

eingehalten werden. Aus dieser Forderung folgt das **Abtasttheorem**

$$f_a = \frac{1}{T_a} \geq 2f_g. \tag{2.144}$$

Wählt man $f_a = 2f_g$, dann ist eine verzerrungsfreie Demodulation nur mit einem idealen Tiefpaß möglich.

Bei Wahl der Abtastfrequenz gemäß dem Abtasttheorem gilt für das demodulierte Signal $s_{Dem}(t) = s(t)$ im PAM-System nach Abb. 2.31,

$$s_{Dem}(t) = s(t) = s_a(t) * h_T(t) \tag{2.145}$$

wobei $h_T(t)$ die Impulsantwort des Demodulator-Tiefpasses darstellt [16, 18]; im Frequenzbereich mit der Übertragungsfunktion $\underline{H}(f)$ folgt entprechend

$$\underline{S}(f) = \underline{S}_a(f)\underline{H}(f) = \underline{S}_{Dem}(f). \tag{2.146}$$

PAM-Systeme sind sehr störanfällig und haben trotz ihrer einfachen Realisierung nur geringe praktische Bedeutung. Läßt man nur quantisierte Abtastwerte zu und codiert jeden Abtastwert mit einem binären Codewort bestimmter Länge, so führt dies auf die störsichere Puls-Code-Modulation, s. Kapitel 8.

Wählt man die Abtastfrequenz $f_a > 2f_g$, so liegt **Überabtastung** vor. Beispielsweise liegt die Bandbreite eines analogen Fernsprechsignals bei $f_g = 3,4$ kHz. Eine Abtastfrequenz von $f_a = 2f_g = 6,8$ kHz würde hier ausreichen. International vereinbart wurde jedoch $f_g = 4$ kHz und damit als Abtastfrequenz $f_a = 8$ kHz. Dies hat zur Folge, daß die Signalspektren weiter auseinanderrücken und damit die Demodulation mit einem Tiefpaß *endlicher* Flankensteilheit erfolgen kann.

Von **Unterabtastung** spricht man, wenn die Abtastfrequenz $f_a < 2f_g$ gewählt wird; die Spektren einer Folge von Abtastwerten überlappen sich dann. Eine Signaldemodulation ist nun verzerrungsfrei nicht mehr möglich, da das Basisbandspektrum im Intervall $0 \leq f \leq f_g$ spektrale Anteile benachbarter Spektren enthält. Es tritt ein Überlappungsfehler auf der als **aliasing** bezeichnet wird. Dieser Fehler tritt auch dann in Erscheinung, wenn das abzutastende Analogsignal nicht auf eine obere Frequenzgrenze f_g bandbegrenzt wird. Am Ausgang des Demodulatortiefpasses nach Abb. 2.31 erscheint in diesen Fällen ein demoduliertes Signal der Form

$$s'(t) = \underline{s}_{aa} * h_T(t) = s(t) + f(t). \tag{2.147}$$

Hierbei ist $s_{aa}(t)$ die bei Unterabtastung entstehende Folge von Abtastwerten und $f(t)$ das durch **Rückfaltung** ins Nutzsignalband fallende Störsignal.

Auch die **Abtastung von Bandpaß-Signalen** - z.B. modulierten Signalen - ist möglich [18].

Ein **Abtasttheorem im Frequenzbereich** kann ebenfalls formuliert werden. Ein im Intervall $-T_s/2 \leq t \leq +T_s/2$ zeitbegrenztes Signal habe die Spektralfunktion $\underline{S}(f)$; diese kann vollständig durch Abtastwerte bei den diskreten Frequenzen kf_T $(-\infty < k < +\infty)$ mit $f_T \leq 1/T_s$ beschrieben werden. Die so entstehende diskrete Spektralfunktion lautet somit (s. Abb. 2.33a)

$$\underline{S}_p(f) = \underline{S}(f) \sum_{k=-\infty}^{+\infty} \delta(f - kf_T). \tag{2.148}$$

Die Fourier-Rücktransformierte liefert dann

$$s_p(t) = \frac{1}{f_T} \sum_{k=-\infty}^{+\infty} s\left(t - \frac{k}{f_T}\right), \tag{2.149}$$

eine sich periodisch im Abstand $1/f_T$ wiederholende Zeitfunktion, deren Einzelimpulse sich nicht überlappen, s. Abb. 2.33b. Aus der periodischen Impulsfolge kann mit einer Torschaltung (Gate) in jeder diskreten Zeitlage der zeitbegrenzte Impuls wiedergewonnen werden [18].

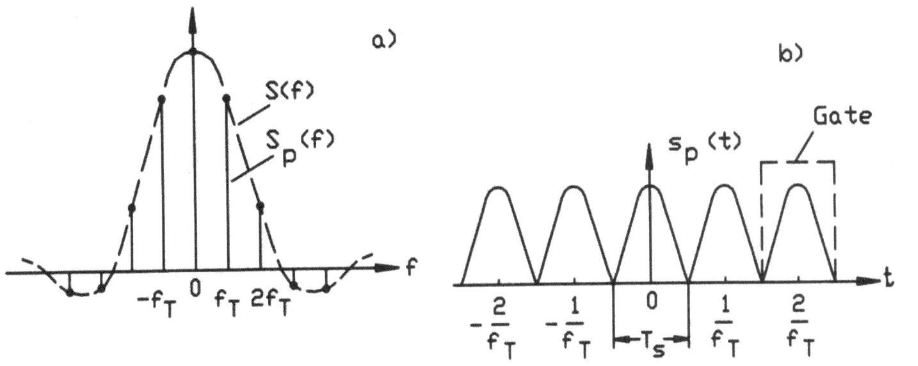

Abbildung 2.33: Abtastung im Frequenzbereich (reelle Funktion $S(f)$ unterstellt)

2.4.2 Zeitdiskrete Signale und Systeme, Diskrete Fourier-transformation, z-Transformation

Überträgt man ein Signal $s_1(t)$ über ein lineares System mit der Impulsantwort $h(t)$, so erscheint am Systemausgang das sogenannte Faltungsprodukt

$$s_2(t) = s_1(t) * h(t) = \int_{-\infty}^{+\infty} s_1(t)h(t-\tau)d\tau.$$

s. Abschn. 2.3.3.

Tastet man $s_1(t), s_2(t)$ und $h(t)$ bei Einhaltung des Abtasttheorems ab, so können diese Signale als Folgen von Abtastwerten $s_1(kTa), s_2(kTa)$ und $h(kT_a)$ dargestellt werden. Die **diskrete Faltung** für Abtastfolgen lautet dann

$$s_2(kT_a) = s_1(kTa) * h(kTa) = \sum_{i=-\infty}^{+\infty} s_1(iT_a)h[(k-i)T_a]. \tag{2.150}$$

In Abb. 2.34 ist die Faltungsoperation im kontinuierlichen und diskreten System (z.B. analoger bzw. digitaler RC-Tiefpaß) wiedergegeben. Ohne Informationsverlust schreibt man in der zeitdiskreten Systemtheorie die vorgenannte Gleichung und entsprechend andere mit $T_a = 1$, nämlich

$$s_2(k) = \sum_{i=-\infty}^{+\infty} s_1(i)h(k-i) = s_1(k) * h(k) \tag{2.151}$$

In Äquivalenz zum Dirac-Impuls, der in kontinuierlichen Systemen das Eingangssignal bei der Bestimmung der Impulsantwort darstellt, wird in zeitdiskreten Systemen der **Einheitsimpuls** definiert.

$$\delta(k) = 1; \quad k = 0 \tag{2.152}$$

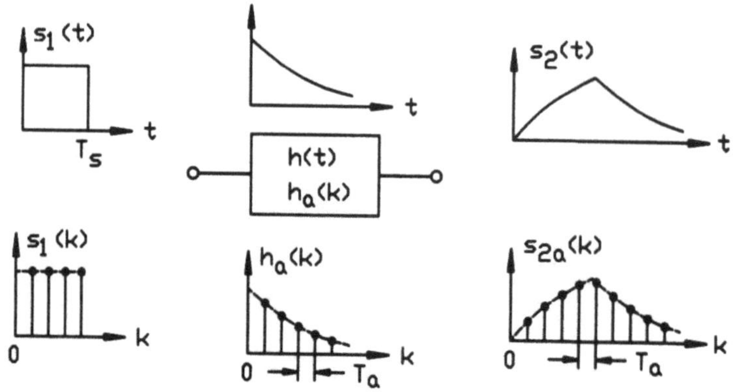

Abbildung 2.34: Faltung bei Abtastsystemen

$$\delta(k) = 0; \quad k \neq 0 \tag{2.153}$$

Für das Faltungsprodukt gilt mit dem Einheitsimpuls

$$s(k) = \sum_{i=-\infty}^{+\infty} s(i)\delta(k-i) = s(k) * \delta(k). \tag{2.154}$$

Der **Einheitssprung** ergibt sich aus der Summe über Einheitsimpulse gemäß

$$\sigma(n) = \sum_{k=-\infty}^{n} \delta(k) \tag{2.155}$$

mit

$$\sigma(k) = 0; \quad k < 0 \tag{2.156}$$

$$\sigma(k) = 1; \quad k > 0 \tag{2.157}$$

Einige Beispiele zeitdiskreter Elementarsignale sind in Abb. 2.35 wiedergegeben.

Die **Fouriertransformation zeitdiskreter Signale** wurde bereits bei der Formulierung des Abtasttheorems ermittelt, siehe Gl. (2.142). Durch Bildung der Fourier-Transformierten der Gl. (2.138) läßt sich das Spektrum auch in diskreter Form

$$\underline{S}_a(f) = T_a \sum_{k=-\infty}^{+\infty} s(kT_a) e^{-j2\pi k f T_a} \tag{2.158}$$

darstellen bzw. mit $T_a = 1$ also

$$\underline{S}_a(f) = \sum_{k=-\infty}^{+\infty} s(k) e^{-j2\pi k f}. \tag{2.159}$$

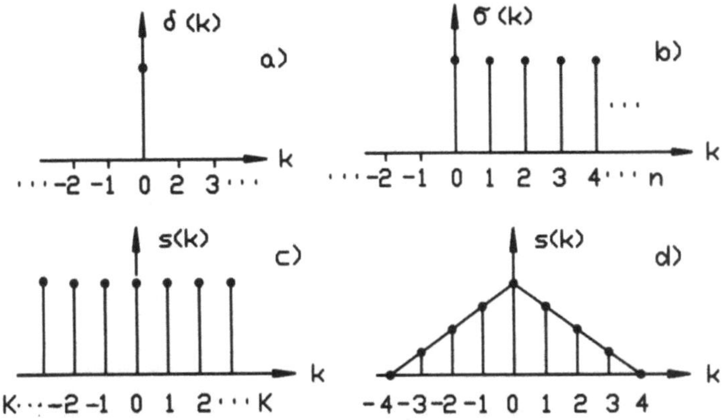

Abbildung 2.35: Beispiele zeitdiskreter Elementarsignale: a) Einheitsimpuls; b) Einheitssprung; c) Rechteckimpuls; d) Dreiecksimpuls

Abb. 2.36 zeigt als Beispiel die Gegenüberstellung der Fourier-Transformierten eines Rechteckimpulses und eines abgetasteten zeitdiskreten Rechteckimpulses. Der zeitdiskrete Impuls hat ein über der Frequenz kontinuierliches Spektrum, das sich im Abstand f_a periodisch wiederholt. Die Fourier-Rücktransformierte der Gl. (2.158) läßt sich durch Integration über eine Periode gewinnen

$$s(kT_a) = \int_0^{+1/T_a} \underline{S}_a(f) e^{+jk2\pi f T_a} df, \qquad (2.160)$$

bzw. mit $T_a = 1$

$$s(k) = \int_0^1 \underline{S}_a(f) e^{+jk2\pi f} df. \qquad (2.161)$$

Die Spektralfunktion $S_a(f)$ nach Gl. (2.159) ist eine kontinuierliche Frequenzfunktion. Bei ihrer numerischen Berechnung können jedoch nur endlich viele Frequenzen zur Berechnung herangezogen werden. Man führte deshalb die **diskrete Fouriertransformation DFT** bei Berücksichtigung des Abtastheorems im Frequenzbereich ein (Runge).

Ist das Signal $s(k)$ auf K Abtastwerte zeitbeschränkt, dann genügt nach dem Abtasttheorem im Frequenzbereich die Berechnung spektraler Abtastwerte im Abstand $f_d = 1/K$, um das sich periodisch wiederholende (reelle) Spektrum $S_a(f)$ vollständig zu beschreiben. Dieser Folge von spektralen Abtastwerten $S_d(i)$ ist ein mit der Periode T_a sich wiederholendes zeitdiskretes Signal $s_d(i)$ zugeordnet. Da die spektrale Abtastfolge $S_d(i)$ der periodischen Spektralfunktion $\underline{S}_a(f)$ ebenfalls periodisch ist, reicht die Berechnung von K Spektralwerten einer Periode aus. Setzt man nun $f = i/K$ in Gl. (2.158) ein, so erhält man die periodische diskrete

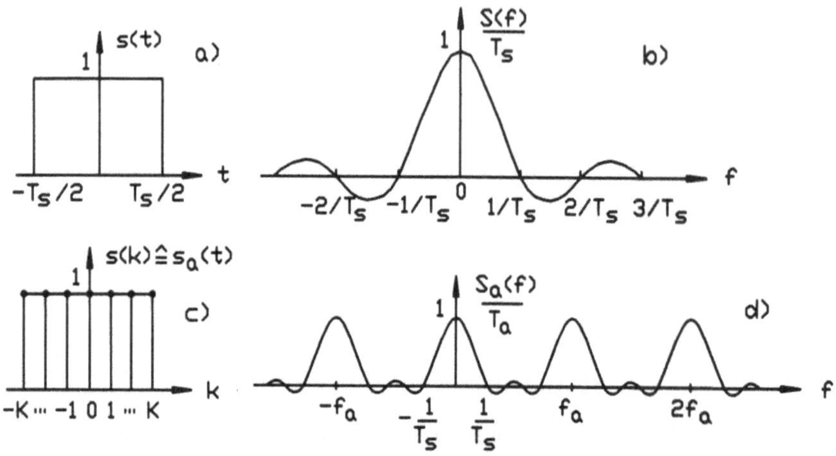

Abbildung 2.36: a) Zeitfunktion; b) Spektralfunktion eines Rechteckimpulses; c) Zeitfunktion; d) Spektralfunktion eines abgetasteten Rechteckimpulses

Fouriertransformierte $S_d(i)$ des zeitdiskreten periodischen Signals $s_d(i)$ innerhalb einer Periode zu

$$S_d(i) = \sum_{k=0}^{K-1} s_d(k) e^{-j2\pi ki/K}; \quad (i = 0, 1, \ldots K-1) \tag{2.162}$$

Die diskrete Fourier-Rücktransformation lautet dann

$$s_d(k) = \frac{1}{K} \sum_{i=0}^{K-1} S_d(i) e^{+j2\pi ki/K}; \quad (k = 0, 1, 2, \ldots K-1) \tag{2.163}$$

Mit den beiden Formeln der diskreten Fourier-Transformation werden den K Abtastwerten einer Periode der diskreten Funktion $s_d(k)$, ebenfalls K Abtastwerte einer Periode der diskreten Frequenzfunktion $s_d(i)$ zugeordnet. Derartige Signale werden **finite Signale** genannt.

Für die diskrete Fourier-Transformation gelten alle Gesetze der allgemeinen Fouriertransformation.

Bei der Anwendung der diskreten Fouriertransformation kommt es zu sich oft wiederholenden Rechenvorgängen - z.B. bei der Berechnung der Exponentialfunktionen - welche die Rechenzeit bei grösseren Werten von Stützstellen (z.B. K=100) beträchtlich verlängern. In der Praxis wird deshalb meist die sogenannte **schnelle Fourier-Transformation** oder **Fast Fourier Transformation, DFT** genannt angewendet, die geringere Rechenzeiten zulässt. [18, 26]. Für die schnelle Fourier-Transformation stehen Progamme zur Verfügung.

Sind zeitdiskrete Signale nicht absolut summierbar, d.h. ist die Bedingung

$$\sum_{-\infty}^{\infty} |s(k)| < \infty \tag{2.164}$$

nicht erfüllt, so erscheinen im Spektrum $\underline{S}_a(f)$ Dirac-Impulse oder Pole.

Wie bei der Laplace-Transformation kontinuierlicher Elementarsignale kann auch bei der Fourier-Transformation diskreter Signale Konvergenz durch Hinzufügung des Konvergenzfaktors $e^{-\sigma k}$, auch Gewichtsfunktion genannt, erreicht werden. Aus der Fourier-Transformierten

$$\int_{-\infty}^{+\infty} s(k)e^{-j2\pi ft}dt = \sum_{-\infty}^{+\infty} s(k)e^{-k(\sigma+j2\pi f)} \tag{2.165}$$

erhält man dann mit $z = e^{\sigma+j2\pi f}$ für kausale Systeme die einseitige **z-Transformation** des diskreten Signals $s(k)$.

$$\underline{S}(z) = \sum_{k=0}^{\infty} s(k)z^{-k}. \tag{2.166}$$

Die unendliche Potenzreihe konvergiert in der komplexen z-Ebene außerhalb eines Kreises mit dem Radius $|z| > r$ um den Nullpunkt. Der Radius r hängt von der diskreten Folge $s(k)$ ab. Die inverse z-Transformation lautet

$$s(k) = \frac{1}{2\pi j} \oint_r \underline{S}(z)z^{k-1}dz; \quad k = 0, 1, 2, \ldots \tag{2.167}$$

wobei das Linienintegral auf einem Kreis $z = r \cdot e^{j\phi}$ auszuwerten ist, s. auch Abschn. 9.1.2.

Für zeitbegrenzte Signale umfaßt der Konvergenzbereich die gesamte z-Ebene.

Die Theoreme der Fourier-Transformation gelten auch für die z-Transformation. In **Anhang C** ist eine Korrespondenztabelle der z-Transformation dargestellt.

Auf Beispiele und Anwendungen der Theorie der Abtastsysteme wird in Kapitel 9 näher eingegangen.

Übungsaufgaben

Aufgabe 2.1:

Mit Hilfe des Fourierintegrals ist die Spektralfunktion $\underline{S}(f)$ eines cos^2-Impulses, $s(t) = \cos^2(\pi t/T_s)$, $(-T_s/2 \leq t \leq +T_s/2)$, s. Abb. 2.1b zu ermitteln. $|\underline{S}(f)|$ ist in normierter Form grafisch darzustellen.

Aufgabe 2.2:

Am Eingang des Modulators nach Abb. 2.37 liege das in Beispiel 2.13 angegebene Binärsignal $s_1(t)$ der spektralen Leistungsdichte $L_1(f)$.

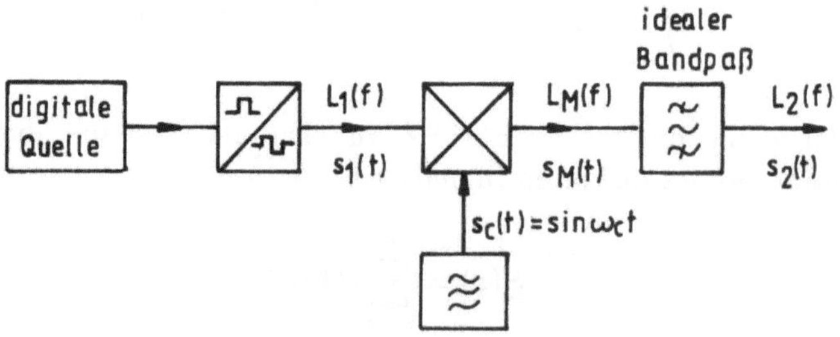

Abbildung 2.37: Modulatorsystem

a) Wie lautet die spektrale Leistungsdichte $L_2(f)$ am Modulatorausgang, wenn als Träger $s_c(t) = sin\omega_c t$ benutzt wird und das Spektrum mit einem idealen Bandpaß auf den "Hauptfrequenzbereich" zwischen den ersten beiden Nullstellen rechts und links von der Trägerfrequenz f_c bandbegrenzt wird ?

b) Stellen Sie $L_m(f)$ und $L_2(f)$ in normierter Form grafisch dar.

c) Wie groß ist die Signalbandbreite am Modulatorausgang, wenn die Bitrate des Basisbandsignals $v_b = 1/T_s = 64$ kbit/s und die gewählte Trägerfrequenz $f_c = 2/T_s \doteq 128$ kHz betragen ?

Aufgabe 2.3

Über eine Koaxialkabelstrecke werde eine stochastische Folge von Nyquistimpulsen der Bitrate $v_b = 34$ Mbit/s gesendet (Basisbandübertragung). Der "Roll-Off-Faktor sei $r = 0,5$.

a) Wie groß sind die Nyquistbandbreite und die Signalbandbreite ?

b) Welche Signalbandbreite liegt vor, wenn zur Übertragung eine stochastische Folge von Rechteckimpulsen bzw. cos^2-Impulsen benutzt wird und jeweils eine Bandbegrenzung auf den "Hauptfrequenzbereich" bei der ersten Nullstelle im Spektrum erfolgt (siehe hierzu Aufgabe 2.1) ?

Aufgabe 2.4

Zur Messung der spektralen Leistungsdichte $L(f) = |\underline{S}(f)|^2/T_s)|$ ist das Blockschaltbild eines Spektrumanalysators zu entwerfen.

Aufgabe 2.5

Für das in Abb. 2.38 dargestellte Netzwerk ist zu ermitteln:

a) Die Gesamtübertragungsfunktion nach Betrag und Phase.
b) Die spektrale Leistungsdichte am Ausgang des Netzwerks, wenn an den Eingang eine stochastische Folge von Rechteckimpulsen, wie in Aufgabe 2.2, gelegt wird.

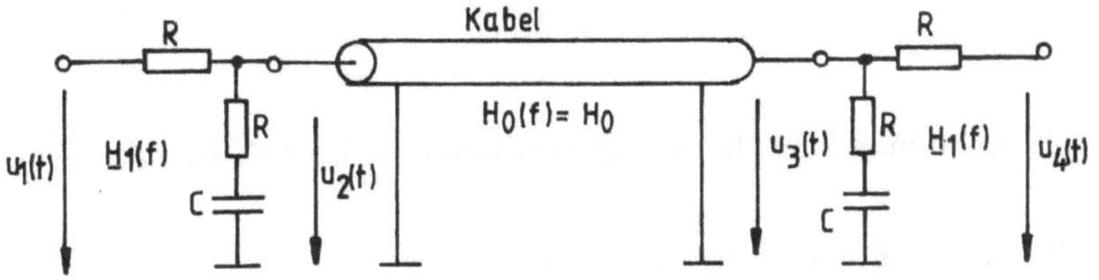

Abbildung 2.38: Kabel-Übertragungssystem

Lösungen

Aufgabe 2.1

Mit Gl. (2.8) erhält man

$$\underline{S}(f) = \int_{-T_s/2}^{+T_s/2} s(t)e^{-j2\pi ft}dt = \int_{-T_s/2}^{-T_s/2} \cos^2\frac{\pi t}{T_s}e^{-j2\pi ft}dt =$$

$$= \frac{T_s}{2}\frac{\sin\pi fT_s}{\pi fT_s}\frac{1}{1-(fT_s)^2}$$

Abb. 2.39 zeigt den Verlauf $|\underline{S}(f)|/(T_s/2)$ über der Frequenz.

Aufgabe 2.2

Zu a) und b)
Aus Beispiel 2.13 erhält man die Leistungsspektren von Basisbandsignal und Träger.

$$L_1(f) = X_0^2T_s\left(\frac{\sin\pi fT_s}{\pi fT_s}\right)^2; \quad L_c = \frac{1}{2}\delta(f-f_c) + \frac{1}{2}\delta(f+f_c)$$

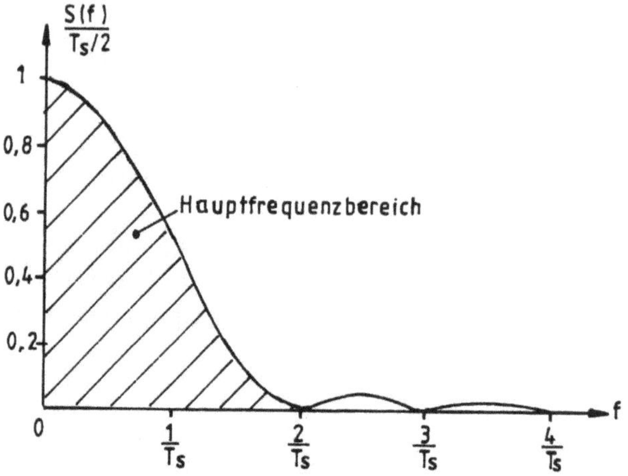

Abbildung 2.39: Betragsspektralfunktion des $\cos^2$-Impulses

Am Multipliziererausgang erscheint durch Faltung

$$L_M(f) = L_1(f) * L_c(f) = \frac{X_0^2 T_s}{2}\left[\left(\frac{\sin \pi(f-f_c)T_s}{\pi(f-f_c)T_s}\right)^2 + \left(\frac{\sin \pi(f+f_c)T_s}{\pi(f+f_c)T_s}\right)^2\right]$$

Abb. 2.40 zeigt den normierten Verlauf von $L_M(f)$ über der Frequenz. Am Mo-

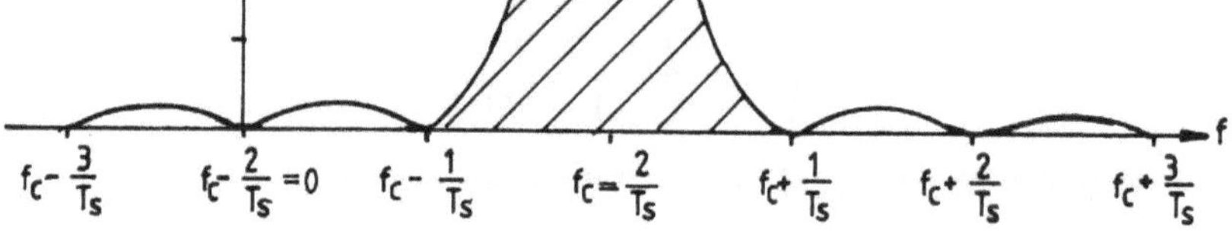

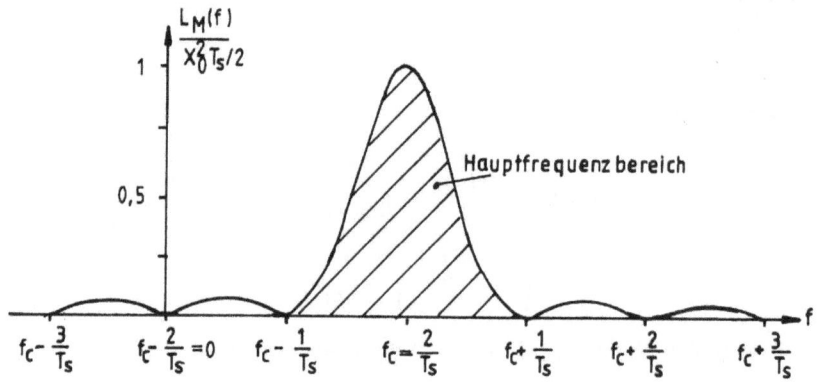

Abbildung 2.40: Leistungsspektrum am Multipliziererausgang für ($f_c = 2/T_s$)

dulatorausgang erscheint nach der Bandbegrenzung

$$L_2(f) = \frac{X_0^2 T_s}{2}\left(\frac{\sin(\pi f T_s - \pi f_c T_s)}{\pi f T_s - \pi f_c T_s}\right)^2; \quad \left(f_c - \frac{1}{T_s}\right) \le f \le \left(f_c + \frac{1}{T_s}\right);$$

$$L_1(f) = 0; \quad \text{sonst.}$$

$L_2(f)$ ist identisch mit dem Verlauf von $L_M(f)$ innerhalb des Hauptfrequenzbereichs, Abb. 2.40.

Zu c)
Die Signalbandbreite ist

$$B = f_c + \frac{1}{T_s} - \left(f_c - \frac{1}{T_s}\right) = \frac{2}{T_s} = 2 \cdot 64\ \text{kHz} = 128\ \text{kHz}$$

Aufgabe 2.3

Zu a):
Nyqistbandbreite: $B_N = v_s/2 = 17$ MHz.
Signalbandbreite: $B = (v_s/2)(1 + r) = 25,5$ MHz.

Zu b):
Rechteckimpulse: $B = 1/T_s = 34$ MHz, Abb. 2.41a.
$\cos^2$-Impulse: $B = 2/T_s = 68$ MHz, Abb. 2.41b

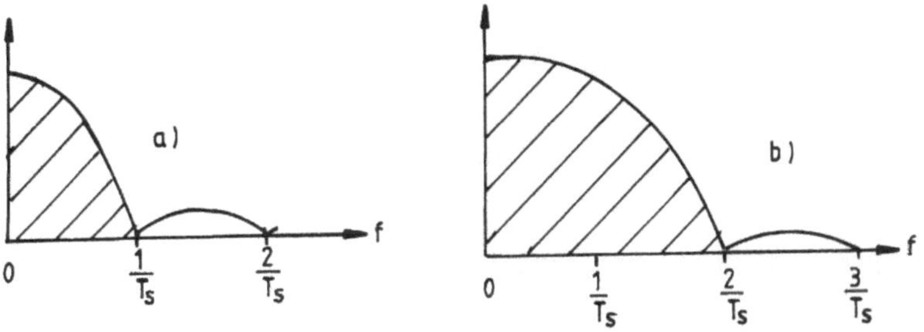

Abbildung 2.41: Leistungsspektren qualitativ: a) Rechteckimpulse, b) $\cos^2$-Impulse

Aufgabe 2.4

Zerlegung der Fourier-Hintransformation, Gl. 2.8, ergibt

$$\underline{S}(f) = \int_{-\infty}^{+\infty} s(t)e^{-j2ift}dt = \int_{-\infty}^{+\infty} s(t)\cos 2\pi ftdt - j\int_{-\infty}^{+\infty} s(t)\sin 2\pi ftdt.$$

$$|\underline{S}(f)|^2 = \int_{-\infty}^{+\infty} [s(t)\cos 2\pi ft]^2 dt + \int_{-infty}^{+\infty} [s(t)\sin 2\pi ft]^2 dt; \quad L(f) = \frac{|\underline{S}(f)|^2}{T_s}$$

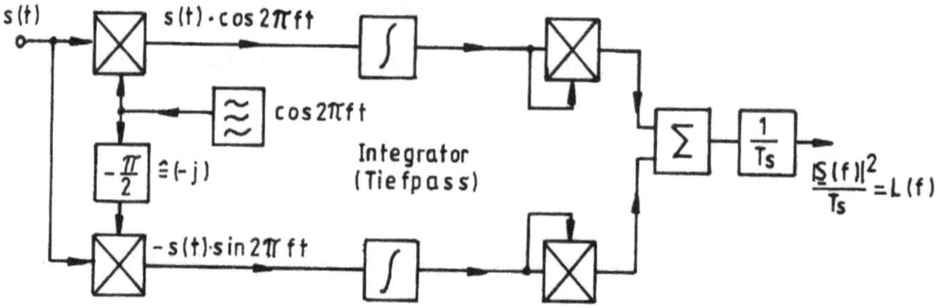

Abbildung 2.42: Prinzipblockschaltbild eines Spektrumanalysators

Aufgabe 2.5

Zu a):
Bei sinusförmiger Erregung:

$$\underline{H}_1(f) = \frac{\underline{U}_2}{\underline{U}_1} = \frac{1 + j\omega RC}{1 + 2j\omega RC}; \omega = 2\pi f$$

$$\underline{H}_1 = \sqrt{\frac{1 + \omega^2 R^2 C^2}{1 + 4\omega^2 R^2 C^2}} e^{j(\arctan \omega RC - \arctan 2\omega RC)}$$

$$\underline{H}_{ges} = \underline{H}_1 \cdot H_0 \cdot \underline{H}_1 = \left(\frac{1 + j\omega RC}{1 + 2j\omega RC}\right)^2$$

Zu b):
Leistungsspektrum am Systemausgang:

$$L_2(f) = L_1(f)|\underline{H}_1(f)|^2 \cdot H_0^2 \cdot |\underline{H}_1(f)|^2 = T_s X_0^2 H_0^2 \left(\frac{\sin \pi f T_s}{\pi f T_s}\right)^2 \left(\frac{1 + \omega^2 R^2 C^2}{1 + 4\omega^2 R^2 C^2}\right)^2$$

Kapitel 3

Zweipol- und Vierpol-Netzwerke

Die Komponenten eines Informations-Übertragungssystems sind im allgemeinen passive oder aktive Netzwerke, wobei man im weiteren Sinne auch das Übertragungsmedium Leitung als Netzwerk auffassen kann.

Betrachtet werden zunächst lineare zeitinvariante Netzwerke, deren Ströme und Spannungen durch lineare Differentialgleichungen mit konstanten Koeffizienten beschrieben werden können. Später folgen dann auch Betrachtungen zu nichtlinearen Netzwerken.

Als passive oder aktive **Zweipole** bezeichnet man Netzwerke mit nur einem Klemmenpaar; man nennt sie auch **Eintore**. Passive Zweipole bestehen aus Schaltelementen wie ohmschen Widerstände, Spulen und Kondensatoren; aktive Zweipole dagegen enthalten außerdem aktive Elemente wie z.B. Spannungsquellen oder Stromquellen.

Netzwerke mit zwei Klemmenpaaren heißen **Vierpole**, oft auch **Zweitore** genannt. Jeder Vierpol hat zwei Eingangsklemmen und zwei Ausgangsklemmen und ist meist aus Zweipolen aufgebaut. Auch hier unterscheidet man in **passive Vierpole**, wie z. B. die metallische Doppelleitung oder passive Filter und **aktive Vierpole**, wie z.B. Verstärker oder aktive Filter.

Bei der Zusammenschaltung von Zwei- und Vierpolen ist grundsätzlich auf reflexionsfreie Abschlüsse zu achten. Weitere Kriterien für die Kettenschaltung von Zweipolen und Vierpolen in ein Informations-Übertragungsystem sind u.a. Leistungsanpassung und die Beachtung der Betriebsdämpfung. Nur bei Einhaltung dieser Forderungen können Störbeeinflussungen vermieden und größtmögliche Leistungsabgabe erwartet werden [30-36].

3.1 Zweipole

Bei Zweipolen - z.B. einer Stromquelle - treten Strom (Ursache) und Spannung an einem Widerstand (Wirkung) in der gleichen Masche auf; dies gilt sowohl für aktive als auch für passive Zweipole. Passive Zweipole enthalten keine Quelle; sie werden daher ausschließlich durch ihren **komplexen Widerstand** $\underline{\mathbf{Z}}$ und dessen Betrag, den **Scheinwiderstand** $|\underline{Z}| = Z$, oder ihren **komplexen Leitwert** $\underline{Y}$ und dessen Betrag, den **Scheinleitwert** $|\underline{Y}| = Y$ charakterisiert.

Duale Zweipole sind widerstandsreziprok zueinander, wenn der Widerstand des einen für alle Frequenzen proportional zum Leitwert des anderen ist und umgekehrt. Am Beispiel von Serien- und Parallelschwingkreisen sind in Abb. 3.1a die Dualitätsverhältnisse passiver Zweipole gegenübergestellt. Die einzelnen Schaltelemente der dualen Netzwerke sind über den reellen Widerstand R_0, der als **Dualitätsfaktor** bezeichnet wird, miteinander verknüpft

$$\underline{Z}_2 = R_0^2/\underline{Z}_1 = R_0^2\underline{Y}_1; \quad \underline{Y}_2 = G_0^2\underline{Z}_1 = G_0^2/\underline{Y}_1 \tag{3.1}$$

Typische duale aktive Zweipole stellen Spannungs- und Stromquelle, Abb. 3.1b, dar. Sie sind durch die Dualitätsbeziehungen

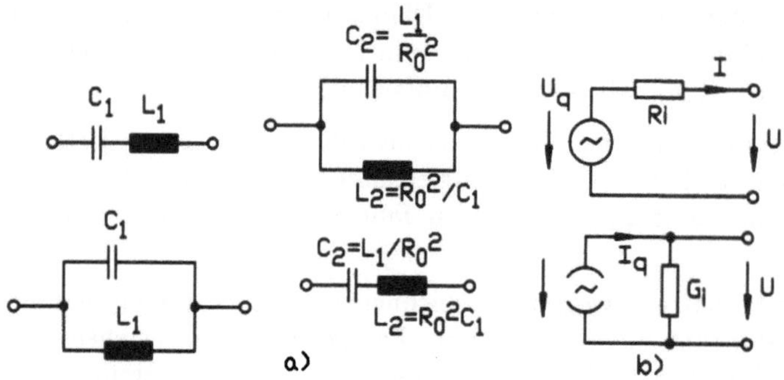

Abbildung 3.1: a) passive duale Zweipole; b) aktive duale Zweipole

$$R_i = R_0 = 1/G_i; \quad G_i = G_0 = 1/R_i \tag{3.2}$$

miteinander verbunden.

3.1.1 Zweipol- Impedanz- und Admittanzfunktionen, komplexe Frequenz

Den komplexen Widerstand $\underline{Z}(j\omega)$ eines Zweipols nennt man in der Zweipoltheorie eine **Zweipol-Impedanzfunktion**. Entsprechend wird der komplexe Leitwert

$\underline{Y}(j\omega)$ als **Zweipol-Admittanzfunktion** bezeichnet. Es ist somit egal ob man $\underline{Z}(j\omega)$ oder $\underline{Y}(j\omega)$ betrachtet, da beide gleichwertige Eigenschaften haben. Für den frequenzabhängigen komplexen Widerstand eines passiven Zweipols gilt mit $U = |\underline{U}|$, $I = |\underline{I}|$ und $Z = |\underline{Z}|$

$$\underline{Z} = \frac{\underline{U}}{\underline{I}} = \frac{Ue^{j(\omega t + \phi_u)}}{Ie^{j(\omega t + \phi_i)}} = R(\omega) + jX(\omega) = \frac{U}{I}e^{j(\phi_u - \phi_i)} = Ze^{j(\phi_u - \phi_i)}. \tag{3.3}$$

$\underline{U}$ und $\underline{I}$ sind sinusförmige Schwingungen. Die Zeitabhängigkeit von $\underline{U}$ und $\underline{I}$ wird durch den Faktor $e^{j\omega t}$ beschrieben, der auch die Frequenzabhängkeit in die Netzwerkgleichungen bringt. ω kommt in Netzwerkgleichungen bei komplexer Darstellung immer zusammen mit dem Faktor j vor. Zweipolfunktion sind somit Funktionen des Frequenzparameters $j\omega$.

Das Netzwerkverhalten ist mit Hilfe der Zweipolfunktionen analysierbar, wenn man anstelle des Parameters $j\omega$ den **komplexen Frequenzparameter** $p = \sigma + j\omega$ einführt, also $j\omega$ um den reellen Anteil σ erweitert. Der Frequenzparameter p kann beliebige Werte in der komplexen Ebene annehmen. Physikalisch bedeutet ein komplexer Frequenzparameter, daß die Zeitabhängigkeit der Ströme und Spannungen eines Netzwerks durch e^{pt} dargestellt wird.

$$p = \sigma + j\omega; \qquad e^{pt} = e^{(\sigma + j\omega)t} = e^{\sigma t}e^{j\omega t} \tag{3.4}$$

Bei $\sigma > 0$ handelt es sich um eine exponentiell anklingende und bei $\sigma < 0$ um eine exponentiell abklingende Schwingung. $\sigma = 0$ beschreibt den eingeschwungenen Zustand, also eine rein sinusförmige Schwingung.

Bei der praktischen Berechnung einer Zweipolfunktion stellt man wie gewohnt die Gleichungen von $\underline{Z}(j\omega)$ bzw. $\underline{Y}(j\omega)$ auf und ersetzt dann $j\omega$ durch p. Die Einführung des Frequenzparameters p in die komplexen Netzwerkgleichungen entspricht der Bildung der Laplace-Transformierten der zeitabhängigen Netzwerkgleichungen, wie bereits in Abschnitt 2.1.3, Beispiel 2.5 demonstriert wurde. Wie dort gezeigt wird, führt die Differentiation nach der Zeit im p-Bereich auf eine Multiplikation mit p und die Integration über der Zeit auf eine Division durch p.

Mathematisch stellt die Einführung des Frequenzparameters p eine Erweiterung der komplexen Rechnung, nämlich die sogenannte **Operatorenrechnung** dar.

3.1.2 Zweipolfunktionen in der komplexen Ebene

Zweipolfunktionen $\underline{F}(p)$ von Schaltungen aus den Schaltelementen R, L und C sowie gekoppelten Spulen (Übertrager) sind rationale Funktionen des Frequenzparameters p.

$$\underline{F}(p) = \frac{a_0 + a_1 p + a_2 p^2 + \cdots + a_m p^m}{b_0 + b_1 p + b_2 p^2 + \cdots + b_n p^n} = K\frac{(p - p_{01})(p - p_{02})\cdots(p - p_{0m})}{(p - p_{\infty 1})(p - p_{\infty 2})\cdots(p - p_{\infty n})} \tag{3.5}$$

Die Koeffizienten a_k, b_k und K sind positiv reell, und die komplexen Nullstellen p_{0k} des Zählerpolynoms und $p_{\infty k}$ des Nennerpolynoms treten in konjugiert komplexen Paaren auf. Der Grad des Zählerpolynoms unterscheidet sich um 1 vom Grad des Nennerpolynoms. Pole können bei passiven Zweipolen nur in der linken Hälfte der komplexen Ebene liegen. Imaginäre Pole sind immer einfach. Nullstellen werden in der komplexen Ebene durch kleine Kreise und Pole durch Kreuze gekennzeichnet. In physikalischer Hinsicht sind die Nullstellen von $\underline{Z}(j\omega)$ (= Polstellen von $\underline{Y}(j\omega)$) die **Eigenwerte des kurzgeschlossenen Zweipols**, sie charakterisieren die **Kurzschlußstabilität**. Die Polstellen von $\underline{Z}(j\omega)$ (= Nullstellen von $\underline{Y}(j\omega)$) sind die **Eigenwerte des leerlaufenden Zweipols**, sie kennzeichnen die **Leerlaufstabilität**. Die Eigenwerte treten bei **Eigenvorgängen** des Zweipols auf; dazu erregt man den Zweipol, z.B. durch einen Spannungssprung und läßt dann keine äußeren Einflüsse mehr auf ihn wirken, s. Beispiel 3.1.

Aus den Eigenvorgängen lassen sich die folgenden **Stabilitätskriterien** ableiten.

Strenge Stabilität:
Der Eigenvorgang klingt nach Null ab. Alle Eigenwerte haben einen negativen Realteil.

Erweiterte Stabilität:
Der Eigenvorgang wird stationär in Form ungedämpfter Schwingungen. Es sind auch einfache imaginäre Eigenwerte zugelassen.

Instabilität:
Der Eigenvorgang schwillt an. Es sind Eigenwerte mit positivem Realteil oder mehrfach imaginäre Eigenwerte vorhanden.

□ **Beispiel 3.1:**
Stabilität und Eigenvorgänge beim Serienresonanzkreis.
In Abb. 3.2 ist ein Zweipol in Form eines Serienresonanzkreises aus R, L und C dargestellt. Schließt man den Zweipol kurz, so sind die Nullstellen der Zweipolfunktion $\underline{Z}(p)$ die Eigenwerte.

Zur Anregung des Eigenvorgangs wird der Kondensator des Schwingkreises zunächst mit einer Gleichspannungsquelle aufgeladen und zur Zeit $t = 0$ durch Umschaltung von 1 nach 2 kurzgeschlossen, damit eine Entladung über Spule und ohmschen Widerstand erfolgen kann. Die Selbstinduktionsspannung der Spule lädt den Kondensator, der sich anschließend seinerseits wiederum entlädt. Es kommt zu hin- und herpendelnden Umladevorgängen der Energiespeicher Kondensator und Spule, die **Eigenschwingungen** oder auch **freie Schwingungen** genannt werden. Die Zweipol-Impedanzfunktion des Schwingkreises (Schalter auf Stellung 2) wird durch

$$\underline{Z}(p) = R + pL + \frac{1}{pC} = \frac{p^2L + pR + \frac{1}{C}}{p} = L\frac{(p - p_{01})(p - p_{02})}{(p - p_{\infty 1})}. \tag{3.6}$$

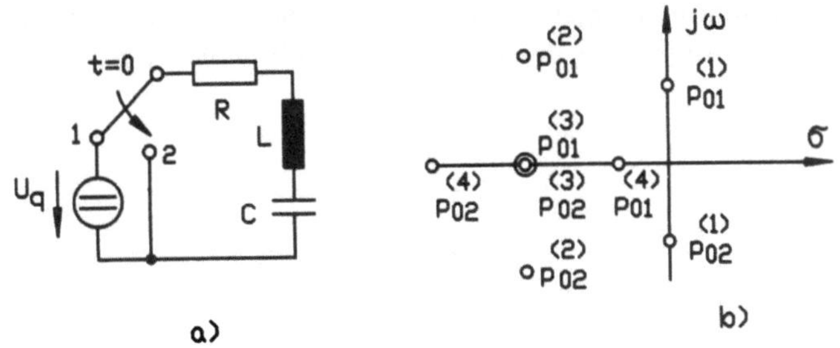

Abbildung 3.2: a) Anregung eines Serienresonanzkreises zu Eigenschwingungen; b) Eigenwerte des Serienschwingkreises in der komplexen Ebene

beschrieben. Die Nullstellen des Zählerpolynoms, die Eigenwerte, lauten dann

$$p_{01,2} = -\frac{R}{2L} \pm j\sqrt{\frac{1}{LC} - \left(\frac{R}{2L}\right)^2} = -\delta \pm j\sqrt{\omega_0^2 - \delta^2}. \tag{3.7}$$

Sie enthalten das Dämpfungsdekrement δ und die Resonanzkreisfrequenz ω_0 des ungedämpften Schwingkreises.

Abhängig von der Größe des ohmschen Widerstandes R sind vier Fälle zu unterscheiden:

Fall 1: Ungedämpfter Schwingkreis, $\delta = 0$, $p_{01,2}^{(1)} = \pm j\frac{1}{\sqrt{LC}} = \pm j\omega_0$. Es treten zwei einfache imaginäre Eigenwerte auf, s. Abb. 3.2b. Der Eigenvorgang besteht aus einer ungedämpften Sinusschwingung, die nur in einem idealen Schwingkreis auftreten kann. Es liegt erweiterte Stabilität vor.

Fall 2: Schwache Dämpfung, $\delta^2 < \omega_0^2$. Für diesen Fall erhält man die Eigenwerte $p_{01,2}^{(2)} = -\delta \pm j\sqrt{\omega_0^2 - \delta^2}$, die konjugiert komplex sind und einen negativen Realteil besitzen, s. Abb. 3.2b; letzteres bedeutet strenge Stabilität. Der Eigenvorgang besteht aus einer schwach gedämpften Sinusschwingung.

Fall 3: Aperiodischer Grenzfall, $\delta^2 = \omega_0^2$. Es tritt ein Eigenwert der Form $p_{01,2}^{(3)} = -\delta$ auf. Als Eigenvorgang erhält man einen abklingenden Verlauf ohne Oszillation. Die Eigenwerte erscheinen als doppelte Nullstelle auf der negativen reellen Achse der komplexen Ebene, s. Abb. 3.2b. Es liegt somit strenge Stabilität vor.

Fall 4: Starke Dämpfung, $\delta^2 > \omega_0^2$. Die beiden Eigenwerte sind ebenfalls reell und lauten nun $p_{01,2}^{(4)} = -\delta \pm \sqrt{\delta^2 - \omega_0^2}$. Auch hier läuft der Eigenvorgang ohne Oszillation ab. Beide Nullstellen erscheinen auf der negativen reellen Achse der komplexen Ebene, was strenge Stabilität bedeutet, s. Abb. 3.2b.

Bei **aktiven Zweipolen** hängt die Stabilität von ihrer Beschaltung ab. In Abb. 3.3 ist ein aktiver Zweipol dargestellt, der durch einen passiven Zweipol belastet wird. Die Eingangsimpedanz des aktiven Zweipols lautet $\underline{Z}_E = 1/\underline{Y}_E(p) =$

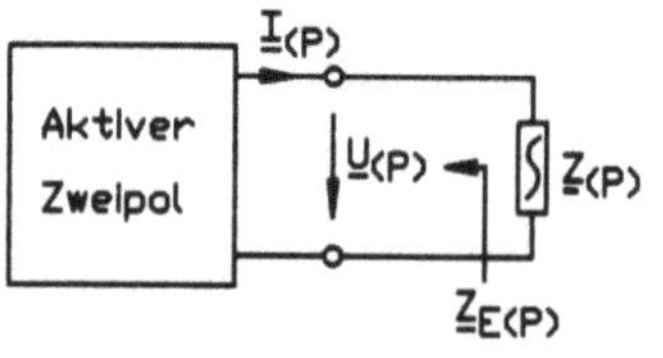

Abbildung 3.3: Beschalteter aktiver Zweipol

$\underline{U}(p)/\underline{I}(p)$. Im Leerlauf (offener Ausgang) ist $\underline{I}(p) = 0$ und wegen $\underline{Z}_E(p) \rightarrow \infty$ ist die Spannung $\underline{U}(p) \neq 0$. Die Nullstellen des Nennerpolynoms von $\underline{Z}_E(p)$ (=Polstellen), dargestellt in der komplexen Ebene, geben wie beim passiven Zweipol Aufschluß über die **Leerlaufstabilität** des aktiven Zweipols.

Schließt man den aktiven Zweipol kurz, dann wird die Spannung $\underline{U}(p) = 0$ und der Strom $\underline{I}(p) \neq 0$. Der Eingangsleitwert $\underline{Y}_E(p)$ geht dann gegen ∞. Damit sind die Nullstellen von $\underline{Z}_E(p)$ (=Polstellen von $\underline{Y}_E(p)$) maßgebend für die **Kurzschlußstabilität** des Zweipols, ebenfalls wie beim passiven Zweipol.

Wird der aktive Zweipol mit dem passiven Zweipol $\underline{Z}(p)$ beschaltet, so liegt **absolute** Stabilität vor, wenn die Zweipolfunktion $\underline{F}_{ZP} = \underline{Z}_E(p) + \underline{Z}(p)$ keine Pol-und Nullstellen in der rechten Halbebene der komplexen Ebene besitzt. Bei gegebenem $\underline{Z}_E(p)$ darf die Beschaltung mit keinem $\underline{Z}(p)$ erfolgen, der zu Pol-oder Nullstellen von $\underline{F}_{ZP}$ in der rechten Hälfte der komplexen Ebene führt [30].

3.1.3 Reaktanz-Zweipole

Besonders in der Filtertheorie haben passive Zweipole aus verlustfreien Spulen und Kondensatoren Bedeutung. Die Impedanz $\underline{Z}(p = j\omega) = jX(\omega)$ der verlustfreien LC-Glieder wird zur **Reaktanz**. Verlustfreie passive Zweipole nehmen im Mittel keine Energie auf und setzen auch keine um; der Realteil der Reaktanzfunktion wird deshalb immer zu Null. Die Eigenschwingungen von Reaktanz-Zweipolen sind somit immer stationär. Sie können nicht ab- oder anklingen.

Reaktanzfunktionen sind immer ungerade Funktionen von $p = j\omega$. Ihre Null-und Polstellen sind imaginär und einfach und bilden konjugierte Paare. Sie lassen sich im allgemeinen Fall durch rationale Funktionen darstellen.

$$\underline{F}_{ZP} = \frac{K}{p} \frac{(p^2 + \omega_1^2)(p^2 + \omega_3^2) \cdots (p^2 + \omega_{2n-1}^2)}{(p^2 + \omega_2^2) + (p^2 + \omega_4^2) \cdots (p^2 + \omega_{2n}^2)}. \tag{3.8}$$

Sind $0 < \omega_2 < \omega_4 < \cdots < \omega_{2n}$ die von 0 und ∞ verschiedenen Polfrequenzen einer LC-Zweipolfunkiton, so kann die vorstehende Gleichung in Partialbrüche zerlegt werden .

$$\underline{F}_{ZP}(p) = \frac{h_0}{p} + \sum_{\nu=1}^{n} \frac{h_\nu p}{p^2 + \omega_{2\nu}^2} + h_\infty p \tag{3.9}$$

$$f(\omega) = \frac{\underline{F}_{ZP}(j\omega)}{j} = -\frac{h_0}{\omega} + \sum_{\nu=1}^{n} \frac{h_\nu \omega}{\omega_{2\nu}^2 - \omega^2} + h_\infty \omega. \tag{3.10}$$

Hierbei ist $h_0 \geq 0, h_\infty \geq 0$ und $h_\nu > 0$. Der Verlauf der Funktion $f(\omega)$ - die immer mit ω monoton wächst (Fostersches Reaktanztheorem) - ist in Abb. 3.4 für den Fall $n = 2$, $h_0 \neq 0$ und $h_\infty \neq 0$ wiedergegeben.

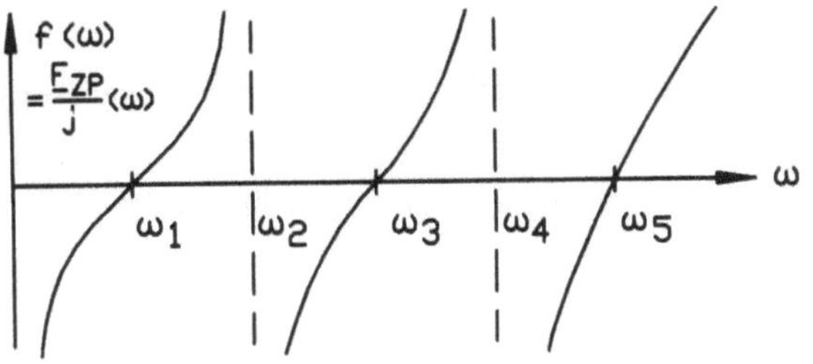

Abbildung 3.4: Verlauf der Funktion $\underline{F}_{ZP}(j\omega)/j$, (s. Abb. 3.5a; $n = 2$)

Bei $\omega = 0$ zeigt die Funktion wegen $f(0) = -\infty$ kapazitives und bei $\omega = \infty$ wegen $f(\infty) = \infty$ induktives Verhalten. Zwischen 2 Polstellen erscheint jeweils eine einfache Nullstelle.

Die einzelnen Glieder der Partialbruch-Darstellung nach Gl. (3.9) sind durch passive LC-Schaltungen realisierbar. Man unterscheidet dabei **Widerstand-Partialbruchschaltungen** und **Leitwert-Partialbruchschaltungen**. Die einzelnen Summanden in Gl. (3.9) stellen bei einer Widerstands-Partialbruchschaltung die Impedanzen einer Reihenschaltung dar. Ist $\underline{F}_{ZP} = \underline{Z}(p)$ eine Widerstands-Zweipolfunktion, so ist das erste Glied in Gl. (3.9) mit $p = j\omega$, $h_0/j\omega = 1/(j\omega/h_0)$, eine Kapazität $C_0 = 1/h_0$. Das letzte Glied in Gl. (3.9) stellt wegen $h_\infty p = j\omega h_\infty$ eine Induktivität $L_\infty = h_\infty$ dar. Für das Summenglied findet man dann

$$\sum_{\nu=1}^{n} j\omega h_\nu / [(j\omega)^2 + \omega_{2\nu}^2] = \sum_{\nu=1}^{n} 1/[\frac{j\omega}{h_\nu} + \frac{1}{j\omega \frac{h_\nu}{\omega_{2\nu}^2}}]. \tag{3.11}$$

Die zugehörige Schaltung besteht aus der Reihenschaltung von Parallelschwingkreisen. Als Gesamtschaltung erhält man Abb. 3.5a.

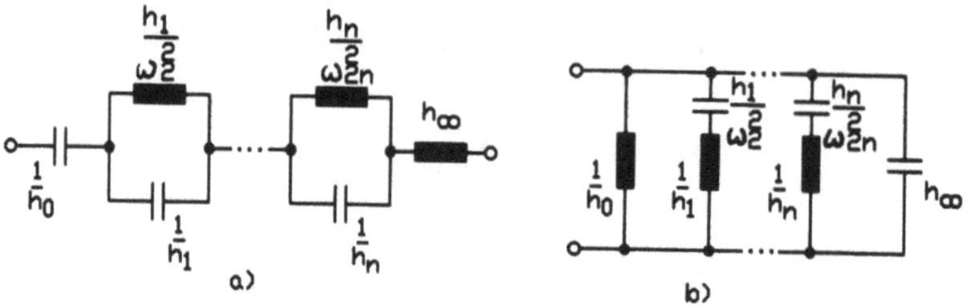

Abbildung 3.5: a) Widerstand-; b) Leitwert-Partialbruchschaltung

Auf entsprechende Art und Weise liefert Gl. (3.9) eine Leitwert-Partialbruchschaltung, s. Abb. 3.5b, wenn $\underline{F}_{ZP} = \underline{Y}(p)$ eine Leitwert-Zweipolfunktion ist.

□ **Beispiel 3.2:**

Ermittlung einer Widerstands-Partialbruch-Schaltung bei gegebener Zweipolfunktion.

Die gegebene Zweipolfunktion wird in Partialbrüche zerlegt

$$\underline{Z}(p) = \frac{(p^2+1)(p^2+3)}{p(p^2+2)(p^2+4)} = \frac{p^4+4p^2+3}{p(p^2+2)(p^2+4)} = \frac{h_0}{p} + \frac{h_1 p}{p^2+2} + \frac{h_2 p}{p^2+4}. \quad (3.12)$$

$h_\infty = 0$, da Grad Nenner > Grad Zähler ist. Zur Bestimmung der Konstanten h_ν multipliziert man den Nenner der mittleren Gleichung von (3.12) mit der Partialbruchdarstellung und setzt die Nullstellen des Nenners ein. Durch Koeffizientenvergleich findet man dann $h_0 = 3/8$, $h_1 = 1/4$ und $h_2 = 3/8$. Die Partialbruchdarstellung der Zweipolfunktion lautet somit mit $p = j\omega$

$$\underline{Z}(j\omega) = \frac{3}{8j\omega} + \frac{j\omega}{4(j\omega)^2+8} + \frac{3j\omega}{8(j\omega)^2+32} = \frac{1}{\frac{8}{3}j\omega} + \frac{1}{4j\omega + \frac{1}{\frac{1}{8}j\omega}} + \frac{1}{\frac{8}{3}j\omega + \frac{1}{\frac{3}{32}j\omega}}. \quad (3.13)$$

Die zugehörige Schaltung zeigt Abb. 3.6.

Eine Reaktanzzweipol-Funktion läßt sich auch realisieren, wenn man sie in einen Kettenbruch entwickelt. Es entstehen dann sogenannte **Kettenbruchschaltungen**. Da jede Reaktanz-Zweipolfunktion bei $p = 0$ und $p = \infty$ eine Nullstelle oder einen Pol hat, s. Abb. 3.4, werden abwechselnd durch Polynomdivision Pole oder Nullstellen bei $p = 0$ oder $p = \infty$ abgespalten. Hierzu wird die rationale Zweipol-Funktion $\underline{F}_{ZP}(p)$ mit $m = n + 1$ oder $m = n - 1$ in einen Kettenbruch entwickelt.

$$\underline{F}_{ZP}(p) = \frac{\underline{P}(p)}{\underline{Q}(p)} = \frac{a_m p^m + a_{m-2}p^{m-2} + \cdots}{b_n p^n + b_{n-2}p^{n-2} + \cdots} = \alpha_1 p + \frac{1}{\alpha_2 p + \frac{1}{\alpha_3 p + \cdots \frac{1}{\alpha_m p}}} \quad (3.14)$$

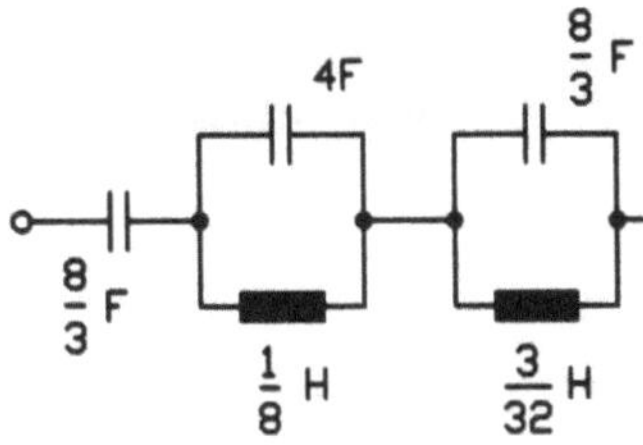

Abbildung 3.6: Widerstands-Partialbruchschaltung aus 3 Gliedern

Für den Fall $m = n - 1$ entfällt die erste Division, d.h. es wird $\alpha_1 = 0$.

Bei der **Widerstand- Kettenbruchentwicklung**, $\underline{F}_{ZP} = \underline{Z}(p)$ (Abb. 3.7a) stellen $\alpha_1 p, \alpha_3 p, \ldots$ Spulen und $\alpha_2 p, \alpha_4 p, \ldots$ Kondensatoren dar. Bei einer **Leitwert-Kettenbruchentwicklung** $\underline{F}_{ZP} = \underline{Y}(p)$ ist es entsprechend umgekehrt, s. Abb.3.7b.

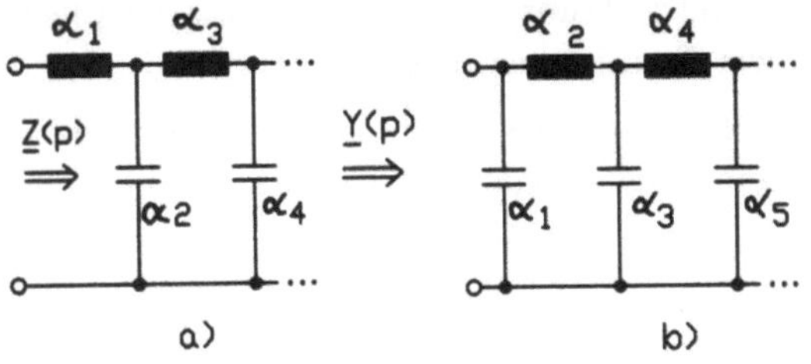

Abbildung 3.7: a) Widerstand- und b) Leitwert-Kettenbruchschaltung

□ **Beispiel 3.3:**

Ermittlung einer Widerstand-Kettenbruch-Abzweigschaltung.

Die gebene Zweipolfunktion $\underline{Z}(p)$ wird mit $p = j\omega$ durch fortlaufende Polynomdivision in einen Kettenbruch entwickelt.

$$\underline{Z}(p) = \frac{p^4 + 4p^2 + 3}{p^5 + 6p^3 + 8p} = \frac{1}{\frac{p^5+6p^3+8p}{p^4+4p^2+3}} = \frac{1}{j\omega + \frac{1}{\frac{1}{2}j\omega + \frac{1}{\frac{4}{3}j\omega + \frac{1}{\frac{3}{2}j\omega + \frac{1}{\frac{1}{3}j\omega}}}}} \tag{3.15}$$

Aus der Kettenbruch-Darstellung folgt die in Abb. 3.8 wiedergegebene Schaltung.

RC-Zweipole können, wie bereits für Reaktanzfunktionen gezeigt, ebenfalls durch Zerlegung in Partialbrüche realisiert werden [30-35, 37, 38]

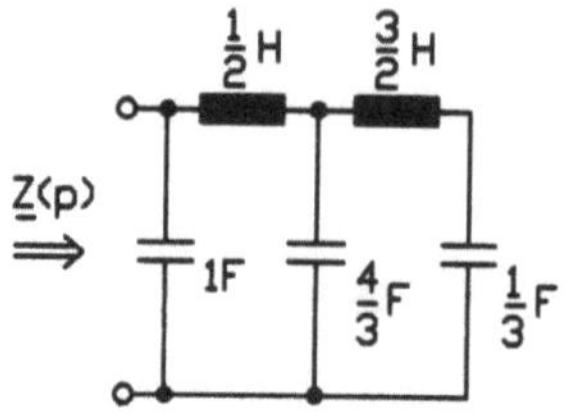

Abbildung 3.8: Dreigliedrige Widerstands-Kettenbruch- (Abzweig) Schaltung

3.2 Vierpole

Auch bei den Vierpolen, den **Zweitoren**, unterscheidet man in **passive Vierpole** wie die metallische Doppelleitung oder allgemein Schaltungen, welche nur die Schaltelemente R, L, C enthalten, und **aktive Vierpole**. Die zuletzt genannten aktiven Vierpole sind Netzwerke, die neben passiven Elementen auch aktive Elemente enthalten wie Transistoren, Röhren etc..

Zur allgemeinen Beschreibung eines Vierpols wird er als "black box" mit je zwei Anschlüssen am Eingang und Ausgang dargestellt, s. Abb. 3.9.

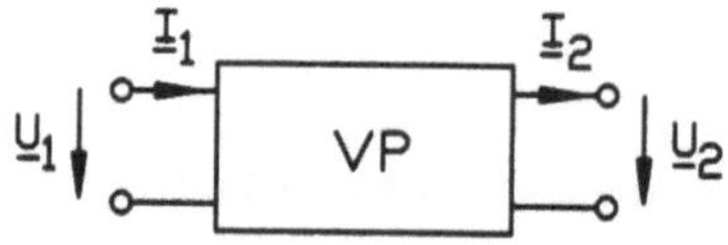

Abbildung 3.9: Vierpol in allgemeiner Form

Zunächst werden lineare Vierpole behandelt. Wie bei den Zweipolen können solche Vierpol-Netzwerke mit Hilfe linearer Gleichungen bzw. Differential-Gleichungen beschrieben werden. So beschreibt man die Eigenschaften eines linearen Vierpols durch Verknüpfung der Eingangs- und Ausgangsströme $\underline{I}_1$ und $\underline{I}_2$ bzw. der Eingangs- und Ausgangsspannungen $\underline{U}_1$ und $\underline{U}_2$ mit Parametern wie Leitwerten, Widerständen, u.s.w., in **linearen Vierpolgleichungen**. Als Orientierung für Ströme und Spannungen wird oft die in Abb. 3.9 dargestellte **Kettenbepfeilung** benutzt, die sich für die in Informations-Übertragungssystemen typische Vierpol-Kettenschaltung am besten eignet. Die Kettenbepfeilung ist für den Fall geeignet, daß der Vierpol nur an den Ausgangsklemmen durch eine Last, d.h. einen weiteren Vierpol oder Zweipol beschaltet wird [37, 39, 40].

3.2.1 Vierpolgleichungen in Leitwertform

Die Abhängigkeit der Ströme $\underline{I}_1$, $\underline{I}_2$ von den Spannungen $\underline{U}_1$, $\underline{U}_2$ an den Toren eines linearen Vierpols läßt sich durch die Verknüpfung mit Leitwerten beschreiben.

$$\underline{I}_1 = \underline{Y}_{11}\underline{U}_1 + \underline{Y}_{12}\underline{U}_2;\ \underline{I}_2 = \underline{Y}_{21}\underline{U}_1 + \underline{Y}_{22}\underline{U}_2;\ \begin{pmatrix} \underline{I}_1 \\ \underline{I}_2 \end{pmatrix} = \begin{pmatrix} \underline{Y}_{11} & \underline{Y}_{12} \\ \underline{Y}_{21} & \underline{Y}_{22} \end{pmatrix} \cdot \begin{pmatrix} \underline{U}_1 \\ \underline{U}_2 \end{pmatrix}. \tag{3.16}$$

Die Faktoren bei den Spannungen sind Leitwerte, deren physikalische Bedeutung man erkennt, wenn man den Vierpol nach Abb. 3.9 am Eingang ($\underline{U}_1 = 0$), bzw. am Ausgang, ($\underline{U}_2 = 0$) kurzschließt, wie in Abb. 3.10 gezeigt.

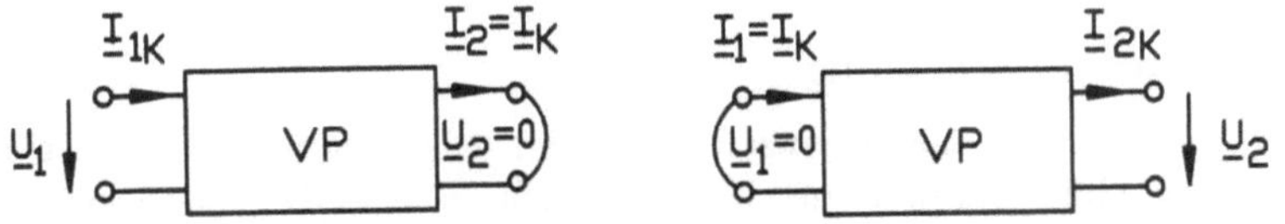

Abbildung 3.10: Vierpole im Kurzschluß

$$\underline{Y}_{11} = \left(\frac{\underline{I}_1}{\underline{U}_1}\right)_{\underline{U}_2=0};\ \underline{Y}_{21} = \left(\frac{\underline{I}_2}{\underline{U}_1}\right)_{\underline{U}_2=0};\ \underline{Y}_{12} = \left(\frac{\underline{I}_1}{\underline{U}_2}\right)_{\underline{U}_1=0};\ \underline{Y}_{22} = \left(\frac{\underline{I}_2}{\underline{U}_2}\right)_{\underline{U}_1=0} \tag{3.17}$$

Die Leitwerte $\underline{Y}_{11}$ und $\underline{Y}_{22}$ sind die an den Eingangs- und Ausgangsklemmen auftretenden meßbaren Leitwerte bei Kurzschluß des jeweiligen anderen Klemmenpaares. Ebenfalls Kurzschlußleitwerte sind $\underline{Y}_{12}$ und $\underline{Y}_{21}$, sie verknüpfen den Ausgangsstrom $\underline{I}_2$ mit der Eingangsspannung $\underline{U}_1$ bzw. den Eingangsstrom $\underline{I}_1$ mit der Ausgangsspannung $\underline{U}_2$.

Dreht man den Vierpol nach Abb. 3.9 um, vertauscht also $\underline{U}_1$ mit $\underline{U}_2$ und $\underline{I}_1$ mit $-\underline{I}_2$, so ist der Vierpol dann **umkehrbar, richtungssymmetrisch oder übertragungssymmetrisch**, wenn die Bedingung

$$\left(\frac{-\underline{I}_2}{\underline{U}_1}\right)_{\underline{U}_2=0} = \left(\frac{\underline{I}_1}{\underline{U}_2}\right)_{\underline{U}_1=0};\quad -\underline{Y}_{21} = \underline{Y}_{12} \tag{3.18}$$

erfüllt ist. Bei solchen Vierpolen ruft eine am Eingang liegende Spannung am kurzgeschlossenen Ausgang den gleichen Strom hervor, den die Gleiche, am Ausgang liegende Spannung am kurzgeschlossenen Eingang hervorrufen würde. Passive Vierpole sind übertragungssymmetrisch; bei aktiven Vierpolen (z.B. dem Transistor) ist dies nicht der Fall.

Die Gesamtmatrix $\underline{\mathbf{Y}}$ zweier parallel geschalteter Vierpole A und B nach Abb. 3.11 erhält man durch Addition der Einzelmatrizen $\underline{\mathbf{Y}}_\mathbf{A}$ und $\underline{\mathbf{Y}}_\mathbf{B}$.

$$\underline{\mathbf{Y}} = \underline{\mathbf{Y}}_\mathbf{A} + \underline{\mathbf{Y}}_\mathbf{B} \tag{3.19}$$

Da Eingang und Ausgang parallel geschaltet werden, heißt die Gesamtschaltung

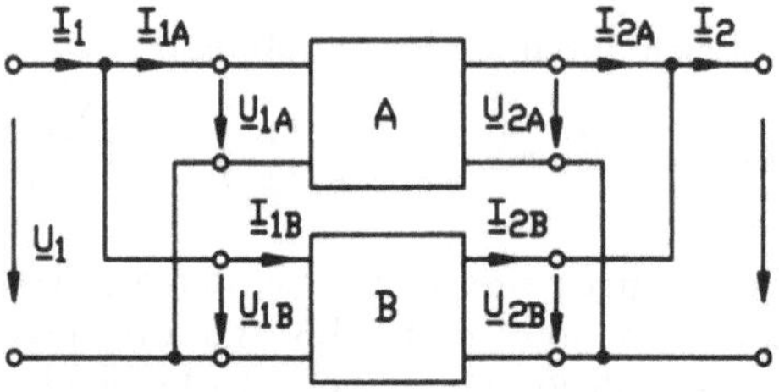

Abbildung 3.11: Vierpol-Parallelschaltung

Parallel-Parallel-Schaltung.

$\underline{Y}$-Parameter werden zur Kennzeichnung der Eigenschaften von Hochfrequenz-Transistoren (HF-Transistoren) hauptsächlich in der HF-Verstärkertechnik benutzt (s. Kapitel 4).

3.2.2 Vierpolgleichungen in Widerstandsform

Anstelle von Leitwerten als Vierpolparameter können die vier Ströme und Spannungen des Vierpols nach Abb. 3.9 auch über Widerstände verknüpft werden.

$$\underline{U}_1 = \underline{Z}_{11}\underline{I}_1 + \underline{Z}_{12}\underline{I}_2;\ \underline{U}_2 = \underline{Z}_{21}\underline{I}_1 + \underline{Z}_{22}\underline{I}_2;\ \begin{pmatrix} \underline{U}_1 \\ \underline{U}_2 \end{pmatrix} = \begin{pmatrix} \underline{Z}_{11} & \underline{Z}_{12} \\ \underline{Z}_{21} & \underline{Z}_{22} \end{pmatrix} \cdot \begin{pmatrix} \underline{I}_1 \\ \underline{I}_2 \end{pmatrix} \tag{3.20}$$

Die Verknüpfungswiderstände lassen sich durch eine Leerlaufbetrachtung am Vierpoleingang ($\underline{I}_1 = 0$) und Ausgang ($\underline{I}_2 = 0$) bestimmen, s. Abb. 3.9.

$$\underline{Z}_{21} = \left(\frac{\underline{U}_2}{\underline{I}_1}\right)_{\underline{I}_2=0};\ \underline{Z}_{11} = \left(\frac{\underline{U}_1}{\underline{I}_1}\right)_{\underline{I}_2=0};\ \underline{Z}_{12} = \left(\frac{\underline{U}_1}{\underline{I}_2}\right)_{\underline{I}_1=0};\ \underline{Z}_{22} = \left(\frac{\underline{U}_2}{\underline{I}_2}\right)_{\underline{I}_1=0} \tag{3.21}$$

Alle vier Leerlaufwiderstände sind unmittelbar am Vierpol meßbar. Bei übertragungssymmetrischen Vierpolen ist $\underline{Z}_{12} = -\underline{Z}_{21}$.

Mit der Widerstandsform läßt sich einfach eine Reihenschaltung von zwei Vierpolen beschreiben. Die Reihenschaltung wird auch **Reihen-Reihen-Schaltung** genannt, da Ausgang und Eingang der Vierpole in Reihe liegen, wie Abb. 3.12 zeigt. Die Widerstandsmatrizen $\underline{\mathbf{Z}}_{\mathbf{A}}$ und $\underline{\mathbf{Z}}_{\mathbf{B}}$ der Vierpole A und B können zur Gesamtmatrix $\underline{\mathbf{Z}}$ addiert werden.

$$\underline{\mathbf{Z}} = \underline{\mathbf{Z}}_{\mathbf{A}} + \underline{\mathbf{Z}}_{\mathbf{B}} \tag{3.22}$$

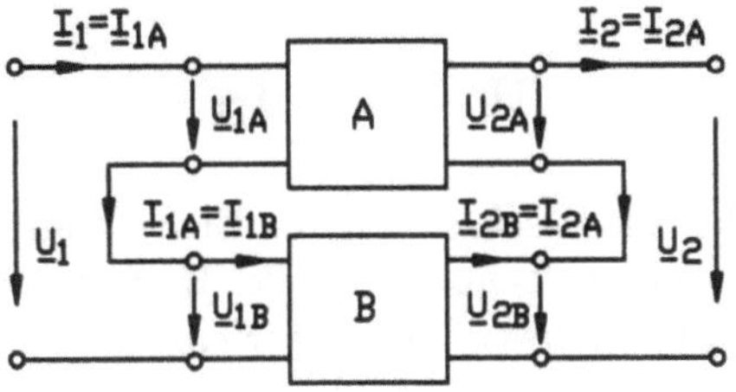

Abbildung 3.12: Reihenschaltung von Vierpolen

3.2.3 Vierpolgleichungen in hybrider Form

Die hybride Form, auch **Reihen-Parallel-Form** genannt, stellt eine weitere Möglichkeit dar, die Eingangs-und Ausgangsgrößen eines Vierpols miteinander zu verknüpfen.

$$\underline{U}_1 = \underline{H}_{11}\underline{I}_1 + \underline{H}_{12}\underline{U}_2;\ \underline{I}_2 = \underline{H}_{21}\underline{I}_1 + \underline{H}_{22}\underline{U}_2;\ \begin{pmatrix} \underline{U}_1 \\ \underline{I}_2 \end{pmatrix} = \begin{pmatrix} \underline{H}_{11} & \underline{H}_{12} \\ \underline{H}_{21} & \underline{H}_{22} \end{pmatrix} \begin{pmatrix} \underline{I}_1 \\ \underline{U}_2 \end{pmatrix} \tag{3.23}$$

In Abb. 3.13 ist die Reihen-Parallel-Schaltung zweier Vierpole wiedergegeben.

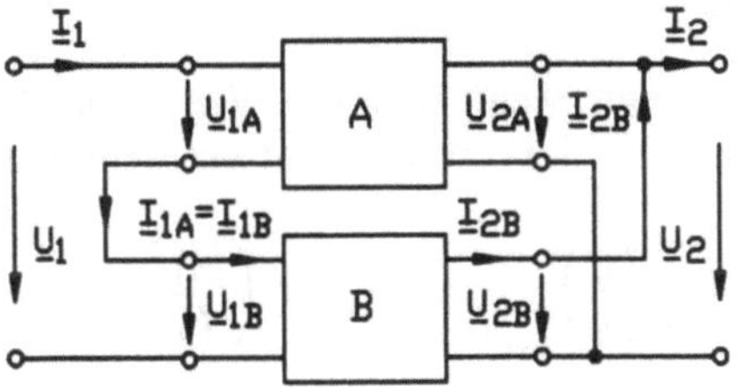

Abbildung 3.13: Reihen-Parallel-Schaltung von Vierpolen

Löst man die Reihen-Parallel-Form nach $\underline{I}_1$ und $\underline{U}_2$ auf, so findet man die Parallel-Reihenform.

Die $\underline{H}$-Parameter erhält man durch eine Kurzschlußbetrachtung am Vierpolausgang ($U_2 = 0$) bzw. eine Leerlaufbetrachtung am Vierpoleingang ($I_1 = 0$).

$$\underline{H}_{11} = \left(\frac{\underline{U}_1}{\underline{I}_1}\right)_{\underline{U}_2=0};\ \underline{H}_{21} = \left(\frac{\underline{I}_2}{\underline{I}_1}\right)_{\underline{U}_2=0};\ \underline{H}_{12} = \left(\frac{\underline{U}_1}{\underline{U}_2}\right)_{\underline{I}_1=0};\ \underline{H}_{22} = \left(\frac{\underline{I}_2}{\underline{U}_2}\right)_{\underline{I}_1=0} \tag{3.24}$$

Die Gesamtmatrix der Reihen-Parallel-Schaltung der Vierpole A und B findet man durch Addition der Einzelmatrizen.

$$\underline{\mathbf{H}} = \underline{\mathbf{H}}_{\mathbf{A}} + \underline{\mathbf{H}}_{\mathbf{B}} \tag{3.25}$$

Die $\underline{H}$-Parameter werden zur Beschreibung der Eigenschaften von Niederfrequenz-Transistoren (NF-Transistoren) benutzt. Bei der Betrachtung von NF-Verstärkern in Abschn. 3.4 wird auf ihre Anwendung näher eingegangen.

3.2.4 Vierpolgleichungen in Kettenform

Für die Beschreibung von Informations-Übertragungssystemen, welche i. allg. aus vielen in Kette geschalteten Vierpolen bestehen, eignet sich die Kettenform der Vierpolgleichungen. In diesen Gleichungen erscheinen die Eingangsgrößen $\underline{U}_1, \underline{I}_1$ auf der linken Seite der Gleichungen und die Ausgangsgrößen $\underline{U}_2, \underline{I}_2$ auf der rechten Gleichungsseite.

$$\underline{U}_1 = \underline{A}_{11}\underline{U}_2 + \underline{A}_{12}\underline{I}_2;\ \underline{I}_1 = \underline{A}_{21}\underline{U}_2 + \underline{A}_{22}\underline{I}_2;\ \begin{pmatrix} \underline{U}_1 \\ \underline{I}_1 \end{pmatrix} = \begin{pmatrix} \underline{A}_{11} & \underline{A}_{12} \\ \underline{A}_{21} & \underline{A}_{22} \end{pmatrix} \begin{pmatrix} \underline{U}_2 \\ \underline{I}_2 \end{pmatrix} \tag{3.26}$$

Die Kettenmatrix und ihre Determinante lauten

$$\underline{\mathbf{A}} = \begin{pmatrix} \underline{A}_{11} & \underline{A}_{12} \\ \underline{A}_{21} & \underline{A}_{22} \end{pmatrix};\quad det\underline{\mathbf{A}} = \underline{A}_{11}\underline{A}_{22} - \underline{A}_{12}\underline{A}_{21}. \tag{3.27}$$

Die Kettenparameter findet man, wenn man den Vierpol nach Abb. 3.9 am Ausgang kurzschließt ($\underline{U}_2 = 0$) bzw. dort im Leerlauf betrachtet, ($\underline{I}_2 = 0$).

$$\underline{A}_{11} = \left(\frac{\underline{U}_1}{\underline{U}_2}\right)_{\underline{I}_2=0};\quad \underline{A}_{21} = \left(\frac{\underline{I}_1}{\underline{U}_2}\right)_{\underline{I}_2=0};\quad \underline{A}_{12} = \left(\frac{\underline{U}_1}{\underline{I}_2}\right)_{\underline{U}_2=0};\quad \underline{A}_{22} = \left(\frac{\underline{I}_1}{\underline{I}_2}\right)_{\underline{U}_2=0} \tag{3.28}$$

Aus Gl. (3.26) und Gl. (3.18), ermittelt man das Kriterium für übertragungssymmetrische Vierpole in Kettenform

$$det\underline{\mathbf{A}} = \underline{A}_{22}\underline{A}_{11} - \underline{A}_{12}\underline{A}_{21} = 1. \tag{3.29}$$

Wichtig für die weiteren Betrachtungen ist auch der **Kehrwert der Kettenmatrix $\underline{\mathbf{A}}^{-1}$**.

$$\underline{\mathbf{A}}^{-1} = \begin{pmatrix} \underline{A}_{11} & \underline{A}_{12} \\ \underline{A}_{21} & \underline{A}_{22} \end{pmatrix}^{-1} = \frac{1}{det\underline{\mathbf{A}}} \begin{pmatrix} \underline{A}_{22} & -\underline{A}_{12} \\ -\underline{A}_{21} & \underline{A}_{11} \end{pmatrix}. \tag{3.30}$$

Zur Bildung des Kehrwertes der $\underline{\mathbf{A}}$-Matrix, die eine zweireihige Matrix darstellt, gilt die folgende Merkregel:

a) Die Elemente der Hauptdiagonalen tauschen ihre Plätze.
b) Die Elemente der Nebendiagonalen wechseln ihr Vorzeichen.
c) Die Determinante kommt als Nenner vor die neue Matrix.

Verwendet man die invertierte Kettenmatrix in den Vierpolgleichungen, dann stehen links vom Gleichheitszeichen die Ausgangsgrößen und rechts davon die Vierpol-Eingangsgrößen.

Bei der Kettenschaltung zweier Vierpole A und B, siehe Abb. 3.14, erhält man die resultierende Matrix aus dem Produkt der Einzelmatrizen.

$$\underline{\mathbf{A}} = \underline{\mathbf{A}}_{\mathbf{A}}\underline{\mathbf{A}}_{\mathbf{B}} \tag{3.31}$$

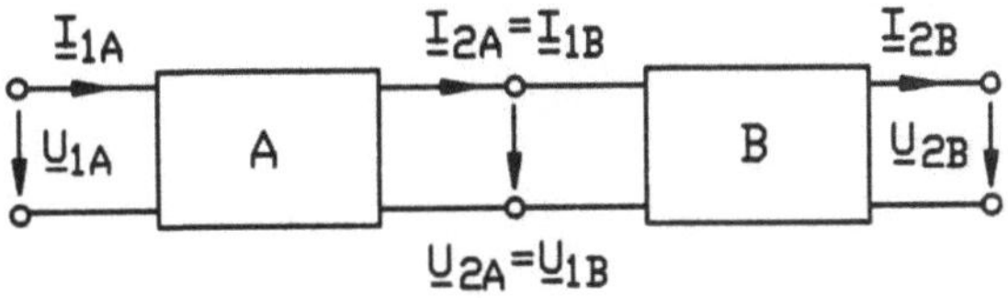

Abbildung 3.14: Kettenschaltung von 2 Vierpolen

□ **Beispiel 3.4:**
Für die in Abb. 3.15ab dargestellten T- und π-Halbglieder sind zunächst die Kettenmatrizen und hieraus dann die Kettenmatrizen der T- und π-Vollglieder, Abb. 3.15cd, zu ermitteln.

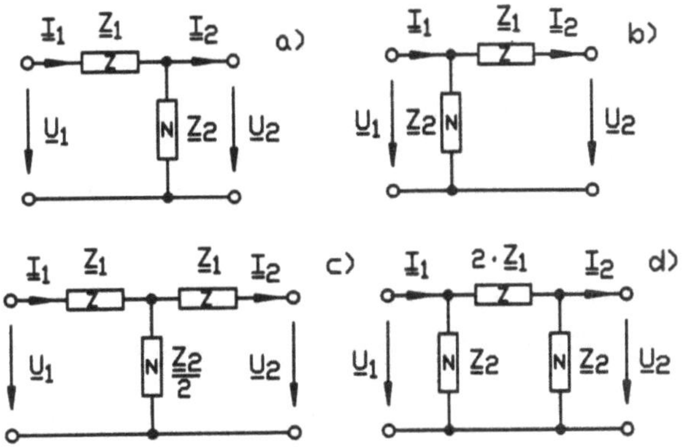

Abbildung 3.15: a) T-Halbglied; b) π-Halbglied; c) T-Vollglied; d)π-Vollglied

Für das T-Halbglied findet man mit den Gln. (3.28) die Kettenparameter und die

Kettenmatrix

$$\underline{A}_{11} = \frac{\underline{Z}_1 + \underline{Z}_2}{\underline{Z}_2}; \quad \underline{A}_{12} = \underline{Z}_1; \quad \underline{A}_{21} = \frac{1}{\underline{Z}_2}; \quad \underline{A}_{22} = 1; \quad \mathbf{\underline{A}_1} = \begin{pmatrix} \frac{\underline{Z}_1+\underline{Z}_2}{\underline{Z}_2} & \underline{Z}_1 \\ \frac{1}{\underline{Z}_2} & 1 \end{pmatrix} \tag{3.32}$$

Das π-Halbglied hat gemäß den Gln. (3.28) die Kettenparameter und die Kettenmatrix

$$\underline{A}_{11} = 1; \quad \underline{A}_{12} = \underline{Z}_1; \quad \underline{A}_{21} = \frac{1}{\underline{Z}_2}; \quad \underline{A}_{22} = \frac{\underline{Z}_1 + \underline{Z}_2}{\underline{Z}_2}; \quad \mathbf{\underline{A}_2} = \begin{pmatrix} 1 & \underline{Z}_1 \\ \frac{1}{\underline{Z}_2} & \frac{\underline{Z}_1+\underline{Z}_2}{\underline{Z}_2} \end{pmatrix} \tag{3.33}$$

Die Kettenmatrix des T-Vollgliedes lautet dann,

$$\mathbf{\underline{A}_T} = \mathbf{\underline{A}_1}\mathbf{\underline{A}_2} = \begin{pmatrix} \frac{2\underline{Z}_1+\underline{Z}_2}{\underline{Z}_2} & \frac{2\underline{Z}_1(\underline{Z}_1+\underline{Z}_2)}{\underline{Z}_2} \\ \frac{2}{\underline{Z}_2} & \frac{2\underline{Z}_1+\underline{Z}_2}{\underline{Z}_2} \end{pmatrix}. \tag{3.34}$$

In der Kettenmatrix des T-Vollgliedes ist $\underline{A}_{11} = \underline{A}_{22}$. Der Vierpol ist damit **widerstandssymmetrisch**. Für die Determinante der T-Kettenmatrix erhält man

$$det\mathbf{\underline{A}_T} = \begin{vmatrix} \frac{2\underline{Z}_1+\underline{Z}_2}{\underline{Z}_2} & \frac{2\underline{Z}_1(\underline{Z}_1+\underline{Z}_2)}{\underline{Z}_2} \\ \frac{2}{\underline{Z}_2} & \frac{2\underline{Z}_1+\underline{Z}_2}{\underline{Z}_2} \end{vmatrix} = \left(\frac{2\underline{Z}_1 + \underline{Z}_2}{\underline{Z}_2}\right)^2 - \frac{4\underline{Z}_1(\underline{Z}_1 + \underline{Z}_2)}{\underline{Z}_2^2} = 1. \tag{3.35}$$

Das T-Vollglied ist damit übertragungssymmetrisch und da außerdem Widerstandssymmetrie vorliegt, auch **längssymmetrisch**.

Die Kettenmatrix des π-Vollgliedes (Abb. 3.15d) folgt aus dem Produkt

$$\mathbf{\underline{A}_\pi} = \mathbf{\underline{A}_2}\mathbf{\underline{A}_1}. \tag{3.36}$$

und ist ebenfalls übertragungssymmetrisch.

In **Anhang D** ist in tabellarischer Form die Umrechnung der Vierpolparameter von der Kettenform in die Leitwertform und weitere Formen dargestellt.

3.2.5 Theorie der homogenen verlustbehafteten Doppelleitung, Vierpolgleichungen in Wellenparameterform

Einer der bekanntesten Vierpole ist die elektrische Doppelleitung. Der Energietransport auf einer Leitung erfolgt durch elektromagnetische Wellen, unabhängig von der Art der Leitung. Leitungen führen die elektromagnetische Welle in die gewünschte Richtung, wobei die **Wellenparameter** charakteristische Größen der Wellenausbreitung auf der Leitung darstellen. Wellenparameter sind die **Übertragungskonstante** $\underline{\gamma}$ und der **Wellenwiderstand** $\underline{Z}_L$. Beide Größen findet man durch Lösung der **Wellengleichung**, auch **Telegrafengleichung** genannt, die im allgemeinen Fall eine partielle Differentialgleichung bezüglich Ort und Zeit darstellt. Setzt man eine homogene Leitung voraus und unterstellt die Übertragung von Sinusgrößen, so wird die Wellengleichung zu einer homogenen linearen Differentialgleichung mit konstanten Koeffizienten. Im folgenden Abschnitt wird die letztgenannte Form der Wellengleichung gelöst.

Bei theoretischen Betrachtungen der Leitung wird ihre technische Ausformung nicht berücksichtigt. Technische Formen der Leitung werden in Abschnitt 3.3 betrachtet.

Die Doppelleitung besteht aus zwei Leitern (auch Adern), wobei die Querausdehnung der Leitung klein gegenüber der Längsausdehnung ist. Abb. 3.16a zeigt diese Leitung mit der Kettenbepfeilung. Spannungen und Ströme sind Sinusgrößen in komplexer Darstellung. Die Koordinate z bezeichnet die Fortpflanzungsrichtung der elektromagnetischen Welle entlang der Leitung, die gerade oder auch beliebig gekrümmt sein kann.

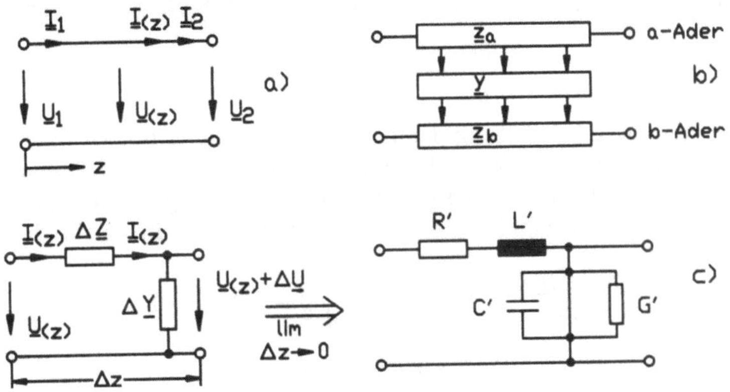

Abbildung 3.16: a) Leitung; b) Impedanz und Suszeptanz einer Leitung; c) Leitungsersatzbilder

Die Leitung hat die Längswiderstände $\underline{Z}_a$ und $\underline{Z}_b$, mit jeweils einem ohmschen und induktiven Anteil. Darüberhinaus gibt es eine Leitfähigkeit der Isolationsmaterialien, wodurch ein Querleitwert $\underline{Y}$ kapazitiver Natur vorhanden ist, s. Abb. 3.16b. $\underline{Z}_a$ und $\underline{Z}_b$ können zu der Impedanz $\underline{Z} = \underline{Z}_a + \underline{Z}_b$ zusammengefaßt werden. Das Leitungsersatzbild eines Abschnitts der Leitung mit der Länge Δz besteht somit aus einem Längswiderstand $\Delta\underline{Z}$ und einem Querleitwert $\Delta\underline{Y}$, die beide wegen der vorausgesetzten Homogenität der Leitung proportional zur Länge Δz und stetig sind. Damit existieren die beiden Grenzwerte,

$$\lim_{\Delta z \to 0} \frac{\Delta \underline{Z}}{\Delta z} = \underline{Z}' = R' + j\omega L'; \quad \lim_{\Delta z \to 0} \frac{\Delta \underline{Y}}{\Delta z} = \underline{Y}' = G' + j\omega C'. \tag{3.37}$$

deren Ergebnisse auf das Ersatzbild Abb. 3.16c führen.

Die Grenzwerte $\underline{Z}'$ und $\underline{Y}'$ sind die **Leitungsbeläge**, gemessen in Ω/km bzw. Siemens/km. Sie sind Materialkonstanten, die selbst nicht von z abhängen. R' ist der **Widerstandsbelag** in Ω/km, L' der **Induktivitätsbelag** in Henry/km, G' der **Leitwertbelag** in Siemens/km und C' der **Kapazitätsbelag** in Farad/km.

Zur Ermittlung der Telegrafengleichung erhält man aus Abb. 3.16c mit den Kirchhoffschen Gesetzen für Spannung und Strom

$$\underline{U}(z) = \underline{I}(z)\Delta \underline{Z} + \underline{U}(z) + \Delta \underline{U}; \quad \frac{\Delta \underline{U}}{\Delta z} = -\underline{I}(z)\frac{\Delta \underline{Z}}{\Delta z}, \tag{3.38}$$

$$\underline{I}(z) = [\underline{U}(z) + \Delta \underline{U}]\Delta \underline{Y} + \underline{I}(z) + \Delta \underline{I}; \quad -\frac{\Delta \underline{I}}{\Delta z} = \underline{U}(z)\frac{\Delta \underline{Y}}{\Delta z} + \Delta \underline{U}\frac{\Delta \underline{Y}}{\Delta z}. \tag{3.39}$$

Die vorstehenden Differenzengleichungen gehen in Differentialgleichungen über, wenn man $\Delta z \to 0$ gehen läßt und die Grenzwerte nach Gl. (3.37) einsetzt.

$$-\frac{d\underline{U}}{dz} = \underline{Z}'\underline{I}; \quad -\frac{d\underline{I}}{dz} = \underline{Y}'\underline{U} \tag{3.40}$$

Bildet man die zweite Ableitung der Differentialgleichung für die Spannung und setzt die Differentialgleichung für den Strom in diese ein, so findet man den ortsabhängigen Teil der **Wellengleichung für die Spannung**. Geht man umgekehrt vor, so erhält man den ortsabhängigen Teil der **Wellengleichung für den Strom**.

$$\frac{d^2\underline{U}}{dz^2} - \underline{Z}'\underline{Y}'\underline{U} = 0; \quad \frac{d^2\underline{I}}{dz^2} - \underline{Z}'\underline{Y}'\underline{I} = 0 \tag{3.41}$$

Der ortsabhängige Teil der Wellengleichung, als lineare Differentialgleichung mit konstanten Koeffizienten, kann durch die Ansätze $\underline{U} = K_U e^{\underline{\gamma} z}$ bzw. $\underline{I} = K_I e^{\underline{\gamma} z}$ gelöst werden. Aus der charakteristischen Gleichung erhält man die **Übertragungskonstante** $\underline{\gamma}$, die von den frequenzabhängigen Leitungsbelägen abhängt, und mit der Länge l der Leitung das **Wellenübertragungsmaß** $\underline{g}$.

$$\underline{\gamma} = \pm\sqrt{\underline{Z}'\underline{Y}'} = \alpha + j\beta; \quad \underline{g} = \alpha l + j\beta l = a + jb \tag{3.42}$$

Für $\underline{\gamma}$ ist der Wurzelwert zu nehmen, der einen positiven Realteil hat. In Gl. (3.42) ist α die **Dämpfungskonstante**, die durch das Pseudomaß Neper/km (nach J. Napier, schottischer Mathematiker) gekennzeichnet, wird und β ist die **Phasenkonstante**, gemessen in radiant/km. Dementsprechend nennt man a das **Wellendämpfungsmaß** oder auch **Wellendämpfung** gemessen in Neper=Np und b das **Phasenmaß**, gemessen in Radiant.

Die allgemeinen Lösungen der Gln. (3.41) lauten für Strom und Spannung

$$\underline{I}(z) = \underline{A}e^{-\underline{\gamma}z} - \underline{B}e^{+\underline{\gamma}z}; \quad \underline{U}(z) = \frac{\underline{\gamma}}{\underline{Y}'}\left(\underline{A}e^{-\underline{\gamma}z} + \underline{B}e^{+\underline{\gamma}z}\right). \tag{3.43}$$

Die beiden Gleichungen (3.43) heißen **Leitungsgleichungen** bei sinusförmiger Erregung. $\underline{A}$ und $\underline{B}$ sind Konstanten, die aus den Randbedingungen der Leitung ($z = 0$ und $z = l$) bestimmt werden. Bei der Darstellung der Vierpolgleichungen in Wellenparameterform in Abschn. 3.2.5.2 werden die Konstanten bestimmt.

Der Faktor $\underline{\gamma}/\underline{Y}'$ hat die Dimension eines Widerstandes und wird deshalb als **Wellenwiderstand** $\underline{Z}_L$ bezeichnet.

$$\underline{Z}_L = \frac{\underline{\gamma}}{\underline{Y}'} = \frac{\underline{Z}'}{\underline{\gamma}} = \sqrt{\frac{\underline{Z}'}{\underline{Y}'}} = \sqrt{\frac{R' + j\omega L'}{G' + j\omega C'}} \tag{3.44}$$

$\underline{\gamma}$ und $\underline{Z}_L$ heißen **Wellenparameter**. Die physikalische Bedeutung der Größen α und β erkennt man, wenn man zunächst in der Leitungsgleichung für den Strom (3.43) die Konstante $\underline{B} = 0$ setzt.

$$[\underline{I}(z)]_{\underline{B}=0} = \underline{A}e^{-\alpha z}e^{-j\beta z} \tag{3.45}$$

Mit zunehmendem z wird der Strom immer schwächer. Die Bezeichnung Dämpfungskonstante für α wird somit verständlich.

Zur Erläuterung der Phase muß die Orts- und Zeitabhängigkeit betrachtet werden. Der Ausdruck $e^{j\beta z}$ berücksichtigt jedoch nur die Ortsabhängigkeit. Da die Phase von Strom und Spannung auch von der Zeit abhängt, muß der vorgenannte Ausdruck durch den Faktor $e^{j\omega t}$, der die Zeitabhängigkeit der Phase berücksichtigt, ergänzt werden. Gl. (3.45) lautet somit

$$[\underline{I}(z,t)]_{\underline{B}=0} = \underline{A}e^{j\omega t}e^{-\underline{\gamma}z} = \underline{A}e^{-\alpha z}e^{j(\omega t - \beta z)} = \underline{A}e^{-\alpha z}e^{j\phi(z,t)}. \tag{3.46}$$

$\underline{I}(z,t)$ und enthält eine zeit- und ortsabhängige Phase $\phi(z,t)$. Aus ihr erhält man die Geschwindigkeit $v_p = dz/dt$, mit der ein vorgegebener Phasenwert ϕ_0 über die Leitung transportiert wird - d.h. zu welcher Zeit t er am Ort z(t) vorliegt - und seine Laufzeit τ_p. Aus $\phi_o = \phi(z,t) = const$ folgt

$$\frac{d\phi_0}{dt} = 0 = \frac{\partial\phi}{dz}\cdot\frac{dz}{dt} + \frac{\partial\phi}{\partial t} = -\beta v_p + \omega \tag{3.47}$$

Für einen beliebigen Punkt z gilt somit

$$v_p = \frac{dz}{dt} = \frac{\omega}{\beta} = \frac{\lambda}{T} = \frac{2\pi f}{\beta}; \; \tau_p = \frac{1}{v_p} = \frac{\beta}{\omega}; \; \omega = 2\pi/T. \tag{3.48}$$

τ_p ist die Phasenlaufzeit und v_p heißt Phasengeschwindigkeit.

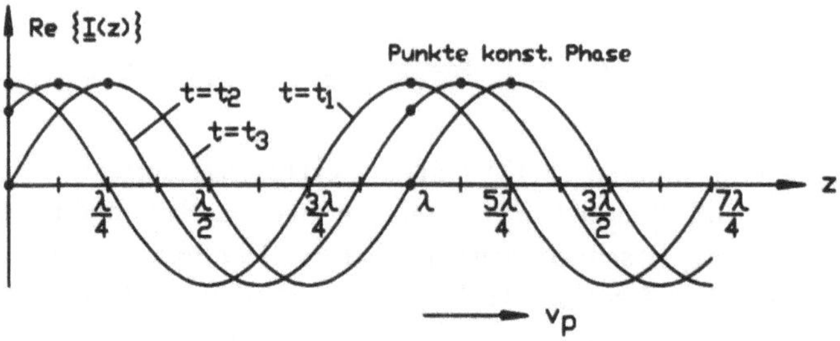

Abbildung 3.17: Ausbreitung einer Stromwelle

In Abb. 3.17 ist die Fortpflanzung von Punkten konstanter Phase am Beispiel der Ausbreitung einer ungedämpften Cosinuswelle ($\alpha = 0$) dargestellt. Aus den vorhergehenden Betrachtungen kann man schließen, daß Gl. (3.46) eine von links nach rechts auf der Leitung sich fortpflanzende (=vorlaufende oder hinlaufende) gedämpfte Stromwelle darstellt.

Die Leitungsgleichungen (3.43) beschreiben offenbar jeweils eine vorlaufende (hinlaufende) $\underline{I}_h$, $\underline{U}_h$ und eine rücklaufende (reflektierte) $\underline{I}_r$ und $\underline{U}_r$ Strom- und Spannungswelle.

$$\underline{I}(z) = \underline{I}_h - \underline{I}_r; \quad \underline{U}(z) = \underline{U}_h + \underline{U}_r \tag{3.49}$$

$$\underline{I}_h = \underline{A}e^{-\underline{\gamma}z}; \quad \underline{U}_h = \underline{Z}_L\underline{A}e^{-\underline{\gamma}z} = \underline{Z}_L\underline{I}_h; \quad \underline{I}_r = \underline{B}e^{\underline{\gamma}z}; \quad \underline{U}_r = \underline{Z}_L\underline{I}_r = \underline{Z}_L\underline{B}e^{\underline{\gamma}z} \tag{3.50}$$

Aus der vorgenannten Gleichung entnimmt man auch den Wellenwiderstand als Quotient aus hinlaufender bzw. rücklaufender Spannungs- und Stromwelle.

$$\underline{Z}_L = \frac{\underline{U}_h}{\underline{I}_h} = \frac{\underline{U}_r}{\underline{I}_r} \tag{3.51}$$

Die Phasengeschwindigkeit v_p ist die Geschwindigkeit, mit der ein Sinussignal der Frequenz f über die Leitung transportiert wird. Informationssignale belegen jedoch immer ein Frequenzband. Damit interessiert die Geschwindigkeit mit der irgend ein Punkt der Hüllkurve dieser Frequenzgruppe - z.B. das Maximum oder der Knoten - über eine Leitung eilt, die **Gruppengeschwindigkeit** v_g, bzw. die **Gruppenlaufzeit** τ_g. Die Abb. 3.18 erläutert dies am Beispiel eines Bandpaßsignals aus 2 Schwingungen, die sich in ihrer Frequenz unterscheiden. Es gilt

$$v_g = \frac{d\omega}{d\beta}; \quad \tau_g = \frac{1}{v_g} = \frac{d\beta}{d\omega} \tag{3.52}$$

[41, 42, 43]. Innerhalb der Einhüllenden in Abb. 3.18 läuft die Schwingung mit der Phasengeschwindigkeit v_p bei der Mittenfrequenz $(f_1 + f_2)/2$ über die Leitung.

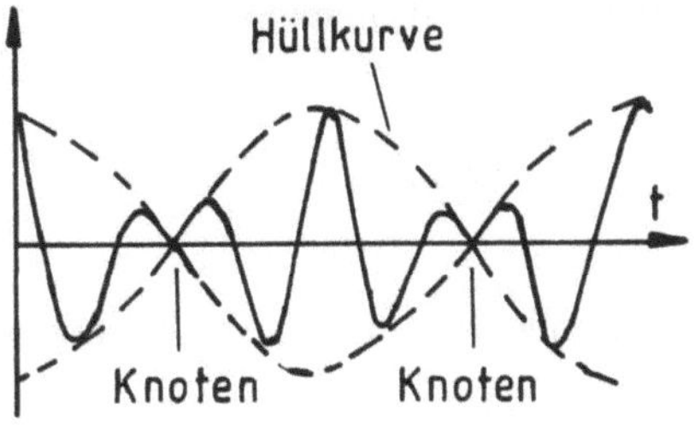

Abbildung 3.18: Frequenzgruppe aus 2 Frequenzkomponenten

□ **Beispiel 3.5:**
Ein Teilnehmeranschlußkabel (Telefonleitung) der Länge $l = 2$ km habe die Leitungsbeläge $R' = 300\ \Omega/\text{km}$, $L' = 0,7$ mH/km, $G' = 1\ \mu$S/km und $C' = 55$ nF/km.

Wenn man zunächst annimmt, daß lediglich eine Sinuswelle (Bandbreite=0) der Frequenz 1 kHz übertragen wird, so ermittelt man für den Wellenwiderstand $\underline{Z}_L = \sqrt{(R' + j\omega L')/(G' + j\omega C')} = 931,74 e^{-j44,55°}\Omega$ und für die Übertragungskonstante erhält man $\underline{\gamma} = \sqrt{(R' + j\omega L')(G' + j\omega C')} = 0,322 e^{j45,36°}$ 1/km = (0,226+j 0,229) 1/km. Damit ist die Dämpfungskonstante $\alpha = 0,226$ Np/km und die Phasenkontante $\beta = 0,229$ rad/km. Das Wellenübertragungsmaß der Leitung folgt zu $\underline{g} = \alpha l + j\beta l = a + jb = 0,452$ Np + j 0,458 rad, und die Phasenlaufzeit ist $\tau_p = \beta/\omega = 3,645 \cdot 10^{-5}$s/km.

Wird ein Informationssignal endlicher Bandbreite ($B \neq 0$) übertragen, dann ist die Gruppenlaufzeit $\tau_g = d\beta/d\omega$ zu ermitteln. Im folgenden Abschnitt wird diese Problematik neben anderen Betrachtungen zu den Wellenparametern behandelt.

3.2.5.1 Frequenzgang der Wellenparameter

Die Wellenparameter $\underline{\gamma}$ und $\underline{Z}_L$, Gln. (3.42) und (3.44), hängen von den frequenzabhängigen Leitungsbelägen $\underline{Z}' = R' + j\omega L'$ und $\underline{Y}' = G' + j\omega C'$ ab, die im Leitungsersatzbild Abb. 3.16c dargestellt sind.

Da die Berechnung der Wellenparameter aufwendig ist, werden nun innerhalb verschiedener Frequenzbereiche, nämlich **Bereich I, Bereich II** und **Bereich III** Näherungsbeziehungen für die Wellenparameter angegeben. Hierzu werden die vorgenannten Gleichungen in Taylorreihen entwickelt und Näherungen aus den ersten 2 oder 3 Gliedern der Taylorreihen gebildet.

Bereich I: $\omega C' \ll G'; \quad \omega L' \ll R'$

Man erhält als Näherung den reellen Wellenwiderstand und die genäherte Übertragungskonstante

$$\underline{Z}_L \approx Z_{L0} = \sqrt{\frac{R'}{G'}}; \quad \underline{\gamma} = \alpha + j\beta = \sqrt{R'G'}\left(1 + \frac{j\omega C'}{2G'} + \cdots\right) \approx \sqrt{R'G'} + j\frac{\omega C'}{2}\sqrt{\frac{R'}{G'}} \tag{3.53}$$

Für die Phasen-und Gruppenlaufzeit findet man näherungsweise

$$\tau_p = \frac{\beta}{\omega} \approx \frac{C' Z_{L0}}{2}; \quad \tau_g = \frac{d\beta}{d\omega} \approx \tau_p \tag{3.54}$$

Die elektrische (metallische) Leitung wirkt in diesem Frequenzbereich verzerrungsfrei, da die Dämpfung $a = \alpha l$ frequenzunabhängig ist und die Phase $b = \beta l$ linear über der Frequenz verläuft. Der Bereich I liegt jedoch weit unterhalb der zur Übertragung üblicherweise verwendeten Frequenzbereiche. In den folgenden Beispielen wird dies deutlich.

Bereich II: $\omega C' \gg G'; \quad \omega L' \ll R'$

Im Bereich II liefert die Taylorreihen-Entwicklung den genäherten Wellenwiderstand

$$\underline{Z}_L = \sqrt{\frac{\underline{Z}'}{\underline{Y}'}} \approx (1 - j)\sqrt{\frac{R'}{2\omega C'}} \tag{3.55}$$

Der Wellenwiderstand der Leitung wird kapazitiv. Für die Übertragungskonstante erhält man

$$\underline{\gamma} = \sqrt{\underline{Z}'\underline{Y}'} = \alpha + j\beta \approx (1 + j)\sqrt{\frac{\omega R' C'}{2}}, \tag{3.56}$$

und Phasen- und Gruppenlaufzeit lauten

$$\tau_p = \frac{\beta}{\omega} \approx \sqrt{\frac{R'C'}{2\omega}}; \quad \tau_g = \frac{d\beta}{d\omega} \approx \frac{\tau_p}{2}. \tag{3.57}$$

In Abb. 3.19 ist in qualitativer Form das Frequenzverhalten der Wellenparameter wiedergegeben. Typisch für Bereich II ist der "Quadratwurzelgang" der Dämpfungskonstanten α und der Phasenkonstanten β.

Bereich III: $\omega C' \gg G'; \quad \omega L' \gg R'$

In Bereich III wird der Wellenwiderstand wieder reell und frequenzunabhängig.

$$\underline{Z}_L \approx \sqrt{\frac{L'}{C'}} \tag{3.58}$$

Die Übertragungskonstante wird näherungsweise reaktiv, da die Dämpfungskonstante α gegenüber β sehr klein wird.

$$\underline{\gamma} = \alpha + j\beta \approx j\omega\sqrt{L'C'}\left(1 + \frac{R'}{2j\omega L'}\right) = \frac{R'}{2L'}\sqrt{L'C'} + j\omega\sqrt{L'C'} \tag{3.59}$$

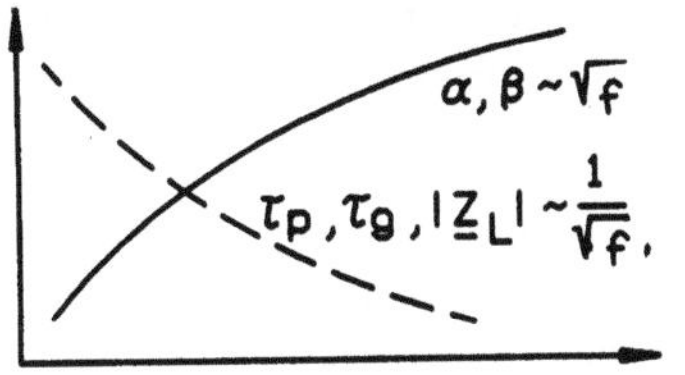

Abbildung 3.19: Frequenzverhalten der Wellenparameter in Bereich II

Phasen-und Gruppenlaufzeit sind frequenzunabhängig und gleich groß.

$$\tau_p \approx \tau_g \approx \sqrt{L'C'} \tag{3.60}$$

Wie im Bereich I liegt auch im Bereich III verzerrungsfreie Übertragung vor, da die Dämpfungskonstante α frequenzunabhängig ist und die Phasenkonstante β linear über der Frequenz verläuft. Abb. 3.20 gibt die qualitative Darstellung des Frequenzverhaltens der Wellenparameter in Bereich III wieder.

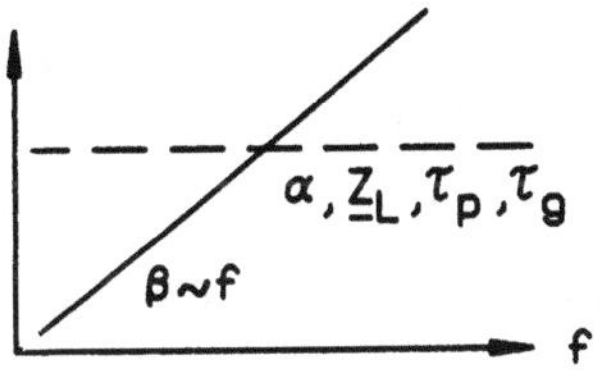

Abbildung 3.20: Wellenparameter in Bereich III

Frequenzgrenzen:
Die Grenzen zwischen den Bereichen I und II bzw. II und III sind nicht scharf festgelegt. In der Nähe der Frequenzgrenzen stimmt die jeweilige Näherung nicht sehr gut mit den exakten Lösungen nach den Gln. (3.42) und (3.44) überein. Es empfiehlt sich deshalb, in der Nähe der Bereichsübergänge die exakten Lösungen zu verwenden.

Die Frequenzgrenzen legt man zweckmäßigerweise dorthin, wo die Dämpfungkonstanten α für beide Bereiche den gleichen Wert haben. Für die Grenze zwischen Bereich I und II, bzw. Bereich II und Bereich II gilt dann

$$\alpha_I = \alpha_{II};\ f_{I/II} = \frac{G'}{\pi C'};\ \alpha_{II} = \alpha_{III};\ f_{II/III} = \frac{R'}{4\pi L'}. \tag{3.61}$$

Zu beachten ist, daß bei bestimmten Werten für die Leitungsbeläge unsinnige Übergangsfrequenzen auftreten können. In solchen Fällen ist der jeweilige Bereich I, II oder III mit Hilfe der zugehörigen Ungleichungen, welche die Bereiche definieren, zu ermitteln.

Die Frequenzbereiche IV und V, bei denen der Einfluß des Skin-Effekts bzw. dielektrische Verluste berücksichtigt werden, gehören thematisch zur Hochfrequenzechnik und werden deshalb hier nicht betrachtet.

□ **Beispiel 3.6:**
Für das in Beispiel 3.5 betrachtete Teilnehmeranschlußkabel mit den Leitungsbelägen $R' = 300\ \Omega/\text{km}$, $L' = 0,7\ \text{mH/km}$, $G' = 1\ \mu\text{S/km}$ und $C' = 55\ \text{nF/km}$, $l = 2$ km werden nun bei der Bezugsfrequenz (Betriebsfrequenz) $f = 1$ kHz die Größen $\underline{Z}_L, \underline{\gamma}, \alpha, \beta, a, b, \underline{g}, \tau_g$ mit den Näherungen des vorstehenden Abschnitts ermittelt und mit den exakten Ergebnissen aus Beispiel 3.5 verglichen.

Zunächst wird der Frequenzbereich mit Hilfe der Übergangsfrequenzen bestimmt $f_{I/II} = \frac{G'}{\pi C'} = 5,79$ Hz; $f_{II/III} = \frac{R'}{4\pi L'} = 34,1$ kHz.

Da als Bezugsfrequenz (mittlere Betriebsfrequenz) f = 1 kHz angenommen wird, liegt das System in Bereich II.

Für den Wellenwiderstand gilt dann $\underline{Z}_L = (1-j)\sqrt{\frac{R'}{2\omega C'}} = 931,7e^{-j45°}\Omega$.

Die Übertragungskonstante findet man zu $\underline{\gamma} = (1+j)\sqrt{\frac{\omega R' C'}{2}} = (0,2277 + j0,2277)$ 1/km. Damit ist $\alpha = 0,2277$ Np/km und $\beta = 0,2277$ rad/km. Weiter folgt $a = \alpha l = 0,4554$ Np und $b = \beta l = 0,4554$ rad , $\underline{g} = 0,4554\text{Np} + j0,4554$ rad.

In Bereich II ist die Phasenlaufzeit ungefähr doppelt so hoch wie die Gruppenlaufzeit $\tau_p \approx \sqrt{\frac{R'C'}{2\omega}} = 3,624 \cdot 10^{-5}$ s/km, $\tau_g = 1,812 \cdot 10^{-5}$ s/km.

Insgesamt stellt man eine gute Übereinstimmung der Ergebnisse fest.

□ **Beispiel 3.7**
Ein Trägerfrequenz-Fernkabel ($R' = 13,1\ \Omega/\text{km}$, $L' = 0,7\ \text{mH/km}$, $G' = 1\ \mu\text{S/km}$, $C' = 22\ \text{nF/km}$) und eine 110 KV-Leitung ($R' = 0,25\ \Omega/\text{km}$, $L' = 1,3\ \text{mH/km}$, $G' = 2\mu\text{S/km}$, $C' = 9,3\ \text{nF/km}$) sollen zur Datenübertragung benutzt werden. Die Signalmittenfrequenz der Datensignale sei jeweils 500 kHz.

Trägerfrequenz-Fernkabel
Für die Übergangsfrequenzen erhält man $f_{I/II} = G'/\pi C' = 14{,}47$ Hz, $f_{II/III} = R'/4\pi L' = 1{,}49$ kHz. Wegen der Signalmittenfrequenz von 500 kHz liegt das System in Bereich III. Der Wellenwiderstand ist dort reell $Z_L \approx \sqrt{(L'/C')} = 178{,}4\ \Omega$.

Dämpfungs- und Phasenkonstante lauten $\alpha = R'/2Z_L = 0,0367$ Np/km, $\beta = \omega\sqrt{L'C'} = 12,33$ rad/km.

Gruppen- und Phasenlaufzeit sind näherungsweise identisch $\tau_p \approx \tau_g \approx \sqrt{L'C'} = 3,924 \cdot 10^{-6}$ s/km.

110 KV-Leitung
Die Berechnung der Übergangsfrequenzen ist hier widersprüchlich ($f_{I/II}$ =68,45 Hz, $f_{II/III} = 15,3$ Hz). Die Betrachtung der die Frequenzbereiche definierenden Ungleichungen führt wegen $\omega C' = 0,0292$ S/km $\gg G' = 2$ µs/km und $\omega L' = 4084,07$ Ω/km $\gg R' = 0,25$ Ω/km auf Bereich III.

Der Wellenwiderstand ist damit ebenfalls reell $Z_L = \sqrt{\frac{L'}{C'}} = 373,9\ \Omega$.

Dämpfungskonstante und Phasenkonstante haben die Werte $\alpha \approx R'/2Z_L = 0,00033$ Np/km, $\beta \approx \omega\sqrt{L'C'} = 10,9$ rad/km und für Phasen- und Gruppenlaufzeit erhält man $\tau_P \approx \tau_g \approx \sqrt{L'C'} = 3,48 \cdot 10^{-6}$ s/km.

3.2.5.2 Wellenparameter des übertragungssymmetrischen Vierpols, reflexionsfreier Abschluß

Die Leitungsgleichungen (3.43) enthalten die Konstanten $\underline{A}$ und $\underline{B}$, die nun aus den Randbedingungen einer Leitung, nämlich ihrem Verhalten bei $x = 0$ und $x = l$ bestimmt werden, siehe Abb. 3.21. Mit den Randbedingungen an der Stelle $x = 0$ $\underline{U}(0) = \underline{U}_1$, $\underline{I}(0) = \underline{I}_1$ folgt aus Gl. (3.43) für die Konstanten $\underline{A}$ und $\underline{B}$.

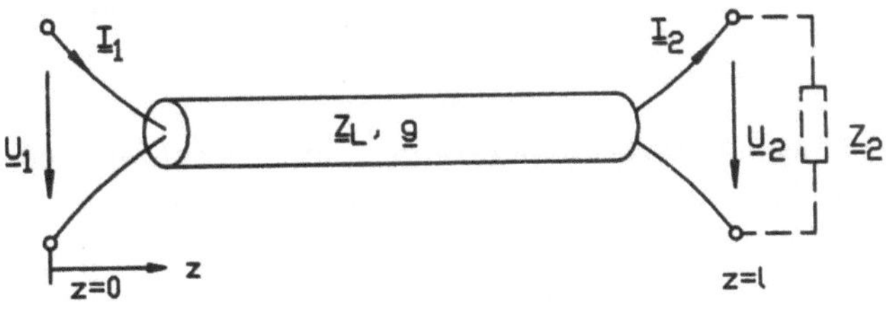

Abbildung 3.21: Leitung mit Randbedingungen

$$\underline{A} = \frac{1}{2}\left(\underline{I}_1 + \frac{\underline{U}_1}{\underline{Z}_L}\right); \quad \underline{B} = \frac{1}{2}\left(\frac{\underline{U}_1}{\underline{Z}_L} - \underline{I}_1\right) \tag{3.62}$$

Setzt man $z = l$ in die Gln. (3.43) ein, so erhält man mit den Wellenparametern $\underline{Z}_L$ und $\underline{g} = \underline{\gamma} l$

$$\underline{U}_2 = \underline{U}(l) = \underline{Z}_L \underline{A} e^{-\underline{g}} + \underline{Z}_L \underline{B} e^{+\underline{g}}; \quad \underline{I}_2 = \underline{I}(l) = \underline{A} e^{-\underline{g}} - \underline{B} e^{+\underline{g}}. \tag{3.63}$$

Die Gln. (3.62) eingesetzt in die vorstehenden Gleichungen ergeben, nach entsprechender Umstellung, die **Vierpolgleichungen in Wellenparameterform**.

$$\underline{U}_2 = \underline{U}_1 \left(\frac{e^{+\underline{g}} + e^{-\underline{g}}}{2}\right) - \underline{Z}_L \underline{I}_1 \left(\frac{e^{+\underline{g}} - e^{-\underline{g}}}{2}\right) = \underline{U}_1 \cosh \underline{g} - \underline{Z}_L \underline{I}_1 \sinh \underline{g} \quad (3.64)$$

$$\underline{I}_2 = -\frac{\underline{U}_1}{\underline{Z}_L} \left(\frac{e^{+\underline{g}} - e^{-\underline{g}}}{2}\right) + \underline{I}_1 \left(\frac{e^{+\underline{g}} + e^{-\underline{g}}}{2}\right) = -\frac{\underline{U}_1}{\underline{Z}_L} \sinh \underline{g} + \underline{I}_1 \cosh \underline{g} \quad (3.65)$$

$$\begin{pmatrix} \underline{U}_2 \\ \underline{I}_2 \end{pmatrix} = \begin{pmatrix} \cosh \underline{g} & -\underline{Z}_L \sinh \underline{g} \\ -\frac{1}{\underline{Z}_L} \sinh \underline{g} & \cosh \underline{g} \end{pmatrix} \begin{pmatrix} \underline{U}_1 \\ \underline{I}_1 \end{pmatrix} \quad (3.66)$$

Üblicherweise verwendet man die umgekehrte Form, so daß links vom Gleichheitszeichen die Eingangsgrößen stehen. Hierzu bildet man die Kehrmatrix und erhält

$$\begin{pmatrix} \underline{U}_1 \\ \underline{I}_1 \end{pmatrix} = \begin{pmatrix} \cosh \underline{g} & \underline{Z}_L \sinh \underline{g} \\ \frac{1}{\underline{Z}_L} \sinh \underline{g} & \cosh \underline{g} \end{pmatrix} \begin{pmatrix} \underline{U}_2 \\ \underline{I}_2 \end{pmatrix} \quad (3.67)$$

$$\underline{U}_1 = \underline{U}_2 \cosh \underline{g} + \underline{Z}_L \underline{I}_2 \sinh \underline{g}; \quad \underline{I}_1 = \frac{\underline{U}_2}{\underline{Z}_L} \sinh \underline{g} + \underline{I}_2 \cosh \underline{g}. \quad (3.68)$$

Ein Koeffizientenvergleich der Vierpolgleichungen in Wellenparameterform Gln. (3.68) mit den Vierpolgleichungen in Kettenform, Gln. (3.26), liefert

$$\underline{A}_{11} = \underline{A}_{22} = \cosh \underline{g}; \quad \underline{A}_{12} = \underline{Z}_L \sinh \underline{g}; \quad \underline{A}_{21} = \frac{\sinh \underline{g}}{\underline{Z}_L}. \quad (3.69)$$

Die Vierpolgleichungen in Wellenparameterform sind, obwohl speziell von den Leitungsgleichungen abgeleitet, auf längssymmetrische Vierpole übertragbar.

Die Wellenparameter $\underline{Z}_L$ und $\underline{g}$ eines Vierpols findet man durch Betrachtung des jeweiligen Vierpols im Kurzschluß und Leerlauf am Ausgang. Mit den Gln. (3.68) erhält man bei einem Kurzschluß, ($\underline{U}_2 = 0$) und Leerlauf, ($\underline{I}_2 = 0$), am Vierpolausgang den Kurzschluß-Eingangswiderstand $\underline{Z}_{1k}$ und den Leerlauf-Eingangswiderstand $\underline{Z}_{1l}$.

$$\underline{Z}_{1k} = \left(\frac{\underline{U}_1}{\underline{I}_1}\right)_{\underline{U}_2=0} = \underline{Z}_L \tanh \underline{g}; \quad \underline{Z}_{1l} = \left(\frac{\underline{U}_1}{\underline{I}_1}\right)_{\underline{I}_2=0} = \underline{Z}_L \coth \underline{g}. \quad (3.70)$$

Aus dem Produkt der beiden Eingangswiderstände im Leerlauf und Kurzschluß läßt sich der Wellenwiderstand berechnen.

$$\underline{Z}_{1k}\underline{Z}_{1l} = \underline{Z}_L^2; \quad \underline{Z}_L = \sqrt{\underline{Z}_{1k}\underline{Z}_{1l}} \quad (3.71)$$

Bildet man den Quotienten aus $\underline{Z}_{1k}$ und $\underline{Z}_L$, so ermittelt man

$$\tanh \underline{g} = \frac{\underline{Z}_{1k}}{\underline{Z}_L} = \frac{\underline{Z}_{1k}}{\sqrt{\underline{Z}_{1k}\underline{Z}_{1l}}} = \sqrt{\frac{\underline{Z}_{1k}}{\underline{Z}_{1l}}} \tag{3.72}$$

Zur Bestimmung des **Eingangswiderstandes** $\underline{Z}_1$ wird der Vierpol nach Abb. 3.21 mit einem Lastwiderstand $\underline{Z}_2 = \underline{U}_2/\underline{I}_2$ abgeschlossen. Aus den Gln. (3.68) folgt dann der Eingangswiderstand

$$\underline{Z}_1 = \frac{\underline{U}_1}{\underline{I}_1} = \frac{\underline{Z}_2 \cosh \underline{g} + \underline{Z}_L \sinh \underline{g}}{\cosh \underline{g} + \frac{\underline{Z}_2}{\underline{Z}_L} \sinh \underline{g}}. \tag{3.73}$$

Mit den Gln. (3.68) kann man nun auch zeigen, daß die reflektierte Welle - dies ist der jeweils zweite Summand in den Leitungsgleichungen - verschwindet, wenn man $\underline{Z}_2 = Z_L$ setzt, siehe Abb. 3.21. Man nennt diesen Fall einen **reflexionsfreien Abschluß**. Im Abschlußwiderstand $\underline{Z}_2 = \underline{Z}_L$ wird die Signalenergie vollständig umgesetzt. Folgt anstelle von $\underline{Z}_2$ ein weiterer Vierpol mit dem Eingangswiderstand gleich dem Wellenwiderstand $\underline{Z}_L$, so wird die Signalenergie reflexionsfrei weitergeleitet.

Bei der Zusammenschaltung von Vierpolen ist im Kleinsignalbereich - der Begriff "Kleinsignalbereich" ist in Abschn. 3.4.1 erklärt - grundsätzlich auf Reflexionsfreiheit zu achten, da sich die reflektierten Signalanteile der sich ausbreitenden hinlaufenden Welle als Störsignale überlagern. Ist Wirkleistungsanpassung (z.B. in Senderendstufen) gefordert (Großsignalbereich) s. Abschn. 3.2.8.1 und 3.4.2, so liegt i. allg. keine Reflexionssfreiheit vor.

Für $\underline{Z}_2 = \underline{Z}_L$ lauten die Leitungsgleichungen (3.68),

$$\underline{U}_1 = \underline{U}_2(\cosh \underline{g} + \sinh \underline{g}); \quad \underline{I}_1 = \underline{I}_2(\cosh \underline{g} + \sinh \underline{g}). \tag{3.74}$$

Ersetzt man $\cosh \underline{g}$ und $\sinh \underline{g}$ durch die bereits in Gl. (3.64) benutzte Exponentialform, so erhält man für die Vierpolgleichungen bei reflexionsfreiem Abschluß

$$\underline{U}_1 = \underline{U}_2 e^{\underline{g}}; \quad \underline{I}_1 = \underline{I}_2 e^{\underline{g}}. \tag{3.75}$$

□ **Beispiel 3.8:**
Ermittlung von $\underline{g} = a + jb$ bei gegebenem $\tanh \underline{g} = 2 + j5$.

Mit $\underline{x} = \tanh \underline{g}$ folgt

$$\underline{x} = \tanh \underline{g} = \frac{\sinh \underline{g}}{\cosh \underline{g}} = \frac{e^{\underline{g}} - e^{-\underline{g}}}{e^{\underline{g}} + e^{-\underline{g}}}; \; \underline{g} = \frac{1}{2} \ln \frac{1+\underline{x}}{1-\underline{x}} = \frac{1}{2} \ln \left(\frac{|1+\underline{x}| e^{j \arctan \frac{Im[1+\underline{x}]}{Re[1+\underline{x}]}}}{|1-\underline{x}| e^{j \arctan \frac{Im[1-\underline{x}]}{Re[1-\underline{x}]}}} \right) \tag{3.76}$$

$$\underline{g} = a + jb = \frac{1}{2}\ln\frac{|1+\underline{x}|}{|1-\underline{x}|} + j\left(\arctan\frac{Im[1+\underline{x}]}{Re[1+\underline{x}]} - \arctan\frac{Im[1-\underline{x}]}{Re[1-\underline{x}]}\right) \quad (3.77)$$

Für $\underline{x} = 2 + j5 = \tanh \underline{g}$ erhält man $1 - \underline{x} = -1 - j5$ und $1 + \underline{x} = 3 + j5$. Damit ist das Vierpoldämpfungsmaß $a = \frac{1}{2}\ln\frac{\sqrt{3^2+5^2}}{\sqrt{1^2+5^2}} = 0,067$ Np und das Phasenmaß $b = \frac{1}{2}\left(\arctan\frac{5}{3} - \arctan\frac{-5}{-1}\right) = -0,343$ rad.

□ **Beispiel 3.9:**
Eine Trägerfrequenz-Fernleitung (l = 50 km), Leitungsbeläge $R' = 2\Omega/\text{km}$, $L' = 2$ mH/km, $C' = 7$ nF/km und $G' = 1$ µS/km sei mit $\underline{Z}_2 = 350\ \Omega\ e^{-j30^\circ}$ abgeschlossen, wie z.B. in Abb. 3.21 gezeigt. An $\underline{Z}_2$ falle der Effektivwert $U_2 = 3,5$ V ab. Die Betriebskreisfrequenz (Bezugskreisfrequenz für die Berechnung) sei $\omega = 5000$ 1/s. Den Wellenwiderstand ermittelt man mit Gl. (3.44) zu $\underline{Z}_L = \sqrt{\frac{R'+j\omega L'}{G'+j\omega C'}} = 540\ \Omega\ e^{-j4,83^\circ}$, und für die Übertragungskonstante erhält man nach Gl. (3.42) $\underline{\gamma} = \sqrt{(R'+j\omega L')(G'+j\omega C')} = (2,133 + j18,78)10^{-3}$ 1/km. Hieraus folgt das Übertragungsmaß $\underline{g} = a + jb = \underline{\gamma}l = \alpha l + j\beta l = 0{,}1066$ Np + j 0,939 rad.

Zur Bestimmung von $\underline{U}_1$ und $\underline{I}_1$ mit den Leitungsgleichungen (3.68) benötigt man die Werte $\cosh \underline{g} = \cosh(a + jb) = \cosh a \cos b + j \sinh a \sin b = 0,594 + j0,086$ und $\sinh \underline{g} = \sinh(a + jb) = \sinh a \cos b + j \cosh a \sin b = 0,063 + j0,812$. Mit $\underline{U}_2 = 3,5$ V findet man $\underline{I}_2 = U_2/\underline{Z}_2 = 0,01\ \text{A}\ e^{j30^\circ}$. Einsetzen in die Gln. (3.68) liefert schließlich $\underline{U}_1 = 4,459\ \text{V}\ e^{j83,35^\circ}$ und $\underline{I}_1 = 10,13\ \text{mA}\ e^{j62,55^\circ}$ sowie den Eingangswiderstand $\underline{Z}_1 = \frac{\underline{U}_1}{\underline{I}_1} = 440\ \Omega\ e^{j20,8^\circ}$.

Bei reflexionsfreiem Abschluß lauten die Ergebnisse $\underline{U}_1 = \underline{U}_2 e^{\underline{g}} = 3,893\ \text{V}\ e^{j53,8^\circ}$ und $\underline{I}_1 = \underline{I}_2 e^{\underline{g}} = 7,21\ \text{mA}\ e^{j58,63^\circ}$ Der Eingangswiderstand wird dann gleich dem Wellenwiderstand $\underline{Z}_1 = \underline{U}_1/\underline{I}_1 = \underline{Z}_L = 540\ \Omega\ e^{-j4,83^\circ}$.

3.2.6 Vierpol-Übertragungsfunktion, Dämpfungsfaktor

Die Vierpol-Übertragungsfunktion wurde in **Kapitel 2** als System-Übertragungfunktion bereits eingeführt. Der **komplexe Dämpfungsfaktor** von Vierpolen ist nach DIN 40148 als Kehrwert der Übertragungsfunktion definiert, die auch komplexer Übertragungsfaktor heißt.

$$\underline{D} = \frac{1}{\underline{H}} = \frac{\underline{U}_1}{\underline{U}_2} \quad (3.78)$$

Meist verwendet man anstelle des Begriffs Übertragungsfaktor den Ausdruck Übertragungsfunktion, da der Funktionsverlauf über der Frequenz interessiert. Allgemein stellt die Übertragungsfunktion das Verhältnis von Wirkung und Ursache dar.

Das **Vierpolübertragungsmaß** ist durch

$$\underline{g}_D = \ln \underline{D} = \ln(|\underline{D}|e^{j\phi_D}) = \ln |\underline{D}| + j\phi_D = a_D + jb_D \tag{3.79}$$

definiert. Hierbei ist b_D das **Vierpolphasenmaß** b_D, auch **Dämpfungswinkel** ϕ_D genannt, und a_D das **Vierpoldämpfungsmaß**.

$$b_D = \phi_D = \arctan \frac{Im[\underline{D}]}{Re[\underline{D}]}; \quad a_D = \ln |\underline{D}| = \ln \left| \frac{\underline{U}_1}{\underline{U}_2} \right|. \tag{3.80}$$

Wird ein Vierpol mit seinem Wellenwiderstand abgeschlossen, so gelten mit Gl. (3.75) die Gleichungen

$$\underline{H} = \frac{\underline{U}_2}{\underline{U}_1} = e^{-\underline{g}(\omega)} = e^{-[a(\omega)+jb(\omega)]}; \quad \underline{D} = \frac{1}{\underline{H}} = e^{\underline{g}(\omega)}. \tag{3.81}$$

Nur in diesem Spezialfall ist das Vierpolübertragungsmaß g_D gleich dem Wellenübertragungsmaß $\underline{g}$.

Bei der Kettenschaltung von Vierpolen in einem Informationsübertragungssystem werden immer reflexionsfreie Abschlüsse, zumindest näherungsweise, realisiert.

Beschränkt man sich auf Vierpole aus konzentrierten linearen zeitinvarianten Elementen, dann ist die Vierpol-Übertragungsfunktion eine gebrochen rationale Funktion.

$$\underline{H}(p) = \frac{(p - p_{0m})(p - p_{0(m-1)}) \cdots (p - p_{02})(p - p_{01})}{(p - p_{\infty n})(p - p_{\infty(n-1)}) \cdots (p - p_{\infty 2})(p - p_{\infty 1})}. \tag{3.82}$$

Hierbei sind $p_{0\nu}$ die Nullstellen des Zählerpolynoms und $p_{\infty\mu}$ die Polstellen (=Nullstellen des Nennerpolynoms).

Wie bereits für Zweipolfunktionen definiert, kann man nun auch für Übertragungsfunktionen **Stabilitätskriterien** formulieren.

Stabile Übertragungsfunktion
Alle Pole liegen in der linken Halbebene der komplexen Ebene oder auf der imaginären Achse. Die Zahl der Nullstellen ist nicht größer als die Zahl der Pole. Auf der imaginären Achse liegen nur einfache Pole.
Instabile Übertragungsfunktion
Alle Pole liegen in der rechten Halbebene. (Eine Ausnahme bilden Allpässe (s. hierzu Abschn. 3.3.5.2), die Pole in der rechten Halbebene haben können.)

□ **Beispiel 3.10**
Von dem in Abb. 3.22a dargestellten Vierpol sind Übertragungsfunktion, Dämpfungsfaktor, Wellenwiderstand und Wellenübertragungsmaß zu ermitteln. Die Stabilität der Übertragungsfunktion ist zu überprüfen.

Bei sinusförmiger Erregung lauten Übertragungfunktion und Dämpfungsfaktor

$$\underline{H}(j\omega) = \frac{\underline{U}_2}{\underline{U}_1} = \frac{R_2 + j\omega L}{R_1 + R_2 + j\omega L} = |\underline{H}(j\omega)|e^{j\phi(\omega)} = \frac{1}{\underline{D}(j\omega)}. \tag{3.83}$$

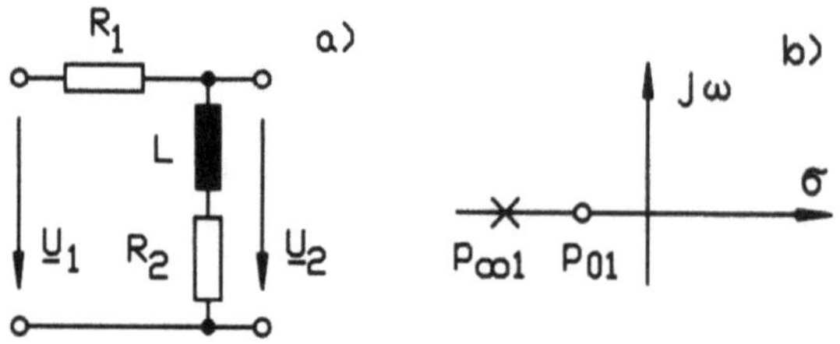

Abbildung 3.22: a) Passiver Vierpol; b) Pol-Nullstellen-Diagramm

mit

$$|\underline{H}(j\omega)| = \sqrt{\frac{R_2^2 + (\omega L)^2}{(R_1 + R_2)^2 + (\omega L)^2}} \tag{3.84}$$

und

$$\phi(\omega) = \arctan \frac{\omega L R_1}{R_2(R_1 + R_2) + \omega^2 L^2}. \tag{3.85}$$

Betrachtet man den Vierpol im Leerlauf und Kurzschluß am Ausgang, so erhält man den Kurzschluß-Eingangswiderstand $\underline{Z}_{1k}$ und den Leerlauf-Eingangswiderstand $\underline{Z}_{1l}$.

$$\underline{Z}_{1k} = R_1; \quad \underline{Z}_{1l} = R_1 + R_2 + j\omega L \tag{3.86}$$

Mit den Gln. (3.71) und (3.72) findet man Wellenwiderstand und Wellenübertragungsmaß.

$$\underline{Z}_L = \sqrt{\underline{Z}_{1k}\underline{Z}_{1l}} = \sqrt{R_1(R_1 + R_2 + j\omega L)} \tag{3.87}$$

$$\underline{g} = \operatorname{artanh}\sqrt{\frac{\underline{Z}_{1k}}{\underline{Z}_{1l}}} = \operatorname{artanh}\frac{\underline{Z}_{1k}}{\underline{Z}_L} = \operatorname{artanh}\frac{R_1}{\sqrt{R_1(R_1 + R_2 + j\omega L)}} = a + jb \tag{3.88}$$

Nach der in Beispiel 3.8 demonstrierten Methode sind a und b numerisch ermittelbar.

Zur Bestimmung der Stabilitätseigenschaften des Vierpols ersetzt man in der Übertragungsfunktion $j\omega$ durch $p = \sigma + j\omega$.

$$\underline{H}(p) = \frac{R_2 + pL}{R_1 + R_2 + pL} \tag{3.89}$$

Aus der vorstehenden Gleichung erhält man die Nullstelle $p_{01} = -R_2/L$ durch Nullsetzen des Zählerpolynoms und die Polstelle $p_{\infty 1} = -(R_1 + R_2)/L$ durch

Nullsetzen des Nennerpolynoms. Beide liegen auf der negativen reellen Achse. Der Vierpol ist damit stabil.

Eine rechnerisch oder meßtechnisch ermittelte Übertragungsfunktion wird zu ihrer Auswertung oft in Form einer **Ortskurve** dargestellt. Hierzu wird sie mit $p = j\omega$ z.B. in die Form

$$\underline{H} = \frac{a_0 + a_1 p + a_2 p^2}{b_0 + b_1 p + b_2 p^2 + b_3 p^3} = |\underline{H}| e^{j\phi} \tag{3.90}$$

gebracht. Man bildet zunächst $|\underline{H}|$ und ϕ aus Zähler (Z) und Nenner (N) der rationalen Funktion $\underline{H}$.

$$|\underline{H}| = \frac{\sqrt{Re[Z]^2 + Im[Z]^2}}{\sqrt{Re[N]^2 + Im[N]^2}}; \; \phi_Z = \arctan \frac{Im[Z]}{Re[Z]}; \; \phi_N = \arctan \frac{Im[N]}{Re[N]}; \; \phi = \phi_z - \phi_N \tag{3.91}$$

Nun liegen $|\underline{H}|$ und ϕ in Abhängikeit von ω vor. Zusammengehörige Werte können in der Gaußschen Zahlenebene als komplexe Zeiger dargestellt werden. Die Zeigerspitzen bilden Punkte auf der Ortskurve.

Abb. 3.23 zeigt den Verlauf der Ortskurven der Übertragungsfunktionen eines LR-Gliedes $\underline{H} = 1/(1 + T_1 p)$ mit $T_1 = L/R$ und eines Serienschwingkreises $\underline{H} = 1/(1 + T_1 p + T_2^2 p^2)$ mit $T_1 = RC$ und $T_2^2 = LC$ [16, 19, 44].

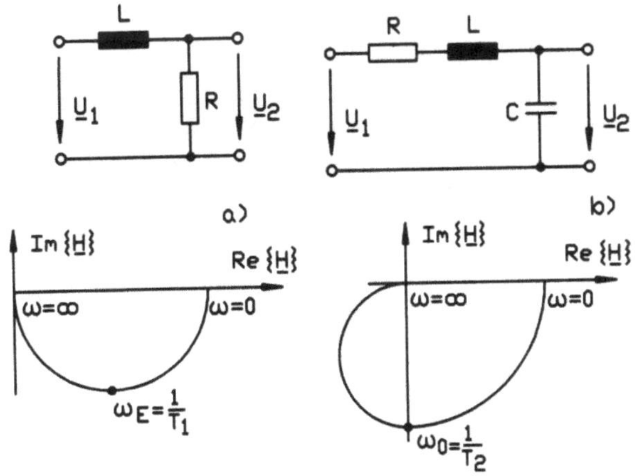

Abbildung 3.23: Ortskurven von Übertragungsfunktionen: a) LR-GLied b) Serienschwingkreis

3.2.7 Logarithmierte Größen, logarithmische Darstellung

In der Kommunikaitonstechnik wird sehr oft mit logarithmierten Größen gerechnet oder es werden Kurvenverläufe logarithmierter Größen dargestellt. Das Rechnen mit logarithmierten Größen vereinfacht beispielsweise die Analyse (Link-Budget) von Übertragungsstrecken; indem man Dämpfungen und Verstärkungen in logarithmierter Form darstellt, treten dort lediglich Additionen und Subtraktionen bei der Rechnung auf. Andererseits können nach der Logarithmierung auch sehr große und sehr kleine Funktionswerte graphisch dargestellt werden. Ein Beispiel hierfür ist das **Bode-Diagramm**, das nachfolgend vorgestellt wird. Zunächst werden jedoch die logarithmischen Maße betrachtet.

3.2.7.1 Logarithmische Maße

Zur Darstellung logarithmischer Vierpolmaße sind zwei Logarithmensysteme gebräuchlich, der **natürliche Logarithmus** mit dem bereits bekannten Pseudomaß **Neper** und der **dekadische Logarithmus** mit dem Pseudomaß **Bel** (nach dem amerikanischen Physiker Bell). Nach internationalen Vereinbarungen (ITU= International Telecommunication Union, Sitz in Genf) ist das Pseudomaß **dezibel** [dB] zu verwenden. Logarithmische Maße sind grundsätzlich dimensionslos, da sie logarithmierte Verhältnisse von zwei gleichartigen Größen, z.B. Strömen, Spannungen oder Leistungen darstellen.

In der Praxis werden trotzdem häufig dimensionsbehaftete Größen in logarithmierter Form dargestellt. Zur Kennzeichnung der dimensionsbehafteten logarithmierten Größe wird die Dimension an den dB-Wert angefügt (z.B. dBW=dBWatt, dBμV = dBMikrovolt, dB/K=dB/Kelvin,...).

Eine bereits bekannte logarithmische Größe ist das Vierpolübertragungsmaß, Gl. (3.78), dessen Realteil die Vierpoldämpfung in Np [Neper] gemessen wird. Nach Empfehlungen der ITU sollen jedoch für die Dämpfung dekadisch logarithmierte Leistungsverhältnisse und das Pseudomaß **dezibel** dB verwendet werden, siehe auch DIN 5493.

$$a = Re\left[10\lg\frac{\underline{S}_1}{\underline{S}_2}\right] = 10\lg\left|\frac{\underline{S}_1}{\underline{S}_2}\right| = 20\lg\frac{|\underline{U}_1|}{|\underline{U}_2|} = 20\lg\frac{|\underline{I}_1|}{|\underline{I}_2|}. \tag{3.92}$$

$\underline{S}_1 = \underline{U}_1\underline{I}_1^* = |\underline{I}_1|^2\underline{Z}_L = |\underline{U}_1|^2/\underline{Z}_L^*$ und entsprechend $\underline{S}_2$ sind hierbei komplexe Leistungen an einem komplexen Wellenwiderstand $\underline{Z}_L$.

Rechnet man den dekadischen Logarithmus in den natürlichen Logarithmus um, so erhält man den Zusammenhang zwischen den Pseudoeinheiten Neper und Dezibel.

$$a_{dB} = 10\lg\frac{|\underline{S}_1|}{|\underline{S}_2|} = 20\lg\frac{|\underline{U}_1|}{|\underline{U}_2|} = \frac{20}{\ln 10}\ln\frac{|\underline{U}_1|}{|\underline{U}_2|} = 8,686a_{Np}. \tag{3.93}$$

Liegen Wirkleistungen P_1 und P_2 vor, so gilt bei einem ebenfalls reellen Wellenwiderstand Z_L

$$a_{dB} = 10\lg\frac{P_1}{P_2} = 10\lg\left(\frac{\frac{U_1^2}{Z_L}}{\frac{U_2^2}{Z_L}}\right) = 20\lg\frac{U_1}{U_2}. \tag{3.94}$$

mit den Effektivwerten $|\underline{U}_1| = U_1$ und $|\underline{U}_2| = U_2$.

Bei realen passiven Vierpolen ist die Vierpol-Ausgangsspannung immer kleiner als die Eingangsspannung. Die Verhältnisse U_1/U_2 bzw. P_1/P_2 sind dann > 1 und ihr Logarithmus > 0. Bei aktiven Vierpolen, z.B. Verstärkern, ist in der Regel $U_2 > U_1$. Der Logarithmus der vorgenannten Verhältnisse wird damit < 0. Die Verstärkung erscheint als negative Dämpfung. Bei der Betrachtung eines Informations-Übertragungssystems ist es jedoch sinnfälliger den Verstärkungen positive Werte und den Dämpfungen negative Werte zuzuordnen. In den folgenden Beispielen wird diese Darstellung angewendet.

Damit auch absolute Größen, wie die Leistung P oder die Spannung U, in logarithmierter Form angegeben werden können, hat man neben der Dämpfung den **absoluten Pegel**, kurz Pegel genannt, definiert. So ist der **Leistungspegel** p_m, gemessen in dB_m, das Verhältnis einer Wirkleistung P an irgend einem Punkt eines Informations-Übertragungssystems, bezogen auf die Bezugsleistung P_0 =1mW.

$$p_m = 10\lg\frac{P}{P_0} = 10\lg\frac{P}{1\mathrm{mW}} \tag{3.95}$$

Die Bezugsleistung $P_0 = 1$ mW ist, nach DIN 40146, an einem Wellenwiderstand von $Z_0 = 600\ \Omega$ definiert. Dies ist der typische Wellenwiderstand einer Teilnehmer-Anschlußleitung (Telephonleitung). Aus $P_0 = U_0^2/Z_0$ findet man dann die Bezugsspannung zur Definition des **Spannungspegels** p_u, der in dB_u gemessen wird, zu $U_0 = 0{,}775$ V.

$$p_u = 20\lg\frac{U}{U_0} = 20\lg\frac{U}{0{,}775\mathrm{V}} \tag{3.96}$$

Leistungs-und Spannungspegel lassen sich ineinander umrechnen.

$$p_m = 10\lg\frac{P}{P_0} = 10\lg\frac{\frac{U^2}{Z_L}}{\frac{U_0^2}{Z_0}} = 20\lg\frac{U}{U_0} + 10\lg\frac{Z_0}{Z_L} = p_u + 10\lg\frac{Z_0}{Z_L} \tag{3.97}$$

Z_L ist hierbei der Wellenwiderstand am Pegelmeßpunkt.

Unter einem **relativen Pegel** p_r, gemessen in dB_r versteht man das Verhältnis aus einer Leistung P an einem beliebigen Punkt des Informations-Übertragungssystems zu einer Bezugsleistung P_B an einem frei wählbaren **Übertragungs-Bezugspunkt**, der als Nullpunkt für den relativen Pegel genommen wird.

$$p_r = 10\lg\frac{P}{P_B} \tag{3.98}$$

Am Übertragungs-Bezugspunkt ist $p_r = 0$ dB$_r$, er heißt deshalb auch **Punkt des relativen Pegels Null**.

□ **Beispiel 3.11**

Eine reflexionsfrei abgeschlossene Modemstrecke über Telefonleitungen mit Vierdraht-Abschnitten ($Z_L = 600\ \Omega$) bestehe aus der in Abb. 3.24a dargestellten Anordnung mit der unbekannten Dämpfung a des mittleren Leitungsstücks.

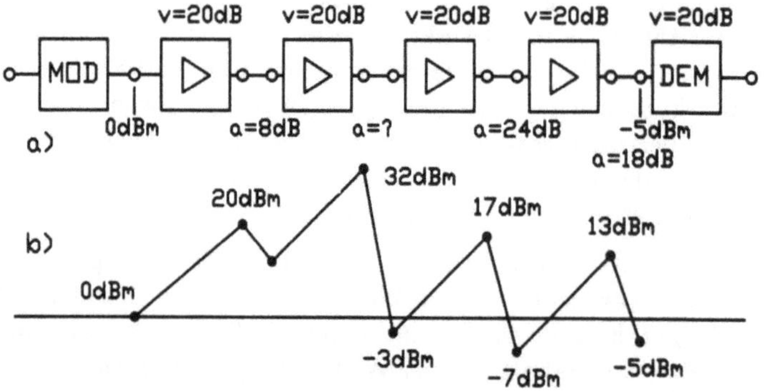

Abbildung 3.24: a) Modemstrecke; b) Pegelplan

Zur Berechnung der Dämpfung des mittleren Leitungsstücks bildet man die **Streckenbilanz**, indem man Dämpfungswerte negativ und Verstärkungswerte positiv einträgt.

$$0dB_m + 20dB_r - 8dB + 20dB_r - a + 20dB_r - 24dB + 20dB_r - 18dB = -5dB_m$$

Hieraus erhält man $a = 35$ dB. Der zugehörige Pegelplan ist in Abb. 3.24b wiedergegeben.

Da Reflexionsfreiheit vorliegt - alle Vierpole sind mit $Z_L = 600\ \Omega$ abgeschlossen - ermittelt man Leistung und Spannung am Modulatorausgang aus $0dB_m = 10\lg\frac{P_1}{1mW} = 10\lg\frac{\frac{U_1^2}{Z_L}}{1mW}$ zu $P_1 = 1$ mW und $U_1 = 0,775$ V.

Am Demodulatoreingang bestimmt man Leistung und Spannung aus -5dBm $= 10\lg\frac{P_2}{1mW} = 10\lg\frac{\frac{U_2^2}{Z_L}}{1mW}$ zu $P_2 = 3,16\cdot 10^{-4}$ W und $U_2 = 0,436$ V.

3.2.7.2 Darstellung einer Übertragungsfunktion mit dem Bode-Diagramm

Übertragungsfunktionen von aktiven und passiven Schaltungen werden bei sinusförmiger Erregung oft in logarithmischer Form als **Bode-Diagramm** dargestellt. Hierbei werden Betrag und Phase der Übertragungsfunktion über der logarithmisch unterteilten Frequenzskala aufgetragen. Trägt man den Betrag im logarithmischen Maß als relativen Spannungspegel in dB auf - eigentlich müsste man dB_r schreiben - so ergeben sich hierbei besonders einfache Verhältnisse. Die Asymptoten des Betragsverlaufs erhält man in der logarithmischen Darstellung für niedrige und hohe Frequenzen als Geraden.

□ **Beispiel 3.12**
Bode-Diagramm und Phasenverlauf der Übertragungsfunktion des LR-Gliedes nach Abb. 3.23a (s. Abb. 3.25).

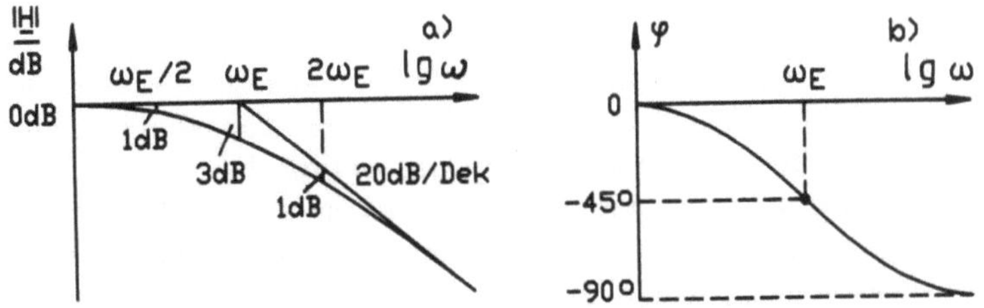

Abbildung 3.25: LR-Glied-Übertragungsfunktion: a) Bodediagramm b) Phasenverlauf

Aus Abb. 3.23a ermittelt man die Übertragungsfunktion

$$\underline{H} = \frac{\underline{U}_2}{\underline{U}_1} = \frac{1}{1 + j\omega\frac{L}{R}} = \frac{1}{1 + j\omega T_1} = |\underline{H}|e^{j\phi} = \frac{1}{\sqrt{1 + (\omega T_1)^2}} e^{-j \arctan \omega T_1}$$

Die **Asymptote für niedrige Frequenzen** findet man, wenn man annimmt, der Ausdruck ωT_1 sei sehr klein gegenüber 1 und damit vernachlässigbar. $|\underline{H}|_{dB} = 20 \lg |\underline{H}| \approx 20 \lg 1 = 0$ dB ; $\phi \approx 0$. Die Asymptote liegt auf der Frequenz-Achse.

Umgekehrt erhält man die **Asymptote für hohe Frequenzen**, wenn man 1 gegenüber ωT_1 vernachlässigt $|\underline{H}|_{dB} \approx 20 \lg \frac{1}{\omega T_1}$; $\phi \approx -90^o$. Setzt man für ωT_1 die Werte $1, 10, 100$, etc. ein, so sieht man, daß die Betragsamplitude pro Dekade um 20 dB abnimmt. Die Asymptote für hohe Frequenzen ist also eine Gerade mit dem Gefälle von 20 dB/Dekade.

Den sich ergebenden Schnittpunkt der beiden Betrags-Asymptoten bezeichnet man oft auch als **Eckfrequenz** f_E. Sie ist identisch mit der bereits bekannten Definition der 3 dB-Bandbreite $f_g = B_{3dB}$, die diejenige Frequenz darstellt, bei der die Betrags-Übertragungsfunktion um $20 \lg (|\underline{H}|/|H|_{max}) = 20 \lg(1/\sqrt{2})$ =-3 dB vom Maximalwert abgesunken oder angestiegen ist. Bei $\omega = \omega_E$ bzw. $f = f_E$ ist somit $|\underline{H}| = \frac{1}{\sqrt{2}}$, $\omega_E = \frac{2}{T_1}$ und $\phi = -45^o$. Außerdem kann man einfach berechnen, daß die Abweichung von den beiden Asymptoten bei der doppelten und halben Eckfrequenz praktisch 1 dB beträgt. Nun kann man den Verlauf des Betrags recht genau skizzieren, s. Abb. 3.25a, ohne ihn genau Punkt für Punkt berechnen zu müssen. Den Verlauf des Phasenwinkels skizziert man als arctan-Funktion zwischen 0 und -90°, s. Abb. 3.25b.

Zur Darstellung komplizierter Übertragungsfunktionen ermittelt man zunächst den Verlauf der Betragskurve für sehr niedrige Frequenzen, zeichnet alle Eckfrequenzen der Betragskurve ein und trägt bei diesen entweder Auf- oder Abknicke um 20 dB/Dekade an den Anfangsverlauf an [16, 22].

3.2.8 Anpassung

Der Begriff "Anpassung" wird innerhalb der Kommunikationstechnik nicht ganz eindeutig benutzt. Grundsätzlich sind zwei Arten von Anpassung zu unterscheiden. Einerseits ist dies die **Wirkleistungsanpassung**, bei der eine Quelle maximale Wirkleistung an einen Verbraucher abgeben soll, und andererseits die **Scheinleistungsanpassung**. In Informations-Übertragungssystemen realisiert man die Wirkleistungsanpassung in Endstufen zur Leistungsverstärkung (z.B. Richtfunk, Satellitenfunk oder auch NF-Verstärkerendstufen), die maximale Leistung bei einer Frequenz, der Signal-Mittenfrequenz, gewährleistet. Scheinleistungsanpassung ermöglicht eine hohe Leistungsabgabe über einen größeren Frequenzbereich.

Der reflexionsfreie Vierpol-Abschluss mit gleichem Wellenwiderstand entspricht der Scheinleistungsanpassung. Hierbei steht jedoch nicht die maximale Leistungsabgabe an einen Verbraucher im Vordergrund, sondern die Unterdrückung störender Signal-Reflexionen.

3.2.8.1 Wirkleistungsanpassung

Zur Erläuterung der Wirkleistungsanpassung werde das in Abb. 3.26 dargestellte Netzwerk aus Quelle und Verbraucher betrachtet. Die Quelle habe den Innenwiderstand $\underline{Z}_i$, und die Last werde durch den komplexen Widerstand $\underline{Z}_2$ dargestellt. Für das Netzwerk gilt dann

$$\underline{U}_2 = \underline{U}_q - \underline{Z}_i \underline{I} = \underline{U}_q \frac{\underline{Z}_2}{\underline{Z}_2 + \underline{Z}_i}; \quad \underline{I} = \frac{\underline{U}_q}{\underline{Z}_2 + \underline{Z}_i}. \tag{3.99}$$

Allgemein sind 3 Fälle zu unterscheiden.

Fall 1: $\underline{Z}_i = R_i$
Wie ist $\underline{Z}_2 = R_2 + jX_2$ zu wählen, damit die in der Last umgesetzte Wirkleistung P maximal wird ?

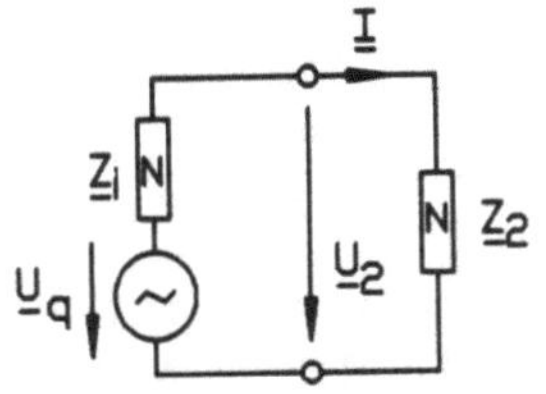

Abbildung 3.26: Netzwerk zur Definition der Anpassung

Für die an die Last abgegebene Wirkleistung erhält man allgemein

$$P = Re\{\underline{U}_2 \cdot \underline{I}^*\} = Re\left\{\underline{U}_q \frac{\underline{Z}_2}{\underline{Z}_i + \underline{Z}_2} \cdot \frac{\underline{U}_q^*}{\underline{Z}_i^* + \underline{Z}_2^*}\right\} = |\underline{U}_q|^2 \frac{R_2}{(R_2 + R_i)^2 + X_2^2}. \tag{3.100}$$

Zur Maximierung von P werde in der vorgenannten Gleichung R_2 zunächst als fest angenommen. P wird dann maximal, wenn $X_2^2 = 0$ ist. Zur weiteren Maximierung muß nun für $X_2^2 = 0$ der Widerstand R_2 so bestimmt werden, daß $R_2/(R_2 + R_i)^2$ maximal oder $(R_2 + R_i)^2/R_2 = R_2 + 2R_i + \frac{R_i^2}{R_2}$ minimal wird. Mit Hilfe der Maxima-Minima-Regel der Differentialrechnung findet man aus

$$\frac{d\left(R_2 + 2R_i + \frac{R_i^2}{R_2}\right)}{dR_2} = 0 \tag{3.101}$$

den Extremwert $R_2 = R_i$, für den P maximal wird. Somit wird ingesamt P maximal, wenn man $R_2 = R_i$ und $X_2 = 0$ wählt. Setzt man beide Größen in Gl. (3.100) ein, so erhält man die maximale Wirkleistung im Lastwiderstand $\underline{Z}_2 = R_i$ zu

$$P_{max} = \frac{|\underline{U}_q|^2}{4R_i}. \tag{3.102}$$

Fall 2: $\underline{Z}_2 = R_2$
Nun ist der Innenwiderstand der Quelle $\underline{Z}_i$ so zu bestimmen, daß $\underline{Z}_2$ maximale Wirkleistung P aufnimmt. Aus $P = Re\{\underline{U}_2 \cdot \underline{I}^*\}$ erhält man, bei einer zum Fall 1 entsprechenden Betrachtung, für $X_i = 0$ und $R_i = R_2$ die maximale Leistung

$$P_{max} = \frac{|U_q|^2}{4R_i}. \tag{3.103}$$

Fall 3: $\underline{Z}_i = R_i + jX_i$
Der Innenwiderstand der Quelle sei nun komplex. Zu ermitteln ist der Lastwiderstand $\underline{Z}_2 = R_2 + jX_2$, damit maximale Wirkleistung P umgesetzt wird.

Aus Gl. (3.100) findet man, wenn man den Blindanteil X_i mitberücksichtigt,

$$P = |\underline{U}_q|^2 \frac{R_2}{(R_2 + R_i)^2 + (X_2 + X_i)^2} \tag{3.104}$$

Zur Bestimmung maximaler Wirkleistung P müssen die Extremwerte von R_2 und X_2 ermittelt werden. Nun müsste die Maxima-Minima-Regel bei zwei Variablen angewendet werden. Eine einfachere Methode führt jedoch ebenfalls zum Ziel.

Aus Gl. (3.104) erkennt man, daß P maximal wird, wenn $(R_2 + R_i)^2/R_2$ und $(X_2 + X_i)^2/R_2$ minimal werden. Der letztgenannte Ausdruck wird bei festem R_2 minimal, wenn man $X_2 = -X_i$ setzt; nun hält man X_2 fest und erhält aus dem erstgenannten Ausdruck wie im Fall 1 $R_2 = R_i$ als Extremwert. Zur Maximierung der Wirkleistung P ist somit

$$\underline{Z}_2 = \underline{Z}_i^* \tag{3.105}$$

zu wählen. Die maximale Leistung erhält man durch Einsetzen der beiden Extremwerte in Gl. (3.104) zu

$$P_{max} = \frac{|\underline{U}_q|^2}{4R_i}. \tag{3.106}$$

Diese allgemeinste Art der Wirkleistungsanpassung wird oft auch **konjugiert komplexe Anpassung** genannt.

Da $\underline{Z}_i$ i. allg. frequenzabhängig ist, ist Leistungsanpassung nur für eine bestimmte Frequenz erreichbar.

3.2.8.2 Scheinleistungsanpassung

Da Informationssignale immer aus einem Frequenzband bestehen, ist man bestrebt über ein entsprechend breites Frequenzband Leistungsanpassung zu erreichen. Dies wird näherungsweise erzielt, wenn man gemäß Abb. 3.26 $\underline{Z}_i = \underline{Z}_2$ setzt. Man nennt diesen Betriebsfall Scheinleistungsanpassung, da die Wirkleistung P von der frequenzabhängigen Scheinleistung abhängt, wie weiter unten gezeigt wird. Dadurch wird näherungsweise eine Leistungsanpassung über einen größeren Frequenzbereich erzielt. Bei Wirkleistungsanpassung dagegen ist im Anpassungsfall bei einer festen Frequenz $P = P_{max} = const.$.

Bei Scheinleistungsanpassung liegt, mit Bezug auf Abb. 3.26, bei $\underline{Z}_2 = \underline{Z}_i$ jeweils $\underline{U}_q/2$ an den komplexen Widerständen. In der Last entsteht mit $U_q = |\underline{U}_q|$ und dem Scheinwiderstand $|\underline{Z}_2| = |\underline{Z}_i| = Z_2 = Z_i$ die Scheinleistung S, und es fließt der effektive Strom $|\underline{I}| = I$ [45].

$$S = \frac{\left(\frac{U_q}{2}\right)^2}{Z_i} = \frac{U_q^2}{4Z_i}; \quad I = \frac{U_q}{2Z_i} = \frac{U_q}{2\sqrt{R_i^2 + X_i^2}}. \tag{3.107}$$

Die in der Last umgesetzte Wirkleistung bei Scheinleistungsanpassung ist somit

$$P = I^2 R_2 = \frac{R_i U_q^2}{4Z_i^2} = \frac{R_i U_q^2}{4(R_i^2 + X_i^2)} = \frac{P_{max}}{1 + \left(\frac{X_i}{R_i}\right)^2}. \qquad (3.108)$$

Wird anstelle der Last $\underline{Z}_2$ ein weiterer Vierpol mit dem Wellenwiderstand $\underline{Z}_L$ angeschaltet, so liegt bei $\underline{Z}_L = \underline{Z}_i$ sowohl ein reflexionsfreier Abschluß als auch Scheinleistungsanpassung vor. Die gleichen Verhältnisse hat man, wenn man an eine Leitung (Vierpol), z.B. Abb. 3.21, mit dem Wellenwiderstand $\underline{Z}_L$, einen Abschlußwiderstand $\underline{Z}_2 = \underline{Z}_L$ anschaltet.

□ **Beispiel 3.13**
An der Quelle nach Abb. 3.26 liege die effektive Spannung $U_q = 2V$. Der Innenwiderstand der Quelle sei $Z_i = (1 - j0,5)$ MΩ). Wie groß ist die in der Last umgesetzte Wirkleistung bei Wirk-und Scheinleistungsanpassung ?

Bei Wirkleistungsanpassung gilt $\underline{Z}_2 = \underline{Z}_i^*$ (konjugiert komplexe Anpassung). Die maximale Wirkleistung im Verbraucher ist dann nach Gl. (3.106) $P = U_q^2/4R_i = 1\ \mu$W.

Die Scheinleistungsanpassung liefert mit Gl. (3.108) $\underline{Z}_2 = \underline{Z}_i$ die Wirkleistung $P = R_i U_q^2/4(R_i^2 + X_i^2) = 0,8\ \mu$W.

3.2.9 Vierpol-Betriebsgrößen

Vierpol-Betriebsgrößen berücksichtigen den Einfluß der im Betriebsfall auftretenden Fehlanpassungen. Beispielsweise hat der Vierpol **elektrische Doppelleitung** mit dem Wellenwiderstand $\underline{Z}_L = \sqrt{(R' + j\omega L')/(G' + j\omega C')}$ eine ganz andere Frequenzabhängigkeit als ein denkbarer komplexer Abschlußwiderstand der Leitung $Z_2 = R_2 - j1/\omega C_2$. Der reflexionsfreie Abschluß $\underline{Z}_2 = \underline{Z}_L$ ist daher nicht breitbandig möglich. Fehlanpassungen lassen sich nur bei reellen Abschlüssen $\underline{Z}_2 = R_2$ bzw. $\underline{Z}_L = Z_L$ vollständig vermeiden. Dieser Spezialfall ist in der Praxis jedoch oft nicht erreichbar. Aufgrund von Fehlanpassungen entsteht das komplexe Betriebsdämpfungsmaß.

3.2.9.1 Komplexes Betriebsdämpfungsmaß

Zur Definition des komplexen Betriebsdämpfungsmaßes eines Vierpols wird dieser zwischen eine Last $\underline{Z}_2$ und eine in Scheinleistungsanpassung betriebene Quelle mit dem Innenwiderstand $\underline{Z}_1$ geschaltet (s. Abb. 3.27). Am Vierpolausgang wird der allgemeine Fall der Fehlanpassung vorausgesetzt.

Nach DIN 40148 wird der **Betriebsübertragungsfaktor** $\underline{H}_B$ als geometrisches Mittel des Betriebs-Spannungsübertragungsfaktors $\underline{H}_U = \underline{U}_2/\underline{U}_1 = \underline{U}_2/(\underline{U}_q/2)$

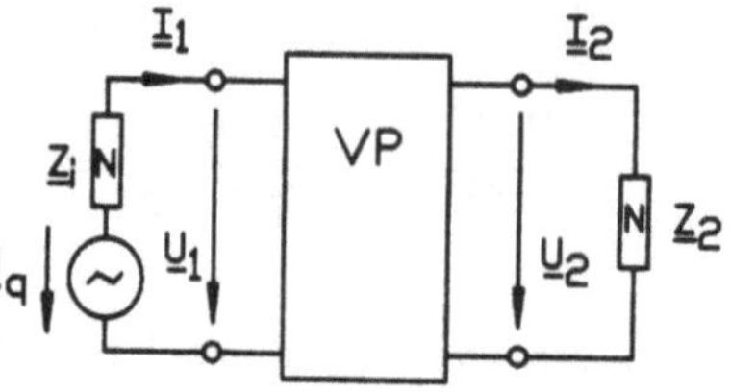

Abbildung 3.27: Beschalteter Vierpol zur Definition des komplexen Betriebsdämpfungsmaßes

und des Betriebs-Stromübertragungsfaktors $\underline{H}_I = \underline{I}_2/\underline{I}_1 = \underline{I}_2/(\underline{I}_k/2)$ definiert. Hierbei ist $\underline{I}_k = \underline{U}_q/\underline{Z}_i$ der Kurzschlußstrom der Quelle. Der **Betriebsdämpfungsfaktor** $\underline{D}_B$ ist der Kehrwert des Betriebsübertragungsfaktors

$$\underline{H}_B = \sqrt{\underline{H}_U \underline{H}_I} = \frac{2\underline{U}_2}{\underline{U}_q}\sqrt{\frac{\underline{Z}_i}{\underline{Z}_2}}; \quad \underline{D}_B = \frac{1}{\underline{H}_B} \tag{3.109}$$

Das **komplexe Betriebsdämpfungsmaß** erhält man dann aus

$$\underline{g}_B = \ln \underline{D}_B = \ln \sqrt{\frac{\underline{U}_q^2/4\underline{Z}_i}{\underline{U}_2^2/\underline{Z}_2}} = a_B + jb_B = \ln|D_B| + j\arctan\frac{Im[\underline{D}_B]}{Re[\underline{D}_B]}. \tag{3.110}$$

Hierbei ist a_B das **Betriebsdämpfungsmaß** und b_B das **Betriebsphasenmaß**. Bei reellen Abschlüssen $\underline{Z}_i = R_i$ und $\underline{Z}_2 = R_2$ folgt für die Betriebsdämpfung aus der vorstehenden Gleichung ($U_q = |\underline{U}_q|; U_2 = |\underline{U}_2|$)

$$a_B = \frac{1}{2}\ln\frac{U_q^2/4R_i}{U_2^2/R_2} = \frac{1}{2}\ln\frac{P_{max}}{P_2}. \tag{3.111}$$

Beschreibt man den Vierpol in Abb. 3.27 durch seine Wellenparameter, indem man zunächst $\underline{U}_q = \underline{U}_1 + \underline{I}_1\underline{Z}_i$ und $\underline{U}_2 = \underline{I}_2\underline{Z}_2$ ermittelt und in diese Gleichungen die Vierpolgleichungen in Wellenparameterform Gl. (3.68) einsetzt, so findet man durch Umstellung das komplexe Betriebsdämpfungsmaß zu

$$\underline{g}_B = \ln \underline{D}_B = \ln\left[\frac{1}{2}\left\{\left(\sqrt{\frac{\underline{Z}_2}{\underline{Z}_i}} + \sqrt{\frac{\underline{Z}_i}{\underline{Z}_2}}\right)\cosh \underline{g} + \left(\frac{\underline{Z}_L}{\sqrt{\underline{Z}_i\underline{Z}_2}} + \frac{\sqrt{\underline{Z}_i\underline{Z}_2}}{\underline{Z}_L}\right)\sinh \underline{g}\right\}\right]. \tag{3.112}$$

Setzt man $\underline{Z}_2 = \underline{Z}_i = \underline{Z}$, so vereinfacht sich die vorgenannte Gleichung

$$\underline{g}_B = \ln\left[\cosh \underline{g} + \frac{1}{2}\sinh \underline{g}\left(\frac{\underline{Z}_L}{\underline{Z}} + \frac{\underline{Z}}{\underline{Z}_L}\right)\right]. \tag{3.113}$$

Bei reflexionfreiem Abschluß mit $\underline{Z}_L = \underline{Z}_2 = \underline{Z}_i = \underline{Z}$ erhält man

$$\underline{g}_B = \ln\left(\cosh \underline{g} + \sinh \underline{g}\right) = \ln e^{\underline{g}} = \underline{g}. \tag{3.114}$$

Das durch Fehlanpassung erzeugte Dämpfungsmaß verschwindet. Wirksam ist nur noch das Wellenübertragungsmaß $\underline{g} = a + jb$.

Von praktischem Interesse, besonders in der Meßtechnik, ist auch die **Betriebsspannungsdämpfung a_{BU}**. Sie ist mit Bezug auf Abb. 3.26 bei Scheinleistungsanpassung mit $\underline{Z}_i = \underline{Z}_2$ durch

$$(a_{BU})_{Np} = \ln \frac{\underline{U}_q/2}{\underline{U}_2} = \ln \frac{\underline{Z}_i + \underline{Z}_2}{2\underline{Z}_2}; \quad (a_{BU})_{dB} = 20 \lg \frac{\underline{U}_q/2}{\underline{U}_2} = 20 \lg \frac{\underline{Z}_i + \underline{Z}_2}{2\underline{Z}_2} \tag{3.115}$$

definiert. Hierbei ist $\underline{U}_2 = \underline{U}_q \underline{Z}_2/(\underline{Z}_i + \underline{Z}_2)$.

Die Betriebsspannungsdämpfung gibt Aufschluß über Meßfehler, die beispielsweise bei der Spannungsmessung mit dem Oszilloskop auftreten, wenn $\underline{Z}_i = \underline{Z}_2$ nicht gewährleistet ist. In Beispiel 3.15 wird dies demonstriert.

In Abb. 3.27 ist eine Quelle mit dem Innenwiderstand $\underline{Z}_i$ über einen beliebigen Vierpol, z.B. eine elektrische Leitung, mit dem Lastwiderstand $\underline{Z}_2$ verbunden. Da im allgemeinen Fall $\underline{Z}_i \neq \underline{Z}_2$ vorausgesetzt werden muß, entsteht ein **Einfügungsdämpfungsmaß**, das mit dem komplexen Betriebsdämpfungsmaß zusammenhängt.

$$\underline{g}_{in} = a_{in} + jb_{in} = \underline{g}_B - \ln \frac{\underline{Z}_i + \underline{Z}_2}{2\sqrt{\underline{Z}_i \underline{Z}_2}} \tag{3.116}$$

Für $\underline{Z}_i = \underline{Z}_2$ ist $\underline{g}_{in} = \underline{g}_B$. Das in der vorgenannten Gleichung erscheinende zweite Glied ist das sogenannte "Stoßdämpfungsmaß", das im nächsten Abschnitt genauer diskutiert wird.

□ **Beispiel 3.14**
Für den in Abb. 3.28 dargestellten beschalteten Vierpol ist das Betriebsdämpfungsmaß zu ermitteln. Da der Vierpol aus ohmschen Widerständen besteht,

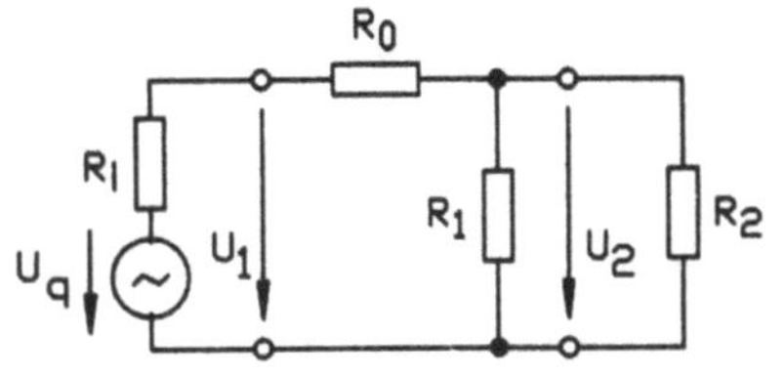

Abbildung 3.28: Beschaltetes Vierpol-Halbglied

entsteht kein Betriebsphasenmaß. Mit $U_q = |\underline{U}_q|$ und $U_2 = |\underline{U}_2|$ folgt aus der

Schaltung

$$U_2 = U_q \frac{R_1 R_2}{(R_i + R_0)(R_1 + R_2) + R_1 R_2}.$$

Die Betriebsdämpfung ist dann mit Gl. (3.110)

$$a_B = \ln \frac{U_q}{2U_2}\sqrt{\frac{R_2}{R_i}} = \frac{1}{2}\ln \frac{[(R_i + R_0)(R_1 + R_2) + R_1 R_2]^2}{4R_i R_1^2 R_2}.$$

□ **Beispiel 3.15**

Mit einem Pegelmeßgerät (=Last) mit dem Eingangswiderstand $R_2 = 1$ MΩ werde der von einem Verstärker (Quelle) ($R_i = 50$ Ω) abgegebene Spannungspegel über eine $Z_L = 50$ Ω-Leitung gemessen, s. Abb. 3.29.

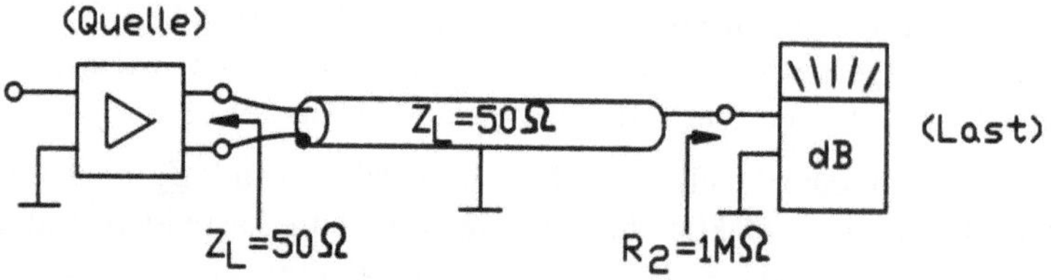

Abbildung 3.29: Pegelmessung

Die Betriebsspannungsdämpfung Gl. (3.115) gibt Aufschluß über den Meßfehler

$$a_{BU} = 20\lg \frac{R_i + R_2}{2R_2} = 20\lg \frac{50\Omega + 1M\Omega}{2M\Omega} = -6\text{dB}.$$

3.2.9.2 Reflexionsfaktor, Stoßfaktor, Echofaktor

Stellvertretend für beliebige Vierpole werden gemäß Abb. 3.30 zwei Leitungen mit unterschiedlichem Wellenwiderstand zusammengeschaltet. Mit den Leitungsglei-

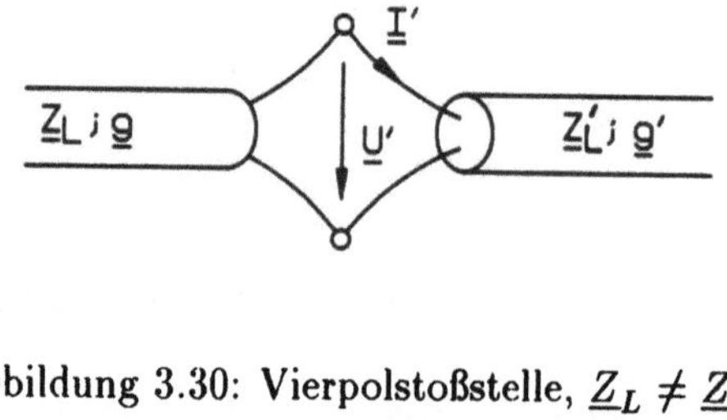

Abbildung 3.30: Vierpolstoßstelle, $\underline{Z}_L \neq \underline{Z}'_L$

chungen, Gln. (3.49) und (3.50) erhält man an der Stoßstelle der beiden Leitungen, da kein reflexionsfreier Abschluß vorliegt ($\underline{Z}_L \neq \underline{Z}'_L$)

$$\underline{U}_h = \underline{Z}_L \underline{I}_h; \quad \underline{U}_r = \underline{Z}_L \underline{I}_r; \quad \underline{U}' = \underline{Z}'_L \underline{I}' \tag{3.117}$$

Hierbei bezeichnet, bei einer angenommenen Fortpflanzungsrichtung von links nach rechts, $\underline{U}_h$ die an der Stoßstelle ankommende Spannungswelle, $\underline{U}_r$ die dort reflektierte Welle und $\underline{U}'$ die weiterlaufende Welle. An der Stoßstelle folgt somit

$$\underline{I}' = \underline{I}_h - \underline{I}_r = \frac{\underline{U}'}{\underline{Z}'_L} = \frac{\underline{U}_h + \underline{U}_r}{\underline{Z}'_L} = \frac{\underline{U}_h}{\underline{Z}_L} - \frac{\underline{U}_r}{\underline{Z}_L}; \quad \underline{U}_r = \frac{\underline{Z}'_L - \underline{Z}_L}{\underline{Z}'_L + \underline{Z}_L} \underline{U}_h = \underline{r} \cdot \underline{U}_h \tag{3.118}$$

mit $\underline{r}$ dem **Reflexionsfaktor**, auch **Betriebsreflexionsfaktor** genannt (DIN 40148).

Das komplexe **Betriebsreflexionsdämpfungsmaß** lautet mit dem Betriebsreflexionsfaktor

$$\underline{g}_r = \ln \frac{1}{\underline{r}} = \ln \frac{1}{|\underline{r}|} - j \arctan \frac{Im[\underline{r}]}{Re[\underline{r}]} = a_r + jb_r \tag{3.119}$$

a_r bezeichnet die Dämpfung, welche die reflektierte Welle erfährt.

Gebräuchlich ist auch der **Stoßfaktor** $\underline{s}$, der als Quotient aus geometrischem Mittel und arithmetischem Mittel der Wellenwiderstände an der Stoßstelle definiert ist, und das bereits bekannte **Stoßdämpfungsmaß** $\underline{g}_s$

$$\underline{s} = \frac{2\sqrt{\underline{Z}_L \underline{Z}'_L}}{\underline{Z}_L + \underline{Z}'_L}; \quad \underline{g}_s = \ln \frac{1}{\underline{s}} = \ln \frac{1}{|\underline{s}|} - j \arctan \frac{Im[\underline{s}]}{Re[\underline{s}]} = a_s + jb_s \tag{3.120}$$

Bei reflexionssfreiem Zusammenschluß mit $\underline{Z}_L = \underline{Z}'_L$ wird $\underline{r} = 0$ und $\underline{s} = 1$. Vertauscht man $\underline{Z}_L$ mit $\underline{Z}'_L$, so wechselt $\underline{r}$ sein Vorzeichen, $\underline{s}$ dagegen bleibt unverändert.

Eine Signalwelle wird bei einem am Ein- und Ausgang fehlangepaßten Vierpol, s. z.B. Abb. 3.27, neben den Stoß-und Reflexionsdämpfungen an den Stoßstellen am Ein-und Ausgang auch durch Mehrfachreflexionen beeinflußt. Es entsteht das **Wechselwirkungsdämpfungsmaß** $\underline{g}_w$.

Zur Erläuterung der Wechselwirkungsdämpfung werde der gesamte komplexe Betriebsdämpfungsfaktor betrachtet, der sich nun aus mehreren Komponenten zusammensetzt, und der in dieser Form durch Aufstellung der sogenannten Betriebskettenmatrix ermittelt wird. Er enthält das Wellenübertragungsmaß des Vierpols $\underline{g}$, die Stoßdämpfungen am Ein-und Ausgang $\underline{s}_1$ und $\underline{s}_2$ und die Reflexionsfaktoren am Ein-und Ausgang $\underline{r}_1$ und $\underline{r}_2$.

$$\underline{D}_{B,ges} = \frac{e^{\underline{g}}}{\underline{s}_1 \underline{s}_2} \left(1 + \underline{r}_1 \underline{r}_2 e^{-2\underline{g}}\right) \tag{3.121}$$

Das gesamte komplexe Betriebsdämpfungsmaß ist dann

$$\underline{g}_{B,ges} = \ln \underline{D}_B = \ln e^{\underline{g}} + \ln \frac{1}{\underline{s}_1} + \ln \frac{1}{\underline{s}_2} + \ln(1+\underline{r}_1\underline{r}_2 e^{-2\underline{g}}) = \underline{g} + \underline{g}_{s1} + \underline{g}_{s2} + \underline{g}_w. \quad (3.122)$$

Der Ausdruck $g_w = \ln\left(1 + \underline{r}_1\underline{r}_2 e^{-2\underline{g}}\right)$ in der vorstehenden Gleichung ist das Wechselwirkungsdämpfungsmaß $\underline{g}_w = a_w + jb_w$.

Ist der Vierpol nach Abb. 3.27 eine elektrische Leitung, dann kommt von dort ein reflektierter Wellenanteil, das **Echo**, zum Eingang zurück. Am Vierpoleingang bewirkt die Überlagerung von hinlaufender Welle und dem Echo einen Vierpoleingangswiderstand $\underline{Z}_{E1}$, der vom Reflexionsfaktor am Vierpolausgang abhängt. Mit Gl. (3.73) erhält man

$$\underline{Z}_{E1} = \underline{Z}_L \frac{1 + \underline{r}_2 e^{-2\underline{g}}}{1 - \underline{r}_2 e^{-2\underline{g}}} = \underline{Z}_L \frac{1 + \underline{r}_{E1}}{1 - \underline{r}_{E1}} \quad (3.123)$$

einen Zusammenhang zwischen $\underline{Z}_L$ und $\underline{Z}_{E1}$, der **Fehlersatz** genannt wird. Am Leitungseingang ermittelt man den **Echofaktor**

$$r_{E1} = \frac{\underline{Z}_{E1} - \underline{Z}_L}{\underline{Z}_{E1} + \underline{Z}_L} = \underline{r}_2 e^{-2\underline{g}} \quad (3.124)$$

und das **komplexe Echodämpfungsmaß**

$$\underline{g}_{E1} = \frac{1}{\underline{r}_{E1}} = a_E + jb_E = \ln \frac{1}{|\underline{r}_{E1}|} - j \arctan \frac{Im[\underline{r}_{E1}]}{Re[\underline{r}_{E1}]} \quad (3.125)$$

□ **Beispiel 3.16**

Für die in Abb. 3.31 dargestellte Zusammenschaltung von 2 Leitungen, die an ihrem jeweiligen Leitungsende reflexionsfrei abgeschlossen sind, gilt an der Stoßstelle ($\underline{Z}_{L1} = 552\ \Omega$, $\underline{Z}_{L2} = (160 - j41)\ \Omega$).

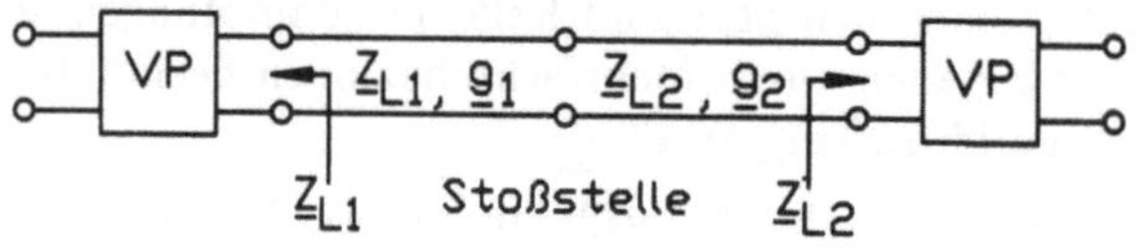

Abbildung 3.31: Zusammenschaltung zweier Leitungen mit unterschiedlichem Wellenwiderstand

An der Stoßstelle ermittelt man zunächst den Reflexionsfaktor $\underline{r} = \frac{\underline{Z}_{L2} - \underline{Z}_{L1}}{\underline{Z}_{L2} + \underline{Z}_{L1}} = 0,553 e^{j\,180,27^\circ}$. Das komplexe Reflexionsdämpfungsmaß folgt dann zu $\underline{g}_r = \ln \frac{1}{\underline{r}} = a_r + jb_r = 0,592 Np - j3,303$ rad.

Der Stoßfaktor erreicht den Wert $\underline{s} = \frac{\sqrt{\underline{Z}_{L1}\underline{Z}_{L2}}}{0,5(\underline{Z}_{L2}+\underline{Z}_{L1})} = 0,847e^{-j3,88°}$, und das Stoßdämpfungsmaß errechnet man zu $\underline{g}_s = \ln\frac{1}{\underline{s}} = a_s + jb_s = 0,166Np + j0,0678$ rad.

3.3 Passive Vierpol-Komponenten

Betrachtet werden passive Vierpol-Komponenten der Informations-Übertragungstechnik, die nicht zum Bereich der Hochfrequenztechnik gehören, wie Wellenparameterfilter, Betriebsparameterfilter, Entzerrer des NF-Bereichs (Nieder-Frequenz-Bereich $\leq$ 500 kHz) und Übertrager. Vierpole der Hochfrequenztechnik wie z.B. Hohlleiter und Streifenleiter werden in Kapitel 4 näher beleuchtet. Zunächst wird jedoch ein Augenmerk auf die Eigenschaften metallischer Leiter in ihrer technischen Ausführung als symmetrische Leitungen und Koaxialleitungen gerichtet.

3.3.1 Technische Ausführung metallischer Leitungen

Die metallische Leitung wurde in den bisherigen Abschnitten als wellenführendes Gebilde aus zwei Adern betrachtet, ohne die technische Ausformung der Leitung näher zu spezifizieren. Wichtige metallische Leiter der Kommunikationstechnik sind *symmetrische Leiter, koaxiale Leiter, Hohlleiter und Streifenleiter*. Die beiden zuletzt genannten kommen, wie erwähnt, in Einrichtungen der Hochfrequenztechnik zur Anwendung. Koaxiale Leiter dagegen werden sowohl im Hochfrequenz- als auch Niederfrequenzbereich verwendet, wenn die gegenseitige Beeinflussung benachbarter Leiter durch ihre Felder vermieden werden soll.

Zumeist stellt man Kabel her, die aus Bündeln von isolierten symmetrischen oder koaxialen Leitungen bestehen. Durch entsprechende Isolierung und Armierung werden die einzelnen Leiter gegen äußere Einflüsse wie Korrosion und mechanische Beeinflussung und bei entsprechender Abschirmung auch gegen Fremdfelder geschützt.

Symmetrische Leitungen werden in Gebieten, in denen die Kabelverlegung schwierig ist, auch in Form von **Freileitungen** eingesetzt. Diese empfangen jedoch parasitäre Funksignale und können deshalb nur mit hohem Störabstand betrieben werden [37, 41].

3.3.1.1 Symmetrische Leitungen, Nebensprechen

Die Ermittlung der bereits bekannten Leitungsbeläge R', G', C' und L' erfolgt mit Hilfe feldtheoretischer Betrachtungen. Sie hängen allgemein von den Materialkonstanten **Permeablität** μ und **Permittivität** ϵ ab.

Die Gleichungen die auch den **Skineffekt** berücksichtigen, der bei höheren Frequenzen ab ≈ 10 kHz zur Wirkung kommt lauten

$$R' = \frac{1}{r_L}\sqrt{\frac{\mu f}{\pi \kappa}}; \quad L' = \frac{\mu}{\pi}\ln\left(\frac{a}{r_L} + \frac{1}{4}\right); \quad C' = \frac{\pi \epsilon}{\ln \frac{a}{r_L}}; \quad G' = \omega C' \tan\delta. \tag{3.126}$$

Hierbei ist $\epsilon = \epsilon_0 \epsilon_r$, mit der **elektrischen Feldkonstanten** $\epsilon_0 = 8,854 \cdot 10^{-12}$ As/Vm und der **Permittivitätszahl** ϵ_r. Außerdem ist $\mu = \mu_0 \mu_r$ die **Permeabilität**, mit der **magnetischen Feldkonstanten** $\mu_0 = 4\pi \cdot 10^{-7}$ Vs/Am und der **Permeabilitätszahl** μ_r. κ ist die **spezifische Leitfähigkeit** und $\tan\delta$ der **Verlustfaktor** des Isoliermaterials, auf dessen Einfluß in Abschnitt 4.3 näher eingegangen wird. In Abb. 3.32 ist das Feldbild der symmetrischen Leitung mit dem elektrischen Feld **E** und dem magnetischen Feld **H** dargestellt.

Im Fernfeld, $r = |\mathbf{r}| \gg a$, gilt für die Betragsgrößen der Felder

$$|\mathbf{H}|(r) = \frac{I}{2\pi r}; \quad |\mathbf{E}| = \frac{2Ua}{(2r_L)^2 \ln \frac{a}{r_L}} \tag{3.127}$$

mit U der Spannung zwischen den beiden Leitern.

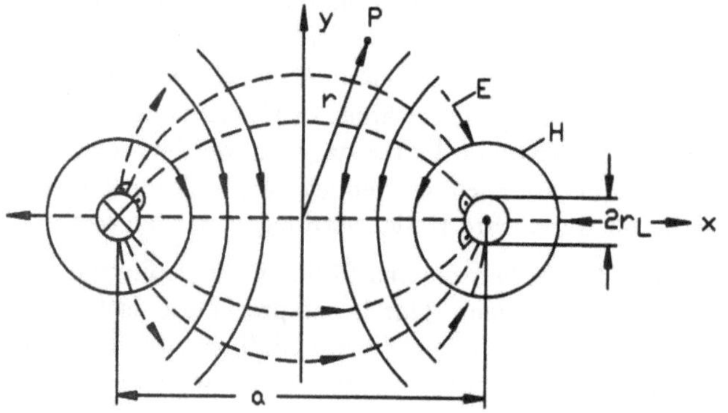

Abbildung 3.32: Feldbild der symmetrischen Leitung

Zur **Berechnung der Wellenparameter** können die bereits in Abschnitt 3.2.5 1 definierten Näherungsbeziehungen der Bereiche II und III benutzt werden.

Styroflexisolierte symmetrische Kabel werden meist im Ortsnetzbereich (Trägerfrequenztechnik) bis zu Frequenzen von ≈ $500kHz$ eingesetzt. Eine typische symmetrische Leitung ist die zweidrähtige "Telefonleitung", die Teilnehmer-Anschlußleitung.

Auch digitale Signale mit Bitraten bis zu 2,048 Mbit/s werden auf symmetrischen Leitungen übertragen.

Allgemein kann man aus n Leitern (Adern) plus Erde auch n Verbindungsleitungen bilden. Man erhält damit **Mehrleiteranordnungen** in Form **unsymmetrischer Leitungen**, s. Abb. 3.33. Im NF-Bereich, dem Ortsnetz-bzw. Teilnehmer-

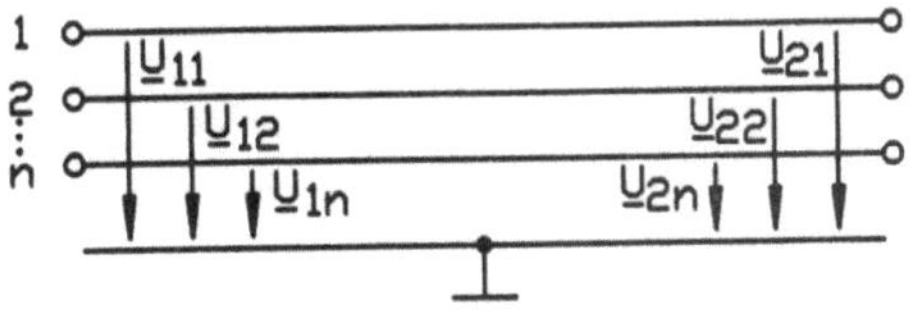

Abbildung 3.33: Unsymmetrische Leitungen

Anschlußbereich, bezeichnet man symmetrische Leitungen als **Stammleitungen**. Mit zwei Stammleitungen kann man eine weitere sogenannte **Phantomkreis-Leitung** bilden. Durch Benutzung von Differential-Übertragern, s. Abschn. 3.3.2, in den beiden Stammleitungen entsteht ein dritter Leitungskreis, der Phantomkreis, s. Abb. 3.34. Voraussetzung für die Phantomkreisbildung ist die völlige

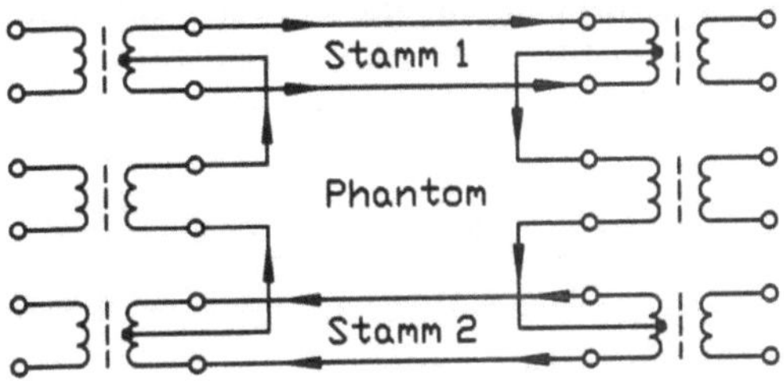

Abbildung 3.34: Phantomkreisbildung

Symmetrie der Differential-Übertrager-Anzapfungen. Bei vollständiger Symmetrie werden die Stammleitungen so von den Strömen der Phantomkreisleitung durchflossen, daß sich die in den Sekundärspulenhälften der Übertrager induzierten Spannungen gerade aufheben. Eine störende Beeinflussung der Stammleitungen durch den Phantomkreis erfolgt somit im Symmetriefall nicht.

Werden ungeschirmte symmetrische Leitungen nebeneinander geführt, so beeinflussen sich die Felder dieser Leitungen gegenseitig oder es kann zu parasitären galvanischen Verbindungen kommen. Die unerwünschte Überkopplung eines Teils der Signalenergie eines Adernpaares auf ein benachbartes nennt man **Nebensprechen**. Die Überkopplung kann dabei ohmisch sein, z.B. bei mechanischen Verletzungen benachbarter Adern, oder nicht ausreichend symmetrierten Differential-Übertragern (Phantomkreisbildung) sowie durch kapazitive oder induktive Kopplung der Feldgrößen verursacht werden.

Zur Quantifizierung des Nebensprechens hat man das **Nebensprechdämpfungsmaß** definiert. Dies ist das Betriebsdämpfungsmaß zweier benachbarter gekoppelter Leitungen mit den Abschlußwiderständen $\underline{Z}_1$ und $\underline{Z}_2$, s. Abb. 3.35.

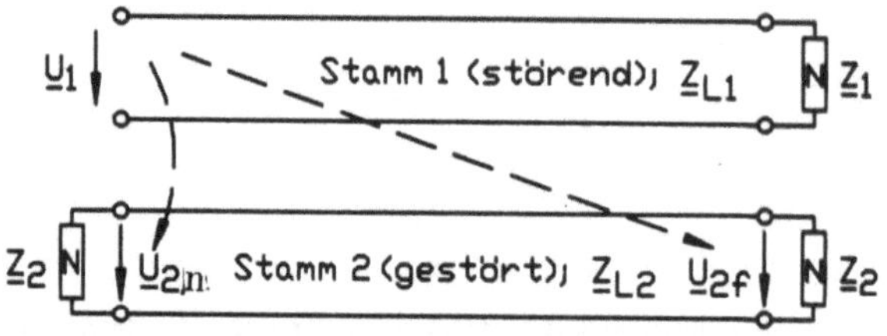

Abbildung 3.35: Gekoppelte Leitungen

Wirkt am Eingang der Leitung 1 eine Wechselspannung $\underline{U}_1$, so kann infolge der Verkopplung der beiden Leitungen (Stämme) sowohl am gleichen Ort eine störende Wechselspannung $\underline{U}_{2n}$, als auch am fernen Ort (Ausgang) eine störende Wechselspannung $\underline{U}_{2f}$ auftreten. Die zuerst genannte Störspannung bestimmt das **Nahnebensprechdämpfungsmaß** a_n und die letztere das **Fernnebensprechdämpfungsmaß** a_f. Bei reflexionsfreiem Abschluß der beiden Leitungen mit ihren Wellenwiderständen $\underline{Z}_{L1} = Z_1$ und $\underline{Z}_{L2} = Z_2$ gilt für die **Nahnebensprechdämpfung**

$$(a_n)_{Np} = \ln\left|\frac{\underline{U}_1}{\underline{U}_{2n}}\sqrt{\frac{\underline{Z}_2}{\underline{Z}_1}}\right|; \quad (a_n)_{dB} = 20\lg\left|\frac{\underline{U}_1}{\underline{U}_{2n}}\sqrt{\frac{\underline{Z}_2}{\underline{Z}_1}}\right|. \tag{3.128}$$

Die **Fernnebensprechdämpfung** lautet

$$(a_f)_{Np} = \ln\left|\frac{\underline{U}_1}{\underline{U}_{2f}}\sqrt{\frac{\underline{Z}_2}{\underline{Z}_1}}\right|; \quad (a_f)_{dB} = 20\lg\left|\frac{\underline{U}_1}{\underline{U}_{2f}}\sqrt{\frac{\underline{Z}_2}{\underline{Z}_1}}\right|. \tag{3.129}$$

Bei reellen Wellenwiderständen und Spannungseffektivwerten folgen aus den vorstehenden Gleichungen für die Nah- und Fernnebensprechdämpfung

$$(a_n)_{dB} = 10\lg\frac{P_1}{P_{2n}}; \quad (a_f)_{dB} = 10\lg\frac{P_1}{P_{2f}}. \tag{3.130}$$

P_1, P_{2n}, P_{2f} sind Wirkleistungen.

Die Ursachen des Nebensprechens sollen nun etwas genauer untersucht werden.

Galvanische Kopplung tritt auf, wenn in einem Phantomkreis eine Stammleitung einen anderen ohmschen Widerstand hat als die zugehörige andere. Man definiert den Unsymmetriefaktor r_u und das **Unsymmetriedämpfungsmaß** a_{ru}.

$$r_u = \frac{R_1 - R_2}{R_1 + R_2}; \quad a_{ru} = \ln\frac{1}{|r_u|}[\mathrm{Np}] \tag{3.131}$$

Häufig ergeben sich galvanische Kopplungen auch durch Kabelverletzungen, z.B. bei Baggerarbeiten.

Wichtiger als galvanische Kopplungen sind **kapazitive Kopplung** und **induktive Kopplung**. Zu ihrer Erläuterung ist ein Leitungselement der Länge dx in Abb. 3.36 dargestellt. Aus Gründen der Anschaulichkeit sind kapazitive Kopplung und induktive Kopplung getrennt gezeichnet. Die Überkopplung erfolgt vom störenden

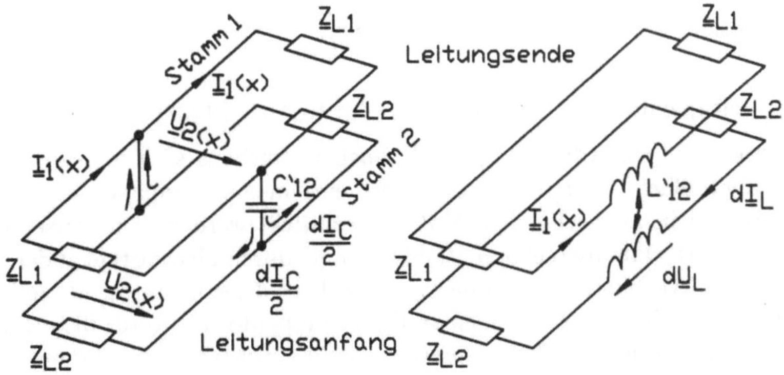

Abbildung 3.36: Kapazitive und induktive Kopplung zweier Leitungen

Stamm 1 in den gestörten Stamm 2.

Bei der kapazitiven Kopplung treibt die Spannung $\underline{U}_1(x) = \underline{Z}_{L1}\underline{I}_1(x)$ einen Strom

$$d\underline{I}_c = \underline{U}_1(x) j\omega C'_{12} dx \tag{3.132}$$

durch die Koppelkapazität C'_{12}, der sich am fiktiven Koppelpunkt halbiert. Damit fließt $d\underline{I}_c/2$ zum Leitungsanfang und $d\underline{I}_c/2$ zum Leitungsende. Hierbei ist $\underline{U}_2(x) \approx 0$, da gilt $1/\omega C'_{12} \gg \underline{Z}_{L2}$.

Infolge der induktiven Kopplung induziert der Strom $\underline{I}_1(x)$ über die Koppelinduktivität L'_{12} eine Störspannung $d\underline{U}_L$ und einen Störstrom $d\underline{I}_L$ in Stamm 2.

$$d\underline{U}_L = -\underline{I}_1(x) j\omega L'_{12} dx; \quad d\underline{I}_L = \frac{d\underline{U}_L}{2\underline{Z}_{L2}}. \tag{3.133}$$

Der Strom $\underline{d}I_L(x)$ ist dem Strom $\underline{I}_1(x)$ entgegengerichtet (Lenzsche Regel).

Faßt man nun kapazitive und induktive Wirkung zusammen, so gilt am Leitungsanfang $d\underline{I}_2 = (d\underline{I}_c/2) + \underline{dI}_L$ und am Leitungsende $d\underline{I}_2 = (-d\underline{I}_c/2) + d\underline{I}_L$. Die zum Leitungsanfang laufende resultierende Stromwelle wird verstärkt, während die zum Leitungsende sich ausbreitende resultierende Stromwelle vermindert wird. Durch feldtheoretische Betrachtungen kann gezeigt werden, daß sich am fernen Ende der

Leitung die übergekoppelten Ströme aufheben und somit kein Fernnebensprechen auftritt. Wirksam ist nur das Nahnebensprechen am Leitungsanfang.

Für die Nahnebensprechspannung $\underline{U}_{2n}(x)$ kann man nun mit Hilfe der Leitungsgleichungen eine Differentialgleichung aufstellen. Ihre Integration liefert, für nicht zu hohe Frequenzen, mit den Näherungen für die Wellenparameter des Bereichs II, s. Abschn. 3.2.5.1, den Maximalwert der Nahnebensprechspannung $\underline{U}_{2n,max}$ und die mindestens vorliegende Nahnebensprechdämpfung a_n

$$\underline{U}_{2n,max} \approx \frac{C'_{12}}{2C'}\underline{U}_1(0); \quad a_n = 20\lg\frac{|\underline{U}_1(0)|}{|\underline{U}_{2nmax}|} = 20\lg\frac{2C'}{C'_{12}}. \tag{3.134}$$

Die Koppelkapazität liegt bei NF-Kabeln im Bereich 10-50 pF [26, 46].

Maßnahmen zur Unterdrückung des Nahnebensprechens sind bei symmetrischen Kabeln unerläßlich. Durch **Verseilen** der einzelnen Adernpaare kann das Nahnebensprechen in ausreichendem Maße unterdrückt werden. Die Verseilung wird so durchgeführt, daß übergekoppelte Störsignale durch gleichartige andere, jedoch gegenphasige Wellenanteile kompensiert werden. Dies wird erreicht, indem man die Adern eines Kabels zusammen stetig schraubenförmig verdrillt. Maßgebend für die Kompensation des Nebensprechens ist die **Schlaglänge**, die bei einer vollen Umdrehung des Drahtbündels entsteht; sie beträgt in der Regel einige cm. Die häufigste Verseilungsart ist die **Viererverseilung**, jedoch wird auch **paarige Verseilung** durchgeführt. Abb. 3.37a zeigt die Verseilung eines Adernpaares. In

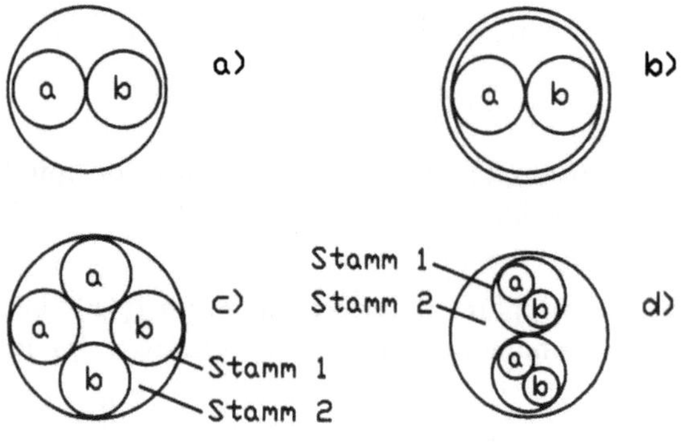

Abbildung 3.37: Verseilungsmethoden: a) Paarverseilung; b) Paarverseilung (geschirmt); c) Sternvierer-Verseilung; d) Dieselhorst-Martin-Verseilung

Abb. 3.37b ist die Verseilung eines Adernpaares dargestellt, das durch eine Metallfolie geschirmt ist. Solche Kabel werden vorwiegend in der Rundfunktechnik eingesetzt.

Bei der **Sternvierer-Verseilung** (Abb. 3.37c) werden vier Adern mit einem

gemeinsamen Drall verseilt. Die zu einem Stamm (=Paar) gehörenden Adern sind hierbei gegenüberliegend angeordnet. Hierdurch wird auch eine Entkopplung des Phantomkreises erreicht. Die Sternvierer-Verseilung wird in Ortsnetzkabeln, Teilnehmeranschluß-Kabeln und auch in Kabeln der Weitverkehrstechnik angewendet.

Eine andere Methode zur Verseilung von 4 Adern ist die **Dieselhorst-Martin-Verseilung**, s. Abb. 3.37d. Hierbei werden je 2 Adern zu einem Adernpaar und die beiden Adernpaare (Stämme) zu einem Vierer verseilt. An jedem Kabelpunkt haben die beiden Adernpaare eine andere Lage zueinander, wodurch auch der Phantomkreis entkoppelt wird. Die Dieselhorst-Martin-Verseilung wird in Bezirks- und Fernkabeln angewendet.

Die Zusammenfassung verschiedener Vierer-Verseilelemente eines Kabels erfolgt durch **Lagen- oder Bündelverseilung**. Bei der Lagenverseilung sind die einzelnen Vierer in konzentrischen Lagen um die Kabelachse gewunden, Abb. 3.38a. Bündelverseilte Kabel, Abb. 3.38b, werden aus Verseilelementen gleicher Art auf-

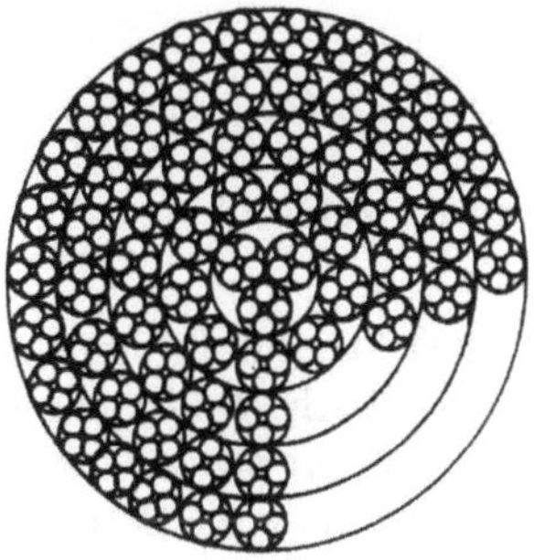

a)

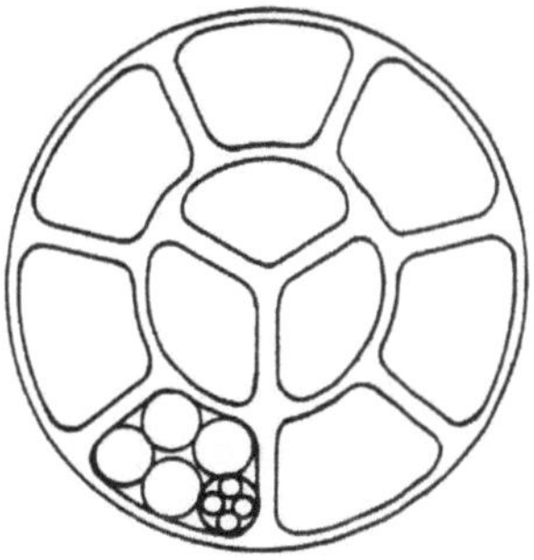

b)

Abbildung 3.38: Verseilung von Viererelementen: a) Lagenverseilung; b) Bündelverseilung

gebaut; je 5 Sternvierer bilden dabei ein Bündel.

Als Nebeneffekt hat die Verseilung eine erhebliche Verbesserung der mechanischen Eigenschaften des Kabels zur Folge.

□ **Beispiel 3.17**
Zwei gleichartige symmetrische Leitungen, $Z_L = 600\ \Omega$, $a_n = 66$ dB, werden nebeneinander in einem Kabel so geführt, daß Nebenspechen auftritt. Der kapazitive Kopplungsbelag zwischen störender und gestörter Leitung sei $C'_{12} = 30$ pF/km. Beide Leitungen sind reflexionsfrei abgeschlossen. Die Spannung am Eingang der störenden Leitung sei $\underline{U}_1(0) = 1$ V.

Für den Kapazitätsbelag der beiden Leitungen erhält man mit a_n nach Gl. (3.134) durch Umstellung $C' = 10^{a_n/20} \cdot 0,5 \cdot C'_{12} = 29,93$ nF/km. Die maximale Nahnebenspechspannung ist dann $U_{2nmax} = (C'_{12}/2C')U_1(0) = 0,5$ mV.

3.3.1.2 Koaxiale Leitungen

Oberhalb der Betriebsfrequenz 30 kHz werden die Leitungsbeläge durch den Skineffekt stärker beeinflußt, außerdem treten bei höheren Frequenzen dielektrische Verluste in Erscheinung. Auf diese Verluste wird in **Kapitel 4** näher eingegangen. Anstelle der symmetrischen Leitungen müssen deshalb oft koaxiale Leitungen verwendet werden. Die Koaxialleitung, siehe Abb. 3.39, schirmt sich aufgrund ihrer Leiteranordnung selbst ab, wie das Feldbild zeigt.

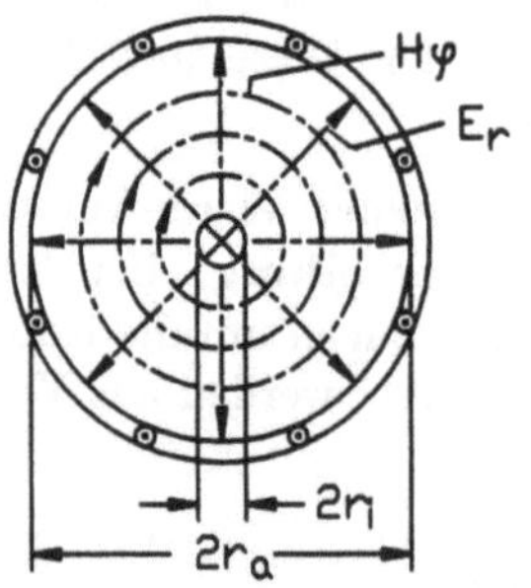

Abbildung 3.39: Koaxialleitung und ihr Feldbild

Bei einer wellenführenden Koaxialleitung existiert das elektrische Feld nur im Zwischenraum zwischen Innen- und Außenleiter. Das magnetische Feld kommt ebenfalls nur im Innenraum der Koaxialleitung vor und wird auf der Oberfläche des Außenleiters zu Null. Für die Felder zwischen den Leitern gelten die Betragsgrößen

$$H_\varphi = \frac{I}{2r}; \quad E_r = \frac{U}{r ln\frac{r_a}{r_i}}. \tag{3.135}$$

Das magnetische Feld H_φ verläuft konzentrisch um den Innenleiter, während das elektrische Feld E_r ein Radialfeld darstellt. Koaxialleitungen werden aus hochwertigen Kunstoff-Isoliermaterialien im Zwischenraum und aus Kupferleitern aufgebaut. Da Koaxialkabel in der Regel zur Übertragung bei höheren Frequenzen verwendet werden, werden die Leitungsbeläge durch Stromverdrängung (Skin-Effect) und Ableitungsverluste (dielektrische Verluste) beeinflußt. Für lange Koaxialkabel findet man mit Hilfe der Feldtheorie die folgenden Ergebnisse für die Leitungsbeläge, die den Skineffekt berücksichtigen

$$R' = \sqrt{\frac{\mu f}{4\pi\kappa}}\left(\frac{1}{r_i} + \frac{1}{r_a}\right); \quad L' = \frac{\mu}{2\pi}\ln\frac{r_a}{r_i}; \quad C' = \frac{2\pi\epsilon}{\ln\frac{r_a}{r_i}}; \quad G' = \omega C' \tan\delta \tag{3.136}$$

Die Bedeutung der in den Formeln verwendeten Größen sind Abb. 3.39 zu entnehmen oder sind bereits in Abschnitt 3.3.1.1 für symmetrische Leitungen definiert worden.

Für Frequenzen bis zu ≈ 10 MHz können für Koaxialkabel die Näherungsbeziehungen des Bereichs III zur Berechnung der Wellenparameter angewendet werden.

Gebräuchlich sind drei Arten von "Koaxialtuben" mit unterschiedlichen Dämpfungskonstanten α:

Normal-Tube: 2,6/9,5 mm ϕ; $\alpha = 280 mNp/km\sqrt{f/\mathrm{MHz}}$
Zwerg-Tube: 1,2/4,4 mm ϕ; $\alpha = 600 mNp/km\sqrt{f/\mathrm{MHz}}$
Pirelli-Tube: 0,65/2,8 mm ϕ; $\alpha = 950 mNp/km\sqrt{f/\mathrm{MHz}}$

Auch Koaxialtuben werden zu Kabeln zusammengefaßt und verseilt, siehe Abb. 3.40. Die Verseilung erfolgt jedoch nur zur Erhöhung der mechanischen Festigkeit.

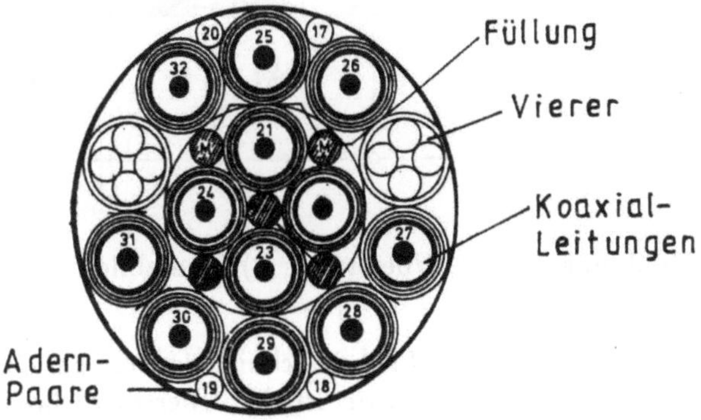

Abbildung 3.40: Koaxialkabel, A-WE 2Y 32c 12 kx (12 Koax-Paare)

Als Beipack werden auch symmetrische Adern in Koaxialkabeln geführt [37, 41, 47].

□ **Beispiel 3.18**
Über eine Normaltube soll ein Digitalsignal der Bitrate 2,048 Mbit/s übertragen werden. Das Signal werde auf die obere Grenzfrequenz 2,048 MHz bandbegrenzt. Leitungslänge l = 10 km; $\mu = \mu_0 = 4\pi \cdot 10^{-7}$ Vs/Am $= 1,2567 \cdot 10^{-8}$ Vs/Am; $\epsilon_0 = 88,5 \cdot 10^{-13}$ As/Vm; ϵ_r = 1,4; $\tan\delta = 10^{-4}$; $\kappa = 57 m/(\Omega \cdot \mathrm{mm}^2)$. Zu bestimmen sind die Wellenparameter $\underline{Z}_L, \underline{\gamma}, \alpha, \beta, \tau_g$, sowie a und b der Leitung.

Für die Leitungsbeläge findet man $R' = \sqrt{\frac{\mu_0 f}{4\pi\kappa}}\left(\frac{1}{r_i} + \frac{1}{r_a}\right) = 58,7\ \Omega/\mathrm{km}$, $L' = \frac{\mu_0}{2\pi}\ln\frac{r_a}{r_i} = 2,6 \cdot 10^{-4}$ H/km, $C' = \frac{2\pi\epsilon}{\ln\frac{r_a}{r_i}} = 4,3 \cdot 10^{-8}$ F/km $= 60,08$ nF/km und $G' = \omega C'\tan\delta = 77,31\ \mu$S/km.

Mit den Näherungen aus Bereich III erhält man $Z_L \approx \sqrt{\frac{L'}{C'}} = 65,8\ \Omega$ und $\underline{\gamma} = j\beta = j\omega\sqrt{L'C'} = j50,86$ rad/km, sowie $\alpha \approx \frac{R'}{2Z_L} = 0,446$ Np/km und $a = \alpha \cdot l = 4,46$ Np, $b = \beta \cdot l = 508,6$ rad.

3.3.2 Übertrager

Der Übertrager, zwei oder mehrere magnetisch gekoppelte Spulen, s. Abb. 3.41a, wird in der Kommunikationstechnik für verschiedene Zwecke angewendet z.B. zur Impedanzanpassung, beim Bau von Filtern und anderen Netzwerken. Anwendung findet er jedoch auch zur galvanischen Trennung von Leitungsabschnitten und als Differential-Übertrager bei der Phantomkreis-Bildung, s. Abb. 3.34. Im Fernsprechapparat wird er zur Herstellung der sogenannten Gabelschaltung benötigt.

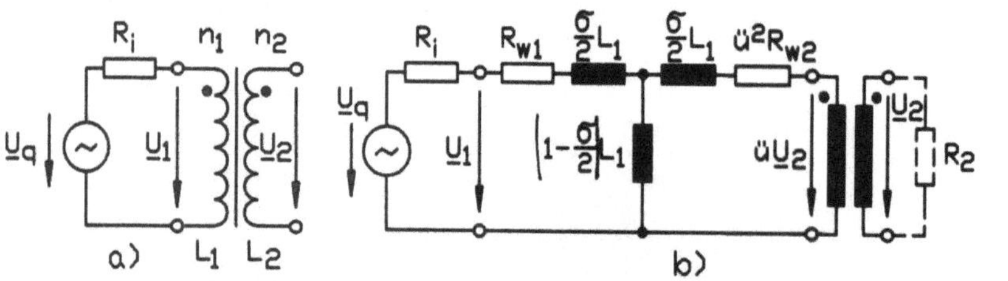

Abbildung 3.41: a) Übertrager; b) Ersatzbild

Im Gegensatz zum Transformator der Energietechnik, der nur bei einer einzigen Frequenz, der Netzfrequenz, betrieben wird, ist der Übertrager breitbandig, da er Informationssignale umsetzt. Der Übertrager ist ein Vierpol, der durch das in Abb. 3.41b wiedergegebene Ersatzbild beschrieben werden kann.

Das Ersatzbild besteht aus einer passiven Schaltung der Wicklungswiderstände und Induktivitäten der Spulen auf der Primärseite eines idealen verlustfreien Übertragers. Die Spulen sind durch ihren Streufaktor σ bewertet, der die Verluste durch Streufelder symbolisiert. Die sekundärseitigen Wicklungswiderstände R_{w2} werden mit dem Übersetzungsverhältnis des idealen Übertragers

$$\text{ü} = \frac{n_1}{n_2} = \sqrt{\frac{L_1}{L_2}} = \frac{|\underline{U}_1|}{|\underline{U}_2|} = \sqrt{\frac{R'_{w1}}{R_{w2}}} \qquad (3.137)$$

auf die Primärseite $R'_{w1} = \text{ü}^2 R_{w2}$ transformiert.

Die Querinduktivität im Ersatzbild läßt Hochpaßverhalten mit der unteren Grenzfrequenz f_u - hohe Frequenzen werden durchgelassen -, die Längsinduktivität jedoch Tiefpaßverhalten mit der oberen Grenzfrequenz f_0 - tiefe Frequenzen werden durchgelassen - erkennen. Die Grenzfrequenzen werden, wie bei Vierpolen üblich, aus der Übertragungsfunktion bei $|\underline{H}|/|\underline{H}_{max}| = 1/\sqrt{2}$ ermittelt. Für die untere Grenzfrequenz f_u und die obere Grenzfrequenz f_0 findet man für tiefe Frequenzen (unter Vernachlässigung von σ und R_w) gemäß Abb.3.41a bzw. für hohe

Frequenzen (unter Vernachlässigung von r_w) gemäß Abb. 3.41b im Anpassungsfall $R_i = ü^2 R_2$ die Grenzfrequenzen (Abb. 3.42)

$$f_u = \frac{R_i}{4\pi L_1}; \quad f_o = \frac{R_i}{\pi\sigma L_1} \tag{3.138}$$

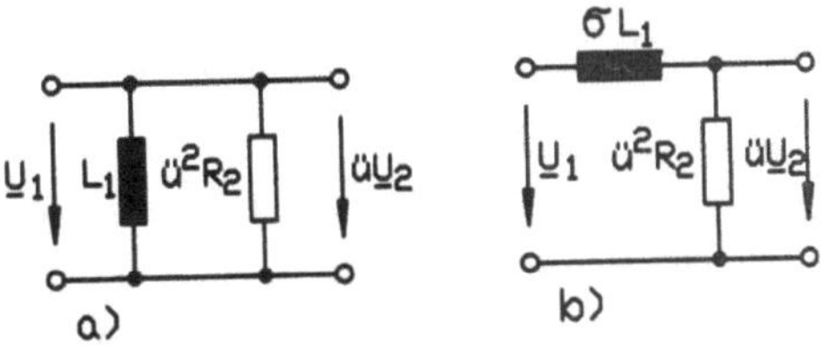

Abbildung 3.42: Übertrager-Ersatzbild für a) tiefe und b) hohe Frequenzen

Das Übersetzungsverhältnis ü wird meist durch die Anpassungsbedingung $ü^2 R_2 = R_i$ vorgegeben.

Der Streufaktor σ hängt vom Kopplungsfaktor k ab, der ein Maß für die Verkopplung der beiden Übertragerspulen darstellt. Bei $|k = 1|$ spricht man von **fester Kopplung**, die im praktischen Fall jedocht nicht erreichbar ist; bei $|k| < 0,8$ liegt die realisierbare **lose Kopplung** vor.

$$\sigma = 1 - k^2 \tag{3.139}$$

Die Wicklungswiderstände $R_w = R_{w1} + ü^2 R_{w2}$ werden durch die zulässige Betriebsdämpfung in Bandmitte

$$a_{B0} = 10 \lg \frac{P_{1max}}{P_2} \tag{3.140}$$

bestimmt [41, 45].

□ **Beispiel 3.19**
Reflexionsfreie Anpassung und galvanische Trennung zweier Kabelstreckenabschnitte.

Übertrager I:
Das primärseitige Kabel nach Abb. 3.43 habe den Wellenwiderstand $Z_{L1} = 600\ \Omega$. Der Verstärkereingangswiderstand auf der Sekundärseie des Übertragers betrage $Z_{L2} = 150\ \Omega$. Mit Gl. (3.137) findet man einen reflexionsfreien Abschluß an der Stoßstelle Leitung-Verstärkereingang, wenn man $ü_I = \sqrt{\frac{Z_{L1}}{Z_{L2}}} = 2$ wählt. Dies hat eine Signaldämpfung durch den Übertrager von $a_I = 20 \lg(U_1/U_2) = 20 \lg ü_I = 20 \lg 2 = 6$ dB zur Folge.

Übertrager II:
Mit $Z_{L2} = 150\ \Omega$ am Verstärkerausgang und dem Leitungswellenwiderstand $Z_{L3} =$

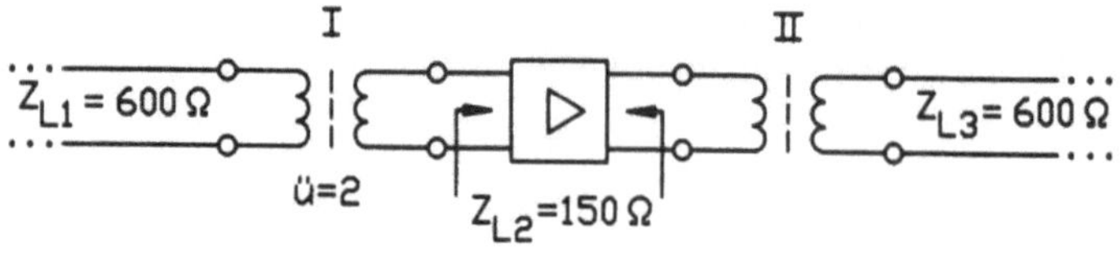

Abbildung 3.43: Übertrager-Anpassung

600 Ω ist das Übersetzungsverhältnis $ü_{II} = \sqrt{Z_{L2}/Z_{L3}} = 0,5$ zu wählen, damit auch am Verstärkerausgang Anpassung herrscht.

3.3.3 Wellenparameterfilter

Ein elektrisches Filter (Siebschaltung) ist ein Vierpol mit frequenzselektiven Eigenschaften. Den Frequenzbereich, in dem ein Filter durchlässig sein soll, in dem es also bestimmte Frequenzanteile eines Signals möglichst wenig abschwächt, nennt man **Durchlaßbereich**. Dagegen ist der **Sperrbereich** der Frequenzbereich, in dem die Abschwächung des Signals möglichst hoch sein soll. Je nach Frequenzlage des Durchlaß- bzw.-Sperrbereichs kennt man nun verschiedene Filtertypen. Der **Tiefpaß** läßt tiefe Frequenzen eines Signals bis zu einer oberen Frequenzgrenze f_g passieren und dämpft alle die darüber liegen. Ein **Hochpaß** hat die umgekehrten Eigenschaften, er läßt hohe Frequenzen bis zur Frequenzgrenze f_g durch und unterdrückt die tiefen Frequenzanteile eines Signals. Der **Bandpaß** hat einen Durchlaßbereich, der zwischen einer unteren Frequenzgrenze f_u und einer oberen f_0 liegt. Unterhalb und oberhalb dieser Grenzen dämpft er das Signal. Bei der **Bandsperre** ist es wiederum umgekehrt, sie hat ihren Sperrbereich zwischen f_u und f_0 und läßt alle Signalanteile außerhalb dieses Bereichs ungedämpft passieren. In Abb. 3.44 sind die Dämpfungsverläufe der verschiedenen idealen Filtertypen wiedergegeben. Wellenparameterfilter werden mit Hilfe der bereits bekannten

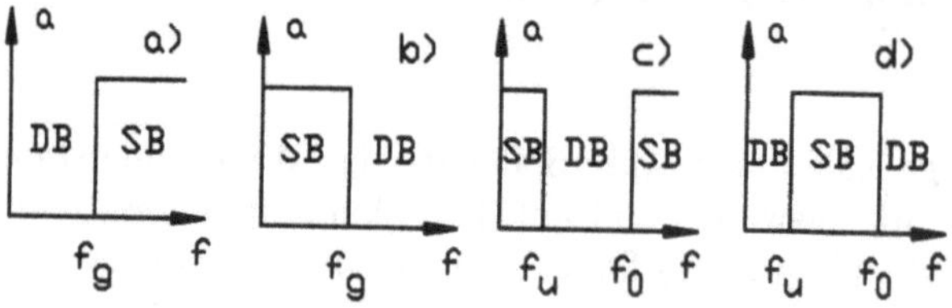

Abbildung 3.44: Dämpfungsverhalten idealer Filter: a) Tiefpaß; b) Hochpaß; c) Bandpaß; d) Bandsperre (DB = Durchlaßbereich, SB = Sperrbereich)

Wellenparametertheorie entwickelt, wobei ein Filter stets als verlustloser Vierpol aufgefaßt wird; Wellenparameter-Filter bestehen somit nur aus Reaktanzen (LC-Gliedern). Natürlich haben reale LC-Glieder Verluste, da ein gewisser ohmscher Anteil immer vorliegt; dies wird bei der Filterberechnung jedoch nicht berücksichtigt, da die Verluste als klein vorausgesetzt werden.

Bereits in Abschnitt 3.2.4 haben wir die Möglichkeit kennengelernt, aus einem Vierpolhalbglied sowohl eine T- als auch eine π-Schaltung aufzubauen, s. Abb. 3.15. In Beispiel 3.4 wird dies in prinzipieller Form gezeigt. Die Vierpole T- und π-Schaltung aus LC-Gliedern sind die Grundelemente zum Aufbau von Filterketten. Ein **Tiefpaß-Grundglied** in T- und π-Schaltung kann aus zwei **Tiefpaß-Halbgliedern** aufgebaut werden, s. Abb. 3.45. Aufgrund der Eigenschaften

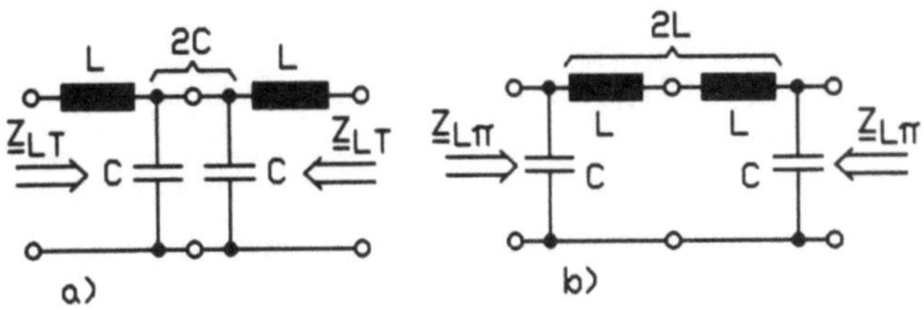

Abbildung 3.45: Tiefpaß-Grundglieder aus Halbgliedern: a) T-Schaltung; b) π-Schaltung

des Tiefpaß-Halbgliedes können alle weiteren Betrachtungen auf dieses beschränkt werden. Kennt man die Wellenparameter des Tiefpaß-Halbgliedes, z.B. betrachtet von der T-Seite, so kann man aus der Kettenschaltung weiterer Halbglieder beliebig lange **symmetrische Filterketten** in T-Schaltung aufbauen, wobei $\underline{Z}_{LT}$ am Eingang und Ausgang erhalten bleibt und die anderen Wellenparameter der Filterkette sich nur um konstante Faktoren von den Wellenparametern des Tiefpaß-Halbgliedes unterscheiden. Auch die Bildung **antimetrischer Filterketten** mit z.B $\underline{Z}_{LT}$ am Eingang und $\underline{Z}_{L\pi}$ am Ausgang ist möglich [22, 37, 48].

Die Bauelemente des Tiefpaß-Halbgliedes sowie von T-Schaltung und π-Schaltung sind **dual** zueinander. Dies gilt auch für ihre Wellenwiderstände. Kennt man die T-Schaltung, so kann über einen konstanten **Dualitätsfaktor**, der noch definiert wird, die äquivalente π-Schaltung ermittelt werden.

Durch die Definition eines **Normtiefpaß-Halbgliedes** und der **Frequenztransformation** lassen sich aus dem Normtiefpaß-Halbglied die Halbglieder aller anderen Filtertypen, nämlich Tiefpaß, Hochpaß, Bandpaß und Bandsperre dimensionieren.

3.3.3.1 Normtiefpaß-Halbglied

Die Eigenschaften des Normtiefpaß-Halbgliedes, s. Abb. 3.46, werden in Abhängigkeit der normierten Frequenz, die weiter unten definiert wird, angegeben. Ansonsten stellt das Normtiefpaß-Halbglied einen idealen Serienschwingkreis dar, dessen Spule bei tiefen Frequenzen durchlässig ist, während sie bei hohe Frequenzen dämpfend wirkt. Umgekehrt schließt der Kondensator die hohen Frequenzen kurz, während er die tiefen sperrt. Das Halbglied hat von der "T-Seite" gesehen den Wellenwiderstand $\underline{Z}_{LT}$. Betrachtet man das Halbglied von der "π-Seite" so "sieht" man den Wellenwiderstand $\underline{Z}_{L\pi}$; in Abb. 3.46a ist dies verdeutlicht. Abb.

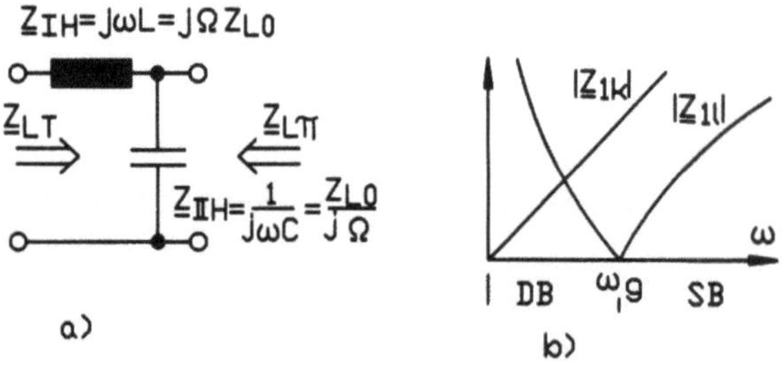

Abbildung 3.46: a) Normtiefpaß-Halbglied; b) Frequenzverhalten von Kurzschluß- und Leerlaufeingangswiderstand (Eingang auf der T-Seite)

3.46b zeigt das Frequenzverhalten des Eingangswiderstandes im Kurzschluß $|\underline{Z}_{1k}|$ und Leerlauf $|\underline{Z}_{1l}|$, wenn der Eingang auf der T-Seite liegt.

$$\underline{Z}_{1k} = j\omega L; \quad \underline{Z}_{1l} = \frac{1 - \omega^2 L^2}{j\omega C}. \tag{3.141}$$

Die Grenze zwischen Durchlaßbereich (DB) und Sperrbereich (SB) ist durch die Resonanzkreisfrequenz des Halbgliedes definiert.

$$\omega_g = 2\pi f_g = \frac{1}{\sqrt{LC}} \tag{3.142}$$

Für das Normtiefpaß-Halbglied kann man nun die bereits aus der Vierpoltheorie, s. Abschnitt 3.2, bekannten Wellenparameter $\underline{Z}_L$, $\underline{\gamma}$, α, β, τ_p und τ_g in Abhängigkeit der normierten Frequenz

$$\Omega = \frac{\omega}{\omega_g} \tag{3.143}$$

ermitteln. ω_g charakterisiert die Grenze zwischen Duchlaßbereich (DB) und Sperrbereich (SB).

Das Normtiefpaßhalbglied repräsentiert sowohl die Eigenschaften des T- als auch des π-Gliedes. Hierbei gelten für die Übertragungsmaße $\underline{g}_T$ und $\underline{g}_\pi$ und infolge der Dualität für die Reaktanzen $\underline{Z}_{IH}$ und $\underline{Z}_{IIH}$ sowie die Wellenwiderstände $\underline{Z}_{LT}$ und $\underline{Z}_{L\pi}$ die folgenden Zusammenhänge.

$$\underline{g}_{\pi} = \underline{g}_{T}; \quad \underline{Z}_{L\pi} = \frac{Z_{L0}^2}{\underline{Z}_{LT}}; \quad \underline{Z}_{IIH} = \frac{Z_{L0}^2}{\underline{Z}_{IH}} \tag{3.144}$$

mit $Z_{LO} = \sqrt{L/C}$ dem Nennwert des Wellenwiderstandes, der **Dualitätskonstanten**. $\underline{Z}_{LT}$ und $\underline{Z}_{L\pi}$ können wie für längsymmetrische Vierpole gezeigt aus dem Kurzschluß-Eingangswiderstand $\underline{Z}_{1k}$ und dem Leerlauf-Eingangswiderstand $\underline{Z}_{1l}$ (s. Abschn. 3.2.5.2) bestimmt werden.

Die Wellenparameter des Normtiefpaßhalbgliedes sind in Tabelle 3.1 für Durchlaß- und Sperrbereich dargestellt. In Abb. 3.47 ist der Verlauf der Wellenparameter in

Tabelle 3.1: Wellenparameter des Normtiefpaßhalbgliedes

Wellenparameter	DB	SB
$\underline{Z}_{LT}$	$= Z_{L0}\sqrt{1-\Omega^2}$	$= jZ_{L0}\sqrt{\Omega^2-1}$
$\underline{Z}_{L\pi}$	$= Z_{L0}^2/\underline{Z}_{LT}$	$= Z_{L0}^2/\underline{Z}_{LT}$
a_H	$= 0$	$= \text{arcosh}\Omega$
b_H	$= \arcsin\Omega$	$= \pi/2$
τ_g	$= (1/\omega_g)(1/\sqrt{1-\Omega^2})$	-

qualitativer Form über Ω skizziert. Durchgezogene Kurven zeigen den Verlauf des

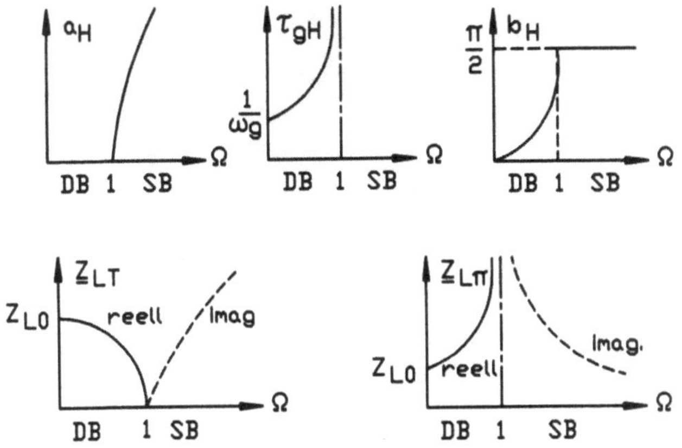

Abbildung 3.47: Verlauf der Wellenparameter des Normtiefpaßhalbgliedes über Ω

reellen Teils des entsprechenden Wellenparameters und gestrichelte Verläufe den imaginären Teil; diese Darstellungsweise wird auch bei den weiteren Betrachtungen benutzt.

Zur Dimensionierung der LC-Bauelemente stellt man im Normtiefpaß-Halbglied die beiden Reaktanzen in Abhängigkeit der vorgegebenen Größen ω_g und Z_{L0} dar. Nach Abb. 3.46 findet man mit $\omega = \Omega\omega_g$

$$\underline{Z}_{IH} = j\omega L = j\Omega\frac{L}{\sqrt{LC}} = j\Omega Z_{L0}; \quad \underline{Z}_{IIH} = \frac{1}{j\omega C} = \frac{1}{j\Omega\frac{C}{\sqrt{LC}}} = \frac{Z_{L0}}{j\Omega}. \qquad (3.145)$$

3.3.3.2 Filterdimensionierung mit Hilfe der Frequenztransformation

Mit den Transformationsgleichungen der Frequenztransformation können die Formeln zur Dimensionierung der LC-Bauelemente für alle Filtertypen hergeleitet werden. Alle bisher für das Normtiefpaß-Halbglied abgeleiteten Beziehungen für die Wellenparameter, s. Tabelle 3.1, sind in Verbindung mit der Frequenztransformation für die Halbgleider aller Filtertypen anwendbar. In Tabelle 3.2 sind die Transformationsgleichungen, die daraus abgeleiteten Längs- und Querglieder der Halbglieder und die Dimensionierungsformeln von Tiefpaß (TP), Hochpaß (HP), Bandpaß (BP) und Bandsperre (BS) angegeben.

Ω ist die normierte Frequenz im Normtiefpaß-Halbglied und $\eta = \omega/\omega_g$ die normierte Frequenz im daraus abgeleiteten Filter, nämlich Tiefpaß, Hochpaß. Bei

Tabelle 3.2: Filterdimensionierung durch Frequenztransformation

	Transformation	Längsglied	Querglied
TP	$\Omega = \eta$	$L = Z_{L0}/\omega_g$	$C = L/Z_{L0}^2$
HP	$\Omega = -1/\eta$	$C = 1/Z_{L0}\omega_g$	$L = Z_{L0}^2 C$
BP	$\Omega = (\eta^2 - 1)/2\eta_r\eta$	$L_I = Z_{L0}/2\eta_r\omega_m$ $C_I = 2\eta_r/Z_{L0}\omega_m^2$	$L_{II} = 2\eta_r Z_{L0}/\omega_m$ $C_{II} = 1/\omega_m 2\eta_r Z_{L0}$
BS	$\Omega = 2\eta_r\eta/(1 - \eta^2)$	$L_I = Z_{L0}2\eta_r/\omega_m$ $C_I = 1/Z_{L0}\omega_m 2\eta_r$	$L_{II} = Z_{L0}/\omega_m 2\eta_r$ $C_{II} = 2\eta_r/\omega_m Z_{L0}$

Bandpaß und Bandsperre ist die normierte Frequenz η auf die Mittenkreisfrequenz ω_m bezogen, und die relative Bandbreite ist $2\eta_r$.

$$\eta = \frac{\omega}{\omega_m}; \quad 2\eta_r = \eta_o - \eta_u = \frac{\omega_o - \omega_u}{\omega_m}; \quad \omega_m = \sqrt{\omega_u\omega_o} \qquad (3.146)$$

Hierbei ist ω_o die obere und ω_u die untere Grenzkreisfrequenz bei Bandpaß und Bandsperre.

In Abb. 3.48 sind die Halbglieder von Hochpaß, Bandpaß und Bandsperre und der Verlauf ihrer Wellenparamerer über Ω dargestellt. Der Verlauf der Tiefpaß-Wellenparameter über der normierten Frequenz η stimmt wegen $\Omega = \eta$ mit Abb. 3.47 vollständig überein.

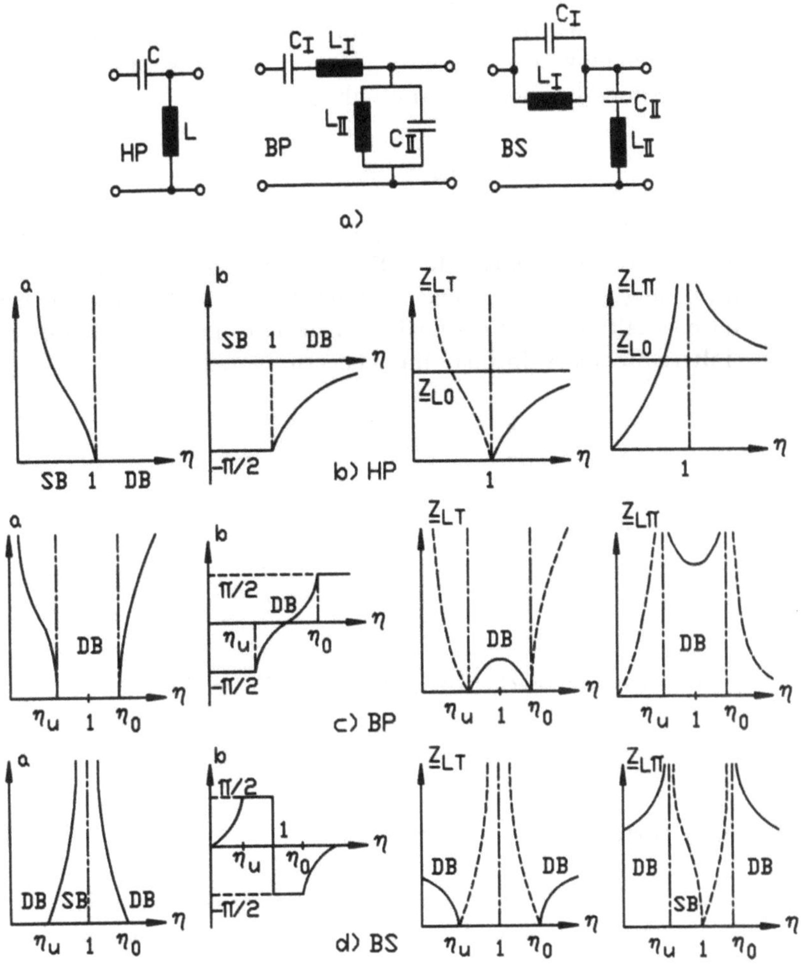

Abbildung 3.48: a) Halbglieder und b)-d) Verlauf der Wellenparameter von Hochpaß, Bandpaß und Bandsperre

3.3.3.3 Grund-Filterketten

Die im vorigen Abschnitt betrachteten Halbglieder werden zur Verbesserung der Filterwirkung in Kette geschaltet. Die Zusammenschaltung erfolgt so, daß immer gleiche Wellenwiderstände aneinanderstoßen. Damit liegen zwischen allen Gliedern einer solchen Kette reflexionsfreie Abschlüsse vor. Die Wellenwiderstände an den Enden der Kette sind dann wieder $\underline{Z}_{LT}$ oder $\underline{Z}_{L\pi}$. Die Übertragungsmaße $\underline{g}_H$ bei n gleichen Halbgliedern addieren sich. Damit gilt

$$\underline{g}_{Kette} = n\underline{g}_H = na + jnb. \tag{3.147}$$

Symmetrische Filterketten haben am Ausgang den Wellenwiderstand, der auch am Eingang vorliegt. Bei **antimetrischen Filterketten** erscheint am Ausgang $\underline{Z}_{L\pi}$, wenn am Eingang $\underline{Z}_{LT}$ vorliegt und umgekehrt. Abb.3.49a zeigt eine symmetrische T-Kettenschaltung aus 4 Hochpaß-Halbgliedern. In Abb. 3.49b ist eine antimetrische Filterkette aus 3 Hochpaß-Halbgliedern dargestellt.

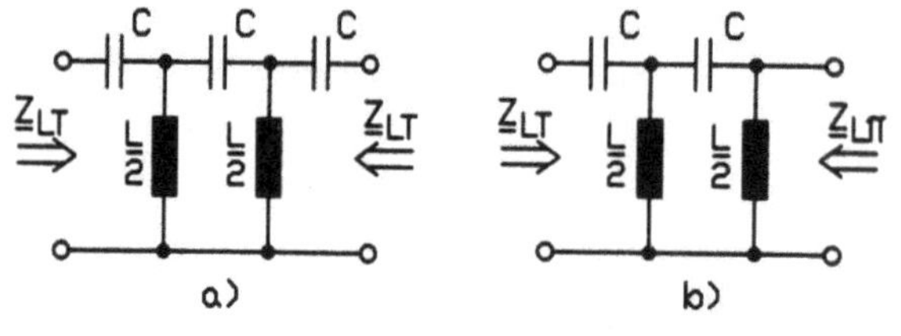

Abbildung 3.49: a) symmetrische; b) antimetrische Filter-Kettenschaltung

3.3.3.4 Betriebsverhalten von Filterketten

Im Betriebsfall werden die Filterketten aus (näherungsweise) verlustlosen LC-Schaltungselementen am Eingang und Ausgang beschaltet. Es treten somit aus den bereits in Abschn. 3.2.9 dargelegten Gründen Fehlanpassungen auf, die ein komplexes Betriebsdämpfungsmaß der Filterkette zur Folge haben. Besonders das im Durchlaßbereich der Filterkette erscheinende Betriebsdämpfungsmaß a_B muß durch geeignete Beschaltung des Filters minimiert werden. Als Beispiel für ansonsten beliebig lange Filterketten wird die Beschaltung der Tiefpaß-Grundglieder (=2 Tiefpaß-Halbglieder) in T- und π-Schaltung betrachtet, s. Abb. 3.50. Für die beiden Grundglieder gilt $\underline{g}_\pi = \underline{g}_T = \underline{g}$ und $\underline{Z}_{LT} \neq \underline{Z}_{L\pi}$. Im Durchlaßbereich ist das Vierpoldämpfungsmaß $a = 2a_H = 0$ (2 Halbglieder), und der Wellenwiderstand ist reell, s. Tabelle 3.1. Das komplexe Betriebsdämpfungsmaß, nach Gl.

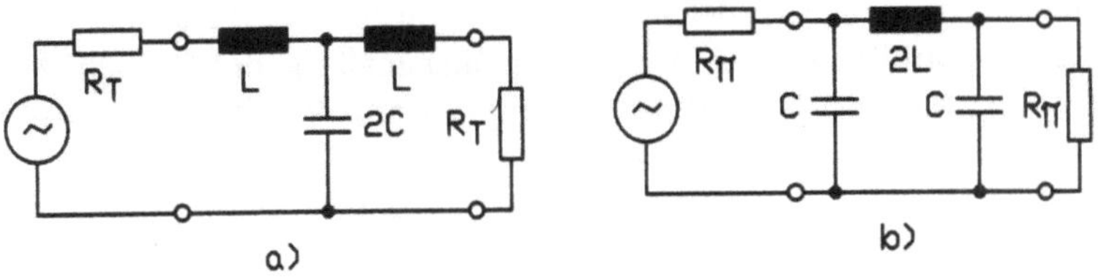

Abbildung 3.50: Tiefpaß-T und π-Grundglied, beschaltet

(3.111) wird im DB und wegen $\underline{Z}_i = \underline{Z}_2 = R$ auch reell.

$$a_B = \ln|\underline{D}_B| = \frac{1}{2}\ln\left[1+\left(\frac{1}{2}\sin b\left(\frac{Z_L}{R}-\frac{R}{Z_L}\right)\right)^2\right] \tag{3.148}$$

Zur Minimierung der Betriebsdämpfung im Durchlaßbereich wählt man für eine Filterkette in T-Schaltung und π-Schaltung als Beschaltungswiderstände

$$R_T = 0,8Z_{L0} = 0,8\sqrt{\frac{L}{C}}; \quad R_\pi = 1,25Z_{L0}. \tag{3.149}$$

Der Dämpfunganstieg des Normtiefpaß-Halbgliedes und der daraus abgeleiteten Halbglieder ist monoton, aber nicht sehr steil. Für die Praxis von Bedeutung wären z.B. Tiefpaßfilter, deren Dämpfung oberhalb der Grenzfrequenz f_g steil ansteigt. Dies ist erreichbar, wenn das Übertragungsmaß $\underline{g}_H$ des Normtiefpaß-Halbgliedes, ohne die Wellenwiderstände $\underline{Z}_{LT}$ und $\underline{Z}_{L\pi}$ zu ändern, nach der folgenden Regel modifiziert wird.

$$\underline{Z}_{kv} = m\underline{Z}_k; \quad \underline{Z}_{lv} = \frac{1}{m}\underline{Z}_l; \quad (0 < m \leq 1) \tag{3.150}$$

Hierbei ist $\underline{Z}_{kv}$ der Kurzschluß-Eingangswiderstand und $\underline{Z}_{lv}$ der Leerlauf-Eingangswiderstand des versteilerten Normtiefpaß-Halbgliedes, das **Versteilerungsglied** oder **Zobelsches-m-Halbglied** genannt wird. Mit solchen Gliedern kann auch eine sogenannte **Verebnung**, d.h. ein näherungsweise frequenzunabhängiger Wellenwiderstandsverlauf im Durchlaßbereich erzielt werden [37, 48].

Beispiel 3.20
Dimensionierung der Tiefpaß-Grundglieder in T-und π-Schaltung (Abb. 3.20) ($f_g = 4$ kHz, $Z_{L0} = 600\ \Omega$).

Mit den entsprechenden Gleichungen aus Tabelle 3.2 ermittelt man $L = Z_{L0}/\omega_g = 23,9$ mH und $C = L/Z_{L0}^2 = 66,3$ nF. Damit sind auch die Schaltelemente der Grundglieder bekannt.
Zur Minimierung der Betriebsdämpfung ist das T-Glied mit $R_T = 0,8Z_{LO} = 480\ \Omega$ und das π-Glied mit $R_\pi = 1,25Z_{LO} = 750\ \Omega$ zu beschalten.

Das Wellendämpfungsmaß a_G der beiden Grundglieder im SB ist nach Gl. (3.147) um den Faktor 2 größer als das Wellendämpfungsmaß a_H der Halbglieder, $a_G = 2a_H = 2\text{arcosh}\eta$. Für den Verlauf des Wellenphasenmaßes gilt im DB mit Tabelle 3.1 und Gl. (3.147), $b_G = 2b_H = 2\arcsin\eta$.

3.3.3.5 Weichen

Für verschiedene Anwendungen benötigt man **Frequenzweichen**, beispielsweise um zwei oder mehrere Frequenzbänder in eine Richtung zusammenzuführen. Umgekehrt kann man mit einer **Richtungsweiche** zwei oder mehrere Frequenzbänder aus einem Summensignal trennen. Anwendung finden Weichen in der Stereoton-Technik, z.B. zur Zusammenführung von hohen Tönen und Bässen und in der analogen Trägerfrequenztechnik, s. Kapitel 7. Auch in der Hochfrequenztechnik werden Weichen eingesetzt, wenn zum Senden und Empfangen die gleiche Antenne benutzt wird. HF-Weichen bestehen jedoch meist aus Leitungsstücken, z.B. Hohleiteranordnungen, s. Kapitel 4.

Im allgemeinen enthält eine Weiche zwei Filter, nämlich einen Hochpaß und einen Tiefpaß, Abb. 3.51, die jedoch im Zusammenhang entworfen werden müssen [49]. Der DB des Tiefpasses liegt im SB des Hochpasses.

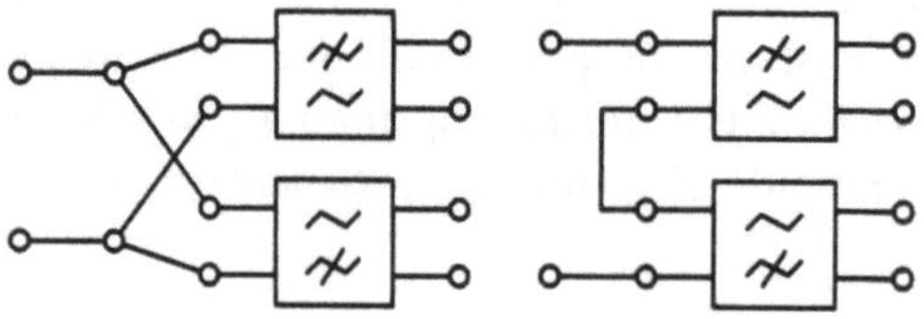

Abbildung 3.51: a) Parallelweiche; b) Serienweiche

3.3.4 Betriebsparameterfilter

Die im vorigen Abschnitt dargestellte Theorie der Wellenparameterfilter berücksichtigt zunächst die Beschaltung der Filter nicht. Die Filter-Grenzfrequenzen und Z_{L0} werden als bekannt vorausgesetzt. Erst nach der Berechnung der LC-Glieder eines Filters wird die Beschaltung ermittelt, für die die Betriebsdämpfung a_B im Durchlaßbereich minimal wird. Da im praktischen Betriebsfall jedoch die Betriebsdämpfung des beschalteten Filters $\underline{a}_B$ in erster Linie interessiert, ist es naheliegend, beim Filterentwurf mit den bekannten Filter-Grenzfrequenzen unmittelbar $a_B(\omega)$ zu approximieren. Dies führt auf die Betriebsparametertheorie passiver Filter. Dabei wird das zu entwerfende Filter grundsätzlich als Reaktanzvierpol mit ohmschen Beschaltungswiderständen aufgefaßt, s. Abb. 3.52.

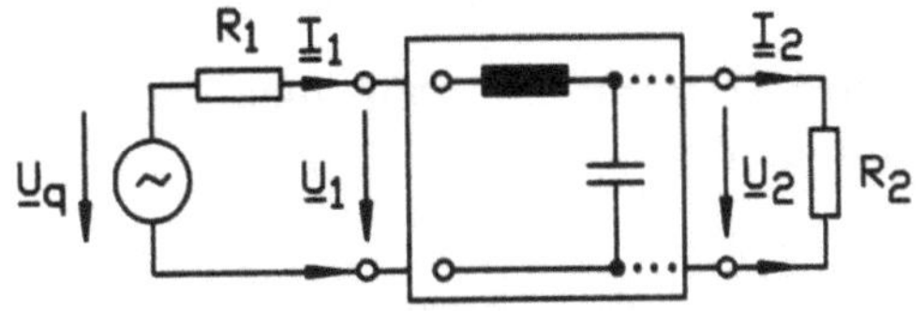

Abbildung 3.52: Beschaltetes Betriebsparameter-Filter als Vierpol

Die Aufgabe lautet nun, entweder einen gegebenen Verlauf der Betriebsdämpfung $a_B(\omega)$ oder, was meist der Fall ist, ein Filter-Toleranzschema mit einem zulässigen Mindestwert der Betriebsdämpfung a_{BS} im Sperrbereich und einem zulässigen Höchstwert der Betriebsdämpfung im Durchlaßbereich a_{BD} durch einen Reaktanzvierpol zu realisieren.

Zur Bestimmung der Kettenmatrix des Reaktanzvierpols, aus der die Filter-Schaltung entwickelt wird, muß $a_B(\omega)$ rational gemacht werden. Die Betriebsdämpfung a_B, siehe Gl. (3.109) , wird hierzu in die e-te Potenz erhoben. Aus $a_B = \ln|\underline{D}_B|$ wird $e^{a_B} = |\underline{D}_B|$, das aber immer noch die Wurzel-Funktion enthält und somit nicht rational ist. Erst e^{2a_B} ist rational, von der 1 subtrahiert wird, damit die nun rationale Funktion $f(\omega)$ auch zu Null wird, wenn $a_B = 0$ ist.

$$f(\omega) = e^{2a_B} - 1 = |D_B(j\omega)|^2 - 1 = |\xi(j\omega)|^2 = \xi(j\omega)\xi(-j\omega) \tag{3.151}$$

$f(\omega)$ ist eine gerade rationale Funktion die für kein ω negativ wird. Bei der Realisierung eines Betriebsparameterfilters hat man nun $f(\omega)$ so zu wählen, daß $a_B(\omega)$ innerhalb eines vorgegebenen Filter-Toleranzschemas verläuft.

$$f(\omega) = \frac{a_0 + a_2\omega^2 + a_4\omega^4 + \cdots a_{2m}\omega^{2m}}{b_0 + b_2\omega^2 + b_4\omega^4 + \cdots b_{2n}\omega^{2k}} = K^2 \frac{(\omega^2 - \omega_{01}^2)^{2m_1}(\omega^2 - \omega_{02}^2)^{2m_2}\ldots}{(\omega^2 - \omega_{\infty 1}^2)^{2n_1}(\omega^2 - \omega_{\infty 2}^2)^{2n_2}\ldots} \tag{3.152}$$

($m_k > 0; n_k > 0; K > 0$). Zur Bestimmung der $\underline{A}_{ik}$ der Kettenmatrix, die das Filter realisiert - der Grad der Kettenmatrix ist der Grad des Filters - aus einem gegebenen $f(\omega)$ geht man wie folgt vor. Man bildet mit $p = j\omega$

$$\underline{\xi}(p) = \frac{F(p)}{G(p)}; \quad f(\frac{p}{j}) = f(\omega) = \frac{\underline{F}(p)\underline{F}(-p)}{\underline{G}(p)\underline{G}(-p)} = \underline{\xi}(p)\underline{\xi}(-p) = \frac{\underline{F}(p)F(-p)}{\pm\underline{G}(p)^2}. \tag{3.153}$$

wobei man + bei geradem $\underline{G}$ und − bei ungeradem $\underline{G}$ verwendet. Der Bruch $f(\omega)$ wird so erweitert, daß der Nenner als Quadrat dargestellt werden kann. Dann kann

$\underline{G}(p)$ abgelesen werden. Der Zähler wird in Wurzelfaktoren zerlegt. Die Wurzelfaktoren werden in zwei Terme $\underline{F}(p)$ bzw. $\underline{F}(-p)$ aufgespalten. Nun bestimmt man $\underline{H}(p)$ aus

$$\underline{H}(p)\underline{H}(-p) = \underline{F}(p)\underline{F}(-p) + \underline{G}(p)\underline{G}(-p). \tag{3.154}$$

Die gesuchten $\underline{A}_{ik}$ der Filter-Kettenmatrix erhält man dann mit Bezug auf die Vierpolschaltung nach Abb. 3.52 zu

$$\underline{A}_{11} = \text{Ger}\frac{H+F}{G}\sqrt{\frac{R_1}{R_2}}; \quad \underline{A}_{12} = \text{Unger}\frac{H+F}{G}\sqrt{R_1R_2} \tag{3.155}$$

$$\underline{A}_{21} = \text{Unger}\frac{H-F}{G}\frac{1}{\sqrt{R_1R_2}}; \quad A_{22} = \text{Ger}\frac{H-F}{G}\sqrt{\frac{R_2}{R_1}}. \tag{3.156}$$

Der Grad des Filters ist gleich dem Grad der Kettenmatrix und gleich dem Grad von $\underline{H}(p)$.

Ist $\underline{\xi}(p) = \underline{F}(p)/\underline{G}(p)$ ungerade so liegt ein **symmetrisches Filter** vor. Ist dagegen $\underline{\xi}(p)$ gerade, so hat man ein **antimetrisches Filter**.

Bei der Approximierung kommen verschiedene Methoden zur Anwendung, wie nachfolgend gezeigt wird.

Zur Filterberechnung wird grundsätzlich zuerst ein Tiefpaß mit höchstzulässigem a_{BD} im DB und mindestzulässigem a_{BS} im SB approximiert. Hochpaß, Bandpaß und Bandsperre werden durch Frequenztransformation gewonnen.

Abb. 3.53a zeigt als Beispiel den qualitativen Betriebsdämpfungsverlauf eines Tiefpasses und sein Toleranz-Schema, bei der Approximierung durch Butterworth-Polynome. In Abb. 3.53b ist der Betriebsdämpfungsverlauf bei der Approximierung mit Tschebyscheff-Polynomen wiedergegeben. In Abb. 3.53 bezeichnen Ω_d

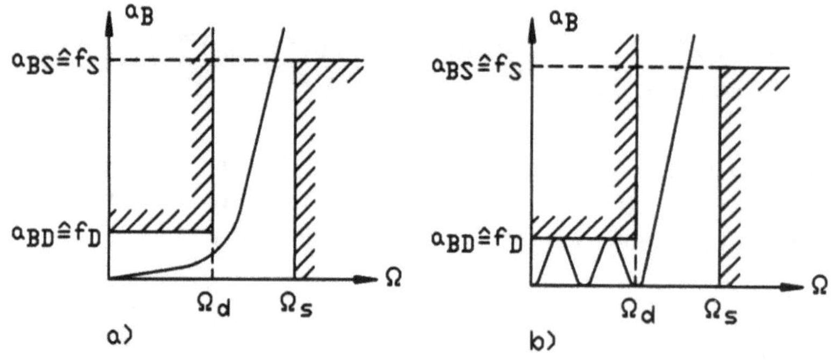

Abbildung 3.53: Tiefpaß-Approximierung, qualitativ: a) Butterworth-Tiefpaß; b) Tschebyscheff-Tiefpaß

bzw. Ω_s die normierte Grenzfrequenz des Durchlaß- bzw. Sperrbereichs. Als Bezugsfrequenz wird meist $\omega_B = \omega_d$ oder $\omega_B = \sqrt{\omega_d \omega_s}$ gewählt. Die **normierte Frequenz** ist dann $\Omega = \omega/\omega_B$.

Die Betriebsdämpfung $a_B(\omega)$ ist stets eine gerade Funktion.

Zur Approximierung von Tiefpaß-Charakteristiken benutzt man, zunächst unabhängig von der Art der Approximierung des Betriebsdämpfungsverlaufs, den Ansatz

$$f(\Omega) = \frac{a_0 + a_2\Omega^2 + a_4\Omega^4 + \cdots + a_{2m}\Omega^{2m}}{b_0 + b_2\Omega^2 + b_4\Omega^4 + \cdots + b_{2n}\Omega^{2n}}. \tag{3.157}$$

mit $(b_0 \neq 0; m \geq n)$. Damit ist $f(0) \neq \infty$ und $f(\infty) \neq 0$ gewährleistet [12, 31, 50, 54].

3.3.4.1 Normierter Butterworth-Tiefpaß (Potenz-Tiefpaß)

Approximiert man $f(\omega)$ durch eine Potenzfunktion mit möglichst hohem Exponeten, so erzielt man einen maximal flachen Verlauf von $f(\omega)$ und damit auch $a_B(\omega)$ im Durchlaßbereich. Der allgemeine Ansatz lautet für solch ein Filter mit der normierten Frequenz $\Omega = \omega/\omega_d$

$$f(\Omega) = \frac{a_{2m}\Omega^{2m}}{b_0 + b_2\Omega^2 + b_4\Omega^4 + \cdots + b_{2n}\Omega^{2n}}; \quad (m > n, b_0 \neq 0) \tag{3.158}$$

Der Faktor a_{2m} bestimmt die Steilheit des Filterübergangs bei $\Omega = 1$ und der Exponent $2m$ die Flachheit im Durchlaßbereich.

Die Polstellen (=Nullstellen des Nennerpolynoms von $f(\Omega)$) bestimmen die **Sperrstellen** des Filters. Wählt man alle Pole zu Null, dann liegen alle Sperrstellen im Unendlichen, woraus ein möglichst hoher Dämpfungsverlauf im Sperrbereich erwartet werden kann. Damit wird

$$f(\Omega) = \frac{a_{2m}\Omega^{2m}}{b_0} = c_{2m}\Omega^{2m} = f_D\Omega^{2m} \tag{3.159}$$

Hierbei ist $f(\Omega = 1) = c_{2m} = f_D$ der im Durchlaßbereich maximal zulässige Wert von $f(\omega)$, s. das Toleranzfeld nach Abb. 3.53. Mit $\Omega = P/j$ und $\Omega^2 = -P^2$ und Gl. 3.159 ermittelt man, da eine Potenzfunktion vorliegt

$$f\left(\frac{P}{j}\right) = \underline{\varphi}(P)\underline{\varphi}(-P) = f_D(-P^2)^m = f_D\,(P(-P))^m = \sqrt{f_D}P^m\sqrt{f_D}(-P)^m \tag{3.160}$$

□ **Beispiel 3.21**
Berechnung eines Potenz-Tiefpasses 4. Ordnung, $a_{BD} = 0,02$ Np, $f_D = e^{2a_{BD}} - 1 = 0{,}0408$, $a_{BS} = 1,2$ Np, $f_S = e^{2a_{BS}} - 1 = 10{,}02$. (Beschaltung: $R_1 = R_2 = R$).

Mit Gl. (3.160) erhält man

$$\underline{\varphi}(P) = \sqrt{f_D}P^4 = \left(\sqrt[8]{f_D}P\right)^4 = S^4 = \frac{\underline{F}(S)}{\underline{G}(S)} \tag{3.161}$$

sowie $\underline{F}(S) = S^4$ und $\underline{G}(S) = 1$. Damit ist $\underline{H}(S)$ ermittelbar, Gl. (3.154),

$$\underline{H}(S)\underline{H}(-S) = \underline{F}(S)\underline{F}(-S) + \underline{G}(S)\underline{G}(-S) = S^8 + 1 \tag{3.162}$$

Die Zerlegung in Wurzelfaktoren durch Ermittlung der Nullstellen S_k ($k = 0, 1, 2, \ldots 7$) liefert.

$$S^8 + 1 = 0;\ S_k = \sqrt[8]{-1} = (-1)^{\frac{1}{8}} = e^{j(\pi + 2k\pi)\frac{1}{8}} = \cos\left(\frac{\pi}{8} + k\frac{\pi}{4}\right) + j\sin\left(\frac{\pi}{8} + k\frac{\pi}{4}\right). \tag{3.163}$$

Zur Lage der Nullstellen in der komplexen Ebene s. Abb. 3.54. Damit erhält man

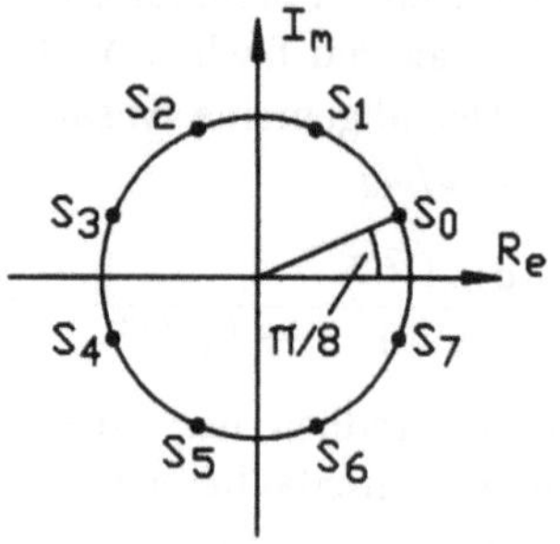

Abbildung 3.54: Nullstellen $S_k (k = 0, 1, 2, \ldots 7)$

mit der neuen Variablen S

$$\underline{H}(S) = (S - S_2)(S - S_3)(S - S_4)(S - S_5) \tag{3.164}$$

$$\underline{H}(S) = S^4 + 2{,}613S^3 + 3{,}414S^2 + 2{,}613S + 1 = B_4(S), \tag{3.165}$$

das zugehörige Butterworth-Polynom 4. Grades. Die Kettenmatrix des Tiefpaß-Reaktanz-Vierpols ist mit $\underline{F}$ und $\underline{G}$, die aus $\underline{H}$(S) folgen, berechenbar.

$$\underline{A}_{11} = \sqrt{\frac{R_1}{R_2}}\text{Ger}\frac{H + F}{G} = 2S^4 + 3{,}414S^2 + 1 \tag{3.166}$$

$$\underline{A}_{12} = \sqrt{R_1 R_2}\text{Unger}\frac{H + F}{G} = 2{,}613(S^3 + S)R \tag{3.167}$$

$$\underline{A}_{21} = \frac{1}{\sqrt{R_1 R_2}}\text{Unger}\frac{H - F}{G} = 2{,}613(S^3 + S)\frac{1}{R} \tag{3.168}$$

$$\underline{A}_{22} = \sqrt{\frac{R_2}{R_1}} \mathrm{Ger} \frac{H-F}{G} = 3,414S^2 + 1 \tag{3.169}$$

(Ger=gerader Anteil, Unger=ungerader Anteil).

Nun kann man den Leerlauf-Eingangswiderstand oder den Kurzschluß-Eingangswiderstand des Vierpols bilden. Gewählt wird der Leerlauf-Eingangswiderstand, da er den Grad der Kettenmatrix aufweist.

$$\underline{Z}_{1l} = \frac{\underline{A}_{11}}{\underline{A}_{21}} = R\frac{2S^4 + 3,414S^2 + 1}{2,613(S^3 + S)} \tag{3.170}$$

$\underline{Z}_{l1}$ wird nun zur Realisierung mit $S = \sqrt[8]{f_D}P = \alpha P$ in einen Kettenbruch entwickelt.

$$\underline{Z}_{1l} = 0,765\alpha RP + \cfrac{1}{1,85\frac{\alpha}{R}P + \cfrac{1}{1,85\alpha RP + \cfrac{1}{0,765\frac{\alpha}{R}P}}} \tag{3.171}$$

Aus der Kettenbruchentwicklung folgt die in Abb. 3.55a dargestellte Filterschaltung. Nun ermittelt man den Verlauf der Betriebsdämpfung $a_B(\Omega)$ aus $f(\Omega)$ mit

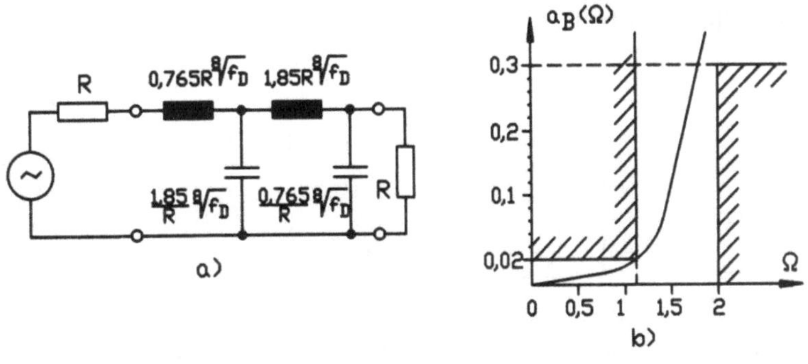

Abbildung 3.55: a) Butterworth-Filter 4. Ordnung; b) Verlauf der Betriebsdämpfung

Gl. (3.151).

$$f(\Omega) = e^{2a_B(\Omega)} - 1 = \varphi(j\Omega)\varphi(-j\Omega) = \sqrt{f_D}(-\Omega^2)^2\sqrt{f_D}(\Omega^2)^2 = f_D\Omega^8 \tag{3.172}$$

$$a_B(\Omega) = \frac{1}{2}\ln\left(1 + f_D\Omega^8\right) \tag{3.173}$$

$a_B(\Omega)$ ist in Abb. 3.55b grafisch dargestellt. Das zugehörige Toleranzschema ist ebenfalls eingezeichnet.

Der maximal flache Verlauf im Durchlaßbereich mit einem steilen Übergang an der oberen Grenzfrequenz beim Butterworth-Filter führt auf starkes Überschwingen von Impuls- und Sprungantwort. Macht man einen Approximationsansatz wie beim Butterworth-Tiefpaß und achtet gleichzeitig darauf, daß die Vierpol-Gruppenlaufzeit $\tau_g = db_D/d\omega$ im Durchlaßbereich nur schwach von ω abhängt, so erhält man einen **Bessel-Tiefpaß** (auch Thompson-Tiefpaß), der nur ein geringes Überschwingen von Impulsantwort und Sprungantwort aufweist.

3.3.4.2 Normierter Tschebyscheff-Tiefpaß

Der Verlauf der Betriebsdämpfung im Durchlaß- und Sperrbereich eines Filters kann auch mit Hilfe von Tschebyscheff-Polynomen approximiert werden. Tschebyscheff-Polynome sind durch

$$T_n(x) = \cos n\varphi = \cos n(\arccos x); \quad x = \cos\varphi \tag{3.174}$$

mit $(n = 0, 1, 2, \ldots)$ definiert. Damit gilt für die ersten 4 Tschebyschew-Polynome

$$T_0(x) = 1; \quad T_1(x) = \cos\varphi = x; \quad T_2(x) = \cos 2\varphi = 2\cos^2\varphi - 1 = 2x^2 - 1 \tag{3.175}$$

$$T_3(x) = \cos 3\varphi = 4\cos^3\varphi - 3\cos\varphi = 4x^3 - 3x; \quad T_4(x) = \cos 4\varphi = 8x^4 - 8x^2 + 1. \tag{3.176}$$

Abb. 3.56 zeigt ihren Verlauf.

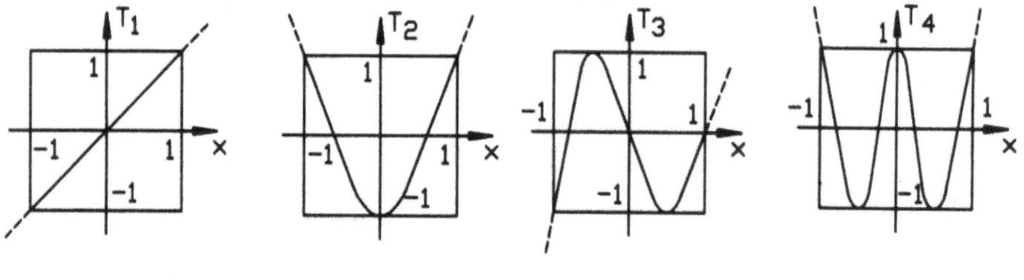

Abbildung 3.56: Verlauf der Tschebyscheff-Polynome für $n = 1, 2, 3, 4$

Zunächst soll **Tschebyscheff-Verhalten im Durchlaßbereich** des Tiefpasses betrachtet werden. Für $f(\Omega)$ nach Gl. (3.157) kommen nur gerade Polynome $T_{2n}(\Omega)$ in Frage, da voraussetzungsgemäß $f(\Omega)$ gerade sein muß. Außerdem müssen in $f(\Omega)$ alle Sperrstellen im Unendlichen liegen, wie auch beim Potenzfilter angenommen. Für gerade Tschebyscheff-Polynome, z.B. T_4 nach Gl. (3.176), macht man den Ansatz

$$f(\Omega) = T_{2n}\frac{f_D}{2} + \frac{f_D}{2} = f_D\left(\frac{1}{2}\left[T_{2n}(\Omega) + 1\right]\right) = f_D T_n^2(\Omega). \tag{3.177}$$

Da T_n gerade für gerades n und ungerade für ungerades n ist, gilt

$$f(\Omega) = f_D(-1)^n T_n(\Omega) T_n(-\Omega); \quad f_D = e^{2a_{BD}} - 1. \tag{3.178}$$

Setzt man nun $\Omega^2 = -P^2$ und $\Omega = P/j$, so erhält man

$$f\left(\frac{P}{j}\right) = f_D(-1)^n T_n\left(\frac{P}{j}\right) T_n\left(-\frac{P}{j}\right) = \varphi(P)\varphi(-P) \tag{3.179}$$

und hieraus

$$\varphi(P) = \sqrt{f_D(-1)^n} T_n\left(\frac{P}{j}\right) = j^n\sqrt{f_D} T_n\left(\frac{P}{j}\right) \tag{3.180}$$

Z.B. erhält man für $n = 3$

$$\varphi(P) = j^3\sqrt{f_D} T_3\left(\frac{P}{j}\right) = j^3\sqrt{f_D}\left(4\frac{P^3}{j^3} - \frac{3P}{j}\right) = \sqrt{f_D}(4P^3 + 3P)$$

Wählt man $n = 4$, so folgt

$$\varphi(P) = j^4\sqrt{f_D} T_4\left(\frac{P}{j}\right) = \sqrt{f_D}(8P^4 + 8P^2 + 1)$$

Im folgenden Beispiel wird ein Tiefpaß mit Tschebyscheff-Verhalten im Durchlaßbereich berechnet.

Fordert man **Tschebyscheff-Verhalten im Sperrbereich**, dann hat der Zähler von $f(\Omega)$ nach Gl. (3.157) für $\Omega = 0$ den Wert a_0. Im Zähler verbleibt lediglich $a_0 = f_S$. Der Ansatz für Tschebyscheff-Verhalten im Sperrbereich lautet deshalb

$$f(\Omega) = \frac{f_S}{T_n^2\left(\frac{\Omega_s}{\Omega}\right)}. \tag{3.181}$$

Im Durchlaßbereich erhält man dann maximal flachen Verlauf wie beim Butterworth-Filter.

□ **Beispiel 3.22**
Tiefpaß-Filter 4. Ordnung ($n = 4$) mit Tschebyscheff-Verlauf im DB ($a_{BD} = 0{,}02$ Np, $f_D = 0{,}0408$), ($R_1 = R_2 = R$) ($f_D = e^{2a_{BD}} - 1$).

Zunächst wird ein Tschebyscheff-Polynom von beliebigem Grade n betrachtet. Zur Bestimmung der $\underline{A}_{ik}$ der Kettenmatrix aus der das Filter realisiert wird, geht man wie beim Potenz-Tiefpaß nach den Gln. (3.151) bis (3.156) vor. Mit Gl. (3.180) erhält man dann

$$\varphi(P) = j^n\sqrt{f_D} T_n\left(\frac{P}{j}\right) = \frac{\underline{F}(P)}{\underline{G}(P)} \tag{3.182}$$

und hieraus $\underline{G}(P) = 1$ und $\underline{F}(P) = j^n\sqrt{f_D} T_n\left(\frac{P}{j}\right)$. Mit diesen Ergebnissen folgt weiter

$$\underline{H}(P)\underline{H}(-P) = \underline{F}(P)\underline{F}(-P) + \underline{G}(P)\underline{G}(-P) = f_D T_n^2\left(\frac{P}{j}\right) + 1. \tag{3.183}$$

Von dem vorstehenden Ausdruck sind nun die Nullstellen zu finden, damit die Zerlegung in Wurzelfaktoren erfolgen kann.

$$f_D T_n^2\left(\frac{P}{j}\right) = -1; \quad T_n\left(\frac{P}{j}\right) = \pm\frac{j}{\sqrt{f_D}} = \cos n\varphi; \quad \cos\varphi = T_1\left(\frac{P}{j}\right) = \frac{P}{j} \tag{3.184}$$

gemäß der Definition der Tschebyscheff-Polynome. Zur Bestimmung der Nullstellen führt man nun den komplexen Parameter $\varphi = \varphi_1 + j\varphi_2$ ein. Damit erhält man

$$T_n\left(\frac{P}{j}\right) = \cos(n\varphi_1 + jn\varphi_2) = \cos n\varphi_1 \cos jn\varphi_2 - \sin n\varphi_1 \sin jn\varphi_2 \tag{3.185}$$

$$= \cos n\varphi_1 \cosh n\varphi_2 - \sin n\varphi_1 j \sinh n\varphi_2 = \pm\frac{j}{\sqrt{f_D}} \tag{3.186}$$

Da in der vorstehenden Gleichung $\cosh n\varphi_2 \neq 0$ ist, ist $\cos n\varphi_1 = 0$ und damit $n\varphi_1 = \frac{\pi}{2} + k\pi$; $(k = 0, \pm1, \pm2 \pm \cdots)$. Also ist $\varphi_1 = \frac{\pi}{2n} + k\frac{\pi}{n}$. Damit wird $\sin n\varphi_1 = \sin(\frac{\pi}{2} + k\pi) = (-1)^k$. Durch Koeffizientenvergleich folgt dann aus Gl. (3.186) $\sinh n\varphi_2 = \mp(-1)^k\frac{1}{\sqrt{f_D}}$ und $\varphi_2 = \mp(-1)^k\frac{1}{n}\operatorname{arsinh}\frac{1}{\sqrt{f_D}}$.

Mit Gl. 3.184 gilt somit für die Nullstellen

$$P = j\cos\varphi = j\cos(\varphi_1 + j\varphi_2) = \sin\varphi_1 \sinh\varphi_2 + j\cos\varphi_1 \cosh\varphi_2. \tag{3.187}$$

Setzt man in φ_1 und φ_2, $n = 4$ und $f_D = 0,0408$ ein, so erhält man $\varphi_1 = \frac{\pi}{8} + k\frac{\pi}{4}$ und $\varphi_2 = \pm(1/4)\operatorname{arsinh}4,95 = \pm0,575$. Hieraus ermittelt man $\sinh\varphi_2 = \pm0,607$ und $\cosh\varphi_2 = 1,17$. Somit erhält man für die Nullstellen nach Gl. (3.187) mit $k = 0,1,2,3$ acht verschiedene Nullstellen der Form

$$P_k = \mp(-1)^k 0,607\sin\left(\frac{\pi}{8} + k\frac{\pi}{4}\right) + j1,17\cos\left(\frac{\pi}{8} + k\frac{\pi}{4}\right) \tag{3.188}$$

Es läßt sich zeigen, daß alle Nullstellen auf einer Ellipse in der komplexen Ebene mit den Halbachsen $\pm0,607$ und $\pm j1,17$ liegen, s. Abb. 3.57

$$\begin{aligned} P_0 &= -0,232 + j1,08;\ P_1 = -0,56 + j0,448;\ P_2 = P_1^*;\ P_3 = P_0^* \\ P_4 &= 0,232 - j1,08;\ P_5 = 0,56 - j0,448;\ P_6 = 0,56 + j0,448; \\ P_7 &= 0,232 + j1,08 \end{aligned} \tag{3.189}$$

Gl. (3.183) kann nun durch seine Wurzelfaktoren dargestellt werden.

$$\underline{H}(P)\underline{H}(-P) = \underline{F}(P)\underline{F}(-P) + 1 = (P - P_0)(P - P_1)\cdots(P - P_7). \tag{3.190}$$

Die Aufspaltung der vorgenannten Gleichung in $\underline{H}(P)$ und $\underline{H}(-P)$ bzw. $\underline{F}(P)$ und $\underline{F}(-P)$ liefert dann

$$\underline{H}(P) = \sqrt{f_D}(8P^4 + 12,56P^3 + 18P^2 + 12,81P + 5); \quad \underline{F}(P) = \sqrt{f_D}(8P^4 + 8P^2 + 1). \tag{3.191}$$

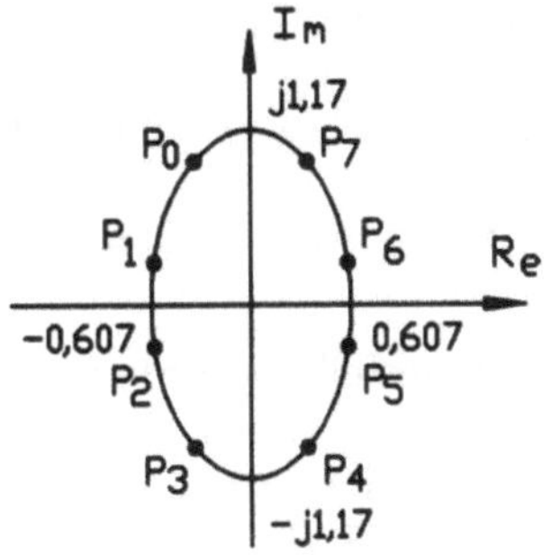

Abbildung 3.57: Nullstellen $P_k(k = 0, 1, 2, 3)$

Damit können die Glieder der Kettenmatrix des Filtervierpols mit den Gln. (3.155) und (3.156) ermittelt werden.

$$\underline{A}_{11} = \sqrt{f_D}(16P^4 + 26P^2 + 6); \quad \underline{A}_{12} = \sqrt{f_D}(12,65P^3 + 12,81P)R \tag{3.192}$$

$$\underline{A}_{21} = \sqrt{f_D}(12,65P^3 + 12,81P)\frac{1}{R}; \quad \underline{A}_{22} = \sqrt{f_D}(10P^2 + 4) \tag{3.193}$$

Der Grad der Matrix ist 4, dies ist auch der höchste Grad der rationalen Funktion des Leerlauf-Eingangswiderstandes $\underline{Z}_{1l}$, der in einen Kettenbruch entwickelt wird.

$$\underline{Z}_{1l} = \frac{\underline{A}_{11}}{\underline{A}_{21}} = 1,265PR + \cfrac{1}{\frac{1,29}{R}P + \cfrac{1}{1,932PR + \cfrac{1}{\frac{0,845}{R}P}}} \tag{3.194}$$

Aus der Kettenbruchentwicklung erhält man die in Abb. 3.58a wiedergegebene Schaltung für das Tiefpaßfilter. Den Frequenzverlauf der Betriebsdämpfung er-

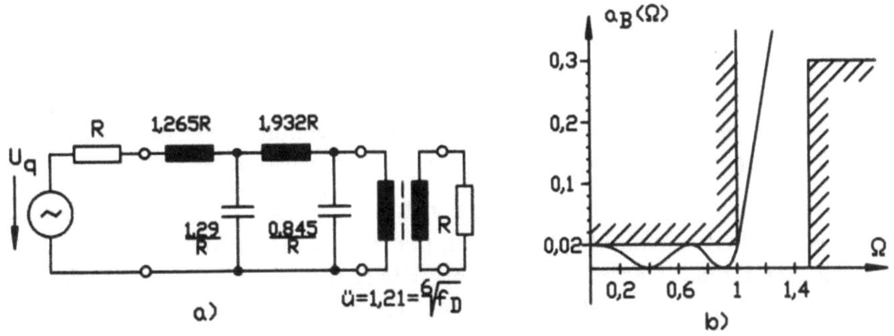

Abbildung 3.58: Tschebyscheff-Tiefpaß: a)Schaltung; b) Betriebsdämpfung $a_B(\omega)$

mittelt man mit Gl. (3.151) und Gl. (3.177) zu

$$f(\Omega) = e^{2a_B} - 1 = f_D T_4^2(\Omega); \quad a_B = \frac{1}{2}\ln[1 + f_D T_4^2(\Omega)]. \tag{3.195}$$

Mit $f_D = 0,0408$ ergibt sich der in Abb. 3.58b dargestellte Verlauf der Betriebsdämpfung.

Wie bereits in Abschn. 2.3.3 dargestellt, erfordert eine verzerrungsfreie Übertragung einen linear ansteigenden Phasenverlauf $b_D(\omega) = -\phi_D(\omega)$ bzw. einen konstanten Verlauf der Gruppenlaufzeit $\tau_g = db_D/d\omega$ im DB. Der Phasenverlauf bei einem LC-Vierpol ist jedoch im DB eine transzendente arctan-Funktion, die nur in bestimmten Bereichen näherungsweise eine lineare Phase bzw. konstante Gruppenlaufzeit aufweist. Betriebsparameterfilter erfüllen diese Forderung deshalb nur näherungsweise. Der bereits weiter oben erwähnte Besseltiefpaß weist im DB eine fast konstante Gruppenlaufzeit auf und erfüllt somit die Forderung nach einer linearen Phase am besten. Allerdings steht diesem Vorteil der Nachteil der Amplitudenverzerrung gegenüber, wie Abb. 3.59, der Darstellung von $a_B(\Omega)$ einiger Betriebsparameter-Tiefpässe 10. Ordnung, zu entnehmen ist. Der oft

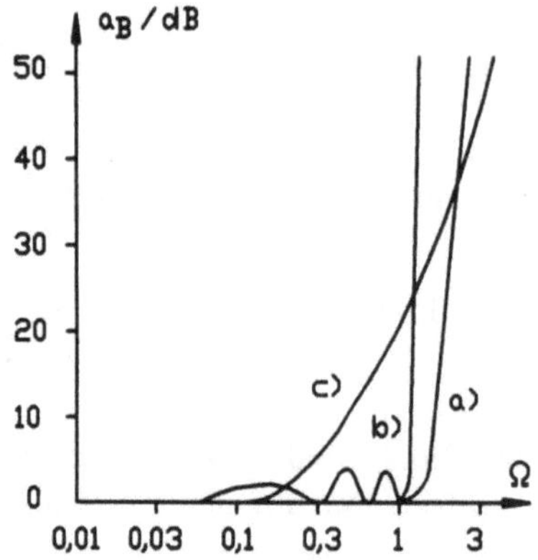

Abbildung 3.59: Betriebsparametertiefpässe 10. Ordnung: a) Butterworth-TP; b) Tschebyscheff-TP; c) Bessel-TP

gewünschte näherungsweise rechteckförmige Betriebsdämpfungsverlauf wird mit Tschebyscheff-und Butterworth-Tiefpässen besser genähert als mit Besselfiltern, nicht jedoch der lineare Phasenverlauf, der nicht dargestellt ist [52].

Grundsätzlich führen Filter mit nahezu konstanter Betriebsdämpfung im DB, aber nichtkonstanter Gruppenlaufzeit auf Gruppenlaufzeitverzerrungen im Signal. Liegen an den Durchlaßgrenzen allmählichere Übergänge der Betriebsdämpfung vor, so haben diese Filter eine nahezu konstante Gruppenlaufzeit im DB, verursachen jedoch im Signal Amplitudenverzerrungen.

3.3.4.3 Tiefpaß-Filter mit wählbaren Dämpfungs-Nullstellen und Sperrstellen

Tiefpaß-Filter mit einer gewünschten Anzahl von Nullstellen der Betriebsdämpfung im Durchlaßbereich und Sperrstellen im Sperrbereich sind ebenfalls realisierbar. Als Bezugsfrequenz wählt man hier $\omega_B = \sqrt{\omega_d \omega_s}$. Damit gilt für die Frequenznormierung $\Omega_d = \frac{\omega_d}{\omega_B}$, $\Omega_s = \frac{\omega_s}{\omega_B}$ und $\Omega_d \Omega_s = 1$. In Abb. 3.60 ist ein solches Tiefpaß-Filter mit den entsprechenden Nullstellen und Sperrstellen in qualitativer Form wiedergegeben. Zur Approximation wählt man den Ansatz, Gl. (3.152),

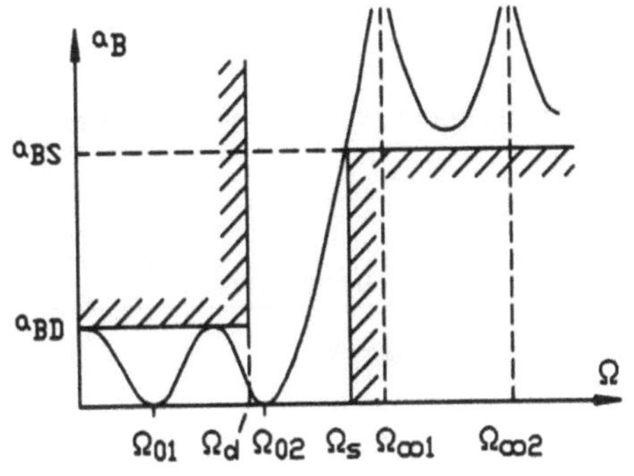

Abbildung 3.60: $a_B(\omega)$ bei wählbaren Null- und Sperrstellen

$$f(\Omega) = K^2 \Omega^{2r} \frac{\left(\Omega^2 - \Omega_{01}^2\right)^{2m_1} \left(\Omega^2 - \Omega_{02}^2\right)^{2m_2} \cdots}{\left(\Omega^2 - \Omega_{\infty 1}^2\right)^{2n_1} \left(\Omega^2 - \Omega_{\infty 2}^2\right)^{2n_2} \cdots} \tag{3.196}$$

($m_k > 0; n_k > 0$). Beim Tiefpaß sind alle $r = 0, 1, 2, \ldots$ positiv und Grad Zähler > Grad Nenner.

Beim **frequenzreziproken Tiefpaß** bildet man die Polfrequenzen (Sperrstellen) aus dem Kehrwert der Nullfrequenzen (Dämpfungsnullstellen) $\Omega_{\infty k} = 1/\Omega_{0k}$.

Wählt man die Dämpfungsnullstellen Ω_{0k} im Durchlaßbereich so, daß dort Tschebyscheff-Verhalten vorliegt, dann hat man dieses Verhalten auch im Sperrbereich. Der hieraus resultierende Tiefpaß heißt **Cauer-Tiefpaß**, der ein frequenzreziprokes Filter darstellt.

3.3.4.4 Frequenztransformation

Grundsätzlich kann man auch den Verlauf der Betriebsdämpfung $a_B(\omega)$ von Hochpaß, Bandpaß und Bandsperre mit den oben angegebenen Polynom-Verfahren approximieren; dies ist jedoch aufwendig. Einfacher ist die Anwendung der Frequenztransformation, mit der die Reaktanzen aller Filtertypen, nämlich von Tiefpaß, Hochpaß, Bandpaß und Bandsperre aus den Reaktanzen des Normtiefpasses ermittelt werden können; eine Methode die wir bereits bei der Diskussion der Wellenparameterfilter benutzt haben. Die dort verwendeten Transformationsgleichungen für Hochpaß, Bandpaß und Bandsperre, s. Tabelle 3.2, können ohne Einschränkung auch für Betriebsparameterfilter verwendet werden. Allerdings existiert hier kein Betriebsparameter-Filter-Halbglied, sondern jeweils ein Normtiefpaß, dessen Längsglieder (Index I) und Querglieder (Index II) separat transformiert werden. In Tab. 3.3 sind die Längs- und Querglieder beim Normtiefpaß und den davon abgeleiteten Filtern dargestellt.

Tabelle 3.3: Längs-und Querglieder verschiedener Filtertypen (ω_{d1}= Grenzfrequenz bei BP und BS)

	Filter-Längsglieder	Filter-Querglieder
Norm-Tiefpaß		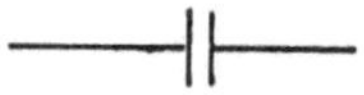
Abgeleiteter Tiefpaß $\Omega = \eta; \quad \eta = \omega/\omega_d$	 $L_I = L\omega_B/\omega_d$	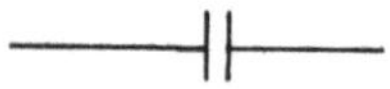 $C_{II} = C\omega_B/\omega_d$
Hochpaß $\Omega = -1/\eta; \quad \eta = \omega/\omega_d$	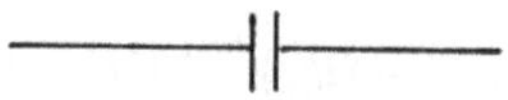 $C_I = 1/(\omega_d L\omega_B)$	 $L_{II} = 1/(\omega_d C\omega_B)$
Bandpaß $\Omega = \frac{\eta^2-1}{2\eta_r\eta}; \; . \; \eta = \omega/\omega_m$ $\omega_m = (\omega_{d1}\cdot\omega_{d2})^{0,5}$	 $L_I = \omega_B L/(\omega_{d2}-\omega_{d1})$ $C_I = (\omega_{d2}-\omega_{d1})/(\omega_m^2\omega_B L)$	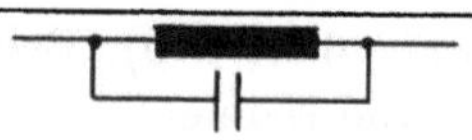 $L_{II} = (\omega_{d2}-\omega_{d1})/(\omega_m^2\omega_B C)$ $C_{II} = (\omega_B C)/(\omega_{d2}-\omega_{d1})$
Bandsperre $\Omega = \frac{2\eta_r}{1-\eta^2}; \quad \eta = \omega/\omega_m$ $\omega_m = (\omega_{d1}\cdot\omega_{d2})^{0,5}$	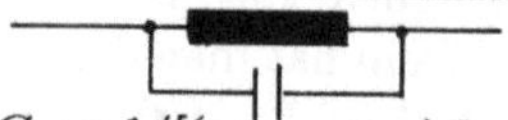 $C_I = 1/[(\omega_{d2}-\omega_{d1})L\omega_B]$ $L_I = (\omega_{d2}-\omega_{d1})L\omega_B/\omega_m^2$	 $C_{II} = (\omega_{d2}-\omega_{d1})C\omega_B/\omega_m^2$ $L_{II} = 1/[(\omega_{d2}-\omega_{d1})C\omega_B]$

$\Omega = \omega/\omega_B$ (ω_B = Bezugsfrequenz) ist die normierte Frequenz im Normtiefpaß und η die normierte Frequenz im abgeleiteten Filter. Für den **Normtiefpaß** gilt für

Längs- und Querglied

$$\underline{Z}_{IN} = j\Omega L\omega_B; \quad \underline{Z}_{IIN} = \frac{1}{j\Omega C\omega_B}. \tag{3.197}$$

Durch Einsetzen der Transformationsgleichungen aus Tabelle 3.2 in die vorstehenden Gleichungen für den Normtiefpaß erhält man L_I und C_I für die Längsglieder sowie L_{II} und C_{II} für die Querglieder, s. Tabelle 3.3 [50-54].

3.3.5 Passive Entzerrer

Bereits bei den Betrachtungen in Abschnitt 2.3.3 wurden die Bedingungen für eine verzerrungsfreie Übertragung ermittelt. Im Durchlaßbereich eines Übertragungssystems muß die Betragsübertragungsfunktion $|\underline{H}(f)|$ bzw. ihr Kehrwert, der Betragsdämpfungsfaktor $|\underline{D}(f)|$ konstant sein, und Phase $\phi(f)$ bzw. Dämpfungswinkel $b(f)$ müssen linear verlaufen. Im praktischen Betrieb, ist keine dieser Forderungen in idealer Weise erreichbar. Leitungen, s. Abschn. 3.2.5.1, verursachen im Bereich II wegen ihrer frequenzabhängigen Dämpfung und Phase ebenso **Amplituden-und Gruppenlaufzeitverzerrungen** wie Filter, deren Gruppenlaufzeit und Dämpfung im DB nicht ganz konstant ist, s. Abschn. 3.3.3 und 3.3.4. **Amplituden-und Gruppenlaufzeitverzerrungen** werden als **lineare Verzerrungen** und Amplitudenverzerrungen oft als Dämpfungsverzerrungen bezeichnet.

3.3.5.1 Passive Amplitudenentzerrer

Der klasssische Amplitudenentzerrer, auch Dämpfungsentzerrer genannt, besteht aus einem Brücken-T-Glied, s. Abb. 3.61, das ohmsche Widerstände enthält.

Der Entzerrer wird, z.B. zur Entzerrung einer Leitung mit dem zu entzerrenden Vierpol in Kette geschaltet, s. Abb. 3.62. Meist folgt dem Dämpfungsentzerrer ein Gruppenlaufzeitentzerrer, wie in Abb. 3.62a gezeigt. Man spricht dann von einem **Systementzerrer**.

Damit bei dem Dämpfungsentzerrer nach Abb. 3.61 die Wellendämpfung gleich der Betriebsdämpfung wird, s. Gl. (3.114) , hat der Entzerrer einen frequenzunabhängigen Wellenwiderstand.

$$\underline{Z}_L = \sqrt{\underline{Z}_{1k}\underline{Z}_{1l}} = R \tag{3.198}$$

Für das Entzerrer-Wellenübertragungsmaß findet man

$$\tanh \underline{g} = \sqrt{\frac{\underline{Z}_{1k}}{\underline{Z}_{1l}}}; \quad \underline{g} = \ln(1 + \underline{Z}_b/R) = a + jb; \quad a = \ln\left|\frac{R + \underline{Z}_b}{R}\right|. \tag{3.199}$$

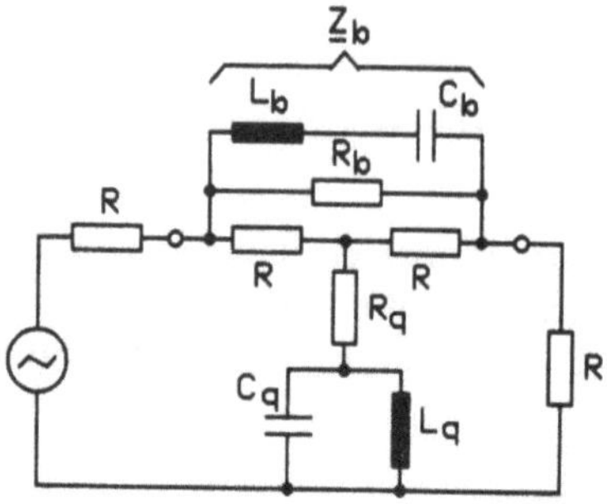

Abbildung 3.61: Dämpfungsentzerrer

Brücken-Längs- und Querzweig sind dual zueinander $\underline{Z}_q = \frac{R^2}{\underline{Z}_b}$.

$$\begin{aligned} \underline{Z}_q &= \underline{Z}_2 + \frac{1}{j\omega C_q}; \quad \underline{Z}_2 = \frac{1}{\frac{1}{R_q} + \frac{1}{j\omega L_q}} \\ \underline{Y}_b &= \underline{Y}_1 + \frac{1}{j\omega L_b}; \quad \underline{Y}_1 = \frac{1}{R_b + \frac{1}{j\omega C_b}} \end{aligned} \tag{3.200}$$

Bei der Resonanzkreisfrequenz $\omega_r = 1/\sqrt{(L_b C_b)}$ schaltet das Brückenglied durch. Die Vierpoldämpfung a wird dort zu Null. Bei $\omega = 0$ und $\omega = \infty$ hat a einen endlichen Wert, s. Abb. 3.62b.

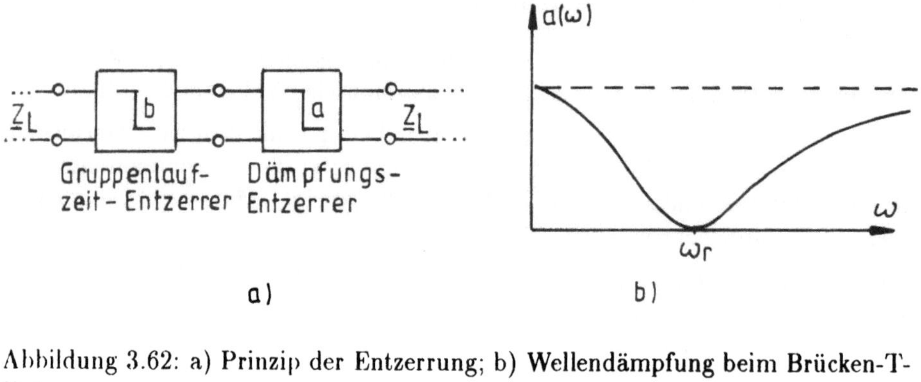

Abbildung 3.62: a) Prinzip der Entzerrung; b) Wellendämpfung beim Brücken-T-Entzerrer

Dieser einfache Dämpfungsentzerrer verändert auch unerwünscht die Gruppenlaufzeit $\tau_g = db/d\omega$, da das Wellenphasenmaß b frequenzabhängig ist, s. Gln. 3.199. Man realisiert deshalb Dämpfungsentzerrer auch durch sogenannte **Mindestphasenvierpole**, dies sind allpaßfreie Vierpole.

Ein Allpaß ist eine Reaktanzschaltung die dämpfungsfrei ist und lediglich die Phase frequenzabhängig verändert, s. Abschn. 3.3.5.2. Ein allpaßfreier Vierpol verursacht keine Phasenänderung und somit auch keine Veränderung der Gruppenlaufzeit.

Die Pol- und Nullstellen der Mindestphasen-Vierpole liegen in der linken Halbebene der komplexen Ebenen. Zur Entzerrung wird eine Betriebsübertragungsfunktion bzw. Betriebsdämpfungsfunktion mit Hilfe der im vorigen Abschnitt behandelten Approximierungsverfahren so realisiert, daß die im zu entzerrenden Vierpol (z.B. metallische Leitung) vorliegende frequenzabhängige Dämpfung zu einer geringen konstanten Dämpfung kompensiert wird [31, 43, 54].

Modernere Dämfpungsentzerrer werden aus aktiven RC-Schaltungen oder als Transversalentzerrer aufgebaut. Auf diese Methoden wird in Abschn. 3.4 genauer eingegangen.

3.3.5.2 Passive Gruppenlaufzeitentzerrer

Der klassische Gruppenlaufzeitentzerrer ist das symmetrische Reaktanz-Allpaß-Kreuzglied, s. Abb. 3.63. Der Gruppenlaufzeitentzerrer wird geschaltet, wie am Beispiel einer Leitungsentzerrung nach Abb. 3.62a gezeigt.

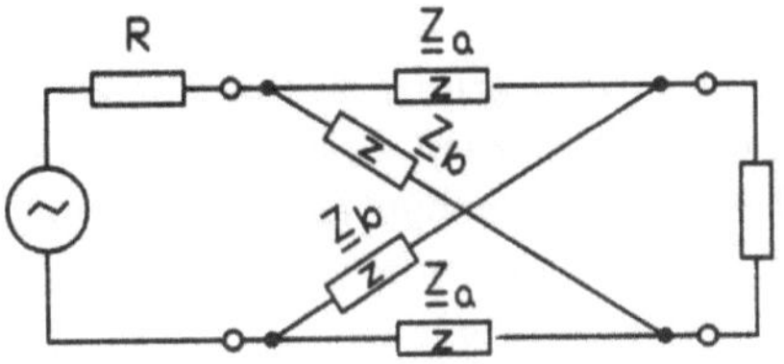

Abbildung 3.63: Allpaß-Kreuzglied

Den komplexen Betriebsdämpfungsfaktor des Kreuzgliedes erhält man mit Gl. (3.109) und Abb. 3.63 sowie $\underline{Z}_a \cdot \underline{Z}_b = R^2$

$$\underline{D}_B = \frac{\underline{U}_q}{2\underline{U}_2}\sqrt{\frac{R}{R}} = \frac{\underline{U}_q}{2\underline{U}_2} = \frac{R+\underline{Z}_a}{R-\underline{Z}_a} = \frac{R+jX(\omega)}{R-jX(\omega)} = 1\cdot e^{2j\arctan\frac{X}{R}} = 1\cdot e^{j2\phi(\omega)} \tag{3.201}$$

Damit lautet das komplexe Betriebsdämpfungsmaß

$$\underline{g}_B = \ln \underline{D}_B = a_B(\omega) + jb_B(\omega) = \ln 1 + j2\arctan\frac{X}{R} = jb. \tag{3.202}$$

Die Betriebsdämpfung a_B ist gleich der Wellendämpfung gleich Null, lediglich $b_B(\omega) = b(\omega)$ und die Gruppenlaufzeit $db(\omega)/d\omega$, verändern sich frequenzabhängig.

Durch geeignete Dimensionierung von $\underline{Z}_a = R^2/\underline{Z}_b$, sowie $\underline{Z}_L = R$ kann die Gruppenlaufzeitverzerrung verursacht durch einen Vierpol - z.B. die metallischen Leitung nach Abb. 3.62a - durch Kettenschaltung eines Entzerrers so kompensiert werden, daß nährungsweise ein konstanter Gruppenlaufzeitverlauf im Gesamtvierpol aus Leitung und Entzerrer entsteht.

Gruppenlaufzeitentzerrer können auch durch **Reaktanz-Allpässe** realisiert werden. Hierzu verwendet man die in Abschn. 3.3.4 beschriebenen Approximationen. Der Gruppenlaufzeitentzerrer ist dann ein Reaktanzvierpol mit $R = R_1 = R_2$, nach Abb. 3.52 und mit $a_B(\omega) = 0$. Damit wird auch Gl. (3.151), $f(\omega) = e^{2a_B(\omega)} - 1 = \varphi(j\omega)\varphi(-j\omega) = 0$. Mit diesen Voraussetzungen können Allpässe 1. und 2. Ordnung approximiert werden [31].

Auch das Brücken-T-Glied kann, ohne ohmsche Widerstände, als Gruppenlaufzeitentzerrer verwendet werden (Allpaß 2.Ordnung) [31].

Die Gruppenlaufzeitentzerrung nach moderneren Methoden erfolgt mit aktiven Allpässen aus RC-Gliedern, oder durch Transversalentzerrer. In Abschn. 3.4 werden diese Methoden genauer behandelt.

3.4 Aktive Vierpol-Komponenten

Aktive Vierpolkomponenten enthalten als aktive Elemente meist Transistoren.oder Röhren. In der Kommunikationstechnik besonders wichtige aktive Komponenten sind Verstärker. Zunächst werden deshalb Transistor-Kleinsignalverstärker des NF-Bereichs und ihre entsprechenden Ersatzbilder behandelt. Auch Operationsverstärker und Großsignalverstärker werden betrachtet. Weitere Themen sind aktive Filter und Transversalentzerrer.

3.4.1 NF-Kleinsignal-Verstärker

Verstärker des Niederfrequenzbereichs ($f < 100$ kHz) werden fast ausschließlich aus bipolaren npn- oder pnp-Transistoren aufgebaut. Letztere bestehen aus zwei pn-Übergängen mit einer gemeinsamen mittleren p-Schicht (npn-Transistor) oder n-Schicht (pnp-Transisitor). In Abb. 3.64 ist der Aufbau dieser Transistoren schematisch dargestellt. Die drei Schichten eines Transistors sind jeweils mit drei Anschlüssen verbunden, die als Emitter (E), Basis (B) und Kollektor (C) bezeichnet werden. Die Basiszone ist gegenüber Emitter und Kollektor nur schwach dotiert. Alle folgenden Betrachtungen beziehen sich auf den npn-Transistor. Beim pnp-Transistor sind die Vorzeichen der Gleichströme und Gleichspannungen lediglich umzukehren.

Fügt man einen Transistor in eine Schaltung mit zwei Gleichspannungsquellen ein (Abb. 3.65)a, so fließt bei geöffnetem Schalter (S) lediglich der Kollektor-

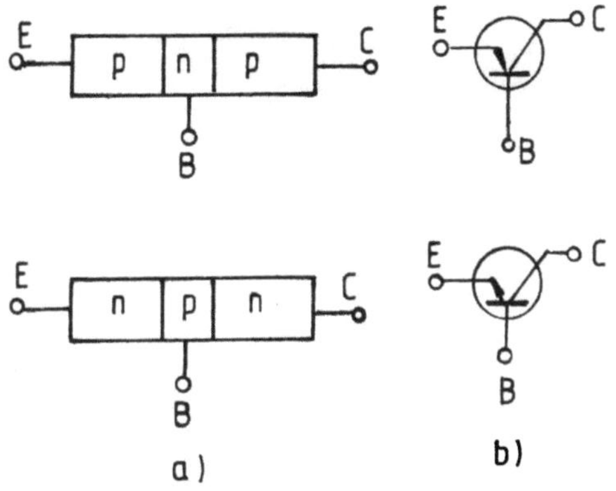

Abbildung 3.64: Bipolare Transistoren: a) Aufbauschema; b) Schaltsymbole

Reststrom I_{C0}, über die Kollektor-Basis-Diode (pn-Übergang) da diese in Sperrichtung gepolt ist. Bei geschlossenem Schalter (S) ist die Emitter-Basis-Diode

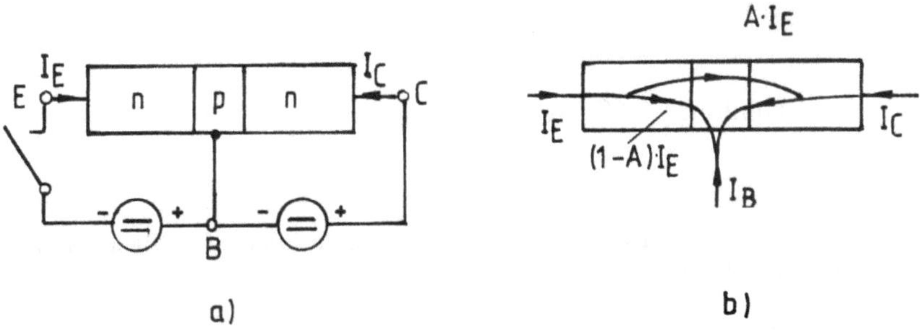

Abbildung 3.65: a) npn-Transistor mit zwei Stromquellen; b) Gleichströme im Transistor

in Durchlaßrichtung gepolt. Es fließt dann ein Strom der fast ausschließlich aus den "Majoritätsträgern" des Emitters den Elektronen gebildet wird. Die Elektronen werden an der Kollektor-Sperrschicht durch das dort vorhandene elektrische Feld - verursacht durch die am Kollektor liegende Spannungsquelle - beschleunigt und fließen zum Kollektor ab. Ein kleiner Teil der Emitterelektronen diffundiert zum Basisanschluß und fließt als Basisstrom ab. Abb. 3.65b zeigt die Ströme im Transistor. Hierbei ist mit I_E dem Emittergleichstrom und I_C dem Kollektorgleichstrom $A = I_E/I_C$ = 0,9 bis 0,999 der Gleichstrom-Übertragungsfaktor. Das Gleichstromverhalten (=statische Verhalten) der bipolaren Transistoren läßt sich durch Auswertung der Ebers-Moll-Gleichungen [63] durch Kennlinien darstellen, die für den npn-Transistor in Abb. 3.66 wiedergegeben sind. (In Abb. 3.66 sind: I_C=Kollektor-Gleichstrom; U_{CE}= Kollektor-Emitter-

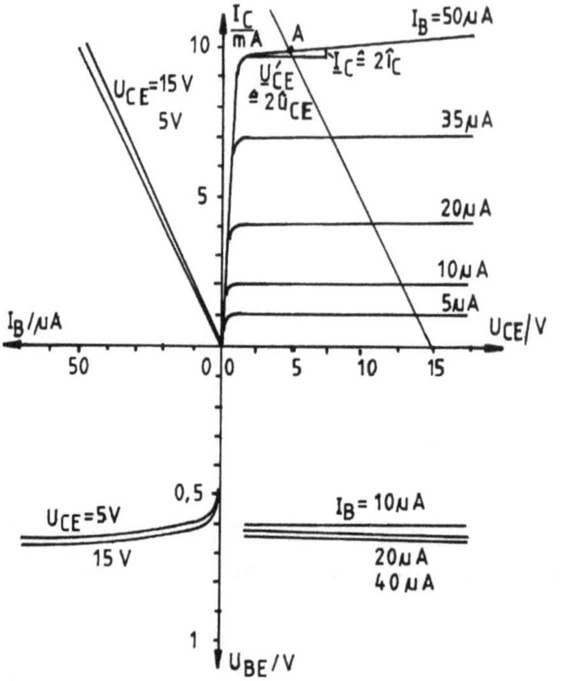

Abbildung 3.66: Kennlinienfelder eines npn-Transistors

Gleichspannung; U_{BE}=Basis-Emitter- Gleichspannung; I_B=Basis-Gleichstrom; I_E=Emitter-Gleichstrom)

Mit Kleinsignal-Verstärkern die *unipolare* Transistoren (Feldeffekt-Transistoren) als aktives Element enthalten und die ebenfalls im Kleinsignalbereich verwendet werden können, werden die hohen Verstärkungsfaktoren der Verstärker mit bipolaren Transistoren nicht erreicht. Für spezielle Anwendungen, z.B. leistungslose Steuerung oder rauscharme Verstärker im Hochfrequenz-Bereich, kommen sie jedoch zur Anwendung, s. Kapitel 4.

Zur Beschreibung eines bipolaren Transistors als Vierpol im Kleinsignalbetrieb müssen die Kleinsignalparameter aus den entsprechenden Transistorkennlinien (Abb. 3.66) ermittelt werden. Kleinsignalbetrieb liegt dann vor, wenn die Verstärker- Eingangs- und Ausgangssignale klein gegen die Gleichstromwerte bzw. Gleichspannungswerte des Arbeitspunktes im Kennlinienfeld sind.

In Abb. 3.67 sind die NF-Transistor-Ersatzbilder dargestellt. Da sie keine Kapazitäten oder Induktivitäten enthalten unterscheiden sich die Phasenwinkel der Ausgangs-und Eingangssignale entweder garnicht (gleichphasig) oder um 180° (gegenphasig); andere Phasenbeziehungen zwischen Eingang und Ausgang kommen nicht vor, solange die Ersatzbilder unbeschaltet sind. Die Quotienten der in den

Ersatzbildern verwendeten Signale z.B. $\underline{U}_1/\underline{I}_1$ sind damit grundsätzlich reell.

Bei der Darstellung der Transistor-Vierpol-Ersatzbilder ist es üblich - entgegen der Darstellung in Abschn. 3.2 - den Ausgangstrom I_2 als in den Vierpol hineinfließend anzunehmen. Wie später gezeigt ist dies für die Definition des Transistor-Innenwiderstandes von Bedeutung.

Den Kleinsignal-Verstärkern stehen die Großsignal-Verstärker gegenüber, die meist als Leistungsverstärker in Verstärker-Endstufen eingesetzt werden. Endstufen des NF-Bereichs sind beispielsweise Leistungsstufen am Eingang von Lautsprechersystemen. Leistungsstufen des Hochfrequenzbereichs sind Senderendstufen.

3.4.1.1 Kleinsignalparameter, Ersatzbilder

Der Transistor wird je nach dem als Spannungsbezugspunkt gewählten Pol (z.B. Massepunkt) als Verstärker in **Emitterschaltung**, **Basisschaltung** oder **Kollektorschaltung** betrieben. Die Schaltungen und ihre Ersatzbilder sind in Abb. 3.67 wiedergegeben. Zur Beschreibung des Verhaltens eines bipolaren Transistors

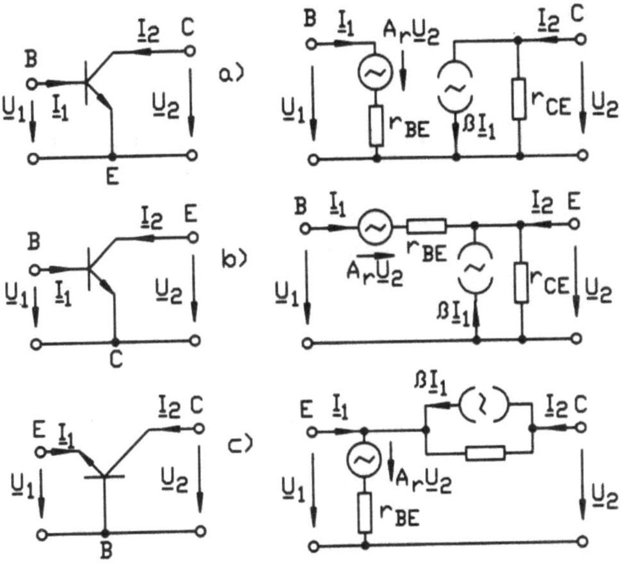

Abbildung 3.67: a) Emitterschaltung; b) Basisschaltung; c) Kollektorschaltung und ihre Ersatzbilder

werden vom Hersteller entweder die in Abb. 3.66 dargestellten Kennlinien in Emitterschaltung zur Verfügung gestellt oder es werden die entsprechenden Kleinsignalparameter angegeben, die aus den Transistorkennlinien gewonnen werden; ihre

Definition wird im folgenden erklärt. Die Verstärker-Dimensionierung kann daher sowohl mit Hilfe der Kennlinien nach Abb. 3.66a, oder der Kleinsignal-Parameter erfolgen. Auf die zuerst genannte Methode wird hier nicht eingegangen.

Im Kleinsignalbetrieb wird der Transistor näherungsweise als linearer Verstärker betrieben; dies ist möglich, wenn man nur kleine Aussteuerungen um den Arbeitspunkt zuläßt. In Abschnitt 3.4.1.2 ist die Festlegung des Arbeitspunktes dargestellt. Zur Berechnung der Kleinsignalparameter ersetzt man die jeweils zugehörige Kennlinie - aus Abb. 3.66 sind alle notwendigen Kennlinien zu gewinnen - in der Umgebung des Arbeitspunktes durch eine Tangente im Arbeitspunkt, die zu einem Dreieck ergänzt wird; ihre Steigung ergibt die Kleinsignalparameter. In Abb. 3.66b ist dies zur Bestimmung des **differentiellen Kollektor-Emitterwiderstandes** $r_{CE} = (\partial U_{CE}/\partial I_C)_{U_{BE}=const}$ demonstriert. In den entsprechenden anderen Kennlinien ermittelt man so den **differentiellen Basis-Emitterwiderstand** $r_{BE} = (\partial U_{BE}/\partial I_B)_{U_{CE}=const}$, die **differentielle Stromverstärkung** $\beta = (\partial I_C/\partial I_B)_{U_{CE}=const}$ - auch Kurzschluß-Stromverstärkung genannt, da sie bei $U_{CE} = 0$ ermittelt wird - die **Spannungsrückwirkung** $A_r = (\partial U_{BE}/\partial U_{CE})_{I_B=const}$, die **Steilheit** $S = (\partial I_C/\partial U_{BE})_{U_{CE}=const}$ und die **Rückwärtssteilheit** $S_r = (\partial I_B/\partial U_{CE})_{U_{BE}=const}$.

Die Spannungsrückwirkung ist bei modernen Transistoren vernachlässigbar klein; sie charakterisiert die Rückwirkung der Kollektor-Emitter-Wechselspannung $\underline{U}_2 = \underline{U}_{CE}$ auf die Basis-Emitter-Wechselspannung $\underline{U}_1 = \underline{U}_{BE}$. Entsprechend liefert die ebenfalls sehr kleine Rückwärtssteilheit eine Aussage über die Wirkung der Kollektor-Emitter-Wechselspannung $\underline{U}_2 = \underline{U}_{CE}$ auf den Basis-Wechselstrom $\underline{I}_1 = \underline{I}_B$.

Mit den NF-Kleinsignal-Parametern können die Vierpol-Gleichungen eines Transistor-Verstärkers aufgestellt werden. Die NF-Kleinsignalparameter erscheinen dann in den Vierpolgleichungen als reelle Y-oder H-Parameter.

$$Y_{11} = \frac{1}{r_{BE}}; \quad Y_{12} = S_r \approx 0; \quad Y_{21} = S = \beta/r_{BE}; \quad Y_{22} = \frac{1}{r_{CE}} - \frac{\beta A_r}{r_{BE}} \approx 1/r_{CE}.$$

$$\underline{I}_1 = Y_{11}\underline{U}_1 + Y_{12}\underline{U}_2; \quad \underline{I}_2 = Y_{21}\underline{U}_1 + Y_{22}\underline{U}_2 \tag{3.203}$$

Im hier interessierenden niederfrequenten Bereich verwendet man die hybride Form der Vierpolgleichungen mit den H-Parametern, die man aus den Y-Parametern durch Umrechnung gewinnt, s. **Anhang D**,

$$H_{11} = \frac{1}{Y_{11}} = r_{BE}; H_{12} = -Y_{12}H_{11} = -S_r r_{BE} = A_r \tag{3.204}$$

$$H_{21} = Y_{21}H_{11} = Sr_{BE} = \beta; H_{22} = \frac{1}{r_{CE}} - \beta S_r - \frac{\beta A_r}{r_{BE}} = detY/Y_{11} \approx \frac{1}{r_{CE}}$$

$$\underline{U}_1 = H_{11}\underline{I}_1 + H_{12}\underline{U}_2; \quad \underline{I}_2 = H_{21}\underline{I}_1 + H_{22}\underline{U}_2 \tag{3.205}$$

3.4.1.2 Verstärker-Grundschaltungen

Die Grundschaltungen des Transistors, Abb. 3.67 eignen sich noch nicht als Verstärkerschaltungen. Um einen Transistor als Verstärker betreiben zu können, muß zunächst sein Gleichstrom-Arbeitspunkt im Kennlinienfeld, s. Abb. 3.66a Punkt A, schaltungstechnisch eingestellt werden. Dazu müssen die Grundschaltungen durch geeignete Beschaltungswiderstände ergänzt werden. In Abb. 3.68 ist ein typischer **Verstärker in Emitterschaltung** und sein Kleinsignal-Ersatzbild dargestellt, der diese Beschaltungswiderstände nämlich R_{A1}, R_{A2}, R_C und R_E enthält. Der Arbeitspunkt wird in Abb. 3.68 durch den Spannungsteiler R_{A1} und R_{A2} fest-

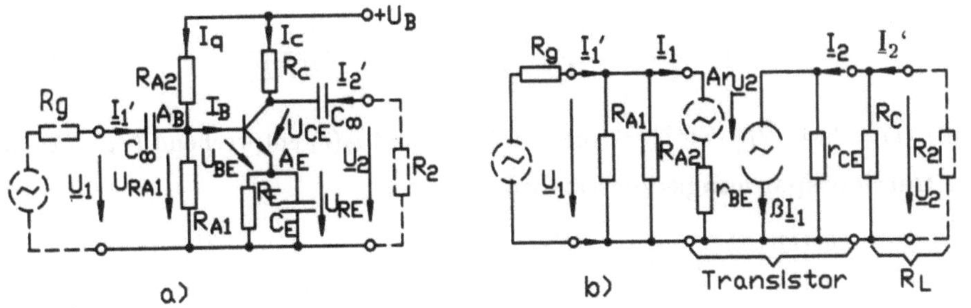

Abbildung 3.68: a) Verstärker in Emitterschaltung; b) Kleinsignalersatzbild

gelegt. Der Kollektor-Gleichstrom $I_{C,A}$ und die Kollektor-Emitter-Gleichspannung $U_{CE,A}$ im Arbeitspunkt werden durch den Kollektor-Widerstand R_C bestimmt. Mit $I_q = nI_B$ ($n \approx 5 \ldots 20$) gilt für die Widerstände des Spannungsteilers

$$R_{A2} = \frac{U_{RA2}}{I_q} = \frac{U_B - U_{BE} - E_{RE}}{I_q}; \; R_{A1} = \frac{U_{RA1}}{I_q - I_B} = \frac{U_{BE} + U_{RE}}{(n-1)I_B} \tag{3.206}$$

$$R_C = \frac{U_{RC}}{I_C} = \frac{U_B - U_{CE} - U_{RE}}{I_C}; \; R_E = \frac{U_{RE}}{I_E} \approx \frac{U_{RE}}{I_C} \tag{3.207}$$

Der Emitterkondensator C_E, der sehr groß ist und deshalb für Wechselströme als durchlässig angenommen werden kann, hält den Arbeitspunkt durch **Gleichstromgegenkopplung** konstant. Die Gegenkopplung wird durch den Widerstand R_E im Emitterzweig erreicht; er wird für Wechselströme durch C_E überbrückt. Der Arbeitspunkt wird somit durch Gleichstromgegenkopplung konstant gehalten. Erhöht sich I_C (z.B. durch Temperatureinfluß), so erhöht sich der Emitterstrom I_E ebenfalls und damit auch der Spannungsabfall über R_E. Das Basispotential A_B wird mit dem Basisspannungsteiler R_{A1} und R_{A2} konstant gehalten. Das Emitterpotential erhöht sich indessen infolge des höheren Spannungsabfalls über R_E von A_E auf A'_E. Die ursprüngliche Basis-Emitterspannung $U_{BE} = A_B - A_E$ wird dadurch auf $U'_{BE} = A_B - A'_E$ verringert. Infolge des nun kleineren Wertes U'_{BE} wird nun auch der Basisgleichstrom I_B auf I'_B reduziert (Strom-Gegenkopplung). Wegen $I_E \doteq I_C + I_B$ verringert sich dadurch auch der Emitter-Gleichstrom I_E und wird so auf seinen ursprünglichen Wert zurückgeführt. Näheres zur Gegenkopplung ist in Abschn. 3.4.1.3 dargestellt.

Im Kleinsignal-Ersatzbild, Abb. 3.68b, sind nur die Wechselgrößen $\underline{U}_1$, $\underline{I}_1$ und $\underline{U}_2$, $\underline{I}_2$ wirksam, die im Verstärker den Gleichwerten überlagert werden. C_k ist sehr groß und blockiert somit nur die Gleichspannungen; im Wechselstrom-Ersatzbild erscheint er deshalb nicht. Aus der Ersatzschaltung kann man nun mit $\underline{I}_1 \approx \underline{I}'_1$, da $R_{A1}||R_{A2}$ sehr groß ist, die wichtigen Verstärkergrößen bestimmen. So erhält man die **Betriebsstrom-Verstärkung** mit $\underline{U}_2 = -\underline{I}_2 \cdot R_L$ gemäß der gewählten Richtungs-Orientierung der Bezugspfeile für Strom und Spannung im Ersatzbild.

$$v_i = \frac{\underline{I}_2}{\underline{I}_1} = \frac{i_2(t)}{i_1(t)} = \frac{\beta}{1 + \frac{R_2}{r_{CE}}} = \frac{H_{21}}{1 + H_{22}R_2}. \tag{3.208}$$

mit $i_1(t) = Re\{\sqrt{2}\underline{I}_1 \cdot e^{j\omega t}\} = \hat{i}_1 cos(\omega t + \phi_{i1})$ und $i_2(t)$ entprechend $(\phi_{i1} = \phi_{i2})$.

Die **Betriebsspannungs-Verstärkung** lautet

$$v_u = \frac{\underline{U}_2}{\underline{U}_1} = \frac{u_2(t)}{u_1(t)} = -\frac{\beta R_2}{\left(\frac{r_{BE}}{r_{CE}} - A_r\beta\right) R_2 + r_{BE}} = -\frac{H_{21}R_2}{(H_{11}H_{22} - H_{12}H_{21})R_2 + H_{11}} \tag{3.209}$$

mit $u_1(t) = Re\{\sqrt{2}\underline{U}_1 \cdot e^{j\omega t}\} = \hat{u}_1 \cos(\omega t + \phi_{u1})$ und $u_2(t)$ entsprechend $(\phi_{u2} = \phi_{u1} + \pi)$.

Vernachlässigt man die Spannungs-Rückwirkung, $H_{12} = A_r \approx 0$, so vereinfacht sich die Gleichung der Spannungs-Verstärkung.

$$v_u \approx -\frac{H_{21}R_2}{H_{11}H_{22}R_2 + H_{11}} = -\frac{\beta R_2}{\frac{r_{BE}}{r_{CE}} R_2 + r_{BE}} \tag{3.210}$$

Aus der Spannungs- und Stromverstärkung ermittelt man die **Betriebsleistungs-Verstärkung**.

$$v_p = \frac{P_1}{P_2} = |v_u|v_i \tag{3.211}$$

Eingangswiderstand r_1 und **Ausgangswiderstand = Innenwiderstand** $r_2 = r_i$ ermittelt man ebenfalls aus dem Ersatzbild.

$$r_1 = \frac{\underline{U}_1}{\underline{I}_1} = \frac{u_1(t)}{i_1(t)} = -R_2\frac{v_i}{v_u}; \quad r_2 = \frac{\underline{U}_2}{\underline{I}_2} = \frac{u_2(t)}{i_2(t)} = \frac{H_{11} + R_g}{H_{11}H_{22} - H_{12}H_{21} + H_{22}R_g} \tag{3.212}$$

Die **Grenzfrequenzen** der Emitter-Verstärker-Schaltung findet man aus der Spannungs-Übertragungsfunktion $\underline{v}_u = \underline{U}_2/\underline{U}_1$ des Verstärkers, die nun eine komplexe Größe darstellt, da infolge der äußeren Beschaltung des Transistors auch kapazitive Einflüsse berücksichtigt werden müssen. Abb. 3.69a zeigt den typischen Verlauf von $|\underline{v}_u|$ bei einem Verstärker in Emittter-Schaltung als Funktion der Frequenz und Abb. 3.69b die Kettenschaltung zweier Verstärkerstufen mit der Koppelkapazität C_k, die der Gleichspannungs-Unterdrückung dient. Die Emitterwiderstände R_E sind durch C_E wechselstrommäßig überbrückt. Der zweite Verstärker stellt die Last des ersten Verstärkers dar. Bei einer einstufigen Verstärker-Schaltung ist anstelle des 2. Verstärkers der entprechende Lastwiderstand zu berücksichtigen. Obere- und untere Grenzfrequenz f_o bzw. f_u werden,

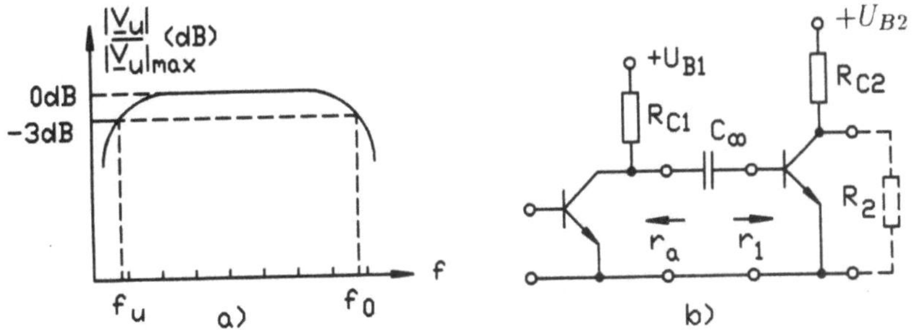

Abbildung 3.69: a) Betrags-Übertragungsfunktion eines Emitterverstärkers; b) Zweistufiger Emitter-Verstärker

wie bei allen Vierpolen, bei $|\underline{V}_u| = (1/\sqrt{2})|\underline{V}_u|_{max}$ bzw. in logarithmischer Darstellung bei $(\underline{V}_u)_{dB} = (|V_u|_{max})_{dB} - 3$ dB, definiert. Die untere Grenzfrequenz hängt von C_k ab, die obere Grenzfrequenz wird durch die Eigenschaften des Transistors selbst bestimmt.

$$f_u = \frac{1}{2\pi(r_a + r_1)C_k}; \quad r_a = \frac{r_2 R_{C1}}{r_2 + R_{C1}}; \quad f_o = \frac{f_T}{H_{21}} \qquad (3.213)$$

f_T bezeichnet man als *Transit-Frequenz* des Transistors; dies ist die Frequenz bei der die frequenzabhängige Stromverstärkung, unter Zugrundelegung des Transistor-Ersatzbildes nach Abb. 3.67a, $\beta(2\pi f_o) = H_{21}(2\pi f_o) = 1$ ($\hat{=}0$ dB) wird.

□ **Beispiel 3.23**

Von einem Transistor-Verstärker in Emitterschaltung, s. Abb. 3.68ab (ohne Stromgegenkopplung) liegen die folgenden Daten vor: npn-Transistor BC 109, Versorgungsspannung $U_B = 9$ V, $U_{CE,A} = 4,5$ V (Methode der halben Speisespannung [55]), $R_L = R_C$ (offener Ausgang), ($R_2 = \infty$) $R_g = 50\ \Omega$, Arbeitspunkt: $I_{C,A} = 1$ mA, $I_q = 3I_B$, $U_{BE,A} = 0,61$ V. H-Parameter: $H_{11} = 7,8$ kΩ, $H_{12} = 3 \cdot 10^{-4}$, $H_{21} = 272$, $H_{22} = 21\ \mu$S.

Für den Kollektorwiderstand und Basisspannungsteiler (Gln. 3.206 und 3.207) ermittelt man mit den Werten im Arbeitspunkt $R_c = \frac{U_B - U_{CE,A}}{I_{C,A}} = 4,5\ \mathrm{k\Omega}$, $R_{B1} = \frac{U_B - U_{BE,A}}{I_q} = 760,7\ \mathrm{k\Omega}$,$R_{B2} = \frac{U_{BE,A}}{2I_{B,A}} = 83\ \mathrm{k\Omega}$. Die Verstärkungen v_i und v_u ermittelt man mit den Gln. (3.208) und (3.209) gemäß dem Kleinsignal-Ersatzbild nach Abb. 3.68b, $v_i = H_{21}/(1 + H_{22}R_L) = 248,5$ ($R_2 = R_C$, offener Ausgang). $v_u = -(H_{21}R_L)/[(H_{11}H_{22} - H_{12}H_{21})R_L + H_{11}] = -150$. Würde die Verstärkerstufe durch den Eingangswiderstand einer gleichen folgenden Stufe belastet, so wäre der Lastwiderstand $R_L = R_C||r_1||R_{A1}||R_{A2} = 2,7\ \mathrm{k\Omega}$ wirksam, siehe Wechselstrom-Ersatzbild Abb. 3.68b und 3.69b. Der Lastwiderstand hat somit großen Einfluß auf die Spannungs- und Stromverstärkung.

Ein **Verstärker in Kollektor-Schaltung** ist zusammen mit seinen Ersatzschaltungen in Abb. 3.70 wiedergegeben. Legt man an die Basis eineWechselspannung,

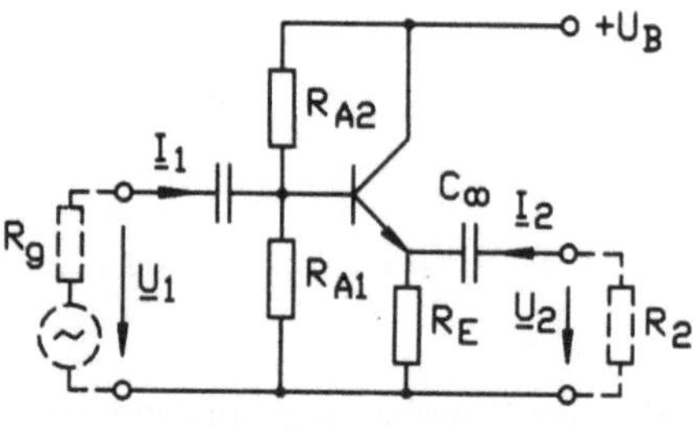

Abbildung 3.70: Transistor-Verstärker in Kollektor-Schaltung

so steigt bei einem Anstieg der Spannung auch der Kollektor- und Emitterstrom. Die Aussgangsspannung $\underline{U}_2$, die über dem Emitter abgegriffen wird, steigt somit phasengleich.

In den Vierpolgleichungen müssen die H-Parameter zur Charaktersisierung der Kollektorschaltung mit dem Index C verstehen werden.

$$H_{11C} = H_{11}; \quad H_{12C} = 1 - H_{12} \approx 1; \qquad (3.214)$$

$$H_{21C} = -(1 + H_{21}); \quad H_{22C} = H_{22} \qquad (3.215)$$

Für **Stromverstärkung** v_{iC}, **Spannungsverstärkung** v_{uC} und **Leistungsverstärkung** v_{pC} gilt dann

$$v_{pC} \approx v_{iC} = \frac{H_{21C}}{1 + H_{22C}R_2}; \quad v_{UC} = -\frac{H_{21C}R_2}{(H_{11C}H_{22C} - H_{12C}H_{21C})R_2 + H_{11C}} \approx 1 \qquad (3.216)$$

Eingangswiderstand r_{1C} und **Innenwiderstand** $r_{2C} = r_{iC}$ der Kollektorschaltung lauten

$$r_{1C} = -R_2\frac{v_{iC}}{v_{uC}}; \quad r_{iC} = r_{2C} = \frac{H_{11C} + R_g}{(H_{11C}H_{22C} - H_{21C}H_{12C})R_g + H_{22C}R_g} \qquad (3.217)$$

Die Kollektorschaltung wird häufig als *Impedanzwandler* benutzt mit dem z.B. ein großer Generator-Innenwiderstand R_g an einen kleinen Lastwiderstand R_2 reflexionsfrei angepasst werden kann.

□Beispiel 3.24
Kollektorstufe als Impedanzwandler. Der Generator in Abb. 3.70 habe einen Innenwiderstand von $R_g = 144$ kΩ. Folgende Daten sind bekannt: $U_{CE,A} = 4,5$ V, $I_{C,A} = 1$ mA, $I_{B,A} = 3,75$ μA, $U_{BE,A} = 0,61$ V, $R_E = 4,5$ kΩ, $I_q = 4I_{B,A}$, $U_B = 9$ V. H-Parameter der Emitterschaltung: $H_{11} = 7,8$ kΩ, $H_{12} = 3 \cdot 10^{-4}$, $H_{21} = 272$, $H_{22} = 21$ μS.

Für den Basisspannungsteiler erhält man mit $U_E = I_{E,A}R_E = (I_{C,A} + I_{B,A})R_E = U_B - U_{CE,A} = 4,5$ V, $R_{A2} = (U_B - U_{BE,A} - U_E)/4I_{B,A} = 259$ kΩ und $R_{A1} = (U_E + U_{BE,A})/3I_{B,A} = 454$ kΩ.

Die H-Parameter der Kollektorschaltung lauten $H_{11C} = H_{11} = 7,8$ kΩ, $H_{12C} = 1 - H_{12} \approx 1$; $H_{21C} = -(1 + H_{21}) = -273$, $H_{22C} = H_{22} = 21$ μS.

Für Strom- und Spannungsverstärkung ermittelt man mit den Gln. (3.216) und $R_E = R_L$, $v_{iC} = H_{21C}/(1 + H_{22C}) = -248,5$, $v_{uC} = (-H_{21C}R_L)/[(H_{11C}H_{22C} - H_{12C}H_{21C})R_L + H_{11C}] = 0,993$.

Der Transistor-Eingangswiderstand und der Transistor-Ausgangswiderstand sind, Gln. (3.217), $r_{1C} = -R_L(v_{iC}/v_{uC}) = 1,13$ MΩ und $r_{2C} = (H_{11C} + R_g)/(H_{11C}H_{22C} - H_{12C}H_{21C} + H_{22C}R_g) = 551,6$ Ω.

Für den Eingangswiderstand und Ausgangswiderstand der Gesamtschaltung ermittelt man damit $r_{eC} = r_{1C}||R_{A1}||R_{A2} = 144$kΩ, $r_{aC} = r_{2C}||R_E = 491,4$ Ω.

Die Schaltung transformiert den Generatorwiderstand $R_g = 144k\Omega$ am Eingang in einen Ausgangswiderstand von $r_{aC} = 491,4\Omega$.

Reicht die Stromverstärkung einer einfachen Kollektorschaltung - auch "Emitterfolger" genannt - nicht aus, so kann man einem Transistor in Emitterschaltung einen "Emitterfolger" vorschalten. Man erhält dann die sogenannte **Darlington-Schaltung** (s. Abb. 3.71) mit der die Stromverstärkung auf $\beta = \beta_1 \cdot \beta_2$ erhöht werden kann [51, 55].

Für den **Transistor-Verstärker in Basisschaltung**, s. Abb. 3.72, können zur Berechnung der Spannungsverstärkung v_{uB} und der Stromverstärkung v_{iB} die für die Emitterschaltung angegebenen Gleichungen als Näherungen benutzt werden. Die Spannungsverstärkung erscheint jedoch mit positivem Vorzeichen. Die Kurzschluß-Stromverstärkung β ist ungefähr gleich 1. Die Basisschaltung hat eine hohe Spannungs-Verstärkung v_{uB}, der Eingangswiderstand r_1 ist klein und der Ausgangswiderstand r_2 groß.

$$r_{1B} = \frac{r_{BE}(R_C + r_{CE})}{Sr_{BE}r_{CE} + R_C + r_{CE}}; \quad r_{2B} = R_C||r_{CE}\left(1 + \beta\frac{R_g}{r_{BE} + R_g}\right) \tag{3.218}$$

Außerdem weist dieser Verstärker ein hohe obere Grenzfrequenz f_o auf. Er wird

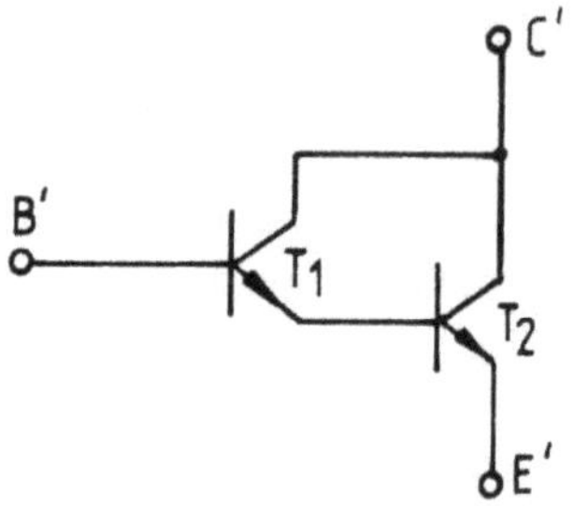

Abbildung 3.71: Darlington-Schaltung

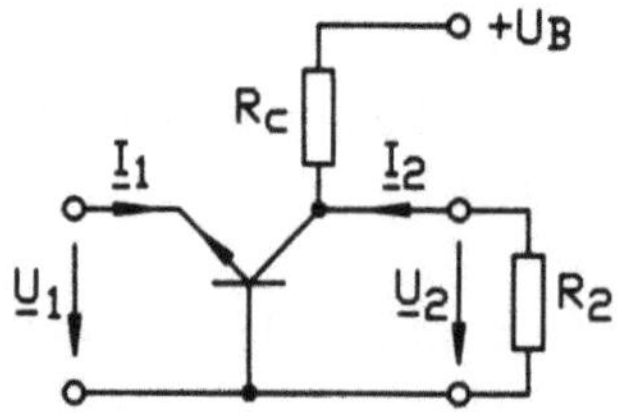

Abbildung 3.72: Verstärker in Basis-Schaltung

deshalb meist in der Hochfrequenztechnik verwendet.

Beispiel 3.25

H-Parameter des Transistors BC 108C Kleinsignalbetrieb im Arbeitspunkt $U_{CE,A} = 5$ V, $I_C, A = 2$ mA, $f = 1$ kHz, s. Tab. 3.4.

Tabelle 3.4: H-Parameter des Transistors BC 108C

H-Param.	Emitterschaltg.	Basisschaltg.	Kollektorschaltg.
H_{11}	10 kΩ	20 Ω	10 kΩ
H_{12}	$3 \cdot 10^{-4}$	$1,3 \cdot 10^{-3}$	1
H_{21}	500	$-0,998$	-500
H_{22}	80 μS	0,16 μS	80 μS

Damit Transistoren in Verstärkern infolge von Überlastung nicht zerstört werden, sind die **Aussteuerungsgrenzen** einzuhalten. Hierzu zeichnet man die **Verlustleistungshyperbel** $I_C = U_{CE}/P_v$ mit $P_v = I_C U_{CE} + I_B U_{BE}$ in das

$I_C - U_{CE}$-Kennlinienfeld des Transistors. Zulässige Arbeitspunkte $(U_{CE,A}|I_{C,A})$ müssen links von dieser Hyperbel im Kennlinienfeld liegen.

3.4.1.3 Gegenkopplung

Zur Verringerung nichtlinearer Verzerrungen (Klirrfaktor) und zur Stabilisierung des Arbeitspunktes eines Transistors werden vom Verstärkerausgang bestimmte Signalanteile auf den Eingang gegenphasig rückgekoppelt. In Abb. 3.73a wird, im allgemeinen Gegenkopplungsfall, dem Verstärkereingang über einen Rückkopplungs-Vierpol B durch Parallel-Serien-Schaltung die gegenphasige Rückopplungsspannung $\underline{U}_r$ zugeführt. Damit erhält man die neue Verstärkung

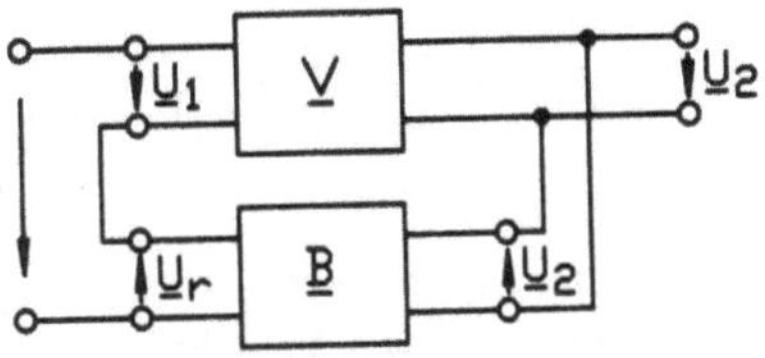

Abbildung 3.73: Prinzip der Gegenkopplung

$\underline{V}'$.

$$\underline{V} = \frac{\underline{U}_2}{\underline{U}_1}; \quad \underline{B} = \frac{\underline{U}_r}{\underline{U}_2}; \quad \underline{V}' = \frac{\underline{U}_2}{\underline{U}_1'}; \quad \underline{U}_1' = \underline{U}_1 - \underline{U}_r; \quad \underline{V}' = \frac{\underline{V}}{1 - \underline{B}\underline{V}} \tag{3.219}$$

Ist $|1 - \underline{B}\underline{V}| > 1$ so liegt Gegenkopplung vor. Ist jedoch $|1 - \underline{B}\underline{v}| < 1$ so spricht man von **Mitkopplung**. Letztere wird in Oszillator-Schaltungen angewendet. Näheres hierzu folgt in Kapitel 4.

Beim gegengekoppelten Emitterverstärker nennt man

$$g = \frac{|\underline{V}|}{|\underline{V}'|} = |1 - \underline{B}\underline{V}| \tag{3.220}$$

den **Gegenkopplungsgrad**. Der Grad der Signalverzerrung durch ein nichtlineares Bauelement wird allgemein durch den **Klirrfaktor** charakterisiert. Es sei mit den Spannungseffektivwerten $U_2 = |\underline{U}_2|, U_3 = |\underline{U}_3|, \dots$

$$k = \sqrt{(U_2^2 + U_3^2 + U_4^2 + \cdots)/(U_1^2 + U_2^2 + U_3^2 + U_4^2 + \cdots)} \tag{3.221}$$

der Klirrfaktor eines Verstärkers; U_2^2, U_3^2, etc. sind numerisch gleich den Wirkleistungen der Oberschwingungen an $R = 1\Omega$, die aufgrund der nichtlinearen Transistor-Kennlinie auftreten und U_1^2 ist numerisch gleich der Wirkleistung der

Grundschwingung. Für den Klirrfaktor kann man nun zeigen, daß er bei Gegenkopplung in gleichem Maße reduziert wird wie oben die Verstärkung, nämlich auf

$$k' = \frac{k}{|1 - \underline{B}\underline{v}|}; \quad (1 - |\underline{B}||\underline{v})| > 0. \tag{3.222}$$

Schaltet man $1, 2, 3, \ldots, n$ Verstärker in Kette, so gilt für den Klirrfaktor der Kettenschaltung

$$k_{ges} = \sqrt{k_1^2 + k_2^2 + \cdots + k_n^2}. \tag{3.223}$$

Infolge der Gegenkopplung kommt es auch zu einer Verschiebung der **Grenzfrequenzen**. Näherungsweise gilt hier

$$f_o' \approx |1 - \underline{B}\underline{v}| f_o; \quad f_u' \approx \frac{f_u}{|1 - \underline{B}\underline{v}|}. \tag{3.224}$$

□ **Beispiel 3.26**

Verringerung des Klirrfaktors bei einem Verstärker mit $V = 100$ und $k = 10\%$ durch Aufteilung der Verstärkung auf zwei Verstärker mit je $v = 1\%$, s. Abb. 3.74.

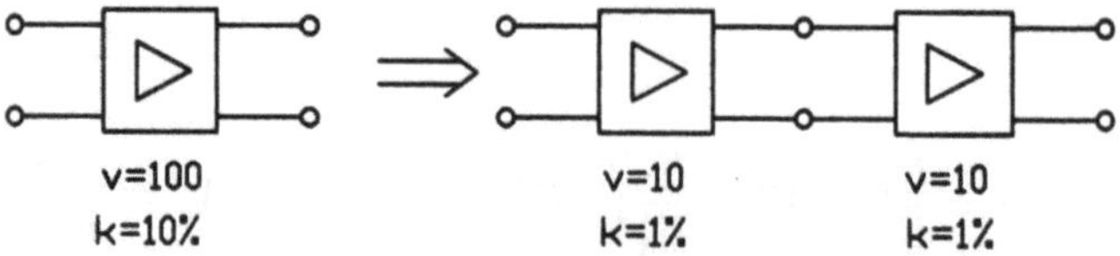

Abbildung 3.74: Reduzierung des Klirrfaktors durch Aufteilung auf 2 Verstärker

Die Gesamtvestärkung des zweistufigen Verstärkers ist $v = 10 \cdot 10 = 100$, und der resultiernde Klirrfaktor liegt bei $k_{ges} = \sqrt{0,01^2 + 0,01^2} = 1,41\%$.

□ **Beispiel 3.27**

Der Emitterverstärker nach Abb. 3.65 habe die Spannungseffektivwerte $U_1 = 5,3$ mV, $U_2 = 0,8$ V bei einem Klirrfaktor von $k = 6\%$. Seine Verstärkung ist dann $v = -0,8\text{V}/5,3\text{mV} = -151$. Verringert man die Verstärkung durch Gegenkopplung auf $v' = -50$, so hat man den Gegenkopplungsgrad $g = v/v' \approx 3$. Der Klirrfaktor wird dann reduziert auf $k_{2g} = k_2/g = 6\%/3 = 2\%$

3.4.2 Großsignal-Verstärker

Die Kleinsignal-Parameter (H-Parameter, Y-Parameter, etc.) sind bei Großsignal-Verstärkern nicht anwendbar, da diese in der Regel die im vorigen Abschnitt definierte Kleinsignal-Bedingung nicht einhalten. Im NF-Bereich werden Großsignal-Verstärker als breitbandige Endstufen-Leistungsverstärker (B-Verstärker, Gegentakt-B-Verstärker), aber auch als Vor- oder Zwischenverstärker (A-Betrieb) eingesetzt. C-Verstärker sind nur bei amplitudenmodulierten Signalen im HF-Bereich anwendbar, s. hierzu Kapitel 4.

3.4.2.1 A-Verstärker

Beim A-Verstärker, s. Abb. 3.75a, liegt der Arbeitspunkt in der Mitte des linearen Kennlinienbereichs. Damit ist eine große Aussteuerung bis zum Anfang des Kennlinienknicks, dem nichtlinearen Bereich, ohne wesentliche Verzerrungen möglich. In Abb 3.75b ist dies dargestellt.

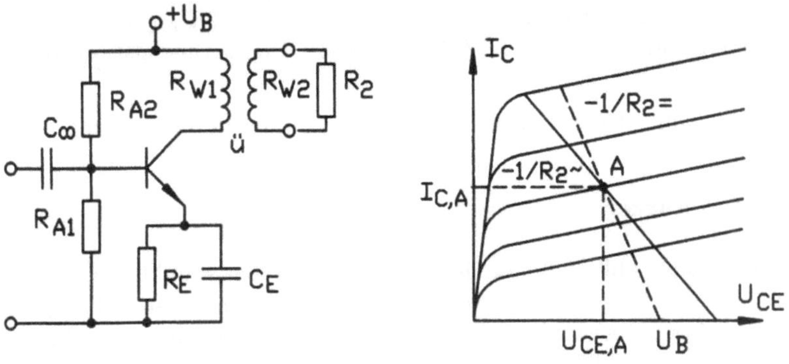

Abbildung 3.75: a) A-Verstärker; b) Festlegung des Arbeitspunkts

Mit Hilfe der Gleichung $U_{CE} = U_B - I_C R_{2=}$ für die "statische Arbeitsgerade" wird der Arbeitspunkt festgelegt. Den Aussteuerungsbereich um den Arbeitspunkt ermittelt man mit der "dynamischen Arbeitsgeraden" aus der Gleichung $\Delta U_{CE} = -R_{2\sim}\Delta I_C$ mit $R_{2\sim} = ü^2 R_2$. Im idealen Fall mit $R_{2=} \approx 0$ verläuft die statische Arbeitsgerade parallel zur I_C-Achse im Abstand $U_{CE,A} = U_B$ und der Austeuerungsbereich geht von $U_{CE} = U_{CE,min}$ bis $U_{CE} = 2U_B - U_{CE,min}$. Im praktischen Fall ist diese Vollausteuerung jedoch nicht möglich, da gilt

$$R_{2=} = R_{w1} + R_E > 0 \tag{3.225}$$

mit R_{w1} dem primärseitigen Wicklungswiderstand des Übertragers. Den Wirkungsgrad η des Verstärkers erhält man mit der Gleichstrom-Verlustleistung $P_=$

und der im idealen Fall ($R_{C=} = 0$, $U_{CE,min} = 0$) im Lastwiderstand umgesetzten Wechsel-Wirkleistung $P_{\sim}$.

$$P_{=} = I_{C,A}U_{CE,A}; \quad P_{\sim} = \frac{\hat{u}_{CE}\hat{i}_C}{2} \approx \frac{U_{CE,A}I_{C,A}}{2} = \frac{P_{=}}{2} \quad \eta = \frac{P_{\sim}}{P_{=}} = 0,5 \quad (3.226)$$

Hierbei ist $\hat{u}_{CE} = \sqrt{2}|\underline{U}_{CE}|$ und $\hat{i}_C = \sqrt{2}|\underline{I}_C|$.

Für den A-Verstärker gibt es weitere Varianten [56].

□ **Beispiel 3.28**

A-Verstärker als Leistungsverstärker mit $I_{C,A} = 1,5$ A, $U_{CE,A} = 10$ V.

Die Gleichstrom-Verlustleistung ist $P_{=} = I_{C,A}U_{CE,A} = 15$ W. Für die Wechselleistung bei Vollaussteuerung findet man $P_{\sim} = (\hat{u}_{CE}\hat{i}_C)/2 = 7,5$ W. Der Wirkungsgrad ist dann $\eta = P_{\sim}/P_{=} = 0,5$ und die Verlustleistung $P_v = P_{=} - P_{\sim} = 7,5$ W.

Bei Teilaussteuerung mit den Ausgangseffektivwerten $|\underline{U}_{CE}| = 2$ V und $|\underline{I}_C| = 1A$ erhält man die Wechselleistung $P_{\sim} = (\hat{u}_{CE}\hat{i}_C)/2 = (\sqrt{2}|\underline{U}_{CE}|\sqrt{2}|\underline{I}_C|)/2 = 2$ W und den Wirkungsgrad $\eta = P_{\sim}/P_{=} = 0,133$. Die Verlustleistung ist $P_v = P_{=} - P_{\sim} = 13$ W.

Bei Teilaussteuerung ist der Transistor gefährdet, da die Verlustleistung hoch ist.

3.4.2.2 B-Verstärker

Beim B-Verstärker, Abb. 3.76a, legt man den Arbeitspunkt im Ausgangs-Kennlinienfeld $I_C = f(U_{CE})$ in den Schnittpunkt der dynamischen Arbeitsgeraden mit der U_{CE}-Achse, s. Abb. 3.76b. Im Gegentakt-B-Betrieb arbeiten die beiden Transistoren T_1 (npn) und T_2 (pnp) in Kollektorschaltung auf den gleichen Lastwiderstand $R_2 = R_{2\sim}$. T_1 liefert jeweils die positive Halbwelle einer zu verstärkenden Sinusschwingung und T_2 die negative. Beide Transistoren werden mit der Wechselspannung $\underline{U}_1$ angesteuert. Ist $\underline{U}_1 = 0$, so ist auch die Ausgangsspannung $\underline{U}_2 = 0$, wenn der npn-Transistor T_1 das gleiche, aber komplementäre Kennlinienfeld hat wie der pnp-Transistor T_2. Die Aussteuerungsbereiche von T_1 und T_2 liegen im Bereich $0 \leq \underline{U}_{CE1} \leq U_B$; $(\underline{I}_{C1} \geq 0)$, bzw. $-U_B \leq \underline{U}_{CE2} \leq 0$; $(\underline{I}_{C2} \leq 0)$. Die beiden Transistoren T_1 und T_2 zeigen somit folgendes Schaltverhalten: $\underline{U}_1 > 0, T_1$ leitet, $\underline{I}_{C1} = \underline{I}_2$, $\underline{I}_{C2} = 0$; $\underline{U}_1 < 0$, T_2 leitet, $\underline{I}_{C2} = \underline{I}_2, \underline{I}_{C1} = 0$. Die im Lastwiderstand umgesetzte Signalwirkleistung $P_{2\sim}$ und die Gleichstrom-Verlustleistung P_v sind dann mit $\hat{u}_2 = \sqrt{2}|\underline{U}_2|$

$$P_{2\sim} = \frac{\hat{u}_2^2}{2R_2} \approx \frac{U_B^2}{2R_2}; \quad P_{v1,max} = P_{v2,max} = \frac{U_B^2}{\pi R_2} \quad \text{(max. Aussteuerung).} \quad (3.227)$$

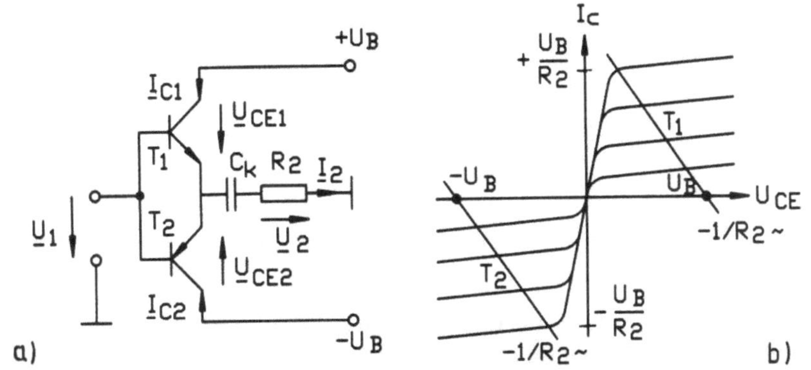

Abbildung 3.76: a) B-Verstärker ("eisenlose" Gegentakt-B-Stufe); b) Arbeitspunkt im $I_C - U_{CE}$-Kennlinienfeld

Der Wirkungsgrad bei maximaler Aussteuerung ist bei der zugeführten Leistung $P_{zu,max} = 2U_B^2/\pi R_2$ [56]

$$\eta = \frac{U_B^2/(2R_2)}{2U_B^2/(\pi R_2)} = \frac{\pi}{4} = 0,785. \tag{3.228}$$

Zur Abführung der durch die Verlustleistung P_v entstehenden Wärme müssen Leistungstransistoren auf Kühlkörper gesetzt werden. Hierbei muß ein bestimmter Wärmewiderstand zwischen Transistorkristall und Transistorgehäuse R_{thG} in $Kelvin/W$ (Herstellerangabe) eingehalten werden. Der Wärmewiderstand des erforderlichen Kühlkörpers R_{thK} berechnet sich dann aus

$$R_{thK} \leq \frac{\vartheta_K - P_v R_{thG} - \vartheta_U}{P_v}; \quad [\text{Kelvin/W}]. \tag{3.229}$$

Hierbei ist ϑ_U die Umgebungstemperatur und ϑ_K die Kristalltemperatur in Kelvin.

3.4.3 Operationsverstärker

Der Operationsverstärker (OP) stammt aus der Analogrechentechnik. Das Einsatzgebiet von OP's erstreckt sich jedoch inzwischen vom NF-Bereich bis weit in den Bereich der Hochfrequenzechnik, wo er in Geräten bei Betriebsfrequenzen von bis zu 150 MHz Anwendung findet. Er ist ein mehrstufiger Verstärker. Die 1. Verstärkerstufe ist ein Differenz-Verstärker, die Zwischenstufe ein A-Verstärker und die Endstufe ein Gegentakt-B-Verstärker. Abb. 3.77 zeigt das Symbol des OP's und sein Prinzip-Blockschaltbild. Da der Eingangs-Verstärker ein Differenz-

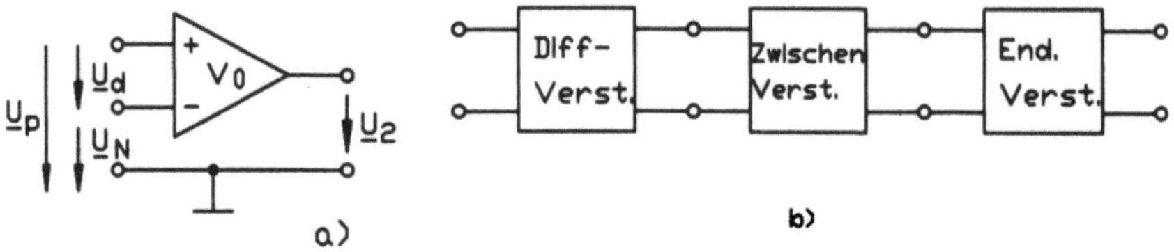

Abbildung 3.77: a) Symbol des Operations-Verstärkers; b) Prinzipieller Aufbau

Verstärker ist, zeigt ein OP eingangsseitig auch dessen Verhalten. In Abb. 3.78 ist ein Differenz-Verstärker und sein Wechselstrom-Ersatzbild wiedergegeben, mit dem seine typischen Größen ermittelt werden können. Im folgenden werden die wichtigsten angegeben [51, 55, 56, 57].

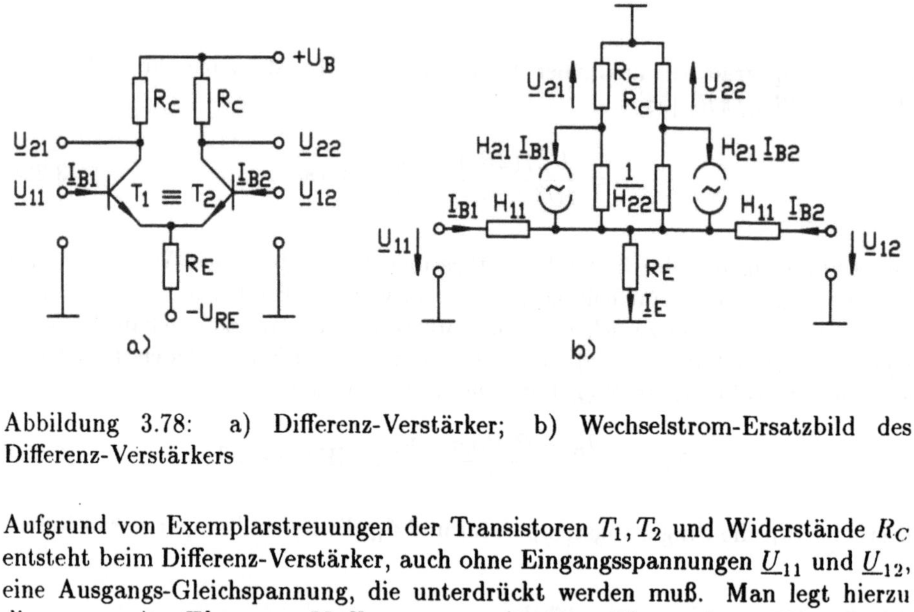

Abbildung 3.78: a) Differenz-Verstärker; b) Wechselstrom-Ersatzbild des Differenz-Verstärkers

Aufgrund von Exemplarstreuungen der Transistoren T_1, T_2 und Widerstände R_C entsteht beim Differenz-Verstärker, auch ohne Eingangsspannungen $\underline{U}_{11}$ und $\underline{U}_{12}$, eine Ausgangs-Gleichspannung, die unterdrückt werden muß. Man legt hierzu die sogenannte **Eingangs-Nullspannung** (einige mV) an einen Eingang des Differenz-Verstärkers so, daß die Ausgangsspannung zu Null wird. Der OP als integrierter Schaltkreis besitzt hierzu einen speziellen Eingang, an den ein Kompensations-Potentiometer gelegt wird. Ein weiterer Eingang dient der Kompensation der Übertragungsfunktion des OP's. Im Differenz-Verstärker kennt man die **Differenz-Verstärkung** v_d, welche die Verstärkung der Differenz der beiden Eingangsspannungen $\underline{U}_d = \underline{U}_{11} - \underline{U}_{12}$ ist und die **Gleichtakt-Verstärkung** v_{gl}, die die Verstärkung angibt, wenn an beiden Eingängen gleichphasige Signale $\underline{U}_{11} = \underline{U}_{12} = \underline{U}_{gl}$ (Gleichtaktsignale) eingespeist werden; dann ist auch

$\underline{U}_{21} = \underline{U}_{22} = \underline{U}_2$.

$$v_d = \frac{\underline{U}_{21}}{\underline{U}_d} = \frac{u_{21}(t)}{u_d(t)} = -\frac{\underline{U}_{22}}{\underline{U}_d} = -\frac{u_{22}(t)}{u_d(t)} = -\frac{R_C H_{21}}{2H_{11}(1+H_{22}R_C)} \tag{3.230}$$

$$v_{gl} = \left(\frac{\underline{U}_2}{\underline{U}_{gl}}\right)_{\underline{U}_d=0} = \frac{u_2(t)}{u_{gl}(t)} = -\frac{H_{21}R_C}{H_{11}+2H_{21}R_E} \tag{3.231}$$

Hierbei gibt die **Gleichtaktunterdrückung** G

$$G = \frac{v_d}{v_{gl}} = \frac{H_{11}+2H_{21}R_E}{2H_{11}(1+H_{22}R_C)} \tag{3.232}$$

an, um welche Größenordnung ein Gleichtaktsignal gegenüber dem Differenzspannungssignal unterdrückt wird.

Zwischen den reellen sinusförmigen (cosinusförmigen) Spannungsverläufen $u(t)$ und den komplexen Größen $\underline{U}$ besteht der folgende Zusammenhang:

$$u(t) = Re\{\sqrt{2}\underline{U}\cdot e^{j\omega t}\} = Re\{\sqrt{2}|\underline{U}|e^{j\phi}\cdot e^{j\omega t}\} = \sqrt{2}|\underline{U}|\cos(\omega t+\phi) = \hat{u}\cos(\omega t+\phi) \tag{3.233}$$

Für sinusförmige Stromverläufe ($i(t) = Im\{\sqrt{2}\underline{I}e^{j\omega t}\}$) gilt die sinngemäß entsprechende Darstellung.

Weitere wichtige Größen sind der **Differenz-Eingangswiderstand** r_d und der **Gleichtakt-Eingangswiderstand** r_{gl}.

$$r_d = \frac{\underline{U}_d}{\underline{I}_d} = \frac{u_d}{i_d} = 2H_{11} = 2r_{BE}; \quad r_{gl} = \frac{\underline{U}_{gl}}{\underline{I}_{gl}} = \frac{u_{gl}}{igl} \approx \frac{H_{11}}{2} + 2H_{21}R_E$$

$$\underline{I}_d = (\underline{I}_{B1} - \underline{I}_{B2})/2; \quad \underline{I}_{gl} \approx \underline{I}_E/H_{21}; \quad \underline{U}_{gl} = (\underline{U}_{11} - \underline{U}_{22})/2 \tag{3.234}$$

In Tabelle 3.5 sind einige charakteristische Werte eines idealen und realen OP's dargestellt.

Um das reale Verhalten eines Operationsverstärkers besser zu beschreiben, ist er in Abb. 3.79a durch die beiden ohmschen Widerstände r_1 und $r_2 = r_i$ ergänzt gezeichnet. Beim idealen OP ist $r_2 = 0$ und $r_1 = \infty$. Liegt Klemme 2 auf Masse, dann ist Klemme 1 näherungsweise ebenfalls auf Masse (virtuelle Masse), da $\underline{U}_d \approx 0$.

Abb. 3.79bc zeigt den prinzipiellen Verlauf der Frequenzabhängigkeit des Verstärkungsbetrags $|\underline{V}(j\omega)|$ in Form des Bode-Diagramms und den Phasenverlauf $\phi_v = \arctan\frac{Im[\underline{V}]}{Re[\underline{V}]}$. Beide Größen können aus der frequenzabhängigen Verstärkung

$$\underline{V} = \frac{\underline{U}_2}{\underline{U}_1} = v_0\frac{\omega_g}{\omega_g + p} \tag{3.235}$$

Tabelle 3.5: Operationsverstärker-Eigenschaften

	Idealer OP.	Realer OP
v_0 (Gleichspannungsverst.)	∞	60 – 140 dB
G (Gleichtaktunterdrückung)	∞	$\geq$ 70 dB
r_d (Differenz-Eingangswid.)	∞	10 kΩ - 50 MΩ
i_d	0	0,05 nA-500 nA
i_{gl}	0	0,01 nA-200 nA
r_i (Ausgangswiderstand)	0	< 100 Ω
Frequenzgang	0 – ∞	0 – 150 MHz

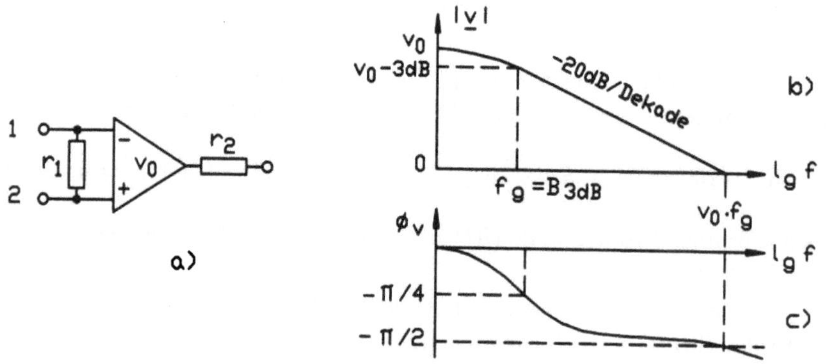

Abbildung 3.79: a) Realer OP; b) Frequenzgang der Verstärkung v_0; c) Frequenzabhängigkeit der Phase

mit $p = j\omega$ ermittelt werden. Die obere Grenzfrequenz $\omega_g/2\pi = f_g$ heißt auch **3dB-Bandbreite** B_{3dB} und $B_{3dB} \cdot v_0$ nennt man das **Verstärkungs-Bandbreite-Produkt**.

Ein Operationsverstärker wird erst arbeitsfähig, wenn er mit einem Rückkopplungswiderstand $\underline{Z}_f$ beschaltet wird. Ohne diesen Rückkopplungwiderstand (ohne Gegenkopplung, $\underline{Z}_f \to \infty$) hat der ideale OP die **Leerlauf-Verstärkung** $v_0 \to \infty$. In Abb. 3.80a-i sind einige wichtige Schaltungsvarianten des Operations-Verstärkers dargestellt. Die Frequenzabhängigkeit des Operationsverstärkers selbst wird dabei nicht berücksichtigt.

Abb. 3.80a zeigt den **invertierenden Verstärker**. Mit dem 1. Kirchhoffschen Satz (Knotenregel) findet man im Punkt a mit $\underline{I}_1 \approx \underline{I}_f, \underline{I}_e = 0$ und $\underline{U}_d = 0$ die reelle Verstärkung v.

$$v = \frac{\underline{U}_2}{\underline{U}_1} = \frac{u_2}{u_1} = -\frac{R_f}{R_1} \tag{3.236}$$

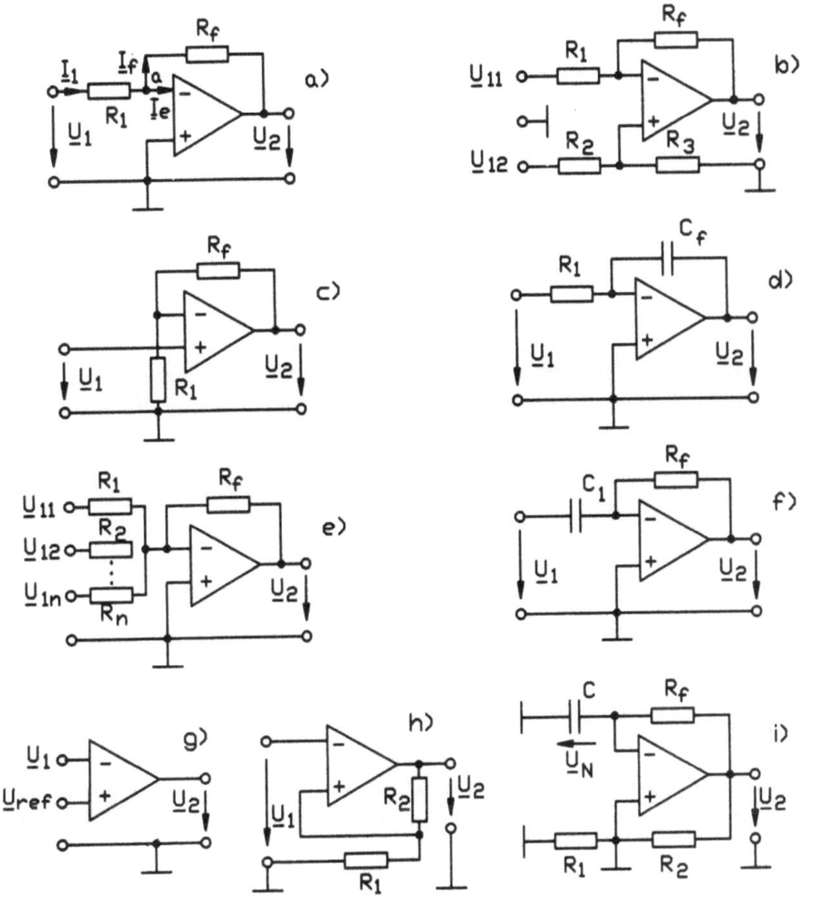

Abbildung 3.80: Operationsverstärker-Schaltungen: a) Invertierender Verstärker; b) Differenzverstärker; c) Nichtinvertierender Verstärker; d) Integrierender Verstärker; e) Summierender Verstärker; f) Differenzierender Verstärker; g) Komparator; h) Invertierender Schmitt-Trigger; i) Astabiler Multivibrator

Wählt man $R_f = R_1$, dann erhält man einen **Inverter**.

Der Operationsverstärker als **Differenzverstärker** geschaltet ist in Abb. 3.80b dargestellt.

$$\underline{U}_2 = \frac{R_3}{R_1}\left(\frac{R_1+R_f}{R_2+R_3}\right)\underline{U}_{12} - \frac{R_f}{R_1}\underline{U}_{11}; \quad \underline{U}_2 = \frac{R_f}{R_1}(\underline{U}_{12} - \underline{U}_{11}) \quad \text{für} \quad (R_2 \cdot R_3 = R_2 \cdot R_f) \tag{3.237}$$

In Abb. 3.80c ist der **nichtinvertierende Verstärker** wiedergegeben. Seine Verstärkung ist durch

$$v = \frac{\underline{U}_2}{\underline{U}_1} = \frac{u_2}{u_1} = \frac{R_1 + R_f}{R_1} = 1 + \frac{R_f}{R_1} \tag{3.238}$$

definiert.

Der **integrierende Verstärker** in Abb. 3.80d hat einen Kondensator im Rückkopplungszweig und stellt einen aktiven Tiefpaß dar. Seine Verstärkung wird komplex

$$\underline{V} = \frac{\underline{U}_2}{\underline{U}_1} = -\frac{1}{pR_1C_f}; \quad u_2(t) = -\frac{1}{R_1C_f}\int u_1(t)dt. \tag{3.239}$$

Schaltet man einen Inverter in den Rückkopplungszweig des Integrierers oder in Kette, so erhält man einen **nichtinvertierenden Integrierer**.

Der **Summier-Verstärker** stellt eine Erweiterung des invertierenden Verstärkers dar, Abb. 3.80e.

$$\underline{U}_2 = -R_f\left(\frac{\underline{U}_{11}}{R_1} + \frac{\underline{U}_{12}}{R_2} + \cdots + \frac{\underline{U}_{1n}}{R_n}\right) \tag{3.240}$$

Der **differenzierende Verstärker** entsteht aus dem integrierenden Verstärker, wenn man dort R_1 durch C_1 und C_f durch R_f ersetzt, s. Abb. 3.80f. Er ist ein aktiver Hochpaß.

$$u_2(t) = -R_fC_1\frac{du_1(t)}{dt}; \quad \underline{V} = \frac{\underline{U}_2}{\underline{U}_1} = -R_fC_1p \tag{3.241}$$

Beim **Komparator** wird auf die Gegenkopplung verzichtet, Abb. 3.80g. Er eignet sich zum Vergleich zweier Spannungen. Häufig wird er in Entscheider-Einrichtungen angewendet, s. Beisp. 3.29 und Kapitel 8. Am Minus-Eingang liegt die zu vergleichende Spannung und am Plus-Eingang die Referenzspannung. Ein Komparator mit Inverter hat oft einen TTL-Ausgang und weist dann mit Gl. (3.233) für Sinusgrößen das folgende Schaltverhalten auf:

$$u_1 > U_{ref} \rightarrow u_2 = 5\text{V}; \quad u_1 < U_{ref} \rightarrow u_2 = 0\text{V} \tag{3.242}$$

U_{ref} stellt hierbei eine rauschfreie geregelte Gleichspannung dar.

Wird der Operationsverstärker über einen Spannungsteiler R_1, R_2 mitgekoppelt, so erhält man einen **invertierenden Schmitt-Trigger**, Abb. 3.80h. Wegen der Mitkopplung kann die Ausgangsspannung nur die Werte $u_2 = u_{2max}$ bzw. $u_2 = u_{2min}$ annehmen, s. Beisp. 3.30. Ein- und Ausschaltpegel fallen nicht zusammen, es entsteht eine Schalthysterese. Einschalt- und Ausschaltpegel u_{1ein} und u_{1aus} und die Schalthysterese Δu_1 liegen bei

$$u_{1ein} = \frac{R_1}{R_2 + R_1} u_{2min}; \quad u_{1aus} = \frac{R_1}{R_2 + R_1} u_{2max}; \quad \Delta u_1 = \frac{R_1}{R_1 + R_2}(u_{2max} - u_{2min}) \tag{3.243}$$

Mit dem Schmitt-Trigger kann man beispielsweise eine Sinusschwingung in eine periodische Rechteckschwingung umsetzen.

Der **astabile Multivibrator** entsteht aus dem invertierenden Schmitt-Trigger, wobei die Eingangsspannung $u_1 = u_N$ durch dauerndes Umladen des Kondensators C gebildet wird, Abb. 3.80i. Es sei zunächst $u_2 = u_{2max}$. Am positiven Eingang erscheint dann

$$u_{pmax} = \frac{R_1}{R_1 + R_2} u_{2max} \tag{3.244}$$

C lädt sich über R_f auf. Mit zunehmender Aufladung wird u_d kleiner. Ist $u_c = u_N = u_{pmax}$ erreicht, geht die Ausgangsspannung des Verstärkers auf $u_2 = u_{2min}$. Die Spannung am positiven Eingang ist dann

$$u_{pmin} = u_{2min} \frac{R_1}{R_1 + R_2}. \tag{3.245}$$

Der Kondensator C lädt sich nun auf u_{pmin} um, und die Ausgangsspannung geht auf u_{2max} usw. Es entsteht eine periodische Rechteckschwingung mit den Amplituden u_{2max} und u_{2min} und der Periodendauer

$$T = 2R_f C \ln\left(1 + 2\frac{R_1}{R_2}\right), \tag{3.246}$$

wenn $u_{2min} = -u_{2max}$ ist, s. Abb. 3.81.

Die **untere Grenzfrequenz** liegt beim Operationsverstärker bei 0 Hz, d.h. er kann auch als **Gleichspannungsverstärker** benutzt werden. Die **obere Grenzfrequenz** hängt von der "Slewrate" $S_r = (du_2(t)/dt)_{max}$ der Spannungsanstiegsflanke der Ausgangsspannung (μV/s) ab.

$$f_0 = \frac{S_r}{2\pi u_{2max}} \tag{3.247}$$

Wie bereits erwähnt, kann der Frequenzgang eines Operationsverstärkers durch äußere Beschaltung mit RC-Gliedern korrigiert werden. Näheres hierzu ist der einschlägigen Literatur zu entnehmen [57, 58].

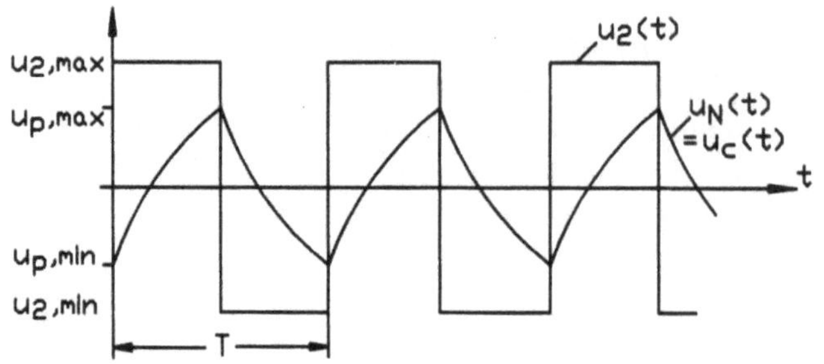

Abbildung 3.81: Spannungsverläufe beim astabilen Multivibrator

□ **Beispiel 3.29**
Komparator mit TTL-Ausgang als Entscheider, s. Abb. 3.82a. Das durch additives Rauschen gestörte digitale Komparatoreingangsignal $s_1(t)$ wird mit einem Komparator und einem D-Flip-Flop in das TTL-Signal $s_3(t)$ umgesetzt und regeneriert. Schaltfunktion des Komparators (mit Inverter) bei der Umsetzung in

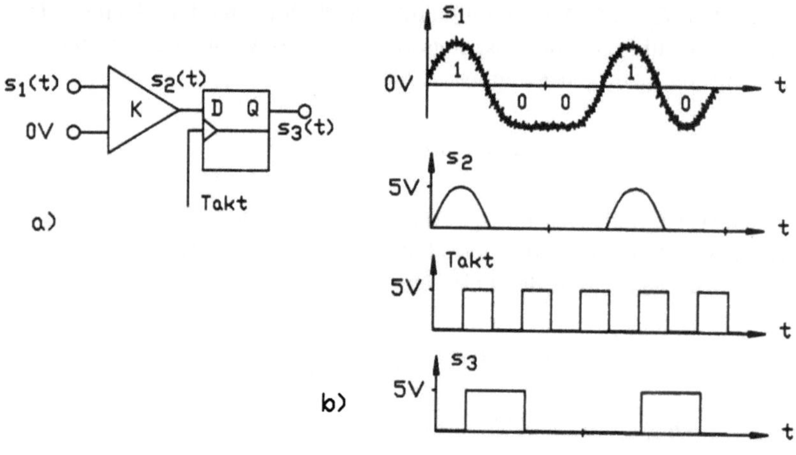

Abbildung 3.82: a) Komparator als Entscheider; b) Schema des Entscheidungsvorgangs

TTL-Signale, s. Abb. 3.82b:

$$s_2(t) = 5V \quad \text{für} \quad s_1(t) > 0\text{V}; \quad s_2(t) = 0\text{V} \quad \text{für} \quad s_1(t) < 0\text{V} \tag{3.248}$$

□ **Beispiel 3.30**
Am Eingang des Schmitt-Triggers mit TTL-Ausgang nach Abb. 3.80h liege die Sinusspannung $u_1(t) = 2\text{V} \sin \omega t$ mit $\omega t = 2\pi 100 t$ (s. Abb. 3.83)

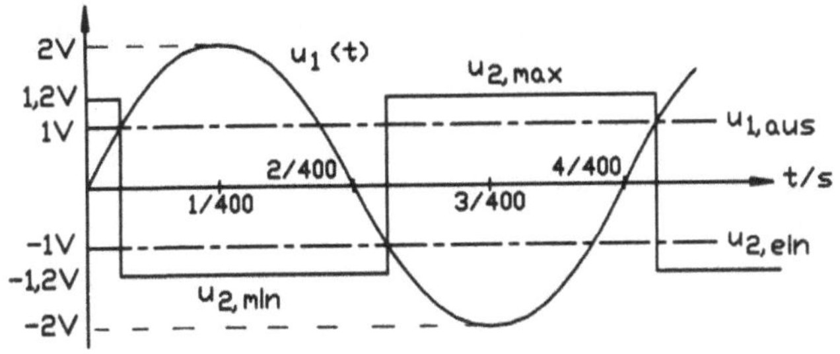

Abbildung 3.83: Schmitt-Trigger, Eingangs- und Ausgangssignal

Der Einschaltpegel liege bei $u_{1ein} = -1$ V und der Ausschaltpegel bei $u_{1aus} = +1$ V. Am Ausgang des Schmitt-Triggers liegt dann der in Abb. 3.83 dargestellte Spannungsverlauf $u_2(t)$ mit den durch die Gln. (3.243) gegebenen Maximal-und Minimalwerten. Die Umsetzung in die TTL-Signalform liefert eine Taktschwingung wie sie zum Betrieb von Flip-Flops, Zählern etc. gebraucht wird.

3.4.4 Aktive Betriebsparameterfilter

In Abschn. 3.3.4 wird gezeigt, daß ein vorgegebener Verlauf der Betriebsdämpfung $a_B(\omega)$ durch eine passive Schaltung aus LC-Gliedern realisiert werden kann. In integrierten Schaltungen können Induktivitäten jedoch nur schwer hergestellt werden. In diesem Abschnitt wird deshalb auf ein Verfahren eingegangen das zur Realisierung einer Betriebsübertragungsfunktion bzw. Betriebsdämpfungsfunktion lediglich RC-Glieder in Verbindung mit aktiven Schaltelementen verwendet. Aktive Elemente sind hier die bekannten Operationsverstärkerschaltungen, wie Inverter, Integrierer, etc.. Nachfolgend wird nun eine Methode vorgestellt mit der eine passive Filterrealisierung gemäß Abschn. 3.3.4 unmittelbar in eine aktive umgewandelt werden kann.

Weitere Methoden zur Herstellung aktiver Filter, sowie Stabilitätsbetrachtungen zu solchen Schaltungen, findet man in [31, 50, 59, 60].

3.4.4.1 Synthese aktiver Filter (Leap-Frog-Verfahren)

Bei diesem Verfahren erfolgt die Synthese aktiver Filter durch Zerlegung der Übertragungsfunktion einer vorliegenden passiven Schaltung in Teilübertragungsfunktionen, die dann durch aktive Schaltungen nachgebildet werden. Die passive Filterrealisierung liegt dabei in Form einer Kettenbruch-(Abzweig)-Schaltung vor. Das günstige Verhalten der passiven Filter, besonders hinsichtlich ihres Stabilitätsverhaltens, läßt sich hierdurch auch auf die aktiven Realisierungen übertragen. In

Abb. 3.84a ist der prinzipielle Aufbau eines passiven Referenzfilters aus RLC-Zweipolen wiedergegeben, das durch eine Spannungsquelle $\underline{U}_q$ erregt wird. Die

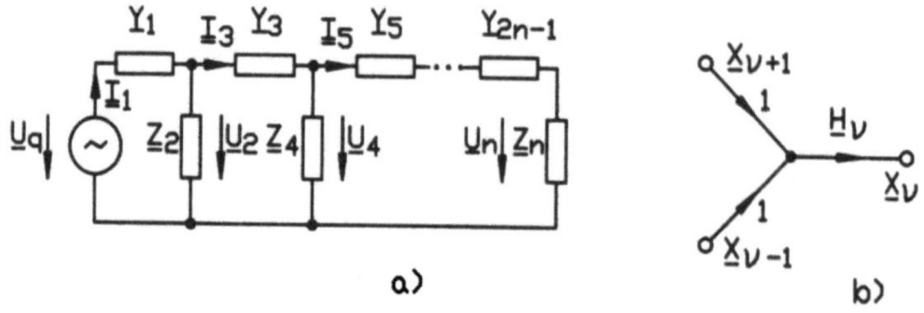

Abbildung 3.84: a) Referenzfilter in Ketten-Abzweigschaltung; b) Zweig eines Signalfluß-Diagramms

Längsglieder sind durch Admittanzen, $\underline{Y}_1$, $\underline{Y}_3$, ...und die Querglieder in Form von Impedanzen $\underline{Z}_2$, $\underline{Z}_4$, ...dargestellt. Der Vierpol gemäß Abb. 3.84a läßt sich durch die folgenden Netzwerkgleichungen beschreiben [50].

$$\underline{I}_{2\nu-1} = \underline{Y}_{2\nu-1}(\underline{U}_{2\nu-2} - \underline{U}_{2\nu}); \quad \underline{U}_{2\nu} = \underline{Z}_{2\nu}(\underline{I}_{2\nu-1} - I_{2\nu+1}); \quad (\nu = 1, 2, \dots, n/2) \tag{3.249}$$

Zur Berechnung der Teilübertragungsfunktionen wird ein beliebig wählbarer ohmscher Widerstand R eingeführt, mit dem die Variablen

$$\underline{X}_{4\nu} = \underline{U}_{4\nu}; \quad \underline{X}_{4\nu+2} = -\underline{U}_{4\nu+2}; \quad \underline{X}_{4\nu+1} = R\underline{I}_{4\nu+1}; \quad \underline{X}_{4\nu+3} = -R\underline{I}_{4\nu+3} \tag{3.250}$$

$(\nu = 0, 1, \dots, N)$ definiert werden. Falls $N = \frac{n}{4}$ ganzzahlig ist, so ist $\underline{X}_{n+1} = \underline{X}_{n+2} = \underline{X}_{n+3} = 0$. Ist jedoch $N = (n-2)/4$ ganzzahlig, dann ist nur $\underline{X}_{n+1} = 0$. Die Übertragungfunktion des passiven Netzwerks wird in die Teil-Übertragungsfunktionen

$$\underline{H}_{2\nu+1} = R\underline{Y}_{2\nu+1}; \quad \underline{H}_{2\nu+2} = -\frac{\underline{Z}_{2\nu+2}}{R}; \quad (\nu = 0, 1, \dots, (n-2)/2) \tag{3.251}$$

zerlegt. Mit den Variablen $\underline{X}_\nu$, $\underline{X}_{\nu-1}$ und $\underline{X}_{\nu+1}$ gilt dann mit $\underline{X}_0 = \underline{U}_0$ und $\underline{X}_n = \underline{U}_n$ der Zusammenhang

$$\underline{H}_\nu \underline{X}_{\nu-1} - \underline{X}_\nu + \underline{H}_\nu \underline{X}_{\nu+1} = 0; (\nu = 1, 2, \dots, n; \quad \underline{X}_{n+1} = 0). \tag{3.252}$$

der durch ein Signalfluß-Diagramm dargestellt werden kann. Ein Zweig eines solchen Signalfluß-Diagramms ist in Abb. 3.84b wiedergegeben. Der Knoten, in den die beiden Signale $\underline{X}_{\nu+1}$ und $\underline{X}_{\nu-1}$ einmünden, ist ein Additionspunkt. Die über dem jeweiligen Pfeil dargestellte Größe (1 bzw. $\underline{H}_\nu$) ist die Übertragungsfunktion, mit der das jeweilige Signal multipliziert wird. Der Zweig repräsentiert somit die Gleichung $\underline{X}_\nu = \underline{H}_\nu(X_{\nu+1} + X_{\nu-1})$. Stellt man nun auf diese Weise die

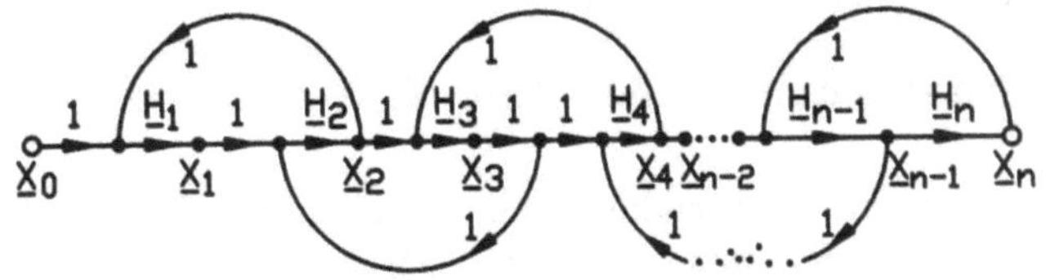

Abbildung 3.85: Leapfrog-Signalflußdiagramm

gesamte Gleichung (3.251) dar, dann erhält man ein **Leap-Frog (Bocksprung)-Signalflußdiagramm**, s. Abb. 3.85, das insgesamt die Übertragungsfunktion $\underline{H}_n(p) = \underline{U}_n/\underline{U}_q$ darstellt und sich aus den Teil-Übertragungsfunktionen $\underline{H}_1, \underline{H}_2, \underline{H}_3, \ldots$ zusammensetzt, die alternierend ihre Vorzeichen wechseln. Die Teil-Übertragungfunktionen können mit relativ einfachen aktiven RC-Elementen realisiert werden.

Für ein passives Referenzfilter, das durch eine Stromquelle $\underline{I}_q$ erregt wird, kann ein äquivalentes Leapfrog-Signal-Flußdiagramm erstellt werden [50].

□ **Beispiel 3.31**

Der in Beispiel 3.21 berechnete Butterworth-Tiefpaß 4. Ordnung (s. Abb. 3.55) soll durch einen äquivalenten aktiven Tiefpaß realisiert werden. In Abb. 3.86a ist der passive Tiefpaß mit den für das Leapfrog-Verfahren typischen Parametern dargestellt. Abb. 3.86b zeigt das zugehörige Signal-Flußdiagramm.

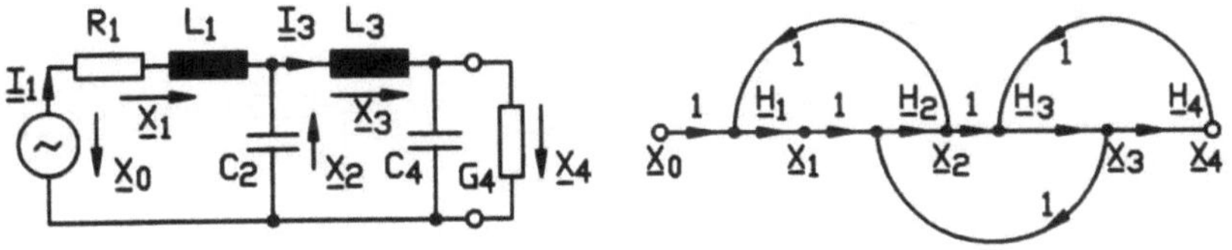

Abbildung 3.86: a) Butterworth-Tiefpaß 4. Ordnung; b) Leapfrog-Signal-Flußdiagramm

Da $N = n/4 = 1$ ganzzahlig ist, findet man aus den Gln. (3.250) mit den Laufvariablen $\nu = 0$ und $\nu = 1$ die Parameter

$$\underline{X}_0 = \underline{U}_0; \quad \underline{X}_1 = R\underline{I}_1; \quad \underline{X}_2 = -\underline{U}_2; \quad \underline{X}_3 = -R\underline{I}_3; \quad \underline{X}_4 = \underline{U}_4. \qquad (3.253)$$

Die Teil-Übertragungsfunktionen erhält man aus Gl. (3.251) mit $\nu = 0$ und $\nu = 1$ mit Bezug auf Abb. 3.84 zu

$$\underline{H}_1(p) = R\underline{Y}_1; \quad \underline{H}_2(p) = -\underline{Z}_2/R; \quad \underline{H}_3(p) = R\underline{Y}_3; \quad H_4(p) = -\underline{Z}_4/R \quad (3.254)$$

Das Signal-Flußdiagramm folgt aus Gl. (3.252).

$$\underline{X}_1 = \underline{H}_1(\underline{X}_0+\underline{X}_2); \quad \underline{X}_2 = \underline{H}_2(\underline{X}_1+\underline{X}_3); \quad \underline{X}_3 = \underline{H}_3(\underline{X}_2+\underline{X}_4); \quad \underline{X}_4 = \underline{H}_4\underline{X}_3. \tag{3.255}$$

Die Teil-Übertragungsfunktionen können nun durch aktive Elemente realisiert werden. So ergibt sich für $\underline{H}_1$, wenn man für den frei wählbaren Widerstand $R = R_1$ setzt,

$$\underline{H}_1 = R\underline{Y}_1 = \frac{R}{R_1 + pL_1} = \frac{1}{\frac{R_1}{R} + p\frac{L_1}{R}} = \frac{1}{1 + p\frac{L_1}{R_1}} = \frac{1}{1 + pR_IC_I} = \frac{G_I}{G_I + pC_I}. \tag{3.256}$$

$\underline{H}_1$ ist mit $L_1/R_1 = C_I \cdot R_I$ die Übertragungsfunktion eines invertierenden Operationsverstärkers nach Abb. 3.80a, der im Rückkopplungszweig G_I+pC_I enthält, mit einem nachfolgenden Inverter. Abb. 3.87a zeigt die zugehörige aktive Schaltung, die gemäß Abb. 3.86b am Eingang die Addition von $\underline{X}_0$ und $\underline{X}_2$ berücksichtigt.

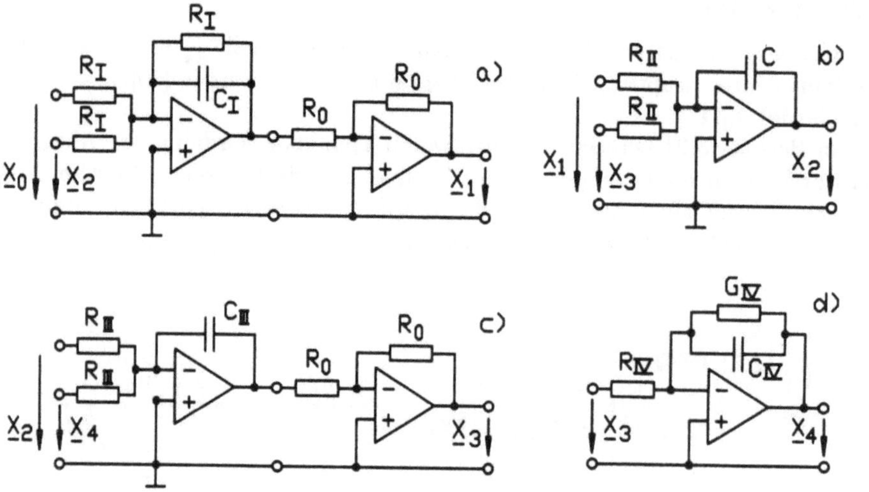

Abbildung 3.87: Aktive Realisierung der Teilübertragungsfunktionen eines aktiven Butterworthfilters 4. Ordnung: a) $\underline{H}_1$; b) $\underline{H}_2$; c) $\underline{H}_3$; d) $\underline{H}_4$

Die Teil-Übertragungsfunktion $\underline{H}_2$ kann durch einen Integrierer mit $R = R_1$ (frei wählbar) und $C_2 = C_f$ nach Abb. 3.80d, realisiert werden,

$$\underline{H}_2 = -\frac{\underline{Z}_2}{R} = -\frac{1}{pC_2R} = -\frac{1}{pC_fR_1} = -\frac{1}{pR_{II}C_{II}}; \quad C_2 \cdot R = R_{II} \cdot C_{II} \tag{3.257}$$

In Abb. 3.87b ist die entsprechende aktive Schaltung wiedergegeben, wobei auch hier die Summierung von $\underline{X}_1$ und $\underline{X}_3$ gemäß dem Signal-Flußdiagramm zu realisieren ist.

$\underline{H}_3$ wird durch einen nichtinvertierenden Integrierer nachgebildet, der sich aus der Kettenschaltung des invertierenden Verstärkers nach Abb. 3.80a mit $\underline{R}_f = \underline{R}_1$ und dem invertierenden Integrierer nach Abb. 3.80d ergibt, bei dem $R = R_1$ frei wählbar ist.

$$\underline{H}_3 = R\underline{Y}_3 = \frac{1}{p\frac{L_3}{R}} = \frac{1}{pC_{III}R_{III}}; \quad L_3/R = C_{III}R_{III} \tag{3.258}$$

Abb. 3.87c gibt die Schaltung mit der Summierung $\underline{X}_2 + \underline{X}_4$ am Eingang wieder.

Die Teil-Übertragungsfunktion $\underline{H}_4$ schließlich kann durch einen invertierenden Verstärker nach Abb. 3.80a mit $\underline{Y}_f = G_{IV} + pC_{IV}$ im Rückkopplungszweig und $R = R_4$ realisiert werden.

$$\underline{H}_4 = -\frac{\underline{Z}_4}{R} = -\frac{R_4}{(1+pR_4C_4)R} = -\frac{1}{1+pR_4C_4} = \frac{1}{1+pR_{IV}C_{IV}} \tag{3.259}$$

Die zugehörige aktive Schaltung zeigt Abb. 3.87d.

Der aktive Butterworth-Tiefpaß 4. Ordnung entsteht durch Zusammenschaltung der einzelnen Teil-Schaltungen.

In [50] ist eine Methode angegeben, mit der gegebenenfalls Operationsverstärker eingespart werden können.

Zur Realisierung aktiver Filter gibt es weitere Methoden, auf die hier nicht eingegangen werden kann [31, 50, 60].

3.4.5 Aktive Entzerrer

Aktive Entzerrer, Dämpfungsentzerrer und Gruppenlaufzeitentzerrer, werden aus aktiven Allpässen aufgebaut. Meist verbindet man beide Entzerrer-Arten zu einem "System-Entzerrer". Beide Entzerrer werden hierbei so aufeinander abgestimmt, daß sie sich hinsichtlich ihres Dämfpungs- bzw. Gruppenlaufzeitverhaltens möglichst wenig gegenseitig beeinflussen, d.h. jeder Entzerrer unabhängig vom jeweils anderen eingestellt werden kann [61].

Die vorgenannten aktiven und auch die passiven Entzerrer, bestehen aus linearen Netzwerken; dies gilt auch für den Echoentzerrer, der jedoch nach einem anderen Entzerrungsprinzip arbeitet als die vorgenannten. Aus dem Echoentzerrer wird ein adaptiver Enzerrer, wenn er eine entscheidungsgesteuerte Rückführung zur Entzerrereinstellung besitzt. Er arbeitet damit nach einem nichtlinearen Prinzip [61, 62].

3.4.5.1 Linearer Dämpfungsentzerrer

Ist der Dämpfungsverlauf im Durchlaßbereich eines Übertragungssystems über der Frequenz nicht konstant, wie bereits in Abschn. 3.3.5 genauer formuliert, so spricht man von einer Dämpfungsverzerrung. Ein Übertragungssignal erfährt somit eine Amplitudenverzerrung, die durch einen entsprechend kompensierenden Verlauf eines Entzerrers korrigiert werden muß.

Ein Beispiel für einen aktive Dämpfungsentzerrer aus n Allpässen 1. Ordnung ist in Abb. 3.88a wiedergegeben. Er besteht aus einer Kettenschaltung von n

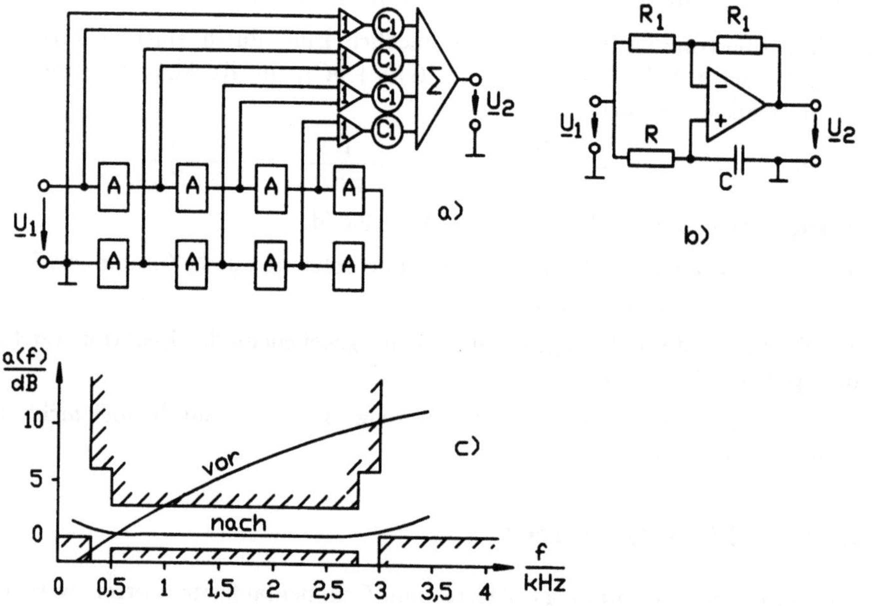

Abbildung 3.88: a) Aktiver Dämpfungsentzerrer; b) Aktiver Allpaß 1. Ordnung; c) Dämpfungsverlauf eines Ortskabels vor und nach der Entzerrung

(z.B. n=8) aktiven Allpässen 1. Ordnung, deren Teilübertragungsfunktionen nach einer Bewertung durch die einstellbaren Koeffizienten $c_1 \cdots c_4$ addiert werden. Ein Beispiel für einen aktiven Allpaß 1. Ordnung ist in Abb. 3.88b wiedergegeben. Er hat die Übertragungsfunktion

$$\underline{H}(p) = \frac{1 - pRC}{1 + pRC} = e^{-2j \arctan \omega RC}. \tag{3.260}$$

Die Gesamtübertragungsfunktion des Dämpfungsentzerrers ergibt sich dann mit Abb. 3.88a und $\phi = 2 \arctan \omega RC$ bei 8 Allpässen 1. Ordnung zu

$$\begin{aligned} \underline{H}_E(p) = {} & c_1 \left(1 + e^{-j8\phi}\right) + c_2 \left(e^{-j\phi} + e^{-j7\phi}\right) + c_3(e^{-j2\phi} + e^{-j6\phi}) + c_4(e^{-j3\phi} + \\ & + e^{-j5\phi}) = 2e^{-j4\phi}[c_4 \cos\phi + c_3 \cos 2\phi + c_2 \cos 3\phi + c_1 \cos 4\phi] \end{aligned} \tag{3.261}$$

Der in eckigen Klammern stehende Ausdruck der vorstehenden Gleichung ist reell und stellt, solange er positiv ist, den Betrag der Gesamtübertragungsfunktion dar. Die Phase der Gesamtübertragungsfunktion ist $\phi_{ges} = -4\phi$ bei beliebigen Werten der Konstanten $c_1 \cdots c_4$. Die Variation der Konstanten zur Einstellung des gewünschten Entzerrer-Dämpfungsverlaufs hat somit keinen Einfluß auf die Gruppenlaufzeit $\tau_g = db(\omega)/d\omega$ mit $b(\omega) = -\phi(\omega)$ [31, 51, 61].

In Abb. 3.88c ist das Toleranzschema sowie der Dämpfungsverlauf vor und nach der Entzerrung bei einem Ortskabel ($C_u; 0,4\,\text{mm}\phi; l = 10,7\text{km}, Z_L = 600\ \Omega$ am Ein-und Ausgang) wiedergegeben. Der $\sqrt{f}$-Verlauf der Leitung, vergleiche Abschnitt 3.2.5.1 (Bereich II), geht nach der Entzerrung in einen weitgehend flachen Verlauf innerhalb des zulässigen Toleranzbereichs über [61].

3.4.5.2 Linearer Gruppenlaufzeitentzerrer

Zur Gruppenlaufzeitentzerrung verwendet man Allpaßschaltungen mit komplexen Pol- und Nullstellen. Die Kettenschaltung solcher Allpässe liefert einen geeigneten Gruppenlaufzeitverlauf zur Kompensation von Gruppenlaufzeitverzerrungen. Jede Abweichung der Gruppenlaufzeit von ihrem konstanten Verlauf über der Frequenz ist hierbei als Gruppenlaufzeitverzerrung zu betrachten. In Abb. 3.89a ist ein geeigneter aktiver Allpaß 2. Ordnung dargestellt.

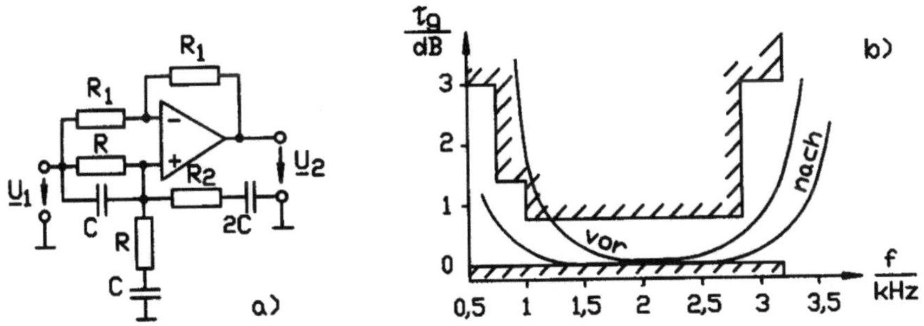

Abbildung 3.89: a) Allpaß 2. Ordnung; b) Toleranzschema, Gruppenlaufzeit vor und nach einer Entzerrung

Seine Übertragungsfunktion lautet

$$\underline{H}_A(p) = \frac{\underline{U}_2}{\underline{U}_1} = \frac{p^2 - p + 1}{p^2 + p + 1}. \tag{3.262}$$

mit $p = j\omega/\omega_0$ und $\omega_0 = 1/RC$. Multipliziert man die Reihenschaltung von R und C in Abb. 3.89a mit dem dimensionslosen Faktor $1/M$, so erhält man für die

Übertragungsfunktion des Allpasses

$$\underline{H}_A(p) = \frac{p^2 - Mp + 1}{p^2 + Mp + 1}, \tag{3.263}$$

und die sich ergebende Gruppenlaufzeit folgt aus dem Dämpfungsfaktor $\underline{D}(\omega) = 1/\underline{H}(\omega) = 1/(|\underline{H}|e^{j\phi(\omega)}) = |\underline{D}|e^{jb(\omega)}$ zu $\tau_g = db(\omega)/d\omega$.

$$\tau_g = \frac{2M/\omega_0[1 + (\omega/\omega_0)^2]}{[1 - (\omega/\omega_0)^2]^2 + (M\omega/\omega_0)^2} \tag{3.264}$$

Der Faktor M dient der Einstellung des Gruppenlaufzeitmaximums.

Abb. 3.89 zeigt das Toleranzschema für die Gruppenlaufzeit des im vorigen Abschnitt genannten Ortskabels und den Gruppenlaufzeitverlauf vor und nach der Entzerrung [61].

3.4.5.3 Echoentzerrer, Transversalentzerrer

Der Echoentzerrer ist ein Transversalfilter mit endlich vielen Abgriffen. In Abb. 3.90a ist ein solches Transveralfilter in allgemeiner Form dargestellt.

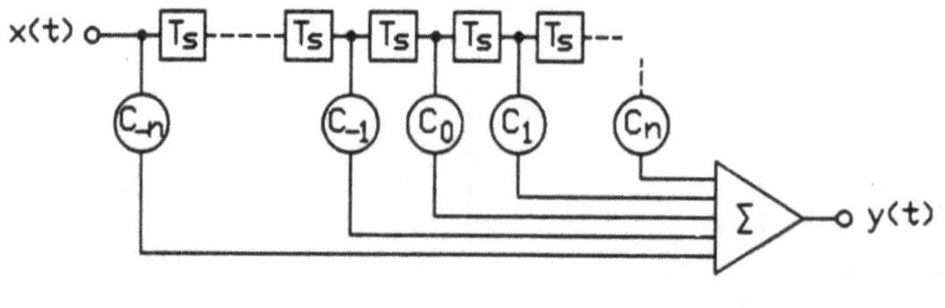

Abbildung 3.90: a) Allgemeine Struktur eines Echoentzerrers; b) Echoentzerrer mit 3 Abgriffen

Ein Echoentzerrer eignet sich besonders zur Beseitigung der Symbolinterferenzen in stochastischen Impulsfolgen. Durch die Verzögerungsglieder, die eine Verzögerung um die Symboldauer T_s (=Impulsdauer) verursachen, sowie die Bewertung durch geeignete reelle Koeffizienten (< 1), $c_{-m} \cdots c_{-1}$, c_0 und $c_{+1} \cdots c_{-n}$ und der Addition der bewerteten Signale, kann die Symbolinterferenz weitgehend kompensiert werden. Eine kurze mathematische Betrachtung zeigt, daß mit einem Echoentzerrer verschiedene Entzerrer-Übertragungsfunktionen realisiert werden können. Es sei

$$x(t) = \sum_{k=-\infty}^{k=+\infty} x_k \delta(t - kT_s), \tag{3.265}$$

das Entzerrereingangssignal, d.h. eine Folge von Delta-Impulsen $\delta(t)$ der Impulsamplitude x_k zufälliger Polarität. Wie aus Abb. 3.90 abgelesen werden kann, lautet das Entzerrerausgangssignal und seine Fouriertransformierte - wenn z.B. ein Transversalentzerrer mit nur 3 Abgriffen betrachtet wird -

$$y(t) = c_{-1}x(t) + c_0 x(t-T_s) + c_{+1}x(t-2T_s) \tag{3.266}$$

$$\underline{Y}(f) = \left(c_{-1} + c_0 e^{-j2\pi f T_s} + c_{+1}e^{-j2\pi f 2T_s}\right)\underline{X}(f). \tag{3.267}$$

Für die Übertragungsfunktion des Entzerrers findet man dann

$$H_T(f) = \frac{\underline{Y}(f)}{\underline{X}(f)} = \left(c_{-1}e^{j2\pi f T_s} + c_0 + c_{+1}e^{-j2\pi f T_s}\right)e^{-j2\pi f T_s}. \tag{3.268}$$

Je nach Wahl der Koeffizienten c_{-1}, c_0 und c_{+1} kann die Übertragungsfunktion die verschiedensten spektralen Formen annehmen. Durch gezielte Einstellung der Koeffizienten können somit Gruppenlaufzeit- und Dämpfungsschwankungen ausgeglichen werden.

Die Koeffizienten werden ermittelt, indem man von den jeweils zu entzerrenden Impulsen Abtastwerte $x_{-3}, x_{-2}, x_{-1}, x_0, x_{+1}, x_{+2}$ und x_{+3} an den Stellen $\ldots -3, -1, 0, +1, +2, +3, \ldots = t/T_s$ entnimmt und hieraus mit den gewünschten Entzerrerausgangsimpulsen $\ldots y_{-3}, y_{-2}, y_{-1}, y_0, y_{+1}, y_{+2}, y_{+3} \ldots$ ein Gleichungssystem zur Berechnung der Koeffizienten $c_{-3}, c_{-2}, c_{-1}, c_0, c_{+1}, c_{+2}, c_{+3}, \ldots$ entwickelt. Das Gleichungssystem lautet

$$\begin{pmatrix} x_0 & & \cdots & & x_{-2n} \\ \vdots & & \vdots & & \vdots \\ x_{+n} & \cdots & x_0 & \cdots & x_{-n} \\ \vdots & & \vdots & & \vdots \\ x_{+2n} & & \cdots & & x_0 \end{pmatrix} \begin{pmatrix} c_{-1} \\ \vdots \\ c_0 \\ \vdots \\ c_{+n} \end{pmatrix} = \begin{pmatrix} y_{-n} \\ \vdots \\ y_0 \\ \vdots \\ y_{+n} \end{pmatrix} \tag{3.269}$$

□ **Beispiel 3.32**

Entzerrung des in Abb. 3.91a dargestellten Impulses mit Hilfe des in Abb. 3.90b gezeigten Transversalentzerrers so, daß der in Abb. 3.91b wiedergegebene Nyquistimpuls entsteht. Da der Transversalentzerrer nur 3 Koeffizienten hat, ist $n = 1$. Dem Eingangsimpuls werden die Abtastwerte $(x_1, x_0, x_{-1}) = (1/4, 1, 1/2)$ zu den Zeiten $(t/T_s) = 1, 0, -1$ entnommen. Der entzerrte Impuls soll zu den vorgenannten Zeiten die folgenden Werte aufweisen $(y_1, y_0, y_-1) = (0, 1, 0)$. Das Gleichungssysem (3.269) lautet somit

$$\begin{pmatrix} 1 & 1/2 & 0 \\ 1/4 & 1 & 1/2 \\ 0 & 1/4 & 1 \end{pmatrix} \begin{pmatrix} c_{-1} \\ c_0 \\ c_{+1} \end{pmatrix} = \begin{pmatrix} 0 \\ 1 \\ 0 \end{pmatrix} \tag{3.270}$$

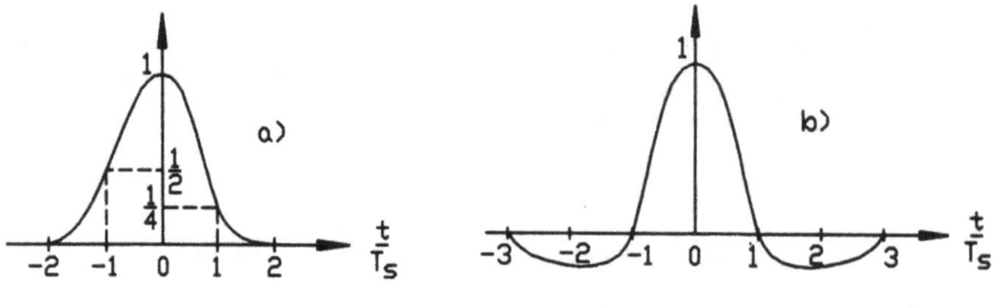

Abbildung 3.91: a) Verzerrter Impuls; b) Entzerrter Impuls

Die Lösung der 3 linearen Gleichungen liefert $(c_{-1}, c_0, c_{+1}) = (-\frac{2}{3}, \frac{4}{3}, -\frac{1}{3})$. Da der Entzerrer nur 3 Anzapfungen besitzt, weist der entzerrte Impuls für $(t/T_s) = -3, -2, 2, 3$ nicht die gewünschten Werte auf, ist also noch kein reiner Nyquistimpuls. Hätte man dagegen einen Entzerrer mit mit 7 Anzapfungen ($n = 3$) zur Entzerrung verwendet, so hätte der entzerrte Impuls im Intervall $-3 \leq \frac{t}{T_s} \leq +3$ die Nyquistform. Das entzerrte Signal am Ausgang eines Echoentzerrers enthält immer einen Restfehler, da grundsätzlich nur eine endliche Zahl von Koeffizienten vorliegt [62].

Der Echoentzerrer kann auch in rekursiver Form aufgebaut werden.

Beim **adaptiven Entzerrer** werden aus den empfangenen Impulsen y_i Schätzwerte a_i gewonnen, die zur Steuerung der Koeffizienten $\ldots c_{-1}, c_0, c_1, \ldots$ benutzt werden. Abb. 3.92a zeigt das Prinzip eines adaptiven Entzerrers. In Abb. 3.92b

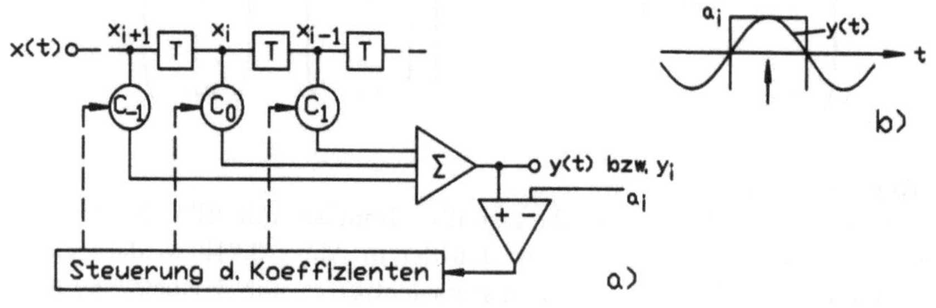

Abbildung 3.92: a) Prinzip des adaptiven Entzerrers; b) Gewinnung eines Schätzwertes

wird prinzipiell gezeigt, wie ein Schätzwert a_i aus einer Empfangsfolge y_i gewonnen werden kann. Die Schätzung erfolgt in einer sogenannten "Entscheidereinrichtung". Näheres über Entscheider findet man in Kapitel 8. Man nennt den adaptiven Entzerrer deshalb auch oft entscheidungsgesteuerten Entzerrer.

3.4.6 Schalter-Kondensator-Filter (Switched-Capacity-Filter)

Schalter-Kondensator-Filter (SC-Filter) enthalten Operationsverstärker, Kapazitäten und periodisch betätigte Schalter, die Kapazitäten umschalten. Die geschalteten Kapazitäten simulieren ohmsche Widerstände. Eine solche Simulationschaltung ist in Abb. 3.93 wiedergegeben.

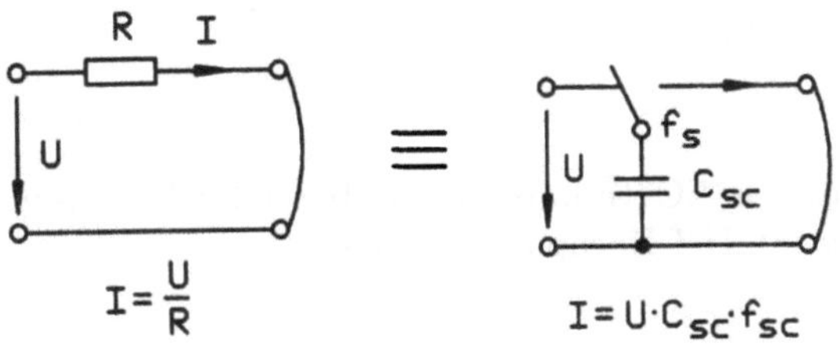

Abbildung 3.93: Simulation eines ohmschen Widerstandes mit einem geschalteten Kondensator

Legt man mit dem Schalter die Schaltkapazität an die Eingangsgleichspannung U, so lädt sich der Kondensator C_s auf $Q = C_{sc}U$ auf. Nach dem Umschalten gibt der Kondensator die gleiche Ladung an den Ausgang ab. Durch periodisches Umschalten mit der Frequenz f_{sc} fließt am Ausgang im Mittel der Strom $I = C_{sc}Uf_{sc} = C_{sc}U/T_{sc} = Q/T_{sc}$. Mit dem geschalteten Kondensator wird somit innerhalb einer Schaltperiode die Ladung Q vom Eingang zum Ausgang übertragen. Mit dem ohmschen Gesetz erhält man durch Gegenüberstellung der beiden Bilder in Abb. 3.93 und Koeffizientenvergleich

$$I = \frac{U}{R} \quad \text{ohmscher Wid.}; \quad I = C_{sc}Uf_{sc} \quad \text{geschalteter Kond.}; \quad R = \frac{1}{C_s f_{sc}}. \tag{3.271}$$

Die Größe von R hängt von der Höhe der Schaltfrequenz f_{sc} ab. Der Leitwert $C_{sc}f_{sc}$ steigt linear mit der Schaltfrequenz. Dies ist eine Grundbedingung zur Realisierung von Schalter-Kondensatorfiltern (SC-Filtern).

Ein Grundelement zur Herstellung von Schalter-Kondensatorfiltern ist der nichtinvertierende Integierer. In Abb. 3.94a ist ein invertierender SC-Integrierer wiedergegeben. Abb. 3.94b zeigt den nichtinvertierenden SC-Integrierer und sein Symbol.

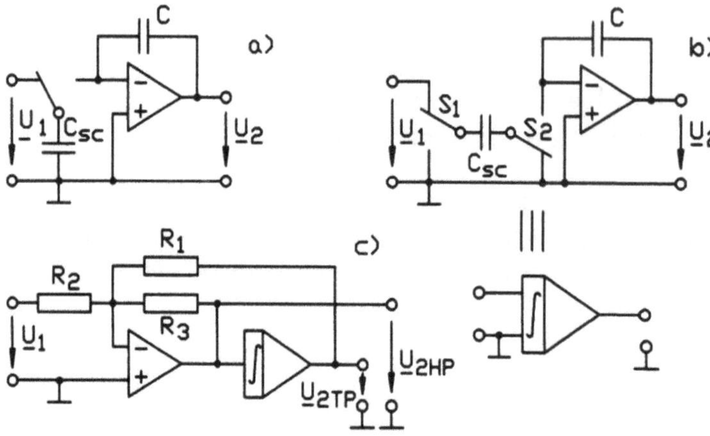

Abbildung 3.94: Filter in SC-Technik a) invertierender Integrierer; b) nichtinvertierender Integrierer; c) Tief-Hochpaß 1. Ordnung

Für den invertierenden Integtrierer erhält man für die Übertragungsfunktion

$$\frac{\underline{U}_2}{\underline{U}_1} = -\frac{1}{j\omega RC} = -\frac{f_{sc}C_s}{j\omega C}; \quad u_2(t) = -f_{sc}\frac{C_s}{C}\int u_1(t)dt. \tag{3.272}$$

In den vorstehenden Gleichungen ist zur Beschreibung des nichtinvertierenden Integrierers lediglich das Vorzeichen rechts vom Gleichheitszeichen von − in + zu ändern.

Aus einem nichtinvertierenden Integrierer und einem vorgeschalteten Summierer erhält man eine Schaltung, die je nach Dimensionierung entweder als Tiefpaß (TP) oder Hochpaß (HP) 1. Ordnung betrieben werden kann, s. Abb. 3.94c. Gibt man R_1 vor, so erhält man durch geeignete Wahl von R_3 bzw. R_2 einen Tief- oder Hochpaß 1. Ordnung.

Auf entsprechende Art und Weise kann man SC-Filter höherer Ordnung entwerfen, wobei ebenfalls die jeweils gleiche Schaltung durch geeignete Dimensionierung als Tief-, Hoch- oder Bandpaß betrieben werden kann [51].

SC-Filter liegen als integrierte Schaltungen vor und sind auf dem Markt erhältlich. Der Aufbau aus diskreten Schaltelementen ist umständlich.

Da alle über SC-Filter übertragenen Signale lediglich zu diskreten Zeitpunkten entsprechend der Schaltfrequenz f_{sc} vom Eingang zum Ausgang der Schaltung übergeben werden, handelt es sich bei SC-Filtern um Abtastsysteme, die grundsätzlich das Abtasttheorem einhalten müssen. Das Eingangssignal eines SC-Filters darf deshalb keine Frequenzen enthalten, die oberhalb der Schaltfrequenz f_{sc} liegen. In der Regel muß deshalb vor ein SC-Filter ein analoger Tiefpaß (Antialiasing-Filter) mit der oberen Grenzfrequenz f_{sc} geschaltet werden [50, 51].

Übungsaufgaben

Aufgabe 3.1

Eine Kabelleitung hat einen komplexen Wellenwiderstand von $\underline{Z}_L = 300\Omega \cdot e^{-j45°}$. Welche Werte darf der Abschlußwiderstand $\underline{Z}_2$ annehmen, damit die Reflexionsdämpfung den Wert $a_r = 2,3$ Np nicht unterschreitet ?

Aufgabe 3.2

Man bestimme die Aufbauelemente einer dreigliedrigen Wellenparameter-Bandpaß-Grundkette in T-Schaltung mit den Grenzfrequenzen $f_u = 4$ kHz und $f_o = 8$ kHz. Der Bandpaß soll zwischen einem Generator (z.B. einem Verstärker) mit dem Innenwiderstand $R_G = 1000\ \Omega$ und einer Leitung mit $Z_L = 1000\ \Omega$ betrieben werden.

Aufgabe 3.3

Komplexes Betriebsdämpfungsmaß:

a) Von der in Abb. 3.95 dargestellten Schaltung ist das komplexe Betriebsdämpfungsmaß in allgemeiner Form zu ermitteln.

b) Wie lautet das komplexe Betriebsdämpfungsmaß für den Fall $R_i = R_2 = R$?

c) Bei welcher Frequenz ist das Betriebsphasenmaß $b_B = -45°$, wenn die Reaktanz durch zwei Kondensatoren von je $C = 1/(2\pi)\mu F$ realisiert wird und $R = 600\ \Omega$ ist ?

d) Wie groß ist im vorgenannten Fall das Betriebsdämpfungsmaß a_B ?

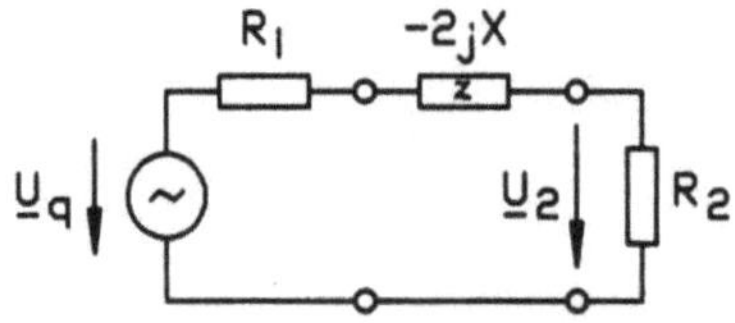

Abbildung 3.95: Reaktanzvierpol

Aufgabe 3.4

Zwei parallel geführte symmetrische Leitungen der Länge l weisen eine Beschädigung der Isolation im Abstand a vom Leitungsanfang auf. Die Kopplung zwischen den beiden Leitungen an der Schadensstelle ist als konzentrierter galvanischer Koppelwiderstand R_k aufzufassen ($l = 10$ km, $R_k = 100$ kΩ, $Z_L = 600\ \Omega$, $a = 3$ km, $\alpha = 0,5$ Np/km). Beide Leitungen sind mit dem Wellenwiderstand abgeschlossen. Die Spannung am Leitungsanfang der störenden Leitung ist $U_{10} = 1$ V.

a) Zeichnen Sie die Leitungsanordnung mit der Koppelstelle.

b) Bestimmen Sie die Störspannung U_{2a}, wenn auf der störenden Leitung mit U_{10} gesendet wird.

c) Welchen Wert erreicht die Störspannung $(U_{2,nah})$ am Anfang und $(U_{2,fern})$ am Ende der gestörten Leitung ?

Aufgabe 3.5

Ein binäres Basisband-Übertragungssystem verwende zur Übertragung Nyquistimpulse $(r = 0,5)$. Die Bitrate von $v_b = 10$ Mbit/s werde über ein Kabel $(l = 20$ km) mit den Leitungsbelägen $R' = 12,5\ \Omega/\text{km}$; $L' = 0,5$ mH/km; $G' = 0,8\ \mu\text{S/km}$; $C' = 20$ nF/km, übertragen (Abb. 3.96).

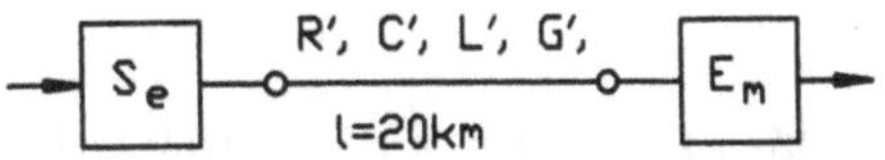

Abbildung 3.96: Kabel-Übertragungssystem

a) Wie groß ist die Signalbandbreite (=höchste Betriebsfrequenz)?

b) In welchem Übertragungsfrequenzbereich (I, II, oder III) wird das System betrieben ?.

c) Wie groß sind Wellenwiderstand, Übertragungsmaß der Leitung, und Gruppenlaufzeit näherungsweise ?

Lösungen

Aufgabe 3.1

Für $|\underline{r}| \ll 1$ gilt die Näherung $(1 + \underline{r})/(1 - \underline{r}) \approx 1 + \underline{2}r$ Gl. (3.118), die für die Lösung verwendet wird.
Aus $\underline{r} = (\underline{Z}_2 - \underline{Z}_L)/(\underline{Z}_2 + \underline{Z}_L)$ folgt durch Umstellung $\underline{Z}_2(\underline{r}, \underline{Z}_L)$. $\underline{g}_r = \ln(1/\underline{r}) = a_r + jb_r$ liefert $\underline{r}(a_r, b_r)$. Mit der Näherung und $a_r = 2,3$ Np eingesetzt in $\underline{Z}_2$ ergibt dies die Lösung $\underline{Z}_2 = 300\Omega e^{-j45°} + 60\Omega e^{-j(b_r+45°)}$.

Aufgabe 3.2

$Z_{L0} = R/0,8 = 1250\ \Omega$ (Gl. 3.149); $\omega_m = 35543 s^{-1}$; $L_I = Z_{L0}/(\omega_o - \omega_u) = 49,7$ mH; $C_I = 1/(\omega_o\omega_u L_I = 15,9$ nF; $C_{II} = L_I/Z_{L0}^2 = 31,8$ nF; Abb. 3.97 zeigt das Bandpaßfilter.

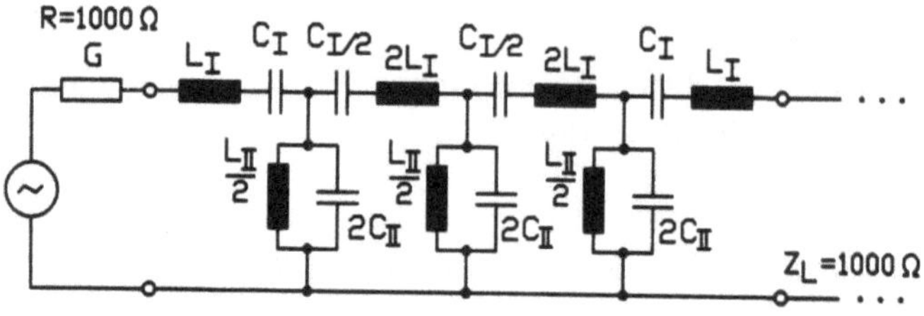

Abbildung 3.97: Dreigliedriges Bandpaßfilter

Aufgabe 3.3

a) Mit Gl. (3.110) folgt $\underline{g}_B = a_B + jb_B = \ln\{(\underline{U}_q)/(2\underline{U}_2)\sqrt{\underline{Z}_2\underline{Z}_i}\} = 0,5 \cdot \ln[(R_i + R_2)^2 + 4X^2)/(4R_iR_2)] - j\arctan[2X/(R_i + R_2)]$.

b) $\underline{g}_B = 0,5\ln[(R^2 + X^2)/R^2] - j\arctan(X/R)$;

c) $f = 1(2\pi RC) = 1,667$ kHz

d) $a_B = 0,347$ Np

Aufgabe 3.4

a) Die Leitungsanordnung und das Ersatzbild sind in Abb. 3.98 dargestellt.

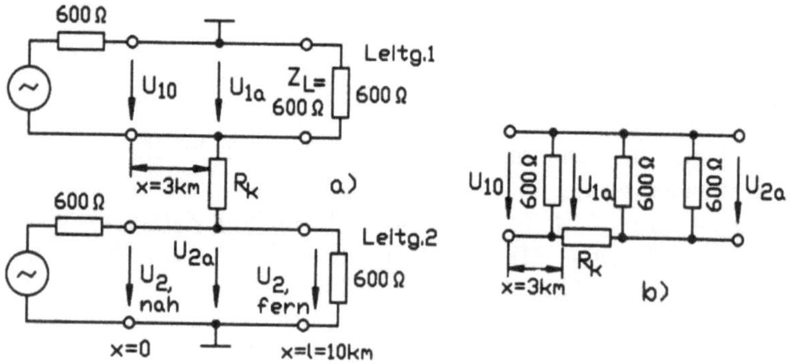

Abbildung 3.98: a) Leitungsanordnung und b) Ersatzbild zu Beispiel 3.4

b) $U_{1a} = U_{10}e^{-\alpha x} = 0,223$ V. Keine rücklaufende Welle, da reflexionsfrei abgeschlossen. $U_{2a} = 667$ μV.

c) $U_{2,fern} = U_{2a}e^{-\alpha(l-x)} = 20,1$ μV, $U_{2,nah} = U_{2a}e^{-\alpha x} = 148,8$ μV

Aufgabe 3.5

a) $B = 0,5 v_b(1 + r) = 7,5$ MHz (Gl. (2.15)).

b) $f_{I/II} = G'/\pi C' = 12,73$ Hz; $f_{II/III} = R'/4\pi L' = 1,99$ kHz ((Gl. (3.61))

c) $Z_L \approx \sqrt{L'/C'} = 158,1\ \Omega$; $a = \alpha l = lR'/2Z_L = 0,791$ Np $\hat{=} 6,87$ dB (Gl. 3.59); $b = \beta l = l\omega\sqrt{L'C'} = 2980$ rad; $\underline{g} = 0,791 + j2980$ rad; $\tau_g \approx \sqrt{L'C'} = 3,16 \cdot 10^{-6}$ s/km (2980 rad = 0,282 rad).

Kapitel 4

Hochfrequenztechnik

Eine eindeutige Definition, bei welcher Frequenz die Hochfrequenztechnik (HF-Technik) beginnt, gibt es nicht. Die untere Frequenzgrenze der Hochfrequenztechnik wird meist "problemorientiert" festgelegt, z.B. bei der Frequenz 10 kHz, bei der die Stromverdrängung (Skineffekt) wirksam wird.

Zur Beschreibung hochfrequenter Vorgänge werden sowohl Methoden der Netzwerktheorie, z.B. Ableitung der Leitungsgleichungen - in Kapitel 3 sind diese Methoden beschrieben - als auch der Feldtheorie elektromagnetischer Wellen benutzt. Die Anwendung feldtheoretischer Methoden ist z.B. immer dann unumgänglich, wenn zur Beschreibung der hochfrequenten Vorgänge Einflüsse wie Stromverdrängung oder dielektrische Verluste zu berücksichtigen sind.

Neben der Übertragung und Verarbeitung hochfrequenter elektrischer Nachrichtensignale gehört zum Bereich der Hochfrequenztechnik, innerhalb der Kommunikationstechnik, auch die Erzeugung und Übertragung optischer Signale über Lichtwellenleiter oder den freien Raum. Grundlagen und Komponenten der optischen Übertragung werden in Kapitel 5 behandelt.

4.1 Elektromagnetische Wellen und Felder

Die aus den Grundlagen der Elektrotechnik bekannten Feldgrößen der Elektriztät, wie die elektrische Feldstärke **E**, die magnetische Feldstärke **H**, die magnetische Induktion **B**, die elektrische Verschiebungdichte **D** und die Stromdichte **S** sind in den **Maxwellschen Gleichungen** (J.C. Maxwell, schottischer Gelehrter) miteinander verknüpft.

Betrachtet werde zunächst der in Abb. 4.1 dargestellte stromdurchflossene Leiter der sich mit einem in sich geschlossenen magnetischen Feld **H** umgibt. Diese Eigenschaft wird durch das Gesetz von Biot-Savart (franz- Physiker) erklärt, nach dem jede Ladungsbewegung - Stromfluß bedeutet Ladungsbewegung - eine magnetische Feldstärke **H** im gesamten Raum zur Folge hat. An jedem Punkt des Feldes gilt der Zusammenhang

$$\mathbf{B} = \mu_0\mu_r\mathbf{H}; \quad \mu_0 = 4\pi \cdot 10^{-7} \quad \mathrm{Vs/Am} \tag{4.1}$$

mit μ_0 der **magnetischen Feldkonstanten** und μ_r, der **Permeabilitätszahl**, die materialabhängig ist. Berücksichtigt man mehrere stromdurchflossene Leiter

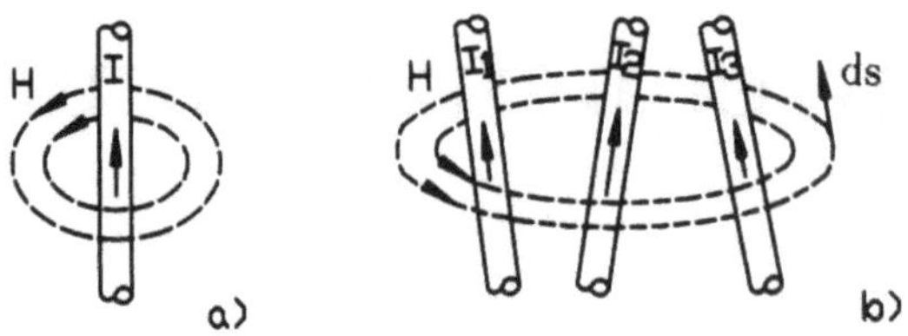

Abbildung 4.1: a) stromdurchflossener Leiter; b) mehrere stromdurchflossene Leiter und ihr magnetisches Feld

nebeneinander, s. Abb. 4.1b, die auch induktive und kapazitive Gebilde darstellen, und integriert entlang einer sich ergebenden magnetischen Feldlinie, welche die Leiter umschließt, so erhält man die Stromsumme, die **Durchflutung** θ genannt wird.

$$\theta = \sum_{k=1}^{n} I_k + \sum_{k=1}^{n} I_{vk} = \oint \mathbf{H} ds \tag{4.2}$$

ds ist hierbei ein infinitesimal kleines Wegelement.

Da bei zeitabhängigen (nichtstationären) Vorgängen, die hier unterstellt werden, neben den Leitungsströmen I_k auch Verschiebungsströme I_{vk} durch Ladungsverschiebung auftreten, erhält man neben der Leitungsstromdichte $\mathbf{S_d}$ auch eine Verschiebungsstromdichte $\mathbf{S_v}$, die berücksichtigt werden muß.

Die Existenz eines Verschiebungsstroms ist am einfachsten am Kondensator im Wechselstromkreis, Abb. 4.2, erklärbar. Solange an den Klemmen des Kondensators eine Wechselspannung liegt, fließt im Kondensator ein Verschiebungsstrom I_v, der die Stromstärke des Leitungsstroms I_k hat. Ansonsten würde kein geschlossener Wechselstromkreis vorliegen.

Die Ladungsverschiebung hat die Entstehung eines elektrischen Feldes **E** das die magnetischen Feldlinien umschließt, mit der Verschiebungsdichte **D** und dem Verschiebungsstrom I_v zur Folge.

$$\mathbf{D} = \epsilon_0\epsilon_r\mathbf{E} = \epsilon\mathbf{E}; \quad \epsilon_0 = 8,8542 \cdot 10^{-12} \quad \mathrm{As/Vm}; \quad I_v = \int_A \mathbf{S_v} d\mathbf{A} \tag{4.3}$$

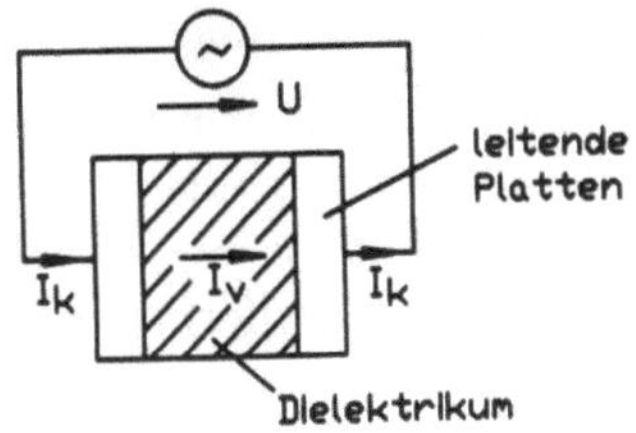

Abbildung 4.2: Verschiebungsstrom im Kondensator

$d\mathbf{A}$ ist hierbei ein infinitesimal kleines Flächenelement der stromdurchflossenen Fläche A.

Der Verschiebungsstrom umgibt sich, wie der Leitungsstrom, mit einem magnetischen Feld. Somit gilt für die Durchflutung

$$\oint \mathbf{H} d\mathbf{s} = \int_A \mathbf{S_d} d\mathbf{A} + \int_A \mathbf{S_V} d\mathbf{A} = \int_A \left(\mathbf{S_d} + \frac{\partial \mathbf{D}}{\partial t} \right) d\mathbf{A}. \tag{4.4}$$

Dies ist die 1. Maxwellsche Gleichung in Integralform, das **Durchflutungsgesetz**.

Zur Ermittlung der 2. Maxwellschen Gleichung wird die folgende Betrachtung angestellt. Setzt man eine Leiterschleife einem sich zeitlich ändernden magnetischen Feld $\Phi(t)$ aus, s. Abb. 4.3, so kann an deren Klemmen eine Spannung u_i gemessen werden. Der Quotient aus Flußänderung $d\Phi$ und zeitlicher Änderung dt ergibt die induzierte Spannung $u_i = -u_L = -d\Phi/dt$. Die Spannung, die eine Potentialdifferenz darstellt, kann nur entstehen, wenn an der positiven Klemme der Leiterschleife ein Elektronenmangel und an der negativen Klemme ein Elektronenüberschuß vorliegt. Diese Ladungen verursachen ein inneres elektrisches Feld $\mathbf{E_i}$ im Leiter, das sich zwischen den Klemmen als äußeres elektrisches Feld $\mathbf{E_a}$ fortsetzt. Wie bereits beim Durchflutungsgesetz kennengelernt, umgibt sich

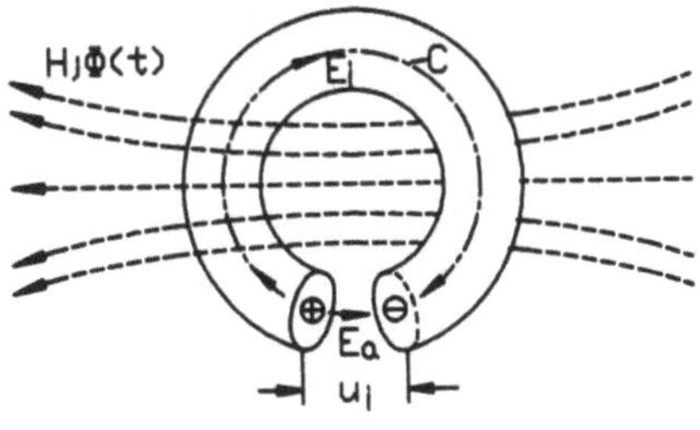

Abbildung 4.3: Verknüpfung von elektrischem Feld und induzierter Spannung

der zeitlich ändernde magnetische Fluß mit einem elektrischen Feld, dessen Feldlinien geschlossen sind. Man erhält ein elektrisches "Wirbelfeld", das sich aus dem inneren und äußeren elektrischen Feld zusammensetzt.

Die Spannung $u_L = d\Phi/dt$ kann man auch ermitteln, wenn man alle Spannungselemente $du = \mathbf{E}d\mathbf{r}$, s. Abb. 4.3, entlang einer Feldlinie der Kontur C in der Leiterschleife, aufsummiert. Man erhält $u_L = -\oint_C \mathbf{E}d\mathbf{r}$. Durch Gleichsetzen der beiden Gleichungen für u_L folgt die Integralform der 2. Maxwellschen Gleichung, das **Induktionsgesetz**.

$$u_L = -\oint_C \mathbf{E}d\mathbf{r} = \frac{\partial\Phi}{\partial t} = \frac{\partial}{\partial t}\int_A \mathbf{B}d\mathbf{A} \tag{4.5}$$

In ihrer Differentialform lauten die beiden Maxwellschen Gleichungen, dargestellt in kartesischen Koordinaten und $\mathbf{e_x}, \mathbf{e_y}, \mathbf{e_z}$ den Einheitsvektoren,

$$rot\mathbf{H} = \left(\frac{\partial H_z}{\partial y} - \frac{\partial H_y}{\partial z}\right)\mathbf{e_x} + \left(\frac{\partial H_x}{\partial z} - \frac{\partial H_z}{\partial x}\right)\mathbf{e_y} + \left(\frac{\partial H_y}{\partial x} - \frac{\partial H_x}{\partial y}\right)\mathbf{e_z} = \mathbf{S_d} + \frac{\partial \mathbf{D}}{\partial t} \tag{4.6}$$

$$rot\mathbf{E} = \left(\frac{\partial E_z}{\partial y} - \frac{\partial E_y}{\partial z}\right)\mathbf{e_x} + \left(\frac{\partial E_x}{\partial z} - \frac{\partial E_z}{\partial x}\right)\mathbf{e_y} + \left(\frac{\partial E_y}{\partial x} - \frac{\partial E_x}{\partial y}\right)\mathbf{e_z} = -\frac{\partial \mathbf{B}}{\partial t}. \tag{4.7}$$

Ein Zusammenhang zwischen der Integral- und Differentialform der Maxwellschen Gleichungen besteht durch die Integralsätze von Gauß und Stokes [63].

Die Quelle der elektrischen Verschiebungsdichte **D** ist die Raumladung ρ_d, eine Anhäufung von elektrischen Ladungsträgern, wie z.B. an den Leitungsschnittflächen der Leiterschleife nach Abb. 4.3. Das magnetische Feld dagegen ist quellenfrei, da es keine magnetischen Quellen ähnlich wie elektrische Ladungsträger gibt.

$$div\mathbf{B} = \frac{\partial B_x}{\partial x} + \frac{\partial B_y}{\partial y} + \frac{\partial B_z}{\partial z} = 0; \quad div\mathbf{D} = \frac{\partial D_x}{\partial x} + \frac{\partial D_y}{\partial y} + \frac{\partial D_z}{\partial z} = \rho_d \tag{4.8}$$

Die vorgenannten 4 Gleichungen bilden die Basis zur Berechnung elektromagnetischer Felder und Wellen.

Unter einer elektromagnetischen Welle versteht man hierbei die Fortpflanzung elektromagnetischer Vorgänge, deren Wechselwirkungen durch die Maxwellschen Gleichungen beschrieben werden.

Für die weiteren Betrachtungen ist es ohne Einschränkung der Allgemeinheit zulässig, nur sinusförmige (cosinusförmige) Vorgänge zu behandeln. Hierdurch vereinfachen sich die Maxwellschen Gleichungen und können in komplexer Form dargestellt werden.

$$rot\underline{\mathbf{H}} = \underline{\mathbf{S}}_\mathbf{d} + j\omega\underline{\mathbf{D}}; \quad rot\underline{\mathbf{E}} = -j\omega\mu\underline{\mathbf{H}} = j\omega\underline{\mathbf{B}} \tag{4.9}$$

Bei der Fortpflanzung elektromagnetischer Wellen kann es sich um eine Ausbreitung längs eines Wellenleiters, man spricht dann von geführten Wellen oder, nach der Ablösung der elektromagnetischen Welle von einer Antenne, um die Ausbreitung im freien Raum handeln. Bei der Ausbreitung im freien Raum entfällt in den Maxwellschen Gleichungen die Leitungsstromdichte $\mathbf{S_d}$ [63, 64]

4.1.1 Ausbreitung elektromagnetischer Wellen im leeren Raum, Wellentypen

Die Wellenausbreitung im leeren Raum wird als richtungsunabhängig (isotrop) und raumladungsfrei vorausgesetzt. Bei sinusförmigen Vorgängen lauten die Maxwellschen Gleichungen für den leeren Raum,

$$rot\underline{\mathbf{E}} = -j\omega\mu_0\underline{\mathbf{H}} = -j\beta_0 Z_{F0}\underline{\mathbf{H}}; \quad rot\underline{\mathbf{H}} = j\omega\epsilon_0\underline{\mathbf{E}} = j\beta_0\frac{\underline{\mathbf{E}}}{Z_{F0}}; \quad \mathbf{D} = \epsilon_0\mathbf{E} \quad (4.10)$$

Für die Phasenkonstante β_0 gilt bei ungestörter Ausbreitung im Raum,

$$\beta_0 = \frac{\omega}{c_0} = \frac{2\pi f}{c_0} = \frac{2\pi}{\lambda_0} = \omega\frac{\mu_0}{Z_{F0}} = \omega\epsilon_0 Z_{F0}. \quad (4.11)$$

λ_0 ist die Wellenlänge im leeren Raum. Die Ausbreitungsgeschwindigkeit im leeren Raum, die Lichtgeschwindigkeit c_0 und den Feldwellenwiderstand des leeren Raums Z_{FO} erhält man mit der magnetischen Feldkonstanten μ_0 nach Gl. (4.1) und der elektrischen Feldkonstanten ϵ_0 nach Gl. (4.3).

$$c_0 = \frac{1}{\sqrt{\mu_0\epsilon_0}} = 2,997925 \cdot 10^8 \text{ m/s}; \quad Z_{F0} = \sqrt{\frac{\mu_0}{\epsilon_0}} = \mu_0 c_0 \approx 376,7304\ \Omega \quad (4.12)$$

Als wichtigste Wellentypen unterscheidet man **Ebene Wellen** und **Kugelwellen**. Bei ebenen Wellen sind die Flächen gleicher Phase parallele Ebenen und bei Kugelwellen konzentrische Kugeln.

Im folgenden werden ebene Wellen näher betrachtet, die im kartesischen Koordinatensystem beschrieben werden. Als Ausbreitungsrichtung der elektromagnetischen Vorgänge wird hierbei die z-Richtung festgelegt.

4.1.1.1 Poyntingscher Vektor

Mit der Fortpflanzung einer elektromagnetischenWelle ist ein in Ausbreitungsrichtung wandernder Leistungfluß unabhängig vom Wellentyp verbunden. Mit Hilfe der Maxwellschen Gleichungen kann man zeigen, daß die Leistungsflußdichte , der Poyntingsche Vektor **S** aus dem Kreuzprodukt von **E** und **H** folgt. Bei den hier vorausgesetzten sinusförmigen Wellen, ist $\underline{\mathbf{S}}$ eine komplexe Größe.

$$\mathbf{S} = \mathbf{E} \times \mathbf{H}; \quad \underline{\mathbf{S}} = \frac{1}{2}(\underline{\mathbf{E}} \times \underline{\mathbf{H}}^*). \quad (4.13)$$

Für den Fall einer **ebenen Welle** die sich im leeren Raum ausbreitet, gilt für die Effektivwerte in Analogie zur elektrischen Strömung ($P = 0,5UI = 0,5U^2/R = 0,5I^2R$)

$$S = \frac{1}{2}EH = \frac{E^2}{2Z_F} = \frac{H^2 Z_F}{2} \tag{4.14}$$

4.1.2 Ebene Wellen

Die Feldstärkekomponenten ebener Wellen können mit den Maxwellschen Gleichungen (4.10) ermittelt werden. Hierzu kann man den Lösungsansatz machen

$$\underline{\mathbf{E}}(x,y,z) = \underline{\mathbf{E_0}}(x,y)e^{-\underline{\gamma}z};\ \underline{\mathbf{H}}(x,y,z) = \underline{\mathbf{H_0}}(x,y)e^{-\underline{\gamma}z};\ \underline{\gamma} = \alpha + j\beta;\ \beta = \frac{2\pi}{\lambda} = \frac{\omega}{v_p} \tag{4.15}$$

$\underline{\gamma}$ ist die komplexe Ausbreitungskonstante in z-Richtung, v_p die Phasengeschwindigkeit einer sich in z-Richtung ausbreitenden Sinuswelle, λ deren Wellenlänge, α die Dämpfungskonstante und β die Phasenkonstante.

Die Komponenten $\underline{\mathbf{H_0}}$ und $\underline{\mathbf{E_0}}$ liegen in der Ebene $z = 0$.

Der Lösungsansatz beschreibt, wenn man die Zeitabhängigkeit des elektromagnetischen Vorgangs mitberücksichtigt, eine in z-Richtung sich ausbreitende Cosinus- oder Sinuswelle, die durch $e^{-\alpha z}$ gedämpft wird und deren Phase $e^{j(\omega t - \beta z)}$ orts- und zeitabhängig ist.

Durch Einsetzen des Ansatzes in die Maxwellschen Gleichungen (4.10) für den leeren Raum erhält man die Grundgleichungen des ebenen Wellenfeldes.

$$rot\underline{\mathbf{E}} = -j\beta_0 Z_{F0}\begin{pmatrix}\underline{H}_x\\ \underline{H}_y\\ \underline{H}_z\end{pmatrix};\quad rot\underline{\mathbf{H}} = j\frac{\beta_0}{Z_{F0}}\begin{pmatrix}\underline{E}_x\\ \underline{E}_y\\ \underline{E}_z\end{pmatrix} \tag{4.16}$$

Für ebene **TEM-Wellen** (Transversal Elektrisch Magnetisch), dies ist die einfachste Form einer elektromagnetischen Welle, mit $\underline{E}_z = 0$ und $\underline{H}_z = 0$, folgt aus den Grundgleichungen

$$\underline{\gamma}\underline{E}_y = -j\beta_0 Z_{F0}\underline{H}_x;\ -\underline{\gamma}\underline{E}_x = -j\beta_0 Z_{F0}\underline{H}_y;\ \underline{\gamma}H_y = j\frac{\beta_0}{Z_{F0}}\underline{E}_x;\ -\underline{\gamma}\underline{H}_x = j\frac{\beta_0}{Z_{F0}}\underline{E}_y \tag{4.17}$$

Diese Gleichungen sind widerspruchsfrei, wenn man $\underline{\gamma} = j\beta_0$ setzt. Die TEM-Welle breitet sich ungedämpft mit der Lichtgeschwindigkeit c_0 in z-Richtung aus. Die magnetische und elektrische Feldstärke sind über den Feldwellenwiderstand des leeren Raumes miteinander verknüpft.

$$Z_{F0} = \frac{\underline{E}_x}{\underline{H}_y} = -\frac{\underline{E}_y}{\underline{H}_x} \tag{4.18}$$

Abb. 4.4a zeigt das Vektordiagramm einer TEM-Welle in der Ebene $z = 0$ und

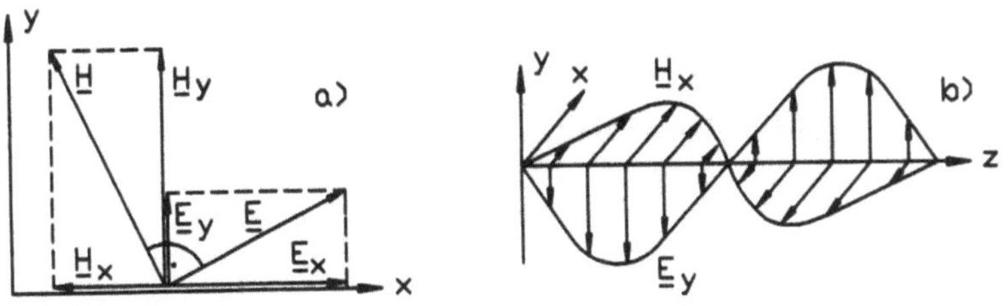

Abbildung 4.4: a) Feldkomponenten der TEM-Welle; b) Ortsabhängigkeit von $|\underline{\mathbf{E}}|$ und $|\underline{\mathbf{H}}|$ einer TEM-Welle

Abb. 4.4b die Ortsabhängigkeit der Feldkomponenten.

TEM-Wellen werden auch **L-Wellen** (Leitungswellen) genannt, weil sie auf einer verlustlosen Doppelleitung geführt werden können.

Aus den Grundgleichungen des ebenen Wellenfeldes, Gln. (4.16), findet man für die **TM-Welle** (Transversal Magnetisch)

$$\underline{\gamma}\underline{H}_y = \frac{j\beta_0}{Z_{F0}}\underline{E}_x; \quad -\underline{\gamma}\underline{H}_x = j\frac{\beta_0}{Z_{F0}}\underline{E}_y; \quad \underline{H}_z = 0. \tag{4.19}$$

Bei dieser Wellenform gilt $\underline{E}_z \neq 0$ und $\underline{\gamma} \neq j\beta_0$. Der **Feldwellenwiderstand** $Z_{FE} \neq Z_{F0}$ dieses Wellentyps ist durch die transversalen, aufeinander senkrecht stehenden Feldkomponenten $\underline{E}_x$ und $\underline{H}_y$ definiert,

$$\underline{Z}_{FE} = \frac{\underline{E}_x}{\underline{H}_y} = \frac{\underline{E}_y}{-\underline{H}_x} = \frac{\underline{\gamma} Z_{F0}}{j\beta_0} \tag{4.20}$$

und ist von der Ausbreitungskonstanten $\underline{\gamma}$ abhängig. In Ausbreitungsrichtung gibt es wie erwähnt eine Komponente $\underline{E}_z$. TM-Wellen heißen deshalb auch **E-Wellen**.

Die Komponenten der elektrischen Feldstärke können auch mit Hilfe eines **elektrischen Potentials** $\underline{\varphi}_e$ (in Volt) definiert werden.

$$\underline{E}_x = -\frac{\partial \underline{\varphi}_e}{\partial x}; \quad \underline{E}_y = -\frac{\partial \underline{\varphi}_e}{\partial y}; \quad \underline{E}_z = \frac{\underline{\varphi}_e}{\underline{\gamma}}(\underline{\gamma}^2 + \beta_0^2) \tag{4.21}$$

Das Potential $\underline{\varphi}_e$ selbst findet man als Lösung der partiellen Differentialgleichung

$$\frac{\partial^2 \underline{\varphi}_e}{\partial x^2} + \frac{\partial^2 \underline{\varphi}_e}{\partial y^2} + (\underline{\gamma}^2 + \beta_0^2)\underline{\varphi}_e = 0, \tag{4.22}$$

die nur für bestimmte Eigenwerte lösbar ist.

Für eine ebene **TE-Welle** (Transversal Elektrisch) ermittelt man aus den Gln. (4.16)

$$\underline{\gamma}\underline{E}_y = -j\beta_0 Z_{F0}\underline{H}_x; \quad \underline{\gamma}\underline{E}_x = j\beta_0 Z_{F0}\underline{H}_y; \quad \underline{E}_z = 0, \tag{4.23}$$

wobei hier für den **Feldwellenwiderstand** gilt

$$\underline{Z}_{FH} = \frac{\underline{E}_x}{\underline{H}_y} = -\frac{\underline{E}_y}{\underline{H}_x} = \frac{j\beta_0 Z_{F0}}{\underline{\gamma}}. \tag{4.24}$$

Auch bei der TE-Welle stehen die transversalen elektrischen und magnetischen Feldstärkekomponenten senkrecht aufeinander. Sie sind über den Feldwellenwiderstand $\underline{Z}_{FH}$, Gl. (4.24), miteinander verknüpft. Die magnetischen Feldstärkekomponenten können auch aus einem **magnetischen Potential** $\underline{\varphi}_m$ (in Ampere) abgeleitet werden.

$$\underline{H}_x = -\frac{\partial \underline{\varphi}_m}{\partial x}; \quad \underline{H}_y = -\frac{\partial \underline{\varphi}_m}{\partial y}; \quad \underline{H}_z = \frac{\underline{\varphi}_m}{\underline{\gamma}}(\underline{\gamma}^2 + \beta_0^2) \tag{4.25}$$

Das magnetische Potential selbst bestimmt man aus der partiellen Differentialgleichung

$$\frac{\partial^2 \underline{\varphi}_m}{\partial x^2} + \frac{\partial^2 \underline{\varphi}_m}{\partial y^2} + (\underline{\gamma}^2 + \beta_0^2)\underline{\varphi}_m = 0 \tag{4.26}$$

die ebenfalls nur für bestimmte Eigenwerte lösbar ist.

TE-Wellen haben eine magnetische Feldkomponente $\underline{H}_z$ in Ausbreitungsrichtung, sie werden deshalb auch **H-Wellen** genannt.

TM- und TE-Wellen entstehen durch entsprechende Anregung in Hohlleitern und können in diesen geführt werden, s. Abschn. 4.2.4

Linien $\varphi_e = const.$ des Feldes einer TM-Welle, die elektrischen Potentiallinien, die zugleich auch magnetische Feldlinien darstellen, stehen senkrecht auf den elektrischen Feldlinien, Abb. 4.5a. Andererseits verlaufen Linien $\varphi_m = const$ einer TE-Welle, die magnetischen Potentiallinien - die zugleich auch elektrische Feldlinien darstellen - senkrecht zu den magnetischen Feldlinien, Abb. 4.5b.

Bringt man ein dünnwandiges Metallrohr mit einer Rohröffnung der Form einer magnetischen bzw. elektrischen Feldlinie in ein Feld nach Abb. 4.5a bzw. Abb. 4.5b ein, so würde aus den vorgenannten Gründen der jeweilige Feldverlauf nicht gestört, da elektrische Feldlinien auf Metallflächen senkrecht stehen [63, 64, 65]. In einem solchen **Hohlleiter** könnte eine elektromagnetische Welle geführt werden. In Abschn. 4.2.4, der sich mit der technischen Ausformung von HF-Leitungen näher befaßt, werden die Lösungen der beiden partiellen Differentialgleichungen für $\underline{\varphi}_e$ und $\underline{\varphi}_m$ zur Beschreibung der Eigenschaften von Hohlleitern angewendet.

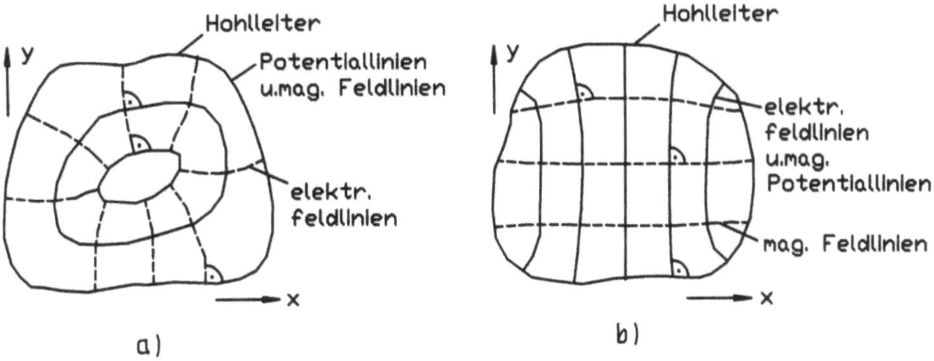

Abbildung 4.5: Feld- und Potentiallinien; a) TM-Welle; b) TE-Welle

Bisher wurde lediglich die Ausbreitung einer elektromagnetischen Welle im verlustfreien leeren Raum behandelt. In verlustbehafteten Medien wird bei der Berechnung der Feldgrößen die Permittivität als komplexer Wert angenommen, wobei der Realteil die spezifische Leitfähigkeit darstellt.

Kristalle, z.B. Halbleiter, oder allgemein Stoffe mit richtungsabhängigen Materialeigenschaften nennt man **anisotrop**. Zur Feldberechnung werden Permittivitätszahl und Permeabilitätszahl in Matrizenform als Tensoren (μ) und (ϵ) dargestellt.

Ein Medium wird als **gyrotrop** bezeichnet, wenn in den vorgenannten Tensormatrizen (μ) und (ϵ) für die ortsabhängige Permittivität $\epsilon_{ij} = -\epsilon_{ji}$ und die ortsabhängige Permeabilität $\mu_{ij} = -\mu_{ji}$ gilt. Solche Eigenschaften weisen beispielsweise vormagnetisierte Ferrite auf, die in Richtungsleitungen eingesetzt werden, s. Abschn. 4.2.6.

Der in Ausbreitungsrichtung sich fortpflanzende Leistungfluß einer ebenen Welle ist durch Gl.(4.14) gegeben.

4.1.3 Polarisation, duale Polarisation

Unter der Polarisation einer sich ausbreitenden elektromagnetischen Welle versteht man die Raumkurve, die die Spitze des elektrischen Feldstärkevektors zeichnet. Liegt der elektrische Feldstärkevektor hierbei in einer Ebene, der Polarisationsebene, dann nennt man diese Welle **linear polarisiert**. Beschreibt der elektrische Felstärkevektor bei der Ausbreitung eine kreisförmige Schraubenlinie, so liegt **zirkulare Polarisation** vor und hat man eine elliptische Schraubenlinie, dann ist die sich ausbreitende Welle **elliptisch polarisiert**. In Abb. 4.6a ist das Vektordiagramm einer linear polarisierten und in Abb. 4.6b einer ellipitsch polarisierten Welle dargestellt. Die Polarisationsebene wird durch $\underline{\mathbf{E}}$ und den Poyntingschen Vektor $\underline{\mathbf{S}}$ aufgespannt, der in Abb. 4.6a in die Blattebene hinein weist. Hat eine

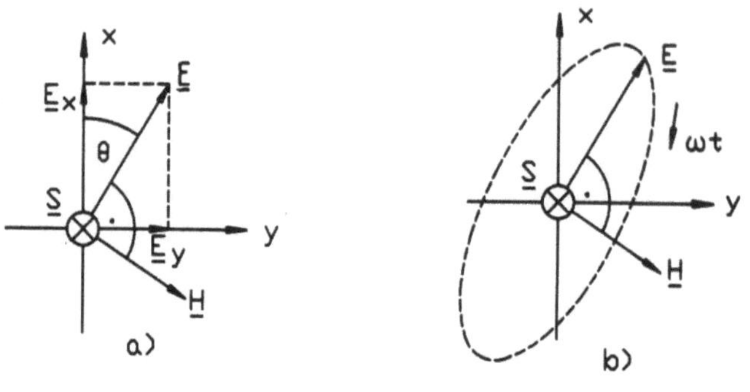

Abbildung 4.6: a) lineare, b) ellipitsch polarisierte TEM-Welle in der Ebene $z = 0$

sich ausbreitende Welle nur eine horizontale $\underline{\mathbf{E}}$-Komponente ($\theta = 90^o$), so wird sie als **horizontal polarisiert** bezeichnet; steht die Polarisationsebene dagegen senkrecht ($\theta = 0^o$), so nennt man sie **vertikal polarisiert**.

Weisen die beiden elektrischen Feldstärkekomponenten $\underline{E}_x$ und $\underline{E}_y$ in $\underline{\mathbf{E}} = \mathbf{ex}\underline{E}_x + \mathbf{ey}\underline{E}_y$ eine zeitliche Phasenverschiebung ϕ gegeneinander auf, so beschreibt der resultierende elektrische Feldstärkevektor $\underline{\mathbf{E}}$ bei der Ausbreitung eine Ellipse, s. Abb. 4.6b. Es liegt elliptische Polarisation vor. Für den Fall $\phi = \pm\pi/2$ entartet die Ellipse zum Kreis. Die Welle ist dann zirkular polarisiert.

Rotiert bei zirkularer bzw. elliptischer Polarisation der elektrische Feldstärkevektor gegen den Uhrzeigersinn, dann nennt man die elektromagnetische Welle **rechtsdrehend polarisiert**; liegt dagegen eine Rotation im Uhrzeigersinn vor, so ist die Welle **linksdrehend polarisiert**.

Allgemein exisitiert, bei gleichfrequenter Übertragung zu einer linear, zirkular oder elliptisch polarisierten Welle immer auch eine dazu orthogonale Polarisation. Man nennt eine Welle, die zwei zueinander orthogonale Polarisationen besitzt, **dual polarisiert**. Im Idealfall ist die Entkopplung zwischen den beiden orthogonalen Polarisationen unendlich groß, d.h. die jeweils entgegengesetzt polarisierte Welle beeinflußt die andere nicht. Damit besteht die Möglichkeit, den beiden orthogonalen Polarisationen einer gleichfrequenten Welle 2 verschiedene Informationssignale zuzuordnen. Man erhält dadurch eine Doppelausnutzung der Frequenzbänder. Duale Polarisation findet im Satellitenfunk breite Anwendung, wird aber auch im Richtfunk eingesetzt. Allerdings ist die vorstehend erwähnte Entkopplung in der Praxis nicht unendlich groß, da reale Systeme sich durch **Kreuzpolarisation** - unerwünschte parasitäre Komponenten der jeweils entgegengesetzt polarisierten Welle - beeinflussen. Als Maß dient die **Kreuzpolarisationsdämpfung**

$$a_c = 20\lg\frac{\underline{E}_x}{\underline{E}_x} \quad \text{(dB)}. \tag{4.27}$$

Hierbei ist E_x die elektrische Feldstärkekomponete der Nutzwelle und $\overline{E}_x$ die Störkomponente der kreuzpolaren Welle. In der Praxis werden $a_c \approx 30dB$ erreicht [66].

4.1.4 Reflexions- und Brechungsgesetze ebener Wellen

Elektromagnetische Wellen werden unter bestimmten Voraussetzungen an Grenzflächen unterschiedlicher Medien, in denen sie sich ausbreiten, reflektiert und/oder gebrochen.

Im folgenden wird vorausgesetzt, daß die Wellenlänge λ des elektromagnetischen Vorgangs klein gegen die geometrischen Abmessungen der Objekte (z.B. Antennen) ist, die in den Ausbreitungsvorgang eingebunden sind.

In Abb. 4.7a sind die Komponenten einer ebenen Welle an der Grenzfläche zweier unterschiedlicher Medien dargestellt. Ist Medium 1 ein Nichtleiter ($\kappa = 0$) und

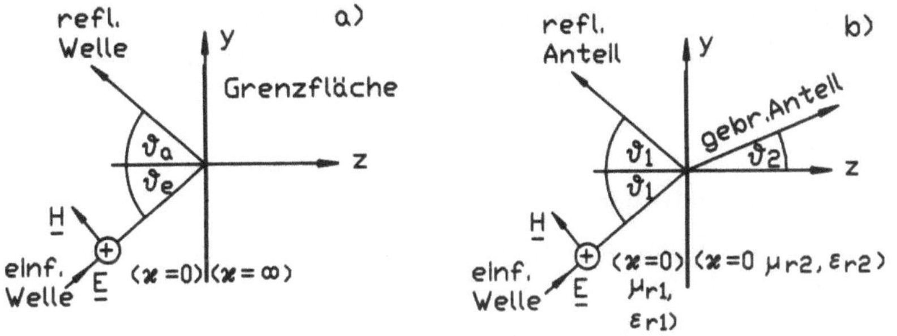

Abbildung 4.7: Brechung und Reflexion ebener Wellen an Grenzfächen

Medium 2 ein idealer Leiter ($\kappa = \infty$) (verlustfrei), dann dringt die in Medium 1 einfallende ebene Welle nicht in Medium 2 ein. Sie wird vollständig reflektiert. Diese Eigenschaft wird beim Hohlleiter zur Wellenausbreitung ausgenutzt, s. Abschnitt 4.2.4. Es gilt das **Reflexionsgesetz** $\vartheta_e = \vartheta_a = \vartheta$.

Sind beide Medien ideale Nichtleiter, besitzen jedoch unterschiedliches μ_r und ϵ_r, so tritt ein Teil der Welle von Medium 1 in Medium 2 über. Es gilt zwar für den reflektierten Anteil immer noch das vorgenannte Reflexionsgesetz, zusätzlich ist jedoch das **Brechungsgesetz** (nach Snellius, niederl. Mathematiker u. Physiker)

$$\sin\vartheta_2 = \sqrt{\frac{\epsilon_{r1}\mu_{r1}}{\epsilon_{r2}\mu_{r2}}}\sin\vartheta_1 = \frac{v_2}{v_1}\sin\vartheta_1; \tag{4.28}$$

zu berücksichtigen. v_1 ist die Phasengeschwindigkeit der sinusförmigen Welle in Medium 1 und v_2 in Medium 2, s. Abb. 4.7b.

Von Interesse ist noch der Fall der **Totalreflexion**. Eine ebene Welle treffe aus einem Medium mit $\epsilon_{r1}, \mu_{r1} > \epsilon_{r2}, \mu_{r2}$ auf die Grenzfläche der beiden Medien. Nach dem Brechungsgesetz kann nun materialabhängig der Fall auftreten, daß $\vartheta_2 = \pi/2$ bzw. $\sin\vartheta_2 = 1$ wird. Der Winkel ϑ_1, bei dem dies eintritt, wird als **kritischer Winkel** ϑ_c der Totalreflexion bezeichnet.

$$\sin\vartheta_c = \sqrt{\frac{\epsilon_{r2}\mu_{r2}}{\epsilon_{r1}\mu_{r1}}} \tag{4.29}$$

Im Falle der Totalreflexion wird die einfallende Welle vollständig (total) in Medium 1 zurückreflektiert oder an der Grenzfläche geführt. Die Totalreflexion ist die Grundlage für die Wellenführung in einem Lichtwellenleiter, s. hierzu Kapitel 5 [63, 64].

4.1.5 Skineffekt

Fließt durch einen Leiter ein Wechselstrom, so ist der gesamte Raum innerhalb und außerhalb des Leiters mit einem magnetischen Wechselfeld erfüllt, das seinerseits in dem Leiter Spannungen induziert. Diese Spannungen rufen nun Wechselströme hervor, die sich dem Leiterwechselstrom so überlagern, daß die Stromdichte im Leiterinneren geringer als deren Mittelwert wird, in der Nähe der Leiteroberfläche gegenüber diesem aber ansteigt. Diese Erscheinung wird als Skineffekt (Hauteffekt) oder **Stromverdrängung** bezeichnet.

Allgemein wird für Leiter vorausgesetzt, daß der Leitungsstrom sehr viel größer als der Verschiebungsstrom ist.

Aus den Maxwellschen Gleichungen und dem ohmschen Gesetz in der Form $\underline{\mathbf{S}}_{\mathbf{d}} = \kappa \cdot \underline{\mathbf{E}}$, findet man für die in Abb. 4.8a dargestellte Bandleitung und näherungweise auch für die Koaxialleitung und andere Leiter die Differentialgleichung ($\mathbf{S}_{\mathbf{d}}$= Vektor der Leitungsstromdichte, κ = spez. Leitfähigkeit)

$$\frac{d^2\underline{S}_d}{dx^2} = j\omega\mu_0\mu_r\kappa\underline{S}_d. \tag{4.30}$$

Ihre Lösung lautet, wenn man voraussetzt, daß $d/\delta_E \gg 1$ ist

$$\underline{S}_d(x) = \underline{S}_0 e^{-x/\delta_E} e^{-jx/\delta_E}; \quad \delta_{E,Cu} = \sqrt{\frac{2}{\omega\mu_r\mu_0\kappa}}; \quad \delta_{CU} = 67\mu m/\sqrt{f/MHz} \tag{4.31}$$

mit δ_E der **Eindringtiefe**, auch **Leitschichtdicke** genannt und $\underline{S}_0$ der Stromdichte an der Leiteroberfläche. Abb.4.8b zeigt die exponentielle Abnahme der Stromdichte zum Leiterinnern hin. $\underline{H}_0$ ist die magnetische Feldstärke zwischen den Bandleitern.

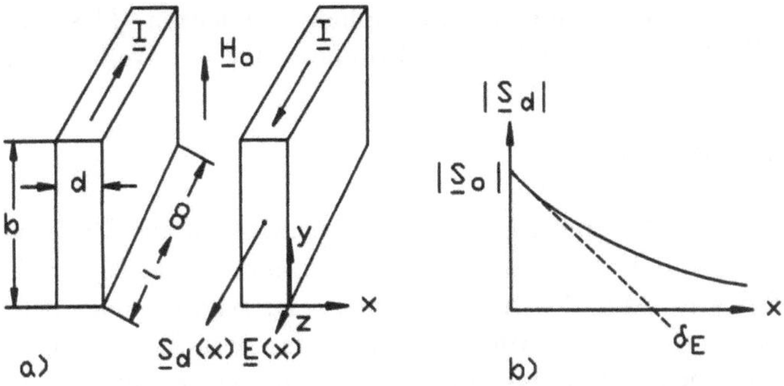

Abbildung 4.8: a) Bandleitung zur Definition der Stromverdrängung, b) Ortsabhängigkeit des Betrags der Stromdichte

Für den Wechselstromwiderstand eines Leiters der Bandleitung der Länge l nach Abb. 4.8a findet man

$$\underline{Z}_S = \frac{l}{\kappa d b}(\sqrt{2j}d/\delta_E)\coth(\sqrt{2j}d/\delta_E). \qquad (4.32)$$

Für die **Koaxialleitung** gilt näherungsweise

$$\underline{Z}_S = R_S + j\omega L_i = R_\square \frac{l}{\pi d}(1+j); \quad R_\square = \frac{\rho}{\delta_E} = \frac{1}{\kappa\delta_E} = \sqrt{\rho\pi f\mu_0\mu_r} \qquad (4.33)$$

$R_\square$ ist der Widerstand eines quadratischen Oberflächenelements beliebiger Seitenlänge, L_i die innere Induktivität des Innenleiters und d dessen Durchmesser [63, 64].

4.2 Passive Komponenten der HF-Technik

In der HF-Technik werden passive Komponenten aus konzentrierten Schaltelementen (R,L,C) und aus Stücken von Wellenleitern benutzt. Konzentrierte Schaltelemente können nur dann zur Anwendung kommen, wenn die höchste Frequenz des zu verarbeitenden Signals eine bestimmte Größenordnung nicht überschreitet. Bei hohen Frequenzen treten Verluste auf, die vom Aufbau der Bauelemtente abhängen und die nicht mehr vernachlässigt werden können.

Beispielsweise kommen bei einer Spule beim Betrieb mit hohen Frequenzen nicht nur ohmsche und induktive Effekte zur Wirkung, sondern es treten aufgrund von Wicklungskapazitäten auch kapazitive Wirkungen auf. Aus der Spule wird ein bedämpfter Schwingkreis. Beim realen Kondensator ergeben sich nicht vernachlässigbare parasitäre Induktivitäten und ohmsche Widerstände. Auch im ohmschen Widerstand entstehen induktive Spannungen und Verschiebungsströme zwischen Teilen des Bauelements. Bei hohen Frequenzen (Mikrowellenbereich) werden deshalb R, L und C und andere Komponenten aus Wellenleitern realisiert.

4.2.1 Schwingkreise

Schwingkreise, auch **Resonanzkreise** genannt entstehen aus der Zusammenschaltung von Spulen und Kondensatoren. Schaltet man L und C in Serie, so erhält man einen **Serien- oder Reihenschwingkreis**; schaltet man beide Elemente parallel, so hat man einen **Parallelschwingkreis**. Berücksichtigt man den unvermeidlichen ohmschen Anteil von Spule und Kondensator, dann ist zusätzlich ein ohmscher Widerstand in Serie bzw. parallel zu schalten; solche Resonanzkreise nennt man verlustbehaftet [56, 63, 64].

4.2.1.1 Reihen-Schwingkreis

In Abb. 4.9 ist ein realer Reihenschwingkreis und sein Ersatzbild wiedergegeben. Unterstellt man die Anregung durch eine zeitlich harmonische (sinus- oder

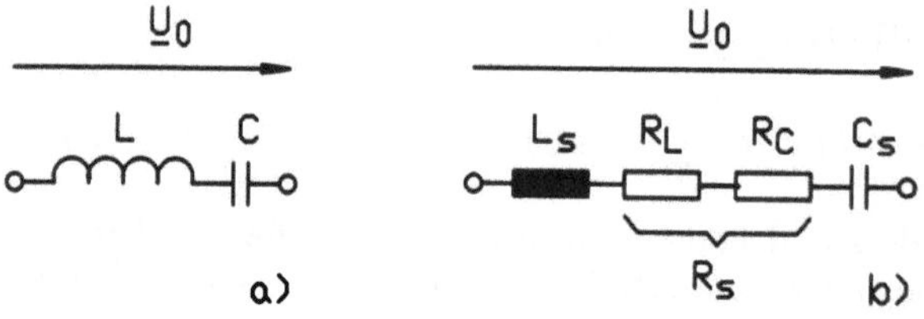

Abbildung 4.9: a) Reihenschwingkreis b) Ersatzbild

cosinusförmige) Spannung $\underline{U}_0$, so lautet der komplexe Widerstand der Schaltung

$$\underline{Z}_s = \frac{\underline{U}_0}{\underline{I}} = R_s + j\omega L_s + \frac{1}{j\omega C_s} = |\underline{Z}| e^{j\phi_z} = \sqrt{R_s^2 + \left(\omega L_s - \frac{1}{\omega C_s}\right)^2} e^{j \arctan \frac{\omega^2 L_s C_s - 1}{\omega C_s R_s}} \tag{4.34}$$

Im **Resonanzfall** bei der Resonanzfrequenz $f_0 = \omega_0 / 2\pi$ heben sich induktive und kapazitive Komponente gerade auf. Wirksam bleibt dann lediglich der ohmsche Widerstand R_s, der beim Reihenschwingkreis klein (niederohmig) ist. L_s und C_s haben im Resonanzfall den gleichen Blindwiderstand Z_k, der **Kennwiderstand** genannt wird.

$$j\omega_0 L_s + \frac{1}{j\omega_0 C_s} = 0; \quad \omega_0 = \frac{1}{\sqrt{L_s C_s}}; \quad Z_k = \omega_0 L_s = \frac{1}{\omega_0 C_s} = \sqrt{\frac{L_s}{C_s}} \tag{4.35}$$

Die Verluste von Spule und Kondensator werden im Resonzfall durch $\tan\delta_L$ und $\tan\delta_C$ erfaßt, die beide in der komplexen Ebene definiert sind, s. Abb. 4.10.

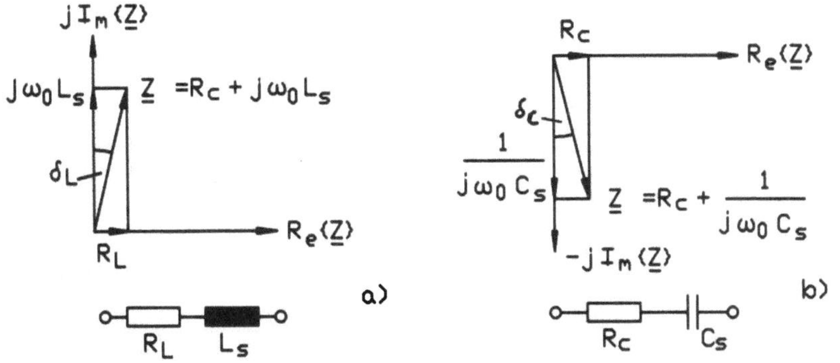

Abbildung 4.10: Verlustfaktoren von a) Spule und b) Kondensator

$$\tan\delta_L = \frac{R_L}{\omega_0 L_s} = \frac{1}{Q_L}; \tan\delta_c = R_C C_s \omega_0 = \frac{1}{Q_c}; \ L_s = L\cos\delta_L; C_s = C/\cos\delta_c \quad . \tag{4.36}$$

C und L stellen nach Abb. 4.9a verlustbehaftete Größen dar. Q_C und Q_L werden **Kondensatorgüte** und **Spulengüte** genannt. Der **Schwingkreisverlustfaktor** bzw. die **Schwingkreisgüte** des gesamten Schwingkreises folgt dann zu

$$\tan\delta_k = \frac{R_s}{Z_k} = \tan\delta_L + \tan\delta_C; \quad Q_k = \frac{1}{\tan\delta_k} = \frac{Q_L Q_C}{Q_L + Q_C} = \frac{U_C}{U_0} = \frac{U_L}{U_0}. \tag{4.37}$$

$U_C = |\underline{U}_C|$ und $U_L = |\underline{U}_L|$ sind die Effektivwerte der Spannung an Kondensator und Spule, und U_0 ist die bei Resonanz an R_s abfallende reelle Spannung.

Eine oft benutzte Größe beim Schwingkreis ist die **relative Verstimmung** ϖ. Sie stellt die Abweichung der Betriebskreisfrequenz ω von der Resonanzkreisfrequenz ω_0 dar. Man erhält sie, wenn man den komplexen Widerstand $\underline{Z}_s = R_s + j[(\omega L_s - 1/\omega C_s)]$ mit Z_k/Z_k multipliziert und Z_k in Abhängigkeit von ω_0 ausdrückt. Es folgt dann

$$\underline{Z}_s = Z_k \left[\tan\delta_k + j\left(\frac{\omega}{\omega_0} - \frac{\omega_0}{\omega}\right)\right] = Z_k(\tan\delta_k + j\varpi). \tag{4.38}$$

In Abb. 4.11a ist der Verlauf der relativen Verstimmung beim Reihenresonanzkreis über der Frequenz ω wiedergegeben. Abb. 4.11b bzw. c zeigen die Ortskurven von $\underline{Z}_s$ bzw. $\underline{Y}_s = 1/\underline{Z}_s$. Der Verlauf von $|\underline{Z}_s|$ ist in Abb.4.11d und der Phasenverlauf ϕ_{zs} des komplexen Widerstandes $\underline{Z}_s$ in Abb. 4.11e dargestellt. Die **Bandbreite** $\Delta f = B = f_2 - f_1$ des Schwingkreises ist bei $|\underline{Z}_s| = \sqrt{2}R_s$ definiert.

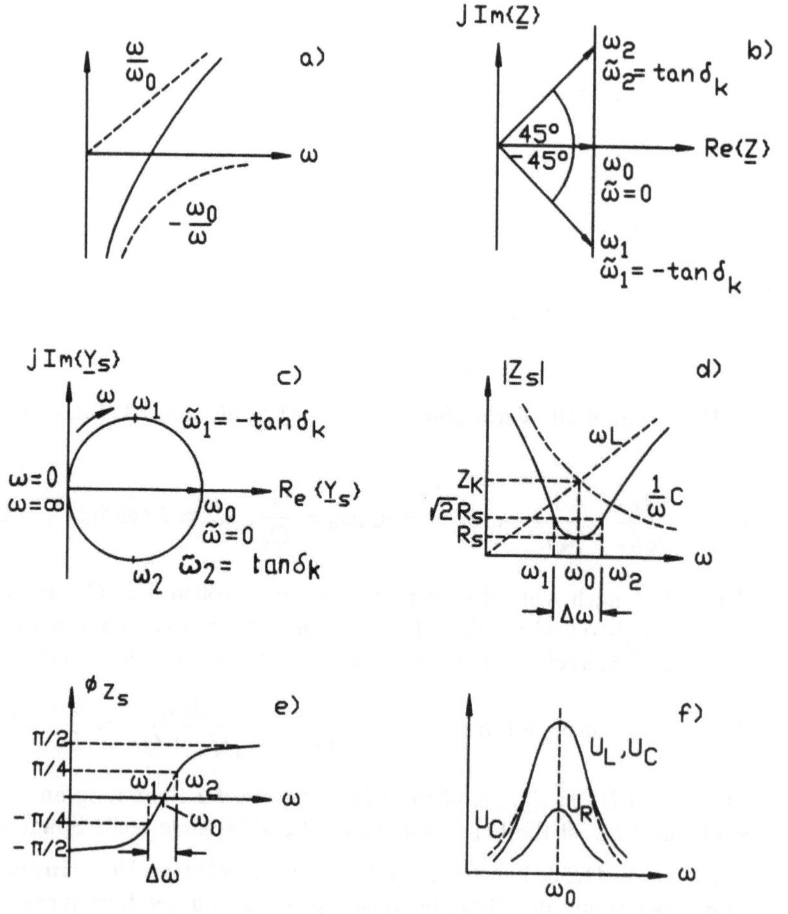

Abbildung 4.11: Reihenschwingkreis: a) relative Verstimmung; b) Ortskurve von $\underline{Z}_s$; c) Ortskurve von $\underline{Y}_s$; d) Betragsverlauf von $\underline{Z}_s$; e) Phasenverlauf von $\underline{Z}$; f) Spannungsüberhöhung im Resonanzfall

Man erhält dort die untere ω_1 und obere ω_2 Grenzfrequenz. In der Ortskurve für $\underline{Z}_s$ entspricht dies einer Verstimmung von $\varpi_1 = -\tan\delta_k$ bzw. $\varpi_2 = +\tan\delta_k$ und beim Phasenverlauf ϕ_{zs} den Phasenwinkeln $\phi_1 = -45^o$ und $\phi_2 = +45^o$, s. Abb. 4.11e. Je schmaler die Resonanzkurve $|\underline{Z}_s|$, desto geringer ist die Bandbreite. Darüberhinaus kann die Bandbreite auch mit dem Verlustfaktor $\tan\delta_k$ bzw. der Schwingkreisgüte Q_k und die Resonanz-Kreisfrequenz als geometrisches Mittel der Grenzkreisfrequenzen ω_1 und ω_2 definiert werden.

$$\Delta f = B = f_2 - f_1 = \frac{f_0}{Q_k} = f_0 \tan\delta_k; \quad \omega_0 = \sqrt{\omega_1\omega_2} \tag{4.39}$$

Die Spannungsabfälle an Spule und Kondensator sind einander entgegen gerichtet und können, abhängig von der Kreisgüte, s. Gl. (4.37), wesentlich größer werden als die anliegende Klemmenspannung $\underline{U}_0$.

Bei welcher Frequenz diese Spannungen ihr Maximum haben, wird nun genauer betrachtet. Der Betrag (Effektivwert) des Gesamtstromes durch den Reihenresonanzkreis I und die Beträge der Spannungabfälle an R_s, L_s und C_s sind

$$I = \frac{U}{Z} = \frac{U}{\sqrt{R_s^2 + (\omega L_s - \frac{1}{\omega C_s})^2}}; \quad U_R = IR_s; \quad U_L = I\omega L_s; \quad U_C = I(1/\omega C_s) \tag{4.40}$$

mit dem Resonanzstrom $I_0 = U/R_s$. Mit Hilfe der Maxima-Minima-Rechnung der Differentialrechnung findet man nun aus $dU_R/d\omega = 0$, $dU_L/d\omega = 0$ und $dU_C/d\omega = 0$, daß U_R, U_L und U_C bei den folgenden Kreisfrequenzen ihre Maximalwerte erreichen.

$$\omega_R = \omega_0 = \frac{1}{\sqrt{L_s C_s}}; \quad \omega_L = \sqrt{\frac{2}{2L_sC_s - R_s^2C_s^2}}; \quad \omega_C = \sqrt{\frac{1}{L_sC_s} - \frac{R_s^2}{2L_s^2}} \tag{4.41}$$

Da im allgemeinen jedoch die Ungleichungen $(1/L_sC_s) \gg (R_s^2/2L_s^2)$ und $2L_sC_s \gg R_s^2C_s^2$ gelten, kann man im praktischen Fall annehmen, daß die Resonanzüberhöhung der Spannungen U_R, U_L und U_C bei der Resonanzkreisfrequenz ω_0 auftritt. Ihr Verlauf über der Kreisfrequenz ω ist in Abb. 4.11f dargestellt.

Beispiel 4.1
Für einen Serienresonanzkreis mit $L = 4$ mH (verlustbehaftet), $\tan\delta_L = 0{,}268$, $C = 200$ pF (verlustbehaftet), $\tan\delta_C = 0{,}123$ ermittelt man die folgenden charakteristischen Größen:

Die verlustfreie Induktivität und Kapazität sind, s. Gln. (4.36), $L_s = L\cos\delta_L = 3{,}86$ mH und $C_s = \frac{C}{\cos\delta_C} = 201{,}5$ pF. Resonanzfrequenz und Kennwiderstand lauten nach den Gln. (4.35) $f_{0s} = \frac{1}{2\pi}\frac{1}{\sqrt{L_sC_s}} = 180{,}5$ kHz, $Z_{ks} = \omega_{0s}L_s = 4{,}38$ kΩ. Für die Schwingkreisgüte folgt mit den Gln. (4.37) $Q_L = 1/\tan\delta_L = 3{,}73$,

$Q_C = 1/\tan\delta_C = 8{,}13$, $Q_k = \frac{Q_L Q_C}{Q_L + Q_C} = 2{,}56$. Bandbreite und Serienwiderstand erhält man mit den Gln. (4.39) und (4.34) $\Delta f = f_{0s}\tan\delta_k = \frac{f_{0s}}{Q_k} = 70{,}5$ kHz, $R_s = \frac{Z_{ks}}{Q_k} = 1{,}71$ kΩ. Zur Bestimmung der **Eigenfrequenz** können die Ergebnisse von Beispiel 3.1 verwendet werden. Der Imaginärteil von Gl. (3.7) des vorgenannten Beispiel stellt die Eigenkreisfrequenz $\omega_E = 2\pi f_E$ des frei schwingenden Serienresonanzkreises dar, $f_E = f_0\sqrt{1 - \frac{R_s^2}{(2L_s\omega_0)^2}} = 177$ kHz. Die Frequenzen, bei denen Resonanzüberhöhung der Spannung auftritt, sind nach den Gln. (4.41) $f_R = \frac{1}{2\pi}\frac{1}{\sqrt{L_s C_s}} = f_0 = 180{,}5kHz$, $f_L = \frac{1}{2\pi}\sqrt{\frac{2}{2L_sC_s - R_s^2C_s^2}} = 187{,}8$ kHz und $f_C = \frac{1}{2\pi}\sqrt{\frac{1}{L_sC_s} - \frac{R_s^2}{2L_s^2}} = 173{,}5$ kHz.

4.2.1.2 Parallel-Schwingkreis

Ein Parallel-Schwingkreis und dessen Ersatzschaltung ist in Abb. 4.12 dargestellt. Aus dem komplexen Leitwert $\underline{Y}_p$ der Ersatzanordnung des Parallelschwingkreises

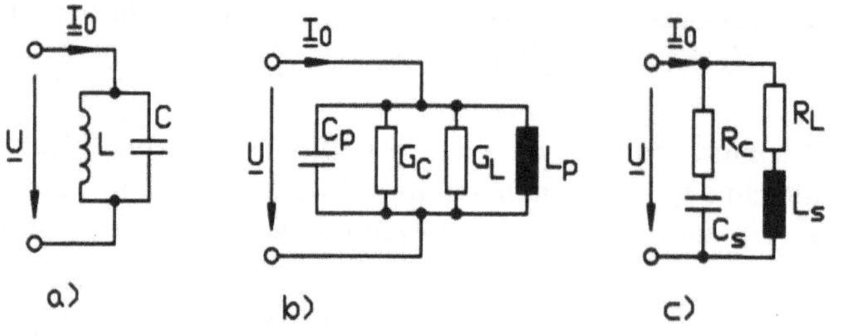

Abbildung 4.12: a) Parallelschwingkreis; b) Ersatzbild; c) Parallelschwingkreis 2. Art

und der Resonanzbedingung $B_p = 0$ ermittelt man die **Resonanzkreisfrequenz** ω_0,

$$\underline{Y}_p = G_p + j\left(\omega C_p - \frac{1}{\omega L_p}\right) = G_p + jB_p = |\underline{Y}_P|e^{j\phi_{Yp}} \tag{4.42}$$

$$G_p = G_L + G_L; \quad \omega_0 = \frac{1}{\sqrt{L_p C_p}}, \tag{4.43}$$

da sich im Resonanzfall die Blindleitwerte gegenseitig aufheben.

Der **Kennwiderstand** Z_k ist wie beim Reihenresonanzkreis definiert, wenn man anstelle der Indizes s die Indizes p setzt Gln. (4.36) und (4.38).

Die Verlustfaktoren von Spule und Kondensator sind aus den Zeigerdiagrammen Abb. 4.13 zu entnehmen.

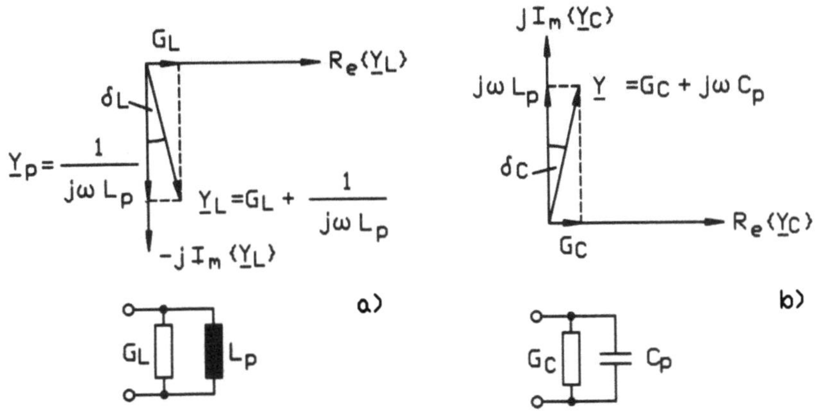

Abbildung 4.13: Zeigerdiagramme zur Definition der Verlustfaktoren
a) Spule; b) Kondensator

$$\tan\delta_L = G_L\omega_0 L_p = G_L Z_k;\ \tan\delta_C = \frac{G_C}{\omega_0 C_p} = G_C Z_k;\ L_p = \frac{L}{\cos\delta_L};\ C_p = C\cos\delta_C \tag{4.44}$$

Für **Verlustfaktor** $\tan\delta_k$ und die **Güte** Q_k des Parallelschwingkreises erhält man dann

$$\tan\delta_k = G_p Z_k = (G_C + G_L)Z_k = \tan\delta_C + \tan\delta_L;\quad Q_k = \frac{1}{\tan\delta_k} = \frac{Q_C Q_L}{Q_C + Q_L} \tag{4.45}$$

Die **relative Verstimmung** ϖ ist wie beim Reihenresonanzkreis definiert, Gl. (4.38).

Führt man die relative Verstimmung in den komplexen Leitwert des Parallelresonanzkreises durch Multiplikation der Gl. (4.42) mit Z_k/Z_k ein, so erhält man

$$\underline{Y}_p = \frac{1}{Z_k}\left[Z_k G_p + j\left(Z_k\omega C_p - \frac{Z_k}{\omega L_p}\right)\right] = G_p(1 + jQ_k\varpi) = G_p(1 + j\varpi/\tan\delta_k). \tag{4.46}$$

In Abb. 4.14ab sind die Ortkurven von $\underline{Y}_p$ und $\underline{Z}_p = 1/\underline{Y}_p$ dargestellt. Abb. 4.14c zeigt den Betragsverlauf $|\underline{Z}_p|$ und Abb. 4.14d den Phasenverlauf ϕ_{zp} über ω . Der Parallelresonanzkreis ist im Gegensatz zum Reihenresonanzkreis im Resonanzfall hochohmig $R_p = \max|\underline{Z}_p|$.

Die **Bandbreite** $\Delta f = B$ des Parallelresonanzkreises ist bei $|\underline{Z}_p| = R_p/\sqrt{2}$ definiert, wodurch die untere ω_1 und obere ω_2 Grenzfrequenz festgelegt wird. Sie wird wie für den Serienresonanzkreis nach den Gln. (4.39), ermittelt.

Im Parallelschwingkreis sind die Ströme im induktiven und kapazitiven Zweig einander entgegengerichtet. Sie können abhängig von der Schwingkreisgüte wesent-

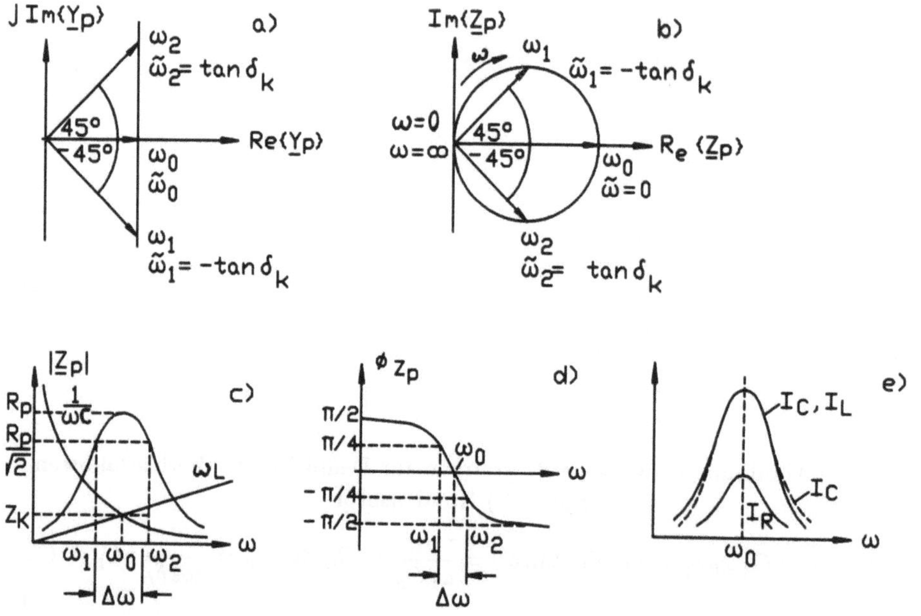

Abbildung 4.14: Parallelschwingkreis: a) Ortskurve von $\underline{Y}_p$; b) Ortskurve von $\underline{Z}_p$; c) $|\underline{Z}_p|$ über ω; d) Phasenverlauf $\Phi_{zp}(\omega)$; e) Verlauf der Stromüberhöhung

lich größer als die durch die Klemmenspannung $\underline{U}$ erzwungene Einströmung I_o sein. Für die Strombeträge (Effektivwerte) an R_p, L_p und C_p erhält man mit dem Betrag der Gesamtspannung U.

$$U = \frac{I}{\sqrt{G_p^2 + \left(\omega C_p - \frac{1}{\omega L_p}\right)^2}}; \quad I_R = UG_p; \quad I_C = U\omega C_p; \quad I_L = U/\omega L_p \quad (4.47)$$

Im Resonanzfall tritt der Gesamtstrom $I_0 = I_R = U/R_p$ auf.

Mit der Maxima-Minimarechnung kann man nun, wie beim Serienresonanzkreis für die Spannungen, die Frequenzen ermitteln, bei denen die vorgenannten Ströme maximal werden. Aus $dI_R/d\omega = 0$, $dI_C/d\omega = 0$ und $dI_L/d\omega = 0$ folgt, daß die entsprechenden Strommaximalwerte bei den Kreisfrequenzen

$$\omega_R = \omega_0 = \frac{1}{\sqrt{L_p C_p}}; \quad \omega_c = \sqrt{\frac{2}{2L_p C_p - G_p^2 L_p^2}}; \quad \omega_L = \sqrt{\frac{1}{L_p C_p} - \frac{G_p^2}{2C_p^2}} \quad (4.48)$$

erscheinen. Auch hier kann man nun annehmen, da im praktischen Fall G_p meist vernachlässigbar klein ist, daß die Stromüberhöhungder drei Ströme bei der Resonanzfrequenz ω_0 auftritt, wie aus den vorstehenden Gleichungen erkennbar. Der Verlauf der Stromüberhöhung ist in Abb. 4.14e wiedergegeben.

Hat ein Parallelschwingkreis das in Abb. 4.12c dargestellte Ersatzbild, so gelten die bisher ermittelten Zusammenhänge dann, wenn man die Reihenschaltungen aus R und L bzw. R und C in gleichwertige Teilparallelzweige umwandelt. Nimmt man die Umwandlung nicht vor, so hat man einen anderen komplexen Widerstand

$$\underline{Z}_p = \frac{(R_L + j\omega L_s)(\frac{1}{j\omega C_s} + R_C)}{R_L + j\omega L_s + \frac{1}{j\omega C_s} + R_C} \qquad (4.49)$$

dessen Resonanzkreisfrequenz nicht bei ω_0 liegt. Die Resonanzfrequenz folgt jedoch auch hier aus $Im\{\underline{Z}_p\} = 0$. Man erhält

$$\omega_0' = \frac{1}{\sqrt{L_s C_s}} \sqrt{\frac{1 - R_L^2 C_s/L_s}{1 - R_C^2 C_s/L_s}} \qquad (4.50)$$

[63].

Beispiel 4.2
Mit den verlustbehafteten Schaltelementen $L = 4$ mH, $\tan\delta_L = 0,268$, $C = 200$ pF, $\tan\delta_C = 0,123$, wie in Beispiel 4.1, erhält man für einen Parallelschwingkreis die folgenden charakteristischen Daten:

Induktivität und Kapazität (verlustfrei), s. Abb. 4.10, Gln. (4.44) $L_p = \frac{L}{\cos\delta_L} = 4,14$ mH, $C_p = C\cos\delta_C = 198,5$ pF. Für Resonanzfrequenz und Kennwiderstand liefern die Gln. (4.35) $f_0 = \frac{1}{2\pi}\frac{1}{\sqrt{L_p C_p}} = 175,6$ kHz, $Z_k = \frac{1}{\omega_0 C_p} = \omega_{0p} L_p = 4,57$ kΩ. Schwingkreisgüte und Eigenfrequenz, zur Bestimmung der Eigenfrequenz siehe Abb. 4.12, haben die gleichen Wert wie in Beisp. 4.1. Bandbreite und Parallelwiderstand lauten, Gln. (4.39) und (4.37), $\Delta f = f_0 \tan\delta_k = \frac{f_0}{Q_k} = 68,7$ kHz, $R_p = 1/G_p = Q_k Z_k = 11,7$ kΩ. Die Frequenzen bei Resonanzüberhöhung des jeweiligen Stromes schließlich sind nach den Gln. (4.48) $f_R = f_0 = 175,6$ kHz, $f_C = \frac{1}{2\pi}\sqrt{\frac{2}{2L_pC_p - G_p^2 L_p^2}} = 182,7$ kHz und $f_L = \frac{1}{2\pi}\sqrt{\frac{1}{L_pC_p} - \frac{G_p^2}{2C_p^2}} = 168,8$ kHz

4.2.2 Schwingquarze

Die Wirkungsweise des Schwingquarzes als elektromechanischer Wandler beruht auf dem **Piezoeffekt**. Deformiert man ein Quarzstück, so treten auf seiner Oberfläche elektrische Ladungen auf (piezein, griech. "drücken"). Schwingquarze in der Kommunikationstechnik werden durch den umgekehrten piezoelektrischen Effekt angeregt (Elektrostriktion). Bringt man mit Elektroden, an denen eine Wechselspannung anliegt - im praktischen Fall ist dies die immer vorhandene thermische Rauschspannung - Ladungen auf die Quarzoberfläche, so führt der Quarz, wenn er aus quadratischen oder runden Scheiben, Linsen. etc. bestimmter Abmessungen besteht, mechanische Schwingungen einer bestimmten Frequenz aus: Der Quarz ist in Resonanz. Nebenresonanzen sind hierbei möglichst zu unterdrücken. Die mechanische Resonanz hat Ladungsänderungen im Takte der Resonanzfrequenz zur Folge, die in Form einer elektrischen Schwingung am Quarzkristall abgegriffen werden kann.

Die vorgenannten geometrischen Formen werden aus monokristallinen Quarzkristallen nach einer bestimmten Orientierung zur Kristallachse hin herausgeschnitten. Man kennt *Biegeschwinger*, *Flächenschwinger*, *Längsschwinger* und *Dickenschwinger* , die als *Grundwellenquarze* oder *Oberwellenquarze* angeboten werden. In Abb. 4.15a ist das Schwingungsverhalten eines Dickenschwingers, der auf seiner Grundfrequenz schwingt, skizziert.

Der Quarz ist ein wichtes Bauelelement zur Herstellung von Oszillatoren hoher Frequenzstabilität, s. Abschnitt 4.3.6 und von frequenzselektiven Filtern. Der Vorteil des Quarzes als frequenzbestimmendes Element liegt darin, daß er neben einer hohen Güte ($Q_k \approx 10000$) auch, bei entsprechender Schnittform, seine hohe Frequenzkonstanz auch bei Temperaturänderungen weitgehend beibehält.

Das **elektrische Ersatzbild** eines Quarzes enthält die Schaltelemente R,L und C, die so angeordnet sind, daß sowohl Serien- als auch Parallelresonanz auftreten kann. Nach Abb. 4.15b werden die elektrischen Eigenschaften des Quarzes durch

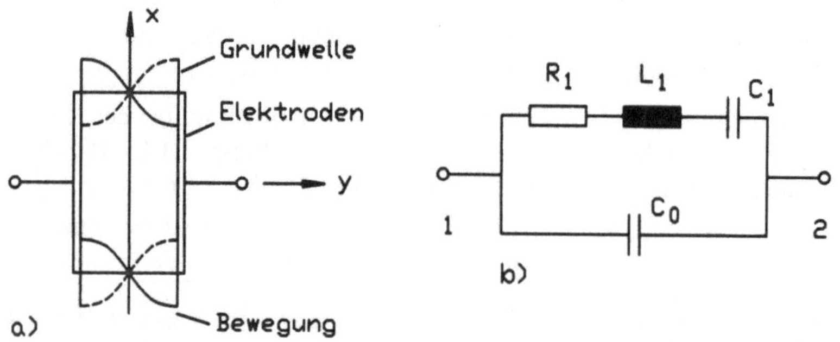

Abbildung 4.15: a) Resonanz beim Dickenschwinger; b) Quarz-Ersatzbild

die Ersatzelemente R_1, L_1 und C_1 dargestellt. C_0 ist die durch die Elektroden und Halterungen entstehende Kapazität ($C_0 \approx 10 \ldots 1000$ pF). Zwischen den Klemmen 1 und 2 des Quarz-Ersatzschaltbildes liegt der Leitwert

$$\underline{Y}_{12} = j\omega C_0 + \frac{1}{R_1 + j\left(\omega L_1 - \frac{1}{\omega C_1}\right)} = \frac{R_1}{R_1^2 + \left(\omega L_1 - \frac{1}{\omega C_1}\right)^2} + \tag{4.51}$$

$$+j\left(\omega C_0 - \frac{\omega L_1 - \frac{1}{\omega C_1}}{R_1^2 + \left(\omega L_1 - \frac{1}{\omega C_1}\right)^2}\right) = G + jB.$$

Wenn der Resonanzfall eintritt, wird der Imaginärteil der vorstehenden Gleichung zu Null, $B = 0$, wie bereits für LC-Schwingkreise gezeigt. Aus $B = 0$ erhält man die Resonanzkreisfrequenz

$$\omega_r = \sqrt{\frac{1}{L_1C_1} + \frac{1}{2L_1C_0} - \frac{R_1^2}{2L_1^2} \pm \frac{1}{2L_1C_0}\sqrt{1 + \frac{R_1^4C_0}{L_1^2} - \frac{4R_1^2C_0^2}{L_1C_1} - \frac{2R_1^2C_0}{L_1}}}. \tag{4.52}$$

Das positive Vorzeichen in der vorgenannten Gleichung führt auf die **Parallelresonanzkreisfrequenz** ω_p und das negative auf die **Serienresonanzkreisfrequenz** ω_s. Die beiden Resonanzkreisfrequenzen lauten näherungsweise, wenn man die unter der Wurzel stehende Wurzel in eine Taylorreihe entwickelt und dabei nur Terme bis zur Ordnung R_1^2 berücksichtigt

$$\omega_p \approx \sqrt{\frac{1}{L_1C_1} + \frac{1}{L_1C_0} - \frac{R_1^2}{L_1^2} - \frac{R_1^2C_0}{C_1L_1^2}}; \quad \omega_s \approx \sqrt{\frac{1}{L_1C_1} + \frac{R_1^2C_0}{L_1^2C_1}}. \tag{4.53}$$

Da im Ersatzbild des Quarzes eine ohmische Komponente enthalten ist, hat er bei Parallel- und Serienresonanz einen Verlustfaktor

$$\tan\delta_p = \frac{1}{Q_p} \approx R_1\sqrt{\frac{C_1}{L_1(1 + C_1/C_0)}}; \quad \tan\delta_s = \frac{1}{Q_s} \approx \frac{R_1\sqrt{L_1C_1}}{L_1} = R_1\sqrt{\frac{C_1}{L_1}}. \tag{4.54}$$

In Abb. 4.16a ist der Frequenzverlauf der beiden Leitwerte $G(\omega)$ und $B(\omega)$ bei Serienresonanz qualitativ dargestellt. $G(\omega)$ ist bei $1/\sqrt{L_1C_1} \approx \omega_s$ maximal. Die Resonanzkurven sind im Vergleich zu LC-Schwingkreisen infolge der hohen Güte sehr schmal.

Die Schwingfrequenz eines Quarzes läßt sich durch "Ziehen", d.h. die Beschaltung mit einer variablen Serien- bzw. Parallelkapazität, in gewissen Grenzen verändern.

Abb. 4.16b zeigt für den Fall $R_1 \approx 0$ das "Ziehen" mit einer Serienkapazität C_s [56]

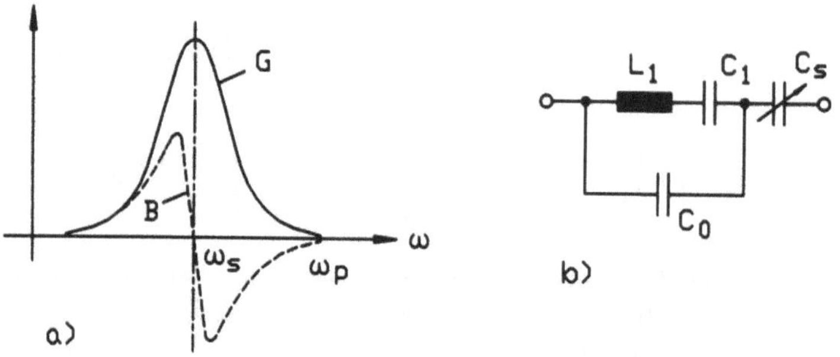

Abbildung 4.16: a) Frequenzverhalten der Leitwerte eines Quarzes; b) Ziehen eines Quarzes durch eine Serienkapazität C_s

Die Schwingfrequenz eines Quarzes läßt sich durch "ziehen", d.h. Beschaltung mit einer variablen Serien- Parallelkapazität in gewissen Grenzen verändern. Abb. 4.16b zeigt für den Fall $R_1 \approx 0$ das "Ziehen" mit einer Serienkapazität C_s [56].

4.2.3 Kopplungsbandfilter

Zur Trennung frequenzmäßig nebeneinander liegender Signale (Frequenzmultiplex) benutzt man oft Kopplungsbandfilter, die Bandpässe darstellen. Breite Anwendung finden diese Filter in der Rundfunktechnik zur Trennung einzelner Sendekanäle. Auch in Datenübertragungssystemen, bei digitaler Sinusträgermodulation, werden diese Filter als "Sende-und Empfangsfilter" am Modulatorausgang bzw. Demodulatoreingang zur Unterdrückung von Modulationkomponenten höherer Ordnung bzw. des Außerbandgeräuschs angewendet.

In Abb. 4.17 ist ein **zweikreisiges Kopplungsbandfilter** mit dem komplexen Koppelwiderstand jX_{12} und sein Ersatzbild dargestellt. Zur Beschaltung des Bandfilters wird eingangsseitig ein Generator mit dem Innenwiderstand R_i und ausgangsseitig ein reeller Lastwiderstand R_a angenommen. Die Verlustwiderstände der beiden Parallelschwingkreise sind R_1 und R_2. Der Betriebsübertragungsfaktor eines solchen Vierpols lautet nach Gl. (3.109) allgemein

$$\underline{H}_B = \frac{2\underline{U}_2}{\underline{U}_0}\sqrt{\frac{R_i}{R_a}}.$$

Zur weiteren Betrachtung genügt es zunächst, wenn man nur die Übertragungsfunktion $\underline{U}_2/\underline{U}_0$ diskutiert, da die interessierende Frequenzabhängkeit des Betriebsübertragungsfaktors durch sie eingeführt wird.

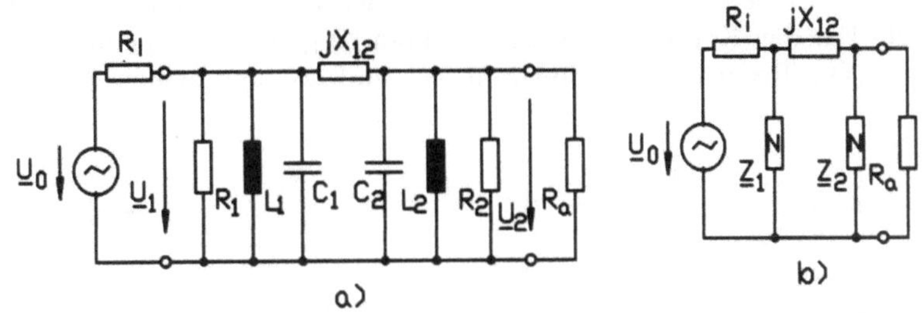

Abbildung 4.17: a) Kopplungsbandfilter; b) Ersatzbild

Aus der Eingangsmasche bzw. Ausgangsmasche in Abb.4.17 findet man

$$\underline{U}_0 = \underline{U}_1 + \underline{I}_1 R_i; \quad \underline{I}_2 = \frac{\underline{U}_2}{\underline{I}_2}. \tag{4.55}$$

Zur weiteren Berechnung werden für den unbeschalteten Vierpol in Abb. 4.17 die Vierpolgleichungen in Leitwertform nach Gl. (3.16) verwendet, für den man mit den Gln. (3.17) die $\underline{Y}$-Parameter erhält.

$$\underline{Y}_{21} = \frac{1}{\underline{Z}_{12}}; \quad \underline{Y}_{12} = -\frac{1}{\underline{Z}_{12}}; \quad \underline{Y}_{11} = \frac{1}{\underline{Z}_{12}} + \frac{1}{\underline{Z}_1}; \quad \underline{Y}_{22} = -\underline{Y}_{11} \tag{4.56}$$

Setzt man die vorstehenden Gleichungen mit $\underline{Z}_{12} = jX_{12}$ in die Gleichungen (4.55) ein und stellt um, so erhält man das Spannungsverhältnis

$$\frac{\underline{U}_2}{\underline{U}_0} = -\frac{j}{R_i X_{12}} \frac{1}{\left(\frac{1}{R_i} + \frac{1}{\underline{Z}_1} + \frac{1}{jX_{12}}\right)\left(\frac{1}{R_a} + \frac{1}{\underline{Z}_2} + \frac{1}{jX_{12}}\right) + \frac{1}{X_{12}^2}}. \tag{4.57}$$

Mit Gl. (3.109) folgt hieraus für den Betriebsübertragungfaktor (= Betriebsübertragungsfunkion)

$$H_B(\omega) = -2j\frac{\sqrt{R_i R_a}}{X_{12}} \cdot \frac{1}{\left[1 + R_a\left(\frac{1}{\underline{Z}_2} + \frac{1}{jX_{12}}\right)\right]\left[1 + R_i\left(\frac{1}{\underline{Z}_1} + \frac{1}{jX_{12}}\right)\right] + \frac{R_i R_a}{X_{12}^2}} \tag{4.58}$$

mit der frequenzabhängigen **normierten Kopplung** K

$$K = \frac{\sqrt{R_i R_a}}{X_{12}} \tag{4.59}$$

und

$$\underline{Y}_{1,ges} = \frac{1}{R_i} + \frac{1}{R_1} + j\left(\omega C_1 - \frac{1}{\omega L_1}\right); \quad \underline{Y}_{2,ges} = \frac{1}{R_a} + \frac{1}{R_2} + j\left(\omega C_2 - \frac{1}{\omega L_2}\right). \tag{4.60}$$

Zur weiteren Erläuterung der Frequenzabhängikeit wird die **kapazitve Kopplung** betrachtet. Für den Koppelwiderstand ist dann $jX_{12} = -j/\omega C_{12}$ zu setzen, s. Abb. 4.18a. Die Resonanzkeisfrequenzen ω_{01} und ω_{02} der beiden Parallel-

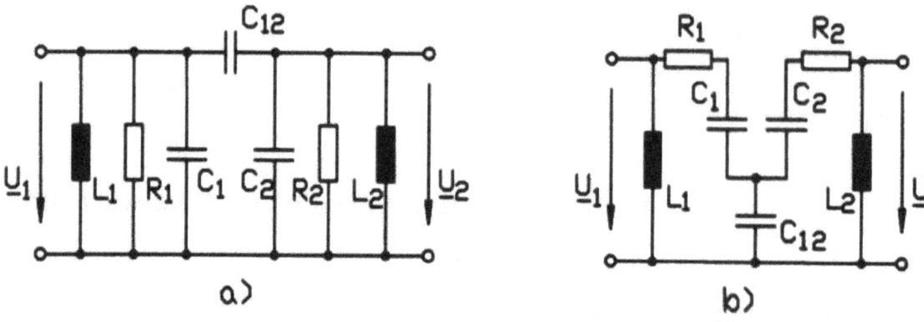

Abbildung 4.18: a) kapazitive Kopplung; b) kapazitive Kopplung in T-Schaltung

schwingkreise einschließlich des Koppelwiderstandes jX_{12} erhält man, wenn man den jeweils anderen kurzschließt.

$$\omega_{01} = \frac{1}{\sqrt{L_1(C_1 + C_{12})}}; \quad \omega_{02} = \frac{1}{\sqrt{L_2(C_2 + C_{12})}} \tag{4.61}$$

Für die Kreisgüten der beiden Parallelschwingkreise gilt dann für $R_1 \gg R_i$ und $R_2 \gg R_a$

$$Q_1 = Y_{k1}R_i = \sqrt{\frac{C_1 + C_{12}}{L_1}}R_i; \quad Q_2 = Y_{k2}R_a = R_a\sqrt{\frac{C_2 + C_{12}}{L_2}}. \tag{4.62}$$

Führt man nun die relative Verstimmung $\varpi_{1,2} = (\omega/\omega_{01,2}) - (\omega_{01,2}/\omega)$ in den Nenner der Übertragungsfunktion ein und setzt gleiche Kreise mit $\omega_{01} = \omega_{02} = \omega_m$, $Q_1 = Q_2 = Q$ sowie $R_i = R_a$ voraus, so erhält man mit Gl. (4.58)

$$\underline{H}_B = -2j\frac{K}{(1 + jQ\varpi)(1 + jQ\varpi)} = -2j\frac{K}{1 + 2jQ\varpi - Q^2\varpi^2 + K^2} \tag{4.63}$$

$$|\underline{H}_B| = \frac{2|K|}{\sqrt{(1 + K^2 - Q^2\varpi^2)^2 + 4Q^2\varpi^2}} \tag{4.64}$$

$|K|$ wird im folgenden als näherungsweise konstant angenommen $|K| \doteq \sqrt{R_i R_a} \cdot \omega_m C_{12}$.

$|\underline{H}_B|$ hat ein Minimum bei $\varpi = 0$, der Resonanzfrequenz der beiden Kreise, und Maxima bei $\varpi_{h1,2} = \pm(1/Q)\sqrt{K^2 - 1}$. Hierbei sind drei Fälle zu unterscheiden:

Fall 1: Unterkritische Kopplung:$|K| < 1$, $\varpi_{h1,2}$ hat eine imaginäre Lösung.
Fall2: Kritische Kopplung: $|K| = 1$, $\varpi_{h,12} = 0$.
Fall 3: Überkritische Kopplung: $|K| > 1$, $\varpi_{h1} = -(1/Q)\sqrt{|K|^2 - 1}$,

$\varpi_{h2} = +(1/Q)\sqrt{|K|^2-1}$. $|\underline{H}_B|(\varpi = \varpi_{h1,2}) = 1$. $|\underline{H}_{B,M}|$ ist der mittlere Übertragungsfaktor

Abb. 4.19 zeigt den Verlauf des Betrags des Betriebsübertragungsfaktors über der Frequenz bzw. der relativen Verstimmung in qualitativer Form. In Abb.

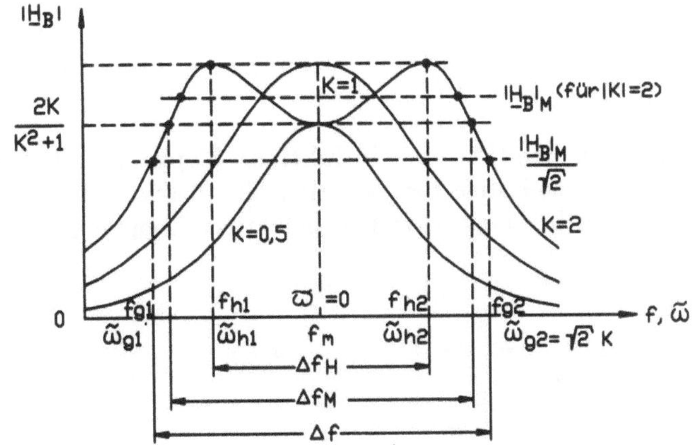

Abbildung 4.19: Betrag des Betriebsübertragungsfaktors beim zweikreisigen Bandfilter ($\varpi_{g1,2}$= praktische Grenzverstimmung, $|K| \approx$ const.)

4.19 sind neben den charakteristischen Frequenzen bzw. Verstimmungen auch die Filterbandbreite (3dB-Bandbreite) Δf und der Frequenzabstand der Maxima Δf_H und die Bandbreite am Minimum (bei $\varpi = 0$) Δf_M eingetragen.

$$\Delta f = f_{g2} - f_{g1} = \frac{K\sqrt{2}}{Q} f_m; \quad \Delta f_H = \frac{1}{Q}\sqrt{K^2-1} f_m; \quad \Delta f_M = \sqrt{2}\Delta f_H \tag{4.65}$$

Aus dem Betriebsübertragungsfaktor läßt sich, wie bekannt, der Betriebsdämpfungsfaktor $\underline{D}_B = 1/\underline{H}_B$ und hieraus das komplexe Betriebsdämpfungsmaß $\underline{g}_B = a_B + jb_B$ ermitteln. Es kann somit auch der Betriebsdämpfungsverlauf $a_B(\omega)$ eines Kopplungsbandfilters angegeben werden.

Im Rahmen der folgenden zusammenfassenden Betrachtung wird von der bisherigen Annahme gleicher Schwingkreise abgegangen. In der Praxis kann diese Annahme infolge von Bauteile-Toleranzen auch nicht vorausgesetzt werden.

Bei kapazitver Kopplung gilt bei nicht gleichen Schwingkreisen und $X_{12} = -1/\omega_m C_{12}$

$$K = Q\sqrt{K_1 K_2}; \quad K_1 = \frac{C_{12}}{C_1 + C_{12}}; \quad K_2 = \frac{C_{12}}{C_2 + C_{12}}. \tag{4.66}$$

Bandfilter mit **kapazitiver Kopplung in T-Schaltung**, s. Abb. 4.18b lassen sich mit Hilfe der folgenden Beziehungen dimensionieren

$$\omega_{01} = \sqrt{\frac{1}{L_1}\left(\frac{1}{C_1} + \frac{1}{C_{12}}\right)}; \quad \omega_{02} = \sqrt{\frac{1}{L_2}\left(\frac{1}{C_2} + \frac{1}{C_{12}}\right)}; \quad Q_1 = \frac{C_1 + C_{12}}{\omega_{01}C_1 + C_{12}R_1}; \tag{4.67}$$

sowie

$$Q_2 = \frac{C_2 + C_{12}}{\omega_{02}C_2C_{12}R_2}; \quad K_1 = \frac{C_1}{C_1 + C_{12}}; \quad K_2 = \frac{C_2}{C_2 + C_{12}}; \quad K = \sqrt{Q_1Q_2K_1K_2} \tag{4.68}$$

In Abb. 4.20a ist ein Bandfilter mit **induktiver Kopplung in T-Schaltung** wiedergegeben. Der qualitative Betragsverlauf des Betriebsübertragungsfaktors über der Frequenz ist bei kapazitiver und induktiver Kopplung der gleiche. Im

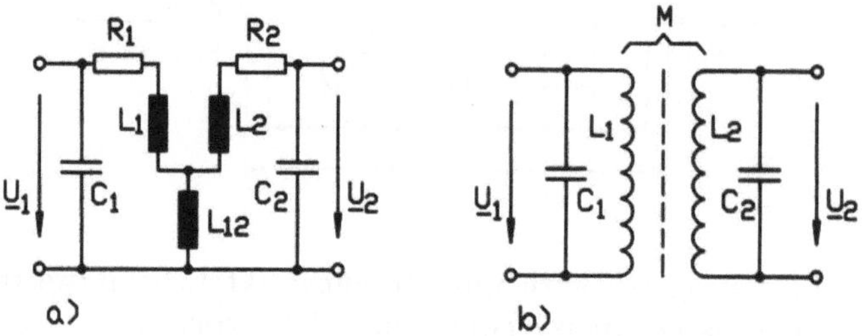

Abbildung 4.20: Bandfilter: a) induktive Kopplung in T-Schaltung; b) transformatorische Kopplung

einzelnen gelten die Zusammenhänge

$$\omega_{01} = \sqrt{\frac{1}{C_1(L_1 + L_{12})}}; \quad \omega_{02} = \frac{1}{C_2(L_2 + L_{12})}; \quad Q_1 = \frac{\omega_{01}(L_1 + L_{12})}{R_1} \tag{4.69}$$

$$Q_2 = \frac{\omega_{02}(L_2 + L_{12})}{R_2}; \quad K_1 = \frac{L_{12}}{L_1 + L_{12}}; \quad K_2 = \frac{L_{12}}{L_2 + L_{12}}; \quad K = \sqrt{Q_1Q_2K_1K_2}. \tag{4.70}$$

Bei **transformatorischer Kopplung**, siehe Abb. 4.20b, ist der räumliche Abstand der Spulen, der die Gegeninduktivität M bestimmt, mit K, s. Gln. (4.70), maßgebend für den Grad der Kopplung.

$$M = K\sqrt{\frac{L_1L_2}{Q_1Q_2}}; \quad K_1 = \frac{M}{L_1}; \quad K_2 = \frac{M}{L_2}; \quad \omega_{01} = \frac{1}{\sqrt{L_1C_1}}; \quad \omega_{02} = \frac{1}{\sqrt{L_2C_2}} \tag{4.71}$$

In praktisch realisierten transformatorisch gekoppelten Bandfiltern werden zur Variation der Kopplung meist Ferritkerne verwendet, die in die Spulenkörper eindrehbar (Gewinde) sind.

□ **Beispiel 4.3**
Für ein induktiv gekoppeltes Bandfilter, Abb. 4.20, mit den bekannten Daten $K_1 = 0,16$, $K_2 = 0,125$, $Q_1 = Q_2 = Q = 40$, $L_1 = 1,05\ \mu$H und $R_1 = 1,965\ \Omega$, sowie $\omega_{01} = \omega_{02} = \omega_m$ kann man die weiteren charakteristischen Größen ermitteln:

Mit den Kopplungfaktoren K_1, K_2 der beiden Schwingkreise, aus denen das Bandfilter besteht, erhält man mit den Gln. (4.70) die Koppelinduktivität $L_{12} = \frac{K_1 L_1}{1-K_1} = 0,2\ \mu$H und den Kopplungsfakor $K = Q\sqrt{K_1 K_2} = 5,66$. Ferner ist die Induktivität $L_2 = \frac{L_{12}}{K_2} - L_{12} = 1,4\ \mu$H. Die Mittenfrequenz f_m und die 3 dB-Bandbreite Δf, Gln. (4.69) und (4.65), ermittelt man zu $f_m = \frac{QR_1}{2\pi(L_1+L_{12})} = 10$ MHz und $\Delta f = \frac{K\sqrt{2}}{Q} f_m = 2$ MHz. Die durch das Minimum bei $\varpi = 0$ der Betriebsübertragungsfunktion festgelegte Bandbreite erreicht den Wert $\Delta f_M = \frac{\sqrt{2}}{Q}\sqrt{K^2-1} f_m = 1,97$ MHz, und der Frequenzabstand der Höcker ist $\Delta f_H = \Delta f_M / \sqrt{2} = 1,39$ MHz. Mit den Gln. (4.69) ergeben sich auch die Schwingkreiskapazitäten $C_1 = \frac{1}{\omega_m^2 (L_1 + L_{12})} = 0,2$ nF und $C_2 = \frac{1}{\omega_m^2}(L_2 + L_{12}) = 0,16$ nF.

4.2.4 HF-Leitungen

Neben der bereits aus Kapitel 3 bekannten Wellenführung auf einer elektrischen Doppelleitung (Leitungswellen oder Lecherwellen) bis zu höheren Frequenzen hin (Bereich III, s. Abschn. 3.2.5.1) müssen bei noch höheren Frequenzen weitere Verluste berücksichtigt werden, nämlich der Skineffekt und dielektrische Verluste; bei diesen zunächst übertragungstechnischen Betrachtungen werden Leitungslängen vorausgesetzt, wie sie zur Übertragung über größere Entfernungen, s. Abschn. 3.2.5, benötigt werden. In Komponenten der Hochfrequenztechnik werden meist nur kurze Leitungen benutzt um Abstrahlungen oder Überkopplungen zu verringern. Die Leitung selbst kann als dämpfungsfrei (Bereich III) angenommen werden.

In der HF-Technik kennt man neben der bereits bekannten **symmetrischen Leitung** und der **Koaxialleitung**, als technische Formen der Doppelleitung, weitere Wellenleiter, wie den bereits kurz erwähnten **Hohlleiter**. Bei diesem im Querschnitt rechteckigen oder runden rohrförmigen Wellenleiter erfolgt die Führung der Welle in einem Dielektrikum (meist Luft) durch Reflexion an den metallischen Grenzschichten.

Als **Streifenleiter** werden Wellenleiter bezeichnet, bei denen die Leiter streifenförmig auf einem dielektrischen Substrat aufgebracht werden.

Elektromagnetische Wellen können auch in **dielektrischen Wellenleitern** geführt werden. Hierbei wird die Totalreflexion der sich ausbreitenden Welle an den Grenzflächen zweier dielektrischer Medien mit unterschiedlichem Brechungsindex ausgenutzt. Der bekannteste dielektrische Wellenleiter ist der **Lichtwellenleiter** der in Kapitel 5 eingehend behandelt wird.

Oberflächenwellenleiter bestehen aus dielektrisch beschichteten Metallplatten oder Metalldrähten, wobei die Wellenführung an der Oberfläche des Dieelektrikums erfolgt und der leitende Anteil feldfrei ist.

Auf piezoelektrischen Kristallen können **akustische Oberflächenwellen** angeregt und geführt werden. Mit solchen Oberflächenwellenleitern lassen sich steilflankige HF-Filter herstellen.

4.2.4.1 Stromverdrängung bei der Doppelleitung, Bereich IV

Bei hohen Frequenzen fließt in einem elektrischen Leiter der Strom nur innerhalb der Eindringtiefe δ_E, Gl.(4.31). Setzt man einen metallischen zylindrischen Leiter mit dem Durchmesser $d = 2r_L$ voraus, so ist die leitende Fläche lediglich $A = d\pi\delta_E$.

Führt man die Betrachtungen der Wellenparameter von Abschn. 3.2.5.1 fort, so gilt bei einer Doppelleitung für die Übergangsfrequenz $f_R = f_{III/IV}$ zwischen Bereich III und IV, $(f \gg f_R)$ und den inneren Induktivitätsbelag L'_i eines Leiters

$$f_{III/IV} = f_R = \frac{1}{2\pi}\frac{32}{\kappa\mu_0 d^2}; \quad L'_i = \frac{R'_0}{\sqrt{\omega_r\omega_0}}. \tag{4.72}$$

$R'_0 \approx R'$ ist der frequenzunabhängige Widerstandsbelag eines runden hohlen Leiters, da nur im Leiter-Außenbereich Strom fließt.

Für die Übertragungskonstante $\underline{\gamma}$ ermittelt man für den Fall $\omega \gg \omega_R$ dann näherungsweise

$$\underline{\gamma} = \alpha + j\beta \approx \sqrt{\underline{Z}'\underline{Y}'} \approx \frac{R'_0}{2Z_\infty}\sqrt{\omega/\omega_R} + j\left(\omega\sqrt{L'_aC'} + \frac{R'_0}{2Z_\infty}\sqrt{\omega/\omega_r}\right); \; Z_\infty = \sqrt{\frac{L'_a}{C}}. \tag{4.73}$$

Die Gruppenlaufzeit folgt mit L'_a dem äußeren Induktivitätsbelag (Gesamt-Induktivitätsbelag: $L' = L'_a + L'_i$) eines Leiters zu

$$\tau_g = \sqrt{L'_aC'} + \frac{1}{4}\frac{R'_0}{Z_\infty\sqrt{\omega\omega_R}} = \sqrt{L'_aC'}\left(1 + \frac{L'_i}{4L'_a}\right) \tag{4.74}$$

mit

$$L'_a = \frac{\mu_0}{\pi}\ln\left[\frac{a}{d}\left(1 + \sqrt{1 - \left(\frac{d}{a}\right)^2}\right)\right] \tag{4.75}$$

(a = Leiterabstand der symmetrischen Leitung, d = Leiterdurchmesser).

Der Wellenwiderstand bei Stromverdrängung lautet näherungsweise

$$\underline{Z}_L = \sqrt{\underline{Z}'/\underline{Y}'} \approx Z_\infty \left[1 + 0,5\frac{L_i'}{L_a'}(1-j)\right]. \qquad (4.76)$$

Liegen die Adern symmetrischer Leitungen sehr nahe beieinander so steigt der Widerstand um einen weiteren Faktor an, der **Proximity-Effect** genannt wird [43].

□ **Beispiel 4.4**

Ein symmetrisches Cu-Kabel (Aderdurchmesser 1,3 mm) zur Fernübertagung mit den Leitungsbelägen $R' = 13,1\ \Omega/\text{km}$, $L' = 0,7$ mH/km, $C' = 22$ nF/km werde bei der Frequenz $f = 500$ kHz (= obere Signalgrenzfrequenz) betrieben.

Für die Übergangsfrequenzen, s. Abschn. 3.2.5.1, der Frequenzbereiche ermittelt man $f_{I/II} = \frac{G'}{\pi C'} = 14,45$ Hz; $f_{II/III} = \frac{R'}{4\pi L'} = 1,49$ kHz und mit Gl. (4.72) $f_{III/IV} = f_R = \frac{32}{\kappa\mu_0 d^2} = 41,8$ kHz ($\kappa = 57\ \text{Sm}/mm^2$). Das Kabel wird somit, wegen $f = 500$ kHz, in Bereich IV betrieben. Setzt man $R' = R_0' = 13,1\ \Omega/\text{km}$ so erhält man $L_i' = \frac{R'}{\sqrt{\omega_R \omega}} = 14,42\ \mu\text{H/km}$. Die äußere Induktivität folgt aus Gl. (4.75) $L_a' = L' - L_i' = 0,696$ mH. Damit können α_{IV}, β_{IV}, Z_∞, $\underline{Z}_L$ und $\tau_{g,IV}$ bei Stromverdrängung näherungsweise berechnet werden. $\alpha_{IV} \approx \frac{R'}{2}\sqrt{\frac{C'}{L_a'}}\sqrt{\frac{\omega}{\omega_R}} = 0,127$ Np/km, $\beta_{IV} \approx \omega\sqrt{L_a'C'} + \alpha_{IV} = 12,42$ rad/km. $Z_\infty \approx \sqrt{\frac{L_a'}{C'}} = 177,87\ \Omega$, $\underline{Z}_L \approx Z_\infty\left[1 + 0,5\frac{L_i'}{L_a'}(1-j)\right] = (179,71-j1,843)\,\Omega$. $\tau_{g,IV} \approx \sqrt{L_a'L_i'}\left(1 + \frac{L_i'}{4L_a'}\right) = 3,9\ \mu\text{s/km}$ [43].

4.2.4.2 Dielektrische Verluste bei der Doppelleitung, Bereich V

Bei sehr hohen Frequenzen beeinflußt der Ableitungsbelag einer Leitung mit dem Verlustwinkel δ des Kabel-Dielektrikums, $G' = \tan\delta\omega C'$, Gl. (3.126) (symmetrische Leitung) bzw. Gl. (3.136)(Koaxialleitung) die Wellenparameter wesentlich. Die Näherung für die Übertragungskonstante $\underline{\gamma}$, bei Berücksichtigung dieser Eigenschaft, und die Frequenzgrenze $f_G = f_{IV/V}$ bestimmt man aus

$$\underline{\gamma} = \sqrt{\underline{Z}'\underline{Y}'} \approx \frac{1}{2}\left(\frac{R'}{Z_\infty} + G'Z_\infty\right) + j\omega\sqrt{L'C'} = \alpha + j\beta;\ f_G \approx \frac{1}{2\pi\omega_R}\left(\frac{R_0'}{L_a'\delta}\right)^2. \qquad (4.77)$$

Grundsätzlich ist bei hohen Frequenzen durch Wahl geeigneter Kabel-Dielektrika ($\delta = 10^{-3}\ rad \ldots 10^{-6}\ rad$) der Verlustwinkel δ so klein zu halten, daß dielektrische Verluste keine Rolle mehr spielen [43].

4.2.4.3 Verlustlose Doppelleitung

Bereits in Abschnitt 3.2.5 wurde mit Hilfe der Netzwerktheorie die Differentialgleichung der verlustbehafteten Leitung aufgestellt und für den Fall der Ausbreitung zeitlich sinusförmiger elektromagnetischer Wellen gelöst. Die Lösungen ergeben ortsabhängige Strom- und Spannungswellen (Leitungswellen oder Lecherwellen) gemäß den Gln. (3.43), (3.49) und (3.50), mit der Ausbreitungskonstanten $\underline{\gamma}$ nach Gl. (3.42) und $\underline{Z}_L$ dem Wellenwiderstand nach Gl. (3.44).

Die Leitungswellen sind TEM-Wellen, wenn die Leitung als verlustlos angenommen wird, s. Abschnitt 4.1.2. In der Hochfrequenztechnik ist nun die Annahme verlustloser Leitungen möglich, da die Leitungen meist kurz sind und die Bedingungen des Bereichs III ($\omega C' \gg G', \omega L' \gg R'$) fast immer erfüllt sind. Die Leitungsdämpfung $\alpha \cdot z$ kann dann als vernachlässigbar klein angenommen werden. Die Leitungsgleichungen lauten deshalb, mit $\alpha \cdot z \approx 0$

$$\underline{U}(z) = \underline{Z}_L(\underline{A}e^{-j\beta z} + \underline{B}e^{+j\beta z}); \quad \underline{I}(z) = \underline{A}e^{-j\beta z} - \underline{B}e^{+j\beta z} \tag{4.78}$$

Der Wellenwiderstand wird bei der verlustlosen Doppelleitung reell, da der Widerstandsbelag R' und der Ableitungsbelag G' vernachlässigt werden können.

$$\underline{Z}_L = \sqrt{\frac{\underline{Z}'}{\underline{Y}'}} = \sqrt{\frac{R' + j\omega L'}{G' + j\omega C'}}; \quad Z_L \approx \sqrt{\frac{j\omega L'}{j\omega C'}} = \sqrt{\frac{L'}{C'}} \tag{4.79}$$

Die Ausbreitung der TEM-Welle auf der Leitung erfolgt mit der Lichtgeschwindigkeit $c_0 = \lambda/f$, wenn man als Umgebung den leeren Raum oder näherungsweise Luft, voraussetzt.

Wenn die Leitung der Länge l in ein Isoliermaterial mit der Permittivitätszahl ϵ_r eingebettet ist, so hängenPhasengeschwindigkeitv_p, Phasenlaufzeit τ_p, Wellenlänge λ, Phasenkonstante β, Gruppengeschwindigkeit v_g und Gruppenlaufzeit τ_g von ϵ_r ab.

$$v_p = \frac{c_0}{\sqrt{\epsilon_r}}; \quad \tau_p = \frac{l}{v_p}; \quad \lambda = \frac{\lambda_0}{\sqrt{\epsilon_r}}; \quad \beta = \frac{2\pi}{\lambda} = \beta_0\sqrt{\epsilon_r}; \quad v_g = \frac{d\omega}{d\beta}; \quad \tau_g = \frac{d\beta}{d\omega} \tag{4.80}$$

Mit den Gln. (364), (3.65) und (3.68) sowie $e^{j\beta l} + e^{-j\beta l} = 2\cos\beta l$ sowie $e^{+j\beta l} - e^{-j\beta l} = j2\sin\beta l$ ergeben sich aus den Leitungsgleichungen (4.78) die Beziehungen

$$\underline{U}_1 = \underline{U}_2 \cos\beta l + jZ_L\underline{I}_2 \sin\beta l; \quad Z_L\underline{I}_1 = Z_L\underline{I}_2 \cos\beta l + j\underline{U}_2 \sin\beta l. \tag{4.81}$$

Aus den vorstehenden Gleichungen folgt der **Eingangswiderstand** $\underline{Z}_1 = \underline{Z}(0)$ der mit dem Widerstand $\underline{Z}_2 = \underline{U}_2/\underline{I}_2$ abgeschlossenen verlustlosen Doppelleitung zu

$$\underline{Z}_1 = \frac{\underline{U}_1}{\underline{I}_1} = Z_L \frac{\frac{\underline{Z}_2}{Z_L} + j\tan\beta l}{1 + j\frac{\underline{Z}_2}{Z_L}\tan\beta l}. \tag{4.82}$$

□ **Beispiel 4.5**
Wählt man die Länge einer verlustlosen Doppelleitung zu $l = \lambda/2$, dann wird die Phase am Ausgang der Leitung $\beta l = (2\pi/\lambda)(\lambda/2) = \pi$. Außerdem wird der Eingangswiderstand der Leitung gleich dem Abschlußwiderstand $\underline{Z}_1 = \underline{Z}_2$, wie man mit Gl. (4.82) zeigen kann. Im Abstand $n \cdot \lambda/2$, $(n = 1, 2, 3, 4, \ldots)$ treten auf der Leitung immer wieder dieselben Widerstände und Phasenlagen auf.

Hat die Leitung die Länge $l = \lambda/4$, so ist die Phase am Leitungsausgang $\beta l = (2\pi/\lambda)(\lambda/4) = \pi/2$. Eingangs- und Abschlußwiderstand hängen nach Gl. (4.82) über den reellen Wellenwiderstand Z_L zusammen, $\underline{Z}_2 = Z_L^2/\underline{Z}_1$.

Ein Leitungsstück der Länge $\lambda/4$ kann damit als "Impedanz-Transformator" benutzt werden. Näheres hierzu wird in Abschn. 4.2.5 dargestellt.

□ **Beispiel 4.6**
Ausbreitung einer TEM-Welle auf einer verlustlosen Koaxialleitung. ($\underline{\mathbf{H}}$ und $\underline{\mathbf{E}}$ liegen in der Ebene $z = 0$).

Abb. 4.21 zeigt die Kontur der Koaxialleitung. Für den Ladungsbelag im Abstand

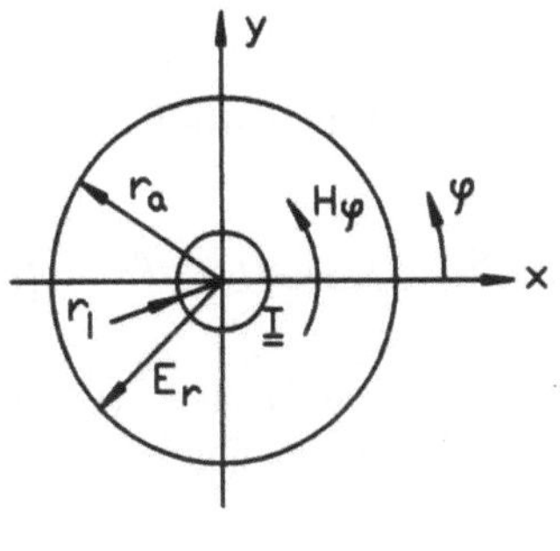

Abbildung 4.21: Kontur und Feld einer verlustlosen Koaxialleitung

r vom Mittelpunkt des Innenleiters gilt

$$Q' = 2\pi r \epsilon_0 \underline{E}_r; \quad \underline{E}_r = \frac{Q'}{2\pi\epsilon_0 r} \tag{4.83}$$

Die Spannung $\underline{U}$ zwischen Innen- und Außenleiter und die Feldstärke $\underline{E}_r$ mit den Gln. (4.83) sind

$$\underline{U} = \int_{r_i}^{r_a} \underline{E}_r dr = \frac{Q'}{2\pi\epsilon_0} \int_{r_i}^{r_a} \frac{dr}{r} = \frac{Q'}{2\pi\epsilon_0} \ln \frac{r_a}{r_i}; \quad \underline{E}_r = \frac{\underline{U}}{r \ln \frac{r_a}{r_i}} \tag{4.84}$$

Für den Strom $\underline{I}$ im Innenleiter, den Wellenwiderstand $\underline{Z}_L$ der Leitung und den

Feldwellenwiderstand $\underline{Z}_{F0}$ folgt damit

$$\underline{I} = \underline{H}_\varphi 2\pi r; \quad \underline{Z}_L = \frac{\underline{U}}{\underline{I}} = \frac{r \ln \frac{r_a}{r_i} \underline{E}_r}{2\pi r \underline{H}_\varphi} = \frac{Z_{F0}}{2\pi} \ln \frac{r_a}{r_i}; \quad Z_{F0} = \frac{\underline{E}_r}{\underline{H}_\varphi}. \tag{4.85}$$

Den **Reflexionsfaktor** $\underline{r}$ der verlustlosen Doppelleitung, den Quotienten aus reflektierter und hinlaufender Spannungswelle, bei einem **beliebigen Abschluß** mit dem Widerstand $\underline{Z}_2$, oder bei Abschluß mit einer weiteren verlustlosen Leitung mit dem Wellenwiderstand Z'_L, erhält man aus den bereits in Abschn. 3.2.9.2 durchgeführten Betrachtungen.

$$\underline{r}_2 = \underline{r}(l) = \frac{\underline{Z}_2 - Z_L}{\underline{Z}_2 + Z_L} \quad \text{Abb. 3.21}; \quad \underline{r} = \frac{Z'_L - Z_L}{Z'_L + Z_L} \quad \text{Abb. 3.30} \tag{4.86}$$

Mit den Gln. (4.78) und (3.63) sowie $z = l$ bestimmt man den Zusammenhang zwischen dem Reflexionsfaktor am Eingang $\underline{r}_1$ und Ausgang der Leitung $\underline{r}_2$

$$\underline{r}_2 = \underline{r}(l) = \frac{\underline{U}_r(l)}{\underline{U}_h(l)} = \frac{\underline{Z}_L \underline{B} e^{j\beta l}}{\underline{Z}_L \underline{A} e^{-j\beta l}} = \frac{\underline{Z}_L \underline{B}}{\underline{Z}_L \underline{A}} e^{+j2\beta l} = \underline{r}(0) e^{+j2\beta l} = \underline{r}_1 e^{+j2\beta l} \tag{4.87}$$

Schließt man die Leitung mit dem **Wellenwiderstand** ab, dann ist der Abschluß reflexionfrei, $\underline{r}_2 = 0$, die reflektierte Welle entfällt. Aus Gl. (3.74) erhält man für diesen Spezialfall

$$\underline{U}_1 = \underline{U}_2 e^{j\beta l}; \quad \underline{I}_1 = \underline{I}_2 e^{j\beta l}; \quad \underline{U}(z) = \underline{U}_1 e^{-j\beta z}; \quad \underline{I}(z) = \underline{I}_1 e^{-j\beta z} \tag{4.88}$$

Weitere in der HF-Technik gebräuchliche Größen sind der **Anpassungsfaktor** m und der **Welligkeitsfaktor** s, die leicht meßbar sind ($r = |\underline{r}|$).

$$m = \frac{U_{min}}{U_{max}} = \frac{1}{s} = \frac{1 - r}{1 + r} \tag{4.89}$$

Schließt man die Leitung am Ausgang nicht reflexionfrei ab, so überlagern sich hinlaufende und reflektierte Welle und es bilden sich sogenannnte **stehende Wellen**. Man erhält eine ortsfeste Verteilung der Strom- und Spannungswelle auf der Leitung mit bestimmten Maximaleffektivwerten U_{max}, I_{max} und Minimaleffektivwerten U_{min}, I_{min}, die mit einer Meßsonde nachweisbar sind, so daß m schnell bestimmt werden kann. U_{max} und I_{max} sind um die Länge $\lambda/4$ gegeneinander versetzt. In Abb. 4.22 ist die Spannungs- und Stromwellenverteilung auf einer verlustlosen Leitung, die mit einem beliebigen $\underline{Z}_2$ abgeschlossen ist, dargestellt.

Von Interesse ist auch das Verhalten der verlustlosen Doppelleitung bei einem **Kurzschluß am Ausgang** (Abb. 4.23). Der Reflexionsfaktor $\underline{r}_2$ hat dann wegen $\underline{Z}_2 = 0$ den Wert -1, $\underline{U}_2 = \underline{U}(l) = 0$; Strom- und Spannungswelle werden vollständig reflektiert. Sie sind jedoch räumlich um $\lambda/4$ gegeneinander verschoben.

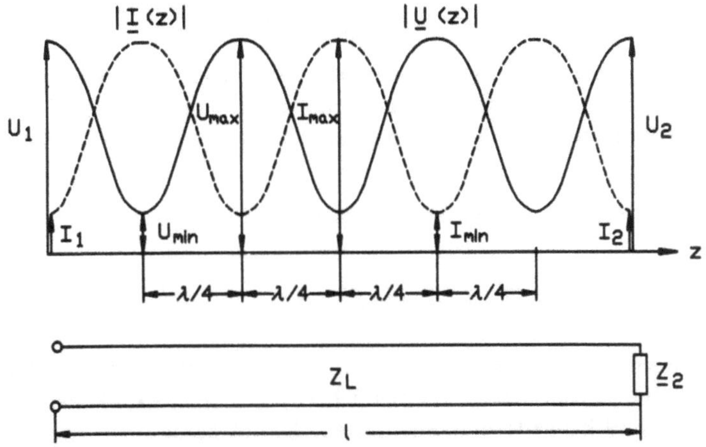

Abbildung 4.22: Verteilung von Strom- und Spannungswelle auf einer nicht reflexionsfrei abgeschlossenen verlustfreien Leitung

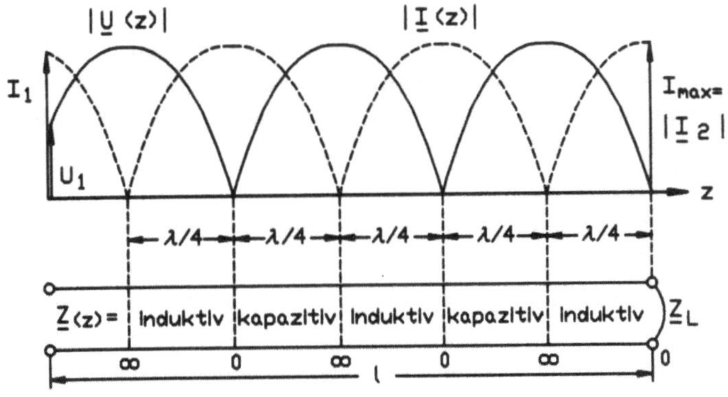

Abbildung 4.23: Stehende Wellen bei Kurzschluß am Leitungsausgang

Die am Eingang meßbaren Größen von Strom und Spannung, Gln. (4.81), hängen von l ab.

$$\underline{I}_1 = \underline{I}_2 \cos\beta l; \quad \underline{U}_1 = Z_L \underline{I}_2 j \sin\beta l \tag{4.90}$$

In Abb. 4.23 ist dargestellt, wie sich Strom- und Spannungswelle zu stehenden Wellen überlagern, wobei einer Spannungsnullstelle immer ein Strommaximum und einem Strommaximum eine Spannungsnullstelle im Abstand $\lambda/4$ gegenübersteht.

Den Eingangswiderstand der kurzgeschlossenen Leitung ermittelt man mit Gl. (4.82) zu

$$\underline{Z}_{1k} = \frac{\underline{U}_1}{\underline{I}_1} = jZ_L \tan\beta l = jZ_L \tan(2\pi l/\lambda) \tag{4.91}$$

Wählt man in Gl. (4.91) $l < (\lambda/4)$, so wird der Eingangswiderstand induktiv. Liegt dagegen die Leitungslänge im Bereich $(\lambda/4) < l < (\lambda/2)$ vor, so hat der Eingangswiderstand kapazitive Eigenschaften. Damit kann durch geeignete Wahl der Leitungslänge mit einer kurzgeschlossenen Leitung sowohl eine Induktivität, als auch eine Kapazität nachgebildet werden. Mit solchen Leitungsstücken werden bei sehr hohen Frequenzen (GHz-Bereich) Induktivitäten und Kapazitäten realisiert.

Ein entsprechendes Verhalten zeigt die am Ausgang offene **leerlaufende Leitung**. Da nun kein Ausgangstrom fließen kann, wird $\underline{I}_2 = 0$ und für die Eingangsgrößen $\underline{U}_1$ und $\underline{I}_1$, Gln. (4.81), und den Eingangswiderstand $\underline{Z}_{1l}$ gilt

$$\underline{U}_1 = \underline{U}_2 \cos\beta l; \quad \underline{I}_1 = \frac{\underline{U}_2}{Z_L} j \sin\beta l; \quad \underline{Z}_{1l} = -jZ_L \cot\beta l. \tag{4.92}$$

Spannungs- und Stromwelle haben in Form stehender Wellen auf der Leitung, abgesehen von einem räumlichen Phasenversatz von $\lambda/4$, den gleichen Verlauf wie bei der kurzgeschlossenen Leitung, s. Abb. 4.24. Da am Ausgang der leerlaufenden Leitung $\underline{Z}_2 = \infty$ gilt, liegt dort der Reflexionsfaktor $\underline{r}_2 = 1$ vor, wie mit Gl. (4.86) gezeigt werden kann.

Aus Abb. 4.24 und Gleichung (4.92) kann man den Impedanz-Verlauf auf der Leitung entnehmen. Ist die Leitungslänge $l < \lambda$ so wird $\underline{Z}_{1l}$ kapazitiv, gilt dagegen $(\lambda/4) < l < (\lambda/2)$, so hat man einen induktiven Eingangswiderstand. Ähnlich wie bei der kurzgeschlossenen Leitung kann man damit durch entsprechend lange Leitungsstücke sowohl Kapazitäten als auch Induktivitäten durch eine am Ausgang offene Leitung nachbilden. Man nennt solche Leitungsstücke **Reaktanzleitungen**.

Für eine Leitung der Länge l_2, die eine Induktivität bzw. Kapazität nachbildet, ermittelt man mit Gl.(4.91) aus $jX_L = \underline{Z}_{1k}$ bzw. $-jX_c = \underline{Z}_{1k}$ durch Umstellung

$$l_{2ind} = \frac{1}{\beta} \arctan\frac{X_L}{Z_L} \quad \text{bzw.} \quad l_{2kap} = -\frac{1}{\beta} \arctan\frac{X_c}{Z_L} + \frac{\lambda}{2} \tag{4.93}$$

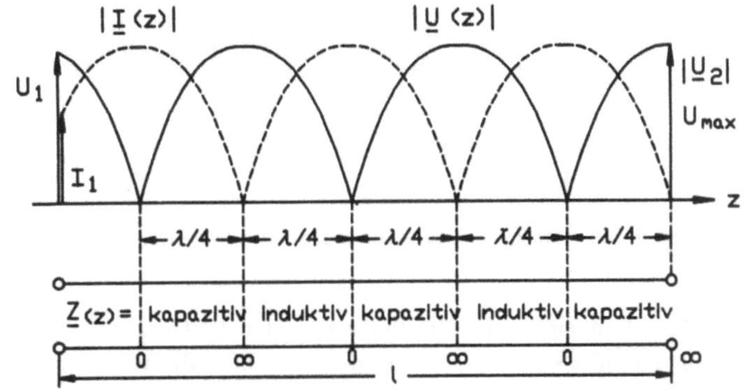

Abbildung 4.24: Stehende Wellen bei Leerlauf am Leitungsausgang

Bildet man mit der letztgenannten Gleichung die Kapazität $C = 2$ pF bei $f = 70$ MHz, $Z_L = 50\ \Omega$ und $\epsilon_r = 2$ nach, so erhält man mit $\lambda = \lambda_0/\sqrt{\epsilon_r} = c_0/(f\sqrt{\epsilon_r}) = 3{,}03$ m, $l_{2kap} = -\lambda/(2\pi)\arctan(1/Z_L\omega C) + \lambda/2 = 0{,}96$ m (z.B. verwendet als stabiler Phasenschieber zur Grobeinstellung der Phase in Modem-Prototypen mit Quadraturmodulation).

Eine entsprechende Nachbildung von L und C aus einem am Ausgang offenen Leitungsstück kann mit $\underline{Z}_{1l}$, Gln. (4.92), realisiert werden. Um Abstrahlungen zu vermeiden (Antennenwirkung), verwendet man jedoch bei Frequenzen im MHz-Bereich meist kurgeschlossene Leitungsstücke.

Aus der Betrachtung von Serienresonanzkreis und Parallelresonanzkreis, Abschn. 4.2.1.1 und 4.2.1.2, ist deren Verhalten bekannt. Im Resonanzfall werden die komplexen Widerstände $\underline{Z}_s = 0$ und $\underline{Z}_p = \infty$, wenn man ideale Induktivitäten und Kapazitäten ($R_s = 0; R_p = \infty$) voraussetzt. Ein ähnliches Verhalten kann man nun auch aus dem Verlauf von Strom- und Spannungswelle auf der kurzgeschlossenen bzw. leerlaufenden Leitung erkennen, siehe Abb. 4.23 und Abb. 4.24. Für Leitungslängen $l = \lambda/4, 3\lambda/4, 5\lambda/4\ldots$ also $\beta l = \pi/2, 3\pi/2, 5\pi/2\ldots$ sind die Eingangswiderstände $\underline{Z}_{1k} = \infty$ bzw. $\underline{Z}_{1l} = 0$, dagegen für $l = \lambda/2, \lambda, 3\lambda/2, \ldots$, also $\beta l = \pi, 2\pi, 3\pi, \ldots$ ist $\underline{Z}_{1k} = 0$ und $\underline{Z}_{1l} = \infty$. Es treten aufgrund der längs der Leitung verlaufenden Kapazitäten und Induktivitäten Resonanzerscheinungen auf, wobei $\underline{Z}_{1l} = 0$, bzw. $\underline{Z}_{1k} = 0$ einem **Leitungs-Serienresonanzkreis** und $\underline{Z}_{1l} = \infty$ bzw. $\underline{Z}_{1k} = \infty$ einem **Leitungs-Parallelresonanzkreis** entspricht. Mit leerlaufenden und kurzgeschlossenen Leitungen der vorgenannten βl-Werte sind somit Schwingkreise nachbildbar, die **Leitungsresonatoren** genannt werden.

□ **Beispiel 4.7**
Bestimmung der Resonanzleitungslänge l_{res} bei einem mit der Kapazität C_1 belasteten kurzgeschlossenen Leitungskreis, Abb. 4.25.

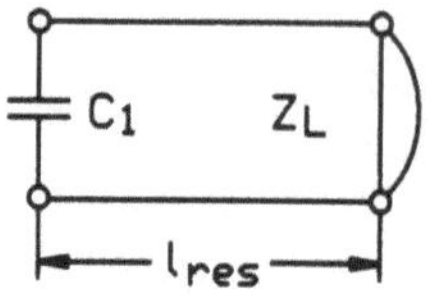

Abbildung 4.25: Mit C_1 belasteter kurzgeschlossener Leitungskreis

Im Resonanzfall heben sich die Blindleitwerte der Leitung - Kehrwert von Gl. (4.91) - und des Abschlusses $j\omega C_1$ auf und man erhält die Resonanzleitungslänge l_{res}.

$$-j\frac{1}{Z_L \tan\frac{2\pi l}{\lambda}} + j\omega C_1 = 0; \quad l_{res} = \frac{\lambda}{2\pi}\arctan\frac{1}{\omega C_1 Z_L} \tag{4.94}$$

Verwendet man die weiter oben benutzten Werte $f = 70$ MHz, $C = 2$ pF, $\epsilon_r = 2$, $Z_L = 50\ \Omega$ und $\lambda = 3{,}03$ m, so folgt, Gln. (4.94), $l_{res} = 0{,}736$ m.

4.2.4.4 Leitungsdiagramme (Kreisdiagramme)

Zur praktischen Bearbeitung verschiedener Meß- und Anpassungsprobleme verwendet man Leitungsdiagramme. Mit ihrer Hilfe gelingt es beispielsweise, durch graphische Lösung den Abschlußwiderstand einer verlustlosen Doppelleitung $\underline{Z}_2$ bei bekanntem Eingangswiderstand $\underline{Z}_1$ zu ermitteln. Auch innerhalb der Meßtechnik haben Leitungsdiagramme ihre Bedeutung. Bei bekanntem Z_L einer verlustlosen Leitung kann aus den Meßwerten U_{min} und U_{max}, den Spannungsextremwerten einer stehenden Welle, bzw. $m = U_{min}/U_{max}$ und der Lage des ersten Minimums der Spannung l_M, gemessen vom Leitungsende, der Abschlußwiderstand der Leitung graphisch mit einem Leitungsdiagramm bestimmt werden. Neben diesen Beispielen sind vielfältige weitere Meß- und Widerstandstransformationsaufgaben mit Hilfe von Leitungsdiagrammen durchführbar.

Schließt man eine Leitung in einem Spannungsminimum im Abstand l_K vom Leitungsanfang mit dem Widerstand $R_{min} = mZ_L$ ab, dann kann ihre Eingangsimpedanz $\underline{Z}$ durch

$$\underline{Z} = \frac{m + j\tan\frac{2\pi}{\lambda}l_K}{1 + jm\tan\frac{2\pi}{\lambda}l_K} Z_L \tag{4.95}$$

dargestellt werden. Aus dieser Gleichung geht hervor, daß mit dem Wertepaar l_K/λ und m - letzteres ist wie erwähnt einfach meßbar - eine Impedanz $\underline{Z}$ ebensogut beschrieben werden kann, wie mit dem Wertepaar R und X.

Die Darstellung von Gl. (4.95) in der komplexen $\underline{Z}$-Ebene mit m und l_K als Parameter führt auf eine Kreisschar, die **Buschbeck-Diagramm** oder **Leitungsdiagramm 1. Art** genannt wird [56, 63, 64].

Das Buschbeck-Diagramm hat den Nachteil, daß nur die rechte Halbebene, der unendlich großen Widerstandsebene dargestellt werden kann. Dieser Nachteil läßt sich vermeiden, wenn man die Darstellung von $\underline{Z}$ nicht unmittelbar in der $\underline{Z}$-Ebene sondern mittelbar in der Ebene des komplexen Reflexionsfaktors darstellt. Dies ist möglich, da einem Reflexionsfaktor an einer beliebigen Stelle z auf der Leitung eine feste Impedanz $\underline{Z}(z)$ zugeordnet ist.

$$\underline{r}(z) = \frac{\frac{\underline{Z}(z)}{Z_L} - 1}{\frac{\underline{Z}(z)}{Z_L} + 1}; \quad \underline{r} = \frac{\frac{R+jX}{Z_L} - 1}{\frac{R+jX}{Z_L} + 1} = \frac{\frac{|\underline{Z}|}{Z_L} e^{j\phi} - 1}{\frac{|\underline{Z}|}{Z_L} e^{j\phi} + 1} \tag{4.96}$$

Eine Impedanz $\underline{Z} = R + jX$ ist damit durch den Reflexionsfaktor $\underline{r}$ in normierter Form festgelegt. Die Linien $R/Z_L = const.$ und $X/Z_L = const.$ der $\underline{Z}$-Ebene erscheinen in der $\underline{r}$-Ebene als Kreise, wobei $R/Z_L = 0$ einen Kreis mit dem Radius 1 und dem Mittelpunkt im Koordinatenursprung darstellt (konforme Abbildung). Damit wird die gesamte Widerstandsebene erfaßt.

Nun soll der komplexe Widerstand $\underline{Z}$ mittelbar über den Reflexionsfaktor wieder mit den Parametern m und l/λ beschrieben werden. Hierzu benutzen wir Gl. (4.87), die den Zusammenhang des Reflexionsfaktors am Leitungseingang $\underline{r}_1$ und Ausgang $\underline{r}_2$ bei Abschluß mit $\underline{Z}_2$ beschreibt, sowie Gl. (4.89). Man erhält am Leitungseingang den Reflexionsfaktor bei beliebiger Länge l

$$\underline{r} = \frac{1-m}{1+m} e^{-j\frac{4\pi l}{\lambda}}, \tag{4.97}$$

der ebenfalls einer bestimmten Impedanz $\underline{Z}$ entspricht.

In der $\underline{r}$-Ebene stellen die Linien $m = const.$ ebenfalls eine Kreisschar dar, während l/λ (und ϕ) als Kreisskalen erscheinen. Ergänzt man nun die Kreise $R/Z_L = const.$ und $X/Z_L = const.$ in der $\underline{r}$-Ebene durch die m-Kreise und die Skala l/λ, so erhält man das **Smith-Diagramm**, das in Abb. 4.26 mit den Ergebnissen des Beispiels 4.8 wiedergegeben ist. Auf der negativen reellen Achse des Smith-Diagramms einschließlich dem Koordinatenursprung ($R/Z_L = m = 1$) sind m-Werte und Werte $R/Z_L = const.$ angegeben. Die Zahlenwerte, die Linien $X/Z_L = const.$ bezeichnen, findet man auf dem Kreis mit dem Radius $|\underline{r}| = 1$. Oberhalb der reellen Achse liegen induktive Widerstände $+jX/Z_L$ und unterhalb derselben kapazitive Widerstände $-jX/Z_L$. Die l/λ-Skala liegt auf einem speziellen Kreis außerhalb des Smith-Diagramms.

Widerstandstransformationen zum Abschluß hin (Richtung Verbraucher) werden, beginnend bei $l/\lambda = 0$ bzw. $X/Z_L = 0$, gegen den Uhrzeigersinn, Transformationen zum Leitungsanfang hin (Richtung Generator), im Uhrzeigersinn gezählt.

Für verschiedene Anwendungen, z.B. bei Parallelschaltung von komplexen Widerständen, arbeitet man besser mit Leitwerten. Im Smith-Diagramm erhält man aus dem normierten komplexen Widerstand $\underline{Z}/Z_L$ den zugehörigen normierten

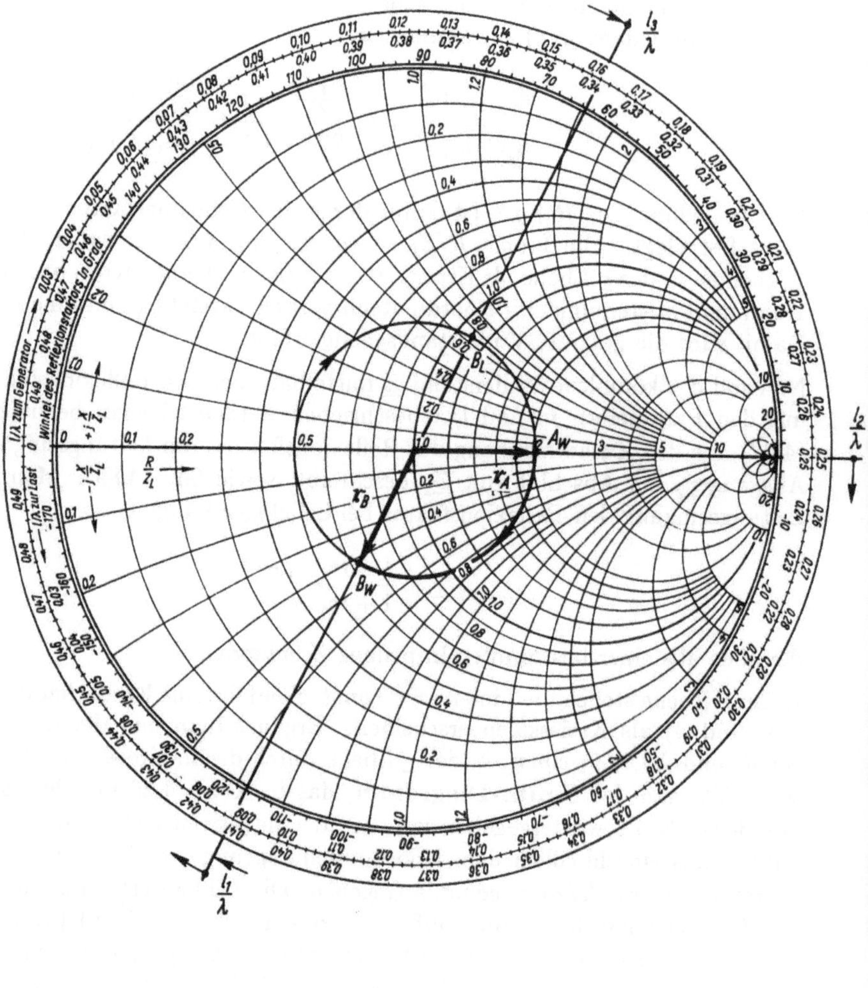

Abbildung 4.26: Smith-Diagramm, Impedanztransformation

komplexen Leitwert $\underline{Y} \cdot Z_L$ durch **Inversion** (λ/4-Transformation), d.h. durch eine Phasendrehung um $\pm\pi$. Durch Inversion wird aus der $\underline{r}_Z$-Ebene die $\underline{r}_Y$-Ebene.

$$\underline{r}_Z = \underline{r}_Y e^{\pm j\pi} \tag{4.98}$$

□ **Beispiel 4.8**
Bestimmung des komplexen Eingangswiderstandes $\underline{Z}_1$einer verlustlosen Doppelleitung ($Z_L = 50\ \Omega$, $l = 16,2$ cm, $\lambda = 100$ cm) aus dem komplexen Abschlußwiderstand (Lastwiderstand) $\underline{Z}_2 = (100 + j0)\ \Omega$. Ermittlung des Anpassungsfaktors m sowie der Reflexionsfaktoren $\underline{r}_1$ und $\underline{r}_2$ am Leitungseingang und -ausgang.

1) Den auf den Wellenwiderstand bezogenen Wert $\underline{Z}_2/Z_L = 2+j0$ in das Smith-Diagramm, Abb. (4.26), eintragen (Punkt A_w).
2) Eine Gerade vom Diagrammittelpunkt durch A_w ergibt den zugeordneten Wert $l_2/\lambda = 0,25$.
3) Kreis durch A_w um den Diagrammittelpunkt ($m - Kreis, m = 0,5$).
4) l/λ=0,162 der Leitung ermitteln.
5) Transformation von A_w auf dem Kreis in Richtung Generator (im Uhrzeigersinn) um $l/\lambda = 0,162$ zum Punkt B_w
6) Gerade durch B_w und den Diagrammittelpunkt liefert $l_1/\lambda = l_2/\lambda + l/\lambda = 0,412$.
7) In B_w den bezogenen Wert $\underline{Z}_1/Z_L = 0,64 - j0,42$ ablesen.
8) Entnormierung ergibt $\underline{Z}_1 = (32 - j21)\ \Omega$.

Der Reflexionsfaktor am Leitungsende ist damit $\underline{r}_2 = (\underline{Z}_2 - Z_L)/(\underline{Z}_2 - Z_L) = 0,33$ und am Leitungsanfang $r_1 = (\underline{Z}_1 - Z_L)/(\underline{Z}_1 + Z_L) = 0,33e^{-j116,2^\circ}$. Den Anpassungsfaktor $m = 0,5$ liefert der Schnittpunkt des Kreise durch A_W mit der reellen Achse links vom Diagrammittelpunkt.

Hätte man in Beispiel 4.8 den Eingangswiderstand $\underline{Z}_1$ als gegeben vorausgesetzt, dann hätte man $\underline{Z}_2$ durch eine entsprechende Transformation gegen den Uhrzeigersinn (Richtung Verbraucher) im Smith-Diagramm ermitteln können.

□ **Beispiel 4.9**
Reflexionsfreie Anpassung (Scheinleistungsanpassung) einer Leitung mit dem Wellenwiderstand $Z_L = 50\ \Omega$ an einen komplexen Verbraucherwiderstand $\underline{Z}_2 = (5 - j25)\ \Omega$ mit Hilfe einer Anpassungsschaltung aus 2 konzentrierten Blindwiderständen X_I und X_{II}, s. Abb. 4.27.

Im Anpassungsfall ist der Eingangswiderstand $\underline{Z}_1$ der Transformationschaltung gleich dem Wellenwiderstand Z_L der Leitung. Die Dimensionierung muß so erfolgen, daß im Smith-Diagramm $\underline{Z}_1/Z_L = 1$ wird (= Diagrammmittelpunkt), s. Abb. 4.28.

1) Bezogenen Wert $\underline{Z}_2/Z_L = 0,1 - j0,5$ in das Smith-Diagramm eintragen (Punkt A_w).

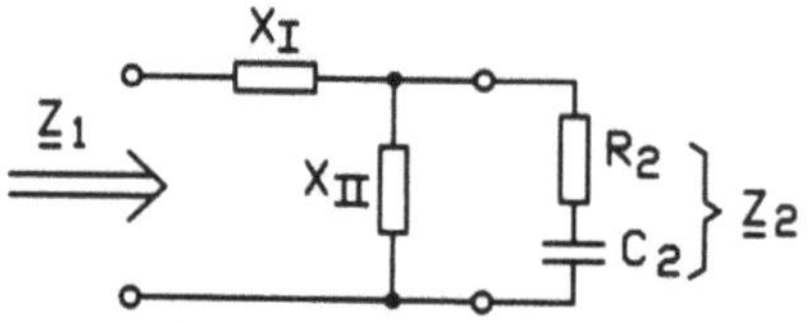

Abbildung 4.27: Anpassungsschaltung

2) Då $\underline{Z}_2$ und X_{II} parallel geschaltet sind (parallele Leitwerte werden addiert) $\lambda/4$-Transformation (=Inversion in die r_y-Ebene $\hat{=}$ Phasendrehung um $\pm\pi$), ergibt Punkt A_L mit $\underline{Y}_2 \cdot Z_L = 0,38 + j1,92$
3) Kreis mit konstantem Wirkleitwert $G \cdot Z_L = 1$ durch $\lambda/4$-Transformation (Inversion) des Kreises konstanten Wirkwiderstands $R/Z_L = 1$ eintragen (gestrichelter Kreis).
4) Von A_L auf Kreis $G_2 \cdot Z_L = 0,38$ bis zum Schnittpunkt mit Kreis $G \cdot Z_L = 1$ bewegen (entspricht der Addition von -j 1,44), ergibt Punkt B_L mit $\underline{Y}_{BL} \cdot Z_L = 0,38 + j0,48$.
5) Die Differenz der Blindleitwerte in B_L und A_L ist der gesuchte Blindleitwert $B_{II} \cdot Z_L = (-1/X_{II})Z_L = 0,48 - 1,92 = -1,44$.
6) Da X_I mit $X_{II}||\underline{Z}_2$ in Reihe liegt (Widerstände in Reihe werden addiert), Inversion in die $r_z - Ebene$, ergibt Punkt B_w mit $\underline{Z}_{BW} = 1 - j1,29$.
7) Durch Addition von $X_I/Z_L = +j1,29$ wird $\underline{Z}_1/Z_L = 1$ erreicht.
8) Die Entnormierung liefert $X_{II} = -1/B_{II} = -(Z_L/B_{II}Z_L) = 34,7\ \Omega$ und $X_I = 1,29Z_L = 64,5\ \Omega$

□ Beispiel 4.10

Reflexionsfreie Anpassung eines Lastwiderstandes $\underline{Z}_2 = (30 - j12)\ \Omega$, am Ausgang einer verlustlosen Doppelleitung ($Z_L = 60\ \Omega$) mit Hilfe einer parallelen kurzgeschlossenen Stichleitung im Abstand l_1 vom Leitungsende ($Z_L = 60\ \Omega$; $\lambda = 50$ cm), s. Abb. 4.29a.

Ein reflexionsfreier Abschluß (Scheinleistungsanpassung) liegt bei der graphischen Lösung mit dem Smith-Diagramm dann vor, wenn der anzupassende komplexe Widerstand durch die Stichleitung so transformiert wird, daß $R/Z_L = 1$ bzw. $G \cdot Z_L = 1$ im Zentrum des Smith-Diagramms erreicht wird, s. Abb. 4.30.

Eine Lösung wird beispielsweise durch die folgende Vorgehensweise erzielt:

1) $(\underline{Z}_2/Z_L) = 0,5 - j0,2$ in das Smith-Diagramm eintragen (Punkt A_w).
2) Da die kurzgeschlossene Stichleitung parallel geschaltet wird, $\lambda/4$-Transformation (Inversion) in die $\underline{Y}$-Ebene, ergibt $\underline{Y}_2 \cdot Z_L = 1,7 + j0,7$ (Punkt A_L).

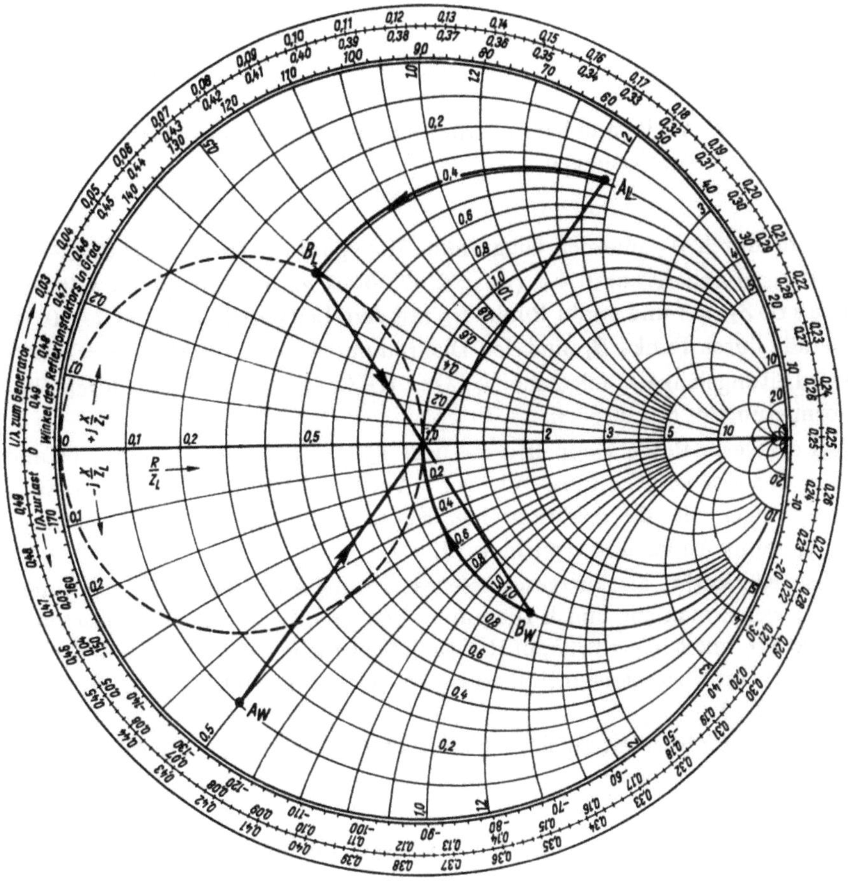

Abbildung 4.28: Transformation konzentrierter Blindwiderstände

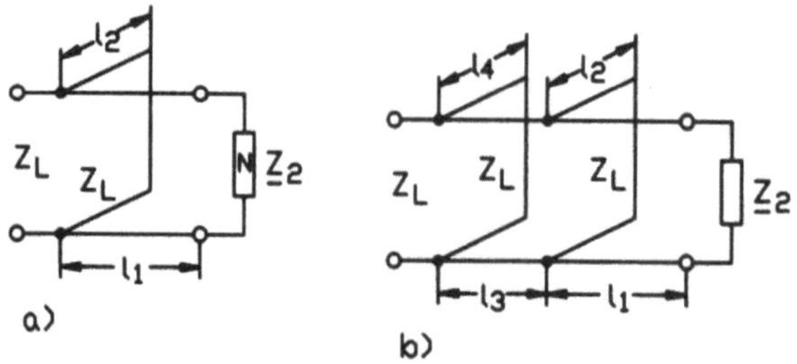

Abbildung 4.29: a) Widerstandstransformation mit einer Stichleitung; b) mit zwei kurzgeschlossenen Stichleitungen

3) Gerade durch A_L und den Diagramm-Mittelpunkt liefert $l_A/\lambda = 0,209$.
4) m-Kreis durch A_L und A_W ($m = 0,47$) führt zum Schnittpunkt mit dem Kreis $G \cdot Z_L = 1$ und ergibt Punkt B_L mit dem Leitwert $\underline{Y}_{BL} \cdot Z_L = 1 - j0,75$.
5) Gerade durch Punkt B_L und den Diagrammittelpunkt liefert $l_B/\lambda = 0,346$.
6) Die Leitungslänge l_1 folgt aus $(l_1/\lambda) = (l_B/\lambda - l_A/\lambda) = 0,137$ durch Entnormierung zu $l_1 = 6,85cm$
7) Auf der verlustlosen Doppelleitung liegt $\underline{Y}_{BL} \cdot Z_L = 1 - j0,75$ im Abstand $l_1 = 6,85cm$ vom Leitungsende vor. An dieser Stelle ist die Stichleitung anzubringen, die die Addition einer Kapazität $\underline{Y} \cdot Z_L = +j0,75$ bewirken muß, damit Anpassung erreicht wird.
8) Diese Kapazität, als kurzgeschlossenes Leitungsstück der Länge l_2, findet man, wenn man im Smith-Diagramm von $G \cdot Z_L = \infty$ ($\hat{=}$ Kurzschluß), Punkt C_L mit $l_C/\lambda = 0,25$, in Richtung Generator auf dem äußersten Kreis ($m = 0$) (im Uhrzeigersinn) bis zu dem Wert $\underline{Y} \cdot Z_L = j0,75$ bei $l/\lambda = 0,102$ (Punkt D_L).
9) Die Länge der Stichleitung folgt dann aus $l_2/\lambda = l_C/\lambda + l/\lambda = 0,25 + 0,102 = 0,352$ zu $l_2 = 17,6cm$

Die Leitungslänge l_2 hätte man auch rechnerisch mit Gl. (4.91) aus $\underline{B}_{1k} Z_L = -j\cot(\beta l_2) = +j0,75$ ermitteln können.

Bei Koaxialleitungen ist es nicht möglich, die Stichleitung entlang der Hauptleitung an eine beliebige Stelle zu verschieben, um die richtige Länge l_1 einzustellen. In solchen Fällen kann die Anpassung auch mit 2 Stichleitungen erzielt werden, die an beliebigen Stellen der Hauptleitung angeschaltet werden können, wie in Abb. 4.29b gezeigt. Man gibt hierzu l_1 und l_3 fest vor und ermittelt l_2 und l_4 im Smith-Diagramm, s. Aufgabe 4.4.

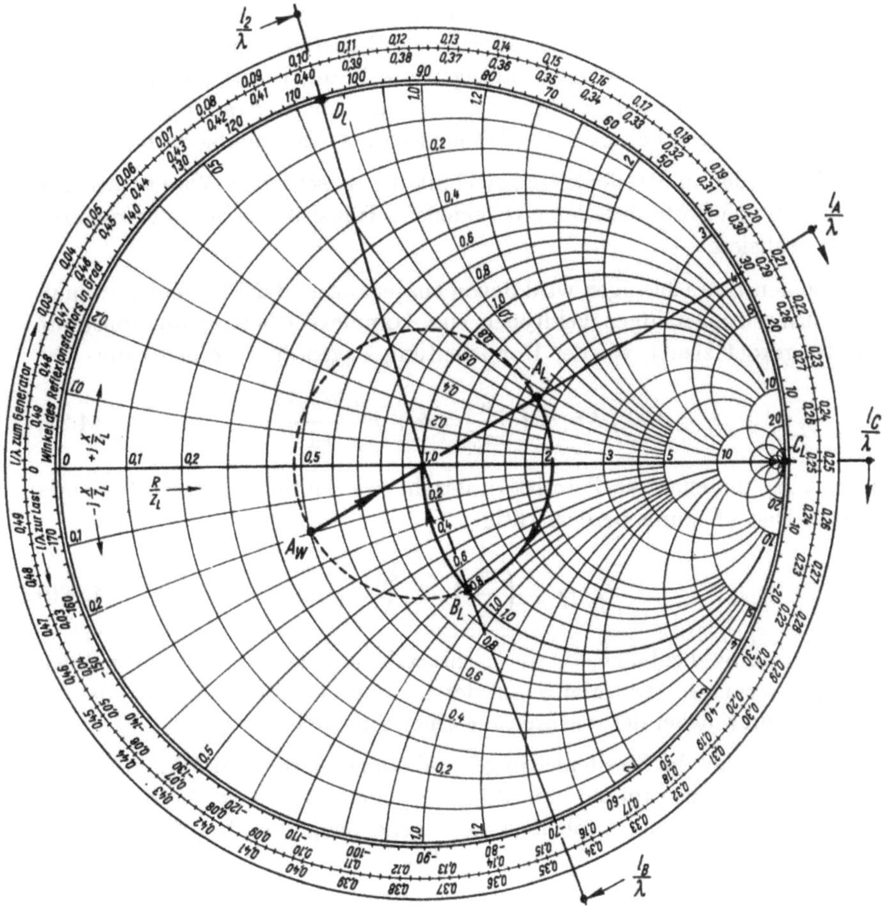

Abbildung 4.30: Reflexionsfreier Abschluß mit einer kurzgeschlossenen Stichleitung, Darstellung im Smith-Diagramm

4.2.4.5 Streifenleitungen

Streifenleitungen werden bei der Erstellung von Baugruppen der HF-Technik immer dann benutzt, wenn entweder nicht zu hohe Leistungen zu übertragen sind oder die Störbeeinflussung benachbarter signalführender Leitungen gering bleibt. In Digitalschaltungen hoher Bitrate werden fast ausschließlich Streifenleiter benutzt. Sie werden einer dielektrischen Platte, dem **Substrat,** aufgeätzt. Hierdurch lassen sich integrierte Mikrowellenschaltungen wie Filter, Richtkoppler, etc. realisieren. Die Ätzverfahren sind die gleichen, die auch zur Herstellung von Leiterplatten und Schaltungen bei niedrigen Frequenzen zur Anwendung kommen.

Beispielsweise werden in Streifenleitungstechnik die rauscharmen Vorverstärker in den Empfängern von Erdfunkstellen mit Feldeffekt-Transisitoren bis zu Frequenzen von 30 GHz realisiert.

Bei den folgenden Betrachtungen wird davon ausgegangen, daß Streifenleitern aufgrund der ausbreitungsfähigen Feldtypen eine komplexe Übertragungskonstante (=Ausbreitungskoeffizient), wie der Doppelleitung, zugeordnet werden kann.

$$\underline{\gamma} = \alpha + j\beta = \alpha + j\frac{\omega}{v_p} = \alpha + j\frac{\omega\sqrt{\epsilon_{r,eff}}}{c_0} \tag{4.99}$$

Hierbei ist $\epsilon_{r,eff}$ die effektive Permittivitätszahl, welche die Eigenschaften eines geschichteten Dielektrikums berücksichtigt.

$$\epsilon_{r,eff} = \left(\frac{c_0}{v_p}\right)^2 = \frac{\lambda_0}{\lambda} \tag{4.100}$$

λ_0 ist die Freiraumwellenlänge, c_0 die Lichtgeschwindigkeit und λ die um den Faktor $\sqrt{\epsilon_{r,eff}}$ verkürzte Wellenlänge auf der Leitung, $\lambda \doteq \lambda_0/\sqrt{\epsilon_{r,eff}}$. v_p ist die Phasengeschwindigkeit bei der Ausbreitung einer Sinuswelle.

Setzt man voraus, daß die Streifenleitungen näherungsweise TEM-Wellen führen, dann kann für Frequenzen im unteren Mikrowellenbereich (bis ca. 2 GHz) für die nicht vernachlässigbaren Leitungsbeläge die folgende Näherung benutzt werden

$$L' = \frac{Z_{L1}}{c_0}; \quad C' = \frac{\epsilon_{r,eff,0}}{c_0 Z_{L1}}. \tag{4.101}$$

Hierbei ist $\epsilon_{r,eff,0} = (\epsilon_{r,eff})_{f=0}$ die sogenannte statische Permittivitätszahl und Z_{L1} der Wellenwiderstand der Streifenleiter-Anordnung ohne Berücksichtigung des Substrats. Der Wellenwiderstand folgt dann aus $Z_L \approx \sqrt{L'/C'}$ und die Übertragungskonstante $\underline{\gamma} \approx j\omega\sqrt{L'C'}$.

In Abb. 4.31 sind zwei Streifenleiterarten , **geschirmte Streifenleitung** und die **Mikrostreifenleitung** im Querschnitt dargestellt.

Die **geschirmte Streifenleitung** hat aufgrund der Schirmung ein homogenes Dielektrikum und kann deshalb Leitungswellen (Lecherwellen) führen. Wird die

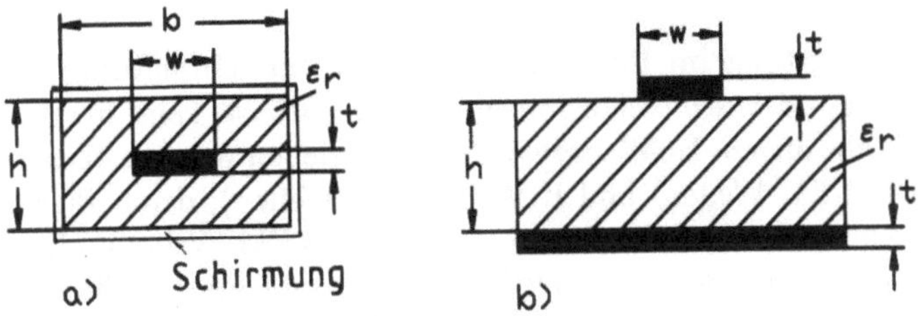

Abbildung 4.31: a) geschirmte Streifenleitung; b) Mikrostreifenleitung

geschirmte Streifenleitung als verlustfrei angenommen, dann breiten sich auf ihr TEM-Wellen aus. Als Dielektrikum benutzt man meist Teflon ($\epsilon_r = 2,05$) oder Polyethylen ($\epsilon_r = 2,32$). Der Wellenwiderstand der geschirmten Streifenleitung ist reell und hängt von der Höhe h und Breite b des Substrats sowie der Dicke t und der Breite w des Leiterstreifens ab. Der Wellenwiderstand dieser Leitung ist nur näherungsweise bestimmbar. Auch für die Dämpfung der geschirmten Streifenleitung lassen sich für den Fall geringer Verluste bei Berücksichtigung der Stromverdrängung und Frequenzen im GHz-Bereich, Näherungen angeben.

Hohe Wellenwiderstände und geringe Dämpfungswerte erreicht man, wenn man den Streifenleiter nicht vollständig in ein Dielektrikum einbettet, sondern offen auf einem Substrat innerhalb der Schirmung anordnet.

Eine offene ungeschirmte Streifenleitung ist die **Mikrostreifenleitung** die in Abb. 4.31b dargestellt ist. Auf ihr ist näherungweise ebenfalls eine TEM-Welle ausbreitungsfähig.

Für die Leitungskonstanten der Mikrostreifenleitung Z_L, α etc. gibt es ebenfalls keine geschlossenen Lösungen. Auch hier ist man auf Näherungslösungen angewiesen.

Neben den beiden vorgestellten Versionen von Streifenleitungen gibt es weitere Formen, wie die **koplanare Streifenleitung**, bei der alle Leiter auf der gleichen Seite des Substrats angebracht sind. Die **Schlitzleitung** besteht ebenfalls aus einer einseitigen Metallisierung des Substrats, die jedoch durch einen Schlitz unterbrochen ist. Sie kann offen oder geschirmt betrieben werden. Im letztgenannten Fall heißt sie **Finleitung** [63, 64].

4.2.4.6 Hohlleiter

Die Wellenausbreitung im Hohlleiter, der meist ein röhrenförmiger metallischer Leiter mit kreis- oder rechteckförmigem Querschnitt ist, kann durch Reflexion einer ebenen Welle an den Hohlleiterwänden beschrieben werden. Ausbreitungsfähig sind E-Wellen (TM-Wellen) und H-Wellen (TE-Wellen), deren Eigenschaften bereits in Abschnitt 4.1.2 diskutiert wurden (und TEM-Wellen). Dort wird auch gezeigt, warum ein Hohlleiter zur Wellenführung von E-und H-Wellen benutzt werden kann. In Abb. 4.32 ist die wichtigste Hohleiterform der **Rechteckhohlleiter** dargestellt. Damit bei den Mehrfachreflexionen im Hohlleiter keine Auslöschung

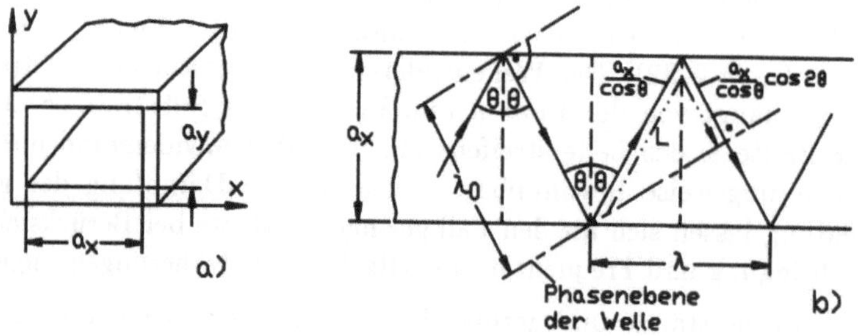

Abbildung 4.32: a) Rechteckhohlleiter; b) Reflexion einer ebenen Welle an den Hohlleiterwänden

erfolgt muß L, der Zick-Zack-Wegabschnitt der ebenen Welle, bezüglich des Weges der Phasenebene ein ganzzahliges Vielfaches der Freiraumwellenlänge sein (Phasenbedingung) $L = n\lambda_0$ $(n = 1, 2, 3, \ldots)$, wenn man zunächst die y-Abhängigkeit vernachlässigt. Aus Abb. 4.32b folgt damit

$$L = \frac{a_x}{\cos\theta}(1 + \cos 2\theta) = \frac{a_x}{\cos\theta} 2\cos^2\theta = 2a_x \cos\theta = n\lambda_0 \qquad (4.102)$$

Damit lautet die Phasenbedingung $\cos\theta = n(\lambda_0/2a_x)$. Da $\cos\theta$ höchstens 1 werden kann, muß gelten $n \leq 2a_x/\lambda_0$. $n = 1$ charakterisiert die Grundwelle und $n > 1$ höhere Wellentypen.

Diese Eigenschaft der Wellenausbreitung in Hohlleitern wird durch die Lösung der Differentialgleichungen für φ_e und φ_m (4.22) und (4.26) bestätigt, die nur unter gegebenen Randbedingungen und nur für bestimmte Eigenwerte $(\underline{\gamma}^2 + \beta_0^2)$ lösbar sind. Man bezeichnet hierbei

$$\beta_c = \sqrt{\underline{\gamma}^2 + \beta_0^2} = \frac{2\pi}{\lambda_c} \qquad (4.103)$$

als **kritischen Phasenkoeffizienten** und λ_c als **kritische Wellenlänge** oder **Grenzwellenlänge**. Für jeden Wellentyp gibt es einen speziellen Eigenwert β_c^2.

Die Ausbreitungskonstante $\underline{\gamma}$ kann reell oder imaginär werden, da zwei Fälle zu unterscheiden sind.

$$\underline{\gamma} = \alpha = 2\pi\sqrt{\frac{1}{\lambda_c^2} - \frac{1}{\lambda_0^2}}; \quad (\lambda_0 > \lambda_c); \quad \underline{\gamma} = j\beta = 2\pi j\sqrt{\frac{1}{\lambda_0^2} - \frac{1}{\lambda_c^2}}; \quad (\lambda_0 < \lambda_c) \tag{4.104}$$

Im Falle $\lambda_0 > \lambda_c$ klingt das Feld wegen der reellen Dämpfungskonstanten α exponentiell ab. Eine Wellenausbreitung findet nicht statt. Wellenausbreitung in z-Richtung erhält man für $\lambda_0 < \lambda_c$. Dies ist der typische Betriebsfall eines Hohlleiters. Die Wellenlänge im Hohlleiter λ ist hierbei größer als die Freiraumwellenlänge λ_0, wie auch Abb. 4.32b zeigt.

$$\frac{1}{\lambda^2} = \frac{1}{\lambda_0^2} - \frac{1}{\lambda_c^2}; \quad \beta = \frac{2\pi}{\lambda} \tag{4.105}$$

Damit ist auch die Phasengeschwindigkeit im Hohlleiter größer als die Lichtgeschwindigkeit $v_p = f \cdot \lambda > c_0 = \lambda_0 \cdot f$.

Alle bisher angegebenen Gleichungen gelten sowohl für E-Wellen als auch für H-Wellen. Unterschiede liegen lediglich bei den Feldwellenwiderständen Z_{FH} und Z_{FE} vor, siehe Abschnitt 4.1.2 Gln. (4.20) und (4.24).

$$Z_{FH} = \frac{Z_F}{\sqrt{1 - \left(\frac{\lambda_0}{\lambda_c}\right)^2}}; \quad Z_{FE} = Z_F\sqrt{1 - \left(\frac{\lambda_0}{\lambda_c}\right)^2} \tag{4.106}$$

Beim **Rechteckhohlleiter** nach Abb. 4.32a lauten die Randbedingungen der *TM-Welle* $\underline{\varphi}_e = 0$ bei $x = y = 0$ und $x = a_x, y = a_y$. Mit dem Ansatz

$$\underline{\varphi}_e = \underline{\varphi}_{em} \sin\left(\frac{\pi n_x}{a_x} x\right) \sin\left(\frac{\pi n_y}{a_y} y\right) e^{-j\beta z} \tag{4.107}$$

wird die Dgl. (4.22) gelöst.

Die Dgl. (4.26) der *TE-Welle* wird durch den Ansatz

$$\underline{\varphi}_m = \underline{\varphi}_{mm} \cos\left(\frac{\pi n_x}{a_x} x\right) \cos\left(\frac{\pi n_y}{a_y} y\right) e^{-j\beta z}, \tag{4.108}$$

und den Randbedingungen für den Rechteckhohlleiter, $\partial\underline{\varphi}_m/\partial x = 0$ bei $x = 0$ und $x = a_x$, $\partial\underline{\varphi}_m/\partial y = 0$ bei $y = 0$ und $y = a_y$, gelöst. Hierbei sind $\underline{\varphi}_{em}$ bzw. $\underline{\varphi}_{mm}$ die Maximalwerte der jeweiligen Potentiale. n_x und n_y sind ganze Zahlen, die Ordnungszahlen des betreffenden Wellentyps. Einsetzen der vorgenannten Ansätze in die Dgln. (4.22) und (4.26) führt sowohl für die TE- als auch die TM-Welle auf dieselbe charakteristische Gleichung, nämlich

$$\frac{1}{\lambda_c^2} = \left(\frac{n_x}{2a_x}\right)^2 + \left(\frac{n_y}{2a_y}\right)^2, \tag{4.109}$$

die die kritische Wellenlänge des Rechteckhohleiters für Wellentypen mit den Ordnungszahlen n_x und n_y darstellt.

Im Rechteckhohlleiter sind die Wellenformen H_{n_x,n_y} bzw. E_{n_x,n_y} ausbreitungsfähig. n_x bezeichnet die Anzahl der Feld-Extremstellen (Feldmaxima) über der Seite x und n_y die Anzahl der Feldmaxima über der Seite y s. Abb. 4.33.

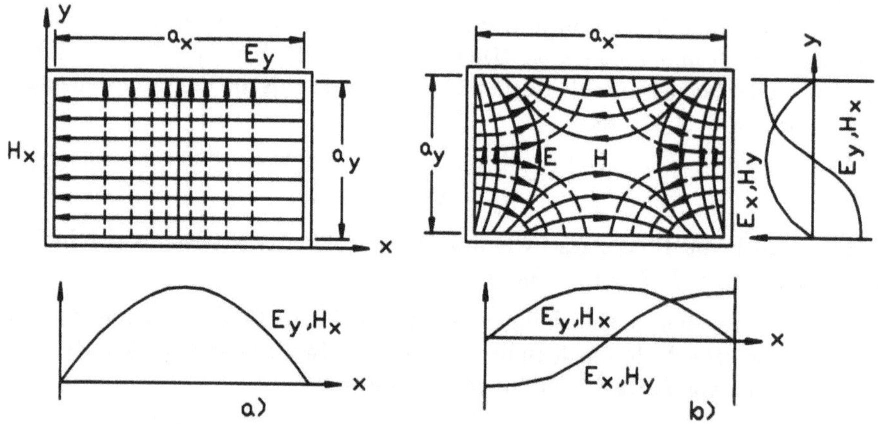

Abbildung 4.33: Feldbild und Feldmaxima bei verschiedenen Wellenformen im Hohlleiterquerschnitt: a) H_{10}-Welle; b) H_{11}-Welle ($E = |\mathbf{E}|, H = |\mathbf{H}|, E_y = |\underline{E}_y|, H_x = |\underline{H}_x|$)

Für eine im Rechteckhohlleiter geführte, in z-Richtung sich ausbreitende *TE-Welle* ($H_{n_x n_y}$-Welle) lauten die Feldgleichungen in kartesischen Koordinaten.

$$\underline{H}_x = \frac{\underline{\varphi}_{mm}\pi n_x}{a_x} \sin\frac{n_x \pi x}{a_x} \cos\frac{n_y \pi y}{a_y} e^{-j\beta z};\ \underline{H}_y = \frac{\underline{\varphi}_{mm}\pi n_y}{a_y} \cos\frac{n_x \pi x}{a_x} \sin\frac{n_y \pi y}{a_y} e^{-j\beta z} \tag{4.110}$$

$$\underline{H}_z = \frac{\underline{\varphi}_{mm}}{j\beta}\beta_c^2 \cos\frac{n_x \pi x}{a_x} \cos\frac{n_y \pi y}{a_y} e^{-j\beta z};\ \underline{E}_x = \frac{\lambda}{\lambda_0} Z_{F0}\underline{H}_y;\quad \underline{E}_y = -\frac{\lambda}{\lambda_0} Z_{F0}\underline{H}_x \tag{4.111}$$

mit $\underline{E}_z = 0$.

Die Feldgleichungen einer im Rechteckhohlleiter geführten *TM-Welle* ($E_{n_x n_y}$-Welle) in kartesischen Koordinaten sind

$$\underline{E}_x = -\frac{\varphi_{em}\pi n_x}{a_x} \cos\frac{\pi n_x x}{a_x} \sin\frac{\pi n_y y}{a_y} e^{-j\beta z};\ \underline{E}_y = -\frac{\varphi_{em}\pi n_y}{a_y} \sin\frac{\pi n_x x}{a_x} \cos\frac{\pi n_y y}{a_y} e^{-j\beta z} \tag{4.112}$$

$$\underline{E}_z = \frac{\varphi_{em}\beta_c^2}{j\beta} \sin\frac{\pi n_x x}{a_x} \sin\frac{\pi n_y y}{a_y} e^{-j\beta z};\ \underline{H}_x = -\frac{\underline{E}_y\lambda}{Z_{F0}\lambda_0};\quad \underline{H}_y = \frac{\underline{E}_x\lambda}{Z_{F0}\lambda_0}. \tag{4.113}$$

Die verschiedenen Feld- bzw. Wellenformen, die im Rechteckhohlleiter ausbreitungsfähig sind, entstehen durch Interferenz der einfallenden und reflektierten Wellen. Die Feldverteilung einer H_{10}-Welle, das ist der für den Rechteckhohlleiter wichtigste Wellentyp, ist in Abb. 4.34 dargestellt. Das magnetische Feld $\underline{\mathbf{H}}$

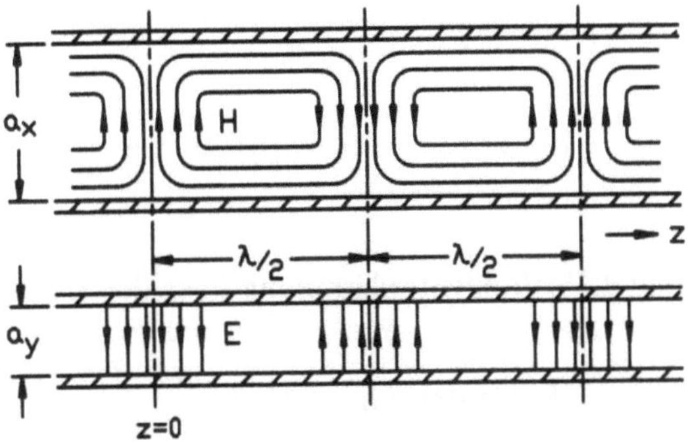

Abbildung 4.34: Feldbild der H_{10}-Welle

verläuft in geschlossenen Linien in der x, z-Ebene, während das elektrische Feld $\underline{\mathbf{E}}$ in y-Richtung verläuft. Beginnend bei $z = 0$ wiederholen sich in Ausbreitungsrichtung die Feldverhältnisse im Abstand λ.

Wie für das Feld der H_{10}-Welle gezeigt, lassen sich auch andere $H_{n_x n_y}$-und $E_{n_x n_y}$-Felder darstellen. Die einzelnen Feldformen unterscheiden sich jedoch in ihrer kritischen Wellenlänge λ_c bzw. kritischen Frequenz $f_c = c_0/\lambda_c$ bei Luftfüllung und $f_{c,\epsilon} = f_c/\sqrt{\epsilon_r}$ bei dielektrischer Füllung des Hohlleiters.

Die H_{10}-Welle und die E_{11}-Welle werden im Rechteckhohlleiter als **Grundwellen** bezeichnet.

Unterhalb der kritischen Frequenz f_c bzw. $f_{c,\epsilon}$ werden die Feldkomponenten exponentiell gedämpft. Abb. 4.35 zeigt den Dämfungsverlauf oberhalb und unterhalb der kritischen Frequenz. Hohlleiter, die unterhalb der kritischen Frequenz betrieben werden, werden als Dämpfungsglieder eingesetzt. Ihre Dämpfung a ist bei einem luftgefüllten Hohlleiter

$$a = \alpha l = \frac{2\pi f_c l}{c_0}\sqrt{1 - \left(\frac{f}{f_c}\right)^2}. \tag{4.114}$$

Oberhalb der kritischen Frequenz, im Bereich der Wellenausbreitung, gilt für die Gruppen- und Phasenlaufzeit

$$v_g = c_0\frac{\lambda_0}{\lambda}; \quad v_p = c_0\frac{\lambda}{\lambda_0} \tag{4.115}$$

und der komplexe Ausbreitungskoeffizient einer $H_{n_x,n_y}-Welle$, bzw. $E_{n_x n_y}$-Welle

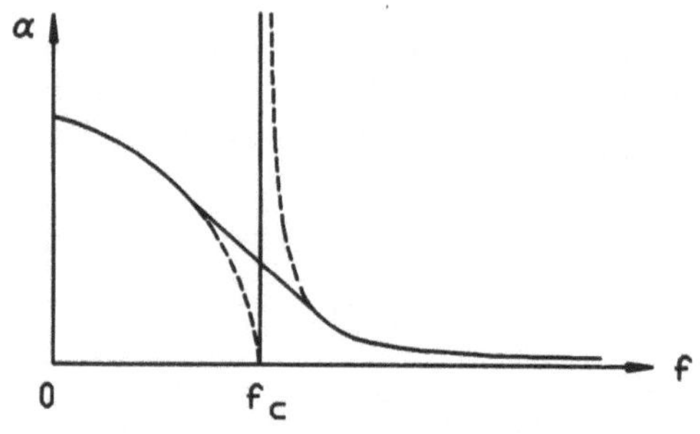

Abbildung 4.35: Hohlleiterdämpfung über der Frequenz

(Luftfüllung) ($f = c_0/\lambda_0 > f_c$), lautet, Gl. (4.104)

$$\underline{\gamma}_{n_x,n_y} = j2\pi\sqrt{\frac{1}{\lambda_0^2} - \frac{1}{\lambda_c^2}} = j\beta. \tag{4.116}$$

Für den **Rundhohlleiter**, der prinzipiell in Abb. 4.36a dargestellt ist, gelten die Gln. (4.103) bis (4.106) ebenfalls.

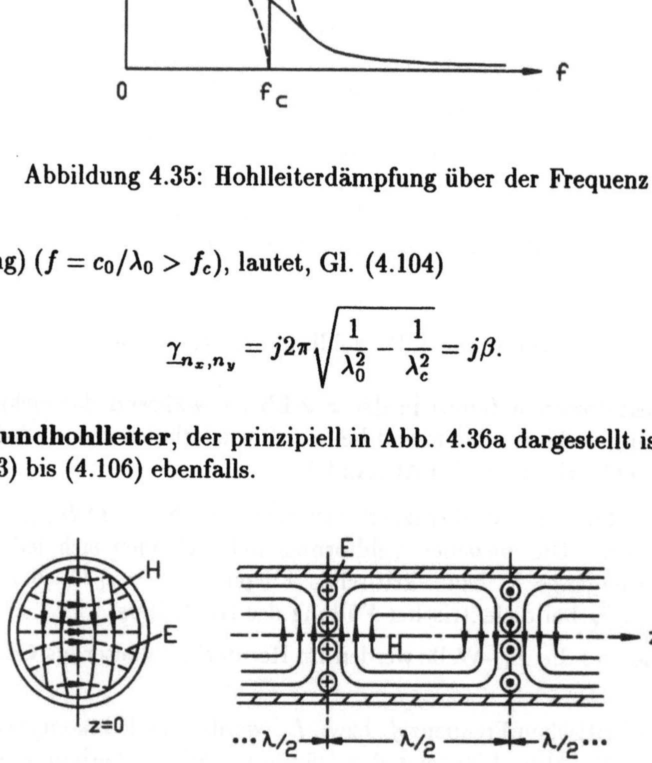

Abbildung 4.36: a) Rundhohlleiter; b) Feldverteilung der H_{11}-Welle

Die H_{11}-Welle ist die Grundwelle des Rundhohlleiters, d.h. der Wellentyp mit der niedrigsten kritischen Frequenz. Ihr Feldbild ist in Abb. 4.36 wiedergegeben.

Beim Rundhohleiter bezeichnet der erste Index ($m = 1, 2, \ldots$) der Indizierung die Anzahl der Feldperioden in Umfangsrichtung und der zweite Index ($n = 1, 2, \ldots$) die Anzahl der Nullstellen der E-Komponente, wobei eine Nullstelle im Feldzentrum nicht gezählt wird. Die H_{11}-Welle kann durch einen Übergang von einem Rechteckhohleiter in einen Rundhohlleiter angeregt werden.

Die mathematische Darstellung der Felder $\underline{\mathbf{H}}$ und $\underline{\mathbf{E}}$ erfolgt in Zylinderkoordinaten und enthält die Besselfunktionen 1. Art und n-ter Ordnung $J_m(x)$ [63, 64].

Die kritische Wellenlänge im Rundhohleiter lautet für H_{mn}-Wellen bzw. E_{mn}-Wellen in Luft

$$\lambda_{cH} = \frac{\pi D}{x_{mn}}; \quad \lambda_{cE} = \frac{\pi D}{x'_{mn}}. \tag{4.117}$$

Hierbei ist D der Rohrinnendurchmesser, x_{mn} die n-te Nullstelle der Besselfunktion $J_M(x)$ und x'_{mn} die n-te Nullstelle des 1. Differentialquotienten dieser Funktion. Nullstellen bei $x = 0$ sind nicht mitgezählt [63, 64].

□ **Beispiel 4.11:**
Für einen Rechteckhohleiter (Luftfüllung) mit den lichten Abmessungen $a_x = 34,85$ mm und $a_y = 15,2$ mm, in dem eine H_{10}-Welle geführt wird, ermittelt man wegen $n_x = 1, n_y = 0$ mit Gl. (4.109) $\lambda_c = 2a_x a_y/\sqrt{(n_x a_y)^2 + (n_y a_x)^2} = 2a_x/n_x = 69,7$ mm und die kritische Frequenz $f_c = c_0/\lambda_c = 4,3$ GHz. Die obere Grenze für die alleinige Ausbreitung der H_{10}-Welle liegt bei der Wellenlänge bzw. Frequenz, bei der die Ausbreitungsfähigkeit der H_{20}-Welle mit der kritischen Wellenlänge $\lambda_c = 2a_x/n_x = 34,85$ mm und der zugehörigen kritischen Frequenz $f_c = c_0/\lambda_c = 8,6$ GHz beginnt. Der für die H_{10}-Welle geeignete Übertragungsbereich liegt damit im Intervall $4,35\text{GHz} \leq f \leq 8,6\text{GHz}$.

4.2.4.7 Wellengrößen und Streumatrix

Bei hohen Frequenzen wird die Messung der in Kapitel 3 behandelten Vierpolparameter schwierig, da parasitäre Induktivitäten und Kapazitäten die Meßwerte beeinflussen. Gut meßbar sind jedoch der Reflexionsfaktor und der Übertragungsfaktor mit Netzwerkanalysatoren. Zur Beschreibung von Vierpolen (Zweitoren) der HF-Technik ist es deshalb zweckmäßig, diese Größen durch eine entsprechende Vierpolmatrix - die **Streumatrix** - zu erfassen.

Als Eingangs- und Ausgangsgrößen eines Zweitors mit der Streumatrix **S** definiert man anstelle von Strom und Spannung **Wellengrößen** als Wurzeln von Leistungen. Sie lassen sich aus den Leitungsgleichungen, Gln. (4.78) der verlustlosen Doppelleitung herleiten. Wenn man annimmt, daß dort die Konstanten $\underline{A}$ und $\underline{B}$ Spannungen sind, dann entfällt Z_L in der Spannungsgleichung und die Stromgleichung muß durch Z_L dividiert werden. Die so veränderten Leitungsgleichungen lauten damit

$$\underline{U}(z) = \underline{A}e^{-j\beta z} + \underline{B}e^{+j\beta z}; \quad \underline{I}(z) = \frac{\underline{A}}{Z_L}e^{-j\beta z} - \frac{\underline{B}}{Z_L}e^{+j\beta z}. \tag{4.118}$$

Das Produkt der beiden Gleichungen ergibt die Gleichung einer Leistungswelle

$$\underline{U}(z) \cdot \underline{I}(z) = \frac{\underline{A}^2}{Z_L}e^{-2j\beta z} - \frac{\underline{B}^2}{Z_L}e^{-2j\beta z}. \tag{4.119}$$

Die Wellengrößen $\underline{a}$ (**zulaufende Welle**) und $\underline{b}$ (**ablaufende Welle**) werden als

Wurzeln der in der vorstehenden Gleichung erscheinenden Leistungsgrößen definiert.

$$\underline{a} = \sqrt{\frac{A^2}{Z_L}} = \frac{A}{\sqrt{Z_L}}; \quad \underline{b} = \sqrt{\frac{B^2}{Z_L}} = \frac{B}{\sqrt{Z_L}} \tag{4.120}$$

Zur Bestimmung der Wellengrößen eines Zweitors (Vierpols) betrachten wir stellvertretend die verlustlose Doppelleitung, s. Abb. 4.37a, die durch die Gln. (4.118) charakterisiert wird, und führen dort die Wellengrößen $\underline{a}_1$ und $\underline{b}_1$ für den Fall $z = 0$ (Leitungseingang) mit $\underline{U}(z = 0) = \underline{U}_1$ und $\underline{I}(z = 0) = \underline{I}_1$, ein. Hieraus erhält man

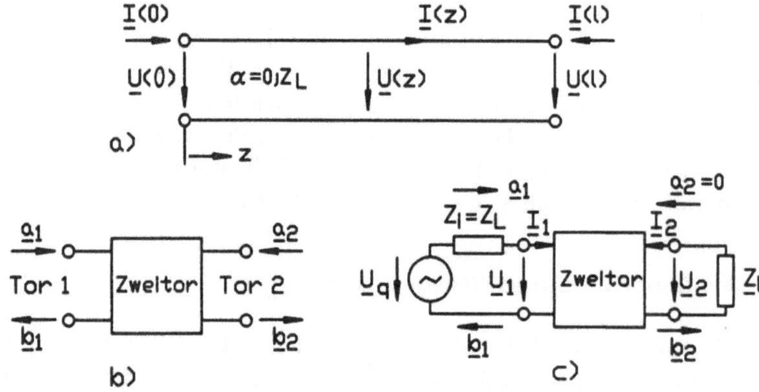

Abbildung 4.37: a) Verlustlose Doppelleitung b) Wellengrößen am Zweitor; c) Wellengrößen bei reflexionsfreiem Abschluß

$$\underline{U}_1 = \sqrt{Z_L}(\underline{a}_1 + \underline{b}_1); \quad \underline{I}_1 = \frac{1}{\sqrt{Z_L}}(\underline{a}_1 - \underline{b}_1) \tag{4.121}$$

Vertauscht man nun Eingang und Ausgang und legt $z = 0$ an den neuen Eingang bei Beibehaltung der Ausgangs-Indizierung, so ermittelt man entsprechend

$$\underline{U}_2 = \sqrt{Z_L}(\underline{a}_2 + \underline{b}_2); \quad \underline{I}_2 = \frac{1}{\sqrt{Z_L}}(\underline{a}_2 - \underline{b}_2) \tag{4.122}$$

Aus den beiden zuletzt genannten Gleichungspaaren folgen dann durch gegenseitiges Einsetzen die Wellengrößen

$$\underline{a}_1 = \frac{\underline{U}_1 + \underline{I}_1 Z_L}{2\sqrt{Z_L}}; \quad \underline{a}_2 = \frac{\underline{U}_2 + \underline{I}_2 Z_L}{2\sqrt{Z_L}}; \quad \underline{b}_1 = \frac{\underline{U}_1 - \underline{I}_1 Z_L}{2\sqrt{Z_L}}; \quad \underline{b}_2 = \frac{\underline{U}_2 - \underline{I}_2 Z_L}{2\sqrt{Z_L}}, \tag{4.123}$$

die auch für beliebige andere Zweitore angewendet werden können, s. Abb. 4.37b.

Die Streuparameter eines Zweitors (oder Mehrtors), s. Abb. 4.37b, werden durch lineare Gleichungen mit den Wellengrößen verknüpft.

$$\underline{b}_1 = \underline{S}_{11}\underline{a}_1 + \underline{S}_{12}\underline{a}_2; \quad \underline{b}_2 = \underline{S}_{21}\underline{a}_1 + \underline{S}_{22}\underline{a}_2; \quad \begin{pmatrix} \underline{b}_1 \\ \underline{b}_2 \end{pmatrix} = \begin{pmatrix} \underline{S}_{11} & \underline{S}_{12} \\ \underline{S}_{21} & \underline{S}_{22} \end{pmatrix} = \begin{pmatrix} \underline{a}_1 \\ \underline{a}_2 \end{pmatrix} \tag{4.124}$$

Man bestimmt sie aus den vorstehenden Vierpolgleichungen oder durch Messung.

$$\underline{S}_{11} = \left(\frac{\underline{b}_1}{\underline{a}_1}\right)_{\underline{a}_2=0}; \quad \underline{S}_{21} = \left(\frac{\underline{b}_2}{\underline{a}_1}\right)_{\underline{a}_2=0}; \quad \underline{S}_{22} = \left(\frac{\underline{b}_2}{\underline{a}_2}\right)_{\underline{a}_1=0}; \quad \underline{S}_{12} = \left(\frac{\underline{b}_1}{\underline{a}_2}\right)_{\underline{a}_1=0} \tag{4.125}$$

Bei Abschluß des Zweitorausgangs mit dem Wellenwidersand Z_L und unbeschaltetem Eingang ist mit Gl. (4.125) $S_{11} = (\underline{b}_1/\underline{a}_1)_{\underline{a}_2=0} = (\underline{Z}_1 - Z_L)/(\underline{Z}_1 + Z_L) = \underline{r}_1$ der **Eingangsreflexionsfaktor**.

Schließt man den Zweitoreingang mit Z_L ab ($\hat{=}$ Umkehrung der Übertragungsrichtung), so erhält man am unbeschalteten Ausgang $\underline{S}_{22} = (\underline{b}_2/\underline{a}_2)_{\underline{a}_1=0} = (\underline{Z}_2 - Z_L)/(\underline{Z}_2 + Z_L) = \underline{r}_2$, den **Ausgangsreflexionsfaktor**.

Bei Abschluß des Zweitorausgangs mit Z_L und unbeschaltetem Eingang ist $\underline{S}_{21} = (\underline{b}_2/\underline{a}_1)_{\underline{a}_2=0} = -\underline{I}_2/\underline{I}_1$ wegen $\underline{U}_2 = -\underline{I}_2 \cdot Z_L$ und $\underline{U}_1 = \underline{I}_1 \cdot Z_L$ (s. Zählrichtung in Abb. 4.37) der **Vorwärtsübertragungsfaktor** (Transmissionskoeffizient).

Der **Rückwärtsübertragungsfaktor** (Umkehrung der Übertragungsrichtung) $\underline{S}_{12} = (\underline{b}_1/\underline{a}_2)_{\underline{a}_1=0} = -\underline{I}_1/\underline{I}_2$) wird ermittelt indem man den Zweitoreingang bei unbeschaltetem Ausgang mit Z_L abschließt und gemäß der Zählrichtung in Abb.4.37 $\underline{U}_1 = -\underline{I}_1 \cdot Z_L$ und $\underline{U}_2 = \underline{I}_2 \cdot Z_L$ setzt.

Der Vorwärtsübertragungfaktor wird zum **Betriebsübertragungsfaktor** wenn der Zweitoreingang mit einem Generator der Quellenspannung $\underline{U}_q$ und dem Innenwiderstand $\underline{Z}_i \neq Z_L$ und der Ausgang mit dem Lastwiderstand $\underline{Z}_a \neq Z_L$ beschaltet wird, s. Abb. 4.37c.

$$\underline{S}_{21} = \frac{2\underline{U}_2}{\underline{U}_q}\sqrt{\frac{\underline{Z}_i}{\underline{Z}_a}} = \underline{H}_B; \tag{4.126}$$

siehe hierzu auch Abschnitt 3.2.9.

Die für Zweitore ermittelten Ergebnisse können auf Mehrtore unmittelbar erweitert werden.

Die S-Parameter geben Aufschluß über das Reflexions- und Übertragungsverhalten eines Zweitors (oder Mehrtors), nicht aber über die absoluten Größen von Schaltelementen (z.B. Transistoren). Will man diese ermitteln so kann man beispielsweise die S-Parameter in Y-Parameter umwandeln, siehe **Anhang D** [63, 64, 68].

□ **Beispiel 4.12**

Streumatrix der verlustlosen Doppelleitung bei $\underline{Z}_1 = \underline{Z}_2 = Z_L$.

In diesem Fall verschwinden die Reflexionsfaktoren am Eingang und Ausgang der Leitung $\underline{r}_1 = \underline{S}_{11} = \underline{r}_2 = \underline{S}_{22} = 0$.

Für den Vorwärtsübertragungsfaktor findet man mit Gl. 4.88, $\underline{I}_1 = \underline{I}_2 e^{j\beta l}$, $\underline{S}_{21} = (b_2/a_1)_{\underline{a}_2=0} = -\underline{I}_2/I_1 = -1/(\cos\beta l + j\sin\beta l) = -e^{-\beta l}$. Der Rückwärtsübertragungsfaktor hat den gleichen Wert, da für seine Ermittlung die Eingänge vertauscht werden $\underline{S}_{12} = (b_1/a_2)_{\underline{a}_1=0} = -e^{-\beta l}$. Damit lautet die Streumatrix $(\underline{S}) = \begin{pmatrix} 0 & -e^{-j\beta l} \\ -e^{-j\beta l} & 0 \end{pmatrix}$.

□ **Beispiel 4.13**

Bestimmung des Eingangs-(Ausgangs)-Widerstandes eines Zweitors, das am Ausgang (Eingang) nicht mit dem Wellenwiderstand abgeschlossen ist, mit Hilfe der Streuparameter.

Aus dem Eingangsreflexionsfakor $\underline{S}_{11} = \underline{r}_1 = (\underline{Z}_1 - Z_L)/(\underline{Z}_1 + Z_L)$ erhält man durch Umstellung $\underline{Z}_1 = Z_L(1 + \underline{S}_{11})/(1 - \underline{S}_{11})$. Dieser Zusammenhang ist bereits bekannt, s. Abschnitt 3.2.9.2 Echofaktor, Gl. 3.123 und Gl. 3.124.

Der Ausgangsreflexionsfaktor $\underline{S}_{22} = \underline{r}_2 = (\underline{Z}_2 - Z_L)/(\underline{Z}_2 + Z_L)$ liefert entsprechend $\underline{Z}_2 = Z_L(1 + \underline{S}_{22})/(1 - \underline{S}_{22})$.

4.2.5 Komponenten aus Leitungsstücken

Aus Stücken verlustlos angenommener Doppelleitungen, Koaxialleitungen Streifenleitungen oder Hohlleitern wird eine Vielzahl Komponenten der Hochfrequenztechnik hergestellt. Als Beispiele seien Leitungstransformatoren, Mikrowellenfilter, Resonatoren, Richtungsleitungen, etc. genannt. Die Realisierung solcher Bauelemente ist möglich, da bei hohen Frequenzen Leitungsstücke ähnliche Resonanzerscheinungen aufweisen wie Schaltungen aus R,L und C.

4.2.5.1 ($\lambda/4$)-Transformator

Zur Impedanztransformation verwendet man bei hohen Frequenzen eine verlustlos angenommene Doppelleitung der Länge $\lambda/4$ als **($\lambda/4$)-Transformator**. Das Prinzip wurde bereits in Beispiel 4.5 diskutiert. Mit einem solchen Transformator kann beispeilsweise ein Generator mit dem Innenwiderstand Z_i reflexionsfrei an einen Lastwiderstand Z_2 angepaßt werden. Abb. 4.38a zeigt in allgemeiner Form die reflexionsfreie Anpassung der Leitungen mit den Wellenwiderständen Z_{L1} und Z_{L2} durch einen $\lambda/4$-Transformator.

Ist das geforderte Übersetzungsverhältnis mit einem einstufigen Transformator nicht erreichbar, so verwendet man n-stufige ($\lambda/4$)-Transformatoren aus n ($\lambda/4$)-

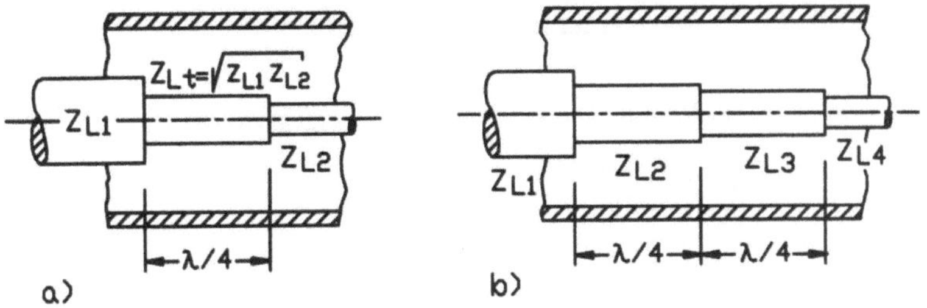

Abbildung 4.38: a) einstufiger, b) zweistufiger Leitungstransformator

Leitungen, wobei verschiedene Stufungen der n Wellenwiderstände möglich sind [63]. In Abb. 4.38b ist ein zweistufiger $(\lambda/4)$-Transformator mit dem Übersetzungsverhältnis

$$ü = \sqrt{\frac{Z_{L4}}{Z_{L1}}}; \quad Z_{L2} = Z_{L1}\sqrt{ü}; \quad Z_{L3} = \frac{Z_{L4}}{\sqrt{ü}}. \tag{4.127}$$

zum reflexionsfreien Abschluß der beiden Leitungen mit den Wellenwiderständen Z_{L1} und Z_{L4} dargestellt.

4.2.5.2 Impedanz-Transformation mit inhomogenen Leitungen

Erhöht man die Stufenzahl eines n- stufigen $(\lambda/4)$-Transformators, so ergibt sich für den Grenzfall $n \to \infty$ aus der gestuften Leitung eine Leitung mit stetiger Änderung des Wellenwiderstandes. Man erhält eine **inhomogene Leitung** der Länge $l \geq (\lambda/2)$. Ein Beispiel hierfür ist die **Exponentialleitung**, bei der sich der Wellenwiderstand ortsabhängig nach einer e-Funkiton ändert. In Abb. 4.39 ist die reflexionsfreie Anpassung eines niederohmigen Widerstandes R_1 an einen hochohmigen Lastwiderstand R_2 dargestellt. Mit dem ortsabhängigen Wellenwiderstand $Z_L(z)$ erhält man die Wellenwiderstände am Leitungsanfang $Z_L(0)$ und Leitungsende $Z_L(l)$. Hierbei ist $ü = \sqrt{R_2/R_1}$ das Übersetzungsverhältnis und ν die Steigungskonstante.

$$Z_L(z) = Z_L(0)e^{\nu z}; \; Z_L(0) = R_1; \; Z_L(l) = R_2 = Z_L(0)e^{\nu l}; \; \nu = \frac{1}{l}\ln\frac{R_2}{R_1} = \frac{1}{l}\ln ü^2. \tag{4.128}$$

Bei **kompensierten inhomogenen Leitungen** werden durch Hinzuschaltung von Reaktanzen die Übertragungseigenschaften verbessert und die Leitungslänge verringert [63].

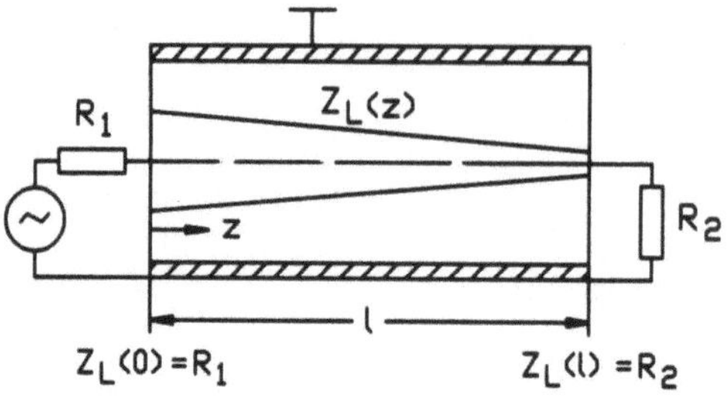

Abbildung 4.39: Anpassung mit einer Exponentialleitung

□ **Beispiel 4.14**
Eine Leitung mit $Z_{L1} = 50\ \Omega$ soll über einem zweistufigen $(\lambda/4)$-Transformator an eine andere Leitung mit dem Wellenwiderstand $Z_{L4} = 75\ \Omega$ reflexionsfrei zusammengeschaltet werden, s. Abb. 4.38.

Mit dem Übersetzungsverhältnis $ü = \sqrt{(Z_{L4}/Z_{L1})} = 1,225$ erhält man für die beiden Leitungsstufen $Z_{L2} = Z_{L1}\sqrt{ü} = 55,3\Omega$ und $Z_{L3} = Z_{L4}/\sqrt{ü} = 67,8\Omega$.

4.2.5.3 Zusammenschaltung von koaxialer und erdsymmetrischer Doppelleitung

Bei der Zusammenschaltung einer erdsymmetrischen Doppelleitung und eines Koaxialkabels, das eine erdunsymmetrische Leitung darstellt, ist eine Symmetrierung erforderlich. Abb. 4.40 zeigt den Übergang ohne Symmetrierung. Der Innenleiter

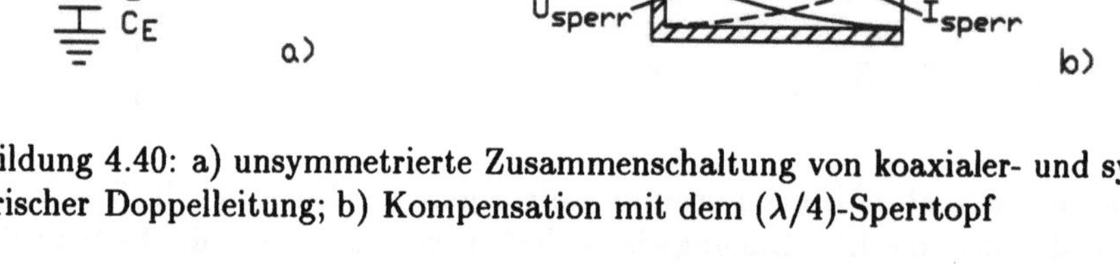

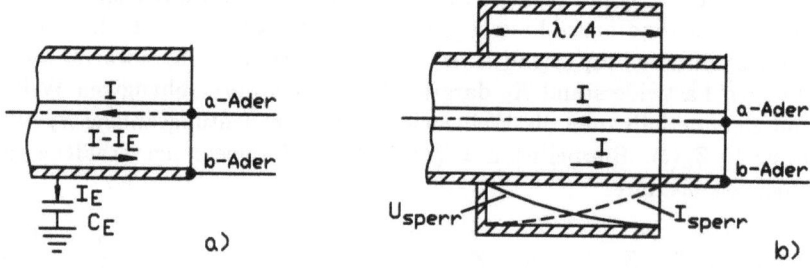

Abbildung 4.40: a) unsymmetrierte Zusammenschaltung von koaxialer- und symmetrischer Doppelleitung; b) Kompensation mit dem $(\lambda/4)$-Sperrtopf

des Koaxialleiters führt den Strom I, der ungestört in die a-Ader der symmetrischen Leitung eintritt. Im Außenleiter der Koaxialleitung muß der Strom entgegengesetzt gleich I sein. An der Übergangsstelle von der b-Ader zum Außenleiter des Koaxialkabels tritt jedoch eine Stromverzweigung auf, da über die Kapazität der Koaxialleiteraußenhaut gegen Erde C_E ein Mantel-Erdstrom I_E fließt, s. Abb. 4.40a, der den Gesamtstrom im koaxialen Außenleiter auf $I - I_E$ verringert. Der Mantelstrom I_E verschwindet, wenn man am Übergangspunkt, b-Ader - koaxialer Außenleiter, den Übergangwiderstand sehr groß macht. Dies gelingt mit einem $(\lambda/4)$ langen Rohr, dem $(\lambda/4)$-**Sperrtopf**, der das Koaxialkabelende umgibt und der im Abstand $\lambda/4$ von der Übergangsstelle mit dem Koaxialaußenleiter leitend verbunden wird, s. Abb. 4.40b. Hierdurch bildet das Rohr eine kurzgeschlossene $(\lambda/4)$-Leitung die am Übergangspunkt einen hohen Widerstand erzwingt, wie aus dem Verlauf der Strom-und Spannungswelle über dem $(\lambda/4)$-Sperrtopf entnommen werden kann.

Zur Symmetrierung zwischen symmetrischen und unsymmetrischen Leitungen gibt es weitere Varianten, wie z.B. die $\lambda/2$-Umwegleitung [63, 64].

4.2.5.4 Richtkoppler

Ein Richtkoppler ist ein Viertor aus zwei (oder mehreren) miteinander gekoppelten Leitungen. Dies können sowohl gekoppelte homogene symmetrische Leitungen oder Koaxialleitungen als auch gekoppelte Streifenleitungen oder Hohlleiter sein [63, 64].

Setzt man ideales Verhalten voraus, so kann ein Richtkoppler prinzipiell durch das in Abb. 4.41 dargestellte Blockschaltbild charakterisiert werden. Schließt man alle

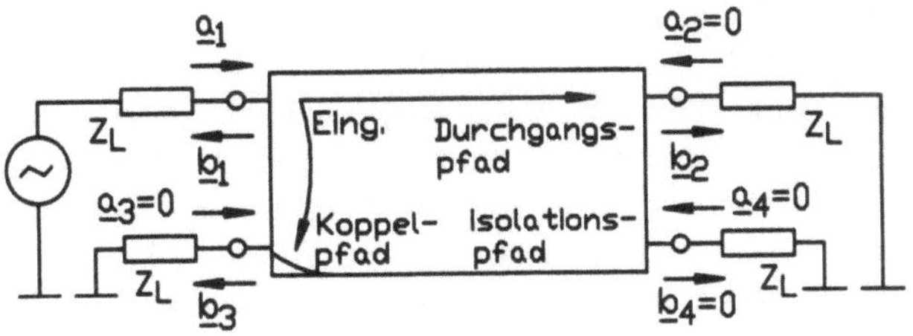

Abbildung 4.41: Richtkoppler

4 Tore mit dem Wellenwiderstand Z_L ab und speist an Tor 1 ein Signal der Wirkleistung P_1 ein, so wird dieses Signal auf ein Signal mit der Leistung P_2 an Tor 2 und und ein Signal mit der Leistung P_3 an Tor 3 aufgeteilt, während Tor 4 entkoppelt ist und dort somit kein Signal erscheint. Die Signale an Tor 2 (Durchgangspfad) und Tor 3 (Kopplungspfad) unterscheiden sich um eine Phasenverschiebung von $\pi/2$. Aufgrund dieser Eigenschaften werden Richtkoppler oft als Leistungsteiler und Phasenschieber eingesetzt.

Charakteristisch für den Richtkoppler ist die **Koppeldämpfung** a_k und die **Richtdämpfung** a_D

$$a_k = -20\lg k; \quad k = \left|\frac{\underline{b}_2}{\underline{a}_1}\right|; \quad a_D = -20\lg\left|\frac{\underline{b}_4}{\underline{b}_2}\right| = -10\lg\frac{P_{14}}{P_2} \tag{4.129}$$

mit P_{14} der von Tor 1 nach Tor 4 übergekoppelten unerwünschten parasitären Leistung. Mit der Streumatrix des Richtkopplers werden weitere Größen definiert, wobei die oben formulierten Abschlüsse und damit $\underline{S}_{11} = \underline{S}_{22} = \underline{S}_{33} = \underline{S}_{44} = 0$ vorausgesetzt werden.

$$\begin{pmatrix} \underline{b}_1 \\ \underline{b}_2 \\ \underline{b}_3 \\ \underline{b}_4 \end{pmatrix} = e^{-j\beta l} \begin{pmatrix} 0 & \underline{S}_{12} & \underline{S}_{13} & 0 \\ \underline{S}_{21} & 0 & 0 & \underline{S}_{24} \\ \underline{S}_{31} & 0 & 0 & \underline{s}_{34} \\ 0 & \underline{S}_{24} & \underline{S}_{34} & 0 \end{pmatrix} \begin{pmatrix} \underline{a}_1 \\ \underline{a}_2 \\ \underline{a}_3 \\ \underline{a}_4 \end{pmatrix} \tag{4.130}$$

Wegen

$$\underline{S}_{12} = \underline{S}_{21} = \underline{S}_{34} = \underline{S}_{43} = jk; \quad \underline{S}_{13} = \underline{S}_{31} = \underline{S}_{24} = \underline{S}_{42} = \sqrt{1-k^2} \tag{4.131}$$

kann an jedem beliebigen Tor eingespeist werden. $\underline{S}_{21}$ ist der **Durchgangsübertragungsfaktor**, S_{41} der **Isolationsübertragungsfakor**, $\underline{S}_{12}$ der **Koppelübertragungsfaktor** und $\underline{S}_{13}$ der **Richtfaktor** [63, 64, 68].

4.2.5.5 Leitungsresonatoren

In Abschnitt 4.2.4.3 wurde bereits bei der Diskussion der kurzgeschlossenen bzw. leerlaufenden Leitung festgestellt, daß, beginnend bei I_{max}, U_{min} bzw. I_{min}, U_{max}, siehe Abb. 4.22 und 4.23, zu den Abständen $l = \lambda/4, \lambda/2, 3\lambda/4, \ldots$ auf der verlustlosen Doppelleitung Resonanzstellen liegen, die sich periodisch wiederholen. An den Resonanzstellen entsprechen hochohmige Widerstände U_{max}/I_{min} dem Verhalten eines Parallelschwingkreises und niederohmige Widerstände U_{min}/I_{max} dem Verhalten eines Serienschwingkreises, vergl. Abschn. 4.2.1. Meist verwendet man zur Herstellung von Leitungsresonatoren kurzgeschlossene oder leerlaufende Koaxialleitungsstücke. Abb. 4.42a und 4.42b zeigen zwei derartige Resonatoren

Häufig verwendete Leitungsresonatoren lassen sich aus Koaxialleitungsstücken in Form von sogenannten **Topfkreisen** realisieren. Ein Topfkreis entsteht, wenn man den Anfang (z=0) des Leitungsstücks mit einer Metallplatte kurzschließt und am offenen Ende (z=l) den Außenleiter ebenfalls mit einer Metallplatte abschließt, den Innenleiter jedoch im Abstand h vom Leitungsende enden läßt, s. Abb. 4.42c. Da der Außenleiter nun allseitig geschlossen ist, kann keine Energie abgestrahlt werden. Außerdem entsteht durch die kapazitive Belastung des Leitungsstücks - die Innenleiterstirnfläche bildet mit der Kurschlußplatte des Außenleiters eine Kapazität - eine Verkürzung des Resonatorleitungsstücks, da die Kapazität elektrisch

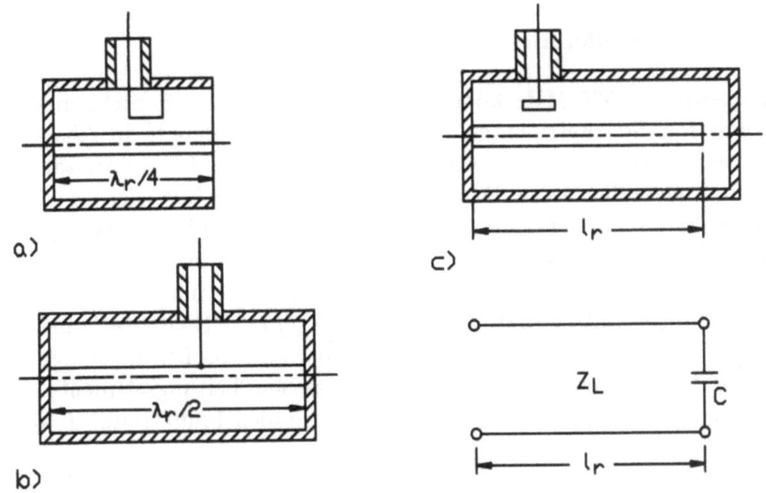

Abbildung 4.42: a) $\lambda/4$-Resonator bei induktiver Ankopplung b) $\lambda/2$-Resonator bei galvanischer Kopplung; c) Topfkreis und sein Ersatzbild bei kapazitiver Kopplung

einer Leitungsverlängerung entspricht. Letzteres wurde bereits in Abschn. 4.2.4.3 und Beispiel 4.7 gezeigt. Die Spannungs- und Stromverteilung auf dem Resonator wird durch die Kapazität nur geringfügig verändert. Mit Gl. (4.91) findet man den Kurzschlußeingangsleitwert $\underline{Y}_{1k}$ des Resonators mit dem Eingang bei $z = l_r$, s. Abb. 4.42c, und den gesamten komplexen Leitwert $\underline{Y}_{ges}$ bei Berücksichtigung der kapazitiven Last. Die Resonanzlänge l_r des Topfkreises im Resonanzfall folgt dann aus $\underline{Y}_{ges} = 0$.

$$\underline{Y}_{ges} = j\left(\omega C - \frac{1}{Z_L \tan \beta l}\right); \quad l_r = \frac{1}{\beta_r} \arctan \frac{1}{\omega_r C Z_L}; \quad Q = \omega_R \frac{L'}{R'}. \quad (4.132)$$

Q ist die Güte eines Topfkreises, die man aus den Leitungsbelägen R' und L' ermittelt.

Auf der kurzgeschlossenen und leerlaufenden verlustfreien Doppelleitung bilden sich durch Überlagerung zweier TEM-Wellen gleicher Amplitude aber entgegengesetzter Ausbreitungsrichtung (hinlaufende und reflektierte Welle) stehende Wellen aus. Diese Eigenschaft tritt in ähnlicher Weise auch beim Hohlleiter auf, bei dem stehende Wellen der elektrischen und magnetischen Feldstärke mit den entsprechenden Knoten (Nullstellen) und Bäuchen (Maximalwerte) entstehen.

In einem Rechteckhohlleiter mit den Querschnittsabmessungen a_x und a_y können in den Knotenebenen die in Abb. 4.32 strichpunktiert eingezeichnet sind, leitende Kurzschlußplatten eingefügt werden. Auf diese Weise können **Hohlraumresonatoren** hergestellt werden [63, 64].

4.2.5.6 Mikrowellenfilter

Bei Frequenzen > 500 MHz können Filter, siehe Kapitel 3, nicht mehr aus konzentrierten L,C-Schaltelementen aufgebaut werden. Bereits in Abschn. 4.2.4.3 wurde gezeigt, wie man mit Leitungsabschnitten sowohl Induktivitäten als auch Kapazitäten herstellen kann. Als Leitungselemente zur Realisierung von L und C verwendet man die kurzgeschlossene bzw. leerlaufende ($\lambda/4$)-Leitung. Der Blindwiderstand einer kurzgeschlossenen Leitung der Länge $l = \lambda/4$ lautet mit Gl. 4.91 $jX = jZ_L \tan[(2\pi l)/\lambda] = jZ_L \tan(\pi/2)$. Ersetzt man man $j\tan(\pi/2)$ durch den frequenzabhängigen Ausdruck $P = j\tan(\pi/2)f/f_B$, (Richards-Transformation), führt also eine Frequenzabhängigkeit ein und wählt als Leitungslänge $l = \lambda_B/4$, so hat der Blindwiderstand des kurzgeschlossenen Leitungselements die gleiche Abhängigkeit von P ($jX = Z_L \cdot P$) wie eine Spulen-Induktivität L von $p = j\omega$ ($jX = pL$).

$$jX = jZ_L \tan\frac{\pi}{2}\frac{f}{f_B} = PZ_L \tag{4.133}$$

Auf entsprechende Art und Weise findet man für den Blindleitwert eines leerlaufenden Leitungsstücks der Länge ($\lambda_B/4$)

$$jY = jY_L \tan\frac{\pi}{2}\frac{f}{f_B} = P \cdot Y_L. \tag{4.134}$$

$f_B = c/\lambda_B$ ist hierbei die Bezugsfrequenz. In Abb. 4.43 sind die Schaltelemente L und C sowie die äquivalenten Leitungselemente gegenübergestellt. Mit Hilfe

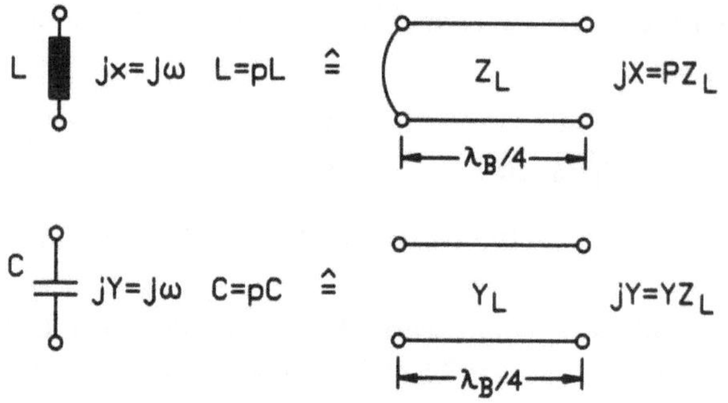

Abbildung 4.43: Reaktanzen aus konzentrierten Schaltelementen und Leitungsabschnitten

der oben genannten Richards-Transformation gelingt es, aus katalogisierten Reaktanzfiltern mit konzentrierten Schaltelementen Filter aus Leitungselementen zu gewinnen. So wird beispielsweise ein Tiefpaß aus konzentrierten L,C-Gliedern durch die Richards-Transformation zu einer Bandsperre aus Leitungsstücken. Der Aufbau solcher Filter erfolgt meist in Streifenleitungstechnik [63].

Eine weitere wichtige Mikrowellenfilterart sind **Akustische Oberflächenwellenfilter**. Dies sind Miniatur-Bandpaßfilter, die aus Anordnungen aus kammartig ineinander greifenden fingerförmigen Streifenleitungen auf piezoelektrischen Kristallen bestehen und im Frequenzbereich von 10 MHz bis 1 GHz eingesetzt werden [69].

Bandpässe bei Frequenzen im GHz-Bereich werden häufig auch aus Hohlleitern aufgebaut. Man verwendet hierzu als Resonananzelemente Hohlleiterresonatoren mit hoher Güte. Eingesetzt werden solche Bandpässe im Richtfunk und Satellitenfunk als Empfängereingangsfilter.

Verwendet man als Resonanzelemente piezokeramische Resonatoren, z. B. Quarze, so können wegen der hohen Kreisgüte solcher Elemente sehr steilflankige Filter realisiert werden [63, 64].

4.2.6 Gyromagnetische Komponenten

Im Mikrowellenbereich verwendet man gyromagnetische Komponenten in Form von vormagnetisierten Ferriten, dies sind vormagnetisierte Metalloxidverbindungen zur Herstellung **übertragungsunsymmetrischer** Bauelemente. Die Permeablität der vormagnetisierten Ferrite ist richtungsabhängig. Für die magnetische Flußdichte **B** und die magnetischen Feldstärke **H** gilt damit allgemein

$$\mathbf{B} = ||\mu||\mathbf{H} \tag{4.135}$$

wobei $||\mu||$ keine Konstante, sondern einen Tensor darstellt, der durch eine Matrix beschrieben werden kann.

$$\begin{pmatrix} B_x \\ B_y \\ B_z \end{pmatrix} = \begin{pmatrix} \mu_{11} & \mu_{12} & \mu_{13} \\ \mu_{21} & \mu_{22} & \mu_{23} \\ \mu_{31} & \mu_{32} & \mu_{33} \end{pmatrix} \begin{pmatrix} H_x \\ H_y \\ H_z \end{pmatrix} \tag{4.136}$$

Aus der vorstehenden Gleichung entnimmt man, daß sowohl B_x als auch B_y und B_z von den drei Feldkomponenten H_x, H_y und H_z abhängen.

In vormagnetisierten Ferriten nehmen die μ_{ik} ganz bestimmte Werte an, sodaß im Ferrit eine Wellenausbreitung in eine bestimmte Vorzugsrichtung erfolgt, ohne daß in Gegenrichtung eine Wellenausbreitung, z.B. reflektierter Wellen, zustande kommt. Diese Eigenschaft ermöglicht die Realisierung der Richtungsleitung.

Trifft eine linear polarisierte Welle auf einen in Ausbreitungsrichtung vormagnetisierten Ferrit, so erfährt diese Welle eine Drehung der Polarisation (Faraday-Effekt). Anwendung findet dieser Effekt beispielsweise bei der Erzeugung dual polarisierter Wellen [66].

4.2.6.1 Zirkulator, Richtungsleitung

Der Zirkulator ist ein übertragungsunsymmetrisches oder auch nichtreziprokes Bauelement mit drei oder mehr Toren. Das nichtreziproke Verhalten wird durch ein gyromagnetisches Medium in Form eines vormagnetisierten Ferrits erreicht. Abb. 4.44 zeigt einen Zirkulator mit drei Toren, bei dem an Tor 1 Signalenergie eingespeist und in Durchlaßrichtung (Pfeilsinn) auf Tor 2 und Tor 3 aufgeteilt wird. Prinzipiell bestehen Dreitorzirkulatoren aus einem Resonator, in den 3 um

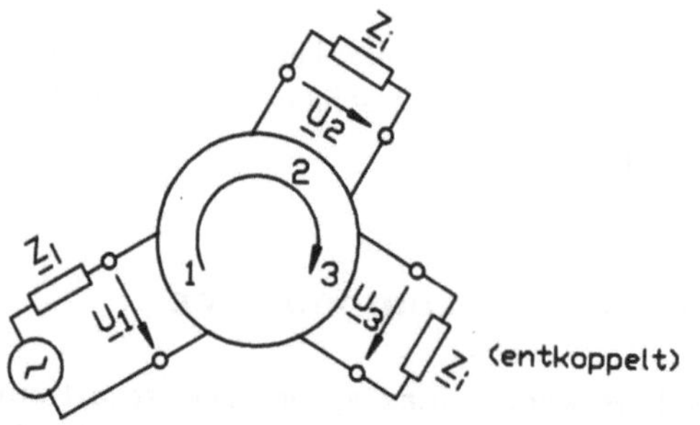

Abbildung 4.44: 3-Tor-Zirkulator

120° versetzte Wellenleiter einmünden. Innerhalb des Resonators befindet sich ein vormagnetisierter Ferritzylinder, der die Richtungsleitung ermöglicht.

Alle Tore werden als gleichwertig vorausgesetzt. Bei gleichartigen Abschlüssen und Rotationssymmetrie (Punktsymmetrie) der Tore lautet die Streumatrix des Dreitor-Zirkulators

$$\underline{\mathbf{S}} = \begin{pmatrix} \underline{S}_{11} & \underline{S}_{12} & \underline{S}_{22} \\ \underline{S}_{21} & \underline{S}_{22} & \underline{S}_{23} \\ \underline{S}_{31} & \underline{S}_{32} & \underline{S}_{33} \end{pmatrix} = \begin{pmatrix} \underline{S}_1 & \underline{S}_2 & \underline{S}_3 \\ \underline{S}_3 & \underline{S}_1 & \underline{S}_2 \\ \underline{S}_2 & \underline{S}_3 & \underline{S}_1 \end{pmatrix}. \tag{4.137}$$

$\underline{S}_1 = \underline{S}_{11} = \underline{S}_{22} = \underline{S}_{33}$ sind die Reflexionsfaktoren an den drei Toren. Bei Berücksichtigung des in Abb. 4.44 dargestellten Zirkulatorzählsinns stellen $S_2 = \underline{S}_{12} = \underline{S}_{23} = \underline{S}_{31}$ die Übertragungsfaktoren (Rückwärtsübertragungsfaktoren) in Sperrichtung dar und $\underline{S}_3 = \underline{S}_{13} = \underline{S}_{21} = \underline{S}_{32}$ Übertragungsfaktoren in Durchlaßrichtung dar. Bei der Definition der Übertragungsfaktoren bezeichnet der jeweils zweite Index das Tor der Einspeisung und der jeweils erste Index das zugehörige Ausgangstor.

Im Idealfall sind alle Reflexionsfaktoren und Rückwärtsübertragungsfaktoren gleich Null und alle Übertragungsfaktoren in Durchlaßrichtung vom Betrag 1. Damit gilt für die Streuparameter $\underline{S}_1 = \underline{S}_2 = 0$ und für die Übertragungsfaktoren in Durchlaßrichtung $\underline{S}_3 = e^{j\phi}$, wobei ϕ einen beliebigen Phasenwinkel darstellt.

Beim verlustbehafteten Zirkulator gilt Tor 3 als entkoppelt ($\underline{U}_3 = 0, \underline{I}_3 = 0$), wenn Tor 2 wie Tor 1 mit $\underline{Z}_i$ abgeschlossen wird, d.h. ein reflexionsfreier Abschluß vorliegt.

Schließt man Tor 2 mit $\underline{Z}_i^*$ ab, dann gibt Tor 1 seine maximale Leistung P_{max} ab, da dann Leistungsanpassung vorliegt. Man erhält die Durchgangsdämpfung $a_d = 10 \lg P_{max}/P_2$. Liegt an Tor 2 kein reflexionsfreier Abschluß vor, so entsteht an Tor 1 der Reflexionsverlust $a_{dr} = 10 \lg P_1/P_{max}$ und die Durchgangsdämpfung wird $a_d = 10 \lg P_2/P_1$.

Zirkulatoren werden sowohl in koaxialer Technik als auch Hohlleitertechnik hergestellt. Für Anwendungen in integrierten Schaltungen realisiert man Zirkulatoren in Streifenleitungstechnik. Anwendung findet der Zirkulator als Einwegleitung, Phasenschieber, Leistungsteiler, etc. [63, 64].

4.3 Aktive Komponenten der HF-Technik

Aktive Komponenten enthalten Transistoren, Röhren oder spezielle Dioden, die als Verstärker, Schalter oder Strom- bzw. Spannungsquellen arbeiten. In der Hochfrequenztechnik interessieren vor allem Verstärker des Kleinsignalbereichs und auch Großsignalverstärker, die als Leistungsverstärker, z.B. in Senderendstufen, eingesetzt werden. Weitere wichtige aktive Komponenten sind Oszillatoren und Komponenten zur Frequenzsynthese und Signalmischung.

4.3.1 Ersatzbilder bipolarer Transistoren

Die grundsätzlichen Eigenschaften der Kleinsignalverstärkung wurden bereits in Abschnitt 3.4.1 dargestellt. Die Kleinsignalparameter für den NF-Bereich, die H-Parameter, abgeleitet aus den Transistorkennlinien bzw. den Y-Parametern, werden dort zur Beschreibung der Kleinsignalparameter für tiefere Frequenzen (max. ca. 1 MHz) angewendet. Für HF-Kleinsignalverstärker eignen sich die Y-Parameter, die Leitwerte darstellen, besser. Für tiefe Frequenzen sind die Y-Parameter reell wie bereits mit Gl (3.203) gezeigt wird, im HF-Bereich jedoch meist komplexe Größen.

Die Emitterschaltung des bipolaren Transistors ist zusammen mit dem Kleinsignalersatzbild in Abb. 3.67 wierdergegeben.

Das **$\underline{\mathbf{Y}}$-Ersatzbild** eines **bipolaren Transistors** in Emitterschaltung, das durch die getrennte Interpretation der $\underline{Y}$-Vierpolgleichungen (4.138) entsteht, zeigt Abb. 4.45.

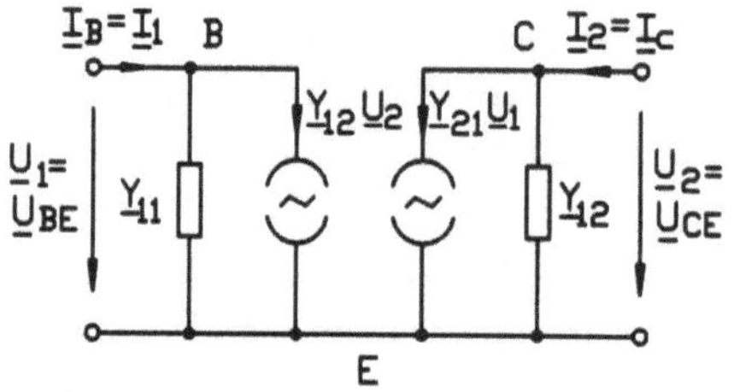

Abbildung 4.45: $\underline{Y}$-Ersatzbild der Emitterschaltung

$$\underline{I}_1 = \underline{Y}_{11}\underline{U}_1 + \underline{Y}_{12}\underline{U}_2; \quad \underline{I}_2 = \underline{Y}_{21}\underline{U}_1 + \underline{Y}_{22}\underline{U}_2. \tag{4.138}$$

Zur Konstruktion der $\underline{Y}$-Ersatzbilder in Kollektor- und Basisschaltung können die in Tabelle 4.1 dargestellten Umrechnungen aus den Y-Parametern der Emitterschaltung benutzt werden. Die Y-Parameter dieser Schaltungen werden mit dem Index C (Collector) und B (Basis) versehen.

Tabelle 4.1: $\underline{Y}$-Parameter in Kollektor-und Basisschaltung

Basisschaltung	Kollektorschaltung
$\underline{Y}_{11B} = \underline{Y}_{11} + \underline{Y}_{12} + \underline{Y}_{21} + \underline{Y}_{22}$	$\underline{Y}_{11C} = \underline{Y}_{11}$
$\underline{Y}_{12B} = -(\underline{Y}_{12} + \underline{Y}_{22})$	$\underline{Y}_{12C} = -(\underline{Y}_{11} + \underline{Y}_{12})$
$\underline{Y}_{21B} = -(\underline{Y}_{21} + \underline{Y}_{22})$	$\underline{Y}_{22C} = \underline{Y}_{11} + \underline{Y}_{12} + \underline{Y}_{21} + \underline{Y}_{22}$
$\underline{Y}_{22B} = \underline{Y}_{22}$	$\underline{Y}_{21C} = -(\underline{Y}_{11} + \underline{Y}_{21}$

Die $\underline{Y}$-Parameter von Transistoren in Emitterschaltung werden vom Halbleiterhersteller mitgeliefert.

Ein physikalisches $\underline{Y}$-Ersatzbild des bipolaren Transistors in Emitterschaltung zeigt Abb. 4.46a. Das sog. **Giacoletto-Ersatzbild** ist in Abb. 4.46b dargestellt. Die Zuordung der $\underline{Y}$-Parameter des physikalischen Ersatzbildes zu den parasitären komplexen Widerständen im Giacoletto-Ersatzbild ist unmittelbar herstellbar. Im Giacoletto-Ersatzbild bezeichnen im einzelnen: r'_{BB} den Basisbahnwiderstand, $r_{B'E}$ und $C_{B'E}$ den Widerstand und die Kapazität der Basis-Emitter-Strecke, $r_{B'C}$ und $C_{B'C}$ Widerstand und Kapazität der Basis-Kollektor-Strecke, r_{CE} und C_{CE} Kollektor-Emitter-Widerstand und -Kapazität, und $S_i = \beta / r'_{BE}$ stellt die innere Steilheit dar.

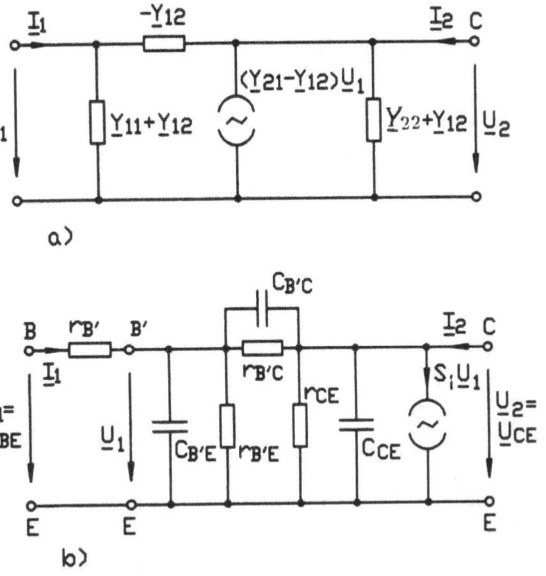

Abbildung 4.46: a) Physikalisches $\underline{Y}$-Ersatzbild und b) Giacoletto-Ersatzbild des bipolaren Transistors in Emitterschaltung

Das Ersatzbild gilt für Frequenzen bis zu $f \approx 0,5 f_T$, wobei f_T die Transitfrequenz des Transistors ist. Für HF-Transistoren liegt sie bei $f_T \approx 500$ MHz ... 5 GHz.

Aufgrund seines physikalischen Aufbaus kann aus dem Giacoletto-Ersatzbild die Übertragungsfunktion des Transistors ermittelt werden, wobei für tiefe Kreisfrequenzen $\omega \ll [1/(r_{B'E}C_{B'E}); 1/(r_{B'C}C_{B'C})]$ und hohe Kreisfrequenzen $\omega \gg [1/(r_{B'C}C_{B'C}); 1/(r_{B'E}C_{B'E})]$ das Ersatzbild vereinfacht werden kann.

Beispiele mit Anwendungen vereinfachter Giacoletto-Ersatzbilder werden in Abschnitt 4.3.2 gegeben.

4.3.2 Ersatzbilder von HF-Feldeffektransistoren (FET)

Ein Feldeffektransisitor ist ein Halbleiterbauelement mit den drei Anschlüssen "Gate", "Source" und "Drain". Der Stromfluß der zwischen Source und Drain stattfindet (Drainstrom), wird durch ein elektrisches Feld gesteuert, das von der Gate-Elektrode ausgeht. Im folgenden wird der Sperrschicht-Feldeffektransistor (Junction-FET, J-FET) betrachtet. Weitere Typen sind MIS-FET (Metal Insulator Semiconductor), MOS-FET (Metal Oxide Semiconductor) und MES-FET (MEtal Semiconductor) , die andere Steuerstrecken aufweisen. Je nach der Art der aktiven Schicht werden sie oft in Verbindung mit den vorgenannten Typen als Si-MOS-FET, GaAs-MES-FET, Si-JFET, etc. bezeichnet. Gegenüber bipolaren Transistoren besitzen FET's höhere Eingangswiderstände, geringeres Eigenrauschen, kleinere Rückwirkung, besseres Großsignalverhalten, jedoch geringere Steilheiten.

Da bei FET's im wesentlichen nur eine Ladungsträgerart, die sogenannten Majoritätsträger zum Stromfluß beitragen, spricht man auch von unipolaren Transistoren. In Abb. 4.47 sind n-Kanal-und p-Kanal-FET schematisch dargestellt. Legt

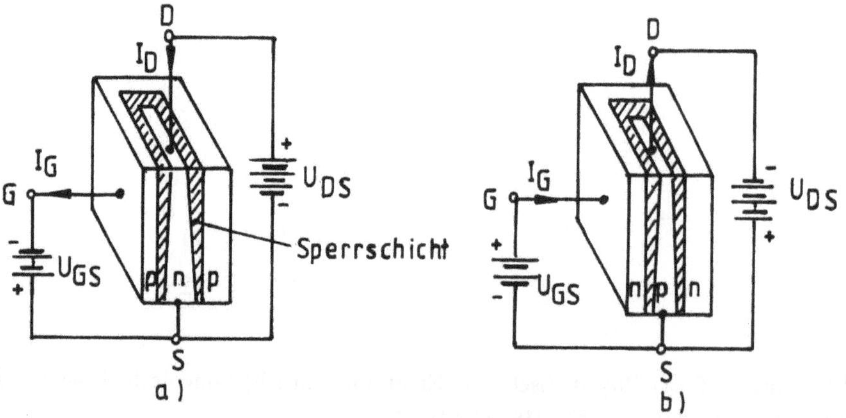

Abbildung 4.47: Aufbau von Sperrschicht-Feldeffekttransistoren: a) n-Kanal-FET, b) p-Kanal-FET

man zwischen Drain und Source eine Spannung U_{DS}, so fließt eine Drainstrom I_D. Die Größe von I_D hängt von U_{DS} und dem Kanalwiderstand ab, der mit U_{GS} steuerbar ist. Bei U_{GSmax} bildet sich eine ladungsträgerarme Sperrschicht, die den Kanal einengt, sodaß nur noch ein kleiner Leckstrom fließt. Bei $U_{GS} = 0$ fließt der Drain-Source-Kurschlußstrom I_{DSS}. Abb. 4.48 zeigt die Kennlinien des n-Kanal-FET, die auch für den p-Kanal-FET gelten, wenn man die Polarität der Ströme und Spannungen gemäß der Zählpfeilrichtung in Abb. 4.47b umkehrt. In Abb. 4.49 sind die Grundschaltungen des FET sowie die zugehörigen Kleinsignalersatzbilder dargestellt, die nach [63] bis ca. $f_T/3$ (f_T =Transitfrequenz des FET) angewendet werden können. In den Ersatzbildern nach Abb. 4.49 ist die kapazitive Eingangsimpedanz des FET erkennbar.

Typische Werte für die Elemente der Ersatzschaltungen eines J-FET sind: $C_{GS} = 3{,}2$ pF; $C_{GD} = 0{,}8$ pF; $C_{DS} = 1{,}2$ pF; $S = 7{,}5$ mS; $r_{DS} = 20$ kΩ; $r_{GS} = 20\ \Omega$.

Da die FET-Parameter wie beim bipolaren Transistor arbeitspunktabhängig sind, muß ein stabiler Arbeitspunkt im Kennlinienfeld eingestellt werden, s. Abb. 4.49d. Der JFET erfordert eine Vorspannung U_{GS}, die die entgegengesetzte Polarität der Betriebsspannung hat. Sie wird als Spannungsabfall am Source-Widerstand R_s erzeugt. Der Arbeitspunkt ist durch $I_{D,A}$, $U_{DS,A}$ und $U_{GS,A}$ gegeben. Ein

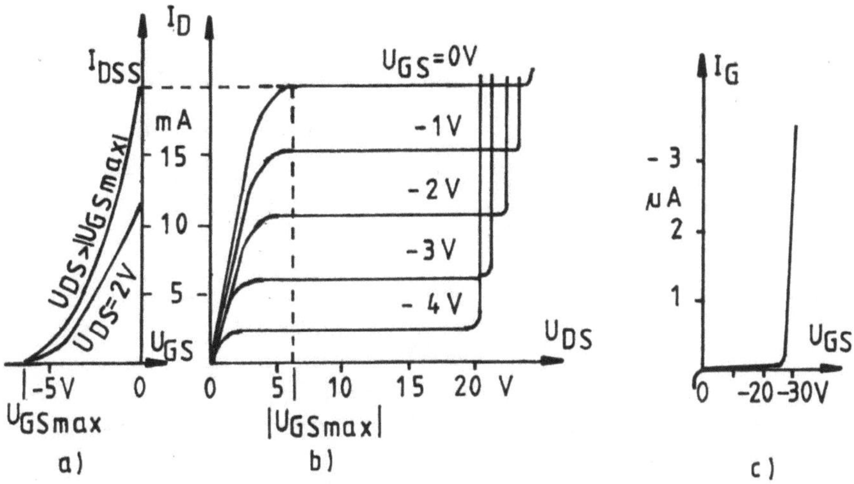

Abbildung 4.48: Kennlinien des Sperrschicht-Feldeffekttransistors: a) Übertragungskennlinie; b) Ausgangskennlinie; c) Eingangskennlinie

Spannungsumlauf $U_{R_S} + I_G R_G + U_{GS,A} = 0$ am Eingang der Schaltung Abb. 4.49d liefert wegen $I_G \approx 0$ (infolge der annähernd leistungslosen Steuerung) den Source-Widerstand R_s und den Drainwiderstand R_D zu

$$R_s = \frac{U_{RS}}{I_{D,A}} = \frac{|U_{GS,A}|}{I_{D,A}}; \quad R_D = \frac{U_{RD}}{I_{D,A}} = \frac{U_B - U_{DS,A} - U_{RS}}{I_{D,A}}. \tag{4.139}$$

Der Gate-Ableitwiderstand (zur Ableitung des Gatereststroms) ist groß zu wählen ($R_G \approx 10R_i$), damit der Gatereststrom (z.B. $I_G \approx 10nA$) die Steuerquelle nicht belastet.

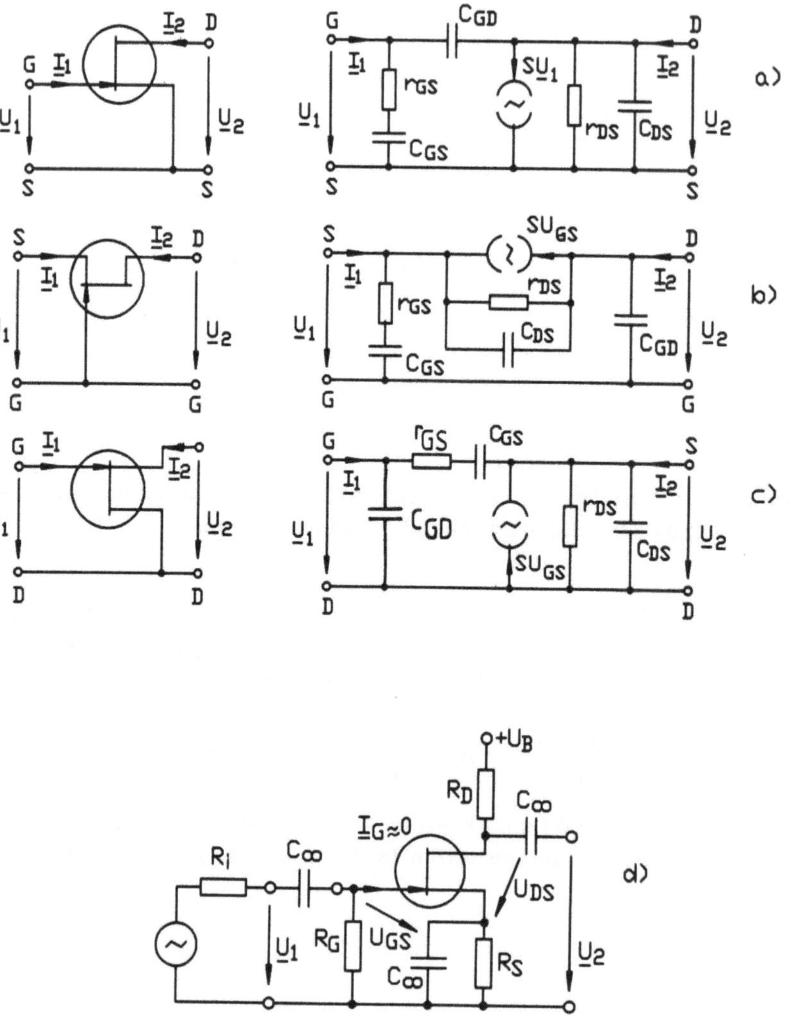

Abbildung 4.49: Grundschaltungen und Ersatzschaltungen des Feldeffekttransistors: a) Source-Schaltung; b) Gate-Schaltung c) Drain-Schaltung, d) Arbeitspunkteinstellung beim FET

4.3.3 HF-Kleinsignalverstärker

Für HF-Kleinsignalverstärker ist grundsätzlich die bereits in Abschnitt 3.4.1 dargestellte Theorie anwendbar. Zur Realisierung werden jedoch Transistoren verwendet, die Signale hoher Frequenzen verarbeiten können. Zur Anwendung kommen Breitbandverstärker, welche z.B. ein Digitalsignal, verzerrungsfrei verstärken können, und selektive Verstärker für schmalbandige Analogsignale, wie z.B. Rundfunksignale.

4.3.3.1 RC-Verstärker

Der RC-Verstärker ist ein Kleinsignal-Breitbandverstärker [63]. Der bereits bekannte Verstärker in Emitterschaltung nach Abb. 3.68 stellt eine RC-Verstärkerstufe dar. Werden zwei, drei oder mehr solcher Stufen in Kette geschaltet, so werden die einzelnen Stufen, wie bereits in vereinfachter Form in Abb. 3.69b gezeigt, durch große Kondensatoren C_∞ gleichstrommäßig voneinander entkoppelt.

Die in Abschn. 3.4.1 benutzten reellen H-Parameter sind zur Beschreibung Verstärkungseigenschaften des RC-Verstärkers bei Frequenzen $> 1MHz$ nicht anwendbar. Man müsste komplexe H-Parameter definieren, was jedoch nicht üblich ist. Geeignet sind die komplexen $\underline{Y}$-Parameter, die jedoch wegen ihrer Frequenzabhängigkeit die Verstärkung nur punktweise beschreiben. Die in Abschn. 3.4.1 angegebenen Beziehungen können hierzu benutzt werden, wenn man die entsprechenden als komplex angenommenen H-Parameter in $\underline{Y}$-Parameter mit den Gln. (3.204) umrechnet. Die komplexen Y-Parameter lauten mit $b_{nm} = \omega C_{nm}$:

$$\begin{aligned} \underline{Y}_{11} &= g_{11} + jb_{11}; \quad \underline{Y}_{12} = g_{12} + jb_{12} \\ \underline{Y}_{21} &= g_{21} + jb_{21}; \quad \underline{Y}_{22} = g_{22} + jb_{22}. \end{aligned} \tag{4.140}$$

Aus Gl. (3.210) und (3.208) erhält man so für die Spannungsverstärkung $\underline{v}_u$ und die Stromverstärkung $\underline{v}_i$, mit $det\underline{Y} = \underline{Y}_{11}\underline{Y}_{22} - \underline{Y}_{12}\underline{Y}_{21}$

$$\underline{v}_u = -\frac{\underline{Y}_{21}R_L}{\underline{Y}_{22}R_L + 1}; \quad \underline{v}_i = \frac{\underline{Y}_{21}}{\underline{Y}_{11} + det\underline{Y} \cdot R_L}. \tag{4.141}$$

□**Beispiel 4.15**
Ein HF-Transistor einer RC-Verstärker-Emitterschaltung, s. Abb. 3.68, mit dem Lastwiderstand $R_2 = 1$ kΩ habe bei der Frequenz $f = 400$ kHz die folgenden $\underline{Y}$-Parameter: $\underline{Y}_{11} = (1 + j0,1)$ mS, $\underline{Y}_{22} = (5 + j4)$ μS, $\underline{Y}_{12} = -j1$ μS, $\underline{Y}_{21} = 90$ mS.

Mit den Gln. (4.141) ermittelt man damit bei der Frequenz $f = 400$ kHz für die Spannungsverstärkung $\underline{v}_u = -89,6 \cdot e^{-j0,228^\circ} \approx -89,6$ und die Stromverstärkung $\underline{v}_i = 88e^{-j11^\circ}$

Durch Rechnung mit $\underline{Y}$-Parametern bei anderen Frequenzen kann man so punktweise den frequenzabhängigen Verstärkungsverlauf nähern.

Zur Beschreibung der frequenzabhängigen Verstärkung eines RC-Verstärkers benutzt man jedoch meist das Giacoletto-Ersatzbild nach Abb. 4.46b. In den beiden folgenden Abschnitten wird ein vereinfachtes Giacoletto-Ersatzbild zur Beschreibung selektiver Verstärker angewendet.

Die Benutzung der $\underline{Y}$-Parameter eignet sich besonders bei schmalbandigen selektiven Verstärkern, da hier aufgrund der Schmalbandigkeit die Verstärkungsberechnung bei der Signalmittenfrequenz ausreicht.

Bei höheren ($f > 500$ MHz) und sehr hohen Frequenzen im GHz-Bereich erfolgt die Verstärkerberechnung oft mit Hilfe der $\underline{S}$-Parameter, s. Abschnitt 4.2.4.6 [56].

4.3.3.2 Schwingkreisverstärker

Verstärkt man nur schmalbandige Signale oder eine einzige Sinusschwingung, so verwendet man selektive Verstärker mit einem Parallelschwingkreis im Kollektorzweig des Transistors. Hierdurch erhält man eine Unterdrückung der Außerbandstörungen. In Abb. 4.50a ist ein selektiver Verstärker mit der Eingangsschaltung einer Folgestufe dargestellt. Abb. 4.50b zeigt sein Ersatzbild bei Anwendung des Giacoletto-Ersatzbildes, Abb. 4.46, wobei Rückwirkungsfreiheit angenommen wird. Die Vernachlässigung der Rückwirkung ($\underline{Y}_{12} \approx 0$) bedeutet im Ersatzbild nach Giacoletto, daß $r_{B'C} \to \infty$ und $C_{B'C} \to 0$ zu setzen ist. Außerdem werden $r_{B'B}$ und $C_{B'E}$ vernachlässigt. In Abb. 4.50c ist das Ersatzbild nach der Zusammenfassung der Widerstände und Kapazitäten dargestellt.

$$G_{p,ges} = \frac{1}{R_{p,ges}} = \frac{1}{R_p} + \frac{1}{r_{CE1}} + \frac{1}{R_3} + \frac{1}{R_4} + \frac{1}{r_{BE2}}; \quad C_{ges} = C + C_{CE1} + C_s + C_{e2} \tag{4.142}$$

Im Einzelnen bezeichnet S_i die innere Steilheit des Transistors, C_{CE} die Ausgangskapazität von Transistors T_1, C_S die Schaltkapazität infolge des Schaltungsaufbaus, r_{CE1} den Ausgangswiderstand von T_1, r_{BE1} den Eingangswiderstand von T_1, r_{BE2} den Eingangswiderstand von T_2, C_{e2} die Eingangskapazität von T_2, und R_p ist der Schwingkreis-Resonanzwiderstand.

Durch die verschiedenen zu R_p parallel liegenden parasitären Widerstände verringert sich die Schwingkreisgüte Q_k auf Q_{ges}. Ebenso wird die wirksame Schwingkreiskapazität von C auf C_{ges} durch die parasitären Kapazitäten erhöht. Letzeres resultiert in einer Verschiebung der Resonanzfrequenz.

Aus dem Ersatzbild nach Abb. 4.50c erhält man unmittelbar

$$\underline{v}_u = \frac{\underline{U}_2}{\underline{U}_1} = \frac{-S_i}{\underline{Y}_{p,ges}} = \frac{-S_i}{G_{p,ges} + j\left(\omega C_{ges} - \frac{1}{\omega L}\right)} \tag{4.143}$$

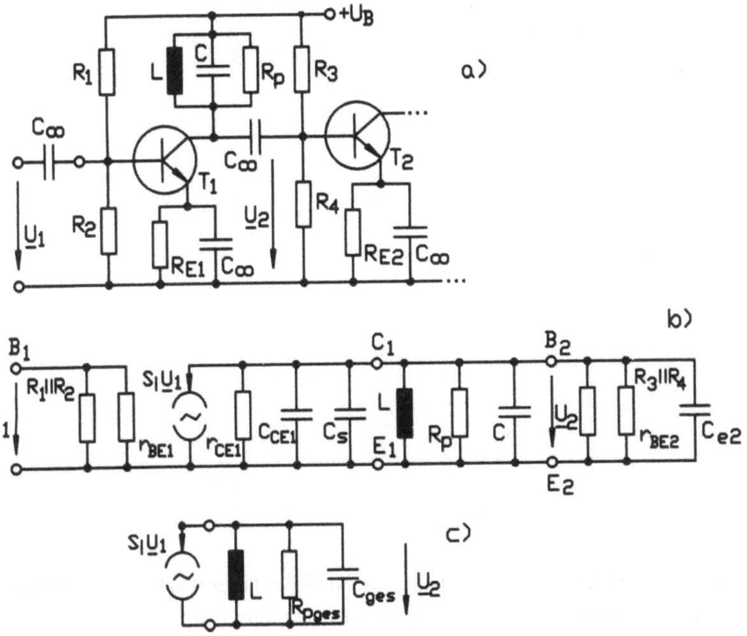

Abbildung 4.50: a) Selektiver Verstärker; b) Ersatzbild; c) Resultierendes Ersatzbild

Führt man die relative Verstimmung ϖ, s. Gl. (4.38), ein so folgt für die Spannungsverstärkung

$$\underline{v}_u = \frac{\underline{U}_2}{\underline{U}_1} = -\frac{S_i R_{p,ges}}{1 + jQ_{ges}\varpi} = -\frac{S_i Z_{k,ges}}{\tan\delta_{ges} + j\varpi}; \quad Z_{k,ges} = \sqrt{\frac{L}{C_{ges}}}, \tag{4.144}$$

mit $Z_{k,ges}$ dem Kennwiderstand des im Betriebsfall entstehenden Schwingkreises. Für die Güte Q_{ges}, die Resonanzkreisfrequenz ω_0 und die $3dB$-Bandbreite B, erhält man somit im Betriebsfall

$$Q_{ges} = \frac{1}{\tan\delta_{ges}} = \frac{R_{p,ges}}{Z_{k,ges}}; \quad \omega_0 = \frac{1}{\sqrt{LC_{ges}}}; \quad B = \frac{f_0}{Q_{ges}}. \tag{4.145}$$

Abb. 4.51a zeigt die Ortskurve der Verstärkung $\underline{v}_u$ des einkreisigen selektiven Verstärkers. Sie hat abgesehen von einer Phasendrehung von 180° qualitativ den gleichen Verlauf wie die Ortskurve von $\underline{Z}_p$ des Parallelschwingkreises, s. Abb. 4.14b. Aus Gl. (4.143) ist diese Eigenschaft erkennbar, da sich v_u und $\underline{Z}_{p,ges}$ nur durch den konstanten Faktor S_i unterscheiden. Unterschiede gibt es lediglich im

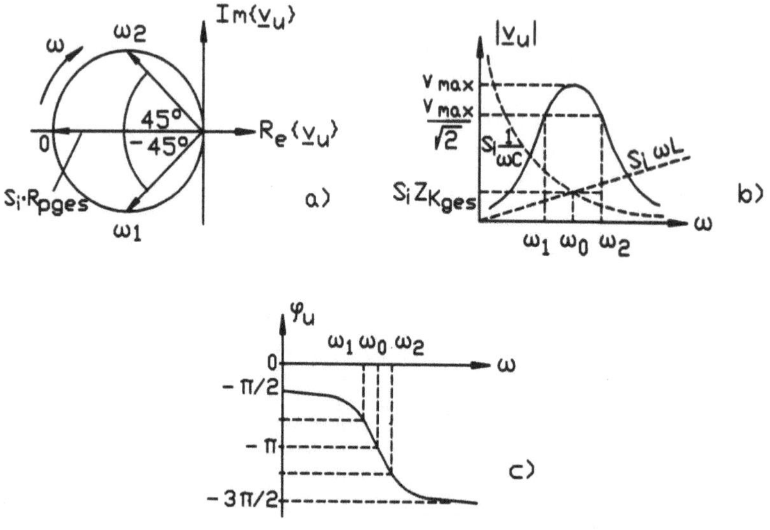

Abbildung 4.51: a) Ortskurve von $\underline{v}_u$ beim Selektivverstärker; b) Betragsverlauf der Spannungsverstärkung; c) Phasenverlauf der Spannungsverstärkung

Durchmesser der Ortskreise und der Phasenlage. Die Lage und der Durchmesser des Ortskreises beim selektiven Verstärker wird durch das negative Vorzeichen in G. (4.144) und die Erhöhung der Signalamplitude infolge der Verstärkung verursacht.

In Abb. 4.51b ist der Betrag $|\underline{v}_u|$ und in Abb. 4.51c die Phase φ_u von $\underline{v}_u$ qualitativ über der Frequenz dargestellt.

$$|\underline{v}_u| = \frac{S_i Z_{k,ges}}{\sqrt{\tan^2 \delta_{ges} + \varpi^2}} = \frac{S_i R_{p,ges}}{\sqrt{1 + Q_{ges}^2 \varpi^2}}; \quad \varphi_u = -\pi - \arctan \varpi Q_{ges} \qquad (4.146)$$

Aus der vorstehenden Gleichung für $|\underline{v}_u|$ wird deutlich, daß die Verstärkung dann groß wird, wenn man einen Transistor mit möglichst großer Steilheit S_i verwendet. Die maximale Verstärkung tritt im Resonanzfall bei $\varpi = 0$ auf. Es wird dann $|v_u|_{max} = S_i R_{p,ges}$.

□ **Beispiel 4.16**

Ein Schwingkreisverstärker, s. Abb. 4.52, werde im Arbeitspunkt $I_{C,A} = 3$ mA, $U_{CE,A} = 10$ V, $I_{B,A} = 35$ μA, $U_{BE,A} = 0,71$ V bei der Resonanzfrequenz $f_0 = 450$ kHz betrieben. Die Betriebsspannung sei $U_B = 12$ V und der Quergleichstrom am Transistoreingang $I_q = 10 I_{B,A}$. Die Schwingkreisbandbreite sei $B = 10$ kHz. Für die $\underline{Y}$-Parameter findet man aus vorliegenden Transistorherstellerangaben $\underline{Y}_{11} = (1,2 + j0,2)$ mS, $\underline{Y}_{22} = (5,5 + j4,5)$ μS, $\underline{Y}_{12} = -j1$ μS und $\underline{Y}_{21} = 90$ mS.

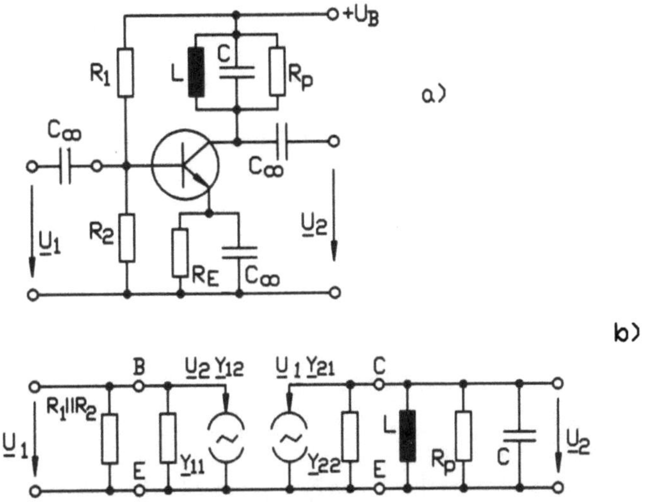

Abbildung 4.52: a) Schwingkreis-Verstärker; b) $\underline{Y}$-Ersatzbild

Zunächst ermittelt man den Basisspannungsteiler R_1, R_2 zur Einstellung des Arbeitspunktes. Mit $U_{R_E} = U_B - U_{CE,A} = 2$ V folgt $R_1 = (U_B - U_{BE,A} - U_{R_E})/10 I_{B,A} = 26,5$ kΩ und $R_2 = U_{R_2}/(I_q - I_B) = (U_{BE,A} + U_{R_E})/9 I_{B,A} = 8,6$ kΩ. Der Emitterwiderstand hat den Wert $R_E = U_{R_E}/I_E = U_{RE}/(I_{B,A} + I_{C,A}) = 0,66$ kΩ. R_E, welcher zur Gleichstromgegenkopplung dient und damit zur Stabilisierung des Arbeitspunktes, wird durch den großen Kondensator C_E (einige μF) überbrückt. Für den Emitterwechselsstrom stellt der Kondensator praktisch keinen Widerstand dar. Die Güte des Schwingkreises errechnet man zu $Q_{ges} = f_0/B = 45$. Aus dem Ersatzbild Abb. 4.52b erhält man den resultierenden Parallelleitwert $\underline{Y}_{p,ges} = \underline{Y}_{22} + (1/j\omega L) + j\omega C + G_p = g_{22} + j\omega C_{22} + (1/j\omega L) + j\omega C + G_p = (g_{22} + G_p) + j\left[\omega(C + C_{22}) - (1/\omega L)\right]$. Hieraus folgt die Resonanzfrequenz des selektiven Verstärkers zu $f_0 = (1/2\pi)(1/\sqrt{L(C + C_{22})})$. Als Schwingkreisinduktivität wird $L = 5\mu H$ angenommen. Aus der Gleichung für die Resonanzfrequenz findet man dann durch Umstellung mit $C_{22} = 1,59 \cdot 10^{-12}$ F die Schwingkreiskapazität $C = 25$ nF. Für die Spannungsverstärkung folgt $\underline{v}_u = (\underline{U}_2/\underline{U}_1) = -\underline{Y}_{21}/\underline{Y}_{p,ges}$. Da der Verstärker bei der Schwingkreis-Resonanzfrequenz betrieben wird, verschwindet der Imaginärteil von $\underline{Y}_{p,ges}$, und es verbleibt die Verstärkung im Resonanzfall $v_0 = -\underline{Y}_{21}/(g_{22} + G_p) = -57,1$ mit $G_p = 1/(Q_{ges} Z_{k,ges}) = 1/\left(Q_{ges}\sqrt{(L/C_{ges})}\right) = 1/\left(Q_{ges}\sqrt{L/(C + C_{22})} =\right) = 1,57 \cdot 10^{-3}$ S.

Da bei dem betrachteten Verstärker die Rückwirkung $\underline{Y}_{12} \neq 0$ ist, müßte der Verstärker neutralisiert werden, d.h. die Rückwirkung durch Schaltungsmaßnahmen beseitigt werden [63]. Bei moderneren Transistoren kann jedoch $\underline{Y}_{12} \approx 0$

angenommen werden, sodaß eine Neutralisation entfällt.

4.3.3.3 Bandfilterverstärker (Mehrkeisverstärker)

Zur Verbesserung der Flankensteilheit und damit der Selektionseigenschaften verwendet man anstelle der Schwingkreisverstärker oft Bandfilterverstärker. Der Schwingkreis wird hierbei durch ein steilflankiges Kopplungsbandfilter ersetzt, s. Abb. 4.53ab. In Abb. 4.53a ist ein kapazitv gekoppeltes Bandfilter gezeichnet.

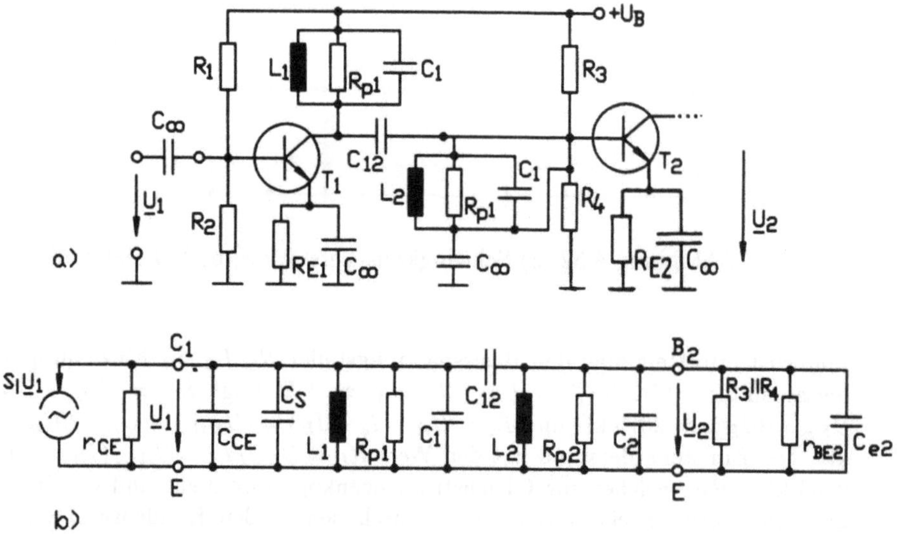

Abbildung 4.53: a) Bandfilterverstärker; b) Ersatzbild

Grundsätzlich können jedoch alle bereits in Abschn. 4.2.3 genannten Bandfilterarten verwendet werden. Für die Transistoren wird wieder das vereinfachte Ersatzbild nach Giacoletto, wie beim Schwingkreisverstärker, angewendet, s. Abb. 4.50.

Die weitere Zusammenfassung des Ersatzbildes führt auf das beschaltete Kopplungsbandfilter nach Abb. 4.17ab, dessen Betriebseigenschaften in Abschn. 4.2.3 dargestellt sind. Allerdings sind nun anstelle von C_1, R_1, etc. die Gesamtgrößen zu verwenden, die die parasitären Transistoreinflüsse enthalten, nämlich

$$G_{1,ges} = \frac{1}{R_{1,ges}} = \frac{1}{r_{CE1}} + G_{p1}; \quad C_{1,ges} = C_{CE} + C_1 + C_S \tag{4.147}$$

und

$$G_{2,ges} = G_{p2} + \frac{1}{R_3} + \frac{1}{R_4} + \frac{1}{r_{BE2}}; \quad C_{2,ges} = C_2 + C_e. \tag{4.148}$$

sowie $\underline{U}_0 = -S_i\underline{U}_1$ (C_{e2} = Eingangskapazität von T_2, $G_{p1} = 1/R_{p1}, G_{p2} = 1/R_{p2}$). Die Bedeutung der Formelzeichen ist die gleiche wie beim Schwingkreisverstärker.

Aus dem Betriebsübertragungsfaktor des Bandfilters und den Ersatzbildern 4.53b sowie 4.17b erhält man mit $R_i = R_a$ und $\underline{U}_0 = -S\underline{U}_1 R_i$*die* Spannungsverstärkung $\underline{v}_u = \underline{U}_2/\underline{U}_1$ des Bandfilterverstärkers [56, 63].

$$\underline{H}_B = \frac{2\underline{U}_2}{\underline{U}_0}\sqrt{\frac{R_i}{R_a}} = \frac{-2jK}{1+K^2-Q^2\varpi^2+2jQ\varpi}; \quad \underline{v}_u = \frac{-jKS_iR_i}{1+K^2-Q^2\varpi^2+2jQ\varpi} \tag{4.149}$$

4.3.4 Rauscharme Kleinsignal-Transistorverstärker

An den Empfängereingängen von Funksystemen (Satellitenfunk, Richtfunk) benötigt man Verstärker, die ein möglichst geringes Eigenrauschen besitzen. Nur mit solchen Verstärkern ist man dann in der Lage, die von einem ca. 36000 km entfernten Satelliten auf der geostationären Bahn kommenden, stark gedämpften Signale zu verstärken, ohne daß der Pegel des Verstärkereigengeräuschs den schwachen Signalpegel übersteigt.

Bipolare Transistoren sind aufgrund ihres hohen Eigenrauschens grundsätzlich für solche Verstärker nicht geeignet. Eingesetzt werden bestimmte Feldeffekttransistoren, die erheblich geringere Eigenrauschleistungen erzeugen.

Damit rauscharme Vorverstärker betrachtet werden können, müssen zunächst einige Eigenschaften des thermischen Rauschens diskutiert werden. Die einzelnen Komponenten eines Übertragungssystems werden hierbei als Rauschvierpole aufgefaßt, mit deren Hilfe das Eigenrauschen charakterisiert wird.

4.3.4.1 Rauschen, Rauschvierpole

Aufgrund der temperaturabhängigen statistischen Bewegungen der Elektronen im Widerstandsmaterial, entsteht an einem Widerstand R die effektive Rauschspannung U_r. Wird der Widerstand in einer Schaltung bei Leistungsanpassung betrieben, so erzeugt er eine verfügbare (thermische) Rauschleistung N , deren Rauschleistungsdichte N_0 über dem gesamten Frequenzbereich konstant ist, s. Beispiel 2.9 und Abb. 2.15 sowie Gln. (2.70) und (2.71).

$$U_r = \sqrt{4kT_kBR}; \quad N = \frac{U_r^2}{4R} = kT_kB = N_0B$$

Da die Rauschleistungsdichte gleichmäßig über aller Frequenzen verteilt ist nennt man sie "weißes Rauschen", vergleichbar mit dem weißen Licht das aus der Summe der Spektralfarben entsteht. T_k ist die absolute Temperatur des rauschenden Widerstandes und $k = 1,38 \cdot 10^{23} Joule/Kelvin$ die Boltzmann-Konstante.

In den aktiven und passiven Vierpolen eines Übertragungssystems, welche aus Widerständen, Leitungen, Dioden, Transistoren, etc. aufgebaut sind, entsteht ein bestimmtes Eigenrauschen, das frequenzunabhängig, wie das thermische Rauschen, aber auch frequenzabhängig sein kann, wie Schrotrauschen, Funkelrauschen, etc [63, 64].

Zur Beschreibung des Rauschverhaltens eines Vierpols sind die beiden wichtigsten Größen die **Rauschzahl** und die **äquivalente Rauschtemperatur**. Abb.4.54 zeigt einen Vierpol, dem eingangsseitig die Rauschleistung N_1 und die Signalleistung S_1 zugeführt wird. Die Rauschleistung N_1 wird durch den Innenwiderstand

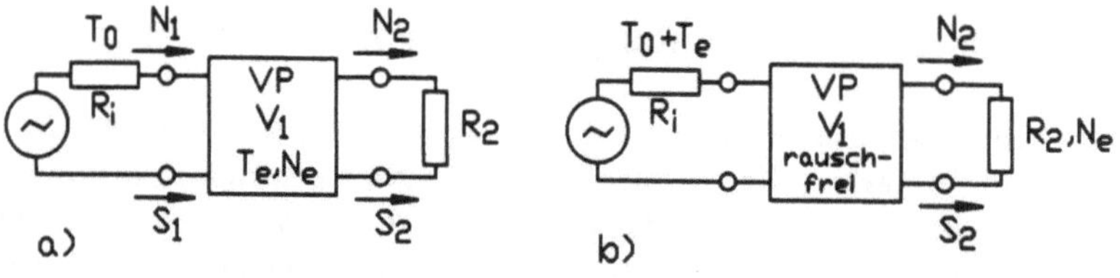

Abbildung 4.54: a) Rauschvierpol und Rauschquelle; b) Rauschfreier Vierpol

R_i der Signalquelle verursacht, der sich auf der Raumtemperatur $T_0 = 290K$ befindet. Der Vierpol verursacht eine Leistungsverstärkung, sodaß am Vierpolausgang die Signalleistung $S_2 = V_1 S_1$ und die Rauschleistung $N_1 = V_1 N_1 + N_e$ vorliegt. N_e bezeichnet die vom Vierpol selbst erzeugte verfügbare Eigenrauschleistung. Die Rauschzahl ist nun der Quotient aus den Signal-Geräuschverhältnissen am Vierpolausgang ohne bzw. mit Berücksichtigung des Eigenrauschens N_e.

$$F = \frac{(S/N)_{Aus}}{(S/N)_{Aus'}} = \frac{\frac{S}{V_1 k T_0 B}}{\frac{S}{V_1 k T_0 B + N_e}} = \frac{V_1 k T_k B + N_e}{V_1 k T_0 B} = 1 + \frac{N_e}{GkB}\frac{1}{T_0} = 1 + \frac{T_e}{T_0} \quad (4.150)$$

T_e bezeichnet man als Rauschtemperatur des Vierpols. In der Praxis wird die Rauschzahl oft als Rauschmaß in dB angegeben.

$$(F)_{dB} = 10 \lg F \quad (4.151)$$

Zur weiteren Betrachtung werde der Eigenrauschanteil T_e des Vierpols nach Abb. 4.54a dem Innenwiderstand der Quelle zugeordnet. Der Vierpol selbst kann dann als rauschfrei angenommen werden, s. Abb. 4.54b. Der Innenwiderstand der Signalquelle befindet sich somit auf der **äquivalenten Rauschtemperatur** $T_{\ddot{a}_q} = T_0 + T_e$, und der Vierpol ist rauschfrei. Dem rauschfreien Vierpol wird nun die gesamte Rauschleistung $N_1 = N_0 + N_e = kB(T_0 + T_e)$ und die Signalleistung S_1 zugeführt.

Bildet man eine **Kettenschaltung aus n Vierpolen**, so kann jeder Vierpol durch seine verfügbare Leistungsverstärkung V_i und seine Rauschtemperatur T_{ei}

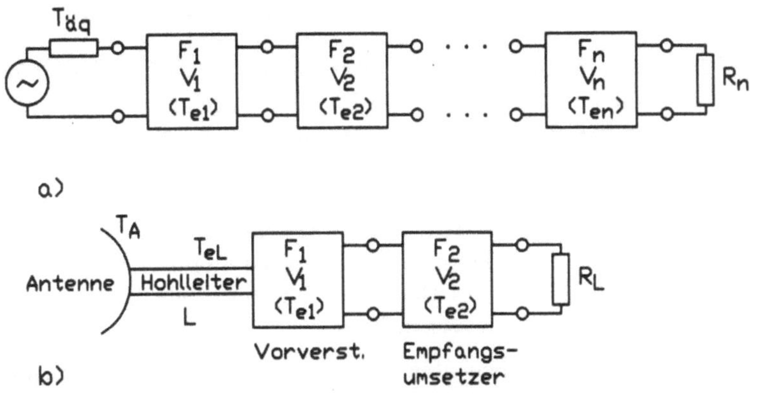

Abbildung 4.55: a) Kettenschaltung von Rauschvierpolen; b) Prinzip eines Funk-Empfangssystem

bzw. seine Rauschzahl charakterisiert werden, s. Abb. 4.55. Die äquivalente Rauschtemperatur des R_i einer Signalquelle, dem die Eigenrauschanteile einer Kettenschaltung aus n Vierpolen mit zugeordnet werden, ist

$$T_{\ddot{a}_q} = T_0 + T_{e1} + \frac{T_{e2}}{V_1} + \frac{T_{e3}}{V_1 V_2} + \cdots + \frac{T_e n}{V_1 V_2 V_3 \cdots V_n}. \tag{4.152}$$

Passive Vierpole wie **Leitungen** besitzen Dämpfungen, die zu Leistungsverlusten führen ; sie entwickeln abhängig von der Umgebungstemperatur T_0 ebenfalls ein Eigenrauschen. Liegt beispielsweise am Eingang einer verlustbehafteten Leitung der Temperatur T_0, wie z.B am Hohlleiter zwischen Antenne und Vorverstärker nach Abb. 4.55b, die Rauschleistung $N_1 = kT_0B$, so erhält man am Ausgang der Leitung die Rauschleistung $N_2 = (1/L)kB(T_0 + T_{eL})$ mit dem Dämpfungsfaktor $L = (1/V_L)$ und $T_{eL} = (L-1)T_0$.

□ **Beispiel 4.17**
Von einem Empfangssystem aus Antenne, Hohlleiter, Vorverstärker und Empfangsumsetzer, s. Abb. 4.55b sind die folgenden Werte bekannt: Von der Antenne aufgefangene verfügbare Rauschleistung entsprechend einer Rauschtemperatur $T_A = 50$ K, Hohleiterdämpfung $L = 2$ dB $\hat{=}1,58$; Rauschzahl $F_1 = 1,5$ dB $\hat{=}1,41$; Verstärkung $V_1 = 10$ dB $\hat{=}10$; Rauschzahl $F_2 = 4$ dB $\hat{=}2,51$; Verstärkung $V_2 = 20$ dB $\hat{=}100$.

Hieraus ermittelt man die Eigenrauschtemperaturen: Hohlleiter $T_{eL} = (L-1)T_0 = 168$ K, Vorverstärker $T_{e1} = (F_1 - 1)T_0 = 119$ K, Empfangsumsetzer $T_{e2} = (F_2 - 1)T_0 = 438$ K. Mit Gl. (4.152) errechnet man somit die äquivalente Rauschtemperatur $T_{\ddot{a}_q} = T_A + T_{eL} + LT_{e1} + \frac{LT_{e2}}{V_1} = 475$ K.

4.3.4.2 Rauscharme Verstärker mit Feldeffekttransistoren

Als aktive Elemente von Kleinsignalverstärkern werden Si-JFET's bis zu Frequenzen von einigen Hundert MHz, SI-MOS-FET's bis ungefähr 1 GHz und GaAS-MESFET's bis etwa 50 GHz eingesetzt. Als Rauscheinfluß tritt beim FET überwiegend das thermische (weiße) Rauschen auf, da der Kanal einen stromdurchflossenen Widerstand darstellt; aber auch die parasitären Widerstände liefern einen Rauschbeitrag. Weitere Rauscheinflüsse stellen das Schrotrauschen des Gate-Reststroms, das frequenzabhängige (1/f)-Rekombinationsrauschen und das Diffusionsrauschen [63, 64] dar. Der Hauptanteil des Geräuschs resultiert jedoch aus dem Widerstandsrauschen des stromdurchflossenen Kanals.

Unter den aktiven Verstärkerelementen erzeugt der GaAs-JFET das geringste Eigenrauschen. Die Ladungsträger bewegen sich beim J-FET im Inneren des homogenen "Kanals", wobei der Kristalltyp nicht gewechselt wird. Im Halbleiter GaAs haben die Elektronen eine sehr hohe Beweglichkeit ($\mu_n = 8000 cm^2/Vs$) gegenüber Silizium mit nur $\mu_n = 1300\ cm^2$/Vs jeweils bei einer Temperatur von $T_k = 300$ K. Dies ist der Grund, weshalb GaAS-JFET's für höhere Frequenzen im GHz-Bereich besser geeignet sind als Si-JFETS. Auch GaAs-MESFET's sind für Frequenzen im GHz Bereich einsetzbar.

Eine Verbesserung der Rauscheigenschaften erreicht man durch Kühlung im Gegensatz zu Bipolartransistoren, weil dort das Schrotrauschen überwiegt.

In Abb. 4.56 ist das Rauschverhalten verschiedener Verstärkerarten, die in Empfangseinrichtungen des GHz-Bereichs benutzt werden, über der Signalfrequenz dargestellt.

Der Verstärkeraufbau erfolgt vom Prinzip her genauso, wie bei herkömmlichen Verstärkern mit bipolaren Transistoren. Allerdings müssen bei Frequenzen im GHz-Bereich diskrete Bauelemente durch Stichleitungen aus Streifenleitern ersetzt werden, s. Abb. 4.57. Die Berechnung dieser Komponenten erfolgt hierbei mit Hilfe der $\underline{S}$-Parameter, siehe z.B. [56, 63, 64, 68].

4.3.4.3 Reflexionsverstärker, parametrischer Verstärker

Der Reflexionsverstärker ist ein Mikrowellenverstärker, bestehend aus einem Zirkulator, s. Abschn. 4.2.6.1, und einem aktiven Zweipol, z.B. einem parametrischen Verstärker, einem Netzwerk mit einem negativ reellen Widerstand $R_N < 0$ im Resonanzfall. In Abb. 4.58 ist ein solcher Verstärker dargestellt. Gemäß der skizzierten Umlaufrichtung kann die an Tor 1 eingespeiste Energie nur in Pfeilrichtung transportiert werden. Der negativ reelle Widerstand des aktiven Zweipols an Tor zwei $R_N < 0$ bewirkt dort, mit dem Wellenwiderstand Z_L des Zirkulators, einen Reflexionsfaktor

$$r_2 = \frac{R_N - Z_L}{R_N + Z_L} > 1. \tag{4.153}$$

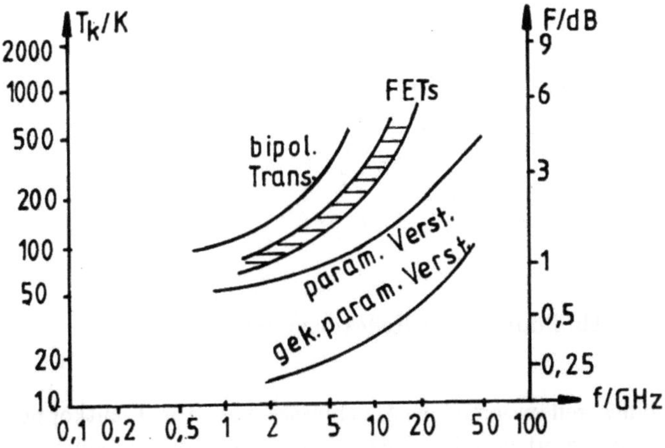

Abbildung 4.56: Rauschtemperaturen verschiedener Empfangseinrichtungen

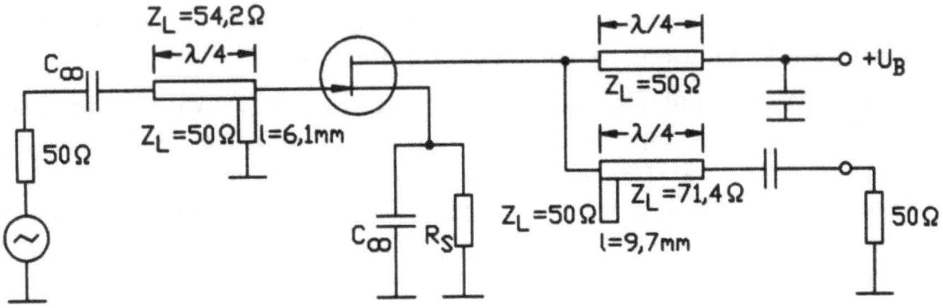

Abbildung 4.57: Verstärkerrealisierung mit Streifenleitern GaAs-FET, $I_D = 10$ mA, $U_{DS} = 4$ V, $f = 5$ GHz) [56]

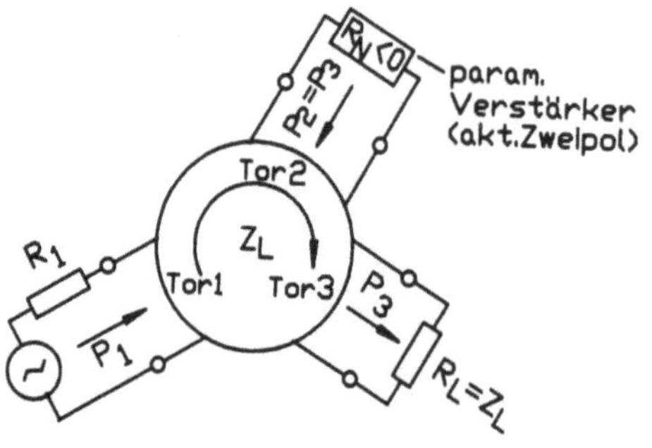

Abbildung 4.58: Reflexionsverstärker

Tor 3 ist infolge eines reflexionsfreien Abschlusses von Tor 1 entkoppelt. Ein direkter Energiefluß ist somit von Tor 1 nach Tor 2 und Tor 3 möglich und nicht umgekehrt. Von Tor 2 nach Tor 3 entsteht auch ein indirekter Signalfluß, wenn an Tor 2 Signalenergie reflektiert wird.

Die vom Signalgenerator an Tor 1 gelieferte Wirkleistung P_1 wird wegen $r_2 > 1$ an Tor 2 in verstärkter Form reflektiert und dem Lastwiderstand R_L an Tor 3 zugeführt. Bei Vernachlässigung der Verluste im Zirkulator gilt

$$P_1 = \frac{U_1^2}{Z_L}; \quad P_2 = P_3 = |r_2|^2 P_1, \tag{4.154}$$

wobei $G = |r_2|^2$ die Betriebsleistungsverstärkung des Reflexionsverstärkers bei reflexionsfreien Abschlüssen an Tor 1 und Tor 3 darstellt.

Der negative Widerstand R_N, der an Tor 2 angeschaltet ist, wird im parametrischen Verstärker durch eine Kapazitätsdiode (Varaktor) realisiert, deren spannungsvariable Kapazität C_D durch eine periodische "Pumpspannung" $\underline{U}_p$ der Kreisfrequenz ω_p verändert wird, s. Abb. 4.59. Die "gepumpte" Kapazitätsdiode dient als nichtlineares Mischelement (näheres zur Signalmischung ist in Abschn. 4.3.7 dargestellt). Die beiden Reihenschwingkreise in Abb. 4.59a sind unter Berücksichtigung der Arbeitspunktkapazität $C_{D,A}$ der Kapazitätsdiode auf die Signalresonanzfrequenz (Signalmittenfrequenz) f_s und die Resonanzhilfsfrequenz $f_h = f_p - f_s$ (Idler-Frequenz) abgestimmt. Letztere entsteht aus der Mischung von Pumpspannung $\underline{U}_p$ und Signalspannung $\underline{U}_s$ an der Kapazitätsdiode. Bei der Mischung entsteht $f\ddot{u}r f_p > f_s$ auch eine Komponente mit dem negativen Widerstand R_N. Da sowohl Signal- als auch Hilfsschwingkreis bei Resonanz betrieben werden, erhält man an Tor 2 den negativ reellen Widerstand R_N, belastet durch die niederohmigen Resonanzwiderständen R_s, R_h und den Bahnwiderstand R_B der Diode. Da der negative Widerstand R_N überwiegt kommt es zu einem Refle-

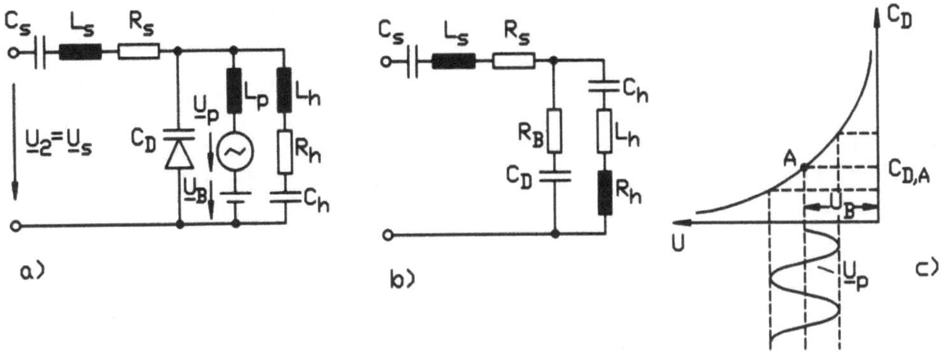

Abbildung 4.59: a) Prinzip des parametrischen Verstärkers; b) Ersatzbild; c) Kennlinie der Kapazitätsdiode

xionsfaktor $r_2 > 1$ und damit, wie erwähnt, zur Reflexion und Verstärkung des Signals von Tor 1, das nach Tor 3 weitergeleitet wird. Die Frequenz des reflektierten Signals entsteht hierbei aus einer Rückmischung zwischen dem Hilfssignal mit der Frequenz f_h und dem Pumpsignal der Frequenz f_p an der Kapazitätsdiode auf die Frequenz des reflektierten Nutzsignals $f_s = f_p - f_h$. Die Betriebsleistung wird der Pumpquelle entnommen.

Die Pumpfrequenz ist, abhängig von der Signalfrequenz, sehr hoch. Bei $f_s = 10$ GHz muß $f_p = 90$ GHz gewählt werden.

Die Eigenrauschtemperatur eines parametrischen Verstärkers ist näherungsweise $T_e \approx (f_s/f_h)T_v$ mit T_v der Betriebstemperatur des Verstärkers.

Im Satellitenfunk sind parametrische Verstärker im Einsatz mit Bandbreiten von $B = 500$ MHz bei einer Leistungsverstärkung von 60 dB.

Grundsätzlich bestimmt die Betriebstemperatur eines Vorverstärkers sein Rauschverhalten. Bei Kühlung mit flüssigem Helium sind mit parametrischen Verstärkern Rauschtemperaturen bis ca. 20 K möglich. Typische Werte liegen bei parametrischen Verstärkern in der Größenordnung von 70-100 K, die ohne Kühlung erreicht werden. Kühlung erfolgt auch mit Peltier-Elementen, wobei Kapazitätsdioden oder FET's eines rauscharmen Verstärkers auf einer konstanten Temperatur gehalten werden (z.B. $30°C$).

4.3.5 HF-Großsignalverstärker

Die Beschreibung der Großsignalverstärkung, wie sie in Abschn. 3.4.2 für **A-und B-Verstärker** kurz dargestellt ist, kann bei nicht zu hohen Frequenzen ebenfalls für HF-Verstärker übernommen werden, wenn man als aktive Elemente HF-Transistoren verwendet.

Ein im HF-Bereich wichtiger Großsignalverstärker zur Verstärkung amplitudendmodulierter analoger Signale (z.B. AM-Rundfunksignale) ist der C-Verstärker. Unter Amplitudenmodulation versteht man die Veränderung der Amplitude einer hochfrequenten Sinusschwingung im Sinne des zu übertragenden Informationssignals. In Kapitel 7 werden analoge Modulationsverfahren behandelt.

Zur Unterscheidung der drei Großsignalverstärkungsverfahren A-, B- und C-Betrieb sei auf Abb. 4.60 hingewiesen. Dort wird in Abhängigkeit des sogenannten Stromflußwinkels θ, der den halben Phasenbereich des Stromflusses im Verstärkereingangsignal angibt, durch Aussteuerung einer idealisierten Knickkennlinie das Verstärkungsprinzip gezeigt. Aus Abb. 4.60 erkennt man, daß amplitu-

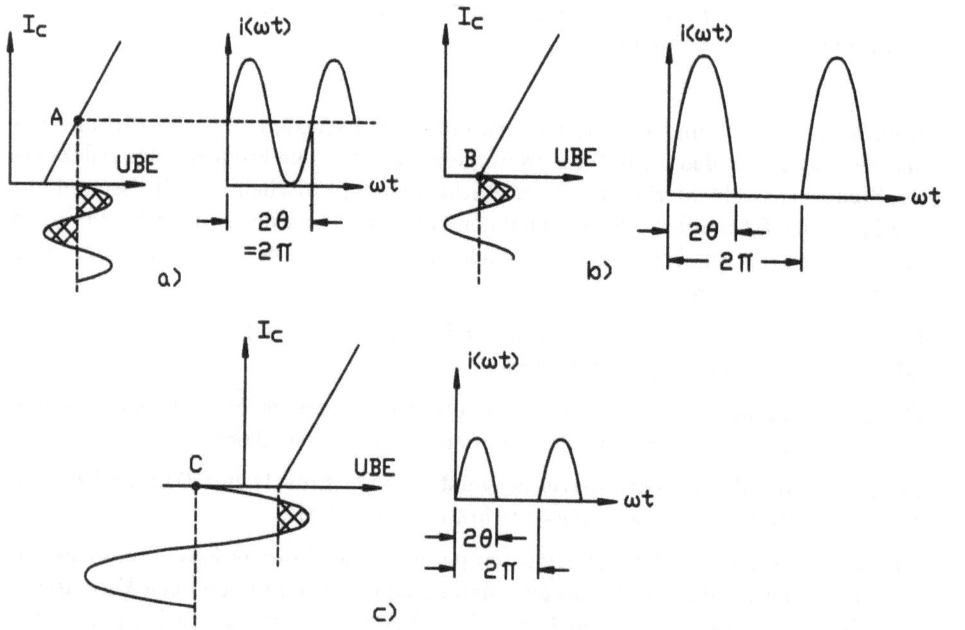

Abbildung 4.60: Betriebsarten von Großsignalverstärkern: a) A-Betrieb ($\theta = 180^o$); b) B-Betrieb ($\theta = 90^o$); c) C-Betrieb ($\theta < 90^o$)

denmodulierte Signale bei A-, B- und C-Betrieb verstärkt werden können. Liegen jedoch phasen- oder frequenzmodulierte Signale vor, siehe Kapitel 7, bei denen die Information in der Phasen- bzw. Frequenzänderung einer hochfrequenten Sinusschwingung liegt, also in der Änderung der Signalnulldurchgänge, so ist nur A-Betrieb (u.U. auch Gegentakt-B-Betrieb) möglich, da bei B-Betrieb nur die obere Halbwelle und bei C-Betrieb nur ein Teil derselben verstärkt wird. Entsprechendes gilt auch für digital modulierte Signale, s. Kapitel 8.

4.3.5.1 C-Verstärker

Der C-Verstärker wird als selektiver Leistungsverstärker in Endstufen von Sendern (z.B. im analogen Rundfunk) eingesetzt, da er gegenüber dem A- bzw. B-Verstärker einen höheren Wirkungsgrad besitzt.

In Abb. 4.60 ist die Aussteuerung an einer idealisierten Transistor-Knickkennlinie dargestellt. Am Verstärkerausgang erscheinen nur "Stromkuppen", die lediglich Teile einer Sinusschwingung darstellen, da dem Eingangssignal zur Einstellung des Arbeitspunktes eine entsprechende Gleichspannung überlagert wird; in Abb. 4.61 ist dies durch eine Batterie angedeutet. Durch Fourieranalyse erhält man

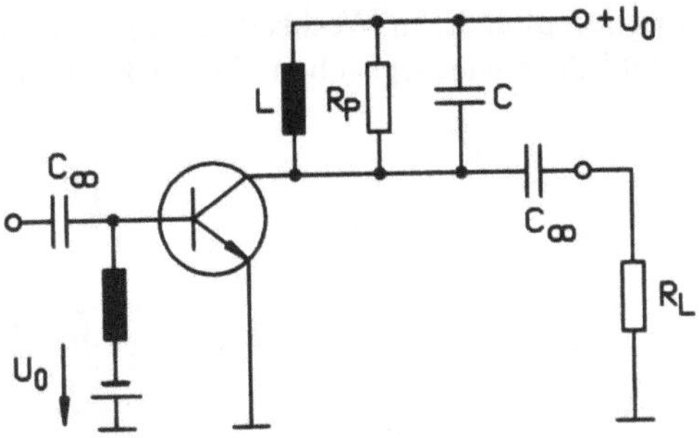

Abbildung 4.61: Prinzip des C-Verstärkers

aus der periodischen Folge von Stromkuppen am Verstärkerausgang einen Gleichanteil, eine Grundwelle und eine unendliche Anzahl von Oberschwingungen. Im Kollektorkreis des Verstärkers befindet sich deshalb, neben dem Lastwiderstand R_L, ein Schwingkreis, der auf die Frequenz der Grundwelle f_0 abgestimmt ist und der die Oberschwingungen unterdrückt. Am Lastwiderstand liegt damit die Wechselleistung der Grundwelle $P_{0\sim}$, während zur Einstellung des Arbeitspunktes die Gleichstromleistung $P_=$ aufgebracht wird .

$$P_{0\sim} = \frac{1}{2}\hat{\imath}_{C0}\hat{u}_{CE}; \quad P_= = I_{C;A}U_B \tag{4.155}$$

$\hat{\imath}_{C0}$ ist der Maximalwert der Stromgrundwelle und $\hat{u}_{CE}$ der Maximalwert der Kollektorwechselspannung, die an R_L abfällt. Der Wirkungsgrad des Verstärkers η und die Verlustleistung P_v sind damit

$$\eta = \frac{P_{0\sim}}{P_=} = \frac{1}{2}\frac{\hat{u}_{CE}\hat{\imath}_{C0}}{I_{C,A}U_B}; \quad P_v = P_= - P_{0\sim} = \left(\frac{1}{\eta} - 1\right) P_{0\sim}. \tag{4.156}$$

Mit C-Verstärkern erreicht man Wirkungsgrade von ≈ 80%.

4.3.5.2 Wanderfeldröhrenverstärker

Für die breitbandige Verstärkung in Senderendstufen von Richtfunk- und Satelliten-Systemen verwendet man meist Wanderfeldröhrenverstärker die für Bandbreiten bis zu 500 MHz und Verstärkungen bis zu 60 dB realisiert werden können. Sie dienen der Verstärkung von analogen Multiplexsignalen, z.B. Bündel von Fernsprechsignalen, modulierten TV-Signalen oder digital modulierten Multiplexssystemen mit Bitraten von 140 Mbit/s und mehr.

Durch Heizung der Kathode einer Wanderfeldröhre und Fokussierung im Elektronenstrahl-Führungssystem wird ein feiner Elektronenstrahl erzeugt (ϕ = 2 mm, Stromdichte 40 A/cm^2), der mit der zu verstärkenden, in die Röhre eingekoppelten, hochfrequenten elektromagnetischen Welle, die sich wie der Elektronenstrahl in z-Richtung fortpflanzt, in Wechselwirkung tritt. In Abb. 4.62 ist das Schema einer Wanderfeldröhre wiedergegeben. Die elektromagnetische Welle wird

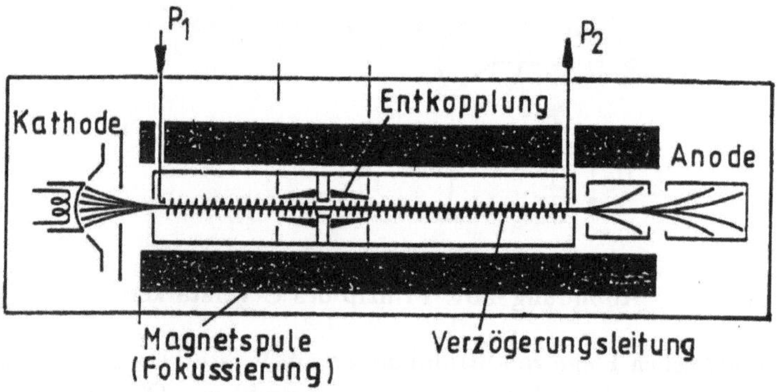

Abbildung 4.62: Funktionsprinzip einer Wanderfeldröhre

in der Wanderfeldröhre durch die Verzögerungsleitung von der Lichtgeschwindigkeit c_0 auf die Geschwindigkeit $v_p < v_e$ verzögert, damit eine möglichst intensive Wechselwirkung zwischen Welle und dem Elektronenstrahl, der die Ausbreitungsgeschwindigkeit v_e besitzt, erreicht wird. Es entsteht um die Verzögerungsleitung ein Lauffeld mit einer elektrischen Feldkomponente E_z in Ausbreitungsrichtung (z-Richtung), die auf die negativ geladenen Elektronen einwirkt. E_z verändert die Geschwindigkeit der sich ausbreitenden Elektronen. Die positive Halbwelle der sinusförmigen Komponente E_z beschleunigt die Elektronen, während die negative Halbwelle die Elektronen abbremst. Hierdurch kommt es im Elektronenstrahl zu einer Geschwindigkeitsmodulation und als Folge davon zu einer Stromdichtemodulation. Abb. 4.63 zeigt die Feldlinien auf der Verzögerungsleitung und den

Elektronenstrahl unterschiedlicher Ladungs- und damit Stromdichte. Da sich das

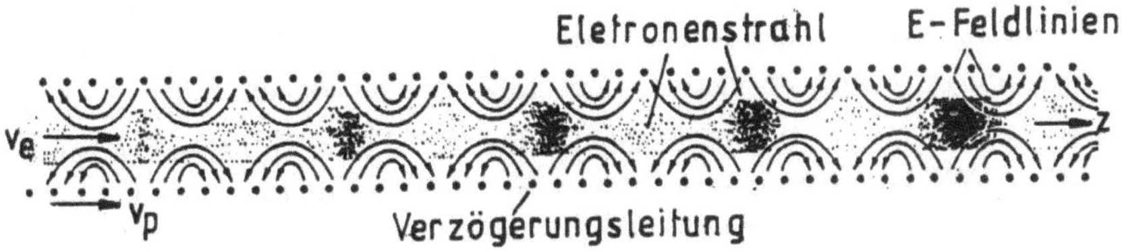

Abbildung 4.63: Stromdichtemodulation eines Elektronenstrahls durch ein Lauffeld

Lauffeld der elektromagnetischen Welle mit etwas geringerer Geschwindigkeit ausbreitet als die Elektronen - v_p ist etwas kleiner als v_e - werden die Elektronen im Mittel mehr abgebremst als beschleunigt, da ihre Verweilzeit im Bremsbereich größer ist als im Beschleunigungsbereich. Hierdurch müssen sie insgesamt Energie an die HF-Welle abgeben, was einer Verstärkung gleichkommt. Um Rückwirkungen vom Ausgang auf den Eingang zu verhindern, wird die Verzögerungsleitung in der Entkopplungszone durch Absorber entkoppelt, s. Abb. 4.62. Im Wechselwirkungsraum, nach der Entkopplung, erfolgt die ausnutzbare Verstärkung. Am Ende der Verzögerungsleitung wird die verstärkte HF-Welle ausgekoppelt, während die Elektronen durch Kollektoren (Anode) aufgefangen werden.

Abb. 4.64 zeigt die Kennlinie eines Wanderfeldröhrenverstärkers, die ein ausgeprägtes Sättigungsverhalten zeigt. Legt man den Arbeitspunkt in den nicht-

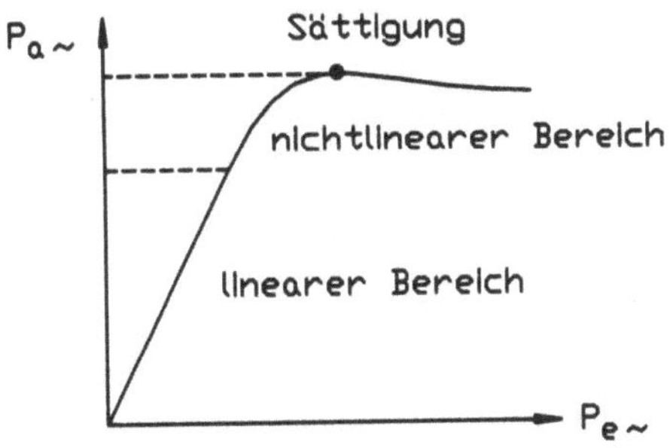

Abbildung 4.64: Kennline eines Wanderfeldröhrenverstärkers

linearen Bereich des Verstärkers, so treten bei "Vielträgersystemen", mit vielen frequenzmäßig nebeneinander liegenden Signalen im "Frequenzmultiplex", siehe hierzu Kapitel 7 und Kapitel 8, Intermodulationserscheinungen auf, die als rauschartige Störer in das Nutzband fallen können. "Einträgersysteme" - z.B. ein auf einen Sinusträger moduliertes digitales Zeitmultiplexsignal hoher Bitrate - werden oft in Arbeitspunkten im nichtlinearen Bereich der Kennlinie betrieben. Es entsteht hierbei zwar eine spektrale Verbreiterung des modulierten Signals (Spectrum Spreading), jedoch erscheinen keine Intermodulationsprodukte.

Typische Werte einer Wanderfeldröhre für Satelliten-Transponder sind z.B. TL12035 (AEG) Frequenzbereich 11,7...12,8 GHz, Ausgangsleistung $P = 35$ W, Verstärkung 55 dB, Wirkungsgrad 45%, Rauschzahl 33 dB, Masse 0,84 kg. In Erdfunkstellen werden Wanderfeldröhrenverstärker höherer Leistung eingesetzt z.B. YH1420 (Siemens), Frequenzbereich 14...14,5 GHz, Ausgangsleistung P=2,3 kW, Verstärkung 45 dB, Masse 15 kg.

4.3.5.3 Halbleiter-Leistungsverstärker

Wanderfeldröhrenverstärker werden immer stärker von transistorisierten Leistungsverstärkern verdrängt. Sie werden nur noch verwendet, wenn entweder eine sehr hohe Ausgangsleistung (z.B. $P = 1$ kW) bei hoher Bandbreite benötigt wird, oder der sehr hohe Frequenzbereich (z.B. ≥ 40 GHz) ihre Anwendung erzwingt. Für mobile oder tragbare Sendeanlagen des Satellitenfunks und verschiedene andere Funksysteme mit Ausgangsleistungen bis ca. 100 W werden inzwischen ausschließlich FET-Leistungsverstärker benutzt. Auch in Satelliten-Transpondern jüngerer Generationen werden FET-Leistungsverstärker verwendet. Mit bipolaren Transistoren sind solche Ausgangsleistungen bei entsprechender Bandbreite nicht erreichbar.

Bei Frequenzen bis ca. 10 GHz werden GaAS-MOS-FET's bzw. GaAs-MES-FET's als aktive Elemente der Leistungsverstärker eingesetzt. Ihr Vorteil gegenüber den Wanderfeldröhren-Verstärkern liegt auch im einfacheren Aufbau, z.B. bezüglich der Betriebsspannungen, außerdem besitzt ihre Kennlinie einen größeren Linearitätsbereich und ein geringeres Eigenrauschen und Gewicht.

Um hohe Ausgangsleistungen zu erreichen, werden in einem 3-dB-Leistungsteiler (z.B. Richtkoppler) durch Leistungshalbierung zwei parallele Signale erzeugt. Danach erfolgt die Verstärkung in zwei parallelen FET-Leistungsendstufen. Die verstärkten Signale faßt man dann in einem umgekehrt betriebenen 3 dB-Koppler (Power Combiner) nahezu verlustlos wieder zusammengefaßt. Durch diese Verstärkungsmethode sind höhere Ausgangsleistungen erreichbar als bei einer direkten Verstärkung in einer Stufe. In Abb. 4.65ab ist ein entsprechender Schaltungsaufbau skizziert. Durch Kettenschaltung mehrerer Stufen nach Abb. 4.65a, sind die oben genannten Ausgangsleistungen erreichbar. Mit einem Lastausgleichswiderstand R_{LA} werden Abweichungen, bei der Leistungszusammenführung kompensiert.

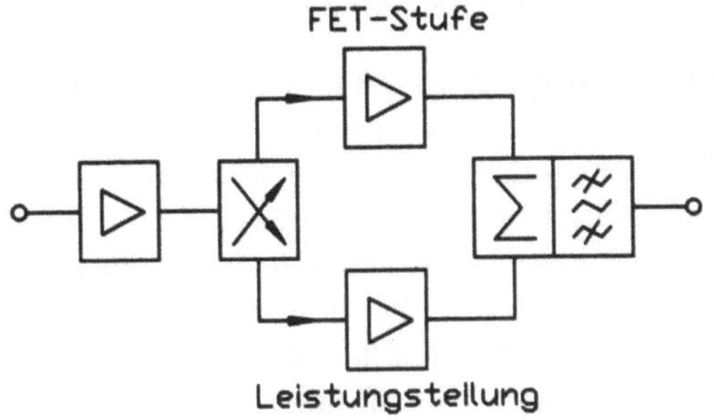

Abbildung 4.65: FET-Leistungsendstufe

Die Feldeffekttransistoren arbeiten im A-Betreib, s. hierzu auch Abb. 4.60, da hierdurch keine unzulässigen Verzerrungen der zu verstärkenden meist digitalen Signale verursacht werden. Mit FET-Leistungsverstärkern werden Verstärkungen in der Größenordnung von 10 dB (gegenüber ≈ 60 dB bei Wanderfeldröhrenverstärkern) erzielt. Die Verstärker werden, wie die rauscharmen Vorverstärker, bei Frequenzen im GHz-Bereich in Streifenleitungstechnik aufgebaut. Abb. 4.66 zeigt den typischen Kennlinienverlauf eines FET-Leistungsverstärkers. Gegenüber

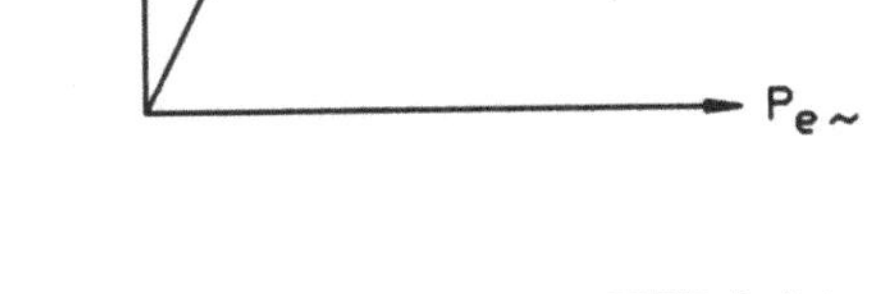

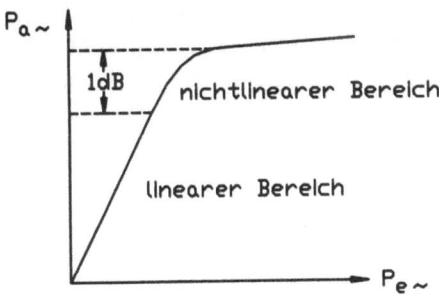

Abbildung 4.66: Kennlinie eines FET-Leistungsverstärkers

der Kennlinie eines Wanderfeldröhrenverstärkers ist der für die verzerrungsfreie A-Verstärkung wichtige lineare Bereich größer. Der lineare Bereich der Kennlinie und damit das Gebiet linearer Verstärkung endet ca. 1 dB unterhalb des Sättigungsbereichs.

Zum Entwurf und zur Berechnung von FET-Leistungsverstärkern siehe z.B. [63].

4.3.6 Schwingungserzeugung, Oszillatoren

Oszillatoren sind Einrichtungen zur Erzeugung periodischer sinusförmiger Schwingungen konstanter Amplitude, die durch geeignete Signalformun in periodische Signale anderer Signalformen umgesetzt werden können. Zur Realisierung von **Zweipoloszillatoren** sind Schaltungen erforderlich, die in Resonanz betrieben werden und deren ohmscher Resonanzwiderstand durch einen gleich großen negativen Widerstand kompensiert wird. Die Entdämpfung kann durch ein aktives Schaltelement mit einem negativen differentiellen Widerstand erreicht werden. Das Anschwingen erfolgt durch Anstoß mit einer Rauschspannung - dies ist die Rauschspannungskomponente der gewünschten Oszillatorfrequenz - oder auch schon durch das Einschalten der Betriebsspannung bzw. des Betriebsstromes des aktiven Bauelements.

Vierpoloszillatoren erzeugt man meist durch gleichphasige Rückkopplung (Mitkopplung) selektiver Verstärker. Hiebei wird zunächst ein Rauschsignal bei der Verstärker-Resonanzfrequenz selektiert. Infolge der Mitkopplung, Verstärkung und Begrenzung entwickelt sich das Oszillatorsignal zu einer Schwingung endlicher Amplitude.

4.3.6.1 Zweipoloszillatoren

In Kapitel 3, Beispiel 3.1 wird ein Reihenschwingkreis durch einen Spannungssprung zu Eigenschwingungen angeregt. Als Eigenschwingung stellt sich eine stabile Sinus- (Cosinus-) Schwingung konstanter Amplitude nur dann ein, "Fall 1" wenn der ohmsche Anteil R der Schaltung zu Null wird. Zur Erzeugung einer stabilen amplitudenkonstanten Sinusschwingung muß in einem Serienschwingkreis eine Entdämpfung durch einen negativen reellen Widerstand erfolgen, s. Abb. 4.67.

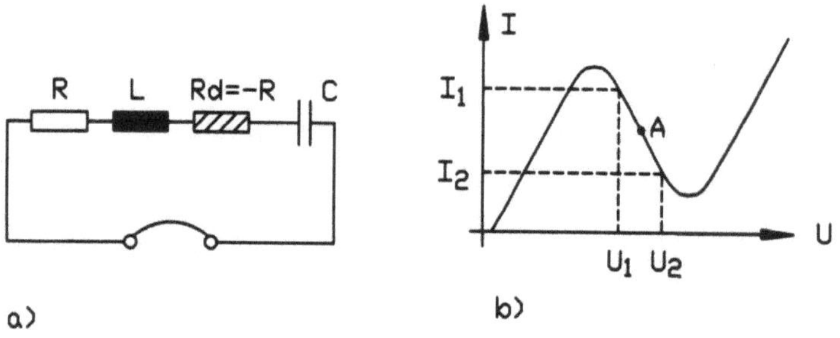

Abbildung 4.67: a) Schwingkreisentdämpfung mit einem negativen Widerstand; b) Kennlinie einer Tunneldiode

Negative Widerstände sind nur mit aktiven Schaltungen realisierbar. Eine geeignete Kennlinie zur Erzeugung eines negativ reellen Widerstandes hat z.B. die Tunneldiode, s. Abb. 4.67b.

Die Tunneldiode hat einen abfallenden Kennlinienteil, in den der Arbeitspunkt A gelegt wird. In der Umgebung des Arbeitpunktes kann der negative differentielle Widerstand R_d definiert werden.

$$R_d = \frac{\Delta U}{\Delta I} = \frac{U_2 - U_1}{I_2 - I_1} < 0 \tag{4.157}$$

Abb. 4.68a,b zeigt das Prinzip eines Tunneldiodenoszillators und dessen Wechselstrom-Ersatzbild. Mit der Gleichspannung U_B wird der Arbeitspunkt in

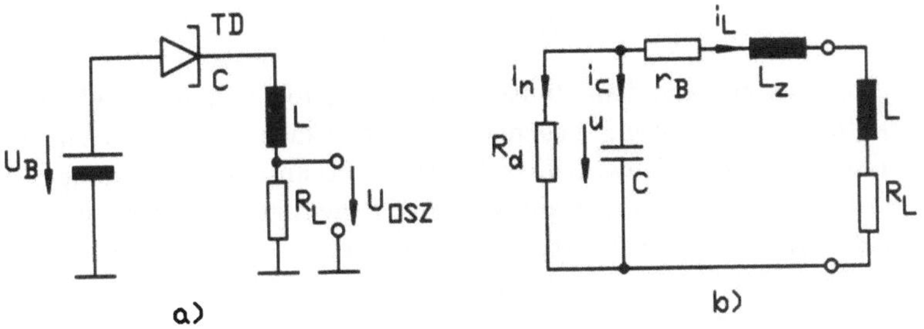

Abbildung 4.68: a) Tunneldiodenoszillator; b) Wechselstrom-Ersatzbild

der Kennlinie eingestellt. Als Schwingkreiskapazität dient die Kapazität des pn-Übergangs $C = C_{pn}$, die Schwingkreisinduktivität L wird durch äußere Beschaltung in Reihe zum Lastwiderstand R_L hinzugefügt. r_B ist der Bahnwiderstand der Tunneldiode, und L_z ist die Zuleitungsinduktivität. Über R_L erfolgt der Abgriff der Oszillatorschwingung.

Zur Ermittlung des Eigenvorgangs kann man nun, wie in Beispiel 3.1 für den Serienschwingkreis gezeigt, die Zweipolfunktion des Ersatzbildes Abb. 4.68b ermitteln und die Eigenwerte $p_{0,1}$ ermitteln. Die gleichen Ergebnisse erhält man auch, wenn man eine Differentialgleichung aufstellt und diese im Zeitbereich oder durch Bildung der Laplace-Transformierten, s. Abschnitt 2.1.3, im p-Bereich löst. Im folgenden wird die Lösung im Zeitbereich erläutert.

Aus der Ersatzschaltung ermittelt man mit dem 1.Kirchhoffschen Gesetz

$$i_n + i_c + i_L = \frac{u}{(-|R_d|)} + C\frac{du}{dt} + i_L = 0 \tag{4.158}$$

und

$$u = (r_B + R_L)i_L + (L_z + L)\frac{di_L}{dt} \tag{4.159}$$

die Differentialgleichung

$$C(L_z + L)\frac{d^2u}{dt^2} + \left[(r_B + R_L)C - \frac{L_z + L}{|R_d|}\right]\frac{du}{dt} + \left[1 - \frac{r_B + R_L}{|R_d|}\right]u = 0 \quad (4.160)$$

und hieraus mit dem Lösungsansatz $u = Re\{\underline{U}_0 e^{\lambda t}\}$ die charakteristische Gleichung $\lambda = -\delta \pm j\omega_0$, welche die Oszillator-Schwingkreisfrequenz $\omega_0 = 2\pi f_0$ und die Dämpfungskonstante δ enthält.

$$\omega_o = \sqrt{\frac{1}{(L + L_z)C}\left(1 - \frac{r_B + R_L}{|R_d|}\right) - \frac{1}{4(L + L_z)^2C^2}\left((r_B + R_L)C - \frac{L + L_z}{|R_d|}\right)^2} \quad (4.161)$$

$$\delta = \frac{r_B + R_L}{2(L + L_z)} - \frac{1}{2C|R_d|} \quad (4.162)$$

Damit ein Anschwingen aus dem Rauschen heraus erfolgen kann, muß die Dämpfungskonstante $\delta < 0$ werden; dies bedeutet physikalisch das Erscheinen einer exponentiell anklingenden Schwingung. Durch die Kennlinienkrümmung der Tunneldiode wird die nun nicht mehr sinusförmige Schwingung jedoch auf eine konstante endliche Amplitude begrenzt. Zur Herstellung einer Sinusschwingung sind weitere Selektionsmittel, z.B. ein selektiver Verstärker, nachzuschalten.

Mit Tunneldioden sind Oszillatoren für Schwingfrequenzen von mehr als 100 GHz realisierbar.

Zweipoloszillatoren für Frequenzen im Mikrowellenbereich können auch mit Gunn-Elementen, Impatt-Dioden oder Laufzeitröhren hergestellt werden. Laufzeitröhren (Klystron, Magnetron, etc.) als Schwingungserzeuger werden meist dann benutzt, wenn neben der Schwingungserzeugung im Mikrowellenbereich (bis zu einigen 100 GHz) hohe Ausgangsleistungen von z.B. einigen kW benötigt werden (z.B. RADAR) [63, 64, 68].

4.3.6.2 Vierpoloszillatoren

Zur Beschreibung des Prinzips von Vierpoloszillatoren betrachten wir anstelle der in Abschn. 3.4.1.3, Abb. 3.73, dargestellten Gegenkopplung die Mitkopplung von Vierpolen, s. Abb. 4.69a. Hierbei sei der mit $\underline{v}$ bezeichnete Vierpol ein Verstärker mit der ebengenannten Verstärkung, und der Rückkopplungsvierpol sei passiv und habe den Rückkopplungsfaktor $\underline{B}$. Schließt man die Schaltung am Eingang kurz, $\underline{U}_1' = 0$, so stellt die Anordnung unter bestimmten Bedingungen ein schwingfähiges Gebilde dar. Aus Gl. (3.219) und Abb. 4.69 kann man die **Schwingbedingung** ableiten.

$$\underline{U}_1' = \underline{U}_1 - \underline{U}_r = 0; \quad \underline{U}_1 = \underline{U}_r; \quad \underline{B} = \frac{\underline{U}_r}{\underline{U}_2} = \frac{\underline{U}_1}{\underline{U}_2} = \frac{1}{\underline{v}}; \quad 1 - \underline{B}\,\underline{v} = 0 \quad (4.163)$$

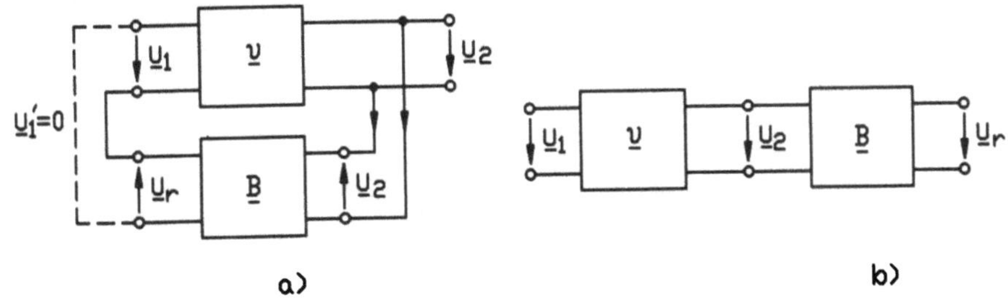

Abbildung 4.69: a) Prinzip des Vierpoloszillators; b) Aufgetrennte Oszillatorschaltung

Aus der zuletzt genannten Gleichung folgt als Schwingbedingung

$$\underline{B}\,\underline{v} = 1; \quad |\underline{B}||\underline{v}|e^{j(\phi_B+\phi_v)} = 1; \quad |\underline{B}||\underline{v}| = 1; \quad \phi_B + \phi_v = 0. \tag{4.164}$$

Zur Berechnung der Schwingbedingung an einem Vierpoloszillator trennt man die Rückkopplungsschleife auf, wie in Abb. 4.69b gezeigt. Nun ermittelt man $\underline{B} = \underline{U}_r/\underline{U}_2$ und $\underline{v} = \underline{U}_2/\underline{U}_1$ und kann dann die Schwingbedingung ansetzen.

Bei den folgenden Betrachtungen der verschiedenen Oszillatorschaltungen werden zur einfachen Darstellung des Prinzips die Transistoren durch reelle Parameter (H-Parameter) beschrieben, wobei außerdem rückwirkungsfreie Transistoren $H_{12} = 0$ angenommen werden. Diese Beschreibung von Oszillatorschaltungen ist ausreichend genau bis zu Frequenzen von ca. 1 MHz. Für höhere Frequenzen kann, wie beim selektiven Verstärker gezeigt - ein Vierpol-Oszillator ist oft ein rückgekoppelter Selektivverstärker - das Giacoletto-Ersatzbild verwendet werden [63, 64, 56]

Der **Meißner-Oszillator,** eine transformatorisch rückgekoppelte Oszillatorschaltung und ihr Ersatzbild sind in Abb. 4.70 dargestellt.

Zur Berechnung der Schaltungseigenschaften muß zunächst ein Arbeitspunkt im Transistorkennlinienfeld festgelegt werden. Aus den Angaben des Transistorherstellers entnimmt man die Versorgungsgleichspannung $U_B = U_{CE,A}$ und bestimmt im Kennlinienfeld $I_{C,A}$ bzw. $U_{BE,A}$ und $I_{B,A}$. Der Widerstand R zur Arbeitspunkteinstellung folgt dann aus $R = (U_B - U_{BE,A})/I_{B,A}$.

Die Primärwicklung n_1 des als ideal angenommenen Übertragers bestimmt die Schwingkreisinduktivität des Oszillators. Die Wicklungen des Übertragers sind gegensinnig gewickelt; dies wird durch die Wicklungspunkte angedeutet. Wegen der Phasendrehung des Emitterverstärkers und der gegensinnigen Wicklung wird die Phasenbedingung, s. Gl. (4.164) $\phi_B + \phi_v = -180^o + 180^o = 0$ eingehalten.

Zur Berechung der Verstärkung v_o im Resonanzfall werde das Ersatzbild Abb.

4.70b betrachtet, das die Wechselstromeigenschaften der Oszillatorschaltung wiedergibt.

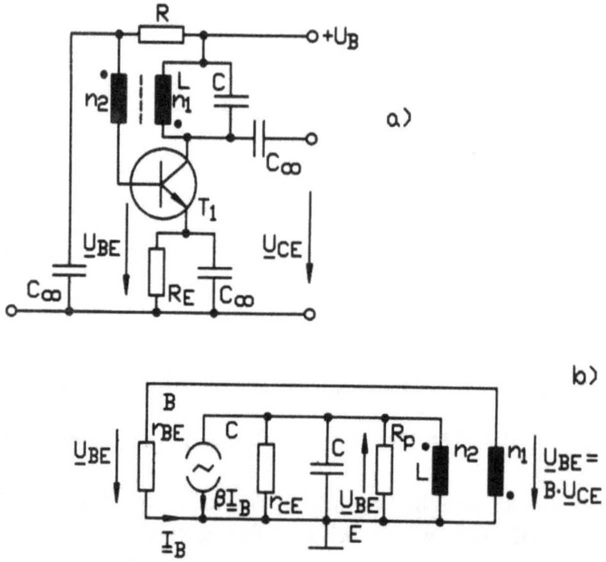

Abbildung 4.70: a) Meißner-Oszillator; b) Ersatzbild

Zunächst wird der sekundärseitige Widerstand r_{BE} als r'_{BE} auf die Primärseite des Übertragers transformiert. Damit erhält man mit ü $= n_1/n_2 = 1/B$ die folgenden Zusammenhänge in Kleinsignaldarstellung.

$$r'_{BE} = r_{BE}\left(\frac{n_1}{n_2}\right)^2 > r_{CE};\ \underline{U}_{CE} = -\beta \underline{I}_B(r_{CE}||R_p||r'_{BE}) = -\beta\frac{\underline{U}_{BE}}{r_{BE}}(r_{CE}||R_p||r'_{BE}) \quad (4.165)$$

Aus der letzgenannten Gleichung erhält man die Verstärkung im Resonanzfall v_0.

$$v_0 = -\frac{\underline{U}_{CE}}{\underline{U}_{BE}} = \beta\frac{r_{CE}||R_p||r'_{BE}}{r_{BE}} \quad (4.166)$$

Damit ein Betrieb aus dem Rauschen heraus erfolgen kann, muß die Anschwingbedingung $|\underline{B}||\underline{v}| = Bv_0 > 1$ eingehalten werden. Nach dem Einschalten der Betriebsspannung steigt die Schwingungsamplitude dann solange exponentiell an, bis der Sättigungsbereich der Transistorkennlinie die Schwingung begrenzt und sich eine konstante Amplitude bei $Bv_o = 1$ einstellt. Aufgrund der nichtlinearen Begrenzung ist die Schwingung nicht mehr rein sinusförmig, enthält aber die gewünschte Oszillatorfrequenz $f_0 = 1/2\pi\sqrt{LC}$. Durch die Belastung des Schwingkreises mit r_{CE} und r'_{BE}, siehe Abb. 4.70b, verringert sich die Kreisgüte mit dem Kennleitwert Y_k des Schwingkreises auf $Q_{ges} = Y_k(r_{CE}||R_p||r'_{BE})$. Für die Bandbreite gilt dann $B_{3dB} = f_0/Q_{ges}$ [56].

Der **Colpitts-Oszillator**, auch kapazitive Dreipunktschaltung genannt, ist ein mitgekoppelter selektiver Verstärker, bei dem das Rückkopplungssignal über eine Kapazität an den Verstärkereingang geführt wird. In Abb. 4.71 ist eine Schaltungsvariante des Colpitts-Oszillators und sein Ersatzbild wiedergegeben. Den

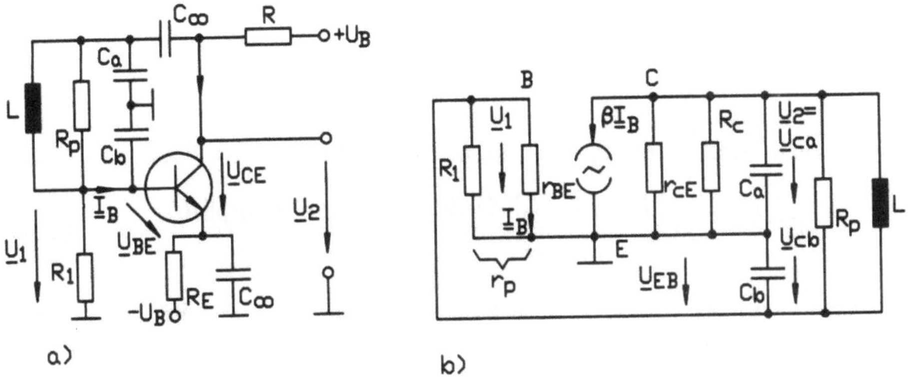

Abbildung 4.71: a) Colpitts-Oszillator; b) Kleinsignal-Ersatzbild

Arbeitspunkt der Schaltung legt man durch $R_1 = (U_B - U_{BE} - I_C R_E)/I_B$ fest, und der Emitterwiderstand folgt aus $R_E = (2U_B - U_{CE} - I_C R_C)/I_C$; für die überlagerten Wechselspannungen wird R_E durch C_∞ überbrückt.

Aus dem Ersatzbild nach Abb. 4.71b ermittelt man den Rückkopplungsfaktor

$$B = -\frac{\underline{U}_{EB}}{\underline{U}_2} = -\frac{\underline{U}_{cb}}{\underline{U}_{ca}} \approx -\frac{C_a}{C_b}. \tag{4.167}$$

Die vorgenannte Näherung kommt zustande, weil $r_{CE}||R_C \gg |(1/j\omega C_a)|$ ist und damit über den Emitter nur ein geringer Strom abfließt. In C_a und C_b liegt somit annähernd der gleiche Strom vor. C_a und C_b bilden einen kapazitiven Spannungsteiler, der die notwendige Phasendrehung von -180° zum Ausgleich der 180°-Phasendehung des Emitterverstärkers liefert.

Zur Berechung der Verstärkung im Resonanzfall v_0 transformiert man mit dem kapazitiven Spannungsteiler die am Eingang liegenden Widerstände auf die Ausgangsseite. Hierdurch erhält man das zusammengefaßte Ersatzbild nach Abb. 4.72a.

$$r'_p = (R_1//r_{BE})\left(\frac{C_b}{C_a}\right)^2 = r_p\left(\frac{C_b}{C_a}\right)^2; \quad R'_p = R_p\left(\frac{C_b}{C_a + C_b}\right)^2 \approx R_p \tag{4.168}$$

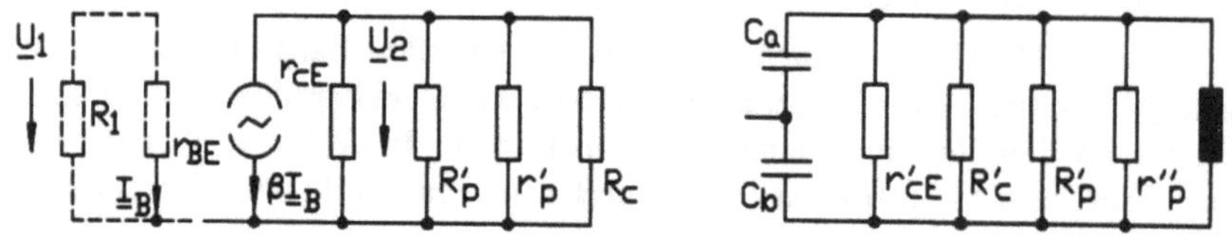

a) b)

Abbildung 4.72: a) Ersatzbild im Resonanzfall; b) Ersatzbild der Schwingkreisbelastung

Die Resonanzverstärkung v_0 findet man aus dem Ersatzbild 4.72a zu

$$v_0 = \frac{\underline{U}_2}{\underline{U}_1} = \frac{-\beta \underline{I}_B (r_{CE}||R_p'||r_p'||R_C)}{\underline{I}_B r_{BE}} = -\beta \frac{r_{CE}||R_p'||r_p'||R_C}{r_{BE}}. \tag{4.169}$$

Zur Ermittlung der Schwingkreisbelastung, s. Abb. 4.72b, und Kreisgüte werden alle Widerstände im Ersatzbild auf die Ausgangsseite des kapazitiven Spannungsteilers parallel zu R_p transformiert.

$$r_{CE}' = \left(\frac{C_a + C_b}{C_b}\right)^2 r_{CE}; \quad R_C' = \left(\frac{C_a + C_b}{C_b}\right)^2 R_C; \quad r_p'' = \left(\frac{C_a + C_b}{C_a}\right)^2 r_p \tag{4.170}$$

Aus Abb. 4.72b errechnet man dann die Schwingfrequenz des Oszillators.

$$f_0 = \frac{1}{2\pi\sqrt{LC_{ges}}} = \frac{1}{2\pi\sqrt{\frac{C_a C_b}{C_a + C_b} L}} \tag{4.171}$$

Mit dem Gesamtwiderstand $R_{ges} = r_{CE}'||R_C'||R_p'||r_p''$ ermittelt man schließlich die resultierende Kreisgüte Q_{ges} und die Bandbreite B.

$$Q_{ges} = Y_{k,ges} R_{ges} = R_{ges}\sqrt{C_{ges}/L}; \quad B_{3dB} = \frac{f_0}{Q_{ges}} \tag{4.172}$$

Damit ein Anschwingen der Schaltung durch Selektion einer Rauschkomponente bei der Resonanzfrequenz f_0 erfolgen kann, muß für anklingende Schwingungen gelten

$$|\underline{B}||v_0| > 1; \quad \frac{C_a}{C_b} > \frac{r_{BE}}{\beta(r_{CE}||R_p'||r_p'||R_C)}. \tag{4.173}$$

Schwingungen konstanter Amplitude mit $|\underline{B}||\underline{v}| = 1$ stellen sich dann durch Begrenzung infolge der gekrümmten Verstärkerkennlinie ein.

□ **Beispiel 4.18**
Ein Colpitts-Oszillator habe eine Resonanzfrequenz von $f_0 = 1$ MHz, weiter sei $R_C = 2$ kΩ, $S = \beta / r_{BE} = 25$ mS, $r_{CE} = 20$ kΩ, $r_p = 3$ kΩ.

Aus den vorstehenden Angaben erhält man für die Anschwingbedingung, Gl. 4.173 $(C_a/C_b) > r_{BE}/\beta(r_{CE}||R_p'||r_p'||R_C) = 1/S(r_{CE}||R_p'||r_p'||R_C)$. Setzt man die Gln. 4.168 in die vorstehende Gleichung ein und wählt $C_b \gg C_a$, so erhält man $(C_a/C_b) > 1/S(r_{CE}||R_p||r_p(C_b/C_a)^2||R_C)$. Da $(r_p(C_b/C_a)^2||r_{CE}||R_p) \gg R_C$ ist, gilt die Näherung $(C_a/C_b) > (1/SR_C) = 0,02$. Wählt man nun $C_a = 0,1$ nF und $C_b = 1nF$, so ist $(C_a/C_b) = 0,1 > 0,02$, womit die Anschwingbedingung erfüllt ist. Die Gesamtkapazität folgt dann zu $C_{ges} = C_aC_b/(C_a + C_b) = 91$ pF und die Schwingkreisinduktivität mit Gl. (4.171) zu $L = 1/\omega_0^2 C_{ges} = 278$ µH. Fordert man nun beispielsweise eine Gesamtgüte von $Q_{ges} = 100$, ergibt sich hieraus eine Schwingkreisbandbreite von $B_{3dB} = f_0/Q_{ges} = 10$ kHz.

Falls bei diesem Mitkopplungsfaktor die erzeugte Schwingung stark verzerrt wird - wegen des exponentiellen Amplitudenanstiegs bis zum Sättigungsbereich der $I_C - U_{CE}$-Kennlinie des Transistors - muß $B = -C_a/C_b$ verringert werden. Dies ist einfach möglich, wenn man C_a und C_b als Trimmerkondensatoren ausführt [56, 63].

Der Schwingkreis im Rückkopplungszweig eines Oszillators wird zur Erhöhung der Frequenzstabilität und damit der Schwingkreisgüte oft durch einen Schwingquarz ersetzt, s. Abschn. 4.2.2. Aus dem Colpitts-Oszillator wird ein **Quarzoszillator**, der **Pierce-Oszillator** genannt wird, wenn man die Spule durch einen Quarz ersetzt und die Kapazitäten C_1 und C_2 als "Bürdekapazitäten" des Quarzes beibehält; mit ihrer Hilfe kann der Quarz geringfügig in seiner Frequenz nachgezogen werden. In Abb. 4.73 ist der Pierce-Oszillator und sein Ersatzbild dargestellt.

Insgesamt wird der Quarz durch die Bürdekapazität $C_B = C_1C_2/(C_1+C_2)$ und die Kontaktierungskapazität C_0 belastet. Der gesamte Blindanteil der Quarzschaltung jB_{ges}, aus dem die Schwingfrequenz des Pierce-Oszillators f_0 folgt, ist damit

$$jB_{ges} = j\omega(C_0 + C_B) + \frac{1}{j\omega L_Q - j\frac{1}{\omega C_Q}}; \quad f_0 = \frac{1}{2\pi\sqrt{L_Q C_Q}}\sqrt{1 + \frac{C_Q}{C_0 + C_B}}. \tag{4.174}$$

Für $C_B = 0$ schwingt der Quarz bei seiner Parallelresonanz und für $C_B \to \infty$ bei seiner Serienresonanz. Die Schwingfrequenz des Pierce-Oszillators liegt zwischen der Serien- und Parallesresonanzfrequenz.

Der Pierce-Oszillator ist ein "Grundton-Oszillator". Der Quarz schwingt auf seiner Grundfrequenz, wobei die zugehörige Grundschwingung im praktischen Fall ebensowenig sinusförmig ist, wie beim LC-Resonanzkreis. Die Schwingung enthält Oberwellen, die zur Erzeugung von "Oberton-Oszillatoren" benutzt werden. Die Schwingfrequenz eines Oberton-Oszillators ist ein ganzzahliges Vielfaches der Grundfrequenz (s. hierzu auch Fourieranalyse Abschn. 2.1.1).

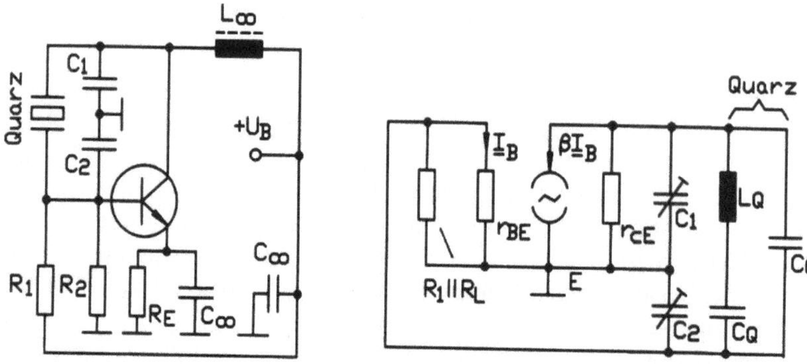

a) b)

Abbildung 4.73: a) Pierce-Oszillator; b) Kleinsignalersatzbild

Für höhere Frequenzen (z.B. $f \geq 70MHz$) verwendet man Oberton-Oszillatoren, da Grundtonquarze für Frequenzen dieser Größenordnung schwierig herstellbar sind [56, 63].

□ **Beispiel 4.19**

In der quarzstabilen Oszillatorschaltung Abb. 4.74 (modifizierte Meißner-Schaltung) sei die Resonanzfrequenz des Schwingkreises gleich der Serienresonanz des Schwingquarzes, der verlustfrei angenommen wird.

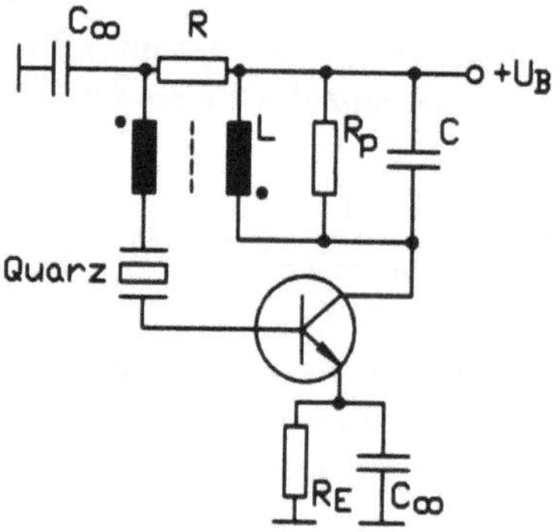

Abbildung 4.74: Quarzoszillator

Für den Schwingkreis gilt $B_{3dB} = 2$ MHz, $Y_{kp} = 4$ mS. Der Quarz habe die Werte

$L_Q = 25,3\ \mu$H, $C_Q = 0,1$ pF, und die Transistordaten seien $r_{BE} = 9$ kΩ, $\beta = 80$, $r_{CE} = 20$ kΩ.

Zur Berechnung werden die Gleichungen aus Abschnitt 4.2.1.2 und 4.2.2 benutzt.

Die Serienresonanz des Quarzes ist $f_{0s} = (1/2\pi)1/\sqrt{L_Q C_Q} = 100,06$ MHz. Dies ist die Parallelresonanzfrequenz des Schwingkeises f_{0p}. Die Schwingkreiskapazität des Meißner-Oszillators folgt dann zu $C_p = Y_{kp}/\omega_{0p} = 6,4$ pF und die Schwingkreisinduktivität ist $L_p = C_p/Y_{kp}^2 = 0,4\ \mu$H. Die Schwingkreisgüte erreicht den Wert $Q_{ges} = f_0/B = 50,03$ und der ohmsche Parallelwiderstand des Schwingkreises ist $R_p = Q_{ges}/Y_{kp} = 12,51$ kΩ.

Da voraussetzungsgemäß ü > 1 und $r'_{BE} = \ddot{u}^2 r_{BE} > r_{CE}$ ist, siehe Meißner-Oszillator, findet man für die Verstärkung im Resonanzfall $v_0 \approx \beta\frac{r_{CE}//R_p}{r_{BE}} = 68,4$. Damit ein Anschwingen der Schaltung gewährleistet ist, ist $\ddot{u} = (1/B) > v_0$ (B=—B— ist der Rückkopplungsfaktor) zu wählen [56].

Zur Herstellung eines **spannungsgesteuerten Oszillators** (*engl.* Voltage Controlled Oscillator, VCO), fügt man in den frequenzbestimmenden Schwingkreis eines Oszillators eine spannungabhängige Induktivität oder Kapazität ein. Die einfachste und deshalb auch meist verwendete Methode ist die Parallelschaltung einer Kapazitätsdiode, wie in Abb. 4.75a bei einem Meißner-Oszillator mit VCO gezeigt.

Abb. 4.75b gibt die Kennlinie einer Kapazitätsdiode wieder, die in Sperrichtung betrieben wird. Die Raumladungszone des pn-Übergangs einer Kapazitätsdiode verhält sich bei Kleinsignalaussteuerung wie ein Plattenkondensator mit spannungsvariablem Plattenabstand. Sie stellt somit eine spannungsvariable Kapazität C_D, mit einem Variationsbereich von $C_{max}/C_{min} \approx 300$ pF/50 pF $= 6/1$ zwischen $0V$ und $\approx 25V$ dar. Die Kapazität C_1 in Abb. 4.75a verhindert einen Gleichstromkurzschluß über die Schwingkreisinduktivität L_p und die Drossel L_{Dr}. Letztere verhindert die Belastung der Steuerquelle (Steuersignal $s_1(t)$), durch hochfrequente Signalanteile. Sie entkoppelt somit Steuer- und HF-Spannung im VCO. $s_2(t)$ stellt die frequenzvariable Ausgangsspannung des VCO dar. Mit der Gleichspannung U_0 wird der Arbeitspunkt in der Kennlinie und damit eine konstante Grundkapazität C_{D0} eingestellt. Zur Aussteuerung der Kapazitätsdiode überlagert man dieser Gleichspannung die Steuerspannung $s_1(t)$, wodurch die variable Kapazität

$$C_D(t) = C_{D0} + C_{Ds}(t) \tag{4.175}$$

entsteht. $C_{Ds}(t)$ wird hierbei durch die Steuerspannung $s_1(t)$ verursacht. Für die Oszillatorschwingfrequenz erhält man damit

$$f_0(t) = \frac{1}{2\pi\sqrt{L_p(C_p + C')}}; \quad C' = \frac{C_1 C_D(t)}{C_1 + C_D(t)} \tag{4.176}$$

Die Schaltung nach Abb. 4.75a arbeitet nur bei kleiner Aussteuerung verzerrungs-

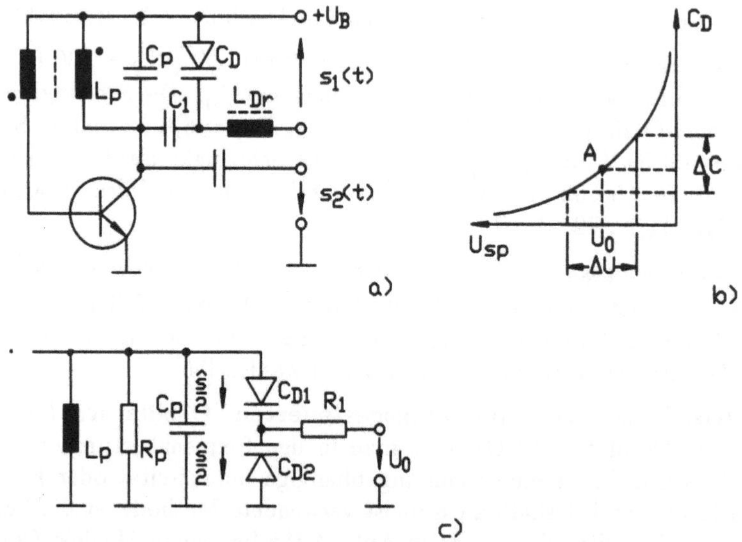

Abbildung 4.75: a) Spannungsgesteuerter Oszillator; b) Kennlinie einer Kapazitätsdiode; c) Anschaltung mit 2 Kapazitätsdioden

frei, wegen der gekrümmten Kennlinie der Kapazitätsdiode und der Rückwirkung der HF-Schwingungsamplitude $\hat{s}$. Verwendet man zwei gegeneinander geschaltete Kapazitätsdioden, wie in Abb. 4.75c gezeigt, so kann die Verzerrung reduziert werden. Wird die HF-Spannung $\hat{s}$ größer und dadurch C_{D1} erhöht, so vermindert sich in gleichem Maße die Spannung über C_{D2} und damit auch C_{D2} selbst. Die Rückwirkung wird somit unwirksam, da die Gesamtkapazität der Reihenschaltung C_{D1}, C_{D2} insgesamt konstant bleibt.

VCO's kann man auch aus Quarzoszillatoren durch entsprechende Einführung einer Kapazitätsdiode herstellen. Gut geeignet hierfür ist der in Abb. 4.73 dargestellte Pierce-Oszillator. Spannungsgesteuerte Quarzoszillatoren werden oft als VCXO's bezeichnet. Aufgrund der hohen Güte der Schwingquarze ist allerdings der Frequenz-Ziehbereich erheblich geringer als bei LC-Oszillatoren.

VCO's finden Anwendung in Phasenregelschleifen und bei der Frequenzdemodulation, s. Kapitel 7 und Kapitel 8 [56, 70].

4.3.6.3 Analoge Phasenregelschleife (Phase Locked Loop, PLL)

Mit PLL bezeichnet man ein Netzwerk, das die Frequenz und Phase des Ausgangssignals $u_2(t) = \hat{u}_2 \cos[\omega t + \phi_2(t)]$ eines VCOs - welches in den meisten Anwendungen auch das PLL-Ausgangssignal darstellt - so einstellt, daß sie mit der Frequenz und Phase seines Eingangssignals $u_1(t) = \hat{u}_1 sin[\omega t + \phi_1(t)]$ übereinstimmen, oder der Phasenunterschied einen festen Wert annimmt. In Abb. 4.76 ist die prinzipielle Schaltung dargestellt.

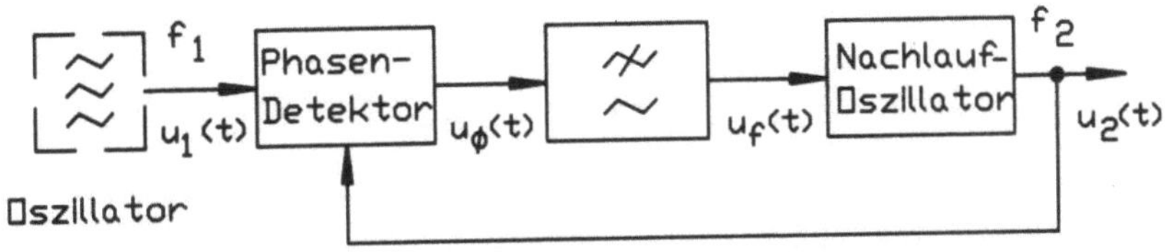

Abbildung 4.76: PLL-Prinzip

Liegt kein Signal $u_1(t)$ am PLL-Eingang an, so schwingt der VCO auf seiner Mittenfrequenz oder Ruhefrequenz f_0. Die Einstellung der Frequenz des Nachlaufoszillators (=VCO) erfolgt mit der Regelspannung $u_f(t)$, da gilt $\omega_2 - \omega_0 \sim u_f(t)$. Der Phasendetektor ermittelt durch Vergleich der Bezugsspannung $u_1(t)$ mit der VCO-Spannung $u_2(t)$ die Spannung $u_\phi(t) \sim \phi(t) = \phi_1(t) - \phi_2(t)$, aus der nach einer Tiefpaßfilterung die niederfrequente Regelspannung $u_f(t)$ erzeugt wird.

Stimmen $u_1(t)$ und $u_2(t)$ in Frequenz und Phase überein, so wird $u_\phi(t) = 0$ und ebenso $u_f(t) = 0$. Liegt in $u_1(t)$ eine Phasenänderung vor, so wird $u_\phi(t)$ und ebenso $u_f(t)$ größer oder kleiner Null. Hierdurch wird die Frequenz des VCO verändert. Die Frequenzänderung im VCO hat nach einer Zeit t eine Phasenänderung zur Folge, da gilt $\Delta\phi(t) = \int_0^t (\omega_1 - \omega_2) d\tau$, d.h. der VCO wirkt als Integrator. Dadurch wird der frequenzabhängige Phasenfehler ϕ zu Null. Liegt in $u_1(t)$ ein Frequenzfehler vor, so wird $u_f(t)$ ebenfalls göߌer oder kleiner Null. Die Frequenz des VCO wird dann durch $u_f(t)$ solange nachgestellt, bis die beiden Frquenzen f_1 und f_2 übereinstimmen. Bei passiven Schleifenfiltern verbleibt ein von Null verschiedener Phasenfehler, bei aktiven Schleifenfiltern ist der verbleibende Phasenfehler gleich Null.

Betrachtet werde nun ein **PLL mit einem Multiplizierer als Phasendetektor**, s. Abb. 4.77a im stationären "eingerasteten" Zustand.

Für die Kreisfrequenz ω_2 des VCO gilt der Zusammenhang

$$\omega_2 = \omega_0 + K_0 u_f(t) \tag{4.177}$$

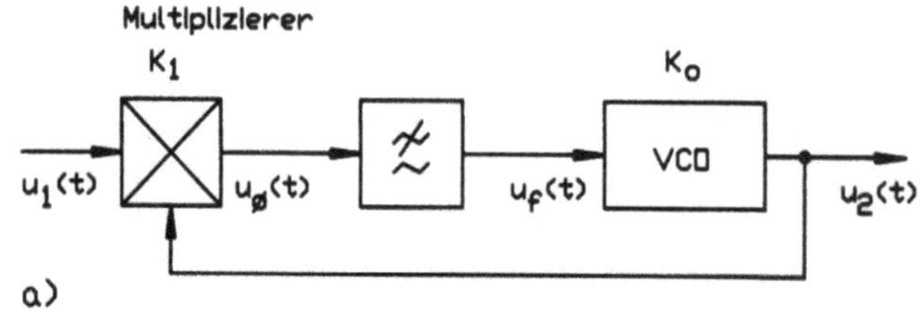

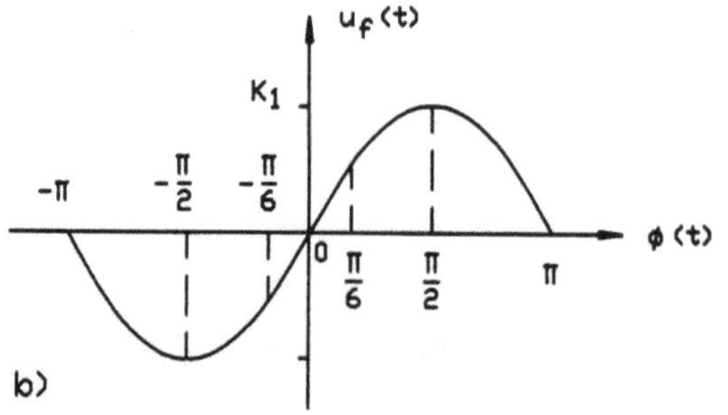

Abbildung 4.77: a) PLL mit einem Multiplizierer als Phasendetektor; b) Regelkennlinie des PLL

mit K_0 der Empfindlichkeit des VCO in $s^{-1}V^{-1}$ Die Signale $u_2(t)$ und $u_1(t)$, wie weiter oben formuliert, werden zum Phasenvergleich im Phasendetektor multipliziert, man bildet $u_\phi(t) = K_1 u_1(t) u_2(t)$ mit K_1 einer dimensionlosen Systemkonstanten. Wendet man die Additionstheoreme der Trigonometrie auf das vorgenannte Produkt an, so erhält man nach der Tiefpaßfilterung

$$u_f(t) = \frac{K_1}{2} \hat{u}_1 \hat{u}_2 \sin[\phi_1(t) - \phi_2(t)] = K_d \sin\phi(t) \approx K_d \phi(t) \tag{4.178}$$

für die Nachregelung des VCO. Im Intervall $-\pi/6 \leq \phi \leq +\pi/6$ ist die Regelkennlinie gemäß Abb. 4.77b näherungsweise linear und daher ist in Gl. (4.178) die Näherung $\sin\phi \approx \phi$ zulässig.

Abb. 4.78 zeigt typische Formen von Tiefpaßschleifenfiltern 1. Ordnung und ihre Übertragungsfunktionen. Der Grad der Nennerpolynome der komplexen Frequenz $p = \sigma + j\omega$ der Übertragungsfunktion gibt die Ordnung des PLL an (=Ordnung des Schleifenfilters + 1). Der für die Praxis wichtigste ist der PLL 2. Ordnung, da er die günstigsten dynamischen Eigenschaften aufweist.

Ist $f_1 = f_2$ und $\phi_1 = \phi_2$, dann schwingt der VCO auf seiner Frequenz $f_1 =$

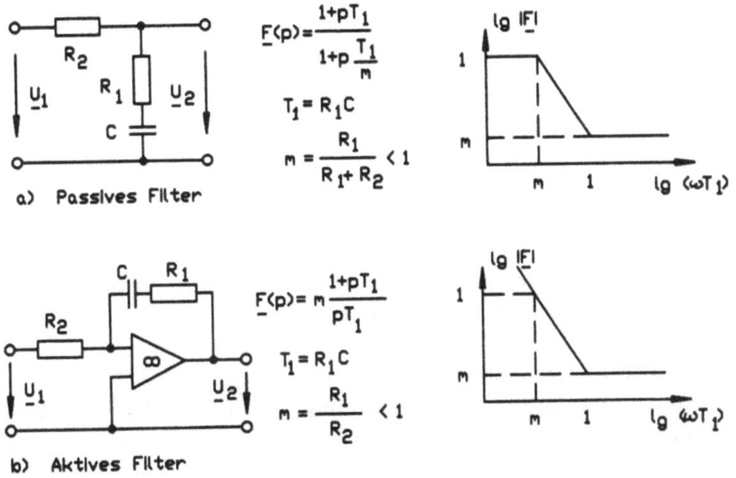

Abbildung 4.78: PLL-Schleifenfilter

f_2. Die stationäre Phasenverschiebung $\phi = \pi/2$ zwischen $u_1(t)$ und $u_2(t)$ bleibt jedoch erhalten. Ist nun $f_1 = f_2$ und $\phi_1 > \phi_2$ oder $\phi_1 < \phi_2$ dann erhält man mit Gl. (4.177) $\omega_2 - \omega_0 = K_0 u_f(t) = K_0 K_d \phi(t)$ eine Frequenzerhöhung bzw. Frequenzverringerung, die nach einer Zeit t in eine entsprechend kompensierende Phasenänderung

$$\Delta\phi(t) = \int_0^t (\omega_2 - \omega_0) d\tau = K_0 K_d \int_0^t \phi(\tau) d\tau \tag{4.179}$$

übergeht.

Der Nachregelvorgang funktioniert mit dem PLL einwandfrei, solange die Phasenänderung $|\phi| \leq \pi/6$ ist. Wird der *Haltebereich* eines PLL überschritten, so kommt es zum "Ausrasten" des PLL. Der VCO schwingt dann wieder auf seiner Ruhefrequenz. Der *Fangbereich* eines PLL innerhalb dessen der PLL auf das Eingangssignal $u_1(t)$ synchronisiert und damit "einrastet", ist ebenfalls auf eine bestimmte Frequenz- bzw. Phasenabweichung begrenzt.

Neben Phasenregelschleifen die analoge Signale verarbeiten, gibt es auch solche für digitale Signale DPLL (Digitaler PLL), wobei auch der Phasenvergleich an digitalen Signalen erfolgt, und vollständig digitalisierte PLL's (VDPLL). DPLL's eigenen sich besonders gut für die Frequenzsynthese, wie im nächsten Abschnitt gezeigt wird [70, 71].

4.3.7 Frequenzumsetzung

Durch Frequenzumsetzung werden zusammenfassend die 3 nichtlinearen Prozesse **Frequenzvervielfachung** (Frequenzsynthese), **Frequenzteilung** und **Mischung** charakterisiert. Die Mischung ist nah verwandt mit verschiedenen Methoden der **Modulation**. Modulationsverfahren werden in Kapitel 7 - analoge Methoden - und Kapitel 8 - digitale Methoden - betrachtet.

Die Frequenzumsetzung basiert auf der Signal-Ansteuerung von Bausteinen mit einer nichtlinearen Kennlinie.

4.3.7.1 Frequenzvervielfachung durch Aussteuerung einer nichtlinearen Kennlinie mit einer Sinusschwingung

Steuert man eine nichtlineare Kennlinie um einen festgelegten Arbeitspunkt mit einer Sinus-(Cosinus)-Schwingung aus, dann entstehen neben der Grundschwingung des Ansteuersignals auch ganzzahlige Vielfache der Grundschwingung, die Oberschwingungen genannt werden. In Abb. 4.79 ist dieser Vorgang in spektraler Darstellung schematisch wiedergegeben. Aus der Grundschwingung mit der Fre-

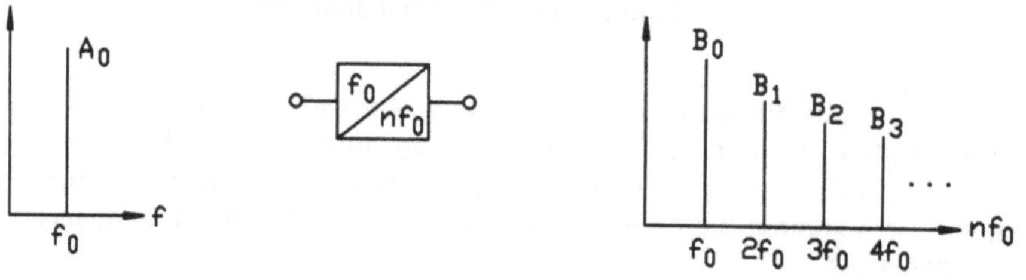

Abbildung 4.79: Prinzip der Frequenzvervielfachung

quenz f_0 werden Oberschwingungen nf_0 (n=2,3,4, ...) erzeugt, wobei nicht alle B_n erscheinen müssen.

Am Beispiel der Aussteuerung einer nichtlinearen I-U-Kennlinie (z.B. Diode oder Transistor), s. Abb. 4.80a, wird nun die schaltungsmäßige Realisierung der Frequenzvervielfachung erläutert.

Zunächst legt man den Arbeitspunkt A auf der Kennlinie mit der Gleichspannung U_0 fest. Der Gleichspannung wird die Schwingung $\hat{u}\cos\omega_0 t$ überlagert, wodurch die Steuerspannung

$$u(t) = U_0 + \hat{u}\cos\omega_0 t \qquad (4.180)$$

entsteht.

Der nichtlineare Verlauf der Kennlinie in der Umgebung des Arbeitspunktes kann

- bei Kleinsignalaussteuerung - durch eine Taylor-Reihen-Entwicklung beschrieben werden.

$$i(t) = f(u)_A = \sum_{m=0}^{\infty} a_m(u - U_0)^m; \quad a_m = \frac{1}{m!}\left(\frac{d^m i(u)}{du^m}\right)_{u=U_O} \tag{4.181}$$

Der Vorgang der Frequenzvervielfachung durch Aussteuerung einer solchen Kennlinie zur Erzeugung von Oberschwingungen, wird im folgenden Beispiel näher erläutert. □ **Beispiel 4.20**
Für $m = 0, 1, 2, 3$ wird durch Aussteuerung einer nichtlinearen Dioden-Kennlinie mit einer Sinusschwingung die Erzeugung von Oberschwingungen demonstriert. Abb. 4.80a zeigt das prinzipielle Blockbild einer solchen Schaltung. Zur Erzeu-

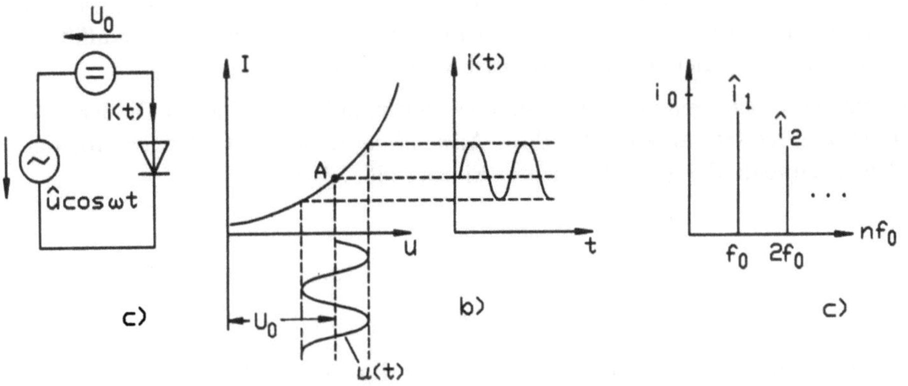

Abbildung 4.80: a) Prinzip der Frequenzvervielfacher-Schaltung mit Diode; b) Aussteuerung einer nichtlinearen Diodenkennlinie; c) Signalspektren am Ausgang der Diode

gung einer neuen Frequenzkomponente werde die Diodenkennlinie zunächst durch $i(u) = Ku^2$ (K habe die Dimension $1/\Omega^2$) genähert. Mit der Eingangsspannung $u - U_0 = \hat{u}\cos\omega_0 t$ findet man für $m = 0, 1, 2$ aus Gl. (4.181), mit $a_0 = KU_0^2$, $a_1 = 2KU_0 =$ und $a_2 = K$ einen Ausgangsstrom, der eine neue Frequenzkomponente enthält, wie die Anwendung der Additionstheoreme der Trigonometrie zeigt.

$$\begin{aligned} i(t) &= KU_0^2 + 2KU_0\hat{u}\cos\omega_0 t + K(\hat{u}\cos\omega_0)^2 \\ &= K(U_0^2 + \hat{u}^2/2) + 2KU_0\hat{u}\cos\omega_0 t + K\hat{u}^2/2\cos 2\omega_0 t \\ &= i_o + \hat{i}_1\cos\omega_0 t + \hat{i}_2\cos 2\omega_0 t \end{aligned} \tag{4.182}$$

Im Ausgangsstrom $i(t)$ des Frequenzvervielfachers sind der Gleichanteil i_0, die

Grundschwingung der Amplitude $\hat{i}_1$ der Kreisfrequenz ω_0 sowie die Oberschwingung (= Komponente 2. Ordnung) der Amplitude $\hat{i}_2$ der Kreisfrequenz $2\omega_0$ enthalten, s. Abb. 4.80c. Der Gleichanteil kann mit einem Kondensator unterdrückt werden, während die gewünschte Frequenzkomponente der doppelten Grundfrequenz mit einem selektiven Verstärker ausgefiltert werden kann.

Hätte man die Diodenkennlinie durch $i = Ku^3$ oder $i = Ku^4$ genähert, dann wären im Ausgangsignal $i(t)$ auch Komponenten 3. bzw. 4. Ordnung enthalten. Geeignete Verfahren zur genäherten Darstellung komplizierter nichtlinearer Kennlinien sind beispielsweise die **Newtonsche Interpolationformel** und die **Lagrange Interpolationsformel** [72, 73]

Im praktischen Fall werden auch breitbandige Signale einer Frequenzvervielfachung unterworfen. Aus dem Ausgangssignal kann dann die gewünschte Spektrallinie mit einem Filter selektiert werden. Hierbei kommen oft selektive Verstärker in Verbindung mit PLL's zur Anwendung. PLL's werden hierbei als "Nachlauffilter" betrieben. Näheres hierzu wird in Kapitel 8 diskutiert.

Als nichtlineare Elemente zur Frequenzvervielfachung kommen neben Dioden und Transistoren, letztere arbeiten für diese Anwendung im oft im C-Betrieb, vorwiegend Kapazitätsdioden (Varaktor) zum Einsatz [56, 63, 64].

4.3.7.2 Frequenzvervielfachung mit der Phasenregelschleife (PLL-Synthesizer)

Zur PLL-Frequenzsynthese verwendet man den **digitalen PLL** (DPLL), der digitale Eingangs- und Ausgangsignale hat. Auch der Phasenvergleich erfolgt an digitalen Signalen. Lediglich die Regelspannung $u_f(t)$ stellt ein analoges Signal dar. Sie wird durch Mittelwertbildung aus dem digitalen Vergleichsergebnis des Phasendetektors ermittelt. In Abb. 4.81 ist das Blockbild eines DPLL und das Prinzip des Phasenvergleichs wiedergegeben

Ein Phasenfehler $\phi(t)$ ist hier der Zeitverschiebung Δt der beiden Signalspannungen $u_1(t)$ und $u_2(t)$ proportional, während ein Frequenzfehler, der ebenfalls durch eine Zeitverschiebung Δt dargestellt wird, wie beim analogen PLL nach einer Zeit t als Phasenfehler interpretiert wird. Der VCO gibt ein digitales Signal ab, das beispielsweise durch Anwendung eines Schmitt-Triggers, s. Abb. 3.80h, aus einem VCO-Sinussignal entsteht, oder man verwendet spannungsgesteuerte astabile Multivibratoren, s. Abb. 3.80i, indem man an die frequenzbestimmende Kapazität eine Kapazitätsdiode koppelt, welche dann durch die Regelspannung $u_f(t)$ angesteuert wird.

Der DPLL ist meist ein PLL 2. Ordnung mit einem aktiven Schleifenfilter, siehe Abb. 4.78.

Im Rückkopplungsteil des DPLL ist ein Binärteiler $n/1$ enthalten mit dem belie-

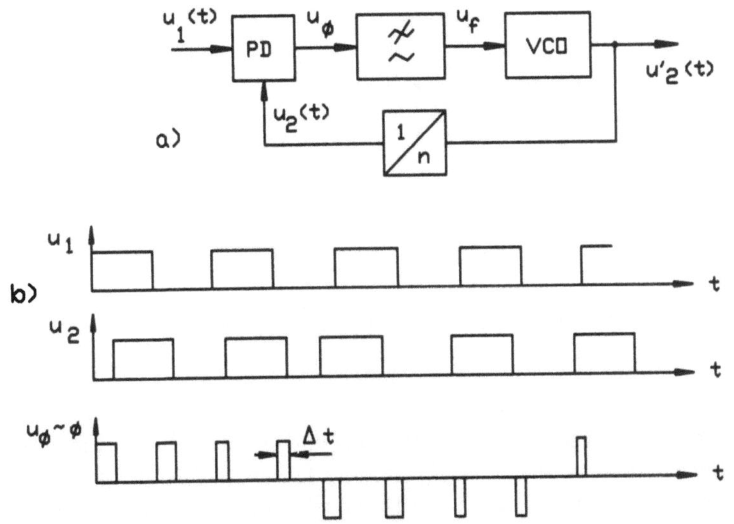

Abbildung 4.81: a) Digitaler PLL; b) Prinzip des Phasenvergleichs

bige ganzzahlige oder auch rationale Teilerverhältnisse eingestellt werden können. Dies ist eine Grundvoraussetzung für die Frequenzsynthese. Der Phasenvergleich findet in einem digitalen Phasendetektor statt der sowohl phasen- als auch frequenzempfindlich ist, also sowohl Phasen- als auch Frequenzfehler erkennt. Genaueres über die Funktion solcher Phasendetektoren sowie die dynamischen Eigenschaften des DPLL findet man in [70].

Abb.4.82 zeigt den grundsätzlichen Schaltungsaufbau eines DPLL, der als Frequenzvervielfacher geschaltet ist. (Der Eingang des Binärteilers $n_1/1$ und der VCO-Ausgang enthält jeweils einen Schmitt-Trigger zur Erzeugung von Digitalsignalen.)

In den PLL-Rückkopplungszweig ist ein Binärteiler $n_2/1$ eingefügt. Am Ausgang eines quarzstabilen Oszillators, welcher das zu vervielfachende Signal mit der Frequenz f_1 abgibt, liegt ein weiterer Binärteiler $n_1/1$, $(n_1, n_2 = 2, 3, 4, \ldots)$. Damit ein Phasenvergleich durchgeführt werden kann, muß für die Frequenzen der Signale am Eingang des Phasendetektors gelten

$$\frac{f_1}{n_1} = \frac{f_2}{n_2}; f_2 = \frac{n_2}{n_1} f_1. \tag{4.183}$$

Mit der vorstehenden Gleichung kann jedes beliebige rationale Verhältnis n_2/n_1 eingestellt und damit jede entsprechende Frequenz f_2 erzeugt werden. Dies er-

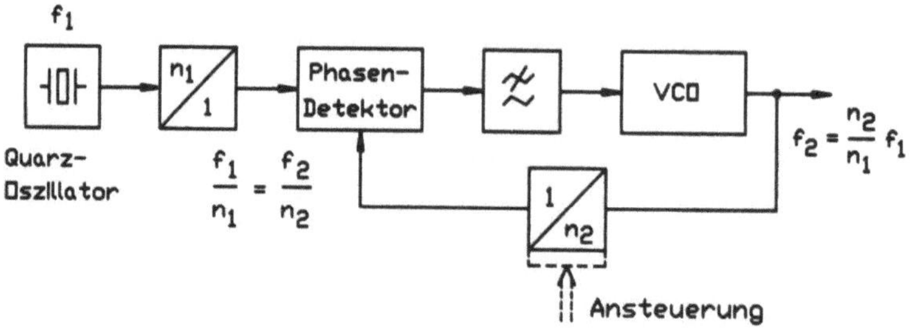

Abbildung 4.82: Prinzip der Frequenzsynthese

reicht man durch Ansteuerung bzw. Einstellung der Binärteiler. Meist wählt man für den Teiler $n_1/1$ ein festes Teilerverhältnis und stellt n_2 durch eine elektronische Ansteuerung entsprechend ein. Will man die Frequenz f_1 um einen ganzzahligen Faktor n_2 erhöhen, dann läßt man den Binärteiler am PLL-Eingang weg und erhält $f_2 = n_2 f_1$ [56, 63, 64].

□ **Beispiel 4.21**

Erzeugung von 50 MHz bis 100 MHz in Schritten von 100 kHz (f_1 = 20 MHz).

Zunächst teilt man die Bezugsfrequenz durch $n_1 = 200$, bildet also $f_1/200 = 100$ kHz. Mit Gl. (4.183) erscheinen dann am Synthesizerausgang die gewünschten Frequenzen $f_2 = (n_2/n_1)f_1 = (n_2/200)20MHz = $ 50,1 MHz, 50,2 MHz,... 100 MHz, wenn man im Binärteiler $n_2/1$ den Faktor n_2 im Bereich $n_2 =$ 500, 501, 502, ..., 1000 mit Hilfe einer Ansteuerung variiert.

4.3.7.3 Frequenzteilung

Zur Frequenzteilung analoger Schwingungen können nichtlineare Reaktanzen, z.B. Kapazitätsdioden, verwendet werden, die bei Ansteuerung mit einer Sinusschwingung der Frequenz f_1 auch Subharmonische dieser Schwingung, also Komponenten ganzzahliger Teile der Grundfrequenz $f_1/2, f_1/4, etc.$, erzeugen. Die Subharmonischen sind jedoch im allgemeinen nicht phasenstarr mit der Grundschwingung gekoppelt.

Für die meisten Anwendungen ist die phasenstarre Verbindung zwischen Grundschwingung und Oberschwingung notwendig, wie z.B. zur "kohärenten Demodulation", s. Kapitel 8. Zur Frequenzteilung wird deshalb ebenfalls die in Abb. 4.82 gezeigte PLL-Schaltung verwendet, die durch entsprechende Wahl der Teilerfaktoren n_2 und n_1 auch zur Frequenzteilung benutzt werden kann. Wählt man nämlich in Gl. (4.183) durch Ansteuerung, wie in Abb. 4.82 dargestellt, $n_2 < n_1$, so kann f_1 durch ein beliebiges rationales Verhältnis n_2/n_1 geteilt werden [63, 64].

Die Gewinnung von Sinus- (Cosinus-) Signalen aus den Digitalsignalen erfordert zusätzlich geeignete selektive Kreise wie z.B. ein aktives Schwingkreisfilter.

□ **Beispiel 4.22**
Die quarzstabile Oszillatorfrequenz eines Frequenzteilers sei $f_1 = 1$ MHz. Durch Frequenzteilung sollen hieraus die Frequenzen 50 kHz bis 100 kHz in Schritten von 10 kHz gewonnen werden.

Wählt man als festen Teilungsfaktor $n_1 = 100$, so folgt mit Gl. (4.183) $f_2 = (n_2/100)1$ MHz $= n_2 \cdot 10$ kHz. Stellt man durch Ansteuerung die Faktoren $n_2 = 5, 6, 7, \ldots 10$, so erhält man das gewünschte Frequenzraster.

4.3.7.4 Mischung

Zur Mischung zweier Signale gibt es zwei grundsätzliche Verfahren. Man kennt die sogenannte **additive Mischung**, bei der beide Signale additiv überlagert werden und an den Steuereingang eines nichtlinearen Bauelements zur Aussteuerung seiner nichtlinearen Kennlinie gelegt werden. Bei der **multiplikativen Mischung** hat der Mischerbaustein zwei getrennte Eingänge und arbeitet, neben der Bildung unerwünschter Frequenzkomponenten höherer Ordnung, als Multiplizierer.

Bei den folgenden Betrachtungen wird näher nur auf die multiplikative Mischung eingegangen, da dieser in der Praxis eine höhere Bedeutung zukommt. Näheres zur additiven Mischung findet man in [56, 63, 64].

Ein typischer Anwendungfall der Mischung ist die Verschiebung der Frequenzlage eines niederfrequenten gleichanteilfreien Signals um die hochfrequente Oszillatorfrequenz f_o in eine neue Frequenzlage. Umgekehrt erreicht man die Verschiebung eines hochfrequenten Signals der Mittenfrequenz f_o in den niederfrequenten Bereich ebenfalls durch Mischung. Unerwünschte Mischprodukte werden mit Filtern unterdrückt. In Abb. 4.83 sind die beiden Methoden schematisch im Spektralbereich dargestellt.

Zur Mischung werden die 2 Signale multiplikativ verknüpft. Der Mischer stellt im Idealfall einen Multiplizierer dar. In Abb. 4.84 ist gezeigt, wie mit einem realen Multiplizierer und einem nachgeschalteten Bandpaßfilter eine Aufwärtsmischung durchgeführt werden kann. Das Bandpaßfilter unterdrückt unerwünschte Mischprodukte, die beispielsweise bei dem in Abb. 4.85 dargestellten Ringmodulator auftreten. Zur einfachen mathematischen Darstellung der Mischung werde das niederfrequente Signal $s_1(t)$ durch die Fourierentwicklung eines gleichanteilfreien periodischen Rechtecksignals dargestellt und das hochfrequente Oszillatorsignal $s_o(t)$ durch eine Cosinusschwingung.

$$s_1(t) = \frac{4}{\pi} \sum_{\nu=1}^{\infty} \frac{1}{\nu} \sin \nu\omega_1 t \quad (\nu = 1, 3, 5, \ldots); \quad \omega_1 = \frac{2\pi}{T}; \quad s_o(t) = \cos\omega_o t \quad (4.184)$$

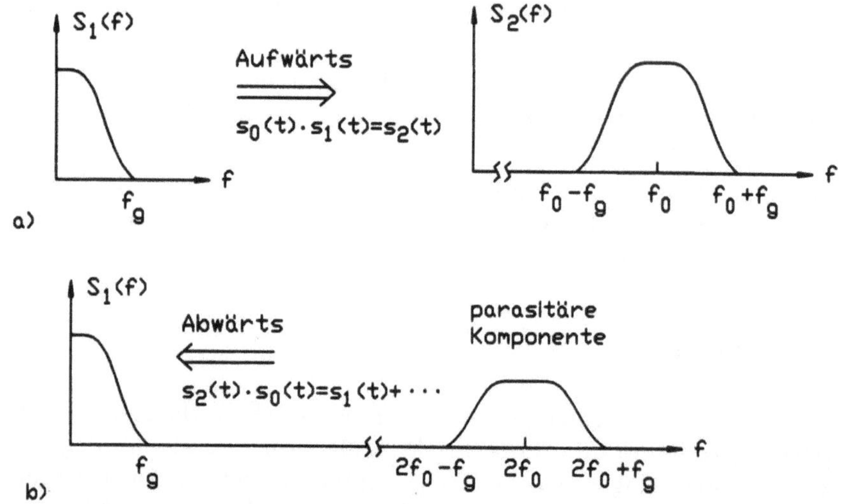

Abbildung 4.83: Frequenzumsetzung durch Mischung: a) Aufwärtsmischung; b) Abwärtsmischung

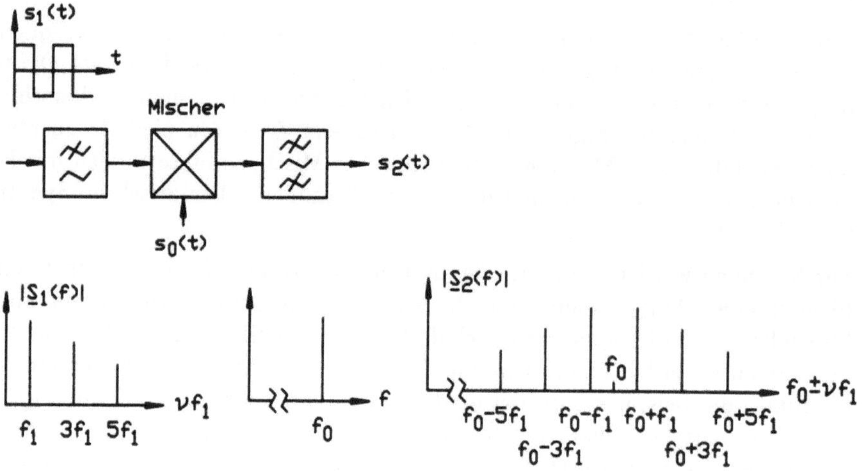

Abbildung 4.84: Prinzip der multiplikativen Mischung und Seitenbänder der Mischprodukte ($\nu = 3$)

Am Multipliziererausgang nach Abb. 4.84 erscheint allgemein, wenn man die Additionstheoreme der Trigonometrie auf das Produkt anwendet,

$$s_2(t) = s_o(t)s_1(t) = \frac{4}{\pi}\sum_{\nu=1}^{\infty}\frac{1}{2\nu}[\sin(\omega_o + \nu\omega_1)t - \sin(\omega_o - \nu\omega_1)t]. \qquad (4.185)$$

$s_2(t)$ enthält das **obere Seitenband** mit den Frequenzen $(\omega_o + \nu\omega_1)$ und das **untere Seitenband** mit den Frequenzen $(\omega_o - \nu\omega_1)$. In Abb. 4.84 sind die Signalkomponenten für $\nu = 1, 3, 5$ gezeichnet. Aus Gl. (4.185) erkennt man, daß die Gestalt des Ursprungssignals erhalten bleibt und lediglich eine Verschiebung um ω_0 bei Bildung zweier Seitenbänder stattfindet, wie aus den Summen- und Differenzkomponenten in Gl. (4.185) erkennbar ist. Das Oszillatorsignal allein tritt im Signal $s_2(t)$ nicht mehr auf.

Mit dem in Abb. 4.84a dargestellten Bandpaß kann nun das obere oder untere Seitenband, je nach gewünschter Frequenzlage, zur Weiterverarbeitung selektiert werden.

Die hier gezeigte Art der Mischung zwischen einem "Basisbandsignal" und einem hochfrequenten "Trägersignal" ist auch eine spezielle Form der Modulation, die Amplitudenmodulation mit unterdrücktem Träger genannt wird; Näheres hierzu findet man in Kapitel 7 und Kapitel 8.

In Systemen der Funktechnik (Richtfunk, Satellitenfunk, etc.) werden oft bereits modulierte Signale durch Mischung in die gewünschte Frequenzlage zur Übertragung im GHz-Bereich verschoben, s. Kapitel 7 und Kapitel 8.

Die Realisierung der multiplikativen Mischung erfolgt mit bipolaren Transistoren, Feldeffekttransistoren und vor allem mit verschiedenen Diodenschaltungen. Ein in der Praxis häufig benutzter Mischer ist der **Ringmodulator**, der als integrierter Baustein auf dem Markt für alle interssierenden Frequenzbereiche erhältlich ist. Er ist aus einem Diodenquartett und zwei Differentialübertragern aufgebaut, s. Abb. 4.85.

Die Amplitude des hochfrequenten Oszillatorsignals, die lediglich ein Schaltfunktion zur Durchschaltung der Dioden darstellt, wird hierbei so groß gewählt, daß die Sinusschwingung sehr steilflankig wird und somit durch eine Rechteckschwingung genähert werden kann (Abb. 4.86a). Mit der Amplitude der Trägerschwingung $\hat{u}_o = 1$ hat die Oszillatorschwingung dann in Fourierdarstellung, Abb. 4.86a, die Form

$$s_o(t) \approx= \frac{4}{\pi}(\cos\omega_o t - \frac{1}{3}\cos 3\omega_o t + \frac{1}{5}\cos 5\omega_o t - \cdots + \cdots. \qquad (4.186)$$

Als niederfrequentes Signal wird der Einfachheit halber lediglich eine Cosinusschwingung unterstellt, obwohl im praktischen Fall meist Signalspektren durch Mischung umgesetzt werden. Diese Annahme ist ohne Einschränkung der Allgemeinheit zulässig, da bei der Mischung von Spektren, wie weiter oben allgemein

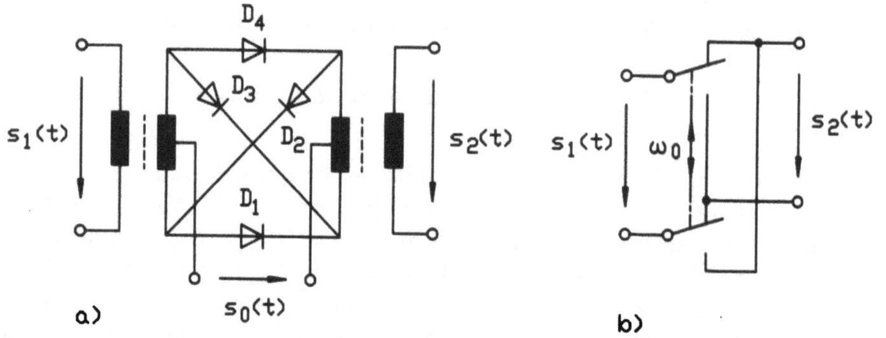

Abbildung 4.85: a) Ringmodulator als Mischer; b) mechanisches Äquivalent des Ringmodulators

gezeigt, jede einzelne Spektrallinie um den gleichen Wert f_o verschoben wird.

$$s_1(t) = \hat{u}_1 \cos \omega_1 t; \quad \hat{u}_1 = 1 \tag{4.187}$$

Mit der Oszillatorschwingung der Frequenz f_o werden die Dioden D_1, D_2, D_3 und D_4 periodisch paarweise durchgeschaltet oder gesperrt. Während der positiven Halbschwingung schaltet die Rechteckspannung $s_o(t)$ die Dioden D_1 und D_4 durch und während der negativen Halbschwingung die Dioden D_2 und D_3. Dadurch wird das Informationssignal $s_1(t)$ periodisch umgepolt, und man erhält das in Abb. 4.86c wiedergegebene Mischprodukt $s_2(t)$, dessen Fourierreihe lautet

$$s_2(t) \approx \frac{2}{\pi}[\cos(\omega_o + \omega_1)t + \cos(\omega_o - \omega_1)t] - \frac{2}{3\pi}[\cos(3\omega_o + \omega_1)t + \cos(3\omega_0 - \omega_1)t] + \tag{4.188}$$

$$+\frac{2}{5\pi}[\cos(5\omega_o + \omega_1)t + \cos(5\omega_o - \omega_1)t] - \cdots + \cdots$$

Im Mischprodukt sind lediglich die Komponenten der Frequenzen $(\omega_o \pm \omega_1)$ erwünscht. Die restlichen Komponenten höherer Ordnung müssen mit einem Bandpaß unterdrückt werden, s. Abb. 4.84h.

Im Mischprodukt erscheinen Komponenten des Oszillatorsignals der Frequenz f_o und des Informationssignals der Frequenz f_1 alleine nicht mehr. Beide werden bei der Mischung unterdrückt, da sich ihre Ströme $i_o(t)$ bzw. $i_1(t)$ im Ausgangsübertrager jeweils aufheben.

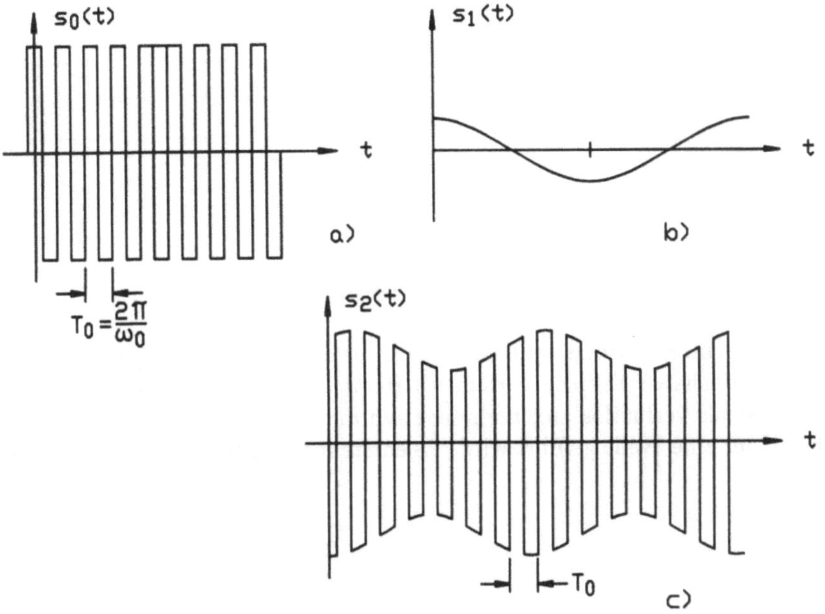

Abbildung 4.86: a) Rechteckträgerschwingung; b) Sinus-Informationssignal; c) Zeitverlauf des Mischprodukts

4.4 Antennen

Zur drahtlosen Nachrichtenübertragung sind Antennen für die Absendung und den Empfang elektromagnetischer Wellen (Radiowellen) erforderlich. Mit der Sendeantenne wird die hochfrequente Leitungswelle eines Senders, die das Inforamtionssignal beinhaltet von der Leitung gelöst und in eine Freiraumwelle umgesetzt. Die Empfangsantenne wandelt umgekehrt die informationtragende Freiraumwelle wieder in eine Leitungswelle um, die dem Empfänger zugeführt wird. In Abb. 4.87 ist das Prinzip einer drahtlosen Nachrichtenübertragung wiedergegeben.

Zur Erläuterung der Umwandlung einer auf einer Leitung geführten Welle in eine Freiraumwelle - eine Sendeantenne stellt einen solchen Wandler dar - wird auf die in Abschnitt 4.1 dargestellte Interpretation der Maxwellschen Gleichungen zurückgegriffen, welche die wechselseitigen Beziehungen des magnetischen Feldes **H** und elektrischen Feldes **E** einer elektromagnetischen Welle beschreiben, die sich auf einer Leitung oder im freien Raum fortpflanzt. Elektrisches und magnetisches Feld einer elektromagnetischen Welle im Raum sind wechselseitig voneinander abhängig und somit fest miteinander verkettet.

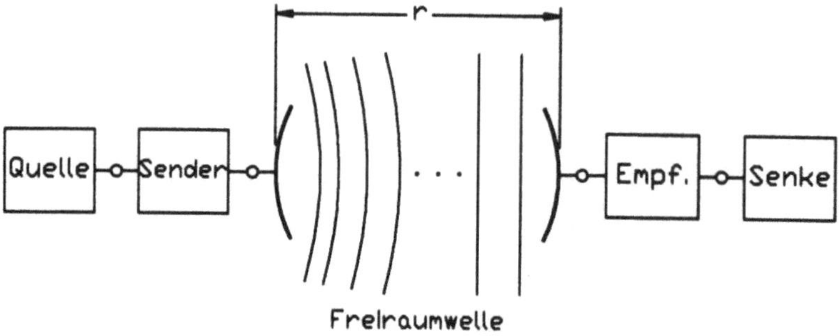

Abbildung 4.87: Prinzip der Funkübertragung

Die Ablösung einer Leitungswelle und damit die Umwandlung in eine Raumwelle gelingt im einfachsten Fall (nach Heinrich Hertz, deutscher Physiker), wenn man eine zunächst als verlustlos angenommene symmetrische Leitung der Länge l aufklappt, auf der eine Welle geführt wird. Es entsteht eine **Dipol-Antenne**, s. Abb. 4.88a.

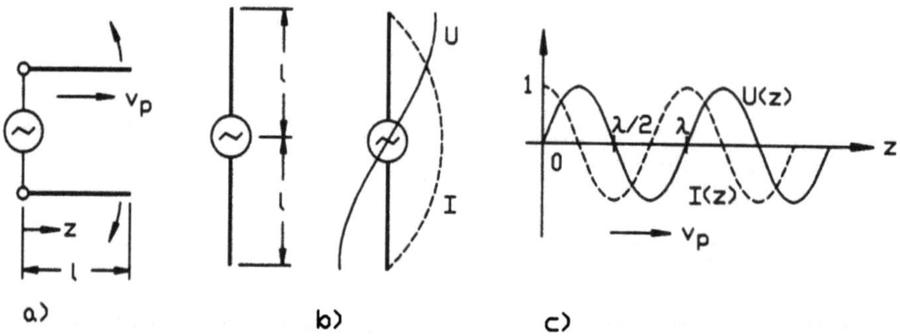

Abbildung 4.88: a) Dipol-Antenne; b) Stehende Wellen auf der Antenne, c) Spannungs-und Stromwelle

Außerdem sei $l = \lambda_0/4$ bzw. $2l = \lambda_0/2$, und der Dipol werde am Antennenfußpunkt mit einer zeitlich sich ändernden Sinus- (Cosinus-) Schwingung der Periodendauer T gespeist. Strom- und Spanungsschwingung der Quelle erzeugen um die beiden $\lambda_0/4$-Leiter des Dipols magnetische und elektrische Felder. In Abb. 4.89a ist der Feldverlauf dargestellt, bei dem der in Abb. 4.88c dargestellte Phasenzustand $\phi(z = 0, t)$ von Strom- bzw. Spannungsschwingung der Quelle gerade mit der Phasengeschwindigkeit v_p die Antennenspitzen erreicht hat. Zur Ausbreitung eines Phasenzustandes einer Strom- bzw. Spannungswelle, die auf einer Leitung geführt werden, siehe auch Abb. 3.17.

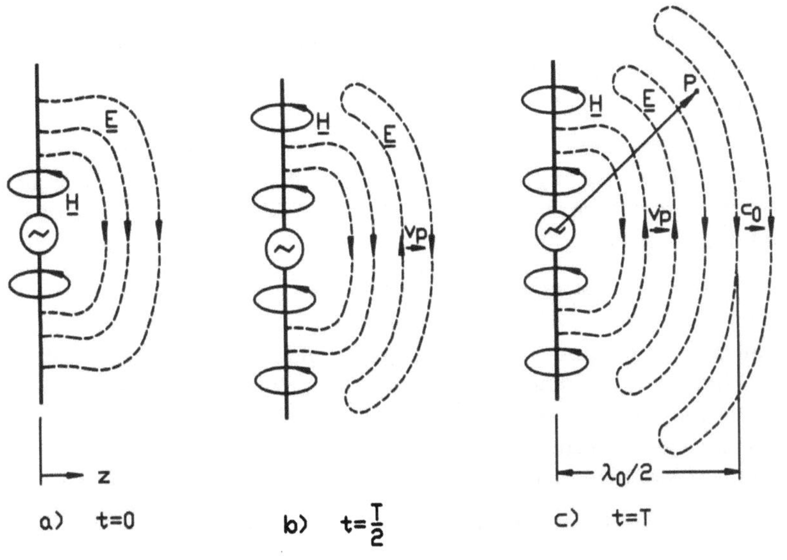

Abbildung 4.89: Umsetzung einer Leitungswelle in eine Raumwelle (nur die rechte Halbebene gezeichnet)

Die elektrischen Feldlinien **E**, verursacht durch die Spannungswelle enden auf der Antenne. Die magnetischen Feldlinien **H**, die durch die Stromwelle verursacht werden, umschließen die Antenne. Da die $\lambda_0/2$-Antenne eine verlustfreie, am Ende offene Leitung darstellt, werden Strom- und Spannungswelle an der Antennenspitze reflektiert ($r = 1$) und es bilden sich stehende Wellen aus, siehe Abb. 4.88b. Die Felder der hinlaufenden und reflektierten Wellen überlagern sich, und es kommt aufgrund der zeitlichen Änderung der Spannungshalbwelle zur Einschnürung des elektrischen Feldes **E**. Ein Teil der elektrischen Feldlinien endet nicht mehr auf der Antenne, sondern schließt sich in sich selbst, wobei sie die magnetischen Feldlinien umschließen. Man erhält das bereits aus Abschn. 4.1 bekannte elektrische Wirbelfeld, Abb. 4.89. Ändert nun die Spanungswelle ihre Polarität, dann entsteht ein elektrisches Wirbelfeld mit umgekehrtem Richtungssinn, welches die eine zeitliche Halbwelle vorher entstandenen, bereits von der Antenne abgelösten elektrischen Wirbelfelder mit der Phasengeschwindigkeit $v_p > v_0$ von der Antenne wegdrängt. Da mit einem zeitlich sich ändernden elektrischen Wirbelfeld stets auch ein zeitvariables magnetisches Wirbelfeld verknüpft ist, entsteht im Abstand $\lambda_0/2$ von der Antenne, nach der vollständigen Ablösung, eine kugelförmige elektromagnetische Raumwelle, die sich nun mit Lichtgeschwindigkeit c_0 ausbreitet.

In Abb. 4.89c ist ein Ortsvektor **r** eingezeichnet, der die Feldstärken im Punkt P $\underline{\mathbf{E}}_\mathbf{P}$ und $\underline{\mathbf{H}}_\mathbf{P}$ festlegt, wodurch das **Nahfeld** und **Fernfeld** definiert werden kann. Ist $|\underline{\mathbf{r}}| \ll \lambda_0/2$, dann spricht man vom Nahfeld der Antenne, und ist umgekehrt

$|\underline{r}| \gg \lambda_0/2$, so liegt der Punkt P im Fernfeld der Antenne. Die Feldstärkevektoren $\underline{\mathbf{E}}$ und $\underline{\mathbf{H}}$ stehen im Fernfeld senkrecht aufeinander. Im Fernfeld kann die Kugelwelle durch eine ebene Welle genähert werden, wie nachfolgend noch näher erläutert wird.

Die weiteren Betrachtungen beziehen sich auf das Fernfeld, da der Abstand $|\underline{r}| = r$ zwischen Sender und Empfänger bei den im Funkbetrieb verwendeten Frequenzen weit über dem Nahfeldbereich liegt. Wird das Nahfeld betrachtet, so wird gesondert darauf hingewiesen.

Bei einer typischen Funkstrecke (=Freiraumstrecke) ist der Abstand r zwischen Sender und Empfänger, s. Abb. 4.87, sehr viel größer als die Abmessungen der Sendeantenne; diese erscheint daher bei einem Empfänger im Fernfeld als strahlender Punkt. Man spricht deshalb auch von der Energieabstrahlung einer Antenne. Die Strahlrichtung vom Sender zum Empfänger steht im Fernfeld senkrecht auf der Phasenfront der elektromagnetischen Welle, die dort näherungsweise eine Ebene ist. Am Empfangsort liegen somit ebene Wellen vor, s. auch Abschn. 4.1.2.

Die Leistungsflußdichte beim Empfänger folgt aus dem **Poyntingschen Vektor**, s. Abschn. 4.1.1.

Eine Empfangsantenne wandelt, im Gegensatz zur Sendeantenne, eine Freiraumwelle in eine leitungsgeführte Welle um. Die Sendeantenne ist mit der Empfangsantenne über den Funkstrahl gekoppelt. Ein System aus Sende- und Empfangsantenne kann somit als Vierpol aufgefaßt werden, dessen Ströme und Spannungen durch eine $\underline{Z}$-Matrix verknüpft sind, Abb. 4.90, wenn man voraussetzt, daß das Übertragungsmedium linear und isotrop ist.

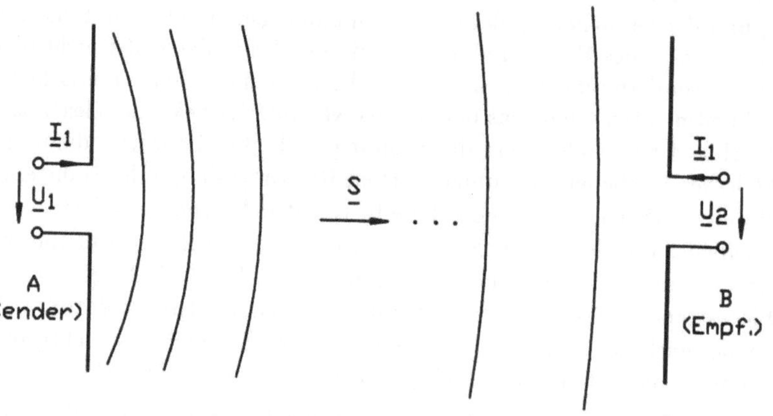

Abbildung 4.90: Sende-und Empfangsantenne als Vierpol

$$\underline{U}_1 = \underline{I}_1\underline{Z}_{11} + \underline{I}_2\underline{Z}_{12}; \quad \underline{U}_2 = \underline{I}_1\underline{Z}_{21} + \underline{I}_2\underline{Z}_{22} \tag{4.189}$$

Der Vierpol nach Abb. 4.90 ist dann umkehrbar (reziprok). Sende- und Empfangsantenne sind somit austauschbar ($\underline{Z}_{12} = \underline{Z}_{21}$). $\underline{Z}_{11}$ ist die Eingangsimpedanz der Antenne A bei leerlaufender Antenne B ($\underline{I}_2 = 0$), und $\underline{Z}_{22}$ ist umgekehrt die Eingangsimpedanz der Antenne B, wenn Antenne A leerläuft ($\underline{I}_1 = 0$). Die Antennen nach Abb. 4.90 stellen hierbei auch Anpassungsglieder dar, die die Leitungswellenwiderstände an das Ausbreitungsmedium mit dem Feldwellenwiderstand $Z_{F0} = 120\pi\Omega$ reflexionsfrei anpassen.

Zwischen Sende- und Empfangsantenne besteht somit, wenn die genannten Voraussetzungen eingehalten werden, kein grundsätzlicher Unterschied. Eine einzige Antenne kann als Sende- und Empfangsantenne benutzt werden, falls sich Sendefrequenz und Empfangsfrequenz, abhängig von der Bandbreite der zu übertragenden Signalspektren, in ausreichendem Maße unterscheiden. Die Trennung von Sende- und Empfangsweg erfolgt dann durch Frequenzweichen, s. Abschn. 3.3.3.5. Anwendung findet diese Technik in fast allen Funksystemen vom Mobilfunk-“Handy“ bis zu Satelliten- und Richtfunk-Systemen, s. Kapitel 6 und Kapitel 8.

4.4.1 Elementare, fiktive Strahlungsquellen

Im vorhergehenden Abschnitt wird der Ablösungsvorgang einer elektromagnetischen Welle am Beispiel einer Dipol-Antenne erläutert, wobei auf eine exakte mathematische Beschreibung der Feldgrößen weitgehend verzichtet wird; bei realen Antennen ist dies auch nur selten möglich. Damit geschlossene mathematische Lösungen für die Feldgrößen ermittelt werden können, beschränkt man sich auf nichtrealisierbare fiktive Antennen, die auch “Strahler“ genannt werden, wie den **isotropen Kugelstrahler** oder den **Hertzschen Dipol**.

4.4.1.1 Isotroper Kugelstrahler

Unter einem isotropen Kugelstrahler versteht man eine verlustlose Antenne, die gleichmäßig in alle Raumrichtungen Energie abstrahlt. Bildet man eine gedachte Kugelschale im Abstand r um diesen Strahler, dann erzeugt der isotrope Kugelstrahler als Sendeantenne an jedem Punkt der Kugeloberfläche die gleiche Strahlungsleistung, s. Abb. 4.91.

Umgekehrt empfängt der Kugelstrahler, aufgrund der Reziprozität, gleichmäßig aus beliebigen Raumrichtungen. Auf der Kugeloberfläche der gedachten Kugelschale im Abstand r vom empfangenden Kugelstrahler fällt in jedem Punkt der Kugeloberflache die gleiche Strahlungsleistung ein. Mit der von der Antenne abgestrahlten Leistung P_s ist die Strahlungsleistungsdichte an einem Empfangsort

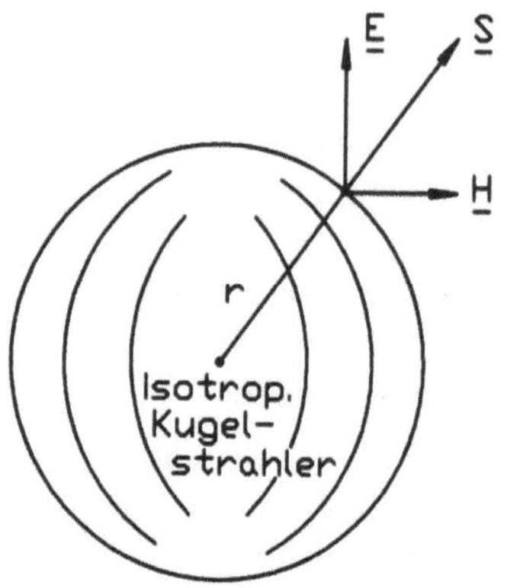

Abbildung 4.91: Strahlungsdiagramm eines isotropen Kugelstrahlers

im Abstand r vom Sender

$$S_k = \frac{P_s}{4\pi r^2} \tag{4.190}$$

Der isotrope Kugelstrahler ist nicht realisierbar, dient jedoch als Vergleichsantenne zur Definition realer Antennengrößen, wie später noch gezeigt wird.

4.4.1.2 Hertzscher Dipol

Durch Definiton des Hertzschen Dipols gelingt es mit Hilfe der Maxwellschen Gleichungen die Feldgrößen **E** und **H** der elektromagnetischen Welle in geschlossener mathematischer Form zu ermitteln. Nachfolgend werden diese Ergebnisse diskutiert.

Der Hertzsche Dipol ist ein idealer Dipol mit einer infinitesimal kurzen Länge Δl und einem Strom $\underline{I} = |\underline{I}|e^{j\omega t}$. Aufgrund der infinitesimalen Länge der Antenne kann der Strom an jeder Stelle der Antenne als konstant angenommen werden (=konstanter Strombelag), da die Wellenlänge des Wechselstromes $\lambda_0 \gg \Delta l$ ist.

Abb. 4.92 zeigt den Dipol im Ursprung eines Kugelkoordinatensystems sowie einen Raumpunkt P, zu dem ein Ortsvektor $\mathbf{r}$ führt. $|\mathbf{r}| = r$ ist der Abstand zwischen dem Hertzschen Dipol und dem Raumpunkt P. Zu bestimmen sind nun die magnetische Feldstärke $\underline{\mathbf{H}}$ und die elektrische Feldstärke $\underline{\mathbf{E}}$, die aufgrund des Antennenstromes $\underline{I}$ im Punkt P entstehen. Die Ablösung der elektromagnetischen Welle von der Antenne läuft grundsätzlich genau so ab wie für den realen Dipol erläutert. Die Berechnung der Feldgrößen erfolgt mit den Maxwellschen Gleichungen, dem Durchflutungs- und Induktionsgesetz, Gln.(4.4) und (4.5), und führt auf

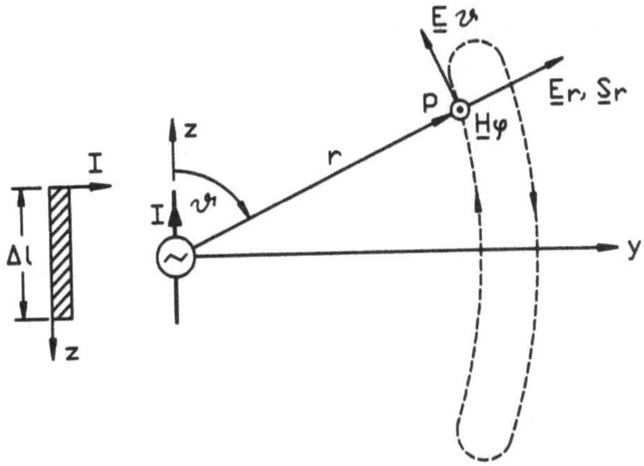

Abbildung 4.92: Hertzscher Dipol

die folgenden Ergebnisse in Kugelkoordinaten.

$$\underline{H}_{\varphi} = j\frac{I\Delta l}{2\lambda_0}\frac{\sin\vartheta}{r}e^{-j\frac{2\pi r}{\lambda_0}}\left(1+\frac{1}{j2\pi r/\lambda_0}\right) \tag{4.191}$$

$$\underline{E}_{\vartheta} = \underline{H}_{\varphi} Z_{F0} = jZ_{F0}\frac{I\Delta l}{2\lambda_0}\frac{\sin\vartheta}{r}e^{-j\frac{2\pi r}{\lambda_0}}\left(1+\frac{1}{j\frac{2\pi r}{\lambda_0}}+\frac{1}{\left(\frac{j2\pi r}{\lambda_0}\right)^2}\right) \tag{4.192}$$

$$\underline{E}_{r} = jZ_{F0}\frac{I\Delta l}{2\lambda_0}\frac{2\cos\vartheta}{r}e^{-j\frac{2\pi r}{\lambda_0}}\left(\frac{1}{j\frac{2\pi r}{\lambda_0}}+\frac{1}{\left(j\frac{2\pi r}{\lambda_0}\right)^2}\right) \tag{4.193}$$

In den vorgenannten 3 Gleichungen beschreibt das Produkt mit dem jeweils ersten Summanden in der Klammer die Eigenschaften des *Fernfeldes*, die jeweils weiteren Summanden gehören zum *Nahfeld*. Für große r verschwinden die Nahfeldkomponenten. $Z_{F0} = \sqrt{\mu_0\epsilon_0} \approx 377\ \Omega$ ist der Feldwellenwiderstand des freien Raumes.

$\underline{E}_r$ ist gegen $\underline{E}_{\vartheta}$ und H_{φ} im Fernfeld um 90° phasenverschoben. Alle Feldgrößen stehen senkrecht aufeinander, s. Abb. 4.92. Der Hertzsche Dipol erzeugt eine kugelförmige TM-Welle, die im Fernfeld mit zunehmender Entfernung r zu einer ebenen TEM-Welle wird.

Am Energietransport sind lediglich $\underline{H}_{\varphi}$ und $\underline{E}_{\vartheta}$ beteiligt. Mit dem Poyntingschen Vektor erhält man für die Leistungsflußdichte oder **Strahlungsleistungdichte** im Punkt P

$$\underline{\mathbf{S}}_{\mathbf{r}} = \frac{1}{2}(\underline{\mathbf{E}}_{\vartheta} \times \underline{\mathbf{H}}^*_{\varphi}). \tag{4.194}$$

Der Energietransport erfolgt in Richtung des Ortsvektors **r**, der Hertzsche Dipol gibt somit Stahlungsenergie in radialer Richtung ab. Der Effektivwert des Poyntingschen Vektors, Gl. (4.194), ist ein Maß für die Leistungsdichte der Strahlung in W/m^2 in einem beliebigen Raumpunkt P. Im Fernfeld gilt beim Hertzschen Dipol für die Effektivwerte der Feldgrößen

$$E_\vartheta = Z_{F0} H_\varphi; \quad E_\vartheta = E_{\vartheta,max} \sin\vartheta; \quad H_\varphi = H_{\varphi,max} \sin\vartheta \tag{4.195}$$

Für die effektive Leistungsdichte folgt damit im Raumpunkt (=Aufpunkt) P

$$S_\vartheta = \frac{E_\vartheta^2}{Z_{F0}} = S_{max} \sin^2\vartheta \tag{4.196}$$

Die Charakteristik der rotationssymmetrischen Verteilung der Strahlungsleistungsdichte S_ϑ des Hertzschen Dipols im Raum ist in Abb. 4.93a dargestellt. Integriert

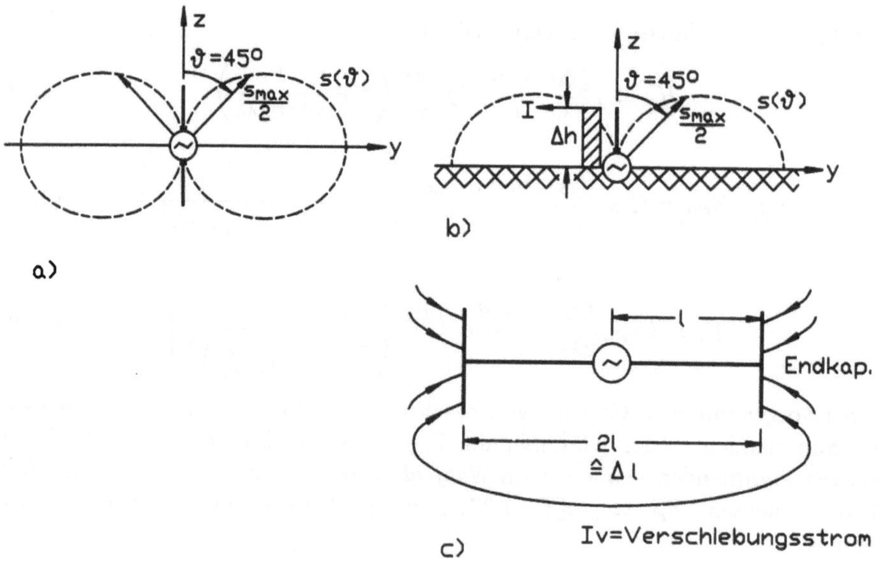

Abbildung 4.93: a) Strahlungsleistungsdichte im Fernfeld des Hertzschen Dipols; b) einseitig geerdeter Hertzscher Dipol; c) Approximierung eines Hertzschen Dipols

man über eine den Hertzschen Dipol umschließende Kugeloberfläche O_k, so erhält man seine abgestrahlte Gesamtleistung, die **Strahlungsleistung** im freien Raum.

$$P_s = \iint_{O_k} S dO_k = \iint_{O_k} E_\vartheta H_\varphi dO_k = \frac{8}{3}\pi r^2 H_{\varphi,max}^2 Z_{F0} \tag{4.197}$$

Wegen $H_\varphi \sim 1/r$ ist P_s unabhängig von r. Die wirksame **Strahlungsleistung** P_s muß der zur Antenne gehörende Sender aufbringen.

Mit dem Effektivwert des Antennenstroms I kann nun der **Strahlungswiderstand** R_s definiert werden, der als äquivalenter ohmscher Widerstand interpretiert werden kann. Aus Gl. 4.197 und Gl. 4.191 findet man den Zusammenhang

$$P_s = I^2 R_s = \frac{2}{3}\pi Z_{F0} I^2 \left(\frac{\Delta l}{\lambda_0}\right)^2 = 790\Omega I^2 \left(\frac{\Delta l}{\lambda_0}\right)^2 ; \quad R_s = 790\Omega \left(\frac{\Delta l}{\lambda_0}\right)^2 . \tag{4.198}$$

R_s und P_s hängen nicht von r ab.

Betrachtet man nun den Hertzschen Dipol als einseitig geerdete Antenne der Länge Δh, s. Abb. 4.93b, so erstreckt sich das oben benutzte Flächenintegral nur über die Oberfläche einer Halbkugel. Führt man die Integration aus, so erhält man für die **Strahlungsleistung** P_{sh} und den **Strahlungswiderstand** R_{sh} des einseitig geerdeten Hertzschen Dipols

$$P_{sh} = \frac{P_s}{2} = \frac{\pi Z_F I^2}{3}\left(\frac{2\Delta h}{\lambda_0}\right)^2 = 1580 I^2 \left(\frac{\Delta h}{\lambda_0}\right)^2 ; \quad R_{sh} = 1580 \left(\frac{\Delta h}{\lambda_0}\right)^2 . \tag{4.199}$$

Das Strahlungsdiagramm entspricht der oberen Hälfte des Diagramms nach Abb. 4.93a.

Der Hertzsche Dipol stellt einen Elementardipol dar, der nur näherungsweise unter der Bedingung $\Delta l \ll \lambda_0$ realisierbar ist, da auf einem realen Dipol der Antennenstrom I nur näherungsweise konstant gehalten werden kann. Ein Möglichkeit zur Approximierung der Eigenschaften eines Hertzschen Dipols ist die in Abb. 4.93c skizzierte Dipolantenne, an deren Leitungsenden Metallplatten d.h. jeweils eine sogenannte "Endkapazität" angebracht ist. Auf Antennen mit Endkapazität wird weiter hinten noch genauer eingegangen. Die Kapazität der Metallplatten verhindert wesentliche Änderungen des Strombelags entlang der Länge $\Delta l = 2l$ des Dipols. Die für den Hertzschen Dipol angegebenen Beziehungen gelten somit näherungsweise auch für den realen Dipol in Abb. 4.93c

□Beispiel 4.23

Der Dipol nach Abb. 4.93c habe einen konstanten effektiven Antennenstrom von $I = 6$ A. Die Länge des Dipols sei $\Delta l = 2l = 1$ m, und er werde im Kurzwellenbereich bei $f = 20$ MHz betrieben.

Die Strahlungsleistung des Dipols ist dann mit Gl. (4.198) $P_s = 790\Omega I^2(\Delta l/\lambda_0)^2 = 126,4$ W ($\lambda_0 = c_0/f = 15$ m), und der Strahlungswiderstand wird $R_s = 790\Omega(\Delta l/\lambda_0)^2 = 3,51\ \Omega$.

Eine einseitig geerdete Dipolantenne mit einer Endkapazität nach Abb. 4.93c hat die Strahlungsleistung $P_{sh} = P_s/2 \approx 63,2$ W.

Weitere elementare Strahlungsquellen sind der **magnetische Elementardipol** und die **Huygenssche Elementarquelle**, die ebenfalls als Bezugsquellen für reale Antennen gelten [64].

4.4.2 Antennen aus am Ende offenen Leitungsstücken

Als einfache Antennenformen aus am Ende leerlaufenden Leitungsstücken gelten vor allem der **Dipol** und der senkrecht auf einer leitenden Ebene stehende **Monopol**. Solche Antennen zeigen das Resonanzverhalten von Schwingkreisen. Bei einem verlustlosen Dipol der Länge $\lambda_0/2$ erscheint am Speisepunkt der Antenne infolge einer stehenden Welle ein Spannungsminimum und ein Strommaximum (Serienschwingkreis), am Antennenende ist es umgekehrt (Parallelschwingkreis). Ein verlustloser $\lambda_0/4$-Monopol über einer ideal leitenden Fläche zeigt dasselbe Verhalten. In Abb. 4.94 sind Dipole und Monopole verschiedener Länge sowie die sich ausbildenden stehenden Wellen dargestellt. Die dargestellten Dipole bzw.

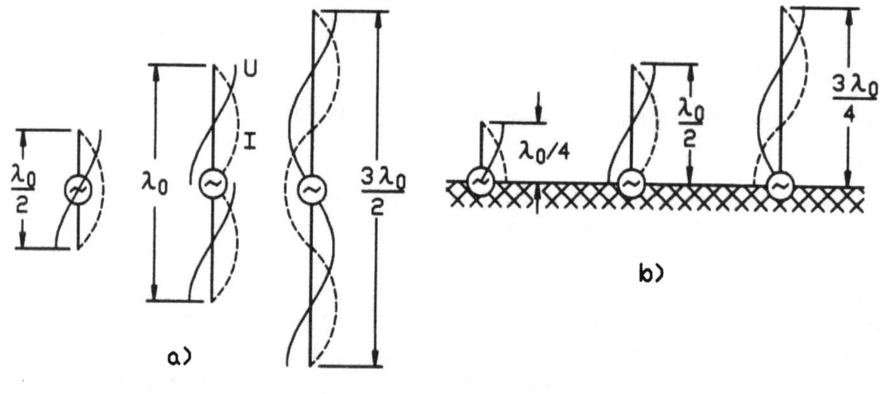

Abbildung 4.94: a) Dipole; b) Monopole verschiedener Länge

Monopole haben Antennenlängen als ganzahlige Vielfache von $\lambda_0/2$ bzw. $\lambda_0/4$. Im nächsten Abschnitt wird gezeigt, daß bei technischen Formen solcher Antennen dies oft nicht der Fall ist

4.4.2.1 Dipole

Der Strombelag auf einer realen Dipolantenne ist nicht konstant. Damit man die Feldgleichungen des Hertzschen Dipols (4.191) - (4.193), sowie die Beziehungen für die Strahlungsleistung und den Strahlungswiderstand auch für reale Dipole als (grobe) Näherungen verwenden kann, wird für **elektrisch kurze Dipole** die wirksame Antennenlänge l_w eingeführt. Ein Dipol gilt als elektrisch kurz, wenn seine geometrische Länge $2l \leq \lambda_0/2$ ist.

Zur Näherung der Feldgrößen $\underline{\mathbf{E}}_{\mathbf{rD}}$, $\underline{\mathbf{E}}_{\vartheta\mathbf{D}}$ und $\underline{\mathbf{H}}_{\varphi\mathbf{D}}$ sowie der Strahlungsleistung P_{sD} und des Strahlungswiderstandes R_{sD} eines realen Dipols ist in den vorgenannten Gleichungen lediglich Δl durch l_w zu ersetzen; eine genauere Näherung für die Feldgleichungen des realen Dipols findet man beispielsweise in [68].

l_w ist die Länge einer Ersatzantenne mit konstantem Strombelag, welche die gleiche Wirkung hat wie ein zugehöriger realer Dipol mit nichtkonstantem Strombelag. In Abb. 4.95a ist ein verlustfreier Dipol der Länge $2l = \lambda_0/2$ und sein nichtkonstanter Strombelag wiedergegeben. Abb. 4.95b zeigt die zugehörige Ersatzantenne der Länge l_w mit konstantem Strombelag. Die schraffierte Fläche unter dem si-

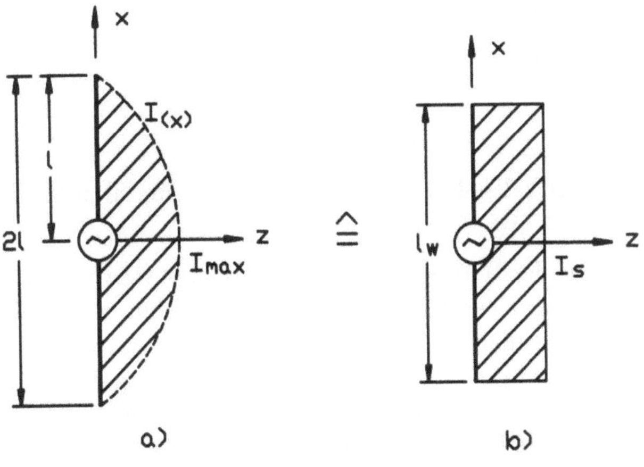

Abbildung 4.95: a) Stromverteilung eines verlustfreien $\lambda_0/2$ – *Dipols*; b) Zugehörige Ersatzanordnung

nusförmigen Strom $I(x) = I_{max} \cdot \sin\beta_0(l - |x|)$ des Dipols mit dem Strommaximum I_{max} ist identisch mit der schraffierten Fläche bei konstantem Strombelag I_s der Ersatzanordnung.

$$l_w I_s = \int_{-1}^{+1} I(z)dz \tag{4.200}$$

Hierbei wird für den Speisestrom der realen Antenne $I_s = I(0) = I_{max} \cdot \sin\beta_0 \cdot l$ angenommen. Die Auswertung des vorstehenden Integrals liefert - da auf beiden Antennenhälften die gleiche Stromverteilung vorliegt -

$$l_w = \frac{2}{I_s}\int_0^{+l} I(z)dz = \frac{\lambda_0}{\pi} \cdot \tan\frac{\pi l}{\lambda_0} \tag{4.201}$$

Im speziellen Fall $l = \lambda_0/4$ ist dann mit der vorgenannten Gleichung $l_w = \lambda_0/\pi = (4/\pi)l$.

Das ungestörte Feld eines Dipols besitzt immer eine lineare **Polarisation**, s. Abschn. 4.1.4. Ein senkrecht stehender Dipol ist *vertikal* und ein waagrecht liegender ist *horizontal* polarisiert, s. Abb. 4.96.

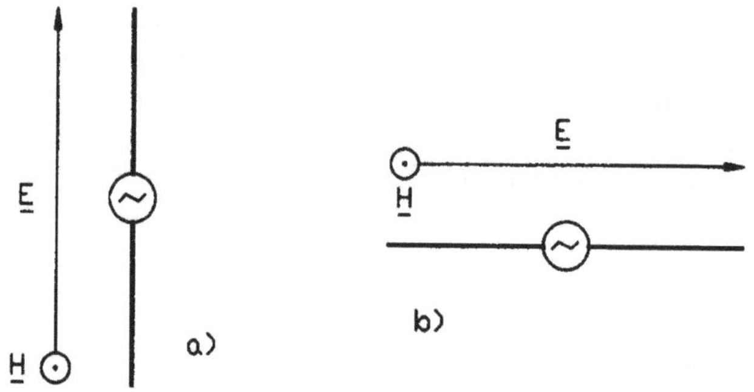

Abbildung 4.96: a) vertikal polarisierter Dipol; b) horizontal polarisierter Dipol

Der reale Dipol hat, wie der Hertzsche Dipol, eine **Hauptstrahlrichtung**. Bringt man in dieser Richtung im Fernfeld eine Empfangsantenne an, so liegt dort die größte Strahlungsleistungsdichte vor. Der Dipol hat eine **Richtcharakteristik**, die die Verteilung der Strahlung im Raum wiedergibt. Üblicherweise benutzt man zur Darstellung der Richtcharakteristik die Amplituden der elektrischen Feldstärke E_φ und E_ϑ einer Welle. Die Darstellung von E_ϑ bei konstantem φ ergibt das Vertikaldiagramm, entsprechend findet man aus $E(\varphi)$ bei konstantem ϑ das horizontale Richtdiagramm. Oft wird auch das auf den Maximalwert E_{max} bezogene Richtdiagramm $C_\vartheta = E_\vartheta / E_{max}$ dargestellt. Mit den Feldgleichungen des Hertzschen Dipols Gln. (4.191), (4.192) und (4.193) findet man näherungsweise die Richtcharakteristik von elektrisch kurzen Dipolen. In Abb. 4.97 ist das vertikale und horizontale Richtdiagramm eines $\lambda_0/2$-Dipols dargestellt. Der entsprechende Verlauf beim Hertzschen Dipol ist gestrichelt eingetragen.

Eine Dipolantenne besteht z.B. aus Kupfer oder Aluminium. Die ohmschen Widerstände R_L dieser Materialien stellen Verluste dar, die berücksichtigt werden müssen. Außerdem entstehen dielektrische Verluste R_D in Isoliermaterialien. Mit dem gesamten Verlustwiderstand R_v der Strahlungsleistung P_s dem Strahlungswiderstand R_S und dem Antennenstrom I, kann der **Antennenwirkungsgrad** ermittelt werden.

$$R_v = R_L + R_D; \quad \eta_A = \frac{P_{sD}}{P_{sD} + P_v} = \frac{I^2 R_{sD}}{I^2(R_{sD} + R_v)} = \frac{R_{sD}}{R_{sD} + R_v} \tag{4.202}$$

Die Verlustwiderstände liegen in der Praxis bei $R_v < 10\ \Omega$ und die Wirkungsgrade bei 90%.

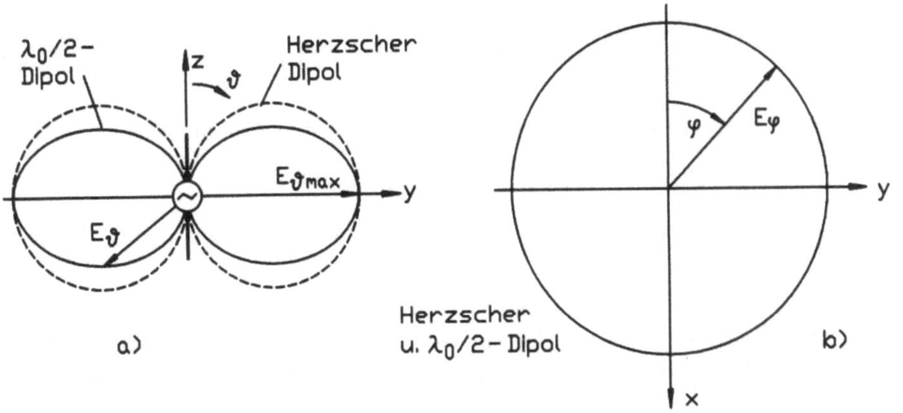

Abbildung 4.97: a) vertikales b) horizontales Richtdiagramm des $\lambda_0/2$-Dipols

Für den Dipol als verlustlose leerlaufende Leitung läßt sich ein Ersatzbild aus konzentrierten Elementen angeben, s. Abb. 4.98a

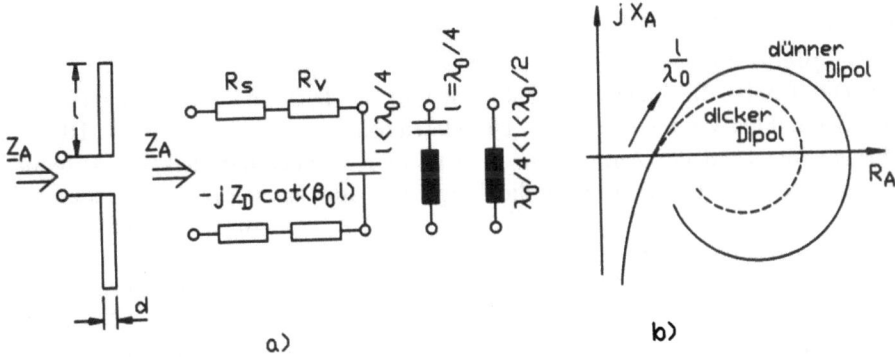

Abbildung 4.98: a) Dipol und Dipol-Ersatzbild; b) Ortskurve der Dipol-Eingangsimpedanz

Im Ersatzbild werden die Abstrahlung durch den Strahlungswiderstand R_s und die Verluste durch den Verlustwiderstand R_v erfaßt. Für Dipole der Länge $l \leq \lambda_0/4$ wirkt die leerlaufende Leitung kapazitiv. Bei $l = \lambda_0/4$ verhält sie sich wie ein Reihenschwingkreis und im Intervall $(\lambda_0/4) < l < (\lambda_0/2)$ wirkt sie induktiv, wie in Abb. 4.98a dargestellt. Für die Eingangsimpedanz einer leerlaufenden Leitung

$\underline{Z}_1$ mit dem Wellenwiderstand Z_D des Dipols gilt

$$\underline{Z}_1 = -jZ_D \cot(\beta_0 l); \quad Z_D \approx 120\Omega \ln\left(1,15\frac{l}{d}\right). \tag{4.203}$$

Die **Dipoleingangsimpedanz**, auch Fußpunktimpedanz genannt, folgt damit zu

$$\underline{Z}_A = R_s + R_v - jZ_D \cot(\beta_0 l) = R_A + jX_A \tag{4.204}$$

Beim $\lambda_0/2$-Dipol erhält man mit $l = \lambda_0/4$ aus dem Ersatzbild $X_A = 0$. Es liegt Serienresonanz vor.

Der Schlankeitsgrad $s = l/d$ bestimmt die **Bandbreite** eines Dipols. Dicke Antennen mit kleinem s und damit kleinem Wellenwiderstand sind breitbandig. Abb. 4.98b zeigt qualitativ die Ortskurve von $\underline{Z}_A$ von einem dünnen und einem dicken Dipol [68].

Ein spezieller Dipol ist der **Faltdipol**, der aus 2 dicht benachbarten parallelen $\lambda_0/2$-Antennen besteht, von denen jedoch nur eine gespeist wird [68].

□ **Beispiel 4.24**
Die wirksame Antennenlänge eines Dipols der Länge $2l = \lambda_0/2$ lautet mit Gl. (4.201) $l_w = (2/\pi)/2l = \lambda_0/\pi$. Nimmt man an, der Dipol werde im Mittelwellenbereich bei $f = 500\,\text{kHz}$ betrieben, dann ist $\lambda_0 = c_0/f = 600$ m und damit $2l = 300$ m. Der Stahlungswiderstand wird mit Gl. (4.198) $R_s \approx 790\Omega(l_w/\lambda_0)^2 = 80\ \Omega$. Unterstellt man einen konstanten effektiven Antennenstrom von $I = 2$ A, so erhält man eine Strahlungsleistung von $P_s = I^2 R_s = 320$ W.

□ **Beispiel 4.25**
Ein Dipol habe die Länge $l = 500$ mm und die Dicke $d = 10$ mm und damit den Schlankheitgrad $l/d = 50$. Die Betriebsfrequenz sei $f = 100$ MHz, der Verlustwiderstand der Antenne $R_v = 2\ \Omega$, und es fließe der effektive Antennenstrom $I = 1$ A. Die Freiraumwellenlänge ist dann $\lambda_0 = c_0/f = 3$ m und der Dipol- Wellenwiderstand wird nach Gl. (4.203) $Z_D \approx 120 \ln[1,15(l/d)] = 486,2\ \Omega$. Die wirksame Länge der Antenne folgt mit $\beta_0 = 2\pi/\lambda_0$ aus Gl. (4.201) zu $l_w = (\lambda_0/\pi)\tan(\pi l/\lambda_0) = 0,55$ m. Aus Gl. (4.198) bestimmt man mit l_w anstelle Δl näherungsweise den Strahlungswiderstand $R_s = 790(l_w/\lambda_0)^2 = 26,6\ \Omega$. Die Strahlungsleistung ist dann $P_s = I^2 R_s = 26,6$ W, und der Wirkungsgrad Gl. (4.202) wird $\eta_A = R_s/(R_s + R_v) = 0,93$. Die Eingangsimpedanz erhält man mit Gl. (4.204) zu $\underline{Z}_A = R_s + R_v - jZ_D \cot(\beta_0 l) = 28,6\Omega - j280,7\ \Omega$. Die Speisespannung des Dipols hat somit den Wert $\underline{U}_s = 1\text{A} \cdot \underline{Z}_A = 282,16\ \text{V}e^{-j84,18^\circ}$.

4.4.2.2 Monopole

Wie aus Beispiel 4.24 erkennbar erhält man im Lang-Mittel-und Kurzwellenbereich auch für "elektrisch kurze" Antennen sehr große Antennenlängen, deren Unterbringung großflächige Räume erfordert. Eine Dipolhälfte läßt sich einsparen, wenn man anstelle eines Dipols einen Monopol (=halber Dipol) benutzt und ihn über einer **leitenden Ebene** betreibt. Monopole haben die Länge $\leq \lambda_0/4$.

Die Speisung einer solchen Antenne erfolgt unsymmetrisch. In Abb. 4.99 ist ein Monopol über Erde dargestellt. Er hat den typischen Feldverlauf einer Dipolhälfte

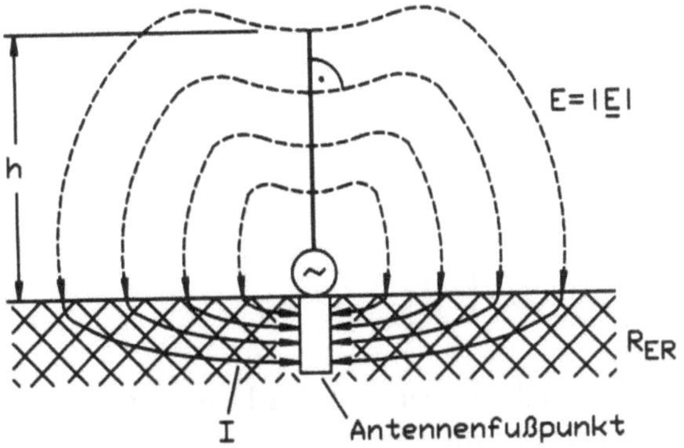

Abbildung 4.99: Monopol-Antenne mit Feldbild und Erdströmen

mit $l = \lambda_0/4$.

Seine Strahlungsleistung P_{sM} ist somit, bei Speisung mit dem gleichen Strom, halb so groß wie beim $\lambda_0/2$-Dipol. Dies gilt auch für seine wirksame Antennenhöhe h_w.

$$P_{sM} = \frac{1}{2} P_{sD}; \quad R_{sM} = \frac{1}{2} R_{sD}; \quad h_w = \frac{1}{2} l_w \tag{4.205}$$

Das Vertikaldiagramm ist identisch mit dem Verlauf für positive z nach Abb. 4.97a. Die Horizontaldiagramme von Dipol und Monopol stimmen vollständig überein.

Beim Betrieb eines vertikal orientierten Monopols über Erde ist die schlechte Leitfähigkeit des Erdbodens in Form eines zusätzlichen Verlustwiderstandes R_{ER} zu berücksichtigen, s. Abb.4.99b. Von den Endpunkten der elektrischen Feldlinien laufen "Stromfäden" über den Erdboden mit dem Verlustwiderstand R_{ER} zum Antennenfußpunkt. Für den gesamten Verlustwiderstand und den Wirkungsgrad der Antenne gilt damit

$$R_{vM} = R_{LM} + R_{DM} + R_{ER}; \quad \eta_{AM} = \frac{P_{sM}}{P_{sM} + P_{vM}} = \frac{R_{sM}}{R_{sM} + R_{vM}} \tag{4.206}$$

Eine einseitig geerdete Antenne der Länge $h = \lambda_0/4$ für den Mittelwellenbereich hätte bei $f = 500$ kHz wegen $\lambda_0 = c_0/f = 600$ m immer noch die große, nicht unterbringbare Höhe $h = 150$ m. Abhilfe schafft hier die Benutzung geometrisch kurzer Antennen mit $h < \lambda_0/4$, an die eine **Endkapazität** oder Dachkapazität angebracht wird. Man erreicht hierdurch eine **elektrische Verlängerung** einer geometrisch kurzen Antenne. Einige Formen von Endkapazitäten sind in Abb. 4.100 wiedergegeben

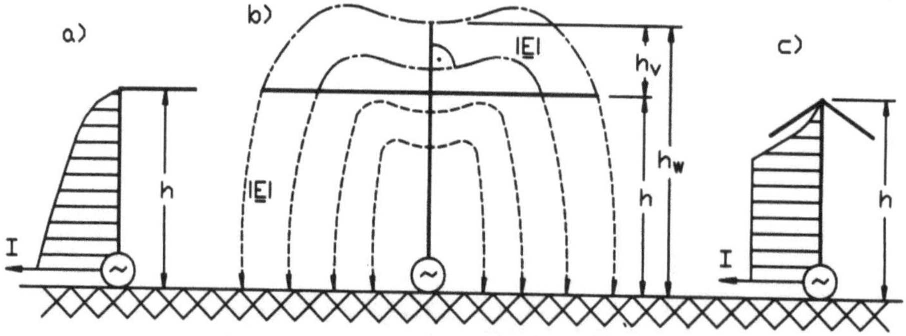

Abbildung 4.100: Vertikalantennen mit Dachkapazität: a) L-Antenne; b) T-Antenne und ihr Feld, c) Schirmantenne

Die Dachkapazität erhöht die wirksame Antennenhöhe auf $h_w \approx \lambda_0/4$ wie der Feldlinienverlauf am Beispiel der T-Antenne vermuten läßt. Der Feldverlauf und damit die elektrische Verlängerung entsteht durch Beseitigung der induktiven Komponente des Antennen-Ausgangswiderstandes - ähnlich wie nachfolgend für die elektrische Verlängerung bzw. Verkürzung durch Einfügung einer Induktivität bzw. Kapazität am Antennenfußpunkt zur Veränderung des Antennenfußpunkt-Widerstandes gezeigt. Durch die Dachkapazität wird ein nahezu konstanter Strombelag auf der Antenne erzwungen. Die Ersatzschaltung einer Antenne mit Dachkapazität zur elektrischen Verlängerung entspricht dem Abschluß einer Doppelleitung mit einer Kapazität C_2, s. hierzu Abschn. 4.2.4.3. Wie dort gezeigt mit Gl. (4.91) gezeigt wird, kann eine Kapazität durch ein Leitungsstück ($\hat{=}$ Leitungsverlängerung) nachgebildet werden.

Eine weitere Methode ist - wie oben erwähnt - die **elektrische Verlängerung** einer geometrisch kurzen Antenne ($h < \lambda_0/4$) mit Hilfe einer Induktivität, oder die **elektrische Verkürzung** einer geometrisch langen Antenne $\lambda_0/4 < h < \lambda_0/2$ mit einer Kapazität, die jeweils in der Nähe des Antennenfußpunktes in Reihe geschaltet werden. Hierdurch wird der entsprechende Blindanteil der Fußpunktimpedanz beseitigt. Die Verteilung des Strombelags wird dadurch nicht beeinflußt. Abb. 4.101 zeigt die beiden Möglichkeiten und die zugehörigen Schaltungen.

Im Falle a), $h < \lambda_0/4$ ist die Eingangsimpedanz einer offenen Leitung kapazitiv. Damit gilt für die Fußpunktimpedanz bei elektrischer Verlängerung der Antenne durch eine Induktivität, mit Z_M dem Wellenwiderstand des Monopols,

$$\underline{Z}_A = R_{sM} + R_{vM} + j[\omega L - Z_M \cot(\beta_0 l)]; \quad Z_M = Z_D/2. \qquad (4.207)$$

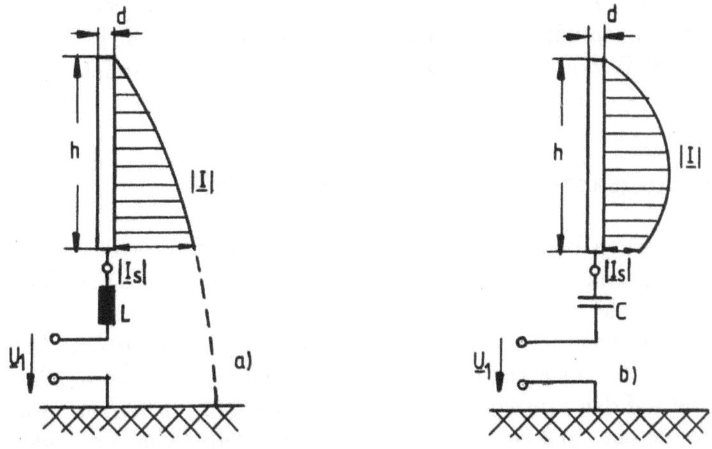

Abbildung 4.101: a) elektrische Verlängerung; b) elektrische Verkürzung einer Antenne ($|I_s|$ = Speisestrom)

Damit Resonanz eintritt und ein reeller Fußpunktwiderstand vorliegt, muß der Blindanteil in der vorstehenden Gleichung verschwinden, und man erhält

$$\omega L = Z_M \cot(\beta_0 h); \quad L = Z_M \frac{\cot(\beta_0 h)}{\omega} \tag{4.208}$$

Im Falle der elektrischen Verkürzung, Abb. 4.101b, findet man

$$\underline{Z}_A = R_{vM} + R_{sM} - j[\frac{1}{\omega C} + Z_M \cot(\beta_0 h)]; \quad C = -\frac{\tan \beta_0 h}{\omega Z_M}. \tag{4.209}$$

Im praktischen Fall werden Endkapazität und elektrische Verlängerung oft kombiniert [68].

□ **Beispiel 4.26**
Betrachtet werde eine einseitig geerdete Vertikalantenne der Höhe h = 100 m, die für den Mittelwellenbereich (Bezugsfrequenz f=500 kHz) dimensioniert werden soll. Die Freiraumwellenlänge ist dann $\lambda_0 = c_0/f = 600$ m. Die wirksame Höhe erhält man mit Gl. (4.201) zu $h_w = (\lambda_0/2\pi)\tan(\pi h/\lambda_0) = 55,1$ m. Der Strahlungswiderstand des Monopols, Gln. (4.199), folgt zu $R_{sM} = 1580(h_w/\lambda_0)^2 = 13,3\ \Omega$. Die Strahlungsleistung der Antenne soll $P_{sM} = 50$ kW betragen. Der effektive Antennenstrom ist dann $I = \sqrt{P_{sm}/R_{sM}} = 61,3$ A. Bei einer Antennendicke von $d = 1$ m (Drahtreuse) ist der Wellenwiderstand des Monopols, Gln. (4.207), Gln. (4.203) $Z_M = 60\Omega \ln[1,15(h/d)] = 284,7\ \Omega$. Der Verlustwiderstand der Antenne sei $R_v = 3,5\ \Omega$. Damit wird ihre Fußpunktimpedanz, Gln.

(4.207), $\underline{Z}_A = R_{sM} + R_v - jZ_M \cdot (\beta_0 h) = 230,75\Omega e^{-j84^\circ}$. Die effektive Speisespannung am Antennenfußpunkt erhält man damit zu $U_s = |\underline{Z}_A| \cdot I = 10,139$ kV. Der Antennen-Wirkungsgrad, Gln. (4.206), schließlich erreicht den Wert $\eta_{A_M} = R_{sM}/(R_{sM} + R_v) = 0,79 \hat{=} 79\%$.

4.4.3 Empfangsantennen (Dipol, Monopol)

Bei den vorhergehenden Betrachtungen wurden ausschließlich Sendeantennen betrachtet, wobei ein Sendeantennenwechselstrom $\underline{I}$ die Ablösung einer elektromagnetischen Welle von der Antenne verursacht. Bekannt ist außerdem, daß sich aufgrund des Reziprozitätstheorems (Umkehrsatz) das Richtdiagramm einer Antenne unabhängig davon ist, ob sie als Sende- oder Empfangssantenne verwendet wird. Im folgenden soll auf das Empfangsprinzip näher eingegangen werden. Als Empfangsantenne werde ein $\lambda_0/2$-Dipol betrachtet. Da der Dipol eine am Ende offene Leitung darstellt, entsteht die Empfangsspannung am Antenneneingang und damit der Antennenstrom $\underline{I}_e$ der Empfangsantenne, durch die Wirkung des effektiven elektrischen Feldanteils im Fernfeld $\underline{E}_\vartheta$, der parallel zum Dipol verläuft, s. Abb. 4.102a. Aus der von der Sendeantenne abgestrahlten Kugelwelle wird im Fernfeld am Empfangsort eine ebene TEM-Welle. $\underline{E}_\vartheta$ verursacht in den Dipolhälften eine Elektronenbewegung, sodaß am Antennenausang eine Spannung $\underline{U}_{lD}$ auftritt. Diese **Leerlaufeingangsspannung** $\underline{U}_{lD}$ hängt vom elektrischen Feld $\underline{E}_\vartheta$ und der wirksamen Antennenlänge l_w ab.

$$\underline{U}_{lD} = 2\int_0^l \underline{E}_\vartheta dx = \underline{E}_\vartheta l_w = \underline{E}_\vartheta \frac{\lambda_0}{2\pi} \cdot \tan \frac{\pi l}{\lambda_0} \tag{4.210}$$

Für den Monopol gilt entsprechend

$$U_{lM} = \underline{E}_\vartheta h_w = \frac{1}{2}\underline{E}_\vartheta l_w . \tag{4.211}$$

Abb. 4.102 zeigt den Empfangsdipol und sein Ersatzbild, wobei der Fußpunktwiderstand $\underline{Z}_A = R_A - jZ_D \cot(\beta_0 l)$, der Leerlaufeingangswiderstand der Antenne, kapazitiv, induktiv oder in reell sein kann, wie im Sendefall auch. R_{se} ist der Strahlungswiderstand und R_{ve} der Verlustwiderstand der Empfangsantenne. Der Strahlungswiderstand muß berücksichtigt werden, da infolge des Empfangsstroms I_e ein Teil der empfangenen Leistung wieder abgestrahlt wird. $\underline{Z}_2$ stellt die Last der Antenne, die Empfängereingangsimpedanz, dar.

Den Empfangsstrom der Antenne ermittelt man aus dem Ersatzbild zu

$$\underline{I}_e = -\frac{\underline{U}_{lD}}{\underline{Z}_A + \underline{Z}_2}. \tag{4.212}$$

Zur Maximierung der Empfangsleistung wird man $\underline{Z}_2 = \underline{Z}_A^*$ wählen, also Leistungsanpassung vornehmen.

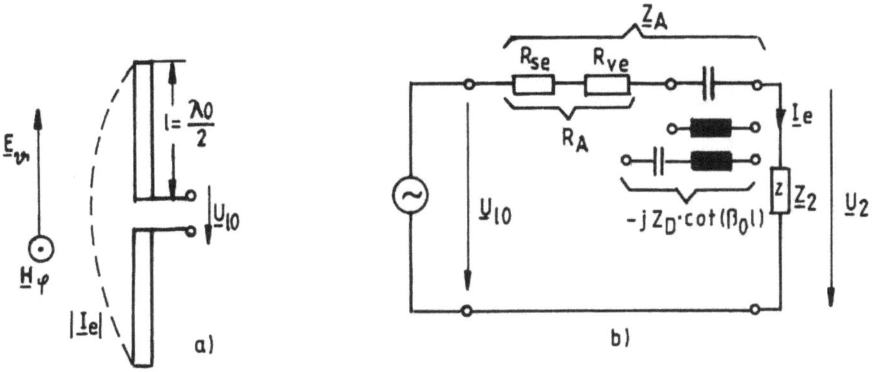

Abbildung 4.102: a) Dipol-Empfangsantenne; b) Zugehöriges Ersatzbild

4.4.4 Antennen aus kurzgeschlossenen Leitungsstücken und äquivalente Formen

Die kurzgeschlossene verlustlose Leitung zeigt am Kurzschlußpunkt ein Resonanzverhalten wie ein Serienschwingkreis, s. Abb. 4.23. Diese Eigenschaft ist in Abschn. 4.2.4.3 im Einzelnen dargestellt. Die Elementarantenne dieses Typs ist der **magnetische Dipol**, dessen magnetischer Feldverlauf dem elektrischen Feldverlauf des Hertzschen Dipols entspricht. Er besteht aus einer Spule, deren Drahtlänge klein gegen die Wellenlänge $\lambda_0/2$ ist. Die technische Ausformung eines solchen Dipols ist die Rahmenantenne, die nachfolgend diskutiert wird.

4.4.4.1 Rahmenantenne

Zur Diskussion der Rahmenantenne werde der Empfangsfall betrachtet.

Bei den bisher diskutierten Antennen aus offenen Leitungen wird im Empfangsfall die Spannung am Antennenfußpunkt durch das elektrische Feld der einfallenden elektromagnetischen Welle erzeugt.

Die Rahmenantenne dagegen, mit Abmessungen die klein gegen die Wellenlänge sind, stellt eine kurzgeschlossene Leitung in Form einer oder mehrerer Windungen einer Spule dar. Die Spannung am Antennenfußpunkt wird bei der Rahmenantenne durch das magnetische Feld $\underline{\mathbf{H}}$ einer im Fernfeld einfallenden Welle induziert. Um einen möglichst optimalen Empfang zu erreichen, wird die Rahmenantenne in die zy-Ebene der einfallenden ebenen Welle gelegt, wodurch eine vollständige Durchdringung durch die magnetische Feldkomponente erreicht wird, s. Abb. 4.103a, und somit die maximale Empfangsspannung $\underline{U}_i$ induziert wird.

Am Empfangsort im Fernfeld gilt für die magnetische Feldstärke $\underline{H}_{Fx}$, die magne-

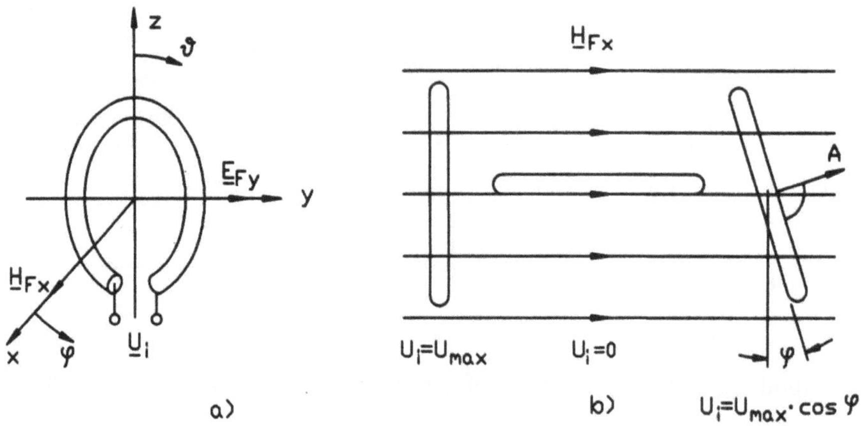

Abbildung 4.103: a) Anordnung einer Rahmenantenne bezüglich der Feldkomponenten einer Welle im Fernfeld; b) Richtwirkung der Rahmenantenne [$\underline{E}_{F\varphi} = \underline{E}_\vartheta(\vartheta = 90^o); \underline{H}_{Fx} = H_\varphi(\varphi = 90^o)$]

tische Flußdichte $\underline{B}_{Fx}$ und den magnetischen Fluß Φ (ebene Welle)

$$\underline{H}_{Fx} = -\frac{\underline{E}_{Fy}}{Z_{F0}} = -\underline{E}_{Fy}\sqrt{\frac{\epsilon_0}{\mu_0}}; \quad \underline{B}_{Fx} = \mu_0 \underline{H}_{Fx}; \quad \Phi = \underline{B}_{Fx} \cdot \underline{\mathbf{A}}. \tag{4.213}$$

Den an den Klemmen des Rahmens liegenden induzierten Spannungsbetrag erhält man mit dem Induktionsgesetz

$$U_i = N\frac{d\underline{\Phi}}{dt}. \tag{4.214}$$

Die Rahmenantenne findet als **Peilrahmen** in der Schiffahrt zur Funkpeilung breite Anwendung. Der Betrag der Leerlaufspannung an den Klemmen einer Rahmenantenne U_i hängt von der wirksamen Länge l_{wp} ab, die wiederum selbst von der Fläche A abhängt, die vom magnetischen Fluß durchdrungen wird, s. Abb. 4.103b ($\vartheta = 90^o$).

$$U_i = N\frac{d\Phi}{dt} = l_{wp}\sin\vartheta\cos\varphi \underline{E}_{Fy}; \quad l_{wp} = 2\pi A\frac{N}{\lambda_0} \tag{4.215}$$

Verdreht man die Antenne gegenüber ihrer zum magnetischen Feld optimalen Lage, so verringert sich die induzierte Spannung, da die magnetische Flußänderung reduziert wird, eine Eigenschaft, die bei der Peilung von Funkfeuern zur Ortsbestimmung von Schiffen ausgenutzt wird.

Wickelt man den "Rahmen" in Form mehrerer Windungen einer Spule um einen Ferritstab, so kann die Rahmenantenne wesentlich verkleinert werden. Solche **Ferritantennen** werden in Rundfunkempfängern des Langwellen-, Mittelwellen und Kurzwellen-Bereichs häufig eingesetzt [63, 64, 68].

4.4.4.2 Schlitzantenne

Die Schlitzantenne hat ein zur kurzgeschlossenen Leitung äquivalentes Verhalten. Sie ist das magnetische Gegenstück des elektrischen Dipols. Sie wird durch einen Schlitz der Länge $\lambda_o/2$ und der Breite $d \ll \lambda_0$ in einer gut leitenden Platte realisiert. In Abb. 4.104 ist diese Antenne zusammen mit einem Dipol dargestellt.

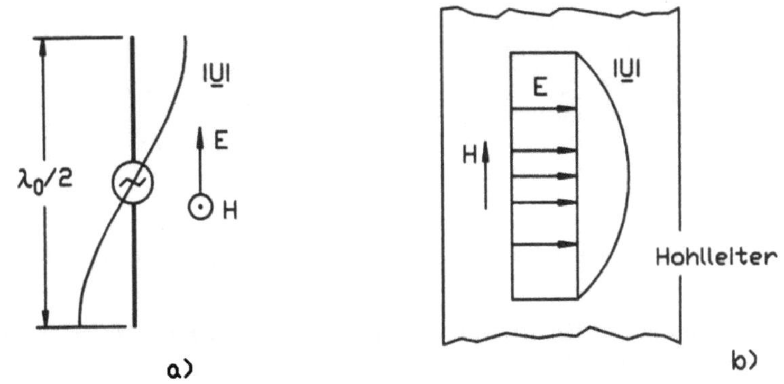

Abbildung 4.104: $\lambda_0/2$-Dipol und Schlitzantenne

Im Gegensatz zum elektrischen $\lambda_0/2$-Dipol, der einer leerlaufenden Leitung entspricht, verhält sich die Schlitzantenne wie eine kurzgeschlossene $\lambda_0/4$-Leitung.

Der Dipol hat am Speisepunkt ein Spannungsminimum, während die Schlitzantenne an diesen Punkten ein Spannungsmaximum aufweist, also offenbar dort mit dem Resonanzverhalten eines Parallelschwingkreises vergleichbar ist. Da das elektrische Feld in der gezeichneten Lage im Schlitz horizontal verläuft, strahlt die Schlitzantenne eine horizontal polarisierte Welle ab [63, 64, 68].

4.4.5 Richtantennen

Antennen strahlen ihre Energie meist in eine bestimmte Vorzugsrichtung, die sogenannte Hauptstrahlrichtung ab. Bereits beim Hertzschen Dipol ist diese bevorzugte Strahlrichtung erkennbar und ebenso bei Dipol und Monopol, wie Abb. 4.97 zeigt. Mit Hilfe der elektrischen Feldstärke $\underline{E}_\vartheta$ und $\underline{E}_\varphi$ wird die **Richtcharakteristik** dargestellt, wie in der vorgenannten Abbildung auch. In Abb. 4.105 ist ein typisches Richtdiagramm wiedergegeben.

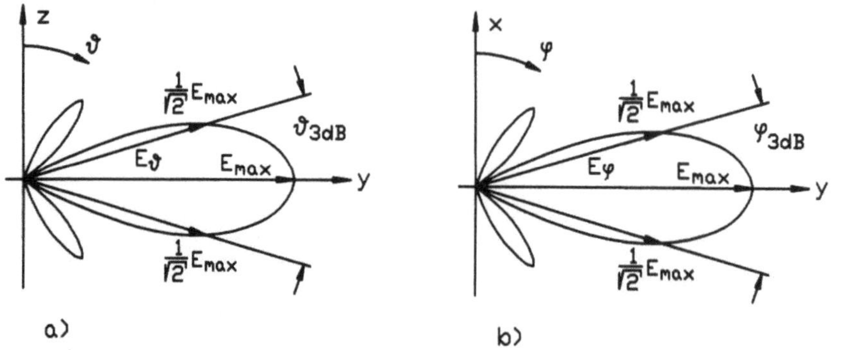

Abbildung 4.105: a) vertikales; b) horizontales Richtdiagramm einer Richtantenne

Zur Kennzeichnung der Richtwirkung definiert man den **Richtfaktor** im Fernfeld wobei als entsprechende Bezugsgrößen die Kenngrößen des isotropen Kugelstrahlers herangezogen werden, die durch den Index k gekennzeichnet sind, Gl. (4.190), (S_{max} = max. Leistungsflußdichte).

$$D = \frac{S_{max}}{S_k} = \frac{E^2_{max}}{E^2_k} = \frac{H^2_{max}}{H^2_k}; \quad [D]_{dB} = 10 \lg D \qquad (4.216)$$

Als weitere Bezugsgrößen dienen mitunter auch die Feldgrößen des Hertzschen Dipols sowie des $\lambda_0/2$-oder λ_0-Dipols.

Bei Gültigkeit des Umkehrsatzes sind die Richtcharakteristiken im Sende- und Empfangsfall identisch. In der Praxis ist dies nicht unbedingt so, da die Antennen im Sende- und Empfangsfall unterschiedliche Verluste und Wirkungsgrade aufweisen.

Den **Gewinn** einer Richtantenne erhält man mit dem Antennenwirkungsgrad zu

$$G = \eta_A D; \quad [G]_{dB} = 10 \lg G. \qquad (4.217)$$

Benutzt man als Bezugsstrahler den Hertzschen Dipol, dann gilt $G_{Hz} = G/1,5$; erfolgt der Bezug auf einen $\lambda_0/2$-Dipol, so ist $G_d = G/1,64$.

Liegen die Abmessungen von Antennen in der Größenordnung der Wellenlänge λ_0, so kann zur Definition der Richtwirkung die **Antennenwirkfläche** A herangezogen werden. Bei Empfangsantennen wird A auch **Absorptionsfläche** genannt. Hier ist A diejenige Fläche, die die maximale Strahlungsleistung, $P_{e,max}$ bei ungestörtem Einfall einer ebenen Welle aufnehmen würde.

$$A = \frac{P_{e,max}}{S} = \frac{D\lambda_0^2}{4\pi} = DA_k \tag{4.218}$$

A_k ist die Wirkfläche des isotropen Kugelstrahlers. Wird als Empfangsantenne ein Hertzscher Dipol angenommen, so findet man mit dem Effektivwert der elektrischen Feldstärke E die maximale Empfangsleistung $P_{e,max}$ und die Wirkfläche A_{Hz} $(D_{Hz} = 1,5)$

$$P_{e,max} = \frac{E^2}{Z_F}\frac{3\lambda_0^2}{8\pi} = SA_{Hz}; \quad A_{Hz} = \frac{3}{8\pi}\lambda_0^2 = D_{Hz}A_k. \tag{4.219}$$

Für den Halbwellendipol erhält man mit $D_d = 1,64$ die Wirkläche $A_d = 1,64A_k$.

Das Verhältnis aus Wirkfläche A und **Aperturfläche** A_g, $q = A/A_g$, heißt Flächenwirkungsgrad. Die Aperturfläche ist hierbei die strahlende (geometrische) Öffnungsfläche einer Aperturantenne (z.B. Parabolantenne, s. Abschn. 4.4.5.4.

Eine weitere für Richtantennen wichtige Größe ist die **effektive Antennenwirkfläche** A_w. Sie kann mit dem Antennenwirkungsgrad aus der Antennenwirkfläche A bestimmt werden.

$$A_w = \eta_A A = \frac{G\lambda_0^2}{4\pi} = GA_k \tag{4.220}$$

4.4.5.1 Langdrahtantenne, Rhombusantenne

Die Langdrahtantenne ist eine Kurzwellenantenne, deren Länge ein Vielfaches der Freiraumwellenlänge λ_0 ist ($l = 2\ldots10\lambda_0$) ist. Sie wird in einer Höhe $0,5\ldots1\lambda_0$ über dem Erdboden aufgespannt. Abb. 4.106a zeigt eine Langdrahtantenne bei Abschluß der Leitung mit dem Wellenwiderstand $\underline{Z}_L$.

Die **Rhombus-Antenne** wird ebenfalls im Kurzwellenbereich eingesetzt, s. Abb. 4.106b. Wie Abb. 4.106bc zeigt, haben beide Antennen eine ausgeprägte Richtwirkung und sind einfach aufzubauen [63].

4.4.5.2 Dipolzeile, Dipollinie (Dipolspalte), Dipolwand (Dipolebene)

Eine **Dipolzeile** besteht aus n parallel angeordneten Dipolen, Abb. 4.107a. Das Entstehen der Richtwirkung ist am einfachsten erkennbar, wenn man die Dipolzeile als Empfangsantenne betrachtet. Da jeder Dipol als Horizontaldiagramm einen

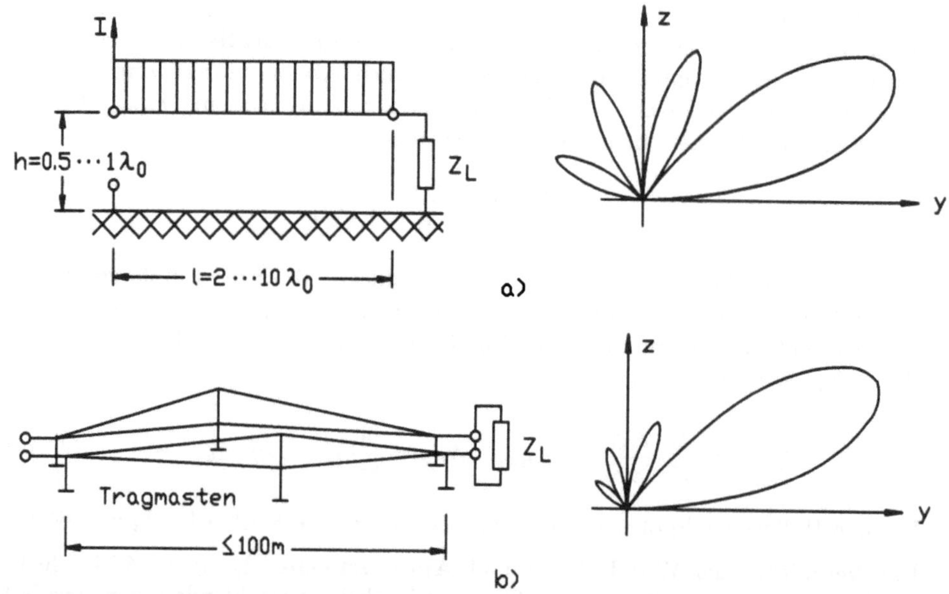

Abbildung 4.106: a) Langdrahtantenne; b) Rhombusantenne und ihre Vertikaldiagramme

Kreis hat, s. Abb. 4.97b, hängt das aus n Dipolen resultierende Richtdiagramm $E(\varphi)$ nur von dem Phasenunterschied ab, mit dem sich die Einzelfeldstärken der n Strahler zusammensetzen.

Für eine Dipolzeile aus n Strahlern gilt am Empfangsort

$$\underline{E}_{ges} = \underline{E}_1 + \underline{E}_2 + \cdots + \underline{E}_n \tag{4.221}$$

s. Abb. 4.107b für $n = 2$.

Ordnet man mehrere Dipole senkrecht untereinander an und fordert, daß alle Dipole mit Strömen gleicher Amplitude und Phase gespeist werden, so spricht man von einer **Dipolspalte** falls die Dipole jeweils horizontal angeordnet sind; sind sie in einer vertikalen Linie angeordnet so nennt man diese Anordnung eine **Dipollinie**.

Eine **Dipolwand (Dipolebene)** entsteht, wenn man m Strahler zeilenweise und n Strahler spaltenweise anordnet. Die Richtcharakteristik der Gesamtanordnung läßt sich bestimmen, wenn man die m Einzelstrahler einer Dipolspalte als neues strahlendes Element betrachtet. Man erhält damit eine Zeile aus n strahlenden neuen Elementen, die nach den Gesetzmäßigkeiten einer Antennenzeile berechnet werden kann [63, 64, 68].

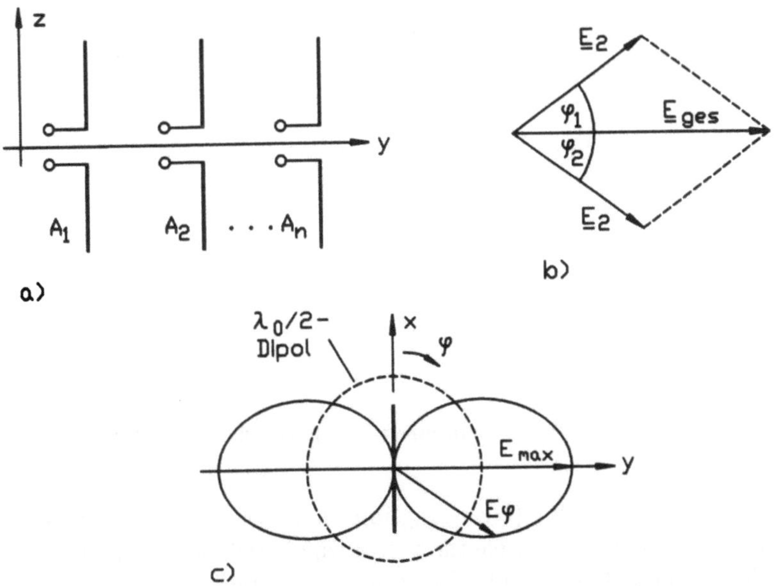

Abbildung 4.107: a) Dipolzeile aus n Strahlern; b) Zeigerdiagramm zweier E-Komponenten (n=2) im Fernfeld; c) horizontales Richtdiagramm der Dipolzeile

4.4.5.3 Logarithmisch-periodische Antenne

Die logarithmisch periodische Antenne (LP-Antenne) ist eine **Breitband-Antenne**. Breitbandantennen behalten innerhalb eines breiten Frequenzbereichs ihre typische Richtcharakteristik bei. Die Abmessungen müssen sich bei Breitbandantennen proportional mit der Wellenlänge ändern (z.B. konusförmig). Bei der aus Dipolen bestehenden logarithmisch periodischen Antenne wird dies durch eine logarithmisch-periodische "Kantenkontur" erreicht. Die hieraus resultierenden Dipolelemente unterschiedlicher Länge werden an eine symmetrische Zweidrahtleitung kreuzweise angeschlossen. In Abb. 4.108 ist die prinzipielle Struktur einer logarithmisch periodischen Dipol-Antenne wiedergegeben. Die Anordnung der Dipole einer LP-Antenne wird durch ein konstantes Abstandsverhältnis der einzelnen Dipole $a_{m+1}/a_m = \delta = const.$ bzw. in logarithmischer Form $\ln a_{m+1} - \ln a_m = \ln \delta = const.$, charakterisiert. Der Abstand zwischen 2 Dipolelementen ist $d_m = a_m - a_{m+1}$. Die Länge l_m der Dipolelemente hängt vom Öffnungswinkel α ab. Es gilt der Zusammenhang $(a_m/l_m) = \cot \alpha$. Die maximale Dipollänge wird durch die niedrigste Betriebsfrequenz f_{min} bestimmt, $l_{max} \approx \lambda_{max}/4 = c_0/(4f_{min})$, und die kleinste Dipollänge liegt bei $l_{min} \approx \lambda_{min}/6 = c_0/(6f_{max})$.

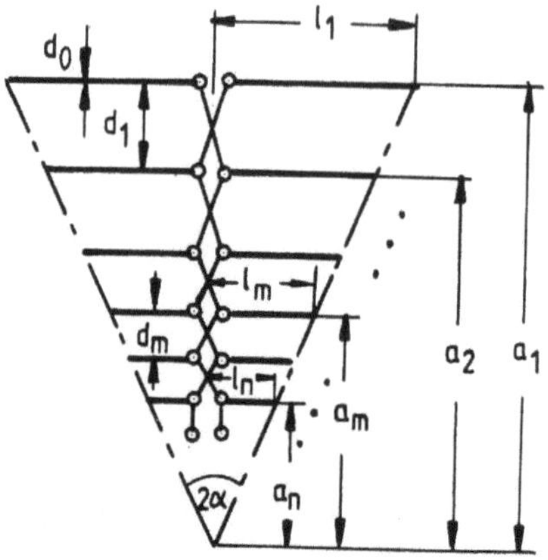

Abbildung 4.108: Prinzip einer log. periodischen Antenne

Der Fußpunktwiderstand R_A (=Eingangsimpedanz der LP-Antenne) ist mit Z_L dem Wellenwiderstand der Speiseleitung, dem Dipoldurchmesser d_0 und dem mittleren Wellenwiderstand der Dipole Z_D, reell und konstant.

$$R_A \approx \frac{Z_L}{\sqrt{1+\frac{Z_L}{Z_D}\frac{\sqrt{\delta}}{(1-\delta)\cot\alpha}}}; \quad Z_D = 120\Omega \ln\left(1,15\frac{\sqrt{l_n l_1}}{d_0}\right) \tag{4.222}$$

Übliche Werte der Eingangsimpedanz liegen bei 50 ... 120 Ω.

LP-Antennen finden im Frequenzbereich von $f = 2MHz \ldots 20$ GHz Anwendung. Ihr Einsatz im kommerziellen Sendebetrieb ist in den letzten Jahren (Kurzwellenbereich) stark zurückgegangen. Wichtig ist die LP-Antenne für EMV-Messungen (Elektro-Magnetische Verträglichkeit).

4.4.5.4 Flächenantennen (Aperturstrahler), Hornstrahler, Parabolspiegel

Flächenstrahler (Aperturstrahler) dienen einerseits in Form von Hornstrahlern der Ausleuchtung großer Versorgungsgebiete, andererseits erreicht man mit Parabolspiegeln eine sehr starke Strahlbündelung, die mit Antennenwänden aus Dipolen nur unter großem Aufwand möglich wären. Die Abmessungen der Aperturstrahler sind meist groß gegenüber der Freiraumwellenlänge λ_0. Ihre Berechnung kann deshalb näherungsweise nach den optischen Gesetzen für Spiegel und Linsen erfolgen.

Zur Theorie der Flächenstrahler sei auf [63, 68] verwiesen.

Der einfachste Aperturstrahler ist ein am Ende offener Hohlleiter. Sind die Abmessungen der Öffnung $\leq \lambda_0/10$, so stellt sich kein exakter Leerlauf mit dem

Reflexionsfaktor $r = 1$ ein, sondern ein Teil der Leistung der im Hohlleiter geführten Welle wird abgestrahlt. Eine breitbandige Anpassung dieser Antenne an den Wellenwiderstand des freien Raums $Z_F = 120\pi\Omega$ erreicht man, wenn man die Hohlleiteröffnung trichterförmig auf Abmessungen $> \lambda_0$ aufweitet, wodurch auch die Aperturfläche erhöht wird. Man erhält so einen **Hornstrahler** aus trichterförmig erweiterten Rechteck-oder Rundhohlleitern. Abb. 4.109 zeigt einige typische Formen.

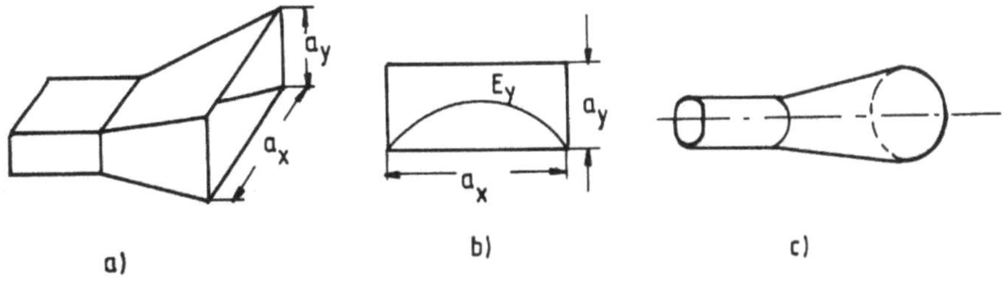

Abbildung 4.109: a) Pyramidenhorn; b) Feldbild beim Pyramidenhorn (H_{10}-Welle); c) Kegelhorn

Typische Wellenformen sind H_{10} im Rechteckhohlleiter und H_{11} im Rundhohlleiter. Die Wellenformen bleiben in der Querschnittsfläche der Trichter, bis auf vernachlässigbare höhere Moden an den Rändern der Apertur, erhalten. Das Feldbild auf der Apertur ist somit mit dem Feldbild des im Hohleiter geführten Wellentyps nahezu identisch. In Abb. 4.109b ist die in Ausbreitungsrichtung vorliegende elektrische Feldkomponente der H_{10}-Welle dargestellt. Setzt man voraus, daß die gesamte Leistung der im Hohlleiter geführten Welle abgestrahlt wird, dann gilt für die Strahlungssleistung P_s der Antenne und die Strahlungsleistungsdichte am Empfangsort S_H

$$P_s = \frac{a_x a_y E_y^2}{4Z_{F0}}; \quad S_H = \frac{8a_x a_y}{\pi^2 r^2 \lambda_0^2} P_s \tag{4.223}$$

Der Antennengewinn, bezogen auf den isotropen Kugelstrahler, ist dann mit Gl. 4.190

$$G = \frac{S_H}{S_k} = \frac{32a_x a_y}{\pi\lambda_0^2}. \tag{4.224}$$

Er hängt von der Öffnungsfläche des Hornstrahlers ab und ist im Vergleich zu einer Parabolantenne gering (s. weiter unten).

Hornstrahler werden bei Frequenzen $f > 1$ GHz eingesetzt. Als Gruppenstrahler zur Ausleuchtung großer Bedeckungsgebiete, z.B. Ausleuchtung einer Hemisphäre wie Nord- und Südamerika, finden sie im Satellitenfunk breite Anwendung. Als Einzelstrahler dienen sie als Erreger für Parabolspiegel.

Mit **Parabolspiegeln** oder Parabolreflektoren erreicht man eine besonders starke Strahlbündelung. Der Parabolreflektor hat die Form eines Rotationsparaboloids, in dessen Brennpunkt der Erreger (Hornstrahler) angebracht ist, der eine Welle mit kugelförmiger Phasenfront abstrahlt. Hierdurch ist Phasengleichheit der elektrischen Feldstärke über der Aperturfläche gewährleistet. Setzt man die oben erwähnte Gültigkeit optischer Gesetze voraus, so kann das Strahlungsprinzip einfach formuliert werden, s. Abb. 4.110.

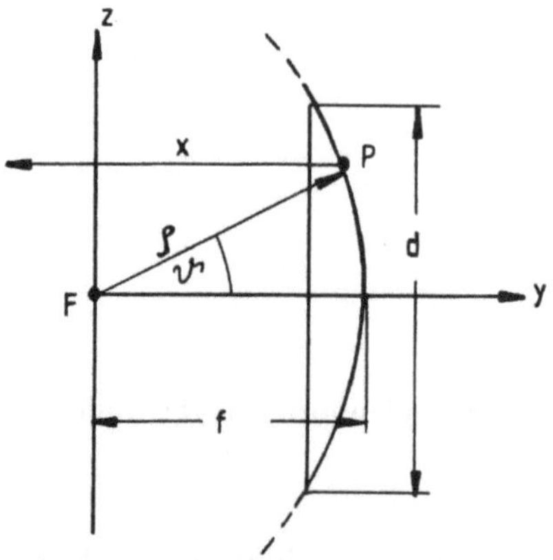

Abbildung 4.110: Prinzip des Parabolreflektors

Danach liegt der Brennpunkt F des Paraboloids im Koordinatenursprung, dessen Zentrum im Abstand f (Brennweite) davon. In Kugelkoordinaten gilt mit $x = \rho \cos\vartheta$ bei Anwendung der optischen Spiegelgesetze für die einen Paraboloid beschreibende Funktion

$$2f = \rho + x = \rho + \rho\cos\vartheta; \quad \rho = \frac{2f}{1+\cos\vartheta}. \tag{4.225}$$

Im Idealfall tritt im Brennpunkt eine elektromagnetische Welle aus, die vollständig parallel an der leitenden Parabolfläche reflektiert wird. Hierbei wird die Phase der elektrischen Feldstärke um π gedreht, die der magnetischen Feldstärke jedoch bleibt unverändert. Da aus dem Erreger (Hornstrahler) eine Kugelwelle austritt, wird auch im Idealfall nur ein Teil der Welle den Reflektor treffen. Es tritt somit ein Strahlungsverlust auf, der durch Anbringung eines Schirmrings um den Antennenrand bzw. durch Einsatz von Erregern mit Richtcharakteristiken, die eine geringere Aperturbelegung zum Parabolrand hin verursachen, reduziert werden kann. Durch die Verluste verringert sich die effektive (wirksame) Antennenwirkfläche $A_w = \eta_A A$. Der Flächenwirkungsgrad liegt in der Praxis bei $q = A/A_g = 0,55 \ldots 0,8$.

Den Gewinn G der Parabolantenne ermittelt man mit Gl. (4.217) und Gl. (4.216), sowie $\lambda_0 = c_0/f$ zu

$$G = \eta_A D \approx D = q\frac{A_g}{A_k} = q\frac{d^2\pi}{4}\frac{4\pi}{\lambda_0^2} = q\left(\frac{\pi d}{\lambda_0}\right)^2 = q\left(\frac{\pi f d}{c_0}\right)^2 \qquad (4.226)$$

Eine technische Form der Parabolantenne mit dem Erregerzentrum im Brennpunkt ist die bekannte **TV-Satelliten-Empfangsantenne**, s. Abb. 4.111a. Die metallischen Stützen der Antenne sowie die Zuleitungen verursachen Störungen im Strahlengang. Häufig im Richtfunk eingesetzt sind **Hornparabol** und **Muschelantenne**, die jeweils Ausschnitte eines Parabolspiegels darstellen. Hier entfallen im Strahlenweg liegende Stützen und dadurch auch Störungen des Strahlengangs.

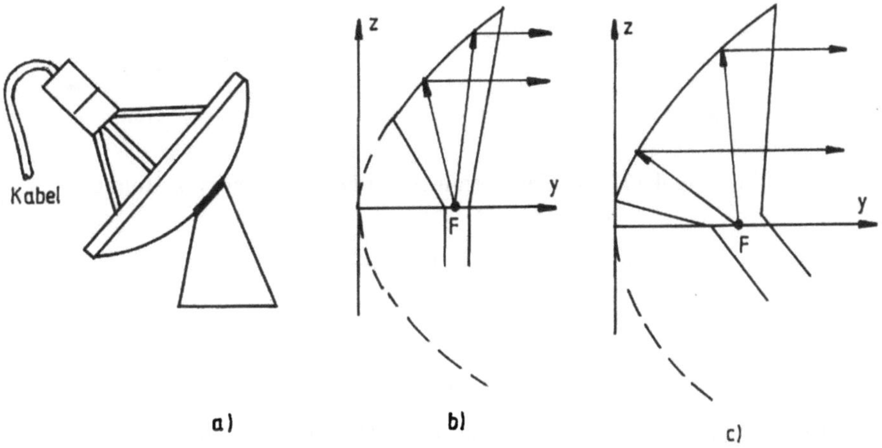

Abbildung 4.111: a) TV-Parabolantenne; b) Hornparabol; c) Muschelantenne

Im Satellitenfunk werden fast ausschließlich **Doppelspiegelantennen** mit Hilfsreflektoren (=Subreflektoren) benutzt. Eine typische Form ist die **Cassegrain-Antenne** mit einem Hilfsreflektor, der ein konvexes Hyperboloid darstellt, s. Abb. 4.112a.

Für den Strahlengang gelten mit der numerischen Exzentrizität $\epsilon = f_H/a > 1$ die Hyperbelgleichungen in Polarkoordinaten

$$|r_2 - r_1| = 2a; \quad r_2 = a\frac{1-\epsilon^2}{1-\epsilon\cos\Phi}; \quad r_1 = -a\frac{1-\epsilon^2}{1+\epsilon\cos\Psi}. \qquad (4.227)$$

Ein weitere Doppelspiegelantenne ist die **Gregory-Antenne** nach Abb. 4.112b, mit einem konkaven Ellipsoid als Subreflektor. Aufgrund des elliptischen Subre-

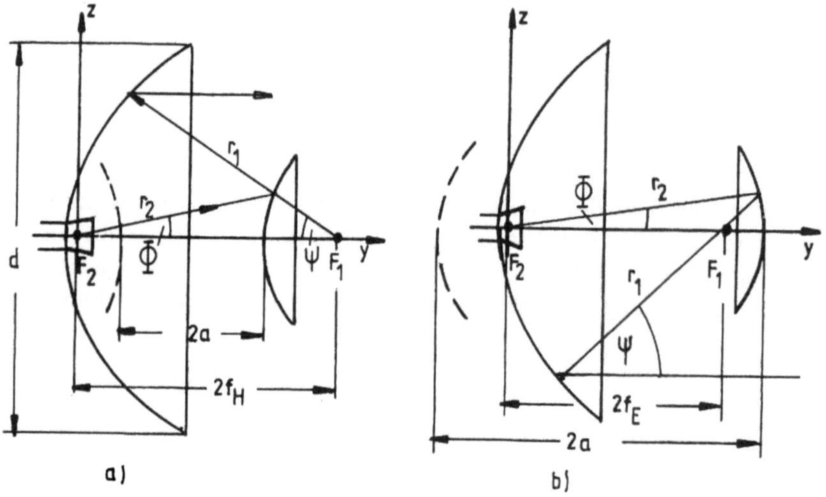

Abbildung 4.112: a) Cassegrain-Antenne; b) Gregory-Antenne

flektors gelten für die den Strahlenweg bestimmenden Koordinaten die Zusammenhänge

$$r_1 + r_2 = 2a; \quad r_1 = a\frac{1-\epsilon^2}{1+\epsilon\cos\Psi}; \quad r_2 = a\frac{1-\epsilon^2}{1+\epsilon\cos\Phi}. \tag{4.228}$$

Hierbei ist $\epsilon = f_E/a < 1$ die numerische Exzentrizität der Ellipse.

Zur Berechnung des Antennengewinns sind die Gln. (4.226) unverändert anwendbar. Bei Antennen mit großen Durchmessern d ist jedoch noch ein weiterer Wirkungsgrad $\eta_m \approx 0,5\ldots0,6$, der die mechanische Oberflächenungenauigkeit des Parabols berücksichtigt, in die Gewinnberechnung einzubeziehen. Der wirksame Gewinn ist dann $G_w = \eta_m G$.

Cassegrain-und Gregory-Antenne zeichnen sich besonders durch scharfe Richtcharakteristiken aus, wie sie beispielsweise für Erdfunkstellen-Antennen in kommerziellen Satelliten-Übertragungssystemen benötigt werden. Da in Satelliten und Richtfunksystemen die jeweilige Parabolantenne einer Funkstelle als Sende- und Empfangsantenne benutzt wird, wobei sich Sendefrequenz f_s und Empfangsfrequenz f_e unterscheiden, findet man mit den Gln. (4.226) den Zusammenhang zwischen Sendegewinn G_s und Empfangsgewinn G_e

$$\frac{G_s}{G_e} = \frac{f_s^2}{f_e^2} \tag{4.229}$$

Ist $f_e < f_s$, was im Satellitenfunk zur Verringerung der Freiraumdämpfung auf der Abwärtsstrecke notwendig ist, s. Kapitel 6, dann wird der Empfangsgewinn etwas geringer als der Sendegewinn.

□ **Beispiel 4.27**
Die Cassegrain-Antenne einer Erdfunkstelle mit $d = 15$m werde bei der Empfangsfrequenz $f_e = 11,7$ GHz betrieben. Der Flächenwirkungsgrad sei $q = 1$, und der Oberflächen-Wirkungsgrad habe den Wert $\eta_m = 0,6$. Der Empfangsgewinn ist dann mit $\lambda_0 = c_0/f$, $G_e = \eta_m(\pi d/\lambda_0)^2 = 2,027 \cdot 10^6$ bzw. $(G_e)_{dB} = 10 \lg G_e = 63,1$ dB. Nimmt man an, die zugehörige Sendefrequenz sei $f_s = 14,4$ GHz, so ermittelt man den Sendegewinn der Antenne zu $G_s = G_e(f_s^2/f_e^2) = 3,070 \cdot 10^6 \hat{=} 64,9$ dB.

Übungsaufgaben

Aufgabe 4.1
In digitalen Demodulatoren ist eine Ableitung des Bittaktes aus dem Empfangssignal $s(t)$ erforderlich. Die Selektionsschaltung besteht meist aus einem selektiven Verstärker, einer Phasenregelschleife und einer Taktverteilung, s. Abb. 4.113. Die zu selektierende Taktfrequenz betrage $f_T = 30$ MHz.

a) Bestimmen Sie R_1, R_2 und R_E des Transisitorverstärkers ($I_{C,A} = 3,5$ mA, $U_{CE,A} = 10$ V, $I_B = 30\mu$A, $U_{BE,A} = 0,65$ V, $U_B = 12$ V, $I_q = 11 I_B$).
b) Ermitteln Sie Q_k die Güte des Resonanzkreises des selektiven Verstärkers (B=500 kHz). Wie groß ist die Verstärkung v_0 und R_p im Resonanzfall ?. Bestimmen Sie die Schwingkreiskapazität C für $L = 1$ μH ($r_{CE} = 50$ kΩ, $r_{BE} = 7,8$ kΩ, $\beta = 270$).
c) Entwerfen Sie die Gesamtschaltung der Taktableitung zur Realisierung der in Abb. 4.113 angegebenen Taktfrequenzen mit Hilfe von Frequenzteilern und PLL-Schaltungen.

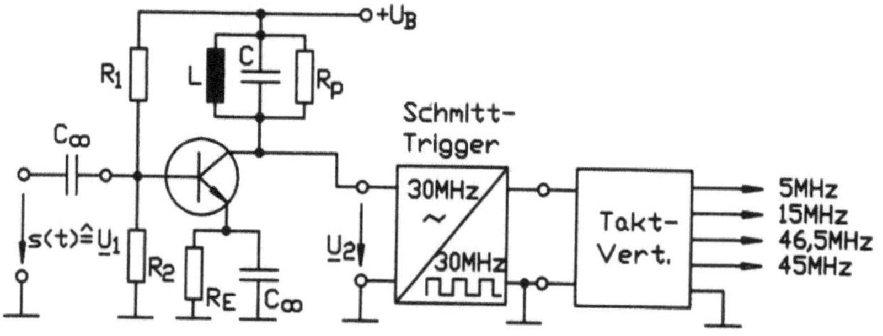

Abbildung 4.113: Taktableitung

Aufgabe 4.2
Mit einem Meißner-Oszillator, Abb. 4.70a soll eine Schwingung der Frequenz $f_0 = 1$ MHz erzeugt werden.

a) Legen sie den Arbeitspunkt fest ($U_B = 12$ V, $U_{BE,A} = 0,7$ V, $I_B = 20$ μA).
b) Ermitteln Sie die Schwingkreisinduktivität L für $C = 30$ nF
c) Wie groß ist R_p, B, und Q_k bei $\tan\delta_k = 5 \cdot 10^{-3}$
d) Bestimmen Sie die Verstärkung im Resonanzfall ($\beta = 110$, $n_2 = 5$, $n_1 = 15$, $r_{CE} = 22$ kΩ, $r_{BE} = 400$ Ω). Ist die Anschwingbedingung erfüllt ?
e) Wie groß ist Schwingkreisbelastung im Resonanzfall ? Bestimmen Sie die Güte und Bandbreite bei Berücksichtigung des Transistoreinflusses.

Aufgabe 4.3
Die Stabantenne (Monopol) eines "Handys" habe die Länge $h = 0,2$m und den Durchmesser $d = 1cm$. Die Betriebsfrequenz sei $f = 461,538MHz$. Wie groß sind der effektive Speisestrom I und die Speisespannung U_s, wenn das Handy eine Strahlungsleistung von $P_s = 0,5$ W abgibt und der Verlustwiderstand $R_v = 0,2$ Ω beträgt ?

□ **Aufgabe 4.4**
Der komplexe Abschlußwiderstand $\underline{Z}_2 = (250 + j0)\ \Omega$ einer Koaxialleitung soll durch zwei kurzgeschlossene Stichleitungen l_2 und l_4 an den Wellenwiderstand der Koaxialleitung $Z_L = 50\ \Omega$ reflexionsfrei angepaßt werden. Die beiden Stichleitungen sollen zu den Abständen $l_1 = 0,088\lambda_0$ und $l_3 = 3\lambda_0/8$ auf der Koaxialleitung Z_L angeschaltet werden, s. Abb. 4.29b.

□ **Aufgabe 4.5**
An einem Monopol der Höhe $h = 5$ m und der Dicke $d = 4$ cm, Betriebsfrequenz $f = 10$ MHz, ($h < \lambda_0/4$, $\underline{Z}_A$ ist kapazitiv) soll durch eine Reiheninduktivität der Blindanteil des Antennen-Fußpunktwiderstandes (elektrische Antennenverlängerung, Abb. 4.101a) beseitigt werden. Bestimmen Sie L.

Lösungen

Aufgabe 4.1

a) Basisspannungsteiler: $U_{R_E} = U_B - U_{CE,A} = 2$ V, $R_1 = (U_B - U_{BE} - U_{RE})/(11 I_B) = 28,33$ kΩ, $R_2 = (U_{BE} + U_{RE}/(10 I_B) = 8,83$ kΩ. Emittergleichstrom: $I_E = I_B + I_C = 3,53$ mA. Emitterwiderstand: $R_E = U_{R_E}/I_E = 566,57\ \Omega$.
b) Schwingkreisgüte: $Q_k = f_0/B_{3dB} = 60$. Ersatzschaltung, s. Abb. 4.114. Verstärkung im Resonanzfall: $v_0 = \underline{U}_2/U_1 =$

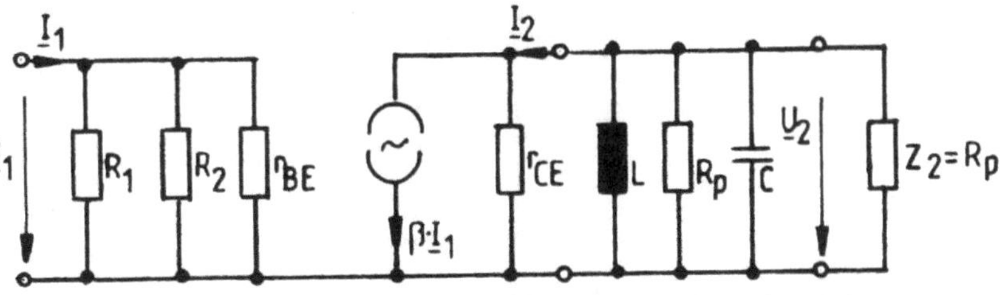

Abbildung 4.114: Ersatzschaltung des selektiven Verstärkers

$-\beta(r_{CE}//R_p//R_p)/(R_1//R_2//r_{BE}) = -379,8$. Resonanzwiderstand: $R_p = Q_k Z_k = 11,31$ kΩ. Schwingkeiskapzität: Aus $f_0 = (1/2\pi)(1/\sqrt{LC})$ folgt $C = 28,14$ pF.

c) Bei Anwendung von PLL's mit digitalem Ausgang (als IC erhältlich) und digitalen Frequenzteilern findet man die Blockschaltung nach Abb. 4.115 als eine Alternative von mehreren.

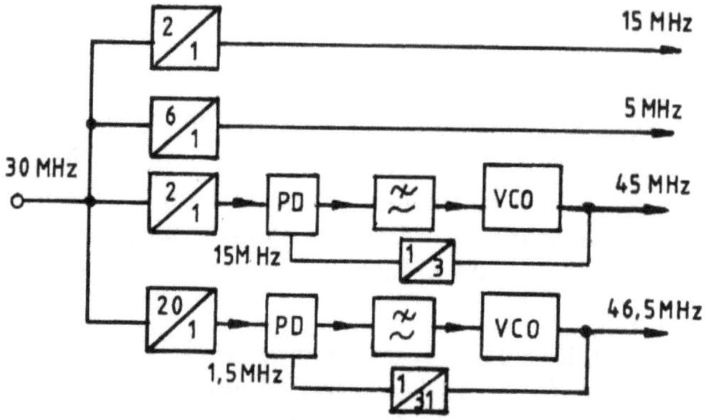

Abbildung 4.115: Taktverteilung

Aufgabe 4.2

a) Arbeitspunkteinstellung: $R = (U_B - U_{BE})/I_B = 565$ kΩ.
b) Schwingkreisinduktivität: $L = 1/C(2\pi f_0)^2 = 0,84\ \mu$ H.
c) Resonanzwiderstand: $R_p = Z_k/\tan\delta_k = 1,06$ kΩ. Bandbreite: $B_{3dB} = f_0 \tan\delta_k = 5$ kHz.
d) Verstärkung im Resonanzfall: $v_0 = -\beta(r_{CE}||R_p||r'_{BE})/r_{BE} = -217,1$. Anschwingbedingung: $|B| \cdot |v_0| = (1/3) \cdot 217,1 > 1$ erfüllt.
e) Schwingkreisbelastung im Resonanzfall: s. Abb. 4.116. $R_{ges} =$

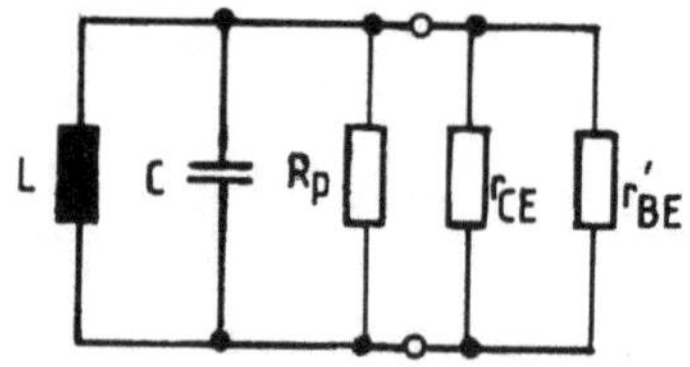

Abbildung 4.116: Schwingkreisbelastung im Resonanzfall

$r_{CE}||R_p||r'_{BE} = 789,5\ \Omega$. Resultierende Schwingkreisgüte: $Q_{ges} = R_{ges}/Z_k = 149$, Resultierende Bandbreite: $B_{3dB,ges} = f_0/Q_{ges} = 6,7$ kHz.

Aufgabe 4.3

Freiraumwellenlänge: $\lambda_0 = c_0/f = 0,65$ m. Wirksame Antennenhöhe $h_w = (\lambda_0/2\pi) \cdot \tan[(\pi h)/\lambda_0] = 0,15$ m. Strahlungswiderstand $R_{sM} = 1580(h_w/\lambda_0)^2 = 84,14\ \Omega$, s. Gln. (4.191). Antennenstrom: $I = \sqrt{P_{sM}/R_{sM}} = 0,077$ A. Antennenfußpunktwiderstand, Gl. (4.197) $\underline{Z}_A = R_{sM} + R_v - jZ_M \cot(\beta_0 h) = (84,34 + j71,35)\ \Omega$; $|\underline{Z}_A| = 110,47\ \Omega$. Speisespannung (Effektivwert): $U_s = |\underline{Z}_A| I = 8,51$ V. Wirkungsgrad: $\eta = R_{sM}/(R_{sM} + R_v) = 0,998$.

Aufgabe 4.4

Schaltung s. Abb. 4.29 b. Normierung: $\underline{Z}_2/Z_L = 5 + j0$, Punkt A_w in Abb. 4.117 Inversion in die Leitwertebene: $\underline{Y}_2 Z_L = 0,2 + j0$, Punkt A_L. Transformation durch

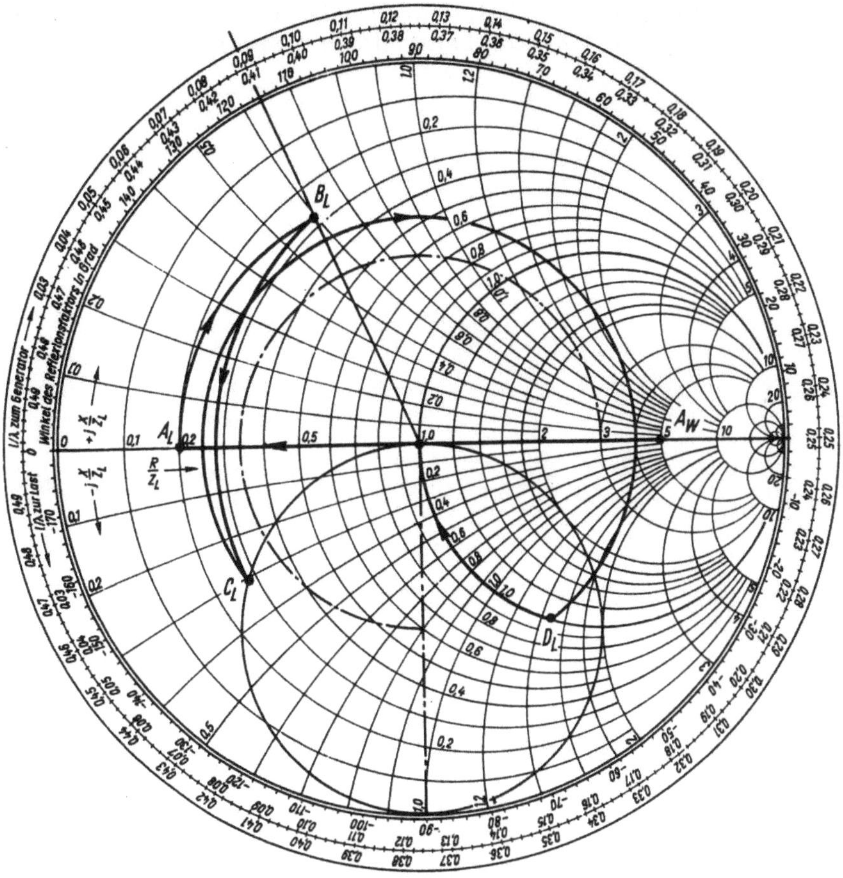

Abbildung 4.117: Reflexionsfreier Leitungsabschluß mit zwei Stichleitungen

die Hauptleitung mit $l_1/\lambda = 0,088$ ergibt Punkt B_L mit $\underline{Y}_B Z_L = 0,28 + j0,6$. Transformation des Kreises $GZ_L = 1$ um $l_3/\lambda = 0,375$ entgegen den Uhrzeigersinn. Von Punkt B_L auf einem Kreis konstanten Wirkleitwertes Addition von $-j0,9$ bis zum Schnittpunkt C_L mit dem verschobenen Kreis $GZ_L = 1$, ergibt $\underline{Y}_C Z_L = 0,28 - j0,3$. Der bezogene Blindleitwert der Reaktanzleitung l_2 ist damit $-j0,9$. Im Diagramm entspricht dies $l_2/\lambda = 0,133$. Transformation des Punktes C_L um $l_3/\lambda = 0,375$ in Punkt D_L mit $\underline{Y}_D Z_L = 1 - j1,48$. Addition des Blindleitwertes $j1,48$ ergibt mit $GZ_L = 1$ reflexionsfreie Anpassung. Die bezogene Länge des Stichleitung l_4 erhält man damit zu $l_4/\lambda = 0,25 + 0,155 = 0,405$ aus dem Diagramm.

Aufgabe 4.5

Freiraumwellenlänge: $\lambda_0 = c_0/f = 30$ m. Wellenwiderstand des Monopols Gln. (4.203) und (4.207): $Z_M = 60\Omega \ln[1,15(h/d)] = 298,1\ \Omega$. Reiheninduktivität, da $h < \lambda_0/4$, Gl. (4.208), $L = Z_M[\cot[(2\pi/\lambda_0)h]/\omega = 2,74\ \mu$H.

Kapitel 5

Grundlagen und Komponenten der optischen Nachrichtentechnik

Das menschliche Auge ist in der Lage, geringen Änderungsgeschwindigkeiten von Lichteffekten zu folgen. Die "optische Übertragungstechnik" - z.B. Flaggensignale oder Lichtmorsesignale von Schiffen - mußte sich lange auf diese langsame Übertragungsgeschwindigkeit beschränken.

Zwei wesentliche Entwicklungen trugen zum Durchbruch der optischen Übertragung hoher Übertragungsgeschwindigkeit bei:

- Die Entwicklung leistungsstarker Sende- und empfindlicher Empfangs-Elemente
- Die Herstellung dämpfungsarmer Lichtwellenleiter (LWL).

Jedes Glasfaser-Übertragungssystem besteht demnach aus:

- Der Strahlungsquelle (elektro-optischer Wandler)
- Der Glasfaser, dem Lichtwellenleiter.
- Dem Strahlungsdetektor (opto-elektrischer Wandler).

Abb. 5.1 zeigt den prinzipiellen Aufbau eines optischen Übertragungssystems. Das elektrische Signal wird im LWL-Sender der einen elektro/optischen Wandler darstellt, in eine Lichtwelle umgesetzt, die das Nachrichtensignal über den LWL trägt. Im LWL-Empfänger, dem opto/elektrischen Wandler, wird das elektrische Nachrichtensignal wieder zurückgewonnen. Da die Übertragungsstrecke nicht dämpfungs- und störungsfrei ist, sind in bestimmten Abständen Digitalsignal-Regeneratoren erforderlich.

Optische Übertragung im freien Raum über längere Strecken hat sich bisher wegen

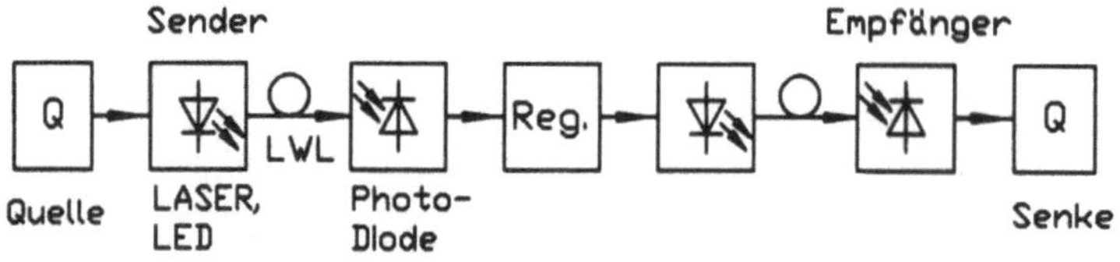

Abbildung 5.1: Prinzip eines optischen Übertragungssystems (LED... Light Emitting Diode, LASER... Light Amplification by Stimulated Emission of Radiation)

der Störwirkung athmosphärischer Einflüsse (Regen, Schnee, Nebel, ...) nicht realisieren lassen. Allerdings werden im LAN-Bereich (Local Area Network, s. Kapitel 11) häufig optische Freiraum-Systeme zur Übertragung zwischen Gebäuden eingesetzt [74].

Im leeren Raum dagegen, z.B. zwischen Satelliten im Weltraum ist die optische Übertragung über große Strecken möglich (Inter-Satellite-Link).

Da optische Übertragung in einem hohen Frequenzbereich erfolgt, s. Abb. 5.2, ist die Übertragung breitbandiger Signale (GHZ-Bereich) hoher Übertragungsgeschwindigkeit auf Lichtwellenleitern möglich [75-90].

5.1 Optische Grundlagen

Licht kann sowohl als korpuskularer Vorgang (Descartes, Newton), oder als quasi elektromagnetische Welle (Huygens) aufgefaßt werden. Durch beide Betrachtensweisen lassen sich optische Vorgänge beschreiben. Zur mathematischen Darstellung optischer Phänomene müßten somit entweder die Korpuskeltheorie (=Quantentheorie) oder die Theorie elektromagnetischer Wellen benutzt werden.

Die meisten optischen Vorgänge können jedoch auch mit Hilfe **strahlengeometrischer Gesetze** beschrieben werden, wobei das Licht als "Lichtstrahl" aufgefaßt wird. Diese Darstellungsweise ist immer dann möglich, wenn die mit dem optischen Vorgang verbundenen Linsen, Spiegel, Prismen, etc. Abmessungen haben, die groß gegen die Wellenlänge λ_0 sind. Für die folgenden Betrachtungen wird dies vorausgesetzt.

Die Lichtwellenlänge $\lambda_0 = c_o/f$ hängt von der Frequenz f und der Ausbreitungsgeschwindigkeit des Lichts c_0 ab (s. Gln. 4.11 bei der Ausbreitung im leeren Raum).

Der Bereich des sichtbaren Lichtes belegt nur einen kleinen Teil des elektromagnetischen Wellenspektrums, siehe Abb. 5.2. Die für die optische Nachrichtentechnik

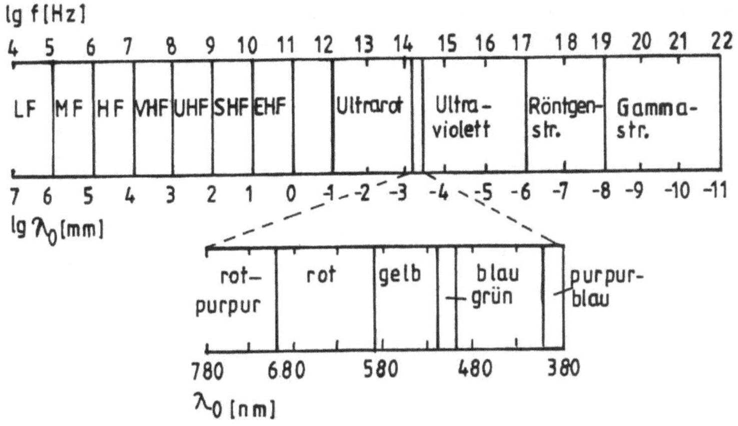

Abbildung 5.2: Spektrale Verteilung der elektromagnetischen Wellen (Abkürzungen s. Tab. 6.1)

interessanten Wellenlängenbereiche liegen bei $\lambda_0 = 0,8\ \mu m$ - $0,9\ \mu m$ (1. Fenster), $\lambda_0 = 1,0\ \mu m$ - $1,3\ \mu m$ (2. Fenster) und $\lambda_0 = 1,5\ \mu m$ - $1,7\ \mu m$ (3. Fenster).

Verschiedene **Strahlungsquellen** unterscheidet man anhand ihres Spektrums, da die Amplituden einzelner Spektralanteile sehr unterschiedlich sein können. LED und LASER als typische Sendeelemente haben sehr unterschiedliche Spektren, wie noch gezeigt wird. Das Licht natürlicher Lichtquellen ist nicht **kohärent**. Bei inkohärentem Licht ist die räumliche und zeitliche Phase nicht genau bestimmbar; eine Eigenschaft, die für die Übertragung phasenmodulierter Signale - bei solchen Signalen ist das Nachrichtensignal in der Phasenänderung einer hochfrequenten Sinusschwingung enthalten - sehr ungünstig ist. Allerdings sendet der LASER näherungsweise kohärentes Licht aus, so daß auch digitale Phasenmodulation (Phase Shift Keying, PSK) möglich wird,. s. hierzu Kapitel 8.

LASER-Licht ist außerdem näherungsweise **monochromatisch** (einfarbig). Sein Spektrum ist beschränkt auf einen schmalen Wellenbereich und hat sein Maximum bei einer bestimmten Wellenlänge λ_0.

Bei der Betrachtung des Lichts als elektromagnetische Welle, taucht oft der Begriff **polarisiertes Licht** auf. Unter Polarisation ist hierbei der Verlauf des elektrischen Feldstärkevektors in Abhängigkeit des Ortsvektorbetrags r (=Entfernung vom Ursprung) zu verstehen. Die Spitze des elektrischen Feldstärkevektors beschreibt bei der Ausbreitung der elektromagnetischen Welle eine Raumkurve, nämlich bei linearer Polarisation eine Gerade, bei zirkularer Polarisation einen Kreis oder eine Ellipse. In Abschn. 4.1.3 sind weitere Einzelheiten hierzu dargestellt.

Tritt Licht von einem optisch dichteren Medium mit der Brechzahl n_1 in ein optisch dünneres mit der Brechzahl n_2 ein, ist also $n_1 > n_2$, so wird der Lichtstrahl vom Einfallslot weggebrochen, Abb. 5.3.

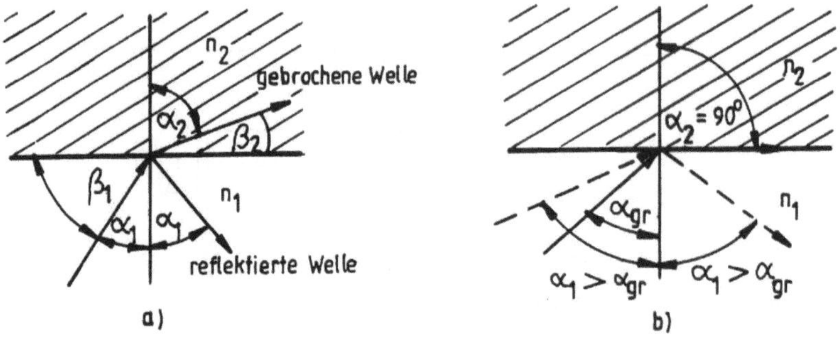

Abbildung 5.3: Darstellung der Totalreflexion

Es gilt das bereits in Abschn. 4.1.4 allgemein formulierte **Brechungsgesetz** (von Snellius)

$$\frac{\sin\alpha_1}{\sin\alpha_2} = \frac{c_1}{c_2} = \frac{n_2}{n_1}; \quad \frac{\cos\beta_1}{\cos\beta_2} = \frac{n_2}{n_1} \tag{5.1}$$

wenn man die Lichtgeschwindigkeiten c_1 und c_2 in den beiden Medien durch die zugehörigen Brechzahlen $n_1 = c_0/c_1$, $n_2 = c_0/c_2$ ersetzt. Hat der Einfallswinkel einen gewissen Grenzwinkel $\alpha_1 = \alpha_{gr}$ erreicht, so bildet der gebrochene Strahl mit dem Lot einen Winkel von $\alpha_2 = 90^0$. Nach dem Brechungsgesetz ist damit

$$\frac{\sin\alpha_{gr}}{\sin 90^0} = \sin\alpha_{gr} = \frac{n_2}{n_1}. \tag{5.2}$$

Zu einem noch größeren Einfallswinkel $\alpha_1 > \alpha_{gr}$ gibt es keinen Austrittswinkel, da dessen Sinus > 1 sein müsste, was mathematisch und wegen $n_1 > n_2$ nicht möglich ist. Die Strahlen werden ohne Strahlungsverlust in das optisch dichtere Medium mit der Brechzahl n_1 von der Grenzfläche zurückreflektiert. Diese Erscheinung heißt **Totalreflexion**.

Der Grenzwinkel ist beim Übergang von Luft ($n_0 = 1$) in Glas ($n = 1,5$) ungefähr $\alpha_{gr} = 41,8^0$.

Die Totalreflexion ($\alpha_1 > \alpha_{gr}$, bzw. $\beta_1 < \beta_{gr}$) ermöglicht die Führung einer Lichtwelle in einem Lichtwellenleiter [75-83].

5.2 Stufenprofil-Lichtwellenleiter

Als geeignetes Medium zur Führung von Lichtwellen hat sich neben anderen denkbaren Formen (z.B. Rechteck-Lichtwellenleiter, Filmwellen-Leiter) die Glasfaser in zylindrischer Form aus germanium-, bor-, oder phosphordotiertem Kieselglas oder Mehrkomponentenglas, z.B. Flint- oder Borosilikatglas, erwiesen. Die Glasfaser ist ein **dielektrischer Wellenleiter**. Lichtwellenleiter müssen mechanisch robust und die Lichtabsorption sowie Lichtstreuung müssen gering sein. Die Ein- und Auskopplung der Lichtwelle soll ebenfalls möglichst verlustarm erfolgen. In Abb. 5.4 wird am Strahlenmodell gezeigt, wie durch Totalreflexion am **Mantel**, dem optisch dünneren Medium mit der Brechzahl n_2, die Wellenführung im optisch dichteren **Kern** mit der Brechzahl n_1 erfolgt. Alle Strahlen, die unter einem

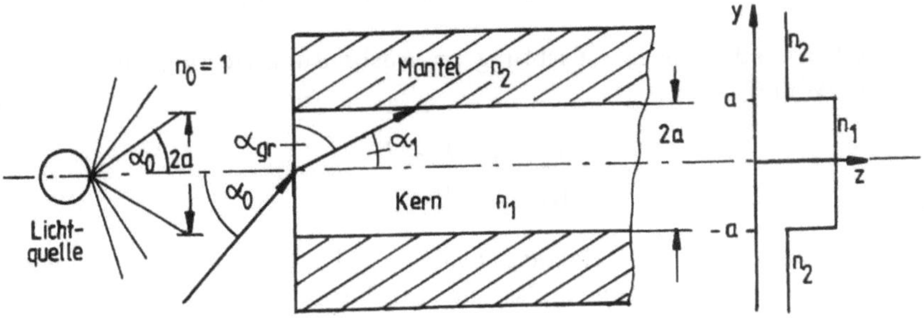

Abbildung 5.4: Akzeptanz- und Grenzwinkel einer Stufenprofil-Glasfaser

Winkel > α_0 auf den Kern treffen, werden total reflektiert und so im Kern geführt. Alle anderen Strahlen treten in den Mantel ein und gehen als Lichtstreuung verloren. α_0 ist der Winkel, bei dem gerade noch Totalreflexion im LWL auftritt; er wird deshalb auch **Akzeptanzwinkel** genannt.

Nach dem Brechungsgesetz Gl. (5.2) gilt

$$n_0 \sin\alpha_0 = n_1 \sin(90^0 - \alpha_{gr}) = n_1 cos\alpha_{gr}; \quad \cos\alpha_{gr} = \sqrt{1 - \left(\frac{n_2}{n_1}\right)^2}. \qquad (5.3)$$

$\sin\alpha_0$ bezeichnet man, mit $n_0 = 1$, als **numerische Apertur** A_N.

$$A_N = \sin\alpha_0 = n_1\sqrt{1 - \left(\frac{n_2}{n_1}\right)^2} = \sqrt{n_1^2 - n_2^2} \qquad (5.4)$$

Zur Berechnung der Feldgrössen der als Signalträger benutzten Lichtwellen im Kern (Kernwellen), muss die aus den Maxwellschen Gleichungen folgende Wellengleichung, mit den Randbedingungen des Stufenprofil-Lichtwellenleiters gelöst werden. Abb. 5.5 zeigt das strahlengeometrische Prinzip der Wellenführung einer ebenen Welle im LWL-Kern, wenn nur eine Wellenform angeregt wird. Beim Stufenprofil-LWL treten jedoch viele Wellenformen auf, wie nachfolgend noch gezeigt wird. Die Wellengleichung liefert die Komponenten der elektrischen und

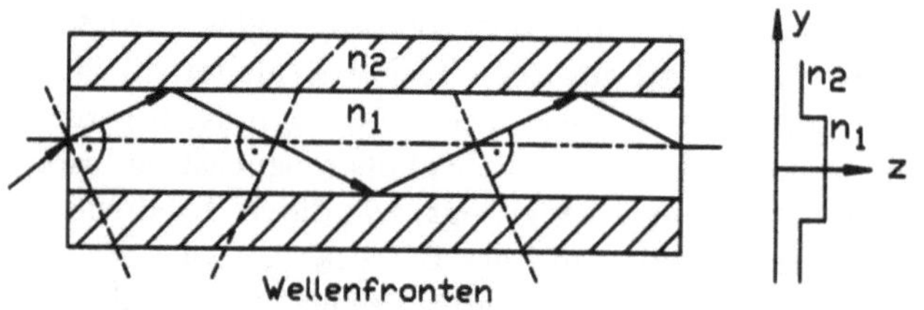

Abbildung 5.5: Wellenausbreitung im Stufenprofil-LWL

magnetischen Feldstärke in z-Richtung (= Ausbreitungsrichtung der elektromagnetischen Welle),

$$\underline{E}_z = E_z e^{-j\beta z} \tag{5.5}$$

$$\underline{H}_z = H_z e^{-j\beta z} \tag{5.6}$$

aus denen dann die anderen Feldkomponenten $\underline{E}_\varphi$, $\underline{E}_r$, $\underline{H}_r$ und $\underline{H}_\varphi$ in Zylinderkoordinaten ermittelt werden können. β ist die Fortpflanzungskonstante in z-Richtung, der Ausbreitungsrichtung.

Man erhält ein transversales Phasenmaß für die Feldverteilung im Kern

$$U = \beta_0 a \sqrt{n_1^2 - \left(\frac{\beta}{\beta_0}\right)^2} = a\sqrt{\beta_1^2 - \beta^2} \tag{5.7}$$

und ein transversales Dämpfungsmaß im Mantel

$$W = a\sqrt{\beta^2 - \beta_2^2} = a\beta_0 \sqrt{\left(\frac{\beta}{\beta_0}\right)^2 - n_2^2}, \tag{5.8}$$

mit den Wellenzahlen $\beta_0 = 2\pi/\lambda_0$, $\beta_1 = \beta_0 n_1$ und $\beta_2 = \beta_0 n_2$.

Aus den **Modenparametern** U und W lässt sich der sogenannte **Faserparameter** oder die **Strukturkonstante** ermitteln,

$$V = \sqrt{U^2 + W^2} = a\beta_0\sqrt{n_1^2 - n_2^2} = a\beta_0 A_N = \frac{2a\pi}{\lambda_0} A_N \tag{5.9}$$

die eine Materialkonstante darstellt.

Die im Stufenprofil-LWL ausbreitungsfähigen Wellenformen - es treten erwünschte transversale und unerwünschte azimutale Wellenformen auf - werden **Moden** oder auch **Eigenwellen** genannt. Sie ergeben sich aus der chrakteristischen oder Eigenwertgleichung des Wellenleiters, in der die Modenparameter U und W als Unbekannte erscheinen. In Abb. 5.6 sind die Lösungskurven dieser Eigenwertgleichung mit den Wellenformen und Modenzahlen ν (=azimutale Modenzahl oder Umfangsordnung) und μ (=transversale Modenzahl oder transversale Ordnung) aufgetragen. Offenbar sind im Stufen-LWL sowohl TE-Wellen (Transversal Elektrische

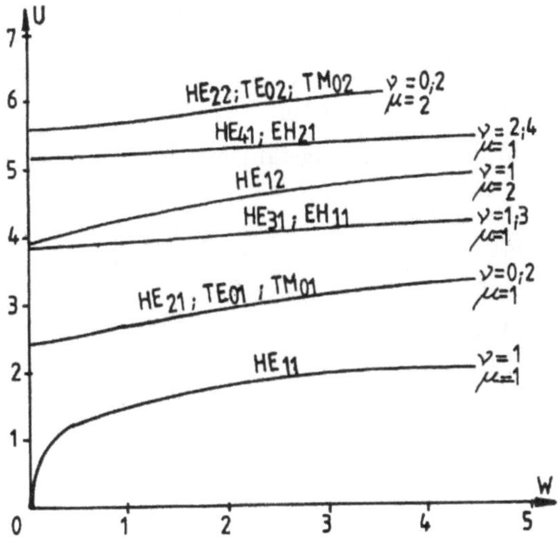

Abbildung 5.6: Modenparameter und Wellenformen im Stufen-LWL [88]

Wellen), TM-Wellen (Transversal Magnetische Wellen) und vor allem hybride Wellenformen ausbreitungsfähig.

Abb. 5.7 zeigt die Lichtintensitätsverteilung von vier Moden niedrigster Ordnung, die aufgrund unterschiedlicher Moden entsteht. Je höher die Ordnung der Wel-

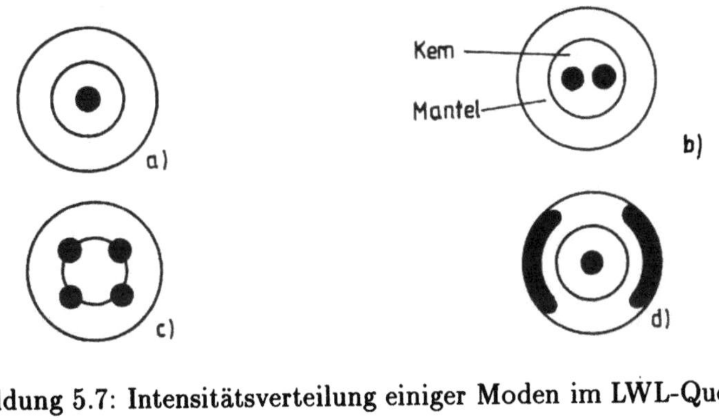

Abbildung 5.7: Intensitätsverteilung einiger Moden im LWL-Querschnitt

lenform ist, umso vielfältiger ist die Intensitätsverteilung im Faserquerschnitt und desto weiter dringt die Lichtwelle in den Mantel ein. Der in Abb. 5.7a dargestellte Mode heißt **Grundmode** (HE_{11}-Mode); diese Wellenform wird in Monomode- oder Einmodenfasern geführt. Der Stufen-LWL ist eine Vielmodenfaser, bei der eine Kombination vieler Moden auftritt.

In Abb. 5.6 ist ersichtlich, daß für $W = 0$ ab $U = V > 2,405$ oberhalb der Grundwelle HE_{11} für $\nu = 0,2$ und $\mu = 1$ die Wellenformen TE_{01}, TM_{01} und HE_{21} ausbreitungsfähig sind. Der zu diesen 3 Wellenformen gehörende Grenzwert bei $W = 0$ ist der "Cut-Off-Wert" $V_{01} = 2,405$. Bis zu diesem Wert kann nur die Grundwelle im Stufen-LWL geführt werden.

Für $V \geq 0$ ist die Anzahl der ausbreitungsfähigen Moden im Stufen-LWL

$$\nu_{max} = \frac{2V}{\pi} - \frac{3}{2}; \quad \mu_{max} = \frac{V}{\pi} + \frac{1}{4}. \tag{5.10}$$

Die Modengesamtzahl ist näherungsweise

$$M \approx V^2/2. \tag{5.11}$$

□ **Beispiel 5.1:**
Typische Eigenschaften eines Stufen-LWL.

Manteldurchmesser: $D = 140\ \mu m$
Kerndurchmesser: $d = 2a = 100\ \mu m$
Kernbrechzahl: $n_1 = 1,48$
Mantelbrechzahl: $n_2 = 1,46$
Hieraus ermittelt man den Grenzwinkel für die Totalreflexion $\alpha_{gr} = \arcsin \frac{n_2}{n_1} \approx 80,6^o$, s. Abb. 5.4. Dies bedeutet, daß Lichtstrahlen, die mit der LWL-Achse einen Winkel $\alpha_1 \leq (90 - \alpha_{gr}) = 9,4^0$ aufweisen, im Kernglas geführt werden. Der zugehörige Akzeptanzwinkel ist dann $\alpha_0 = \arcsin \sqrt{n_1^2 - n_2^2} \approx 14^0$.

Oft benutzt man für die Rechnung auch die sogenannte **normierte Brechzahldifferenz**. Sie ist beim Stufen-LWL durch

$$\Delta n = \frac{n_1^2 - n_2^2}{2n_1^2} = \frac{A_N^2}{2n_1^2}. \tag{5.12}$$

definiert.

Im vorstehenden Beispiel erhält man $\Delta n = 0,0134$. Bei einer Wellenlänge von $\lambda = 1,3\ \mu m$ (2. Fenster) ermittelt man außerdem für die Strukturkonstante $V = a\beta_0\sqrt{n_1^2 - n_2^2} = \frac{a2\pi}{\lambda} A_N = 58,6$. Die Anzahl der ausbreitungsfähigen Moden ist dann bei $\lambda = 1,3\ \mu m$, $M \approx \frac{V^2}{2} = 1717$ [75-83, 88].

5.2.1 Dispersion

Der Stufenprofil-LWL ist ein **Mehrmoden- oder Multimode-LWL**. Beispielsweise besteht die Lichtwelle eines geführten Lichtimpulses aus vielen Moden oder Eigenwellen. Jede Eigenwelle wird unter einem anderen Einkopplungswinkel im LWL angeregt und innerhalb des Kernglases auf einem anderen Strahlengang geführt. Damit legt jede Eigenwelle eine andere Wegstrecke (Laufzeit) zwischen Sender und Empfänger zurück und führt so zur Erhöhung der Impulsdauer (=Impuls-Verbreiterung) eines sendeseitig eingekoppelten schmalen Lichtimpulses. Dieser Effekt heißt **Modendispersion** und stellt eine Gruppenlaufzeit-Verzerrung dar. In Abb. 5.8 ist die Erhöhung der Impulsdauer bei der Übertragung eines Dirac-Impulses infolge der Modendispersion qualitativ dargestellt.

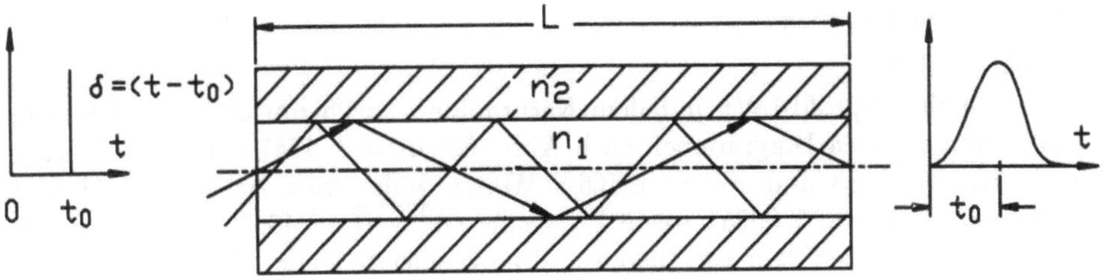

Abbildung 5.8: Signalverbreiterung durch Modendispersion

Neben der Modendispersion trägt auch die sogenannte **Materialdispersion**, die auf Materialunreinheiten im Kernglas zurückzuführen ist, zur Erhöhung der Impulsdauer bei. Ihr Einfluß ist jedoch gegenüber der Modendispersion gering.

Die für die Signalübertragung maßgebliche Gruppenlaufzeit, wird wie bei der elektrischen Übertragung definiert

$$\tau_g = \frac{d\beta}{d\omega} = \frac{1}{c_0}\frac{d\beta}{d\beta_0} \tag{5.13}$$

und hat die Dimension s/m. Mit

$$\beta = \beta_0\sqrt{n_2^2 + (n_1^2 - n_2^2)B}; \quad B = (W/V)^2 \tag{5.14}$$

findet man für die Gruppenlaufzeit in s/km pro Faserlänge L [88].

$$\begin{aligned} \tau_g/L &= \frac{d\beta}{d\beta_1}\tau_{mat}/L = \frac{1}{c_0}\left(n_1 - \lambda_0\frac{dn_1}{d\lambda_0}\right)\frac{d\beta}{d\beta_1} \\ &= \tau_{mat}/L + \frac{1}{c_0}\left(\Delta n N_1 - \frac{n_1\lambda_0}{2}\frac{d\Delta n}{d\lambda_0}\right)\frac{d(BV)}{dV}. \end{aligned} \tag{5.15}$$

Die Gruppenlaufzeit τ_{mat}/L ensteht infolge der Materialdispersion.

$$\tau_{mat}/L = \frac{1}{c_0}\left(n_1 - \lambda_0 \frac{dn_1}{d\lambda_0}\right) = \frac{1}{c_0} N_1 \tag{5.16}$$

Für Wellenlängen > 1 μm erhält man mit der vorstehenden Gleichung $\tau_{mat}/L \approx 5$ μs/km, wie aus dem Verlauf der Gruppenbrechzahl N_1 nach Abb. 5.9 folgt.

Die Laufzeitdifferenz in s/km zwischen dem höchsten und dem niedrigsten Mode ist dann

$$\Delta\tau_g/L = \frac{1}{c_0}\left(1 - \frac{2}{V}\right)\left(\Delta n N_1 - \frac{n_1\lambda_0}{2}\frac{d\Delta n}{d\lambda_0}\right). \tag{5.17}$$

In Abb. 5.9 sind die in den vorstehenden Gleichungen genannten Differentialquotienten sowie Brechzahlen und Gruppenbrechzahlen in Abhängigkeit der Wellenlänge wiedergegeben.

□**Beispiel 5.2**

Für einen Stufenprofil-LWL mit dem Kernradius $a = 25$ μm und $\lambda = 0,85$ μm erhält man aus den Diagrammen nach Abb. 5.9 $n_1 = 1,4741$ und $n_2 = 1,4526$, sowie $N_1 = 1,488$ und $N_2 = 1,466$. Weiter findet man $\Delta n = 0,0141$ und $\lambda_0/(d\Delta n/d\lambda_0)) = -0,00051$ sowie $V = a\beta_0\sqrt{n_1^2 - n_2^2} = 46,36$. Der Laufzeitunterschied zwischen dem schnellsten und langsamsten Mode ist dann $(\Delta\tau_g/L = (1/c_0)(1-(2/V)(\Delta n N_1 - (n_1/2)(\lambda_0 d\Delta n/d\lambda_0)) \approx 68$ ns/km.

Würde man in diesen LWL einen Dirac-Impuls einspeisen und dabei alle Moden gleichmäßig anregen, so wäre am Ausgang des LWL nach einem km Faserlänge die Impulsbreite 68 ns.

Bei den Betrachtungen zur Gruppenlaufzeit im LWL blieb bisher die spektrale Breite des Lichtquellensignals $\Delta\lambda$ unberücksichtigt. Wir gingen von einer monochromatischen Quelle aus, die lediglich bei der betrachteten Wellenlänge λ_0 eine Spektrallinie besitzt. Alle praktischen Lichtquellen haben jedoch eine gewisse spektrale Breite $\Delta\lambda$. Die Laufzeitdifferenz infolge der Materialdispersion zwischen dem höchsten und niedrigsten Mode wird durch den Faktor $\Delta\lambda$ erhöht

$$\Delta\tau_{mat} = M_{mat}(\lambda)\Delta\lambda \tag{5.18}$$

$M_{mat}(\lambda_0)$ ist der sogenannte Materialdispersionskoeffizient, a. Abb. 5.11.

Die **Wellenleiter-Dispersion** beschreibt die Abhängigkeit der Gruppenlaufzeit der ausbreitungsfähigen Moden von den Abmessungen des LWL und der Wellenlänge. Mit steigender Wellenlänge weitet sich der Grundmode ($= HE_{11}$) vom Kernglas in das Mantelglas aus, wodurch ein grösserer Lichtanteil im Mantel geführt wird. Die Ausbreitungsgeschwindigkeit des Grundmode wird höher, wobei es zu Laufzeitunterschieden innerhalb der spektralen Breite $\Delta\lambda$ kommt. Bei Wellenlängen $< 0,9\mu m$ kann die Wellenleiterdispersion vernachlässigt werden. Die

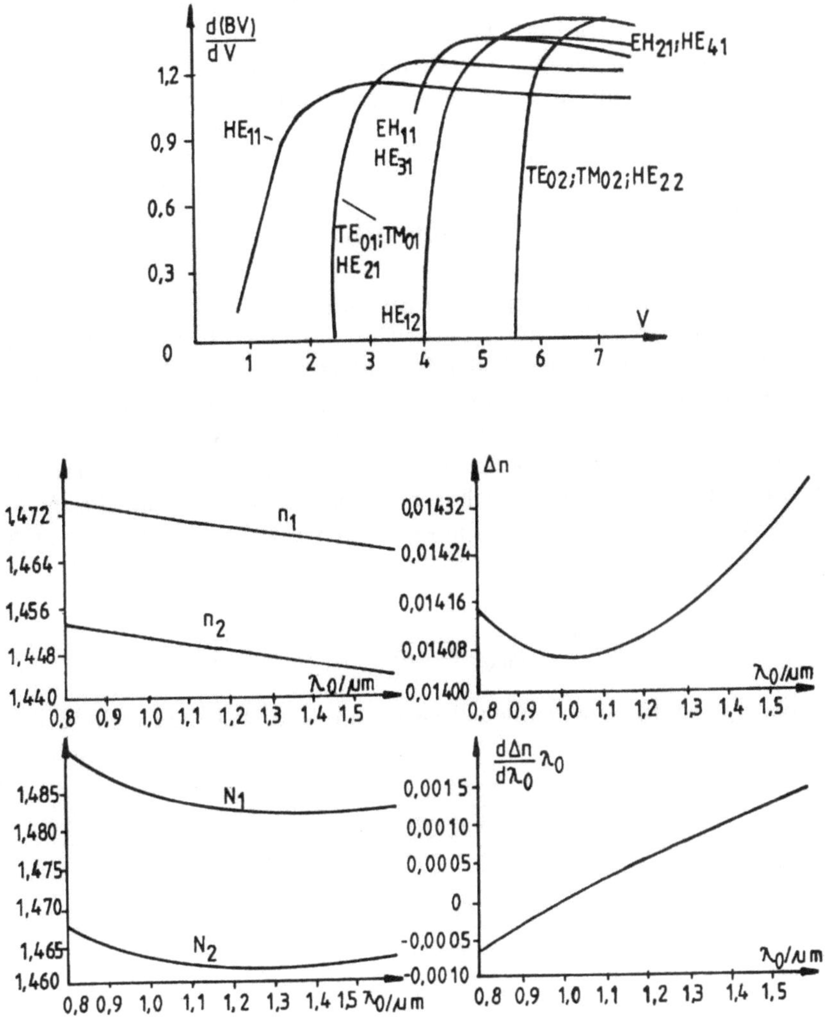

Abbildung 5.9: Parameter zur Bestimmung der Modendispersion

Beschreibung der Wellenleiterdispersion erfolgt mit dem Parameter $M_w(\lambda_0)$, s. Abb. 5.11.

Da Materialdispersion und Wellenleiterdispersion gegenüber der Modendispersion beim Mehrmoden-LWL klein sind, haben sie nur beim Monomode-LWL (=Einmoden-LWL), der ein Spezialfall des Stufen-LWL ist, eine gewisse Bedeutung. Ihr Einfluß auf die Impulsübertragung wird dort weiter diskutiert [75-83, 88].

5.3 Monomode-Lichtwellenleiter

Der Einmoden-LWL ist ein spezieller Stufenprofil-LWL. Im allgemeinen begrenzt die Modendispersion die Einsatzfähigkeit des Stufenprofil-LWL. Da bereits bei kleineren Leitungslängen L (ca. 200-300m) infolge der Modendispersion die Impulsdauer im Empfänger so groß wird, daß eine Impulserkennung nicht mehr möglich ist, wird nun die Strukturkonstante V so gewählt, daß nur ein Mode ausbreitungsfähig ist. Aus früheren Betrachtungen mit Abb. 5.6 ist bekannt, daß sich nur ein Mode (und der zu ihm orthogonale) ausbreitet, wenn man die Strukturkonstante zu $V < 2,405$ wählt. Allerdings wird der Durchmesser des wellenführenden Kerns nun sehr klein, wie mit Gl. (5.9)gezeigt werden kann.

$$\frac{d}{2} = a = \frac{V}{\beta_0\sqrt{n_1^2 - n_2^2}} = \frac{V}{\beta_0 A_N} = \frac{V}{\beta_1\sqrt{2\Delta n}} \tag{5.19}$$

In Abb. 5.10 ist das Strahlenmodell eines Einmoden-LWL dargestellt, der ebenfalls ein Stufprofil-LWL ist. Wie die vorstehende Gleichung für den Kerndurchmesser

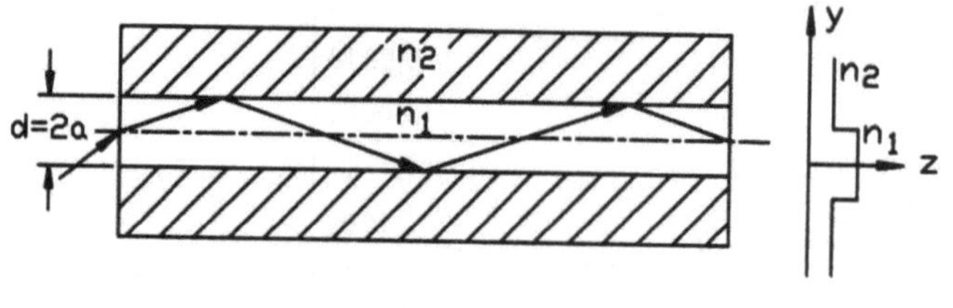

Abbildung 5.10: Strahlengang und Brechzahlprofil beim Einmoden-LWL

zeigt, erhält man bei kleineren Wellenlängen von $\lambda_0 = 0,8$ bis $0,9 \mu m$ sehr geringe Kerndurchmesser. Günstige Wellenlängen liegen bei $\lambda_0 > 1,3$ μm. Diese Wellenlängen führen auf Kerndurchmesser in der Grössenordnung $d = 10$ μm.

Beim Einmoden-LWL tritt nur noch die Materialdispersion und die Wellenleiterdispersion auf. Die Erhöhung der Impulsdauer infolge der **Materialdispersion** erhält man mit Gl. (5.18) und Abb. 5.11.

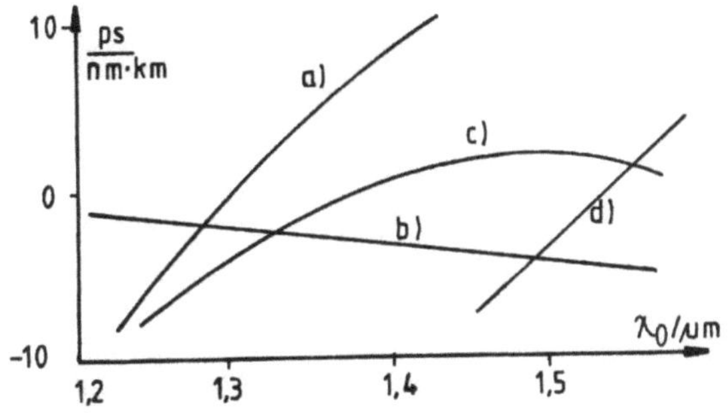

Abbildung 5.11: Material- und Wellenleiter-Dispersionkoeffizienten über der Wellenlänge: a) $M_{mat}(\lambda_0)$ und b) $M_w(\lambda_0)$ der Standard-Monomode-Faser; c) und d) $M_{mat}(\lambda_0)$ verbesserter Monomode-Fasern (reineres Quarzglas)

Die **Wellenleiterdispersion** hängt von der Wellenlänge und den geometrischen Grössen des Wellenleiters ab. In der Praxis werden Wellenleiterdispersion und Materialdispersion oft zur **chromatischen Dispersion** zusammengefasst. Für die Dispersionkoeffizienten gilt dann

$$M_c(\lambda_0) = M_{mat}(\lambda_0) + M_w(\lambda_0). \tag{5.20}$$

Die durch die chromatische Dispersion hervorgerufene Erhöhung der Impulsbreite ist dann

$$\Delta t_{eff} = M_c(\lambda)\Delta\lambda_{eff} L \tag{5.21}$$

mit

$$\Delta\lambda_{eff} \approx \frac{\Delta\lambda}{\sqrt{ln4}}. \tag{5.22}$$

Die erreichbare Bandbreite hängt von der Erhöhung der Impulsbreite Δt_{eff} ab.

$$B = \frac{\sqrt{ln4}}{\pi \Delta t_{eff}} \tag{5.23}$$

Damit kann man das **Bandbreite-Reichweiten-Produkt** $B \cdot L$ ermitteln, dessen Verlauf für eine Standard-Faser über der Wellenlänge in Abb. 5.12 dargestellt ist.

□**Beispiel 5.3**
Typische Eigenschaften eines Monomode-LWL.
Manteldurchmesser: $D = 125$ µm
Kerndurchmesser: $d = 2a = 10,5$ µm, (V=2,405, $\lambda = 1,55$ µm)
Kernbrechzahl: $n_1 = 1,46$
Brechzahldifferenz: $\Delta n = 0,003$
Für die numerische Apertur berechnet man hieraus $A_N = n_1\sqrt{2\Delta n} = 0,113$,

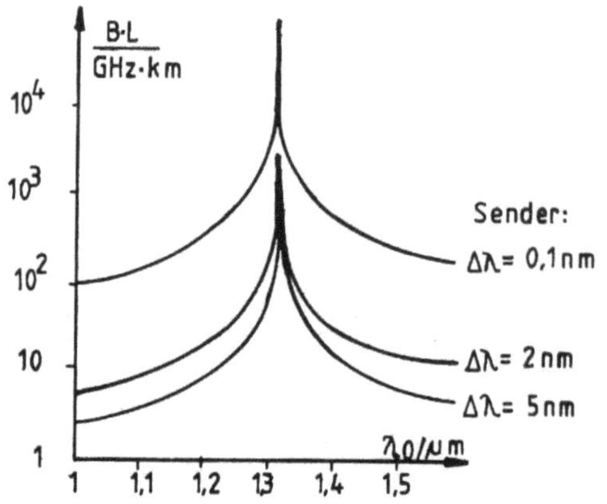

Abbildung 5.12: Bandbreite-Reichweiten-Produkt einer Standard Monomodefaser

und für den Akzeptanzwinkel findet man $\alpha_0 = \arcsin A_N = 6,5°$. Die Lichteinkopplung in den Einmoden-LWL ist relativ schwierig, da der Kerndurchmesser und der Akzeptanzwinkel sehr klein sind. Die Grenzwellenlänge oberhalb der nur noch der Grundmodus im LWL geführt werden kann, folgt mit $V_{gr} = 2,405$ zu $\lambda_{gr} = 2\pi a A_N \frac{1}{V_{gr}} = 1,55\ \mu$m.

Mit einem Monomode-LWL sind Übertragungsbitraten von 100 Gbit/s bei einer Kabellänge von 100 km möglich [75-83].

5.4 Gradientenprofil-Lichtwellenleiter

Beim Stufenprofil-LWL breiten sich die einzelnen Moden auf unterschiedlich langen Wegen aus und kommen dadurch nicht zu gleichen Zeiten am Ende des Lichtwellenleiters an. Es entsteht die weiter oben bereits diskutierte Modendispersion. Man kann diesen unerwünschten Effekt stark vermindern, wenn man die Brechzahl im Kern von einem maximalen Wert n_1 von der LWL-Achse aus gerechnet zum Mantel hin kontinuierlich auf den Wert n_2 abfallen lässt. Wegen der häufigeren Reflexionen halten sich die hohen Moden größtenteils im Kernrandgebiet auf - sie haben deshalb eine längere Laufzeit bis zum LWL-Ende - während sich die niedrigen Moden hauptsächlich in der Nähe des Kernzentrums ausbreiten und damit eine geringere Laufzeit aufweisen. Ein über dem Kerndurchmesser variabler Brechungsindex mit einem Maximum im Kernzentrum führt nun dazu, daß die Strahlausbreitung im Kern-Rand-Gebiet beschleunigt und im Bereich des Kernzentrums gebremst wird. Dadurch wird der Laufzeitunterschied zwischen hohen und niedrigen Moden und damit die Modendispersion reduziert. Einen Lichtwellenleiter mit diesen Eigenschaften nennt man **Gradientenprofil-Lichtwellenleiter** mit einer radiusabhängigen Kernbrechzahl $n(r)$.

$$n(r) = n_1\sqrt{1 - 2\Delta n f(r)} = n_1^2 - A_N^2 f(r) \qquad (5.24)$$

Hierbei gilt $f(r) = 0$ für $r = 0$ und $f(r) = 1$ für $r \geq a$. Abb. 5.13 zeigt den Prinzipaufbau eines Gradienten-LWL und die Ausbreitung des Lichtstrahls. An jedem

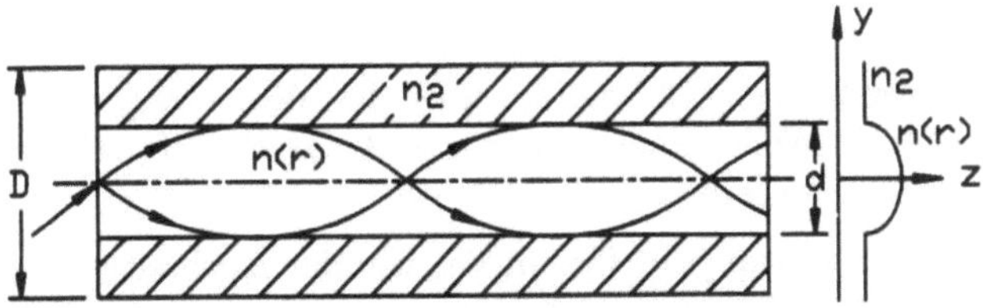

Abbildung 5.13: Gradientenprofil-Lichtwellenleiter: Ausbreitung der Moden

Punkt des Lichtwellen-Ausbreitungsweges gilt das Brechungsgesetz, wodurch die Eigenwellen kontinuierlich in Richtung der größeren Brechzahl abgelenkt werden. Beim Gradienten-LWL gibt es keine Lichtausbreitung entlang der Faserachse. Eine in der Praxis häufig benutzte Profilfunktion ist die Potenzfunktion

$$f(r) = \left(\frac{r}{a}\right)^{\alpha_p}. \qquad (5.25)$$

($\alpha_p \in R$) z.B $\alpha_p = 2; 0,1; 0,5$ etc..

Die für Lichtwellenleiter charakteristischen Werte Δn (mit n_1 im Kernzentrum, n_2 im Mantel), Strukturkonstante V und numerische Apertur A_N berechnet man wie beim Stufen-LWL.

Der Gradientenprofil-LWL ist trotz der geringeren Modendispersion ein Multimoden-LWL. Zusätzlich zur Modendispersion gibt es hier den Effekt der Profildispersion, der im nächsten Abschnitt genauer betrachtet wird.

Die Gesamtzahl der ausbreitungsfähigen Moden findet man beim Gradienten-LWL zu

$$M_{grad} = k_1^2 a^2 \Delta n \frac{\alpha_p}{\alpha_p + 2} = \frac{V^2}{2}\frac{\alpha_p}{\alpha_p + 2} \qquad (5.26)$$

Wählt man den Profilexponenten zu $\alpha_p = 2$, dann ist die Anzahl der Moden beim Stufen-LWL ($M = V^2/2$) doppelt so groß wie beim Gradienten-LWL ($M_{grad} = V^2/4$.

5.4.1 Moden- und Profildispersion beim Gradienten-LWL

Ausgehend von der Definition der Gruppenlaufzeit nach Gleichung (5.13) erhält man für die Laufzeitdifferenz eines beliebigen Modes zum Grundmode infolge der

Moden- und Materialdispersion

$$\Delta\tau_g/L = [C_1\delta + (C_1 + 0,5)\delta^2]\frac{\tau_{mat}}{L}; \quad (0 \leq \delta \leq \Delta n). \tag{5.27}$$

Hierbei ist

$$C_1 = \frac{\alpha_p - 2 + 2P_0}{\alpha_p + 2}; \quad P_0 = \frac{1}{\Delta n}\lambda_0\frac{d\Delta n}{d\lambda_0}. \tag{5.28}$$

Der Verlauf des Parameters $\lambda_0(d\Delta n/d\lambda_0)$ über der Wellenlänge, der die **Profildispersion** infolge der Wellenlängenabhängigkeit der Profilfunktion berücksichtigt, ist in Abb. 5.9 wiedergegeben.

δ ist der normierte Ausbreitungskoeffizient der von der Ausbreitungskonstanten β und der Wellenlänge λ_0 abhängt ($\delta \approx \Delta n/2$).

Ist $\alpha_p > 2,049$, so sind alle Moden langsamer als der Grundmode, ist $\alpha_p < 2,049$, so sind alle Moden schneller als der Grundmode.

□**Beispiel 5.4**

Betrachtet werde ein Gradienten-LWL mit $\lambda = 0,85$ µm, $a = 25$ µm, $n_1 = 1,4741$ (im Kernzentrum), $n_2 = 1,4526$, $\Delta n = 0,01411$, $\lambda_0(d\Delta n/d\lambda_0)' = -0,00051$, Abb. 5.9, $\alpha_p = 2,049$ und $\delta = \Delta n/2$. Man erhält dann $P_0 = -0,03614$ und $C_1 = -0,00575$, sowie $\delta = 0,0072055$. Mit $\tau_{mat}/L \approx 5$ µs/km ist dann die Laufzeitdifferenz $\Delta\tau_g/L \approx -80$ ps/km.

□**Beispiel 5.5:**

Typische Eigenschaften eines Gradienten-LWL.
Manteldurchmesser: $D = 125$ µm
Kerndurchmesser: $d = 2a = 50$ µm
max. Kernbrechzahl: $n_1 = 1,46$
Brechzahldifferenz: $\Delta n = 0,01$
Mit diesen Werten ermittelt man die numerische Apertur auf der Faserachse $A_{NF} = n_1\sqrt{2\Delta n} \approx 0,206$ und den Akzeptanzwinkel $\alpha_0 = \arcsin A_N \approx 11,9^0$.

Auf die Methoden der digitalen Signalübertragung mit Lichtwellenleitern wird in Kapitel 8 eingegangen [75-83, 89].

5.5 LWL-Dämpfung

Bei der Übertragung mit Lichtwellenleitern sind verschiedene Dämpfungseffekte zu berücksichtigen, die die Amplitude der Lichtwelle beeinträchtigen.

So führt die Wechselwirkung zwischen der elektromagnetischen Lichtwelle mit Elektronen im Wellenleitermaterial (Quarzglas S_iO_2) zur **Absorptionsdämpfung**. Grundsätzlich ist unter Absorption jegliche Umwandlung von Lichtenergie der Wellenlänge λ_0 in eine andere Energieform oder in Licht einer anderen Wellenlänge zu verstehen. Außerdem treten Dämpfungsspitzen durch Molekülresonanzen an Verunreinigungen (Metallionen, Wasserionen) auf, die durch die Lichtwelle angeregt werden. Der Dämpfungskoeffizient infolge molekularer Absorption α_A liegt bei $\lambda_0 = 1,4\ \mu m$ bei ca. 5 dB/km, wie Abb. 5.14 zeigt.

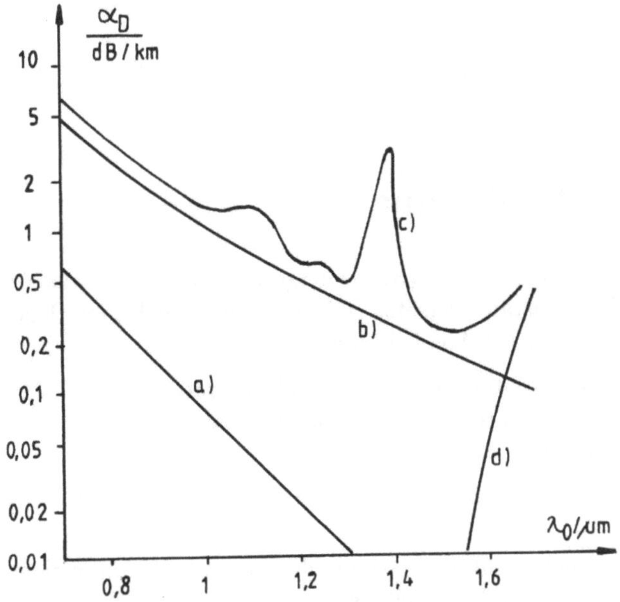

Abbildung 5.14: Dämpfungseinflüsse beim LWL: a)Ultraviolett-Absorption; b) Rayleigh-Streuung; c) Gemessene Dämpfung bei einem Monomode-LWL; d) Infrarot-Absorption

Glas muß als optisch inhomogenes Material angesehen werden, da es eine erstarrte Flüssigkeit darstellt. Die Brechzahl schwankt örtlich wegen der Dichteänderungen in der Glasfaser. An den Inhomogenitäten ergeben sich **Streuverluste**. Der Nutzlichtwelle werden dadurch Lichtanteile entzogen und in alle Richtungen gestreut. Dieser Effekt ist unter dem Namen **Rayleigh-Streuung** bekannt, falls die Inhomogenitäten in der Größenordnung $0.1\lambda_0 \ldots 0,2\lambda_0$ liegen. Der Dämpfungkoeffizient ist $\alpha_{str} \sim 1/\lambda^4$, s. Abb. 5.14.

Um beliebige reale Verbindungen mit LWL-Kabeln herzustellen, ist es erforderlich, auch Krümmungen auf dem Übertragungsweg zuzulassen. Dies führt zu Störungen der Lichtwellenausbreitung in der Glasfaser besonders bei höheren Moden. Es kommt zu **Strahlungverlusten**; ein Effekt, der auch durch Fehler an der Übergangsfläche Kern - Mantel auftritt. Liegt die Größenordnung solcher Inhomogenitäten im Bereich der Lichtwellenlänge, so ist der hierdurch verursachte

Dämpfungskoeffizient $\alpha_M \sim \lambda_0^{-M}$, $(M < 4)$. Diese Art der Streuung heißt **Mie-Streuung**.

Durch Zusammenfassung der drei genannten Verlustmechanismen erhält man den gesamten Dämpfungskoeffizienten und das **Lambert'sche Gesetz**, das die Leistungsdämpfung auf einem LWL der Länge L angibt.

$$\alpha_D = \alpha_R + \alpha_A + \alpha_M; \quad P(L) = P(0)e^{-\alpha_D L} \tag{5.29}$$

Die Lichtleistung am LWL-Anfang $P(0)$ wird exponentiell auf $P(L)$, die Lichtleistung am LWL-Ende, verringert [75-83, 88].

5.6 LWL-Herstellung

Glasfasern werden aus Quarzglas (SiO_2) hergestellt. Das Quarzglas wird hierbei in einen dampfartigen Zustand versetzt (CVD... Chemical Vapor Deposition). Aus der Dampfphase erfolgt die Abscheidung entweder

- auf die Innenseite eines rotierenden Quarzglasrohres
- auf die Außenseite eines rotierenden Quarzglasstabes
- axial auf die Stirnfläche eines Quarzglasstabes

Die Herstellung aus der Dampfphase garantiert die notwendige Freiheit von Verunreinigungen.

Im folgenden wird näher auf die Methode der Innenabscheidung eingegangen, deren Prinzip in Abb. 5.15a dargestellt ist.

Zur Innenabscheidung werden die gasförmigen Materialien, Siliziumtetrachlorid ($SiCl_4$) sowie Dotierstoffe (Germanium, Bor, Fluor) zur Einstellung der gewünschten Brechzahl und Sauerstoff (O_2), durch ein Quarzglasrohr bei einer Temperatur von 1600 C° geleitet. Ist die Beschichtung abgeschlossen, dann wird das Rohr bei 2000 C° in einen massiven Quarzglasstab , die sogenannte Vorform umgeformt, wobei bereits das gewünschte Brechzahlprofil vorliegt. Aus der verflüssigten Vorform wird nun in einer Ziehanlage die Glasfaser gezogen und sofort mit einer Kunststoffschicht umgeben. Abb. 5.15b zeigt das Prinzip des Ziehvorgangs nach der Doppeltiegelmethode. Der innere Tiegel wird mit der Kernglassorte (Brechzahl n_1) und der äußere Tiegel mit der Mantelglassorte (Brechzahl n_2) beschickt. Das geschmolzene Glas aus der Düse des äußeren Tiegels nimmt das ebenfalls geschmolzene Glas des inneren Tiegels mit. In der darauffolgenden feinen Düse entsteht so die Faser mit der gewünschten Wellenleiter-Brechzahlstruktur.

In Abb. 5.16 ist der Aufbau von 2 typischen Glasfaserkabeln wiedergegeben. Die Glasfasern werden in Kabeln als **Hohladern** oder **Bündeladern** verarbeitet. Im ersten Fall liegt die Glasfaser lose oder mit einer Füllmasse in einer Aderhülle, im zweiten Fall sind mehrere Adern in eine Kunststoffröhre eingelegt. In die Kabel

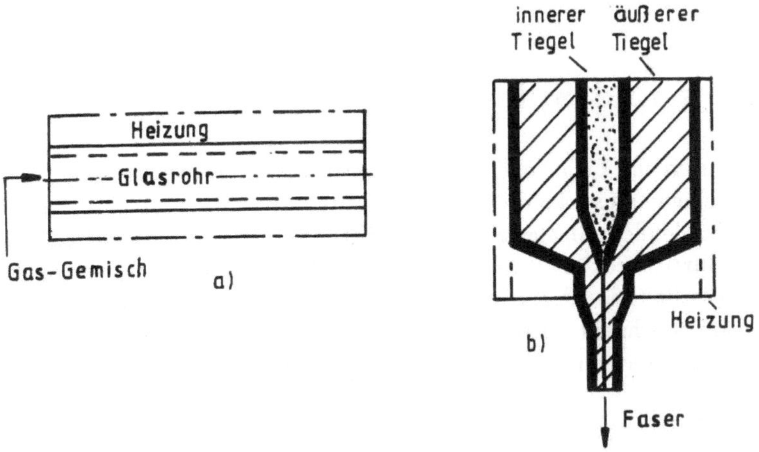

Abbildung 5.15: a) Innenabscheidung von Glasdampf auf ein Quarzglasrohr; b) Doppeltiegel-Ziehverfahren

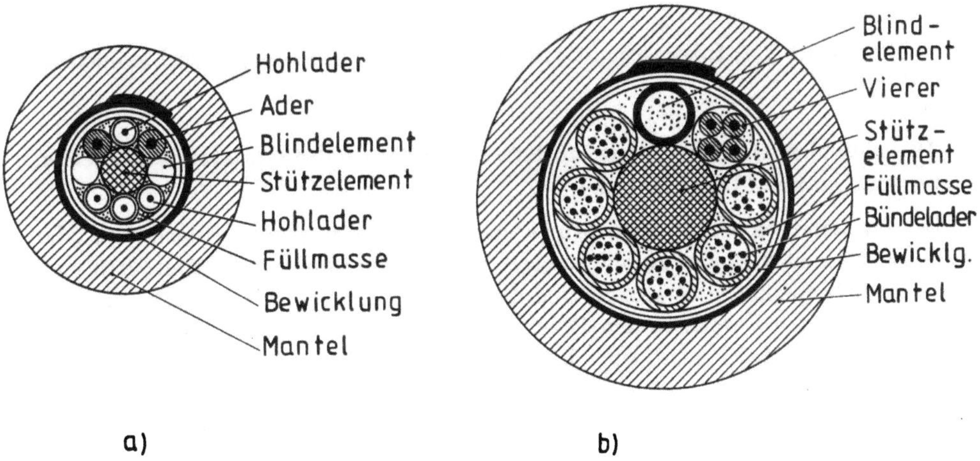

Abbildung 5.16: Glasfaserkabel: a) 4-fasrig; b) 60-fasrig

werden neben Stützelementen zusätzliche Kupferadern eingebracht (z.B. Vierer) [80, 81, 86, 87].

5.7 Stecker und Spleiße

Steckverbindungen für Lichtwellenleiter bestehen aus einer präzise gearbeiteten Buchse und einem meist konischen Steckerstift. Hierdurch ist eine genaue Führung der verbindenden Glasfaserenden gewährleistet. Bei der **Stirnflächenkopplung** wird durch direkten Kontakt der Stirnflächen der Glasfaserenden die Verbindung hergestellt. Die Glasfaserenden werden hierzu geschliffen und poliert. Zur Anpassung der Brechzahl verwendet man spezielles Immersionsöl. Abb. 5.17a zeigt eine bikonische Steckverbindung mit Stirnflächenkopplung. Bereits geringe

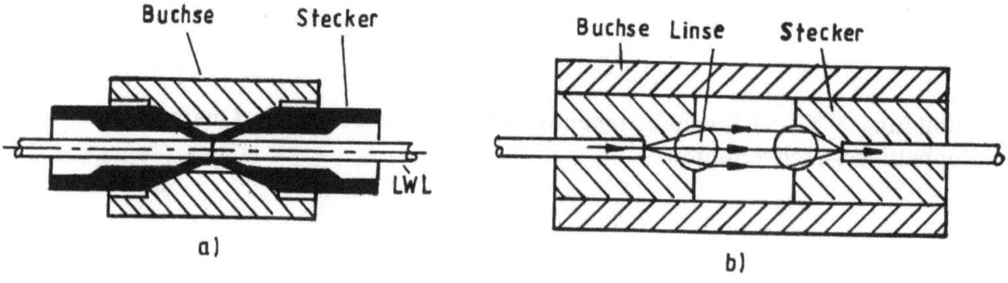

Abbildung 5.17: a) Bikonische-Stirnflächenkopplung; b) Prinzip einer Linsensteckverbindung

Ausrichtfehler wie Achsversatz, zu hoher Stirnflächenabstand oder Winkelfehler, verursachen hohe Dämpfungen.

Bei **Linsensteckverbindern** bringt man vor den Faserenden Kugellinsen oder Gradientenindex-Linsen an, die zu einer Strahlaufweitung führen. Hierdurch wird die Lichtkoppelfläche vergrößert und die Dämpfung durch Achsversatz reduziert. Die Faserenden werden in den Brennpunkten der beiden Linsen angebracht. In Abb. 5.17b ist das Prinzip einer Linsensteckverbindung dargestellt.

Im allgemeinen werden durch Steckverbinder Dämpfungen in der Größenordnung von 0,5 dB verursacht.

Eine **Spleißverbindung** ist eine nichtlösbare Verbindungart, die gegenüber der Steckverbindung sehr geringe Koppeldämpfungen ($< 0,1$ dB) aufweist. Praktische Bedeutung haben zwei Spleißarten, das Zusammenkleben der Faserenden und das Schmelzschweißen; meist wird die letzgenannte Methode angewendet. Abb. 5.18 gibt das Prinzip des spleißens durch Schmelzverschweißung der Faserenden wieder. Mit einem Lichtbogenschweißgerät, dessen elektrischer Lichtbogen die notwendige

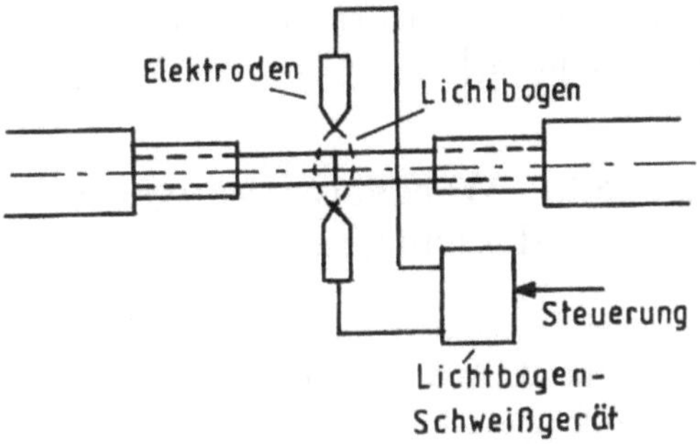

Abbildung 5.18: Prinzip der Schmelzspleißung bei Lichtwellenleitern

Schmelztemperatur von 2000 C° erzeugt, werden die Faserenden, die sauber abisoliert sind und glatte rechtwinklige Stirnflächen aufweisen müssen, in einer V-Nut fixiert und in einem nur Sekunden dauernden Schweißvorgang verbunden. Beim Schmelzprozeß findet aufgrund von Oberflächenspannungen der Fasern ein Selbstjustierprozeß der Faserkerne statt. Die erreichte Koppeldämpfung wird nach dem Schweißen überprüft. Nach Abschluß des Schweißvorgangs wird die Spleißstelle mit einer "gecrimpten" Metallhülse ummantelt [80, 81].

5.8 Sende- und Empfangselemente

Optische Sender wandeln elektrische Signale ohne Informationsverlust in optische Signale um. Ihre Leistungsfähigkeit wird im wesentlichen durch die Höhe der Lichtleistung bestimmt, die in einen LWL eingekoppelt werden kann. Weitere Kriterien sind die Wellenlänge λ_0 der Lichtwelle, die möglichst in einem Dämpfungsminimum liegen soll, sowie ihre spektrale Breite. Um nichtlineare Verzerrungen zu vermeiden, sollte die Eingangs-Ausgangskennlinie des optischen Senders, wie bei elektrischen Sendern auch, möglichst linear sein.

Optische Empfänger wandeln Lichtsignale in elektrische Signale um. Sie müssen sich durch ein hohe Empfindlichkeit auszeichnen, damit auch bei geringer Lichtleistung am Empfängereingang ein brauchbares elektrisches Signal erzeugt wird.

Sowohl Sende- als auch Empfangselemente, die als Halbleiter vorliegen, sollen möglichst geringes Eigenrauschen besitzen. Typische optische Sender sind **Halbleiterlaser** (Light Amplifikation by Stimulated Emission of Radiation, LASER) und **Lumineszenzdiode** (Light Emitting Diode, LED). Typische Empfänger sind verschiedene Formen der **Photodiode**. Beide Elemente müssen in der Lage sein Digitalsignale hoher Bitrate (Gbit/s-Bereich) zu verarbeiten, s. Kapitel 8.

Bevor die einzelnen Komponenten genauer betrachtet werden, wird zunächst zum besseren Verständnis der optisch-atomaren Vorgänge, ein Blick auf die physikalischen Grundlagen geworfen [82-87].

5.8.1 Bändermodell, Wechselwirkungsmechanismen zwischen Atom und Lichtquanten

Zur Untersuchung optischer Sende- und Empfangselemente ist die Darstellung des Lichts als elektromagnetische Welle oder Lichtstrahl nicht geeignet. Die Beschreibung optisch-atomarer Vorgänge gelingt jedoch mit den Methoden der Quantenphysik, deren Ergebnisse hier benutzt werden. Danach besteht Licht aus einzelnen Teilchen, den Lichtquanten (Photonen), die sich mit Lichtgeschwindigkeit fortbewegen.

Nach dem Bohrschen Atommodell umkreisen die Elektronen den Atomkern eines Stoffs in bestimmten Bahnen, die diskrete Energiestufen darstellen. Das kleinste Energieniveau nimmt ein Elektron auf der Bahn mit dem kleinsten Abstand zum Atomkern ein. Um ein Elektron mit negativer Ladung auf eine Bahn höherer Energiestufe zu befördern, muß dem Stoff Energie zur Überwindung der Bindung an den positiven Atomkern zugeführt werden.

Bei kristallinen Festkörpern (z.B. Halbleitermaterialien, wie z.B. Silizium), sind die diskreten Energiestufen durch Wechselwirkungen im Kristallgitter zu Energiebändern erweitert, innerhalb derer sich die Elektronen aufhalten können. Die Elektronen besetzen verschiedene Energiebänder, die durch einen bestimmten Bandabstand voneinander getrennt sind. Man erhält ein **Bändermodell** der Energieniveaus, wobei der Bänderabstand, ein für jeden Halbleiter charakteristischer Wert ist.

Das unterste erlaubte Energieband ist das Valenzband. Zur Beschreibung des optischen Verhaltens ist das vereinfachte Bändermodell, Abb. 5.19a, hinreichend. Das unterste erlaubte Band im vereinfachten Modell ist ebenfalls das Valenzband. Beim absoluten Nullpunkt der Temperatur $T = 0\text{K} \hat{=} -273\ \text{C}^o$ ist das Valenzband mit Valenzelektronen besetzt. Das oberste Energieniveau im vereinfachten Modell ist das Leitungsband, das bei $T = 0$ K keine Elektronen enthält. Beide sind durch einen Bandabstand voneinander getrennt. Die Besetzungswahrscheinlichkeit $p(E)$ der Bänder mit Elektronen wird durch die Fermi-Dirac-Verteilung beschrieben, s. Abb. 5.19b. Bei $T = 0$ K enthält die Verteilung bei $W/W_F = 1$ einen Sprung, der gestrichelt eingezeichnet ist. Bei höheren Temperaturen erhält man dort einen allmählichen Übergang. W_F heißt Fermi-Niveau nach dem italienischen Physiker Enrico Fermi.

Bei Raumtemperatur 20 C^o ist ein Halbleiter wie Silizium praktisch nichtleitend. Mit zunehmender Temperatur nimmt die Zahl der Elektronen im Leitungsband zu, indem Elektronen aus dem Valenzband in das Leitungsband beförderd werden; hierzu benötigt man bei reinen Halbleitern eine relativ hohe Energiezufuhr. Durch

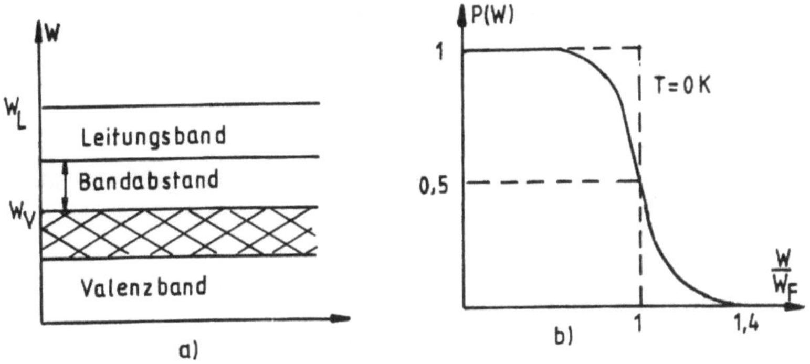

Abbildung 5.19: a)Bändermodell; b) Besetzungswahrscheinlichkeit der Energiebänder

geeignete Dotierung, d.h. Einbringen geringer Mengen von fremden fünfwertigen Elementen wie Phosphor, Arsen, ..., sogenannten *Donatoren*, oder dreiwertigen Elementen wie Bor, Aluminium,..., sogenannten *Akzeptoren*, in den Halbleiter (z.B. Silizium), gelingt es bereits durch geringe Energiezufuhr, z.B. in Form von Wärme oder Lichtquanten, Elektronen aus dem Valenzband in das Leitungsband zu heben, wo sie zum Stromfluß beitragen. Donatoren geben bei geringer Energiezufuhr Elektronen an den Halbleiter ab (n-Leitung), während Akzeptoren aus ihm Elektronen aufnehmen (p-Leitung). Das Energieniveau eines Akzeptoratoms liegt etwas oberhalb der Oberkante des Valenzbandes, während das Energieband eines Donatoratoms etwas unterhalb der Unterkante des Leitungsbandes liegt. Verlassen Elektronen infolge einer Energiezufuhr das Valenzband, so entstehen dort positiv geladene *Löcher*. Fällt ein Elektron aus dem Leitungsband in das Valenzband nach einer bestimmten Verweilzeit zurück, so spricht man von *Rekombination*. Bei der Rekombination geben die Elektronen ihre Energie wieder ab. Dies erfolgt durch Abgabe von Lichtquanten. Infolge der Dotierung erhöht sich die Wahrscheinlichkeit der Rekombination und somit auch die Lichtquantenzahl.

Im Halbleiter können zwischen einem Atom und Licht in Quantenform (Photonen) zusammenfassend die folgenden Wechselwirkungen in Erscheinung treten. Ein auf den Halbleiter treffendes Photon geeigneter Energie wird absorbiert und hebt hierbei ein Elektron vom Valenzband in das Leitungsband. Man spricht dann von **Absorption** (innerer Photoeffekt). Ein Elektron fällt vom Leitungsband in das Valenzband durch Rekombination zurück und gibt hierbei ein Photon bestimmter Energie ab. Man nennt dieses Phänomen **spontane Emission**. Stimuliert ein Photon ein Elektron zum Übergang vom Leitungsband in das Valenzband und verstärkt das dabei emittierte Photon das stimulierende frequenz- und phasenrichtig, so hat man eine **stimulierte Emission** oder **induzierte Emission**. Zwischen Wellenlänge λ_0 und Energie des Photons E_{ph} gilt nach Einstein mit dem

Planckschen Wirkungsquantum h der Zusammenhang

$$\lambda = \frac{hc_0}{W_{ph}}; \quad h = 6,625 \cdot 10^{-34} Ws^2; \quad c_0 \approx 300000 \text{km/s}. \tag{5.30}$$

Hierbei wird oft die Energie in Elektronenvolt eV angegeben ($1eV = 1,602 \cdot 10^{-19}$ Ws) [80-85].

5.8.1.1 Lumineszenzdiode

Die Lumineszenzdiode arbeitet nach dem Prinzip der spontanen Emission. Erzeugt man im Innern eines einkristallinen Halbleiters durch geeignete Dotierung, unmittelbar aneinandergrenzend, je einen p- und n-Bereich, die also einen sogenannten pn-Übergang bilden, so entsteht durch thermische Emission von Ladungsträgern - negative Ladungsträger (Elektronen) diffundieren in die p-Schicht und positive Ladungsträger (Löcher) in die n-Schicht - eine Raumladungszone im Bereich der Grenzflächen. Hierdurch bildet sich zwischen p- und n-leitendem Gebiet eine Potentialdifferenz (=Spannung) U_Δ aus, Abb. 5.20, die einen Feldstrom zur Folge hat, der den Diffusionsstrom gerade aufhebt. Es entsteht so eine ladungsträgerarme Sperrschicht. Betreibt man nun den pn-Übergang durch Anlegen einer Span-

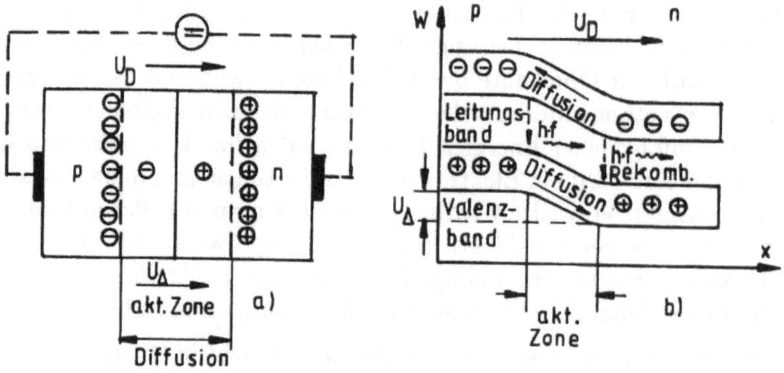

Abbildung 5.20: a) pn-Übergang; b) Bändermodell, mit äußerer Spannung U_D

nung U_D in Durchlaßrichtung, so wird die Potentialdifferenz der Sperrschicht verringert, Elektronen und Löcher können in das jeweils andere Gebiet gelangen und dort unter Abgabe eines Lichtquants rekombinieren. Das Rekombinationsgebiet, die sogenannte aktive Zone, liegt in der unmittelbaren Umgebung der Sperrschicht. Da die einzelnen Rekombinationsvorgänge unabhängig voneinander sind, liegt die bereits erwähnte spontane Emission vor. Es entsteht Licht (Lumineszenz), daher die Bezeichnung Lumineszenz-Diode.

LED's können in **Heterostruktur** oder **Homostruktur** aufgebaut sein. Unter Heterostruktur versteht man die Anordnung von übereinanderliegenden ungleichartigen Materialien, während bei der Homostruktur gleichartige übereinanderliegende Materialien mit jeweils entgegengesetzter Dotierung, benutzt werden. Abb. 5.21a zeigt einen sogenannten **Flächenemitter** in Homostruktur. Der LWL wird

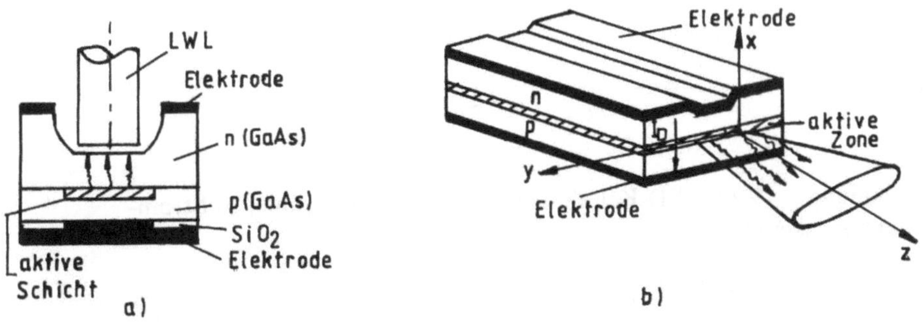

Abbildung 5.21: LED: a) Flächenemitter in Homostruktur; b) Kantenemitter

beim Flächenemitter möglichst dicht an der emittierenden aktiven Zone angebracht. Die die aktive Zone umgebenden Schichten bestehen aus Materialien mit relativ großem Bandabstand; damit wird die Absorption von Photonen geringerer Energie vermieden.

Mit LED's in Doppelheterostruktur, p- und/oder n-leitende Schichten werden hier doppelt ausgeführt, läßt sich die Strahldichte erhöhen. Beim **Kantenemitter** wird die aktive Schicht als LWL ausgeführt, wobei das erzeugte Licht durch Totalreflexion zu den Enden (=Kanten) der Diode geführt wird. Der LWL ist hierbei in heterogene Schichten mit niedrigerer Brechzahl eingebettet. In Abb. 5.21b ist eine solche Diode dargestellt. Der Kantenemitter erzeugt eine höhere Strahldichte und hat damit auch einen besseren Einkopplungswirkungsgrad als der Flächenemitter

Die von einer LED abgestrahlte Leistung P_{opt} hängt vom Durchlaßstrom I_D und der Umgebungstemperatur ab. Diese LED-Kennlinie verläuft bei kleinen Strömen I_D linear und zeigt bei größeren Strömen nichtlineares Sättigungsverhalten, Abb. 5.22a. Die typische Strom- Spannungs-Kennlinie zeigt Abb. 5.22b mit einem steilen Anstieg des Stromes am Ende des Durchlaßbereichs der Diode.

In Abb. 5.23 sind die typischen Strahlungscharakteristiken von Flächenstrahler und Kantenstrahler wiedergegeben. Hierbei ist die Strahlungsleistung P_{opt} in Kugelkoordinaten aufgetragen. Der Flächenstrahler verursacht wegen seiner fast kugelförmigen Strahlcharakteristik Probleme bei der Strahleinkopplung in einen LWL. Der Lichtstrahl des Kantenemitters besitzt eine erheblich günstigere "Richtwirkung" und ist besser in einen LWL einzukoppeln. Seine Strahlform ist in der

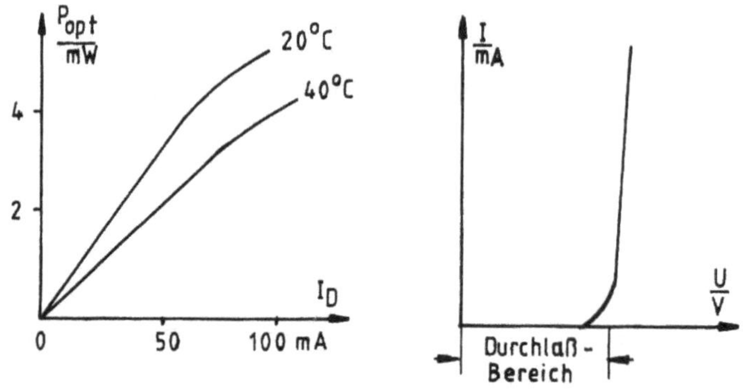

Abbildung 5.22: LED-Kennlinien: a) Leistungskennlinie; b) Strom-Spannungskennlinie

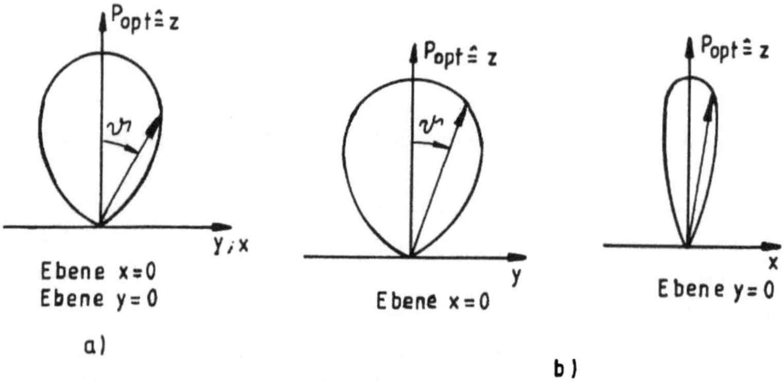

Abbildung 5.23: Strahlungcharakteristik: a) Flächenstrahler (Lambert-Strahler); b) Kantenstrahler

Ebene $y = 0$ eine schmale Ellipse.

Das **Spektrum** des LED-Lichts ist breit. Die Halbwertsbreite liegt in der Größenordnung von 40 nm, s. Abb. 5.24. Die hohe spektrale Breite, die wesentlich von der Dotierung abhängt, wird durch die wellenlängenabhängigen Materialdispersion im LWL reduziert auf eine Übertragungsbandbreite in der Größenordnung von $B \approx 50$ MHz bis 100 MHz.

5.8.1.2 Laserdiode

Laserdioden bestehen aus einem in Durchlaßrichtung betriebenen pn-Übergang, der höher dotiert ist als bei der LED. Der wesentliche Unterschied zur LED ist je-

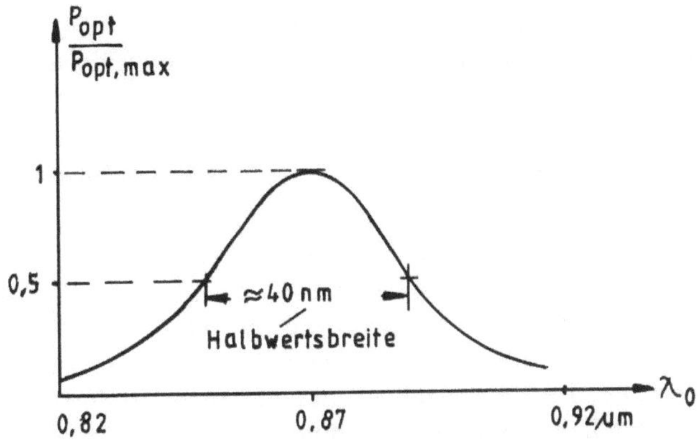

Abbildung 5.24: LED-Strahlspektrum

doch die Lichterzeugung, die durch stimulierte und nicht durch spontane Emission entsteht. Ein durch stimulierte Emission erzeugtes Photon paßt sich in Phase und Frequenz dem primären stimulierenden Strahlungsfeld an und verstärkt dieses. Das hierdurch entstehende Licht ist im Gegensatz zum LED-Licht näherungsweise kohärent. Die Wirkung eines Lasers entsteht hierbei auf die folgende Weise.

Die in Abb. 5.25 dargestellten Energiebänder stellen sich aufgrund der hohen Dotierung (Mulde) in der aktiven Zone ein. Wegen der Durchlaßspannung am pn-

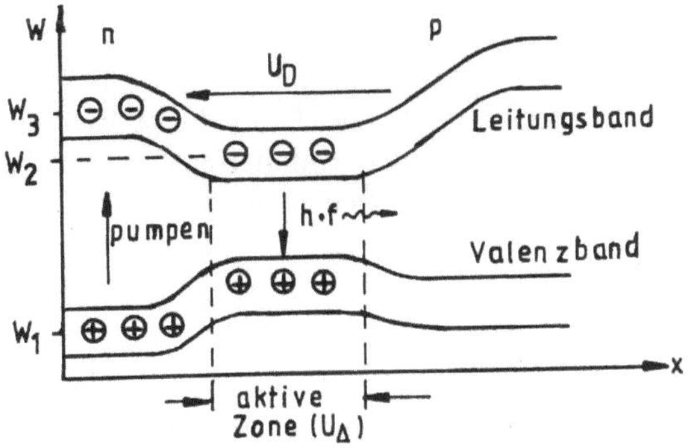

Abbildung 5.25: Energiebänder eines gepumpten Lasers

Übergang U_D wird die Potentialdifferenz der Sperrschicht U_Δ verringert, und es gelangen Elektronen in das p- und Löcher in das n-Gebiet, wo sie unter Abgabe von Lichtquanten (spontante Emission) in der Grenzschicht der aktiven Zone rekombinieren. Im Halbleiter fließt ein Strom. Der Strom und die emittierte Lichtleistung sind umso höher, je größer die angelegte Spannung U_D ist.

Ein Teil des emittierten Lichts wird wieder absorbiert und hebt dadurch viele Elektronen aus dem Grundzustand W_1 auf das höhere Energieniveau W_3, s. Abb. 5.25

Dieser Vorgang, der durch die Vorspannung U_D und die damit verbundene Energiezufuhr ausgelöst wird, wird als "pumpen" eines Lasers bezeichnet.

Vom energetisch instabilen Zustand W_3 fallen viele Elektronen nach kurzer Zeit, meist strahlungslos (Phononen) unter Abgabe von Wärme, auf das Niveau W_2 zurück. Da die Verweilzeit im Energiezustand W_2 (metastabiler Zustand) höher ist als in W_3, kommt es dort zur Anreicherung mit Elektronen. Es stellt sich bei einem bestimmten Wert der Diodenvorspannung U_D, eine sogenannte **Besetzungsinversion** ein, bei der die Anzahl der Ladungsträger im Zustand W_2 größer wird als die Anzahl der Ladungsträger im Grundzustand W_1. Die durch spontane Emission erzeugten Photonen stimulieren nun Elektronen im Energiezustand W_2 (Leitungsband), mit Löchern im Energiezustand W_1 (Valenzband) zu rekombinieren, da physikalische Systeme immer bestrebt sind den niedrigeren Energiezustand einzunehmen. Die hierbei entstehenden Photonen passen sich in Phase, und Frequenz den stimulierenden Photonen an. Es entwickelt sich eine Photonenlawine. Dieser Effekt kommt einer Verstärkung des nun näherungsweise kohärenten Lichts gleich.

Die Verstärkung kann noch beträchtlich erhöht werden, wenn die Laserdiode so aufgebaut wird, daß die aktive Zone als frequenz- bzw. wellenlängenselektiver **optischer Resonator** ausgeführt wird. Laserdioden werden meist als Kantenemitter in Form des **gewinngeführten Lasers** oder **indexgeführten Lasers** ausgeführt, wobei die aktive Schicht, zwischen einer n- und einer p-Schicht angeordnet ist, s. Abb. 5.26.

Die Streifenenden der aktiven Zone stellen an den Stirnflächen teildurchlässige Spiegel dar, die die Lichtwellen reflektieren (Fabry-Perot-Resonator). Die aktive Zone wird zum Resonator, der infolge der stimulierten Emission zu Schwingungen angefacht wird, deren Wellenlänge vom Brechungsindex n_1 der aktiven Zone und deren Länge L abhängt.

$$\lambda_0 = \frac{2Ln_1}{m}; \quad m = 1, 2, 3, \ldots \tag{5.31}$$

Es entstehen hierbei, wie im Lichtwellenleiter, mehrere Moden. Nur wenn lediglich ein Modus angeregt wird, kann Licht einer einzigen Frequenz bzw. Wellenlänge entstehen. Die reflektierten Lichtwellen überlagern sich den einfallenden gleichphasig in Form einer Mitkopplung und bilden stehende Wellen aus. Durch die Mitkopplung wird ein zusätzlicher Verstärkungseffekt erzielt.

Beim gewinngeführten Laser, als spezielle Bauform, ist die aktive Zone ein schmaler Streifen, das von Material mit kleinem Brechungsindex umgeben ist. Der Laser läßt so nur wenige Moden zu, wodurch ein schmalbandiges Emissionsspektrum entsteht. Allerdings enthält er neben den erwünschten longitudinalen Moden in Längsrichtung auch unerwünschte transversale Moden quer dazu. Dieser Nachteil wird beim indexgeführten Laser vermieden, indem man die aktive Schicht durch seitlich angebrachte Schichten mit kleinem Brechungsindex abschließt. Abb. 5.26 zeigt die beiden Streifenlaser-Bauformen in prinzipieller Form.

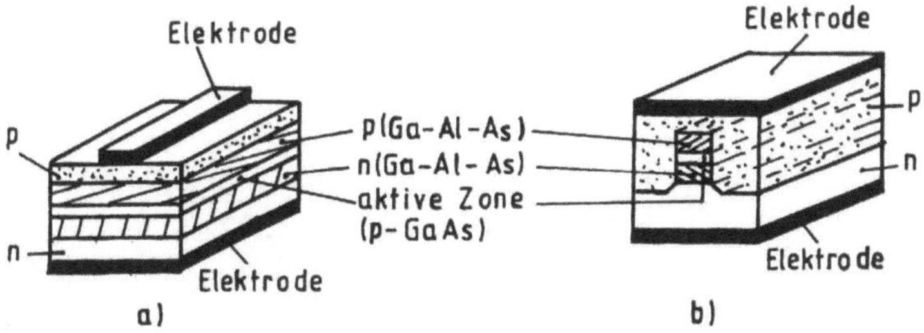

Abbildung 5.26: a) gewinngeführter b) indexgeführter Streifenlaser

Mit den bisher betrachteten Fabry-Perot-Lasern ist kein Einmodenbetrieb möglich. Die Emissionsspektren sind zwar schmal, aber enthalten immer noch mehrere Spektrallinien. Bei DFB-Lasern (Distributed Feed Back) und DBR-Lasern (Distributed Bragg Reflektor) benutzt man andere Reflektoren, wodurch der emittierte Wellenlängenbereich weiter reduziert und genäherter Einmodenbetrieb möglich wird.

Die Laser-Kennlinie P_{opt} in Abhängigkeit vom Strom I_D zeigt stark nichtlineares Verhalten. Unterhalb des Schwellstroms I_S verhält sich die Laserdiode wie eine LED. Oberhalb dieser Barriere setzt die stimulierte Emission und die Verstärkung durch den Resonator ein. Hierdurch entsteht ein steiler, fast linearer Anstieg der optischen Leistung, Abb. 5.27. Deutlich ist auch der Temperatureinfluß am Kennlinienverlauf sichtbar.

Die **Abstrahlcharakteristik** der Laserdiode ist wesentlich schärfer gebündelt als bei der LED. Typische Öffnungswinkel senkrecht zur aktiven Schicht sind $\pm 30^o$ und parallel dazu $\pm 10^o$. In Abb. 5.28a ist die Strahlungscharakteristik in den vorgenannten Ebenen wiedergegeben. Sie ist damit zur Lichteinkopplung in eine Faser geringen Durchmessers geeignet. Die Einkoppeldämpfung liegt bei Werten < 3 dB.

Die spektrale Verteilung des Laserlichts hängt wesentlich vom Bandabstand, der Dotierung des Laserdioden-Halbleiters und dem eingeprägten Strom ab. Mit zunehmendem Strom und damit steigender optischer Leistung P_{opt} nähert sich die spektrale Leistungsdichte immer mehr einer Spektrallinie, s. Abb. 5.29, wobei sich der Maximalwert des Spektrums zu höheren Wellenlängen hin verschiebt.

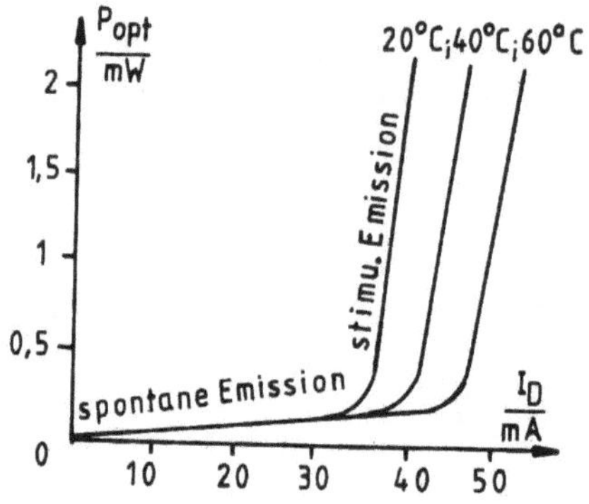

Abbildung 5.27: Strom- Leistungskennlinie eines Lasers

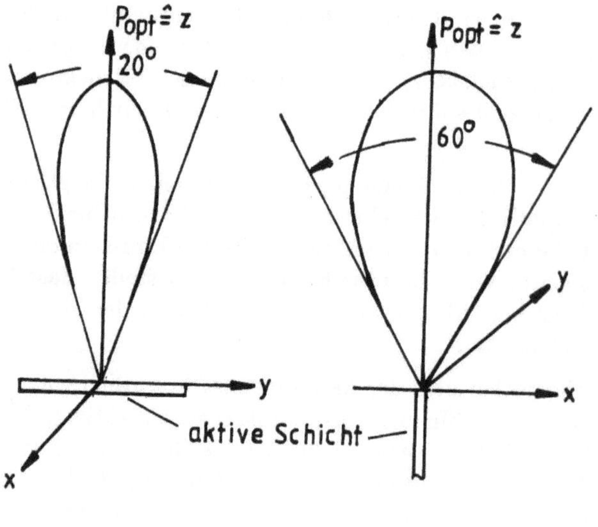

Abbildung 5.28: Strahlungscharakteristik einer Laserdiode

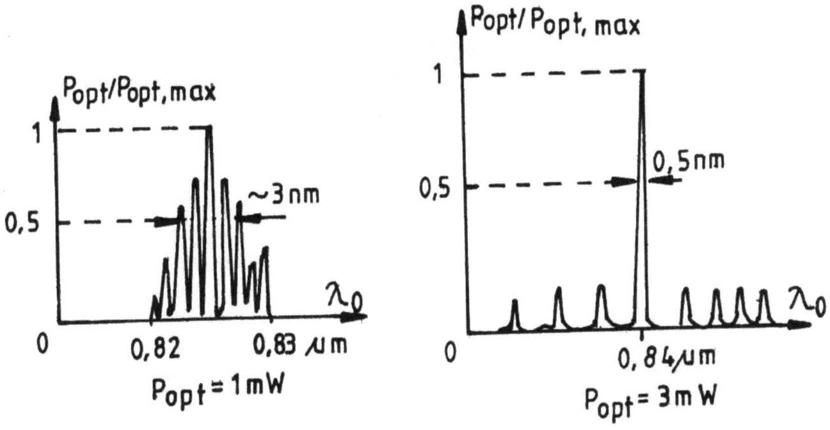

Abbildung 5.29: Wellenlängenspektren von Laserdioden

Die Halbwertsbreiten (3 dB-Werte) liegen beim Fabry-Perot-Laser im Bereich 0,5 nm ... 2 nm und beim oben erwähnten DFB-Laser bei ca. 10^{-4} nm. Als Maximalwert der optischen Leistung erreicht man $P_{opt} \approx 10$ mW bei einer hohen Lebensdauer > 10 Jahre. Der optische Wirkungsgrad η_{opt} (= Quotient aus abgestrahlter optischer Leistung und insgesamt erzeugter optischer Leistung) liegt im Bereich $0,2 < \eta_{opt} < 0,4$ [80-85].

5.8.2 Empfangselemente

Auf der Empfangsseite, am Ausgang eines LWL, wandelt eine Photodiode das aus dem LWL empfangene Lichtsignal in ein elektrisches Signal um. Der Übergang LWL-Photodiode muß zur Vermeidung von Strahlungsverlusten möglichst reflexionsfrei erfolgen. Die Rauschzahl der Diode ist gering und die Empfindlichkeit hoch zu wählen.

5.8.2.1 Funktionsprinzip der Photodiode

Photonen hoher Energie dringen in die Raumladungszone des pn-Übergangs eines Halbleiters ein und regen dort Elektronen an aus dem Valenzband in das Leitungsband aufzusteigen. Im Leitungsband sind diese Elektronen und im Valenzband die zugehörigen Löcher nun frei beweglich, s Abb. 5.30ab. Das elektrische Feld der Raumladungszone E bewirkt eine Trennung dieser Ladungsträger, die an den Rand der Raumladungszone (s. auch Abb. 5.20) transportiert werden, s. Abb. 5.30b. Hierdurch kann in einem äußeren Kreis, gestrichelt eingezeichnet, auch ohne zusätzliche Spannung ein Strom fließen, der sog. Photostrom I_{ph}. Neben dem Photostrom trägt auch noch ein geringer Diffusionsstrom zum Strom

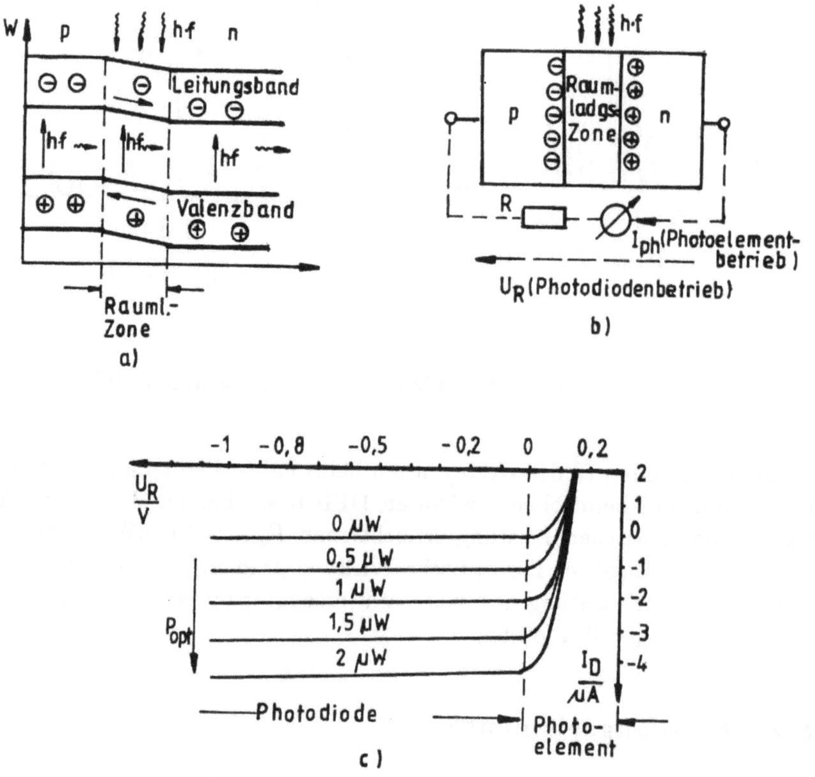

Abbildung 5.30: a) Bändermodell einer Photodiode; b) pn-Übergang c) I-U-Kennline

im äußeren Stromkreis bei.

Die **Empfindlichkeit** einer Photodiode ist durch

$$R_{ph} = \frac{I_{ph}}{P_{opt}}; \quad P_{opt} = r_p h f; \quad W = hf \tag{5.32}$$

definiert, mit r_p der Anzahl der Photonen, die in einem Zeitintervall einfallen, h dem Planckschen Wirkungsquantum, f der Frequenz und W der Energie eines Photons.

Benutzt man die Photodiode als empfindlichen optischen Empfänger, **Photodiodenbetrieb**, so wird eine negative Vorspannung U_R an den pn-Übergang angelegt. Da durch diese Spannung die Raumladungszone vergrößert wird, s. Abb. 5.30b, können auch mehr Elektronen-Loch-Paare durch das ebenfalls erweiterte elektrische Feld an den Rand der Raumladungszone gedrängt werden. Der im äußeren Kreis fließende Strom wird damit erhöht, und die Empfindlichkeit steigt an. Bei dieser Betriebsart fließt der unerwünschte **Dunkelstrom** ($P_{opt} = 0\ \mu$W).

Beim Betrieb als **Fotoelement** wird keine Vorspannung benötigt. Die Photodiode wirkt als reine Stromquelle, die Strahlungsenergie in elektrische Energie umsetzt. Hier tritt praktisch kein Dunkelstrom auf. Die Empfindlichkeit der Diode wird jedoch deutlich verringert. Abb. 5.30c zeigt die Strom-Spannungskennlinie einer Photodiode und die Bereiche für Fotodiodenbetrieb und Fotoelementbetrieb.

In Abb. 5.31 sind die Schaltungen der beiden Betriebsarten dargestellt.

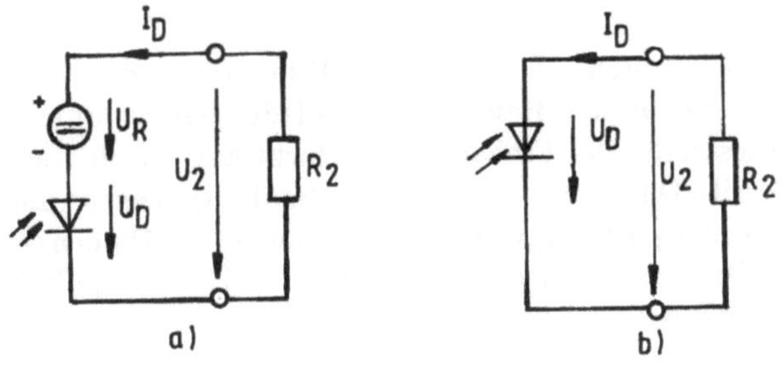

Abbildung 5.31: Schaltungen bei a) Photodioden- und b) Photoelementbetrieb

Im sichtbaren Spektralbereich und dem Infrarot-Bereich ($\lambda_0 = 0,85\ \mu$m) verwendet man Silizium-Dioden. Für Wellenlängen zwischen $\lambda_0 = 1,3\ \mu$m und $\lambda_0 = 1,55\ \mu$m eignen sich Germanium-Photodioden. Silizium-Photodioden haben bei entsprechender Dimensionierung sehr kleine Dunkelströme; mit ihnen können daher geringste Beleuchtungsstärken verarbeitet werden. Für Anwendungen mit hohen Arbeitsfrequenzen sind sie jedoch, aufgrund ihres Dotierungsprofils, wenig geeignet. Für die bei der LWL-Übertragung vorliegenden hohen Bitraten eignen sich deshalb PIN-Photodioden oder Avalanche-Photodioden besser [80-85].

5.8.2.2 PIN-Photodioden

Eine PIN-Diode (Positive Intrinsic Negative) hat zwischen der hochdotierten p- und n-Zone eine hochohmige Schicht aus selbstleitendem oder sehr schwach dotiertem (instrinsischem) Material. Abb. 5.32 zeigt den Aufbau und den Feldstärkeverlaüf bei einer PIN-Diode.

Durch die i-Schicht wird die Raumladungszone, in der Photonen absorbiert und dadurch Elektronen vom Valenzband in das Leitungsband aufsteigen können,

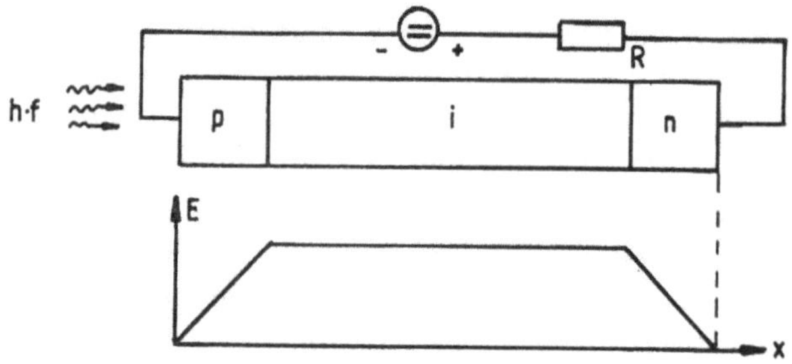

Abbildung 5.32: PIN-Diode und Feldstärkeverlauf

vergrößert. Das dabei entstehende elektrische Feld drängt die Elektronenlochpaare, wie oben erläutert, an den Rand der Raumladungszone. In einem äußeren Kreis fließt der Photostrom. Der Einbau der i-Schicht hat jedoch noch einen weiteren wichtigen Vorteil. Durch den größeren Abstand zwischen p- und n-Gebiet, gegenüber dem einfachen pn-Übergang, wird die parasitäre Diodenkapazität wesentlich reduziert. Dadurch werden Impulsflanken bei der Impulsübertragung, aufgrund kleinerer Zeitkonstanten, weniger verzerrt. Bei Photodiodenbetrieb sind mit PIN-Dioden Arbeitsfrequenzen in der Größenordnung von 50 GHz möglich. Die Strom-Spannungskennlinie der PIN-Diode entspricht der Darstellung in Abb. 5.30c. Bei Photoelementbetrieb erreicht man Arbeitsfrequenzen in der Größenordnung von $1MHz$ [63, 64, 80-85]

5.8.2.3 Avalanche-Photodiode

Mit Avalanche-Dioden (APD Avalanche Photo Diode) lassen sich höherer Photoströme erzeugen als mit PIN- und anderen Photodioden. Die Avalanche-Photodiode weist ein hochdotiertes p- und n-Gebiet auf, siehe Abb. 5.33. Die Diode wird mit einer negativen Spannung (-50 V bis -200 V) knapp unterhalb der Durchbruchspannung betrieben. Infolge der nun sehr hohen Feldstärke in der Raumladungszone werden die durch Photonen freigesetzten Ladungsträger so schnell, daß sie durch Stoßionisation weitere Elektronen-Lochpaare erzeugen, die zu einem lawinenartigen Anstieg der jeweiligen Ladungsträgerart führen. Hierdurch wird bereits in der Diode eine hohe Verstärkung (Faktor 200) erreicht.

Die Avalanche-Diode besitzt eine nichtlineare Strom- Spannungs-Kennlinie, und erzeugt somit als Empfänger Signalverzerrungen. Ihre Empfindlichkeit und die verarbeitbare Frequenz ist jedoch höher als bei der PIN-Diode. Aufgrund des Lawineneffekts steigt das Eigenrauschen rapide an [63, 64, 80-85]

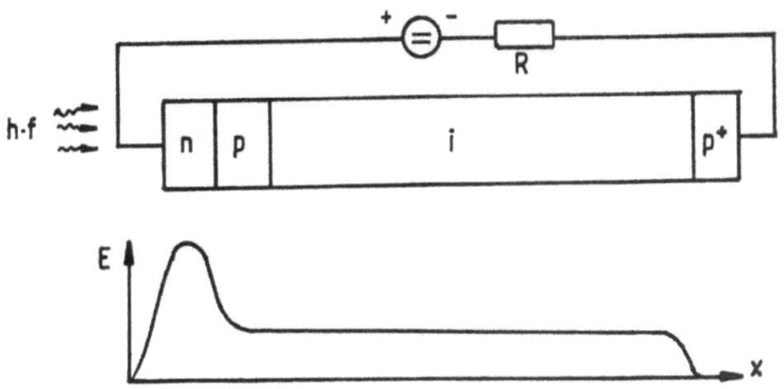

Abbildung 5.33: Prinzip und Feldstärkeverlauf bei der Avalanche-Diode

5.9 Kopplung Sendeelement-LWL-Empfangselement

Die Kopplung zwischen Sendeelement (Laser, LED) einerseits bzw. Empfangselement (Photodiode) andererseits und LWL ist nicht ohne Verluste möglich. Je dünner die Faser, z.B. Monomode-LWL, umso schwieriger ist die Licht-Einkopplung. Besondere Schwierigkeiten bereitet die Kopplung zwischen einem Sendeelement und dem sehr dünnen Monomode-LWL. Durch die Anwendung von Linsen, wie für Steckverbindungen bereits verwendet, läßt sich sendeseitig der Kopplungswirkungsgrad, der von der numerischen Apertur A_N und dem Kernradius a abhängt, verbesseren.

Für die Einkopplung von LED-Licht in einen Stufen-LWL lautet der Wirkungsgrad

$$\eta_{St} = \frac{P_{auf}}{P_{ab}} = \frac{a^2}{a_s^2} A_N^2; \quad (a \leq a_s); \quad \eta_{St} = A_N^2; \quad (a > a_s). \tag{5.33}$$

Hierbei ist P_{auf} die vom LWL aufgenommene optische Leistung und P_{ab} die von der LED abgegebene optische Leistung, a der LWL-Kernradius und a_s der Radius der strahlenden Fläche der LED, s. Abb. 5.34 Den Wirkungsgrad η_{Gr} bei der

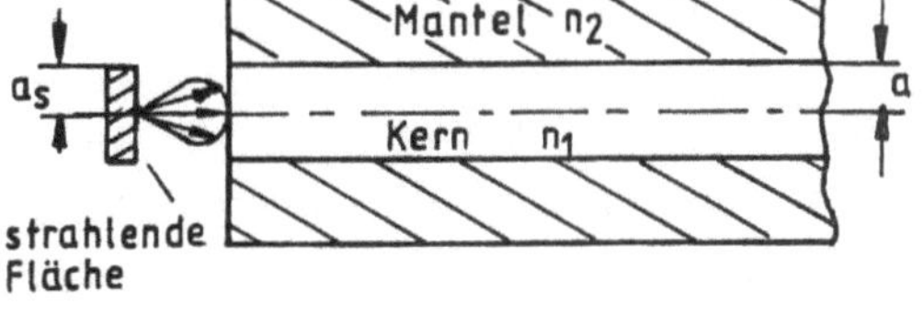

Abbildung 5.34: Prinzip der Kopplung LED-LWL

Einkopplung von LED-Lichtstrahlung in einen Gradientenprofil-LWL findet man

mit der numerischen Apertur A_{NF} auf der LWL-Achse zu

$$\eta_{Gr} = \frac{a^2}{2a_s^2} A_{NF}^2; \quad (a \leq a_s); \quad \eta_{Gr} = \left(1 - \frac{a^2}{2a_s^2}\right) A_{NF}^2; \quad (a > a_s) \tag{5.34}$$

□ **Beispiel 5.6**

Mit den typischen Daten von Stufen-LWL, Monomode-LWL und Gradienten-LWL nach den Beispielen 5.1, 5.3 und 5.5 erhält man bei der Kopplung zwischen einem LED-Flächenemitter und verschiedenen Lichtwellenleitern die folgenden Wirkungsgrade.

Für eine Stufenprofilfaser mit einer numerischen Apertur von $A_N = 0,24$ und dem LWL-Kernradius $a = 50\mu m$ bei einer angenommenen strahlenden Fläche der LED mit dem Radius $a_s = 70\mu m$, findet man $\eta_{St} = (a^2/a_s^2)A_N^2 = 0,029$. Bei der Monomode-Faser,die ebenfalls eine Stufenprofil-Faser darstellt, folgt mit $A_N = 0,113$ und $a = 5,25\ \mu m$ bei gleicher strahlender LED-Fläche $\eta_{St} = (a^2/a_s^2)A_N^2 = 7.18 \cdot 10^{-5}$. Für die Gradientenprofil-Faser schließlich erhält man mit $A_{NF} = 0,205$ und $a = 25\mu m$ bei $a_s = 50\ \mu m$ den Wirkungsgrad $\eta_{Gr} = a^2/2a_s^2 A_{NF}^2 = 5,2 \cdot 10^{-3}$.

In allen drei Fällen sind die Wirkungsgrade also sehr gering.

Erheblich bessere Wirkungsgrade werden, aufgrund der günstigeren Strahlungscharakteristik, bei der Kopplung Laser-LWL erzielt. Durch Anwendung von GRIN-Linsen (Gradienten Index) , dies sind Linsen aus Glaszylindern, sogenannte Stablinsen, und verrundeten Enden der LWL-Faser (Taper) ergeben sich Kopplungswirkungsgrade von bis zu 90%.

Die Auskopplung des LWL-Lichts auf der Empfangsseite eines LWL-Übertragungssystems ist weniger kritisch, da die aktive Fläche der Photodiode meist größer ist als der Kerndurchmesser des Lichtwellenleiters und außerdem dessen numerische Apertur bzw. sein Akzeptanzwinkel auch ausreichende Abstrahlwinkel garantiert [80, 81].

5.10 Optische Verstärker

Optische Verstärker arbeiten nach dem Grundprinzip der stimulierten Emission. Zur Erreichung der bereits diskutierten Besetzungsinversion, die zur stimulierten Emission notwendig ist, muß dem Halbleiter Energie zugeführt werden. Dies kann, wie bereits bei der Betrachtung der Laserdiode gezeigt, durch Zuführung elektrischer Energie oder durch Zuführung optischer Energie erfolgen.

Nach dem erstgenannten Energiezuführungs-Prinzip arbeiten Laserverstärker (Halbleiterverstärker). Mit Halbleiterverstärkern werden Verstärkungen von bis zu 25 dB erreicht. Bei hohen optischen Leistungen ist dieser Wert, aufgrund von Sättigungserscheinungen, jedoch nicht erreichbar. Die erreichbaren Bandbreiten liegen bei ca. $10THz$. Das Eigenrauschen ist relativ hoch.

Die Zuführung von Energie auf optischem Wege in eine Glasfaser wird beim **Faserverstärker** zur Einleitung der stimulierten Emission benutzt. Man verwendet "Pumplaser" zur Zuführung von Photonen, die die stimulierte Emission einleiten. Günstigste Eigenschaften weist der erbiumdotierte Faserverstärker auf, der nachfolgend etwas genauer behandelt wird [80, 81].

Der Grundaufbau eines **erbiumdotierten Faserverstärkers** (EDFA... Erbium Doped Fiber Amplifier) ist in Abb. 5.35 dargestellt. Er besteht aus einer Pumplichtquelle, dem Pumplaser einem optischen Koppler, einer erbiumdotierten Glasfaser und einem optischen Bandpaßfilter.

Die Photonen der Pumpquelle stimulieren Elektronen in der erbiumdotierten Glasfaser zum Übergang auf eine höheres Energieniveau W_3, Abb. 5.35b. Von dort

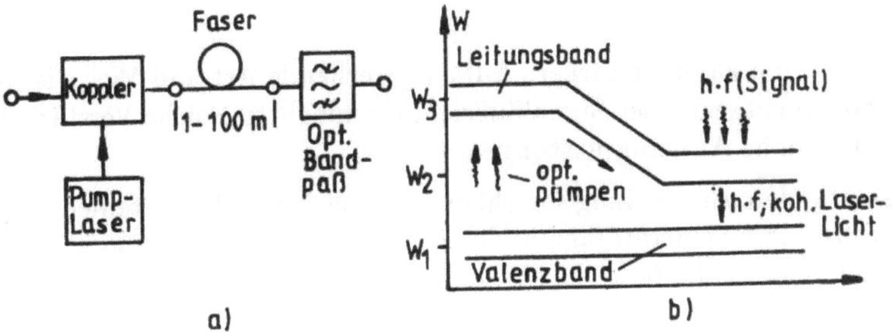

Abbildung 5.35: a) Prinzipaufbau des EDFA; b) Energiebändermodell

wechseln sie spontan in das relativ breite Laser-Energieniveau W_2, wo sie sich anreichern; damit ist die Besetzungsinversion erreicht. Durch einfallende Signal-Photonen des LWL-Signals werden sie nun dort zum Übergang in den Grundzustand W_1 unter Abgabe von eigenen phasen- und frequenzangepaßten Photonen stimuliert. Die durch Stimulation erzeugten Photonen überlagern sich den primären Signal-Photonen frequenz- und phasenrichtig; es entsteht eine kohärente Verstärkung. Abb. 5.36a zeigt den Verlauf der Verstärkung eines EDFA über der Wellenlänge.

Man erreicht eine höhere Verstärkung als beim Halbleiterlaser (> 30 dB). Außerdem kann dieser Verstärker relativ hohe Leistungen verarbeiten; die Augangsleistungen liegen bei Werten > 10 dBm. Die Rauschzahl ist niedriger als beim Halbleiterverstärker ($\geq$ 3 dB).

In Abb. 5.36b ist eine Methode zur Durchführung des optischen Pumpens, das sogenannte "Vorwärtspumpen" genauer dargestellt. Beim Vorwärtspumpen werden die Photonen der Pumpquelle in Signalflußrichtung eingekoppelt. Optische Isolatoren, die optisch die Eigenschaften einer Diode besitzen, lassen das Signal- und Pumplicht nur in Pfeilrichtung passieren. Beim Vorwärtspumpen erhält man

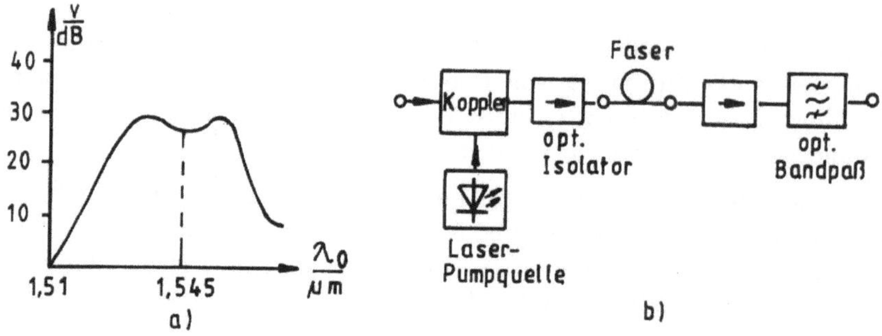

Abbildung 5.36: a) Verstärkungsverlauf beim EDFA; b) Anschluß und Entkopplung der Pumpquelle

besonders rauscharme Faserverstärker. Auf entsprechende Art und Weise ist auch Rückwärtspumpen entgegen der Signalflußrichtung möglich. Solche Verstärker erzeugen besonders hohe Ausgangsleistungen.

Faserverstärker finden Anwendung sowohl in LWL-Weitverkehrssystemen, wo sie zur Verlängerung der Regeneratorabstände beitragen, als auch in optischen Systemen des Teilnehmeranschlußbereichs [80, 81].

Übungsaufgaben

Aufgabe 5.1

Ein Stufenprofil-LWL werde bei der Wellenlänge $\lambda_0 = 1,5\ \mu$m betrieben. Der Kernradius betrage $a = 50\ \mu$m, und die Brechzahlen in Kern und Mantel seien $n_1 = 1,466$ und $n_2 = 1,446$.

a) Wie groß ist die Strukturkonstante V, und wie sind die Paramter U und W zu wählen, damit die HE_{12}-Welle angeregt wird. Wo liegt ihr Cut-Off-Wert ?
b) Wie hoch ist die Gesamtzahl der ausbreitungsfähigen Moden?
c) Welchen Wert hat der Akzeptanzwinkel, die numerische Apertur und der Grenzwinkel der Totalreflexion ?
d) Wie groß ist die Laufzeitdifferenz zwischen dem höchsten und dem niedrigsten Mode infolge der Modendispersion ?
e) Bestimmen Sie die Gruppenlaufzeit infolge der Materialdispersion, wenn eine monochromatische Lichtquelle voraussetzt wird.

Aufgabe 5.2

Beim Monomode-LWL tritt keine Modendispersion auf. Wesentlich wirksam ist nur die Materialdispersion infolge der endlichen spektralen Breite der Lichtquelle und die verschiedenen Dämpfungseffekte. Als charakteristische Größen einer verbesserten Monomodefaser sind bekannt $V = 2,4$, $n_1 = 1,46$, $n_2 = 1,456$, $\lambda_0 = 1,5\ \mu$m.

a) Wie groß ist der Durchmesser des wellenführenden Kerns ?
b) Um welchen Wert wird ein Lichtimpuls bei $\Delta\lambda = 2$ nm infolge der Materialdispersion verbreitert ?
c) Welche Bandbreite hat der Monomode-LWL bei $L = 2,5$ km?
d) Wie groß ist die Gesamtdämpfung/km ?

Aufgabe 5.3

Der Gradientenprofil-LWL ist ebenfalls ein Mehrmoden-LWL, jedoch weist er eine geringere Modendispersion als der Stufenprofil-LWL auf. Von einem Gradientenprofil-LWL sind die Daten $n_1 = 1,46$ in Kernmitte, $n_2 = 1,445$ im Mantel und die Wellenlänge $\lambda_0 = 1,5\ \mu$m sowie der Kernradius $a = 25\ \mu$m bekannt.

a) Welchen Wert hat die Strukturkonstante des LWL ?
b) Wie groß ist die Gesamtzahl der ausbreitungsfähigen Moden, wenn der Exponent der Profilfunktion $\alpha_p = 2,2$ ist ? Bestimmen Sie die numerische Apertur in der Fasermitte.

c) Welchen Wert hat die Laufzeitdifferenz zwischen dem höchsten und dem Grundmode infolge der Modendispersion ? Wie wirkt sich die Materialdispersion aus ?

Aufgabe 5.4

Mit einer flächenemittierenden LED wird in einen Stufenprofil-LWL Licht eingekoppelt. Die Radius der aktiven Fläche sei $a_s = 50$ μm und der Kernradius $a = 40$ μm. Die numerische Apertur des LWL sei $A_N = 0,22$. Welchen Wirkungsgrad hat die Anordnung, und welche Lichtleistung P_{auf} wird in die Faser eingekoppelt, wenn die Leuchtdiode $P_{ab} = 2$ mW abgibt ?

Lösungen

Aufgabe 5.1

a) Mit Gl. (5.9) folgt $V = a\beta_0\sqrt{n_1^2 - n_2^2} = 50,54$. Aus Abb. 5.6 wird $U = 5$ gewählt. Damit wird $W = \sqrt{V^2 - U^2} = 50,29$. Der Cut-Off-Wert liegt dann ungefähr bei $3,95$
b) Aus Gl. (5.11) erhält man $M \approx V^2/2 = 1277$.
c) Die numerische Apertur, Gl. (5.4), ist $A_N = \sin\alpha_0 = \sqrt{n_1^2 - n_2^2} = 0,241$ und der Akzeptanzwinkel $\alpha_0 \approx 14^o$. Der Grenzwinkel der Totalreflexion ist $\arccos \dot{\alpha}_{gr} = \sqrt{1 - (n_2/n_1)^2} = 80,52^o$
d) Gl. (5.17) liefert mit Abb. 5.9 $\Delta\tau_g/L = (1/c_0)(1 - 2/V)(\Delta n N_1 - (n_1\lambda_0/2)(d\Delta n/d\lambda_0)) = 61,35$ ns/km.
e) Gl. (5.16) $\tau_{mat}/L = (1/c_0)N_1 \approx 5$ μs/km.

Aufgabe 5.2

a) Mit Gl. (5.19) $d = 2a = 2V/\beta_0 n_1\sqrt{n_1^2 - n_2^2} = 10,59$ μm.
b) Gl. (5.18) $\Delta\tau_{mat}/L = M_{mat}(\lambda_0)\Delta\lambda \approx 4$ ps/km, mit Abb. 5.11c $M_{mat}(\lambda_0) \approx 2$ ps/km $\cdot$ nm.
c) Aus Abb. 5.12 entnimmt man bei $\lambda_0 = 1,5$ μm und $\Delta\lambda = 2$ nm das Bandbreite-Längenprodukt $B \cdot L \approx 15$ GHz·km. Damit $B = 15$ GHz·km/2,5 km= 6 GHz.
d) Aus Abb. 5.14c erhält man $\alpha_D \approx 0,22$ dB/km.

Aufgabe 5.3

a) In Kernmitte gilt Gl. (5.9) $V = \beta_0 a\sqrt{n_1^2 - n_2^2} = 21,87$
b) Modenzahl Gl. (5.26) $M_{grad} = (V^2/2)\alpha_p/(\alpha_p + 2) \approx 125$. Numerische Apertur in Fasermitte, Gl. (5.4), $A_N = \sin\alpha_0 = \sqrt{n_1^2 - n_2^2} = 0,209$, $\alpha_0 = 12,05^o$

c) Gln. (5.27), (5.28) und Abb. 5.9, $\Delta\tau_{gL} = (C_1\delta + (C_1 + 0,5)\delta^2)\tau_{mat}/L \approx 2,78$ ns/km mit $\tau_{matL} \approx 5$ μs/km. Die Materialdispersion ist beim Gradienten-LWL bei Leitungslängen < 5 km vernachlässigbar, da die Modendispersion überwiegt.

Aufgabe 5.4

Gl. (5.33) liefert für $a < a_s$, $\eta_{St} = P_{auf}/P_{ab} = (a^2/a_s^2)A_N^2 = 0,031$. $P_{auf} = \eta_{St}P_{ab} = 0,62 \cdot 10^{-4}$ W.

Kapitel 6

Wellenausbreitung im Raum, Funkstrecken

Die Ausbreitung einer elektromagnetischen **Raumwelle** im erdnahen Raum hängt einerseits von der verwendeten Frequenz bzw. Wellenlänge und andererseits von der Leitfähigkeit der Erdoberfläche sowie verschiedenen physikalischen Erscheinungen in der Atmosphäre ab. Die Erdatmosphäre reicht bis in eine Höhe von ungefähr 1000 km über der Erdoberfläche. Außer der Freiraumdämpfung, die auch im leeren Raum auftritt, wird eine in der Atmosphäre sich ausbreitende Welle durch molekulare Absorption und weitere Effekte gedämpft, verursacht durch Gase in der Atmosphäre sowie Temperaturschwankungen, Regen, Schnee, usw.. Die verschiedenen Dämpfungseinflüsse, denen ein horizontal sich ausbreitender Funkstrahl in Abhängigkeit der Frequenz unterliegt, sind in Abb. 6.1 wiedergegeben. Abb. 6.2 zeigt die Schichtung der Atmosphäre und den höhenabhängigen Temperaturverlauf der Atmosphäre. Elektromagnetische Wellen werden an Schichten unterschiedlicher Temperatur oder Ladungsträgerdichte gebrochen oder reflektiert. Die Ursachen für Brechung und Reflexion liegen im Aufbau der Atmosphäre. In der **Troposphäre** in 9 bis 17 km Höhe über der Erdoberfläche spielt sich das Wettergeschehen ab. An ihrer Obergrenze fällt die Temperatur auf -51 °C ab. Der Troposphäre folgt die **Stratosphäre**, eine feuchtigkeitsfreie Schicht, die bis in Höhen von 50 km reicht und an deren Obergrenze die Temperatur wieder auf 0° C ansteigt. Die **Mesosphäre** reicht bis etwa $80km$ Höhe. Dort liegen Temperaturen bis -80° C vor. Von ungefähr 80 km Höhe bis etwa 450 km Höhe reicht die **Ionosphäre**, in der die Sonneneinstrahlung eine tages- und jahreszeitabhängige Ionisierung hervorruft. Sie besteht damit selbst aus verschiedenen mehr oder weniger gut leitenden Schichten. In einer Höhe von ca. 450 km beginnt die **Exosphäre**, die ohne scharfe Grenzen in den leeren Weltraum übergeht.

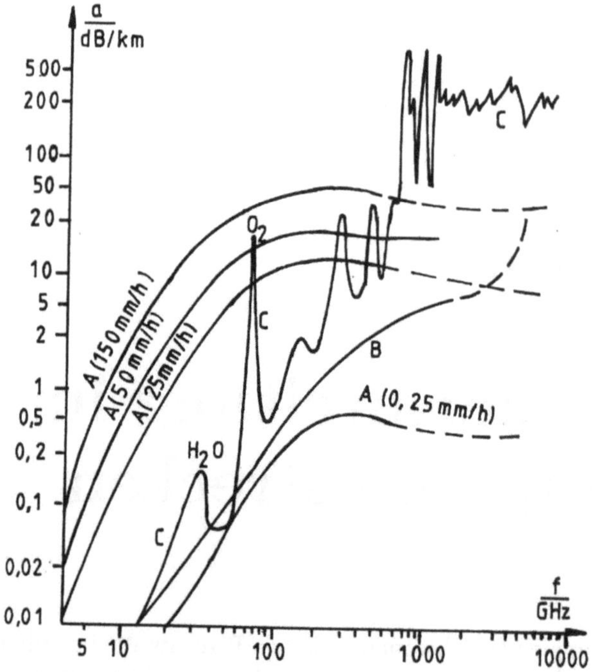

Abbildung 6.1: Atmosphärische Dämpfungserscheinungen (Temp.: $20°C$, Wasserdampfgehalt: 7,5 g/m^3, Luftdruck auf Meereshöhe: 1013,6 mbar, A: Regen, B: Nebel, C: Gase)

Die Gesetze für **Brechung** und **Reflexion** elektromagnetischer Wellen an Medien mit unterschiedlichen stofflichen Eigenschaften sind in Abschnitt 4.1.4 dargestellt.

Sehr kurze Wellen mit Wellenlängen im Dezimeter-, Zentimeter- und Millimeterbereich werden durch Einflüsse gebrochen, die auch eine Brechung des sichtbaren Lichts in Luft bewirken, wie z.B. unterschiedliche Luftdichte, Wassergehalt oder Temperatur. Lang-, Mittel- und Kurzwellenbereiche werden von den vorgenannten stofflichen Veränderungen kaum beeinflußt. Sie werden gebrochen oder reflektiert wenn sie auf Gebiete mit unterschiedlicher Elektronen- oder Ionendichte, also Gebiete mit unterschiedlichen elektrischen Eigenschaften treffen. Die Meterwellen unterliegen sowohl dem Einfluß stofflicher als auch elektrischer Veränderungen im Ausbreitungsweg. In Tabelle 6.1 sind die Wellenbereiche nach DIN 40015 dargestellt.

Elektromagnetische Wellen haben die Eigenschaft, um Hindernisse räumlicher Art bei der Ausbreitung herumzugreifen. An Hindernissen verhält sich eine Welle derart, als ob dort eine neuerliche Strahlungsquelle vorhanden wäre. Man spricht

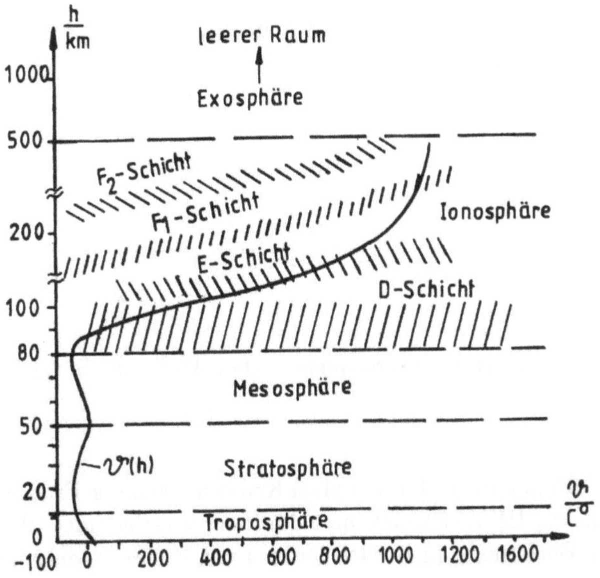

Abbildung 6.2: Reflektierende Schichten in der Atmosphäre

von einer **Beugung** der Welle. Beispielsweise reicht eine auf ein hohes Gebäude treffende Welle "um die Ecke herum". In Abb. 6.3. sind weitere Beugungseffekte dargestellt.

Ganz allgemein unterliegt eine Welle umso stärker der Beugung, je niedriger ihre Frequenz ist. Lang-, Mittel-, Grenz- und Kurzwellen werden so stark gebeugt, daß Hindernisse auf dem Ausbreitungspfad wie Berge, hohe Gebäude (Kantenbeugung), etc. kaum stören. Beugungseffekte bei kürzeren Wellen sind geringer, jedoch beispielsweise im Mobilfunk, für die Wellenausbreitung notwendig, s. Abschn. 6.2.1.

Breitet sich eine Welle in einem inhomogenen Medium aus, so führt dies zur **Streuung** der Welle. Die Welle wird in viele Teilwellen geringer Energie und verschiedener Ausbreitungsrichtung gestreut. Man unterscheidet Volumenstreuung, z.B. an Regentropfen oder turbulenten Luftvolumen und Streuung an rauhen Flächen. Der Grad der Streuung hängt von der Frequenz der Welle, dem Einfallswinkel und dem stofflichen Aufbau der Streuvolumen bzw. rauhen Flächen ab.

Das elektrische und magnetische Feld einer Welle dringt in Abhängigkeit von der Frequenz auch mehr oder weniger tief in den Erdboden ein. Man erhält neben der Raumwelle eine sogenannte **Bodenwelle**, die besonders bei tiefen Frequenzen (z.B. der VLF-Bereich s. Tab. 6.1) eine so geringe Dämpfung erfährt, daß sie sich über den gesamten Erdball ausbreiten kann. Die Bodenwelle folgt wegen ihrer Ver-

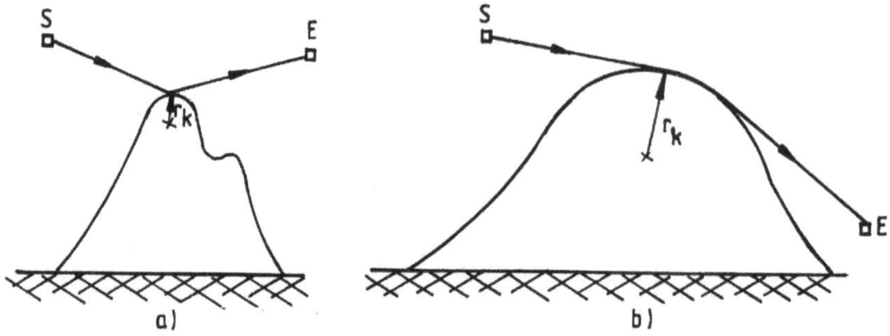

Abbildung 6.3: Beugung einer elektromagnetischen Welle: a) Bergkuppe $r_k \leq \lambda_0$; b) Hügel $r_k > \lambda_0$

bindung mit den Strömen im Erdboden allen Krümmungen der Erdoberfläche. Bei hohen Frequenzen, im UKW-Bereich und darüber, verschwindet die Bodenwelle schon nach kurzer Entfernung (z.B nach 50 km) von der Sendeantenne.

Die Ausbreitungsmechanismen bei der Wellenausbreitung auf oder über der Erde sind im wesentlichen durch die in Abb. 6.4 dargestellten Verhältnisse gekennzeichnet. Im einzelnen kann eine Welle, gemäß Abb. 6.4 auf den folgenden

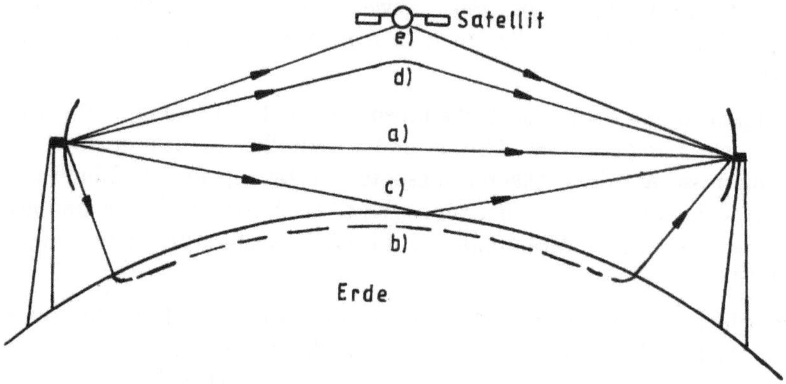

Abbildung 6.4: Ausbreitungswege zwischen Sende- und Empfangsantenne auf der Erde

Ausbreitungswegen vom Sender zum Empfänger gelangen:

a) geradlinige Ausbreitung, Direktwelle (Raumwelle)
b) Ausbreitung in der leitenden Erdoberfläche (Bodenwelle)
c) Ausbreitung durch Reflexion an der leitenden Erdoberfläche

Tabelle 6.1: Wellenlängenbereiche: λ_0 =Wellenlänge, f =Frequenzbereich, VLF (Very Low Frequency), LF (Low Frequency), MF (Medium Frequency), HF (High Frequency), VHF (Very High Frequency), UHF (Ultra High Frequency), SHF (Super High Frequency), EHF (Extra High Frequency)

λ	f	Bez.	Bez. int.
30 km ... 10 km	3 kHz ... 30 kHz	Längstwellen	VLF
10 km ... 1 km	30 kHz ... 300 kHz	Langwellen	LF
1 km ... 100 m	300 kHz ... 3 MHz	Mittelwellen	MF
100 m ... 10 m	3 MHz ... 30 MHz	Kurzwellen	HF
10 m ... 1 m	30 MHz ... 300 MHz	Ultrakurzwellen	VHF
1 m ... 0,1 m	300 MHz ... 3 GHz	Dezimeterwellen	UHF
0,1 m ... 0,01 m	3 GHz ... 30 GHz	Zentimeterwellen	SHF
0,01 m ... 0,001 m	30 GHz ... 300 GHz	Millimeterwellen	EHF
10^{-3} m ... 10^{-4} m	300 GHz ... 3000 GHz	Dezimillimeterwellen	-
10^{-4} m ... 10^{-5} m	3 THz ... 30 THz	Ultrarotlicht	-
10^{-5} m ... 10^{-6} m	30 THz ... 300 THz	Ultrarotlicht	-
10^{-6} m ... 10^{-7} m	300 THz ... 3000 THz	-	-
0,78 μm ... 0,38 μm	400 THz ... 750 THz	Sichtbares Licht	-
10^{-7} m ... 10^{-8} m	3000 THz ... 30000 THz	UV-Licht	-
10^{-8} m ... 10^{-9} m	30000 THz...300000 THz	UV-Licht	-

d) Ausbreitung durch Umlenkung an ionisierenden Schichten
e) Ausbreitung durch Umsetzung der Welle in einem Satelliten

Gemäß der Darstellung in Abb. 6.4 gibt es, je nach Frequenz- bzw. Wellenlängenbereich, Funkstrecken mit und ohne optische Sicht.

6.1 Funkstrecken mit optischer Sicht

Bei der Ausbreitung einer **Direktwelle**, Abb. 6.4a und Abb. 6.5, ist die Darstellung der Welle als Strahl zulässig, wie bereits in Abschn. 4.4 formuliert. Wellenbereiche bei denen näherungsweise optische Sicht unterstellt werden kann, liegen bei Frequenzen > 30 MHz im Ultrakurzwellen- (UKW) und Mikrowellenbereich (UHF/SHF-Bereich s. Tab. 6.1) 2 GHz ... 14 GHz (Richtfunk, Satellitenfunk, Mobilfunk).

Im Satellitenfunk ist zwar keine optische Sicht zwischen Sender und Empfänger möglich, jedoch besteht optische Sicht zwischen Sender und Satellit auf der

Aufwärtsstrecke und Satellit und Empfangserdfunkstelle auf der Abwärtsstrecke. Im Prinzip ist somit eine Satellitenverbindung wie eine Direktwellenverbindung mit einer Relaisstation aufzufassen.

6.1.1 Richtfunk-Strecken

Die Übertragung zwischen Sender und Empfänger enthält im Richtfunk bei optischer Sicht im Idealfall keine absorbierenden, beugenden oder reflektierenden Objekte, die die Wellenausbreitung beeinflussen, Abb. 6.5.

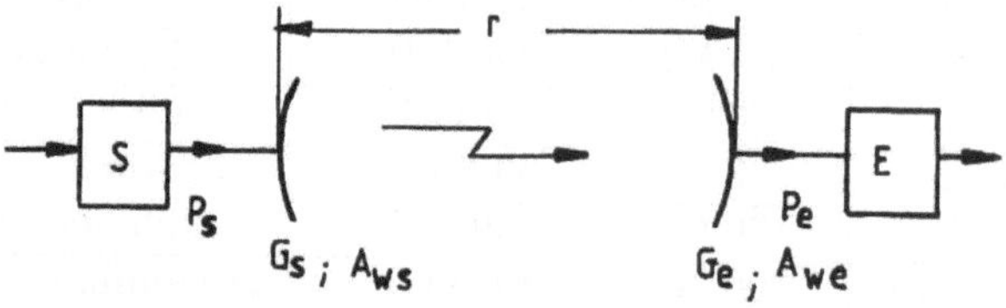

Abbildung 6.5: Prinzip einer Direktwellenverbindung (Richtfunk)

Strahlt die Sendeantenne des Direktwellen-Funksystems die elektrische Leistung P_s ab und nimmt die zugehörige gleich polarisierte Empfangsantenne im Abstand r vom Sender bei Leistungsanpassung die Leistung P_E auf, so gelten die Beziehungen

$$P_e = P_s \frac{A_{ws} A_{we}}{r^2 \lambda_0^2} = P_s G_s G_e \left(\frac{\lambda_0}{4\pi r} \right)^2 \; ; \quad \eta_{\text{ü}} = \frac{P_e}{P_s}. \tag{6.1}$$

Hierbei sind G_s, G_e die auf den isotropen Kugelstrahler bezogenen Sende- und Empfangsgewinnfaktoren und A_{ws} sowie A_{we} die effektiven Wirkflächen von Sende- und Empfangs-Antenne. $\eta_{\text{ü}}$ ist der Übertragungswirkungsgrad. Aus dem logarithmierten Kehrwert des Übertragungswirkungsgrades erhält man mit den letztgenannten Gleichungen die Streckendämpfung.

$$a = 10 \lg \frac{P_s}{P_e} = 10 \lg \frac{1}{\eta_{\text{ü}}} = 20 \lg \frac{4\pi r}{\lambda_0} - 10 \lg G_s G_e = a_0 - 10 \lg G_s G_e \tag{6.2}$$

a_0 bezeichnet die sogenannte **Grundübertragungsdämpfung** oder **Freiraumdämpfung** der Strecke in dB. Bei der Berechnung realer Funksysteme ist eine atmosphärische Zusatzdämpfung a_z zu berücksichtigen, sodaß für die Gesamtdämpfung $a = a_0 + a_z$ zu setzen ist.

Obwohl optische Sicht unterstellt wird, reicht für die Wellenausbreitung die Sichtlinie zwischen Sender und Empfänger nicht aus. Zur ungestörten Ausbreitung benötigt die Welle noch einen zusätzlichen Raum um die Sichtlinie herum, da die

Wellenausbreitung auch durch solche Strahlen repräsentiert wird, deren Wegdifferenz zum direkten Strahl den Wegunterschied $\lambda_0/2$ aufweisen (Abb. 6.6a). Dieser Raum, in den keine Objekte wie Berge, hohe Gebäude etc. hineinragen dürfen, hat die Form eines Rotationsellipsoids mit den Antennen in den Brennpunkten und wird als **1. Fresnelzone** bezeichnet (A. J. Fresnel, franz. Physiker und Ingenieur). Damit eine Beeinflussung der Wellenausbreitung infolge von Unebenheiten der Erdoberfläche und der Erdkrümmung beurteilt werden kann, wird zwischen den Endpunkten eines Funkfeldes das Wegeprofil (Geländeschnitt) betrachtet, s. Abb. 6.6a. In Wirklichkeit läuft die Welle nicht ganz geradlinig sondern zur

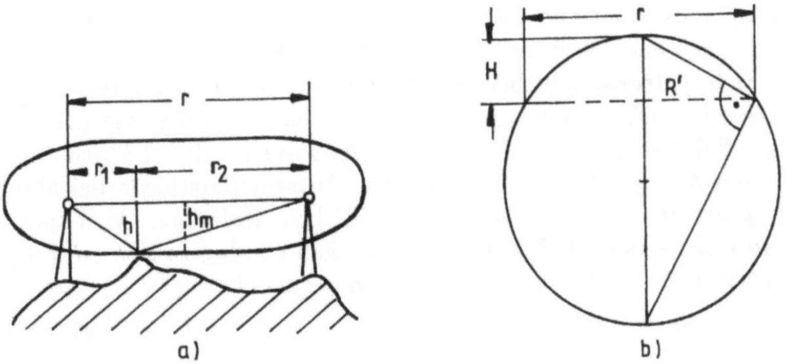

Abbildung 6.6: a) Geländeschnitt und 1. Fresnelzone; b) Erdwölbung

Erde hin gekrümmt infolge von Beugungserscheinungen: Höhere Luftschichten weisen kleinere Brechzahlen auf als tiefer gelegene, wodurch die Strahlbeugung entsteht. Zur Korrektur wird der Erdradius $R \approx 6378$ km mit dem Faktor $k = 4/3$ ($R' = (4/3)R \approx 8500$ km) multipliziert.

Zur Freihaltung der 1. Fresnelzone gilt mit Abb. 6.6a

$$\sqrt{r_1^2 + h^2} + \sqrt{r_2^2 + h^2} = r + \frac{\lambda_0}{2} \tag{6.3}$$

Durch Taylorreihenentwicklung erhält man näherungsweise

$$\frac{h^2}{2r_1} + \frac{h^2}{2r_2} \approx \frac{\lambda_0}{2}; \quad h = \sqrt{\frac{\lambda_0}{\frac{1}{r_1} + \frac{1}{r_2}}}; \quad h_m \approx \frac{1}{2}\sqrt{r\lambda_0} \tag{6.4}$$

mit h_m der kleinen Halbachse in der Mitte der Ellipse .

Die Wölbungshöhe der Erdkugel, die für die Masthöhe der Antenne maßgebend ist, folgt aus Abb. 6.6b mit dem Höhensatz des rechtwinkligen Dreiecks zu

$$H(2R' - H) = \left(\frac{r}{2}\right)^2; \quad H \approx \frac{r^2}{8R'}; \quad (H \ll 2R'). \tag{6.5}$$

Am Ort der Empfangsantenne sind die einfallenden Feldstärken in der Regel nicht konstant. Die Schwankungen der Empfangsfeldstärken haben verschiedene Ursachen. So wird eine ebene Welle an den Grenzflächen zweier Medien unterschiedlicher Brechzahl (z.B. tropowphärische Luftschichten unterschiedlicher Temperatur) entweder reflektiert oder gebrochen. Schichten unterschiedlicher Brechzahl oder Hindernisse wie Gebäude, Berge, etc. führen zur Strahlbeugung. Bei Niederschlägen wie Regen, Schnee, etc. kann es zur Streuung der Funkwelle kommen. All diese Erscheinungen haben zur Folge, daß die Welle nicht nur als Direktwelle auf dem kürzesten Weg zur Empfangsantenne gelangt, sondern Teilwellen über Umwege dort ankommen. Man spricht dann von **Mehrwegeausbreitung**. Am Ort der Empfangsantenne überlagern sich die Teilwellen, wodurch räumliche Phasenunterschiede zwischen ihnen entstehen, deren Größe von der Sendefrequenz abhängt. Es liegt **frequenzselektiver Schwund** vor. Häufig unterliegen die Eigenschaften des Ausbreitungsweges einer zeitlichen Änderung, wie z.B. Verschiebung von reflektierenden Schichten in der Troposphäre durch Luftbewegungen, oder es liegen bewegte Funkstellen vor. Die Phasenunterschiede bei Mehrwegeausbreitung unterliegen dann auch einer zeitlichen Änderung. Man spricht von **zeitvariantem Schwund**. Im ungünstigsten Fall überlagern sich am Empfangsort die einzelnen Teilwellen so, daß Auslöschung entsteht.

Falls in Richtfunk-Verbindungen keine direkte optische Sicht vorliegt, kann man Überhorizont-Verbindungen durch **Streuausbreitung** (Scatter-Verbindungen) herstellen. In Abb. 6.7 ist das Prinzip einer solchen Verbindung skizziert.

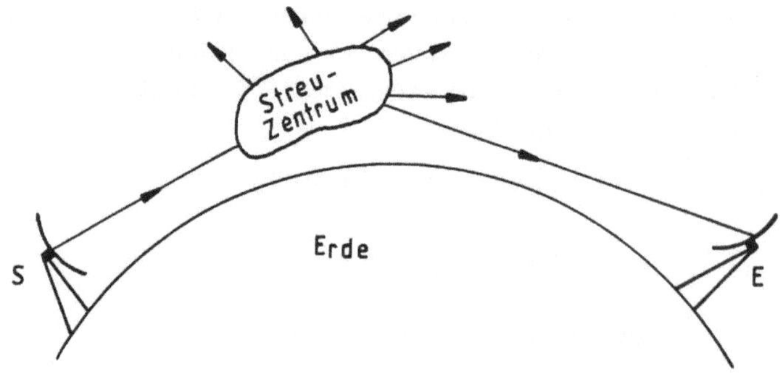

Abbildung 6.7: Prinzip der Streuausbreitung

Die Streuzentren, in Form von Volumina inhomogener Temperatur oder Feuchtigkeit, liegen bei den typischen Richtfunkfrequenzen in der turbulenten Troposphäre, oder Stratosphäre. Auch die untere Ionosphäre mit ihren leitenden Schichten trägt zur Streuausbreitung bei. Die Funkfelddämpfungen schwanken aufgrund der nicht stabilen Lage der Streuzentren tages- und jahreszeitabhängig.

Durch Streuausbreitung können bei entsprechend hohen Sendeleistungen Entfernungen > 1000 km überwunden werden.

Eine Scatter-Verbindung bestand lange zwischen West-Berlin (Schäferberg) und Torfhaus (Harz) zur Fernsprech- und TV-Versorgung von West-Berlin über das Gebiet der ehemaligen DDR hinweg [37, 63, 64, 91].

□ **Beispiel 6.1**
Eine Richtfunkstrecke aus einem Funkfeld, Abb. 6.5, ist durch die folgenden Größen gekennzeichnet: Funkfeldlänge r = 50 km, Frequenz f_s = 6,7 GHz, Wellenlänge $\lambda_0 = c_0/f_s = 0,04478$ m, Durchmesser der Parabolspiegel d = 0,5 m, Signal-Geräusch-Verhältnis am Empfängereingang $(P_e/Ne)_{dB}$ = 40 dB, Antennenwirkungsgrad $q = 0,6$, Systembandbreite B = 5 MHz. Systemreserve für Schwunderscheinungen und Gerätetoleranzen RES = 10 dB. Systemrauschtemperatur des Empfängers T_k = 290 K. Boltzmann-Konstante $k = 1,38 \cdot 10^{-23}$ Ws/K.

Planungswerte für das Funkfeld:
Erdwölbung, Gl. (6.5) und kleine Halbachse der Fresnel-Ellipse, Gl. 6.4 $H = r^2/8R' = 36,8$ m; $h_m = 0,5\sqrt{r\lambda_0} = 23,7$ m ($R' = (4/3) \cdot R \approx 8500$ km). Damit ist die erforderliche Masthöhe $h_m + H = 60,5$ m. Der Gewinn der beiden Parabolspiegel der Sende- und Empfangsseite ist, Gl. (4.218), $G_s = G_e = G = q(\pi f d/c_0)^2 = 738,4$; $(G)_{dB} = 10 \lg G = 28,7$ dB.
Mit der Rauschleistung $N_e = kT_kB = 2 \cdot 10^{-14}$ W, $(N_e)_{dB} = 10\lg(N_e/1\text{mW}) = -107$ dBm am Empfängereingang findet man die Empfangsleistung $P_e = N_e \cdot 10^6 = 2 \cdot 10^{-8}$ W; $(P_e)_{dB} = 10\lg(P_e/1\text{mW}) = -47$ dBm. Mit Gl. (6.1) folgt für die Sendeleistung $P_s = P_e[(4\pi r)^2/G_sG_e\lambda_0^2] = 7,22$ W, $(P_s)_{dB} = 10\lg(P_s/1\text{mW}) = 38,6$ dBm. $(P_s)_{dB,ges} = (P_s)_{dB} + RES = 48,6$ dBm.

6.1.2 Satelliten-Strecken

Satellitenverbindungen können z.B. über Satelliten in der geostationären Kreisbahn hergestellt werden. Ein geostationärer Satellit macht synchron die 24-stündige Drehung der Erde um sich selbst mit. Eine scharf bündelnde Richtantenne auf der Erdoberfläche "sieht" den Satelliten somit immer an der gleichen Position. Es ist keine Antennennachführung außer u.U. zum Ausgleich der Satelliten-Restbewegung erforderlich. Die geostationäre Bahn wird deshalb auch **Synchronbahn** genannt. Geostationäre Satelliten sind grundsätzlich über dem Äquator positioniert. Neben der geostationären Kreisbahn gibt es tiefer fliegende Satelliten auf elliptischen, erdumrundenden Bahnen; sie dienen meist Übertragungssystemen des im Aufbau befindlichen Satelliten-Mobilfunks. Zur Darstellung der prinzipiellen Ausbreitungsverhältnisse bei Satellitenverbindungen, wird eine Punkt-zu-Punkt-Verbindung über einen Satelliten in der geostationären Bahn betrachtet.

Zunächst werden die zur Satellitenübertragung geeigneten Frequenzbänder vorgestellt, danach erfolgt ein kurzer Einblick in die Mechanik der Satellitenbahnen [66,

92-94].

6.1.2.1 Frequenzbänder für Satellitenverbindungen

In einem Satelliten der durch Solarzellen versorgt wird, ist im allgemeinen nur eine geringe Sendeleistung verfügbar (50 W...200 W). Als Sendefrequenzen müssen deshalb Bereiche ausgewählt werden, die durch atmosphärische und kosmische Störungen nur gering beeinflußt werden. Maßgebend für diese Auswahl sind vor allem die Dämpfungserscheinungen in der Atmosphäre, verbunden mit der Freiraumdämpfung, die einen ähnlichen Verlauf über der Frequenz haben wie bei horizontaler Ausbreitung an der Erdoberfläche, s. Abb. 6.8.

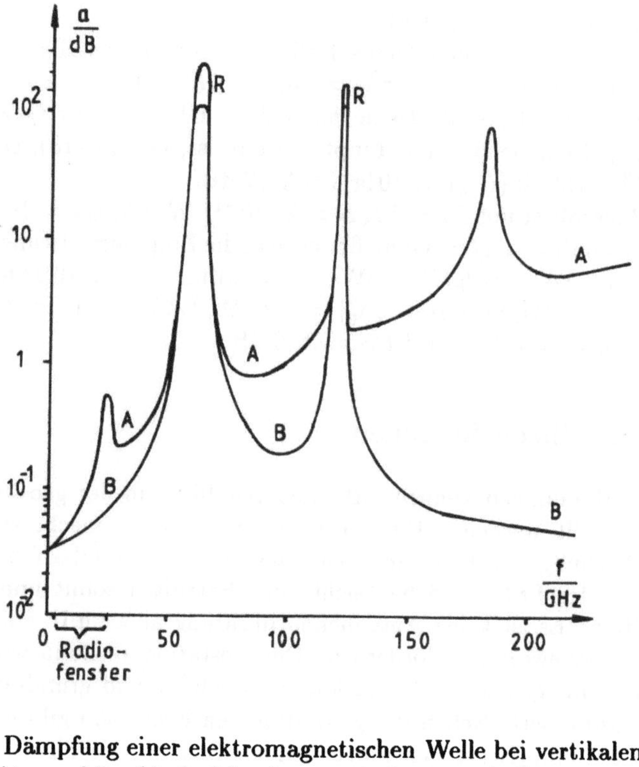

Abbildung 6.8: Dämpfung einer elektromagnetischen Welle bei vertikalem Durchgang durch die Atmosphäre (A: Luftfeuchte am Boden 7,5 g/m^3, B: Trockene Luft, R: Schwankungsbereich)

In dem Dämpfungsverlauf Abb. 6.8 erkennt man einen besonders dämpfungsarmen Bereich bei den Mikrowellenfrequenzen zwischen 2 GHz ...15 GHz, dem sogenannten "Radiofenster". Dem Satellitenfunk zugewiesene Frequenzbänder sind deshalb das **C-Band**, 6/4 GHz-Band und das **KU-Band**, 14/11 GHz- bzw. 14/12 GHz-Band. Aufgrund der hohen Störanfälligkeit gering genutzt wird das L-Band bei 30/20 GHz. Das zuletzt genannte Frequenzband wird stark durch Wettererscheinungen wie Regen und Schneefall beeinträchtigt. Systeme in diesem hohen Frequenzbereich haben somit eine recht hohe Ausfallrate. Die bei den Frequenzbandangaben zuerst genannten Zahlen spezifizieren den jeweiligen Sendefrequenzbereich der Erdfunkstellen, während die zweite Zahl die Sendefrequenzen im Satelliten angeben. Da im Satelliten nur geringe Leistung verfügbar ist und die Freiraumdämpfung frequenzabhängig ist, s. Gl. (6.2), wird für die Abwärtsstrecke die tiefere Frequenz gewählt.

Neben den atmosphärischen Dämpfungserscheinungen - die Spitzenwerte in Abb. 6.8 werden durch molekulare Absorption infolge von Molekülresonanzen verursacht- entstehen in Luftschichten unterschiedlicher Temperatur Brechungseffekte, die **Szintillation** genannt werden und die den Funkstrahl "tanzen" lassen. Ein nennswerter Einfluß entsteht bei uns, in der gemäßigten Zone, jedoch nur im Sommer. In heißen Gegenden der Erde ist die Beeinträchtigung größer. Szintillation führt zu dem bekannten Funkeln der Sterne im Sommer.

Beim Durchgang der Welle durch die Ionosphäre, kommt es auch zu geringen Drehungen der Polarisationsebene. Depolarisationseffekte sind besonders bei dualer Polarisation, s. Abschn. 4.1.3, nachteilig.

Bei einer praktischen Streckenberechnung werden die neben der Freiraumdämpfung erscheinenenden atmosphärischen Dämpfungseffekte durch die sogenannte "atmosphärische Zusatzdämpfung" in der Größenordnung von 0,2 ... 1 dB erfaßt.

Besonders zu beachten ist bei Frequenzen $\geq$ 10 GHz die **Regendämpfung**, welche nicht in der vorgenannten atmosphärischen Zusatzdämpfung enthalten ist. Bei starkem Regen kann es zu Dämpfungseinbrüchen in der Größenordnung von 15 bis 20 dB kommen. Da der Einfluß der Regendämpfung in verschiedenen Regionen der Erde unterschiedlich ist, wurden im Auftrag der ITU (International Telekommunication Union, Sitz in Genf) Dämpfungskurven in Abhängigkeit der Verfügbarkeit einer Erdfunkstelle - eine Erdfunkstelle gilt in diesem Zusammenhang als verfügbar, wenn kein Ausfall infolge der Regendämpfung vorliegt - aufgenommen und weltweit verteilt. Die Verfügbarkeit ist durch

$$P\% = (1 - p\%/100)\,100 \tag{6.6}$$

definiert. $p\%$ ist der Prozentsatz eines Jahres, während dem die Erdfunkstelle bzw. das Gesamtsystem als nicht verfügbar gilt.

Atmosphärisches und kosmisches Rauschen sind im Bereich 1 bis 15 GHz gering. Bei einer Frequenz von 10 GHz und Erhebungswinkeln (= Elevationswinkeln, s. hierzu den folgenden Abschnitt) einer Erdfunkstelle zwischen 5° und 90° liegt der Rauschbeitrag der Atmosphäre nur zwischen 5 und 70 K, s. Abb. 6.9. Das durch den (kalten) Weltraum verursachte kosmische Rauschen ist noch geringer.

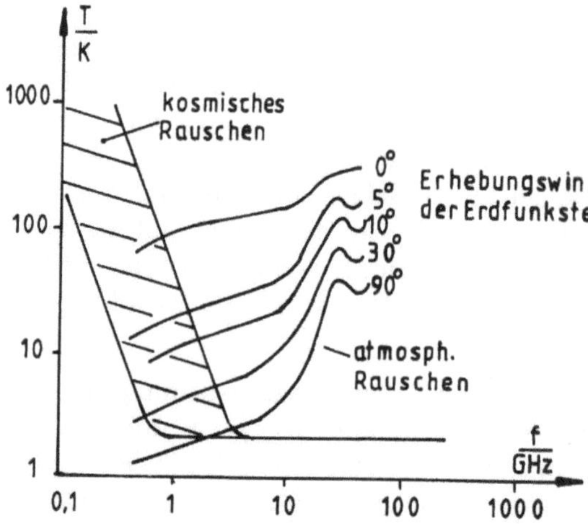

Abbildung 6.9: Atmosphärisches und kosmisches Rauschen über der Frequenz

Es erreicht nach Abb. 6.9 bei 10 GHz nur ca. 3 K.

Zu erwähnen ist auch das durch Regen enstehende **Regengeräusch**, das bei Frequenzen $\geq$ 10 GHz zu berücksichtigen ist. Mit L_R der Regendämpfung in entlogarithmierter Form, beträgt die Regenrauschtemperatur

$$\Delta T = T_r \left(1 - \frac{1}{L_R}\right). \tag{6.7}$$

L_R ist hierbei den oben erwähnten regionalen ITU-Dämpfungskurven zu entnehmen.

Das Regengeräusch stellt einen zusätzlichen Beitrag zur Systemrauschtemperatur einer Erdfunkstelle dar (T_r = 273 K = const.). Die Satelliten-Empfangsseite wird durch das Regengeräusch, das nur von der Erdfunkstellen-Empfangsantenne aufgenommen wird, nicht beeinträchtigt [66, 92-94].

6.1.2.2 Satellitenbahnen, Ausleuchtgebiete

Maßgebend für die Bahn, die ein erdumrundender Satellit einnimmt, sind Gravitationskraft (Erdanziehung) und Zentrifugalkraft, die auf den Satelliten einwirken; an jedem Punkt der Bahn eines Satelliten heben sich diese beiden Kräfte gerade auf. Nach den Keplerschen Gesetzen ist die Bahnkurve eines die Erde umrundenden Satelliten eine Ellipse. Die geostationäre Kreisbahn kann hierbei als eine entartete Ellipse aufgefaßt werden, die beim Bahneinschuß durch zünden des Satelliten-Apogäumsmotors im Apogäum schrittweise erreicht wird (Transfer-Orbit). Abb. 6.10a zeigt einen Satelliten auf einer elliptischen Bahn und Abb.

6.10b auf der geostationären Kreisbahn. Die **Umlaufzeit** eines Satelliten bei el-

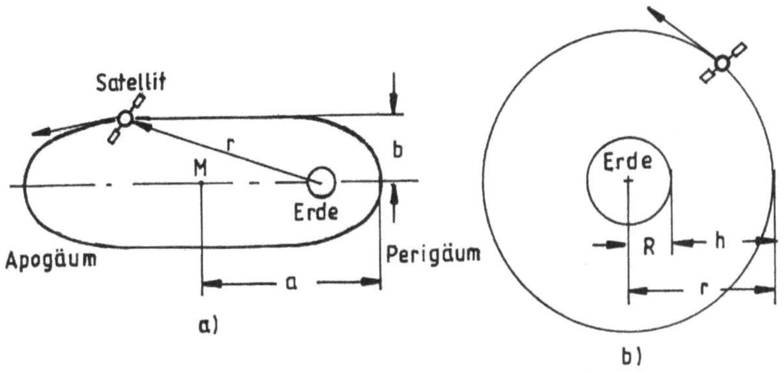

Abbildung 6.10: a) elliptische Satellitenbahn; b) geostationäre Kreisbahn (Apogäum = erdfernster Punkt der Bahnellipse, Perigäum = erdnächster Punkt der Bahnellipse)

liptischer Bahn ist nach dem 3. Keplerschen Gesetz, Abb. 6.10a

$$T = 2\pi\sqrt{\frac{a^3}{\mu}}; \quad \mu \approx \gamma m_1 = 3,986013 \cdot 10^5 \mathrm{km}^3/\mathrm{s}^2. \tag{6.8}$$

Hierbei ist $\gamma = 6,67 \cdot 10^{-11}\,\mathrm{m}^3/\mathrm{kgs}^2$ die Gravitationskonstante und $m_1 = 5,95 \cdot 10^{24}$ kg die Erdmasse. Im Falle der geostationären Kreisbahn ist in der vorgenannten Gleichung $a = b = r$ bzw. $r = h + R$ zu setzen. h ist die konstante **Bahnhöhe** eines Satelliten auf der geostationären Kreisbahn über der Erdoberfläche, die bei einer Umlaufzeit von $T = 23,93446944$ h - siderischer Tag, bezogen auf den höchsten Stand der Sterne - ($T \approx 24$ h, bei Bezug auf den höchsten Stand der Sonne) aus Gl. 6.8 durch Umstellung folgt.

$$h = \sqrt[3]{\left(\frac{T}{2\pi}\right)^2 \mu} - R = 35786,04\mathrm{km} \tag{6.9}$$

$R = 6378,155$ km ist der Erdradius. Somit ist $r = R + h = 42164,2$ km ebenfalls eine Konstante.

Da immer mehrere Erdfunkstellen einen Satelliten zur Übertragung benutzen, können nur solche Erdfunkstellen miteinander kommunizieren die im entsprechenden **Ausleuchtgebiet** (amerikanisch: "beam") des Satelliten liegen. In Abb. 6.11 sind die Verhältnisse demonstriert.

Bei Anwendung der Strahlenoptik kann ein Modell zur Berechnung kreisförmiger Ausleuchtzonen benutzt werden, Abb. 6.12; im praktischen Fall können durch

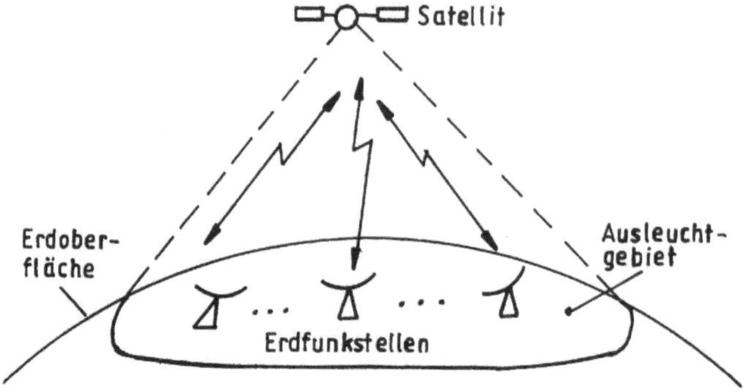

Abbildung 6.11: Ausleuchtbereich eines Satelliten

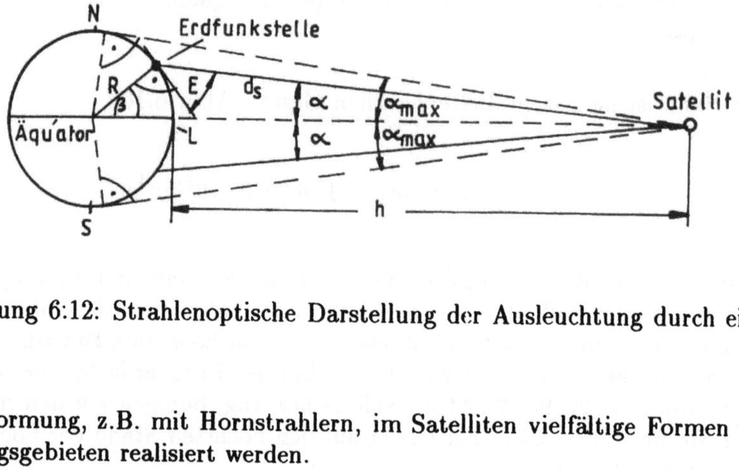

Abbildung 6:12: Strahlenoptische Darstellung der Ausleuchtung durch einen Satelliten

Strahlformung, z.B. mit Hornstrahlern, im Satelliten vielfältige Formen von Bedeckungsgebieten realisiert werden.

Der Satellit wird gemäß Abb. 6.12 als Punktquelle aufgefaßt. Die Größe des Ausleuchtbereichs hängt vom **Antennenöffnungswinkel** α ab. Mit dem Sinussatz findet man aus Abb. 6.12

$$\frac{\sin\alpha}{R} = \frac{\sin(90^o + E)}{R+h} = \frac{\cos E}{R+h}; \quad \alpha = \arcsin\left(\frac{R}{R+h}\cos E\right). \tag{6.10}$$

Hierbei ist E der **Elevationswinkel**, der Erhebungswinkel der Erdfunkstellenantenne, damit zwischen Satellit und Erdfunkstelle optische Sicht vorliegt. Der zur Ausrichtung auf den Satelliten ebenfalls notwendige Drehwinkel wird **Azimutwinkel** genannt. Nach internationalen Vereinbarungen (ITU) ist der minimal zulässige Elevationswinkel $E_{min} = 5^o$. Hierdurch ist gewährleistet, daß die Länge des Ausbreitungsweges durch die Atmosphäre und damit deren Störeinfluß nicht zu groß wird. Die Polkappen werden durch Satelliten in der geostationären Bahn somit

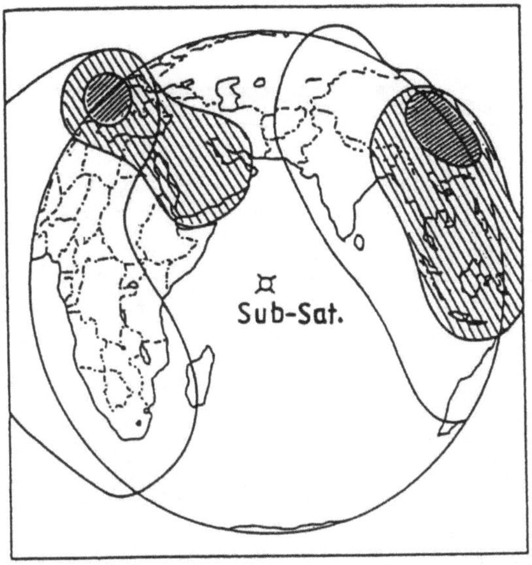

Abb. 6.13: Ausleuchtgebiet des Satelliten INTELSAT V. (Sub.-Sat = Subsatellitenpunkt, Projektion des Satelliten auf die Erdoberfläche)

nicht ausgeleuchtet. Der zulässige Antennenöffnungswinkel ist damit $\alpha_{zul} = 8,67^o$, während der maximal mögliche $\alpha_{max} = 8,7^o$ wäre. Aus Abb. 6.12 läßt sich mit dem Cosinussatz auch die Distanz d_s zwischen Erdfunkstelle und Satellit ermitteln.

$$d_s = \sqrt{(R+h)^2 + R^2 - 2R(R+h)\cos(90^o - E - \alpha)} \tag{6.11}$$

Bei $E = 5^o$ ermittelt man mit dem Erdradius $R = 6378,155$ km, $\alpha = 8,67^o$ und der Bahnhöhe eines geostationären Satelliten $h = 35768,04$ km den Abstand $d_s = 41126,5$ km. Die **Signallaufzeit** einer Satellitenschleife - die sendende Erdfunkstelle empfängt ihr eigenes Signal - zwischen einem Satelliten und einer solchen Erdfunkstelle, die weit im Norden oder weit im Süden der Erde liegt, ist dann $2d_s/c_0 = 0,27s$. Die **Längenausdehnung** eines Bedeckungsgebiets folgt aus Abb. 6.12 mit β in ^{o} zu

$$L = 2\pi R \frac{2\beta}{360^o} = \pi R \frac{\beta}{90^o} \tag{6.12}$$

In Abb. 6.13 ist das Bedeckungsgebiet des Satelliten INTELSAT V und in Abb. 6.14 das des Satelliten DFS-Kopernikus (DFS= Deutscher Fernmelde-Satellit) im 11 GHz - Bereich dargestellt.

Die dargestellten Kreise in Abb. 6.14 sind Linien konstanter Satellitenleistung, dargestellt in Form der $EIRP_{Sat} = P_{Sat}G_{Sat}$ (Equivalent Isotropic Radiated Power) mit P_{Sat} der effektiven Satellitenausgangsleistung und G_{Sat} dem Sendegewinn der Satellitenantenne [66, 92-94].

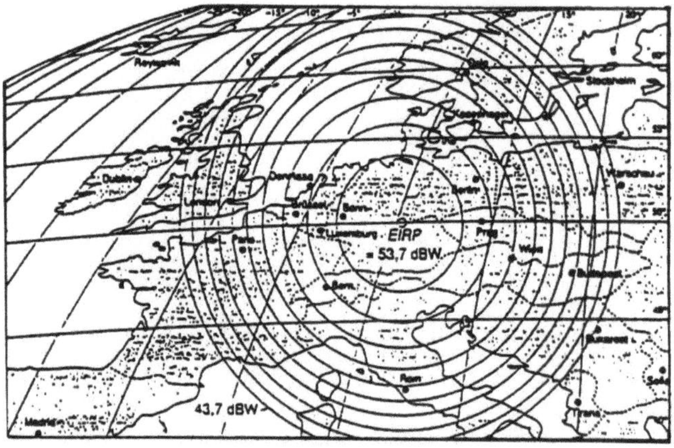

Abbildung 6.14: Ausleuchtgebiet des Satelliten DFS-Kopernikus

6.1.2.3 Streckenanalyse (Link-Budget)

Wie bei einer Richtfunkverbindung muß in einer Satellitenverbindung am Empfängereingang ein bestimmtes Signal-Rausch-Verhältnis vorliegen, damit die Einrichtungen des Empfängers nicht infolge zu hohen Geräuscheinflusses ausfallen. Diese Forderung ist unabhängig davon, ob analoge oder digitale Übertragung vorliegt.

Die Strecke wird bei den folgenden Betrachtungen in die "Aufwärtsstrecke"- von der sendenden Erdfunkstelle zum empfangenden Satelliten - und die "Abwärtsstrecke" - vom sendenden Satelliten zur empfangenden Erdfunkstelle - aufgeteilt. Bei der Streckenanalyse werden die in Abschn. 6.1.2.1 genannten Störeinflüsse berücksichtigt. Das zur Streckenanalyse verwendete Modell, dargestellt in Abb. 6.15, besteht aus der sendenden Erdfunkstelle, der Aufwärtsstrecke, dem Satellitenempfänger, dem Satellitensender, der Abwärtsstrecke und der empfangenden Erdfunkstelle.

Die Antenne einer Erdfunkstelle ist sowohl Sende- als auch Empfangsantenne. Die Entkopplung zwischen Sende- und Empfangsweg erfolgt am Antennen-Eingang/Ausgang durch eine Weiche (s. Abschn. 3.3.3.5).

Zu ermitteln ist das Signal-Rausch-Verhältnis $(C/N)_{ges}$ (C = Effektivwert der Signalleistung, N = Effektivwert der Rauschleistung) am Empfängereingang.

Die sendende Erdfunkstelle strahlt ein Signal mit der Leistung $EIRP_T = P_T G_T$ ab, wobei P_T die Sendeleistung am Ausgang des Erdfunkstellen-Leistungsverstärkers und G_T den Sendegewinn der Erdfunkstellenantenne dar-

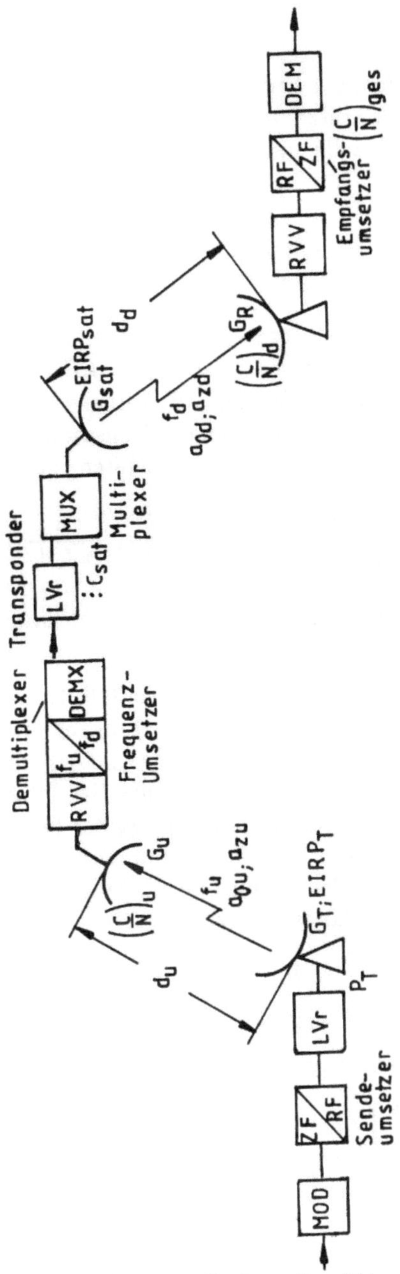

Abbildung 6.15: Streckenmodell einer Satellitenverbindung (RVV = rauscharmer Vorverstärker, LVr = Leistungsverstärker, ZF = Zwischenfrequenz; RF = Radiofrequenz)

stellt.

Am Eingang des Satellitenempfängers liegt dann, mit a_{0u} der Freiraumdämpfung ,a_{zu} der atmosphärischen Zusatzdämpfung der Aufwärtsstrecke, d_u dem Abstand zwischen Sende-Erdfunkstelle und Satellit und f_u der Erdfunkstellen-Sendefrequenz die Leistung

$$C_u = \frac{EIRP_T G_u}{a_{0u} a_{zu}}; \quad a_{0u} = \left(\frac{4\pi d_u}{\lambda_{0u}}\right)^2 = \left(\frac{4\pi f_u d_u}{c_0}\right)^2. \tag{6.13}$$

Die Rauschleistung auf der Aufwärtstrecke - bei Satellitenstrecken muß lediglich weißes Rauschen berücksichtigt werden - ist $N_u = kT_u B$ mit T_u der Systemrauschtemperatur des Satellitenempfängers (= Antenne, rauscharmer Vorverstärker und Frequenzumsetzer), k der Boltzmann-Konstanten und B der Systembandbreite. Das Signal-Rausch-Verhältnis am Satelliteneingang ist damit

$$\frac{C_u}{N_u} = \left(\frac{C}{N}\right)_u = \frac{EIRP_T G_u}{a_{zu} a_{0u} T_u k B} = \frac{EIRP_T G_u}{a_{zu} T_u k B}\left(\frac{c_0}{4\pi f_u d_u}\right)^2. \tag{6.14}$$

Näheres zu den Begriffen Systemrauschtemperatur, Rauschleistung, etc. ist in Abschn. 4.3.4.1 dargestellt.

Betrachtet man nun die Abwärtsstrecke, ohne den Einfluß der Aufwärtstrecke, so findet man für das Signal-Rausch-Verhältnis am Eingang des Erdfunkstellenempfängers, mit der Satelliten-EIRP $EIRP_{sat} = G_{sat} C_{sat}$, dem Empfangsgewinn der Erdfunkstelle G_R, der Sendefrequenz f_d des Satelliten, der Distanz zwischen Satellit und empfangender Erdfunkstelle d_d, a_{0d} der Freiraumdämpfung der Abwärtsstrecke, a_{zd} der atmosphärischen Zusatzdämpfung der Abwärtstrecke und T_d der Systemrauschtemperatur des Erdfunkstellen-Empfängers (= Antenne, rauscharmer Vorverstärker und Empfangsumsetzer)

$$\frac{C_d}{N_d} = \left(\frac{C}{N}\right)_d = \frac{EIRP_{sat} G_R}{a_{0d} a_{zd} T_d k B}\left(\frac{c_0}{4\pi f_d d_d}\right)^2. \tag{6.15}$$

Das gesamte Signal-Rausch-Verhältnis am Empfängereingang kann nun durch

$$\left(\frac{C}{N}\right)_{ges} = \left[\left(\frac{C}{N}\right)_u^{-1} + \left(\frac{P}{N}\right)_d^{-1}\right]^{-1} \tag{6.16}$$

ermittelt werden.

Für eine noch genauere Streckenanalyse sind die Lage des Arbeitspunktes des Satellitenleistungsverstärkers, die Reduzierung der Satelliten-EIRP infolge der geographischen Lage der Erdfunkstellen im Bedeckungsgebiet, die geforderte Bitfehlerquote bei digitaler Übertragung, der Störeinfluß benachbarter Funkdienste und bestimmte Verfügbarkeitsforderungen zu berücksichtigen [66, 93].

□ **Beispiel 6.2**
Von einer Punkt-zu-Punkt-Satellitenverbindung, s. Abb. 6.15, im Ku-Band (14/11 GHz) sind die folgenden Systemgrößen bekannt: Distanz zwischen Satellit und Sende- bzw. Empfangserdfunkstelle $d_u = 37506$ km. Bandbreite $B = 30$ MHz, Gewinn/Systemrauschtemperatur der Satellitenempfangsantenne $G_u/T_u = 1,6$ dB/K, Gewinn der Sendeantenne $G_T = 57,6$ dB bei 14,25 GHz, Gewinn der Empfangsantenne $G_R = 56,3$ dB bei 11,95 GHz, Ausgangsleistung des Erdfunkstellenleistungsverstärkers $P_T = 174$ W, atmosphärische Zusatzdämpfung der Aufwärtsstrecke $a_{zu} = 1,2$ dB und der Abwärtsstrecke $a_{zd} = 0,9$ dB, Systemrauschtemperatur der Empfangserdfunkstelle $T_d = 160$ K, Satellien-EIRP $EIRP_{Sat} = 44$ dBW.

Bei der praktischen Berechnung von Satellitenstrecken kennzeichnen die dB-Werte dB/K oder dBHz die Logarthmierung dimensionsbehafteter Größen. Obwohl dies mathematisch nicht zulässig ist, wird in der Praxis zur Vereinfachung der Rechnung davon Gebrauch gemacht. Außerdem erfolgt der Bezug bei der Angabe von Leistungspegeln nicht auf $P_o = 1$ mW, wie allgemein üblich, sondern auf $P = 1$ W. Das Ergebnis in logarithmischer Form wird mit dBW (sprich dBWatt) bezeichnet.

Zur Bestimmung des $(C/N)_{ges}$-Wertes am Empfängereingang, werden die beiden Gln. 6.14 und 6.15 in logarthmierter Form dargestellt.

$$\left(\frac{C}{N}\right)_{u,dB} = (EIRP_T)_{dB} - 20\,\mathrm{lg}\frac{4\pi f_u d_u}{c_0} + \left(\frac{G_u}{T_u}\right)_{dB} - 10 mboxlg\, k - 10\,\mathrm{lg} B - a_{zu} \qquad (6.17)$$

$$\left(\frac{C}{N}\right)_{d,dB} = (EIRP_{sat})_{dB} - 20\,\mathrm{lg}\frac{4\pi f_d d_d}{c_0} + \left(\frac{G_R}{T_d}\right)_{dB} - 10\,\mathrm{lg}\, k - 10\,\mathrm{lg} B - a_{zd} \qquad (6.18)$$

Mit $a_{0u} = 20\,\mathrm{lg}[(4\pi f_u d_{su})/c_0] = 206,9$ dB, $10\,\mathrm{lg} k = -228,6$ dB K/J, sowie $10\,\mathrm{lg} B = 74,77$ dB Hz, $EIRP_T = 10\,\mathrm{lg}(P_T G_T) = 80$ dBW, $a_{0d} = 20\,\mathrm{lg}[(4\pi f_d d_d)/c_0] = 205,5$ dB, $EIRP_{sat} = 10\,\mathrm{lg}\, C_{sat} G_{sat} = 44$ dBW erhält man für die Aufwärtstrecke am Satelliteneingang $(C/N)_u = 27,33$ dB und die Abwärtsstrecke $(C/N)_d = 25,73$ dB. Gl. (6.16) liefert nach der Logarithmierung des Ergebnisses am Empfängereingang das Signal-Rausch-Verhältnis $(C/N)_{ges,dB} = 23,45$ dB.

6.2 Funkstrecken ohne optische Sicht

Zu den Funkverbindungen ohne optische Sicht zählen die Mobilfunkverbindungen. Im terrestrischen Mobilfunknetz wird der Frequenzbereich 100 MHz $< f <$ 2 GHz benutzt. Die Ausbreitung einer Direktwelle wird bei diesen Verbindungen meist durch Hindernisse wie hohe Gebäude in Städten, Bergen, Reflexion an rauhen Oberflächen etc. verhindert [95, 96, 98, 99].

Bei Funkverbindungen im Kurzwellenbereich 3 MHz $< f <$ 30 MHz wird die Reflexion der Raumwelle an der Erdoberfläche und den verschiedenen Schichten der Ionosphäre benutzt, um erdumspannende Verbindungen herzustellen.

Mittelwellenverbindungen im Frequenzbereich 300 kHz $< f <$ 3 MHz nutzen die Reflexion der Raumwelle an den unteren Schichten der Ionosphäre. Die Bodenwelle liefert ebenfalls einen Beitrag zur Wellenausbreitung.

Bei Lang- und Längstwellen 30 kHz $< f <$ 300 kHz bzw. 3 kHz $< f >$ 30 kHz, wird die Bodenwelle wenig bedämpft. Die Wellenausbreitung der Raumwelle, die ebenfalls an den tief liegenden Schichten der Ionosphäre reflektiert wird, wird dagegen sehr stark bedämpft und spielt deshalb bei solchen Verbindungen keine Rolle [37, 97].

6.2.1 Mobilfunk-Strecken

Bei Mobilfunk-Strecken kommt der Wellenausbreitung durch Reflexion an der Ionosphäre eine geringe Bedeutung zu. Maßgebend für die Ausbreitung der Funkwelle zwischen einer mobilen und festen Funkstelle ist die Rauhigkeit der Erdoberfläche, sowie Brechungs- und Beugungserscheinungen an Hindernissen. Durch Beugung, Reflexion und Brechung der Welle wird bei entsprechender Sendeleistung eine ausreichend hohe elektrische Empfangsfeldstärke am Empfängereingang erzielt. Mobilfunkverbindungen kommen deshalb meist durch Zwei- oder Mehrwegeausbreitung zustande. Die sich ausbreitenden gestreuten Teilwellen erleiden hierbei frequenzabhängig Dämpfungen, wie sie in Abb. 6.1 dargestellt sind.

In Abb. 6.16 ist ein einfaches Modell einer Zweiwegeausbreitung, das eine glatte Reflexionsfläche voraussetzt, dargestellt. Für die Empfangsleistung bei Zweiwege-

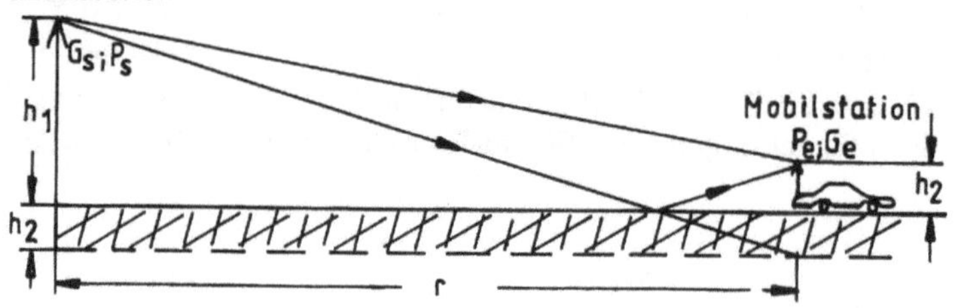

Abbildung 6.16: Prinzip der Zweiwegeausbreitung durch Reflexion

ausbreitung gilt

$$P_e = P_s G_s G_e \left(\frac{h_1 h_2}{r^2} \right)^2 \tag{6.19}$$

falls $r \gg h_1, h_2$ ist [96]. Die Empfangsleistung nimmt mit dem Faktor $1/r^4$ ab, während die Abnahme bei Direktverbindungen nur mit dem Faktor $1/r^2$ erfolgt. Das Modell nach Abb. 6.16 geht von einer glatten Reflexionsfläche aus. Reale Geländeoberflächen sind jedoch rauh. Neben der Reflexion tritt auch eine Streuung der Welle auf. Weitere Dämpfungseffekte werden durch Bebauungen im Ausbreitungsweg verursacht. Zusammenfassend werden die Pfadverluste durch den Ausbreitungsfaktor α_v erfaßt. Für die Empfangsleistung bei Berücksichtigung von α_v gilt dann

$$P_e \sim P_s \frac{1}{r^{\alpha_v}}. \tag{6.20}$$

Bei Freiraumausbreitung ist $\alpha_v = 2$ und bei Gelände mit vielen Hindernissen, z.B. städtische Bebauung, ist $\alpha_v = 5$ zu wählen.

Das Zweiwegemodell vereinfacht die tatsächlichen Ausbreitungsbedingungen sehr. Tatsächlich liegt meist **Mehrwegeausbreitung** vor, verbunden mit Auslöschungserscheinungen, **Schwund** (engl. Fading). Wie bereits grundsätzlich für Richtfunksignale beschrieben, überlagern sich bei Mehrwegeausbreitung am Empfangsort verschiedene Teilwellen. Geschieht die Überlagerung der Teilwellen mit gleicher Phase und haben sie annähernd gleiche Amplitude, so kann das resultierende Mehrwegesignal durch eine Rayleigh-Verteilung beschrieben werden. Man spricht dann von **Rayleigh-Fading**.

Sind unter den Teilwellen Direktwellen und trifft die Annahme gleicher Amplituden am Empfangsort nicht zu, so folgt die Einhüllende des Mehrwegesignals am Empfangsort einer **Rice-Verteilung**. Die Schwunderscheinungen sind unter dem Namen **Rice-Fading** bekannt. Schwundeinbrüche liegen in der Größenordnung von 30 bis 40 dB. Die Häufigkeit der Schwunderscheinungen hängt von der Geschwindigkeit des bewegten Objekts ab.

Bei der Funkübertragung zwischen bewegten Objekten kommt es zu einer Verschiebung der jeweiligen Sendefrequenz f um den Wert Δf_D aufgrund des **Dopplereffekts** (C. Doppler, österreichischer Physiker).

$$\frac{\Delta f_D}{f} = -\frac{v_E}{c_0} \tag{6.21}$$

v_E ist die Änderungsgeschwindigkeit zwischen dem bewegten Objekt (z.B. Auto) und dem Ort der jeweiligen festen Empfangsstation eines Mobilfunksystems. Der Frequenzversatz kann durch Anwendung von PLL-Empfängern geeigneter Bandbreite ausgeglichen werden.

Bei starken Schwundeinbrüchen ist man oft gezwungen, **Antennen-Diversity** durchzuführen. Hierbei werden über eine elektronische Umschalteinrichtung zwei oder mehrere räumlich versetzte Antennen an einen Empfänger angeschlossen. Sobald am Empfängereingang keine ausreichende Signalspannung vorhanden ist, schaltet die Umschalteinrichtung nacheinander andere Antennen an und verharrt bei derjenigen, welche eine ausreichende Empfangsspannung liefert [95, 96, 98, 99].

Bei der Planung von Mobilfunknetzen werden zur Ermittlung des zu erwartenden Empfangsfeldstärkepegels die Ergebnisse empirischer Pegelmessungen ausgewertet. Die Ergebnisse liegen als Kurven oder zugeschnittene Gleichungen für den Pfadverlust eines Funkfeldes vor. So gilt beispielsweise für den Pfadverlust nach dem Okumura/Hata-Modell, das auf Messungen in Tokio , einem ebenen Gebiet mit städtischer Bebauung, bei den Frequenzen 150 MHz bis 1500 MHz beruht

$$(a_p)_{dB} = 69,55 + 26,16 \lg \frac{f}{MHz} - 13,82 \lg \frac{h_T}{m} - a(h_R) + \left(44,9 - 6,55 \lg \frac{h_T}{m}\right) \lg \frac{r}{km}. \tag{6.22}$$

Hierbei ist h_T die Sendeantennenhöhe (30 bis 200 m), h_R die Höhe der Empfangsantenne und $a(h_R)$ ein Korrekturfaktor für die Empfangsantennenhöhe. Die vorgenannte Beziehung gilt für die Funkfeldberechnung in sogenannten Makrozellen; in Mikrozellen mit Durchmessern von nur einigen 100 m sind andere Berechnungsverfahren anzuwenden [95]

Mobilfunksysteme werden in zellularer Form aufgebaut. Das zu versorgende Gebiet wird in Funkzellen (Mikrozellen, Makrozellen) unterteilt. Im Idealfall wäre eine Funkzelle durch eine Kreiskontur zu begrenzen. In der Realität herrschen jedoch oft räumlich stark inhomogene Ausbreitungsbedingungen vor, sodaß es oft zu einer starken Deformierung dieser Kreise kommt. Als Näherung wählt man zur Aufteilung eines Versorgungsgebietes deshalb als Funkzellen regelmäßige Sechsecke (Wabenstruktur) um eine überlappungsfreie Aufteilung zu erreichen. In Abb. 6.17 ist eine solche Aufteilung dargestellt. Unmittelbar benachbarte Funkzellen benut-

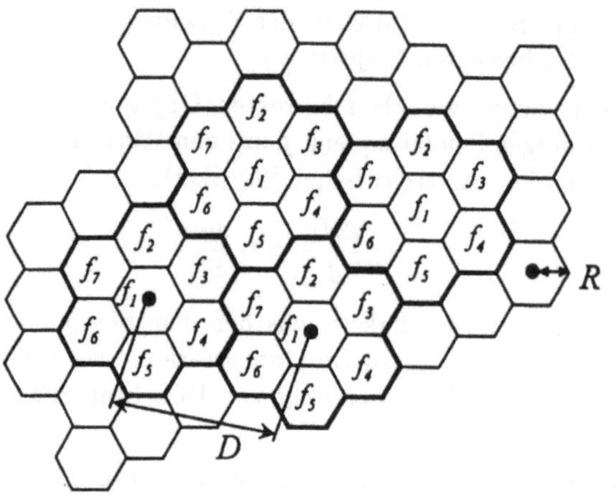

Abbildung 6.17: Funkzellenstruktur eines Versorgungsgebietes

zen unterschiedliche Frequenzen um gegenseitige Störungen auszuschließen. Weit voneinander entfernte dagegen können aufgrund der Größe der Funkzellen und der Sendeleistungsbeschränkung der Basisstationen, die im Zentrum einer jeden Zelle stehen, diese Frequenzen wiederverwenden. Man führt sogenannte *Cluster* ein; dies ist eine Gruppe von N Funkzellen mit festgelegter Frequenzzuweisung um Störungsfreiheit zu erreichen. In Abb. 6.17 sind einige Cluster (dick umrandet) der Größe $N = 7$ mit den Frequenzen f_1 bis f_7 eingezeichnet. Die Größe N kann hierbei nur diskrete Werte annehmen, nämlich

$$N = i^2 + ij + j^2; \quad (i, j \in \{0, 1, 2, 3, \ldots\}) \tag{6.23}$$

Aus der Sechseckgeometrie, dem Zellradius R und der Clustergröße N folgt für den Frequenz-Wiederverwendungsabstand D, bei dem gegenseitige Störungen vernachlässigbar klein sind,

$$D = R\sqrt{3N}. \tag{6.24}$$

Aus wirtschaftlichen Gründen möchte man möglichst viele Mobifunk-Teilnehmer mit einem möglichst kleinen Frequenzspektrum bedienen (z.B. N=3). Wählt man jedoch die Cluster-Göße N zu klein, so kommt es zu *Gleichkanalstörungen*; dies sind Interferenz-Erscheinungen infolge eines zu geringen Frequenz-Wiederverwendungsabstands [98].

6.2.2 Kurzwellen-Strecken

Durch Sonneneinstrahlung werden in der Ionosphäre, ab etwa 60-70 km Höhe, lebhafte Ionisierungs- und Rekombinationserscheinungen angeregt. Es bilden sich höhenabhängig mehrere Ionisationschichten, die **D-Schicht**, **E-Schicht** und **F-Schicht** genannt werden. In Abb. 6.2 sind die höhenabhängigen Schichten, und in Abb. 6.18 ist das Brechungs- und Reflexionsverhalten elektromagnetischer Wellen dargestellt. Die Ionisation ist am geringsten im Bereich der D-Schicht, die Elektronendichte beträgt dort, in ungefähr 90 km Höhe, etwa $10^9/m^3$. Im Bereich der E-Schicht, in ungefähr 110 km Höhe, beträgt die Elektronendichte $10^{11}/m^3$, und in der F-Schicht bei einer Höhe von ca. 200 km erreicht die Elektronendichte den Wert $10^{12}/m^3$. Die in der Ionosphäre vorhandenen Elektronen werden durch eine einfallende elektromagnetische Welle zur Sekundärstrahlung auf der gleichen Wellenlänge angeregt. Es erfolgt hierdurch eine Brechung bzw. Reflexion der Welle die im Kurzwellenbereich zur **Totalreflexion** wird. Kurzwellen werden an Schichten der Ionosphäre umgelenkt und kehren zur Erde zurück, werden dort wieder reflektiert und machen nach der wiederholten Reflexion an der Ionosphäre einen weiteren Sprung, s. Abb. 6.18. Eine Welle legt durch diese Mehrfachreflexionen, ähnlich der Ausbreitung im Hohlleiter, große erdumspannende Entfernungen zurück. Allerdings ergeben sich zwischen den Sprüngen sogenannte tote Zonen. Nach einer tageszeitlichen Änderung der Ionisationsschicht und u. U. einer Frequenzänderung können diese Zonen jedoch ebenfalls erreicht werden.

Auch bei der Kurzwellenausbreitung entsteht aufgrund der in der Ionosphäre herrschenden Höhenänderungen der Ionisationschichten eine zeitabhängige Verschie-

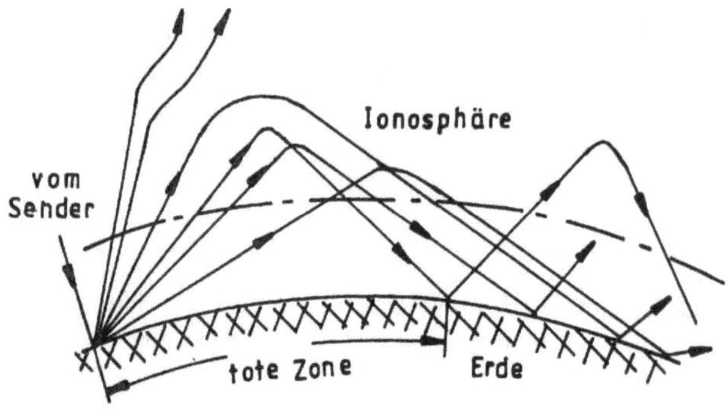

Abbildung 6.18: Brechung und Reflexion an ionosphärischen Schichten

bung der Ausbreitungswege. Am Empfangsort überlagern sich Teilwellen, die unterschiedliche Wegstrecken zurückgelegt haben. Liegt der Empfangsort in der Nähe der Sendeantennen, so kann es durch Überlagerung von Boden- und Raumwelle zu starken Schwunderscheinungen bis zur Auslöschung kommen.

Durch die Entstehung des festen und maritimen Satellitenfunks mit weltweiten Verbindungsmöglichkeiten bei hoher Signalqualität ist die Nutzung des Kurzwellenbereiches stark zurückgegangen [37, 47, 97].

6.2.3 Mittelwellen-Strecken

Im Mittelwellenbereich 300 kHz $< f <$ 3 MHz trägt tagsüber die Bodenwelle wesentlich zur Wellenausbreitung bei. Mit ihr können Entfernungen von einigen 100 km überbrückt werden. Andererseits ist die Beugung der Raumwelle an der Krümmung der Erdoberfläche in diesem Wellenbereich noch groß genug um eine Fortpflanzung hinter den Horizont zu erreichen. Der obere Mittelwellenbereich, ab etwa 1200 kHz wird oft auch als **Grenzwellenbereich** bezeichnet, da ihre Ausbreitungseigenschaften einerseits dem Mittelwellenbereich, andererseits aber auch dem Kurzwellenbereich zugeordnet werden können. Grenzwellen werden bei Eintritt in die D-Schicht sehr stark bedämpft. Ein Dämpfungsmaximum liegt bei 1400 kHz. Tagsüber existiert deshalb in diesem Bereich keine Raumwelle. Die Wellenausbreitung erfolgt durch die Bodenwelle, wobei, wie im Mittelwellenbereich, einige 100 km überbrückt werden.

Die Reflexion der Mittelwellen erfolgt tagsüber an der D-Schicht, wobei dort ein Absorptionseffekt auftritt, der die Energie der sich ausbreitenden Welle reduziert. Allgemein erfahren nur solche Wellen eine Umlenkung und kehren zur Erde zurück, die nicht zu tief in die Ionosphäre eindringen. Dies sind im allgemeinen Raumwellen, die von der Sendeantenne in einem steilen Winkel abgestrahlt werden.

Nachts entfällt die Absorptionseigenschaft der D-Schicht. Die Umlenkung einer Welle an der E- oder F-Schicht führt dann zu Überreichweiten von einigen 1000 km. Bei Überreichweiten tritt der sogenannte **Fernschwund** infolge von Mehrwegeausbreitung auf.

Empfangsstationen in der Nähe eines Mittelwellensenders, in z.B. 50 km Entfernung, erfahren nachts den sogenannten **Nahschwund**, da die Raumwelle bereits nach einem kurzen Sprung zur Erde zurückkehrt und sich am Empfangsort mit der Bodenwelle überlagert. Hierdurch entsteht oft Auslöschung oder sehr starke Signalverzerrung.

In der Nähe des Äquators wird der Mittelwellenbereich durch Entladungen in der Luft stark gestört. Zwischen Sonnenuntergang und Sonnenaufgang ist im Tropengürtel der Erde deshalb kein Mittelwellen-Funkverkehr möglich [37, 47, 97].

6.2.4 Lang- und Längstwellen-Strecken

Bei Lang- und Längstwellen-Verbindungen erfolgt die Wellenausbreitung durch die Bodenwelle, die in diesem Frequenzbereich von der Oberflächenbeschaffenheit des Ausbreitungsweges wenig beeinflußt wird. Die Raumwelle wird in den niedrigen Schichten der Ionosphäre, D-Schicht, E-Schicht, s. Abb. 6.18, tagsüber fast vollkommen absorbiert. Nur nachts kehren wesentliche Anteile der Raumwelle zur Erde zurück. Bei entspechend großer Sendeleistung zur Überwindung der Verluste der Bodenwelle können sehr große Entferungen überbrückt werden. Entfernungen von mehreren 1000 km und sogar mehrmalige Umkreisung des Erdumfangs ist möglich. Schwund tritt nur selten nachts in geringfügiger Form auf. Luftentladungen in tropischen Gebieten führen allerdings zu starken Störungen, ähnlich wie im Mittelwellenbereich.

Mit Langwellen können, aufgrund der Eindringtiefe der Bodenwelle, auch Verbindungen mit Empfängern in Höhlen oder unter Wasser (Unterseeboote) hergestellt werden. Da die Lang- und Längstwellen sehr tiefe Frequenzen haben, sind nur sehr schmalbandige Signale übertragbar [37, 47, 97].

Übungsaufgaben

Aufgabe 6.1

Das in Abb. 6.19 dargestellte Richtfunksystem hat die folgenden Daten: Leistungspegel am Modulatororausgang $(P_s)_{dB} = 0dBm$, Einfügungsdämpfung $a_E = 1$ dB, Funkfeldlänge $r = 50$ km, Radiofrequenz $f = 6,1$ GHz, Antennengewinn $G_s = G_e = 30$ dB, Leistungspegel am Demodulatoreingang $(P_e)_{dB} = -5$ dBm.

a) Wie groß sind die Verstärkungen $v_1 = v_2$ zu wählen ?
b) Welchen Wert hat das Signal-Geräusch-Verhältnis P_e/N_e in dB am Empfängereingang, wenn eine Rauschleistung von $N_e = 5 \cdot 10^{-10}$ W vorliegt ?

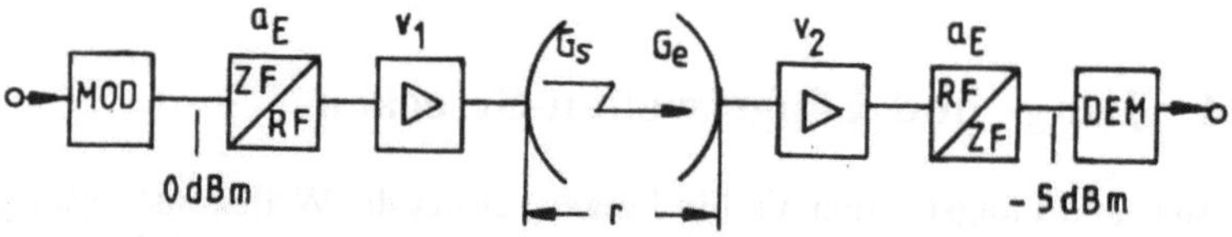

Abbildung 6.19: Prinzip eines Richtfunk-Übertragungssystems (RF = Radiofrequenz,, ZF = Zwischenfrequenz, MOD = Modulator, DEM = Demodulator)

Aufgabe 6.2

Zwei Erdfunkstellen A und B kommunizieren miteinander über einen geostationären Satelliten. Der Elevationswinkel von Erdfunkstelle A beträgt $E_A = 33^o$, der von Erdfunkstelle B $E_B = 6^o$. Bestimmen Sie die Laufzeit eines Signals das von Erdfunkstelle A nach Erdfunkstelle B gesendet wird.

Aufgabe 6.3

Am Satelliteneingang einer Punkt-zu-Punkt-Datenübertragungsstrecke, s. Abb. 6.15, liege das Signal-Geräusch-Verhältnis $(C/N)_u = 20$ dB. Am Empfängereingang sei das Signal-Geräusch-Verhältnis $(C/N)_d = 19$ dB ($B = 1,4$ MHz).

a) Welcher $(C/N)_{ges}$-Wert stellt sich am Empfängereingang ein ?
b) Wie groß ist das Verhältnis G_e/T (Gewinn/Systemrauschtemperatur der Empfangserdfunkstelle), wenn die Frequenz auf der Abwärtstrecke $f_d = 11,5$ GHz, die atmosphärische Zusatzdämpfung $a_{zd} = 1$ dB, die Satelliten-EIRP = 40 dBW und der Elevationswinkel der Empfangsantenne 24° beträgt?

Aufgabe 6.4

Eine Satellitenstrecke weise die folgenden Störabstände in entlogarithmierter Form auf: $(C/N)_u = (C/N)_d + 10^{0,1})$, $(C/N)_{ges} = 10^{1,25}$. Welchen Wert haben $(C/N)_u$ und $(C/N)_d$ in dB ?

Lösungen

Aufgabe 6.1

a) Die Freiraumdämpfung des Funkfeldes ermittelt man mit Gl. (6.2) zu $a_0 = 20\lg\frac{4\pi fr}{c_0} = 142,13$ dB. Nun kann die Streckenbilanz aufgestellt werden (alle Werte in dB bzw dBm) $(P_s)_{dBm} - a_E + v_1 + G_s - a_0 + G_e + v_2 - a_E = (P_e)_{dBm}$. Hieraus folgt $v_1 + v_2 = 79,13$ dB. Gewählt $v_1 = v_2 = 40$ dB.

b) $\left(\frac{P_e}{N_e}\right)_{dB} = (P_e)_{dBm} - (N_e)_{dBm} = -5\text{ dBm} - 10\lg(5\cdot 10^{-10}/1\text{ mW}) = 58\text{ dB}$

Aufgabe 6.2:

Distanz Erdfunkstelle A $\rightarrow$ Satellit, Gl. (6.11) und Gl. (6.10) $d_{sA} = \sqrt{(R+h)^2 + R^2 - 2R(R+h)\cos(90^\circ - E_A - \alpha_A)} = 38349,58$ km mit $\alpha_A = \arcsin\left(\frac{R}{R+h}\cos E_A\right) = 7,29^\circ$. Aus $\alpha_B = \arcsin\left(\frac{R}{R+h}\cos E_B\right) = 8,65^\circ$ folgt mit Gl. (6.11) $d_{sB} = 41017,91$ km und die Laufzeit $\tau = (d_{sA} + d_{sB})/c_0 = 0,265$ s.

Aufgabe 6.3

a) $(C/N)_{ges} = [(C/N)_u^{-1} + (C/N)_d^{-1}]^{-1} = 44,27$; $(C/N)_{ges,dB} = 10\lg 44,26 = 16,46$ dB.

b) Mit Gl. (6.18), Gl. (6.11) und Gl. (6.10) folgt $(G_R/T) = (C/N)_d - EIRP_{sat} + 20\lg\frac{4\pi f_d d_d}{c_0} + 10\lg k + 10\lg B + a_{zd} = 18,38$ dB/K.

Aufgabe 6.4

Aus $(C/N) = [(C/N)_u^{-1} + (C/N)_d^{-1}]^{-1} = [\{(C/N)_d + 10^{0,1}\}^{-1} + (C/N)_d^{-1}]^{-1}$ erhält man über eine quadratische Gleichung $(C/N)_d = 34,95$, $(C/N)_{dB} = 10\lg 34,95 = 15,43$ dB. $(C/N)_u = 10^{1,543} + 10^{0,1} = 36,17$, $(C/N)_{u,dB} = 15,6$ dB.

Kapitel 7

Analoge Nachrichtenübertragungs- und Multiplexverfahren

Die analoge Nachrichtenübertragung kann - wie die digitale auch - in leitergebundene Übertragung und Funkübertragung unterteilt werden. Analoge Übertragungssysteme sind, die analoge Basisband-Übertragung auf Kabeln, die **NF-Übertragung** und die **Trägerfreqenz-Technik** (TF-Technik). Letztere wird mit Hilfe der Einseitenband-Modulation realisiert.

Die Einseitenband-Technik und weitere Modulationsverfahren werden in Abschn. 7.3 behandelt.

Einrichtungen der NF-Übertragung werden nur noch in Sondernetzen angewendet. Die TF-Technik wird in Kabelsystemen und im analogen Richtfunk ebenfalls nur noch in Sonderfällen verwendet; sie wurde inzwischen fast vollständig durch Kabel- und Funksysteme der digitalen Zeitmultiplextechnik ersetzt. In Kapitel 8 werden solche Systeme betrachtet.

Eine zweidrähtige analoge Basisbandübertragung findet jedoch im teilnehmernahen Netzbereich, dem Ortsnetz, zwischen der Endvermittlungsstelle (EVst) bzw. Ortsvermittlungsstelle (OVst) und dem Teilnehmer selbst statt. Die Endvermittlungsstelle bildet die unterste Ebene im Fernnetz der Telekom. In Abb. 7.1 ist der hierarchische Aufbau des Fernnetzes der Telekom dargestellt. In kleinen Ortsnetzen ist die Endvermittlungsstelle auch Ortsvermittlungstelle. Große Ortsnetze haben eine Endvermittlungstelle und mehrere Ortsvermittlungsstellen, die zweidrähtig vermascht sind.

In der Fernsprecheinrichtung beim Teilnehmer erfolgt aufgrund der zweidrähtigen

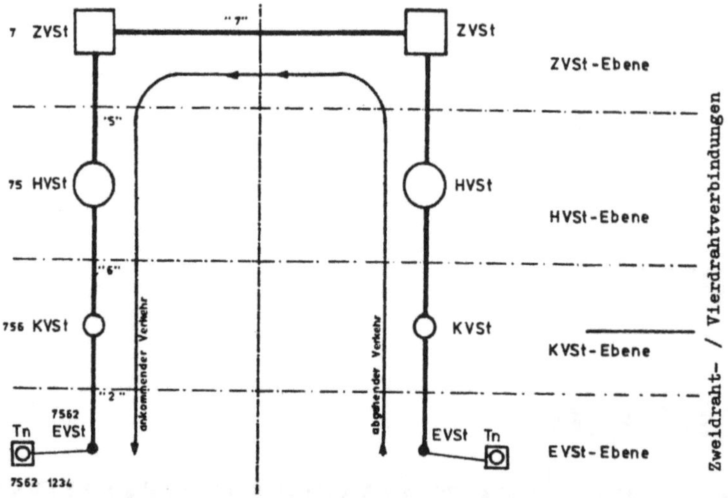

Abbildung 7.1: Hierarchischer Netzaufbau im PSTN (Public Switched Telephone Network)

Anschlußleitung die Entkopplung von ankommenden und abgehenden Signalen mit einer Gabelschaltung. Im Zuge der Digitalisierung der Ortsvermittlungsstellen werden die Verbindungsleitungen im Ortsnetz vierdrähtig ausgeführt.

Im Fernnetz der Telekom (= Weitverkehrsnetz) ist die Übertragung, in der Netzhierarchie oberhalb der Knotenvermittlungsstellen, Abb. 7.1 vierdrähtig, da hier aufgrund der großen Entfernungen zwischen den Vermittlungsstellen in bestimmten Abständen Verstärker eingesetzt werden müssen. Der Übergang zwischen Zweidraht- und Vierdraht-Betrieb erfolgt ebenfalls mit Hilfe einer Gabelschaltung. Fernleitungsabschnitte, die 2 Vermittlungsstellen verbinden, werden nach der in der Hierarchie untergeordneten Vermittlungsstelle benannt. Gemäß der Hierarchie in Abb. 7.1 unterscheidet man:

- Zentralvermittlungsleitungen zwischen Zentralvermittlungsstellen (ZVst), mittlere Länge 420 km

- Hauptvermittlungsleitungen,
  zwischen Zentralvermittlungsstellen und Hauptvermittlungsstellen (HVst), mittlere Länge 120 km.

- Knotenvermittlungsleitungen, zwischen Hauptvermittlungsstellen und Knotenvermittlungsstellen (KVst), mittlere Länge 40 km.

- Endvermittlungsleitungen, zwischen Knotenvermittlungsstellen und Endvermittlungsstellen (EVst), mittlere Länge 15 km.

Im Ortsnetz verbindet die zweidrähtige Teilnehmeranschlußleitung Ortsvermittlungsstelle (OVst) (bzw. Endvermittlungsstelle) und Teilnehmereinrichtung.

Zentralvermittlungsleitungen und Hauptvermittlungsleitungen bilden das **Weitverkehrsnetz**, Knotenvermittlungsleitungen und Endvermittlungsleitungen das **Bezirksnetz** [47, 100].

7.1 Fernsprechapparat, Fernsprech-Übertragungstechnik

Die Sprachübertragung im Frequenzband von 300 bis 3400 Hz ist durch eine Vielzahl von Empfehlungen der internationalen Fermeldeunion (ITU, International Telecommunication Union) geregelt. Im wesentlichen sind dies Empfehlungen zu Einflüssen, die die Sprachverständlichkeit betreffen wie Bezugsdämpfung, Rückhördämpfung, Geräusche, Bandbreite, Signallaufzeiten, Echoeffekte und Verzerrungen. Die Empfehlungen umfassen die gesamte End-zu-End-Fernsprechverbindung einschließlich der Teilnehmer-Einrichtungen.

Das analoge Fernsprechnetz wird, neben dem Fernsprechen, auch für andere Dienste genutzt. Diese Schmalbanddienste (z.B. FAX, Datenübertragung, etc.), die ausschließlich digitale Übertragung benutzen, belegen das gleiche Frequenzband wie ein Sprachsignal. Die digitale Signalübertragung muß sich den übertragungstechnischen Bedingungen der Sprachübertragung hinsichtlich der obengenannten Einflußgrößen anpassen. In Kapitel 11 wird auf diese Dienste eingegangen [47].

Das *Mikrofon* im **Fernsprechgerät** ist ein akustisch-elektrischer Wandler. Sein subjektives Maß ist die Lautstärke, die ein elektrisches Signal am Mikrofonausgang zur Folge hat. Als objektive Maße dienen die Schalleistungsdichte P_d in μW/cm^2 und der Schalldruck p in μbar (1 μbar = 0,1 N/m^2); beide Größen sind über den **akustischen Kennwiderstand** Z_A verknüpft.

$$\frac{P_d}{\mu\text{W/cm}^2} = 0,1\left(\frac{p}{\mu\text{bar}}\right)^2 / \frac{Z_A}{\mu\text{bar s/cm}}; \quad Z_A = \rho \cdot v = 41,5\mu\text{bar s/cm} \qquad (7.1)$$

v ist die Schallgeschwindigkeit in Luft und ρ die Dichte der Luft.

Abb. 7.2a zeigt den prinzipiellen Aufbau eines Kohlemikrofons. Das Kohlemikrofon enthält eine Sprechkapsel mit Kohlegrieß (Korngröße 0,1 ... 1,5 mm) zwischen 2 Elektroden. Der Kohlegrieß-Widerstand wird durch den Druck einer Membran mit aufgesetzter Kugelspitze oder Kugel entsprechend der Beschallung verringert. Der Widerstand des Mikrofons liegt bei 100 ... 200 Ω.

Weitere wichtige Mikrofonarten sind Kondensatormikrofon (elektrostatisch), Kristallmikrofon (piezoelektrisch) und das Tauchspulmikrofon (elektrodynamisch). Der Klirrfaktor dieser Mikrofone beträgt ca. 10 %.

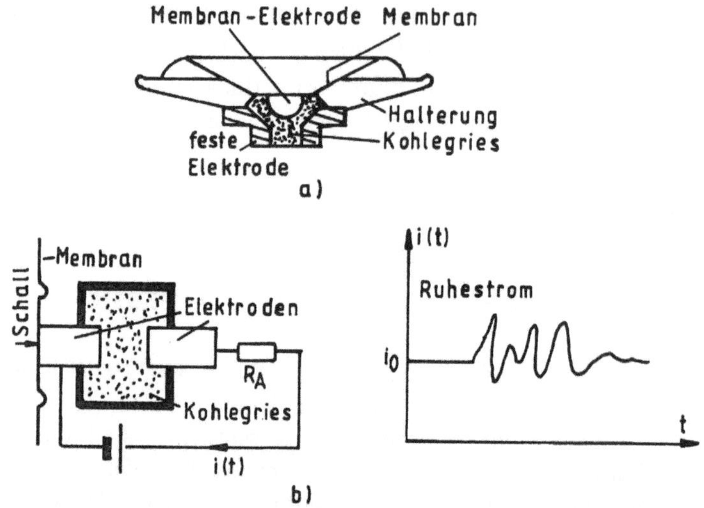

Abbildung 7.2: a) Kohlemikrofon; b) Funktionsprinzip des Kohlemikrofons

Zur Speisung des Mikrofons benötigt man Gleichstrom, der in der Regel aus einer zentralen Stromversorgung (60 V) in einer Vermitttlungsstelle über die Teilnehmeranschluß-Leitung geliefert wird. In Abb. 7.2b ist das physikalische Prinzip des Kohlemikrofons dargestellt. Als "Schleifenstrom" $i(t)$ ist ein Gleichstrom von 50 mA zugelassen. Solange der Hörer auf der Gabel liegt, ist der Speisestrom durch den "Gabelumschaltkontakt" unterbrochen. Die Trennung von Sprech- und Speisestrom wird durch entprechend geschaltete Spulen und Kondensatoren erreicht.

Das Kohlemikrofon hat ein Eigenrauschen von ca. 1 mV effektiv. Bei einer Signalspannung von ca. 300 mV ergibt sich ein Signal-Rausch-Verhältnis von (S/N)= 20 lg (300 mV/1mV)≈ 50 dB. Dieses Signal-Rausch-Verhältnis sollte somit mindestens an jeder Stelle einer End-zu-End-Sprechverbindung vorliegen.

Der *Hörer* (Lautsprecher) des Fernsprechgerätes arbeitet nach dem elektrodynamischen Prinzip. Man verwendet vormagnetisierte Ringmagnete, deren magnetischer Fluß über die magnetische Membran geschlossen wird, s. Abb. 7.3a.

Die Kennlinie dieses Lautsprechers ist praktisch linear, sodaß kein Klirrfaktor auftritt. Seine Empfindlichkeit liegt bei ca. 60 μbar/V...80 μbar/V; oberhalb von 3 kHz ist sie jedoch wesentlich geringer. Der Widerstand des Lautsprechers ist stark induktiv. Er hat bei 800 Hz - dem Bezugswert zur Berechnung von analogen Fernsprechsystemen - den Wert 300 Ω(1+j) und erhöht sich auf 1200 Ω(1+j) bei 4 kHz.

Um den Teilnehmer vor lauten Knallgeräuschen zu schützen, ist im Hörer ein

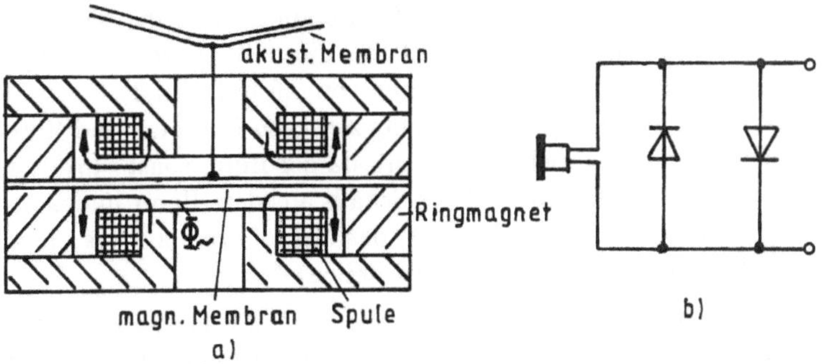

Abbildung 7.3: a) Lautsprecherprinzip; b) Gehörschutz [43]

Gehörschutz aus zwei gegensinnig geschalteten Dioden eingebaut, s. Abb. 7.3b. Die Dioden beschränken den maximalen Schallpegel auf 400 mV. Dies entspricht einer Lautstärke bei einer mittleren Empfindlichkeit von 70 μbar/V auf 70 μbar/V·400 mV= 28 μbar. Dies ergibt einen maximalen Schallpegel bei Bezug auf den Pegel 0 $\hat{=}0,2$ nbar von 20 lg (28 μbar/0,2 nbar)= 103 dB. Dieser Wert liegt unterhalb der Schmerzgrenze.

Die Teilnehmer-Anschlußleitung ist eine Zweidraht-Leitung (a -und b-Ader). Ankommende und abgehende Signale kommen und gehen über die gleichen Adern. Das vom Mikrofon ausgehende Signal soll jedoch nicht in den eigenen Hörer eingespeist werden (Rückhören). Sprech- und Hörkreis werden deshalb durch eine **Gabelschaltung** entkoppelt. Abb. 7.4a zeigt deren Prinzip.

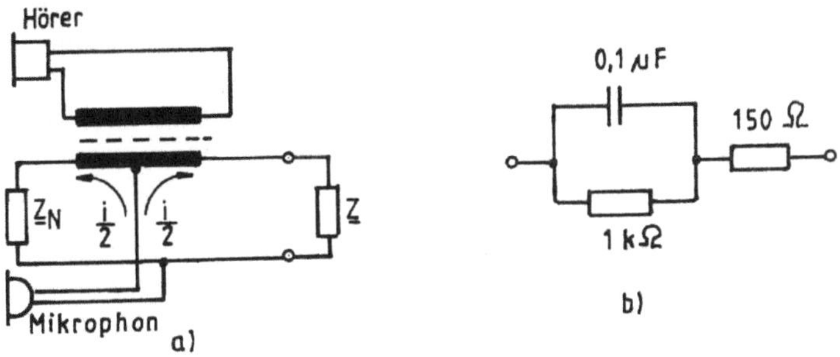

Abbildung 7.4: a) Gabelschaltung; b) Nachbildung $\underline{Z}_N$

Wenn der komplexe Widerstand der Nachbildung $\underline{Z}_N$, Abb. 7.4b, im gesamten Sprachfrequenzband mit dem Leitungs-Eingangswiderstand $\underline{Z}$ übereinstimmt, dann teilt sich der Mikrofon-Wechselstrom symmetrisch auf, wie Abb. 7.4a zeigt.

Die induzierten Spannungen heben sich auf der Sekundärseite des Differential-Übertragers dadurch gerade auf. In der Nachbildung wird die halbe Leistung vernichtet. Im günstigsten Fall geht somit nur die halbe Sprechleistung auf die Leitung. Dies entpricht einer Gabeldämpfung von 0,5 ln 2 = 0,35 Np $\hat{=}$ 3 dB. In der Praxis wird eine vollständige Entkopplung zwischen Mikrofon und Hörer nicht erreicht. Dies ist jedoch auch nicht erwünscht, da der Hörer sonst "tot" erscheint. Weiterhin ist zu beachten, daß ein Teil des Schalls aus dem Hörer in das Mikrofon zurückkehrt (akustische Rückkopplung). Da das Mikrofon ein aktives Element ist, besteht die Möglichkeit der Selbsterregung (pfeifen).

Eine Fernsprech-Verbindung im Fernsprechnetz muß die Forderungen bezüglich der **Bezugsdämpfung** einhalten. Die Bezugsdämpfung einer Fernsprechverbindung gibt an, um welchen Dämpfungsbetrag eine betrachtete Verbindung von einem Bezugswert abweicht. Da eine Fernsprechverbindung elektro-akustische bzw. akustisch-elektrische Wandler enthält, ist ein einfaches Messen und Vergleichen mit Bezugswerten zu ungenau. Man benötigt ein Bezugssystem, das ebenfalls die vorgenannten Wandler enthält und Schall als Eingangs- und Ausgangsgröße verwendet. Das Ergebnis eines Vergleichs mit einem solchen Bezugssystem liefert die Bezugsdämpfung. Das Bezugsdämpfungssystem der ITU heißt NOSFERT (Nouveau Systeme Fondamental European de Reference por la Transmission telephonique) mit einem "Ureichkreis" in Genf. Einen "Haupteichkreis" besitzt die Telekom. Der Bezugskreis enthält:

- ein Kondensatormikrofon mit Verstärker, 26,6 mV/ μbar.
- eine "Kunstleitung" $Z_L = 600\ \Omega$ mit variabler Dämpfung a.
- einen dynamischen Hörer mit Verstärker, 37 μbar/V.

Zur Ermittlung der Bezugsdämpfung werden Bezugskreis und Prüfkreis abwechselnd besprochen mit dem Prüfsatz: Berlin, Hamburg, München, Koblenz, Leipzig, Dortmund. An der Eichleitung wird die Dämpfung a so eingestellt, daß der Hörende die beiden Verbindungen als gleich gut bezeichnet. Der eingestellte Dämpfungswert auf der Eichleitung ist die Bezugsdämpfung der geprüften Verbindung.

Man kann die Bezugsdämpfung einer ganzen Verbindung bestimmen oder Teile derselben. So enthält der Bezugskreis zur Bestimmung der **Sendebezugsdämpfung (SBD)** Mikrofon, Tln.-Apparat, Tln-Leitung und Speisebrücke. Der Bezugskreis zur Messung der **Empfangsbezugsdämpfung (EBD)** besteht aus der Tln.-Leitung, Tln.-Apparat und dem Hörer, s. Abb. 7.5.

Bei der **objektiven Bezugsdämpfungsmessung** wird der Sprecher durch einen Heultonsender ersetzt, der den Bereich 200 Hz...4000 Hz in einer Sekunde hin und zurück durchläuft. Der Sender beschallt eine künstlichen Mund, der Hörer wirkt auf ein künstliches Ohr. In einem Filter mit einem Frequenzgang entsprechend

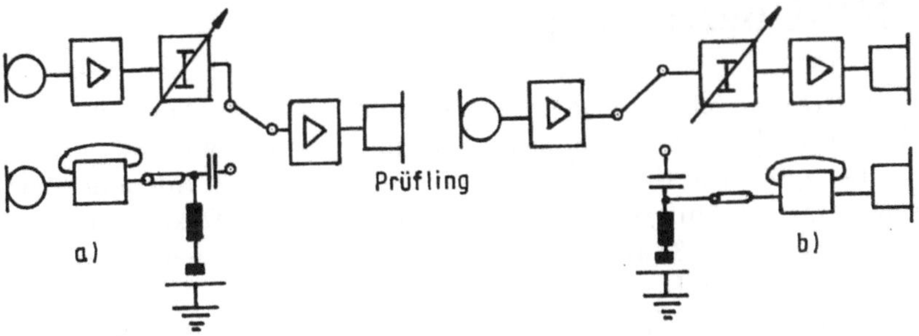

Abbildung 7.5: a) Sendebezugsdämpfungskreis; b) Empfangsbezugsdämpfungskreis

der menschlichen Hörkurve wird das Signal "psophometrisch bewertet" und über die Zeit integriert.

Zwischen 2 Teilnehmer-Hauptanschlüssen sind die im **Dämpfungsplan 55** festgelegten Bezugsdämpfungen zulässig. In Abb. 7.6 ist der Dämpfungsplan 55, die Gesamtbezugsdämpfung (GBD) im Fernsprechnetz der Telekom dargestellt. Die Angaben in Abb. 7.6 gelten für analoge, gemischt analog/digitale und rein digitale Fernsprech-Verbindungen.

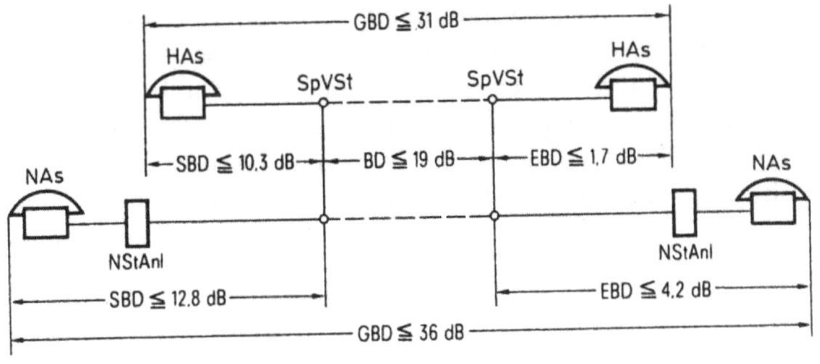

Abbildung 7.6: Gesamtbezugsdämpfung einer Fernsprechverbindung (SpVst = speisende Vermittlungsstelle, HAs = Hauptanschluß, NAs = Nebenanschluß, NSt-Anl = Nebenstellenanlage)

Für Nebenstellenanlagen kommen an beiden Enden noch jeweils 0,3 Np hinzu [43, 47].

7.2 NF-Übertragung

Die NF-Übertragung ist die analoge Basisbandübertragung. Auf Leitungen der NF-Technik wird lediglich ein Sprachsignal im Frequenzband 300 ...3400 Hz geführt. Bei typischen Kabeln der NF-Technik liegen die Aderndurchmesser bei 0,9 mm ($L' = 0,7\text{mH/km}, C' = 35\,\text{nF/km}, R' = 56,6\,\Omega/\text{km}$) und 1,4 mm ($L' = 0,7\,\text{mH/km}, C' = 35\,\text{nF/km}, R' = 23,4\,\Omega/\text{km}$). Mit diesen Daten liegt die Übertragung im Bereich II, s. Abschn. 3.2.5.1.

Die Bezugsdämpfung einer Fernverbindung beträgt BD $\leq$ 19 dB, s. Abb. 7.6. Da im Bezirksnetz bereits bei der Bezugsfrequenz (800 Hz) die Leitungsdämpfung zu hoch wird, sind entdämpfende Maßnahmen erforderlich. Abhilfe schafft hier die **Pupinisierung** (M. Pupin, 1858-1935, jugoslawischer Ingenieur). Bei der Pupinisierung erhöht man L' auf $L'_p = p^2 L'$. p ist der Pupinisierungsfaktor. Hierdurch sinkt die Dämpfungskonstante der Leitung von α_{II} auf $\alpha_{IIp} = (1/p)\alpha_{II}$, s. Gl. (3.56). Die hierbei notwendige "Pupinspule" L_{sp} wird in regelmäßigen Abständen $l_s = 1,7$ km in das Kabel eingeschaltet. Das Kabel zeigt dann ausgeprägtes Tiefpaßverhalten mit der Grenzkreisfrequenz

$$\omega_g = \frac{2}{\sqrt{C' \cdot l_s(L' \cdot l_s + L_{sp}}} \tag{7.2}$$

Derart "bespulte" Leitungen verursachen hohe Gruppenlaufzeitverzerrungen. Sie eignen sich deshalb nicht für die Digitalübertragung.

Im Orts- bzw. Bezirksnetz wird zweidrähtig und im Fernnetz vierdrähtig übertragen, da im letztgenannten Netz für jede Übertragungsrichtung Verstärker benötigt werden. Die Zweidraht-Vierdraht- bzw. Vierdraht-Zweidraht-Umsetzung erfolgt mit Hilfe der bereits bekannten Gabelschaltung, s. Abb. 7.7a. Mit dem komplexen Widerstand der Nachbildung $\underline{Z}_N$ und dem komplexen Eingangswiderstand der Zweidrahtleitung $\underline{Z}$ lautet die Fehlerdämpfung der Gabel

$$a_F = \ln |\frac{1}{r}| = \ln \left| \frac{\underline{Z}_N + \underline{Z}}{\underline{Z}_N - \underline{Z}} \right|. \tag{7.3}$$

Bei exakter Nachbildung wird $a_F = \infty$.

Für die Stabilität des Zweidraht-Vierdraht-Übergangs muß die Umlaufdämpfung $a_u = 2(2a_G - V + a_F) > 0$ sein, s. Abb. 7.7b. Ist a_u nicht ausreichend groß, so besteht Rückkopplungs- und damit Pfeifgefahr. Auch wenn die Rückflüsse, die an der Gabelschaltung infolge einer schlechten Nachbildung entstehen, nicht so groß sind, daß sie die Stabilität gefährden, können sie in Form von Echos ein Gespräch stören. Die Echobekämpfung erfolgt mit **Echosperren**, die Echos stark bedämpfen, oder **Echounterdrückern**, welche Echos durch Entzerrung mit Transversalfiltern beseitigen [47].

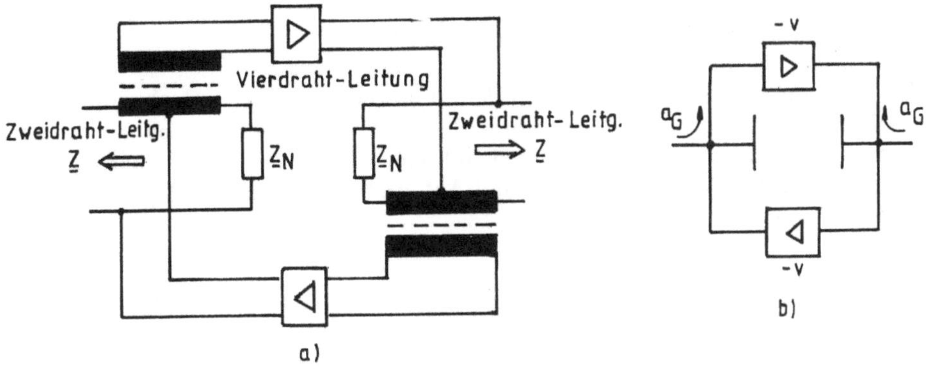

Abbildung 7.7: a) Gabelschaltung für den Zweidraht- Vierdraht-Übergang; b) Schema der Gabelschaltung

Die zum Einsatz kommenden NF-Verstärker enthalten Entzerrer um bespulte und unbespulte Fernsprechleitungen im Frequenzbereich $0,3 \ldots 3,4 kHz$ zu verstärken und zu entzerren. Ein typischer entzerrender NF-Verstärkertyp ist der **NLT-Verstärker** (Negative Leitung mit Transistoren). Er enthält neben dem Verstärker einen Entzerrer, der eine Zweidrahtleitung durch negative Widerstände entdämpft. Der NLT-Verstärker, der den gleichen Wellenwiderstand wie die Leitung hat, ist somit ein aktiver Vierpol, der im Idealfall das negative Abbild des Leitungsvierpols darstellt. Weitere NF-Verstärker sind der **All-Verstärker** und der **Gabelverstärker** [43, 47, 100].

7.3 Modulationsverfahren

Hat ein Übertragungskanal einer bestimmten Frequenzbandbreite im Gegensatz zu Kabelsystemen keine Tiefpaßcharakteristik, sondern zeigt Bandpaßverhalten - wie z.B. alle Funkverbindungen - so muß das Basisbandsignal in einen höheren Frequenzbereich umgesetzt werden. Dies geschieht durch Sinus (Cosinus) träger-Modulation, wobei ein Basisbandsignal $u_s(t)$ eine Trägerschwingung $u_c(t) = \hat{u}_c \cos(\omega_c t + \varphi_0)$ verändert. Wird die Amplitude $\hat{u}_c$ im Sinne des Basisbandsignals verändert, so spricht man von **Amplitudenmodulation**; wird die Frequenz f_c durch das Basisband verändert, so hat man eine **Frequenzmodulation**, und verändert schließlich das Basisbandsignal die Phase φ_0, so nennt man diesen Vorgang **Phasenmodulation** [47, 56, 63, 64, 100-102, 104, 105, 108].

7.3.1 Amplitudenmodulation (AM)

Bei der Amplitudenmodulation wird der Amplitude der Trägerschwingung $\hat{u}_c$ die Nachricht $s(t)$ eingeprägt. Man unterscheidet verschiedene Formen der Amplitudenmodulation, wie die Zweiseitenband-AM, die Zweiseitenband-AM mit unterdrücktem Träger, die Einseitenband-AM und schließlich die Restseitenband-AM.

7.3.1.1 Zweiseitenband-Amplitudenmodulation (ZSB-AM)

Ein Zweiseitenband-AM-Signal $u_{AM}(t)$ entsteht, wenn man zunächst einer Gleichspannung $U_0 = \hat{u}_c$ das Nachrichtensignal $s(t)$ additiv überlagert und dann diese Summe mit einer Trägerschwingung der normierten Amplitude 1 $(1 \cdot \cos\omega_c t)$ multipliziert.

$$u_{AM}(t) = [\hat{u}_c + u_s(t)] \cos\omega_c t; \quad \varphi_0 = 0 \tag{7.4}$$

In Abb. 7.8a ist das Prinzip eines Amplituden-Modulators dargestellt.

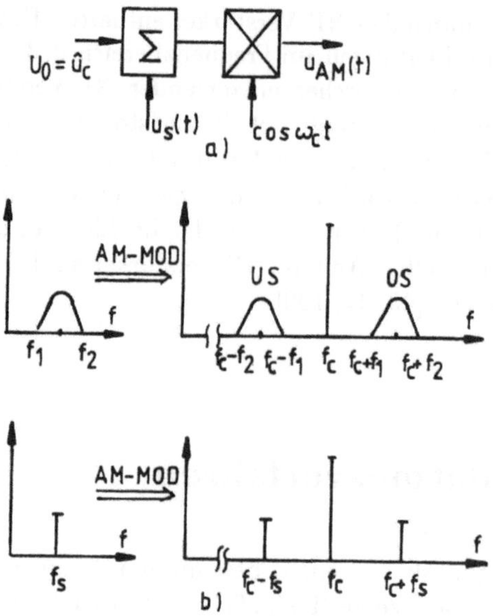

Abbildung 7.8: a) Prinzip eines Amplituden-Modulators; b) Schema der AM im Spektralbereich

Das Nachrichtensignal $u_s(t)$ wird als frequenzbandbegrenzt auf die obere Grenzfrequenz f_2 vorausgesetzt. Damit spektrale Überlappungen vermieden werden, muß für die Trägerfrequenz allgemein gelten $f_c \geq f_2$. In Abb. 7.8b ist der Modulationsvorgang im Spektralbereich schematisch wiedergegeben. Bei der Modulation entsteht ein oberes (OS) und eine unteres (US) Seitenband, wie mit Gl. (7.4) und den Additionstheoremen der Trigonometrie gezeigt werden kann, wenn man als "Nachrichtensignal" $u_s(t) = \hat{u}_s \cos\omega_s t$ annimmt. Es entsteht eine obere und untere "Seitenlinie", rechts und links vom Träger. Diese Annahme ist ohne Einschränkung der Allgemeinheit zulässig, da AM-Modulatoren linear arbeiten. Bei der Modulation wird jede Frequenzkomponente eines Frequenzbandes linear um die Trägerfrequenz verschoben. Verzerrungen im Nutzsignal treten durch den Modulationsvorgang praktisch nicht auf, sofern die Multiplikation ausreichend genau realisiert wird.

$$u_{AM}(t) = (\hat{u}_c + \hat{u}_s \cos\omega_s t)\cos\omega_c t = \hat{u}_c(1 + m\cos\omega_s t)\cos\omega_c t = A(t)\cos\omega_c t; \quad (7.5)$$

$$u_{AM}(t) = \hat{u}_c \cos\omega_c t + \frac{m\hat{u}_c}{2}\cos(\omega_c - \omega_s)t + \frac{m\hat{u}_c}{2}\cos(\omega_c + \omega_s)t; \quad m = \frac{\hat{u}_s}{\hat{u}_c} \quad (7.6)$$

m bezeichnet den **Modulationsgrad**, der ein Maß für die Modulationstiefe ist, und $A(t)$ stellt den Verlauf der Signal-Hüllkurve dar. Die Komponente $\cos(\omega_c + \omega_s)t$ ist die obere Seitenlinie, die zum **oberen Seitenband** wird, wenn $u_s(t)$ aus einem Frequenzband besteht. $\cos(\omega_c - \omega_s)t$ ist die untere Seitenlinie, aus der das **untere Seitenband** wird, wenn $u_s(t)$ ein Frequenzband darstellt, s. Abb. 7.8b.

In Abb. 7.9a ist der Zeitverlauf eines AM-Signals bei der vereinfachenden Annahme für die Nachricht, $u_s(t) = \hat{u}_s \cos\omega_s t$, wiedergegeben. Die **Bandbreite**

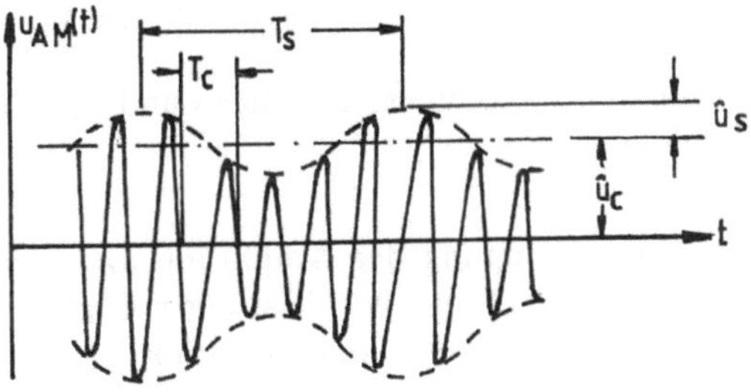

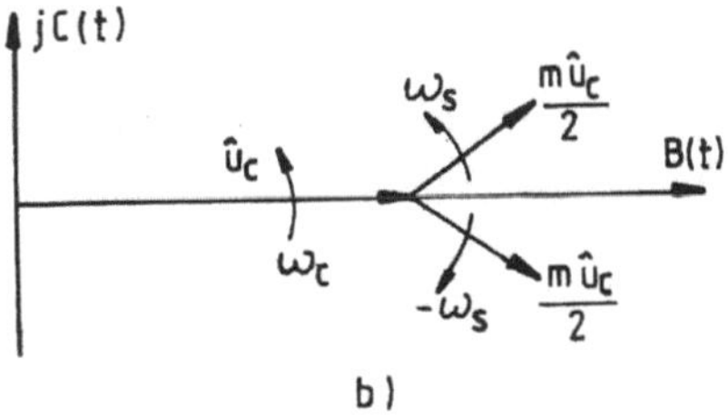

Abbildung 7.9: a) AM-Signal, b) AM-Zeigerdiagramm

eines AM-Signals ist nach Abb. 7.8b

$$B_{AM} = f_c + f_s - (f_c - f_s) = 2f_s \qquad (7.7)$$

bzw.

$$B_{AM} = f_c + f_2 - (f_c - f_2) = 2f_2 \qquad (7.8)$$

Das AM-Zeitsignal nach Abb. 7.9a ist auch in Zeigerform mit Hilfe komplexer Amplituden darstellbar. Die Gl. (7.5) lautet in komplexer Darstellung mit $\cos \omega t = (1/2)(e^{j\omega t} + e^{-j\omega t})$

$$u_{AM}(t) = Re\left\{e^{j\omega_c t}\left(\hat{u}_c + \frac{m\hat{u}_c}{2}e^{j\omega_s t} + \frac{m\hat{u}_c}{2}e^{-j\omega_s t}\right)\right\} = Re\left\{\underline{A}(t)e^{j\omega_c t}\right\} \qquad (7.9)$$

$\underline{A}(t) = B(t) + jC(t)$ wird als **komplexe Amplitude** oder **komplexe Hüllkurve** bezeichnet und ist in der komplexen Ebene darstellbar, s. Abb. 7.9b. Der Trägerzeiger mit der Amplitude $\hat{u}_c$ rotiert mit der Frequenz ω_c, die Seitenbandzeiger relativ zu ihm mit ω_s bzw. $-\omega_s$. Zu jedem beliebigen Zeitpunkt t entsteht durch Zeigeraddition eine resultierende komplexe Amplitude in Richtung des Trägerzeigers.

Die Wirkleistung eines AM-Signals nach Gl. (7.6) an einem ohmschen Widerstand R ist

$$P_{AM} = P_c + P_{US} + P_{OS} = \frac{\hat{u}_c^2}{2R} + 2\frac{(m\hat{u}_c/2)^2}{2R} = \frac{\hat{u}_c^2}{2R}\left(1 + \frac{m^2}{2}\right) \qquad (7.10)$$

mit P_c der Wirkleistung des unmodulierten Trägers und P_{US} bzw. P_{OS} den Wirkleistungen der Seitenbänder.

□ **Beispiel 7.1**

Eine unmodulierte Trägerschwingung der Amplitude $\hat{u}_c$ ($f_c = 1$ MHz) setzt an einem Widerstand von $R = 50\ \Omega$ eine Wirkleistung von $P_c = 100$ W um. Durch Amplitudenmodulation mit einem NF-Signal ($f_s = 5$ kHz) steigt die Wirkleistung auf $P_{AM} = 118$ W an.

Aus den beiden Leistungsangaben findet man den Modulationsgrad, Gl. (7.10) $m = \sqrt{2\left(\frac{P_{AM}}{P_c} - 1\right)} = 0{,}6$. Die Maximalspannung des Trägers folgt aus $\hat{u}_c = \sqrt{2}U_{c,eff} = \sqrt{2}\sqrt{P_c R} = 100V$. Aus Gln. (7.6) erhält man $\hat{u}_s = m\hat{u}_c = 60V$. Die Maximalspannung des AM-Signals ist dann $\hat{U}_{AM} = \hat{u}_c + \hat{u}_s = 160V$. Die Wirkleistung eines Seitenbandes ist $P_{US} = P_{OS} = (m^2\hat{u}_c^2/8R) = 0{,}5(P_{AM} - P_c) = 9W$, Gl. (7.10), und die Amplitude einer Seitenschwingung wird $\hat{u}_{US} = \hat{u}_{OS} = (m/2)\hat{u}_c = 30V$.

Aus den Ergebnissen des vorstehenden Beispiels ist erkennbar, daß die größte Wirkleistung im Träger steckt. Die Leistung der beiden Seitenbänder, in denen die eigentliche Nachricht enthalten ist, ist wesentlich geringer. Damit keine nutzlose Wirkleistung übertragen werden muß, wird die Trägerspektrallinie oft unterdrückt. Im nächsten Abschnitt wird gezeigt, daß dies mit geeigneten Modulatoren erreicht werden kann. Da bereits ein Seitenband die gesamte Nachricht enthält - die beiden Seitenbänder entprechen jeweils dem analogen Basisbandsignal - genügt es, nur ein Seitenband zu übertragen und damit wiederum Sendeleistung einzusparen. Die Einseitenband-Verfahren werden im übernächsten Abschnitt behandelt.

Die einfachste Einrichtung zur Durchführung der Amplitudenmodulation ist der **Diodenmodulator**, der in Abb. 7.10a dargestellt ist.

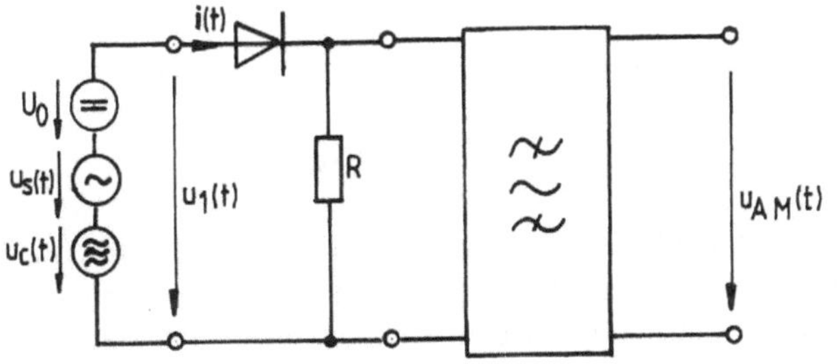

Abbildung 7.10: Dioden-Modulator

Das Eingangssignal $u_1(t) = U_0 + u_s(t) + u_c(t) = U_0 + \hat{u}_s \cos\omega_s t + \hat{u}_c \cos\omega_c t$ steuert die nichtlineare Kennlinie der Diode an. Im Ausgangstrom der Diode erscheinen neben dem AM-Signal mit den gewünschten Summen- und Differenzkomponenten $(\omega_c - \omega_s)$ und $(\omega_c + \omega_s)$ auch Komponenten höherer Ordnung, die im nachfolgenden Bandpaß unterdrückt werden.

Entwickelt man die Diodenkennlinie in der Umgebung des Arbeitspunkts in eine Taylorreihe, so lassen sich die einzelnen Komponenten errechnen, s. hierzu Abschn. 4.3.7.1. Weitere Verfahren sind der **Basis-Modulator** und der **Kollektor-Modulator**, die mit B- oder C-Verstärkerschaltungen realisiert werden [56].

Der gebräuchlichste AM-Demodulator ist der **Hüllkurvendemodulator** auch Hüllkurvendetektor genannt. In Abb. 7.11 ist eine solche Demodulatorschaltung dargestellt.

Der Hüllkurven-Demodulator ist ein HF-Gleichrichter aus einer Diode, einem Arbeitswiderstand R und einem Ladekondensator C. Der Ladekondensator wird nach der Inbetriebnahme der Schaltung bereits innerhalb weniger positiver Halbwellen des AM-Signals, s. Abb. 7.9a, auf deren Spitzenwert aufgeladen (Diode durchlässig). Im stromlosen Zustand der negativen Halbwelle (Diode sperrt) entlädt sich der Kondensator nur soweit, daß die Spannung am Kondensatorausgang näherungsweise der Hüllkurve der positiven AM-Halbwelle folgt, s. Abb. 7.11b. Damit die Ausgangsspannung möglichst genau dem demodulierten Signal

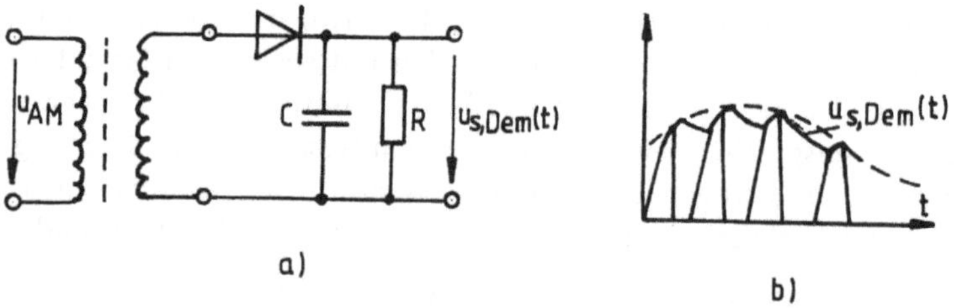

Abbildung 7.11: a) Hüllkurven-Demodulator; b) Näherung der AM-Hüllkurve

entspricht, muß für die Zeitkonstante des RC-Gliedes gelten

$$\tau = RC =\leq \frac{\sqrt{1-m^2}}{m\omega_s} \quad \text{bzw.} \quad \tau \gg \frac{1}{f_c} \tag{7.11}$$

Das Zweiseitenband-AM-Signal läßt sich auch mit einem lokalen, im Demodulator erzeugten Träger demodulieren. Auf diese Methode, die synchrone Demodulation genannt wird, wird im nächsten Abschnitt eingegangen [56, 63, 64, 101-102, 104, 105, 108].

7.3.1.2 Zweiseitenband-Amplitudenmodulation mit unterdrücktem Träger

Multipliziert man ein gleichanteilfreies Nachrichtensignal, der Einfachheit halber z.B. $u_s = \hat{u}_s \cos\omega_s t$, mit einem hochfrequenten Trägersignal $u_c(t) = \hat{u}_c \cos\omega_c t$, so erhält man ein Zweiseitenband-AM-Signal mit unterdrücktem Träger $u_{AM,u}(t)$. Ein gebräuchlicher realer Multiplizierer ist der bereits bekannte Ringmodulator, s. Abschn. 4.3.7.4, Abbn. 4.84, 4.85 und 4.86. Am Bandpaßausgang, Abb. 4.84, erscheint bei den vorgenannten Eingangssignalen, wenn man mit $\hat{u}_c$ eine Normierung der Träger-Amplitude auf den Wert 1 durchführt,

$$u_{AM,u}(t) = \hat{u}_s \cos\omega_c t \cdot cos\omega_s t = \frac{\hat{u}_s}{2}\cos(\omega_c - \omega_s)t + \frac{\hat{u}_s}{2}\cos(\omega_c + \omega_s)t. \tag{7.12}$$

Das Signal enthält nur noch die Seitenbänder, das Trägersignal selbst ist nicht vorhanden. In Abb. 7.12 ist das $u_{AM,u}$-Zeitsignal und sein Amplitudenspektrum qualitativ wiedergegeben.

Das modulierte Signal (z.B. $f_s = 10$ kHz, $f_c = 100$ kHz), das sich in Form einer *Schwebung* darstellt, besteht nur noch aus den Seitenschwingungen, s. Gl. 7.12. Die Wirkleistung des $u_{AM,u}$-Signals $P_{AM,u}$ an einem Widerstand R und die Bandbreite $B_{AM,u}$ lauten

$$P_{AM,u} = 2 \cdot \frac{1}{2}\frac{\left(\frac{\hat{u}_s}{2}\right)^2}{R} = \frac{\hat{u}_s^2}{4R}; \quad B_{AM,u} = B_{AM} = 2f_s \tag{7.13}$$

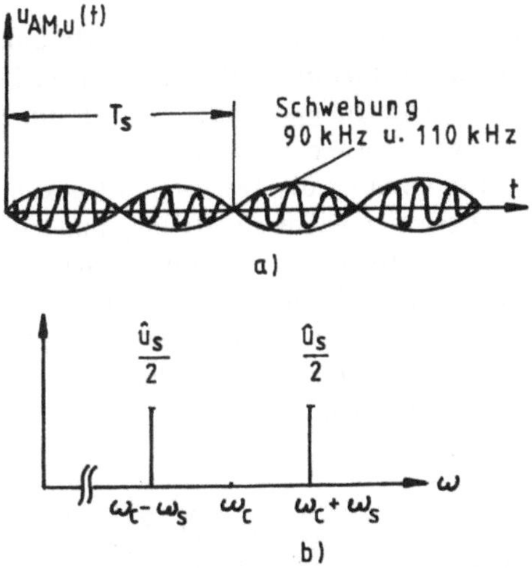

Abbildung 7.12: Zweiseitenband-AM mit unterdrücktem Träger (z.B. $f_s = 10kHz, f_c = 100kHz$ a) Zeitsignal; b) Amplitudenspektrum

mit $f_s = f_g$ der höchsten Frequenz des analogen Basisbandsignals. Die zu übertragende Gesamtleistung hat sich - bei gleicher Bandbreite - gegenüber dem Zweiseitenband-AM-Signal erheblich verringert.

$u_{AM,u}$-Signale lassen sich nicht mit dem Hüllkurvendetektor demodulieren. Im Demodulator wird stattdessen eine **synchrone Demodulation** durchgeführt. Hierzu erzeugt man eine zum Empfangssignal synchrone Schwingung der Trägerfrequenz f_c $u_e = \hat{u}_e \cos[\omega_c t + \epsilon(t)]$ und mischt dieselbe mit dem Empfangssignal $u_{AM,u}(t)$ (Produktdemodulation), s. Abb. 7.13a. Synchron bezeichnet im hier betrachteten Zusammenhang gleichfrequent zum Empfangssignal, jedoch ohne festen Phasenbezug. Das Mischprodukt liefert nach einer Tiefpaßfilterung und Träger-Amplitudennormierung auf den Wert 1 das Signal

$$u_{AM,u}(t) \cdot u_e(t) = \left(\frac{\hat{u}_s}{2} \cos(\omega_c - \omega_s)t + \frac{\hat{u}_s}{2} \cos(\omega_c + \omega_s)t \right) \cos[\omega_c t + \epsilon(t)]. \quad (7.14)$$

Am Tiefpaßausgang nach Abb. 7.13a erscheint dann

$$[u_{AM,u}(t) \cdot u_e(t)]_{TP-Anteil} = \frac{\hat{u}_s}{2} \cos \omega_s t \cdot \cos \epsilon(t). \quad (7.15)$$

Wenn man einen u.U. vorliegenden Phasenfehler im Trägersignal nicht berücksichtigt [$\epsilon(t) = 0$] erhält man, abgesehen vom Faktor 1/2 das gesuchte Basisbandsignal.

Da die Phasenlagen von Empfangssignal und dem im Demodulator erzeugten lokalen Träger nicht übereinstimmen, kann es zu wesentlichen Amplitudenverzerrungen kommen. Dies kann mit Gl. (7.14) gezeigt werden, wenn man den demodulatorseitigen Phasenfehler $\epsilon(t)$ berücksichtigt.

Bessere Demodulationsergebnisse erhält man, wenn man die Produktdemodulation in Form einer **kohärenten Demodulation** durchführt. Der im Demodulator erzeugte Träger stimmt hierbei in Frequenz und Phase mit dem im Empfangssignal überein. Der kohärente Träger wird entweder durch Selektion des Restträgers erzeugt - bei der Mischung im Modulator ist die Trägerunterdrückung unvollständig aufgrund von Exemplarstreuungen der Dioden und Unsymmetrien der Differentialübertrager - oder der Träger wird aus dem Empfangssignal gewonnen. Im letztgenannten Fall muß in der Trägerableitung des Demodulators ein nichtlinearer Prozeß - z.B. durch Aussteuerung einer Diode mit dem Empfangssignal - realisiert werden, s. Abb. 7.13b, damit Komponenten der Trägerschwingung oder ganzzahlige Vielfache davon neu entstehen.

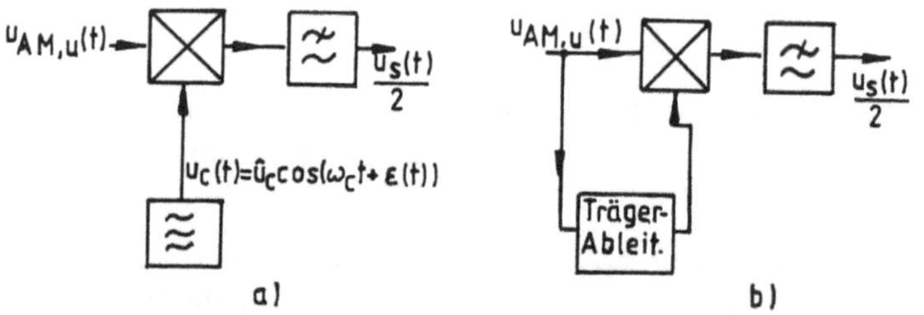

Abbildung 7.13: a) synchrone Demodulation; b) kohärente Demodulation

Kohärente Demodulation ist zur Vermeidung gravierender Verzerrungen bei Einseitenband-Verfahren - s. den folgenden Abschnitt - und bei digitaler Sinusträger-Modulation, s. Kapitel 8, unumgänglich [56, 63, 64, 101-102, 108].

7.3.1.3 Einseitenband-Modulation

Die beiden Seitenbänder eines ZSB-AM-Signals mit Träger bzw. eines ZSB-AM-Signals mit unterdrücktem Träger haben jeweils den gleichen Informationsgehalt. Bei der ZSB-AM mit Träger verbraucht der Träger selbst die meiste Leistung, s. Beispiel 7.1. Ein ZSB-AM-Signal mit unterdrücktem Träger hat zwar keinen Träger, belegt aber immer noch die doppelte Bandbreite des analogen Basisbandsignals. Unterdrückt man nun das obere oder untere Seitenband des letztgenannten Signals, s. Gl. (7.12), so erhält man ein Einseitenbandsignal (ESB-Signal). Bei der Modulation mit einem Basisbandsignal $u_s(t) = \hat{u}_s \cos\omega_s t$ und entsprechender Amplitudennormierung erhält man so das obere Seitenband (OS) oder untere Seitenband (US) .

$$u_{ESB,os} = \frac{1}{2}\cos(\omega_c + \omega_s)t; \quad u_{ESB,us} = \frac{1}{2}\cos(\omega_c - \omega_s)t \tag{7.16}$$

Das einfachste Verfahren zur Erzeugung eines ESB-Signals ist die **Filtermethode**. Aus einem ZSB-AM-Signal mit unterdrücktem Träger wird mit einem steilflankigen Bandpaß das obere oder untere Seitenband selektiert. In Abb. 7.14a ist dieses Prinzip dargestellt.

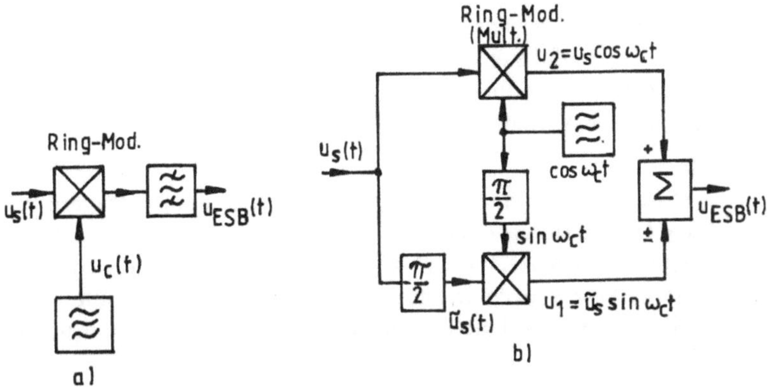

Abbildung 7.14: Einseitenbanderzeugung: a) Filtermethode; b) Phasenmethode

Ein Einseitenbandsignal kann auch in der Form

$$u_{ESB}(t) = \frac{1}{2} [u_s(t) \cos \omega_c t \pm \tilde{u}_s(t) \sin \omega_c(t)] \tag{7.17}$$

dargestellt werden, wobei für das obere Seitenband (-) und das untere Seitenband (+) zu setzen ist [105]. $\tilde{u}_s(t)$ ist die Hilbert-Transformierte von $u_s(t)$.

$$\tilde{u}_s(t) = \frac{1}{\pi} \int_{-\infty}^{+\infty} \frac{u_s(\tau)}{t-\tau} d\tau \tag{7.18}$$

Physikalisch wird durch einen "Hilbert-Transformator", der ein breitbandiger Phasenschieber ist, die Phasenverschiebung aller Frequenzkomponenten des Basisbandsignals $u_s(t)$ um $-(\pi/2)$ verursacht. Aus dieser Eigenschaft läßt sich die **Phasenmethode** der Einseitenbandbildung ableiten, die in Abb. 7.14b wiedergegeben ist. Zur Mischung der Basisbandsignale $u_s(t)$ und $\tilde{u}_s(t)$ mit den Quadraturträgern $\sin \omega_c t$ und $\cos \omega_c t$ werden Ringmodulatoren benutzt. Die Realsierung des Phasenschiebers ist bei breitbandigen Basisbandsignalen schwierig, da jede Frequenzkomponente um genau $-(\pi/2)$ verschoben werden muß. Eine weitere Methode zur Einseitenbandbildung ist die **Weaver-Methode**, die weder breitbandige Phasenschieber noch steilflankige Filter benötigt [63, 106]. Ein ZSB-AM-Signal kann auch durch eine geeignete zusätzliche Winkelmodulation in ein ESB-Signal umgesetzt werden [107].

ESB-Signale mit unterdrücktem Träger werden - unabhängig von der Art ihrer Erzeugung - nach dem in Abb. 7.13b dargestellten Prinzip kohärent demoduliert [56, 63, 64, 101-102, 104, 105, 108].

Aus einem ZSB-AM-Signal mit Träger läßt sich auch ein ESB-Signal mit Träger erzeugen, das mit einem Hüllkurvendetektor demoduliert werden kann. Setzt man einem ESB-Signal ohne Träger vor der Demodulation eine frequenzrichtige Trägerschwingung zu, so ist ebenfalls eine Hüllkurven-Detektion möglich [108, 112]. Gegenüber der kohärenten Demodulation führen diese Methoden jedoch zu Degradationen im Signal-Rausch-Verhältnis.

□ **Beispiel 7.2**

Mit $u_s(t) = \hat{u}_s \cos\omega_s t$ und $\tilde{u}_s(t) = \hat{u}_s \sin\omega_s t$ sowie den Quadraturträgern $u_{c2}(t) = \hat{u}_c \cos\omega_c t$ und $u_{c1}(t) = \hat{u}_c \sin\omega_c t$ erhält man nach der Phasenmethode, Abb. 7.14b, $u_1(t) = \tilde{u}_s(t)u_{c1}(t) = \hat{u}_s\hat{u}_c \sin\omega_s t \sin\omega_c t = [(\hat{u}_s\hat{u}_c)/2][\cos(\omega_c - \omega_s)t - \cos(\omega_c + \omega_s)t]$ und $u_2(t) = u_{c2}(t)u_s(t) = \hat{u}_s\hat{u}_c \cos\omega_c t \cos\omega_s t = [\hat{u}_s\hat{u}_c/2][\cos(\omega_c - \omega_s)t + \cos(\omega_c + \omega_s)t]$. Das Einseitenbandsignal lautet somit $u_{ESB} = u_1(t) + u_2(t) = \hat{u}_c\hat{u}_s \cos(\omega_c - \omega_s)t$.

7.3.1.4 Restseitenband-Modulation (RSB-AM)

Die Restseitenband-Modulation ist eine spezielle Form der Einseitenband-Modulation. Ein Teil des unteren Seitenbandes eines ZSB-Signals mit Träger wird mit einem nicht sehr steilflankigen Bandpaß so unterdrückt, daß die Filterflanke (Nyquistflanke) den Träger gerade auf die Hälfte reduziert. Abb. 7.15 zeigt das Prinzip.

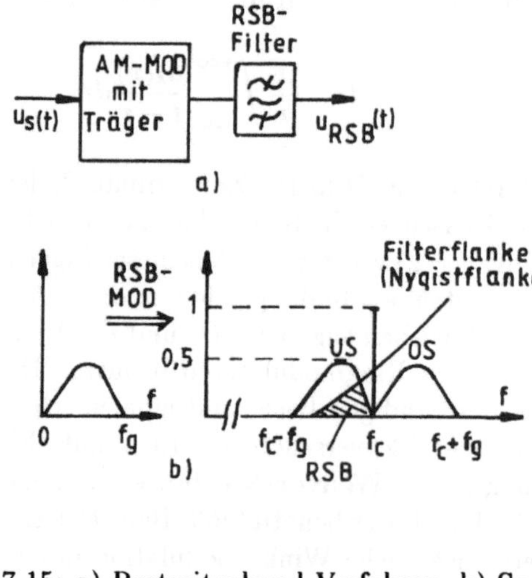

Abbildung 7.15: a) Restseitenband-Verfahren, b) Spektren

Die RSB-AM findet bei der Fernseh-Übertragung Anwendung zur Modulation des Bildsignals - Bandbreite 0...5 MHz - mit dem Bildträger ($f_T = 38,9MHz$). RSB-AM ist gegenüber ESB-AM kostengünstiger und verursacht geringere Verzerrungen [56, 63].

RSB-Signale werden kohärent demoduliert, s. Abb. 7.13b, wobei der vorhandene Trägerrest aus dem Empfangssignal selektiert und in einen kohärenten Träger regeneriert werden kann.

Wie sich AM-Verfahren bei additivem Rauschen verhalten und welche Signal-Rausch-Verhältnisse sich in der HF-Ebene, vor der Demodulation und in der NF-Ebene nach der Demodulation einstellen, ist in [56, 63, 64, 112] dargestellt.

7.3.2 Winkelmodulation (WM)

Winkelmodulation ist ein Sammelbegriff für die beiden einander nah verwandten Verfahren **Frequenzmodulation** und **Phasenmodulation**. Beide Modulationsarten können durch das Signal

$$u_{WM}(t) = \hat{u}_c \cos[\omega_c t + \varphi(t)] = \hat{u}_c \cos\phi(t) \tag{7.19}$$

beschrieben werden. Das Argument der Cosinsusfunktion in der vorgenannten Gleichung ist die Momentanphase $\phi(t) = \omega_c t + \varphi(t)$. Die zeitliche Ableitung der Momentanphase liefert die Momentanfrequenz $\Omega(t) = \dot{\phi}(t)$.

$$\Omega(t) = \dot{\phi}(t) = \omega_c + \dot{\varphi}(t) \tag{7.20}$$

Die Amplitude des modulierten Signals ist konstant, die Nachricht liegt beim

Abbildung 7.16: WM-Signal

WM-Signals in der zeitlichen Änderung der Nulldurchgänge, wie Abb. 7.16 zeigt [47, 56, 63, 64, 101-102, 104, 105, 108].

7.3.2.1 Phasenmodulation (PM)

Der **Phasenhub** $\Delta\varphi_p$ bezeichnet bei Phasenmodulation den Maximalwert der Phasenänderung, der durch das modulierende Signal verursacht wird. Setzt man als analoges Basisbandsignal vereinfachend eine Schwingung der Form $u_s(t) = \hat{u}_s \sin \omega_s t$ voraus (Einton-Modulation), so lautet die zu $u_s(t)$ proportionale Phasenänderung $\varphi_p(t)$ und die Momentanphase $\phi_p(t)$.

$$\varphi_p(t) = k_p u_s(t) = k_p \hat{u}_s \sin \omega_s t = \Delta\varphi_p \sin \omega_s t; \quad \phi_p(t) = \omega_c t + \Delta\varphi_p \sin \omega_s t \quad (7.21)$$

k_p ist eine Systemkonstante mit der Dimension rad/V. Die Momentanfrequenz eines PM-Signals ist damit

$$\Omega_p(t) = \dot{\phi}_p(t) = \omega_c + \omega_s \Delta\varphi_p \cos \omega_s t = \omega_c + \Delta\Omega_p \cos \omega_s t. \quad (7.22)$$

$\Delta\Omega_p$ wird als Frequenzhub bei der Phasenmodulation bezeichnet.

Ein **Phasenmodulator** zur Erzeugung eines PM-Signals ist mit Hilfe eines ZSB-AM-Modulators bei unterdrücktem Träger realisierbar. Abb. 7.17a zeigt das Blockschaltbild des Modulators und Abb. 7.17b das Zeigerdiagramm eines PM-Signals bei der Modulation mit einem sinusförmigen Basisbandsignal.

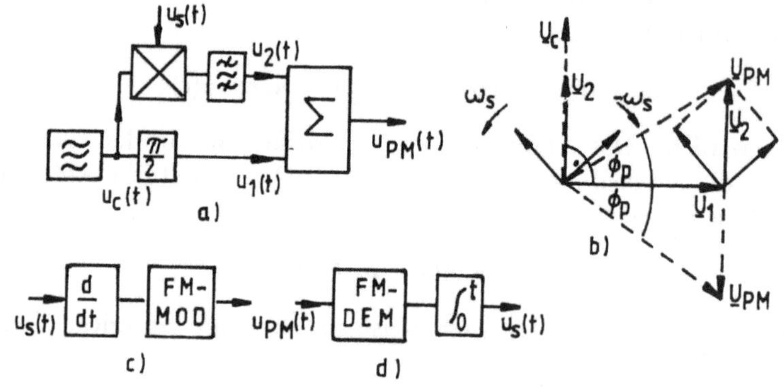

Abbildung 7.17: a) PM-Modulator; b) Zeigerdiagramm eines PM-Signals; c) Erzeugung eines PM-Signals mit einem FM-Modulator; d) Demodulationsprinzip

Das Basisbandsignal $u_s(t)$ moduliert den Träger $u_c(t)$ in einem Ringmodulator. Nach der Bandpaßfilterung erhält man ein ZSB-AM-Signal $u_2(t)$ mit unterdrücktem Träger.. Die additive Überlagerung dieses Signals mit dem um $\pi/2$ phasenverschobenen Träger $u_1(t)$ liefert das PM-Signal; dies kann mit dem komplexen Zeigerdiagramm 7.17b gezeigt werden.

Das komplexe Spannungssymbol des modulierten PM-Signals, das die Zeitabhängigkeit (Faktor $e^{j\omega_c t}$) enthält, lautet

$$\underline{U}_{PM} = |\underline{U}_{PM}| e^{j\phi_p(t)}. \quad (7.23)$$

Für den Realteil erhält man

$$Re\{\underline{U}_{PM}\} = |\underline{U}_{PM}| \cos \phi_p(t) = |\underline{U}_{PM}| \cos(\omega_c t + \Delta\varphi_p \sin \omega_s t) \quad (7.24)$$

In Momentanwert-Darstellung mit $\hat{u}_c = \sqrt{2} \cdot |\underline{U}_{PM}|$ also

$$u_{PM}(t) = \hat{u}_c \cos(\omega_c t + \Delta\varphi_p \sin\omega_s t) \tag{7.25}$$

Zur Modulation können auch FM-Modulatoren, ergänzt durch ein Differenzierglied am Eingang, verwendet werden, s. Abb. 7.17c. FM-Modulatoren werden im nächsten Abschnitt betrachtet.

Zur **Demodulation** von PM-Signalen verwendet man die im nächsten Abschnitt betrachteten FM-Demodulatoren in Verbindung mit einem Integrierglied am FM-Demodulator-Ausgang, s. Abb. 7.17d [56, 63, 64, 101-102, 104, 105, 108].

7.3.2.2 Frequenzmodulation (FM)

Das modulierende Signal $u_s(t) = \hat{u}_s \sin\omega_s t$ verursacht bei der Frequenzmodulation eine zu $u_s(t)$ proportionale Frequenzänderung $\omega_f(t)$. Dies hat eine Momentanfrequenz $\Omega_f(t)$ und eine Momentanphase $\phi_f(t)$ zur Folge.

$$\omega_f(t) = k_f u_s(t) = k_f \hat{u}_s \sin\omega_s t = \Delta\Omega_f \sin\omega_s t; \quad \Omega_f(t) = \omega_c + \Delta\Omega_f \sin\omega_s t \tag{7.26}$$

$$\phi_f(t) = \int \Omega_f(t)dt = \omega_c t - \frac{\Delta\Omega_f}{\omega_s}\cos\omega_s t \tag{7.27}$$

k_f ist eine Systemkonstante der Dimension Hz/V. Der Phasenhub bei der Frequenzmodulation

$$\Delta\varphi_f = \beta = \frac{\Delta\Omega_f}{\omega_s} \tag{7.28}$$

wird als **Modulationsindex** bezeichnet. $\Delta\Omega_f$ ist der **Frequenzhub** bei Frequenzmodulation.

Grundsätzlich besteht ein **Frequenzmodulator** aus einem Oszillator, dessen Schwingkeis spannungsabhängige Reaktanzen enthält. Ein typischer Frequenzmodulator ist der bereits in Abschn. 4.3.6.2, Abb. 4.75, betrachtete spannungsgesteuerte Oszillator (VCO, Voltage Controlled Oscillator). Bei Ansteuerung des Oszillatorschwingkreises mit dem analogen Basisbandsignal $u_s(t) = s_1(t)$ erscheint am Oszillatorausgang das gewünschte FM-Signal $u_{FM}(t) = s_2(t)$. In der Praxis verwendet man als FM-Modulator oft die kostengünstigen integrierten PLL-Bausteine, wobei zur Modulation lediglich der VCO verwendet wird. Das Basisbandsignal $u_s(t)$ am VCO-Eingang verändert zur Modulation die Frequenz des VCO-Träger-Oszillatorsignals $u_c(t)$. Am HF-Ausgang des VCO's erscheint dann das modulierte Signal

$$u_{FM}(t) = \hat{u}_c \cos\left[\omega_c t - \frac{\Delta\Omega_f}{\omega_s}\cos\omega_s t\right]. \tag{7.29}$$

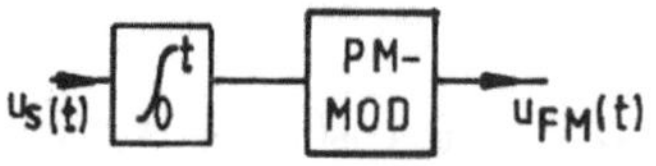

Abbildung 7.18: FM-Erzeugung mit einem PM-Modulator

Bringt man am Eingang eines PM-Modulators nach Abb. 7.17a ein Integrierglied an, so arbeitet das Gesamtsystem als FM-Modulator, Abb. 7.18.

Als **FM-Demodulatoren** verwendet man sogenannte Diskriminatoren. Der **Flankendiskriminator** setzt das zu demodulierende FM-Signal in ein AM-Signal um. Hierzu legt man den Arbeitspunkt des Diskriminators bei der Trägerfrequenz f_c auf die Flanke eines verstimmten Schwingkreises. Die Frequenzänderungen des FM-Signals im Intervall $(\omega_c - \Delta\Omega_f) \leq \omega \leq (\omega_c + \Delta\Omega_f)$ werden an der Schwingkreisflanke in Amplitudenänderungen ΔU umgewandelt. Hierdurch entsteht ein AM-Signal, das durch AM-Demodulation - z.B. mit dem Hüllkurvendetektor - demoduliert werden kann. Abb. 7.19 zeigt die Schaltung eines Gegentakt-Flankendiskriminators und seine Kennlinie.

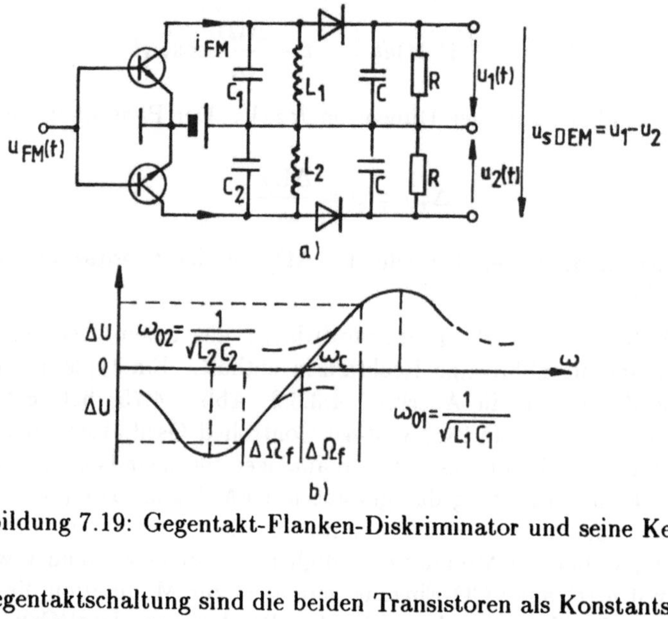

Abbildung 7.19: Gegentakt-Flanken-Diskriminator und seine Kennlinie

In der Gegentaktschaltung sind die beiden Transistoren als Konstantstromquellen geschaltet. Diode und RC-Glied stellen jeweils einen Hüllkurven-Detektor dar. Das demodulierte Signal lautet beim Flankendiskriminator, wegen der gegeneinander geschalteten Dioden $u_{s,dem} = u_1(t) - u_2(t)$ [110].

Die Nachricht eines FM-Signals ist in den Signal-Nulldurchgängen enthalten. Markiert man diese Nulldurchgänge durch schmale Impulse in einem **Nulldurchgangs-Diskriminator** und leitet die entstehende Impulsfolge über einen Tiefpaß, so erhält man an dessen Ausgang das demodulierte Signal [109].

Der **Differenzdemodulator** ist oft auch unter den Namen Koinzidenz-Demodulator, Quadratur-Demodulator oder Synchron-Demodulator bekannt. Die Demodulation wird hierbei durch einen Vergleich des empfangenen FM-Signals mit seinem verzögerten Abbild erzielt [56].

Der leistungsfähigste FM-Demodulator ist der **PLL-Demodulator**, s. Abb. 7.20, der wie bereits oben erwähnt als integrierte Schaltung vorliegt.

Bei der Modulation folgt die Frequenz des VCO dem Spanungsverlauf des modulierenden Signals $u_s(t)$. Bei der FM-Demodulation wird der PLL vollständig

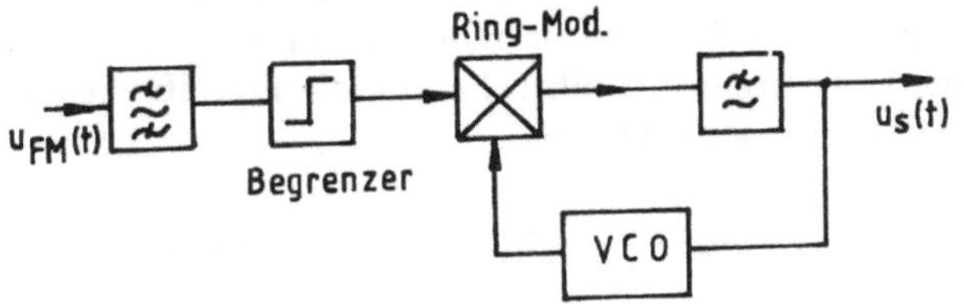

Abbildung 7.20: FM-PLL-Demodulator

beschaltet. Das im PLL durch Mischung und Tiefpaßfilterung entstehende VCO-Nachführsignal ist im Idealfall mit dem gesuchten demodulierten Signal $u_s(t)$ identisch, wenn an den PLL-Eingang ein FM-Signal gelegt wird. Das PLL-Prinzip ist ausführlich in Abschn. 4.3.6.3 dargestellt. Der FM-PLL-Demodulator hat "schwellwertverbessernde Eigenschaften"; er bleibt deshalb bei Signal-Geräusch-Verhältnissen funktionsfähig, bei denen andere FM-Demodulatoren bereits ausfallen.

Bei der Frequenzmodulation ist der Modulationsindex β der Basisbandsignalkreisfrequenz ω_s umgekeht proportional, s. Gl. (7.28) $\beta = \Delta\Omega_f/\omega_s = k_f\hat{u}_s/\omega_s$. Bei hohen Basisband-Frequenzen ergibt sich deshalb ein kleiner Modulationsindex, der jedoch erhöht werden kann, wenn man $\hat{u}_s$ anhebt. In einem realen Basisbandsignal erscheinen die hohen Frequenzanteile meist mit kleinerer Amplitude als die tiefen. Man hebt deshalb zur Verbesserung von β die hochfrequenten Signalanteile mit Hilfe eines vorverzerrenden Netzwerks (**Preemphase-Netzwerk**) an. Dies kann auf eine PM mit konstantem $\Delta\varphi\hat{=}\beta$ führen, daher der Name. Das Signal-Geräusch-Verhältnis S/N im demodulierten Signal wird dadurch verbessert, da $S/N \sim \beta$ ist [63]. Im Empfänger wird diese frequenzabhängige Verzerrung in einem **Deemphase-Netzwerk** wieder rückgängig gemacht.

FM-und PM-Signale sind störsicherer bei additivem Rauschen als AM-Signale.

In [63, 64, 101] sind die erreichbaren Signal-Rausch-Verhältnisse dieser Verfahren dargestellt.

7.3.2.3 Spektrum eines WM-Signals

Die spektralen Eigenschaften von FM und PM sind praktisch identisch wenn auch die Bandbreite eine Funktion von $\Delta\varphi$ (bei PM konstant, bei FM von f_s abhängig) bzw. $\Delta\Omega$ (bei FM konstant bei PM von f_s abhängig) ist, s. Gl. (7.35). Enthält das betrachtete Basisbandsignal nur eine Kreisfrequenz ω_s, so kann ein WM-Signal durch

$$u_{WM}(t) = \hat{u}_c \cos(\omega_c t + \Delta\varphi \cos\omega_s t) = \hat{u}_c Re\left\{e^{j\omega_c t} e^{j\Delta\varphi\cos\omega_s t}\right\} \tag{7.30}$$

beschrieben werden. $\Delta\varphi$ bezeichnet hierbei den Phasenhub bei FM oder PM. Bei FM ist der Phasenhub der Modulationsindex β. Entwickelt man den Ausdruck $e^{j\Delta\varphi\cos\omega_s t}$ in eine Fourierreihe, so führt dies auf die Besselfunktionen 1. Art und n-ter Ordnung mit dem Argument $\Delta\varphi$.

$$e^{j\Delta\varphi\cos\omega_s t} = \sum_{n=-\infty}^{+\infty} J_n(\Delta\varphi) e^{jn(\omega_s t + \frac{\pi}{2})} \tag{7.31}$$

$$J_n(\Delta\varphi) = \sum_{i=0}^{+\infty} \frac{(-1)^i \left(\frac{\Delta\varphi}{2}\right)^{n+2i}}{i!(n+i)!}; \quad J_{-n}(\Delta\varphi) = (-1)^n J_n(\Delta\varphi) \tag{7.32}$$

Eingesetzt in Gl. (7.30) ergibt sich für ein PM-Signal ($\Delta\varphi = \Delta\varphi_p$) nach der Normierung auf $\hat{u}_c = 1$

$$u_{PM}(t) = \sum_{n=-\infty}^{+\infty} J_n(\Delta\varphi_p) \cos(\omega_c t + n\omega_s t + n\frac{\pi}{2}) \tag{7.33}$$

und ein FM-Signal ($\Delta\varphi = \Delta\varphi_f = \beta$)

$$u_{FM}(t) = \sum_{n=-\infty}^{\infty} J_n(\beta) \cos(\omega_c t + n\omega_s t + n\frac{\pi}{2}). \tag{7.34}$$

In Abb. 7.21 sind einige Besselfunktionen dargestellt.

Die beiden Gleichungen (7.33) und (7.34) stellen ein Linienspektrum dar, das die Trägerfrequenz (n=0) und die Summen-und Differenzfrequenzen ($f_c \pm nf_s$) enthält, s. Abb. 7.21b. Die spektralen Amplituden sind die Besselfunktionen $J_n(\Delta\varphi)$, s. Abb. 7.21a. Durch geeignete Wahl von $\Delta\varphi$ können verschiedene spektrale Komponenten unterdrückt werden. So ist beispielsweise $J_0(\Delta\varphi) = 0$ bei $\Delta\varphi = 2,4$. Weiterhin ist $J_1(\Delta\varphi) = 0$ bei $\Delta\varphi = 3,8$ und $J_2(\Delta\varphi) = 0$ bei $\Delta\varphi = 5,2$, wie Abb. 7.21a zeigt [56, 63, 64, 101-102, 104, 105, 108].

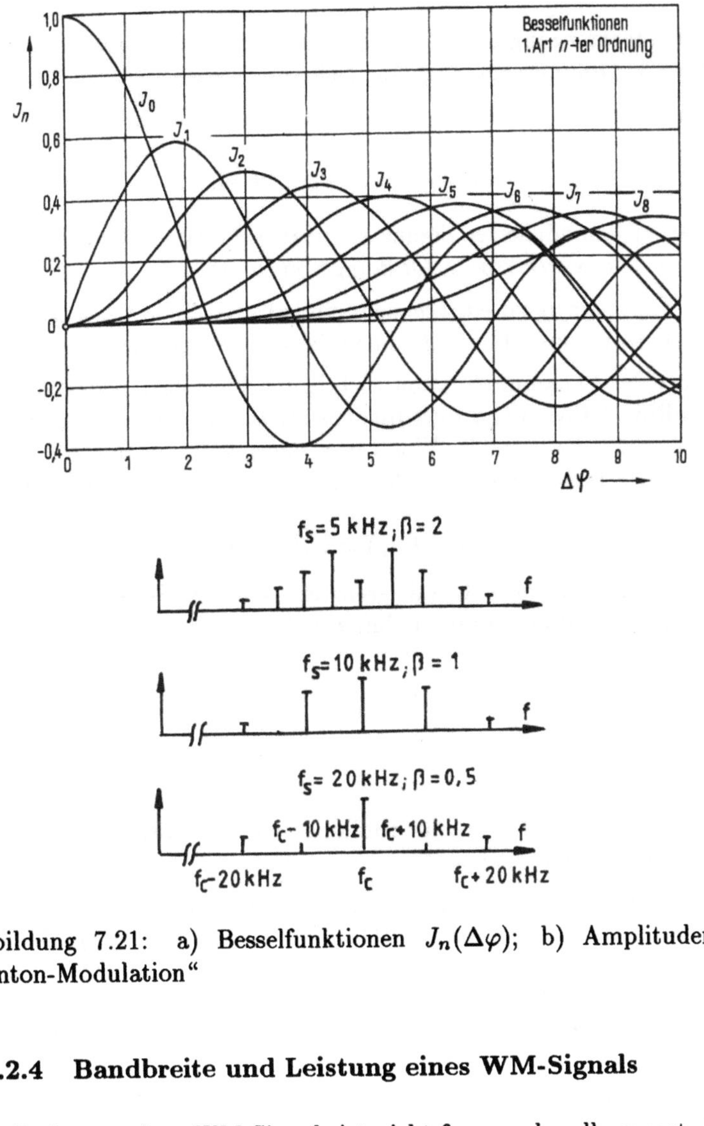

Abbildung 7.21: a) Besselfunktionen $J_n(\Delta\varphi)$; b) Amplitudenspektrum bei "Einton-Modulation"

7.3.2.4 Bandbreite und Leistung eines WM-Signals

Das Spektrum eines WM-Signals ist nicht frequenzbandbegrenzt. Für die praktische Anwendung muß das Frequenzband jedoch begrenzt werden. Berücksichtigt man für die Berechnung der Bandbreite alle Seitenlinien, Abb. 7.21b, deren Amplituden $> 0,1\hat{u}_c$ sind - damit werden 99% der Signalleistung erfaßt - so erhält man für die Signalbandbreite (**Carson-Formel**)

$$B_{WM} = 2f_s(\Delta\varphi + 1) = 2f_s\left(\frac{\Delta f}{f_s} + 1\right) = 2(\Delta f + f_s); \quad \Delta f = \frac{\Delta\Omega}{2\pi}; \quad f_s = \frac{\omega_s}{2\pi}. \tag{7.35}$$

Aufgrund der Bandbegrenzung entstehen Störungen im demodulierten Signal, die einem Klirrfaktor 3. Ordnung von ungefähr 10% entsprechen.

Umfaßt die Bandbreite alle Amplituden $0,01\hat{u}_c$, so erhält man für die Bandbreite.

$$B_{WM} = 2f_s(\Delta\varphi + 2) = 2(\Delta f + 2f_s) \qquad (7.36)$$

Die Verzerrungen im demodulierten Signal, verursacht durch die Bandbegrenzung, entsprechen hier einem Klirrfaktor 3. Ordnung von ca. 1%.

Ist das analoge Basisbandsignal ein Frequenzgemisch, wie für Nachrichtensignale allgemein der Fall, so ist anstelle von f_s die obere Frequenzgrenze f_g zu setzen.

Bei der gegenüber der Phasenmodulation wichtigeren Frequenzmodulation erhält man die **Schmalband-FM**, wenn man für den Modulationsindex $\beta \ll 1$ wählt. Die Bandbreite ist dann $B_{FM} = 2f_s$. Wählt man dagegen $\beta > 1$, so ergibt sich die **Breitband-FM**. Die Bandbreite kann dann nach der Carson-Formel berechnet werden.

$$B_{FM} = 2(\Delta f_f + f_s) = 2(\beta + 1)f_s \qquad (7.37)$$

Die Signalwirkleistung eines nicht bandbegrenzten WM-Signals an einem Widerstand R ist gleich der Leistung des unmodulierten Trägers an diesem Widerstand [56].

$$P_{WM} = \frac{\hat{u}_c^2}{2R} = \frac{\hat{u}_c^2}{2R}\left(J_0^2 + 2\sum_{n=1}^{\infty} J_n^2(\Delta\varphi)\right) \qquad (7.38)$$

□ **Beispiel 7.3**

Ein Frequenzmodulator soll als Phasenmodulator benutzt werden. Hierzu ist an den Eingang des FM-Modulators ein Differenzierglied zu schalten, S. Abb. 7.18.

Bei FM ist der Frequenzhub $\Delta\Omega_f \sim \hat{u}_s$, s. Gl. (7.26). Für den Modulationsindex, den Phasenhub bei FM, gilt $\beta = \Delta\varphi_f = \Delta\Omega_f/\omega_s \sim \hat{u}_s/\omega_s$, Gl. (7.28). Der Phasenhub bei FM wird mit zunehmendem ω_s immer kleiner. Bei der erwünschten PM muß der Phasenhub jedoch konstant sein. Das am Eingang des FM-Modulators liegende Differenzierglied muß diese Frequenzabhängigkeit aufheben. Zur Kompensation wird der differenzierende Verstärker nach Abb. 3.80f verwendet. Seine Übertragungsfunktion bei einer sinusförmigen Signaleingangsspannung $u_{s1}(t)$ lautet $\underline{U}_{s2}/\underline{U}_{s1} = -jR_fC_1\omega_s = -j\omega_s/\omega_g$ mit $\omega_g = 1/R_fC_1$. Für die Beträge gilt damit $|\underline{U}_{s2}| = (\omega_s/\omega_g)|\underline{U}_{s1}|$. Der Phasenhub bei FM ist bei Benutzung der Spannungsbeträge $\Delta\varphi_f = \Delta\Omega_f/\omega_s = k'_f|\underline{U}_{s2}|/\omega_s$. Setzt man die vorgenannte Gl. für $|\underline{U}_{s2}|$ ein, so wird der Phasenhub der FM konstant, es liegt also PM vor. $\Delta\varphi_f = k'_f\omega_s|\underline{U}_{s1}|/\omega_s\omega_g = k'_f|\underline{U}_{s1}|/\omega_g = \Delta\varphi_p$.

□ **Beispiel 7.4**

Die Momentanfrequenz eines FM-Signals laute $\Omega(t) = \omega_c + \Delta\Omega_f \cos\omega_s t$. Die Momentanphase ist dann $\phi_f(t) = \int \Omega(t)dt = \omega_c t + (\Delta\Omega_f/\omega_s)\sin\omega_s t$ mit dem Modultionsindex $\Delta\varphi_f = \beta = \Delta\Omega_f/\omega_s$. Bei einem Kreisfrequenzhub von $\Delta\Omega_f =$

$2\pi 10$ kHz und $\omega_s = 2\pi \cdot 4$ kHz wird der Modulationsindex $\beta = 2,5$. Die FM-Schwingung hat dann mit Gl. (7.32) und Gl. (7.34) die Form ($n = 0,1,2,3,4$) $u_{FM}(t) = J_o \cos\omega_c t + J_1[\cos(\omega_c t + \omega_s t) - \cos(\omega_c t - \omega_s t)] + J_2[\cos(\omega_c t + 2\omega_s t) + \cos(\omega_c t - 2\omega_s t)] + J_3[\cos(\omega_c t + 3\omega_s t) - \cos(\omega_c t - 3\omega_s t)] + J_4[\cos(\omega_c t + 4\omega_s t) + \cos(\omega_c t - 4\omega_s t)]$. $J_0(2,5) \approx 0, J_1(2,5) \approx 0,5, J_2(2,5) \approx 0,48, J_3(2,5) \approx 0,2$ und $J_4(2,5) = 0,09$, s. Abb. 7.21a. Bei einer Trägeramplitude von $\hat{u}_c = 1V$ sind die vorstehenden Werte die Spannungsamplituden der zugehörigen spektralen Komponenten. Mit der Carson-Formel erhält man die Bandbreite $B_{FM} = 2(\Delta f_f + f_s) = 28kHz$. Die Leistung des FM-Signals ist damit allgemein an einem Widerstand R, $P_{WM} = \hat{u}_c^2/2R \cdot (J_0^2 + 2J_1^2 + 2J_2^2 + 2J_3^2 + 2J_4^2) = 1,057\hat{u}_c^2/2R = 1,057P_c \approx P_c$.

□ **Beispiel 7.5**

Bandbreite eines FM-Videosignals .
Bandbreite des Basisbandsignals $f_g = 5MHz$ (PAL-System), $\Delta f_f = 15MHz$. Mit der Carson-Formel folgt $B_{FM} = 2(\Delta f_f + f_g) = 40MHz$. Modulationsindex $\beta = \Delta f_f / f_g = 3$ (Breitband-FM).

7.4 Trägerfrequenztechnik

Die Trägerfrequenztechnik ist ein Verfahren zur Mehrfachausnutzung von Übertragungswegen durch Anwendung der **Frequenzmultiplextechnik** (Abb. 7.22).

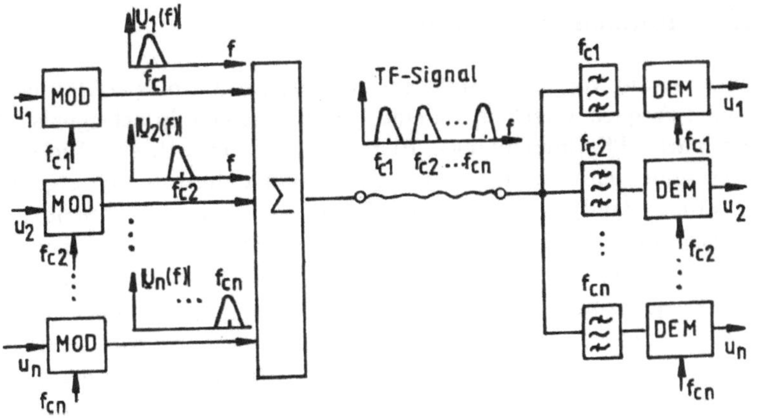

Abbildung 7.22: Frequenzmultiplex-Verfahren

Neben der Frequenzmultiplextechnik gibt es die Zeitmultiplextechnik und die Codemultiplextechnik. Beide Verfahren werden in Kapitel 8 behandelt.

Bei der Frequenzmultiplextechnik werden die Spektren n analoger (oder digitaler) Basisbandsignale durch Modulation innerhalb des verfügbaren Übertragungsbandes frequenzmäßig, wie in Abb. 7.22 gezeigt nebeneinander gelegt und übertragen. Im Empfänger wird jedes der n Signale mit Hilfe eines steilflankigen Bandpasses (Quarzfilter) selektiert und demoduliert.

Damit die Signaltrennung im Empfänger ohne gegenseitige Störung der jeweiligen Basisbandsignale gelingt müssen die Spektralfunktionen $\underline{U}_1(f)$, $\underline{U}_2(f)$, $\underline{U}_3(f)$, ..., die Fouriertransformierten der Signale $u_1(t)$, $u_2(t)$, $u_3(t)$, ... ***orthogonal*** zueinander sein. In mathematischer Darstellung sind Signale im Frequenzbereich dann orthogonal, wenn gilt

$$\begin{aligned} \int_{-\infty}^{+\infty} \underline{U}_i(f)\underline{U}_j(f)df &= K_F > 0 \quad \text{für} \quad i = j \\ &= 0 \quad \text{sonst.} \end{aligned} \tag{7.39}$$

Die Bandpässe und Demodulatoren zur Signaltrennung auf der Empfangsseite stellen funktionsmäßig eine Nachbildung der vorgenannten mathematischen Beziehung dar.

Die Demodulation erfolgt synchron oder kohärent. Bei analogen Sprachsignalen wird oft auf die aufwendige kohärente Demodulation verzichtet, da ein Phasenfehler bei der Demodulation vom menschlichen Gehör kaum wahrgenommen wird [47, 100, 112].

7.4.1 Harmonischer Frequenzplan

Die Zusammenfassung von Sprachsignalen im Frequenzmultiplex erfolgt nicht unmittelbar durch Frequenzverschiebung eines jeden einzelnen Sprachsignals (Bandbreite 4 kHz, nach ITU-Empfehlung). Hierzu würde man u.U. eine Vielzahl von hohen Trägerfrequenzen benötigen, die mit schmalbandigen 4 kHz-Signalen zu modulieren wären. Bandpässe mit hohen Mittenfrequenzen und schmalbandigem Durchlaßbereich sind schwer herstellbar. Man benutzt deshalb eine mehrstufige Umsetzung, indem man zunächst aus einer bestimmten Anzahl von Sprachsignalen (z.B. 12) ein Frequenzmultiplexsignal bildet und dieses Signalbündel dann neuerlich auf einen Träger hoher Frequenz zur Verschiebung in das Übertragungsband moduliert. Auf diesem Prinzip arbeitet der harmonische Frequenzplan der TF-Technik. Darin werden die Signalspektren eindimensional als dreieckförmige "Fahnen" dargestellt. Die Ordinate hat hierbei keine Bedeutung. Die Einseitenbandsignale werden aus ZSB-AM-Signalen mit unterdrücktem Träger erzeugt, wobei jeweils das obere (Rechtlage) oder untere Seitenband (Kehrlage) mit einem Bandpaß herausgefiltert wird, s. Abb. 7.23

Im harmonischen Frequenzplan bilden 3 Sprachkanäle (je 0 ... 4 kHz)- anstelle von "Signal" wird der Begriff "Kanal" (Frequenzkanal) benutzt, wie allgemein üblich

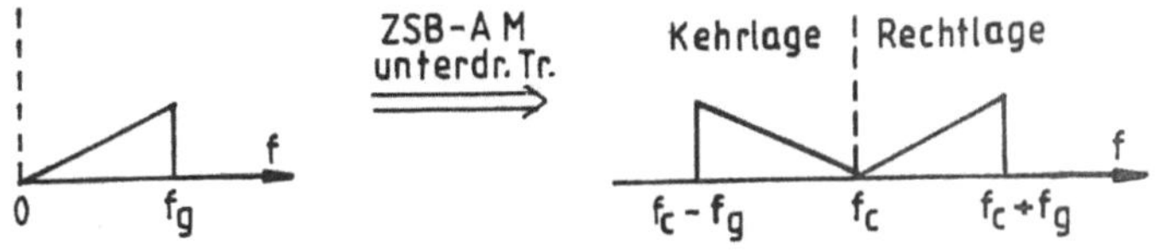

Abbildung 7.23: Signaldarstellung im harmonischen Frequenzplan

- eine **Vorgruppe**, mit den Trägerfrequenzen 12 kHz, 16 kHz und 20 kHz. Selektiert werden jeweils die oberen Seitenbänder, sodaß im Frequenzmultiplexsignal die Spektren in Rechtlage erscheinen, Abb. 7.24a.

Vier Vorgruppen (12 Sprachkanäle) bilden mit den Trägerfrequenzen 84 kHz, 96 kHz, 108 kHz und 120 kHz eine **Primärgruppe**, die in Kehrlage erscheint (unteres Seitenband), Abb. 7.24b.

Aus 5 Primärgruppen entsteht eine **Sekundärgruppe** in Rechtlage, mit den Trägerfrequenzen 420 kHz, 468 KHz, 516 kHz, 564 kHz und 612 kHz, Abb. 7.24c.

5 Sekundärgruppen werden zu einer **Tertiärgruppe** in Kehrlage mit den Trägerfrequenzen 1364 KHz, 1612 kHz, 1860 kHz, 2108 kHz, und 2356 kHz zusammengefaßt, Abb. 7.24d.

Schließlich bilden 3 Tertiärgruppen eine **Quartärgruppe** in Rechtlage mit den Trägerfrequenzen 10560 kHz, 11880 kHz und 13200 kHz, Abb. 7.24e. Dies ist der von der ITU empfohlene Aufbau. Weitere Gruppenbildung ist möglich.

TF-Übertragungssysteme gibt es in Zweidraht-Technik (Z 12) und Vierdraht-Technik (V 24, V 60, V 120, V 960, ...), wobei die Zahl hinter dem jeweiligen Buchstaben die Kanalzahl angibt. Der Übergang Zweidraht- Vierdraht-Technik erfolgt mit Gabelschaltungen, s. Abb. 7.7.

Die Signalaufteilung in bestimmte geographische Richtungen wird in den Netzknoten (Verstärkerstellen, Vermittlungsstellen) ebenfalls mit Hilfe steilflankiger Gruppendurchschaltefilter durchgeführt.

Zur Überwachung eines TF-Systems benutzt man ein **Pilotsignal**, dessen Pegel am Verstärkerausgang einer Vierdraht-Verbindung auf einen bestimmten Wert eingestellt wird. Bei Ausfall wird der Pilot rhythmisch unterbrochen, um die Gegenstelle zu alarmieren [43, 47].

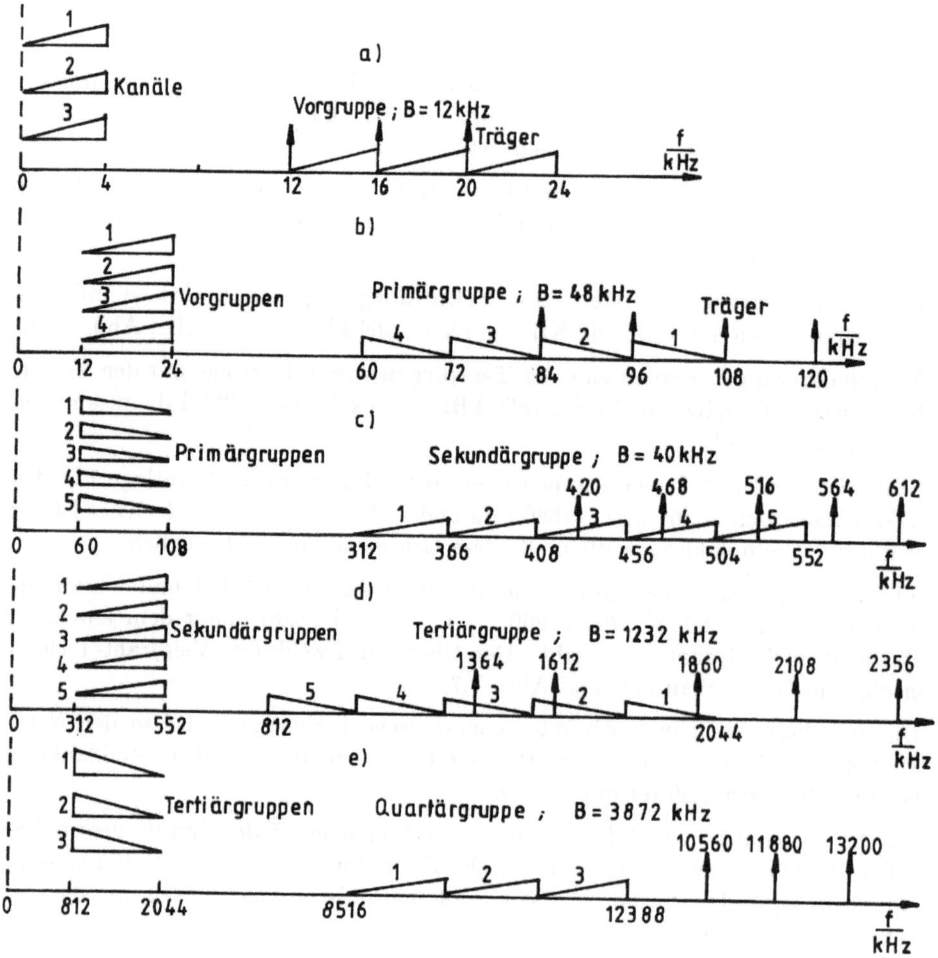

Abbildung 7.24: Signalaufbau der TF-Technik: a) Vorgruppe; b) Primärguppe; c) Sekundärgruppe; d) Tertiärgruppe; e) Quartärgruppe

Übungsaufgaben

Aufgabe 7.1

Am Ausgang des in Abb. 7.25a dargestellten AM-Modulators (Zweiseitenband-AM ohne Trägerunterdrückung) werde mit einem Spektrumanalysator das in Abb. 7.25b gezeigte Amplitudenspektrum gemessen.

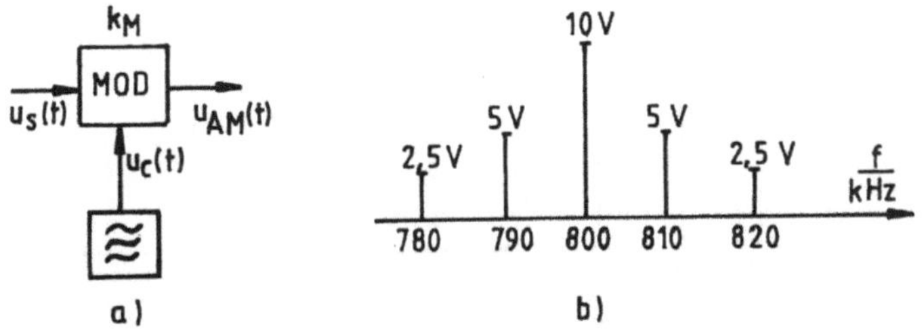

Abbildung 7.25: a) AM-Modulator; b) Signal-Amplitudenbetragsspektrum

a) Wie lautet die Zeitfunktion des modulierten Signals ?
b) Wie ist der Zeitverlauf des NF-Signals ?
c) Welchen Zeitverlauf hat die Signalhüllkurve ?
d) Ermitteln Sie die Gesamtleistung des modulierten Signals an einem Widerstand von $R = 50\ \Omega$.
e) Bestimmen Sie die Bandbreite des modulierten Signals.

Aufgabe 7.2

Die in Abb. 7.26a dargestellte Mischeranordnung mit einem Ringmodulator als Mischelement werde zur Funktionsprüfung abwechselnd mit den Eingangssignalen $u_{s1}(t) = \hat{u}_s \cos^4 \omega_s t$ und $u_{s2}(t) = \hat{u}_s \cos^3 \omega_s t$ beaufschlagt:

a) Bei welchem Eingangssignal erscheint eine ZSB-AM mit unterdrücktem Träger ? Begründung !
b) Wie lauten Zeitfunktion und Amplitudenspektrum der Modulatorausgangssignale ($\hat{u}_c = 10$ V, $\hat{u}_s = 0{,}5$ V, $f_c = 70$ MHz, $f_s = 8$ MHz) ?
c) Wie groß ist die Signalbandbreite in beiden Fällen ?

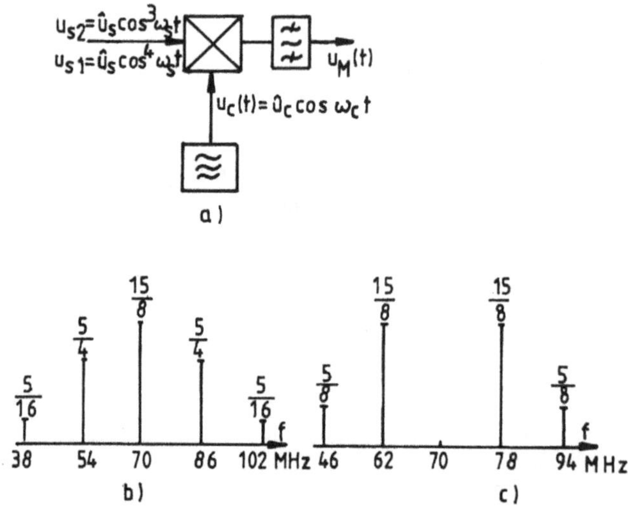

Abbildung 7.26: a) Modulatorschaltung; b) Amplitudenbetragsspektrum von $u_{M1}(t)$; c) Amplitudenbetragsspektrum von $u_{M2}(t)$ (k_M = Konstante der Dimension 1/V)

Aufgabe 7.3

Gegeben sei die in Abb. 7.27 dargestellte Abstimmschaltung eines FM-Modulators (VCO). ($f_c = 800$ kHz, $\Delta f_f = \pm\ 10$ kHz, $L = 250\ \mu$H)

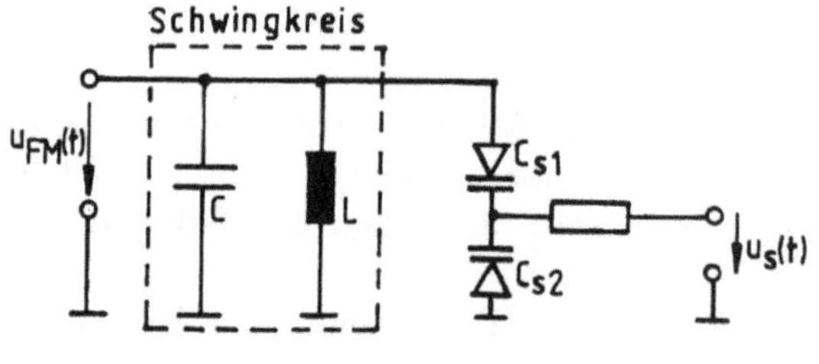

Abbildung 7.27: Schwingkreis-Ansteuerung bei Frequenzmodulation

a) Wie groß ist die erforderliche Kapazitätsänderung ΔC der Kapazitätsdioden, damit der gewünschte Frequenzhub erzielt wird ?

b) Welchen Wert hat der max. Phasenhub, wenn $f_s = 0{,}3 \ldots 4$ kHz beträgt, und der Modulationsindex ?

Aufgabe 7.4

In einem Frequenzmodulator (f_c = 1000 kHz) wird ein NF-Signal der Frequenz f_s = 10 kHz eingespeist und dabei die NF-Amplitude $\hat{u}_s$ von Null aus soweit erhöht, bis bei der gemessenen Ausgangs-Spektrallinie (Spektrumanalysator) $f = 1200$ kHz die 2. Nullstelle (1. Nullstelle bei $\Delta\varphi_f = 0$) der zugehörigen Besselfunktion auftritt. Bei welcher Besselfunktion und bei welchem Frequenzhub wird dies erreicht ?

Lösungen

Aufgabe 7.1

a) $u_{AM}(t) = 10\text{V}\cos(2\pi 800 \cdot 10^3 t) + 5\text{V}\cos(2\pi \cdot 810 \cdot 10^3 t) + 5\text{V}\cos(2\pi 790 \cdot 10^3 t) + 2,5\text{V}\cos(2\pi \cdot 820 \cdot 10^3 t) + 2,5\text{V}\cos(2\pi 780 \cdot 10^3 t)$
b) $u_s(t) = 10\text{V}\cos(2\pi \cdot 10 \cdot 10^3)t + 5\text{V}\cos(2\pi \cdot 20 \cdot 10^3)t$
c) $a(t) = \hat{u}_c + u_s(t) = 10\text{V} + 10\text{V}\cos(2\pi \cdot 10 \cdot 10^3)t + 5\text{V}\cos(2\pi \cdot 20 \cdot 10^3)t$
d) $P_{ges} = 1,625$ W
e) $B = 40$ kHz

Aufgabe 7.2

a) Nur bei einem Eingangssignal $u_s(t) = \hat{u}_s \cos^3 \omega_s t$ erscheint ein ZSB-AM-Signal mit unterdrücktem Träger, da dieses Signal gleichanteilfrei (punktsymmetrisch) ist. Gleichanteilbehaftete Nachrichtensignale führen nicht zur Trägerunterdrückung.
b) Fall 1: $u_{AM1}(t) = \hat{u}_c \cos\omega_c t \hat{u}_s \cos^4 \omega_s t = (3/8)\hat{u}_c\hat{u}_s \cos\omega_c t + (\hat{u}_c\hat{u}_s/16)[\cos(\omega_c - 4\omega_s)t + \cos(\omega_c + 4\omega_s)t] + (\hat{u}_c\hat{u}_s/4)[\cos(\omega_c - 2\omega_s)t + \cos(\omega_c + 2\omega_s)t]$ (Träger vorhanden). Fall 2: $u_{AM2}(t) = \hat{u}_c \cos\omega_c t \hat{u}_s \cos^3 \omega_s t = (3\hat{u}_s\hat{u}_c/8)[\cos(\omega_c - \omega_s)t + \cos(\omega_c + \omega_s)t] + /\hat{u}_c\hat{u}_s/8[\cos(\omega_c - 3\omega_s)t + \cos(\omega_c + 3\omega_s)t]$ (Träger unterdrückt). Amplitudenbetragsspektren s. Abb. 7.26bc.
c) $B_1 = 64$ MHz (Fall 1) ; $B_2 = 48$ MHz (Fall 2)

Aufgabe 7.3

a) Für die kapazitätsabhängige Frequenzänderung (Kapazitätsdioden) gilt $f_{c,var} = 1/(2\pi\sqrt{C_{var}L})$; Die variable Kapazität ist $C_{var} = C_{s1}C_{s2}/(C_{s1} + C_{s2})$ bzw. $C_{var} = 1/4\pi^2 f_{c,var}^2 L$. ΔC ermittelt man aus dem oberen und unteren Grenzwert des Frequenzhubs. $\Delta C = [C_{var}]_{f_c - 10KHz} - [C_{var}]_{f_c + 10kHz} = 7.9$ pF.
b) Der maximale Modulationsindex ist $\beta_{max} = \Delta f_f / f_{su} = 33,3$, und der Minimale erreicht den Wert $\beta_{min} = \Delta f_f / f_{so} = 2,5$

Aufgabe 7.4

Der Frequenzhub ist $\Delta f_f = \Delta\varphi_f \cdot f_s = k_f \hat{u}_s$ und der Phasenhub $\Delta\varphi_f = \frac{k_f \cdot \hat{u}_s}{f_s}$. Der Frequenzhub bzw. Phasenhub ist durch Variation von $\hat{u}_s$ änderbar. Da $f = 1020$ kHz gemessen wird, ist dies wegen Gl. (7.34) $u_{FM}(t) = \hat{u}_c[J_0(\Delta\varphi_f)\cos\omega_c(t) - J_1(\Delta\varphi_f)[\cdots] + J_2(\Delta\varphi_f)[\cos(\omega_c - 2\omega_s) + \cos(\omega_c t + 2\omega_s)] - + \cdots]$ die Komponente $\cos(\omega_c + 2\omega_s)t = \cos(2\pi \cdot 1000\text{kHz} + 2\pi \cdot 2 \cdot 10\text{kHz}) = \cos(2\pi 1020\text{kHz})$. Die zugehörige Besselfunktion ist somit $J_2(\Delta\varphi_f)$ mit der 2. Nullstelle bei $\Delta\varphi_f \approx 5$, s. Abb. 7.21a. Hieraus folgt dann der Frequenzhub $\Delta f_f = \Delta\varphi_f f_s = 50$ kHz.

Kapitel 8

Digitale Nachrichtenübertragungs- und Multiplexverfahren

Analoge Signale, wie z.B. Sprach- oder Bildsignale, können durch Abtastung, Quantisierung und Codierung in digitale Signale umgesetzt werden. Die hierzu notwendigen Methoden der Analog-Digital- bzw. Digital-Analog-Umsetzung ermöglichen die digitale Übertragung ursprünglich analoger Signale. Computer-Datensignale liegen bereits als Digitalsignale vor. Somit können beispielsweise in einem digitalen "Zeitmultiplexsignal" sowohl digitalisierte Analogsignale, als auch Datensignale enthalten sein, die gemeinsam übertragen werden.

Betrachtet werden sowohl die ***Basisband-Übertragung*** als auch Methoden der digitalen ***Pulsmodulation*** und ***Sinusträger-Modulation***.

Als wichtigstes digitales Multiplexverfahren wird zunächst die *Zeitmultiplex-Technik* (TDM, Time Division Multiplex) behandelt. Die Frequenzmultiplextechnik (FDM, Frequency Division Multiplex) wurde bereits in Abschn. 7.4 betrachtet. Dort erwähnte Methoden können - z.B. nach entsprechender Codierung der Basisbandsignale zur Vereinfachung der Einseitenband-Bildung [111] oder als Zweiseitenbandsignale - auch für die digitale Frequenzmultiplex-Bildung angewendet werden. Die dritte grundsätzliche Methode, die *Codemultiplex-Technik* (CDM, Code Division Multiplex) ist aufgrund ihrer Breitbandigkeit ein sehr störsicheres Verfahren.

Den *Vielfachzugriffsverfahren*, die mit den Multiplexverfahren nah verwandt sind, ist ebenfalls ein eigener Abschnitt gewidmet. Hierbei handelt es sich um Methoden des störungsfreien Zugriffs vieler Teilnehmer auf ein gemeinsames Übertragungsmedium. Betrachtet werden die sogenannten "Reservierungsverfahren" in Form des *Vielfachzugriffs im Zeitmultiplex* (TDMA, Time Division Multiple Access), *Vielfachzugriffs im Frequenzmultiplex* (FDMA, Frequency Division Multiple Access) und *Vielfachzugriffs im Codemultiplex* (CDMA, Code Division Multiple Access); letzteres wird im UMTS (Universal Mobile Telecommunications System) Anwendung finden [98, 99]. Stochastische Zugriffsverfahren werden in Kapitel 11 behandelt.

Im allgemeinen ändert ein Digitalsignal im Zuge seiner Fortpflanzung zwischen Sender und Empfänger mehrfach seine Impulsgestalt, ohne seinen Informationsgehalt zu ändern. Es ist eine Impulsformung und damit spektrale Formung notwendig, um die in der Regel in Rechteckimpulsform vorliegenden Quellensignale auf das zugewiesene Frequenzband zu beschränken [81, 111-114].

Zum Verständnis der folgenden Abschnitte sind einige Kenntnisse über Bauelemente der Digitaltechnik und logische Netzwerke notwendig; im Zusammenhang mit ihrer Anwendung wird ihre Funktionsweise erläutert. Weitergehende Darstellungen hierzu findet man in [116].

8.1 Puls-Modulation

In Abschn. 7.3 wurde der Begriff "Sinusträger-Modulation" bereits definiert. Mit dem Begriff *Modulation* werden im allgemeinen alle Verfahren bezeichnet, bei denen einem beliebigen Trägersignal ein Nachrichtensignal aufgeprägt wird. Bei den Modulationsverfahren mit nichtsinusförmigem Träger, sind die Träger der Nachricht oft periodische Pulsfolgen, deren Amplitude (PAM ... Puls Amplituden Modulation), Phase (PPM ...Puls Phasen Modulation), Impulsdauer (PDM ... Puls Dauer Modulation) oder Frequenz (PFM ... Puls Frequenz Modulation) im Sinne der Nachricht verändert (moduliert) wird. Die Puls-Modulationsverfahren sind nicht unbedingt digitale Verfahren; PDM, PPM und PFM können sowohl durch die Modulation mit digitalen als auch analogen Basisbandsignalen entstehen. Da ihr Träger ein diskretes Signal darstellt, erfolgt ihre Darstellung in diesem Kapitel. Die PAM ist ein amplitudenkontinuierliches Abtastsignal und damit, nach DIN 40146, eigentlich kein Digitalsignal; sie wird in diesem Abschnitt trotzdem behandelt, da sie die Vorstufe zur digitalen Puls-Code-Modulation (PCM) darstellt: Diese entsteht aus einem PAM-Signal durch Amplitudenquantisierung - die Quantisierung läßt nur eine endliche Anzahl von Abtastwerten zu - und Binärcodierung eines jeden Abtastwerts [100].

Die Bandspreiztechnik ist ein störsicheres Modulationsverfahren bei dem rauschartige PN-Folgen (Pseudo Noise) als Träger verwendet werden; sie wird häufig in Verbindung mit der Code-Multiplex-Technik angewendet, s. Abschn 8.7.

Als Zeitmultiplextechnik bezeichnet man die systematische Verschachtelung von

Signalfolgen im Zeitbereich. Hierbei gibt es synchrone (SDH ... Synchrone Digitale Hierarchie), plesiochrone (PDH ... Plesionchrone Digitale Hierarchie) und asynchrone (ATM ... Asynchronous Transfer Mode) Methoden.

8.1.1 Puls-Amplituden-Modulation (PAM)

Zur Erzeugung eines PAM-Signals werde das bereits in Abschn. 2.4.1 benutzte Prinzip der Signalabtastung verwendet, wobei jedoch die Abtastung mit einem Pulsträger erfolgt, der nicht aus einer Folge von δ-Impulsen besteht. In Abb. 2.31a ist diese Prinzipschaltung und in Abb. 8.1a eine oft verwendete Abtast-Halte-Schaltung wiedergegeben. Eine periodische Folge schmaler Rechteckimpulse $s_c(t)$

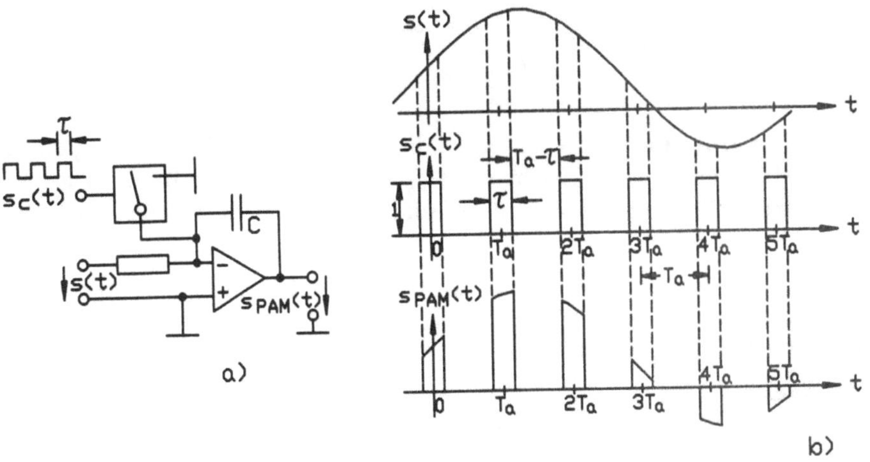

Abbildung 8.1: a) Abtast-Halte-Schaltung; b) Schema der PAM-Erzeugung

der Dauer τ steuert über einen elektronischen Schalter (Schottky-Dioden-Schalter, FET-Schalter) die Ladung (Abtasten und Halten) und Entladung des Kondensators eines Integrators an dessen Eingang das auf f_g bandbegrenzte Nachrichtensignal $s(t)$ liegt. Abb. 8.1b zeigt das Basisbandsignal $s(t)$, den Pulsträger $s_c(t)$ und das PAM-Signal $s_{PAM}(t)$.

Als Impulsträgerfrequenz wird $f_c = f_a$ gewählt mit der Abtastfrequenz $f_a \geq 2f_g$ und der oberen Grenzfrequenz f_g des bandbegrenzten Basisbandsignals $s(t)$. Entwickelt man $s_c(t)$ in eine Fourierreihe, siehe hierzu auch Beisp. 2.1, so erhält man allgemein mit $\tau \neq T_a/2$

$$s_c(t) = s_a(t) = \frac{\tau}{T_a}\left(1 + \sum_{\nu=1}^{\infty} \frac{2\sin\nu\omega_a\frac{\tau}{2}}{\nu\omega_a\frac{\tau}{2}}\cos\nu\omega_a t\right) \tag{8.1}$$

Gemäß Abb. 2.31a bzw. Abb. 8.1a lautet dann das PAM-Signal mit der vorstehenden Fourierentwicklung

$$s_{PAM}(t) = s(t)s_c(t) = \frac{\tau}{T_a}\left(s(t) + s(t)\sum_{\nu=1}^{\infty}\frac{2\sin\nu\omega_a\frac{\tau}{2}}{\nu\omega_a\frac{\tau}{2}}\cos\nu\omega_a t\right). \tag{8.2}$$

Der im Trägersignal vorhandene Gleichanteil enthält nach der Multiplikation $s(t)s_c(t)$ das Nachrichtensignal $s(t)$ sowie eine Summe von Komponenten höherer Ordnung. Bildet man die Fouriertransformierte von $s_{PAM}(t)$, so erhält man eine unendliche Folge von Spektren der Form $\underline{S}(\omega)$, $\underline{S}(\omega - \omega_a)$, $\underline{S}(\omega - 2\omega_a)$, $\underline{S}(\omega - 3\omega_a)\ldots$, die sich nicht überlappen, da die Kreisfrequenz des Pulsträgers ω_c mit der Abtastkreisfrequenz ω_a übereinstimmt.

$$\underline{S}_{PAM}(\omega) = \frac{\tau}{T_a}\sum_{k=-\infty}^{+\infty}\frac{\sin k\omega_a\frac{\tau}{2}}{k\omega_a\frac{\tau}{2}}\underline{S}(\omega - k\omega_a) \tag{8.3}$$

Aufgrund der Überlappungsfreiheit kann die Demodulation des PAM-Signals mit einem Tiefpaß der oberen Grenzfrequenz f_g verzerrungsfrei erfolgen, der lediglich das Spektrum $|\underline{S}(f)|$ durchläßt und alle anderen spektralen Anteile unterdrückt, vergl. Abb. 2.31b und Abb. 2.32.

Additives Rauschen und Nichtlinearitäten wirken auf PAM-Signale stark verzerrend. Im allgemeinen eignet sich deshalb die PAM nicht zur unmittelbaren Signalübertragung.

□ **Beispiel 8.1**

Es sei $s(t) = \cos\omega_1 t$ ein Basisbandsignal. Das zugehörige PAM-Signal lautet dann mit Gl. (8.2)

$$s_{PAM}(t) = s(t)s_a(t) = \frac{\tau}{T_a}\left(\cos\omega_1 t + \cos\omega_1 t\sum_{\nu=1}^{\infty}\frac{2\sin\nu\omega_a\frac{\tau}{2}}{\nu\omega_a\frac{\tau}{2}}\cos\nu\omega_a t\right).$$

Wendet man das Additionstheorem $\cos\nu\omega_a t\cos\omega_1 t = (1/2)[\cos(\nu\omega_a + \omega_1)t + \cos(\nu\omega_a - \omega_1)t$, so erkennt man, daß neben der erwünschten Spektrallinie bei der Kreifrequenz ω_1 ($\hat{=}$ Basisbandsignal) diskrete Frequenzkomponenten der Form $\nu\omega_a \pm \omega_1$ im PAM-Signal auftreten, die durch eine $(\sin x/x)$-Einhüllende in ihrer spektralen Amplitude begrenzt werden.

8.1.2 Puls-Dauer-Modulation (PDM)

Verändert man die zeitliche Lage der Vorder- oder Rückflanke oder beider Flanken der Impulse eines periodischen Impulsträgers $s_c(t)$ im Sinne des zu übertragenden Nachrichtensignals $s(t)$, so erhält man ein PDM-Signal. In Abb. 8.2a ist eine

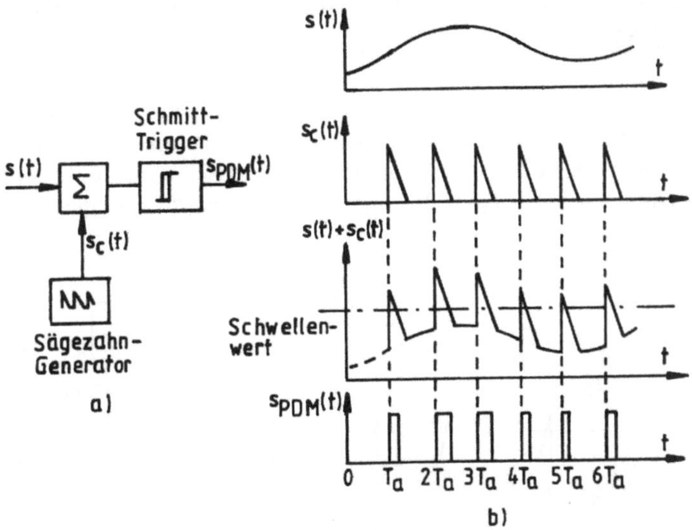

Abbildung 8.2: a) PDM-Modulator; b) Schema der PDM-Erzeugung

Methode dargestellt, bei der die Impuls-Rückflanken moduliert werden. Das Basisbandsignal $s(t)$ wird zunächst einem periodischen Sägezahnsignal additiv überlagert. Die PDM-Impulsfolge erhält man dann mit Hilfe eines Schmitt-Triggers, dessen Schwellenwert so gelegt wird, daß alle Sägezahnimpulse abgefragt werden, s. Abb. 8.2b. Am Schmitt-Trigger-Ausgang erscheinen Impulse unterschiedlicher Länge, vorderflankenperiodisch im Abstand kT_a, $(k = 1, 2, 3, \ldots)$. Die Impulsdauer eines jedem PDM-Impulses folgt dabei dem Zeitgesetz

$$\tau_D(t) = \tau + t_0 s(t) \tag{8.4}$$

t_0 ist ein konstanter Zeitwert der so gewählt wird daß $\tau_{Dmax} < T_a$ ist. Ersetzt man in Gl. (8.1) die konstante Impulsdauer τ durch die im Sinne der Nachricht variable Impulsdauer $\tau_D(t)$, so folgt das PDM-Signal $s_{PDM}(t)$.

$$s_{PDM}(t) = \frac{\tau + t_o s(t)}{T_a} + \frac{\tau + t_0 s(t)}{T_a} \sum_{\nu=1}^{\infty} \frac{2 \sin \nu\omega_a \frac{\tau + t_0 s(t)}{2}}{\nu\omega_a \frac{\tau + t_0 s(t)}{2}} \cos \nu\omega_a t \tag{8.5}$$

Da das Abtasttheorem $f_a = f_c \geq 2f_g$ erfüllt ist, kann ein PDM-Signal ebenfalls mit einem Tiefpaß der Bandbreite f_g demoduliert werden.

8.1.3 Puls-Phasen- (PPM) und Puls-Frequenzmodulation (PFM)

Puls-Dauermodulation und Puls-Phasenmodulation sind eng miteinander verwandt. Ein PPM-Signal läßt sich aus einem vorderflankenmodulierten PDM-Signal gewinnen. In Abb. 8.3a ist dieser Vorgang schematisch dargestellt, wobei für die Pulsträgerfrequenz wieder $f_a \geq 2f_g$ vorausgesetzt wird. Aus den die Nachricht

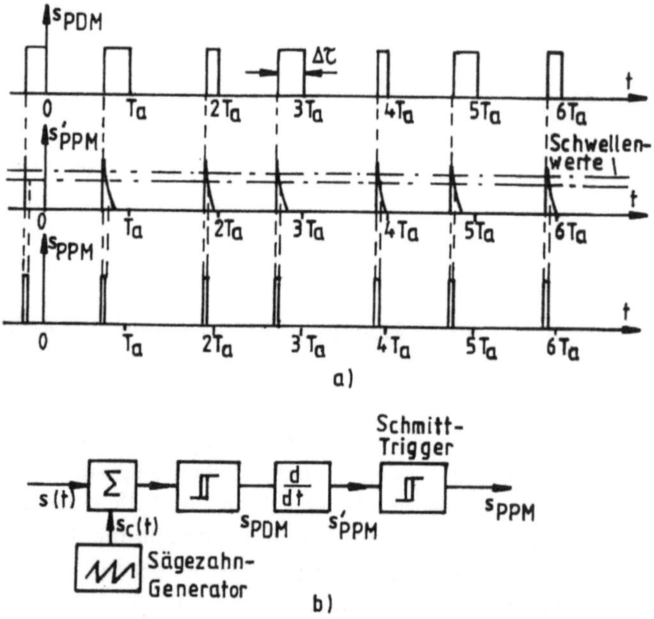

Abbildung 8.3: PPM-Modulation: a) Schema der PPM-Signalerzeugung; b) PPM-Modulator (Serrasoid-Modulator)

tragenden Impuls-Vorderflanken eines PDM-Signals wird in einem Differenzierglied und einem darauffolgenden Schmitt-Trigger das PPM-Signal gewonnen, s. Abb. 8.3b. Die Nadelimpulse des PPM-Signals treten nicht mehr periodisch auf, sondern sind, abhängig von der Nachricht $s(t)$, mehr oder weniger weit von den festen Werten kT_a entfernt.

Zur Demodulation wandelt man PPM-Signale in PAM- oder PDM-Signale um, die dann durch Tiefpaßfilterung demoduliert werden können. In Abb. 8.4 ist die Umsetzung eines PPM-Signals in ein PDM-Signal dargestellt.

Das PPM-Signal wird in einem Schmitt-Trigger in logische TTL-Signale $s_1(t)$ umgesetzt (logisch 0$\hat{=}$0 V, logisch 1$\hat{=}$5 V), d.h. $s_1(t)$ erhält dadurch gegenüber $s_{PPM}(t)$ nur andere Signalpegel. Nun führt man $s_1(t)$ dem Takteingang eines

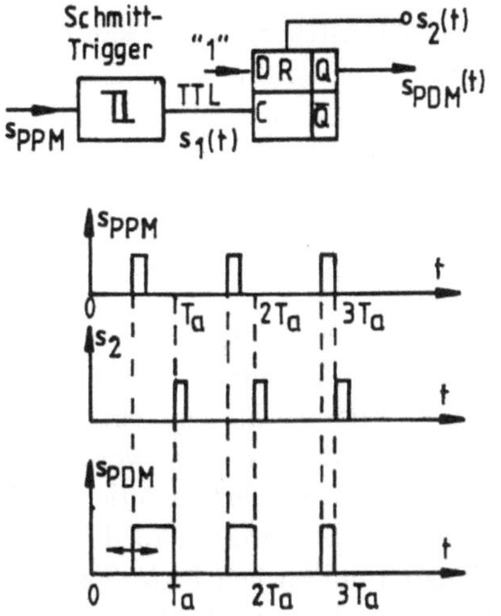

Abbildung 8.4: PPM-PDM-Umsetzung

D-Flip-Flops zu, während der D-Eingang (Daten-Eingang) des Flip-Flops auf logisch 1 gelegt wird. Mit der positiven Flanke der PPM-TTL-Impulse $s_1(t)$ wird das Flip-Flop gesetzt (Q = "1"), während mit dem Reset-Signal $s_2(t)$, das aus einer periodischen Impulsfolge besteht, die Rücksetzung auf Q = "0" erfolgt. Man erhält damit ein PDM-Signal $s_{PDM}(t)$, das mit einem Tiefpaß demoduliert werden kann.

Bei der **Pulsfrequenzmodulation** wird die Pulsfrequenz in Abhängigkeit des Basisband-Nachrichtensignals verändert. In Abb. 8.5 ist dies am Beispiel eines vierstufigen digitalen Basisbandsignals gezeigt.

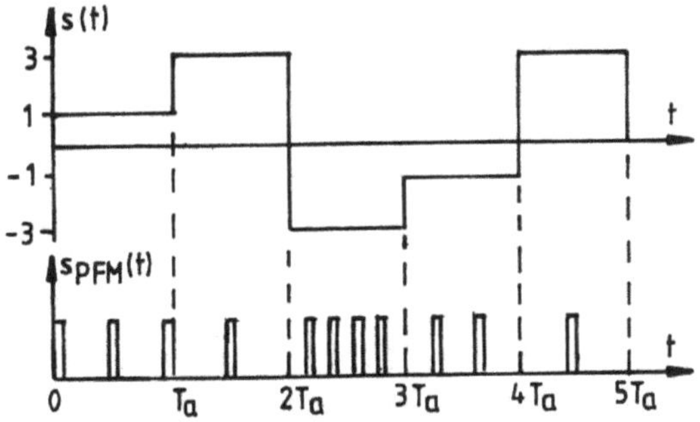

Abbildung 8.5: Prinzip der Pulsfrequenzmodulation

Jeder Amplitudenwert des Basisbandsignals wird durch eine bestimmte Pulsfrequenz, bzw. eine bestimmte Anzahl von Impulsen, gekennzeichnet. Erfüllt die niedrigste Pulsfrequenz das Abtasttheorem, so kann die PFM mit einem Tiefpaß demoduliert werden. Ein Pulsfrequenzmodulator kann mit den Verfahren der analogen Frequenzmodulation realisiert werden, wenn die Sinusschwingungen der entsprechenden Oszillatoren in Pulsfolgen umgesetzt werden (Schmitt-Trigger).

8.1.4 Puls-Code-Modulation (PCM)

Als Folge von Abtastwerten eines bandbegrenzten Analogsignals kann ein PAM-Signal, in Abhängigkeit von der Amplitudendynamik des Analogsignals, unendlich viele verschiedene Amplitudenwerte enthalten. Zur Begrenzung des Dynamikbereichs auf eine endliche Zahl von Abtastwerten, werden zur Herstellung der Puls-Code-Modulation die Abtastwerte zunächst quantisiert. Jeder in ein bestimmtes Quantisierungsintervall fallende Abtastwert wird dann mit einem Binärwort codiert. Aus dem amplitudenkontinuierlichen PAM-Signal $s_{PAM}(t)$ wird damit ein zeit- und amplitudendiskretes Binärsignal. In Abb. 8.6 ist die Quantisierung und Codierung eines Analogsignals dargestellt, wobei $q = 2^3 = 8$ Quantisierungsstufen und $n = 3$ bit pro Codewort benutzt werden. Jedem Quantisierungsintervall (=

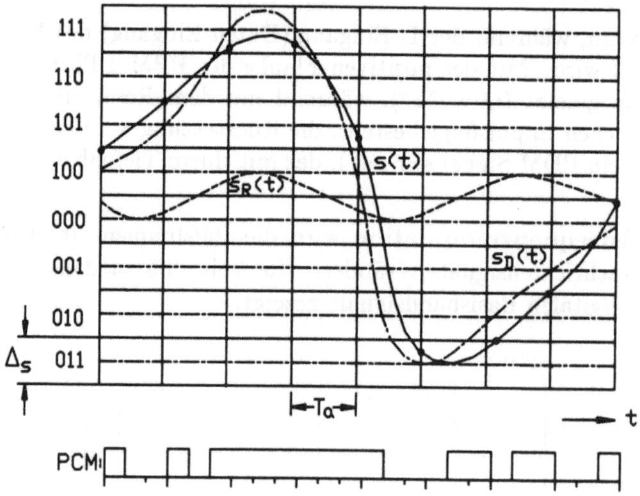

Abbildung 8.6: Quantisierung und Codierung bei der Puls-Code-Modulation($q = 8, n = 3$)

Quantisierungsstufe) der Größe Δs wird ein Codewort zugeordnet. Hierdurch sind alle Intervalle und die in sie hineinfallenden Abtastwerte eindeutig identifiziert. Da $q = 8$ Quantisierungs-Intervalle vorliegen ist eine $n = \text{ld}\, 8 = 3$ bit-Codierung erforderlich.

Je feiner die Quantisierung vorgenommen wird desto genauer wird das Analogsignal $s(t)$ durch die Quantisierungstufen genähert. Umso höher wird damit aber auch die Zahl der Quantisierungsstufen und die Codewortlänge.

Damit im Empfänger der jeweilige Codewortanfang erkannt werden kann, ist ein Codewort-Synchronisationssignal in den Bitstrom einzufügen (z.B. durch eine Synchronisationsfolge jeweils zum Sendebeginn).

Selbst bei sehr feiner Quantisierung wird die genaue Signalfolge des abgetasteten Analogsignals $s(t)$ durch die zugehörige quantisierte Folge $s_q(t)$ nicht erreicht. Im Empfänger wird aus dem quantisierten und codierten Signal lediglich das Analogsignal $s_D(t)$ rekonstruiert das in Abb. 8.6 eingetragen ist; es bleibt eine Differenz zwischen dem ursprünglichen Analogsignal $s(t)$ und dem im Empfänger rekonstruierten Signal $s_D(t)$. Diese Differenz heißt **Quantisierungsfehler** $s_R(t)$ die in Abb. 8.6 ebenfalls eingetragen ist. Der Quantisierungsfehler wirkt auf der Empfangsseite auf das decodierte Nutzsignal ähnlich wie das unvermeidliche thermische Rauschen und wird deshalb oft als **Quantisierungsrauschen** oder **Quantisierungsverzerrung** bezeichnet.

□ **Beispiel 8.2**
Zur Erzeugungeines PCM-Sprachsignals nach internationaler Norm (Empfehlung ITU-T G. 711) (International Telecommunication Union - Telecommunication Standardisation Sector), wird die Abtastfrequenz $f_a = 8$ kHz vorgeschlagen. Da das Frequenzband eines Sprachsignals im Bereich $0,3 - 3,4$ kHz liegt, wären $f_a = 2 \cdot 3,4 = 6,8$ kHz ausreichend. International vereinbart sind jedoch $f_g = 4$ kHz, woraus die Abtastfrequenz $f_a = 8$ kHz folgt. Nach G.711 sind $q = 2^8 = 256$ Quantisierungsstufen zu wählen; dies entspricht einer Codewortlänge von $n = 8$ bit. Bei $f_a = 8$ kHz folgt hieraus eine Bitrate von $v_b = 8\,\text{kHz} \cdot 8\,\text{bit} = 64$ kbit/s, die PCM-Grundbitrate eines Sprachsignals.

8.1.4.1 Lineare Quantisierung

Wählt man alle Quantisierungs-Intervalle Δs gleich groß, so spricht man von linearer Quantisierung. Abb. 8.7a zeigt die Kennlinie eines linearen Quantisierers, das aussteuernde PAM-Signal $s_{PAM}(t)$ und die hieraus resultierende sägezahnförmige Quantisierungsverzerrung $s_R(t)$. Jedem Abtastwert im Signal $s_{PAM}(t)$ ist ein diskreter Spannungswert s_q zugeordnet. Ist $s_{PAM}(t) = 0$, so wird $s_q(t) = +\Delta s/2$ oder $-\Delta s/2$. Bei linearer Quantisierung ist P_q die mittlere Signalwirkleistung des Signals $s_q(t)$ im gesamten Dynamikbereich, N_q die Wirkleistung des Quantisierungsgeräuschs (an $R = 1\ \Omega$) und P_q/N_q das Signal-Quantisierungsrauschleistungs-Verhältnis.

$$P_q = \frac{1}{12}(q^2 - 1)\Delta s^2; \quad N_q = \frac{\Delta s^2}{12}; \quad \frac{P_q}{N_q} = q^2 - 1 \tag{8.6}$$

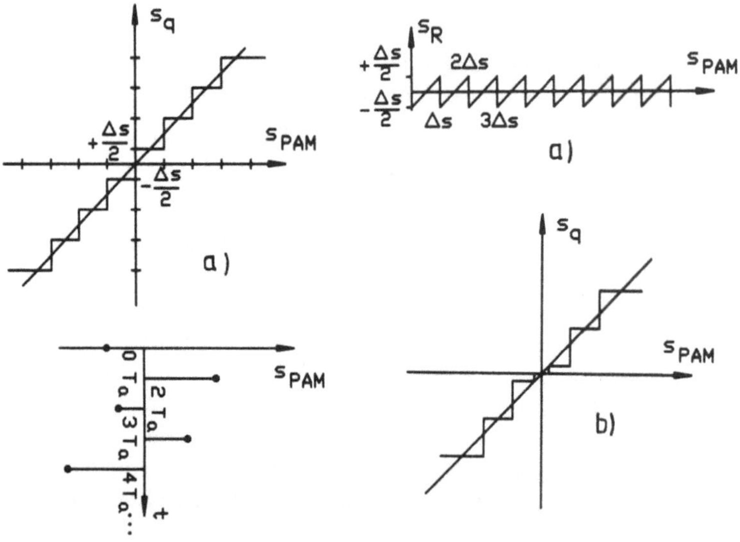

Abbildung 8.7: a) lineare Quantisierung; b) nichtlineare Quanatisierung

Zur Codierung und Quantisierung kann der rückgekoppelte **Wägecodierer** oder der **Zählcodierer** benutzt werden. Der Wägecodierer eignet sich auch zur Decodierung [113].

□ **Beispiel 8.3**

Ein Musiksignal habe die Bandbreite (obere Grenzfrequenz) $f_g = 20$ kHz. Bei linearer Quantisierung soll $P_q/N_q = 70$ dB nicht unterschritten werden. Mit Gl. 8.6 in logarithmischer Form erhält man damit 70 dB=10 lg $(q^2 - 1)$, $q = 3162,28$. Die nächst größere verfügbare Zahl als Potenz zur Basis zwei ist somit $q = 2^{12} = 4096$, welche die Anzahl der benötigten Quantisierungsintervalle angibt. Hieraus folgt die erforderliche Codewortlänge zu 12 bit. Bei einer Abtastfrequenz von $f_a \geq 2f_g \geq 40$ kHz erhält man die minimale Bitrate des Digitalsignals zu 40 kHz $\cdot$ 12 bit = 480 kbit/s.

8.1.4.2 Nichtlineare Quantisierung

Bei der nichtlinearen Quantisierung sind die Quantisierungsintervalle nicht gleich groß. In Abb. 8.7b ist eine mögliche nichtlineare Quantisierungskennlinie dargestellt. Kleine Amplituden werden feiner quantisiert als große.

Zur Optimierung der PCM-Signalqualität paßt man den Verlauf der nichtlinearen Quantisierungskennlinie den Eigenschaften des menschlichen Gehörs (Ohrkurve) an. Untersuchungen über den physiologisch zulässigen Quantisierungsfehler haben ergeben, daß zur verständlichen Sprachwiedergabe im Empfänger ein P_q/N_q-Verhältnis von ca. 24 dB gewährleistet sein muß [117]. Danach werden wie erwähnt kleine Amplituden des Analogsignals $s(t)$ zur Verbesserung des Signal-Quantisierungsgeräusch-Verhältnisses feiner quantisiert als große. Dieser Vorgang wird als *Kompandierung* bezeichnet. Ein Kompressor hebt die kleinen Amplituden im Sender an und begrenzt die großen. Im Empfänger macht der Expander diese Verzerrung wieder rückgängig.

Zur Realisierung einer nichtlinearen Quantisierungskennlinie geht man zunächst von einem kontinuierlichen Verlauf der Kompressor- und Expander-Kennlinie aus. In Abb. 8.8 ist der Kompandierungprozeß bei einem additiven Sinusstörer $s_{r1}(t)$ an kontinulierlichen Kennlinien dargestellt [113, 117]. Man erkennt hieraus, daß

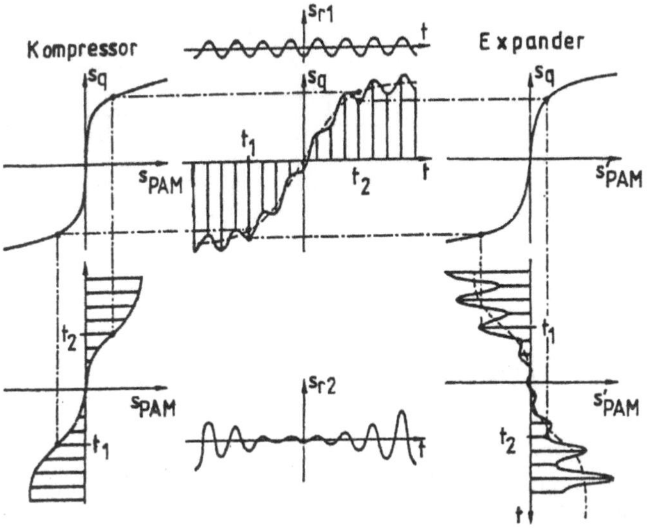

Abbildung 8.8: Schema der Kompandierung

das Störsignal $s_{r2}(t)$ am Expanderausgang die kleinen Amplituden von $s_{PAM}(t)$ nur geringfügig beeinflußt.

Zur PCM-Erzeugung benutzt man in Europa die sogenannte **A-Kompandierung** mit dem Kennlinienverlauf (positiver Zweig)

$$s_{PAM} = e^{(s_q-1)/c};\ c = \frac{1}{1+\ln A};\ s_q = \frac{1+\ln(A\cdot s_{PAM})}{1+\ln A} \quad \text{für} \quad \frac{1}{A} \leq s_{PAM} \leq 1$$

$$s_q = \frac{A\cdot s_{PAM}}{1+\ln A} \quad \text{für} \quad 0 \leq s_{PAM} \leq \frac{1}{A}. \tag{8.7}$$

Der negative Zweig der Kennlinie ist punktsymmetrisch um den Koordinatenursprung angeordnet. Üblicherweise wird $A = 87,56$ benutzt. Der Kompressionsgewinn gegeben durch die Steigung im Nullpunkt, ist damit $20\lg[A/(1+\ln A)] \approx 24$ dB. Eine stetige logarithmische Kennlinie gemäß den vorstehenden Gleichungen ist schwer realisierbar. Mit $A = 87,56$ läßt sich die A-Kennlinie durch die **13-Segment-Kennlinie** nähern. Die Kennlinie wird durch 13 Geradenstücke, die Segmente, genähert. Abb. 8.9 zeigt eine 13-Segment-Kompressor-Kennlinie. Jede

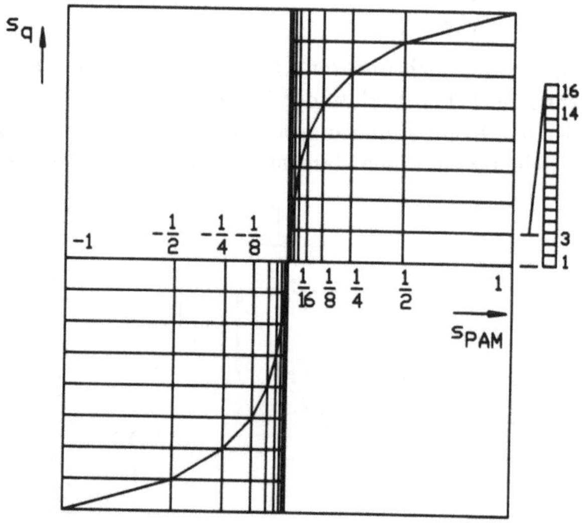

Abbildung 8.9: 13-Segment-Kennlinie

Polarität der Kennlinie aus 8 Segmentstufen (dies sind die durch die Segmente festgelegten 8 gleichgroßen Stufen bestehend aus jeweils 16 Quantisierungsintervallen) wird durch 1 bit im PCM-Codewort gekennzeichnet und weist insgesamt $8 \cdot 16 = 128$ Quantisierungsintervalle auf. 3 bit benötigt man zur Kennzeichnung der 8 Segmentstufen, die jede Polarität aufweist und 4 bit braucht man zur Bestimmung der 16 Quantisierungs-Intervalle innerhalb einer jeden Segmentstufe. Insgesamt hat man somit $2 \cdot 128 = 2^1 \cdot 2^3 \cdot 2^4 = 256 = 2^8$ Quantisierungsintervalle. Mit einem 8 Bit-Codewort kann somit jedes Quantisierungsintervall adressiert werden.

Die 13-Segment-Kennlinie wird meist auf digitalem Wege durch Code-Umrechnung realisiert. Betrachtungen zum Störabstand bei nichtlinearer Quantisierung sind in [113] dargestellt.

In den USA und Japan verwendet man zur Kompandierung die sogenannte μ-Kennlinie mit $\mu = 255$ (positiver Zweig),

$$s_q = \frac{\ln(1+\mu \cdot s_{PAM})}{\ln(1+\mu)} \quad \text{für} \quad s_{PAM} > 0, \qquad (8.8)$$

die durch eine 15-Segment-Kennlinie nachgebildet wird. Die Codewortlänge beträgt hier nur 7 bit.

8.1.5 Adaptive Differenz-Puls-Code-Modulation (ADPCM)

Sind die Abtastwerte eines Signals statistisch miteinander verknüpft (korreliert), so kann aus einem aktuell vorliegenden Abtastwert der darauffolgende geschätzt werden, oder der Schätzwert wird aus vorhergegangen Abtastwerten ermittelt. Zu übertragen ist dann nur die Differenz zwischen dem aktuellen Abtastwert und dem Schätzwert. Die ADPCM ist damit ein Verfahren zur Redundanzminderung in Fernsprech- und TV-Signalen. Bei Datensignalen ist diese Methode nicht anwendbar, da sie in der Regel keine Redundanz enthalten. Bei Fernsprechsignalen kann dadurch die Bitrate von 64 kbit/s (PCM) auf 32 kbit/s und weniger (8 kbit/s) reduziert werden. 32 kbit/s-ADPCM wird in Seekabelssystemen (TAT-9, Trans Atlantic Telephon Cable) und Satelliten-Systemen (INTELSAT) eingesetzt [118].

Das **ADPCM-Prinzip** wird realisiert indem keine unmittelbare Quantisierung und Codierung der Abtastwerte des Analogsignals vorgenommen wird. Die Quantisierung wird dabei nicht gleichförmig gewählt, sondern es wird abhängig von vorhergegangenen Abtastwerten, die sowohl im Empfänger als auch im Sender vorliegen, adaptiv auf kleine, mittlere oder große Quantisierungsintervalle umgeschaltet. Ein geschätzter Abtastwert $\hat{s}_i$, abgeleitet vom vorhergegangenen Abtastwert $\hat{s}_{i-1}$, oder mehreren vorhergegangenen Abtastwerten, wird mit Hilfe eines Prädiktors ermittelt. Der Schätzwert wird vom aktuellen Abtastwert s_i subtrahiert. Die Differenz ist der Prädiktionsfehler d_i (Vorhersagefehler) der quantisiert, codiert und übertragen wird.

$$d_i = s_i - \hat{s}_i \tag{8.9}$$

Abb. 8.10 zeigt das Blockschaltbild eines ADPCM-Codierer-Decodierer-Systems. Nach der Quantisierung hat die Differenz d_i einen Quantisierungsfehler d_{qi}, sodaß der tatsächlich übertragene Wert $d_i + d_{qi}$ lautet.

Der Decodierer, rekonstruiert den Original-Abtastwert $s_i + d_{qi}$ aus dem empfangenen Prädiktionsfehler $d_i + d_{qi}$ ebenfalls mit Hilfe eines Prädiktors.

$$s_i + d_{qi} = \hat{s}_i + d_i + d_{qi} \tag{8.10}$$

Mit einem Tiefpaß der Bandbreite des bandbegrenzten analogen Ursprungssignals wird hieraus das analoge Ausgangssignal $s(t) + d_q(t)$ wiedergewonnen.

Der Schätzwert $\hat{s}_i$ ist infolge der Rückkopplung auf der Sende- und Empfangseite derselbe.

In realen Systemen wird der Schätzwert aus mehreren vorhergegangenen Abtast-

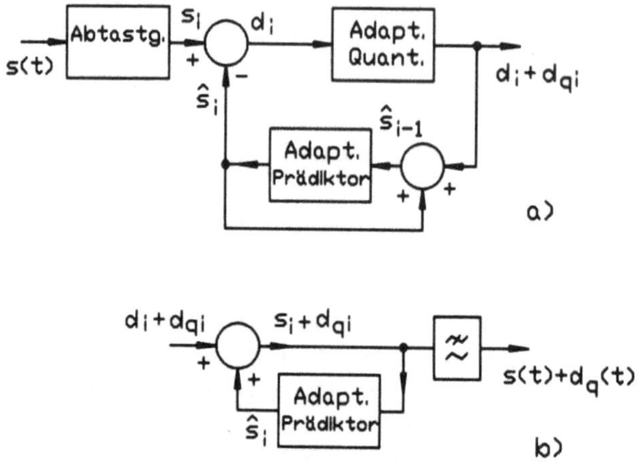

Abbildung 8.10: ADPCM-Prinzip-Blockschaltbild

werten rekonstruiert. Die Prädiktorgleichung lautet somit

$$\hat{s}_i = \sum_{k=1}^{n} a_i s_{i-k} \tag{8.11}$$

mit den Prädiktor-Koeffizienten a_i.

In der Empfehlung ITU-T G. 721 ist ein 32-kbit/s-Codierer-Decodierer spezifiziert. Das Differenzsignal wird mit 4 bit codiert. Bei einer Abtastfrequenz von 8 kHz ergibt dies die Bitrate 32 kbit/s. Wie beim PCM-Signal muß auch beim ADPCM-Signal ein Hilfssignal zur Wort-Synchronisation in den Bitstrom eingefügt werden.

64 kbit/s-PCM-Signal und 32 kbit/s-ADPCM-Signal unterscheiden sich in der Signalqualität (Bitfehlerquote) nur unwesentlich.

Gestaltet man die Quantisierung nicht adaptiv, sondern quantisiert beispielsweise linear, so spricht man von Differenz-Puls-Code- Modulation (DPCM) [112, 113].

8.1.6 Delta-Modulation (DM)

Die Delta-Modulation-Demodulation, deren Prinzip in Abb. 8.11 wiedergegeben ist, ist ein Spezialfall der DPCM, bei der eine 1 bit-Codierung durchgeführt wird. Der Quantisierer besteht hierbei lediglich aus einem Vorzeichen-Komparator, der feststellt ob die Differenz $\Delta = \hat{s}_i - \hat{s}_i$ positiv oder negativ ist. Im Akkumulator des Senders wird das Stufensignal $\hat{s}_i(t)$ erzeugt, das eine Näherung des Analogsignals $s(t)$ darstellt. Dem Differenzsignal Δ wird eine feste oder adaptive Stufenhöhe der Dauer T_s zugeordnet. Im letzgenannten Fall spricht man von adaptiver DM.

Im Übertragungssignal wird $+\Delta$ als logische 1 und $-\Delta$ als logische 0 dargestellt. Der übertragenen 0,1 - Bitfolge ordnet man im Empfänger die jeweiligen Δ-Werte zu und summiert sie im empfangsseitigen Akkumulator zum Stufensignal $\hat{s}_i(t)$, Abb. 8.11c, welches, wie erwähnt, das Analogsignal nähert. Die Näherung des

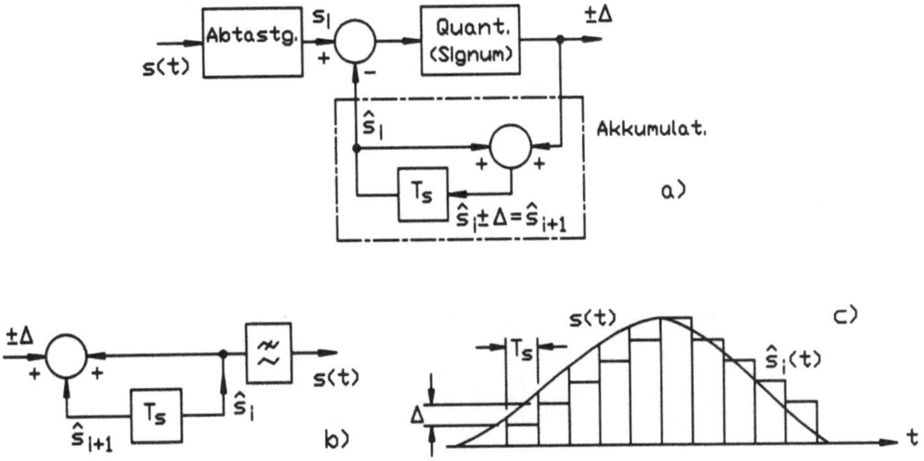

Abbildung 8.11: a) Delta-Modulation; b) Demodulation; c) Stufensignal

Analogsignals $s(t)$ durch das Stufensignal $\hat{s}_i(t)$ wird umso genauer, je höher man die Abtastfrequenz wählt. Hierdurch reduziert man die Dauer einer Stufe T_s und erhöht damit die zu übertragende Bitrate $v_b = 1/T_s$ bzw. die Signalbandbreite. Bei einer Abtastfrequenz von 19,2 kHz und damit einer Bitrate von 19,2 kbit/s erreicht man eine Sprachqualität, die mit der PCM bzw. ADPCM vergleichbar ist.

Mit einem Tiefpaß der Bandbreite des Analogsignals kann aus dem Stufensignal das Analogsignal rekonstruiert werden.

Bei der DM ist wegen der 1 bit - Codierung keine Wortsynchronisation erforderlich [81, 112] .

8.2 Zeitmultiplex-Verfahren

Von besonderer wirtschaftlicher Bedeutung in der Digitaltechnik ist die Möglichkeit der zeitlichen Signalbündelung - der Summierung mehrerer Basisbandsignale zu einem Zeitmultiplexsignal im Multiplexer (MUX) der Sendeseite - und nach der Übertragung die Wiedergewinnung der Basisbandsignale im Demultiplexer (DMUX) des Empfängers, s. Abb. 8.12a.

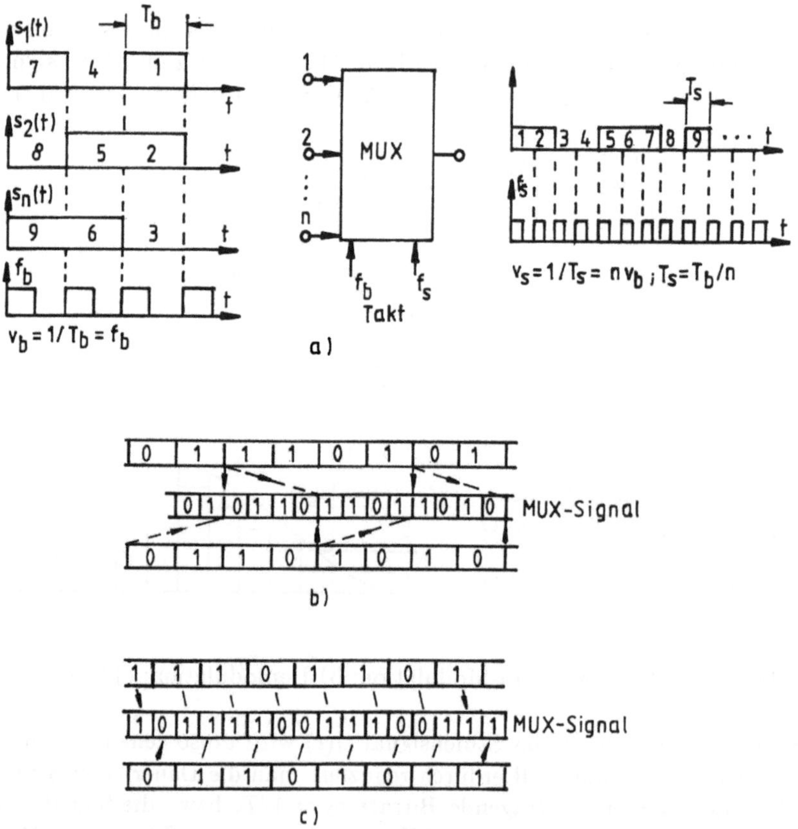

Abbildung 8.12: a) Prinzip der Zeitmultiplexbildung; b) Codewortverschachtelung; c) Bitverschachtelung

Damit die Signalmultiplexbildung im Sender und die Signaltrennung Empfänger störungsfrei gelingt, müssen die Basisbandsignale $s_1(t)$, $s_2(t)$, ..., $s_n(t)$ untereinander *orthogonal* sein; in mathematischer Schreibweise gilt in einem bestimmten Intervall dem *Orthogonalitätsintervall* (hier $-\infty \leq t \leq +\infty$) für die Basisbandsignale $s_1(t)$, $s_2(t)$,..., $s_n(t)$, s. Abb. 8.12a

$$\begin{aligned}\int_{-\infty}^{+\infty} s_i(t)s_j(t)dt &= K_t > 0 \quad \text{für} \quad i = j \\ &= 0 \quad \text{sonst}\end{aligned} \tag{8.12}$$

Damit die vorgenannte Integral-Beziehung bei der Multiplex-Bildung erfüllt werden kann, erfolgt im Multiplexer eine zeitliche Signalkompression, die eine

Erhöhung der Übertragungsgeschwindigkeit im Multiplexsignal zur Folge hat, s. Abb. 8.12.

Bei der synchronen Zeitmultiplextechnik werden n verschiedene, aber untereinander synchrone, Binärsignale gleichen Signalformats (z.B. TTL-Technik, Transistor Transistor Logic oder ECL-Technik, Emitter Coupled Logic) und gleicher Bitrate zeitlich ineinander verschachtelt. Der Multiplexer verarbeitet dabei zyklisch und taktsynchron die Eingangssignale in der Reihenfolge $s_1, s_2, \ldots s_n$, wobei er diese Signale jeweils um den Faktor n zeitkomprimiert und danach seriell mit der Bitrate v_s ausliest. Bei den n Signalen kann es sich dabei um eine Mischung von PCM-, ADPCM-, DM- und Datensignalen handeln, wenn die vorgenannten Bedingungen eingehalten werden. Mit der Verschachtelung geht eine Reduzierung der Impulsbreite und damit eine Erhöhung der Übertragungsgeschwindigkeit (Bitrate) bzw. der Signalbandbreite um den Faktor n einher, wie in Abb. 8.12a dargestellt.

Die Zeitmultiplex-Verschachtelung kann wortweise oder bitweise erfolgen, wie in Abb. 8.12bc für 2 MUX-Eingangsignale gezeigt. Bei der wortweisen Verschachtelung wird ein Multiplex-Rahmen gebildet an dessen Anfang ein Rahmenkennungswort (Synchronwort) eingefügt wird. Damit kann im Empfänger der jeweilige Rahmenanfang erkannt werden.

8.2.1 Plesiochrone digitale Hierarchie (PDH)

Bisher wurden für die Multiplexbildung synchrone Multiplexer-Eingangssignale vorausgesetzt. Beispielsweise kommen in Weitverkehrs-Systemen Datensignale oder digitale Sprachsignale aus weit entfernten Netzen in Empfängern an, die unabhängig voneinander synchronisiert sind. In jedem (nationalen) Netz wird eine eigene, zwar hochstabile, aber sonst von anderen Netzen unabhängige Taktfrequenz erzeugt. Die Taktfrequenzen in den einzelnen Netzen stimmen deshalb oft nicht vollständig überein. Der Nachrichtenaustausch zwischen solchen Netzen wird deshalb nicht synchron, sondern plesiochron (nicht ganz synchron) abgewickelt.

Im Netz der Telekom wird die nationale Synchrontaktfrequenz von 2048 kHz aus einer hochgenauen Taktquelle (Caesium-Atomuhr) abgeleitet und bundesweit an die digitalen Vermittlungsstellen verteilt. Die Synchronisier-Einrichtungen in den Vermittlungsstellen leiten aus den digitalen Empfangssignalen die jeweils fremde Taktfrequenz ab und synchronisieren diese mit dem nationalen Takt. Hierbei sind Störgrößen im Taktsignal wie *Jitter* (periodische oder stochastische Taktschwankungen um einen Zeitmittelwert), *Wander* (langsame periodische Schwankungen der Taktfrequenz um einen konstanten Mittelwert), sowie andere Frequenz- und Phasenabweichungen auszugleichen. In Abb. 8.13 ist das Blockschaltbild einer Synchronisations-Einrichtung wiedergegeben.

Bezogen auf den nationalen Takt in der empfangenden Vermittlungstelle können prinzipiell folgende Fälle auftreten:

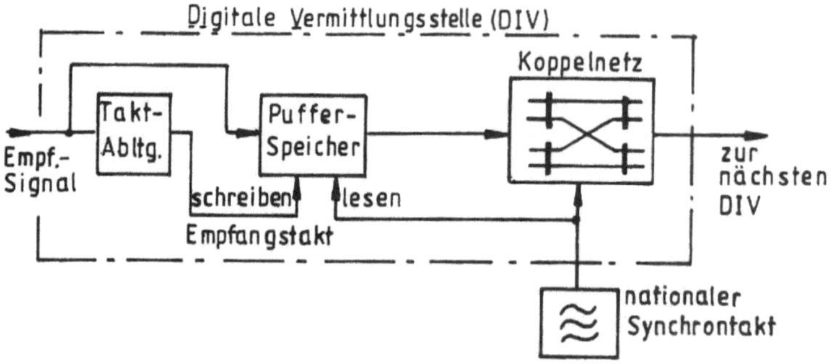

Abbildung 8.13: Prinzip einer Netz-Synchronisierungseinrichtung

a) Der ankommende "Streckentakt" ist zu schnell. In den Pufferspeicher gemäß Abb. 8.13 wird das ankommende Signal schneller eingeschrieben als es mit dem nationalen Takt ausgelesen wird. Von Zeit zu Zeit kommt es zum Speicherüberlauf der zum Verlust eines Multiplex-Rahmens führt. Man spricht dann von **Rahmenschlupf**.
b) Der ankommende "Streckentakt" ist zu langsam. Damit wird der Pufferspeicher durch den nationalen Takt schneller ausgelesen als ankommende Nachrichten eingeschrieben werden. Der Ausgleich erfolgt hier durch doppeltes Auslesen eines Multiplexrahmens, was ebenfalls einen Rahmenschlupf zur Folge hat.
c) Streckentakt und nationaler Synchrontakt sind identisch. Es liegt dann der Idealfall des Synchronismus vor.

Empfehlungen zur Taktgenauigkeit für plesiochronen Betrieb in internationalen Verbindungen sind in ITU-T G. 811 niedergelegt. Die Schlupfrate auf internationalen Verbindungen ist in G. 822 spezifiziert [47].

In PDH-Systemen, die in ITU-T G.702 bis G.704 bzw. G.732 spezifiziert sind, bildet die Grundbitrate 64 kbit/s die **0. Hierarchieebene**. Die **1. Hierarchieebene** ist das PCM30-System. Im PCM30-Rahmen (Abb. 8.14) der Dauer $T_a = 1/f_a = 1/8\text{kHz} = 125\ \mu\text{s}$ faßt man 30 Nutzsignale (Sprache, Daten), dargestellt durch die Zeitschlitze 1-15 und 17-32, der Grundbitrate 64 kbit/s, ergänzt durch ein Rahmenkennungssignal (Rahmenkennungswort) bzw. Meldesignal (Meldewort) (Zeitschlitz 0) und ein Zeichengabesignal (Zeitschlitz 16) der gleichen Bitrate zusammen. Die Abtastfrequenz $f_a = 8$ kHz ist die Rahmen-Wiederholfrequenz. Jedes 64 kbit/s-Signal wird im Puls-Rahmen durch einen Zeitschlitz der Länge 8 bit dargestellt (8 bit/125 μs =64 kbit/s). Aus den insgesamt 32 Signalen der jeweiligen Bitrate 64 kbit/s entsteht im PCM30-Multiplexer ein Zeitmultiplexsignal der Bitrate $32 \cdot 64\,\text{kbit/s} = 2,048$ Mbit/s; der PCM30-Rahmen

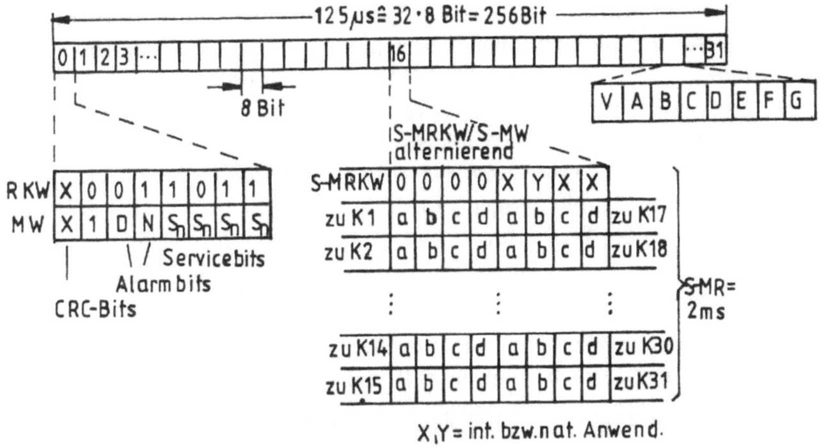

Abbildung 8.14: PCM30-Pulsrahmen (RKW = Rahmenkennungswort; S-MR = Signalisierungs-Mehrfachrahmen; S-MRKW = Signalisierung-Mehrfachrahmenkennungswort; S-MW = Signalisierungs-Meldewort)

enthält insgesamt $8 \cdot 32\,\text{bit} = 256$ Bit. Im Zeitschlitz 0 werden alternierend das Rahmenkennungswort (RKW) und das Meldewort (MW) übertragen. Das RKW ist das Rahmenerkennungskriterium für den empfangsseitigen Demultiplexer. Im MW ist ein Service-Bit D für die dringende Alarmierung (D = logisch 1, im Alarmierungsfall, z.B. bei zu hoher Bitfehlerquote). N ist ein Service-Bit für nichtdringenden Alarm (N = 1 bei nichtdringendem Alarm, N = 0 bei dringendem Alarm). X ist für Zwecke der Kanalcodierung, Cyclic Redundancy Check - 4 - Verfahren (CRC-4) reserviert, s. Kapitel 10. Die Bits S_n sind für spezielle nationale Anwendungen reserviert.

Ein 8 Bit-Nachrichtenwort, s. Abb. 8.14, enthält das Vorzeichenbit V zur Bestimmung der Polarität in der 13-Segment-Kennlinie, die Binärzeichen A,B,C zur Kennzeichnung des Segments und D,E,F,G zur Ermittlung des Quantisierungsintervalls.

Vermittlungstechnische Zeichen (Signalisierung), die zum Verbindungsaufbau und -abbau benötigt werden, überträgt man im Zeitschlitz 16 im Rythmus eines Mehrfachrahmens (Überrahmen), der aus 16 PCM 30-Rahmen gebildet wird. Er hat damit die Dauer $16 \cdot 125\ \mu s = 2$ ms. Wie Abb. 8.14 zeigt, werden die vermittlungstechnischen Zeichen für 2 Nutzkanäle durch je 4 bit (a,b,c,d) innerhalb des Signalisierungs-Mehrfachrahmens (S-MR) übertragen. Der Anfang des Mehrfachrahmens wird durch das Signalisierungs-Mehrfachrahmen-Kennungswort (S-MRKW = 0000) im 1. PCM30- Rahmen des Mehrfachrahmens markiert. Das Signalisierungs-Meldewort (S-MW: XYXX) enthält Alarminformationen zur Meldung an die Gegenstelle.

Die **2. Hierarchieebene** ist das PCM120-System mit der Multiplex-Bitrate 8,448 Mbit/s. Aufgrund der plesiochronen Übertragung ergibt sich diese Bitrate nicht aus dem Produkt 4 · 2,048 Mbit/s = 8,192 Mbit/s. Wegen der Bitratenänderungen im PCM30-System bei plesiochronem Betrieb, der auch in nationalen Verbindungen wegen der fertigungsbedingten Taktschwankungen durchgeführt wird (PCM30: $v_{b,nom}/v_{b,max} = \pm 50 \cdot 10^{-6}$) muß im 8,448 Mbit/s-Multiplexer eine Taktanpassung erfolgen, die nach den Empfehlungen ITU-T G.742 und G.751 in PDH-Systemen mit Hilfe des **Positivstopfens** erfolgen soll. In den Bitstrom werden dabei zusätzlich Stopfbits eingefügt. Beim **Negativstopfen** werden Nachrichtenbits aus dem Bitstrom entnommen.

Abb. 8.15 zeigt den 8,448 Mbit/s-Pulsrahmen, der in 4 Blöcke zu je 212 bit aufgeteilt ist, also insgesamt 848 bit enthält, bei Positivstopfen.

Die Rahmendauer beträgt $T_f = 100,38\ \mu s$. Der 1. Block beginnt mit dem 10

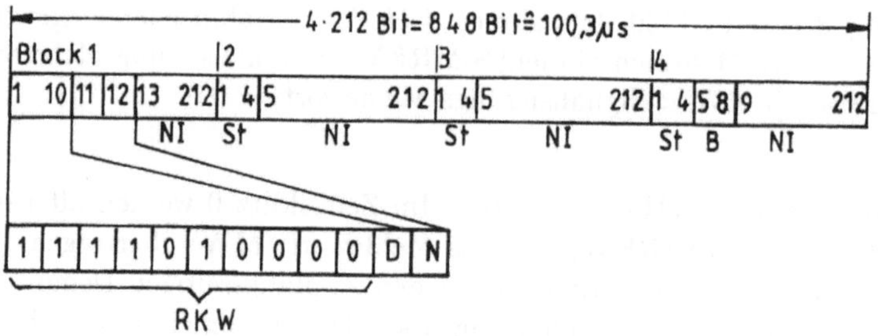

Abbildung 8.15: 8,448 Mbit/s-Pulsrahmen

bit - Rahmen-Kennungswort und den Meldebits für dringenden und nichtdringenden Alarm D und N. Die restlichen 200 Binärzeichen im 1. Block dienen der Nachrichten-Übertragung (Nutz-Information) (NI). Die Blöcke 2 bis 4 haben jeweils am Blockanfang 4 bit für die Stopf-Signalisierung (St). Die 4 möglichen Stopfbits selbst (B) werden im 4. Block übertragen. Für jedes der vier PCM 30 - Grundsysteme sind zur Stopf-Signalisierung 4 Bit/Rahmen verfügbar ($4 \cdot 3 = 12$ bit insgesamt), die in den Blöcken 1 bis 4 gesendet werden. Für jedes der vier multiplexierten PCM30-Grundsysteme kann ein Stopfbit pro Rahmen erzeugt werden. Ein gesetztes Bit in Position 1 im Feld St bedeutet beispielsweise, daß ein Stopfbit für das 1. Grundsystem übertragen wird. So bedeutet die Stopfsignalisierung "1111" alle Rahmen gestopft und "0000" Rahmen nicht gestopft. Da ein Übertragungsfehler in der Stopf-Information zu einer völligen Fehlinterpretation führen würde, wird die Stopf-Information dreimal in den 3 St-Feldern übertragen. Bei einer 1 Bit- Verfälschung kann durch Mehrheitsentscheidung die Demultiplexierung (DEMUX) immer noch fehlerfrei erfolgen. Im DEMUX werden die u.U. eingefügten Stopfbits entfernt.

Aus den Angaben im Pulsrahmen ermittelt man die Multiplex-Bitrate zu 848 bit/100,38 μs =8,44789 Mbit/s $\approx$ 8,448 Mbit/s. Davon ist die reine Nutzbitrate (200+208+208+204) bit/100,38 μs= 8,169 Mbit/s und die Bitrate der Hilfssignale insgesamt (12+4+4+8) bit/100,38 μs =0,279 Mbit/s.

Für die **3., 4. und 5. Hierarchieebene** gibt es entsprechend aufgebaute Pulsrahmen mit den in Tabelle 8.1 dargestellten Multiplex-Bitraten und Toleranzen [98]. Auf dem Markt verfügbare zur Hierarchie in Tabelle 8.1 gehörende

Tabelle 8.1: PCM-Hierarchie

Stufe	System	$v_b/Mbit/s$	$v_{b,nom}/v_{b,max}$
0	PCM 1	$0,064$	$100 \cdot 10^{-6}$
1	PCM 30	$2,048$	$50 \cdot 10^{-6}$
2	PCM 120	$8,448$	$30 \cdot 10^{-6}$
3	PCM 480	$34,368$	$20 \cdot 10^{-6}$
4	PCM 1920	$139,264$	$15 \cdot 10^{-6}$
5	PCM 7680	$564,992$	-

Digitalsignal-Multiplexer (DSMX) sowie die zugehörigen Endgeräte und Übertragungsmedien sind in Abb. 8.16 wiedergegeben [117].

Die Bitraten und Kanalzahlen der in den USA und Japan verwendeten Hierarchie, basierend auf der bereits erwähnten 15-Segment-Kennlinie, sind in Tabelle 8.2 wiedergegeben.

Tabelle 8.2: Plesiochrone digitale Hierarchie der USA und Japan

Stufe	System	Kanalzahl	$v_b/Mbit/s$
0	-	1	$0,064$
1	$DS-1$	24	$1,544$
-	$DS-1_c$	48	$3,152$
2	$DS-2$	96	$6,312$
3	$DS-3$	672	$44,736$
4	$DS-4$	4032	$274,176$

□ **Beispiel 8. 4**

Nach ITU-T G. 811 darf die mittlere einseitige Frequenzabweichung einer (nationalen) zentralen Taktquelle (Caesium-Atomuhr) höchstens $\leq 10^{-11}$ sein. Für ein PCM30-System einer internationalen Verbindung der Bitrate 2,048 Mbit/s bedeutet dies, daß die Taktabweichung $\pm 10^{-11} \cdot 2,048 \cdot 10^6$Hz $= \pm 2,048 \cdot 10^{-5}/s$ betragen

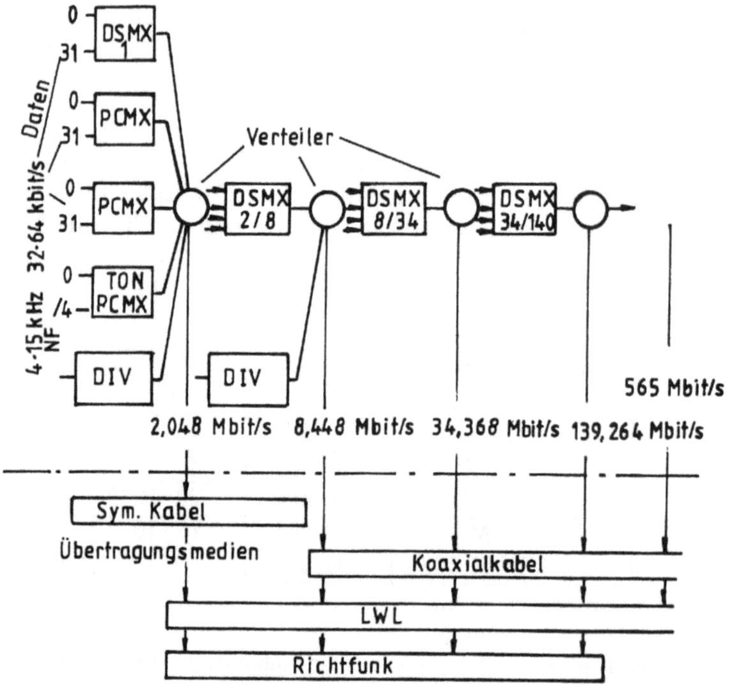

Abbildung 8.16: Hierarchie der PDH-Multiplexer

darf. Ein PCM 30-Rahmen enthält 256 bit. Dies ist auch die Kapazität des Pufferspeichers, der zum Taktausgleich bei internationalem Verkehr mindestens nötig ist. Ein Rahmenschlupf tritt damit im Abstand von 125 $\mu s/2 \cdot 10^{-11} = 72$ Tagen auf, wenn die Taktverschiebung 125 $\mu s \hat{=} 256$ bit beträgt. Beim Fernsprechen macht sich der Rahmenschlupf als Knack bemerkbar.

8.2.2 Synchrone digitale Hierarchie (SDH)

Die Übertragung plesiochroner Signale ist wegen der unumgänglichen Stopftechnik und den unterschiedlichen Normen der Hierarchien in Europa und USA bzw. Japan recht aufwendig. Beim Übergang von einem Normbereich in den anderen muß das betreffende Multiplexsignal bis auf den 64 kbit/s-Basiskanal aufgelöst und neu multiplexiert werden (z.B. PCM30 → DS-1c, s. Tab. 8.2).

In den Gremien der ITU-T wurde deshalb eine synchrone digitale Hierarachie standardisiert, die keine PDH-Stopftechnik benötigt und die in den Empfehlungen G. 707, G. 708 und G. 709 verankert ist. SDH beruht im wesentlichen auf dem experimentellen amerikanischen SONET-System (Synchronous Optical Network). Bei

SDH-Betrieb ist in allen Knoten (Vermittlungstellen) eines Netzes eine oktettweise ("byteweise", 1 byte = 8 bit) synchrone Multiplexierung bzw. Demultiplexierung möglich. Beispielsweise muß bei der PDH-Technik zur Herauslösung eines PCM30-Systems (2,048 Mbit/s) aus einem PCM1920-System (139,264 Mbit/s) der gesamte PCM1920-Rahmen bis auf die PCM30-Ebene aufgelöst werden. Durch Verwendung sogenannter Add/Drop-Multiplexer/Demultiplexer ist dieser Vorgang in SDH-Systemen so nicht erforderlich. Mit Hilfe von Pointern - dies sind Bitgruppen die wie ein Zeiger auf die Rahmenanfänge der unteren Hierarchieebenen deuten - kann das jeweils gewünschte Multiplexsignal ohne Auflösung der gesammten Hierarchie direkt angesprochen und herausgelöst oder eingespeist werden.

Vorhandene plesiochrone Systeme werden mit Hilfe der Stopftechnik an die synchrone Hierarchie angepaßt.

Das Basissignal der synchronen Hierarchie hat die Bitrate v_b = 155,52 Mbit/s und wird mit STM-1 (Synchronous Transport Modul - 1) bezeichnet. Bei SDH existieren N Hierarchiestufen ("Levels") (N = 4, 16, 64, ...). Die Multiplexsignale höherer Hierarchiestufen STM-N haben deshalb die Bitrate $N \cdot 155,52$ Mbit/s. Der STM-1-Rahmen ist in Abb. 8.17 zweidimensional dargestellt. Er hat die Länge 125 μs, die Rahmenlänge eines PCM30-Rahmens und besteht aus 270 Spalten und 9 Zeilen. Jede Spalte ist 1 byte lang, jede Zeile besteht damit aus 270 byte. Dies führt wie oben erwähnt auf die Bitrate $270 \cdot 9 \cdot 8$ bit/125 μs = 155,52 Mbit/s; Der STM-1-Rahmen enthält 155,52 Mbit/s $\cdot$ 125 μs= 19440 bit.

Die Signalübertragung erfolgt zeilenweise, wobei die 270 Byte der 1. Zeile, in Abb. 8.17 links oben beginnend, zuerst übertragen werden. Danach folgen die Zeilen 2 bis 9. Die ersten 9 Byte-Gruppen in den Zeilen 1 bis 3 und 5 bis 9 bilden den Section Overhead (SOH). Er enthält das Rahmen-Synchronisationswort, die STM-N-Kennung, Dienstkanäle, Fehlerüberwachung , sowie weitere Steuerungsfunktionen zur Aufrechterhaltung des Systembetriebs. Er ist in den RSOH (Regenerator-SOH) und den MSOH (Multiplexer SOH) aufgeteilt. In Abb. 8.18a ist die byteorientierte Struktur des SOH dargestellt. Im RSOH (3 Zeilen je 9 Byte), mit dem Steuerinformationen (z.B. im Fehlerfall) für die Zwischenregeneratoren übertragen werden, bedeuten:

A1, A2 = nicht verwürfeltes Rahmensynchronwort
B1 = Parity-Bitfehlerüberwachung
C1 = Nummerierung des STM-1 in STM-N
D1-D3 = Datenkommunikationskanal (192 kbit/s, Netzmanagement)
E1 = Dienstkanal (64 kbit/s, Sprache)
F1 = Anwenderkanal (für Benutzer)

Der MSOH besteht aus 5 Zeilen (je 9 Byte) und enthält Informationen für die Multiplexer und Demultiplexer zur Fehlerbehandlung etc.

B2 = Parity-Bitfehlerüberwachung
D4-D12 = Datenkommunikationskanal (576 kbit/s)

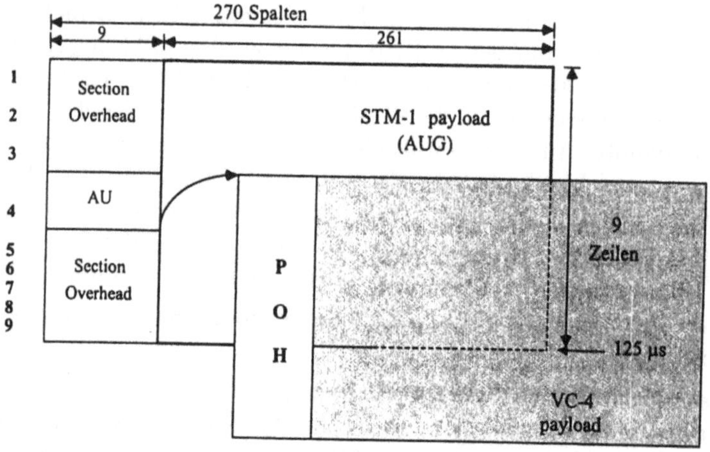

Abbildung 8.17: a) STM-1-Rahmenformat; b) Virtueller Container VC-4=C-4+POH (POH = Path Over Head; AU = AU-Pointer = Administrative Unit Pointer)

E2 = Dienstkanal (64 kbit/s, Sprache)
K1, K2 = Autom. Ersatzschaltung von Leitungen
Z1, Z2 = Reservebits für zukünftige Anwendungen

Die ersten 9 Bytes der Zeile 4 sind für die Übertragung der Pointer (AU-PTR) (Zeiger) reserviert (9 Byte ergibt 3 Pointer mit je 3 Byte). Dem AU-PTR kommt besondere Bedeutung zu; er zeigt auf den Beginn des Nutzlast-Feldes (Payload), den sog. *virtuellen Container* (VC). Dies ist erforderlich, da die Zubringersignale - meist PDH-Signale, sogenannte *Tributaries* - die in Container durch "Stopfen"verpackt werden, im allg. nicht synchron zum SDH-Rahmen sind. Über den AU-PTR kann der Demultiplexer den Anfang des Nutzlastfeldes finden.

Ein VC besteht immer aus einem Steuerfeld (POH, Path Overhead) (9 Byte = 1 Spalte) und dem eigentlichen Nutzlast-Container C der 9 Zeilen und 260 Spalten = $9 \cdot 260$ byte im STM-1-Rahmen ausmacht (Bitrate = $9 \cdot 260 \cdot 8$ bit/125 μs = 149,76 Mbit/s).

In Abb. 8.18 ist die Struktur des POH der virtuellen Container VC-3 und VC-4 wiedergegeben. Bei den virtuellen Containern VC-11 und VC-12 und VC-2 besteht der POH nur aus einem Byte (1. Zeile und 1. Spalte = 8 bit).

Die Übertragungsreihenfolge bei STM-N beginnt mit der 1. Zeile im 1-ten STM-1-Rahmen und setzt sich so fort bis zum N-ten Rahmen.

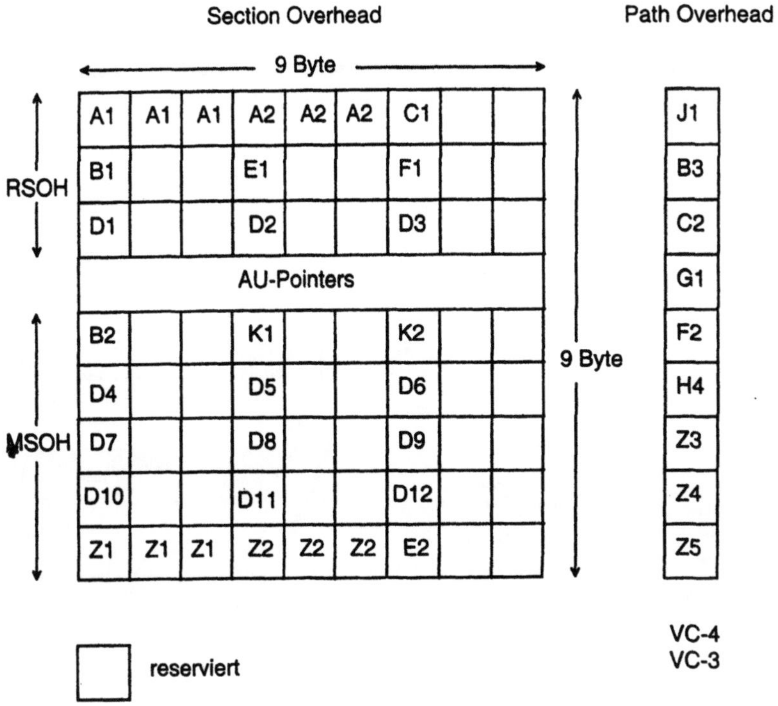

Abbildung 8.18: a) Section Overhead (SOH); b) Path Over Head

Für die PDH-Zubringersignale unterschiedlicher Bitrate gibt es verschiedene Container, nämlich C-2, C-3, C-4, C-11, C-12 . In Abb. 8.19 ist gezeigt, wie die Container in einen STM-1 bzw. STM-N Rahmen multiplexiert werden. So entsteht ein virtueller Container VC (VC-11, VC-12, VC-2, VC-3) indem einem C (C-11, C-12, C-2, C-3, C-4) ein POH hinzugefügt wird. Zur Kennzeichnung des Containeranfangs (Nutzlast) wird einem VC ein Pointer hinzugefügt, wodurch eine "Tributary Unit" (TU) (TU-11, TU-12, TU-2, TU-3) entsteht. Mehrere TUs werden zu einer TUG (Tributary Unit Group) multiplexiert (TUG-2 = TU-2 oder 3xTU-12 oder 4xTU-11; TUG-3 = TU-3 oder 7xTUG-2). Jeweils mehrere TUGs bilden dann einen VC-3 oder VC-4(higherOrder VCs; VC-3 = C-3 + POH oder 7x TUG-2; VC-4 = 3xTUG-3 oder C-4 + POH). AU-3 = VC-3 + Pointer und AU-4 = VC-4 + Pointer, die beide zur AUG (Administrative Unit Group) multiplexiert werden (AUG = AU-4 oder 3xAU-3). Durch Hinzufügung des SOH entsteht aus der AUG das STM-1-Modul bzw. aus NxAUG ein STM-N-Modul.

In Tabelle 8.3 ist die Zuordnung der Zubringersignale (Tributaries) zu den jeweiligen Cs, VCs, TUs und AUs dargestellt.

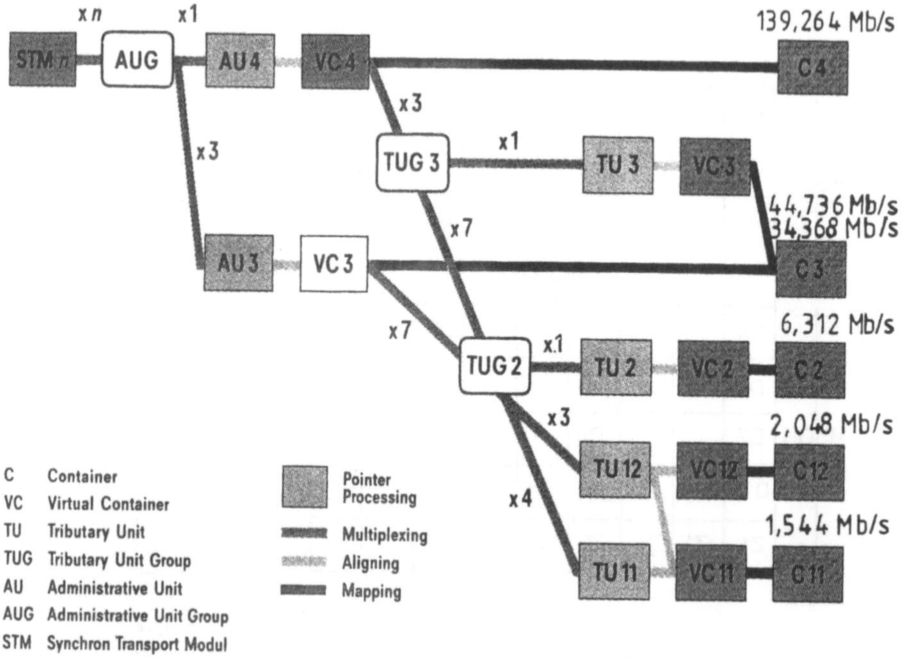

Abbildung 8.19: SDH-Multiplexbildung nach ITU-T G.709

Beispielsweise paßt das PDH-Signal $6,312 Mbit/s$ in den Container C-2. Durch Hinzufügung der POH (Path OverHead) entsteht hieraus der virtuelle Container VC-2. Ergänzt man den VC-2 durch den Pointer (PTR), so erhält man schließlich die TU-2. Der Pointer kennzeichnet, wie erwähnt, den Rahmenanfang des betrefffenden VC-2, da der virtuelle Container keine feste Phasenbeziehung zum PDH-Signal bzw. dem nächsthöheren Multiplex-Modul hat. Er kann deshalb - z.B. innerhalb einer TU - eine beliebige Phase einnehmen. Der Pointer dagegen ist fest an die Phase des jeweils höherstufigen Multiplex-Moduls gekoppelt. Mit dem Pointer sind damit auch Bitratenschwankungen erkennbar, die durch byteweises stopfen ausgeglichen werden, s. Abb. 8.20. Der Pointer besteht, wie bereits erwähnt aus 3 byte (H_1, H_2, H_3). Die 4 N-Bits bezeichnen den Pointeranfang (Flag) und die beiden S-Bits kennzeichen das betreffende Multiplex-Modul. Die folgenden 10 Bit mit I und D bezeichnet, stellen den eigentlichen Pointerwert dar, der die Information über die Phasenlage des jeweiligen Moduls - den Rahmenversatz gegenüber der nächsthöheren Multiplexebene - enthält. Bei Positivstopfen wird der Pointerwert erhöht, bei Negativstopfen erniedrigt, z.B. je nach Lage eines VC in einer TU oder AU.

Aus der “Multiplexspinne“ Abb. 8.19 ist auch abzulesen wieviele “Tributary-

Tabelle 8.3: SDH-Container

Tributary	Cont.	Virt. Cont.	Trib. Unit	Admin. Unit
1,544 Mbit/s	C-11	VC-11	TU-11	-
2,048 Mbit/s	C-12	VC-12	TU-12	-
6,312 Mbit/s	C-2	VC-2	TU-2	-
34,368 Mbit/s	C-3	VC-3	TU-3	AU-3
44,736 Mbit/s	C-3	VC-3	TU-3	AU-3
139,264 Mbit/s	C-4	VC-4	-	AU-4

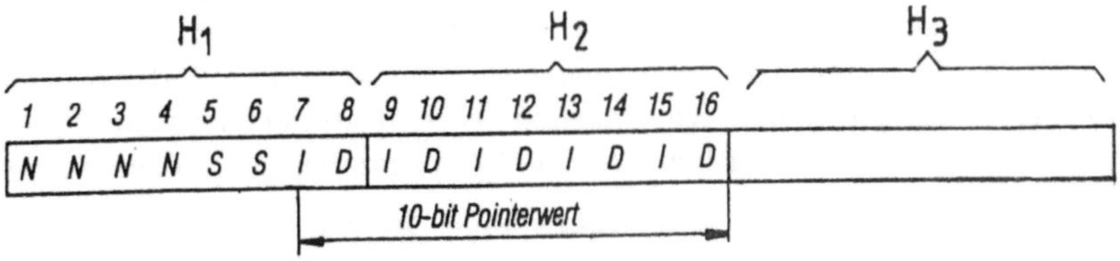

Abbildung 8.20: Aufbau des Pointers (I = Inkrement zur Werterhöhung; D = Dekrement zur Werterniedrigung; N = Flag, Anfangskennung; S,S = Pointer-Codierung z.B. SS = 10 für AU-4, AU-3, TU-3, SS = 01 für AU-3, TU-3)

Signale" ein bestimmtes Multiplex-Modul aufnehmen kann. So kann beispielsweise die AU-3 21 PCM-30-Signale der Bitrate 2,048 Mbit/s aufnehmen; STM-1 dagegen 63 und STM-16 1008 davon. In eine AU-4 passen 21 PCM24-Signale der Bitrate 6,312 Mbit/s und ebensoviele in ein STM-1-Modul, usw.

□ **Beispiel 8.5**
Einbettung eines 2,048 Mbit/s-Signals (PCM 30) in die synchrone Hierarchie.
Nach Abb. 8.19 paßt dieses Signal in den Container C-12, der damit 2,048 Mbit/s $\cdot$ 125 μs = 256 bit aufnimmt. Fügt man den POH (1 byte) hinzu, so muß der VC-12 insgesamt 264 Bit aufnehmen. Dies enstpricht einer Bitrate von 264 bit/125 μs=2,112 Mbit/s. Durch Hinzufügung des Pointers (Annahme: 3 Byte) hat man eine Bitrate von (264 bit + 3 $\cdot$ 8 bit)/125 μs= 2,304 Mbit/s. Diese Bitrate kann in eine TU-12 aufgenommen werden, s. Tab. 8.3.

Auch in SDH-Systemen ist eine Taktanpassung notwendig, da im allgemeinen die Aufnahmefähigkeit der verfügbaren Container und anderen Multiplexelemente größer ist als der Rahmeninhalt des zu übertragenden Signals, s. Beispiel 8.5. Durch Positiv-oder Negativstopfen (Pointer) kann der Taktausgleich erfolgen. Andererseits können, besonders bei internationalen Verbindungen die ankommenden

SDH-Signale beliebige Taktphasen besitzen. Die virtuellen Container müssen deshalb in die richtige Phasenlage gebracht und die zugehörigen Pointer umcodiert werden [98, 113].

Betreibt man SDH-Systeme in einem echten Synchronnetz mit einem zentralen Takt einer einzigen Taktquelle - z.B. dem stabilen Takt des GPS-Satellitensystems (Global Positioning System) - so ist kein Taktausgleich notwendig.

8.2.3 Asynchronous Transfer Mode (ATM)

Bei den plesiochronen bzw. synchronen Zeitmultiplex-Verfahren wird ein Bitstrom in Rahmen eingeteilt, dessen Beginn und Ende durch das Rahmensynchronwort gekennzeichnet ist. Ein solcher Rahmen ist in weitere Zeitschlitze (Kanäle) - z.B. PCM-8 bit-Worte - unterteilt, wobei jeder Kanal einen festen Zeitabstand (Synchronbetrieb) oder geringfügig schwankenden (Plesiochronbetrieb) zum Synchronwort aufweist. In den Abschnitten 8.2.2 und 8.2.1 sind diese Techniken dargestellt.

ATM basiert auf Zellen (Paketen) fester Länge, die als Transport-Container für Nachrichtensignale beliebiger Bitrate dienen. Dabei gibt es kein spezielles Synchronisationssignal. Der Zeitabstand zwischen den an einem Netzknoten (Vermittlungsstelle) oder beim Teilnehmer eintreffenden Zellen ist nicht konstant, weshalb eine asynchrone Multiplextechnik vorliegt. An die Stelle des Synchronisationsworts tritt die Zieladresse, die im Zellkopf (Overhead, Header) mitgeführt wird. In einem Zellstrom können die unterschiedlichsten Bitraten durch unterschiedlich häufiges Belegen von ATM-Zellen untergebracht werden. Für die Übertragung niedriger Bitraten benötigt man - innerhalb eines bestimmten Zeitabschnitts - weniger ATM-Zellen als zur Übertragung hoher Bitraten.

In Abb. 8.21a ist das Prinzip der ATM-Zellen-Übertragung auf *virtuellen Verbindungen* mit asynchronen Multiplexern und Demultiplexern gezeigt.

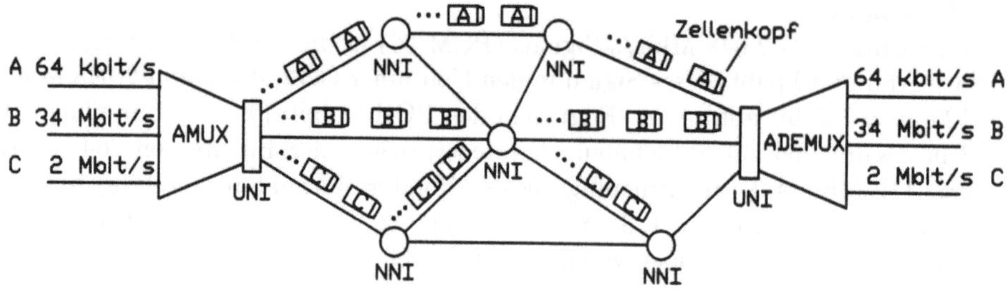

Abbildung 8.21: ATM-Netzprinzip (A,B,C = virtuelle Verbindungen; AMUX = Asynchroner Multiplexer; ADEMUX = Asynchroner Demultiplexer; NNI = Network Network Interface; UNI = User Network Interface)

Gemäß Abb. 8.21 werden die Zubringersignale vom Endgerät zum ATM-Netz im User Network Interface (UNI), s. Abb. 8.23a in Datenpakete aufgeteilt mit dem Zellenkopf versehen und als ATM-Zelle auf das Netz gegeben. Damit am AMUX-Ausgang ein kontinuierlicher Zellenstrom und damit eine kontinuierlicher Bitstrom entsteht, werden im Bedarfsfalle leere Zellen eingefügt. Zur Kommunikation zwischen den Netzknoten (Vermittlungsstellen) wird das Network Network Interface (NNI) benutzt, s. Abb. 8.23b

Der Zellenstrom am Multiplexer-Ausgang ist zwar synchron, die Ankunft der Zellen beim Teilnehmer kann jedoch - aufgrund von Zwischenspeicherungen in den Netzknoten - asynchron sein.

ATM ermöglicht eine **verbindungsorientierte Übermittlung** bei der die Pakete über sogenannte virtuelle Kanäle (VC... Virtual Channel) geführt werden. Dies sind fest eingerichtete logische Kanäle, bei denen der Weg der Zellen durch Zielangaben im Zellenkopf und entprechende Verbindungstabellen in den Netzkonten vorgegeben wird. Hierzu werden die einzelnen Zellen in den Netzknoten zwischengespeichert und ihr Zellenkopf zur Weiterleitung über den festgelegten virtuellen Pfad (Virtual Path, VP) (Leitungsbündel) bzw. virtuellen Kanal ausgewertet. Die Einrichtung eines virtuellen Kanals erfordert eine Prozedur zum Verbindungsaufbau und -abbau, s. Kapitel 12. Zur Bildung eines virtuellen Kanals wird keine - für die Dauer der Kommunikation zwischen zwei Teilnehmern - festgeschaltete physikalische Leitung benötigt. Der Weg einer ATM-Zelle kann z.B. über eine beliebige Leitung eines Leitungsbündels geeigneter geographischer Richtung führen. Im Zellkopf sind die notwendigen Zuordnungen durch den "Virtual Path Identifier (VPI)" und den "Virtual Channel Identifier (VCI)" und die Verbindungstabellen in den Netzknoten festgelegt.

Abb. 8.22 stellt ein Schema zur Identifizierung von VCs und VPs innerhalb eines breitbandigen Übertragungsmediums dar. VCI und VPI kennzeichnen damit

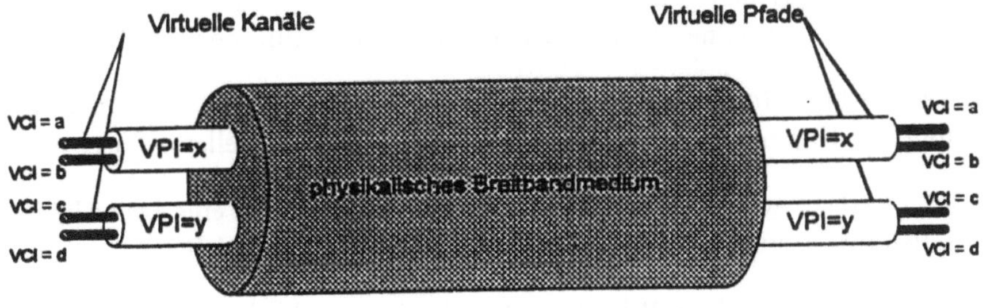

Abbildung 8.22: Virtuelle Pfade und Kanäle in einem Breitbandmedium

zusammen mit den Verbindungstabellen der Netzknoten, die nach Abschluß des Verbindungsaufbaus (Signalisierung) eingerichtete virtuelle Verbindung durch das

Netz, welche für die Dauer der Teilnehmer-Kommunikation aufrechterhalten wird.

Plesiochrone Systeme (PDH) mit kontinuierlichen Bitströmen sind nur mit Hilfe der Durchschalte-Vermittlung (= Leitungs-Vermittlung bzw. Zeitschlitz-(Kanal)-Vermittlung) verarbeitbar, wobei zwischen zwei Teilnehmern für die Dauer ihrer Kommunikation eine Festschaltung physikalischer Leitungen notwendig ist. ATM und SDH dagegen können miteinander verknüpft werden, wie noch gezeigt wird.

Zur Netz-Standardisierung gibt es ein ATM-Kommunikationsmodell, das sich an das international vereinbarte OSI-Kommunikationsmodell (Open System Interconnection) anlehnt. In Kapitel 11 und Kapiel 12 werden beide Modelle erläutert.

Eine ATM-Zelle der konstanten Länge von 53 Byte ist in den 5 Byte langen Zellkopf (Header, Overhead) und das Nutznachrichtenfeld (Payload) aus 48 byte unterteilt; letzteres enthält die zu übertragenden Daten, digitalisierte Sprache, etc.. In Abb. 8.23a ist der **Aufbau einer ATM-Zelle** zur Übertragung auf virtuellen Verbindungen wiedergegeben.

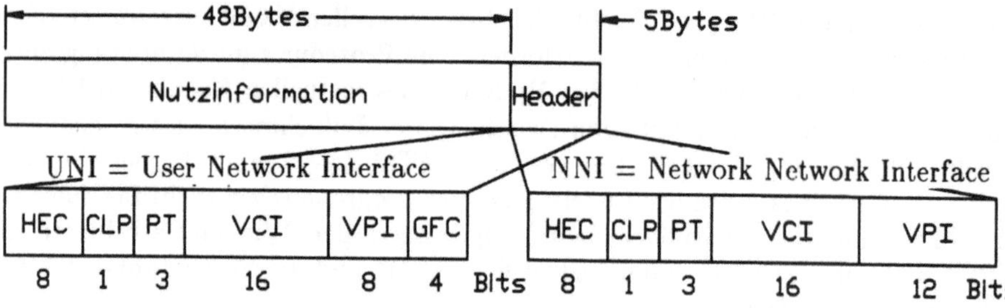

Abbildung 8.23: Aufbau einer ATM-Zelle

Der **UNI-Zellkopf** (Abb. 8.23) enthält die folgenden Funktionen:

- GFC (4 bit), Generic Flow Control (Fluß-Kontrolle). Zugriffs-und Datenflußsteuerung im teilnehmernahen Bereich durch bestimmte GFC-Bitmuster.
- HEC (8 bit), Header Error Control, Bitmuster zur Fehlerkorrektur im Zellkopf (s. Kapitel 10) und zur Synchronisation auf den Zellenanfang.
- PT (3 bit), Payload Type, gibt Aufschluß, ob es sich um eine Leerzelle oder Zellen mit bestimmter Nutzlast (Daten, Sprache,...) handelt.
- CLP (1 bit), Cell Loss Priority, unterscheidet verschiedene Zell-Prioritäten. Bei Engpässen im Netz werden Zellen höherer Priorität vorzugsweise übermittelt.
- VCI (16 bit), Virtual Channel Identifier, identifiziert den virtuellen Kanal einer virtuellen Verbindung im ATM-Netz.

- VPI (8 bit), Virtual Path Identifier, identifiziert den virtuellen Pfad einer virtuellen Verbindung im ATM-Netz.

Der **NNI-Zellkopf** (s. Abb. 8.23c) unterscheidet sich nur geringfügig vom UNI-Zellkopf. Für den VPI werden 12 bit zur Verfügung gestellt, um innerhalb des Netzes eine größere Anzahl von virtuellen Pfaden adressieren zu können. Das GFC-Feld im UNI-Header wird zur Erzeugung des NNI-Zellkopfes durch den erweiterten VPI überschrieben.

Der Zellkopf besteht aus 40 bit. Der durch Kanalcodierung zu überwachende Teil des Zellkopfes enthält 32 bit; 8 bit ist die Länge der Prüfsumme (HEC) zur Fehlerentdeckung bzw. Fehlerkorrektur.

In den Netzknoten und beim Teilnehmer muß zur Auswertung der Zellen der Zellenanfang (Synchronisation) ermittelt werden. Hierzu kann die HEC-Folge (8 Bit-Prüfsumme) als Vergleichsgröße benutzt werden. Die Prüfsumme wird aus der Division der 32 Bit-Headerfolge durch eine festes Generatorbitmuster erzeugt, s. hierzu auch Kapitel 10. Zur **Synchronisation** dividiert man nun in einer Divisionsschaltung zunächst einen beliebigen 32 Bit-Block durch das Generatorbitmuster und vergleicht das $8bit$ lange Ergebnis mit der 8 Bit-Prüfsumme. Nun ermittelt man auf die gleiche Weise das 8 Bit-Muster aus einem um eine Taktperiode späteren 32 Bit-Block und vergleicht das Ergebnis wiederum mit der 8 Bit-Prüfsumme. Eine weitere Bitaktperiode später wird die gleiche Prozedur durchgeführt, usw.. Nach einer gewissen Zeit, je nach dem an welcher Stelle einer Zelle die ersten 32 bit entnommen werden, stimmt das durch Division ermittelte 8 Bit-Wort mit der Prüfsumme überein und es liegt Synchronisation vor.

□ **Beispiel 8.6**
Zu übertragen in einem ATM-System sei ein Digitalsignal der Bitrate 139,264 Mbit/s (PDH 4. Hierarchiestufe $\approx$ 140 Mbit/s). Um diese Bitraten in ATM-Zellen zu verpacken, müssen bei 48 Nutzbyte/Zelle (140 Mbit/s)/(48 $\cdot$ 8 bit/Zelle) = 364583,333 $\approx$ 364584 Zellen/s übertragen werden. Die Rahmendauer des 140 Mbit/s-Signals beträgt 21,02 μs. Der Rahmen enthält 366 Byte [117]. Um eine Zelle aufzufüllen wird damit die Zeit 48 Byte/Zelle $\cdot$ 21,02 μs/366 byte = 2,76 μs/Zelle benötigt; dies ist eine die Sprachübertragung unkritische Verzögerung [119].

□ **Beispiel 8.7**
Würde man ein PCM-Sprachsignal der Bitrate 64 kbit/s = 1 Byte/125 μs=8 bit/125 μs über ein ATM-System senden, so wären (64 kbit/s)/(48 $\cdot$ 8 bit/Zelle) = 166,667 Zellen/s $\approx$ 167 Zellen/s zu übertragen. Zur Auffüllung einer Zelle benötigt man dabei die Zeit 48 Byte $\cdot$ 125 μs/Byte = 6 ms; diese Verzögerung würde die Sprachübertragung beeinträchtigen.
Bei einem PCM30-System der Bitrate 2,048 Mbit/s sind (2,048 Mbit/s)/(48 $\cdot$ 8 bit/Zelle)=5333,333 Zellen/s $\approx$ 5334 Zellen/s zu senden. Während der Rahmen-

dauer von 125 μs werden hier 32 Byte gesendet. Damit beträgt die Verzögerung 48 Byte · 125 μs/32 Byte = 187,5 μs; diese Größenordnung beeinträchtigt ein Sprachsignal kaum.

Die Übertragung von **ATM-Zellen über SDH-Netze** ist in der Empfehlung ITU-T I.432 standardisiert. Sie kann über VC-4-Container erfolgen, in denen die Zellen bytesynchron verpackt werden. Die Nutzlast eines VC-4-Containers ist mit 260 · 9 byte = 2340 byte nicht ganzzahlig durch 53 byte, die ATM-Zellenlänge, teilbar. Dies hat zur Folge, daß sich eine ATM-Zelle über zwei VC-4-Container erstrecken kann [98, 113, 119-124].

□ **Beispiel 8.8**
In einen SDH-VC-4-Container können 2340 Byte untergebracht werden. Da eine ATM-Zelle insgesamt aus 53 Byte besteht sind 2340 byte/53 byte= 44,15 $\hat{=}$ 45 ATM-Zellen im VC-4-Container zu verpacken, wenn keine Überlappung in den benachbarten VC-4-Container erfolgen soll.

8.3 Basisband-Übertragung auf metallischen Leitungen

Basisband-Übertragung erfolgt mit m-stufigen diskreten Signalen ($m = 2^n, n = 1, 2, 3, \ldots$), s. Abschn. 2.2.1. Jede Amplitudenstufe hat die Dauer T_s, und damit beträgt die Symbolrate $v_s = 1/T_s$. Da die Störanfälligkeit solcher Systeme mit zunehmendem m ansteigt, wie noch gezeigt wird, werden Signale mit $m > 4$ kaum benutzt. Allgemein werden die Rechteckbinärsignale der Quelle, gegebenenfalls nach der Umsetzung in ein $m > 2$-stufiges Signal, nach einer Impulsformung, mit der eine spektale Formung und Frequenzbandbegrenzung einher geht, zur Senke übertragen. Die Spektren digitaler Basisbandsignale liegen nach der Bandbegrenzung im Frequenzband zwischen 0 und der oberen Frequenzgrenze f_g. Bei der Frequenz 0 kann eine Nullstelle im Spektrum vorliegen. In Abb. 8.24 ist das Blockschaltbild eines Basisband-Übertragungssystems dargestellt.

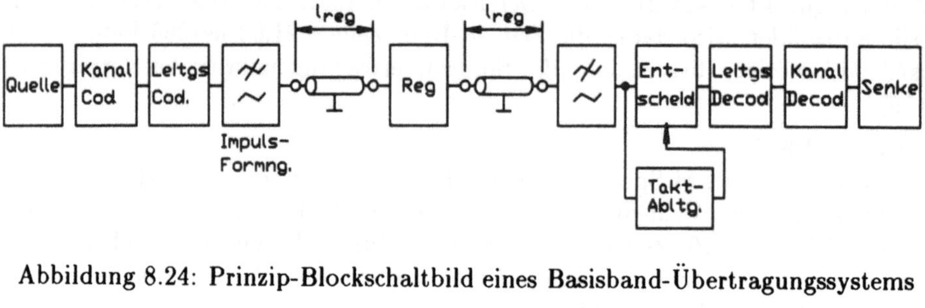

Abbildung 8.24: Prinzip-Blockschaltbild eines Basisband-Übertragungssystems

Auf die Signalquelle mit geeigneter Quellen-Codierung (Daten, digitalisierte Sprache, FAX) folgt, falls eine Reduzierung der Bitfehlerquote erreicht werden soll, ein Kanalcodierer. (Methoden der Kanalcodierung werden in Kapitel 10 behandelt). Gegebenenfalls wird danach in einem Pegelumsetzer ein $m > 2$-stufiges Signal erzeugt. Im Leitungscodierer erfolgt der erste Schritt der spektralen Formung, wobei ein bestimmter spektraler Verlauf erreicht wird, z.B. Nullstellen im Spektrum oder Gleichanteilfreiheit für das Basisbandsignal (Leitungscodes werden in Abschn. 8.3.3 behandelt). Die Impulsformung zur Frequenzbandbegrenzung wird im sendeseitigen Tiefpaß durchgeführt. Aufgrund der Geräusch-Akkumulation (thermisches Rauschen) und weiterer Störeinflüsse ist in bestimmten Leitungsabständen (Regenerator-Feldlänge, l_{reg}) eine Signalregeneration erforderlich.

Auf der Empfangsseite am Entscheider-Eingang, wird ein Tiefpaß zur Unterdrückung der Außerbandstörungen benötigt. In der Regel ist dieser Tiefpaß von seinen spektralen Eigenschaften her mit dem sendeseitigen identisch. In manchen Fällen wird die Tiefpaß-Übertragungfunktion auch auf Sende- und Empfangstiefpaß aufgeteilt. Die Entscheider-Einrichtung ist im wesentlichen ein Regenerator, der das empfangene, durch additives Rauschen und weitere Störungen beeinflußte Basisbandsignal bestimmter Impulsform (z.B. Nyquist-Impulse, s. Beisp. 2.3), in das gewünschte binäre Signalformat (TTL, ECL, ...) zur Weiterverarbeitung im darauffolgenden Leitungs-Decodierer, Kanal-Decodierer und der Senke umsetzt. Zur Signal-Regeneration ist der empfangsseitige Symboltakt erforderlich, der in der Taktableitung, zur Vermeidung von Abtastfehlern, aus dem Empfangssignal wiedergewonnen werden muß. Im Kanaldecodierer wird eine gewisse Reduzierung der Bitfehlerquote mit Hilfe redundanter Bitmuster erreicht, die in das Signal eingefügt werden [62, 112, 125-129]

Übertragungsmedien der Basisband-Übertragung auf metallischen Leitungen sind symmetrische Kabel und Koaxialkabel [130].

Einrichtungen der digitalen Basiband-Übertragung, die neben den hier diskutierten grundsätzlichen Komponenten viele weitere enthalten, wie Verstärker, Entzerrer, Stromversorgung, Hilfssignale, etc sind in [47, 64] dargestellt.

8.3.1 Merkmale des idealen Basisband-Übertragungssystems

Basisband-Übertragungssysteme sind *Tiefpaßsysteme*, deren Eigenschaften für den idealen Fall (Dirac-Impulse, idealer Tiefpaß) bereits in Abschn. 2.3 betrachtet wurden. Setzt man für den *Kanal*, den frequenzabhängigen Teil des Systems (Tiefpässe und Kabel) nach Abb. 8.24, ideales Tiefpaßverhalten mit der oberen Grenzfrequenz f_g und linearer Phase sowie die Übertragung mit Dirac-Impulsen der Impulsfolgefrequenz $1/T_s$ voraus, so hat man zwar ein nichtrealisierbares Basisband-Übertragungssystem, an dem sich jedoch wichtige Eigenschaften definieren lassen.

In Abb. 8.25a ist ein solches dargestellt.

In Abb. 8.25b ist das Eingangssignal aus einer periodischen Dirac-Impulsfolge dargestellt und Abb. 8.25c zeigt, wie sich die Impulsantworten am Entscheidereingang überlagern. In den Impulsantworten liegen zu den Abtastzeitpunkten

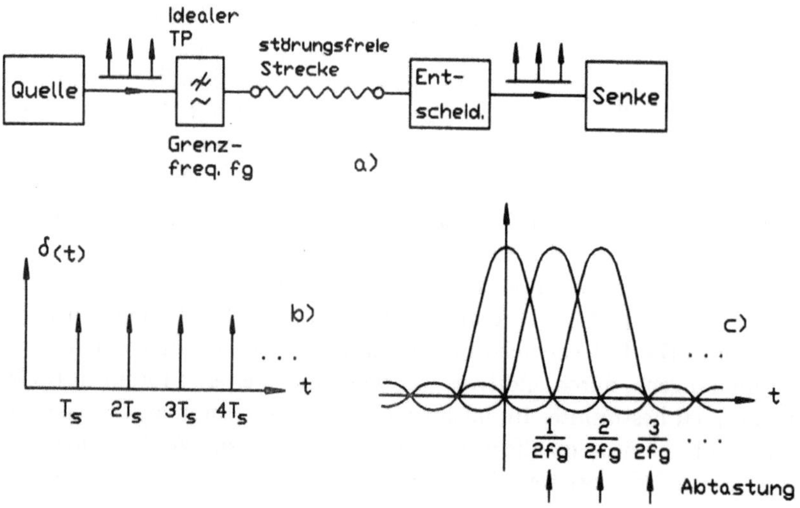

Abbildung 8.25: a) Ideales Basisband-Übertragungssystem; b) Dirac-Eingangsfolge; c) Folge der Impulsantworten

keine Symbol-Interferenzen durch benachbarte Impulse vor, wenn man

$$T_s = 1/2f_g \tag{8.13}$$

wählt. Die maximal übertragbare Symbolrate, die sogenannte **Nyquistrate**, ist dann

$$v_{b,max} = 2f_g = \frac{1}{T_s}. \tag{8.14}$$

$B_N = f_g = 1/2T_s$ wird **Nyquistbandbreite** genannt.

Die beiden letztgenannten Gleichungen liefern Grenzwerte, die nur im Idealfall erreicht werden können. In realen Systemen, die keine Symbol-Interferenz aufweisen, ist die Bitrate $v_b < v_{b,max}$ und die Signalbandbreite $B > B_N$ [125, 126].

Läßt man eine gewisse Symbolinterferenz zu, so kann man auch - über kurze Strecken (einige km) - unterhalb der Nyquistbandbreite B_N übertragen; wie z.B. im teilnehmernahen Bereich praktiziert, s. Abschn. 8.6.

8.3.2 Reale Basisband-Übertragungssysteme

In realen Basisband-Übertragungssystemen sind die Quellensignale keine Dirac-Folgen, sondern Rechteck-Impulsfolgen. Außerdem sind die Übertragungsfunktionen der Tiefpässe nicht ideal rechteckförmig, sondern weisen allmähliche Übergänge auf, wie in Abschn. 3.3.3 und 3.3.4 mehrfach dargestellt. Damit trotzdem eine möglichst hohe Symbolrate bei möglichst geringer Bandbreite erreicht werden kann, werden die Quellensignale einer Impulsformung unterworfen. Ziel der Impulsformung ist es einerseits, wie beim idealen System, keine Symbol-Interferenz zu den Abtastzeitpunkten zuzulassen und andererseits das Signalspektrum auf einen möglichst schmalen Frequenzbereich mit einer festen oberen Grenzfrequenz zu beschränken.

8.3.2.1 Impulsformung, spektrale Formung

In Abb. 8.26a ist eine Impulsformerstufe für Basisband-Binärsignale wiedergegeben, die nicht nur aus einem Tiefpaß besteht, wie in Abb. 8.24 vereinfachend dargestellt. Abbn. 8.26bcd zeigen das Quellensignal $s_1(t)$, das Binärsignal nach der Umsetzung in die bipolare (symmetrische) Form $s_1'(t)$ und das Signal gewünschter Signalform am Ausgang der Impulsformerstufe $s_2(t)$. Der Tiefpaß wird zur

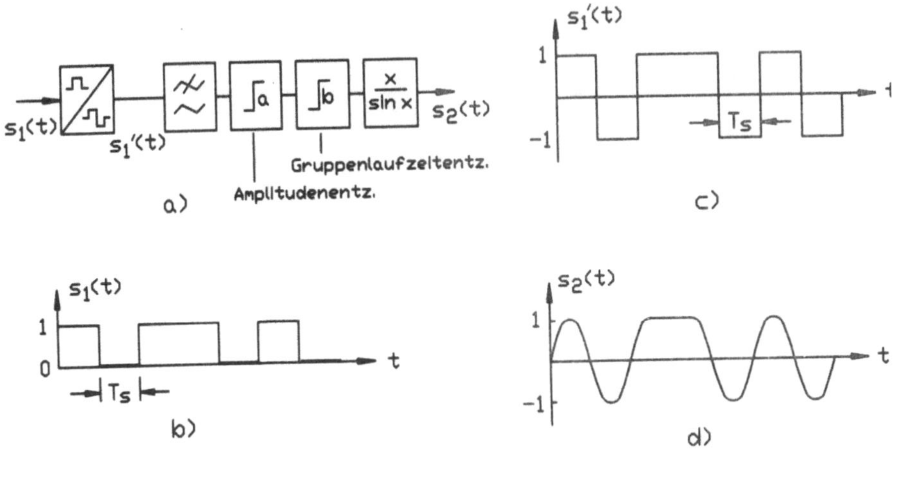

Abbildung 8.26: a) Aufbau einer Impulsformerstufe; b) Quellensignal; c) bipolares Binärsignal; d) geformtes Signal

Bandbegrenzung benötigt. Wegen der Bandbegrenzung entstehen lineare Verzerrungen, welche in einem Amplituden - (Dämpfungs) - und einem Gruppenlaufzeit (Symbolinterferenz) - Entzerrer ausgegeglichen werden. Die $\sin/x$-Verzerrung, die durch die rechteckförmigen Eingangsimpulse endlicher Impulsbreite verursacht wird, wird durch einen entsprechenden $x/\sin x$-Entzerrer beseitigt. Grundsätzlich werden durch die Impulsformung die hohen Frequenzanteile in den steilen Flanken der Rechteckimpulse unterdrückt. Es entstehen Signale mit allmählichen glockenförmigen Signalflanken, die keine hohen Frequenzkomponenten enthalten. Gebräuchliche Impulsformen sind hier die Gauß- und Nyquist-Impulsform. s. Abb. 2.1.

Die Verzerrungen eines Impulszuges, aus Gauß- Nyquist- oder anderen Impulsen, können mit Hilfe des **Augendiagramms** beurteilt werden. Meßtechnisch ermittelt man das Augendiagramm, indem man die zu untersuchende Impulsfolge der Impulsdauer T_s auf den Eingang eines Oszilloskops gibt und dabei extern mit dem Symboltakt $f_s = 1/T_s$ triggert. Im Oszilloskop werden alle Impulse im Intervall $kT_s \leq t \leq (k+1)T_s$ übereinander geschrieben, wobei man das Augendiagramm für ein beliebiges k dargestellt.

Durch eine geeignete Überlagerung der Impulse eines Impulszuges in einem Computer, kann das Augendiagramm auch simuliert werden.

Im Idealfall ist das Augendiagramm vollständig geöffnet, wie Abb. 8.27a zeigt ($\hat{s}_2 = \hat{s}_{2,max}$; $\hat{t}_2 = \hat{t}_{2,max}$).

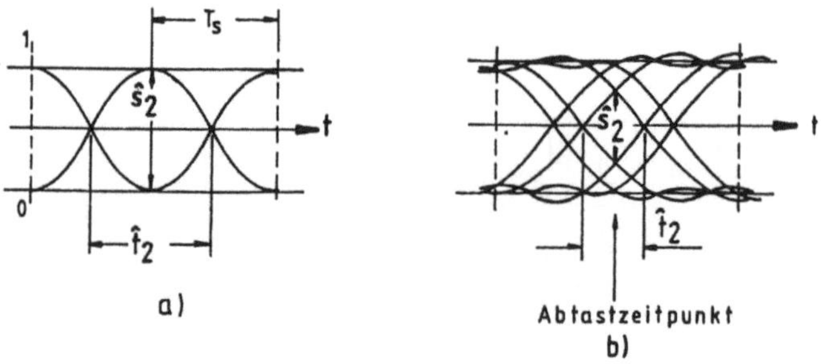

Abbildung 8.27: Augendiagramme eines Binärsignals: a) ohne Verzerrungen; b) bei linearen Verzerungen

Eine vertikale Reduzierung der Augenöffnung in Augenmitte gibt Aufschluß über Amplitudenfehler, während eine Reduzierung der horizontalen Augenöffnung Phasenfehler im Signal erkennen läßt. Abb. 8.27b zeigt das Augendiagramm bei linearen Verzerrungen (Dämpfungs- und Gruppenlaufzeit-Verzerrungen), die die Augenöffnung in horizontaler und vertikaler Richtung verringern.

In Abb. 8.28 sind mit dem Oszilloskop gemessene Augendiagramme ohne Rauschen und bei additivem Rauschen dargestellt. Durch das additive Rauschen werden die Konturen der Augendiagramme stark verwischt. Es treten im Signal sowohl zufällige Amplituden- als auch Phasenfehler (Jitter) auf. Erhöht man das

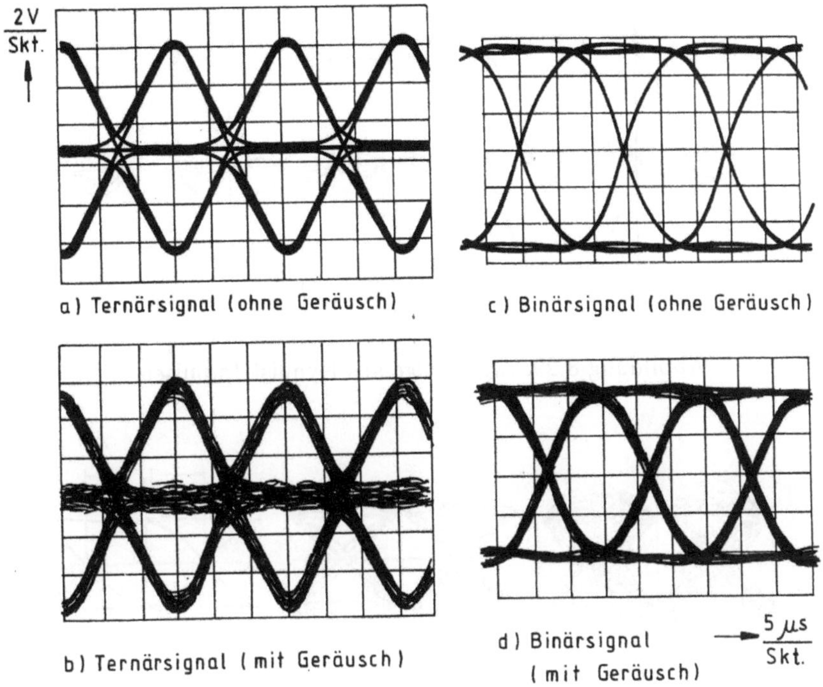

Abbildung 8.28: Augendiagramme von Impulsfolgen mit $\cos^2$-förmiger Impulsform

Rauschen, so verkleinert sich das "Auge", bis es schließlich gänzlich verschwindet.

Aus Abb. 8.28 erkennt man, daß das Binärsignal ein "Auge", das Ternärsignal jedoch zwei "Augen" aufweist. Allgemein hängt die Anzahl der sich einstellenden "Augen" von der Anzahl der Amplitudenzustände im Basisbandsignal ab. Hat das Basisbandsignal m Signalzustände, so ergeben sich $m-1$ "Augen".

Ein Impulszug, dessen Augendiagramm in vertikaler Richtung in Augenmitte vollständig geöffnet ist, erfüllt das **1. Nyquist-Kriterium**. Für eine verzerrungsfreie Abtastung im Entscheider müssen Symbolinterferenz-Beiträge benachbarter Impulse zu den Abtastzeiten kT_s in Impulsmitte verschwinden. In Abb. 8.29 ist eine stochastische Folge von Nyquistimpulsen für den binären Fall dargestellt, die das erste Nyquist-Kriterium erfüllt. Abb. 8.30 zeigt Augendiagramme solcher Folgen bei verschiedenen "Roll-Off"-Faktoren.

Nyquist-Impulse haben sich für die digitale Übertragung als besonders geeignet erwiesen. Da sie nicht zeitbeschränkt sind, Gl. (2.10), sind sie frequenzbandbeschränkt, Gln. (2.12-2.14), s. Beispiel 2.3 und Abb. 2.4. Ihre Spektralfunktion ist reell und hat eine feste obere Grenzfrequenz f_g. Die in Beispiel 2.3 genannten

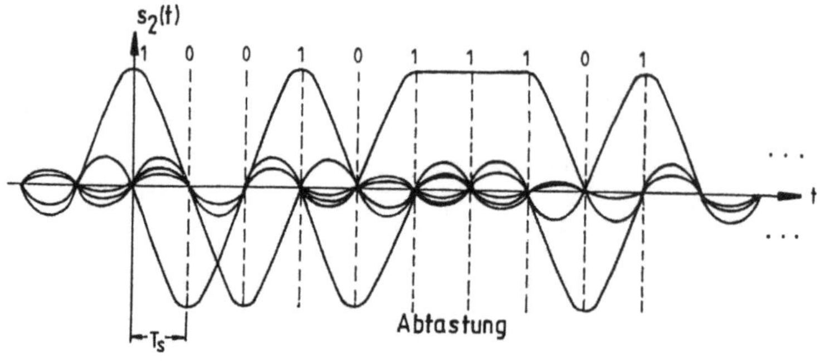

Abbildung 8.29: Signalfolge aus Nyquist-Impulsen

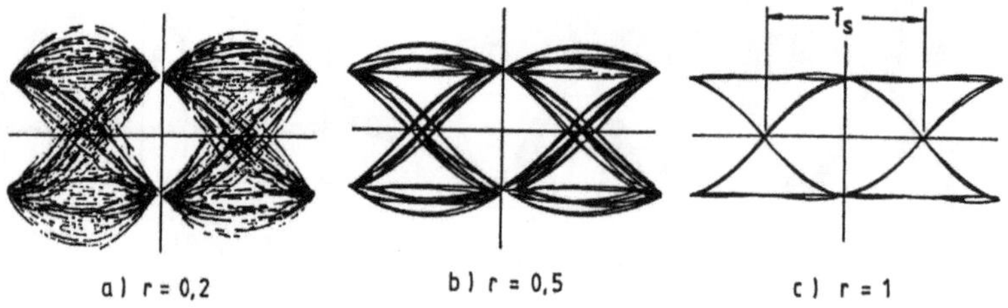

Abbildung 8.30: Augendiagramme binärer Nyquist-Folgen

Gleichungen für einen einzelnen Nyquist-Impuls bleiben bei Nyquist-Impulsfolgen unverändert gültig.

Eine stochastische Impulsfolge erfüllt das **2. Nyquist-Kriterium**, wenn alle Nulldurchgänge im Augendiagramm im Abstand $T_s/2$ von der Impulsmitte auftreten. Aus Abb. 8.30 erkennt man, daß nur die Impulsfolge mit $r = 1$ dieses Kriterium erfüllt. Nur bei einem "Roll-Off"-Faktor von $r = 1$ ist sowohl die vertikale, als auch die horizontale Augenöffnung maximal. Ist $r < 1$, so liegt außerhalb der Impulsmitte Symbol-Interferenz vor, die dort die horizontale Augenöffnung reduziert [18, 112, 114, 125-129, 131-134].

Das **3. Nyquist-Kriterium** ist erfüllt, wenn das Integral über einen empfangenen (verzerrten) Signalimpuls im Intervall T_s (Impulsfläche) den gleichen Wert ergibt, wie das Integral über diesen Signalimpuls im gleichen Intervall im Sender. Gegenüber den beiden anderen Kriterien hat das 3. Nyquist-Kriterium geringere Bedeutung für die Signal-Übertragung [125].

□ **Beispiel 8.9**
Binär bzw. quaternär zu übertragen sei ein PCM-System der 3. Hierarchiestufe mit der Bitrate v_b = 34,368 Mbit/s bei Nyquist-Impulsformung (r = 0,5).
Bei *binärer* Übertragung ist die Bitrate $v_b = 1/T_b$ gleich der Symbolrate $v_s = 1/T_s = 34,368$ Mbit/s. Die Bandbeite des Basisbandsignals nach der Impulsformung lautet mit Gl. (2.15) zu $f_g = (v_s/2)(1+r) = 25,78$ MHz.
Bei *quaternärer* Übertragung ist die Symbolrate $v_s = v_b/2 = 17,18$ Mbaud und die Signalbandbreite hat mit Gl. (2.15) den Wert $f_g = (v_s/2)(1+r) = 12,89$ MHz, ist also nur halb so groß.

□ **Beispiel 8.10**
m-stufiges Basisband-System bei additivem Rauschen und Symbol-Interferenz. Stellvertretend für beliebige $m = 2^n (n = 1, 2, 3, \ldots)$ werde zur Erläuterung das System in Abb. 8.31 mit $m = 4$ betrachtet.

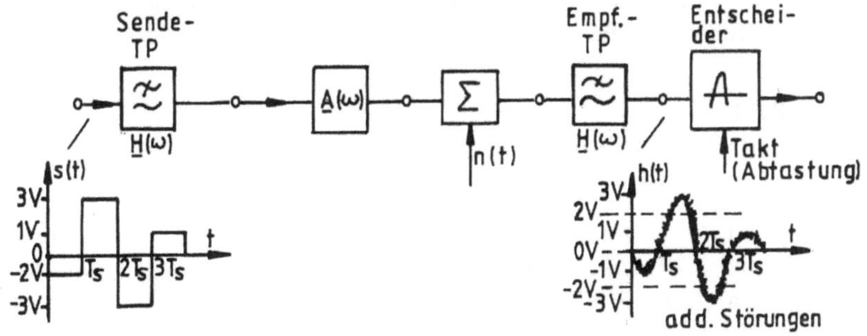

Abbildung 8.31: Basisbandsystem bei additiven Störungen ($m = 4$; Entscheider-Schwellen: +2 V, 0 V und -2 V)

Die beiden Tiefpässe haben jeweils die reelle Übertragungsfunktion $H(\omega)$, und die Kabelstrecke werde durch die ebenfalls reelle Übertragungsfunktion $A(\omega)$ beschrieben. Dem zu übertragenden Signal sei additives Rauschen $n(t)$ überlagert.

Am Eingang des Sendetiefpasses liege das m-stufige Rechtecksignal

$$s(t) = \sum_{k=-\infty}^{+\infty} s_{mk}\gamma(t - kT_s), \; (s_{mk} \in \pm 1, \pm 3, \pm 5, \ldots),$$

mit der Rechteck-Impulsform $\gamma(t)$. Infolge der Bandbegrenzung im Sendetiefpaß erleiden die Impulse eine zeitliche Verbreiterung (Symbolinterferenz).

Am Entscheider-Eingang liegt damit eine Folge von Impulsantworten $h(t)$ vor. Mit der Fourier-Rücktransformation gilt für die Impulsantwort

$$h(t) = \frac{1}{2\pi} \int_{-\infty}^{+\infty} H^2(\omega) \cdot A(\omega) e^{j\omega t} dt.$$

Da es sich um ein diskretes System handelt, kann für den μ-ten Signalwert (= μ-tes Symbol) - bei Berücksichtigung des additiven Rauschens $n(t)$ und der Gruppenlaufzeit τ_g - geschrieben werden

$$h(\mu T_s + \tau_g) = \sum_{k=-\infty}^{+\infty} s_{mk} g(\mu T_s - kT_s + \tau_g) + n(\mu T_s + \tau_g).$$

Wenn man den μ-ten Signalzustand (unverzerrter Impuls = 1 Symbol) $s_{m\mu}$ separiert, lautet die Gleichung

$$h(\mu T_s + \tau_g) = s_{m\mu} + \sum_{-\infty(k\neq\mu)}^{+\infty} s_{mk} g(\mu T_s - kT_s + \tau_g) + n(\mu T_s + \tau_g).$$

$s_{m\mu}$ überlagert ist der zweite Summand, der die Symbol-Interferenz repräsentiert und der dritte Summand das ebenfalls störende additive Geräusch.

Ein Symbolfehler tritt somit immer dann auf, wenn zum Abtastzeitpunkt die dem Impuls $s_{m\mu}$ zugeordneten Entscheider-Schwellenwerte (Entscheider), s. Abb. 8.31, infolge der vorstehend additiv überlagerten Störungen über- bzw. unterschritten werden.

□ **Beispiel 8.11**

Entwurf der Entscheider-Einrichtung für ein binäres bzw. quaternäres (4-stufiges) Basisband-Übertragungssystem.

Die Entscheider-Einrichtung eines ***binären Basisband-Übertragungssystems*** wurde bereits in Beispiel 3.29 Abb. 3.82 prinzipiell erläutert. Ein durch additives Rauschen und ggf. anderen Einflüssen gestörtes Empfangssignal $s_1(t)$, Abb. 3.82b, wird in einem Komparator und einem nachgeschalteten D-Flip-Flop regeneriert. Der Komparator-Schwellenwert wird dabei auf 0 V gelegt. Ist zum Abtastzeitpunkt (positive Taktflanke) in Bitmitte das Empfangssignal $s_1 > 0V$, so gibt der Komparater eine logische 1 ab, die im darauffolgenden D-Flip-Flop mit der positiven Taktflanke gespeichert wird. Ist dagegen $s_1 < 0$ in Bitmitte, so erscheint am Komparator eine logische 0, die in das D-Flip-Flop übernommen wird. Hiermit wird deutlich, daß eine Rauschspitze entprechender Größe, die dem Signal s_1 additiv überlagert in s_1 zum Abtastzeitpunkt einen Bit-Fehler verursacht.

Bei einem ***4-stufigen Basisband-Übertragungssystem*** werden zur Abfrage im Entscheider 3 Schwellenwerte benötigt, wenn das Entscheider-Eingangssignal $s_1(t)$ ein symmetrisches Signal ist, wie in Abb. 8.32a gezeigt.

Jeder Amplitudenstufe (= 1 Symbol) sind hier 2 Bit zugeordnet. Ein durch additives Rauschen oder sonstige Störungen verursachter Symbolfehler kann zu 2 Bitfehlern führen. Die 4 Symbole haben die Spannungswerte $\pm 0,25$ V und $\pm 0,75$ V. Zur Abtastung sind deshalb die Entscheider-Schwellenwerte 0 V; 0,5 V und -0,5 V zu wählen. Wird ein Schwellenwert durch das Empfangssignal überschritten, so gibt der zugehörige Komparator eine logische 1 ab; wird er unterschritten, so erscheint am Komparator-Ausgang eine logische 0. Die drei parallel anliegenden

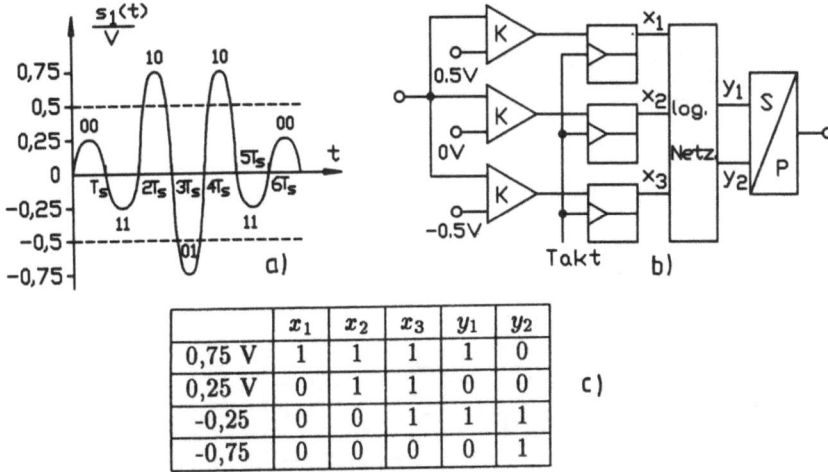

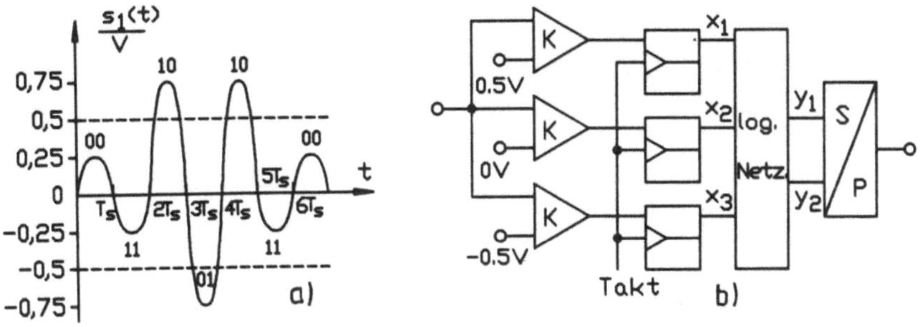

	x_1	x_2	x_3	y_1	y_2
0,75 V	1	1	1	1	0
0,25 V	0	1	1	0	0
-0,25	0	0	1	1	1
-0,75	0	0	0	0	1

c)

Abbildung 8.32: Amplituden-Entscheider eines quaternären Basisband-Übertragungssystems: a) Basisbandsignal am Entscheidereingang; b) Entscheider-Einrichtung; c) Wahrheitstafel

binären Zustände an den Komparatorausgängen werden - wie für ein Binärsignal in Abb. 3.82b gezeigt - durch Bitmitten-Abtastung in drei D-Flip-Flops übernommen, s Abb. 8.32b. Aus den drei Flip-Flop-Ausgangssignalen wird in einem logischen Netzwerk das jeweils übertragene Dibit (1 dibit= 2 bit) wiedergewonnen, falls kein Fehler durch Störungen verursacht wurden. Aus den Signalamplituden, den Schwellenwerten und dem Schalt-Verhalten der Komparatoren kann die in Abb. 8.32c dargestellte Wahrheitstafel ermittelt werden, aus der das notwendige logische Netzwerk abgeleitet werden kann, s. z.B. [116].

Der Symboltakt $f_s = 1/T_s$ muß aus dem Empfangssignal abgeleitet werden. Hierdurch wird Synchronität zwischen Empfangssignal und Symboltakt erzwungen. Nur dann ist eine fehlerfreie Signal-Regeneration in den D-Flip-Flops des Entscheiders möglich, siehe Beispiel 8.10. Setzt man am Entscheider-Eingang symmetrische Signale voraus (z.B. Nyquist-Impulfolgen), wie in Beispiel 8.10 verwendet, so kann man den Bittakt durch Betragsbildung aus dem Empfangssignal wiedergewinnen. Durch die Betragsbildung - in Abb. 8.33 ist sie am Beispiel eines Binärsignals $s(t)$ dargestellt - entsteht im Signal eine Komponente der doppelten Symboltaktfrequenz.

Die Betragsbildung kann mit einem Doppelweg-Gleichrichter durchgeführt werden. Aus dem Betragssignal wird zunächst eine Sinusschwingung der doppelten Symboltaktfrequenz mit einem (aktiven) Schwingkreisfilter selektiert. Die danach folgende Phasenregelschleife arbeitet als hochselektives Filter. Ein nachfolgender Schmitt-Trigger erzeugt ein Rechtecksignal des gewünschten logischen Formats. Die anschließende binäre Teilung um den Faktor 2 liefert die Symboltaktfrequenz.

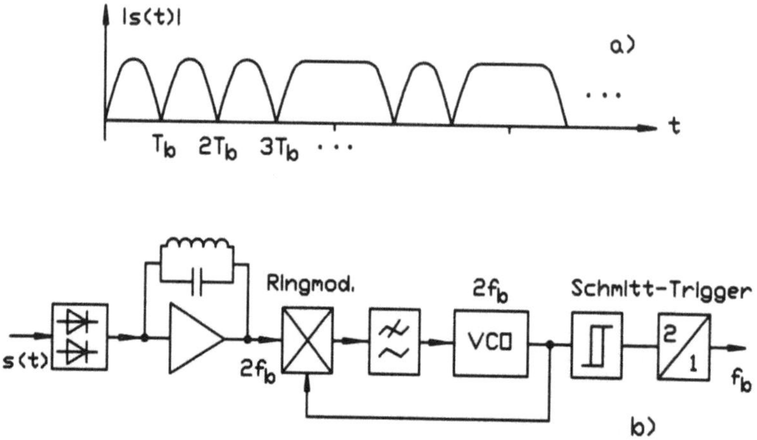

Abbildung 8.33: Taktableitung durch Betragsbildung: a) Binäres Betragssignal; b) Prinzip-Schaltung

Die Bittaktfrequenz $f_b = nf_s$, $(n = 1, 2, 3, \ldots)$ kann durch eine weitere Frequenz-Vervielfachung erzielt werden, s. Abschn. 4.3.7.2. So ist z.B. bei einem quaternären-System $f_b = 2f_s$.

Aus dem Betragsspektralverlauf kann auch die Komponente der Bittaktfrequenz f_b unmittelbar selektiert werden; sie liegt jedoch im Betragssignal meist mit geringerer spektaler Amplitude vor. Die Symboltaktfrequenz wird dann einfach durch Frequenzteilung, $f_s = f_b/n$ erzielt [111].

Eine weitere Alternative ist die Symboltakt-Ableitung aus dem Entscheider-Ausgangssignal [62, 111, 112]

Eine Taktableitung aus dem Empfangssignal ist nur möglich, wenn genügend Taktinformation im Signal vorhanden ist, d.h. ausreichend viele Signalübergänge auftreten. Lange gleichartige Signalzustände dürfen im Signal nicht erscheinen. Mit Hilfe der Verwürfelung (Scrambler/Descrambler) und Leitungscodierung können lange gleichartige "Signalbänke" verhindert werden.

8.3.3 Leitungscodierung

Durch Leitungscodierung werden, neben der Impulsformung, Signaleigenschaften erzielt, die für die effiziente Übertragung auf realen Kabelstrecken unumgänglich sind. Wesentliche Ziele der Leitungscodierung sind hierbei:

- Gleichanteilfreiheit der Leitungssignale, da die Ankopplung der Regeneratoren und anderen Leitungseinrichtungen durch Übertrager erfolgt

- Ausreichend Taktinformation in das Leitungssignal einzufügen, damit einerseits die Taktableitung gelingt, (Spektrallinien) und andererseits aber auch zur Erfüllung der Forderungen der Signal-Energieverwischung (kontinuierliche Spektren), um Nebensprechen zu vermeiden.

Die Leitungscodierung garantiert hiermit die Übertragung beliebiger binärer Signalfolgen, unabhängig davon, ob es sich um ein periodisches Signal (Linienspektrum), ein Signal mit langen 0- oder 1-Bänken oder ein Signal einer beliebigen anderen Codierung handelt. Man spricht in diesem Zusammenhang von ***Codetransparenz*** [4, 113, 135, 136].

8.3.3.1 Scrambler-Descrambler

Ein Scrambler (Verwürfler) verwandelt mit Hilfe rückgekoppelter Schieberegister-Schaltungen ein beliebiges Binärsignal, das periodisch sein kann oder lange 0- und 1-Bänke aufweist, in ein quasi-Zufallssignal, bei dem die Anzahl der logischen 0- und 1-Zustände innerhalb einer bestimmten Periode gleich ist. Die spektrale Leistungsdichte solcher Signale unterscheidet sich bei einer geeignet langen Periodendauer praktisch nicht von der echter Zufallssignale gleicher Impulsform. Im Descrambler (Entwürfler) der Empfangsseite wird die Verwürfelung wieder rückgängig gemacht. Die Scrambler-Folge r_n wird in einem rückgekoppelten Schieberegister erzeugt und mit dem zu verwürfelnden Signal a_n modulo-2 (EX-OR) addiert - binäre (duale) Addition ohne Übertrag - wodurch die Scramblerausgangsfolge b_n entsteht. Im Descrambler erzeugt man synchron in einem gleichartigen rückgekoppelten Schieberegister ebenfalls die Scrambler-Folge r_n und verknüpft sie mit dem verwürfelten Signal b_n modulo-2. Hierdurch wird die Verwürfelung wieder aufgehoben. In Tabelle 8.4 und 8.5, ist dies anhand beliebig angenommener Signal- und Scramblerfolgen demonstriert.

Tabelle 8.4: Verwürfelung eines Binärsignals

b_n	010101010010
r_n	101011000100
a_n	111110010110

Abb. 8.34 gibt den Prinzip-Aufbau eines Scrambler-Systems wieder. Die zur Erzeugung der Scrambler-Folge r_n notwendigen rückgekoppelten Schieberegister werden durch ein Generator-Polynom beschrieben. Binärfolgen und die Generator-Bitmuster rückgekoppelter Schieberegister können durch normierte Polynome vom Grade $(n-1)$ (n = Länge der Binarfolge) beschrieben werden. Die Polynom-

Tabelle 8.5: Entwürfelung eines Binärsignals

b_n	010101010010
r_n	101011000100
a_n	111110010110

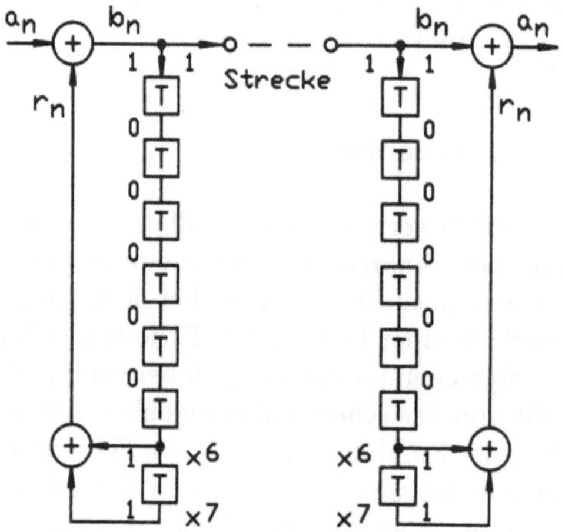

Abbildung 8.34: Scrambler- Descrambler System

Koeffizienten solcher Polynome sind 0 oder 1 und stellen die Binärfolge dar; in Kapitel 10 wird auf die Polynom-Darstellung von Binärfolgen näher eingegangen.

Das Scrambler-Descrambler-System nach Abb. 8.34b wird durch das Generatorpolynom $x^7 + x^6 + 1$ (ITU-T, V.27/V.29) beschrieben. Scrambler und Descrambler sind gleichartig aufgebaut. Das zum Generatorpolynom gehörende Binärmuster lautet 11000001. Schieberegister-Anzapfungen liegen nur an den Stellen vor, an denen die Binärfolge logisch 1 ist. Die Scrambler-Folge r_n, die eine Pseudo-Zufallsfolge ist, hat die Periode $L = 2^n - 1$. n ist die Anzahl der Schieberegisterzellen; im hier betracheten Fall ist $n = 7$ also $L = 2^7 - 1 = 127$. Die sich periodisch wiederholende Folge kann benutzt werden, um Scrambler und Descrambler zu synchronisieren.

Scrambler dienen, wie erwähnt, sowohl zur Einfügung von ausreichender Taktinformation, in Form gewisser Periodizitäten, in das Leitungssignal als auch zur Energierverwischung (Beseitigung von Spektrallinien), um Nebensprechen zu verhindern. Da beide Forderungen gegenläufig sind, ist im praktischen Fall bei der

Wahl der Scramblerfolge ein Kompromiß zu finden.

□ **Beispiel 8.12**
Am Eingang des Scramblers nach Abb. 8.34 liege das Eingangsbitmuster a_n = 1111100000. In Polynomdarstellung lautet diese Folge $a_n(x) = 1 + x + x^2 + x^3 + x^4$. Um das Scrambler-Ausgangspolynom $b_n(x)$ zu ermitteln, dividiert man $a_n(x)$ durch das Generatorpolynom $g(x) = 1 + x^6 + x^7$. Zu beachten ist hierbei, daß die Polynomsumme modulo-2 verknüpft ist, und deshalb Plus- und Minusoperation identisch sind. Die Summe (= Differenz) gleichartiger Polynomglieder ist gleich Null. Der Übertrag wird nicht berücksichtigt ($\hat{=}$ EX-OR-Verknüpfung).

Wie die unten dargestellte Rechnung zeigt, lautet die Scrambler-Ausgangsfolge b_n = 1111101000. Durch die Verwürfelung wurde eine zusätzliche 1 in die Folge a_n eingefügt.

Im Descrambler muß nun die Ursprungsfolge a_n wiedergewonnen werden. Hierzu multipliziert man das Polynom der als fehlerfrei angenommenen Empfangsfolge $b_n(x)$ mit dem Generatorpolynom $g(x)$ und erhält so $a_n(x)$ das Polynom der Ursprungsfolge. Diese Operation ist ebenfalls nachfolgend dargestellt.

Verwürfelung

$$(1 + x + x^2 + x^3 + x^4) : (1 + x^6 + x^7) = 1 + x + x^2 + x^3 + x^4 + x^6 + \cdots = b_n(x)$$

$$\begin{array}{l}
\underline{(1 + x^6 + x^7)} \\
(x + x^2 + x^3 + x^4 + x^6 + x^7) \\
\underline{(x + x^7 + x^8)} \\
(x^2 + x^3 + x^4 + x^6 + x^8) \\
\underline{(x^2 + x^8 + x^9)} \\
(x^3 + x^4 + x^6 + x^9) \\
\underline{(x^3 + x^9 + x^{10})} \\
(x^4 + x^6 + x^{10}) \\
\underline{(x^4 + x^{10} + x^{11})} \\
(x^6 + x^{11}) \\
\underline{(x^6 + x^{12} + x^{13})} \\
(x^{11} + x^{12} + x^{13})
\end{array}$$

Entwürfelung

$$(1+x+x^2+x^3+x^4+x^6)\cdot(1+x^6+x^7) = 1+x+x^2+x^3+x^4+x^{11}+x^{12}+x^{13}+\cdots = a_n(x)$$

Die Glieder $x^{11} + x^{12} + x^{13}$ sind bei der Entwürfelung im praktischen Fall nicht relevant und werden deshalb verworfen. Da der maximale Grad der Eingangsfolge in Polynomschreibweise $9 = n - 1 = 10 - 1$ ist ($1111100000 \hat{=} 1 \cdot 1 + 1 \cdot x^1 + 1 \cdot x^2 + 1 \cdot x^3 + 0 \cdot x^4 + 0 \cdot x^6 + 0 \cdot x^7 + 0 \cdot x^8 + 0 \cdot x^9$) ist, muß die decodierte Ausgangsfolge ebenfalls diesen Grad aufweisen; sie lautet somit gemäß dem decodierten Polynom $a_n(x) = 1 \cdot 1 + 1 \cdot x + 1 \cdot x^2 + 1 \cdot x^3 + 1 \cdot x^4 + 0 \cdot x^5 + 0 \cdot x^6 + 0 \cdot x^7 + 0 \cdot x^8 + 0 \cdot x^9 +$

nicht relevante Komponenten, $a_n = 1111100000$.

8.3.3.2 Ternäre Leitungscodes

Der gebräuchlichste ternäre Leitungscode der **AMI-Code** (Alternating Mark Inversion - Code) hat ein sehr einfaches Bildungsgesetz, das unmittelbar aus dem Binärcode hervorgeht. Die binäre 0 im Binärcode bleibt auch im ternären (3-stufigen) AMI-Code 0, die binäre 1 dagegen wird alternierend durch den Wert +1 oder −1 dargestellt. In Abb. 8.35ab ist das AMI-Codierungsgesetz an einem Beispiel erläutert. Das AMI-codierte Signal ist gleichanteilfrei, wie Abb. 8.35b

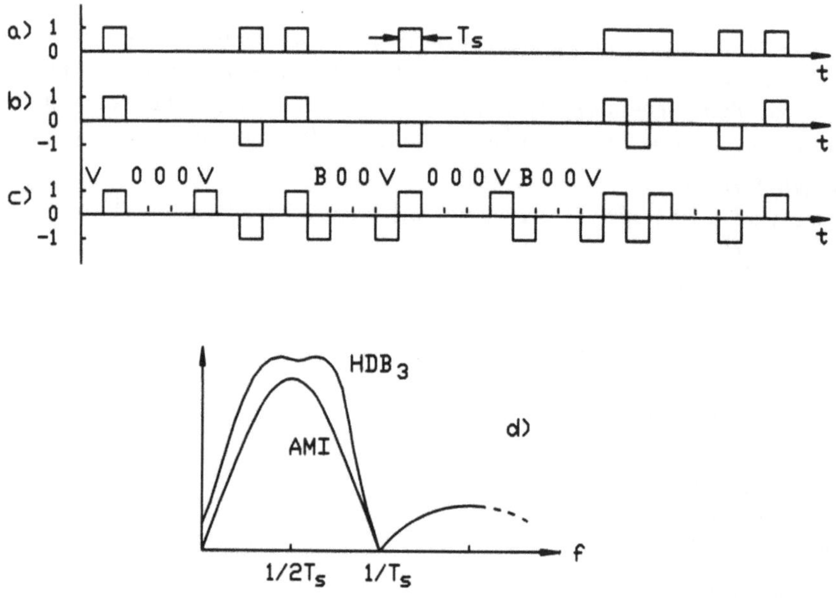

Abbildung 8.35: AMI-Codierung: a) Binärfolge; b) AMI-Code; c) HDB_3-Code; d) spektrale Leitungsdichte der AMI-und HDB_3-codierten Folge

zeigt. Da der AMI-Code aus dem Binärcode entsteht, wird er oft als *pseudoternär* oder *quasiternär* bezeichnet. Allerdings können im AMI-Code immer noch lange 0-Bänke auftreten, da dieser Zustand ja unmittelbar aus dem Binärcode übernommen wird.

Die Decodierung des AMI-Codes in den Binärcode erfolgt durch Doppelweg-Gleichrichtung.

Der **HDB_3-Code** (High Densitiy Bipolar- Code) ist ein modifizierter AMI-Code.

Durch die Codierung werden mehr als 3 Nullstellen im Signal vermieden. Gruppen von 4 Null-Elementen werden durch spezielle den AMI-Code verletzende Symbolgruppen ersetzt (Substitutionscode). Ansonsten gilt der AMI-Code.

HDB_3-Codierregel:
Ein Block von 4 Nullen im Leitungssignal wird entweder durch die Symbolgruppe B00V oder 000V ersetzt. V bezeichnet einen ± 1-Impuls der die AMI-Codierungsregel verletzt (Verletzungsimpuls), d.h. er hat die Polarität des vorhergegangenen ± 1 - Impulses. B dagegen ist ein ± 1-Impuls der das AMI-Codierungsgesetz einhält. 000V wird substituiert, wenn seit dem letzten Verletzungsimpuls eine ungerade Anzahl von ± 1-Impulsen im AMI-Signal vorliegt. Ist die Anzahl der ± 1-Impulse im AMI-Signal gezählt vom letzten Verletzungsimpuls gerade oder Null, so wird B00V substituiert. In Abb. 8.35bc ist gezeigt, wie aus dem AMI-Code ein HDB_3-Code entsteht. Da die Substitutionen das AMI-Gesetz verletzen, können sie im Decodierer erkannt und gelöscht werden.

Mit der beschriebenen Codierregel [MOR87] [LOC97] wird für den HDB_3-Code keine vollständige Gleichanteilfreiheit erreicht. Aus dem Verlauf der spektralen Leistungsdichte des HDB_3-Codes Abb. 8.35 ist dies ersichtlich. Ein geringer (praktisch vernachlässigbarer) Gleichanteil bleibt erhalten. In [4] ist dargestellt wie durch Ermittlung der "laufenden digitalen Summe" auch dieser Restgleichanteil unterdrückt werden kann.

Der HDB_3-Leitungscode wird beispielsweise in PCM-Leitungseinrichtungen benutzt; eine Leitungseinrichtung enthält alle Sende- Empfangs- und Codierungselemente eines Übertragungssystems. Typische Anwendungsbereiche sind die Systeme der 1. (2,048 Mbit/s), 2. (8,448 Mbit/s), und 3. (34,368 Mbit/s) Hierarchieebene.

Allgemein gehört der HDB_3-Code zur Gruppe der HDB_n-Codes, bei denen Gruppen von $(n+1)$ Nullen durch $(n+1)$ lange Symbolgruppen $000\cdots V$ bzw. $B000\cdots V$ ersetzt werden [4, 135, 136].

Weitere ternäre Leitungscodes sind u.a. der $4B3T$-Code (4 Bipolar 3 Ternary), der PST-Code (Pair Selected Ternary)[113, 136].

8.3.3.3 Binäre Leitungscodes

Der für die Digitalübertragung meist benutzte Binär-Code ist der **NRZ-Code** (Non Return to Zero), bei dem die logische 1 als +1 und die logische 0 als -1 gesendet wird, s. Abb. 8.36b.

Von dem NRZ-Code gibt es weitere Abarten [4]. Beim **RZ-Code** (Return to Zero) wird die logische 0 im Intervall T_s des binär codierten Signals beibehalten. Zur Darstellung der logischen 1 im RZ-Signal jedoch wird das Intervall T_s halbiert und die binäre 1 als 10 dargestellt, s. Abb. 8.36c.

Beim **CMI-Code** (Coded Mark Inversion), wird, ausgehend von einem binär co-

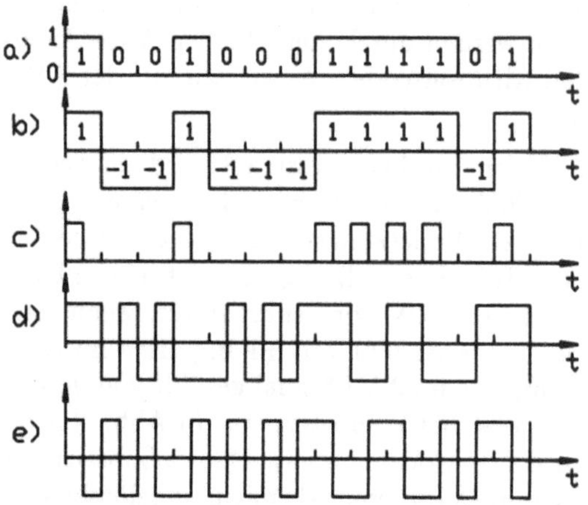

Abbildung 8.36: a) Binärcode; b) NRZ-Code; c) RZ-Code, d) CMI-Code; e) Differential-Manchester-Code

dierten Signal, für den Binärzustand "1", wie beim AMI-Code, alternierend ± 1 gesetzt. Ein Zustand 0 im Binärsignal wird im CMI-Signal durch -1 in der ersten Hälfte des Bitintervalls und durch $+1$ in der zweiten Hälfte des Bitintervalls dargestellt, s. Abb. 8.36d [4]. Der **CMI-Code** ist der Leitungcode für PCM-Systeme der 4. Hierarchiestufe ($139,264 Mbit/s$).

Dem **Differential Manchestercode** liegt das folgende Codierungsgesetz zugrunde. Sowohl die logische 0 als auch die logische 1 im Binärsignal stellt man im Manchester-Signal durch ± 1 im 1. Bithalbintervall dar. Im 2. Bithalbintervall erscheint die jeweils entgegengesetzte Polarität. Zur eigentlichen Unterscheidung zwischen logisch 0 und logisch 1 liegt bei einer logischen 0 am Bitanfang ein Signalübergang (Sprung) vor, während bei einer logischen 1 kein Sprung am Bitanfang erscheint, s. Abb. 8.36e [4].

Autokorrelationsfunktionen und spektrale Leistungsdichten verschiedener Codefolgen sind in [113, 135, 136] dargestellt.

Ein Codierverfahren, das ein gewisses Maß der eigentlich unerwünschten Symbol-Interferenz im Signal zuläßt, ist die **Partial-Response-Codierung**. Solche Codierverfahren werden verwendet, wenn eine besonders schmalbandige Übertragung bei der Nyquistbandbreite $B_N = 1/2T_s$ erreicht werden soll [111, 112, 113, 136].

8.3.4 Symbolfehler-Wahrscheinlichkeit bei m-stufiger Übertragung

Die Symbolfehler- bzw. Bitfehler-Wahrscheinlichkeit ist ein wichtiges Kriterium zur Beurteilung digitaler Übertragungssysteme. Sie kann über die Wahrscheinlichkeit ermittelt werden, daß ein Symbol (= 1 Bit bei binärer Übertragung) aufgrund einer Störung eine Entscheider-Schwelle, vergl. Beisp. 8.10, über- oder unterschreitet, wenn weißes additives Rauschen als Störgröße angenommen wird. Der Einfluß der Symbol-Interferenz und anderer Störungen wird durch die folgenden Betrachtungen nicht erfaßt. Aufgrund der Amplitudenverteilung (Gauß-Verteilung) des Störgeräuschs, das dem Nutzsignal additiv überlagert ist, können in zufällig streuenden Zeitabständen einzelne Störspitzen in den Bereich der Amplituden-Entscheiderschwellen gelangen, sodaß bei der Abtastung Fehlentscheidungen und damit Symbolfehler bzw. Bitfehler auftreten.

Die Symbolfehler-Wahrscheinlichkeit hängt bei additivem Rauschen nur vom Störabstand ρ bzw. dem Signal-Geräusch-Verhältnis $\hat{S}/N$ ab, wie theoretische Untersuchungen zeigen [126, 137].

$$\rho = \frac{\hat{s}}{\sqrt{2}s_r} = \sqrt{\frac{\hat{s}^2}{2s_r^2}} = \sqrt{\frac{\hat{S}}{2N}} \tag{8.15}$$

Hierbei ist $\hat{s}$ der Spitzenwert der Signalspannung im Basisbandsignal und s_R der Effektivwert der Rauschspannung. $N = s_r^2$ ist die effektive Rauschleistung und $\hat{s}^2 = \hat{S}$ die Signalspitzenleistung an $R = 1\Omega$.

Bei additivem Rauschen mit einer Amplitudenverteilung, die durch die Gaußsche Wahrscheinlichkeitsdichte, s. Gl. (2.68), beschrieben wird, ist für symmetrische, unsymmmetrische und Pseudo-Signale, s. Abb. 8.37, in [137] die Symbolfehler-Wahrscheinlichkeit abgeleitet.

Für **symmetrische Signale** lautet die Symbolfehler-Wahrscheinlichkeit allgemein

$$p_s = \frac{m-1}{m}\left[1 - \operatorname{erf}\left(\frac{\hat{s}}{(m-1)s_r\sqrt{2}}\right)\right] \tag{8.16}$$

m ist die Anzahl der Signal-Amplitudenstufen und erf$(\cdots)$ bezeichnet das gaußsche Fehlerintegral in der Form nach Gl. (2.74), das durch Gl. (2.76) genähert werden kann.

Die Symbolfehler-Wahrscheinlichkeit der **unsymmetrischen Signale**, die höher ist, als bei den symmetrischen Signalen, kann nach der Beziehung

$$p_s = \frac{m-1}{m}\left[1 - \operatorname{erf}\left(\frac{\hat{s}}{2(m-1)s_r\sqrt{2}}\right)\right] \tag{8.17}$$

ermittelt werden.

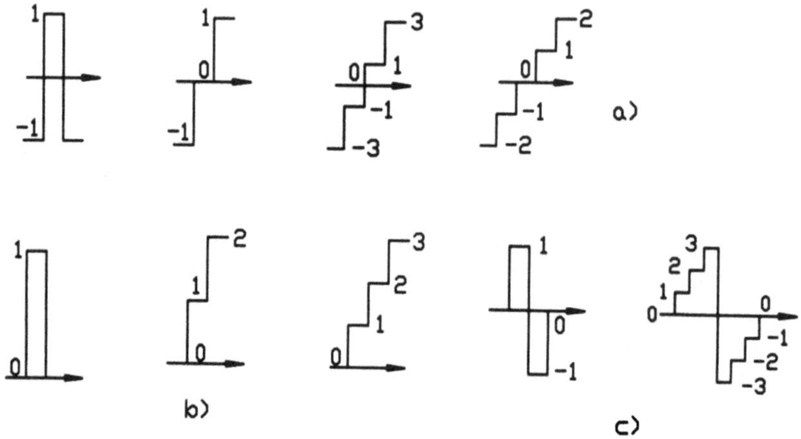

Abbildung 8.37: a) symmetrische Basisbandsignale; b) unsymmetrische Basisbandsignale; c) Pseudo-Signale

Bei den **Pseudosignalen**, die z.B. durch Umcodierung aus Binärsignalen entstehen findet man die Symbolfehler-Wahrscheinlichkeit nach der Formel

$$p_s = \frac{m}{m+1}\left[1 - \operatorname{erf}\left(\frac{\hat{s}}{(m-1)s_r\sqrt{2}}\right)\right] \tag{8.18}$$

Mit der asymptotischen Näherung für das Gaußsche Fehlerintegral, Gl. (2.76), ist in Abb. 8.38 der Symbolfehler-Wahrscheinlickeits-Verlauf eines 4-stufigen symmetrischen, eines 4-stufigen unsymmetrischen und eines 3-stufigen Pseudosignals dargestellt.

Mit Gl. (8.16) kann gezeigt werden, daß der Verlauf der Symbolfehler-Wahrscheinlichkeit über $\hat{S}/N$ eines symmetrischen Binärsignals mit dem Verlauf des Pseudoternärsignals nahezu identisch ist.

Sind die Symbole eines Basisbandsignals statistisch voneinander unabhängig und treten gleichwahrscheinlich mit der Wahrscheinlichkeit $1/m$ auf, so gelten zwischen der Symbolfehler-Wahrscheinlichkeit und der **Bitfehler-Wahrscheinlichkeit** bzw. umgekehrt die folgenden Zusammenhänge.

$$p_s = 1 - (1 - p_b)^n; \quad p_b = 1 - \sqrt[n]{1 - p_s} \tag{8.19}$$

n bezeichnet hierbei die Bitzahl die ein Symbol im Basisbandsignal repräsentiert.

In realen Systemen werden wegen der Bauteile-Toleranzen und weiterer Störeinflüsse die theoretischen Kurven der Symbolfehler-Wahrscheinlichkeit bzw. Bitfehler-Wahrscheinlickeit nicht ereicht. Gemessene Kurvenzüge liegen im allgemeinen um ca. 0,5 - 3 dB (Implementierungsspanne) oberhalb der in Abb. 8.38

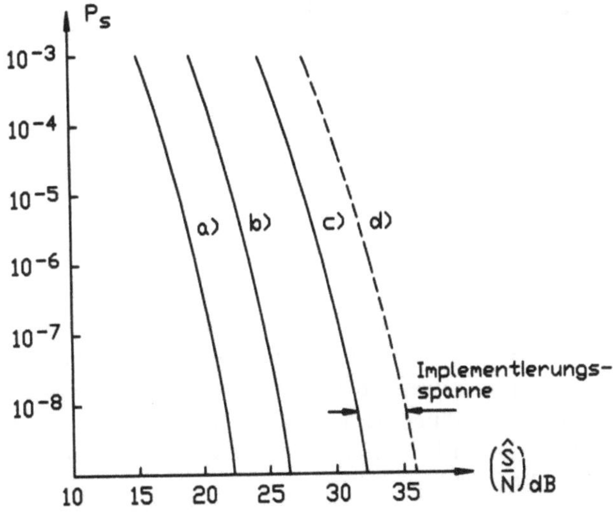

Abbildung 8.38: Symbolfehler-Wahrscheinlichkeit einiger Basisbandsignale in Abhängigkeit des Signal-Rausch-Verhältnisses $\hat{S}/N$: a) Pseudoternärsignal; b) symm. Quaternärsignal; c) unssymm. Quaternärsignal; d) unsymm. Quaternärsignal (gemessen)

dargestellten Verläufe. Für das 4-stufige unsymmetrische Signal ist gestrichelt eine mögliche Meßkurve der Symbolfehlerquote, die eine Symbolfehler-Häufigkeit dargestellt, eingezeichnet. Allgemein wird jedoch nicht die Symbolfehlerquote sondern die **Bitfehlerquote** gemessen. Mit Gl. (8.19) kann dann aus Meßwerten der Bitfehlerquote die Symbolfehlerquote ermittelt werden. Bei binärer Übertragung ist die Symbolfehlerquote gleich der Bitfehlerquote, da hier 1 Symbol=1 Bit ist. Die Messzyklen der Bitfehlerquote dauern 2 bis 10 min. Will man die Bitfehler-Wahrscheinlichkeit messen, so werden die Meßzeiten sehr lang (u.U. Wochen). Auf die Messung der Bitfehlerquote wird in Abschn. 8.8 eingegangen.

□ **Beispiel 8.13**

Für ein 4-stufiges unsymmetrisches Basisbandsignal ermittelt man bei einem Signal-Geräusch-Verhältnis von $\hat{S}/N = 30dB$ die Symbolfehler-Wahrscheinlichkeit mit den Gln. (8.15), (8.17) und (2.76): $p_s = (3/4)\left[1 - \mathrm{erf}\sqrt{\hat{S}/72N}\right] = 1,54 \cdot 10^{-7}$ und die Bitfehler-Wahrscheinlichkeit $p_b = 1 - \sqrt{1 - p_s)} = 7,7 \cdot 10^{-8}$. Dies bedeutet, daß in einer Bitfolge von 10^8 bit, 7,7 bit (=8 bit) verfälscht sind. $\hat{S}/N$ ist bei der Rechnung in entlogaritmierter Form einzusetzen $(\hat{S}/N)_{dB} = 10\lg\hat{S}/N$; $\hat{S}/N = 10^{(\hat{S}/N)_{dB}/10)}$.

8.4 Signal-Übertragung auf Lichtwellenleitern

Der prinzipielle Aufbau eines optischen Übertragungssystems ist in Kapitel 5 Abb. 5.1 dargestellt. Dort werden auch die zugehörigen Sende- und Empfangselemente und die wichtigsten Lichtwellenleiter betrachtet.

Wie in Abb. 5.1prinzipielldargestellt erfolgt die Signalregeneration (Regenerator) am elektrischen Signal nach der in Beispiel 3.29, Abb. 3.82 bereits erläuterten Methode.

In diesem Abschnitt wird nun die Zusammenwirkung dieser Komponenten bei digitaler Übertragung betrachtet. Das Übertragungssignal in Form von Lichtimpulsen bestimmter Lichtleistung wird wesentlich durch die verschiedenen Formen der Dispersion und Dämpfung beeinflußt. Die Impulsverbreiterung infolge der Dispersion wird an einem Gaußimpuls demonstriert, der oft für systemtheoretische Betrachtungen benutzt wird. Weitergehende systemtheoretische Betrachtungen findet man z.B. in [138, 139].

Grundsätzlich gibt es für die Impulsübertragung auf Lichtwellenleitern Intensitätsmodulations-Verfahren, auch Direktempfang genannt, und Verfahren mit kohärenter Demodulation [80,140].

Bei der Intensitätsmodulation wird die Leistung der Lichtwelle durch Tastung im Sinne eines binären (oder mehrstufigen) Basisbandsignals moduliert. Die kohärenten Methoden sind mit den in Kapitel 7 dargestellten analogen AM-Modulationsverfahren bei kohärenter Demodulation verwandt. Die hierzu äquivalenten digitalen Verfahren wie die Amplitudentastung (Amplitude Shift Keying, ASK) und Phasenumstatung (Phase Shift Keying, PSK) werden in Abschnitt 8.5 behandelt.

Auf analoge Modulationsverfahren zur LWL-Übertragung wird nicht eingegangen.

Auch bei der Übertragung mit Licht ist die Frequenzmultiplextechnik anwendbar. Allerdings hat sich hier die Bezeichnung "Wellenlängenmultiplex" eingebürgert (Wave Division Multiplex, WDM).

Moderne Systeme der Datenübertragung werden heutzutage meist aus LWL-Komponenten aufgebaut. In diesem Kapitel werden veschiedene Komponenten vorgestellt. Ihre Vernetzung wird in Kapitel 11 behandelt.

8.4.1 LWL-Impulsübertragung

Die Impulsantwort bzw. Übertragungsfunktion eines LWL-Systems aus optischem Sender, Lichtwellenleiter und optischem Empfänger können mit den in Kapitel 2 dargestellten Methoden der Systemtheorie oft nur näherungsweise ermittelt werden.

Übertragungsfunktion und Impulsantwort charakterisieren wie bekannt die Vierpol-Systemkomponenten und das gesamte Übertragungssystem. In vielen Fällen ist es hinreichend, Lichtwellenleitern die Übertragungsfunktion und Impulsantwort eines Gauß-Tiefpasses zuzuordnen. In Abb. 8.39ab sind die Übertragungsfunktion und die Impulsantwort eines Gauß-Tiefpasses dargestellt. Abb.

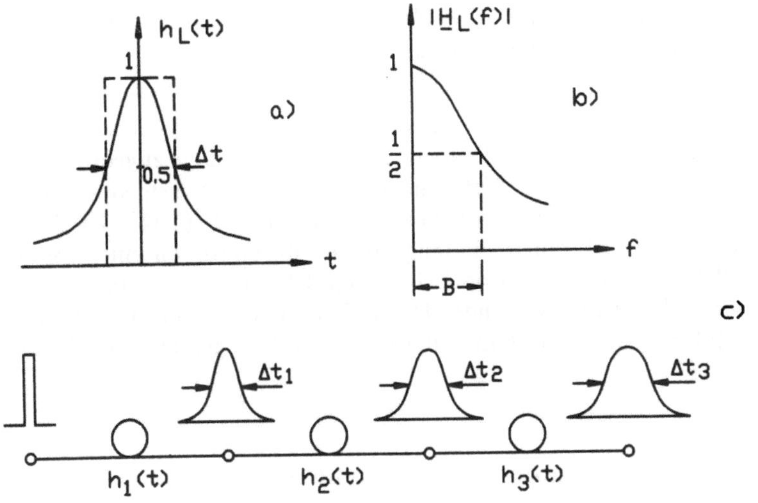

Abbildung 8.39: Gauß-Tiefpaß: a) Impulsantwort; b) Übertragungsfunktion; c) Kettenschaltung mehrer LWL-Abschnitte

8.39c zeigt die Kettenschaltung von mehreren Lichtwellenleiter-Abschnitten.

Ist die mittlere Dauer (Halbwertsbreite) der Impulsantwort eines Gauß-Tiefpasses, der einen Lichtwellenleiter mit Dispersion repräsentiert, $\Delta t \approx 1/2B$, dann gilt für die Kettenschaltung

$$\Delta t_{ges} \approx \sqrt{\Delta t_1^2 + \Delta t_2^2 + \cdots + \Delta t_n^2}. \tag{8.20}$$

Hierbei wird vorausgesetzt, daß alle ausbreitungsfähigen Eigenwellen gleich angeregt werden und bei der Ausbreitung dieselbe Dämpfung erfahren. Der Dispersionseinfluß läßt sich dabei aus der Verbreiterung des Gaußimpulses am LWL-Ausgang messen.

Zur Verringerung der Dispersion können LWL-Abschnitte mit entgegengesetzter Dispersion (z.B. LWL-Stücke bestimmter Krümmung) in das LWL-Übertragungssystem eingebracht werden [141].

Eine andere Möglichkeit ist die Übertragung mit sogenannten *Solitonen*. Solitonen sind Wellenformen, die keine Dispersionserscheinungen zeigen. Betrachtet man die Übertragung mit Impulsen hoher Leistung im Dämpfungsminimum einer

Glasfaser bei $\approx$ 1,5 μm, s. Abb. 5.14c, so wirken auf die Eigenwellen zwei gegenläufige Effekte. Einerseits ist die Laufzeit kurzwelliger Eigenwellen kleiner als die langwelliger, Gl. (5.13); andererseits ist Quarzglas ein inhomogenes Medium dessen Brechzahl sich oberhalb einer bestimmten Impulsleistung so ändert, daß sich kurzwellige Eigenwellen mit größerer Laufzeit fortpflanzen. Bei entsprechender Impulsleistung und geeignetem Systementwurf kompensieren sich die beiden Effekte, und der Impuls behält seine Form auf dem Übertragungsweg bei. Man spricht dann von einem Solitonen-Impuls.

Eine weitere Methode ist die Benutzung der digitalen Frequenzmodulation (Frequency Shift Keying, FSK), s. Abschn. 8.5. Der logischen 0 des binären Basisbandsignals wird im Symbolinervall T_s eine Frequenz f_0 zugeordnet und der logischen 1 eine Frequenz f_1. Aufgrund des Frequenzunterschiedes breiten sich die beiden Impulse mit unterschiedlicher Laufzeit aus, Gl. (5.13). Ist $f_0 > f_1$, so holen die schnelleren 1-Impulse die langsameren 0-Impulse an einer bestimmten Stelle des LWL ein. Die beiden optischen Impulsleistungen P_0 und P_1 addieren sich an dieser Stelle, dem LWL-Ende. Das FSK-Signal wird auf diese Weise in ein leistungsmoduliertes (intensitätsmoduliertes) Signal umgesetzt und demoduliert [80].

8.4.1.1 Impulsübertragung beim Einmoden-Lichtwellenleiter

Beim Einmoden-LWL, in dem nur die Grundwelle geführt wird, setzt sich die Dispersion der Gruppenlaufzeit aus Material- und Wellenleiterdispersion zusammen, s. Abschn. 5.3. Der Verlauf der Gruppenlaufzeit über der Frequenz wird als linear angenommen. Im Idealfall ist die Gruppenlaufzeit über der Frequenz konstant. Weiterhin zu berücksichtigen ist die Wellenlängen-Abhängigkeit der Dämpfung, s. Abschn. 5.5.

Zur Bestimmung der **Übertragungsfunktion**, welche auch **Basisband-Charakteristik** genannt wird, werde angenommen, am LWL-Eingang liege eine sinusförmig in ihrer Leistung modulierte Lichtwelle. Am LWL-Ausgang erscheine die Lichtwelle zwar gedämpft aber unverzerrt mit einer bestimmten Amplitude und Phase (Laufzeit). Der LWL hat damit eine lineare (Leistungs-) Kennlinie. Für die Übertragungsfunktion gilt somit

$$\underline{H}_L(f) = \frac{\underline{P}_a}{\underline{P}_e} \tag{8.21}$$

$\underline{P}_e$ bezeichnet die komplexe Leistung am Eingang und P_a die komplexe Leistung am Ausgang des LWL.

Die Übertragungsfunktion hängt sowohl von der spektralen Breite $\Delta\lambda$ der Lichtquelle als auch den obengenannten Fasereigenschaften ab. Berücksichtigt man nur die Materialdispersion τ_{mat}/L, so lautet der Betrag der Übertragungsfunktion

$$|\underline{H}_L(f)| = \eta_K \cdot 10^{-\frac{\alpha_D \cdot L}{10}} \cdot e^{-\pi[f \cdot M_{mat}(\lambda_0) \cdot L \cdot \Delta\lambda]^2}. \tag{8.22}$$

α_D ist hierbei die Dämpfung in dB/km, η_k der Wirkungsgrad, der durch Koppelverluste entsteht, s. Abschn. 5.9, und M_{mat} der Material-Dispersionskoeffizient.

Aus der Übertragungsfunktion findet man mit der Fourier-Rücktransformation die Impulsantwort

$$h_L(t) = \frac{\eta_k P_{\lambda_0}}{M_{mat}(\lambda_0) L} 10^{\frac{-\alpha_D \cdot L}{10}} \cdot e^{-\pi\left(\frac{t-\tau_{mat}}{M_{mat} \cdot L \cdot \Delta\lambda}\right)^2}; \quad P_{\lambda_0} = P_{\lambda_m} e^{-\pi\left(\frac{\lambda-\lambda_m}{\Delta\lambda}\right)^2} \tag{8.23}$$

Hierbei ist P_{λ_0} die spektrale Leistungsverteilung der Lichtquelle und λ_m ihre mittlere Wellenlänge.

In Abb. 8.40 sind Übertragungsfunktion und Impulsantwort dargestellt. Infolge

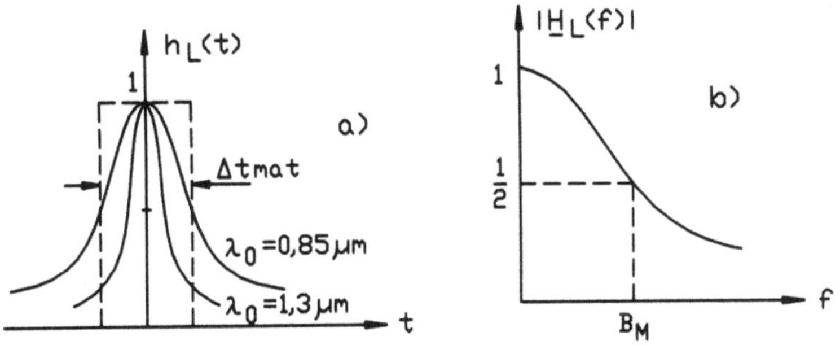

Abbildung 8.40: Einmoden-LWL: a) Impulsantwort; b) Übertragungsfunktion

der Material-Dispersion entstehen Gruppenlaufzeitverzerrungen, die zu der bekannten Impulsverbreiterung der Impulsantwort führen, s. Abb. 8.40b. Die mittlere Impulsdauer Δt_{mat} ist umso geringer, je schmaler die spektrale Breite der Lichtquelle ist.

$$\Delta t_{mat} = M_{mat}(\lambda_0) \cdot \Delta\lambda \cdot L \tag{8.24}$$

Eine extrem schmale Impulsantwort erhält man bei $\lambda_0 = 1,3$ μm, da bei dieser Wellenlänge der Material-Dispersionskoeffizient gegen Null geht, Abb. 5.11a.

Aus der mittleren Impulsdauer ermittelt man die Bandbreite B_M und das Bandbreiten-Längenprodukt $B_M \cdot L$ des Einmoden-LWL näherungsweise [142] zu

$$B_M \approx \frac{0,441}{M_{mat} \cdot \Delta\lambda \cdot L}; \quad B_M \cdot L \approx \frac{0,441}{M_{mat} \cdot \Delta\lambda} \tag{8.25}$$

$B_M \cdot L$ stellt die längenunabhängige Bandbreite dar.

8.4.1.2 Impulsübertragung auf Mehrmoden-Lichtwellenleitern

Bei der Übertragung mit dem **Stufenprofil-LWL** wird die Impulsübertragung von der Modenabhängigkeit der Gruppenlaufzeit und der Dämpfung beeinflußt. Setzt man wie im vorhergehenden Abschnitt ein LWL-System mit einer linearen Kennlinie und eine sinusförmige Erregung am LWL-Eingang voraus, so kann auch hier die Übertragungsfunktion durch Gl. (8.21) dargestellt werden. Wenn alle Moden gleiche Dämpfung erfahren, folgt hieraus für den Betragsverlauf der Übertragungsfunktion

$$|H_L(f)| = \eta_k \cdot 10^{-\frac{\alpha_D \cdot L}{10}} \frac{\sin(\pi f \Delta\tau_g)}{\pi f \Delta\tau_g} \tag{8.26}$$

Die Impulsantwort als Fouriertransformierte der Übertragungsfunktion ist dann rechteckförmig. Abb. 8.41a zeigt den Verlauf der Betrags-Übertragungfunktion und Abb. 8.41b die Impulsantwort. Die Bandbreite der Stufenfaser und das

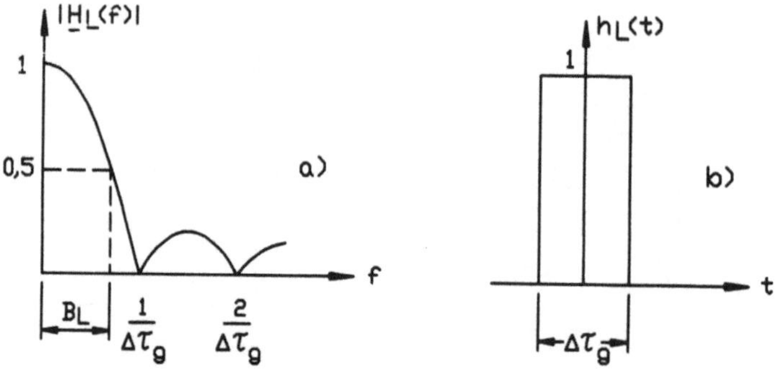

Abbildung 8.41: Stufenprofil-LWL: a) Übertragungsfunktion; b) Impulsantwort

Bandbreite-Längenprodukt sind näherungsweise [143]

$$B_S \approx \frac{0,6}{\Delta\tau_g} \approx \frac{0,6c_0n_2}{Ln_1(n_1-n_2)}; \quad B_S \cdot L \approx \frac{0,6L}{\Delta\tau_g} \approx \frac{0,6c_0n_2}{n_1(n_1-n_2)} \tag{8.27}$$

mit $\Delta\tau_g$ nach Gl. (5.17). Impulsantwort und Übertragungsfunktion des **Gradientenprofil-LWL** werden ebenfalls durch die Darstellungen in Abb. 8.41 beschrieben, wenn man ein parabelförmiges Brechzahlprofil annimmt. Die 1. Nullstelle der Übertragungsfunktion liegt jedoch bei $2/\Delta\tau_g$. Für die Bandbreite B_G und das Bandbreite-Längenprodukt $B_G \cdot L$ gilt hier näherungsweise mit $\Delta\tau_g$ nach Gl. 5.17 [143]

$$B_G \approx \frac{1,2}{\Delta\tau_g} \approx \frac{1,2c_0n_2}{Ln_1(n_1-n_2)}; \quad B_GL \approx \frac{1,2c_0n_2}{n_1(n_1-n_2)}. \tag{8.28}$$

8.4.2 LWL-Modulationsverfahren

Die zur Zeit gebräuchlichste Modulationsart der optischen Digitalübertragung ist die sogenannte ***Intensitätsmodulation***. Prinzipiell ist dies die Tastung einer Lichtwelle im Sinne des zu übertragenden, in der Regel binären, Basisbandsignals. Auch mehrstufige Signale, z.B. quaternäre Basibandsignale können übertragen werden. Der optische Sender gibt in Abhängigkeit des Basisbandsignals im Symbolintervall T_s eine mehr oder weniger große optische Leistung ab. Die Intensitätsmodulation ist damit eine Leistungsmodulation.

8.4.2.1 Intensitätsmodulation

Bei der Intensitätsmodulation beeinflußt das digitale Basisbandsignal den Durchlaßstrom I_D einer LED oder Laser-Diode und damit die Lichtausgangsleistung. Abb. 5.22a zeigt die Leistungskennlinie einer LED und Abb. 5.27 die entsprechende Kennlinie einer Laser-Diode. Der Arbeitspunkt des modulierenden Stromes wird bei beiden Kennlinien in den linearen Bereich gelegt. Beim Laser erfolgt die Tastung der Diode etwas oberhalb des Schwellstroms. In Abb. 8.42 ist die Ansteuerung für Laser und LED dargestellt. Verschiedene optische Modulatoren werden in [80] vorgestellt.

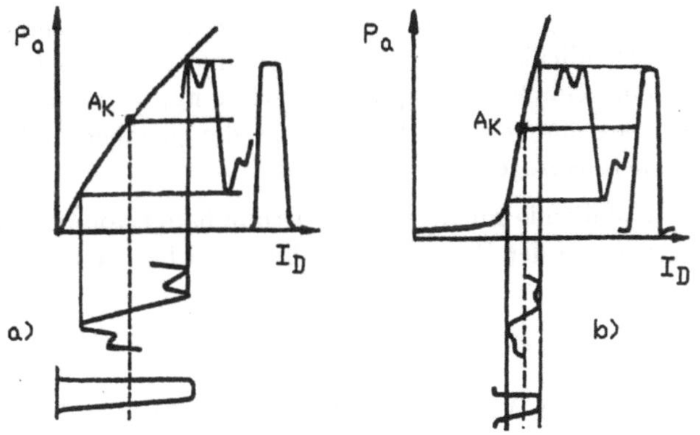

Abbildung 8.42: Ansteuerung bei Intensitätsmodulation: a) LED; b) Laser

Abb. 8.43 gibt das Blockschaltbild eines optischen Übertragungssystems für den Direktempfang wieder. Abgesehen vom optischen Sender und Empfänger enthält das System die gleichen Einrichtungen wie ein Basisband-Übertragungssystem.

Die Signalregeneration im Regenerator (Regenerator-Feldlänge ca. 20-30 km) bzw. im Entscheider, die am elektrischen Signal stattfindet, wird nach den gleichen Methoden durchgeführt wie bei der Übertragung auf metallischen Leitern. Eine

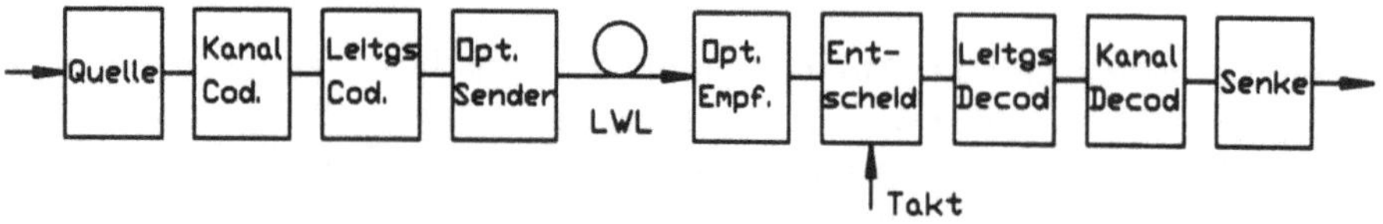

Abbildung 8.43: Optisches Übertragungssystem bei Direktempfang

Alternative zur Erhöhung der Regenerator-Feldlänge auf 50 bis 300 km ist die Verwendung optischer Verstärker, z.B. dem *Faserverstärker*, s. Abschn. 5.10.

Typische Leitungscodes für die LWL-Übertragung sind 5B/6B-, und CMI-Code, s. Abschn. 8.3.3. Auch Scrambler/Descrambler werden eingesetzt.

Die Symbolfehler- bzw. Bitfehler-Wahrscheinlichkeit bei additivem Rauschen hängt, wie bei den Basisband-Systemen auf Cu-Kabeln, vom Signal-Rausch-Verhältnis am Entscheider-Eingang ab. Zu betrachten sind hier allerdings 3 Rauschkomponenten, nämlich das bekannte thermische Rauschen N_{th}, das durch den Photostrom I_{ph} im optischen Empfänger (s. Abschn. 5.8.2) erzeugte Quantenrauschen N_Q (ein Schrotrauschen [63]), hervorgerufen durch den Teilchencharakter der Photonen, sowie das Dunkelstrom- und Verstärkerrauschen (ebenfalls ein Schrotrauschen), $N = N_{th} + N_Q + N_D$. Das Quantenrauschen ist hierbei sehr viel größer als das thermische Rauschen und damit ausschlaggebend für die Höhe der Bitfehler-Wahrscheinlichkeit. Die Geräuschsumme N jedoch hat näherungsweise immer noch eine Gaußsche Amplitudenverteilung, sodaß die in Abschnitt 8.3.4 dargestellten Beziehungen zur Berechnung der genäherten Symbolfehler-Wahrscheinlichkeit herangezogen werden können.

Die im Empfänger einfallende mittlere Lichtleistung hängt von der Anzahl n der einfallenden Photonen und der Bitrate v_b, bei binärer Übertragung, ab.

$$P_{opt} = n \cdot h \cdot f \cdot v_b = n \frac{hc_0}{\lambda_0} v_b \tag{8.29}$$

Hierbei ist h das Plancksche Wirkungsquantum, Gl. (5.30) und f die Frequenz.

In Abb. 8.44 ist die Empfängerleistung in Abhängigkeit der Bitrate v_b bei einer Bitfehlerquote von 10^{-9} wiedergegeben. Die übertragbare Bitrate ist von der am Empfänger (Photodiode) einfallenden optischen Leistung abhängig, die durch die Streckendämpfung bei der Ausbreitung reduziert wird. Damit wird die übertragbare Bitrate abhängig von der Streckenlänge L [64].

□ **Beispiel 8.14**

Für die Bandbreite einer Standard-Monomodefaser mit, $\Delta\lambda = 2$nm, $M_{mat} = 8$ ps/ nm · km, L = 1 km, findet man mit den Gln. (8.24) und (8.25) $\Delta t_{mat} = M_{mat} \cdot \Delta\lambda \cdot L = 16$ ps und $B_M \approx 0,441/\Delta t_{mat} = 27,56$ GHz.

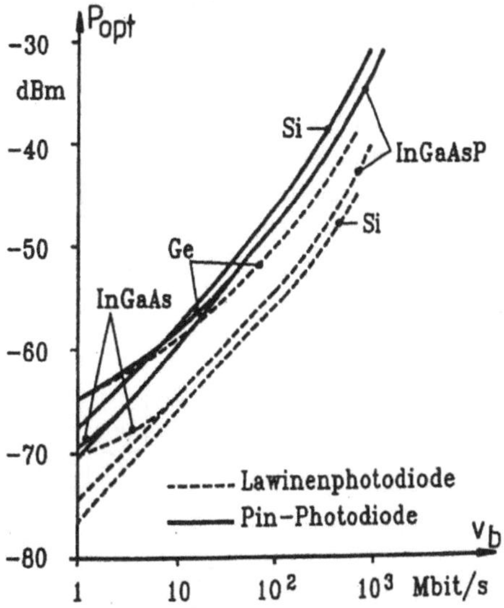

Abbildung 8.44: Detektierbare Empfangsleistung als Funktion der Bitrate ($BER = 10^{-9}$)

□ **Beispiel 8.15**
Die Bandbreite des Stufen-LWL nach Beispiel 5.2 beträgt mit Gl. (8.27) bei einer LWL-Länge von $L = 1$ km, $B_S \approx 0,6/\Delta\tau_g = 8,8$ GHz. Der Gradienten-LWL nach Beispiel 5.4. hat die Bandbreite, Gl. (8.28) $B_G \approx 1,2/\Delta\tau_g = 17,6$ GHz.

□ **Beispiel 8.16**
Berechnung der Photonenzahl pro Bit bei einem Signal mit der Bitrate $v_b = 100$ Mbit/s, einer gerade noch detektierbaren Empfangsleistung von $(P_{opt})_{dBm} = -45$ dBm, s. Abb. 8.44, und der Wellenlänge $\lambda_0 = 0,85$ μm.

Mit $P_{opt} = 31,62$ nW ermittelt man aus Gl. (8.29) $n = P_{opt}\lambda_0/hc_0v_b \approx 1352$ Photonen/Bit. Die Leistung von 31,62 nW stellt die sogenannte *Quantengrenze* zur idealen Detektion von 100 Mbit/s-Signalen bei einer Bitfehlerquote von 10^{-9} dar.

8.4.2.2 Kohärente optische Modulationsverfahren

Bei der im vorhergehenden Abschnitt betrachteten Intensitäts-Modulation mit Direktempfang wird lediglich die Leistung einer Sende-Lichtquelle moduliert. Die Demodulation des optischen Signals erfolgt unmittelbar nach der Umsetzung in ein elektrisches Signal (Photodiode) durch Amplituden-Entscheidung.

Beim kohärenten Überlagerungsempfang unterscheidet man zwei verschiedene Methoden.

Weisen die beiden gemäß Abb. 8.45 überlagerten Wellen, aus Empfangssignal λ_E und lokalem Oszillatorsignal λ_{LO} nach der Aussteuerung an der nichtlinearen Kennlinie der Photodiode einen festen Frequenzversatz auf, so stellt sich eine von Null verschiedene Zwischenfrequenz an deren Ausgang ein. Dieses Signal kann mit selektiven elektrischen Komponenten (Filter) weiterverarbeitet werden. Man spricht dann von **Heterodyn-Empfang**, s. Abb. 8.45a.

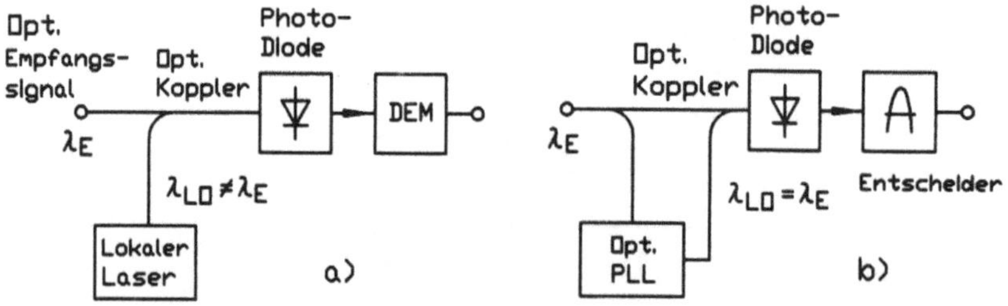

Abbildung 8.45: a) Heterodyn-Empfang; b) Homodyn-Empfang

Wird nach der Überlagerung und Umsetzung in ein elektrisches Signal der Frequenzversatz gleich Null - am Ausgang der Photodiode erscheint dann das Basisbandsignal unmittelbar - so nennt man diese Methode **Homodyn-Empfang**, s. Abb. 8.45b

Kohärenz liegt vor, wenn zwischen dem Empfangssignal der Wellenlänge λ_E und dem Signal des lokalen Oszillators λ_{LO} bzw. dem abgeleiteten Signal ein fester Zusammenhang in Frequenz (Wellenlänge), Phase und Polarisation besteht.

Die günstigsten Eigenschaften weist der PSK-Homodyn-Empfänger auf. Beim optischen PSK-Signal ist die optische Phase der Sende-Lichtwelle durch ein binäres Basisbandsignal moduliert. Da die Demodulation unmittelbar durch die kohärente optische Überlagerung von Empfangssignal (Wellenlänge λ_E) und dem im Demodulator aus dem Empfangssignal abgeleiteten Signal der gleichen Wellenlänge erfolgt, ist ein optischer Phasenregelkreis notwendig, Abb. 8.45b. Die Ableitung des kohärenten Trägers im Demodulator erfolgt meist aus einem mitübertragenen Restträger, wodurch die Kohärenz zum Empfangssignal hergestellt wird.

Ein solcher Empfänger benötigt bei einer Bitfehlerquote von 10^{-9}, lediglich 9 Photonen/Bit. Gegenüber anderen Methoden des Überlagerungsempfangs, wie ASK und FSK, bedeutet dies einen Gewinn an Empfangs-Empfindlichkeit, s. Gl. (5.32), von mehr als 3 dB.

Beim optischen 4-PSK-System - das elektrische Äquivalent ist in Abschn.

8.5.2 dargestellt - bereitet besonders die Herstellung stabiler optischer 90°-Phasenschieber und des optischen PLL Schwierigkeiten. Die Verbesserung beider Komponenten ist Gegenstand der einschlägigen Forschung [80].

8.4.3 LWL-Multiplextechnik

Zur besseren Ausnutzung der verfügbaren LWL-Bandbreite wendet man in Anlehnung an die elektrische Trägerfrequenz-Technik, s. Kapitel 7, die Technik des **Wellenlängenmultiplex** (WDM... Wave Division Multiplex) an. In Abb. 8.46 ist das Konzept eines n-kanaligen optischen Wellenlängen-Multiplex-Systems schematisch dargestellt Sendeseitig sind n Lichtemitter (Laser, LED) vorgesehen, die auf

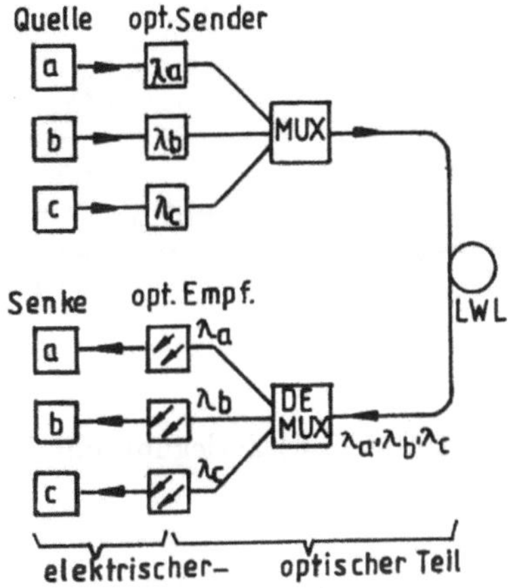

Abbildung 8.46: Prinzip der Wellenenlängen-Multiplexbildung

unterschiedlichen Wellenlängen (Frequenzen) senden. Beispiele von Wellenlängen-Multiplexern sind in Abb. 8.47 wiedergegeben. Das Licht dreier LED's wird in einem Linsensystem zusammengeführt, Abb. 8.47a. Abb. 8.47b zeigt die monolythische Integration mehrerer optischer Sender (Laser), deren Lichtwelle moduliert wird, und die auf den Wellenlängen λ_1 bis λ_n senden. Wie in der Trägerfrequenztechnik liegen die einzelnen Signal-Spektren frequenzmäßig nebeneinander, ohne sich zu überlappen.

Empfangsseitig werden selektive Elemente benötigt z.B. optische Bandpaßfilter, um das gewünschte Spektrum aus dem übertragenen Wellenlängengemisch herauszufiltern. Abb. 8.48 zeigt zwei Beispiele solcher Filter.

Die einfachste jedoch auch verlustreichste und schwer justierbare Methode ist die räumliche Zerlegung des Wellenlängengemischs mit Hilfe eines Prismas. Die räumlich getrennten Lichtstrahlen am Prismaausgang der Wellenlängen λ_1 bis λ_n wer-

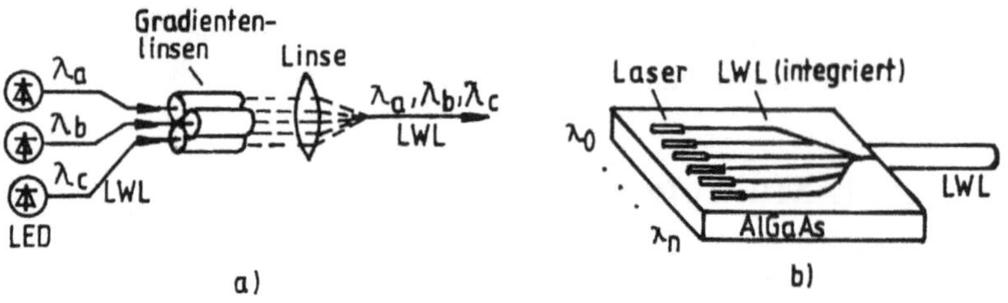

Abbildung 8.47: Wellenlängen-Multiplexer

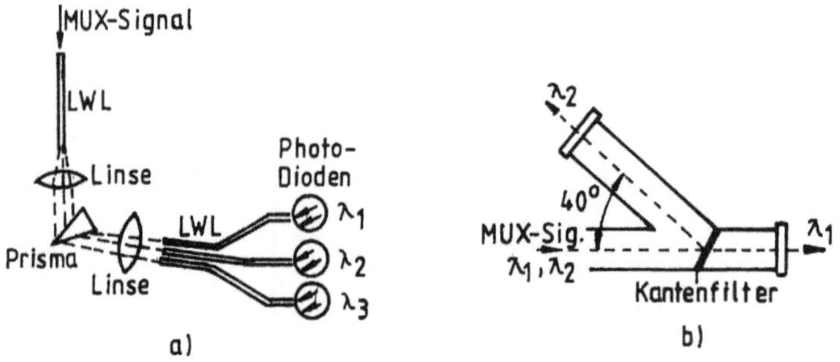

Abbildung 8.48: WDM-Bandpaß-Filter: a) Zerlegung mit Prisma; b) Interferenzfilter

den mit Linsen in n Lichtwellenleiter eingekoppelt, Abb. 8.48a. Die Zerlegung erfolgt beim Kanten-Interferenzfilter, Abb. 8.48b, durch Schrägschneiden einer Faser unter einem bestimmten Winkel. Das Kantenfilter läßt nur die durch den Schrägschnitt festgelegte Wellenlänge durch, alle anderen werden reflektiert. In [80] werden weitere selektive Komponenten vorgestellt.

Für die optische **Zeitmultiplex- und Demultiplextechnik** ist noch keine geeignete Technologie verfügbar.

8.4.4 LWL-Netzwerk-Komponenten

Netzwerke in Bus- Stern- oder Ringstruktur, verbinden Teilnehmer in Rechnersystemen, Überwachungssystemen, Automatisierungssystemen, etc. in Gebäuden (LAN...Local Area Networks), Stadtteilen (WAN...Wide Area Networks) oder zwischen Großstädten (MAN...Metropolitan Area Networks). In Kapitel 11 werden solche Netzwerke betrachtet. Diese modernen Datenübertragungssysteme benutzen hauptsächlich optische Übertragungsverfahren, da sie unempfindlicher gegen Störungen und breitbandiger als elektrische sind. Neben den bereits in Abschnitt 5.7 beschriebenen Steckverbindern sind zur Vernetzung in diesen Systemen weitere Verbindungs- und Kopplungs-Komponenten erforderlich.

Die einfachste Möglichkeit der Licht-Teilung oder Licht-Kopplung zweier oder mehrerer Fasern liefert das sogenannte *Taper-Prinzip*. Zur Herstellung eines solchen Moden-Kopplers werden 2 oder mehrere Fasern verdrillt. Die verdrillte Stelle wird dann bis zur Verschmelzung erhitzt und zur Verjüngung leicht gezogen. Die Querschnittsänderung infolge der Verjüngung führt dazu, daß bestimmte Moden von einer Faser auf die andere übergehen, Abb. 8.49a. Koppelt man auf diese

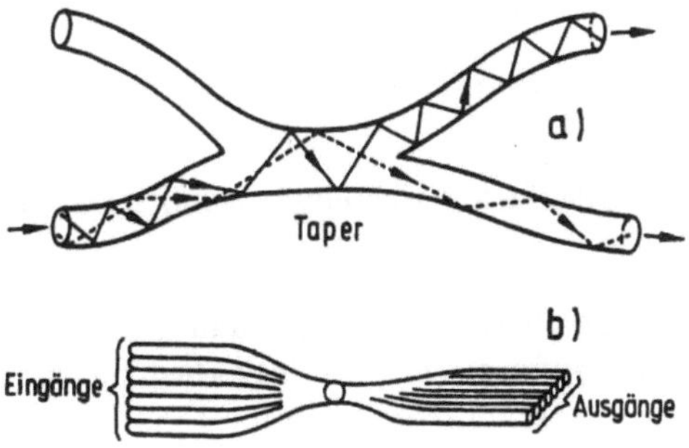

Abbildung 8.49: a) Verkopplung zweier Fasern; b) Sternkoppler

Art und Weise viele Fasern, so erhält man einen passiven **Sternkoppler**. Der Sternkoppler kommt in Stern-Netzen zum Einsatz. Den in Abb. 8.49a dargestellten Koppler verwendet man häufig in Datenbus-Systemen als **T-Koppler**. Neben diesen Kopplern gibt es auch solche in integrierter Optik [80].

8.4.4.1 Koppel-und Steckerverluste an optischen Datenbus-System

Bus-Systeme werden häufig als LANs eingesetzt, z.B. Ethernet, s. Kapitel 11. In Abb. 8.50 ist ein einfach gerichteter, **unidirektionaler Bus** dargestellt, mit einem Sender S_1 und mehreren Empfängern E_1 bis E_n, die mit gleichartigen steckbaren T-Kopplern an den Bus angekoppelt sind.

Der Sender S_1 ist über einen Stecker, s. Abschn. 5.7, mit dem BUS-LWL verbunden. Der BUS-LWL selbst wird als dämpfungsfrei und kurz angenommen, z.B. einige 100 m. Die Durchgangsverluste in Busrichtung am ersten T-Koppelelement sind dann in dB

$$a_D = 10\lg\frac{P_{ein}}{P_{aus}} = 2a_{st} + a_{ab} + a_k. \tag{8.30}$$

Hierbei bezeichnet a_{st} die Steckerverluste am Bus-Ein-und Ausgang des Kopplers. $a_{ab} = 10\lg P'_{ein}/P'_{ab}$ ist der Ableitungsverlust. Der Lichtwelle wird durch

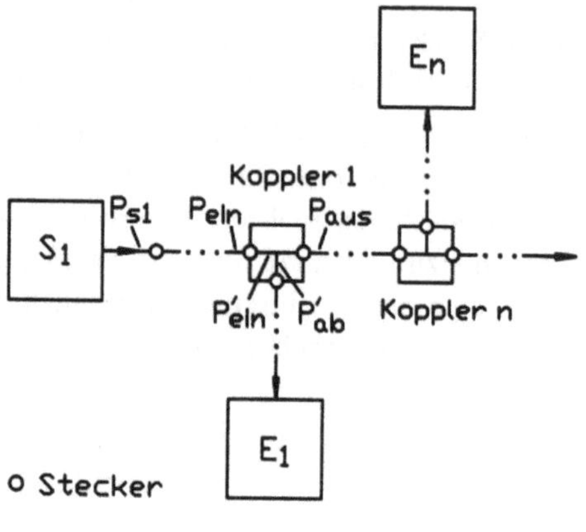

Abbildung 8.50: Einfach gerichtetes optisches Datenbus-System

den ersten Empfänger Signalleistung entzogen und a_k ist die im Koppler in Bus-Richtung entstehende Dämpfung. Der Gesamtverlust bis zum Eingang des n-ten T-Kopplers ist dann a_{n-1}. Nimmt man den n-ten Empfänger hinzu, so erhält man die Gesamtdämpfung a_n

$$a_{n-1} = a_{st} + (n-1)a_D; \quad a_n = a_{n-1} + 2a_{st} + a_{ab} + a_{ka} \tag{8.31}$$

a_{ka} ist die Durchgangsdämpfung (abgehend) des n-ten T-Kopplers. Typische Werte der Verluste eines T-Kopplers sind $a_{st} = 0,5$ dB; $a_k = 1$ dB; $a_{ab} = 0,1$ dB; $a_{ka} = 0,5$ dB.

Der Pegel-Unterschied zwischen dem ersten und dem n-ten Empfänger ist dann $(n-1)a_D$.

□ **Beispiel 8.17**

An einem T-Koppler eines unidirektionalen Datenbus-Systems mit 10 Empfängern entstehen die Verluste $a_{st} = 0,6$ dB; $a_{ab} = 0,11$ dB; $a_k = 1$ dB; $a_{ka} = 0,6$ dB. Mit Gl. (8.30) ermittelt man dann $a_D = 2,31$ dB. Der gesamte Verlust bis zum Eingang des 10. Kopplers, Gl. (8.31), ist $a_{n-1} = 21,39$ dB, und der Gesamtverlust wird $a_n = 23,3$ dB. Den Pegelunterschied zwischen dem 1. und 10. Empfänger erhält man zu $a_1 - a_{10} = (n-1)a_D = 20,79$ dB.

Neben den unidirektionalen Bussystemen gibt es auch bidirektionale. Jedes Bus-Endgerät kann dann senden und empfangen.

Geringere Verluste treten in einem **optischen Sternnetz** auf. Die von den Endgeräten ausgehenden Signale werden grundsätzlich über den Sternkoppler geführt, s. Abb. 8.51. Unmittelbare Verbindungen zwischen den einzelnen Teilnehmern (Querwege) gibt es nicht. Gezeichnet ist ein unidirektionales Sternnetz. - Ebenso

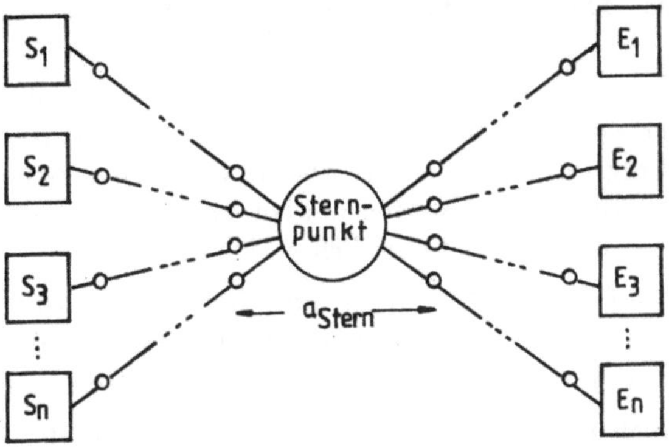

Abbildung 8.51: optisches Sternnetz

ist ein bidirektionales Sternetz mit einem bidirektionalen Sternkoppler möglich. - Zwischen dem Sender S_1 und dem Empfänger E_n tritt der folgende Gesamtverlust in dB auf

$$a_n = 10\lg\frac{P_{s1}}{P_{En}} = 4a_{st} + a_{stern} + 10\lg n \tag{8.32}$$

Die Verluste wachsen in einem Sternnetz nur logarithmisch mit der Zahl der Teilnehmer an, während beim einfach gerichteten Bus der Anstieg linear ist. In Abb. 8.52 ist der Gesamtverlust a_n in Abhängigkeit der Teilnehmerzahl dargestellt. Die

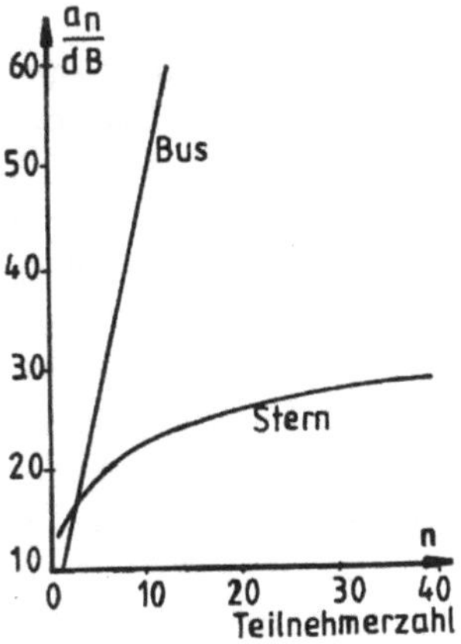

Abbildung 8.52: Verluste im einfach gerichteten optischen Bus- und Sternnetz

LWL-Länge ist allerdings beim Sternnetz höher als beim einfachen Bus [80, 88].

8.5 Digitale Sinusträger-Modulation

Wie bei den in Kapitel 7 behandelten analogen Modulationsverfahren stehen bei den wertdiskreten Verfahren zur Modulation die Parameter *Amplitude*, *Phase* und *Frequenz* eines Sinusträgers zur Verfügung. Da die Basisbandsignale vor der Modulation einer Impulsformung unterworfen werden, entsteht nach der Modulation ein zwar wertdiskretes, aber zeitkontinuierliches Signal.

Die Impulsformung erfolgt in der Regel am digitalen Basisbandsignal mit Tiefpässen, wie bereits in Abschn. 8.3.2.1 dargestellt. Grundsätzlich ist jedoch auch nach der Modulation eine Impulsformung mit Bandpässen möglich.

Die Modulation findet in diskreten Zeitintervallen $kT_s \leq t \leq (k+1)T_s$ (Modulations-Intervallen) statt, ($k \in \{-\infty, \ldots. -2, -1, 0, 1, 2, \ldots, \infty)$; man spricht deshalb im allgemeinen von *Tastung* der vorgenannten Modulationsparameter. Die digitale Amplitudenmodulation wird demnach *Amplituden-Tastung* (Amplitude Shift Keying; ASK) genannt. Entsprechend nennt man die digitale Phasenmodulation *Phasen-Umtastung* (Phase Shift Keying; PSK) und die digitale Frequenzmodulation *Frequenz-Umtastung* (Frequency Shift Keying; FSK). Neben diesen Verfahren gibt es auch hybride Formen, wie die häufig verwendete *Amplituden-Phasen-Tastung* (Amplitude Phase Keying; APK), die oft verallgemeinernd als QAM (Quadratur - Amplituden- Modulation) bezeichnet wird [111, 112, 144, 145].

8.5.1 Amplituden-Tastung (ASK)

Zur **Modulation** moduliert ein m-stufiges unsymmetrisches Basisbandsignal, s. Abb. 8.37b, ($m = 2^n; n = 1, 2, 3, \ldots$) der Symbolrate $v_s = 1/T_s$ nach der Impulsformung die Amplitude eines Sinusträgers der Trägerfrequenz $f_c \geq 1/T_s$. In Abb. 8.53a ist ein mASK-Modulatorsystem dargestellt. Das von der Quelle Q gelieferte binäre Signal der Bitrate v_b wird in dem Serien-Parallel-Wandler 1/n in n parallele Binärsignale der Symbolrate $v_s = v_b/n = 1/T_s$ umgesetzt. Der Amplituden-Codierer erzeugt hieraus das m-stufige Rechteck-Signal $s_1(t)$, das im Tiefpaß in das Signal $s_2(t)$ umgeformt wird. Zur Modulation wird $s_2(t)$ mit dem Sinusträger $s_c(t) = \hat{s}_c \sin(\omega_c t + \phi)$ multipliziert. Im praktischen Fall kann diese Multiplikation näherungsweise mit einem Ringmodulator (Mischer), s. Abb. 4.85a, durchgeführt werden. Der auf den Multiplizierer folgende Bandpaß unterdrückt unerwünschte Mischprodukte. Auf diese Art und Weise ordnet der mASK-Modulator jeder Amplitudenstufe (1 Symbol = n bit) des Basisbandsignals im Modulations-Intervall ein Trägerschwingungspaket bestimmter Amplitude zu. Mit $\hat{s}_c = 1$ und $\phi = 0$ gilt für das m-stufige ASK-Signal

$$s_{mASK}(t) = s_2(t)s_c(t) = \sum_{k=-\infty}^{+\infty} \hat{s}_{\mu k}\, g(t - kT_s) \sin \omega_c t \quad (\mu = 1, 2, 3, \ldots, m). \quad (8.33)$$

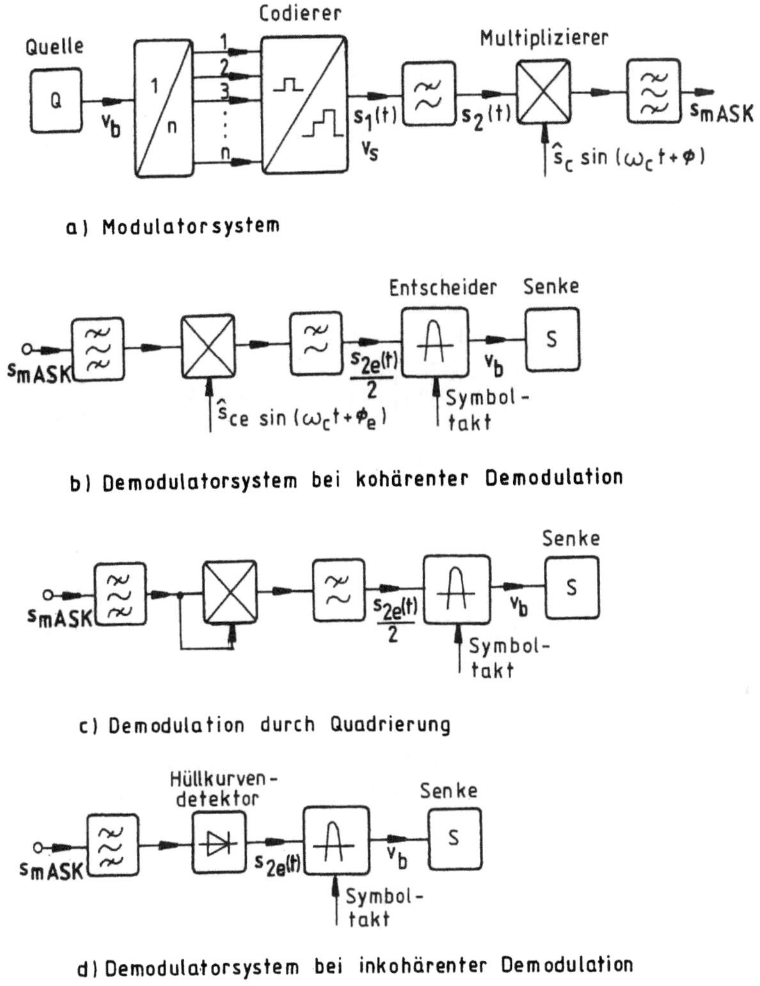

Abbildung 8.53: mASK-Modem-Prinzip

$g(t)$ bezeichnet die Impulsform und $\hat{s}_\mu k$ die Signalzustände (Spitzenwerte). Der μ-te Signalszustand im k-ten Modulationsintervall lautet

$$s_{\mu ASK}(t) = \hat{s}_{\mu k} \sin \omega_c t \; g(t - kT_s). \tag{8.34}$$

In Abb. 8.54 ist ein binäres ASK-Signal (m=2) bei ***harter Tastung*** (ohne Impulsformung) und ***weicher Tastung*** (mit Impulsformung) wiedergegeben. Bei harter

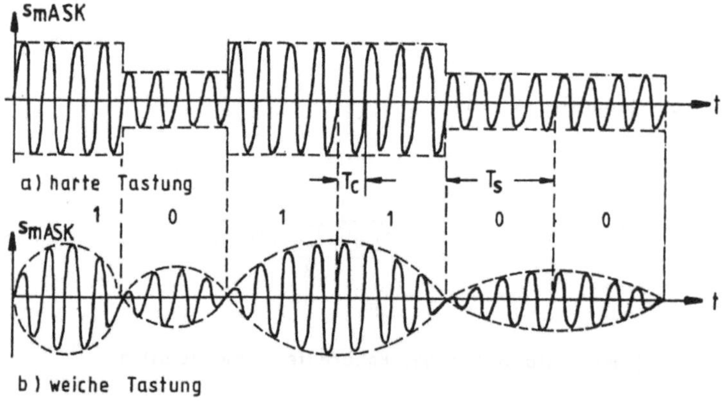

Abbildung 8.54: 2ASK-Signalformen

Tastung wird die Impulsformung im Bandpaß am Modulatorausgang durchgeführt.

Durch die Basisband-Impulsform wird die Hüllkurve des ASK-Signals geprägt. Die von dieser Impulsform abbhängige Spektralfunktion eines mASK-Impulses $S_{ASK}(f)$ erhält man, wenn man die Fouriertransformierte des Sinusträgers $S_c(f)$ mit der Spektralfunktion der Basisband-Impulsform $S_2(f)$ faltet, s. Tab. 2.1. Unterstellt man die Nyquist-Impulsform, Gln. (2.10)-(2.14), so erhält man den in Abb. 8.55 dargestellten Spektralverlauf am Modulatorausgang.

Aufgrund der Produktmodulation (Mischung) erscheint ein oberes und ein unteres Seitenband, wie bereits in Abschn. 4.3.7.4 und Abschn. 7.3.1.2 gezeigt. Die Bandbreite eines mASK-Signals lautet deshalb, bei Verwendung der Nyquistimpulsform,

$$B_{mASK} = v_s(1 + r) = \frac{1}{T_s}(1 + r) = 2f_g, \tag{8.35}$$

mit der Bandbreite f_g des modulierenden Basisbandsignals nach Gl. (2.15).

Da die Modulation mit unsymmetrischen Basisbandsignalen erfolgt, findet keine Trägerunterdrückung statt, s. hierzu auch Aufgabe 7.2. Die Trägerspektrallinie ist in Spektrummitte vorhanden.

Die Demodulation von mASK-Signalen kann nach 3 unterschiedlichen Verfahren erfolgen, s. Abb. 8.53bcd. Bei **kohärenter Demodulation**, Abb. 8.53b, muß

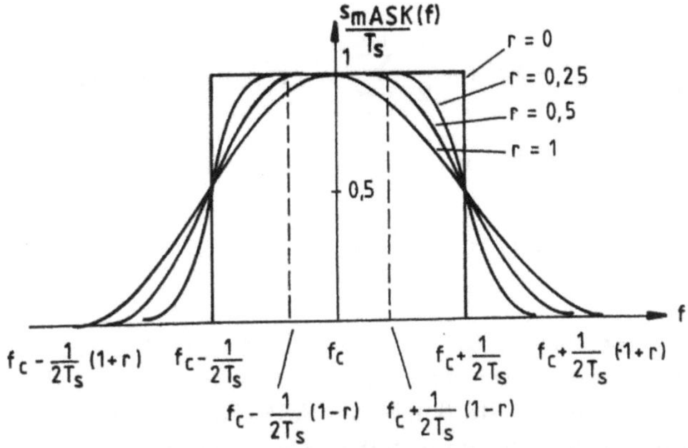

Abbildung 8.55: Spektralfunktion eines ASK-Impulses bei Nyquist-Impulsformung

der Träger $s_{ce}(t) = \hat{s}_{ce} \sin(\omega_c t + \phi(t))$ aus dem Empfangssignal gewonnen werden. Dies ist bei mASK-Signalen unmittelbar möglich, da die Trägerspektrallinie im Signalspektrum enthalten ist. Setzt man störungsfreien Empfang von $s_{mASK}(t)$, Gl. (8.33), voraus, so erhält man das gewünschte Basisbandsignal durch Produkt-Demodulation. Man bildet zunächst im empfangsseitigen Multiplizierer (Ringmodulator) mit ($\hat{s}_c = 1, \hat{s}_{ce} = 1, \phi = 0$)

$$s_{mASK}(t) \cdot s_{ce}(t) = \sum_{k=-\infty}^{+\infty} \hat{s}_{\mu k} g(t - kT_s) \sin^2 \omega_c t = \tag{8.36}$$

$$= \frac{1}{2} \sum_{k=-\infty}^{+\infty} \hat{s}_{\mu k} g(t - kT_s) - \frac{1}{2} \sum_{k=-\infty}^{+\infty} \hat{s}_{\mu k} g(t - kT_s) \cos 2\omega_c t \tag{8.37}$$

Der darauffolgende Tiefpaß unterdrückt die Komponente der doppelten Trägerfrequenz, die bei der Mischung entsteht, sodaß an seinem Ausgang das gewünschte Basisbandsignal

$$s_{2e}(t) = \frac{1}{2} \sum_{k=-\infty}^{+\infty} \hat{s}_{\mu k} g(t - kT_s) \tag{8.38}$$

erscheint.

Zur **Demodulation durch Quadrierung** multipliziert man das Empfangssignal mit sich selbst, Abb. 8.53c. Empfängt man das mASK-Signal, Gl. (8.33) störungsfrei, so gilt mit $\phi = 0$ und $\hat{s}_c = 1$

$$s^2_{mASK}(t) = \sin^2 \omega_c t \sum_{k=-\infty}^{+\infty} \hat{s}^2_{\mu k} g^2(t - kT_s) = \tag{8.39}$$

$$= \frac{1}{2}\sum_{k=-\infty}^{+\infty} \hat{s}_{\mu k}^2 g^2(t-kT_s) - \frac{1}{2}\sum_{k=-\infty}^{+\infty} \hat{s}_{\mu k}^2 g^2(t-kT_s)\cos 2\omega_c t. \tag{8.40}$$

Nach der Tiefpaßfilterung verbleibt das demodulierte Basisbandsignal in der Form

$$s_{2e}(t) = \frac{1}{2}\sum_{-\infty}^{+\infty} \hat{s}_{\mu k}^2 g^2(t-kT_s). \tag{8.41}$$

Die **inkohärente Demodulation** kann auf die gleiche Art und Weise durchgeführt werden wie im analogen Fall, der in Abschn. 7.3.1.1 dargestellt ist. Das Basisbandsignal ist in der Hüllkurve des ASK-Signals enthalten. Mit einem Hüllkurven-Detektor kann dieses unmittelbar gewonnen werden.

Wie im analogen Fall liefert die kohärente Demodulation am Demodulatorausgang das größte Signal-Rausch-Verhältnis und damit die geringste Symbolfehlerquote.

Die theoretisch ermittelbare Symbolfehler-Wahrscheinlichkeit bei additivem gaußschem Rauschen hängt, wie bei der Basisband-Übertragung, nur vom Signal-Rausch-Verhältnis ab. Zur Ableitung der **Symbolfehler-Wahrscheinlichkeit bei kohärenter Demodulation** kann man sogenannte Zustandsdiagramme benutzen. Im Zustandsdiagramm eines ASK-Systems sind die Zeigerspitzenwerte (Signalpunkte) der Sinusschwingungen bestimmter Amplitude, $\hat{s}_{\mu k}$, s. Gl. (8.33), im Modulationsintervall wiedergegeben. Abb. 8.56 zeigt die Zustandsdiagramme von 2ASK und 4ASK.

Der unterste Signalpunkt stellt die Trägerabschaltung ($\hat{=}$ 0 Volt), die "Betriebsart mit Trägerzustand 0" dar. Im Zustandsdiagramm der 2ASK ist die Streuung der Signalpunkte infolge des additiven Geräuschs angedeutet. Außerdem sind

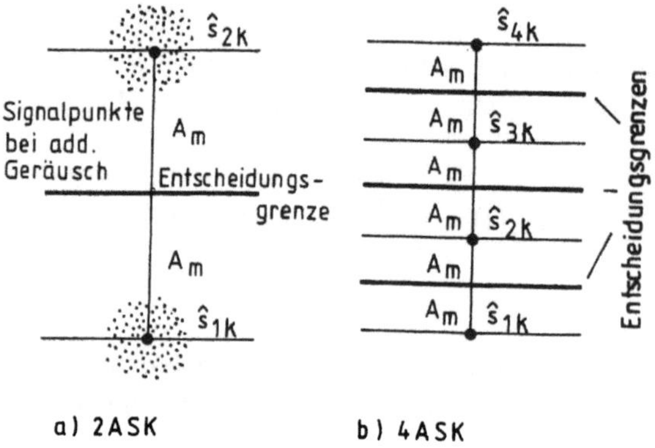

Abbildung 8.56: Signal-Zustandsdiagramme

die Entscheidungsgrenzen (Schwellenwerte der Entscheidereinrichtung) und der jeweils minimale Abstand zwischen einem Signalpunkt und der zugehörigen Entscheidungsgrenze A_m, eingezeichnet. Überschreitet ein Signalpunkt infolge einer Geräuschspitze über den Weg A_m (ungünstigster Fall) zum Abtastzeitpunkt die zugehörige Entscheidungsgrenze, so tritt ein Symbolfehler auf. Die Symbolfehler-Wahrscheinlichkeit ist dann

$$P_{s;mASK} = \frac{2^n - 1}{2^n}[1 - \mathrm{erf}(z)]; \; z_m = \sqrt{\frac{mC}{4N\sum_{\mu=1}^{m}(\mu-1)^2}}; \; \hat{z} = \frac{1}{2(m-1)}\sqrt{\frac{\hat{C}}{2N}} \tag{8.42}$$

erf(z) ist das gaußsche Fehlerintegral nach Gl. (2.74). Der Störabstand z_m hängt vom Signal-Geräusch-Verhältnis C/N ab, mit C der effektiven Signalleistung und N der effektiven Rauschleistung. Zur Definition des Spitzen-Störabstandes $\hat{z}$ benötigt man die Signalspitzenleistung $\hat{C}$. Sowohl C als auch $\hat{C}$ werden in Abhängigkeit von A_m aus dem Zustandsdiagramm ermittelt, s. Beispiel 8.18.

In Abb. 8.57 ist der Verlauf der Symbolfehler-Wahrscheinlichkeit einiger mASK-Systeme über C/N wiedergegeben. Wie bei der Basisband-Übertragung ist auch

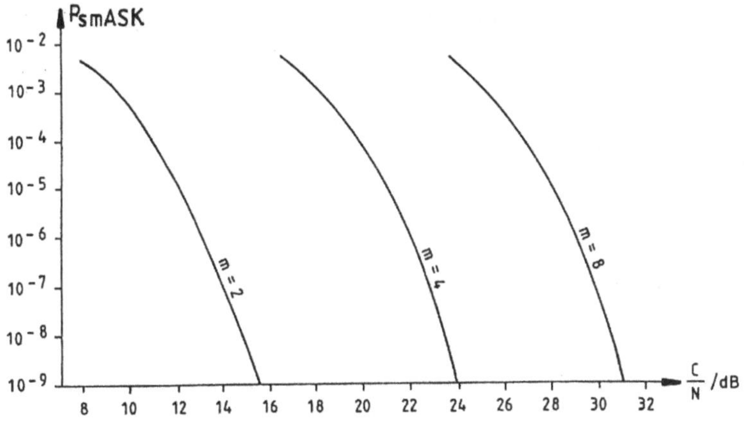

Abbildung 8.57: Symbolfehler-Wahrscheinlichkeit der 2ASK, 4ASK und 8ASK

bei den mASK-Systemen mit einer ***Implementierungsspanne*** zwischen 0,5 und 3 dB zu rechnen, s. Abb. 8.38.

Der Zusammenhang der Symbolfehler-Wahrscheinlichkeit mit der Bitfehler-Wahrscheinlichkeit ist durch Gl. (8.19) gegeben, sofern die einzelnen Symbole statistisch voneinander unabhängig sind [111, 144, 145].

□ **Beispiel 8.18**

Durch Anwendung der 2ASK bzw. 4ASK sei ein PCM-Multiplexsignal der Bitrate 34,368 Mbit/s (3. Hierarchiestufe) bei Nyquist-Impulsformung ($r = 0,5$) zu übertragen.

Im Falle der 2ASK ist die Symbolrate $v_s = 1/T_s$ gleich der Bitrate $v_b = 1/T_b = 34,368$ Mbaud. Die Bandbreite des Basisbandsignals nach der Impulsformung, jedoch vor der Modulation, ist mit Gl. (2.15) $f_g = (v_s/2)(1+r) = 25,78$ MHz, während nach der Modulation die Signalbandbreite aufgrund der zwei Seitenbänder $B_{2ASK} = v_s(1+r) = 2f_g = 51,55$ MHz beträgt.
Beim 4ASK-Signal ist die Symbolrate $v_s = 1/T_s = v_b/2 = 17,18$ Mbaud. Die Basisband-Signalbandbreite vor der Modulation ist dann $f_g = (v_s/2)(1+r) = 12,89$ MHz. Nach der Modulation steigt die Bandbreite auf $B_{4ASK} = 2f_g = v_s(1+r) = 25,78$ MHz an.
Die mittlere effektive Leistung des 2ASK-Signals in Abhängigkeit vom minimalen Abstand zur Entscheidungsgrenze A_m (Spannungswert) ermittelt man aus dem Zustandsdiagramm, Abb. 8.56, an einem Widerstand von $R = 1\Omega$ zu $C_{2ASK} = (1/2)(\hat{s}_{1k}^2/2) + \hat{s}_{2k}^2/2 = (1/2)(0 + (2A_m)^2/2) = A_m^2$. Für das 4ASK-System findet man entsprechend $C_{4ASK} = (1/4)\sum_{i=1}^{4} s_{ik}^2/2 = 7A_m^2$. Der Mehrbedarf der 4ASK an Signalleistung gegenüber der 2ASK in dB - bei gleicher Symbolfehler-Wahrscheinlichkeit - folgt näherungsweise aus $\Delta C = 10\lg C_{4ASK}/C_{2ASK} = 10\lg 7 = 8,45$ dB. Dieser Differenzwert kann - bei jeweils gleicher Rauschleistung und einer Symbolfehler-Wahrscheinlichkeit von beispielsweise 10^{-7} - auch aus Abb. 8.57 entnommen werden.
Der Bandbreitegewinn der 4ASK gegenüber der 2ASK muß also durch eine höhere Signalleistung erkauft werden. Die Spitzenleistung in Abhängigkeit von A_m bei der 2ASK ist nach Abb. 8.56 $\hat{C} = (2A_m)^2 = 4A_m^2$ und die der 4ASK $\hat{C} = (6A_m)^2 = 36A_m^2$.

8.5.2 Phasen-Umtastung (PSK)

Die Phasenumstastung ist, von ihrer Erzeugung her, mit der Zweiseitenband-Amplitudenmodulation mit unterdrücktem Träger verwandt. Träger der Nachricht sind hierbei diskrete Phasenzustände einer Sinusschwingung. Jeder Phasenzustand repräsentiert ein Symbol von n bit; ($n = 1, 2, 3, \ldots$). Ein Symbol hat die Dauer T_s. Hieraus erhält man die Symbolrate $v_s = 1/T_s = 1/nT_b$ (T_b =Bitdauer). Insgesamt können somit $m = 2^n$ verschiedene Phasenzustände eines Sinusträgers im Modulations-Intervall $kT_s \leq t \leq (k+1)T_s$, $k \in \{-\infty, \ldots, -2, -1, 0, +1, +2, \ldots, +\infty\}$ erscheinen. Zustandsdiagramme einiger mPSK-Systeme - dies ist die Darstellung der im Modulations-Intervall in zufälliger Folge erscheinenden diskreten Zeigerspitzenwerte - sind in Abb. 8.58a auf dem Einheitskreis dargestellt. In Abb. 8.58b ist ein mPSK-Modulator in prinzipieller Form wiedergegeben.

Der dargestellte Modulator ist ein sogenannter Schaltmodulator. Hierbei steuern die am Ausgang des Serien-Parallel-Umsetzers erscheinenden $m = 2^n$ Bitmuster

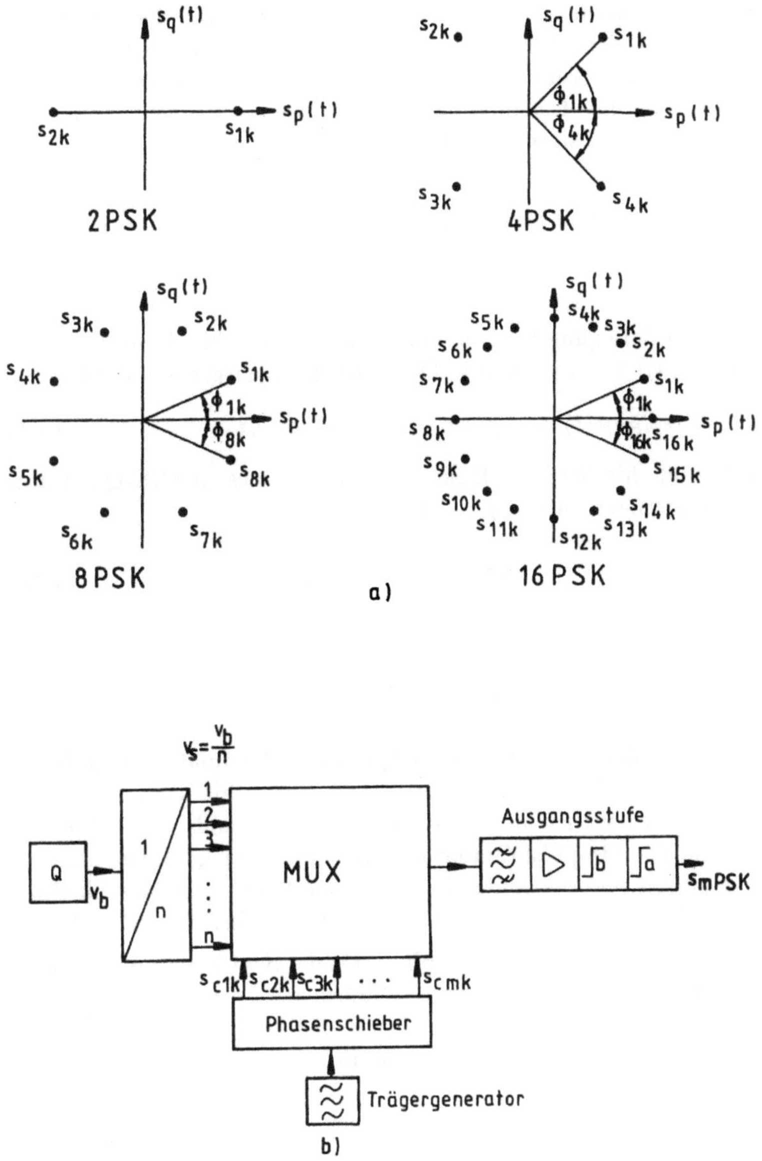

Abbildung 8.58: a) mPSK-Zustandsdiagramme; b) mPSK-Modulator

der Länge n bit eine Schaltmatrix, die den jeweils zugehörigen Sinusträger bestimmter Phase $s_{c\mu k} = \hat{s}\sin(\omega_c t + \phi_{\mu k})$, $(\mu = 1, 2, \ldots, m)$, für die Dauer eines Modulationsintervalls an den Modulatorausgang schaltet. Die Impulsformung erfolgt am Modulator-Ausgangssignal mit einem Bandpaß und entsprechenden Entzerrern in der Ausgangsstufe. Das modulierte Signal kann mit $\hat{s} = 1 = \text{const.}$ und $s_{\mu k} = \text{const.}$ sowie der Impulsform $g(t)$ durch

$$s_{mPSK}(t) = \sum_{k=-\infty}^{+\infty} \hat{s}_{\mu k} \sin(\omega_c t + \phi_{\mu k}) g(t - kT_s) \quad (\mu = 1, 2, 3, \ldots, m) \qquad (8.43)$$

beschrieben werden.

Gl. (8.43) kann durch Zerlegung mit Hilfe der trigonometrischen Funktion $\sin(\alpha + \beta) = \sin\alpha \cdot \cos\beta + \cos\alpha \cdot \sin\beta$ in Quadraturform dargestellt werden.

$$s_{mPSK}(t) = s_p(t) \sin\omega_c t + s_q(t) \cos\omega_c t \qquad (8.44)$$

$s_p(t)$ und $s_q(t)$ sind hierbei als Basisbandsignale eines mPSK-Quadratur-Modulators zu interpretieren. Mit $\hat{s}_{\mu k} = 1$ folgt

$$s_p(t) = \sum_{k=-\infty}^{+\infty} \cos\phi_{\mu k} g(t - kT_s) \qquad (8.45)$$

$$s_q(t) = \sum_{k=-\infty}^{+\infty} \sin\phi_{\mu k} g(t - kT_s). \qquad (8.46)$$

In Abb. 8.59 ist das Blockschaltbild eines Quadratur-Modulators und Demodulators dargestellt. Aus den m Bitmustern der Länge n bit am Ausgang des Serien-Parallel-Umsetzers werden in 2 Codierern die Basisbandsignale $s'_p(t)$ und $s'_q(t)$ erzeugt. Nach einer Impulsformung in $s_p(t)$ und $s_q(t)$ modulieren sie die Quadratur-Träger $\sin\omega_c t$ und $\cos\omega_c t$ in einem Ringmodulator. Die anschließende Summierung der beiden Komponenten im p- und q-Kanal liefert das mPSK-Signal.

Bei der 2PSK ($m = 2$, $n = 1$) entfallen in Abb. 8.59a der Serien-Parallel-Umsetzer und der Summierer. Hinreichend ist dann lediglich ein Signalzug, der ein im Codierer erzeugtes symmetrisches Binärsignal (z.B. p-Kanal) führt, das nach der Impulsformung im Ringmodulator mit $\sin\omega_c t$ multipliziert wird. Mit Gl. 8.43) lautet es für $s_q(t) = 0$

$$s_{2PSK}(t) = s_p(t) \sin\omega_c t \qquad (8.47)$$

In Abb. 8.60a ist schematisch die Entstehung eines 2PSK-Signal dargestellt. Abb. 8.60b zeigt ein 2PSK-Modulator-Blockschaltbild in praxisnaher Darstellung mit Sendebandpaß, Verstärker und Entzerrern in der Ausgangsstufe.

Ist n=2, m=4 - es liegt dann ein 4PSK-System vor - so dienen die beiden Codierer in Abb. 8.59a lediglich der Umsetzung in symmetrische Binärsginale. Der Modulator besteht aus zwei 2PSK-Modulatoren mit den Quadratur-Trägern $\sin\omega_c t$ und

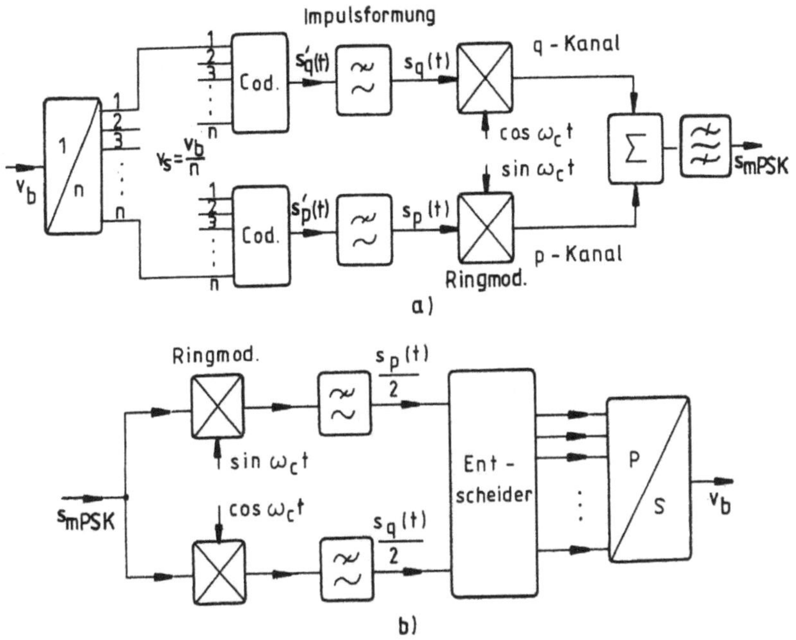

Abbildung 8.59: Prinzip der Quadratur-Modulation und Demodulation: a) Modulator; b) Demodulator

$\cos \omega_c t$. Die additive Überlagerung der beiden 2PSK-Ausgangssignale liefert das 4PSK-Signal. In Abb. 8.61a ist ein praxisnahes 4PSK-Modulator-Blockschaltbild wiedergegeben. Abb. 8.61b zeigt, wie im Modulationsintervall bei weicher Tastung die 4PSK-Schwingung entsteht.

Alle mPSK-Signale haben - bei Verwendung gleicher Impulsform im Basisbandsignal - die gleiche spektrale Gestalt. Unterschiede gibt es lediglich in der Bandbreite. Verwendet man die Nyquist-Impulsform, so hat die Spektralfunktion eines mPSK-Impulses die gleiche Gestalt, wie diejenige eines mASK-Impulses, s. Abb. 8.55. Allerdings enthält das mPSK-Spektrum nicht die Spektrallinie des Trägers infolge der Trägerunterdrückung im Modulator. Die Signalbandbreite eines mPSK-Signals B_{mPSK} kann bei Nyquist-Impulsformung nach Gl. (8.35) ermittelt werden.

Zur **kohärenten Demodulation** wird bei der 2PSK ($n = 1$, $m = 2$), s. Abb. 8.60c, das Empfangssignal nach Gl. (8.44) ($s_q(t) = 0$) mit dem aus dem Empfangssignal abgeleiteten Träger $s_{ce}(t) = \hat{s}_{ce} \sin \omega_c t + \phi_e)$ zunächst multipliziert mit ($\hat{s}_{ce} = 1; \phi_e = 0$) also

$$s_{2PSK}(t) \cdot s_{ce}(t) = s_p(t) \sin^2 \omega_c t = \frac{1}{2} s_p(t) - \frac{1}{2} s_p(t) \cos 2\omega_c t. \qquad (8.48)$$

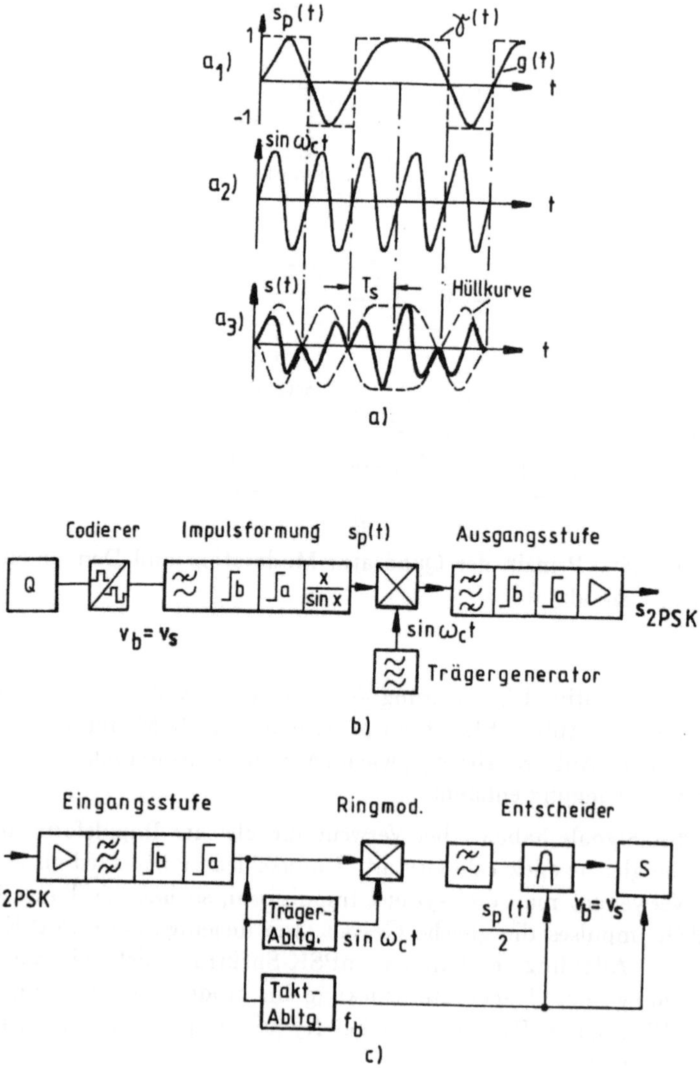

Abbildung 8.60: a) 2PSK-Modulationsprozeß: a_1) Basisbandsignal $\gamma(t)$ vor und $g(t)$ nach der Impulsformung; a_2) Sinusträger ($f_c = 1/T_s$); a_3) 2PSK-Signal; b) 2PSK-Modulator; c) 2PSK-Demodulator

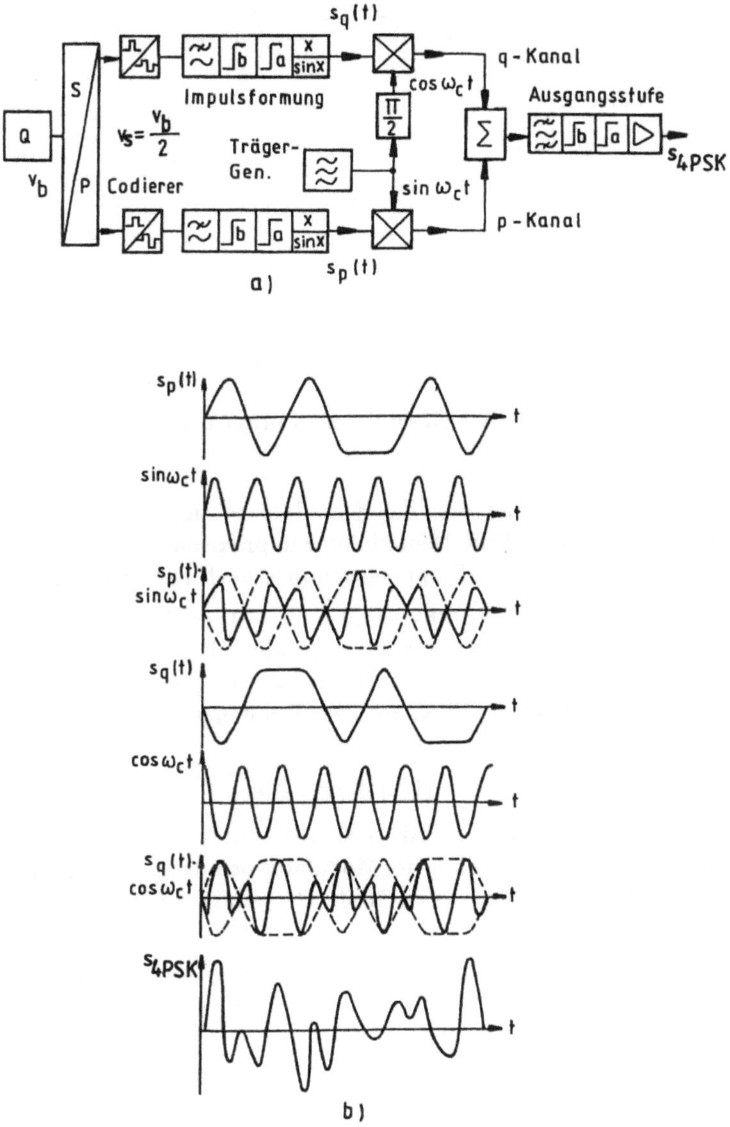

Abbildung 8.61: a) 4PSK-Modulator; b) Schema der 4PSK-Modulation

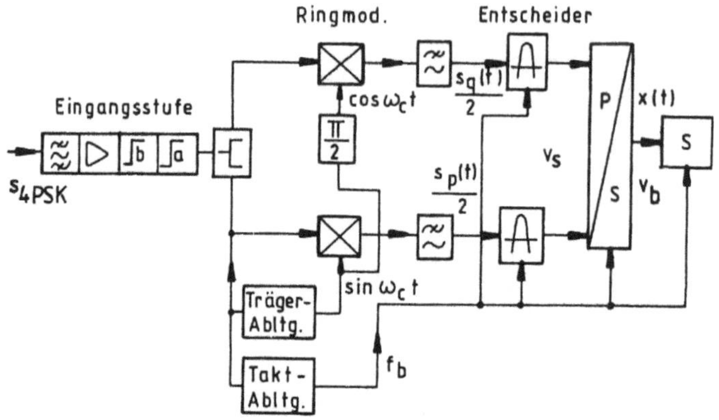

Abbildung 8.62: 4PSK-Demodulator in praxisnaher Form

Nach der Tiefpaß-Filterung erhält man das demodulierte Signal $s_p(t)/2$ nach Gl. (8.46). Abb. 8.60c zeigt einen 2PSK-Demodulator in praxisnaher Darstellung mit einer Eingangsstufe die neben dem Empfangsbandpaß auch Entzerrer enthält.

Die kohärente Demodulation von mPSK-Signalen ($m \geq 4$) erfolgt grundsätzlich in einem Quadratur-Demodulator, ebenfalls durch Produkt-Demodulation, s. Abb. 8.59b. Der zum Empfangssignal kohärente (frequenz- und phasengleiche) Träger muß im Demodulator, wie bei der 2PSK, aus dem Empfangssignal abgeleitet werden.

Methoden zur Trägerableitung sind in [111] dargestellt.

Die kohärente Demodulation von mPSK-Systemen mit $m \geq 4$, (Quadratur-Modulation) ist deshalb möglich, weil die im Modulator benutzten gleichfrequenten Trägerschwingungen $\sin \omega_c t$ und $\cos \omega_c t$ im Modulationsintervall (Symbolintervall) T_s orthogonal sind.

Im allgemeinen sind zwei Funktionen $g_i(t)$ und $g_j(t)$ im Intervall $[t_1, t_2]$ orthogonal, wenn gilt

$$\begin{aligned} \int_{t_1}^{t_2} g_i(t) g_j(t) dt &= c_0^2 \quad \text{für} \quad i = j \\ &= 0 \quad \text{für} \quad i \neq j \end{aligned} \tag{8.49}$$

Normiert man auf c_0^2, so hat das vorstehende Integral den Wert 1 für $i = j$ und den Wert 0 für $i \neq j$.

Im Quadratur-Demodulator nach Abb. 8.59b wird die mathematische Operation Gl. (8.48) nachgebildet. In den Ringmodulatoren erfolgt die Multiplikation und die Tiefpässe sind Integratoren. Der Quadratur-Demodulator liefert somit mit Gl.

8.44 die Komponenten

$$s_{mPSK}(t) \cdot \sin \omega_c t = \frac{s_p(t)}{2} - \frac{s_p(t)}{2} \cos 2\omega_c t + \frac{s_q(t)}{2} \sin 2\omega_c t \quad (8.50)$$

$$s_{mPSK}(t) \cdot \cos \omega_c t = \frac{s_q(t)}{2} + \frac{s_q(t)}{2} \cos 2\omega_c t + \frac{s_p(t)}{2} \sin 2\omega_c t \quad (8.51)$$

und nach der Tiefpaßfilterung die gesuchten mehrstufigen Basisbandsignale $s_p(t)/2$ und $s_q(t)/2$, Gln. (8.44) und (8.45), die im Entscheider nach Methoden abgetastet und regeneriert werden, die bereits in Beisp. 3.29 Abb. 3.82 (Binärsignal) und Beisp. 8.11 (Quaternärsignal) betrachtet wurden.

In Abb. 8.62 ist ein 4PSK-Quadratur-Demodulator in praxisnaher Form dargestellt. Bei der 4PSK sind die demodulierten Signale $s_p(t)/2$ und $s_q(t)/2$ Binärsignale. Im Entscheider ist deshalb eine binäre Entscheidung jeweils im p- und q-Kanal hinreichend.

Die **Symbolfehler-Wahrscheinlichkeit** der mPSK-Systeme bei additivem gaußschem Rauschen und kohärenter Demdoulation kann, wie bei den mASK-Systemen, als Überschreitungs-Wahrscheinlichkeit von Entscheidungsschwellen, den Entscheidungsgrenzen, ermittelt werden. In Abb. 8.63a ist das Zustandsdiagramm der 4PSK bei additivem Rauschen dargestellt, und Abb. 8.63b zeigt ein mPSK-Entscheidungsgebiet, stellvertretend für alle m-1 weiteren, deren Entscheidungsgrenzen Kreissektoren mit unendlichem Radius bilden. In beiden Abbildungen ist der minimale Abstand zur jeweiligen Entscheidungsgrenze A_m eingezeichnet.

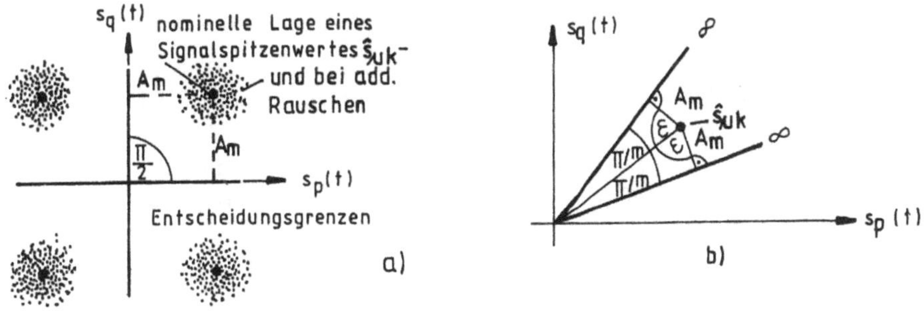

Abbildung 8.63: a) Zustandsdiagramm der 4PSK bei additivem Rauschen; b) mPSK-Entscheidungsgebiet

Die Symbolfehler-Wahrscheinlichkeit P_{smPSK} kann als die Wahrscheinlichkeit ermittelt werden, daß ein Signalpunkt $\hat{s}_{\mu k}$, $(\mu = 1, 2, \ldots m)$ aufgrund einer zum Abtastzeitpunkt einfallenden Rauschstörung sein Entscheidungsgebiet über den

Weg A_m (ungünstigster Fall) verläßt.

$$P_{smPSK} = \frac{1}{2} - \frac{1}{2}\text{erf}(z) + \frac{1}{\pi}e^{-z^2}\int_0^{\epsilon} e^{-z^2\tan^2\beta}d\beta; \quad \epsilon = \frac{\frac{m}{2}-1}{m}\pi \qquad (8.52)$$

Im Falle der 4PSK läßt sich Gl. (8.52) vereinfachen, und man erhält

$$P_{s4PSK} = \frac{3}{4} - \frac{1}{2}\text{erf}(z) - \frac{1}{4}\text{erf}^2(z) \approx 1 - \text{erf}(z). \qquad (8.53)$$

Für die 2PSK liefert Gl. (8.52) mit $\epsilon = 0$

$$P_{s2PSK} = \frac{1}{2} - \frac{1}{2}\text{erf}(z) \qquad (8.54)$$

Mittlerer $z = z_m$ - und Spitzen-Störabstand $z = \hat{z}$ lauten

$$z_m = \sin\frac{\pi}{m}\sqrt{\frac{C}{N}}; \quad \hat{z} = \sin\frac{\pi}{m}\sqrt{\frac{\hat{C}}{2N}}. \qquad (8.55)$$

C ist der Effektivwert der Leistung des modulierten Signals, $\hat{C}$ dessen Spitzenleistung und N der Effektivwert der Rauschleistung. erf(z) ist durch Gl. (2.74) definiert und wird durch Gl. (2.76) genähert. In Abb. 8.64 ist der Verlauf der Symbolfehler-Wahrscheinlichkeit bei kohärenter Demodulation für einige mPSK-Systeme über C/N dargestellt.

Wegen ihrer Störsicherheit sind 2PSK und 4PSK die in der Praxis am häufigsten verwendeten Verfahren (Satellitenfunk, Richtfunk). Der Zusammenhang zwischen Symbolfehler-Wahrscheinlichkeit und Bitfehler-Wahrscheinlichkeit kann mit Gl. (8.19), bei statistischer Unabhängigkeit der einzelnen Signalzustände, ermittelt werden.

Da die Ableitung kohärenter Träger im Demodulator schwierig ist - die in der Trägerableitung durch einen nichtlinearen Prozeß gewonnen Träger weisen Phasensprünge π/n; ($n = 1, 2, 3, \ldots$) auf - verwendet man meist die mPSK in Verbindung mit einer Phasen-Differenz-Codierung-Decodierung, durch welche die diskreten Phasensprünge nach der Demodulation korrigiert werden [111, 112].

Neben den hier betrachteten kohärenten Verfahren kann bei **Phasendifferenz-Modulation** auch inkohärent demoduliert werden; hiermit ist jedoch ein Verlust im Signal-Geräusch-Verhältnis von ca. 3 dB verbunden [111].

□ **Beispiel 8.19**

Übertragung eines PCM-Signals der Bitrate $v_b = 34,368$ Mbit/s (3. PCM-Hierarchiestufe) bei Nyquist-Impulsformung ($r = 0,5$) mit Hilfe der 2PSK bzw. 4PSK.

Die Symbolrate v_s ist bei der 2PSK gleich der Bitrate v_b. Mit Gl. (2.15) bestimmt man die Bandbreite des Basisbandsignals vor der Modulation $f_g = (v_s/2((1+r) =$

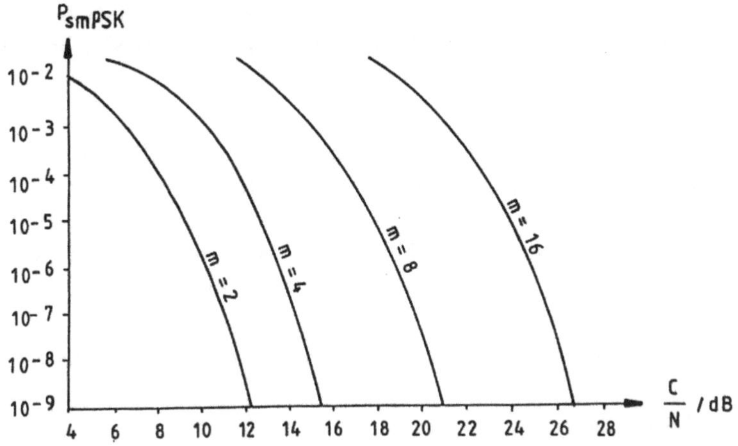

Abbildung 8.64: Symbolfehler-Wahrscheinlichkeit einiger mPSK-System über C/N bei kohärenter Demodulation

25,78 MHz. Die Bandbreite des modulierten Signals ist dann $B_{2PSK} = 2f_g = v_s(1+r) = 51,55$ MHz.

Bei der 4PSK ist die Symbolrate $v_s = v_b/2 = 17,18$ MHz. Die Bandbreite vor der Modulation ist hier $f_g = (v_s/2)(1+r) = 12,89$ MHz und nach der Modulation $B_{4PSK} = 2f_g = v_s(1+r) = 25,78$ MHz. Man erhält die gleichen Bandbreiten wie bei 2ASK und 4ASK.

Alle Signalzustände der mPSK-Systeme haben die gleiche Amplitude. Aus Abb. 8.63 ermittelt man durch trigonometrische Betrachtungen für die mittlere Leistung in Abhängigkeit des minimalen Abstandes A_m zur Entscheidungsgrenze $C_{mPSK} = A_m^2/[2\sin^2(\pi/m)]$. Für 2PSK und 4PSK folgen damit $C_{2PSK} = A_m^2/2$ bzw. $C_{4PSK} = A_m^2$. Mit dem Bandbreitegewinn der 4PSK gegenüber der 2PSK um den Faktor 2 geht ein Mehrbedarf an Signalleistung von $\Delta C = 10\lg(2A_m^2/(A_m^2/2)) = 3$ dB einher.

Die Signal-Spitzenleistung der mPSK-Systeme ist allgemein $\hat{C} = A_m^2/[\sin^2(\pi/m)]$, bei der 2PSK also A_m^2 und bei der 4PSK $\hat{C} = 2A_m^2$.

8.5.2.1 Offset-4PSK

4PSK-Signale haben infolge der Impulsformung und von Phasensprüngen bei Signalübergängen - z.B. Phasensprünge um π - eine nichtkonstante Hüllkurve, s. Abb. 8.61b. Steuert man mit einem solchen Signal ein nichtlineares Element an - z.B. einen Verstärker mit nichtlinearer Kennlinie - so ergeben sich im Signal Komponenten höherer Ordung (Intermodulations-Produkte), die teilweise in das

Nutzband fallen, und es entsteht eine unerwünschte Phasenmodulation [111]. Eine konstante Hüllkurve erhält man bei Anwendung der Offset-4PSK, bei der zwei verschiedene Basisbandsignalformen benutzt werden.

Wenn man im q-Kanal des 4PSK-Quadratur-Modulators, s. Abb. 8.61a, nach der Serien-Parallel-Umsetzung eine Verzögerung um $T_s/2 = T_b$ einbringt, so erscheint am Modulatorausgang ein Qffset-4PSK-Signal. Zur Impulsformung benutzt man hierbei schwach bandbegrenzende Tiefpässe oder man moduliert unmittelbar mit Rechteckimpulsen der Gestalt $\gamma(t)$, s. Abb. 8.65a. Mit den Gln. (8.43)-(8.46) läßt sich der μ-te Signalzustand im k-ten Modualtionsintervall durch

$$s_{OPSK,\mu k} = \cos\phi_{\mu k}\gamma(t - kT_s)\sin\omega_c t + \sin\phi_{\mu k}\gamma\left[t - \left(k + \frac{1}{2}\right)T_s\right]\cos\omega_c t \quad (8.56)$$

beschreiben. Hierbei ist

$$s_{p\mu k} = \gamma(t - kT_s)\cos\phi_{\mu k}; \quad s_{q\mu k} = \gamma\left[t - \left(k + \frac{1}{2}\right)T_s\right]\sin\phi_{\mu k}. \quad (8.57)$$

Das Zustandsdiagramm der Offset-4PSK bleibt trotz der Verzögerung um $T_s/2$ das gleiche wie bei der 4PSK, jedoch treten Phasensprünge um π im Signal nicht mehr auf. Infolge der Verzögerung um $T_s/2$ werden π-Phasensprünge in zwei $\pi/2$-Phasensprünge aufgeteilt. In Abb. 8.65b ist dargestellt, daß π-Phasensprünge der Art (00) $\leftrightarrow$ (11) bzw. (10) $\leftrightarrow$ (01) nicht mehr erscheinen.

Trotz der Unterdrückung der Phasensprünge um π treten im Offset-4PSK-Signal nach Abb. 8.65c immer noch Amplitudenschwankungen auf. Eine absolut konstante Hüllkurve läßt sich mit der Offset-4PSK dann erreichen, wenn man im modulierenden Basisbandsignal Sinusimpulse anstelle von Rechteckimpulsen verwendet. Wegen der Verzögerung um $T_s/2$ im q-Kanal können die Basisbandsignale durch

$$s_{p\mu k}(t) = \cos\phi_{\mu k}\sin\frac{\pi t}{T_s}; \quad s_{q\mu k} = \sin\phi_{\mu k}\cos\frac{\pi t}{T_s} \quad (8.58)$$

beschrieben werden. Im k-ten Modulationsintervall hat der μ-te Signalzustand dann die Form

$$s_{OPSK,\mu k} = \cos\phi_{\mu k}\sin\frac{\pi t}{T_s}\sin\omega_c t + \sin\phi_{\mu k}\cos\frac{\pi t}{T_s}\cos\omega_c t. \quad (8.59)$$

In Abb. 8.66a sind die Basisbandsignale, und in Abb. 8.66b ist das Offset-4PSK-Signal konstanter Hüllkurve wiedergegeben.

Die Offset-4PSK ist bei der Modulation mit Sinusimpulsen der MSK (Minimum Shift Keying), der binären Frequenzumtastung mit kontinuierlicher Phase bei einem Modulationsindex von $\beta = 0,5$ äquivalent, s. Abschn. 8.5.4.

Qffset-4PSK-Signale werden kohärent demoduliert. Die Abtastung im Entscheider ist im q-Kanal gegenüber dem p-Kanal um $T_s/2$ verzögert durchzuführen.

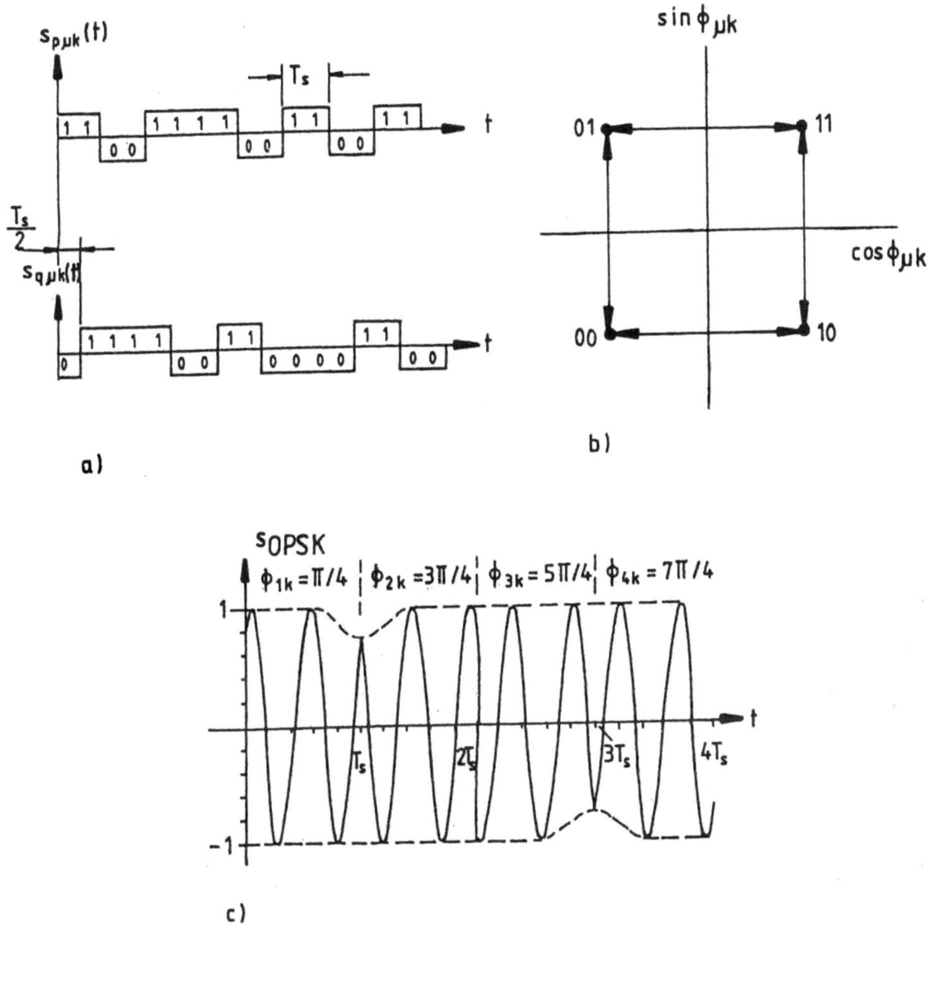

Abbildung 8.65: Qffset-4PSK: a) Basisbandsignale; b) Zustandsdiagramm; c) Verlauf des Zeitsignals

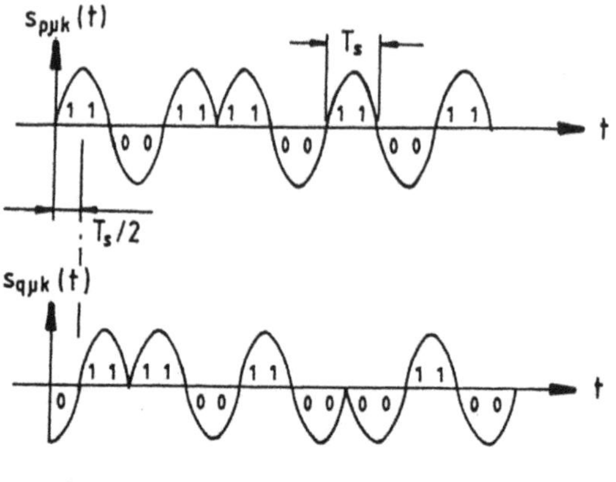

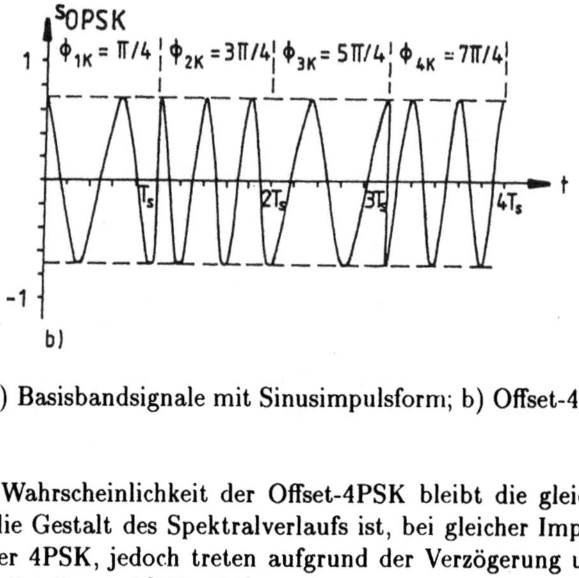

Abbildung 8.66: a) Basisbandsignale mit Sinusimpulsform; b) Offset-4PSK-Signal

Die Symbolfehler-Wahrscheinlichkeit der Offset-4PSK bleibt die gleiche wie bei der 4PSK. Auch die Gestalt des Spektralverlaufs ist, bei gleicher Impulsformung, dieselbe wie bei der 4PSK, jedoch treten aufgrund der Verzögerung um $T_s/2$ im q-Kanal andere Nullstellen auf [111, 112].

8.5.3 Amplituden-Phasen-Tastung (APK)

APK-Systeme sind eng mit den PSK-Systemen verwandt. Sie werden in der Praxis oft als QAM-Systeme (Quadratur Amplituden Modulation) bezeichnet. Dieser Begriff ist jedoch nicht ganz eindeutig, da auch die mPSK-Systeme ($m > 4$) zu den QAM-Systemen gehören.

Die Zusammenhänge zwischen Symbolrate $v_s = 1/T_s$ und Bitrate $v_b = 1/T_b$ sind bei mAPK und mPSK identisch. mAPK-Systeme werden auf die gleiche Art und Weise wie mPSK-Systeme erzeugt, nämlich mit dem *Schalt- oder Quadratur-Modulator*, s. Abb. 8.58b bzw. Abb. 8.59a. Der Schaltmodulator ist hierzu lediglich mit $\mu = 1, 2, \ldots, m = 2^n$ Sinusträgern der Form $s_{\mu k}(t) = \hat{s}_{\mu k} \sin(\omega_c t + \tilde{\phi}_{\mu k}$ zu beschalten. Im Gegensatz zur mPSK ist die Amplitude $\hat{s}_{\mu k}$ bei der mAPK im Modulations-Intervall nicht konstant.

$$s_{mAPK}(t) = \sum_{k=-\infty}^{+\infty} \hat{s}_{\mu k} \sin(\omega_c t + \tilde{\phi}_{\mu k}) g(t - kT_s) \tag{8.60}$$

Moduliert man mit dem Quadratur-Modulator, so lautet die Signaldarstellung

$$s_{mAPK}(t) = \sum_{k=-\infty}^{+\infty} \hat{s}_{\mu k}(\cos\tilde{\phi}_{\mu k} \sin\omega_c t + \sin\tilde{\phi}_{\mu k} \cos\omega_c t) g(t - kT_s) = \tag{8.61}$$

$$= \tilde{s}_p(t) \sin\omega_c t + \tilde{s}_q(t) \cos\omega_c t.$$

$$\tilde{s}_{p\mu k}(t) = \hat{s}_{\mu k} \cos\tilde{\phi}_{\mu k} g(t - kT_s); \quad \tilde{s}_{q\mu k}(t) = \hat{s}_{\mu k} \sin\tilde{\phi}_{\mu k} g(t - kT_s) \tag{8.62}$$

Im k-ten Modulationsintervall erscheint somit der μ-te Signalzustand in der Form

$$s_{mAPK,\mu k}(t) = \tilde{s}_{p\mu k}(t) \sin\omega_c t + \tilde{s}_{q\mu k}(t) \cos\omega_c t. \tag{8.63}$$

Die Impulsformung ist ebenfalls wie bei der mPSK durchzuführen.

Bei den mPSK-Systemen liegen im Zustandsdiagramm alle Signalpunkte auf einer Kreiskontur, dargestellt im kartesischen Koordinatensystem. Die Signalpunkte in den Zustandsdiagrammen der mAPK-Systeme erscheinen dagegen aufgrund der unterschiedlichen Signalamplituden in der Ebene dieses Koordinatensystems. Abb. 8.67a zeigt die Zustandsdiagramme von 16APK - oft auch 16QAM genannt - 32APK (32QAM) und 64APK (64QAM). Bei der 16APK symbolisiert jeder Signalpunkt $n = \mathrm{ld}\ 16 = 4$ bit, bei der 32APK $n = \mathrm{ld}\ 32 = 5$ bit und bei der 64APK $n = \mathrm{ld}\ 64 = 6$ bit. In den Zustandsdiagrammen sind die Entscheidungsgebiete der Signalpunkte, sowie deren minimaler Abstand A_m zur zugehörigen Entscheidungsgrenze eingezeichnet.

Spektrale Leistungsdichte und Spektralfunktion von mAPK-Signalen, die beide von der Impulsformung abhängen, haben über der Frequenz - bis auf einen konstanten Faktor - den gleichen Verlauf wie die Spektren der mPSK-Systeme. Bei Nyquist- Impulsformung kann die Signalbandbreite nach Gl. (8.35) bestimmt werden. Die Gestalt der Spektralfunktion eines mAPK-Impulses im Modulations-Intervall ist dann - wie im Falle der mPSK bzw. mASK - durch Abb. 8.55 gegeben, wobei allerdings die Spektrallinie des Trägers im Spektrum, wegen der Trägerunterdrückung im Modulator, nicht enthalten ist.

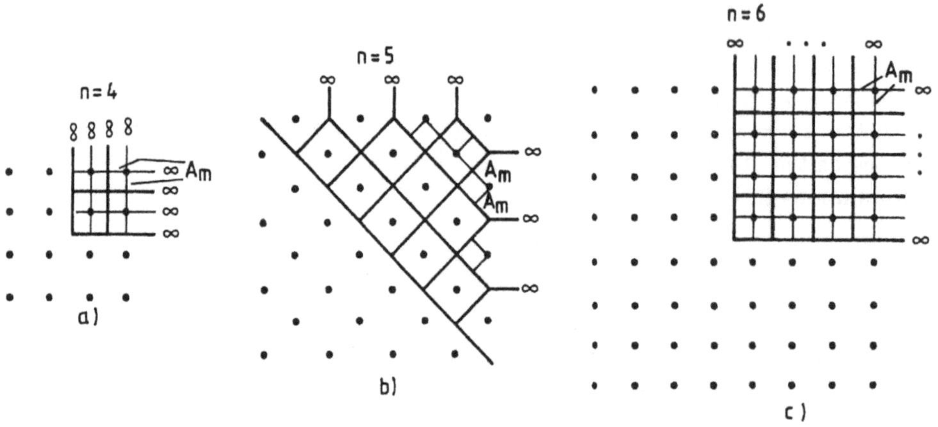

Abbildung 8.67: APK-Zustandsdiagramme: a) 16APK; b) 32APK; c) 64APK

Zur **kohärenten Demodulation** wird der in Abb. 8.59b dargestellte Quadratur-Demodulator benutzt. Der Demodulationsvorgang unterscheidet sich hierbei nicht von dem der mPSK-Systeme. Im Demodulator bildet man die Produkte $s_{mAPK} \cos \omega_c t$ und $s_{mAPK} \sin \omega_c t$, wie mit Gln. (8.50) und (8.51) für die mPSK gezeigt. Durch Tiefpaßfilterung folgen aus diesen Produkten die gesuchten Basisbandsignale, die im Entscheider abgetastet und regeneriert werden.

In Abb. 8.68 ist das Blockschaltbild eines 16APK-Modulator-Demodulatorsystems dargestellt, das häufig im Richtfunk zur Übertragung von PCM-Systemen der 4. Hierarchiestufe ($v_b = 139,264$ Mbit/s) angewendet wird.

Im Modulator nach Abb. 8.68a wird das Ursprungssignal der Bitrate v_b zunächst in vier parallele Bitströme der Symbolrate $v_s = v_b/4$ umgesetzt. Jedem Symbol (=4 bit) wird in den Codierern ein Amplitudenstufenpaar $\tilde{s}_{p\mu k}$ und $\tilde{s}_{q\mu k}$ zugeordnet. Insgesamt sind hierzu je vier unterschiedliche Amplitudenstufen hinreichend ($4^2 = 2^4 = 16$). An den Codierer-Ausgängen erscheinen somit zwei vierstufige Basisbandsignale $\tilde{s}_p(t)$ und $\tilde{s}_q(t)$, Abb. 8.68a, die nach einer Impulsformung die Quadraturträger $\sin \omega_c t$ und $\cos \omega_c t$ modulieren. Die additive Überlagerung der Signale im p- und q-Kanal liefert am Ausgang der Ausgangsstufe, die neben Bandpaß und Verstärker auch einen Gruppenlaufzeit- und Dämpfungsentzerrer enthält, das 16APK-Signal.

Abb. 8.68b zeigt den typischen Quadratur-Demodulator. Das Empfangsignal wird im Empfangsbandpaß von Außerband-Störungen befreit und danach mit den beiden - aus dem Empfangssignal abgeleiteten - Quadraturträgern gemischt (Ring-Modulator). Die beiden Tiefpaß-Filter unterdrücken Mischprodukte der doppelten Trägerfrequenz und liefern an ihrem Ausgang die beiden Basisbandsignale $\tilde{s}_p(t)/2$ und $\tilde{s}_q(t)/2$, Gl. (8.61), die im Entscheider abgestastet, regeneriert und in ein

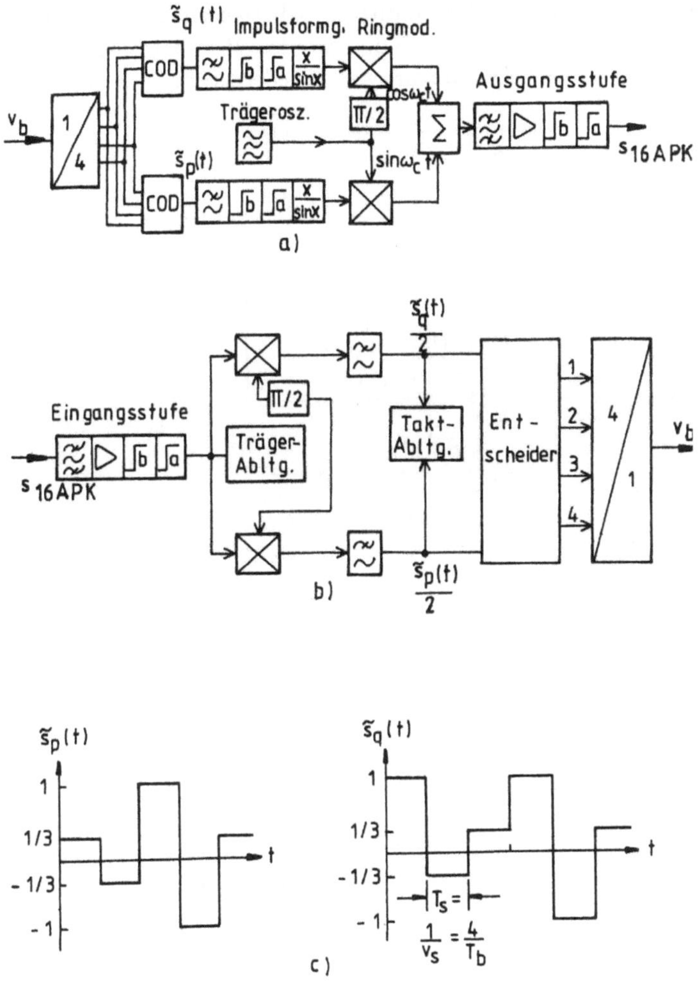

Abbildung 8.68: 16APK-Modem (Modulator-Demodulatorsystem): a) Modulator; b) Demodulator; c) 4-stufige Basisbandsignale

kontinuierliches Signal der Bitrate v_b umgewandelt werden, wie Beispiel 8.11 zeigt.

Ein 64APK-System kann aus der additiven Überlagerung von sechs 2PSK-Systemen erzeugt werden. In Abb. 8.69a ist das Modulationsprinzip und in Abb. 8.69b sind die 64APK-Quadraturträger wiedergegeben. Jeweils eines der

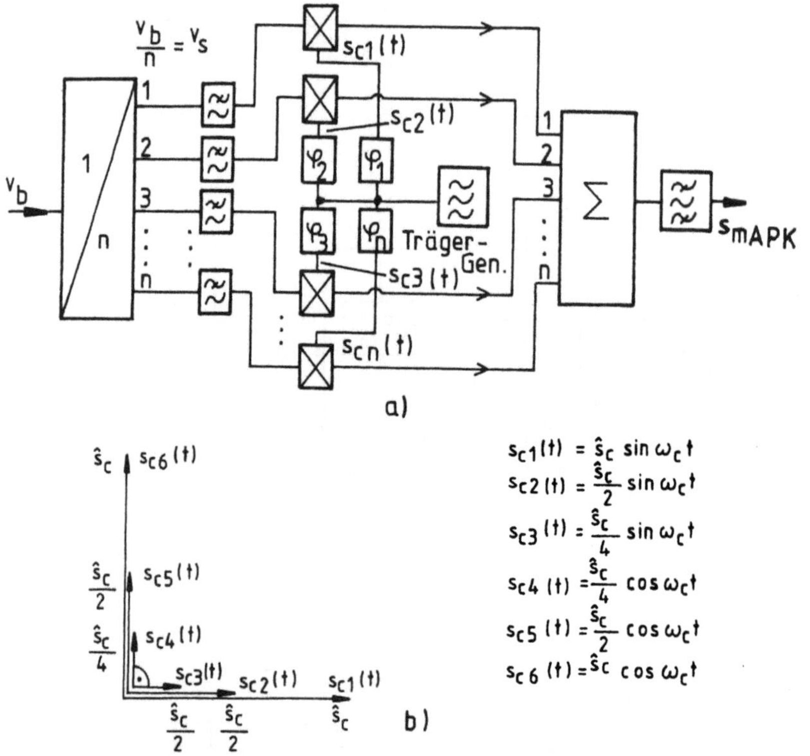

Abbildung 8.69: a) mAPK-Modulator mit n Signalzügen; b) Quadraturträger einer 64APK

n=6 binären Basisbandsignale moduliert nach der Impulsformung den zugehörigen Träger in einem Ring-Modulator. Die anschließende Summierung liefert das gewünschte 64APK-Signal, dessen Zustandsdiagramm in Abb. 8.67c dargestellt ist [111].

Zur Bestimmung der **Symbolfehler-Wahrscheinlichkeit** P_{smAPK} der mAPK-Systeme (1 Symbol = 1 Signalpunkt = n bit) benutzt man die gleichen Methoden wie für mASK und mPSK. Allerdings liefert die Ableitung bei Systemen mit geradem n ($n = 2, 4, 6, \ldots$), deren Zustandsdiagramme eine quadratische Struktur aufweisen - s. z.B. Abb. 8.67a mit $n = 4$ und Abb. 8.67c mit $n = 6$ - ein anderes Ergebnis als bei ungeradem n ($n = 1, 3, 5 \ldots$), s. z.B. Abb. 8.67b mit $n = 5$. Bei *geradem n* findet man

$$P_{smAPK} = \frac{2^n - 1}{2^n} - \frac{2^{n/2} - 1}{2^{n-1}}\text{erf}(z) - \frac{(2^{n/2} - 1)^2}{2^n}\text{erf}^2(z) \qquad (8.64)$$

Die quadratische Anordnung der mAPK-Signalpunkte im Zustandsdiagramm führt im Spezialfall $n = 2$ auf die 4PSK. Gl. (8.64) kann deshalb auch zur Bestimmung der Symbolfehler-Wahrscheinlichkeit der 4PSK benutzt werden. Für die Störabstände $z = z_m$ und $z = \hat{z}$ gelten die Zusammenhänge

$$z_m = \frac{1}{\sqrt{\sum_{i=1}^{n}(-1)^i 2^i}}\sqrt{\frac{C}{N}}; \quad \hat{z} = \frac{1}{2(2^{n/2} - 1)}\sqrt{\frac{\hat{C}}{N}} \qquad (8.65)$$

Die Ableitung der Symbolfehler-Wahrscheinlichkeit der mAPK-Systeme bei *ungeradem n* liefert

$$P_{smAPK} = \frac{2^n - 1}{2^n} - \frac{1}{2^n}\text{erf}(z) - \frac{2^{(n-1)/2} - 1}{2^{n-1}}\text{erf}(\sqrt{2}z) - \frac{2^{(n-1)/2} - 1}{2^{(n-1)/2}}\text{erf}^2(z), \qquad (8.66)$$

mit den Störabständen

$$z_m = \frac{1}{\sqrt{\sum_{i=0}^{n}(-1)^{i+1} 2^i}}\sqrt{\frac{C}{N}}; \quad \hat{z} = \frac{1}{\sqrt{2}\left(2^{1+\sum_{i=1}^{n-1}(-1)^i(i+1)} - 1\right)}\sqrt{\frac{\hat{C}}{N}}. \qquad (8.67)$$

In Abb. 8.70 sind einige Kurvenzüge der Symbolfehler-Wahrscheinlichkeit über C/N dargestellt.

Sind die einzelnen Symbole eines APK-Signals statistisch voneinander unabhängig, so kann die Bitfehler-Wahrscheinlichkeit aus der Symbolfehler-Wahrscheinlichkeit mit Gl. (8.19) bestimmt werden [111].

Zur Optimierung der Bitfehlerquote bei Störeinflüssen wie Jitter, Mehrwegeausbreitung, Träger-Phasenfehler, etc., werden orthogonale Modulationsverfahren, wie mPSK und mAPK, oft auf dem Computer simuliert [146].

□ **Beispiel 8.20**
Übertragung eines PCM-Signals der Bitrate $v_b = 34,368$ Mbit/s (3. Hierarchiestufe) mit Hilfe der 16APK bzw. 64APK bei Nyquist-Impulsformung ($r = 0,5$).

Die Symbolrate der 16APK, (4 bit/Symbol), ist nach Abb. 8.68 und Abb. 8.67a, $v_s = v_b/4 = 8,59$ Mbaud. Die Bandbreite eines 4-stufigen Basisbandsignals ist damit vor der Modulation nach Gl. (2.15), $f_g = (v_s/2)(1 + r) = 6,44$ MHz. Nach der Modulation steigt die Signalbandbreite auf $B_{16APK} = 2f_g = 12,89$ MHz.

Bei der 64APK, (6 bit/Symbol) ist nach Abb. 8.69 und Abb. 8.67c die Symbolrate $v_s = v_b/6 = 5,73$ Mbaud. Damit wird die Bandbreite vor der Modulation $f_g = (v_s/2)(1 + r) = 4,3$ MHz und nach der Modulation $B_{64APK} = 2f_g = 8,59$ MHz.

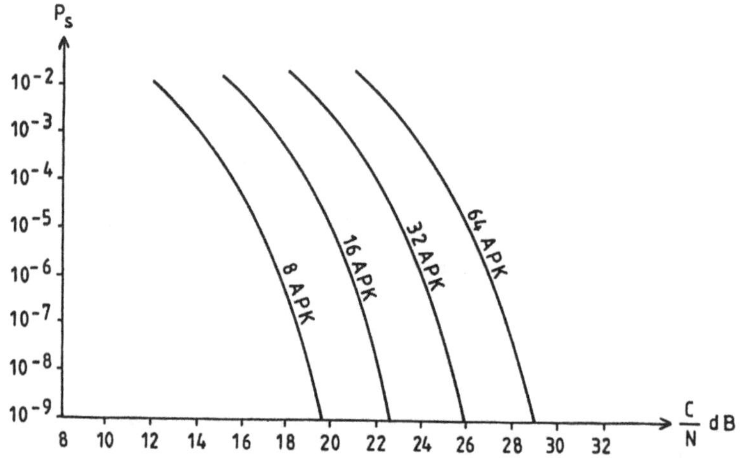

Abbildung 8.70: Symbolfehler-Wahrscheinlichkeit einiger APK-Systeme

Aus dem Zustandsdiagramm Abb. 8.67c ermittelt man mit dem Satz von Pythagoras die mittlere Signalleistung in Abhängigkeit des minimalen Abstandes A_m zur jeweils zugehörigen Entscheidungsgrenze $C_{16APK} = (1/16)\sum_{i=1}^{16} \hat{s}_i^2/2 = 5A_m^2$. Die Signalspitzenleistung ist $\hat{C}_{16APK} = (3A_m)^2 + (3A_m)^2 = 18A_m^2$. Für die 64APK findet man durch eine entsprechende Betrachtung $C_{64APK} = (1/64)\sum_{i=1}^{64} \hat{s}_i^2/2 = 21A_m^2$ bzw. $\hat{C}_{64APK} = (7A_m)^2 + (7A_m)^2 = 98A_m^2$. Der Signalleistungs-Mehrbedarf der 64APK gegenüber der 16APK ist, bei jeweils gleicher Symbolfehler-Wahrscheinlichkeit, damit näherungsweise $\Delta C = 10\lg C_{64APK}/C_{16APK} = 6,23$ dB, s. hierzu auch Abb. 8.70 z.B. bei $P_{smASK} = 10^{-9}$. Auch hier muß der Bandbreite-Gewinn durch eine Erhöhung des Störabstandes erkauft werden.

8.5.4 Frequenz-Umtastung (FSK)

Bei der Frequenz-Umtastung werden $m = 2^n$ ($n = 1, 2, 3, \ldots$) Amplitudenstufen eines modulierenden Basisbandsignals durch m verschiedene Frequenzen eines Sinusträgers (Symbole) im Modulations-Intervall $kT_s \leq t \leq (k+1)T_s$ gekennzeichnet. Auch hier repräsentiert 1 Symbol= n bit. Für die Symbolrate gilt $v_s = 1/T_s = 1/nT_b$ wie bei mASK, mPSK und mAPK, mit der Bitdauer T_b. Bei binärer Übertragung ist die Bitrate v_b gleich der Symbolrate v_s. Die Übergänge von einem Frequenz-Zustand des Sinusträgers in einen anderen, werden als phasenkontinuierlich vorausgesetzt. Bei der Zustandsänderung entstehen so keine diskontinuierlichen (unstetigen) Phasensprünge. Man spricht dann von **Frequenz-Umtastung mit kontinuierlicher Phase** CPFSK (Continous Phase Frequency Shift Keying). CPFSK-Signale weisen gegenüber FSK-Signale mit unstetigen Phasenübergängen - die beispielsweise durch harte Tastung von m voneinander unabhängigen Oszillator-Signalen entstehen - günstigere spektrale Eigenschaften auf. Im folgenden werden nur CPFSK-Signale betrachtet [111, 112].

Ein mCPFSK-Signal entsteht, wenn man im Schwingkreis eines Oszillators Kapazität oder Induktivität im Sinne eines m-stufigen Basisbandsignals verändert. Da sowohl Induktivität (Spule) als auch Kapazität (Kondensator) Energiespeicher sind, kann eine sprunghafte Änderung der Frequenz durch eine sprunghafte Induktivitäts- bzw.-Kapazitätsänderung nicht erreicht werden. Die Übergänge von einem Frequenz-Zustand in einen anderen verlaufen phasenkontinuierlich. In Abb. 8.71 ist das Prinzip-Blockschaltbild eines mCPFSK-Modulators mit dem Eingangsbinärsignal $x(t)$ dargestellt.

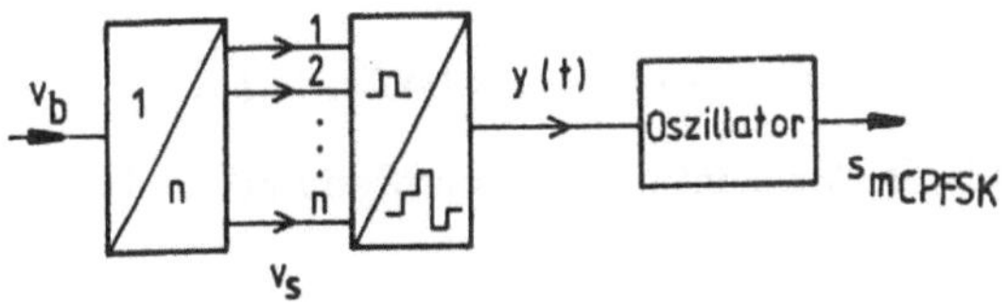

Abbildung 8.71: mCPFSK-Modulator-Prinzip

mCPFSK-Modulatoren können nach den Verfahren der analogen Frequenzmodulation realisiert werden, s. hierzu Abschn. 7.3.2.2.

Ein mCPFSK-Signal kann mit $\mu = 1, 2, 3, \ldots, m$ durch

$$s(t) = s_{mCPFSK}(t) = \hat{s} \sin\left(\omega_c t + \Delta\omega \int_0^t y(\tau) d\tau + \theta\right) ; \; y(\tau) = \sum_{k=-\infty}^{+\infty} \hat{y}_{\mu k} \gamma(\tau - kT_s) \tag{8.68}$$

beschrieben werden. $\gamma(\tau)$ bezeichnet die Rechteck-Impulsform, $\hat{s}$ ist die konstante Signalamplitude und θ der Nullphasenwinkel der Trägerschwingung. Mit dem einseitigen Frequenzhub Δf läßt sich der Modulationsindex β definieren.

$$\Delta f = \frac{\Delta\omega}{2\pi}; \quad \beta = 2\Delta f \cdot T_s \tag{8.69}$$

Der Amplituden-Operator $\hat{y}_{\mu k}$ kann $m = 2^n$ verschiedene Werte annehmen. Die Lösung des Integrals in Gl. (8.68), Integrierbarkeit vorausgesetzt, führt auf einen linearen Phasenverlauf $\phi(t)$ im Modulations-Intervall.

$$\phi(t) = \Delta\omega \sum_{k=-\infty}^{+\infty} \hat{y}_{\mu k} \cdot (t - kT_s) + \theta \tag{8.70}$$

Das mCPFSK-Signal lautet damit mit $\theta = 0$

$$s_{mCPFSK} = \hat{s}\sin[\omega_c t + \Delta\omega \sum_{k=-\infty}^{+\infty} \hat{y}_{\mu k} \cdot (t - kT_s)] \tag{8.71}$$

Der μ-te Signalzustand im k-ten Modulations-Intervall ist demnach

$$s_{mCPFSK,\mu k} = \hat{s}\sin[\omega_c t + \Delta\omega \hat{y}_{\mu k} \cdot (t - kT_s) + \phi(kT_s)] = \hat{s}\sin[\omega_c t + \phi_{\mu k}(t) + \phi(kT_s)) \tag{8.72}$$

$\phi(kT_s)$ bezeichnet den im k-ten Modulations-Intervall erreichten Phasenwert. Mit dem Modulationsindex kann man die Phasenänderung im Modulations-Intervall $\Delta\phi$ (Phasenhub) bestimmen.

$$\Delta\phi = \hat{y}_{\mu k}\Delta\omega T_s = \hat{y}_{\mu k} 2\pi \Delta f T_s = \hat{y}_{\mu k}\pi\beta \tag{8.73}$$

Damit erhält man für die Momentanphase im Modulations-Intervall

$$\phi_{mom}(t) = \omega_c t + \Delta\omega \hat{y}_{\mu k} \cdot (t - kT_s) + \phi(kT_s) = \omega_c t + \frac{\Delta\phi}{T_s}(t - kT_s) + \phi(kT_s). \tag{8.74}$$

Die Momentankreisfrequenz im Modulations-Intervall folgt aus der Ableitung von $\phi_{mom}(t)$ zu

$$\omega_{mom} = \frac{d\phi_{mom}(t)}{dt} = \omega_c + \Delta\omega \hat{y}_{\mu k}; \quad \mu = 1, 2, 3, \ldots, m = 2^n. \tag{8.75}$$

Da $y_{\mu k}$ lediglich m diskrete Werte annehmen kann, erscheinen im Modulationsintervall eines mCPFSK-Signals ebensoviele diskrete Frequenzen.

Der Phasenverlauf kann bei mCPFSK-Systemen durch Phasen-Übergangsdiagramme anschaulich gemacht werden. In Abb. 8.72 ist ein solches Diagramm für ein 2CPFSK-Signal zusammen mit dem modulierenden Binärsignal und dem Sinusträger, sowie für ein 4CPFSK-Signal dargestellt. Bei der 2CPFSK nach Abb. 8.72a ist die Phasenänderung im Modulations-Intervall, je nach der Polarität von $y_{\mu k} \in \{+1, -1\}$, $\pm\pi$. Beim 4CPFSK-Signal ist die Änderung mit $y_{\mu k} \in \{0,5; -0,5; 1,5; -1,5\}$ -lediglich $\pm\pi/4$.

Wählt man bei der 2CPFSK den Modulationsindex $\beta = 0,5$, so sind die beiden im Modulations-Intervall erscheinenden Sinusschwingungen unterschiedlicher Frequenz orthogonal zueinander. Man spricht dann von MSK (Minimum Shift Keying). Ein MSK-Signal, das einem Offset-4PSK-Signal äquivalent ist, kann wegen der erwähnten Orthogonalität wie die Offset-4PSK mit einem Quadratur-Demodulator demoduliert werden.

mCPFSK-Modulatoren zeigen, im Gegensatz zu mASK, mPSK und mAPK - Modulatoren, allgemein ein nichtlineares Verhalten. Das Basisband-Signalspektrum wird durch den Modulationsvorgang verzerrt. Die spektrale Gestalt hängt hierbei

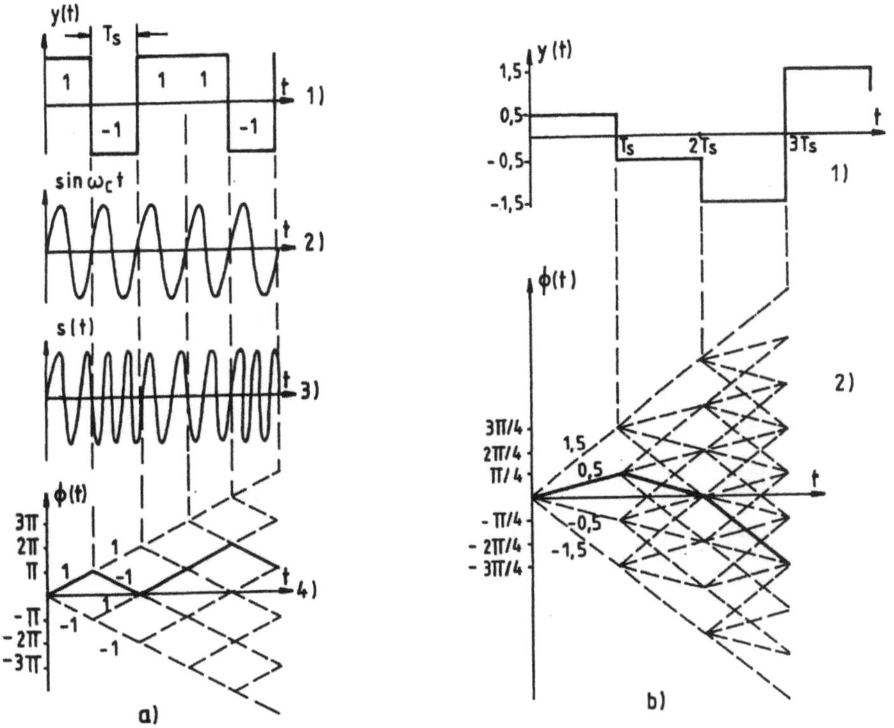

Abbildung 8.72: a) 2CPFSK: 1) Basisbandsignal; 2) Sinusträger; 3) 2CPFSK-Signal; 4) Phasen-Übergangsdiagramm ($\beta = 1; \Delta\phi = \pi$). b) 4CPFSK: 1) Basisbandsignal; 2) Phasen-Übergangsdiagramm ($\beta = 0,5$)

stark vom Modulationsindex β ab. Die Spektren sind im allgemeinen nicht frequenzbandbegrenzt. Wie bei der analogen Frequenzmodulation werden die spektralen Anteile vernachlässigt, die gegenüber der maximalen spektralen Amplitude sehr klein sind.

Als Richtwerte für die Berechnung der Bandbreite können die in Abschn. 7.3.2.4 angegebenen Beziehungen benutzt werden.

In Abb. 8.73 sind spektrale Leistungsdichten der 2CPFSK bei unterschiedlichem β in linearer Darstellung wiedergegeben. Hierbei wird gleichwahrscheinliches Auftreten der beiden Frequenzzustände vorausgesetzt. Spektren ohne Spektrallinien ergeben sich nur, wenn der Modulationsindex in der Größenordung von $\beta \leq 0,7$ liegt (Schmalband-Systeme).

Abb. 8.74 zeigt die spektrale Leistungsdichte eines MSK-Signals in logarithmischer Darstellung im Vergleich zu der eines 4PSK-Signals bei rechteckförmigen

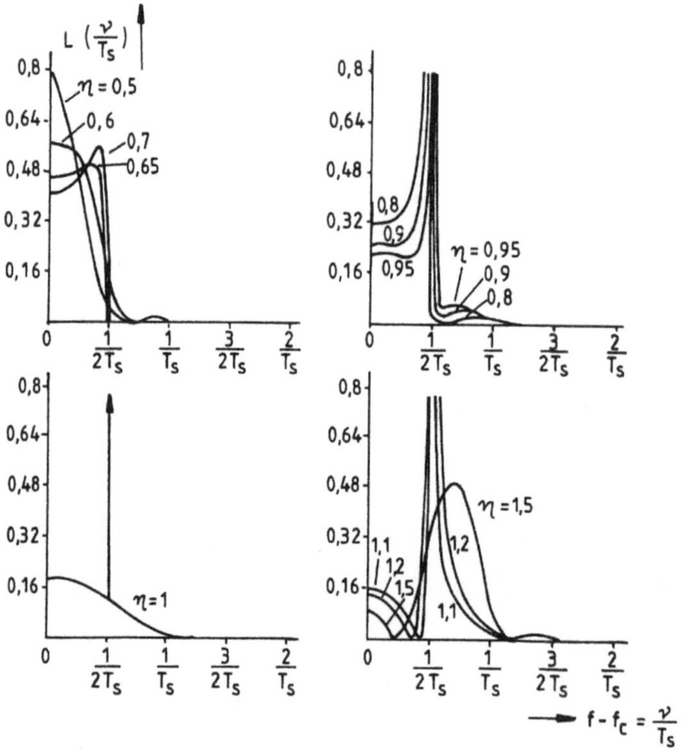

Abbildung 8.73: Leistungsspektren der 2CPFSK (β = Parameter)

Elementarimpulsen im Basisbandsignal. Das MSK-Signal hat - bei sonst ähnlichem Verlauf - einen breiteren Hauptfrequenzbereich als das 4PSK-Signal.

Zur **Demodulation** von mCPFSK-Signalen verwendet man die gleichen Methoden wie im analogen Fall, nämlich meist inkohärente Verfahren [110-112]. Die wichtigsten sind in Abschn. 7.3.2.2 genannt. Im folgenden wird der inkohärente Demodulationsvorgang mit dem *Frequenz-Diskriminator* betrachtet, s. Abb. 8.75. Am Diskriminator-Eingang erscheine ein mCPFSK-Signal

$$s_{mCPFSK}(t) = \hat{s}\sin[\phi_{mom}(t)] \tag{8.76}$$

mit ϕ_{mom} nach Gl. (8.74). Im Empfangs-Bandpaß wird das Außerband-Geräusch unterdrückt und im darauffolgenden Begrenzer das additive Rauschen und andere additive Störungen reduziert. Die Amplituden-Begrenzung ist ohne Beeinflussung des Informationsgehalts möglich, weil bei mCPFSK-Signalen die Nachricht in den Nulldurchgängen liegt. Da im allgemeinen die Trägerfrequenz größer als die Sym-

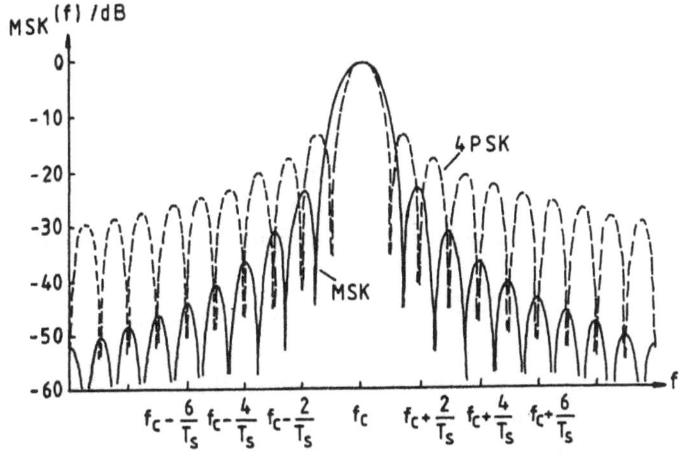

Abbildung 8.74: Leistungsspektren von a) MSK und b) 4PSK (Skalierung für die 4PSK, $T_s = 2T_b$)

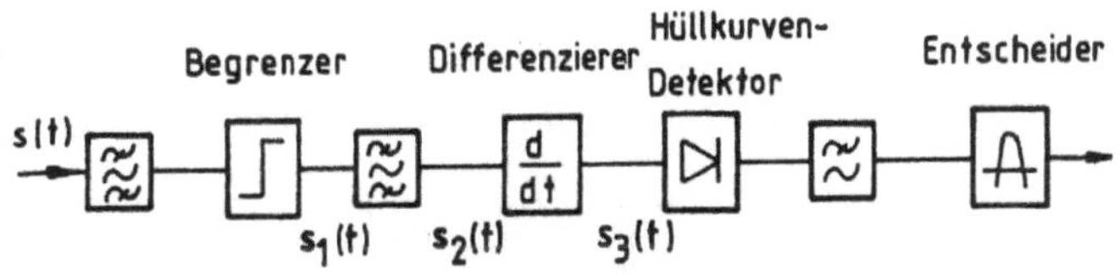

Abbildung 8.75: Frequenz-Diskriminator

bolrate $f_c \geq 1/T_s$ ist, läßt sich die Momentanfrequenz im Modulations-Intervall an der Anzahl der Nulldurchgänge erkennen. Das Begrenzer-Ausgangssignal $s_1(t)$ kann für sehr kleine Phasenänderungen $\phi_{mom}(t)$ näherungsweise als eine periodische Rechteck-Impulsfolge mit der Periode 2π aufgefaßt werden.

$$\begin{aligned} s_1(t) &= S_1 \quad \text{für} \quad \sin[\phi_{mom}(t)] > 0 \\ s_1(t) &= -S_1 \quad \text{für} \quad \sin[\phi_{mom}(t)] < 0 \end{aligned} \tag{8.77}$$

Entwickelt man das Begrenzer-Ausgangssignal in eine Fourierreihe, so erhält man eine reine Sinusreihe.

$$s_1(t) = \frac{4S_1}{\pi}\left[\sin(\phi_{mom}(t)) + \frac{1}{3}\sin 3(\phi_{mom}(t)) + \frac{1}{5}\sin 5(\phi_{mom}(t)) + \cdots\right] \tag{8.78}$$

Der Bandpaß am Begrenzerausgang unterdrückt alle Komponenten bei der 3-fachen, 5-fachen, ...Trägerfrequenz f_c, welche in ϕ_{mom} enthalten ist, so daß an seinem Ausgang das Signal $s_2(t)$ anliegt, das nun im darauffolgenden Differenzier in $s_3(t)$ umgesetzt wird.

$$s_2(t) = \frac{4S_1}{\pi}\sin[\phi_{mom}(t)]; \quad s_3(t) = \frac{4S_1}{\pi}\left(+\frac{d\phi_{mom}(t)}{dt}\right)\cos[\phi_{mom}(t)] \qquad (8.79)$$

Infolge der Differentiation liegt in $s_3(t)$ die Nachricht, die in $s_2(t)$ nur in der Momentanphase $\phi_{\mu k}(t)$ auftritt, auch in der Amplitude in Form einer Momentanfrequenz vor. Mit Gl. (8.74) folgt im Modulations-Intervall für diese Amplitude

$$\frac{4S_1}{\pi}\left(\frac{d\phi_{mom}(t)}{dt}\right) = \frac{4S_1}{\pi}(\omega_c + \Delta\omega\hat{y}_{\mu k}). \qquad (8.80)$$

Das Signal $s_3(t)$ kann damit inkohärent mit einem Hüllkurven-Detektor demoduliert werden, falls $\omega_c \geq \Delta\omega\hat{y}_{\mu k}$ ist.

Bei der Demodulation mit dem Frequenzdiskriminator kann für die **Symbolfehler-Wahrscheinlichkeit** der mCPFSK-Systeme bei additivem gaußschem Rauschen nur eine asymptotische Näherung angegeben werden. Der nichtlineare Demodulationsvorgang im Frequenzdiskriminator (Begrenzung) verändert das ursprünglich additive gaußsche Rauschen in ein Phasenrauschen, das nicht mehr gaußverteilt ist. Bei gleichen Frequenzabständen zwischen den m verschiedenen Frequenz-Zuständen eines mCPFSK-Signals gelten die folgenden asymptotischen Näherungen für die Symbolfehler-Wahrscheinlichkeit [126, 147].

$$P_{smCPFSK} \approx \frac{m-1}{m}\frac{\cot(\pi/2m)}{\sqrt{\cos(\pi/m)}}e^{-2\frac{C}{N}\sin^2(\pi/2m)} \qquad (8.81)$$

$$(0 < \frac{\pi}{m} < \frac{\pi}{2}) \quad (m = 4, 8, 16, \ldots)$$

$$P_{smCPFSK} \approx \frac{1}{4}e^{-\frac{C}{N}} \quad (\frac{\pi}{m} = \frac{\pi}{2}) \qquad (8.82)$$

Hierbei ist $C = \hat{s}^2/2$ die effektive Signalleistung des mCPFSK-Signals und N der Effektivwert der Rauschleistung am Demodulatoreingang.

Für große C/N-Werte, $(C/N) > 10$ dB können die asymptotischen Näherungen der Symbolfehler-Wahrscheinlichkeit auch bei anderen Demodulationsarten, wie z.B. Nulldurchgangs-Demodulation oder PLL-Demodulation verwendet werden.

Abb. 8.76 zeigt den Verlauf der Symbolfehler-Wahrscheinlichkeit einiger mCPFSK-Systeme über C/N. Wie bei anderen Verfahren auch, liegen die erreichbaren Verläufe realisierter Systeme 0,5–3 dB oberhalb der jeweiligen theoretischen Kurve.

□ **Beispiel 8.21**

Ein PCM-Signal der Bitrate 34,368 Mbit/s soll mit Hilfe der MSK (2CPFSK bei $\beta = 1/m = 0,5$), 2CPFSK $\beta = 0,25$ (Schmalbandsystem), 2CPFSK $\beta =$

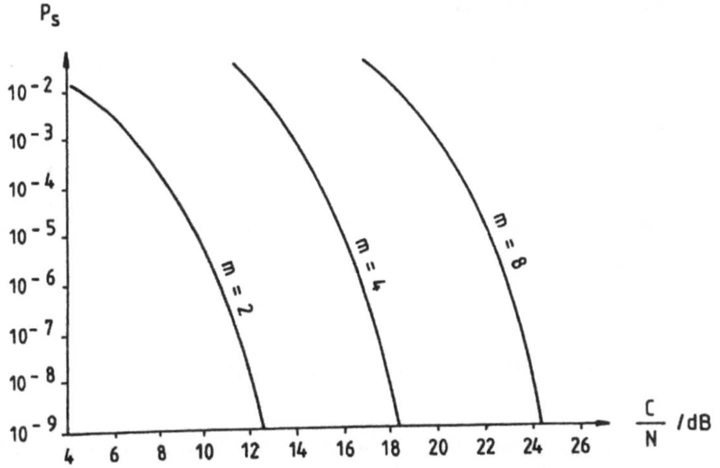

Abbildung 8.76: Verlauf Symbolfehler-Wahrscheinlichkeit von mCPFSK-Systemen

2 (Breitbandsystem) bzw. 4CPFSK ($eta = 1/m = 0,25$) (Schmalbandsystem) übertragen werden.

Bei der MSK ist die Symbolrate gleich der Bitrate $v_s = 34,368$ Mbaud. Das Basisbandsignal mit rechteckförmigen Elementarimpulsen werde vor der Modulation auf $f_g = v_s$ bandbegrenzt. Mit der Carson-Formel Gl. (7.37) ermittelt man dann die Bandbreite des MSK-Signals zu $B_{MSK} = 2(\beta + 1)f_g = 3f_g = 103,1$ MHz. Mit $\beta = 0,25$ ist die Bandbreite der 2CPFSK $B_{2CPFSK} = 2,5f_g = 85,92$ MHz. Für die 2CPFSK als Breitbandsystem ($\beta = 2$) ergibt sich mit der Carson-Formel $B_{2CPFSK} = 6f_g = 206,21$ MHz.

Die Symbolrate der 4CPFSK ist $v_s = v_b/2 = 17,18$ Mbaud. Bandbegrenzt man dieses Signal vor der Modulation auf $v_s = f_g = 17,18$ MHz. So ermittelt man mit der Carson-Formel $B_{4CPFSK} = 42,95$ MHz. Bei gleichem $\beta = 0,25$ halbiert sich die Bandbreite der 4CPFSK gegenüber der 2CPFSK. Wie Abb. 8.76 zeigt, erfordert dieser Bandbreitegewinn - bei gleicher Symbolfehler-Wahrscheinlichkeit - eine Erhöhung des Signal-Geräusch-Verhältnisses am Demodulatoreingang von ca. 6 dB.

Abweichend von den Betrachtungen mit der Carson-Formel können mCPFSK-Schmalbandsysteme mit $\beta \leq 1/m$ auf $B_{mCPFSK} = (1,3 \ldots 1,5)v_s$ bandbegrenzt werden, wenn man ein gewisses Maß an Symbolinterferenz zuläßt.

8.5.4.1 Continuous Phase Modulation (CPM)

Der Phasenverlauf der CPFSK-Systeme weist zwar keine Sprünge auf, jedoch erkennt man an den Intervallgrenzen abknickende Phasenübergänge, s. Abb. 8.72. Solche Phasenübergänge führen zu ungünstig breiten Spektren. Zur Verbesserung der spektralen Gestalt verwendet man in CPM-Systemen - CPFSK-Systeme sind als Spezialfall der CPM-Systeme zu betrachten - Elementarimpulsformen für die Basisbandsignale, die sich im Gegensatz zu den mCPFSK-Systemen über mehrere Modulationsintervalle erstrecken können. Ein CPM-Signal kann wie ein mCPFSK-Signal durch

$$s_{CPM} = \hat{s} \sin \left(\omega_c t + \Delta\omega T_s \sum_{k=-\infty}^{+\infty} \hat{y}_{\mu k} p(t - kT_s) \right) \tag{8.83}$$

beschrieben werden. $\hat{y}_{\mu k}$ kennzeichnet die in einem Modulationsintervall $kT_s \leq t \leq (k+1)T_s$ erscheinenden Amplituden des modulierenden Basisbandsignals, $\hat{s}$ die konstante CPM-Signalhüllkurve, T_s die Symboldauer im Modulationsintervall, $\Delta\omega$ den einseitigen Kreisfrequenzhub und $p(t)$ stellt die Impulsform des *Phasenimpulses* dar. Der Phasenimpuls folgt durch Integration aus dem *Frequenzimpuls*, dem Elementarimpuls des modulierenden mehrstufigen Basisbandsignals, der sich über l Modulationsintervalle erstrecken kann . Bei $l = 1$ liegt *Full-Response-Signalling* vor und für $l > 1$ ($l = 2, 3, \ldots$) *Partial-Response-Signalling*. Aus Abb. 8.77 ist der günstige Verlauf der Leistungsspektren $L_{CPM}(f)$ einiger CPM-Signale im Vergleich zur MSK (Minimum Shift Keying) - der 2CPFSK bei einem Modulationsindex $\eta = 0,5$ - erkennbar.

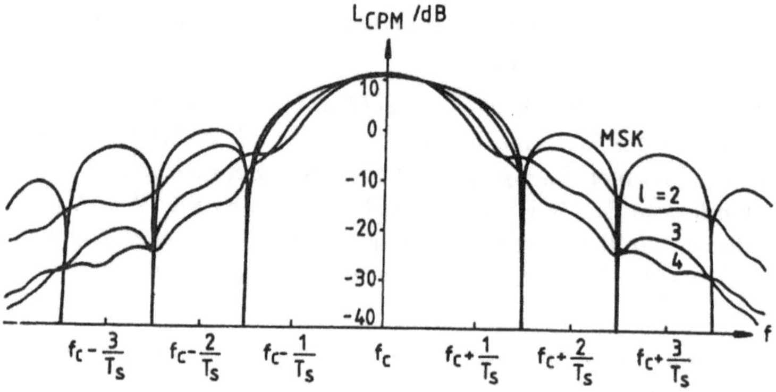

Abbildung 8.77: Spektrale Leistungsdichte einiger CPM-Systeme im Vergleich zur MSK ($\eta = 0,5$); $l = 2, 3, 4$

Bei dem im GSM-Mobilfunk (s. Kapitel 11) verwendeten CPM-System GMSK (Gaußsches Minimum Shift Keying , $\eta = 0,5$) erstreckt sich der Gaußsche Frequenzimpuls über $l = 6$ Modulationsintervalle. Dies hat gegenüber der MSK (2 CPFSK, $\eta = 0,5$), s. Abb. 8.77, eine stärkere Bandbegrenzung des Spektralverlaufs zur Folge [95, 96, 98, 99, 111, 112].

8.6 Übertragung hoher Bitraten im teilnehmernahen Bereich

Die Teilnehmer-Anschlußleitung - auch Ortsanschlußleitung genannt - ist eine verdrillte Cu-Leitung; sie verbindet die Endgeräte eines Teilnehmers (Telephon, FAX, etc.) mit der zugehörigen teilnehmernächsten Ortsvermittlungstelle (OVSt). Im Teilnehmer-Anschlußbereich können die Längen der Teilnehmer-

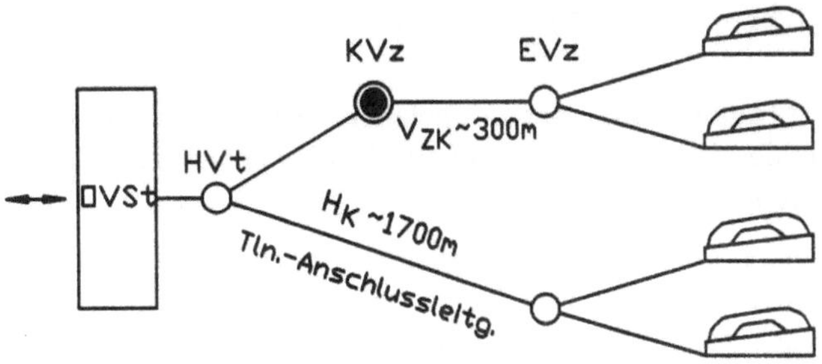

Abbildung 8.78: Ortsanschlußleitungsnetz (Teilnehmer-Anschluß-Bereich) HVt= Hauptverteiler; EVz= Endverzweiger; Vzk= Verzweigungskabel; KVz= Kabelverzweiger, Hk=Hauptkabel; OVSt=Ortsvermittlungsstelle

Anschlußleitungen zwischen 1 km und 6 km liegen. Die Kabelaufteilung ist in Abb. 8.78 dargestellt. Damit auch Endgeräte hoher Bitrate vom Teilnehmer betrieben werden können, müssen über die Teilnehmer-Anschlußleitung, die für die Sprachsignal-Übertragung (ITU-T-Sprachsignal-Bandbreite 4 kHz) konzipiert ist, Bitraten von 64 kbit/s bis $\geq$ 2 Mbit/s übertragen werden. Dies ist trotz der ungünstigen übertragungstechnischen Eigenschaften der Teilnehmer-Anschlußleitung bei den vorgenannten Leitungslängen möglich [148-153].

8.6.1 HDSL- und VHDSL-Verfahren (High and Very High - Bit Rate Digital Subscriber Line)

Die **HDSL-Technik** bietet die Möglichkeit der effizienten Digitalsignal-Übertragung mit der Bitrate 2,048 Mbit/s bzw. 1,544 Mbit/s im Teilnehmer-Anschlußbereich. Prinzipiell wird bei der HDSL-Technik durch Aufteilung der zu übertragenden Bitrate auf mehrere Doppeladern eine Reichweite-Erhöhung erzielt. Das allgemeine Blockschaltbild eines HDSL-Systems ist in Abb. 8.79 wiedergegeben. Je nach Betriebsart, unidirektionale Übertragung (simplex) oder bidirektio-

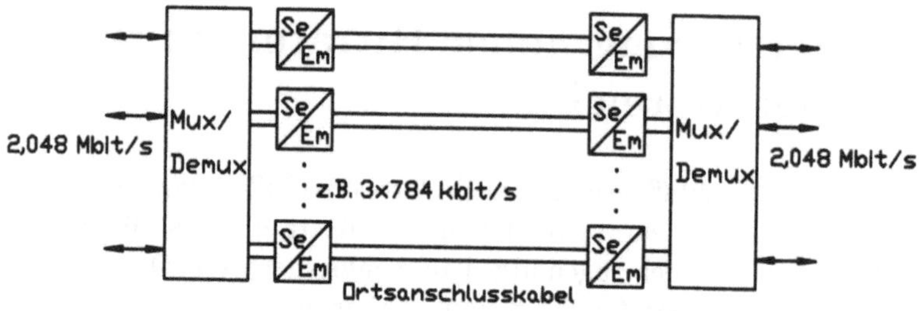

Abbildung 8.79: Prinzip-Blockschaltbild eines HDSL-Systems

nale Übertragung (duplex) auf einer Doppelader, enthalten die Leitungseinrichtungen (LE) nur Sender (Se) bzw. Empfänger (Em) oder jeweils beide Baugruppen kombiniert (Transceiver).

Bei der Übertragung von 1,544 Mbit/s über 2 Doppeladern - Vorschlag von ANSI (American National Standards Institute) - erfolgt die Aufteilung auf jeweils 784 kbit/s einschließlich Synchronisation und Overhead. Das entsprechende europäische Institut ETSI (European Telecommunications Standards Institute) empfiehlt die Aufteilung der Bitrate 2,048 Mbit/s auf 3 Doppeladern mit ebenfalls 784 kbit/s pro Adernpaar. Die Bruttobitrate von $3 \cdot 784$ kbit/s = 2352 kbit/s ermöglicht auch die Führung dieses Signals in einem VC-12-Container der SDH-Technik bei nur geringer Überlappung, s. Abschn. 8.2.2.

Die prinzipielle Sende- und Empfangsanordnung zur HDSL-Basisbandübertragung ist in Abb. 8.80 dargestellt. Das vom Multiplexer kommende Signal wird im Scrambler (SCR) verwürfelt, einer Leitungscodierung (L-COD) unterworfen - z.B. 2B1Q-Quaternär-Code (ANSI-Empfehlung) - und danach über einen Sende-Tiefpaß zur Bandbegrenzung auf die Zweidraht-Leitung (Doppelader) gegeben. Ein von der Zweidraht-Leitung kommendes Signal erstreckt sich wegen der stark bandbegrenzenden Wirkung des Leiterpaares über mehrere Symbolintervalle (Lineare Verzerrungen = Gruppenlaufzeit- und Dämpfungsverzerrungen). Der Empfangstiefpaß unterdrückt Außerbandstörungen, während nach der Signalumsetzung im Entscheider (ENT) ein adaptiver Entzerrer (AENT) die linearen Verzerrungen und andere Störungen reduziert. Leitungsdecodierer (L-DECOD) und Descrambler (DESCR) vervollständigen die Empfangsseite.

Wird nur *eine* Zweidrahtleitung bei bidirektionaler Übertragung (duplex) benutzt - gestrichelt gezeichnet - so ist neben der gestrichelt eingezeichneten Gabel auch ein Echokompensator (EKOMP) notwendig [148].

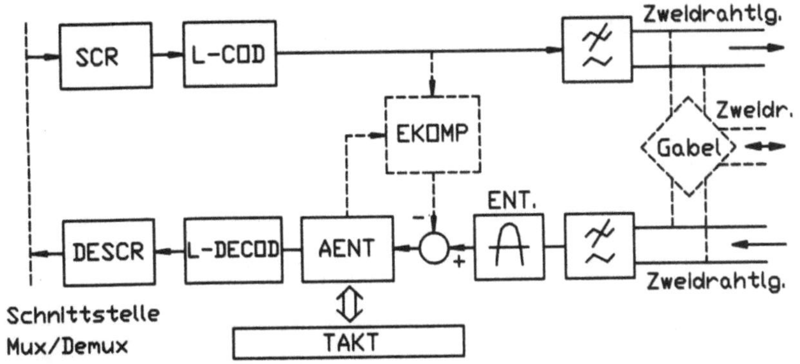

Abbildung 8.80: HDSL-Basisband-Übertragung (L-COD = Leitungscodierer; SCR = Scrambler; DESCR = Descrambler; L-DECOD = Leitungsdecodierer; ENT = Entscheider; AENT = Adaptiver Entzerrer: EKOMP = Echokompensator)

Bei der **VHDSL-Technik** wird eine hybride Leitungsanordnung verwendet. Hierzu wird bis zum Kabelverzweiger (KVz), s. Abb. 8.78, eine Glasfaserleitung verlegt. Die Cu-Teilnehmer-Anschlußleitung kann dadurch auf ca. 500 m reduziert werden. Bei Anwendung dieser Technik sind Bitraten von 12 Mbit/s und mehr übertragbar [150].

8.6.2 ADSL (Asymmetric Digital Subscriber Line)

Bei bidirektionaler (duplex) Übertragung auf einer Zweidraht-Leitung sind die Bitraten i. allg. für die Hin- und Rückrichtung gleich. ADSL ist ein hinsichtlich der Bitraten unsymmetrisches bidirektionales Übertragungsverfahren mit einem teilnehmerseitigen Steuerkanal (Teilnehmer-Steuerung) niedriger Bitrate und einem Kanal hoher Bitrate zurück zum Teilnehmer. Beispielsweise kann im Anwendungsfall ein Teilnehmer mit der Teilnehmer-Steuerung über den Steuerkanal niedriger Bitrate gezielt Video-Informationen in einer Zentrale anfordern und diese über den Rückkanal hoher Bitrate zum Heimfernseher übertragen lassen. Im niederratigen Steuerkanal kommen Bitraten in der Größenordnung von 9,6 kbit/s bis 16 kbit/s [148] bzw. 1 Mbit/s [151] zur Anwendung. Für die hochratige Übertragung zum Teilnehmer sind Bitraten der Größenordnung 1,544 Mbit/s oder 2,048 Mbit/s [148], aber auch 8 Mbit/s [151] vorgesehen. ADSL-Systeme werden zusätzlich auf der Teilnehmer-Anschlußleitung (Zweidrahtleitung) neben dem Fernsprechsignal und den für das Fernsprechen erforderlichen Funktionen wie Kennzeichengabe, Weckerstrom, Fernspeisung, Tonwahl, usw. betrieben. Abb. 8.81 zeigt das Prinzip des ADSL-Verfahrens. Die 3 Signale TV, Teilnehmer-Steuerung und Telefon werden im Frequenzmultiplex auf der Teilnehmer-Anschlußleitung angeordnet, Abb. 8.81.

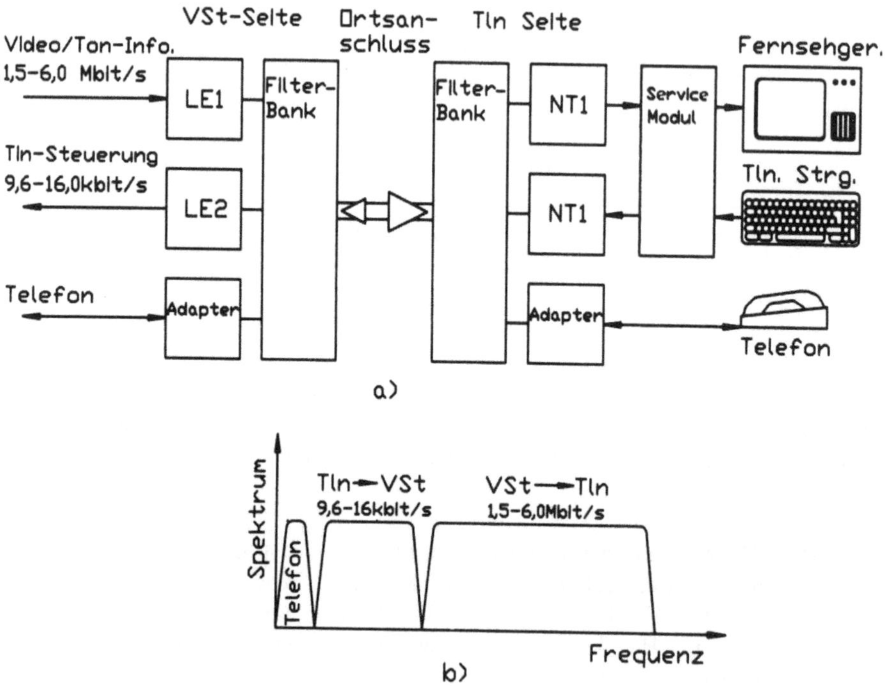

Abbildung 8.81: ADSL-Übertragung für Multimediadienste: a) Blockschaltbild; b) Anordnung der Spektren auf der Teilnehmer-Anschlußleitung (LE = Leitungsendgerät; NT = Network Termination; VSt = Vermittlungsstelle; Tln = Teilnehmer)

Als Übertragungsverfahren kommen Modulationsverfahren mit hoher Bandbreiteneffizienz zum Einsatz. Die Verbindung zum Teilnehmer wird über ein Service-Modul hergestellt. Angeschaltet ist dort der Heimfernseher und die Steuereinrichtung niedriger Bitrate. Das Telephon wird über einen speziellen Adapter geführt. In Filterbänken erfolgt die Signaltrennung [148-153].

Die Verfahren zur Übertragung hoher Bitraten auf der Teilnehmer-Anschlußleitung werden derzeit haüfig eingesetzt. Neben den genannten Verfahren sind weitere DSL-Varianten in der Entwicklung [149], so gibt es auch Verfahren mit gleicher Bitrate auf der Hin- und Rückleitung (Symmetrical Digital Subscriber Line, SDSL).

Alle DSL-Techniken können bezüglich der Breitbandigkeit nicht mit Lichtwellenleitern konkurrieren. Bisher ist jedoch aus Kostengründen auf die Verlegung von Lichtwellenleitern bis zum Teilnehmer verzichtet worden (FTTH, Fiber to the Home). Technische Konzepte hierfür liegen vor [154, 155].

8.7 Vielfachzugriff

In Vielfachzugriffssystemen der Nachrichtentechnik wird ein Übertragungsmedium bestimmter Bandbreite - eine Funkstrecke oder eine Leitung - von den System-Teilnehmern gemeinsam benutzt. Damit sich die einzelnen System-Teilnehmer bei der Übertragung nicht gegenseitig störend beeinflussen, werden zur Durchführung des Vielfachzugriffs Multiplexverfahren verwendet. Die drei grundsätzlichen Verfahren sind:

- Vielfachzugriff im Frequenzmultiplex (Frequency Division Multiple Access, FDMA)
- Vielfachzugriff im Zeitmultiplex (Time Division Multiple Access, TDMA) und
- Vielfachzugriff im Code-Multiplex (Code Division Multiple Access, CDMA auch Spread Spectrum Multiple Access, SSMA genannt).

Vielfachzugriff im Raummultiplex, bei dem die Teilnehmer-Signale räumlich entkoppelt sind - z.B. Wiederverwendung gleicher Frequenzen bei entsprechendem räumlichem Abstand der Sendeantennen, oder Entkopplung durch hohe Strahlbündelung - werden nicht näher behandelt.

Die vorgenannten TDMA- und FDMA-Verfahren werden häufig auch als "Reservierungsverfahren" bezeichnet, weil jedem Teilnehmer ein Zeitsschlitz bestimmter Dauer bzw. ein Frequenzband bestimmter Bandbreite fest zugeordnet (reserviert) wird. Auf verschiedene stochastische Zugriffsverfahren, die auf die vorgenannte Reservierung verzichten, z.B. das "Carrier-Sensing"-Verfahren in LANs (Local Area Networks), wird in Kapitel 11 eingegangen [98].

8.7.1 Vielfachzugriff im Frequenzmultiplex

Beim Vielfachzugriff im Frequenzmultiplex wird die verfügbare Bandbreite des gemeinsamen Übertragungsmediums unter $n = 1, 2, 3, \ldots$ System-Teilnehmern aufgeteilt. Jedem System-Teilnehmer wird, innerhalb dieser Bandbreite, ein Teil-Frequenzband zugeordnet.

Das Prinzip der Frequenzmultiplextechnik ist bereits in Abschn. 7.4, Abb. 7.22, betrachtet worden. Im Frequenzmultiplex-Sendesignal auf der Übertragungsstrecke sind in Abb. 7.22 die Spektren der Sendesignale unterschiedlicher Mittenfrequenzen $f_{c1}, f_{c2}, \ldots, f_{cn}$, so nebeneinander angeordnet, daß keine spektrale Überlappung auftritt.

Aus Abb. 7.21 wird ein Vielfachzugriffssystem im Frequenzmultiplex, wenn man einem System-Teilnehmer jeweils Sende- und Empfangseinrichtungen zuordnet und voraussetzt, daß diejenigen System-Teilnehmer mit gegenseitigen Verkehrsbeziehungen durch vorherige Absprache ihre Sende- und Empfangsfrequenzbänder festgelegt haben und damit die notwendigen selektiven Sende- und Empfangseinrichtungen beschaffen und installieren können. Abb. 8.82 zeigt in prinzipieller Form den Aufbau eines Vielfachzugriff-Systems im Frequenzmultiplex mit den drei System-Teilnehmern A, B und C.

Nach Abb. 8.82 sendet Teilnehmer A an Teilnehmer B die Signale s_{A_1} und s_{A_2} mit den Signal-Mittenfrequenzen f_{A1}, f_{A2} und an Teilnehmer C das Signal s_{A_3} mit der Mittenfrequenz f_{A3}. An Teilnehmer A sendet Teilnehmer B das Signal s_{B_1} mit der Mittenfrequenz f_{B1}, während Teilnehmer C zu Teilnehmer A die Signale s_{C_1}, s_{C_2} und s_{C_3} mit den Mittenfrequenzen f_{C1}, f_{C2} und f_{C3} sendet. Zwischen Teilnehmer B und Teilnehmer C besteht keine Verkehrsbeziehung. Teilnehmer A benötigt somit 3 Sendezüge - jeweils Modulator (MOD) und Sender (Se) - und 4 Empfangszüge -jeweils Empfänger (Em) und Demodulator (DEM). Teilnehmer B installiert einen Sendezug und 2 Empfangszüge, und Teilnehmer C muß 3 Sendezüge und einen Empfangszug einrichten.

Anwendung findet der Viefachzugriff im Frequenzmultiplex (FDMA) hauptsächlich im Satellitenfunk, wobei n Erdfunkstellen unterschiedlicher geographischer Lage einen Satelliten-Transponder bestimmter Bandbreite gemeinsam nutzen. Ein häufig benutztes FDMA-System ist das sogenannte SCPC-Verfahren (Single Channel per Carrier), wobei jedes Nutzsignal - meist bei Bitraten zwischen 48 kbit/s und 64 kbit/s - einem eigenen Träger durch 4PSK aufmoduliert wird [156, 157].

□ **Beispiel 8.22**

Nutzung eines Satelliten-Transponders durch Vielfachzugriff im Frequenzmultiplex. In Abb. 8.83 ist das Systemkonzept dargestellt.

Die System-Teilnehmer A, B und C - im realen Fall sind dies u.U. 40 und mehr - mit den in Abschn. 8.7.1 definierten Verkehrsbeziehungen, nutzen einen Satelliten-Transponder der Bandbreite $B_{Tr} = 72$ MHz. Ein Transponder besteht im wesentlichen aus dem rauscharmen Vorverstärker am Empfängereingang (RVV), dem RF_1/RF_2-Umsetzer (z.B. 14/11 GHz) und dem sendeseitigen Leistungsverstärker (LVr) (meist ein Wanderfeldröhren-Verstärker), s. auch Abb. 6.15. Die Antenne einer Erdfunkstelle wird jeweils als Sende- und Empfangsantenne benutzt. Dies ist durch Verwendung einer Frequenzweiche möglich, da sendeseitig eine höhere RF-Frequenz (z.B. 14 GHz) als empfangsseitig (z.B. 11 GHz) verwendet wird, s. auch Abschn. 6.1.2.1. Die Sendeseite einer Erdfunkstelle enthält neben den Modulatoren, welche die Zwischenfrequenz (ZF = 140 MHz oder 70 MHz) als Trägerfrequenz verwenden, für die RF-Frequenzen $f_{A1} \dots f_{A3}$, f_{B1} und $f_{C1} \dots f_{C3}$ jeweils einen Sendeumsetzer, und einen gemeinsamen Wanderfeldröhren-Leistungsverstärker. Am Eingang der Empfangsseite einer Erdfunkstelle befindet sich ein rauscharmer Vorverstärker. Danach folgen Empfangsumsetzer, die je nach Verkehrsbeziehung

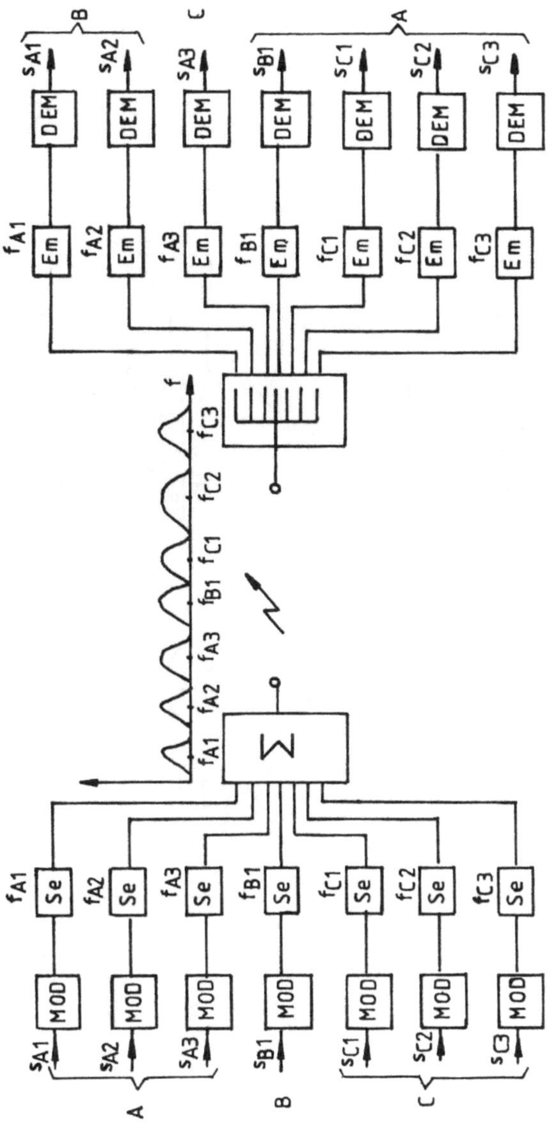

Abbildung 8.82: Prinzip des Vielfachzugriffs im Frequenzmultiplex

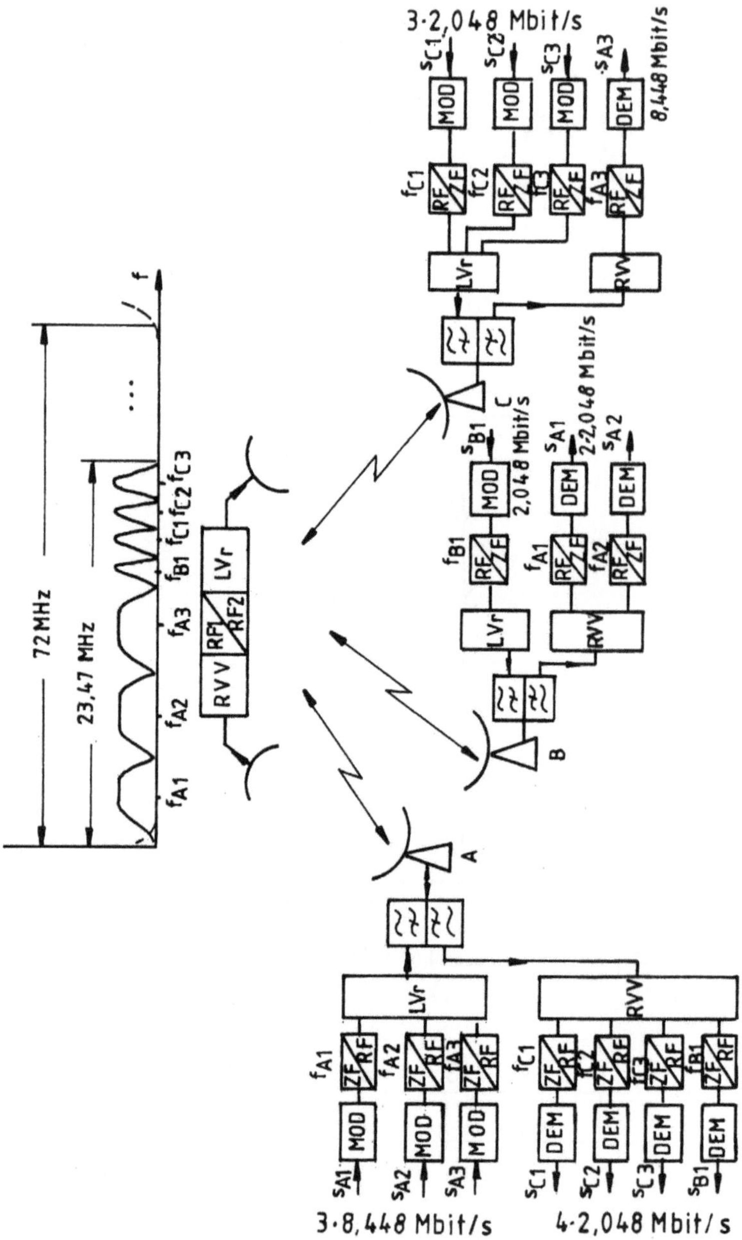

Abbildung 8.83: Vielfachzugriff im Frequenzmultiplex bei Satelliten-Übertragung

die RF-Signale der Frequenz $f_{A1} \dots f_{A3}$, f_{B1} und $f_{C1} \dots f_{C3}$ selektieren und die zugehörigen Demodulatoren zur Wiedergewinnung des übertragenen Nutzsignals.

Der System-Teilnehmer A sendet 3 Signale mit der Bitrate 8,448 Mbit/s, der Teilnehmer B ein Signal mit 2,048 Mbit/s und der Teilnehmer C ebenfalls 3 Signale mit jeweils 2,048 Mbit/s. Als Modulationsverfahren werde allgemein 4PSK bei Nyquist-Impulsformung ($r = 0,4$) verwendet. Die Gesamtbandbreite bei Teilnehmer A ist damit $B_A = 3 \cdot v_s(1 + r) = 17,74$ MHz. Die Bandbreite von Teilnehmer B ist $B_B = v_s(1 + r) = 1,43$ MHz und für System-Teilnehmer C ermittelt man die Bandbreite $B_C = 3 \cdot v_s(1 + r) = 4,3$ MHz. Die Bandbreite des Frequenzmultiplexsignals insgesamt ist $B_{ges} = 23,47$ MHz. Es belegt somit nur einen Teil der gesamten Transponderbandbreite von 72 MHz. Damit wäre Platz für weitere System-Teilnehmer.

8.7.2 Vielfachzugriff im Zeitmultiplex

Beim Vielfachzugriff im Zeitmultiplex wird die verfügbare Bandbreite des Übertragungsmediums von $n = 1, 2, 3, 4, \dots$ System-Teilnehmern zeitlich nacheinander benutzt. Jedem Systemteilnehmer wird hierfür ein bestimmter Zeitschlitz und damit Sendezeitanfang, bezogen auf ein Referenzsignal zur Synchronisation, zugewiesen. Der Vorteil dieser Methode liegt darin, daß innerhalb des Sendezeitschlitzes jeder System-Teilnehmer die volle Systembandbreite ausnutzen kann und nur eine RF-Sendefrequenz f_{T_r} benötigt wird. Die kontinuierlichen digitalen Sendesignale sind hierzu, je nach Verkehrsaufkommen, in Pakete unterschiedlicher Länge und hoher Bitrate umzusetzen und im zugewiesenen Zeitschlitz zu übertragen. Abb.8.84 zeigt das Prinzip.

Jeder der 3 System-Teilnehmer A, B und C hat einen Kompressionsspeicher (K) zur Erzeugung der Pakete einschließlich des Burstkopfs (Paketkopf, Header) , der Hilfs- und Service-Funktionen enthält und eine Sendeeinrichtung (Se), die jeweils die gleiche Sendefrequenz f_{TR} benutzt und die nur für die Dauer eines Bursts eingeschaltet wird. Ein Paket kann mehrere Teilpakete enthalten. Beispielsweise besteht Paket A aus den Teil-Paketen A_1, A_2 und A_3. Die Station C sendet zusätzlich das Referenz-Paket (R), das von allen Systemteilnehmern zuerst empfangen wird. Gerechnet vom Empfangszeitpunkt des Referenz-Pakets werden die Sendezeitanfänge $t_A, t_B \dots t_C$ der 3 Stationen festgelegt. Im Übertragungsmedium erscheinen die Pakete, nach der Modulation im Sender (Se) (z.B. 4PSK), im Zeitmultiplex in der Reihenfolge dieser Sendezeitpunkte. In Abb. 8.85 ist der Zeitmultiplex-Rahmen der Dauer T_f dargestellt. Die Aussendung der Pakete im Rahmen erfolgt zyklisch mit der Rahmendauer T_f. Zwischen den Paketen wird ein Schutzabstand eingehalten.

Auf der Empfangsseite empfängt jeder System-Teilnehmer alle Pakete. Nach der Demodulation im Empfänger (Em) liegen die Pakete als Basisbandsignale vor.

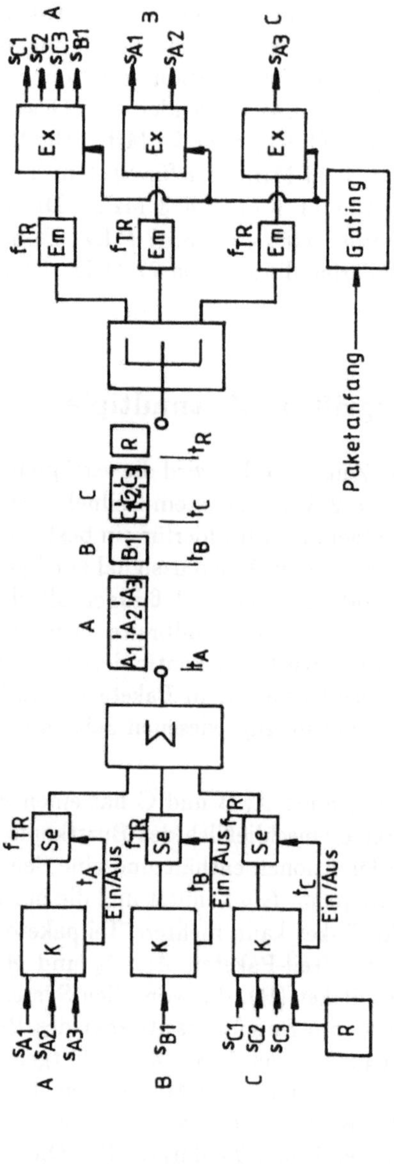

Abbildung 8.84: Prinzip des Vielfachzugriffs im Zeitmultiplex

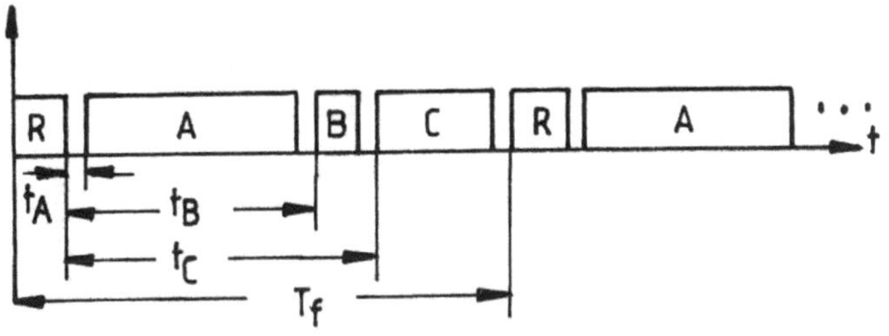

Abbildung 8.85: Zeitmultiplex-Rahmen

Jedes Paket enthält ein Paketbeginnkennzeichen, das den Paketanfang markiert. Damit kann jeder Systemteilnehmer jeden Paketanfang erkennen. Durch Erzeugung einer (Zeit-) Fensterfunktion (Gating), werden jedoch nur die Pakete ausgewertet, die von Stationen kommen mit denen eine Verkehrsbeziehung besteht. Die Gating-Funktion wird mit Bezug auf die Erkennung des Paketbeginnkennzeichens und der abgespeicherten Verkehrs-Matrix erzeugt, die die Verkehrsbeziehungen enthält. Setzt man die in Abschn. 8.71. definierten Verkehrsbeziehungen voraus, so empfängt Teilnehmer A die Pakete B und C vollständig, Teilnehmer B selektiert aus Paket A die Subpakete (Teilpakete) A_1 und A_2, und C empfängt Subpaket A_3. Im Expansionspeicher (Ex) werden die Subpakete hoher Bitrate wieder in kontinuierliche Signale niedriger Bitrate umgesetzt.

Anwendung findet der Vielfachzugriff im Zeitmultiplex im Satelliten- und Richtfunk, sowie in vielen Computernetzen (s. Kapitel 11) [157, 158]. Im GSM-Mobilfunk wird eine Kombination aus FDMA und TDMA verwendet [95, 96, 98, 99].

□ **Beispiel 8.23**
Satelliten-TDMA-System mit den System-Teilnehmern A, B und C. Das Verkehrsaufkommen zwischen A, B und C sei wie in Beisp. 8.22 definiert. Im Satellitenfunk werden die "Pakete" als "Bursts" bezeichnet.

Station A sendet den Burst A, Station B und C die Bursts B und C. Station C sei auch Referenzstation; sie sendet deshalb zusätzlich den Referenzburst R der zur Synchronisation benötigt wird, s. Abb. 8.86. Die Länge des Zeitmultiplex-Rahmens sei T_f = 2 ms und die Burstbitrate 90 Mbit/s bei einer Transponder-Bandbreite von B_{Tr} = 72 MHz. Als Modulationsverfahren werde 4PSK ($r = 0,4$) benutzt.

In Abb. 8.85 ist der TDMA-Rahmen qualitativ dargestellt. Er enthält insgesamt 90 Mbit/s · 2 ms = 180000 bit. Am Rahmenanfang erscheint der Referenzburst konstanter Länge (z.B. 900 bit). Jeder Burst enthält am Anfang einen Burstkopf (Overhead) konstanter Länge bestehend aus einer Dauer-1-Folge zur Trägerableitung und darauffolgend eine 1-0-1-0-...-Folge zur Taktableitung im Demodulator.

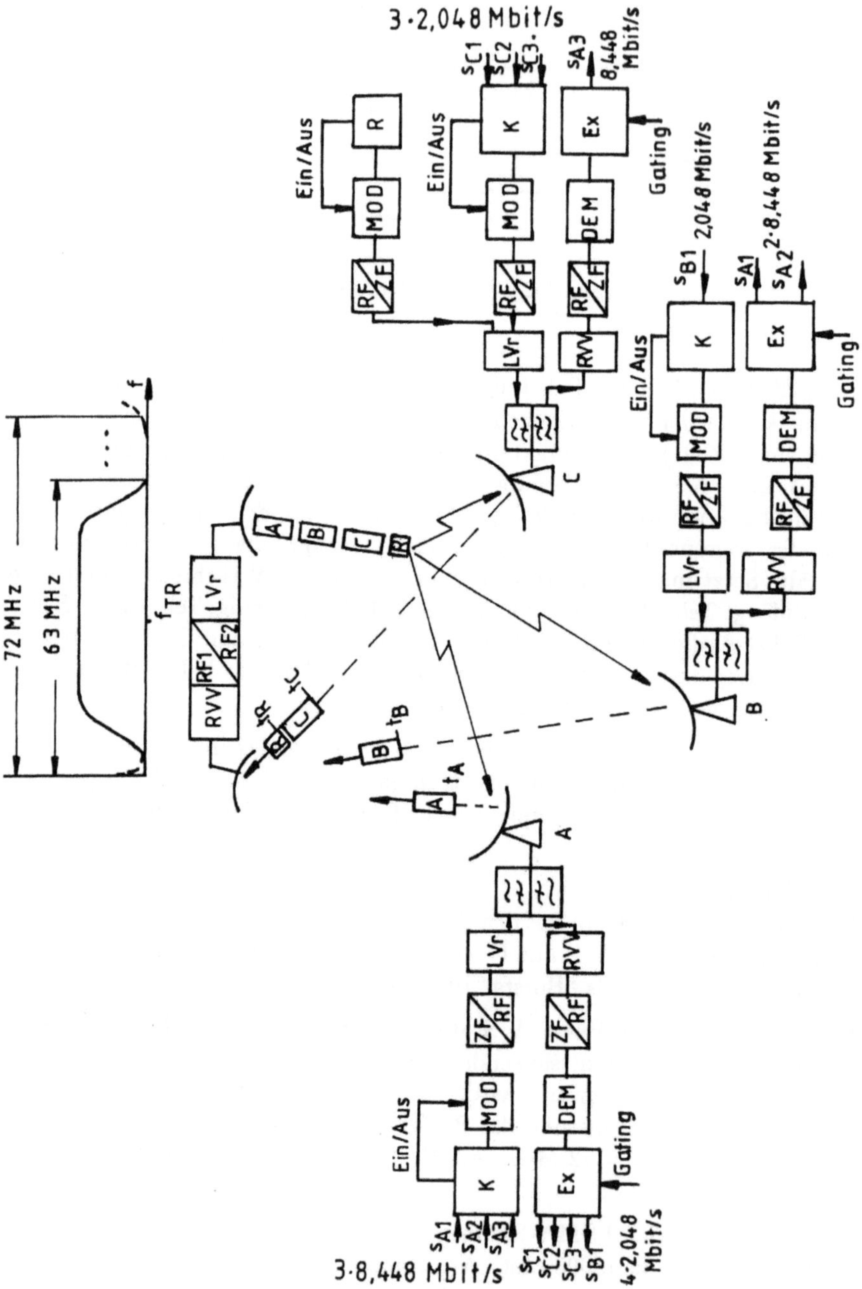

Abbildung 8.86: Vielfachzugriff im Zeitmultiplex bei Satelliten-Übertragung

Danach folgt das Burstbeginn-Kennzeichen und Hilfsfunktionen wie Dienstkanäle, etc., insgesamt z.B. 400 bit. Betrachtet man nur den Nachrichtenteil ohne Overhead, so liegen folgende Belegungen im Rahmen vor:
Der Burst von Station A ist am längsten, da er insgesamt die Bitrate von 3 · 8.448 Mbit/s = 25,34 Mbit/s repräsentiert. Er belegt im TDMA-Rahmen somit 25,344 Mbit/s · 2 ms= 50688 bit. Burst B hat die Länge 2,048 Mbit/s · 2 ms = 4096 bit und Burst C schließlich, nimmt im TDMA-Rahmen 3 · 2,048 Mbit/s · 2ms=12288 bit ein. Damit ist noch Platz für weitere Systemteilnehmer, die noch insgesamt 180000 – 67072 = 112928 bit im Rahmen belegen können. Ein 64 kbit/s-Signal nimmt im Rahmen 64 kbit/s · 2 ms = 128 bit ein. Wenn man den Overhead (Burstkopf) der Bursts und die Schutzabstände zwischen den Bursts vernachlässigt, so erhält man in grober Näherung die Anzahl der 64 kbit/s-Kanäle/Rahmen zu 18000 bit/128 bit ≈ 1400. Da der Transponder im Zeitmultiplex genutzt wird, kann jede Station für die Dauer ihres Bursts die volle Transponderbandbreite belegen. Bei einer Burstbitrate von 90 Mbit/s und 4PSK ($r = 0,4$) ist die Burst-Signalbandbreite $B_{RF} = v_s(1 + r) = 63$ MHz. Der Transponder wird damit nicht vollständig in seiner Bandbreite belegt. Über die noch verfügbaren 9 MHz an Transponder-Bandbreite können im Frequenzmultiplex weitere Signale übertragen werden.

8.7.3 Vielfachzugriff im Codemultiplex

Neben der Multiplexbildung im Zeit- und Frequenzbereich ist die dritte noch verfügbare Variante die Amplitude. Gelingt es, $n = 1, 2, 3, \ldots$ verschiedene Signale durch unterschiedliche Amplituden zu kennzeichnen, so liegt nach der additiven Überlagerung der n Signale "Amplitudenmultiplex" vor. Die Übertragung solcher Signale im gemeinsamen Übertragungsweg eines Vielfachzugriffssystems kann für alle n System-Teilnehmer somit gleichfrequent und gleichzeitig erfolgen. Die Codemultiplex-Technik stellt vom Prinzip her ein solches Amplituden-Multiplexverfahren dar. Zur Kennzeichnung der einzelnen Signale benutzt man binäre Codefolgen, die untereinander im Intervall $[kT_s, (k+1)T_s]$, $k \in \{-\infty \ldots -2, -1, 0, 1, 2, \ldots +\infty)$ orthogonal sind. Hierbei ist T_s die Dauer eines Elementarimpulses im zu übertragenden Signal.

Das Prinzip der Orthogonalität von Funktionen ist durch Gl. (8.49) gegeben. In der hier erforderlichen normierten Form lautet die Orthogonalitätsbeziehung

$$\begin{aligned} \frac{1}{T_s}\int_{kT_s}^{(k+1)T_s} g_i(t)g_j(t)dt &= 1 \quad \text{für} \quad i = j \\ &= 0 \quad \text{für} \quad i \neq j \end{aligned} \tag{8.84}$$

Die Bitrate der orthogonalen Codefolgen sei $v_{sp} = 1/T_{sp}$. Sie werden in rückgekoppelten ν Bit-Schieberegistern als PN-Folgen (Pseudo Noise) erzeugt, s. Abb. 8.87. Mit n rückgekoppelten Schieberegistern (PN-Generatoren) entstehen - durch

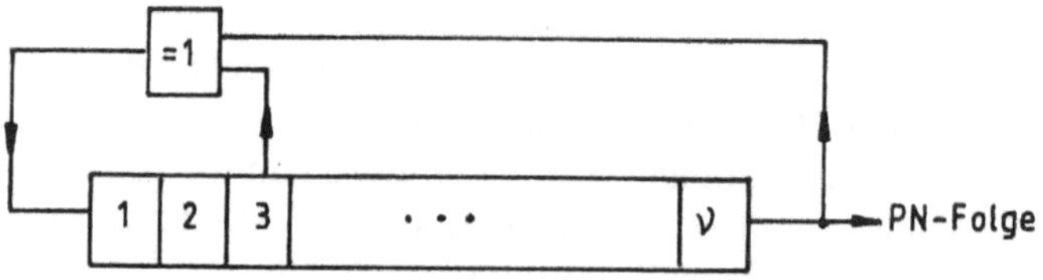

Abbildung 8.87: Erzeugung einer PN-Folge

geeignete Schieberegister-Anzapfungen - n untereinander orthogonale Codefolgen der Periode $L = 2^{\nu} - 1$. Die binären Nachrichtensignale der n System-Teilnehmer des Zugriffssystems haben jeweils die Symbolrate $v_s = 1/T_s$. Multipliziert man jedes niederfrequente Nachrichtensignal der Symbolrate v_s mit einer hochfrequenten Codefolge der Symbolrate $v_{sp} = 1/T_{sp} = (2^{\nu} - 1)v_s$ (z.B. $\nu = 7 \ldots 12$), so wird jedes Nachrichtensignal durch seine zugehörige Codefolge gekennzeichnet. Mit der Kennzeichnung ist, aufgrund der hochfrequenten orthogonalen Binärfolge, eine spektrale Spreizung verbunden. Das Verfahren wird deshalb auch "Bandspreiztechnik" genannt. In Abb. 8.88 ist schematisch dargestellt, wie aus der Multiplikation eines Nachrichtensignals $s(t)$ (Symbolrate v_s) mit der Spreizcodefolge $g(t)$ (Symbolrate v_{sp}) das gespreizte und damit gekennzeichnete Signal $y_{sp}(t)$ (Symbolrate v_{sp}) erzeugt wird. Das gespreizte Signal nimmt die Symbolrate der

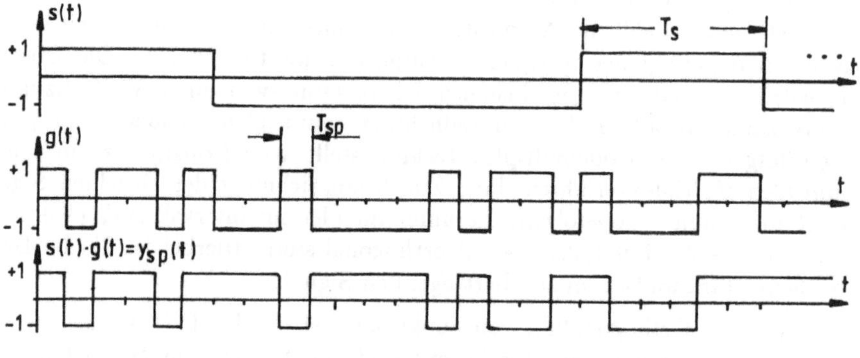

Abbildung 8.88: Prinzip der Bandspreizung

Spreizcodefolge an.

Zur Erläuterung des Prinzips ist in Abb. 8.89 ein Code-Multiplex-Vielfachzugriffssystem mit nur drei System-Teilnehmern A, B und C dargestellt. A, B und C haben die in den vorhergehenden Beispielen 8.22 und 8.23 angenommenen Verkehrsbeziehungen. Im praktischen Fall sind erheblich mehr Teilnehmer denkbar, z.B. $n = 50$.

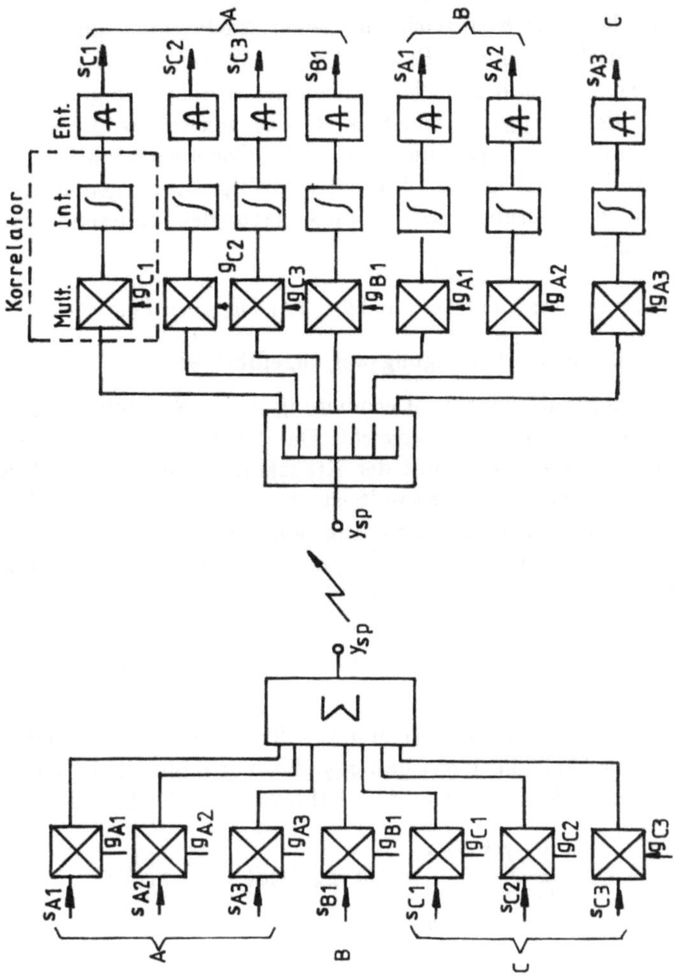

Abbildung 8.89: Prinzip des Vielfachzugriffs im Codemultiplex

Jeder System-Teilnehmer erzeugt sendeseitig in einem PN-Generator die orthogonalen Spreizfolgen zur Kennzeichnung seiner Nachrichtensignale. Teilnehmer A sendet 3 Nachrichtensignale. Er benötigt damit zur Kennzeichnung die Orthogonalfolgen g_{A1}, g_{A2} und g_{A3}. Da Teilnehmer B nur ein Signal sendet, benötigt er nur die Codefolge g_{B1}. Teilnehmer C dagegen sendet 3 Signale, er erzeugt somit 3 Codefolgen g_{C1}, g_{C2} und g_{C3}. Alle Codefolgen sind untereinander im Symbolintervall T_s orthogonal. Nach der Multiplikation gemäß Abb. 8.88 und der additiven Überlagerung erscheint am Ausgang der Sendeseite das breitbandige Codemultiplex-Signal

$$y_{sp}(t) = g_{A1} \cdot s_{A1} + g_{A2} \cdot s_{A2} + g_{A3} \cdot s_{A3} + g_{B1} \cdot s_{B1} + g_{C1} \cdot s_{C1} + g_{C2} \cdot s_{C2} + g_{C3} \cdot s_{C3} \quad (8.85)$$

das dem gemeinsamen Übertragungsweg zugeführt wird.

Auf der Empfangsseite wird die Decodierung durch Nachbildung der Orthogonalitätsbeziehung im "Korrelator" erreicht. Der Ausdruck Korrelator ist zulässig, da die Orthogonalitätsbeziehung mit der Kreuzkorrelationsfunktion bzw. Autokorrelationsfunktion bei $\tau = 0$ verwandt ist, vergl. Gl. (8.84) mit Gl. (2.31) bzw. Gl. (2.32). Es wird deshalb zunächst angenommen, daß die Signale der n System-Teilnehmer ohne gegenseitige Zeitverzögerung am Empfängereingang erscheinen. Der Korrelator besteht aus einem Multiplizierer und einem Integrator (Tiefpaß), s. Abb. 3.80d. Letzterer führt Integrationen in den Intervallen $[kT_s, (k+1)T_s]$ aus, wobei sein Kondensator nach jeder Integration über die Symboldauer T_s entladen wird.

Teilnehmer B muß die Signale s_{A1} und s_{A2} decodieren. Er benötigt somit 2 Korrelatoren und die Codefolgen g_{A1} und g_{A2}, die er in seinem PN-Generator erzeugt. Die Korrelatoren liefern wegen der Orthogonalität der Signale, s. Gl. (8.85),

$$\begin{aligned} \frac{1}{T_s}\int_{kT_s}^{(k+1)T_s} y_{sp}(t) \cdot g_{A1}(t)dt &= s_{A1}(t) \qquad (8.86) \\ \frac{1}{T_s}\int_{kT_s}^{(k+1)T_s} \cdot y_{sp}(t) g_{A2}(t)dt &= s_{A2}(t). \end{aligned}$$

Teilnehmer A benötigt aufgrund seiner Verkehrsbeziehungen mit B und C vier Korrelatoren. Er muß deshalb die Folgen g_{C1}, g_{C2}, g_{C3} und g_{B1} erzeugen. Die 4 Korrelatoren liefern

$$\frac{1}{T_s}\int_{kT_s}^{(k+1)T_s} y_{sp}(t) g_{C1}(t)dt = s_{C1}(t) \qquad (8.87)$$

$$\frac{1}{T_s}\int_{kT_s}^{(k+1)T_s} y_{sp}(t) g_{C2}(t)dt = s_{C2}(t) \qquad (8.88)$$

$$\frac{1}{T_s}\int_{kT_s}^{(k+1)T_s} y_{sp}(t) g_{C3}(t)dt = s_{C3}(t) \qquad (8.89)$$

$$\frac{1}{T_s}\int_{kT_s}^{(k+1)T_s} y_{sp}(t)g_{B1}(t)dt = s_{B1}(t) \tag{8.90}$$

Da Teilnehmer C nur das Signal s_{A3} empfängt, benötigt er nur die Orthogonalfolge g_{A3}. Sein Korrelator liefert

$$\frac{1}{T_s}\int_{kT_s}^{(k+1)T_s} y_{sp}(t)g_{A3}(t)dt = s_{A3}(t). \tag{8.91}$$

Die Sende- und Empfangseinrichtungen der System-Teilnehmer sind räumlich voneinander unterschiedlich weit entfernt und ihre Sendesignale haben deshalb unterschiedliche Signallaufzeiten. Die Empfangssignale an den Empfängereingängen sind somit im praktischen Fall zeitlich gegeneinander verschoben. Damit entspricht die im Empfänger realisierte Orthogonalitätsbeziehung nach den Gln. (8.81) - (8.86) bei Berücksichigung einer Verzögerung (Laufzeit) τ näherungsweise der Realisierung einer Korrelationsfunktion, die von τ abhängt, s. Gl. (2.32).

$$\begin{aligned}\frac{1}{T_s}\int_{kT_s}^{(k+1)T_s} g_i(t)g_j(t-\tau)dt &\approx R_{g_ig_i}(\tau) \quad \text{für} \quad i=j \\ &\approx R_{g_ig_j}(\tau) \quad \text{für} \, i \neq j\end{aligned} \tag{8.92}$$

Hierbei ist $R_{g_ig_i}(\tau)$ die Autokorrelationsfunktion (AKF), die dem gewünschten Signal im Intervall $[kT_s,(k+1)T_s]$ entspricht und $R_{g_ig_j}(\tau)$ die Kreuzkorrelationsfunktion (KKF), die im vorgenannten Intervall eine Störgröße darstellt. Ein in einem Korrelator gewonnenes Nutzsignal enthält somit als störenden Anteil die Kreuzkorrelationsfunktionen der jeweils anderen Signale [64, 98, 159, 160].

Neben dem hier beschriebenen "Direct-Sequence" CDMA-Verfahren gibt es weitere Varianten der CDMA-Technik, wie z.B. die Methode des "Frequency Hopping", bei dem die Signalspreizung mit hochbitratigen Frequenzsprungfolgen erreicht wird [98, 159].

□ **Beispiel 8.24**

Betrachtet werde ein Satelliten CDMA-System mit den bereits aus den vorhergehenden Beispielen bekannten System-Teilnehmern A, B und C. In Abb. 8.90 ist das System-Konzept und das Verkehrsaufkommen dargestellt.

Die Codemultiplex-Signale eines jeden System-Teilnehmers werden aufsummiert und jeweils nach einer 2PSK-Modulation (2PSK-MOD) - Nyquist-Impulsformung ($r = 0,4$) - im Sende-Umsetzer (ZF/RF) in die RF-Lage gebracht, im Leistungsverstärker (LVr) verstärkt und über die Antenne abgestrahlt. Auf der Empfangsseite empfängt jeder Teilnehmer das RF-Gesamtsignal, dessen Pegel im rauscharmen Vorverstärker (RVV) angehoben wird. Im Empfangsumsetzer (RF/ZF) erfolgt die Umsetzung in die Zwischenfrequenzlage und danach die Demodulation (2PSK-DEM). In den Korrelatoren werden die für den jeweiligen Teilnehmer bestimmten Signale gemäß den Gln. (8.86) -(8.92) wiedergewonnen.

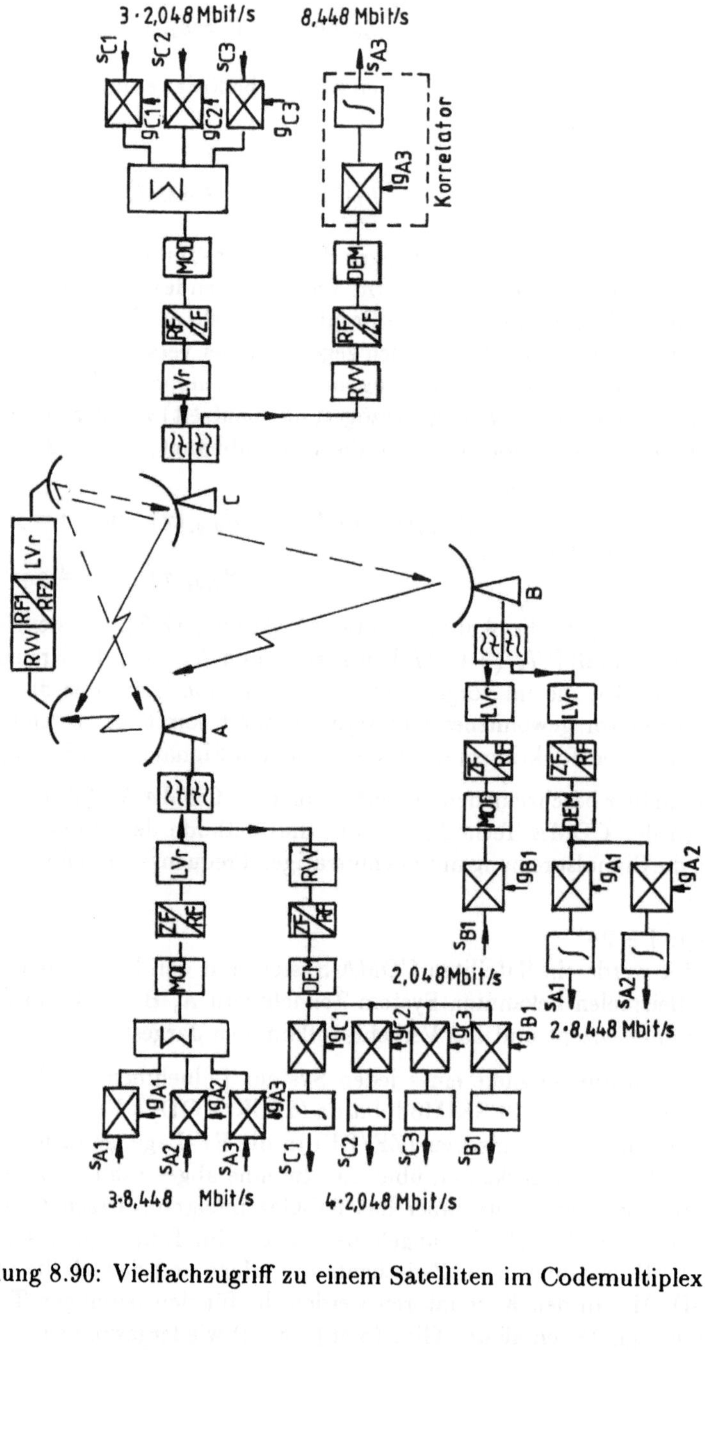

Abbildung 8.90: Vielfachzugriff zu einem Satelliten im Codemultiplex

Die Bitrate der orthogonalen Codefolgen werde mit $\nu = 8$ zu $v_{sp} = (2^{\nu} - 1)v_s = 255v_s$ angenommen. Das Codemultiplex-Signal des Teilnehmers A hat nach der Spreizung die Bitrate $v_{CMA} = 3 \cdot v_{sA} \cdot v_{sp} = 3 \cdot 8,448$Mbit/s $\cdot\, 255 = 6462,72$ Mbit/s. Seine Signalbandbreite ist dann $B_{CMA} = v_{CMA}(1 + r) = 9047,81$ MHz. Teilnehmer B erzeugt ein CDMA-Signal der Bitrate $v_{CMB} = 2,048 Mbit/s \cdot 255 = 522,24$ Mbit/s das die Bandbreite $B_{CMB} = v_{CMB}(1 + r) = 731,14$ MHz belegt. Schließlich haben die Sendesignale des Teilnehmers C die Bitrate $v_{CMC} = 3 \cdot 2,048 Mbit/s \cdot 255 = 1566,72$ Mbit/s und die Bandbreite $B_{CMC} = v_{CMC}(1+r) = 2193,41$ MHz.

Die Ergebnisse des Beispiels zeigen, daß das unterstellte Verkehrsaufkommen über Satellit nicht übertragbar ist, da die Signal-Bandbreiten der Teilnehmer A, B und C die verfügbare Transponderbandbreite (72 MHz) weit übersteigen.

Die CDMA-Technik eignet sich somit im Satellitenfunk nur für die Übertragung von Signalen geringer Bitraten von einigen kbit/s.

Ein wesentlicher Vorteil der CDMA-Technik ist jedoch ihre Störsicherheit. Die Korrelatoren ermöglichen die Detektion von Signalen selbst dann, wenn die Signalleistung kleiner als die überlagerte Rauschleistung ist. Allerdings muß diese Störsicherheit durch eine entspechende Bandbreiteerhöhung erkauft werden, vergl. hierzu auch das Shannonsche Gesetz der Kanalkapazität Gl. (1.30) und Beisp. 1.6.

Aufgrund ihrer Störsicherheit wird die Codemultiplex-Technik im zukünftigen UMTS-Mobilfunksystem (Universal Mobile Telecommunication System) breiten Einsatz finden. Die hohe Bandbreite wird dabei in Kauf genommen [98, 99].

8.8 Meßtechnik bei Digitalübertragung

In der digitalen Übertragungstechnik sind die wichtigsten Meßmethoden zur Beurteilung der Qualität von Basisband- und modulierten Signalen die folgenden:

a) Die Darstellung des Augendiagramms auf dem Oszilloskop.

b) Die Messung der Signalzustandsdiagramme von ASK-, PSK- und APK-Systemen auf dem Oszilloskop

c) Die Messung der spektralen Leistungsdichte mit dem Spektrum-Analysator.

d) Die Ermittlung der Bitfehlerquote bei additivem Rauschen.

Auf speziellere Meßmethoden wie z.B. die Jittermessung, Messung des Phasenrauschens [161] oder die für ISDN-Systeme definierten Qualitätsparameter "Error Free Seconds","Degraded Minutes" und "Severely Errored Seconds" [162] wird nicht näher eingegangen.

8.8.1 Messung des Zustands- und Augendiagramms

Das Augendiagramm wird im Basisband gemessen. Die Meßmethode und Beispiele von Augendiagrammen, auch bei additivem Rauschen und Gruppenlaufzeit-Verzerrungen, sind in Abschn. 8.3.2.1 dargestellt (s. z.B. Abb. 8.28).

Bei diskret modulierten Systemen wie ASK, s. Abschn. 8.5.1 und den Quadratur-Modulationsverfahren PSK, Abschn. 8.5.2 und APK, Abschn. 8.5.3, können die diskreten Signalzustände auch in Form von Signalpunkten im Zustandsdiagramm dargestellt werden; die Abbn. 8.58 und 8.67 sind Beispiele hierzu. Zustandsdiagramme können auf dem Oszilloskop sichtbar gemacht werden. Hierzu ersetzt man bei den Quadratur-Verfahren die Zeitablenkung des Oszilloskops durch einen Einschub zur Darstellung der Quadratur-Komponenten, oder man verwendet hierzu spezielle entworfene Meßgeräte (z.B. Constellation Display HP 3709A). Um Störeinflüsse zu erkennen, mißt man das Zustandsdiagramm am Entscheidereingang des jeweiligen Demodulators. An der gleichen Stelle wird auch das Augendiagramm gemessen. In Abb. 8.91 ist die Messung am Beispiel eines 4PSK-Demodulators dargestellt.

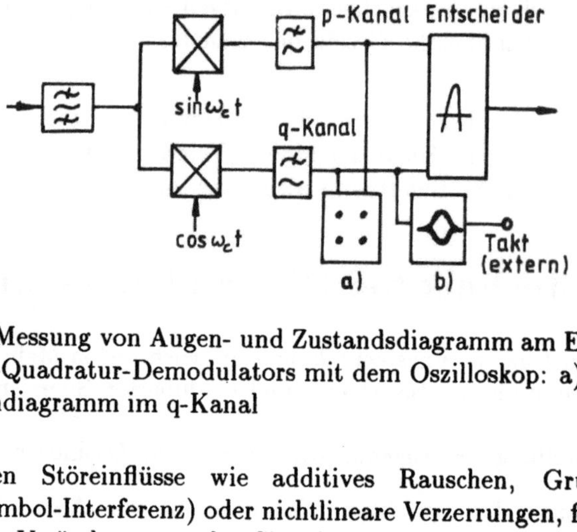

Abbildung 8.91: Messung von Augen- und Zustandsdiagramm am Entscheidereingang eines 4PSK-Quadratur-Demodulators mit dem Oszilloskop: a) Zustandsdiagramm; b) Augendiagramm im q-Kanal

Die verschiedenen Störeinflüsse wie additives Rauschen, Gruppenlaufzeit-Verzerrungen (Symbol-Interferenz) oder nichtlineare Verzerrungen, führen zu ganz charakteristischen Veränderungen der Signalpunkte im Zustandsdiagramm und des Augendiagramms. In Abb. 8.92a sind als Beispiele Zustandsdiagramme der 16APK und die jeweils zugehörigen Augendiagramme bei verschiedenen Störeinflüssen wiedergegeben. Im Augendiagramm erscheinen 3 "Augen", da im p- und q-Kanal eines 16APK-Quadratur-Demodulators nach der Demodulation jeweils ein vierstufiges Basisbandsignal erscheint s. Abschn. 8.5.3. Denkt man sich in Abb. 8.92 die jeweiligen Entscheiderschwellen (= Entscheidungsgrenzen) gemäß Abb. 8.67a in die Zustandsdiagramme bzw. Augendiagramme eingezeichnet, so erkennt man die Störintensität der verschiedenen Störeinflüsse durch die

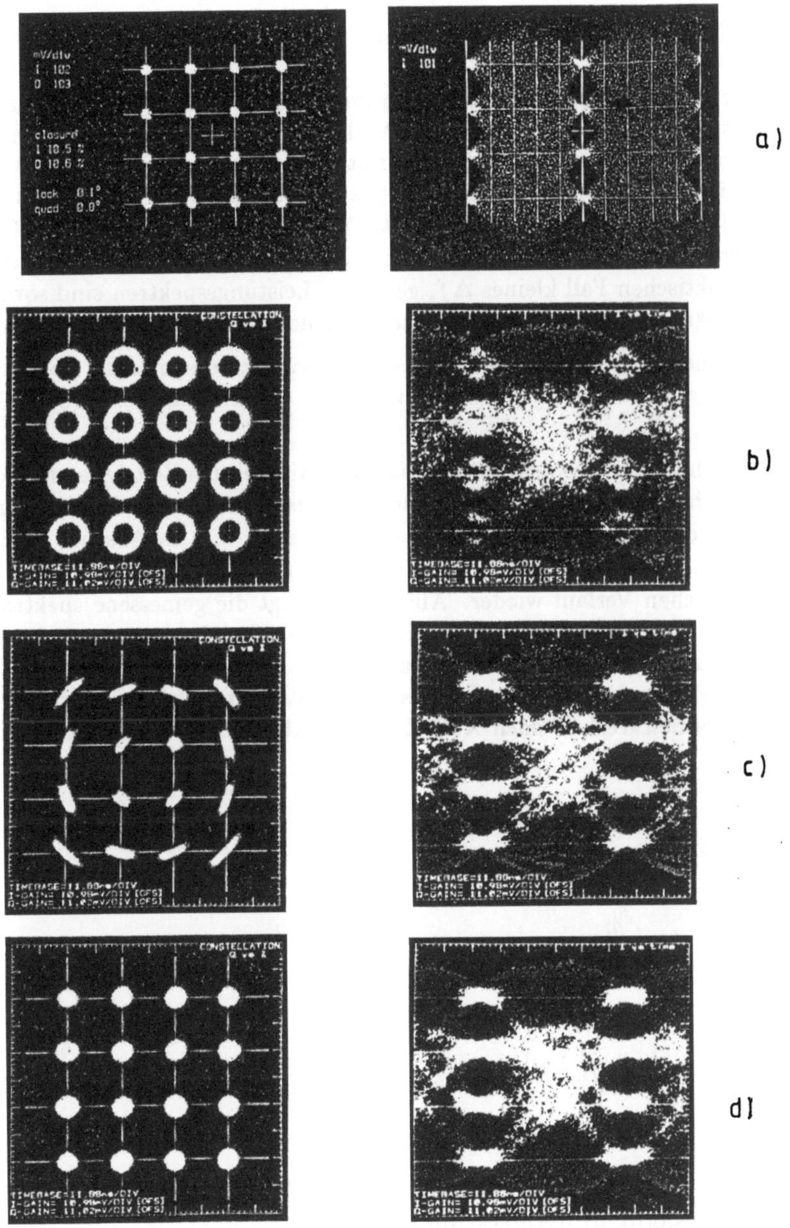

Abbildung 8.92: Gemessene Zustandsdiagramme und Augendiagramme der 16APK: a) ungestörtes Signal (enthält nur System-Rauschen); b) additiver Sinusstörer; c) Phasenjitter; d) additives Rauschen ($C/N = 18dB$)

Abstandsverringerung zur Entscheidungsgrenze.

8.8.2 Messung der spektralen Leistungsdichte

Neben der Darstellung des Augendiagramms im Zeitbereich und des Zustandsdiagramms ist die Kenntnis des spektralen Verlaufs eines digitalen Nachrichtensignals von Bedeutung. Hierzu ermittelt man mit Spektrum-Analysatoren (z.B. TSA-2 von WG) näherungsweise das Leistungsspektrum eines Nachrichtensignals. Mit einem selektiven Empfänger der Bandbreite Δf mißt man die Leistung $\Delta P(f)$ eines Digitalsignals. Die spektrale Leistungsdichte wird dann aus $\Delta P/\Delta f$ mit $\Delta f \to 0$, d.h. im praktischen Fall kleines Δf, gebildet. Leistungsspektren sind sowohl von Basisbandsignalen als auch trägerfrequenten (modulierten) Signalen meßbar.

In gemessenen Signal-Leistungspektren sind parasitäre spektrale Komponenten erkennbar - z.B. parasitäre Spektrallinien oder der Einfluß nichtlinearer Verzerrungen.

Die Beurteilung eines gemessenen Signals ist, wie bei den Zeitsignalen auch, nur dann möglich, wenn man den theoretischen Verlauf des jeweiligen Leistungsspektrums bzw. der zugehörigen Spektralfunktion kennt, s. z.B. Abschn. 2.2.3. Gemessene Signalspektren geben bei entsprechendem Störeinfluß oft nur annähernd den theoretischen Verlauf wieder. Abb. 8.93a zeigt die gemessene spektrale Leistungsdichte eines Basisbandsignals bei Nyquist-Impulsformung - vergl. den exakten Verlauf der Spektralfunktion nach Abb. 2.4 - während Abb. 8.93b das Leistungsspektrum des gleichen Signals bei Rechteck-Impulsform darstellt - vergl. den theoretischen Verlauf nach Abb. 2.17. In Abb. 8.94a ist das in Abb. 8.93a

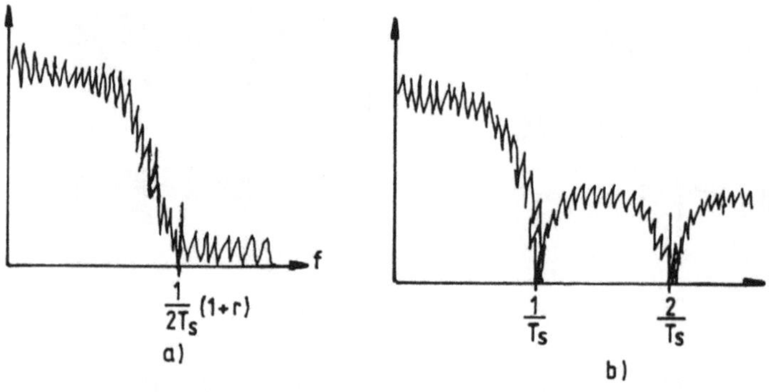

Abbildung 8.93: Spektrale Leistungsdichte eines Basisbandsignals (gemessen): a) Nyquist-Impulsform; b) Rechteck-Impulsform

dargestellte Signalspektrum nach einer PSK- oder APK- Modulation, gemessen am Modulatorausgang, wiedergegeben. Es entsteht jeweils ein oberes und unteres Seitenband der spektralen Form des Basisbandsignals, rechts und links von der Trägerfrequenz f_c, s. Abschn. 8.5.2 und Abschn. 8.5.3. Abb. 8.94bc zeigt

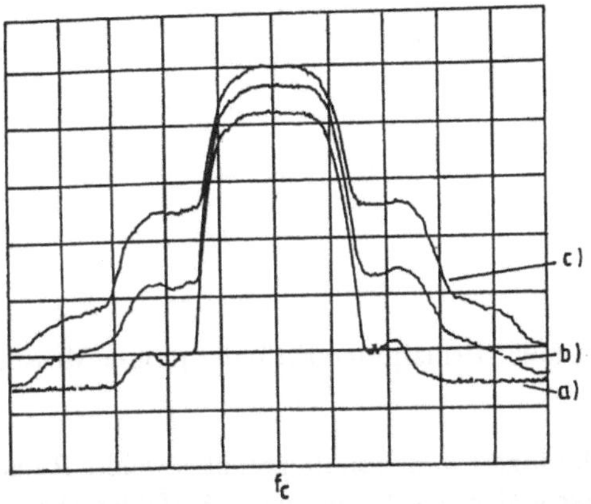

Abbildung 8.94: Spektrale Leistungsdichte eines PSK-bzw. APK-Signals (Nyquist-Impulsformung) a) linearer Betrieb; b) schwach nichtlinearer Betrieb; c) Sättigungsbetrieb (gemessen mit einem hochselektiven Spektrum-Analysator)

das Signal bei nichtlinearen Verzerrungen, z.B. verursacht durch die nichtlineare Kennlinie eines Leistungsverstärkers. Infolge der nichtlineren Verzerrung, die spektrumverbreiternd wirkt, geht die Bandbegrenztheit des Nyquist-Spektrums verloren [111].

8.8.3 Messung der Bitfehlerquote

Die Bitfehlerquote (Bit Error Ratio ... BER), gemessen bei additivem gaußverteiltem Rauschen, ist der wichtigste Qualitätsparameter bei digitaler Übertragung überhaupt. Der Vergleich ihres Verlaufs über dem Signal-Rausch-Verhältnis S/N mit der theoretisch ermittelten Bitfehler-Wahrscheinlichkeit, s. Abschn. 8.3 und 8.5, gibt Auskunft über die Güte des Übertragungssystems. Ein Bitfehlerquoten-Meßgerät (z.B. PF-4 von WG, oder 3764 A von HP) besteht, bei stark vereinfachender Darstellung, aus dem BER-Sender und dem BER-Empfänger nach Abb. 8.95.

Herzstück des BER-Senders ist ein rückgekoppeltes n-Bit-Schieberegister, mit dem eine PN-Folge (Pseudo Noise) erzeugt wird, die das zu übertragende Digitalsignal repräsentiert. Typische PN-Folgen werden in Schieberegistern mit $n = 15$ bzw. $n = 23$ Zellen erzeugt. Die Signalwiederholung erfolgt damit periodisch mit der Periode $L = 2^{15} - 1 = 32767$ bit bzw. $L = 2^{23} - 1 = 8388607$ bit. Die PN-Folge des BER-Senders wird über die Sende-Einrichtung (Se) (Basisband- oder trägerfrequente Übertragung) dem Übertragungsmedium zugeführt. Am Eingang

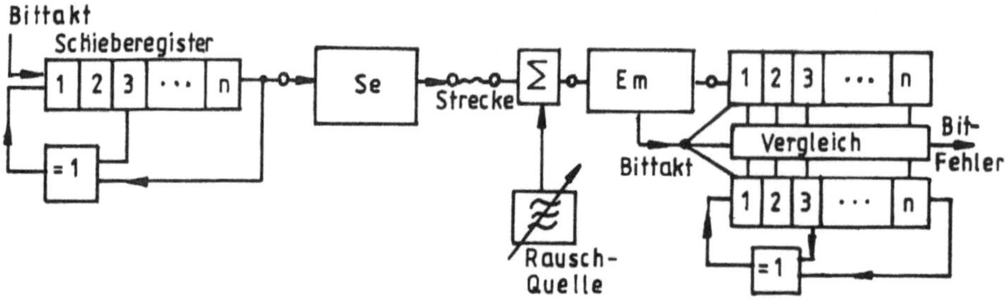

Abbildung 8.95: Prinzip der Bitfehlerquoten-Messung

des Empfängers (Em) überlagert man bandbegrenztes weißes Rauschen dem Signal additiv, so daß im Entscheider des Empfängers Bitfehler (bzw. Symbolfehler) auftreten können. Das u.U. verfälschte Signal am Empfängerausgang wird in einem n-Bit-Schieberegister abgespeichert. Synchron mit dem Empfangssignal wird nun in einem zur Sendeseite gleichartigen Schieberegister die PN-Folge erzeugt und mit der empfangenen Folge im Vergleicher Bit für Bit verglichen. Hierdurch werden Bitfehler erkannt und innerhalb der Meßzeit T_M ($\approx$ 3 min - 20 min) gezählt. Die Bitfehlerquote kann dann aus der Beziehung Bitfehlerzahl/$(v_b \cdot T_M)$ (v_b = Bitrate) bestimmt werden. Im einfachsten Fall genügt somit zur Bitfehlerquoten-Messung ein Fehlerzähler und eine Stoppuhr. Moderne Bitfehlerquotenmesser enthalten Rechner; sie zeigen die BER unmittelbar an.

8.8.3.1 Bitfehlerquote bei Basisband-Übertragung

Zur Messung der Bitfehlerquote benötigt man allgemein eine Rauschquelle die gaußverteiltes (thermisches) Rauschen abgibt. Das Rauschsignal wird mit einem Tiefpaß bandbegrenzt auf die äquivalente Rauschbandbreite

$$B_{\ddot{a}q} = \int_{-\infty}^{+\infty} |\underline{A}(f)|^2 df. \tag{8.93}$$

$\underline{A}(f)$ ist hierbei die Übertragungsfunktion des bandbegrenzenden Impulsformungs-Tiefpasses des Basisband-Übertragungssystems, s. z.B. Abb. 8.31. Bei Nyquist-Impulsformung ist - Rausch-Bandbegrenzung mit einem idealen Tiefpaß vorausgesetzt - zahlenmäßig $B_{\ddot{a}q} = v_s/2$. Abb. 8.96 zeigt den Verlauf von $|\underline{A}(f)|$ und die Definition der äquivalenten Rauschbandbreite.

Die Bitfehlerquote bei additivem Rauschen hängt - wie die theoretisch ermittelte Bitfehler-Wahrscheinlichkeit - nur vom Signal-Rausch-Verhältnis S/N ab.

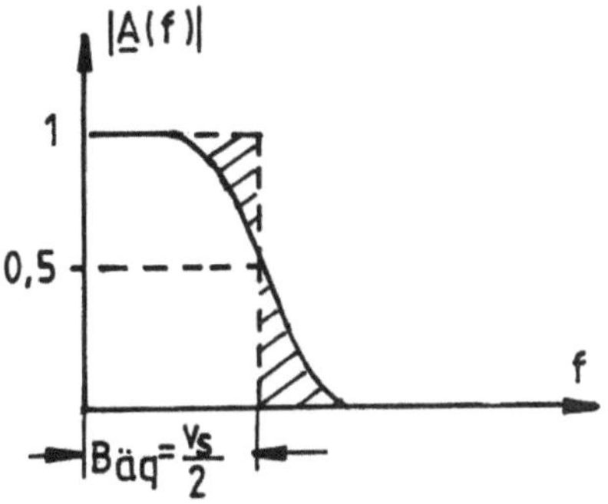

Abbildung 8.96: Definition der äquivalenten Rauschbandbreite bei Basisbandsignalen (Nyquist-Impulsform)

Die Rauschleistung $N = kTB_{\ddot{a}q}$ (k = Boltzmann-Konstante, T = äquivalente Rauschtemperatur) ist andererseits von der Bandbreite $B_{\ddot{a}q}$ abhängig. Oft benutzt wird auch die bandbreiteunabhängige Darstellung des Signal-Geräusch-Verhältnisses in der Form E_b/N_0. Hierbei gilt der Zusammenhang

$$\frac{S}{N} = \frac{E_b}{N_0}\frac{v_s}{B_{\ddot{a}q}} \tag{8.94}$$

mit E_b der mittleren Signalenergie je Bit, N_0 der Rauschleistungsdichte und $v_s = v_b/n, (n = 1, 2, \ldots)$ der Symbolrate. Im einfachsten Fall, bei binärer Übertragung, ist $v_s = v_b$. Setzt man Nyquist-Impulsformung voraus, so gilt in diesem Fall $B_{\ddot{a}q} = v_b/2$, $S/N = 2(E_b/N_0)$. Im quaternären Fall ist $v_s = v_b/2$ und somit $S/N = 4(E_b/N_0)$.

Abb. 8.97 zeigt den prinzipiellen Aufbau zur Messung der Bitfehlerquote eines Basisbandsignals.

Wie erläutert sendet der BER-Sender eine PN-Folge über den Basisband-Sender (Se) zum Basisband-Empfänger (Em). Am Empfängereingang wird das auf $B_{\ddot{a}q}$ bandbegrenzte Rauschen einer stufenlos einstellbaren Rauschquelle additiv überlagert. Der Basisbandempfänger regeneriert im Entscheider das Empfangssignal, das zur Ermittlung der Bitfehlerquote zum BER-Empfänger gelangt (z.B. Kabel $Z_L = 50\Omega$, Komponenten und Meßgeräte reflexionsfrei ebenfalls $Z_L = 50\Omega$ an den Ein- bzw. Ausgängen). Zur Bestimmung des Signal-Rausch-Verhältnisses S/N am Empfänger-Eingang geht man wie folgt vor:

1) Schalter S_3 schließen, Schalter S_1 und S_2 öffnen. An Punkt 1 die Signalleistung S mit Pegelmesser in dBm ermittlen

2) Schalter S_1 und S_3 öffnen, Schalter S_2 schließen. An Punkt 1 die Rauschleistung N in dBm messen.

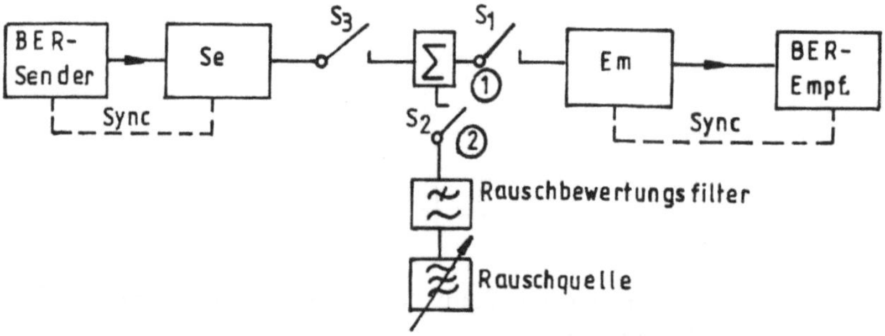

Abbildung 8.97: Bitfehlerquoten-Messung (Basisbandsignal)

3) Alle Schalter schließen. BER-Messung aktivieren und nach der Meßzeit T_M BER ablesen.

Danach weitere S/N-Werte einstellen und mit den ermittelten BER-Werten Kurvenzug $BER = f(S/N)$ darstellen, s. z.B Abb. 8.38, und die Implementierungsspanne ermitteln.

8.8.3.2 Bitfehlerquote bei trägerfrequenter Übertragung

Eine Meßschaltung zur Ermittlung der Bitfehlerquote bei modulierter Übertragung zeigt Abb. 8.98 in Modem-Schleife.

Bei einer Modemschleife wird der Ausgang des Modulators mit dem Eingang des Demodulators verbunden. Am Demodulatoreingang wird dem modulierten Signal bewertetes additives Rauschen einer Rauschquelle überlagert. Die äquvalente Rauschbandbreite $B_{äq}$ des Geräusch-Bewertungsbandpasses ermittelt man, wie mit Gl. (8.93) gezeigt aus der Übertragungsfunktion der bandbegrenzenden Impulsformungsfilter, z.B. dem Sendebandpaß am Modulatorausgang. Setzt man Nyquist-Impulsformung voraus, so ist bei PSK und APK-Systemen zahlenmäßig $B_{äq} = v_s$, s. Abb. 8.99.

Zur Messung der Signalleistung C des modulierten Signals am Summierer-Ausgang (Demodulator-Eingang) werden die Schalter S_1 und S_3 geöffnet und S_2 auf 1 gestellt. S_4 wird geschlossen. Öffnet man S_1 und S_4, stellt S_2 auf 1 und schließt S_3, so mißt man die Rauschleistung N. Damit kann das Verhältnis C/N berechnet und die Messung der zugehörigen Bitfehlerquote eingeleitet werden. Durch

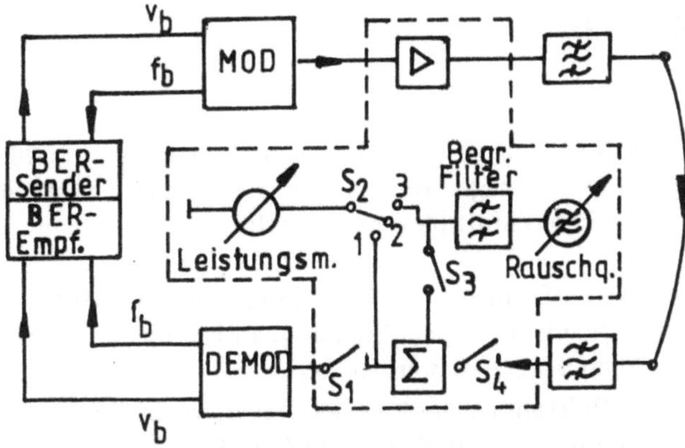

Abbildung 8.98: Messung der Bitfehlerquote in Modemschleife

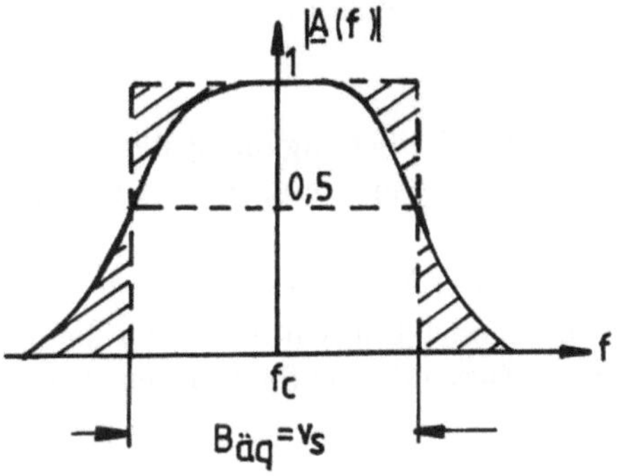

Abbildung 8.99: Definition der äquivalenten Rauschbandbreite (trägerfrequentes Signal, Nyquist-impulsform)

Vergleich des gemessenen -Kurvenverlaufs $BER = f(C/N)$ mit dem zugehörigen theoretischen Verlauf (s. z.B. Abb. 8.64) kann auch hier, wie für Basisbandsysteme gezeigt, die Implementierungsspanne bestimmt werden.

Der Zusammenhang zwischen dem Signal-Geräusch-Verhältnis C/N und dem bandbreiteunabhängigen E_b/N_0 ist auch bei trägerfrequenten Systemen durch Gl. (8.94) gegeben, wenn man die Signalleistung S des Basisbandsignals durch die Leistung C des modulierten Signals ersetzt.

Übungsaufgaben

Aufgabe 8.1

Über eine Satellitenstrecke sollen 10 HiFi-Musiksignale (jeweils $f_g = 20$ kHz) als PCM-Zeitmultiplex-Signal übertragen werden. Die Signale werden terrestrisch als Analogsignale an den Codierer/Multiplexer herangeführt.

a) Bestimmen Sie Abtastfrequenz, Codewortlänge und Bitrate/Musiksignal, wenn bei linearer Quantisierung ein Signal-Quantisierungsgeräusch-Verhältnis von $(P_q/S_q) = 60$ dB erzielt werden soll.
b) Ermitteln Sie den Pulsrahmen und dessen Dauer, wenn für die Rahmenerkennung (Zeitschlitz 0) und Signalisierung (Zeitschlitz 5) jeweils ein Bitwort der Codewortlänge benutzt wird.
c) Geben Sie die Bitrate des Multiplexsignals an.

Aufgabe 8.2

In einem quaternären Basisband-Übertragungssystem betrage die Bitrate 64 kbit/s. Zur Übertragung werden Nyquistimpulse ($r = 0,5$) benutzt.

a) Welche Signalbandbreite und Nyquistbandbreite liegt vor ?
b) Entwerfen Sie die Entscheider-Einrichtung, wenn die den Signalamplituden zugeordneten logischen Zustände wie folgt lauten: 0 V $\hat{=}$ 10; 1 V $\hat{=}$ 00; 2 V $\hat{=}$ 11; 3 V $\hat{=}$ 01.

Aufgabe 8.3

In einem Code-Multiplex-System überträgt ein System-Teilnehmer 10 Datensignale der Bitrate 2,4 kbit/s über einen Satelliten-Transponder.

a) Wieviele Zellen müssen die Schieberegister der PN-Generatoren zur Erzeugung der 10 orthogonalen Spreiz-Codefolgen aufweisen, wenn $v_{sp} = 2,4$ Mbit/s betragen soll ?
b) Welche Bandbreite belegt das CDMA-Signal im Transponder bei 2PSK-Übertragung ($r = 0,6$)?

Aufgabe 8.4

Im INTELSAT- und EUTELSAT- TDMA - System beträgt die Burstbitrate 120 Mbit/s, 4PSK ($r = 0,4$) und die TDMA - Rahmenlänge $T_f = 2$ ms.

a) Wie groß ist die Bitzahl pro Rahmen ?
b) Wieviele Bits belegt ein 64 kbit/s-Signal im Rahmen ?

c) Ein Datensignal belegt im Rahmen 2048 bit. Welcher Bitrate entspricht dies ?

d) Die "Overheads" (Burstköpfe) und Schutzabstände zwischen den Bursts machen im Rahmen 0,1 ms aus. Welche Bitzahl wird für diese Hilfsfunktionen benötigt ?. Wie groß ist die Rahmeneffizienz in Prozent ?

e) Welche Bandbreite belegt das Burstsignal ?

Lösungen

Aufgabe 8.1

a) Abtastfrequenz f_a = 40 kHz nach Gl. (2.144); Codewortlänge 10 bit nach Gl. (8.6); Bitrate = 40 kHz · 10 bit=400 kbit/s je HiFi-Signal.

b) s. Abb. 8.100

c) v_{MUX} = 400 kbit/s · 12= 4,8 Mbit/s

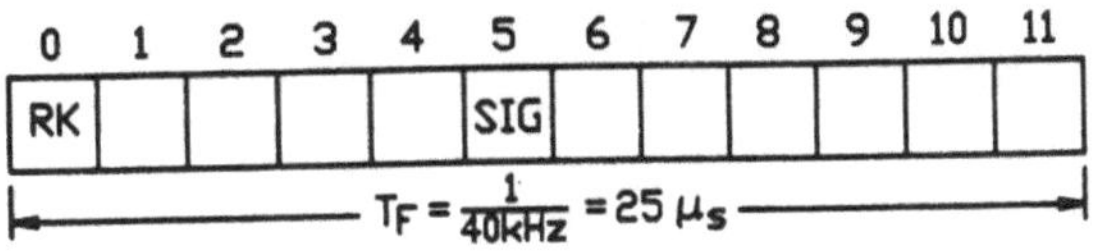

Abbildung 8.100: Pulsrahmen

Aufgabe 8.2

a) Signalbandbreite $B = (v_s/2)(1+r) = 24$ kHz, Nyquistbandbreite $B_N = 16$ kHz

b) Entscheider-Einrichtung s. Abb. 8.101.

Aufgabe 8.3

a) $\nu = ld[(v_{sp}/v_s) + 1] = 9,97$, gewählt $\nu = 10$

b) B = 10 · 2,4 Mbit/s · 1,6 = 38,4 MHz

Aufgabe 8.4

a) Bitzahl/Rahmen = 120 Mbit/s · 2 ms = 240000 bit

b) 64 kbit/s · 2 ms = 128 bit/Rahmen

c) 0,1 ms $\hat{=}$ 12000 bit; Rahmeneffizienz η = 1-(0,1 ms/2ms)=0,95 $\hat{=}$ 95 %.

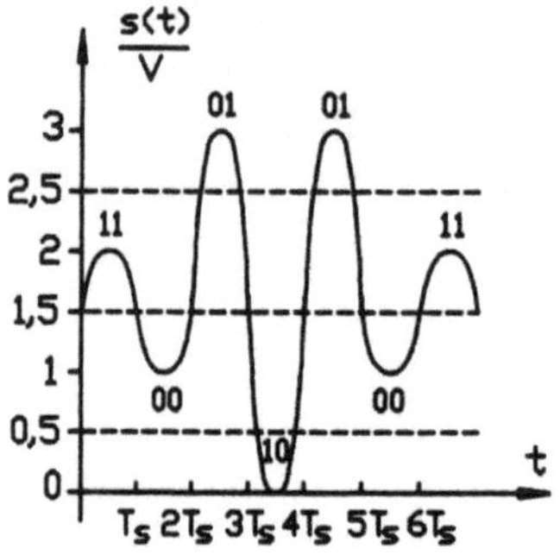

a)

	x_1	x_2	x_3	y_1	y_2
3 V	1	1	1	0	1
2 V	0	1	1	1	1
1 V	0	0	1	0	0
0 V	0	0	0	1	0

b)

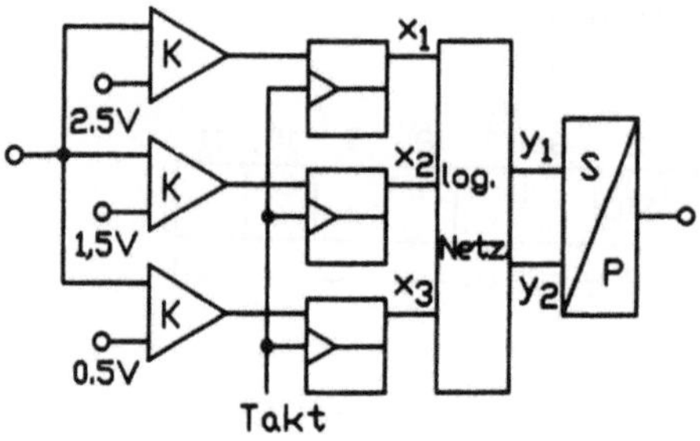

c)

Abbildung 8.101: a) Quaternärsignal; b) Wahrheitstafel; c) Entscheider-Einrichtung

Kapitel 9

Digitale Signalverarbeitung

Die digitale Signalverarbeitung befaßt sich im allgemeinen mit Methoden zur Synthese, Analyse und Interpretation von diskreten Signalen. Damit eine Unterscheidung zwischen den kontinuierlichen Signalen der Analogsysteme möglich ist, werden im folgenden diskrete Signale und die zugehörigen Systeme als diskontinuierlich bezeichnet. Die Signale können dabei periodisch oder zufällig sein.

Die wichtigsten Eigenschaften diskontinuierlicher Signale sind in Abschn. 2.4 dargestellt.

Viele Verfahren, die bereits in den vorhergehenden Kapiteln behandelt wurden, sind eigentlich zur Signalverarbeitung in der Nachrichtentechnik zu zählen, wie z.B. die gesamte Modulations- und Multiplextechnik (Kapitel 8) und die PLL-Signalsynthese (Abschn. 4.3.7.2). Weiterhin können auch alle Codierverfahren, wie Leitungscodierung (Abschn. 8.3.3), Quellen- und Kanalcodierung (Kapitel 10) der digitalen Signalverarbeitung zugerechnet werden.

Auch andere Fachgebiete, wie z.B. die Automatisierungstechnik, sind ohne die digitale Signalverarbeitung nicht denkbar.

Liegen die zu verarbeitenden Signale in analoger Form vor, so ist zunächst eine Signal-Abtastung und A/D-Wandlung erforderlich, wobei das Abtasttheorem einzuhalten ist, s. Abschn. 2.4.1. Soll das Signal am Ausgang des Digitalen Signal-Verarbeitungssystems (DSV) wieder in analoger Form erscheinen, so ist eine D/A-Wandlung erforderlich. Ein typisches Beispiel ist hierfür die Erzeugung eines PCM-Signals der Bitrate 64 kbit/s aus einem analogen Sprachsignal der Bandbreite 4 kHz im PCM-Codierer und die Wiedergewinnung des Analogsignals im PCM-Decodierer, s. Abschn. 8.1.4.

In Abb. 9.1 ist das Blockschaltbild eines DSV - ein digitales Filter - wiedergegeben. Aus dem Spektrum einer periodischen Rechteckimpulsfolge wird eine

Sinusschwingung, die Grundschwingung, selektiert. Die Rechteckimpulsfolge am

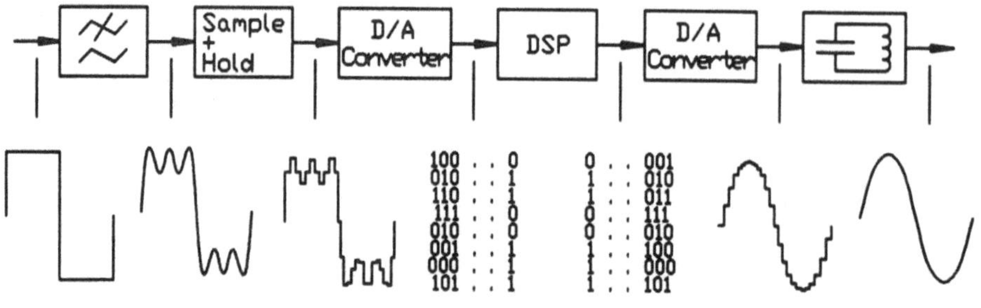

Abbildung 9.1: Digitales Signalverarbeitungssystem (digitales Filter)

DSV-Eingang wird zunächst mit einem analogen Tiefpaß, s. Abschn. 3.3.3 und 3.3.4, bandbegrenzt auf f_g. Danach erfolgt die Abtastung mit der Abtastfrequenz $f_a \geq 2f_g$ im "Sample + Hold" (S+H). Mit dem A/D-Converter wird die Quantisierung und Codierung vorgenommen, so daß am Eingang des digitalen Signalprozessors (DSP) zeit- und wertdiskrete binäre Zahlenfolgen vorliegen. Der DSP - ein spezieller Mikroprozessoer - setzt diese Zahlenfolgen in solche Binärfolgen um, die nach der D/A-Wandlung auf die gewünschte genäherte Sinusfunktion der Grundschwingung führen. Im analogen Schwingkreisfilter am DSV-Ausgang wird dann die kontinuierliche Sinusschwingung der gewünschten Frequenz hergestellt.

Der digitale Signalprozessor DSP in Abb. 9.1 kann somit als ein digitales Filter aufgefaßt werden, das aus der binären Eingangsfolge, dem Schwingungsgemisch der Rechteckimpulsfolge in digitalisierter Form, eine binäre Ausgangsfolge, die Grundschwingung in digitalisierter Form, selektiert [50, 51, 115, 177].

Die Beschreibung und der Entwurf digitaler Filter sind Gegenstand der folgenden Betrachtungen.

Näheres zur Arbeitsweise von programmierbaren Signalprozessoren findet man in [115, 177].

Auf Digitalrechner zur Informationsverarbeitung (PC, Rechnersysteme, etc.), die oft in Netzen verbunden sind (z.B. Internet) und somit ebenfalls Signale verarbeiten, und Prozeßrechner wird in diesem Kapitel nicht eingegangen.

9.1 Grundlagen digitaler Filter

Wie bereits eingangs erwähnt, kann mit einem digitalen Signalprozessor die Funktion eines digitalen Filters nachgebildet werden. Der hierzu erforderliche Selektions-Algorithmus wird dem DSP per Programm eingegeben. Der DSP hat die binäre wert- und zeitdiskrete Signalfolge $s_e(k)$ an seinem Eingang und die binäre wert- und zeitdiskrete Folge $s_a(k)$ an seinem Ausgang, gemäß der in Abschn. 2.4.2 vereinbarten Schreibweise. Arbeitet der DSP als digitales Filter, so enthält der Selektions-Algorithmus die folgenden Verknüpfungen:

- Verzögerung um eine Abtastperiode: T_a, $s_a(k) = s_e(k-1)$
- Konstanten-Multiplikation: $s_a(k) = c \cdot s_e(k)$
- Addition: $s_a(k) = s_{e1}(k) + s_{e2}(k) + \ldots + s_{en}(k)$

Die Hardware-Realisierung des Selektions-Algorithmus führt auf ein Netzwerk, dargestellt in Form eines Signalflußdiagramms, das die vorgenannten Verknüpfungen als Bauelemente enthält; sie sind in Abb. 9.2 dargestellt.

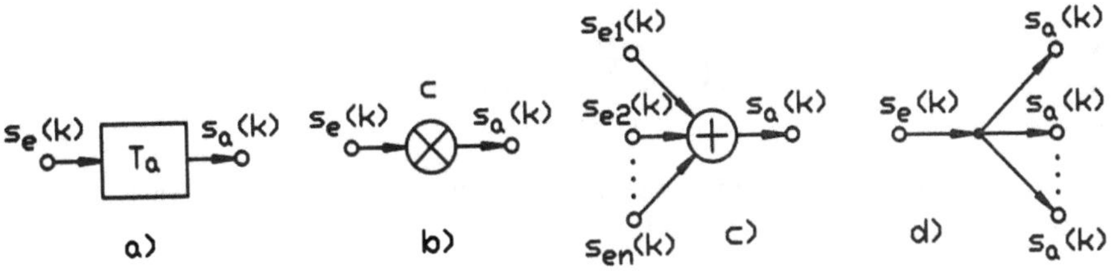

Abbildung 9.2: Bauelemente von Digitalfiltern: a) Verzögerungsglied; b) Konstantenmultiplizierer; c) Addierer; d) Verzweigung

Das Verzögerungsglied gibt am Ausgang die um eine Taktperiode (T_a) verzögerte Eingangsfolge ab. Der Multiplizierer liefert als Ausgangssignal das mit einer beliebigen Konstanten c multiplizierte Eingangssignal, während der Addierer die Summe aller Eingangssignale am Ausgang liefert. Die Verzweigung ist eine Gabelschaltung zur Aufteilung eines Signals auf verschiedene Signalzüge.

9.1.1 Signaldarstellung im Zeitbereich, Differenzengleichungen

Netzwerke zur Führung diskontinuierlicher Signale - im folgenden diskontinuierliche Netzwerke genannt - die lineare zeitinvariante Systeme darstellen, s. Abschn. 2.3, mit den Eingangssignalen $s_e(k)$ und den Ausgangssignalen $s_a(k)$ und den in Abb. 9.2 dargestellten Komponenten, können durch lineare Differenzengleichungen der Form

$$s_a(k) = \sum_{\mu=0}^{M} a_\mu s_e(k-\mu) - \sum_{\nu=1}^{N} b_\nu s_a(k-\nu) \tag{9.1}$$

beschrieben werden. Hierbei sind a_μ und b_ν konstante reelle Koeffizienten. Nach Gl. (9.1) wird der aktuelle Wert des Ausgangsignals $s_a(k)$ berechnet aus dem aktuellen Wert des Eingangssignals $s_e(k)$ und M zurückliegenden mit a_μ multiplizierten Signaleingangswerten $s_e(k-\mu)$, sowie N zurückliegenden mit b_ν multiplizierten Signalausgangswerten $s_a(k-\nu)$.

Sind in einer Differenzengleichung nicht alle Koeffizienten b_ν gleich Null, so spricht man von einem **rekursiven Digitalfilter**. Sind dagegen alle $b_\nu = 0$, so hat man ein **nichtrekursives Digitalfilter**.

Wählt man als spezielles Eingangssignal eine Folge von Einheitsimpulsen $s_e(k) = \delta(k)$, s. Gln. (2.152) und 2.(153), so folgt als Ausgangssignal die **Impulsantwort** $s_a(k) = h(k)$ des diskreten Netzwerksystems. Jedes beliebige Signal $s_e(k)$ kann aus der additiven Überlagerung unendlich vieler um ν verschobener Delta-Impulse $\delta(k-\nu)$, die mit $s_e(\nu)$ gewichtet sind, beschrieben werden.

$$s_e(k) = \sum_{\nu=-\infty}^{+\infty} s_e(\nu)\delta(k-\nu) \tag{9.2}$$

Das Ausgangssignal $s_a(k)$ eines linearen diskontinuierlichen Netzwerks, mit dem Eingangssignal $s_e(k)$, kann deshalb aus der Superposition unendlich vieler um ν verschobener und durch $s_e(\nu)$ bewerteter Impulsantworten $h(k-\nu)$ dargestellt werden. Dies ist die diskontinuierliche Form der **Faltung**, s. Gl. (2.150).

$$s_a(k) = \sum_{\nu=-\infty}^{+\infty} s_e(\nu)h(k-\nu) = s_e(k) * h(k) \tag{9.3}$$

Ein diskontinuierliches System gilt als **stabil**, wenn die Bedingung

$$\sum_{k=-\infty}^{+\infty} |h(k)| < \infty \tag{9.4}$$

erfüllt ist.

Bei rekursiven Digitalfiltern ist die Impulsantwort $h(k)$ erst im Unendlichen gleich Null. Man nennt solche Filter deshalb auch **IIR-Filter** (Infinite Impulse Response). Die Impulsantwort $h(k)$ nichtrekursiver Digitalfilter dagegen dauert nur eine endliche Zeit; solche Digitalfilter heißen deshalb **FIR-Filter** (Finite Impulse Response), oder **Transversal-Filter**. Auf den Entwurf von FIR-Filtern und IIR-Filtern wird in Abschn. 9.2.1 und 9.2.2 eingegangen.

Digitale Filter können durch verschiedene Netzwerk-Grundstrukturen realisiert werden. So gibt es neben der **Direktstruktur** die **Kaskadenstruktur**, die **Parallelstruktur** sowie die **Rückkopplungsstruktur**. Abb. 9.3 zeigt die drei Schaltungen und die Signalverknüpfungen mit Hilfe der Impulsantworten.

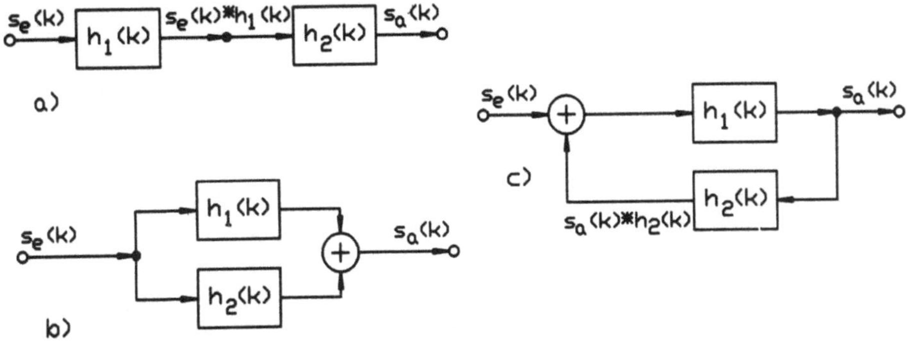

Abbildung 9.3: Netzwerkstrukturen: a) Kaskadenstruktur $s_a(k) = s_e(k) * [h_1(k) * h_2(k)]$; b) Parallelstruktur $s_a(k) = s_e(k) * [h_1(k) + h_2(k)]$; c) Rückkopplungsstruktur $s_a(k) = s_e(k) * h_1(k) + s_a(k) * [h_1(k) * h_2(k)]$

Digitale Filter mit einer Minimalzahl von Addierern, Multiplizierern und Verzögerungsgliedern nennt man **kanonisch**.

Diskontinuierliche Systeme können, neben der Darstellung durch Differenzengleichungen höherer Ordnung, auch durch Systeme von Differenzengleichungen 1. Ordnung beschrieben werden. Am Beispiel des in Abb. 9.4 dargestellten Digitalfilters wird dies gezeigt.

Neben den Eingangssignal $s_e(k)$ und dem Ausgangssignal $s_a(k)$ führt man die Ausgangsignale der Verzögerungsglieder als Zustandsgrößen $s_{z1}(k)$ und $s_{z2}(k)$ ein. Die Eingangssignale der Verzögerungsglieder werden damit durch $s_{z1}(k+1)$ bzw. $s_{z2}(k+1)$ beschrieben. Aus Abb. 9.4 entnimmt man damit das folgende System von Differenzengleichungen.

$$s_{z1}(k+1) = a_{11}s_{z1}(k) + a_{12}s_{z2}(k) + b_1 s_e(k) \tag{9.5}$$

$$s_{z2}(k+1) = a_{21}s_{z1}(k) + a_{22}s_{z2}(k) + b_2 s_e(k) \tag{9.6}$$

$$s_a(k) = c_1 s_{z1}(k) + c_2 s_{z2}(k) + d s_e(k) \tag{9.7}$$

□ **Beispiel 9.1**

Betrachtet werde ein einfaches nichtrekursives Netzwerk, das durch die Differenzengleichung $s_a(k) = s_e(k) + s_e(k-5)$ beschrieben wird, s. Abb. 9.5.

Wählt man die Periodendauer des diskontinuierlichen (abgetasteten) Sinussignals $s_e(k)$ zu $T = 1/f = 10T_a$, dann ist das Abtasttheorem $f_a = 10f \geq 2f$ erfüllt. Das verzögerte Signal $s_e(k-5T_a)$ ist wegen $5T_a = T/2$ gegenüber $s_e(k)$ gegenphasig. Die Addition von $s_e(k)$ und $s_e(k-5)$ führt zur Auslöschung der Schwingung. Das Netzwerk, ein digitales Filter, sperrt also die Frequenz $f = 1/T$. Es zeigt damit ein zum Parallelschwingkeis - im Resonanzfall Stromminimum (hochohmig)

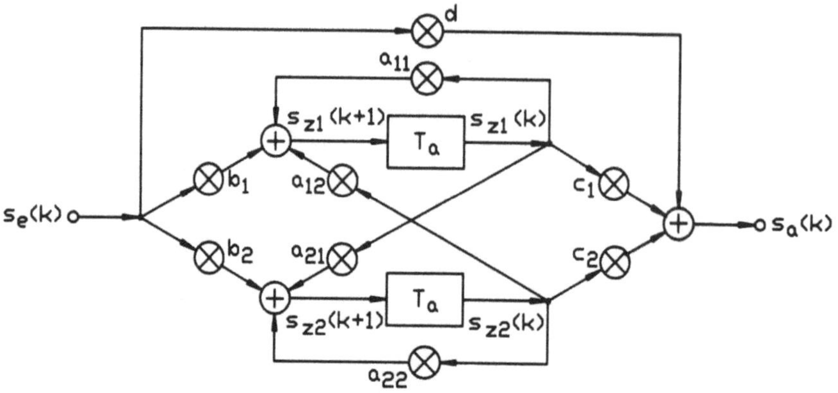

Abbildung 9.4: Struktur eines Digitalfilters zur Erläuterung der Darstellung durch Systeme mit Differenzengleichungen 1. Ordnung

- äquivalentes Verhalten. Erhöht man die Verzögerung auf $10T_a$, so sind $s_e(k)$ und $s_e(k-10)$ wieder gleichphasig. $s_a(k)$ hat infolge der Addition die doppelte Amplitude des Eingangssignals. Ähnliches Verhalten zeigt der Serienschwingkreis, der im Resonanzfall ein Strommaximum (niederohmig) zeigt.

□ **Beispiel 9.2**

Einem rekursiven Netzwerk mit der Differenzengleichung $s_a(k) = s_e(k) + 0,4 s_a(k-10)$, Abb. 9.6a, werde am Eingang das Signal $s_e(k)$ zugeführt, s. Abb. 9.6b.

Wie im vorhergehenden Beispiel habe $s_e(k)$ die Periode $T = 1/f = 10T_a$. Das Ausgangssignal $s_a(k)$, Abb. 9.6c, wird um $10T_a$ verzögert und mit dem Faktor $0,4$ gewichtet. Die Signale am Addiereingang sind dann gleichphasig. $s_a(k)$ erscheint mit maximaler Amplitude. Auch diese Struktur zeigt damit das Verhalten eines Serienschwingkreises, da bei der Frequenz $f = 1/T$ die Schwingung (z.B. der Strom) maximiert wird. Eine Auslöschung $s_a(k) = 0$ - Verhalten eines Parallelschwingkreises - ist mit diesem Netzwerk nicht erreichbar, da $s_a(k-10)$ ebenfalls gleich Null wäre.

□ **Beispiel 9.3**

Gegeben sei ein diskontinuierliches Netzwerk, Abb. 9.7, das durch die Differenzengleichung $s_a(k) = -0,5 s_e(k) + 0,6 s_e(k-1) + 0,5 s_a(k-1)$ beschrieben wird. Abb. 9.7.

Die Impulsantwort des Netzwerks findet man, indem man $s_e(k) = \delta(k)$ setzt, mit $\delta(k)$ dem Einheitsimpuls nach den Gln. (2.152) und (2.153), für den gilt, $\delta(k) = 1$ für $k = 0$ und $\delta(k) = 0$ für $k \neq 0$. Angewendet auf die vorgenannte Differenzengleichung findet man mit $s_a(k) = h(k)$ für $k = 0, 1, 2, 3, 4, \ldots$ und $h(-k) = 0$ für $k \neq 0$

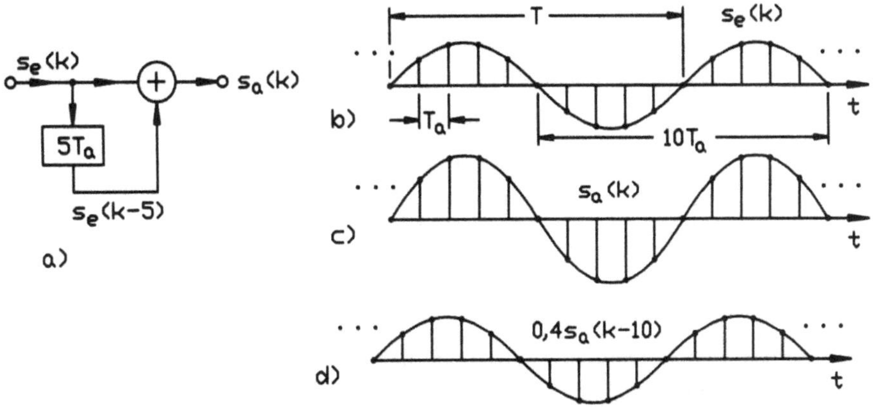

Abbildung 9.5: a) nichtrekursives Netzwerk, b) harmonisches Eingangssignal; c) verzögertes Eingangssignal; d) Ausgangssignal

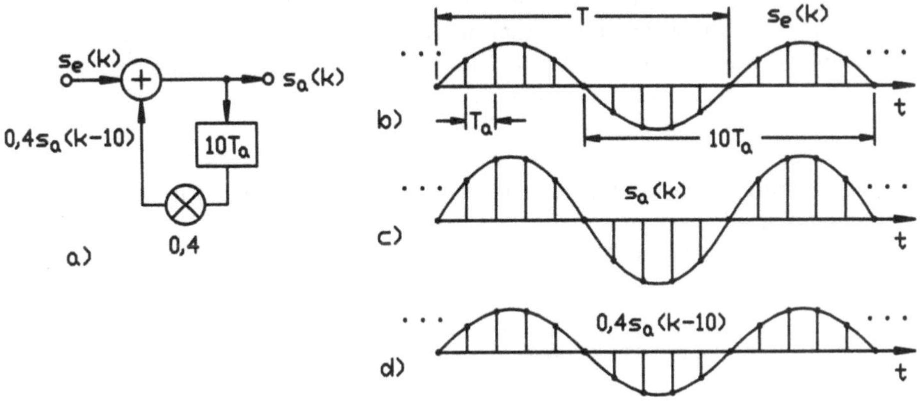

Abbildung 9.6: a) rekursives Netzwerk; b) Eingangssignal; c) Ausgangsignal; d) verzögertes und gewichtets Ausgangssignal

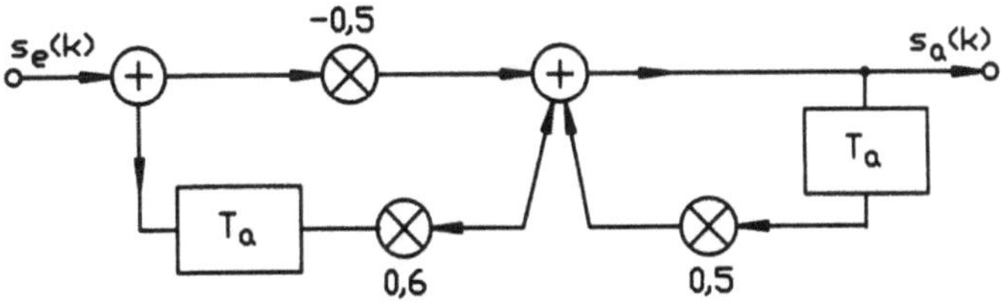

Abbildung 9.7: Diskontinuierliches Netzwerk

$$\begin{aligned}
h(0) &= -0,5\delta(0) + 0,6\delta(-1) + 0,5h(-1) = -0,5 \\
h(1) &= -0,5\delta(1) + 0,6\delta(0) + 0,5h(0) = 0,35 \\
h(2) &= -0,5\delta(2) + 0,6\delta(1) + 0,5h(1) = 0,175 \\
h(3) &= -0,5\delta(3) + 0,6\delta(2) + 0,5h(2) = 0,0875 \\
h(4) &= -0,5\delta(4) + 0,6\delta(3) + 0,5h(3) = 0,04375 \\
&\vdots \quad \vdots
\end{aligned}$$

Die Impulsantwort strebt erst für unendlich große k gegen 0; das Netzwerk ist somit ein IIR-Netzwerk.

9.1.2 Diskontinuierliche Signale und Systeme im z-Bereich

Einige Eigenschaften diskontinuierlicher Signale und Systeme sind in Abschn. 2.4.2 dargestellt. Auch die **z-Transformation** wird dort betrachtet. Sie wird im folgenden noch etwas eingehender behandelt, da in Analogie zur Darstellung kontinuierlicher Signale und Systeme mit Hilfe der Laplace-Transformation, diskontinuierliche Signale und Systeme mit der z-Transformation betrachtet werden können. Für die Anwendung der Synthese digitaler Filter ist eine Beschränkung auf die einseitige z-Transformation hinreichend, da die Signale digitaler Filter als kausal vorausgesetzt werden und damit für $k < 0$ verschwinden. Nach Gl. (2.166), wird dem kausalen Abtastsignal $s(k)$ die z-Transformierte

$$\underline{S}(z) = \sum_{k=0}^{\infty} s(k) z^{-k} = \mathbf{Z}\{s(k)\}$$

zugeordnet. Die Variable z ist komplexwertig. Setzt man die Existenz einer positiven Konstanten $|z_{min}| = r_{min}$ voraus, für die gilt $\lim_{k\to\infty} r^{-k} s(k) = 0$ für $r > r_{min}$ - im Bereich $0 < r < r_{min}$ ist dieser Grenzwert nicht vorhanden - dann gibt es eine zu Gl. (2.166) inverse z-Transformation, Gl. (2.167).

$$s(k) = \frac{1}{2\pi j} \oint_{|z|=r} \underline{S}(z) z^{k-1} dz = \mathbf{Z}^{-1}\{\underline{S}(z)\} \quad (r > r_{min})$$

Bei dieser Integration durchläuft die Variable z in der komplexen z-Ebene einen Kreis mit dem Radius $|z| = r > r_{min}$ im Gegenuhrzeigersinn, s. Abb. 9.8.

Einige Korrespondenzen der z-Transformation sind in **Anhang C** dargestellt.

Für die Behandlung digitaler Filter sind drei Eigenschaften der z-Transformation wichtig, nämlich

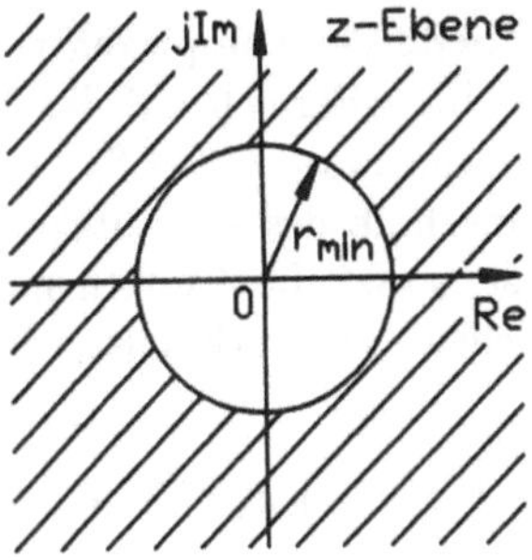

Abbildung 9.8: Konvergenzbereich (schraffiert) $|z| > r_{min}$ der z-Transformation

Linearität

$$\mathbf{Z}\{a_1 s_1(k) + a_2 s_2(k)\} = a_1 \mathbf{Z}\{s_1(k)\} + a_2 \mathbf{Z}\{s_2(k)\} \tag{9.8}$$

Verzögerung

$$\mathbf{Z}\{s(k-l)\} = z^{-l}\mathbf{Z}\{s(k)\}; \quad (l > 0) \tag{9.9}$$

und **Faltung**.

$$\mathbf{Z}\{s_1(k) * s_2(k)\} = \mathbf{Z}\{s_1(k)\} \cdot \mathbf{Z}\{s_2(k)\} \tag{9.10}$$

Wendet man die z-Transformation auf Gl. (9.3) an, so findet man den Zusammenhang

$$\underline{S}_a(z) = \underline{S}_e(z) \cdot \underline{H}(z) \tag{9.11}$$

mit $\underline{S}_a(z)$ und $\underline{S}_e(z)$ den z-Transformierten von $s_a(k)$ und $s_e(k)$ und $\underline{H}(z)$ der z-Transformierten der Impulsantwort $h(k)$. $\underline{H}(z)$ wird, wie bei kontinuierlichen Signalen und Systemen auch, als **Übertragungsfunktion** bezeichnet. Diskontinuierliche Systeme können somit - wie kontinuierliche Systeme auch - sowohl durch die Impulsantwort als auch die Übertragungsfunktion charakterisiert werden. Allgemein ist die Übertragungsfunktion eines diskontinuierlichen Netzwerks eine reelle rationale Funktion von z.

$$\underline{H}(z) = \frac{\underline{Y}(z)}{\underline{X}(z)} = \frac{a_0 + a_1 z^{-1} + a_2 z^{-2} + \cdots + a_M z^{-M}}{1 + b_1 z^{-1} + b_2 z^{-2} + \cdots + b_N z^{-N}} = \tag{9.12}$$

$$= z^{N-M}\frac{a_0 z^M + a_1 z^{M-1} + a_2 z^{M-2} + \cdots + a_M}{z^N + b_1 z^{N-1} + b_2 z^{N-2} + \cdots + b_N}$$

Setzt man stabile Netzwerke voraus, s. Gl. (9.4), dann ist die Impulsantwort $h(k)$ mit der Übertragungsfunktion $\underline{H}(z)$ durch

$$\underline{H}(z) = \sum_{k=0}^{\infty} h(k) z^{-k} = \mathbf{Z}\{h(k)\} \tag{9.13}$$

verknüpft. Bei einem stabilen *kontinuierlichen* System liegen die Pole der Übertragungsfunktion auf der linken Seite der komplexen p-Ebene, s. Abschn. 3.2.6. Die linke Seite der p-Ebene wird im z-Bereich auf das Innere des Einheitskreises ($r = |z| \leq 1$) abgebildet. Ein *diskontinuierliches* System gilt deshalb als **stabil**, wenn die Polstellen von $\underline{H}(z)$ innerhalb des Einheitskreises liegen. Befinden sich Pole auf dem Einheitskreis selbst, so ist das System nur bedingt stabil. Für die **Stabilität** eines diskontinuierlichen Netzwerkes ist somit hinreichend, daß das Nennerpolynom in Gl. (9.12),

$$\underline{D}(z) = z^N + b_1 z^{N-1} + b_2 z^{N-2} + \cdots + b_N \tag{9.14}$$

für $|z| \geq 1$ keine Nullstellen hat.

FIR-Filter sind aufgrund ihres Aufbaus immer stabil, da ihre Übertragungsfunktion kein Nennerpolynom $\underline{D}(z)$ enthält, s. Abschn. 9.2.1. Bei IIR-Filtern dagegen, deren Übertragungsfunktion das Nennerpolynom $\underline{D}(z)$ enthält, ist die vorstehend formulierte Stabilitätsbedingung zu beachten.

Die Gesamt-Übertragungsfunktion der in in Abb. 9.3 wiedergegebenen Kaskaden-, Parallel - und Rückkopplungsschaltungen diskontinuierlicher Netzwerke im z-Bereich bestimmt man nach den Regeln

$$\text{Kaskadenschaltung:}\quad \underline{H}(z) = \underline{H}_1(z)\underline{H}_2(z) \tag{9.15}$$

$$\text{Parallelschaltung:}\quad \underline{H}(z) = \underline{H}_1(z) + \underline{H}_2(z) \tag{9.16}$$

$$\text{Rückkopplungsschaltung:}\quad \underline{H}(z) = \frac{\underline{H}_1(z)}{1 - H_1(z)H_2(z)}. \tag{9.17}$$

Aus dem Verschiebungssatz der Fouriertransformation bzw. der Laplace-Transformation, s. Tabelle 2.1 bzw. Tabelle 2.3, läßt sich für diskontinuierliche Signale im z-Bereich ebenfalls eine Verschiebung ableiten, die einer Verzögerung um iT_a Abtastwerte ($i = 1, 2, 3, \ldots$) entspricht. Sie lautet mit Gl. (9.9)

$$\mathbf{Z}\{s_e(k-i)\} = z^{-i}\underline{S}_e(z). \tag{9.18}$$

Die Verschiebung um iT_a im Zeitbereich wird im z-Bereich durch z^{-i} dargestellt.

Betrachtet werde nun das Ausgangssignal eines diskontinuierlichen Netzwerks, wenn man an den Netzwerkeingang eine diskontinuierliche (diskretisierte) harmonische Schwingung

$$\underline{s}_e(k) = e^{j\omega k T_a} = \left(e^{j\omega T_a}\right)^k = z^k \tag{9.19}$$

anlegt. Das zugehörige System-Ausgangssignal lautet dann mit dem Faltungsprodukt Gl. (9.3) bzw. Gl. (9.13)

$$\underline{s}_a(k) = \sum_{\nu=-\infty}^{+\infty} e^{j\omega\nu T_a} h(k-\nu) = e^{j\omega k T_a} \sum_{\mu=0}^{\infty} e^{-j\omega\mu T_a} h(\mu) = e^{j\omega k T_a} H(e^{j\omega T_a}) \tag{9.20}$$

mit $\mu = k - \nu$. Ein harmonisches Abtastsignal am Netzwerkeingang ruft am Netzwerkausgang eine harmonische Reaktion gleicher Frequenz hervor. Im Argument der Übertragungsfunktion $H(e^{j\omega T_a})$ erscheint mit $z = e^{j\omega T_a}$ das diskrete harmonische Eingangssignal ebenfalls wieder, wie die vorstehende Gleichung zeigt. Die Übertragungsfunktion bei diskontinuierlich harmonischer Erregung, $\underline{H}(e^{j\omega T_a}) = \underline{H}_p(j\omega)$ nennt man **Frequenzgang** des diskontinuierlichen Netzwerks. Die frequenzabhängige Änderung der Amplitude wird hierbei durch $|\underline{H}(e^{j\omega T_a})| = |\underline{H}_p|$ und die zugehörige Phasenänderung durch $\phi_H = arg\underline{H}(e^{j\omega T_a}) = arg(\underline{H}_p) = \arctan Im\{\underline{H}\}/Re\{\underline{H}\}$ beschrieben.

Im Gegensatz zur Übertragungfunktion kontinuierlicher Netzwerke $\underline{H}(j\omega)$ ist der Frequenzgang, wegen der Periodizität von $e^{j\omega T_a}$ über der Frequenz, ebenfalls ein periodische Funktion von ω mit der Periodendauer $T_a = 1/f_a = 2\pi/\omega_a$.

Aus einem Originalnetzwerk kann man das **duale** Netzwerk dadurch erzeugen, indem man die Signalrichtung eines jeden Signalzweiges umkehrt. Eingang und Ausgang des Originalnetzwerks bzw. seiner Bauelementen gehen dadurch in Ausgang und Eingang des dualen Netzwerks über. In Abb. 9.9 ist dies dargestellt. Originales und duales FIR-Filter weisen die gleichen Eigenschaften auf; sie haben

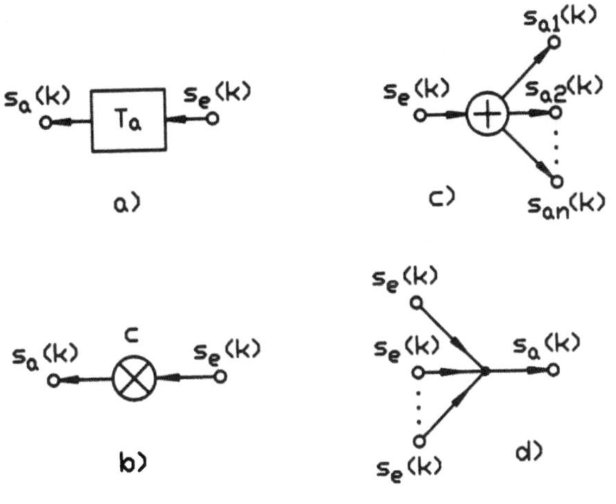

Abbildung 9.9: zu Abb. 9.2 duale Bauelemente: a) Verzögerung; b) Konstanten-Multiplizierer; c) Addierer; d) Verzweigung

z.B. die gleiche Übertragungsfunktion.

□ **Beispiel 9.4**

Zu ermitteln seien Übertragungsfunktion und Frequenzgang eines Verzögerungsgliedes, s. Abb. 9.10a, das der Differenzengleichung $s_a(k) = s_e(k-1)$ gehorcht. Ein Vergleich mit Gl. (9.1) zeigt, da kein rekursiver Signalzweig vorhanden ist,

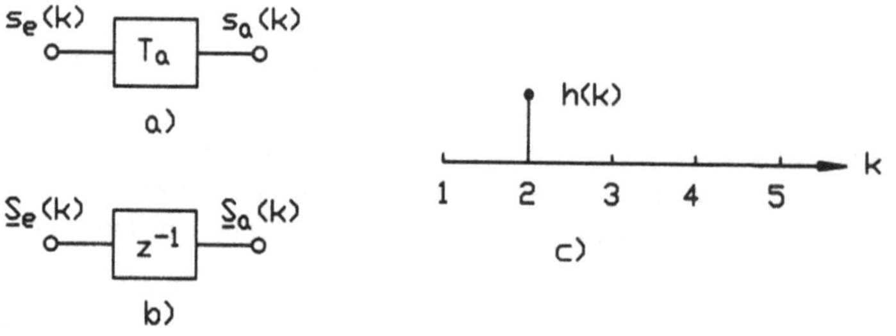

Abbildung 9.10: Verzögerungsglied: a) Darstellung im Zeitbereich $s_a(k) = s_e(k-1)$; b) Darstellung im Frequenzbereich $\underline{S}_a(z) = \underline{S}_e(z)z^{-1}$; c) Impulsantwort $h(k)$

daß lediglich der Koeffizient $a_1 = 1$ auftritt. Zur Lösung wird die vorstehende Differenzengleichung der Verzögerung mit Gl. (9.18) in die z-Ebene transformiert. $\mathbf{Z}\{s_a(k)\} = \mathbf{Z}\{s_e(k-1)\} = \underline{S}_a(z) = \underline{S}_e(z)z^{-1}$. Damit ist die Übertragungsfunktion $\underline{H}(z) = \underline{S}_a(z)/\underline{S}_e(z) = z^{-1}$. Abb. 9.10b zeigt das zugehörige Blockschaltbild im z-Bereich. Eine Verzögerung T_a im Zeitbereich wird im z-Bereich durch z^{-1} dargestellt. Setzt man $z = e^{j\omega T_a}$, so erhält man den Frequenzgang $H(e^{j\omega T_a}) = e^{-j\omega T_a} = \underline{H}_p(j\omega)$. Der Betrag ist $|H_p(j\omega)| = 1$ und die Phase $\phi_p = -\omega T_a$. Aus der Differenzengleichung kann man mit $s_a(k) = h(k)$ und $s_e(k) = \delta(k)$ die Impulsantwort $h(k) = \delta(k-1) = 0; 1; 0; 0; \ldots$ mit $k = 0, 1, 2, 3, \ldots$ bestimmen. Sie ist in Abb. 9.10c dargestellt.

□ **Beispiel 9.5**

Ein diskontinuierliches Netzwerk werde durch die Differenzengleichung $s_a(k) = 0{,}8s_e(k) + 0{,}6s_a(k-1)$ beschrieben. Die direkte Realisierung (direkte Struktur) im Zeitbereich ist in Abb. Abb. 9.11a wiedergegeben und stellt einen Tiefpaß dar; Abb. 9.11b zeigt die Impulsantwort.

Durch gliedweise z-Transformation folgt aus der Differenzengleichung $\underline{S}_a(z) = 0{,}8\underline{S}_e(z) + 0{,}6\underline{S}_a(z)z^{-1}$ und durch Umstellung die Übertragungsfunktion $\underline{H}(z) = \underline{S}_a(z)/\underline{S}_e(z) = 0{,}8/(1-0{,}6z^{-1}) = 0{,}8z/(z-0{,}6)$. Aus der Übertragungsfunktion ermittelt man die Null-und Polstellen zu $z_0 = 0$ und $z_p = 0{,}6$. Da der Pol innerhalb des Einheitskreises $|z| = 1$ liegt, ist das System stabil. Den Frequenzgang erhält man mit $z = e^{j\omega T_a}$ aus der Übertragungsfunktion $\underline{H}(z)$ zu $\underline{H}(e^{j\omega T_a}) = \underline{H}_p(j\omega) = 0{,}8/(1-0{,}6e^{-j\omega T_a})$. Mit $T_a = 1/f_a, \omega = 2\pi f$ findet man bei Anwendung der Euler-Formel $\underline{H}_p(f) = |\underline{H}_p(f)|e^{j\phi(f)} = 0{,}8/\sqrt{[1-0{,}6\cos(2\pi f/f_a)]^2 + [0{,}6\sin(2\pi f/f_a)]^2} \cdot e^{-j\arctan\{[0{,}6sin(2\pi f/f_a)]/[1-0{,}6\cos(2\pi f/f_a)]\}}$. $|\underline{H}_p(f)|$ ist in Abb. 9.11c und $\phi(f)$ in Abb. 9.11d dargestellt. Sowohl der Amplitudenbetrag $|\underline{H}_p(f)|$ als auch die Phase $\phi(f)$ verlaufen über der Frequenz f periodisch mit der Abtastfrequenz $f_a = 1/T_a$. $|\underline{H}_p(f)|$ hat seine Maximalwerte bei $f = 0$ sowie $f = nf_a$ $(n = 1, 2, 3, \ldots)$. Im Frequenzbereich $0 \le f \le 0{,}5f_a$ wirkt die Schaltung wie ein Tiefpaß. Die Phase

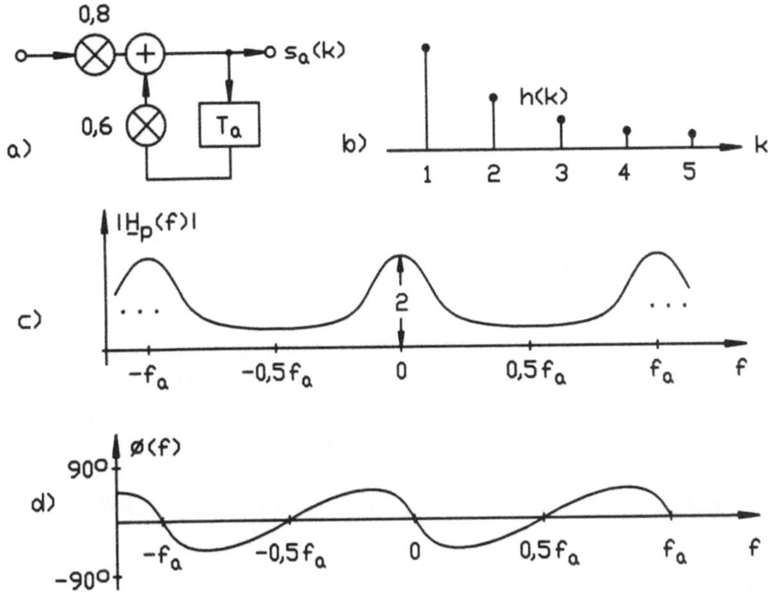

Abbildung 9.11: a) digitaler Tiefpaß; b) Impulsantwort; c) Amplitudenbetragsverlauf (Amplitudengang); d) Phasengang

verläuft nichtlinear. Eine verzerrungsfreie Übertragung ist mit einem solchen Tiefpaß somit nur in dem Frequenzbereich möglich, in dem $|\underline{H}_p|$ näherungsweise konstant und ϕ näherungsweise linear verläuft, siehe Abschn. 2.3.4.

Die Periodizität des Frequenzgangs ist für digitale Filter typisch. Im folgenden Abschnitt wird dies mehrfach gezeigt.

9.2 Entwurf digitaler Filter

Alle Reaktanz-Filterformen, die in den Abschnitten 3.3.3 und 3.3.4 behandelt wurden, nämlich Tiefpaß, Hochpaß, Bandpaß und Bandsperre, können grundsätzlich auch als Digitalfilter realisiert werden. Zum Entwurf digitaler Filter gibt es unterschiedliche Methoden, wie z.B. die **Approximation von Übertragungsfunktionen** bzw. Frequenzgängen oder Filtertoleranzschemen kontinuierlicher Systeme, ähnlich wie in Abschn. 3.3.4 gezeigt, durch diskontinuierliche Netzwerke. Zur Erläuterung dieses Verfahrens werde ein analoges Netzwerk mit einem auf f_g bandbegrenzten Eingangssignal $s_{ea}(t)$, dem Ausgangssignal $s_{aa}(t)$ sowie dem Frequenzgang $\underline{H}(j\omega)$ betrachtet, s. Abb. 9.12a.

Zu ermitteln ist ein diskontinuierliches Netzwerk, welches das analoge Netzwerk

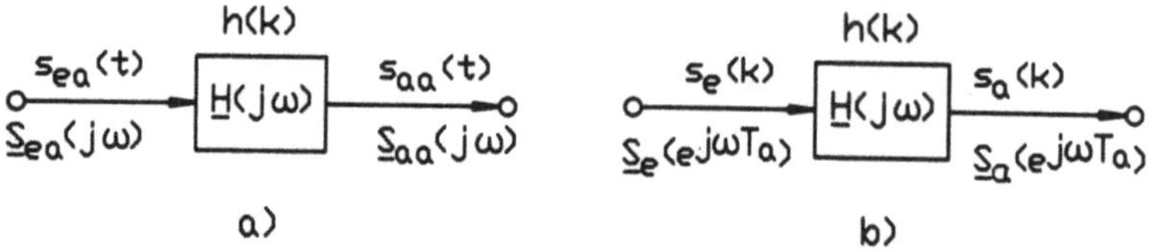

Abbildung 9.12: Nachbildung eines analogen Netzwerks durch ein diskontinuierliches: a) kontinuierliches System; b) diskontinuierliches System

und sein Verhalten nachbildet, mit dem Eingangssignal $s_e(k)$, dem Ausgangssignal $s_a(k)$ sowie einem Frequenzgang $\underline{H}(e^{j\omega T_a}) = \underline{H}_p(j\omega)$. Die diskontinuierlichen Signale $s_e(k)$ und $s_a(k)$ entstehen durch Abtastung mit $f_a \geq 2f_g$ aus $s_{ea}(t)$ und $s_{aa}(t)$, sodaß für $|\omega| \leq \pi/T_a$ folgender Zusammenhang vorliegt:

$$s_e(k) = s_{ea}(kT_a);\ s_a(k) = s_{aa}(kT_a);\ \underline{S}_e(e^{j\omega T_a}) = \frac{\underline{S}_{ea}(j\omega)}{T_a};\ \underline{S}_a(e^{j\omega T_a}) = \frac{\underline{S}_{aa}(j\omega)}{T_a} \tag{9.21}$$

Da im Frequenzbereich die Beziehungen

$$\underline{S}_{aa}(j\omega) = \underline{H}(j\omega)\underline{S}_{ea}(j\omega) \quad \text{und} \quad \underline{S}_a(e^{j\omega T_a}) = \underline{H}(e^{j\omega T_a})\underline{S}_e(e^{j\omega T_a}) \tag{9.22}$$

gelten, lautet der Frequenzgang des diskontinuierlichen Systems

$$\underline{H}(e^{j\omega T_a}) = \underline{H}(j\omega); \quad (|\omega| \leq \pi/T_a), \tag{9.23}$$

s. Abb. 9.12b. Der Frequenzgang des kontinuierlichen Systems stimmt im Intervall $|\omega| \leq \pi/T_a$ mit dem Frequenzgang des diskontinuierlichen Systems überein. Das diskontinuierliche Netzwerk simuliert das analoge im vorgenannten Intervall (Simulationstheorem der Systemtheorie) [50].

□ **Beispiel 9.6**

Betrachtet werde der in Abb. 9.13 dargestellte RC-Tiefpaß bei sinusförmiger Erregung mit der Eingangsspannung $s_{ea}(t)$ bzw. $\underline{S}_{ea}(j\omega)$ und der Ausgangsspannung $s_{aa}(t)$ bzw. $\underline{S}_{aa}(j\omega)$.

Wie bereits in Beispiel 2.11 gezeigt, lautet die Übertragungsfunktion

$$H(j\omega) = \frac{1}{1 + j\omega RC}. \tag{9.24}$$

Diese Übertragungfunktion kann nun nach Gl. (9.12), der allgemeinen Übertragungsfunktion digitaler Filter, nachgebildet werden, wenn man dort den Grad der rationalen Funktion zu 1 und $a_1 = 0$ wählt. Übertragungsfunktion $\underline{H}(z)$ und Frequenzgang $\underline{H}(e^{j\omega T_a})$ lauten dann

$$\underline{H}(z) = \frac{a_o}{1 + b_1 z^{-1}}; \quad \underline{H}(e^{j\omega T_a}) = \underline{H}_p(j\omega) = \frac{a_0}{1 + b_1 e^{-j\omega T_a}}. \tag{9.25}$$

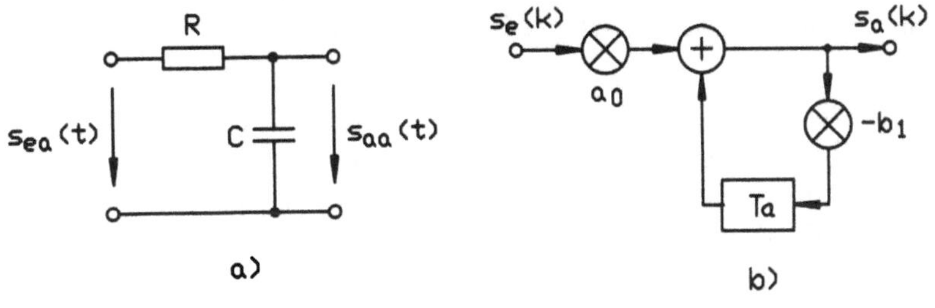

Abbildung 9.13: a) RC-Tiefpaß; b) äquivalentes diskontinuierliches Netzwerk

Dies sind Übertragungsfunktion und Frequenzgang eines Digitalfilters 1. Ordnung. Die **Ordnungszahl** wird durch die Anzahl der Verzögerungsglieder bestimmt. Formt man den Frequenzgang mit der Euler-Formel um, so folgt

$$\underline{H}(e^{j\omega T_a}) = \underline{H}_p(j\omega) = \frac{1}{\frac{1+b_1\cos\omega T_a}{a_0} - j\frac{b_1\sin\omega T_a}{a_0}} \tag{9.26}$$

$$\frac{1+b_1\cos\omega T_a}{a_0} = 1; \quad -\frac{b_1}{a_0}\sin\omega T_a = \omega RC$$

wenn man mit Gl. (9.24) vergleicht. Für tiefe Frequenzen (Tiefpaß) darf $\cos\omega T_a \approx 1$ und $\sin\omega T_a \approx \omega T_a$ gesetzt werden. Die Gleichungen mit den Koeffizienten a_0 und b_1 in (9.27) vereinfachen sich damit auf $1 + b_1 = a_0$ und $-b_1 = (RC/T_a)a_0$, und für die Koeffizienten erhält man durch Lösung der beiden Gleichungen

$$a_0 = \frac{1}{1+\frac{RC}{T_a}}; \quad b_1 = -\frac{RC/T_a}{1+\frac{RC}{T_a}}. \tag{9.27}$$

Wegen $\underline{S}_a(z) = \underline{H}(z)\underline{S}_e(z)$ findet man mit Gl. (9.25) das Ausgangsignal im z-Bereich $\underline{S}_a(z)$ und durch z-Rücktransformation - Korrespondenztabelle s. **Anhang C** - die Differenzengleichung für $s_a(k)$.

$$\underline{S}_a(z) = a_0\underline{S}_e(z) - b_1 z^{-1}\underline{S}_a(z); \quad s_a(k) = a_0 s_e(k) - b_1 s_a(k-1) \tag{9.28}$$

In Abb. 9.13b ist das aus der Differenzengleichung folgende Netzwerk des rekursiven Tiefpasses 1. Ordnung dargestellt [50].

Zum Entwurf rekursiver Digtalfilter benutzt man oft die in Abschn. 3.3.3 bzw. 3.3.4 betrachteten Analogfilter als Referenzfilter, überträgt ihre Eigenschaften durch eine geeignete Transformation in den diskontinuierlichen Bereich und nähert diese Eigenschaften mit Hilfe diskontinuierlicher Netzwerke. Allerdings gibt es auch numerische Approximationsverfahren zur Realisierung rekursiver Digitalfilter bei vorgegebenem Toleranzschema. Nach diesen Verfahren entworfene Digitalfilter liegen zum Teil in katalogisierter Form vor.

Nichtrekursive Digitalfilter werden oft mit Hilfe des sogenannten Fensterverfahrens entworfen, das im nächsten Abschnitt betrachtet wird.

Eine spezielle Methode ist die Synthese von **Wellendigitalfiltern** nach [103], bei der vom Netzwerk eines analogen Wellenparameterfilters, s. Abschn. 3.3.3, bestimmter Übertragungsfunktion ausgegangen wird. Die idealen Bauelemente analoger Wellenparameterfilter wie Induktivitäten, Kapazitäten, und Übertrager werden hierbei durch geeignete diskontinuierliche Elemente ersetzt und durch digitale Anpassungselemente (Adaptoren) miteinander verbunden. Bei Anwendung dieses Verfahrens werden die günstigen Eigenschaften analoger Wellenparameterfilter in die digitale Version übernommen [28, 50].

Auf die Synthese von Wellendigitalfiltern wird im folgenden nicht eingegangen.

9.2.1 Nichtrekursive Digitalfilter, FIR-Filter

Nichtrekursive Digitalfilter enhalten keinen Rückkopplungszweig. Man nennt sie deshalb auch Transversalfilter, wie bereits eingangs erwähnt. Die Grundstruktur eines Transversalfilters ist in Abb. 9.14 wiedergegeben. Die hierzu duale Struktur ist eine gleichwertige Anordnung.

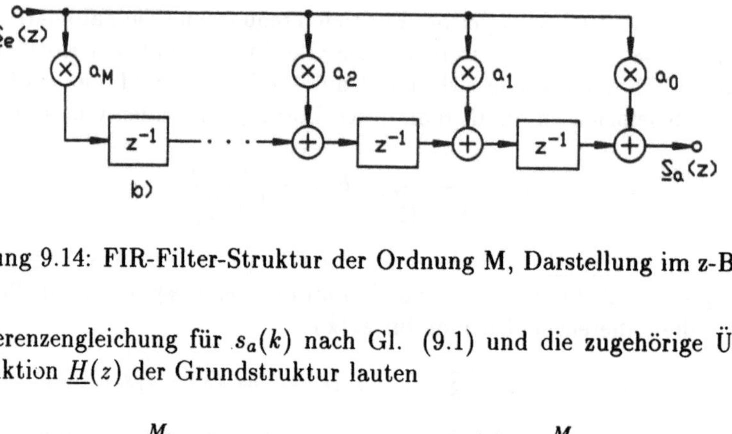

Abbildung 9.14: FIR-Filter-Struktur der Ordnung M, Darstellung im z-Bereich

Die Differenzengleichung für $s_a(k)$ nach Gl. (9.1) und die zugehörige Übertragungsfunktion $\underline{H}(z)$ der Grundstruktur lauten

$$s_a(k) = \sum_{\mu=0}^{M} a_\mu s_e(k-\mu); \quad \underline{H}(z) = \frac{\underline{S}_a(z)}{\underline{S}_e(z)} = \sum_{\mu=0}^{M} a_\mu z^{-\mu}. \tag{9.29}$$

Setzt man zur Bestimmung des Frequenzgangs $z^{-1} = e^{-j\omega T_a}$, mit der Normierung $\omega T_a = 2\pi F$; $F = f/f_a = fT_a$, so erhält man

$$\underline{H}_p(j\omega) = \sum_{\mu=0}^{M} a_\mu e^{-j\mu\omega T_a} = \sum_{\mu=0}^{M} a_\mu e^{-j2\pi\mu F}. \tag{9.30}$$

Gilt für die Koeffizienten die gerade Symmetrie $a_{M-\mu} = a_\mu$, dann vereinfacht sich die Übertragungsfunktion zu

$$\underline{H}_p(F) = e^{-j\pi MF} \sum_{\mu=0}^{M} a_\mu \cos\pi(M-2\mu)F \quad (a_{M-\mu} = a_\mu) \tag{9.31}$$

$|\underline{H}_p(F)|$ ist eine gerade Funktion. Liegt dagegen ungerade Symmetrie der Koeffizienten vor, $a_{M-\mu} = -a_\mu$, dann lautet die Vereinfachung

$$\underline{H}_p(j\omega) = je^{-j\pi MF} \sum_{\mu=0}^{M} a_\mu \sin\pi(M-2\mu)F \quad (a_{M-\mu} = -a_\mu) \tag{9.32}$$

$|\underline{H}_p(j\omega)|$ ist dann eine ungerade Funktion. In beiden Fällen kann der gemeinsame Phasenfaktor $e^{-j\pi MF}$ mit $\phi = -\pi MF$ bzw. $je^{-j\pi MF}$ mit $\phi = -\pi MF + \pi/2$ ausgeklammert werden. Der Phasenverlauf ist in diesen Spezialfällen linear; eine Eigenschaft die für verzerrungsfreie Übertragung erforderlich ist. Die konstante Gruppenlaufzeit erhält man aus

$$\tau_g = \frac{d\beta}{d\omega} = -\frac{d\phi}{d\omega} = -\frac{1}{2\pi}\frac{d\phi}{df} = \frac{1}{2}MT_a \tag{9.33}$$

Damit können durch solche Filter keine Phasen- bzw. Gruppenlaufzeitverzerrungen verursacht werden. Dies ist der Grund warum Transversalfilter ausschließlich mit den genannten Symmetrieeigenschaften entworfen werden.

Die **Ermittlung der FIR-Filter-Koeffizienten** kann mit Hilfe der *Fourierapproximation* auch *Fensterverfahren* genannt oder *numerischen Approximationsverfahren* erfolgen. Im folgenden wird die zuerst genannte anschaulichere Methode vorgestellt.

Aus der Differenzengleichung 9.29 der FIR-Filter kann ähnlich wie in Beispiel 9.3 demonstriert, die Impulsantwort berechnet werden. Sie besteht aus der Folge der Filterkoeffizienten.

$$\{h(k)\} = \{a_k\} = a_0, a_1, \ldots, a_M \tag{9.34}$$

Die Impulsantwort bei kontinuierlichen Systemen $h(t)$ erhält man aus der Fourier-Rücktransformierten der Übertragungsfunktion $\underline{H}(f)$, s. Abschn. 2.3.2.

$$h(t) = \int_{-\infty}^{+\infty} \underline{H}(f) e^{j2\pi ft} df$$

Bei diskontinuierlichen Systemen tritt an die Stelle der Übertragungsfunktion $\underline{H}(f)$ der mit $f_a = 1/T_a$ periodische Frequenzgang $\underline{H}(e^{j2\pi fT_a}) = \underline{H}_p(f)$. Die Impulsantwort diskontinuierlicher Systeme lautet demnach, als Spezialfall von Gl. (2.167) mit $s_a(k) = h(k)$ und $\underline{S}_a(f) = \underline{H}_p(f)$,

$$h(k) = \int_{-0,5f_a}^{+0,5f_a} \underline{H}_p(f) e^{j2\pi fkT_a} df \tag{9.35}$$

Setzt man die Impulsantworten (=Filterkoeffizienten) aus Gl. (9.34) sowie den gewünschten Frequenzgang $\underline{H}_p(f)$ des FIR-Filters - der z.B. aus der periodischen Fortsetzung des Frequenzgangs $\underline{H}(f)$ eines Analogfilters entsteht - in Gl. (9.35) ein, so lassen sich aus der resultierenden Beziehung die Filterkoeffizienten bestimmen.

Zur Verwirklichung realer Tiefpässe ist es naheliegend, die Übertragungsfunktion eines idealen Tiefpasses durch ein FIR-Filter zu approximieren. Der ideale Tiefpaß habe die normierte Grenzfrequenz $F_g = f_g/f_a$. Zur Realisierung wird die Übertragungsfunktion $\underline{H}(f)$ des idealen Tiefpasses, s. Abb. 2.25, periodisch fortgesetzt und durch den FIR-Filter-Frequenzgang $\underline{H}_p(f)$ beschrieben. Im Durchlaßbereich des Filters sei $|\underline{H}_p| = 1$ und im Sperrbereich $|\underline{H}_p| = 0$, s. Abb. 9.15. Für

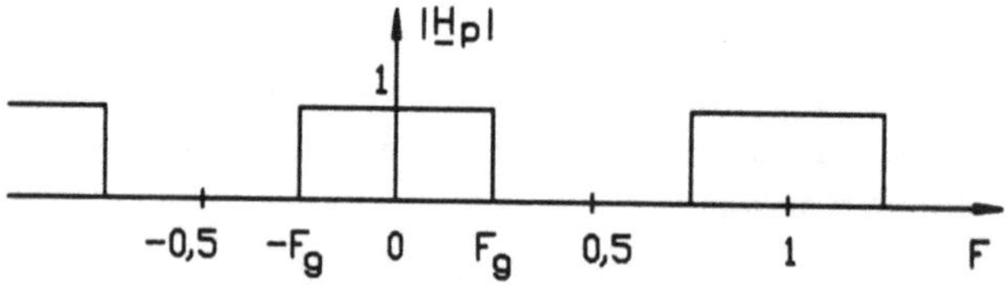

Abbildung 9.15: Periodischer Frequenzgang eines idealen digitalen Tiefpasses

den Frequenzgang $\underline{H}_p(f)$, der periodischen Fortsetzung von $\underline{H}(f)$, gilt mit Gl. (2.115), wenn man die Phasenlaufzeit τ_p durch die Gruppenlaufzeit τ_g ersetzt und eine konstante Gruppenlaufzeit $\tau_g = 0,5MT_a$ sowie $H_0 = 1$ fordert

$$\underline{H}_p(f) = e^{-j\pi f MT_a} = e^{-j\pi MF}; \; (-F_g \leq F \leq F_g) \qquad (9.36)$$

$$= 0 \text{ sonst} \qquad (9.37)$$

Setzt man diesen Frequenzgang - der zu approximieren ist - in Gl. (9.35) ein, so folgt für die Filterkoeffizienten a_k , wenn man die oben genannte Normierung $F = f/f_a$ sowie $f_a \geq 2f_g$ berücksichtigt [51],

$$a_k = \int_{-F_g}^{+F_g} e^{j\pi F\cdot(2k-M)} dF = \frac{\sin(2k-M)\pi F_g}{(2k-M)\pi F_g} \quad (k = 0, 1, 2, \ldots M) \qquad (9.38)$$

Da M endlich sein muß - es sind nur Filter endlicher Ordnung realisierbar - muß die Folge der Koeffizienten a_k bei a_M abbrechen. Dies entspricht der Multiplikation (Bewertung) der a_k-Werte mit einer Fensterfunktion. Im folgenden Beispiel - bei der Berechnung eines FIR-Filters 5. Ordnung ($M = 5$) - werden die Fensterfunktionen *Rechteckfenster* und *Hammingfenster* und ihre Anwendung erläutert.

FIR-Tiefpässe mit ungeradem M haben günstigere Eigenschaften als diejenigen mit geradem M (Sperrverhalten), da ihre Frequenzgänge eine Nullstelle bei $F = 0,5$ aufweisen, s. Beispiel 9.7. Tiefpaß-Frequenzgänge bei geradem M haben dort lediglich ein Minimum [51].

□ **Beispiel 9.7**

Berechnung eines FIR-Tiefpaßfilters 5. Ordnung mit der normierten oberen Grenzfrequenz $F_g = f_g/f_a = 0,25$. Die Filterkoeffizienten werden zunächst mit Gl. (9.38) berechnet. Da die Rechnung bei k=M=5 abgebrochen wird, entspricht dies der Bewertung mit dem Rechteckfenster, s. Abb. 9.16a. Zur Bewertung mit dem Hamming-Fenster werden die Koeffizienten mit der Hamming-Fensterfunktion $W(k)$, s. Abb. 9.16b, multipliziert.

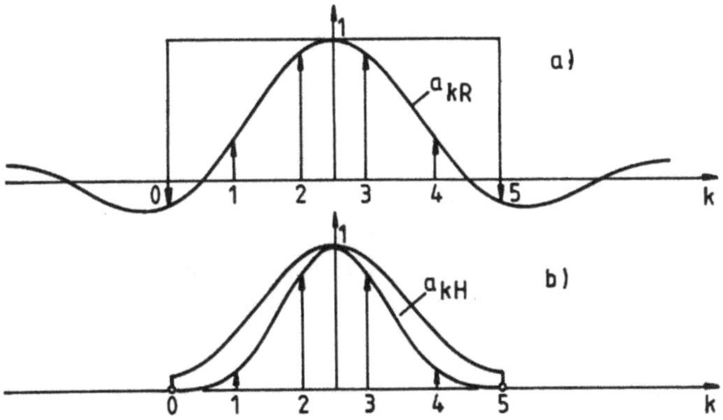

Abbildung 9.16: Fensterfunktionen zur Koeffizientenbewertung bei einem FIR-Filters 5. Ordnung ($M = 5$): a) Rechteckfenster, $W(k) = 1$ für $k = 0, 1, 2, 3, 4, 5$ und 0 sonst ; b) Hamming-Fenster, $W(k) = 0,54 - 0,46\cos(2\pi k/M)$ für $k = 0, 1, 2, 3, 4, 5$ und 0 sonst

Für $k = 0$ und $k = 5$ liefert Gl. (9.38) bei $M = 5$, $a_{0R} = a_{5R} = -0,18006$ und nach der Bewertung (Multiplikation) mit der Hammingfunktion, s. Abb. 9.16b, $W(0) = W(5) = 0,08$ die Koeffizienten $a_{0H} = a_{5H} = -0,01441$. Bei $k = 1$ und $k = 4$ erhält man durch eine entsprechende Rechnung $a_{1R} = a_{4R} = 0,30011$ und mit $W(1) = W(4) = 0,39785$ die Koeffizienten $a_{1H} = a_{4H} = 0,1194$. Schließlich ermittelt man für $k = 2$ und $k = 3$, $a_{2R} = a_{3R} = 0,90032$ und mit der Hamming-Bewertung $W(2) = W(3) = 0,91215$, $a_{2H} = a_{3H} = 0,82122$ als Ergebnis. Wegen der geraden Symmetrie der Koeffizienten bestimmt man den Frequenzgang des FIR-Tiefpasses aus Gl. (9.31) für $M = 5$ und $k = 1, 2, 3, 4, 5$, s. Abb. 9.17.

Der Frequenzgang des idealen Tiefpasses wird bei ausschließlicher Rechteck-Bewertung nur sehr unvollständig genähert, wie Abb. 9.17b_1 zeigt. Der FIR-Filter-Frequenzgang weicht stark vom idealen Verlauf ab. Vor allem die Sperrdämpfung oberhalb von F_g ist gering. Verwendet man die mit dem Hamming-Fenster berechneten Koeffizienten, so erhält man den in Abb. 9.17b_2 dargestellten Frequenzgang mit einer verbesserten Sperrdämpfung.

Damit ein Vergleich mit dem Frequenzgang des idealen Tiefpasses möglich ist -

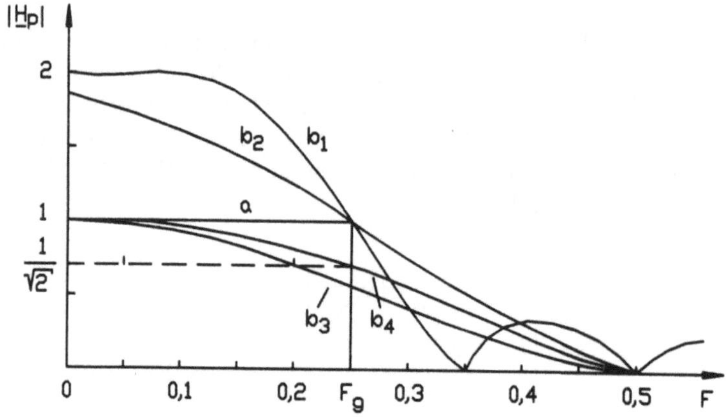

Abbildung 9.17: Tiefpaß-Frequenzgänge ($F_g = 0,25$): a) idealer Tiefpaß; b) FIR-Tiefpaß 5. Ordnung: b_1) Rechteck-Fenster; b_2) Hamming-Fenster; b_3) nach der Frequenzgang-Normierung; b_4) nach der Grenzfrequenzkorrektur

er hat die Amplitude $|\underline{H}| = 1$ - wird der Maximalwert von $|\underline{H}_p|$ ebenfalls auf $|\underline{H}_p| = 1$ normiert. Hierzu dividiert man jeden Koeffizienten durch die Summe aller Koeffizienten.

$$a_{kN} = \sum_{k=0}^{M} a_{kH} \qquad (9.39)$$

$|\underline{H}_p|$ hat dann bezüglich Abb. 9.17b_2 den in Abb. 9.17b_3 dargestellten Verlauf. Die Verstärkung $1/\sqrt{2}$ bei der Grenzfrequenz F_g wird hierbei jedoch nur näherungsweise eingehalten. Wählt man zur Grenzfrequenz-Korrektur $F_g' = 0,32$ anstelle von $F_g = 0,25$ und führt die gesamte Rechnung mit dem korrigierten Wert durch, so wird der gewünschte Amplitudenwert bei F_g im Frequenzgang recht genau erreicht, s. Abb. 9.17b_4. Die Koeffizienten lauten dann endgültig $a_0 = a_5 = -0,00979, a_1 = a_4 = +0,00979, a_2 = a_3 = 0,5$. In Abb. 9.18 ist das FIR-Filter 5. Ordnung im Zeitbereich dargestellt [51].

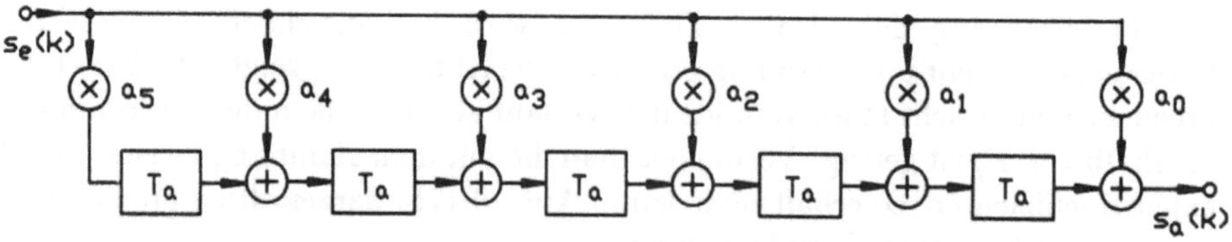

Abbildung 9.18: FIR-Filter 5. Ordnung, Darstellung im Zeitbereich

Weitere gebräuchliche Fenster zur Koeffizienten-Bewertung sind **Hanning-Fenster**, **Blackman-Fenster** und **Kaiser-Fenster** [28, 51].

Zur Bestimmung von **Hochpässen**, **Bandpässen** und **Bandsperren** kann man - wie oben für den idealen Tiefpaß demonstriert - in Gl. (9.35) die periodische Fortsetzung der jeweils gewünschten idealen (oder realen) Übertragungsfunktion einsetzen und daraus die Koeffizienten a_k ermitteln (z.B. mit Hilfe der diskreten Fourier-Rücktransformation). Im folgenden Abschnitt wird gezeigt, wie man eine im Intervall $0 \leq f \leq \infty$ definierte Übertragungsfunktion periodisch fortsetzt, s. Beisp. 9,8. Auch durch Frequenztransformation können solche Filter gewonnen werden, obwohl die hierbei entstehenden Filter oft auf IIR-Filter führen [28].

9.2.2 Rekursive Digitalfilter, IIR-Filter

Ergänzt man ein FIR-Filter durch einen geeigneten Rückkopplungszweig, so erhält man ein rekursives Digitalfilter. Abb. 9.19 zeigt dessen gebräuchlichste Struktur. Auch die hierzu duale Struktur ergibt ein brauchbares Digitalfilter.

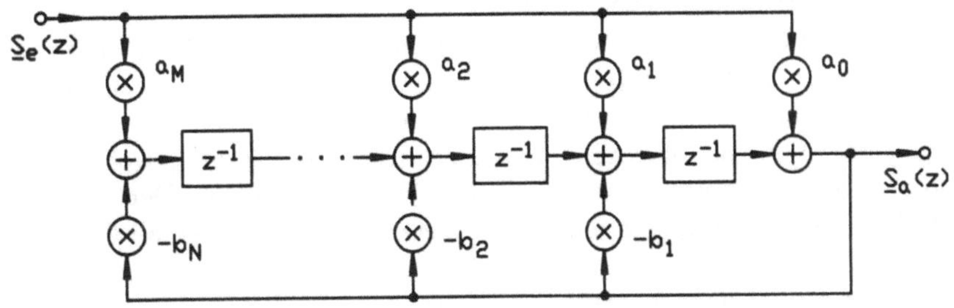

Abbildung 9.19: Struktur eines rekursiven Digitalfilters mit $M = N$ Rückführungen, Darstellung im z-Bereich

Aus Abb. 9.19 entnimmt man die Übertragungsfunktion

$$\underline{S}_a(z) = \sum_{\mu=0}^{M} a_\mu z^{-\mu} S_e(z) - \sum_{\mu=1}^{M} b_\mu z^{-\mu} S_a(z); \quad \underline{H}(z) = \frac{\underline{S}_a(z)}{\underline{S}_e(z)} = \frac{\sum_{\mu=0}^{M} a_\mu z^{-\mu}}{1 + \sum_{\nu=1}^{N} b_\nu z^{-\nu}}. \tag{9.40}$$

Die z-Rücktransformation der vorstehend zuerst genannten Gleichung liefert mit $-b_0 = 1$ die Differenzengleichung (9.1). Zur Bestimmung des periodischen Frequenzgangs setzt man, wie bei den FIR-Filtern, $z = e^{j\omega T_a} = \cos\omega T_a + j\sin\omega T_a$, also $\underline{H}(e^{j\omega T_a}) = \underline{H}_p(j\omega)$. Ebenso wird die Normierung $F = f/f_a$ mit der Abtastfrequenz $f_a = 1/T_a$ eingeführt, wobei die Einhaltung des Abtasttheorems vorausgesetzt wird. Mit den genannten Voraussetzungen gilt für den Betrag des periodischen Frequenzgangs bei $N = M$ Rückführungen

$$|\underline{H}_p(j\omega)| = \sqrt{\frac{\left(\sum_{\mu=0}^{M} a_\mu \cos 2\pi\mu F\right)^2 + \left(\sum_{\mu=0}^{M} a_\mu \sin 2\pi\mu F\right)\right)^2}{\left(\sum_{\mu=0}^{M} b_\mu \cos 2\pi\mu F\right)^2 + \left(\sum_{\mu=0}^{M} b_\mu \sin 2\pi\mu F\right)^2}}. \quad (9.41)$$

Zur **Berechnung der Koeffizienten rekursiver Digitalfilter** aus analogen Referenzfiltern benutzt man, neben den oben erwähnten Approximationsverfahren häufig Transformationsverfahren, wie die **impulsinvariante Transformation** oder die **bilineare Transformation** [28, 29] . Im Rahmen der folgenden Betrachtungen wird die bilineare Transformation zur Koeffizientenbestimmung verwendet, da sie einerseits den geringsten Rechenaufwand verursacht und deshalb das Verständnis erleichtert, und andererseits Nachteile der impulsinvarianten Transformation (Aliasing-Effect) vermeidet. Der Begriff "Aliasing" ist in Abschn. 2.4.1 erklärt.

Bei der Berechnung rekursiver Filter mit Hilfe der bilinearen Transformation geht man von der Übertragungsfunktion $\underline{H}(j\omega)$ eines analogen Referenzfilters aus und nähert diese mit Hilfe eines IIR-Netzwerks.

Der Betrag der Übertragungsfunktion $|\underline{H}(f)|$, der Amplituden-Frequenzgang, eines realisierbaren analogen Filters, s. Abschn. 3.3.3 und 3.3.4, ist im Intervall $0 \leq f \leq \infty$ definiert. Ein digitales Filter dagegen hat einen mit der Abtastfrequenz $f_a = 1/T_a$ periodischen Frequenzgangsbetrag $|\underline{H}_p(f)|$, wobei der zur Filterung nutzbare Bereich im Intervall $0 \leq f' \leq 0,5 f_a$ liegt. Der Verlauf des Amplituden-Frequenzgangs des analogen Referenzfilters, im Intervall $0 \leq f \leq \infty$, muß deshalb in das Intervall $0 \leq f' \leq 0,5 f_a$ des Digitalfilters transformiert und periodisch fortgesetzt werden. Eine Transformation, die dies leistet ist durch

$$f = \frac{f_a}{\pi} \tan \frac{\pi f'}{f_a} \quad (9.42)$$

definiert, wobei für $f \to \infty$, $f' \to 0,5 f_a$ geht und für $f \approx f'$, $f' \ll f_a$ wird. Wie die vorstehende Transformationsgleichung zeigt, verursacht sie eine definierte Verzerrung der Frequenzachse. Die Verzerrung wird offenbar umso geringer, je größer die Abtastfrequenz f_a gegenüber den Frequenzen des interessierenden Frequenzbereichs f' wird. Mit der Normierung $F = f/f_a$ bzw. $F_g = f_g/f_a$ erhält man [51]

$$F = \frac{1}{\pi} \tan \pi F' = F_g \cot \pi F_g \tan \pi F' = F_g l \tan \pi F'; l = \cot \pi F_g. \quad (9.43)$$

Der Faktor l wird eingeführt, um eine Verschiebung der Grenzfrequenz durch die Transformation korrigieren zu können.

Führt man die Transformation durch, so enthält der periodische Frequenzgang die neue Frequenzvariable f' bzw. F' und wird mit $\underline{H}_p(f')$ bzw. $\underline{H}_p(F')$ bezeichnet.

□ **Beispiel 9.8**

Transformation der Betrags-Übertragungsfunktion (= Amplitudenfrequenzgang) des analogen RC-Tiefpasses 1. Ordnung nach Abb. 9.13 und Gl. (9.24), definiert im Interval $0 \leq f \leq \infty$, in das Intervall $0 \leq f \leq 0,5f_a$, sowie deren periodische Fortsetzung mit Hilfe von Gl. (9.43).

Führt man die normierte Frequenz $F = f/f_a = \omega/\omega_a$ in Gl. (9.24) ein, so folgt $\underline{H}(F) = 1/(1 + j2\pi F f_a RC) = 1/(1 + j2\pi FK)$, $K = f_a RC = 5kHz \cdot 0,1k\Omega \cdot 1\mu F = 0,5$. Der Amplituden-Frequenzgang des RC-Tiefpasses lautet damit $|\underline{H}(F)| = 1/\sqrt{1 + 4\pi^2 F^2 K^2} = 1/\sqrt{1 + 9,87F^2}$; er ist in Abb. 9.20a dargestellt. Um die periodische Fortsetzung zu erreichen, wird Gl. (9.43) in den vorgenannten

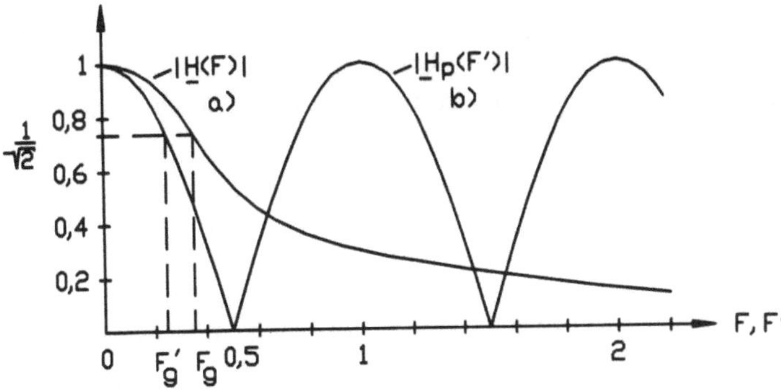

Abbildung 9.20: a) Betrag der Übertragungsfunktion des analogen RC-Tiefpasses nach Abb. 9.13; b) periodische Fortsetzung des Verlaufs ($R = 0,1k\Omega$, $C = 1\ \mu$F, $f_a = 5$ kHz; $F = f/f_a = [1/\pi] \tan \pi F'$)

Amplituden-Frequenzgang eingesetzt. Man erhält $|\underline{H}_p(F')| = 1/\sqrt{1 + \tan^2 \pi F'}$. Der Verlauf über F' ist in Abb. 9.20b wiedergegeben. Wie man Abb. 9.20 entnimmt, stimmen die Grenzfrequenzen bei einem Amplitudenabfall um $1/\sqrt{2} \hat{=} -3$ dB nicht ganz überein. Durch Variation der Größe $l = \cot \pi F_g$ in Gl. (9.43) kann dieser Effekt beseitigt werden.

Die periodische Fortsetzung des Amplituden-Frequenzgangs eines analogen Referenzfilters $|\underline{H}_p(F')|$ kann durch ein IIR-Digitalfilter approximiert werden. Zur Bestimmung der IIR-Filterkoeffizienten ist es erforderlich, die komplexe Variable $P = j\Omega = jF/F_g = j\omega/\omega_g = jf/f_g$ einzuführen, wobei - um eine Überfrachtung der Formeldarstellung zu vermeiden - wieder $F' = F$ bzw. $P = P'$ gesetzt wird. F

bzw. P sind damit bereits transformierte Größen. P lautet dann mit Gl. (9.43), der Umformung $j \tan x = (1 - e^{-j2x})/(1 + e^{-j2x})$ sowie $z = e^{j2\pi F}$

$$P = j\Omega = jF/F_g = jl \tan \pi F = l\frac{1 - z^{-1}}{1 + z^{-1}}. \tag{9.44}$$

Diese Beziehung wird *bilineare Transformation* genannt.

Da nun die bilineare Transformation vorliegt, kann man zur Berechnung eines IIR-Filters unmittelbar von der Übertragungsfunktion $\underline{H}(j\omega)$ des analogen Referenzfilters ausgehen, indem man $j\omega = P\omega_g$ setzt. Im allgemeinen ist $\underline{H}(P)$ eine gebrochen rationale Funktion der Form

$$\underline{H}(P) = \frac{\sum_{\mu=0}^{M} d_\mu P^\mu}{\sum_{\mu=0}^{M} c_\mu P^\mu} \tag{9.45}$$

Setzt man nun die bilineare Transformation Gl. (9.44) in die Übertragungsfunktion $\underline{H}(P)$ des Analogfilters ein, dann liegt sie in Abhängigkeit von z vor. Ein Koeffizientenvergleich mit Gl. (9.40) liefert dann die gesuchten Koeffizienten a_μ und b_μ des IIR-Filters.

Eine gut geeignete Methode zur Realisierung von IIR-Tiefpässen, Hochpässen, Bandpässen und Bandsperren ist die Ermittlung der Übertragungsfunktion des Normtiefpaß-Halbgliedes (Wellenparameterfilter) oder Normtiefpasses (Betriebsparameterfilter), Durchführung der **Frequenztransformation** im analogen Bereich, s. Abschn. 3.3.3.2 bzw. 3.3.4.4, und anschließende Bilineartransformation in den z-Bereich.

□ **Beispiel 9.9**

Berechnung eines IIR-Filters 1. Ordnung aus dem analogen RC-Referenztiefpaß nach Abb. 9.13. $R = 0,1k\Omega, C = 1\mu F, f_a = 5kHz, F_g = f_g/f_a = 0,3$. In der Übertragungsfunktion $\underline{H}(j\omega) = 1/(1 + j\omega RC)$ wird $j\omega = P\omega_g$ mit $P = l(1 - z^{-1})(1 + z^{-1})$ gesetzt. Man erhält $\underline{H}(P) = \frac{1}{1+l\omega_g RC\frac{1-z^{-1}}{1+z^{-1}}}$ und durch Umformung $H(P) = \frac{1}{1+l\omega_g RC}\frac{1+z^{-1}}{1+\frac{1-l\omega_g RC}{1+l\omega_g RC}z^{-1}}$. Da z mit dem Grad -1 erscheint, lautet die zugehörige Übertragungsfunktion des IIR-Filters nach Gl. (9.40) $\underline{H}(z) = \frac{a_0+a_1z^{-1}}{1+b_1z^{-1}}$. Ein Koeffizientenvergleich zwischen den beiden letztgenannten Gleichungen liefert die Filterkoeffizienten unmittelbar, nämlich $a_0 = a_1 = 1/(1 + l\omega_g RC) = 0,584$ und $b_1 = (1 - l\omega_g RC)/(1 + l\omega_g RC) = 0,168$ Mit Gl. (9.40) folgt die Differenzengleichung $s_a(k) = a_0 s_e(k) + a_1 s_e(k-1) - b_1 s_a(k-1)$ aus $\underline{S}_a(z) = a_0\underline{S}_e(z) + a_1\underline{S}_e(z)z^{-1} - b_1\underline{S}_a(z)z^{-1}$ durch z-Rücktransformation. Abb. 9.19 zeigt die Filterstruktur ($M = 1$).

Zu beachten ist, daß die Anwendung der bilinearen Transformation zur Verzerrung des Phasengangs $\phi(f) = \arctan(Im[\underline{H}]/Re[\underline{H}])$ und damit der Gruppenlaufzeit $\tau_g(f)$ führt. Hat das analoge Referenzfilter eine lineare Phase, so kann dies bei einem davon abgeleiteten IIR-Digitalfilter nicht erwartet werden. Benötigt man Filter mit linearer Phase, so benutzt man besser FIR-Filter.

Weitere Einzelheiten zur Realisierung von Digitalfiltern sind der einschlägigen Literatur zu entnehmen [27-29, 50, 51].

Übungsaufgaben

Aufgabe 9.1

Berechnen Sie die IIR-Digitalfilter-Struktur eines RC-Hochpasses 1. Ordnung, der durch Vertauschung von R und C in Abb. 9.13 entsteht ($f_a = 5$ kHz; $F_g = f_g/f_a = 0,3$; $R = 0,1\ k\Omega$; $C = 1\ \mu$F), mit Hilfe der bilinearen Transformation. Bestimmen Sie $|\underline{H}_p(z = e^{j2\pi F})|$ und zeichnen sie die IIR-Filterstruktur.

Aufgabe 9.2

Entwerfen Sie ein FIR-Hochpaßfilter 7. Ordnung (M=7) mit linearer Phase für $F_g = f_g/f_a = 0,25$. Bestimmen Sie die Filter-Koeffizienten, wenn lediglich eine Bewertung mit dem Rechteck-Fenster durchgeführt wird (ohne Frequenzgang-Normierung und Grenzfrequenz-Korrektur). Geben Sie Übertragungsfunktion, Frequenzgang und Frequenzgang-Betrag an. Bestimmen Sie $|\underline{H}_p|$ für $F = 0; 0,5; 1$ und $1,5$.

Aufgabe 9.3

Ermitteln Sie die IIR-Digitalfilter-Koeffizienten (Filterstruktur s. Abb. 9.19) eines Wellenparameter-Hochpaß-Halbgliedes mit Hilfe der bilinearen Transformation. Das Hochpaß-Halbglied soll durch Frequenztransformation im analogen Bereich aus dem Normtiefpaß-Halbglied erzeugt werden.

Aufgabe 9.4

Mit Hilfe der Struktur von IIR-Filtern gemäß Abb. 9.19 sollen die Filterkoeffizienten für ein IIR-Filter 2. Ordnung (ohne Spezifizierung ob Tiefpaß, Hochpaß, Bandpaß oder Bandsperre) allgemein ermittelt werden.

Lösungen

Aufgabe 9.1

$\underline{H}(j\omega) = \frac{1}{1+\frac{1}{j\omega RC}}$; Mit $j\omega = P\omega_g$ und $P = l\frac{1-z^{-1}}{1+z^{-1}}$ folgt $\underline{H}(P) = \frac{l\omega_g RC}{1+l\omega_g RC}\frac{1-z^{-1}}{1+\frac{1-l\omega_g RC}{1+l\omega_g RC}z^{-1}}$. Koeffizientenvergleich mit $\underline{H}(z)$ nach Gl. (9.40) liefert $a_0 = (l\omega_g RC)/(1+l\omega_g RC) = 0,416$; $a_1 = -a_0$; $b_1 = (1-l\omega_g RC)/(1+l\omega_g RC) = 0,168$. $|\underline{H}(z = e^{j2\pi F})| = |\underline{H}_p(F)| = \sqrt{\frac{[0,416(1-\cos 2\pi F)]^2+[0,416\sin 2\pi F]^2}{[1+0,168\cos 2\pi F]^2+[0,168\sin 2\pi F]^2}}$. IIR-Filter s. Abb. 9.19 $(M = 1)$

Aufgabe 9.2

Aus Gl. (9.38) folgt $a_0 = a_7 = -0,1286; a_1 = a_6 = -0,1801; a_2 = a_5 = 0,3001; a_3 = a_4 = 0,9003$. Mit Gl. (9.29) erhält man die Differenzengleichung $s_a(k) = -0,1286 s_e(k) - 0,1801 s_e(k-1) + 0,3001 s_e(k-2) + 0,9003 s_e(k -$

3) + $0,9003 s_e(k-4) + 0,3001 s_e(k-5) - 0,1801 s_e(k-6) - 0,1286 s_e(k-7)$ und die Übertragungsfunktion $\underline{H}(z) = -0,1286 - 0,1801 z^{-1} + 0,3001 z^{-2} + 0,9003 z^{-3} + 0,9003 z^{-4} + 0,3001 z^{-5} - 0,1801 z^{-6} - 0,1286 z^{-7}$. Frequenzgang, Gl. (9.31), $\underline{H}_p(F) = e^{-j7\pi F} \sum_{k=0}^{7} a_\mu \cos \pi(7-2\mu)F$ und Frequenzgang-Betrag $|\underline{H}_p(F)| = |\sum_{\mu=0}^{7} a_\mu \cos \pi(7-2k)F| = |-0,2572 \cos 7\pi F - 0,3602 \cos 5\pi F + 0,6002 \cos 3\pi F + 1,8006 \cos \pi F|$ mit $|\underline{H}_p(0)| = 1,7834$; $|\underline{H}_p(0,5)| = 0$; $|\underline{H}_p(1)| = 1,7834$; $|\underline{H}_p(1,5)| = 0$. Filterstruktur s. Abb. 9.195 ($M = 7$).

Aufgabe 9.3

Aus dem Normtiefpaß-Halbglied, Abb. 3.46, ermittelt man durch Frequenztransformation mit $\Omega = -(1/\eta) = -[1/(F/F_g)]$, s. Tabelle 3.2, das Hochpaß-Halbglied Abb. 9.21. mit $Z_{L0} = \sqrt{L/C}$. Hochpaß-Übertragungsfunktion aus

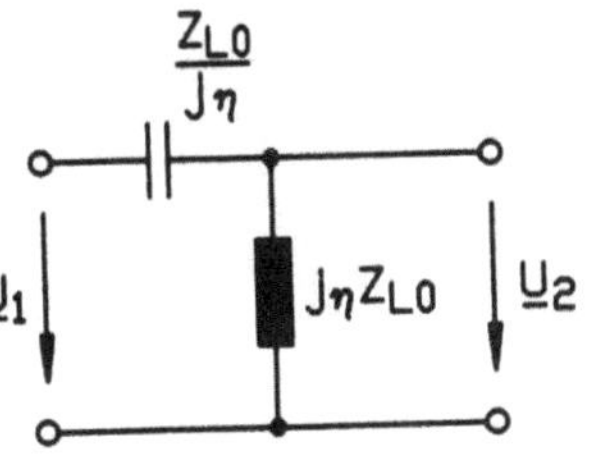

Abbildung 9.21: Hochpaß-Halbglied

Abb. 9.21, $\underline{H}(\eta) = \frac{1}{1-1/\eta^2}$. $\eta = P/j$ und $P = l(1-z^{-1})/(1+z^{-1})$ liefert $H(z) = \frac{l^2}{1+l^2} \cdot \frac{1-2z^{-1}+z^{-2}}{1+2\frac{1-l^2}{1+l^2}z^{-1}+z^{-2}}$. Koeffizientenvergleich mit Gl. (9.40) ergibt $a_0 = l^2/(1+l^2)$; $a_1 = -2l^2/(1+l^2)$; $a_2 = a_0$; $b_1 = 2(1-l^2)/(1+l^2)$; $b_2 = 1$.

Aufgabe 9.4

Aus Gl. 9.45 (Referenzfilter) $\underline{H}(P) = \frac{d_0+d_1P+d_2P^2}{c_0+c_1P+c_2P^2}$. Bilineare Transformation einsetzen, $P = l(1-z^{-1})/(1+z^{-1})$, und Koeffizientenvergleich mit Gl. (9.40) $\underline{H}(z) = \frac{a_0+a_1z^{-1}+a_2z^{-2}}{1+b_1z^{-1}+b_2z^{-2}}$ durchführen, liefert $a_0 = (d_0+d_1l+d_2l^2)/(c_0+c_1l+c_2l^2)$; $a_1 = (2(d_0-d_2l^2)/(c_0+c_1l+c_2l^2)$; $a_2 = (d_0-d_1l+d_2l^2)/(c_0+c_1l+c_2l^2)$; $b_1 = 2(c_0-c_2l^2)/(c_0+c_1l+c_2l^2$; $b_2 = (c_0-c_1l+c_2l^2)/(c_0+c_1l+c_2l^2)$.
Lösung von Aufgabe 9.3 wird mit $\underline{H}(P) = P^2/1+P^2$ und $d_0 = 0, d_1 = 0, d_2 = 1, c_0 = 1, c_1 = 0, c_2 = 1$ bestätigt.

Kapitel 10

Codierung

Unter *Codierung* versteht man die Zuordnung der Symbole eines Symbolvorrats zu denjenigen eines anderen. Diese Zuordnung muß nicht unbedingt umkehrbar sein.

Ein *Code* ist die Menge aller Codewörter, die zur Codierung des jeweiligen Symbolvorrats notwendig ist; er ist eine Teilmenge des Codevorrats, der die Menge aller möglichen Codewörter darstellt.

Ein umkehrbarer Code ist beispielsweise der Morsecode, bei dem der Symbolvorrat des einen Codes die Buchstaben, Satzzeichen und Zahlen des Alphabets sind. Die Symbole des anderen Symbolvorrates sind die entspechenden Punkt-Strich-Kombinationen des Morsecodes. Ebenso direkt umkehrbar ist die Codierung der Dezimalzahlen in Dualzahlen oder Hexadezimalzahlen, s. Tab. 10.1.

Ein Beispiel für einen nichtumkehrbaren Code ist das *Telegraphenalphabet Nr. 2* (Tab. 10.3) der Fernschreibcode, bei dem für Buchstaben und Ziffern mit Hilfe der Funktion "Codeumschaltung" gleichartige 5 Bit-Gruppen verwendet werden.

BCD-Codes (Binär Codierte Dezimalziffern) sind Codes, bei denen die Ziffern des Dezimalsystems 0 bis 9 durch Kombinationen von Binärstellen codiert werden. Hierbei wird jeder Stelle des Binärwortes eine feste Wertigkeit zugeordnet. Die codierte Dezimalziffer ergibt sich hierbei aus der Summe der Wertigkeiten der mit 1 belegten Stellen im Binärwort. Tab. 10.2 zeigt einige BCD-Codes, die in Rechnern Anwendung finden [116].

Die bisher erwähnten Codes zählen alle zu den sogenannten *Quellencodes.* Weiter bekannte Quellencodes sind der Strichcode, die Autonummer, die Telephonnummer und viele andere bis hin zu den ISBN-Nummern von Büchern.

Der Begriff *Quelle* stammt im hier interessierenden Zusammenhang aus der *Informationstheorie*, bei der ein Informations-Übertragungssystem durch Quelle, Ka-

Tabelle 10.1: Codierung von Zahlen

Dual $2^4\ 2^3\ 2^2\ 2^1\ 2^0$	Oktal $8^1\ 8^0$	Dezimal $10^1\ 10^0$	Hexadezimal $16^1\ 16^0$
0 0 0 0 0	0 0	0 0	0 0
0 0 0 0 1	0 1	0 1	0 1
0 0 0 1 0	0 2	0 2	0 2
0 0 0 1 1	0 3	0 3	0 3
0 0 1 0 0	0 4	0 4	0 4
0 0 1 0 1	0 5	0 5	0 5
0 0 1 1 0	0 6	0 6	0 6
0 0 1 1 1	0 7	0 7	0 7
0 1 0 0 0	1 0	0 8	0 8
0 1 0 0 1	1 1	0 9	0 9
0 1 0 1 0	1 2	1 0	0 A
0 1 0 1 1	1 3	1 1	0 B
0 1 1 0 0	1 4	1 2	0 C
0 1 1 0 1	1 5	1 3	0 D
0 1 1 1 0	1 6	1 4	0 E
0 1 1 1 1	1 7	1 5	0 F
1 0 0 0 0	2 0	1 6	1 0
1 0 0 0 1	2 1	1 7	1 1
1 0 0 1 1	2 2	1 8	1 2
1 0 1 0 0	2 3	1 9	1 3
1 0 1 0 1	2 4	2 0	1 4
. . . . .	. .	. .	. .
1 1 1 1 0	3 6	3 0	1 E
1 1 1 1 1	3 7	3 1	1 F

nal und Senke, s. Abb. 1.1. definiert ist. Das diskrete Quellensignal wird einer geeigneten Codierung unterworfen, um ihm bestimmte Eigenschaften zuzuordnen. Beispielsweise enthält das zu übertragende Quellensignal oft Anteile, die zum Verständnis der Information in der Senke nicht unbedingt benötigt werden. Mit Hilfe der *Quellencodierung* können diese Anteile durch geeignete Codes bzw. Algorithmen beseitigt oder auf ein Minimum reduziert werden. Die nach bestimmten Algorithmen beseitigten Signalanteile können durch *Quellendecodierung* in der Senke wieder rekonstruiert werden. Infolge einer solchen Quellencodierung wird die Signalbandbreite in der Regel reduziert [3, 4, 163-165].

Um die Nachricht gegen die Beeinträchtigungen des Kanals zu schützen, kann man das Quellensignal, das bereits einer Quellencodierung unterworfen wurde, durch zusätzliche Signalanteile ergänzen, die eine Verfälschung der Nachricht in der Senke erkennbar und u.U. korrigierbar machen. Dies leistet die *Kanalcodierung* bzw. *Kanaldecodierung* [3, 4, 8, 166-172].

Tabelle 10.2: BCD-Codes

Nr.	1	2	3	4	5	6	7	8	9
Name	8-4-2-1-Code	Aiken-Code	unsymmetrischer 2-4-2-1-Code	Stibitz-Code (Exzeß-3-Code)	4-2-2-1-Code	White-Code	Glixon-Code	O'Brien-Code	reflektierter Exzeß-3-Code
Stellenwert	8-4-2-1	2-4-2-1	2-4-2-1		4-2-2-1	5-2-1-1			
0000	0	0	0	-	0	0	0	-	-
0001	1	1	1	-	1	1	1	0	-
0010	2	2	2	-	2	-	3	2	0
0011	3	3	3	0	3	2	2	1	-
0100	4	4	4	1	-	-	7	4	4
0101	5	-	5	2	-	3	6	-	3
0110	6	-	6	3	4	-	4	3	1
0111	7	-	7	4	5	4	5	-	2
1000	8	-	-	5	-	5	9	-	-
1001	9	-	-	6	-	6	-	9	-
1010	-	-	-	7	6	-	-	7	9
1011	-	5	-	8	7	7	-	8	-
1100	-	6	-	9	-	-	8	5	5
1101	-	7	-	-	-	8	-	-	6
1110	-	8	8	-	8	-	-	6	8
1111	-	9	9	-	9	9	-	-	7

Da der Kanal in der Regel bandbegrenzt, oft in galvanisch getrennte Kanalabschnitte aufgeteilt ist und bestimmte spektrale Formen des Nachrichtensignals notwendig sind, ist auch eine *Leitungscodierung* bzw. *Leitungdecodierung* erforderlich. Näheres zur Leitungscodierung ist in Abschn. 8.3.3 dargestellt. Im folgenden wird diese Thematik nicht weiter behandelt.

In Abb. 10.1 ist prinzipiell ein Übertragungssystem dargestellt, das den Eigenschaften der Quelle und des nichtidealen Kanals Rechnung trägt. Es enthält Quellen-Codierer-Decodierer, Kanal-Codierer-Decodierer und Leitungs-Codierer-Decodierer.

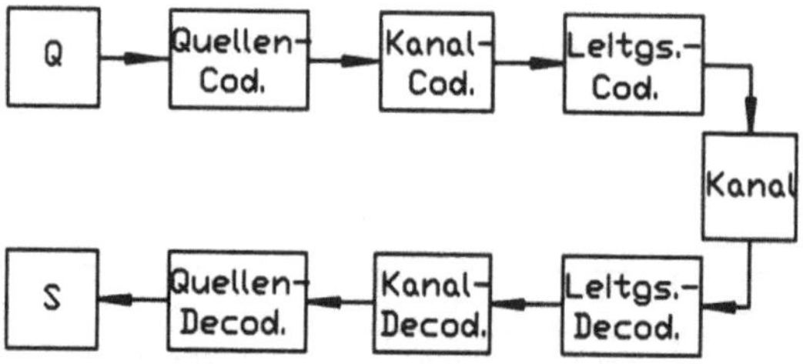

Abbildung 10.1: Codierer und Decodierer in einem Übertragungssystems

10.1 Quellencodierung

Grundsätzlich unterscheidet man ***diskrete Quellen*** mit Quellensignalen aus diskreten Symbolfolgen und ***kontinuierliche Quellen,*** deren Quellensignal kontinuierlich (Analogsignal) verläuft. Da im folgenden diskrete Quellen betrachtet werden, führt der Quellencodierer im letztgenannten Fall auch eine Diskretisierung bei Einhaltung des Abtasttheorems (Gl. 2.144) durch.

Jedem Symbol des Symbolvorrats einer Quelle wird im Quellencodierer ein eindeutig decodierbares Codewort zugeordnet. Aufgrund der Eindeutigkeit kann die in der Quelle codierte Nachricht in der Senke, nach der Übertragung über den ungestörten Kanal, wieder decodiert werden. Verbunden mit der Quellencodierung ist oft eine Redundanzreduktion. Der Quellencodierer befreit oder verringert die zu codierende Nachricht von redundanten Anteilen,um die Bandbreite des Quellensignals zur reduzieren. Das Prinzip der Redundanzreduktion besteht darin, häufige Nachrichten ($\hat{=}$Symbole) durch kurze, seltene dagegen durch lange Codewörter zu codieren.

Typische Quellencodes in Nachrichten-Übertragungssystemen sind die Sprachcodierung (PCM, ADPCM, etc.), die Bildcodierung und die bereits einführend genannten BCD-Codes, die in Rechner- bzw. Prozessor-Systemen Anwendung finden.

Die Quelle wird als stationär und gedächtnislos vorausgesetzt, wobei die Symbole ihres Alphabets $X = \{x_1, x_2, \ldots, x_n\}$ mit der Wahrscheinlichkeit $p(x_\nu)$ erscheinen. Für jedes Symbol des Alphabets X der Quelle erzeugt der ***Quellencodierer*** ein Codewort, wobei er das Codealphabet $B = \{b_1, b_2, \ldots, b_r\}$ mit $b_1 = 0$ und $b_2 = 1$ im binären Fall ($r = 2$) benutzt. Ein Codewort entsteht somit aus der geeigneten Aneinanderreihung von Symbolen $b_j$des Codealphabets. Um eine minimale ***mittlere Codewortlänge*** l_m zu erzielen, muß der mittlere Informationsgehalt der Zeichen des Quellenalphabets $H(X)$ möglichst groß sein. Man definiert deshalb die mittlere

Codewortlänge und die *Effizienz* eines Codes bezüglich einer Quelle durch

$$l_m = E\{l_\nu\} = \sum_{\nu=1}^{n} p(y_\nu) l_\nu; \quad E = \frac{H(X)}{l_m \cdot H_{0,COD}} = \frac{H(X)}{l_m \cdot \mathrm{ld}\, r}; \quad E \leq 1. \qquad (10.1)$$

n ist die Anzahl Quellensymbole bzw. die Anzahl der Codeworte die der Codierer erzeugt. Jedes Symbol der Quelle wird durch ein Codewort gekennzeichnet. $H(X)/l_m$ ist die mittlere Entropie pro Symbol des Quellenalphabets und $H_{0,COD} = \mathrm{ld}\, r$ die maximale Entropie des Quellencodierers, der r verschiedene Symbole abgibt (z.B. 0 und 1 bei $r = 2$). Hat ein Quellencode die Effizienz $E = 1$, ist also $H(X)/\mathrm{ld}\, r = l_m$, so nennt man ihn einen *idealen Code*. Ein Code ist *optimal* oder kompakt, wenn es keinen anderen decodierbaren Code mit kleinerem l_m für die betrachtete Quelle gibt. Ideale Codes sind auch optimal. Codes mit Codewörtern gleicher Länge $l_\nu = l_m$ nennt man *Blockcodes*. Beim *Präfixcode* bildet kein Codewort des Quellencodes den Anfang eines anderen Codeworts. Damit ist die Ausgangs-Symbolfolge des Quellencodierers Wort-für-Wort decodierbar. Der *Kommacode* ist ein Code bei dem eines der r Symbole des Codealphabets genau am Ende eines jeden Codeworts - mit Ausnahme des längsten Codeworts - auftritt und somit als "Komma" verstanden werden kann. Aus diesem Grund ist auch hier die Wort-für-Wort Decodierung des Codiererausgangsignals möglich.

Jeder eindeutig decodierbare Quellencode erfüllt die **Kraft-McMillan-Ungleichung**. Sie ist eine *notwendige*, jedoch nicht hinreichende Bedingung für die Decodierbarkeit, da es auch Codes gibt, die diese Ungleichung erfüllen und trotzdem nicht decodierbar sind; in Beispiel 10.2 wird ein solcher Code betrachtet.

$$\sum_{\nu=1}^{n} \frac{1}{r^{l_\nu}} \leq 1; \quad \text{z.B.} \quad \sum_{\nu=1}^{n} 2^{-l_\nu} \leq 1 \quad (r = 2). \qquad (10.2)$$

□ **Beispiel 10.1**

In einer Quelle mit dem Zeichenvorrat $X = \{x_1, x_2, x_3\}$; $(n = 3)$ erscheinen die Zeichen mit den Wahrscheinlichkeiten $p(x_1) = 0,5$, $p(x_2) = 0,25$ und $p(x_3) = 0,25$. Sie werden durch die folgenden Codeworte binär codiert: $x_1 = 1$; $x_2 = (01)$; $x_3 = (00)$.

Mit Gl. (1.4) ermittelt man die Entropie der Quelle $H(X) = -0,5 \mathrm{ld}\, 0,5 - 0,25 \mathrm{ld}\, 0,25 - 0,25 \mathrm{ld}\, 0,25 = 1,5$ bit/Symbol. Die Quelle hat 3 verschiedene Zeichen, damit wird die maximale Entropie $H_0 = \mathrm{ld}\, q = \mathrm{ld}\, 3 = 1,585$, wenn alle Zeichen im Alphabet X gleichwahrscheinlich auftreten. Die Redundanz der Quelle ist dann $R = 1,585 - 1,5 = 0,085$ bit/Symbol und die maximale Entropie des Quellencodierers (r=2) ist $H_{0;COD} = \mathrm{ld}\, 2 = 1$ bit/Symbol. Die mittlere Codewortlänge ermittelt man damit zu $l_m = \sum_{\nu=1}^{n=3} p(x_\nu) l_\nu = 0,5 \cdot 1 + 0,25 \cdot 2 + 0,25 \cdot 2 = 1,5$ bit. Damit findet man für die Effizienz $E = H(X)/l_m \cdot H_{0,COD} = 1,5/1,5 \cdot 1 = 1$. Im Code erscheint die 0 dreimal und die 1 zweimal, damit ist $p_0 = [p(x_2) + 2p(x_3)]/l_m =$

$(0,25+2\cdot 0,25)/1,5 = 0,5$ und $p_1 = [p(x_1)+p(x_2)]/l_m = (0,5+0,25)/1,5 = 0,5$. 0 und 1 erscheinen gleichwahrscheinlich; es handelt sich also um einen idealen Code bei optimaler Codierung. Die Entropie des Quellencodierers ist maximal $H(B) = -0,5\cdot \mathrm{ld}\, 0,5 - 0,5\cdot \mathrm{ld}\, 0,5 = 1$ bit/Symbol, die der Quelle selbst nicht, d.h. am Quellenausgang ist Redundanz vorhanden am Ausgang des Quellencodierers liegt dagegen keine Redundanz im Signal vor.

Mit Hilfe des **Codebaumes** kann man einige Codeeigenschaften veranschaulichen. Zur Konstruktion des Codebaums geht man von einem Ursprungsknoten des Codebaums aus und bildet - im hier betrachteten binären Fall - abgehend zwei Zweige (Kanten), die zu zwei neuen Knoten führen, die wiederum verzweigt werden und zu neuen Knoten gelangen u.s.w.. Die Zweige des Codebaums werden durch die Symbole des Codevorrats (Gewicht) - im binären Fall 0 oder 1 - gekennzeichnet. Ausgehend von einem beliebigen Knoten werden nach oben weisende Zweige mit einer logischen 0 und nach unten weisende mit einer logischen 1 markiert. Die Aneinanderreihung der Binärzeichen an den Zweigen des so konstruierten Codebaums stellen die Codeworte des Codes dar, wenn der jeweilige Endknoten des betrachteten Pfades ein Kreis ist. Knoten, an denen kein Codewort endet oder an denen ein Codewort beginnt, werden durch einen Punkt gekennzeichnet. Zur Darstellung eines vorgegebenen Codes beginnt man mit einem Punkt als Ursprungsknoten und legt von dort für jedes Codewort einen Pfad durch den Codebaum, der durch die Binärzeichen des Codeworts an den Zweigen vorgegeben ist. Alle Pfade enden auf einem Kreis. Manche Codes haben *freie Endpunkte* im Codebaum. Dies sind Punkte, von denen lediglich ein Zweig abgeht. Gilt in der Kraft-Macmillan-Ungleichung für einen Code das Gleichheitszeichen, so gibt es keinen freien Endpunkt im Codebaum; alle möglichen Endpunkte sind Kreise an denen Codeworte enden. Ist dagegen die vorgenannte Ungleichung < 1, so erscheinen im Codebaum freie Endpunkte. Codes mit freien Endpunkten im Codebaum sind in der Regel weniger effizient als solche ohne freie Endpunkte, s. Gl. (10.1), da bei den letzteren die mittlere Wortlänge l_m meist geringer ist.

□ **Beispiel 10.2**

Der Symbolvorrat einer Quelle $X = \{x_1, x_2, x_3, x_4\}$ werde durch drei verschiedene Codes codiert, nämlich $\tilde{C}_1 = \{x_1 = 0, x_2 = (01), x_3 = (011), x_4 = (100)\}$, $\tilde{C}_2 = \{x_1 = (00), x_2 = (01), x_3 = (10), x_4 = (11)\}$ und $\tilde{C}_3 = \{x_1 = 0, x_2 = (10), x_3 = (110), x_4 = (111)\}$.

In Abb. 10.2 sind die zu den Codes gehörenden Codebäume dargestellt. Der Code $\tilde{C}_1$ ist nicht decodierbar, obwohl die Kraft-Macmillan-Ungleichung $\sum_{\nu=1}^{4} 2^{-l_\nu} = 2^{-1} + 2^{-2} + 2^{-3} + 2^{-3} = 1$ erfüllt ist, da beispielsweise die Zeichenfolge 0100 aus den Codewortfolgen $\{x_1, x_4\}$ und $\{x_2, x_1, x_1\}$ gebildet werden kann. $\tilde{C}_1$ hat zwei freie Endpunkte im Codebaum, also 2 Endpunkte, von denen nur 1 Zweig wegführt. $\tilde{C}_2$ ist ein Blockcode, da er aus Codeworten *gleicher* Länge besteht. Da die Codewortlänge bekannt ist, kann bei Synchronisation auf diese die Decodierung vollzogen werden. $\tilde{C}_2$ hat keinen freien Endpunkt im Codebaum. Beim

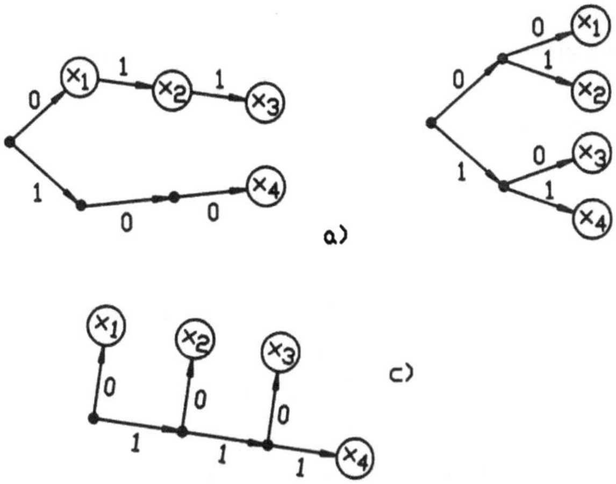

Abbildung 10.2: a) Code $\tilde{C}_1$; b) Code $\tilde{C}_2$; c) Code $\tilde{C}_3$

Code $\tilde{C}_3$ bildet keines der Codewörter den Anfang eines anderen; es liegt also ein Präfix-Code vor. Er ist decodierbar, die Kraft-Macmillan-Ungleichung ist erfüllt. $\sum_{\nu=1}^{4} 2^{-l_\nu} = 1$. $\tilde{C}_3$ hat ebenfalls keinen freien Endpunkt im Codebaum. Außerdem enden die Codeworte von $\tilde{C}_3$ abgesehen von x_4 mit einer 0. Die 0 wirkt als Trennzeichen (Komma). Ein neues Wort beginnt damit immer nach einer 0 oder der letzten 1 von x_4. $\tilde{C}_3$ ist somit auch ein Komma-Code.

□ **Beispiel 10.3**
Die Symbole x_1, x_2 und x_3 einer ternären Quelle werden zunächst durch den Code $\tilde{C}_1 = \{x_1 = 0; x_2 = (10); x_3 = (110)\}$ codiert. Die Kraft-Macmillan-Ungleichung ist erfüllt $\sum_{i=1}^{3} 2^{-l_i} = 2^{-1} + 2^{-2} + 2^{-3} = 0,875 < 1$. Der Code ist decodierbar. Im Codebaum erscheint ein freier Endpunkt, von dem nur 1 Zweig wegführt, s. Abb. 10.3a.

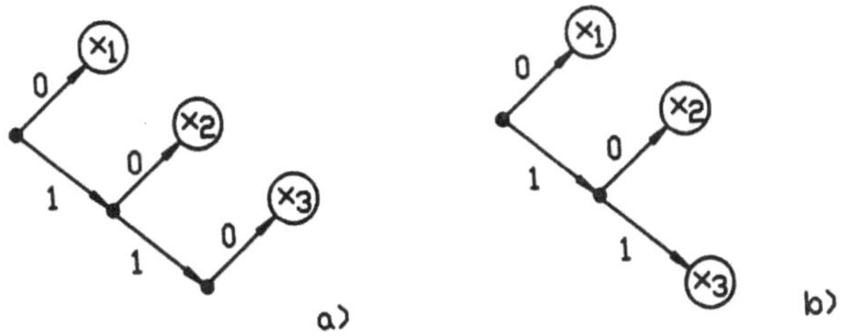

Abbildung 10.3: a) Codebaum des Codes $\tilde{C}_1$; b) Codebaum des Codes $\tilde{C}_2$

Eine Verbesserung stellt der Code $\tilde{C}_2 = \{x_1 = 0; x_2 = (10); x_3 = (11)\}$ dar. Die Kraft-Macmillan-Ungleichung ist erfüllt $\sum_{\nu=1}^{3} = 2^{-1} + 2^{-2} + 2^{-2} = 1$. Im Codebaum erscheinen keine freien Endpunkte, s. Abb. 10.3b. Die mittlere Wortlänge l_m des Codes $\tilde{C}_2$ ist geringer; damit hat er eine höhere Effizienz als Code $\tilde{C}_1$, s. Gl. (10.1).

Durch Zusammenfassung von Zeichen einer Quelle - gibt die Quelle z.B. die Zeichen x_1 und x_2 mit $p(x_1)$ bzw. $p(x_2)$ ab, so kann man die Kombinationen x_2x_2, x_1x_2 x_2x_1 und x_1x_1 bilden, die mit $p(x_\nu, x_k) < p(x_\nu)$ auftreten - kann man die Effizienz der Quelle erhöhen. Dies wird durch den **Fundamentalsatz der Quellencodierung** ausgedrückt, der sinngemäß lautet:

Durch geeignete Codierung kann die Effizienz einer stationären, gedächnislosen Quelle beliebig nahe dem Werte 1 gebracht werden.

Im folgenden werden einige für die Praxis wichtige **Quellencodes und Codierverfahren** beschrieben und and Beispielen erläutert.

Der **Huffman-Code** ist ein Präfix-Code aus Codewörtern minimaler mittlerer Wortlänge l_m. Er ist damit ein optimaler Code. Im Huffman-Codier-Algorithmus wird die Zusammenfassung von Symbolen der betrachteten Quelle zur Effizienzerhöhung angewendet.

1. Schritt:
Zunächst werden die beiden Symbole x_i, x_j eines Quellen-Alphabets aus n Symbolen, die mit kleinster Wahrscheinlichkeit $p(x_i)$, $p(x_j)$ auftreten, zusammengefaßt, wobei ihre Wahrscheinlichkeiten addiert werden. Hiermit hat man eine Symbolfolge, die nur noch aus n-1 Symbolen besteht. Die beiden Symbole kleinster Wahrscheinlichkeit werden im Huffmann-Code mit 1 bzw. 0 codiert (oder umgekehrt).

2. Schritt:
Nun faßt man wiederum diejenigen beiden Symbole der im 1. Schritt gewonnen Folge aus (n-1) Symbolen kleinster Wahrscheinlichkeit zusammen und addiert ihre Wahrscheinlichkeiten. Die hieraus resultierende Symbolfolge hat nur noch n-2 Symbole. Die beiden Symbole kleinster Wahrscheinlichkeit dieser Folge werden wiederum im Huffman-Code mit 0 bzw. 1 codiert.

⋮ ⋮ ⋮

(n-2). Schritt
Im (n-2)-ten Schritt faßt man die beiden Symbole kleinster Wahrscheinlichkeit der Folge, die man im (n-3)-ten Schritt gewonnen hat zusammen und addiert ihre Wahrscheinlichkeiten. Damit verbleibt eine Folge, die nur noch aus 2 Symbolen besteht. Im Huffman-Code werden diese beiden Symbole wieder mit 0 bzw. 1 codiert.

Beginnend mit den beiden Symbolen des (n-2)-ten Schrittes erstellt man nun einen Codebaum, aus dem die Huffman-Codierung der Symbole x_1 bis x_n durch

Verzweigung hervorgeht. In Beisp. 10.4 wird dies demonstriert.

□ **Beispiel 10.4**
Gegeben seien die Symbole einer Quelle x_1 bis x_4 (n=4), die mit den Wahrscheinlichkeiten $p_1 = 0,4$, $p_2 = 0,35$, $p_3 = 0,15$ und $p_4 = 0,1$ erscheinen.

1. Schritt:
Zur Huffman-Codierung faßt man zunächst die beiden Symbole, die mit kleinster Wahrscheinlichkeit auftreten, zusammen und addiert ihre Wahrscheinlichkeiten; hier also x_3x_4 mit $p_{34} = 0,25$. Damit verbleiben die Symbole x_1 und x_2 (≙0 im Huffman-Code) und x_3x_4 (≙1 im Huffman-Code) mit $p_1 = 0,4$, $p_2 = 0,35$ und $p_{34} = 0,25$.

2. Schritt:
Nun faßt man wiederum die beiden Symbole kleinster Wahrscheinlichkeit zusammen also $x_3x_4x_2$ mit $p_{342} = 0,6$. Damit verbleiben die restlichen beiden Symbole $x_3x_4x_2$ (≙1 im Huffman-Code) und x_1 (≙0 im Huffmann-Code) mit $p_{342} = 0,6$ und $p_1 = 0,4$.

Zur Ermittlung des zugehörigen Huffman-Codes benutzt man den Codebaum beginnend mit den zuletzt ermittelten beiden Symbolen $x_3x_4x_2$ und x_1, s. Abb. 10.4, welche die Endpunkte der ersten Verzweigung darstellen. Durch Fortsetzung der Verzweigungen bis zu den zuerst zusammengefaßten Symbolen x_3 und x_4 des ersten Schrittes erzielt man den zugehörigen Codebaum;

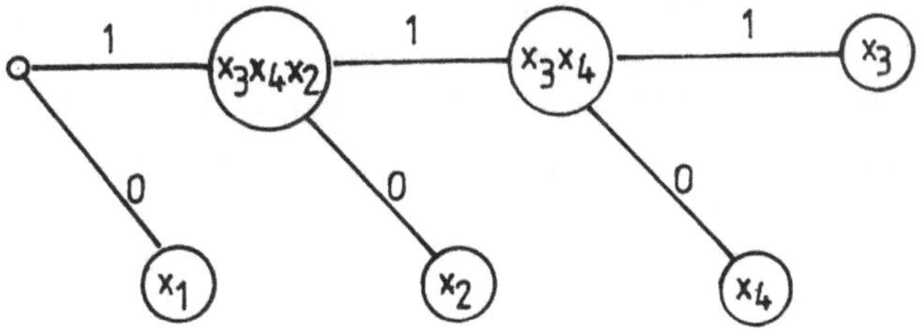

Abbildung 10.4: Codebaum der Huffman-Codierung nach Beisp. 10.4

aus ihm erhält man durch Aneinanderreihung der Binärstellen an den Zweigen, die zu den Symbolen x_1 bis x_4 führen, den Code, nämlich: $x_1 = 0$; $x_2 = 10$, $x_3 = 111$ und $x_4 = 110$. Die Kraft-MacMillan-Ungleichung ist mit $\sum_{\nu=1}^{4} 2^{-l_\nu} = 1$ erfüllt.

Bei der **zustandsabhängigen Codierung**, auch **Codeumschaltung** genannt, wird abhängig von der Struktur der Zeichengruppen, die eine Quelle abgibt - in Quellensignalen können sehr unterschiedliche Zeichenfolgen auftreten - auf eine jeweils andere Codetabelle umgeschaltet. Ein Beispiel hierfür ist das internationale **Telegraphenalphabet Nr. 2**, das in Tab.10.3 wiedergegeben ist.

Mit dem Codewort 11111 (Buchstabenumschaltung) wird die Tabelle zur Codierung von Buchstaben aktiviert. Gibt die Quelle Zeichen ab, so erfolgt mit dem Codewort 11011 (Ziffern-Umschaltung) die Umschaltung auf die Codierung von Ziffern und Zeichen. Durch die Umschalt-Methode wird die Menge der erforderlichen Codewörter eines Codes reduziert. Beim Telgraphenalphabet hat man 5 bit/Codewort also $2^5 = 32$ Codeworte. Wäre keine Codeumschaltung vorhanden, dann müsste man 6 bit/Codewort mit $2^6 = 64$ Codeworten verwenden. Die Codeworte zur Codeumschaltung müssen zur Synchronisierung mitübertragen werden, damit eine richtige Decodierung erfolgen kann.

Die **Lauflängen-Codierung** setzt man häufig bei der Bildcodierung ein. Dort erscheinen oft Flächen ohne Inhalt (leere Seiten oder Abschnitte). Solche Flächen müssten durch sich wiederholende Bildpunkte codiert werden. Zur Redundanzminderung codiert man deshalb nicht die einzelnen Bildpunkte, sondern Punktfolgen. Jede Punktfolge bestimmter Farbe und Länge wird als ein Wort codiert, wobei für die Lauflänge (Punktfolge) und Farbe jeweils 1 byte verwendet wird, s. Tab. 10.4. Damit sind $2^8 = 256$ verschiedene Lauflängen und ebensoviele Farben codierbar.

□ **Beispiel 10.5**
Betrachtet werden zwei Zeilen einer Bildfläche, s. Tab. 10.5, bei Lauflängen-Codierung.

Jede Zeile hat enthält 180 Bildpunkte (Pixel) plus CR (=Carriage Return $\hat{=}$ neue Zeile). CR wird zur Zeilen-Synchronisation mitübertragen. Würde man jeden Bildpunkt mit 1 byte codieren, dann hätte man pro Zeile 180 byte an Daten zu übertragen. Führt man dagegen eine Lauflängen-Codierung durch, s. Abb. 10.4, so beträgt die zu übertragende Datenmenge lediglich 8 byte/Zeile (ohne CR).

Bei schwarz/weiß-Bildern (Faksimile $\hat{=}$ FAX bzw. TELEFAX) läßt sich die Bildcodierung weiter vereinfachen. Bei direkter Codierung benötigt man pro Bildpunkt 1 bit (z.B. 0$\hat{=}$ weiß, 1$\hat{=}$ schwarz). Zur Lauflängen-Codierung faßt man wieder Punktfolgen zusammen, die gemäß Abb. 10.6 codiert werden.

Schwarze und weiße Punktfolgen einer Zeile erscheinen alternierend und werden jeweils durch 1 byte codiert.

□ **Beispiel 10.6**
Zwei Zeilen eines schwarz/weiß-Bildes mit einer Zeilenlänge von 200 Pixel sollen zunächst direkt und danach lauflängencodiert werden.

Die direkte Codierung liefert mit 1 bit/Pixel bei zwei Zeilen eine Datenmenge von $2 \cdot 200$ bit= 400 bit = 50 byte, die zusammen mit CR (neue Zeile) zu übertragen ist.

Zur Lauflängen-Codierung werden die beiden Zeilen durch alternierend angeordnete weiße und schwarze Punktfolgen, wie z.B. in Abb. 10.7 dargestellt, zusam-

Tabelle 10.3: Telegraphenalphabet Nr. 2

Buchstaben	Ziffern	Code
A	-	11000
B	?	10011
C	:	01110
D	Wer da ?	10010
E	3	10000
F		10110
G		01011
H		00101
I	8	01100
J	Klingel	11010
K	(	11110
L	)	01001
M	.	00111
N	,	00110
O	9	00011
P	0	01101
Q	1	11101
R	4	01010
S	‘	10100
T	5	00001
U	7	11100
V	=	01111
W	2	11001
X	/	10111
Y	6	10101
Z	+	10001
Wagenrücklauf		00010
Zeilenvorschub		01000
Buchstaben		11111
Ziffern		11011
Zwischenraum		00100

Tabelle 10.4: Prinzip der Lauflängen-Codierung

1 byte Lauflänge	1 byte Farbe

Tabelle 10.5: Zwei Zeilen einer farbigen Bildfläche

90	rot	40	gelb	30	grün	20	schwarz	CR
88	rot	22	gelb	40	grün	30	schwarz	CR

mengefaßt. Hierbei wird angenommen, daß in der Regel eine Zeile mit "weiß" beginnt. Ist der erste Bildpunkt einer Zeile jedoch "schwarz", so beginnt die Codierung dieser Zeile mit "0". Gemäß Abb. 10.7 wird jede Punktfolge - entweder schwarz oder weiß - durch 1 byte codiert. Die zu übertragende Datenmenge ist dann ohne CR, 4 byte (1. Zeile) + 6 byte (2. Zeile) = 10 byte. Insgesamt können $2^8 = 256$ Punktfolgen verschiedener Lauflänge codiert werden.

Der *Kompressionsfaktor* liegt bei Lauflängen-Codierung gegenüber der direkten Codierung ungefähr bei 3.

In der Bildcodierung gibt es weit effizientere Verfahren als die Lauflängen-Codierung. Beispiele hierfür sind standardisierte Codier-Algorithmen für ***Standbilder*** (JPEG = Joint Photographic Experts Group) ***Bewegtbilder*** (MPEG = Motion Pictures Experts Group) und ***S/W-Bilder*** (JBIG = Joint Bilevel Image Coding Group), die nach den OSI-Expertengruppen (OSI= Open System Interconnection) benannt sind. JPEG-Algorithmen sind in ISO 10918 (1993) (ISO = International Standardizing Organisation) spezifiziert [163-165].

Tabelle 10.6: Lauflängen-Codierung bei schwarz/weiß-Bildern

schwarz	weiß	schwarz	weiß	...
1 byte	1 byte	1 byte	1 byte	...

Tabelle 10.7: Zwei Zeilen einer schwarz/weiß-Lauflängen-Codierung

40 weiß	30 schwarz	30 weiß	100 schwarz	CR		
0	2 schwarz	37 weiß	30 schwarz	27 weiß	104 schwarz	CR

10.2 Kanalcodierung

In digitalen Übertragungssystemen hängt die Bitfehler-Wahrscheinlichkeit vom Signal-Rausch-Verhältnis am Empfängereingang ab.

In Abschn. 8.3.4 und Abschn. 8.5 wird auf den Zusammenhang von Bitfehler-Wahrscheinlichkeit bzw. Symbolfehler-Wahrscheinlichkeit und Signal-Rausch-Verhältnis eingegangen.

Besonders bei der Datenübertragung werden häufig Bitfehler-Wahrscheinlichkeiten bzw. messbare Bitfehlerquoten von $BER = 10^{-8} \ldots 10^{-10}$ (BER = Bit Error Ratio) gefordert. Die Reduzierung der Bitfehlerquote durch Erhöhung der Sendeleistung und die damit verbundene Verbesserung des Signal-Rausch-Verhältnisses am Empfängereingang ist nur begrenzt möglich, da aufgrund der endlichen Ausgangsleistung der Sender-Leistungsverstärker die Sendeleistung nicht beliebig hoch eingestellt werden kann.

Eine Reduzierung der Bitfehlerquote wird auch erzielt, wenn man das in der Regel binäre Quellesignal im Kanal-Codierer (s. Abb. 10.1) durch Blockbildung und Hinzufügung geeigneter redundanter Binärstellen in ein Codewort der Länge n bit verlängert, so daß im Kanal-Decodierereine gewisse Anzahl von Bitfehlern erkannt bzw. korrigiert werden kann.

Nachfolgend werden einige wichtige Codes der Kanalcodierung vorgestellt, die sich zur Entdeckung und Korrektur von Übertragungsfehlern eignen.

Man unterscheidet dabei grundsätzlich in *Blockcodes* und *Faltungscodes* und weiterhin in Codes, die lediglich der Fehlerentdeckung dienen und andere, die auch die Durchführung einer Fehler-Korrektur zulassen. Weiterhin ist zu unterteilen in *zyklische Codes*, die sich in rückgekoppelten Schieberegisterschaltungen erzeugen lassen, und *Linear-Codes*, die in Speichern abgelegt und mit Hilfe der Matrizenrechnung dargestellt werden [3, 4, 8, 166-172].

10.2.1 Begriffe der Kanalcodierung

Betrachtet werden zwei Arten von Codes zur Fehlererkennung bzw. Fehlerkorrektur, nämlich Blockcodes und Faltungscodes.

Zur Erzeugung eines **(n,k)-Blockcodes** werden die Informationen (Nachrichten) $\tilde{i}_0, \tilde{i}_1, \ldots, \tilde{i}_m$ betrachtet. Jede Information $\tilde{i}_\mu$ ist durch Gruppierung des Quellensignals in Gruppen zu je k bit entstanden. Insgesamt exisitieren somit $m = 2^k$ Informationen, denen ebensoviele Codeworte $\tilde{c}_0, \tilde{c}_1, \ldots, \tilde{c}_m$ der jeweiligen Länge n bit im Kanalcodierer zugeordnet werden. $\tilde{c}_0, \tilde{c}_1, \ldots \tilde{c}_m$ bilden den Blockcode $\tilde{C}_\mathfrak{c}$. Jedes Codewort $\tilde{c}_\mu$ enthält k Informationsbinärstellen und $n - k$ redundante Binärstellen. Abb. 10.5a zeigt den Aufbau eines Codeworts eines (7,4)-Blockcodes in systematischer Form. Ein Codewort besteht dort aus insgesamt $n = 7$ Binärstellen, davon sind $k = 4$ Informationsstellen und $n - k = 3$ redundante Binärstellen (Prüfstellen). Der (7,4)-Blockcode enthält $2^k = 2^4 = 16$ Codeworte und ebensoviele Informationen, z.B. die Dualzahlen $\tilde{i}_0 = (0000)$ bis $\tilde{i}_{15} = (1111)$.

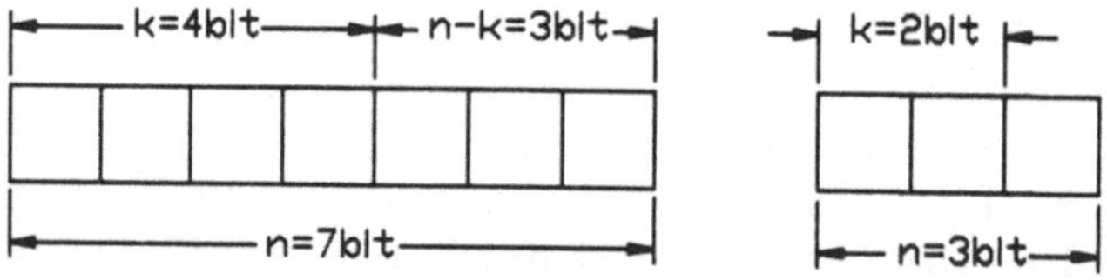

Abbildung 10.5: a) Codewort eines (7,4)-Blockcodes; b) Codewort eines Faltungscodes

Faltungscodes werden in Codierern erzeugt, die durch Realisierung der binären Faltung (Gl. 2.150), in Schaltungen entstehen, s. z.B. [27, 50]. Auch bei den Faltungscodes sind die Codewörter aus n Binärstellen, nämlich k Informationsstellen und $(n - k)$ redundanten Prüfstellen, aufgebaut. Im allgemeinen ist jedoch die Codewortlänge kürzer als bei (n,k)-Blockcodes. In Abb. 10.5b ist ein Codewort eines sogenannten Rate-(2/3)-Faltungscodes - die Bezeichnung wird weiter unten noch genauer erläutert - dargestellt. Der Ausdruck (2/3) bezeichnet die Coderate, die für Block- und Faltungscodes durch das Verhältnis

$$R = \frac{k}{n} \tag{10.1}$$

definiert ist. Das Codewort der Länge n bit nach Abb. 10.5b enthält $k = 2$ Nachrichten-Binärstellen und $n - k = 1$ redundante Prüfstellen.

Der zur Auswahl der Codewörter verfügbare Codevorrat $\tilde{C}_v$ umfaßt insgesamt 2^n Binärworte der Länge n bit.

Setzt man in einem binären Signal die Bitrate $v_b = 1/T_b = 1/T_s$ (T_b = Bitdauer, T_s = Symboldauer) am Eingang des Kanalcodierers als unveränderlich voraus, was in der Regel der Fall ist, dann gilt für die Bitrate des codierten Signals v_c am Kanalcodierer-Ausgang

$$v_c = \frac{n}{k} v_b = \frac{1}{R} v_b \tag{10.2}$$

Mit der Kanalcodierung geht immer eine Bitratenerhöhung einher, was gleichbedeutend mit einer Erhöhung der Bandbreite ist, s. z.B. Gl. (2.15) oder Gl. (8.35).

Die Codeworte $\tilde{c}_\mu$ eines Codes $\tilde{C}_c$ unterscheiden sich bei einem paarweisen Vergleich in a Binärstellen. Die Anzahl a der unterschiedlichen Binärstellen nennt man **Hamming-Distanz**. Beispielsweise haben die beiden Codeworte $\tilde{c}_0 = (10110011)$ und $\tilde{c}_1 = (01100011)$ die Hamming-Distanz $a = 3$, da sie sich in 3 Binärstellen unterscheiden. Maßgebend für die Fähigkeit zur Fehlerentdeckung und Korrektur eines Codes ist die **Minimal-Distanz** d. Dies ist die kleinste Hamming-Distanz $d = a_{min}$, die zwischen je zwei Codewörtern eines Codes $\tilde{C}$ auftritt. Angenommen werde nun, die beiden vorgenannten Codeworte $\tilde{c}_0$ und $\tilde{c}_1$ würden einen Code $\tilde{C}$ der Minimal-Distanz $d = 3$ bilden. Jeweils 3 Bitfehler an denjenigen Binärstellen, welche $d = 3$ ausmachen, würden das eine Codewort in das andere überführen. Damit sind mit diesem Code maximal $d-1 = 2$ Bitfehler erkennbar, da 1 Bitfehler bzw. 2 Bitfehler auf Binärworte $\tilde{c}_{f1}$ und $\tilde{c}_{f2}$ führen, die zwar Teil des Codevorrats $\tilde{C}_v$ sind, aber nicht zum Code $\tilde{C}$ gehören $(c_{f1,2} \notin \tilde{C}_c)$. Gilt für die Anzahl der in einem Codewort auftretenden Fehler

$$t \leq \frac{d-1}{2} \quad (t, d \quad \text{ganz}) \tag{10.3}$$

so können alle Bitfehler korrigiert werden, falls die Minimal-Distanz des Codes $\tilde{C}_c$, $d > \cdot t$ ist. Hat also ein Code $\tilde{C}$ die Minimal-Distanz d, dann können (d-1) Bitfehler/Codewort erkannt und $t \leq (d-1)/2$ je Codewort korrigiert werden [4, 166].

□ **Beispiel 10.7**
In einem Kanalcodierer werden die Nachrichten $\tilde{i}_0, \tilde{i}_1, \tilde{i}_2, \ldots \tilde{i}_7$ in die Codeworte $\tilde{c}_0, \tilde{c}_1, \ldots, \tilde{c}_7$ umgesetzt, die den Code $\tilde{C}_c$ bilden.

$$\begin{aligned}
\tilde{i}_0 &= (000) \rightarrow \tilde{c}_0 = (00000000) \\
\tilde{i}_1 &= (001) \rightarrow \tilde{c}_1 = (00001111) \\
\tilde{i}_2 &= (010) \rightarrow \tilde{c}_2 = (11100000) \\
\tilde{i}_3 &= (011) \rightarrow \tilde{c}_3 = (11111111) \\
\tilde{i}_4 &= (100) \rightarrow \tilde{c}_4 = (10101010) \\
\tilde{i}_5 &= (101) \rightarrow \tilde{c}_5 = (00110011) \\
\tilde{i}_6 &= (110) \rightarrow \tilde{c}_6 = (10011001) \\
\tilde{i}_7 &= (111) \rightarrow \tilde{c}_7 = (01110101)
\end{aligned}$$

Der (8,3)-Blockcode $\tilde{C}$ (Codewortlänge $n = 8$, Nachrichtenlänge $k = 3$, Redundanz $n-k = 5$) hat die Minimal-Distanz $d = 3$. Der Codevorrat $\tilde{C}_v$ besteht aus $2^8 = 256$

Bitmustern der Länge 8 bit. $\tilde{C}_c \subset \tilde{C}_v$. Mit dem Code $\tilde{C}_c$ können $d-1=2$ Bitfehler/Codewort erkannt und $t=(d-1)/2=1$ Bitfehler/Codewort korrigiert werden. Die Codeworte werden in informationsabhängiger Reihenfolge über einen gedächtnislosen Kanal übertragen.

Im Decodierer sind alle 8 zugelassenen Codeworte des Codes $\tilde{C}_c$ abgespeichert. Bei der Übertragung über den Kanal können in den Codeworten Bitfehler mit der Wahrscheinlichkeit p auftreten. Zur Decodierung wird nun, nach der Codewort-Synchronisierung, jedes empfangene Codewort mit allen 8 abgespeicherten Bit für Bit verglichen und die Hamming-Distanz a ermittelt. Dasjenige der abgespeicherten Codeworte, das zum empfangenen Codewort die kleinste Hamming-Distanz aufweist - das dem empfangenen Codewort also am ähnlichsten ist - wird als das mit größter Wahrscheinlichkeit gesendete Codewort angenommen. Treten beim Vergleich 2 oder mehrere Hamming-Distanzen gleichen Wertes auf, so wird eine beliebige Auswahl getroffen. Diese Art der Decodierung ist die einfachste Form der sogenannten *Maximum-Likelihood-Decodierung* (Minimum Distance Decoding). Ein solch einfacher beliebig gewählter Code arbeitet nur dann einigermaßen effizient, wenn nur eine geringe Zahl von Bitfehlern in den Codeworten erscheint.

In Abb. 10.6 ist das Blockschaltbild einer möglichen Realisierung einer solchen Codierer-Decodierer-Anordnung wiedergegeben.

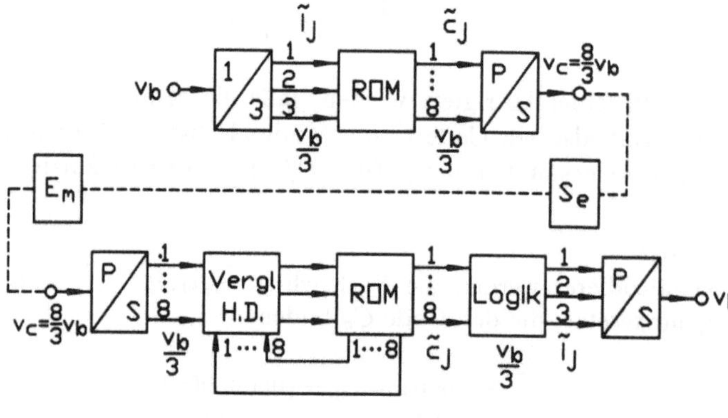

Abbildung 10.6: Codierer-Decodierer (Codec) bei Minimum Distance Decoding

Das zu codierende Signal der Bitrate v_b wird zunächst in einem Serien-Parallel-Umsetzer in 3 parallele Bitströme der Symbolrate $v_b/3$ umgesetzt. Die hierbei entstehenden 2^3 Bitgruppen bilden die 8 verschiedenen Nachrichten $\tilde{i}_0, \tilde{i}_1, \ldots, \tilde{i}_7$. Sie adressieren einen ROM-Speicher, der die den Nachrichten zugeordneten Codeworte $\tilde{c}_0, \tilde{c}_1, \ldots, \tilde{c}_7$ enthält. Die am ROM-Ausgang parallel erscheinenden Codeworte werden nach einer Parallel-Serien-Umsetzung dem Kanal zugeführt und übertragen. Die Bitrate des codierten Signals in serieller Form ist damit $v_c = (1/R) =$

$(n/k)v_b = (8/3)v_b$.

Im Decodierer erfolgt codewortsynchron eine entsprechende Serien-Parallel-Umsetzung in die Symbolrate $v_b/3$. Die hierbei entstehenden Codeworte - die verfälscht sein können - werden einer Einrichtung zur Ermittlung der Hamming-Distanz zugeführt. Sie besteht aus einem Bitwort-Vergleicher, der das gerade empfangene Codewort mit allen im empfangsseitigen ROM gespeicherten Codeworten vergleicht, die Hamming-Distanzen ermittelt und abspeichert. Durch einen weiteren Vergleich der Hamming-Distanzen untereinander ermittelt man die kleinste Hamming-Distanz, die den ROM-Speicher zur Abgabe des mit größter Wahrscheinlichkeit gesendeten Codeworts adressiert. In einem logischen Netzwerk wird dieses Codewort $\tilde{c}_j$ ($n = 8$ bit) in die zugehörige Nachricht $\tilde{i}_j$ ($k = 3$) umgesetzt. Zur Bildung eines seriellen Bitstroms der Bitrate v_b erfolgt eine weitere 3 zu 1 Parallel-Serien-Umsetzung.

Die für einen binären (n,k)-Blockcode $\tilde{C}$ notwendige Redundanz $n - k$, welche eine **Korrekturfähigkeit** von t Bitfehlern im Codewort gewährleistet, kann mit der folgenden Ungleichung - die eine notwendige, jedoch nicht hinreichende Bedingung zur Korrektur von $t \leq (d-1)/2$ Bitfehlern darstellt - abgeschätzt werden [4, 166, 167].

$$2^{n-k} \geq \sum_{i=0}^{t} \binom{n}{i} \tag{10.4}$$

Bei der Codierung zur Fehlerkorrektur verbleibt im allgemeinen nach der Decodierung ein Restfehler mit einer bestimmten **Restfehler-Wahrscheinlichkeit** [8, 167]. Dies ist die Wahrscheinlichkeit, daß die Fehlerkorrektur in den Codeworten nicht vollständig ist, oder die Fehlerkorrektur selbst zu Codewort-Verfälschung führt. Zur Bestimmung der Restfehler-Wahrscheinlichkeit werde der *symmetrische Binärkanal*, s. Abb. 1.6, betrachtet, über den Codeworte der Länge n bit mit der Bitfehler-Wahrscheinlichkeit p übertragen werden. Die Wahrscheinlichkeit, daß 1 bit bei dieser Übertragung in irgend einem Codewort richtig ist, ist damit $1 - p$. Die Wahrscheinlichkeit von ν falschen und $n - \nu$ richtigen Binärstellen in einem Codewort ist $p^\nu(1-p)^{n-\nu}$. Insgesamt gibt es $\binom{n}{\nu}$ verschiedene Codeworte, in denen ν Binärstellen verfälscht sein können. Damit folgt für die Wahrscheinlichkeit, daß ν Binärstellen in irgend einem n-stelligen Codewort verfälscht sind, zu

$$p_n(\nu) = \binom{n}{\nu} p^\nu (1-p)^{n-\nu} \tag{10.5}$$

Die vorstehende Gleichung, die Bernoulli- oder Binomial-Verteilung, beschreibt die Wahrscheinlichkeit im symmetrischen Binärkanal, daß in irgend einem decodierten Codewort ν Bitfehler verbleiben.

Die Restfehler-Wahrscheinlichkeit kann beliebig klein gemacht werden, wenn man die Codewortlänge n bei konstantem k groß macht, d.h. die Anzahl der redundanten Stellen $n - k$ im Codewort erhöht. Dies ist sinngemäß auch die Aussage des

Kanalcodierungstheorems [3, 166]:
Für jede relle Zahl $\epsilon > 0$ und jede Coderate $R = k/n$, kleiner als die maximale Transinformation ($\hat{=}$Kanalkapazität C), gibt es einen Binärcode $\tilde{C}_c(n,k,d)$, bei dem die Restfehler-Wahrscheinlichkeit kleiner ϵ wird, wenn man n genügend groß wählt.

Auf den erzielbaren *Codierungsgewinn*, d.h. den Gewinn an Störabstand gegenüber uncodierten Systemen wird in Abschn. 10.2.6 und Abschn. 10.2.7 eingegangen.

10.2.2 Fehlerkorrektur durch wiederholte Aussendung, Parity-Codes

Wird ein Codewort der Länge n bit über einen gedächnislosen symmetrischen Binärkanal mit der Bitfehler-Wahrscheinlichkeit p gesendet, dann ist die Wahrscheinlichkeit, daß in diesem Codewort ν bit verfälscht werden, durch Gl. (10.5) gegeben.

$$p_n(\nu) = \binom{n}{\nu} p^{\nu}(1-p)^{n-\nu}$$

In Abb. 10.7 ist ein System zur Codewort-Übertragung prinzipiell dargestellt. Zu übertragen sei die Information $\tilde{i} = (0101)$. Zur Fehlerentdeckung wird der

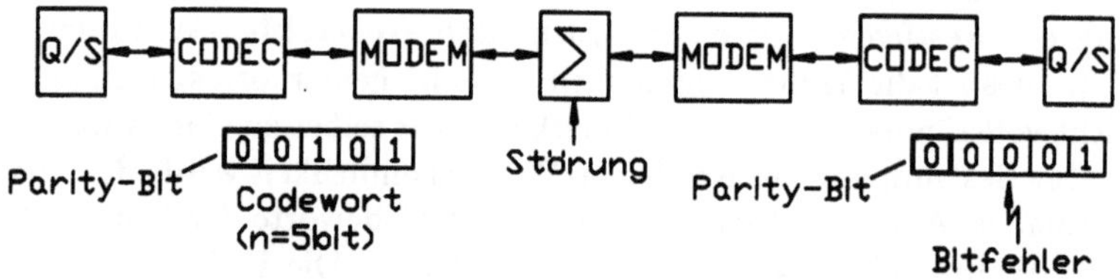

Abbildung 10.7: Codewort-Übertragungssystem

Information eine Parity-Binärstelle angehängt, und zwar so, daß - jeweils abhängig vom Codewortaufbau - die Quersumme im Codewort modulo-2 gleich 0 ergibt (gerade Parität). Anstelle der Quersumme 0 hätte man auch die Quersumme 1 wählen können (ungerade Parität).

Die Summenbildung modulo-2 entspricht der Addition von Dualzahlen unter Vernachlässigung des Übertrags, s. hierzu die Tabellen. 8.4 und 8.5.

Im Empfänger des Übertragungssystems nach Abb. 10.7 wird jedes empfangene Codewort durch Bildung der Quersumme modulo-2 auf Bitfehler überprüft. Ist die modulo-2-Summe gleich 0 (bzw. 1 bei ungerader Parität), so liegt kein Bitfehler vor, oder das Codewort enthält eine geradzahlige Anzahl von Bitfehlern, z.B. 2, so daß keine Fehlererkennung möglich ist. Ergibt die Quersumme modulo-2 gleich

1, so liegt mit Sicherheit ein Bitfehler vor. Der Empfänger quittiert im letztgenannten Fall den Empfang nicht.Dies hat, nach einer gewissen Verzögerungszeit, eine wiederholte Aussendung des Codeworts zur Folge, das wiederum, wie beschrieben, auf Bitfehler durch Quersummenbildung modulo-2 geprüft wird. Die Wiederholung der Codewort-Aussendung erfolgt so lange, bis der Empfänger den richtigen Empfang des Codeworts quittiert. Die Wahrscheinlichkeit, daß l Codeworte, nämlich das ursprünglich gesendete und $l-1$ Wiederholungen ν Bitfehler an beliebiger, aber innerhalb der Wiederholungen gleicher Stelle enthalten, ist durch die Bernoulli-Verteilung

$$p_n(\nu) = \binom{n}{\nu} p^{l\nu}(1-p)^{l(n-\nu)} \quad (l = 1, 2, 3, \ldots) \tag{10.6}$$

gegeben. Für die Wahrscheinlichkeit, daß Bitfehler im Signal nicht endeckt werden, gilt dann [4]

$$p_f = \sum_{\nu=1}^{n} \binom{n}{\nu} p^{l\nu}(1-p)^{l(n-\nu)}. \tag{10.7}$$

Da p in der Regel klein ist, brauchen nur die ersten Glieder (ca. 3 Glieder) der Summe berücksichtigt zu werden.

□ **Beispiel 10.8**
Betrachtet werde die Übertragung eines Codeworts der Länge $n = 7$ bit bei einer Bitfehler-Wahrscheinlichkeit von $p = 10^{-3}$.

Die Wahrscheinlichkeit, daß $\nu = 3$ Binärstellen im Codewort verfälscht werden, ist bei der 1. Aussendung ($l = 1$), $p_7(3) = \binom{7}{3}(10^{-3})^3(1-10^{-3})^4 = 3,49 \cdot 10^{-8}$. Nach der ersten Wiederholung ermittelt man ($l = 2$), $p_7(3) = \binom{7}{3}(10^{-3})^6(1-10^{-3})^8 = 3,47 \cdot 10^{-17}$. Falls eine zweite Wiederholung notwendig sein sollte ($l = 3$), reduziert sich die Wahrscheinlichkeit auf $p_7(3) = \binom{7}{3}(10^{-3})^9(1-10^{-3})^{12} = 3,46 \cdot 10^{-26}$. Die Wahrscheinlichkeit, daß Fehler nach der ersten Aussendung unentdeckt bleiben, ist mit Gl. (10.7) $p_f \approx 7 \cdot 10^{-3}$. Nach der 1. Wiederholung ist sie nur noch $p_f \approx 7 \cdot 10^{-6}$. Eine 2. Wiederholung ist damit bereits recht unwahrscheinlich.

Das Verfahren der wiederholten Aussendung von Codeworten hat zwar Nachteile, wie:

- Schlechte Kanalausnutzung,
- langsame Nachrichten-Übertragung,
- ungleiche Verzögerungszeiten.

Es wird jedoch häufig bei der Datenübertragung angewendet. Werden dort bestimmte Rahmen ($\hat{=}$ Codeworte) nicht richtig empfangen, so erfolgt eine Rahmen-Wiederholung, s. Kapitel 11. Die Art der Fehlerentdeckung erfolgt hierbei nicht nach der wenig effizienten Wort-Paritätsbildung, sondern nach Verfahren, die in Abschn. 10.2.5 beschrieben werden.

Eine Fehlerentdeckung bei mehr als einem Bitfehler im Codewort - selbst wenn die Verfälschung auf ein gültiges Codewort führt - ist möglich, wenn man mehrere Codewörter im Decodierer zu einem größeren Block zusammenfaßt und man die Paritätsprüfung spaltenweise und nicht zeilenweise durchführt. Man nennt diese Methode oft **Blockparitätsprüfung**. Allerdings kann auch hier die Fehlerentdeckung versagen, wenn innerhalb des Blocks mehrere Codewörter Fehler aufweisen, sodaß die Spaltenparität richtig ist, obwohl Fehler vorliegen.

□ **Beispiel 10.9**

Betrachtet werden die Informationen $\tilde{i}_0$ bis $\tilde{i}_4$. Im Codierer werden sie durch Untereinanderschreiben in einen Block und durch Hinzufügen der Spalten-Paritätsbinärstellen P_s codiert.

$$
\begin{aligned}
\tilde{i}_0 &= (01100)\\
\tilde{i}_1 &= (01110)\\
\tilde{i}_2 &= (11110)\\
\tilde{i}_3 &= (01001)\\
\tilde{i}_4 &= (11001)\\
P_s &= (01100)\\
\text{Parität} &= (00000)
\end{aligned}
$$

Die Spalten-Paritätsbinärstellen P_s werden so gewählt, daß in jeder Spalte die Parität Null auftritt.

Nach der wortseriellen Übertragung der Nachrichten in zufälliger Folge wird angenommen, die Nachricht $\tilde{i}_2$ erscheine verfälscht (3 Bitfehler als Fehlerbündel in Codewortmitte). Nach der Blockbildung im Decodierer erscheint der Block

$$
\begin{aligned}
\tilde{i}_0 &= (01100)\\
\tilde{i}_1 &= (01110)\\
\tilde{i}_2 &= (10000)\\
\tilde{i}_3 &= (01001)\\
\tilde{i}_4 &= (11001)\\
P_s &= (01100)\\
\text{Parität} &= (01110).
\end{aligned}
$$

Die Spaltenparität ist an 3 Stellen verletzt. Damit sind die 3 Bitfehler entdeckt. Eine genaue Lokalisierung der Bitfehler und damit deren Korrektur ist nicht möglich.

Führt man bei der Blockbildung im Codierer sowohl Spalten- als auch Zeilen-Paritätsbinärstellen ein, so kann bei nur *einem* Bitfehler in einem einzigen Nachrichtenwort des Blocks die genaue Fehlerstelle erkannt und korrigiert werden. Das folgende Beispiel gibt diesen Sachverhalt wieder.

□ **Beispiel 10.10**
Zu codieren seien die Nachrichten $\tilde{i}_0$ bis $\tilde{i}_4$ durch Blockbildung wie in Beispiel 10.3. Im Codierer werden nun Spalten- und Zeilen- Paritätsbinärstellen jeweils so gewählt, daß sich sowohl die Spalten- als auch die Zeilenparität, die Zeilensumme bzw. Spaltensumme modulo-2, zu Null ergibt.

$$\begin{array}{rl@{\quad}c} & \;\;\;\;\;\;\;\;\;\;\;\;\;\; P_z & \text{Zeilenparität} \\ \tilde{i}_0 = & (01100)\,0 & 0 \\ \tilde{i}_1 = & (01110)\,1 & 0 \\ \tilde{i}_2 = & (11110)\,0 & 0 \\ \tilde{i}_3 = & (01001)\,0 & 0 \\ \tilde{i}_4 = & (11001)\,1 & 0 \\ P_s = & (01100) & \end{array}$$

Spaltenparität=(00000)

Das mittlere Bit der Information $\tilde{i}_2$ werde bei der Übertragung verfälscht, sodaß im Decodierer der Block

$$\begin{array}{rl@{\quad}c} & \;\;\;\;\;\;\;\;\;\;\;\;\;\; P_z & \text{Zeilenparität} \\ \tilde{i}_0 = & (01100)\,0 & 0 \\ \tilde{i}_1 = & (01110)\,1 & 0 \\ \tilde{i}_2 = & (11010)\,0 & 1 \\ \tilde{i}_3 = & (01001)\,0 & 0 \\ \tilde{i}_4 = & (11001)\,1 & 0 \\ P_s = & (01100) & \end{array}$$

Spaltenparität=(00100)

erscheint. Durch Bildung der Spalten-und Zeilenparität wird die Fehlerstelle im Block - 3. Zeile und 3. Spalte - eindeutig erkannt und kann deshalb korrigiert werden. Die Fehlerkorrektur würde versagen, wenn in einer oder mehrerer der Nachrichten $\tilde{i}_0, \tilde{i}_1, \tilde{i}_3$ oder $\tilde{i}_4$ an gleicher Stelle ebenfalls ein Bitfehler erscheinen würde, sodaß die Spalten- und Zeilenparität - trotz der Bitfehler - Null wäre [166, 170].

10.2.3 Binäre (lineare) Blockcodes

Binäre lineare Blockcodes werden auf algebraischer Basis definiert. Ihre Beschreibung erfolgt deshalb mit Hilfe der Matrizen-Rechnung. Ein binärer Blockcode - wie in Abschn. 10.2.1 bereits allgemein definiert - entsteht durch Codierung von $m = 2^k$ Informationen $\tilde{i}_0, \tilde{i}_1, \ldots, \tilde{i}_m$ der jeweiligen Länge k bit in ebensoviele Codeworte $\tilde{c}_0, \tilde{c}_1, \ldots, \tilde{c}_m$ der Länge n bit. Die Codeworte bilden den Code $\tilde{C}_c(n, k, d)$ mit der Minimal-Distanz d. Der redundante Anteil - die Prüf- oder Kontrollbinärstellen - machen in jedem Codewort $(n - k)$ bit aus. Der Codevorrat $\tilde{C}_v$ enthält $2^n = m_v$ n Bit-Binärworte, unter denen auch die Codeworte des Codes $\tilde{C}_c$ zu finden sind ($\tilde{C}_c \subset \tilde{C}_v$).

Das Codewort-Alphabet - die Binärzeichen - stellen einen endlichen Zahlenkörper (Binärkörper) dar, in dem zur Beschreibung von linearen binären Blockcodes, die mathematischen Operationen Addition modulo-2 $\oplus$ und Multiplikation $\odot$ definiert sind, s. Tabellen 10.8 und 10.9. Ein Zahlenkörper mit p Elementen - beim Binärkörper ist $p = 2$ - in dem die in Tab. 10.8 und 10.9 definierten Verknüpfungen definiert sind, wird als endlicher Körper oder *Galois-Feld* $GF(p)$ bezeichnet (E. Galois, 1811-1832, frz. Mathematiker). Galois-Felder haben grundsätzlich eine endliche Anzahl von Zahlenelementen. Lineare binäre Blockcodes sind in $GF(2)$ definiert.

Tabelle 10.8: Addition modulo-2

$\oplus$	0	1
0	0	1
1	1	0

Tabelle 10.9: Multiplikation

$\odot$	0	1
0	0	0
1	0	1

Zur Durchführung der **Codierung** bei linearen Blockcodes benötigt man eine Basismatrix, mit deren Hilfe der Code $\tilde{C}_c$ erzeugt werden kann. Diese Basismatrix heißt **Generator-Matrix** G und ist eine $(k \times n)$-Matrix vom **Rang** k. Sie wird aus Binärelementen des Codevorrats so ausgewählt, daß der aus ihr abgeleitete Code $\tilde{C}_c$ die Minimal-Distanz d hat. Die Zuordnung der Informationen $\tilde{i}_0, \tilde{i}_1, \ldots, \tilde{i}_m$ zu den Codeworten $\tilde{c}_0, \tilde{c}_1, \ldots, \tilde{c}_m$ wird durch die lineare Abbildung (Skalarprodukt)

$$\tilde{c} = \tilde{i} \cdot G \tag{10.8}$$

gewonnen. Die Matrizen-Multiplikation der Zeilenmatrix einer Information $\tilde{i}$ mit der Generatormatrix G liefert das jeweilige Codewort $\tilde{c}$.

Als Teilmenge des Codevorrats gibt es nun einen weiteren Code $\tilde{C}_0$, der zu dem Code $\tilde{C}_c$ orthogonal ist. Codeworte aus $\tilde{C}_c$ und $\tilde{C}_o$ sind damit paarweise orthogonal zueinander

$$\tilde{c} \cdot \tilde{c}_0 = 0. \tag{10.9}$$

Die Zeilenmatrizen $\tilde{c}$ und $\tilde{c}_0$ können als Vektoren interpretiert werden, die - bei gleichem Angriffspunkt - aufeinander senkrecht stehen, also zueinander orthogonal sind. Das Skalarprodukt zweier derartiger Vektoren verschwindet.

Für den Code $\tilde{C}_0$ läßt sich ebenfalls eine Basismatrix finden, die **Prüfmatrix** H oder **Kontrollmatrix** des Codes $\tilde{C}_c$ genannt wird. Sie hat den Rang $(n-k)$ und ist eine $(n-k) \times n$ -Matrix, bei der $d-1$ Spalten linear unabhängig und d Spalten linear abhängig sein müssen [4, 166].

Beim linearen **Hamming-Code** erhält man die Prüfmatrix aus der spaltenweisen Darstellung der Dualzahlen der Länge $h = (n-k)$ bit ohne die Nullspalte. Hamming-Codes haben grundsätzlich die Minimaldistanz $d = 3$, und ihre Prüfmatrix hat h Zeilen und $n = 2^h - 1$ Spalten. n ist auch die Codewortlänge, h die Anzahl der Prüfstellen und k die Anzahl der Informationsbinärstellen im Codewort.

Mit der Prüfmatrix kann festgestellt werden, ob ein empfangenes Codewort $\tilde{c}$ zum Code $\tilde{C}_c$ gehört. Diese Überprüfung ist zur *Decodierung* eines empfangenen Codeworts notwendig. Ist nämlich $\tilde{c} \in \tilde{C}_c$, dann gilt

$$\tilde{c} \cdot H^T = H^T \cdot \tilde{c} = H \cdot \tilde{c}^T = 0. \tag{10.10}$$

H^T ist die transponierte Prüfmatrix. Tritt nun bei der Übertragung eines Codeworts $\tilde{c}$ ein Bitfehler auf, so wird das verfälschte Codewort

$$\tilde{r} = \tilde{c} \oplus \tilde{e} \tag{10.11}$$

empfangen; $\tilde{e}$ bezeichnet das Fehlerstellen-Binärwort der Länge n bit. Ist $\tilde{e}$ so beschaffen, daß $\tilde{r} \in \tilde{C}_c$, dann kann der Fehler nicht erkannt werden. Ist jedoch $\tilde{r} \notin \tilde{C}_c$, dann erhält man mit der Prüfmatrix wegen $\tilde{c} \cdot H^T = 0$ und $\tilde{e} \cdot H^T \neq 0$

$$\tilde{s} = \tilde{r} \cdot H^T = (\tilde{c} \oplus \tilde{e}) \cdot H^T = \tilde{c} \cdot H^T \oplus \tilde{e} \cdot H^T \neq 0. \tag{10.12}$$

Die Größe $\tilde{s}$ nennt man **Syndrom** des verfälschten Codeworts $\tilde{r}$ bezüglich der Prüfmatrix H. Liegt in $\tilde{r}$ nur ein Bitfehler vor, dann stellt das Syndrom - aufgrund der Eigenschaften der Prüfmatrix - die Dualzahl der Fehlerstelle im verfälschten

Codewort $\tilde{r}$ dar (Hamming-Codes), gezählt vom Codewortanfang. Damit kann die Fehlerkorrektur vollzogen werden.

Die Generatormatrix G kann aus der Prüfmatrix H ermittelt werden. Hierzu ist sie in systematischer Form

$$H = (A|I) \tag{10.13}$$

darzustellen. I ist die $(n-k) \times (n-k)$ - Einheitsmatrix und A eine $k \times (n-k)$-Matrix. Durch Transponieren erhält man aus der systematischen Form der Prüfmatrix die systematische Form der Generatormatrix

$$G = (I'| - A^T), \tag{10.14}$$

mit I' der $(k \times k)$-Einheitsmatrix und $-A^T$ der negierten transponierten A-Matrix. Zwischen der Generatormatrix G und der zu ihr orthogonalen Prüfmatrix H gilt der Zusammenhang $G \cdot H^T = \bigcirc$ mit $\bigcirc$ der Nullmatrix.

Das Minuszeichen bei der transponierten A-Matrix kann vernachlässigt werden, da bei der Addition modulo-2 $\oplus$ und $\ominus$ - Operation identisch sind ($1 \oplus 1 = 0$; $1 \ominus 1 = 0$).

Infolge der Darstellung der Generatormatrix in systematischer Form erscheint wegen $\tilde{c} = \tilde{i} \cdot G$ auch das Codewort $\tilde{c}$ in systematischer Form. Am Codewortanfang erscheinen k Nachrichten-Binärstellen und danach $(n-k)$ Prüf-Binärstellen, wie in Abb. 10.5 für einen $(7,4)$-Hamming-Code gezeigt [4, 166].

□ **Beispiel 10.11**

Beim (7,4)-Hamming-Code hat der Nachrichtenteil im Codewort $k = 4$ Bit. Die Codewortlänge ist $n = 2^h - 1 = 2^3 - 1 = 7$ bit, und die Anzahl der Prüfstellen ist $h = n - k = 3$ bit. Zu dem Code gehört damit eine Prüfmatrix H aus $n = 7$ Spalten und $h = 3$ Zeilen, die sich aus der spaltenweisen Anordnung der Dualzahlen von 1 bis 7 ergibt [4].

$$H = \begin{pmatrix} 0 & 0 & 0 & 1 & 1 & 1 & 1 \\ 0 & 1 & 1 & 0 & 0 & 1 & 1 \\ 1 & 0 & 1 & 0 & 1 & 0 & 1 \end{pmatrix}$$

Durch Vertauschen von Spalten findet man die Prüfmatrix in systematischer Form.

$$H = \begin{pmatrix} 0 & 1 & 1 & 1 & | & 1 & 0 & 0 \\ 1 & 0 & 1 & 1 & | & 0 & 1 & 0 \\ 1 & 1 & 0 & 1 & | & 0 & 0 & 1 \end{pmatrix} = (A|I)$$

Mit Gl. (10.14) folgt aus der Prüfmatrix die Generatormatrix in systematischer Form.

$$G = \begin{pmatrix} 1 & 0 & 0 & 0 & | & 0 & 1 & 1 \\ 0 & 1 & 0 & 0 & | & 1 & 0 & 1 \\ 0 & 0 & 1 & 0 & | & 1 & 1 & 0 \\ 0 & 0 & 0 & 1 & | & 1 & 1 & 1 \end{pmatrix} = (I'| - A^T)$$

Zur Erläuterung der systematischen Codierung wird die Nachricht $\tilde{i} = (1110)$ in ein Codewort $\tilde{c}$ mit Gl. (10.8) umgesetzt.

$$\tilde{c} = \tilde{i} \cdot G = (1110) \cdot \begin{pmatrix} 1 & 0 & 0 & 0 & | & 0 & 1 & 1 \\ 0 & 1 & 0 & 0 & | & 1 & 0 & 1 \\ 0 & 0 & 1 & 0 & | & 1 & 1 & 0 \\ 0 & 0 & 0 & 1 & | & 1 & 1 & 1 \end{pmatrix} = (1110|000)$$

Alle anderen der insgesamt $2^4 = 16$ Informationen werden ebenfalls mit Gl. (10.8) codiert.

Die Codewortprüfung im Decodierer liefert mit Gl. (10.10) bzw. Gl. (10.12), wenn das richtige Codewort $\tilde{c} = (1110|000) \in \tilde{C}_c$ empfangen wird,

$$\tilde{s} = \tilde{c} \cdot H^T = (1110|000) \cdot \begin{pmatrix} 0 & 0 & 1 \\ 0 & 1 & 0 \\ 0 & 1 & 1 \\ 1 & 0 & 0 \\ 1 & 0 & 1 \\ 1 & 1 & 0 \\ 1 & 1 & 1 \end{pmatrix} = (000); \quad s^T = \tilde{c}^T \cdot H = \begin{pmatrix} 0 \\ 0 \\ 0 \end{pmatrix}.$$

Das Syndrom $\tilde{s}$ verschwindet, damit ist $\tilde{c} \in \tilde{C}$ ein richtiges Codewort. Infolge eines Störeinflusses auf dem Kanal werde das verfälschte Codewort

$$\tilde{r} = \tilde{c} \oplus \tilde{e} = (1110010) \tag{10.15}$$

empfangen. Mit Gl. (10.12) folgt damit

$$\tilde{s}^T = H \cdot r^T = \begin{pmatrix} 0 & 0 & 0 & 1 & 1 & 1 & 1 \\ 0 & 1 & 1 & 0 & 0 & 1 & 1 \\ 1 & 0 & 1 & 0 & 1 & 0 & 1 \end{pmatrix} \cdot \begin{pmatrix} 1 \\ 1 \\ 1 \\ 0 \\ 0 \\ 1 \\ 0 \end{pmatrix} = \begin{pmatrix} 1 \\ 1 \\ 0 \end{pmatrix}$$

Das Syndrom $\tilde{s}$ stellt die Dualzahl 6 dar. Damit liegt der Bitfehler an der 6. Stelle gezählt vom Codewortanfang, links in der verfälschten Codewort-Zeilenmatrix $\tilde{r}$.

Verwendet man die Prüfmatrix in systematischer Form, dann erhält man das Syndrom $\tilde{s} = (010)$, die duale 2. Die Zählung zur Auffindung des Bitfehlers muß dann vom Codewortende aus erfolgen.

Zur Korrektur bildet man das Korrekturwort $\boldsymbol{k}_s = (0000010)$, das mit $\tilde{r}$ modulo-2 addiert das ursprünglich gesendete Codewort $\tilde{c} = \tilde{r} \oplus \tilde{\boldsymbol{k}}_s = (1110010) \oplus (0000010) = (1110000)$ ergibt.

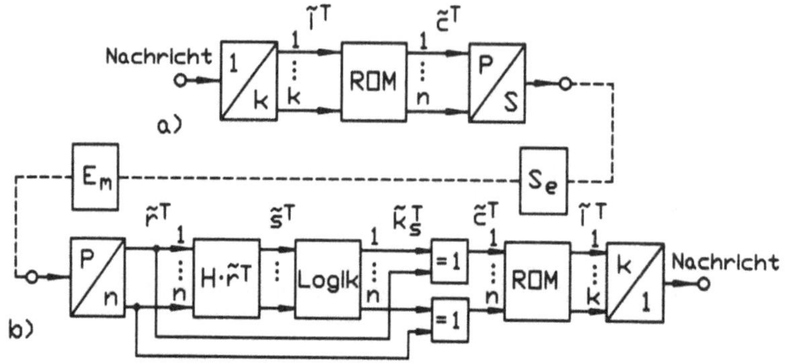

Abbildung 10.8: Prinzip zur Realisierung der binären Blockcodierung: a) Codierer; b) Decodierer

Abb. 10.8 zeigt eine Realisierungsmöglichkeit für binäre Blockcodes. Das in serieller Form vorliegende Nachrichtensignal, das beispielsweise ein Datensignal oder ein digitales Sprach- oder Videosignal sein kann, wird zunächst in einem Serien-Parallel-Umsetzer in $m = 2^k$ Nachrichten $\tilde{i}_0, \tilde{i}_1, \ldots, \tilde{i}_m$ der jeweiligen Länge k bit umgesetzt. Die Nachrichten sind die Adressen für einen ROM-Speicher, der alle gültigen Codeworte $\tilde{c}_0, \tilde{c}_1, \ldots, \tilde{c}_m$ enthält. Adressenabhängig werden die Codeworte der Länge n bit ausgelesen, in serielle Form umgesetzt und dem Übertragungssystem (Modulator, Basisband-Übertragung) zugeführt.

Im Decodierer werden synchron mit dem Empfangssignal - der hierzu notwendige Bittakt wird aus dem Empfangssignal abgeleitet - die u.U. verfälschten Codeworte $\tilde{r}$ empfangen und parallel in der transponierten Form $\tilde{r}^T$ dargestellt.

Die Prüfmatrix ist in einem ROM-Speicher fest abgespeichert. In einer Multiplizierer-Anordnung ermittelt man mit der Prüfmatrix H und $\tilde{r}^T$ das Syndrom $\tilde{s}^T$ und daraus durch logische Verknüpfung das Korrekturwort $\tilde{k}_s^T$. Die Korrektur erfolgt in einer Gruppe von EX-OR-Gliedern (=modulo-2-Addierer). Zur Ermittlung der Nachricht $\tilde{i}^T$ dient ein weiterer ROM-Speicher, der alle gültigen Nachrichten $\tilde{i}_0$ bis $\tilde{i}_m$ enthält und durch das jeweils korrigierte Codewort $\tilde{c}^T$ adressiert wird. Eine k/1-Parallel-Serien-Umsetzung liefert schließlich das ursprüngliche Nachrichtensignal.

10.2.4 Zyklische binäre Blockcodes

Erhält man durch zyklische Verschiebung eines Codeworts $\tilde{c}_0 \in \tilde{C}_c$ in einem rückgekoppelten Schieberegister um ν Binärstellen wieder ein Codewort $\tilde{c}_1 \in \tilde{C}_c$ und läßt sich die Codeworterzeugung durch Verschiebung um weitere ν Binärstellen fortsetzen, so findet man auf diese Art und Weise alle Codeworte eines zyklischen

Blockcodes. Wie noch gezeigt wird, reicht die Verschiebung um eine Binärstelle ($\nu = 1$) (1 Taktschritt) aus, um ein jeweils neues Codewort zu erzeugen.

Zyklische Binärcodes werden häufiger eingesetzt als die in Abschn. 10.2.3 in Matrizenform dargestellten binären Blockcodes, da sie mit geringerem technologischem Aufwand realisierbar sind.

Die rechnerische Behandlung von zyklischen Blockcodes wird vereinfacht, wenn man die im Rahmen der Codierung und Decodierung erscheinenden Binärworte durch normierte Polynome beschreibt. So gehört zu einem Binärwort aus n Binärstellen ein Polynom vom Grad $\leq (n-1)$. Die Binärzeichen des Binärworts stellen hierbei die Polynomkoeffizienten dar.

□ **Beispiel 3.12**

Das Codewort $\tilde{c} = (1001101)$ (n=7) wird durch das normierte Polynom $\tilde{c}(x) = x^6 + x^3 + x^2 + 1$ beschrieben. Wegen der Codewortlänge $n = 7$ hat das Polynom den Grad 6. Zur Polynombildung beginnt man am einfachsten mit dem konstanten Glied, das wegen der Normierung immer 1 ist. Polynomglieder erscheinen nur an den Stellen, an denen im darzustellenden Binärwort eine binäre 1 vorliegt. Bei einer binären 0 wird das zugehörige Polynomglied ebenfalls gleich Null. Die einzelnen Glieder der normierten Polynome sind durch die Addition modulo-2 verknüpft, dargestellt durch $\oplus$. In der einschlägigen Literatur und so auch hier wird der Einfachheit halber ebenfalls das übliche Additionszeichen + verwendet. Da Addition und Subtraktion modulo-2 identische Operationen sind, werden normierte Polynome grundsätzlich durch die Additon modulo-2 verknüpft. Führt man eine Polynom-Addition durch, so verschwinden alle Glieder, die z.B. in gleichen Paaren auftreten. Beispielsweise ist $\tilde{a}(x)+\tilde{c}(x) = (x^6+x+1)+(x^6+x^3+x^2+1) = x^3+x^2+x$ modulo-2; da sich $x^6+x^6 = x^6(1+1) = 0$ modulo-2 wegen $(1+1) = 0$ modulo-2 ergibt. Bei der Division von normierten Polynomen kennt man die übliche Polynom-Division $\tilde{c}(x) : g(x)$ und die Division $\tilde{c}(x) : g(x)$ modulo $g(x)$. Im letztgenannnten Fall wird als Ergebnis der Rest genommen (Restklassensysteme [4]).

Es sei $\tilde{c}(x) = x^5 + x^4 + x^2 + x + 1$ und $g(x) = x^3 + x + 1$, dann ist

$$
\begin{array}{l}
(x^5 + x^4 + x^2 + x + 1) : (x^3 + x + 1) = x^2 + x + 1 \\
\underline{x^5 + x^3 + x^2} \\
x^4 + x^3 + x + 1 \\
\underline{x^4 + x^2 + x} \\
x^3 + x^2 + 1 \\
\underline{x^3 + x + 1} \\
x^2 + x.
\end{array}
$$

Die übliche Polynom-Division liefert damit $\tilde{c}(x) : g(x) = x^2+x+1+(x^2+x)/(x^3+x+1)$, während die Division modulo $g(x)$ zu dem Ergebnis $\tilde{c}(x) : g(x) \equiv x^2 + x$ führt.

Die Multiplikation zweier Polynome $\tilde{c}(x)\cdot g(x)$ wird nach der üblichen algebraischen

Methode durchgeführt, wobei die Zusammenfassung der Polynomglieder wieder durch Additon modulo-2 erfolgt. So ist beispielsweise $(x^4+x^3+x+1)(x^3+x+1) = x^7+x^5+x^4+x^6+x^4+x^3+x^4+x^2+x+x^3+x+1 = x^7+x^6+x^5+x^4+x^2+1$.

Das Basispolynom zur Erzeugung eines zyklischen Blockcodes $\tilde{C}_c$ nennt man **Generator-Polynom**. Es hat den Grad $\nu = n - k$. Als Generatorpolynom benutzt man meist sogenannte ***primitive Polynome*** $p(x)$. Dies sind Polynome, die den Primzahlen äquivalent und somit irreduzibel sind. Sie können nicht durch Multiplikation oder Division aus Polynomen niedrigeren bzw. höheren Grades hergestellt werden. Durch die Verwendung von primitiven Polynomen - die auch Minimal-Polynome, also Polynome kleinstmöglichen Grades sind - ist sichergestellt, daß die Anzahl der Prüfstellen $\nu = n - k$ in einem Codewort nicht unnötig groß wird. In Tabelle 10.10 sind einige primitive Polynome dargestellt. In [4]

Tabelle 10.10: Primitive Polynome [166]

Grad $p(x)$	prim. Polynom
1	$x+1$
2	x^2+x+1
3	x^3+x+1
4	x^4+x+1
5	x^5+x^2+1
6	x^6+x+1
7	x^7+x+1
8	$x^8+x^6+x^5+x^4+1$
9	x^9+x^4+1
10	$x^{10}+x^3+1$
11	$x^{11}+x^2+1$
12	$x^{12}+x^7+x^4+x^3+1$
13	$x^{13}+x^4+x^3+x+1$
14	$x^{14}+x^8+x^6+x+1$
15	$x^{15}+x+1$
16	$x^{16}+x^{12}+x^3+x+1$

findet man weitere primitive Polynome.

Beim Umgang mit zyklischen Binärcodes kennt man somit *Informationspolynome*,

$$\tilde{i}(x) = i_{k-1}x^{k-1} + i_{k-2}x^{k-2} + \cdots + i_1x^1 + 1 \tag{10.16}$$

Generatorpolynome,

$$g(x) = g_{n-k}x^{n-k} + g_{n-k-1}x^{n-k-1} + \cdots + g_1x^1 + 1 \tag{10.17}$$

und *Codewortpolynome*

$$\tilde{c}(x) = c_{n-1}x^{n-1} + c_{n-2}x^{n-2} + \cdots + c_1x^1 + 1 \tag{10.18}$$

Für die Erzeugung von Codewörtern der Länge n bit in rückgekoppelten Schieberegistern sind für die zugehörigen normierten Polynome vom Grad $\leq (n-1)$ Multiplikation und Addition modulo $(x^n - 1)$ definiert [4]. Mit der modulo-(x^n-1)-Rechnung kann die Codewort-Erzeugung durch zyklische Verschiebung rechnerisch erfaßt werden. Ist nämlich $\tilde{c}_0 \in \tilde{C}_c$ ein Codewort, so gilt für die durch zyklische Verschiebung um einen Taktschritt erzeugten Codeworte $\tilde{c}_1, \tilde{c}_2, \tilde{c}_3 \ldots, \tilde{c}_m$

$$\begin{aligned} \tilde{c}_1 &= x \cdot \tilde{c}_0(x) \quad \text{modulo} \quad (x^n - 1) \\ \tilde{c}_2 &= x \cdot \tilde{c}_1(x) \quad \text{modulo} \quad (x^n - 1) \\ \tilde{c}_3 &= x \cdot \tilde{c}_2(x) \quad \text{modulo} \quad (x^n - 1) \\ \vdots &= \vdots \\ \tilde{c}_m &= x \cdot \tilde{c}_{m-1} \quad \text{modulo} \quad (x^n - 1) \end{aligned} \tag{10.19}$$

Eine Multplikation mit x^ν bedeutet eine zyklische Verschiebung um ν Stellen. Im vorliegenden Fall ist $\nu = 1$ (1 Taktschritt).

Die modulo $(x^n - 1)$ - Rechnung ist erst durchzuführen, wenn ein durch zyklische Verschiebung erzeugtes Codewort der Länge n bit den Grad (n-1) überschreitet. Ist dies bei einem Codewort $\tilde{c}_j(x)$ der Fall, dann bildet man den Quotienten $\tilde{c}_j(x) : (x^n - 1)$ und nimmt den verbleibenden ***Rest*** als Ergebnis. Nach dieser in ***Restklassensystemen*** üblichen Rechnung, erscheinen nur Codeworte vom Grad $\leq (n-1)$. Dies beschreibt exakt die Operation in einem rückgekoppelten Schieberegister, in dem zu Beginn und nach n Taktschritten das Ursprungscodewort $\tilde{c}_0$ erscheint. Im folgenden Beispiel wird dies deutlich.

□ **Beispiel 10.13**

Durch zyklische Verschiebung des Generator-Codeworts $\tilde{c}_0 = (0001011)$, $n = 7$ mit dem zugehörigen Generator-Polynom $g(x) = x^3 + x + 1$ soll ein zyklischer Code aus $2^\nu = 2^3 = 8$ Codeworten erzeugt werden. Abb. 10.9 zeigt die Schieberegister-Anordnung. Nach 7 Taktschritten steht das Generator-Codewort wieder im Schie-

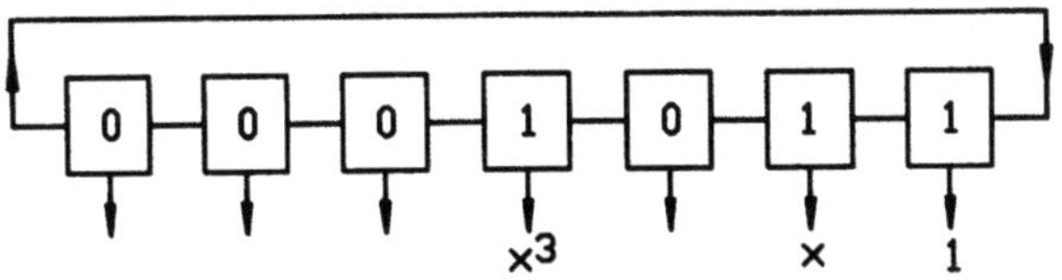

Abbildung 10.9: Rückgekoppeltes Schieberegister

beregister, und der Zyklus der Codewort-Erzeugung beginnt von vorn, wie auch die folgende Rechnung in Tab. 10.11 zeigt.

Tabelle 10.11: Zyklische Verschiebung, mit Hilfe der modulo-$(x^n - 1)$ - Rechnung dargestellt

Schieberegisterinhalt	modulo $(x^n - 1)$-Rechnung
$\tilde{c}_0 = (0001011)$	$\tilde{c}_0(x) = x^3 + x + 1$
$\tilde{c}_1 = (0010110)$	$\tilde{c}_1(x) = x \cdot \tilde{c}_0(x) = x^4 + x^2 + x$
$\tilde{c}_2 = (0101100)$	$\tilde{c}_2(x) = x \cdot \tilde{c}_1(x) = x^5 + x^3 + x^2$
$\tilde{c}_3 = (1011000)$	$\tilde{c}_3(x) = x \cdot \tilde{c}_2(x) = x^6 + x^4 + x^3$
$\tilde{c}_4 = (0110001)$	$\tilde{c}_4(x) = x \cdot \tilde{c}_3(x) = x^7 + x^5 + x^4 \equiv x^5 + x^4 + 1$
$\tilde{c}_5 = (1100010)$	$\tilde{c}_5(x) = x \cdot \tilde{c}_4(x) = x^6 + x^5 + x$
$\tilde{c}_6 = (1000101)$	$\tilde{c}_6(x) = x \cdot \tilde{c}_5(x) = x^7 + x^6 + x^2 \equiv x^6 + x^2 + 1$
$\tilde{c}_7 = (0001011)$	$\tilde{c}_7(x) = x \cdot c_6(x) = x^7 + x^3 + x \equiv x^3 + x + 1$

Durch Wahl eines geeigneten Generatorpolynoms kann man zyklische Codes erzeugen, wie Beispiel 10.13 zeigt. Allerdings gelingt dies nur, wenn $x^n - 1$ durch das Generatorpolynom vom Grad $(n - k) = \nu$ teilbar ist. $g(x)$ muß ein Faktor von $x^n - 1$ sein. Der Quotient, der die Teilbarkeit zeigt,

$$h(x) = \frac{x^n - 1}{g(x)} \tag{10.20}$$

liefert das **Prüfpolynom** des zyklischen Codes $\tilde{C}_c$ mit dem Generatorpolynom $g(x)$. Im Decodierer kann damit jedes Codewort überprüft werden, ob es zum Code $\tilde{C}_c$ gehört. Wird im Decodierer ein richtiges Codewort empfangen, dann liefert die Codewort-Prüfung

$$\tilde{c}(x)h(x) = 0 \quad \text{modulo} \quad (x^n - 1). \tag{10.21}$$

Trifft im Decodierer ein verfälschtes Codewort $\tilde{r} \notin \tilde{C}_c$ ein, dann ergibt die Codewort-Prüfung

$$\tilde{r}(x)h(x) \neq 0 \quad \text{modulo} \quad (x^n - 1). \tag{10.22}$$

Erfüllt das Generatorpolynom $g(x)$ die weiter oben formulierten Eigenschaften, dann kann die Codewort-Erzeugung auch - ähnlich wie bei den nichtzyklischen Binärcodes - durch Bildung des Produkts

$$\tilde{c}(x) = \tilde{i}(x)g(x) \tag{10.23}$$

erfolgen [166, 170]. Bei dieser **nichsystematischen Codierung** sind - wie im Beispiel 10.13 auch - die Informations-Binärstellen und Prüfstellen im Codewort nicht erkennbar. Eine Separierung zwischen Informationsstellen und Prüfstellen, wie in Abb. 10.5 dargestellt, liegt nicht vor. Die Codewort-Prüfung wird mit den Gln. (10.20) bis (10.22) durchgeführt.

Aus der nichsystematischen Codierung kann, auch für zyklische Binärcodes, eine **systematische Codierung** abgeleitet werden. Um dies zu erreichen, wird das Nachrichtenpolynom $\tilde{i}(x)$ zunächst mit $x^{n-k} = x^{\nu}$ multipliziert, $\tilde{i}(x) \cdot x^{\nu}$. Diese Multiplikation entspricht im Schieberegister - wie in Beispiel 10.13 für $\nu = 1$ gezeigt - einer Verschiebung um ν Binärstellen. Im Codewort-Polynom wird, aufgrund dieser Multiplikation, die Nachricht $\tilde{i}(x)$ an den Codewortanfang geschoben. Dividiert man das vorgenannte Produkt durch das Generatorpolynom $g(x)$, so ist diese Division im allgemeinen nicht ohne Rest möglich, wenn $g(x)$ ein primitives Polynom ist. Bildet man jedoch ein Codewort $\tilde{c}(x)$ nach der in folgenden Gleichungen beschriebenen Art,

$$\begin{aligned} \frac{x^{n-k} \cdot \tilde{i}(x)}{g(x)} &= q(x) + \frac{\tilde{R}(x)}{g(x)} \\ x^{n-k} \cdot \tilde{i}(x) &= q(x)g(x) + \tilde{R}(x) = \tilde{c}(x) + \tilde{R}(x) \\ \tilde{c}(x) &= x^{n-k} \cdot \tilde{i}(x) - \tilde{R}(x) = x^{n-k} \cdot \tilde{i}(x) + R(x) \end{aligned} \tag{10.24}$$

dann ist jedes so gebildete Codewort-Polynom $\tilde{c}(x)$ ohne Rest durch $g(x)$ teilbar. Hierbei ist Grad $q(x) =$ Grad $\tilde{i}(x) = k - 1$ und Grad $\tilde{R}(x) \leq (n-k-1)$. Der Rest $\tilde{R}$ aus der Division $(x^{n-k} \cdot \tilde{i}(x)) : g(x)$ modulo $g(x)$ liefert die gesuchten $n - k = \nu$ Prüfbinärstellen im Codewort.

Eine weitere Art der **Codewort-Prüfung** - die ohne Prüfpolynom auskommt - ist die Division des im Decodierer empfangenen Codeworts durch das Generatorpolynom. Dieses Verfahren wird in der Praxis am häufigsten verwendet. Wird ein richtiges Codewort empfangen, dann läßt sich die Division $\tilde{c}(x)/g(x)$, unabhängig davon ob systematisch oder nichtsystematisch codiert wurde, ohne Rest durchführen. Erscheint in Decodierer dagegen ein verfälschtes Codewort $\tilde{r}(x)$, dann verbleibt bei der vorgenannten Division ein Rest. Man erhält

$$\frac{\tilde{r}(x)}{g(x)} = \tilde{b}(x) + \frac{\tilde{R}(x)}{g(x)}. \tag{10.25}$$

Das Binärwort $\tilde{R}$ des Restpolynoms $\tilde{R}(x)$ ist charakteristisch für die Lage der Fehlerstelle im Codewort, wenn man nur einen Bitfehler im Codewort voraussetzt. Der Rest hat somit die Eigenschaft eines **Syndroms**, das allerdings nicht die Dualzahl der Fehlerstelle - wie bei den nichtzyklischen Binärcodes - aber doch ein eindeutiges Kriterium darstellt, falls ein geeignetes Generatorpolynom gewählt wird.

Ist das Generatorpolynom eines zyklischen Binärcodes ein primitives Polynom $g(x)$ vom Grad $\nu = n - k$, so erhält man bei Anwendung der oben beschriebenen systematischen - bzw. nichsystematischen Codierung einen **zyklischen Hamming-Code** der Minimal-Distanz $d = 3$. Mit (n,k)-Hamming-Codes sind $d - 1 = 2$ Bitfehler je Codewort erkennbar und $t \leq (d-1)/2 = 1$ qBitfehler/Codewort korrigierbar.

Multipliziert man das (primitive) Generatorpolynom eines zyklischen Hamming-Codes mit $(x+1)$, so erhält man das Generatorpolynom des **Abramson Codes**

$$g(x) = g_1(x)(x+1). \tag{10.26}$$

Durch den Faktor $(x+1)$ wird der Grad des Generatorpolynoms und die Minimal-Distanz gegenüber dem Hamming-Code um 1 erhöht. $g_1(x)$ ist ein primitives Polynom vom Grad $\nu_1 = \nu + 1$. Die Codewortlänge beim Abramson-Code ist $n = 2^{\nu_1} - 1$, und die Minimal-Distanz ist $d = 4$ [4].

Bei binären zyklischen Blockcodes beruhen Codierung und Decodierung auf binären Polynom-Multiplikationen und -Divisionen. Diese mathematischen Operationen können mit rückgekoppelten Schieberegistern realisiert werden. Im folgenden werden spezielle Fälle vorgestellt, die auch das allgemeine Prinzip verständlich machen. In Abb. 10.10a ist eine Schaltung zur Realisierung der Multiplikation $\tilde{c}(x) = \tilde{i}(x)g(x)$ dargestellt. $\tilde{i}(x)$ sei ein Informations-Polynom und $g(x)$ ein Generator-Polynom. Die Multiplikationsschaltung läßt sich unmittelbar aus dem Generator-Polynom ableiten. Die Anzahl der erforderlichen Schieberegister-Zellen ist durch den Grad von $g(x)$ bestimmt. Schieberegister-Anzapfungen und modulo-2-Addierer liegen nur an den Polynomstellen vor, an denen die binären Polynomkoeffizienten von $g(x)$ logisch 1 sind.

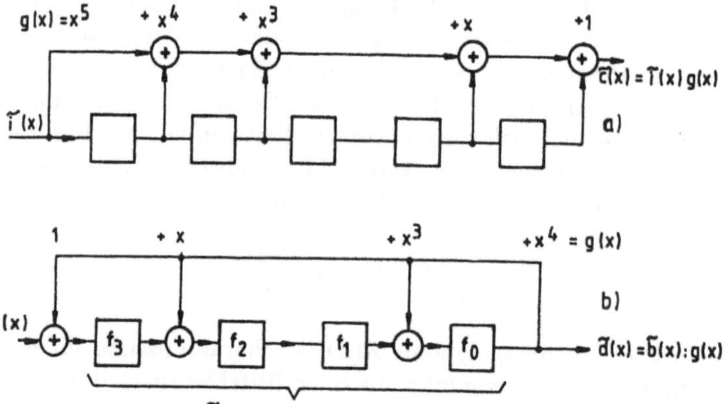

Abbildung 10.10: a) Binäre Polynom - Multiplikation; b) Binäre Polynom - Division

Abb. 10.10b zeigt die Division $\tilde{d}(x) = \tilde{b}(x) : g(x)$ mit dem Generator-Polynom $g(x) = x^4 + x^3 + x + 1$ sowie die Division $\tilde{b}(x) : g(x)$ modulo $g(x)$. Die Anzahl der Speicherzellen wird ebenfalls durch den Grad von $g(x)$ bestimmt. Schieberegister-Anzapfungen liegen ebenfalls nur an den Stellen vor, an denen die Koeffizienten von $g(x)$ gleich 1 sind. Bei der erstgenannten Division erscheint das Ergebnis am

Registerausgang. Ein u.U. auftretender Rest $\tilde{R}$ verbleibt als Binärwort in den Schieberegisterzellen. Bei der Division modulo $g(x)$ interessiert nur der in den Schieberegisterzellen als Binärwort (z.B. Syndrom) verbleibende Rest.

□ **Beispiel 10.14**
Betrachtet werde ein zyklischer (7,4)-Hamming-Code bei nichtsystematischer Codierung, der zur Fehlerentdeckung benutzt wird. Sein Generatorpolynom sei $g(x) = x^3 + x + 1$. Damit ist, wegen Grad $g(x) = \nu = 3$ die Codewortlänge $n = 2^3 - 1 = 7$, und die Informationen haben $k = 4$ Binärstellen. Zu übertragen sei die Information $i = (1010)$ mit $\tilde{i}(x) = x^3 + x$ - eine von insgesamt $2^4 = 16$.

Das Codewortpolynom bildet man bei nichtsytematischer Codierung aus dem Produkt, s. Gl. (10.23), $\tilde{c}(x) = g(x)\tilde{i}(x) = (x^3 + x + 1)(x^3 + x) = x^6 + x^4 + x^4 + x^2 + x^3 + x = x^6 + x^3 + x^2 + x$ mit $x^4 + x^4 = 0$. Damit lautet das zugehörige Codewort $\tilde{c} = (1001110)$. Als Prüfpolynom ermittelt man $h(x) = (x^7 - 1) : (x^3 + x + 1) = x^4 + x^2 + x + 1$. Wird im Decodierer das Codewort richtig empfangen, dann liefert die Codewort-Prüfung Gl. (10.21) bzw. Gl. (10.22), $\tilde{c}(x) \cdot h(x) = (x^6+x^3+x^2+x)(x^4+x^2+x+1) = x^{10}+x^8+x^3+x = 0$ modulo (x^7-1). Damit die vorstehende Gleichung erfüllt ist, muß gelten $x^{10}+x^8 = x^3+x$ modulo (x^7-1). Sie ist erfüllt, da $(x^{10}+x^8) : (x^7-1) = x^3+x+(x^3+x)/(x^7-1)$ modulo $(x^7 - 1)$ den Rest $(x^3 + x)$ hat.

Empfängt der Decodierer das verfälschte Codewort $\tilde{c} = (1001111)$ - zugehöriges Polynom $x^6 + x^3 + x^2 + x + 1$ - so liefert die Codewort-Prüfung $\tilde{c}_f(x) \cdot h(x) = x^4 + x^2 + x + 1 \neq 0$ modulo $(x^7 - 1)$. Damit ist der Bitfehler entdeckt, $\tilde{c}_f \notin \tilde{C}_c$.

Führt man die Codewort-Prüfung im Decodierer mit Hilfe der Division $\tilde{c}(x) : g(x)$ durch, so erhält man beim Empfang des richtigen Codeworts $(x^6 + x^3 + x^2 + x) : (x^3+x+1) = x^3+x$ ohne Rest. Wird dagegen das verfälschte Codewort empfangen, dann liefert die Division $x^6 + x^3 + x^2 + x + 1) : (x^3 + x + 1) = x^3 + x$ den Rest 1, wodurch der Bitfehler entdeckt ist. Im Register der Divisionsschaltung steht dann der Rest (001).

□ **Beispiel 10.15**
Der (7,4)-Hamming-Code soll nun durch systematische Codierung nach Gl. (10.24) erzeugt werden und neben der Fehlerentdeckung auch eine Fehlerkorrektur durchführen. Wie in Beispiel 10.14 wird $g(x) = x^3 + x + 1$ als Generatorpolynom und $\tilde{i} = 1010$ mit $\tilde{i}(x) = x^3 + x$ als Information gewählt. Damit bleiben die Daten $\nu = n - k = 3$, $n = 7$, $k = 4$ erhalten. Wegen $d = 3$ ist mit Gl. (10.3) $t = (d - 1)/2 = 1$ Bitfehler/Codewort korrigierbar.

Für den Informationsteil des Codeworts ermittelt man zunächst die Verschiebung an den Codewortanfang durch $x^{n-k} \cdot \tilde{i}(x) = x^3(x^3 + x) = x^6 + x^4$. Da das Codewort 7-stellig und die Nachricht 4-stellig ist, entspricht dies nach wie vor der Nachricht $\tilde{i} = (1010)$. Die Prüfstellen im Codewort erhält man aus der Division $(\tilde{i}(x) \cdot x^3) : g(x) = (x^6 + x^4) : (x^3 + x + 1)$ modulo $(x^3 + x + 1)$ mit dem Rest $\tilde{R}(x) = (x + 1)$ als Ergebnis und daraus die $n - k = 3$ Prüfstellen $\tilde{R} = (011)$.

Damit lautet das gesamte Codewort-Polynom $\tilde{c}(x) = x^6 + x^4 + x + 1$ und das Codewort in systematischer Form $\tilde{c} = (1010011)$. Am Codewortanfang erscheinen die Nachrichtstellen 1010 und danach die Prüfstellen 011.

Zunächst soll der Decodierer das unverfälschte Codewort mit dem Polynom $\tilde{c}(x)$ empfangen. $\tilde{c}(x)$ muß dann durch $g(x)$ teilbar sein ohne Rest; tatsächlich ist $(x^6 + x^4 + x + 1) : (x^3 + x + 1) = x^3 + 1$ ohne Rest. Damit ist $\tilde{c}$ ein Codewort.

Nun werde das verfälschte Codewort $\tilde{c}_f = (1110011)$ (Bitfehler an der 2. Stelle vom Coderwortanfang) mit $\tilde{c}_f(x) = x^6+x^5+x^4+x+1$ empfangen. Die Codewort-Prüfung durch Division $\tilde{c}_f(x) : g(x)$ modulo $g(x)$ liefert dann $(x^6+x^5+x^4+x+1) : (x^3+x+1) = x^3+x^2$ mit dem Rest $\tilde{s}(x) = x^2+x+1$ als Syndrom-Polynom. Das Syndrom $\tilde{s} = (111)$ identifiziert die Stelle des Bitfehlers im Codewort eindeutig. Durch entsprechende logische Verknüpfung wird aus dem Syndrom ein Korrekturbitmuster erzeugt, das den Bitfehler korrigiert. Dies soll am Schaltungsbeispiel eines (7,4)-Hamming-CODEC-Systems gezeigt werden, s. Abb. 10.11. Der

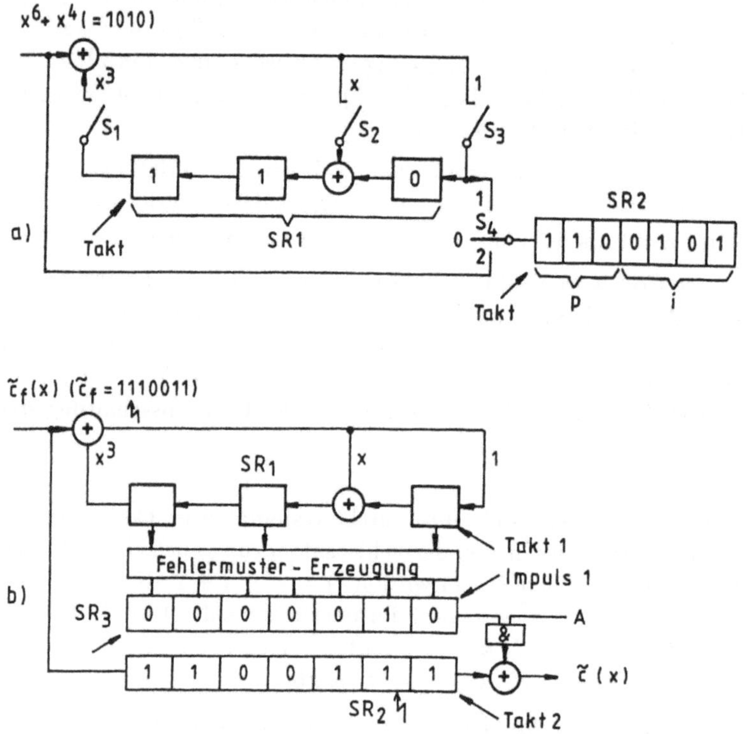

Abbildung 10.11: (7,4)-Hamming-CODEC; a) Codierer; b) Decodierer

Codierer besteht im wesentlichen aus einer Divisionsschaltung, mit dem Schieberegister SR1, den Schaltern S_1, S_2, S_3 und S_4 sowie zwei EX-OR-Gliedern und einem Schieberegister SR2 am Codiererausgang. Am Eingang des Codierers liege die Nachricht $\tilde{i} = (1010)$. Die Schalter S_1, S_2 und S_3 sind zunächst geschlossen, S_4 sei in Stellung 2. Zur Codierung wird $\tilde{i}$ mit 4 Taktschritten in SR2 geschoben, gleichzeitig erzeugt die Divisionsschaltung durch Division modulo $g(x)$ die Prüfstellen $\tilde{R} = (011)$, die in SR1 erscheinen. Nun werden die Schalter S_1, S_2 und S_3 geöffnet, Schalter S_4 wird in Stellung 1 gebracht, und die Prüfbinärstellen in SR1 werden mit 3 Taktschritten in SR2 übernommen. In SR2 steht nun das vollständige Codewort $\tilde{c} = (1010011)$, das nach Umschaltung von S_4 auf 2 zur Übertragung ausgelesen wird. Gleichzeitig, nach der Schließung von S_1 bis S_3, wird der Codierer zur Verarbeitung einer weiteren Nachricht $\tilde{i}$ vorbereitet.

Die Divisionschaltung des Codierers wird zur Syndrom-Erzeugung im Decodierer ebenfalls benötigt. Nach 7 Taktschritten ist das empfangene verfälschte Codewort $\tilde{c}_f = (1110011)$ in SR2 eingelesen. Gleichzeitig führt die Divisionsschaltung die Division $\tilde{c}_f : g(x)$ modulo $g(x)$ aus, sodaß nach diesen 7 Taktschritten das Syndrom $\tilde{s} = (111)$ in SR1 erscheint. Der Anschluß A liegt hierbei auf logisch 0. In der Fehlermuster-Erzeugung wird durch einfache logische Verknüpfung aus dem Syndrom das Korrekturmuster $\tilde{k}_s = (0000010)$ ermittelt, wobei nur an der durch $\tilde{s}$ definierten Fehlerstelle eine logische 1 auftritt. Danach erfolgt eine parallele Übernahme in Register SR3. Nun wird A auf logisch 1 gelegt und das Korrekturmuster sowie $\tilde{c}_f$ mit 7 Taktschritten aus SR3 bzw. SR2 ausgelesen. Die Korrektur erfolgt in dem an die beiden Register angeschlossenen EX-OR-Glied (= modulo 2 - Addierer).

10.2.5 CRC-Verfahren (Cyclic Redundancy Check)

Betrachtet wird zunächst das Prinzip des CRC-4-Verfahrens, das zur Fehlerentdeckung in PCM-30-Systemen der Bitrate 2,048 Mbit/s eingesetzt wird. Mit dem CRC-4-Verfahren lassen sich Synchronisationsfehler und Bitfehler im Übertragungssignal entdecken. Gemäß ITU-T G.704 und G.732 haben PCM-30-Schnittstellen, s. Kapitel 8, den in Abb. 8.14 dargestellten Rahmenaufbau. Zur Erzeugung der sogenannten CRC-4-Signatur (= Prüfsumme, ein 4 Bit- Wort) werden 8 Pulsrahmen von jeweils 2048 Bit einer Divisions-Schaltung zugeführt, die durch das Generatorpolynom $g(x) = x^4 + x + 1$ definiert ist und die eine Division modulo $g(x)$ durchführt, s. Abb. 10.12. Zur Bildung der CRC-4-Signatur werden die 8 Pulsrahmen bestehend aus 2048 Bit bei der Darstellung in Polynomform zunächst mit x^4 multipliziert und anschließend durch $g(x)$ dividiert, wie bereits mit Gl. (10.24) gezeigt. Der Divisionsrest stellt die Signatur dar. In Beispiel 10.16 wird das Verfahren demonstriert, wobei allerdings anstelle der 8 Pulsrahmen lediglich das Rahmenkennungswort (RKW) betrachtet wird.

Beispiel 10.16
Das $RKW = 00011011$ lautet in Polynomform $RKW(x) = x^4 + x^3 + x + 1$. Die Multiplikation mit x^4 ergibt $x^4 \cdot RKW(x) = x^8 + x^7 + x^5 + x^4$. Zur Erzeugung der

Signatur bildet man nun $RKW(x) \cdot x^4/(x^4+x+1)$ modulo $(x^4+x+1) \equiv x^3+x+1$. Die Koeffizienten des Restpolynoms x^3+x+1 liefern die Signatur 1011.

Die Synchronisation erfolgt mit dem (halben) Überrahmentakt (1 Überrahmen = 16 PCM-30-Rahmen, Dauer 2 ms). Nach Abb. 10.12 durchlaufen, beginnend mit

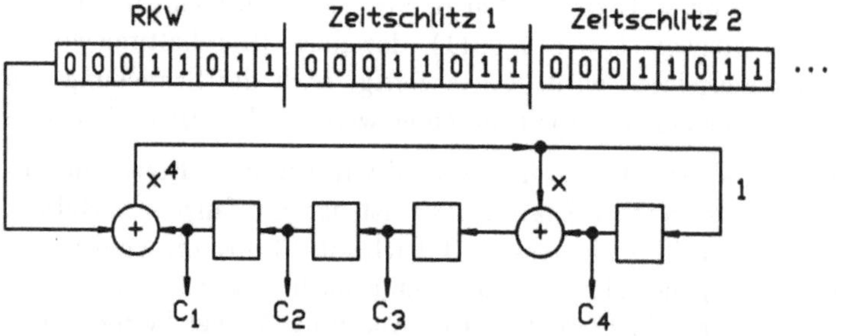

Abbildung 10.12: Erzeugung der CRC-4-Signatur (= Prüfsumme)

dem Rahmenkennungswort (RKW) 8 PCM-30-Rahmen - dies sind 8 · 256 bit = 2048 bit - die Divisionsschaltung zur Erzeugung der Signatur C_1 bis C_4. Die so erzeugte Signatur wird in 4 aufeinanderfolgenden PCM-30-Rahmen im ersten Bit (Bit X) des RKW übertragen (Abb. 8.14) und im Empfänger gespeichert. Auf der Empfangsseite wird mit der gleichen Schaltung, Abb. 10.12, die Signatur C_1 bis C_4 ebenfalls (synchron) erzeugt und mit der gespeicherten Signatur Bit für Bit verglichen. Stimmen gesendete und empfangsseitig erzeugte Signatur nicht überein, so wird dies im Meldewort MW der Gegenstelle angezeigt, die dann die Wiederholung der entsprechenden 8 Rahmen einleitet.

In Datenübertragungssystemen, s. Kapitel 11, werden zur Durchführung des CRC-16-Verfahrens die auf Abramson-Codes führenden. Generatorpolynome $g(x) = (x^{15}+x+1)(x+1) = x^{16}+x^{15}+x^2+1$ (ISDN-D-Kanal) und $g(x) = (x^{15}+x^{14}+x^{13}+x^{12}+x^4+x^3+x^2+x+1)(x+1) = x^{16}+x^{12}+x^5+1$ (X.25-Protokoll) eingesetzt. Die erzeugte Signatur besteht aus 16 bit (16 Bit -Sicherung).

Das im X.25-Protokoll eingebettete HDLC-LAPB-Datensicherungsprotokoll (s. Abschn. 11.2) verwendet zur Erzeugung der Signatur (= FCS, Frame Check Sequence = Prüfsumme) im X.25-Rahmen das zuletzt genannte Generatorpolynom. Die Prüfsumme FCS ist hierbei die Binärdarstellung von $\overline{R}(x)$, dem Komplement des Rests $R(x)$ der folgenden Division

$$\frac{x^{16}m(x) + x^l \sum_{i=0}^{15} x^i}{g(x)} = Q(x) + \frac{R(x)}{g(x)}. \qquad (10.27)$$

l ist die Länge in bit des Datenblocks $m(x)$ innerhalb des X.25-Rahmens (z.B. der gesamte Rahmenkopf), der gegen Bit- bzw. Sychronisationsfehler geschützt werden soll [4, 170, 173, 174].

10.2.6 BCH-Codes, Reed Solomon Codes

BCH bezeichnet die Anfangsbuchstaben der Erfinder der **BCH-Codes**, nämlich R.C. Bose (1960), D.K.Ray Chaudhuri (1960) und A. Hocquenghem (1959). BCH-Codes und Reed-Solomon-Codes sind zyklische (n,k)-Blockcodes. Sie eignen sich besonders für die Korrektur von $t = (d-1)/2$ Einzelfehlern - nicht Fehlerbündeln - die beliebig im Codewort verteilt sein können. Reed-Solomon-Codes dagegen sind besonders effizient bei der Korrektur von Bündelfehlern [4, 166-168].

Die BCH-Codes wie auch die Reed-Solomon-Codes - beide sind zyklische Codes - sind innerhalb eines endlichen nicht binären Zahlenkörpers definiert, der *Galois-Feld* genannt wird. Die Elemente dieses Zahlenkörpers sind Potenzen von Nullstellen eines erzeugenden primitiven Polynoms. Hat das erzeugende Poynom den Grad m, so ensteht hieraus ein Galois-Feld $GF(2^m)$ mit $2^m - 1$ Elementen, die mit Hilfe der in Restklassen-Systemen üblichen Rechenmethode ermittelt werden [4, 166].

Mit den Zahlen-Elementen aus $GF(2^m)$ lassen sich die zur Codierung notwendigen Generatorpolynome ermitteln und die Informationsworte bzw. Codeworte darstellen.

Die *Codierung* kann dann beispielsweise nichtsystematisch nach Gl. (10.23) oder systematisch nach Gl. (10.24) erfolgen.

Zur *Decodierung*, sind verglichen mit den Hamming-Codes, aufwendige Verfahren erforderlich. Meist erfolgt die Decodierung durch Anwendung der in $GF(2^m)$ definierten diskreten Fourier-Transformation in Verbindung mit dem sogenannten *Berlekamp-Massey-Algorithmus* [166].

10.2.7 Faltungscodes

Faltungscodes lassen sich nicht durch eine Codierungs-Vorschrift, wie die Blockcodes, mathematisch beschreiben, wenn gegebene Eigenschaften erfüllt werden sollen. Beim Codeentwurf ist man auf die Rechnersimulation von Codierer und Decodierer angewiesen.

Im Gegensatz zu den Blockcodes hängen die Binärzeichen eines Codeworts nicht nur von den Binärzeichen der Information und einem Generator-Polynom ab, sondern auch von zurückliegenden Codeworten.

Der **Faltungscodierer** stellt ein diskontinuierliches System dar, wie z.B. ein digitales Filter [50]. Die Ausgangsfolge $s_a(iT_s)$ eines diskontinuierlichen Systems, die durch (binäre) Faltung der Eingangs-Impulsfolge $s_e(iT_s)$ und der Impulsantwort

$h(iT_s)$-gewonnen wird, lautet bei einer endlichen Speicherzahl L

$$s_a(iT_s) = \sum_{l=0}^{L-1} s_e(iT_s - lT_s)h(lT_s) \tag{10.28}$$

$h(lT_s)$ ist die Impulsantwort des diskontinuierlichen Systems auf den Einheitsimpuls [27, 50]. In Abb. 10.13 ist eine Schaltung zur Realisierung einer binären Faltung ($L = 2$) gemäß Gl. (10.28) wiedergegeben. Schaltungen gemäß Gl. (10.28)

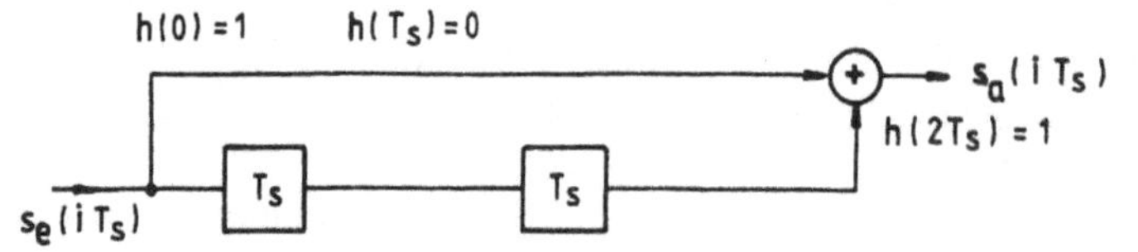

Abbildung 10.13: Schaltung zur binären Faltung mit 2 Speichern

bzw. Abb. 10.13 werden zur Erzeugung der redundanten Prüfstellen in Codeworten von Faltungscodes benutzt. Ergänzt man nämlich Abb. 10.13 durch einen Multiplexer und führt diesem neben dem Faltungssignal $\tilde{c}_1(iT_s)$ auch das Eingangsignal $\tilde{i}(iT_s) = \tilde{c}_2(iT_s)$ zu, so hat man einen Rate - 1/2 - Faltungscodierer, s. Abb. 10.14a ($n = 2, k = 1, n - k = 1$). Im Ausgangssignal $\tilde{c}(iT_s)$ folgt jedem Binärzeichen der Information $\tilde{i}(iT_s)$ ein redundantes Prüfbinärzeichen; die Coderate ist $R = 1/2$. Zur Erzeugung eines Prüfbinärzeichens wird je Taktschritt ein Binärzeichen der Information mit dem um 2 Taktschritte zurückliegenden Binärzeichen der Information verknüpft. Jedes Binärzeichen der Eingangsfolge $\tilde{i}(iT_s)$ beeinflußt somit 2 Binärzeichen der Ausgangsfolge $\tilde{c}(iT_s)$. $\tilde{c}(iT_s)$ hat die doppelte Bitrate von $\tilde{i}(iT_s)$.

Haben $k = 2$ Eingangs-Binärzeichen $n = 3$ Ausgangs-Binärzeichen zur Folge - die Coderate ist dann $R = 2/3$ - so hat man einen Rate-2/3-Faltungscodierer, der in Abb. 10.14b dargestellt ist. Auf entsprechende Art und Weise kann man z.B. auch Rate-7/8-Codierer und andere realisieren.

Neben der Schaltung von Faltungscodierern, deren Verhalten mit Hilfe der in [27, 50] dargestellten Theorie beschrieben werden kann, gibt es weitere Möglichkeiten, die Eigenschaften von Faltungscodierern anschaulich zu machen, nämlich die *Code-Tabelle*, den *Codebaum*, das *Zustandsdiagramm* und das *Trellisdiagramm* (auch Netzdiagramm oder Codespalier) [4, 166, 168, 171, 172]. Im folgenden Beispiel werden die genannten Darstellungsweisen demonstriert.

□ **Beispiel 10.17**
Für den in Abb. 10.14a dargestellten Faltungscodierer sind Codetabelle, Codebaum, Zustandsdiagramm und Trellisdiagramm darzustellen.

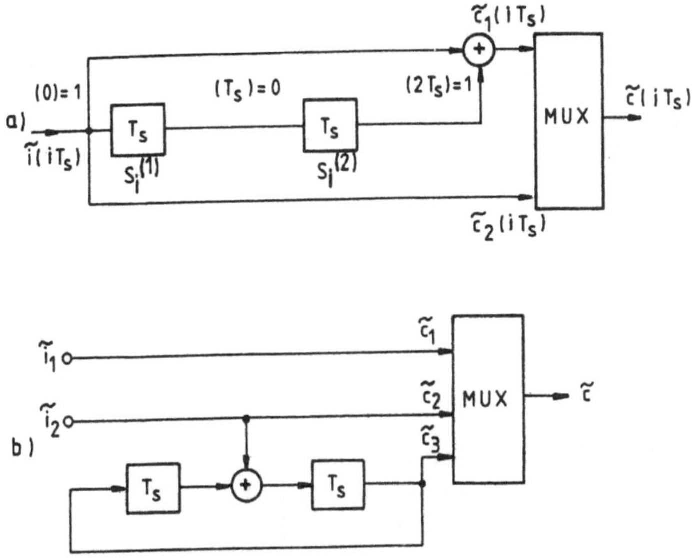

Abbildung 10.14: a) Rate-1/2-Faltungscodierer mit 2 Speichern; b) Rate-2/3-Faltungscodierer mit 2 Speichern

Zunächst wird die *Codetabelle* betrachtet. Sie enthält die Taktschrittfolge $i = 0, 1, 2, 3, 4, 5, 6, 7$, die Information $\tilde{i}(iT_s)$ die Speicherzustände $S_i^{(1)}$ und $S_i^{(2)}$ sowie $S_{i+1}^{(1)}$ und $S_{i+1}^{(2)}$ als auch die Signale $\tilde{c}_1$ und $\tilde{c}_2$ am Multiplexer-Eingang. Durch Anlegen der möglichen Eingangsbinärzeichen $\tilde{i}(iT_s)$ bei verschiedenen Speicherzuständen erhält man Tab. 10.12. Die Tabelle - zeilenweise interpretiert - sagt beispielsweise aus, daß nach dem 3. Taktschritt ($i = 3$) bei $\tilde{i} = 0$ der Speicher $S_3^{(1)} = 1$ auf $S_4^{(1)} = 0$ und der Speicher $S_3^{(2)} = 1$ auf $S_4^{(2)} = 1$ übergeht, wobei am Codierer-Ausgang die Signale $\tilde{c}_1 = 1$ und $\tilde{c}_2 = 0$ erscheinen.

Bei der Darstellung mit dem *Codebaum* beginnt man mit einem Ursprungsknoten, wobei man von dort ausgehend für jeden Taktschritt der Eingangsfolge $\tilde{i}$ einen Zweig hinzunimmt und neue Knoten bildet. Ist das Signal am Knoteneingang eine logische 0, so entsteht jeweils eine Verzweigung nach oben, ist es eine logische 1, so erfolgt eine Verzweigung nach unten. Die Knoten stellen den jeweils erreichten Speicherzustand dar. Die Zweige zwischen den Knoten werden, durch die Codierer-Ausgangssymbole $(\tilde{c}_1, \tilde{c}_2)$ gekennzeichnet, die bei einem Übergang von einem Speicherzustand (Knoten) zum anderen am Codierer-Ausgang erscheinen. Der Codierer nach Abb. 10.14a hat 2 Speicher, welche die Zustände $a = (00), b = (10), c = (01)$ und $d = (11)$ annehmen können. Beginnt man mit dem Zustand $a = (00)$, so ermittelt man mit der Codetabelle 10.12 den in Abb. 10.15a dargestellten Codebaum. Beispielsweise entnimmt man der Codetabelle und dem

Tabelle 10.12: Codetabelle des Faltungscodierers nach Abb. 10.14a

i (Takt)	$\tilde{i}(iT_s)$	$S_i^{(1)}$	$S_i^{(2)}$	$S_{i+1}^{(1)}$	$S_{i+1}^{(2)}$	$\tilde{c}_1$	$\tilde{c}_2$
0	0	0	0	0	0	0	0
1	0	0	1	0	0	1	0
2	0	1	0	0	1	0	0
3	0	1	1	0	1	1	0
4	1	0	0	1	0	1	1
5	1	0	1	1	0	0	1
6	1	1	0	1	1	1	1
7	1	1	1	1	1	0	1

Codebaum, daß der Speicherzustand $b = (10)$ $(\hat{=}S_i^{(1)}, S_i^{(2)})$ bei einer logischen 1 am Codierer-Eingang in den Speicherzustand $d = (11)$ $(\hat{=}S_{i+1}^{(1)}, S_{i+1}^{(2)})$ übergeht und am Codierer-Ausgang das Symbol (11) $(\hat{=}\tilde{c}_1, \tilde{c}_2)$ erscheint.

Legt man Knoten gleicher Speicherzustände und gleichen Abstands vom Ursprung zusammen, so kann man den Codebaum vereinfachen. Es entsteht das *Trellis-Diagramm*, das ebenfalls aus Knoten und Zweigen aufgebaut ist. Jeder Knoten stellt einen der $2^L = 2^2$ Speicherzustände des Codierers dar. Jeder Zweig markiert einen Übergang von einem Speicherzustand zu einem darauffolgenden. An den Zweigen werden die zugehörigen Codierer-Ausgangssymbole notiert. Das Trellisdiagramm des Codierers nach Abb. 10.14a ist für 5 Taktschritte in Abb. 10.15b wiedergegeben. Es dient als Hilfsmittel bei der Maximum-Likelihood-Decodierung von Faltungscodes, wie im nächsten Abschnitt gezeigt wird.

Im *Zustandsdiagramm* des Codierers nach Abb. 10.14a, das in Abb. 10.15c dargestellt ist, werden die möglichen Speicherzustände des Codierers in Kreisen notiert. Wie bei Codebaum und Trellis-Diagramm repräsentieren die Zweige, welche die Kreise verbinden und die durch die Codierer-Ausgangsymbole gekennzeichnet sind, die Übergänge von einem Speicherzustand zu einem anderen. Aus Codebaum, Trellis-und Zustandsdiagramm ist beispielsweise abzulesen, daß der Zustand $c = (01)$ übergeht in den Zustand $a = (00)$ und dabei das Symbol (10) am Codierer-Ausgang abgegeben wird oder daß ein Übergang nach $b = (10)$ erfolgt, wobei das Symbol (01) am Codierer-Ausgang erscheint.

10.2.7.1 Decodierung von Faltungscodes

Die Decodierung von Faltungscodes erfolgt häufig mit Hilfe eines Maximum-Likelihood-Detektors, der als Auswahlkriterium (Metrik) die Hamming-Distanz benutzt. Er ermittelt die wahrscheinlichste Codierer-Ausgangsfolge bestimmter

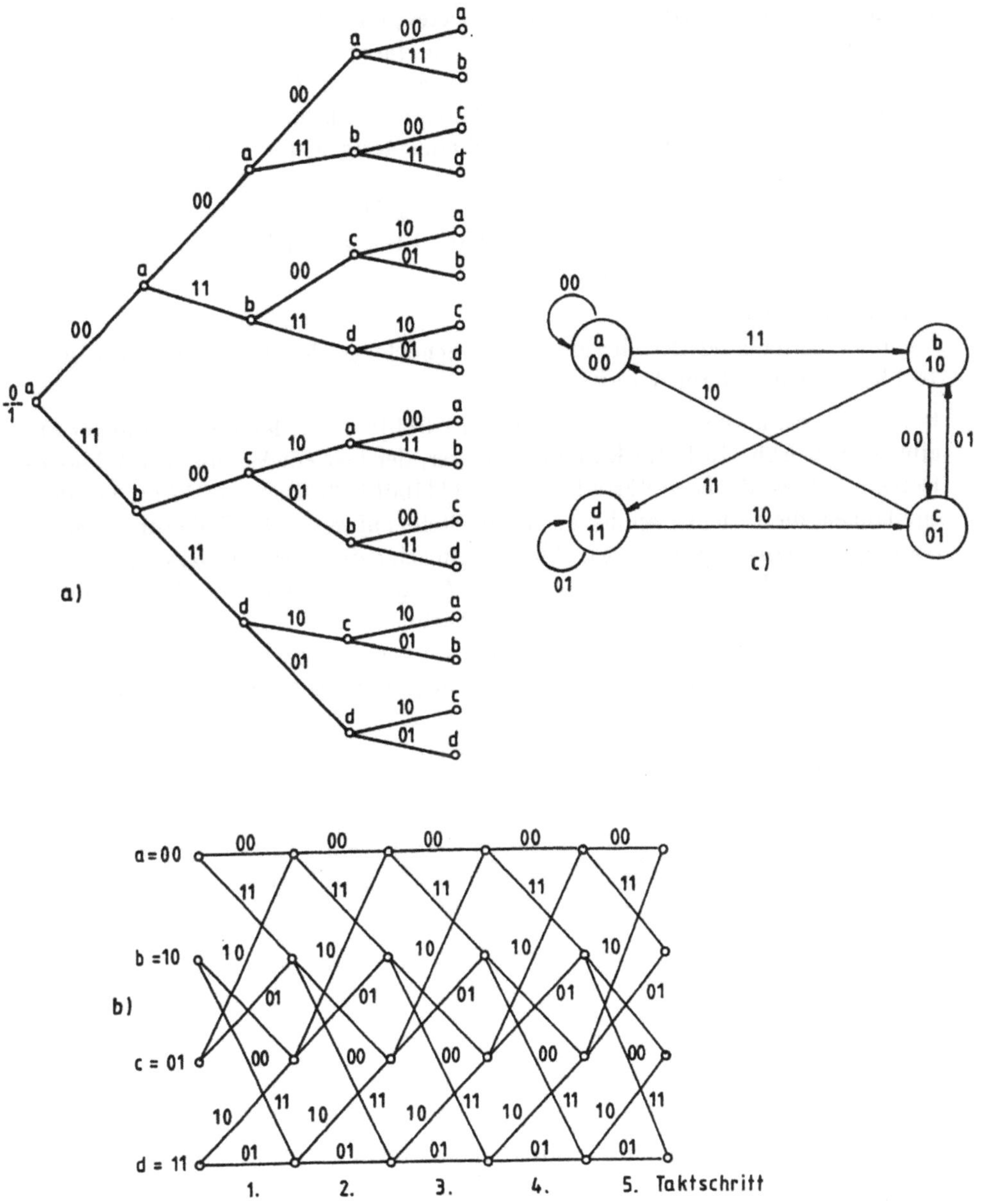

Abbildung 10.15: a) Codebaum; b) Trellis-Diagramm; c) Zustandsdiagramm des Rate-1/2-Codierers nach Abb. 10.14a

Länge, die zu einer empfangenen Folge gleicher Länge die geringste Hamming-Distanz hat. Die Maximum-Likelihood-Detektion erfolgt mit Hilfe des Trellis-Diagramms. Im Trellis-Diagramm stellen die durch die Zweige gegebenen Pfade mögliche Codierer-Ausgangsfolgen dar, da an jedem Zweig das entsprechende Codierer-Ausgangssymbol steht. Der Maximum-Likelihood-Detektor sucht im Trellis-Diagramm aus allen möglichen Pfaden festgelegter Länge - das Trellisdiagramm liegt im Detektor abgespeichert vor - denjenigen Pfad, der zur Empfangsfolge gleicher Länge die geringste Hamming-Distanz aufweist. Ein geeignetes Maximum-Likelihood-Verfahren ist der **Viterbi-Algorithmus**, der im folgenden Beispiel vorgestellt wird [4, 172].

□ **Beipiel 10.18**

Maximum-Likelihood-Decodierung einer Sendefolge des Codierers nach Abb. 10.14a mit dem Viterbi-Algorithmus.

Betrachtet werde die Sendefolge $\tilde{c} = (111101011010)$, die der Kanal-Codierer abgibt, s. z.B. Abb. 10.1. Im Kanal-Decodierer, der hier ein Maximum-Likelihood-Detektor ist, werde die gestörte Folge $\tilde{c}_r = (111001010010)$ (Länge 12 bit gewählt) empfangen, die Bitfehler an der 4. und 9. Stelle aufweist. Die Codierung beginne beim Speicherzustand $a = (00)$. Abb. 10.16 zeigt das Trellis-Diagramm des Codierers nach 6 Taktschritten ($\hat{=}6$ Codierer-Ausgangssymbolen $= 12bit$), wenn die Codierung beim Speicherzustand $a = (00)$ beginnt und die beiden letzten Binärzeichen (5. und 6. Taktschritt) der Information $\tilde{i}$ jeweils logisch 0 sind, s. auch Tab. 10.12. Die Sendefolge ist als Pfad im Trellisdiagramm Abb. 10.16 dick eingezeich-

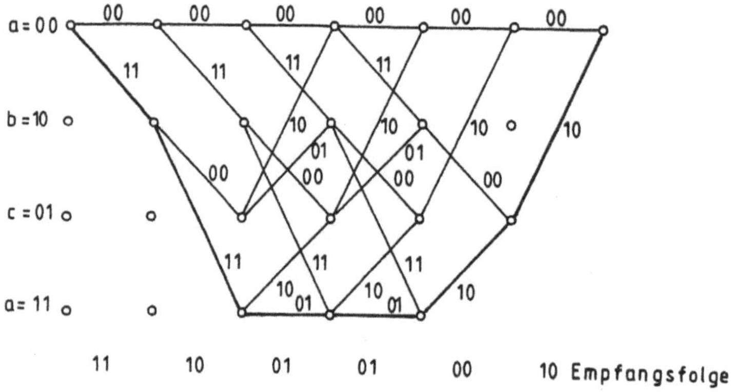

Abbildung 10.16: Trellis-Diagramm und Empfangsfolge

net. Zur Beschreibung der Decodierung wird zunächst das Trellis-Diagramm und die zugehörige Empfangsfolge nach nur 3 Taktschritten betrachtet, s. Abb. 10.17. Beginnend beim 1. Taktschritt ermittelt man die Hamming-Distanz zwischen dem Empfangssymbol und den zugehörigen an den Zweigen stehenden Codierer-Ausgangssymbolen im Trellisdiagramm und notiert an den folgenden Knoten das

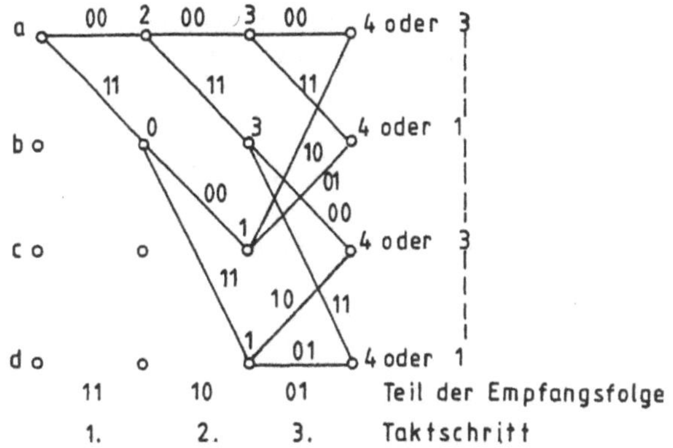

Abbildung 10.17: Trellis-Diagramm nach 3 Taktschritten

Ergebnis. Man erhält beim 1. Taktschritt die Hamming-Distanzen 2 und 0. Beide Werte werden an den folgenden Knoten notiert. Entsprechend verfährt man beim 2. Taktschritt, ermittelt die Hamming-Distanzen und addiert die Ergebnisse zu den beim 1. Taktschritt ermittelten Werten. Man erhält so die akkumulierten Hammingdistanzen 3; 3; 1 und 1, die wiederum an den folgenden Knoten notiert werden. Nach dem 3. Taktschritt folgen nach der beschriebenen Methode die Hamming-Distanzen 4; 4; 4; 4 sowie 3; 1; 3; 1, da an den letzten Knoten jeweils 2 Pfade enden. Ausgewählt werden die Pfade, die jeweils auf kleinste akkumulierte Hamming-Distanzen führen. Im hier betrachteten Fall also 3; 1; 3; 1. Alle anderen Pfade werden gestrichen (im Speicher gelöscht), sodaß sich das Trellis-Diagramm vereinfacht. Das vereinfachte Trellis-Diagramm nach dem 3. Taktschritt wird nun durch das Diagramm des 4. Taktschritts ergänzt, s. Abb. 10.18. Die Bildung der

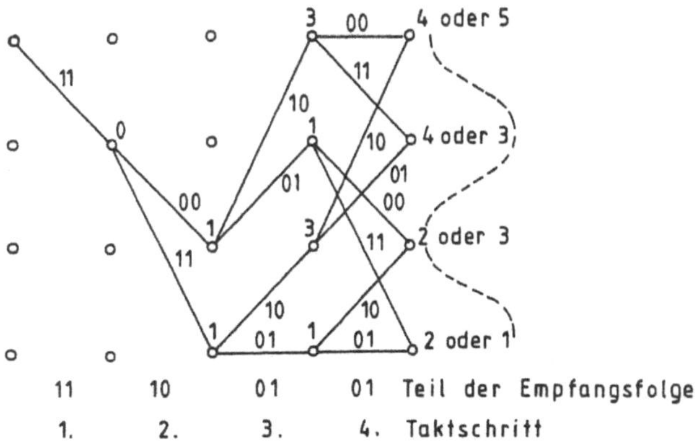

Abbildung 10.18: Vereinfachtes Trellis-Diagramm nach dem 4. Taktschritt

akkumulierten Hamming-Distanzen nach dem 4. Taktschritt, wie oben beschrieben, liefert die in Abb. 10.18 notierten Werte 4; 4; 2; 2 und 5; 3; 3; 1. Ausgewählt werden wiederum die Pfade kleinster akkumulierter Hamming-Distanz - in Abb. 10.18 ist die Folge kleinster Hamming-Distanzen 4; 3; 2; 1 strichliert verbunden - alle anderen werden gestrichen. An das vereinfachte Trellis-Diagramm nach dem 4. Taktschritt fügt man nun das Diagram nach dem 5. Taktschritt an, Abb. 10.19. Die Pfade, die auf die akkumulierten Hamming-Distanzen 3 und 2 führen -

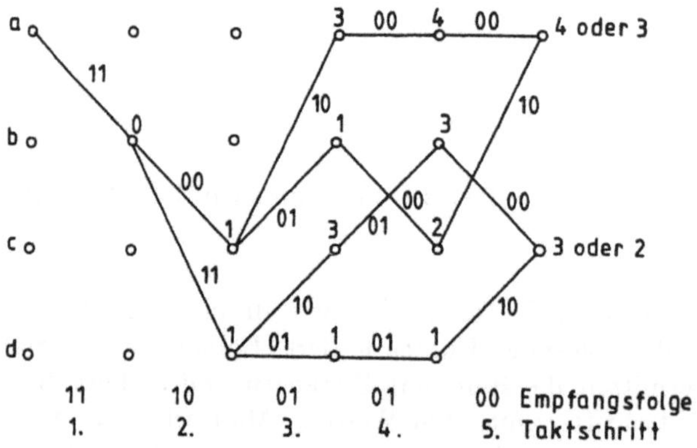

Abbildung 10.19: Vereinfachtes Trellisdiagramm nach dem 5. Taktschritt

in Abb. 10.19 strichliert verbunden - werden ausgewählt, die anderen gestrichen, sodaß nach dem 6. Taktschritt nur noch 2 Pfade übrig bleiben, s. Abb. 10.20. Der Pfad der größten akkumulierten Hamming-Distanz 4 wird schließlich ebenfalls gestrichen, sodaß nur noch ein Pfad verbleibt, der in Abb. 10.20 dick eingezeichnet ist. Die Symbolfolge an den Zweigen dieses Pfades stellt die mit größter Wahrscheinlichkeit gesendete Folge dar. Sie lautet $\tilde{c}_e = (111101011010)$ und stimmt mit der tatsächlich gesendeten überein, wie Abb. 10.16 zeigt. Der Viterbi-Decodierer hat somit beide Bitfehler korrigiert.

10.2.8 Codierte Modulation

Die Beschreibung der codierten Modulation erfolgt im *euklidschen* Raum. Dies ist der dreidimensionale Anschauungsraum. Als brauchbare Metrik für solche Codes, die beispielsweise in einem PSK-Zustandsdiagramm angeordnet sind, gilt deshalb nicht die Hamming-Distanz, sondern die **euklidsche Distanz** von Codefolgen bzw. der **euklidsche Symbolabstand**. Da die Zustandsdiagramme der geeigneten Modulationsverfahren, wie mASK, mAPK und mPSK, s. Abschn. 8.5, im zweidimensionalen Raum beschrieben werden, erfolgt die Codebeschreibung in eben diesem Raum. Zur codierten Modulation können sowohl Blockcodes als auch Faltungscodes benutzt werden. Betrachtet werden Faltungscodes, die in Form

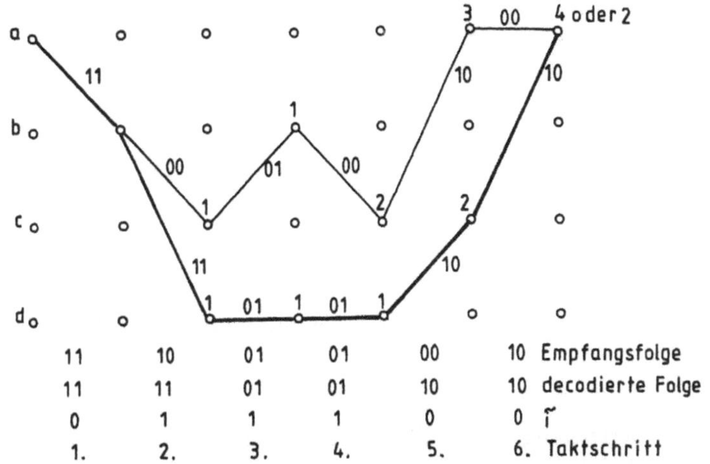

Abbildung 10.20: Vereinfachtes Trellis-Diagramm nach 6 Taktschritten ($\tilde{i}$ = gesendete Information)

der **Trellicodierten Modulation** praktische Bedeutung erlangt haben [166, 171, 172].

Bei mASK, mAPK und mPSK repräsentieren die Signalpunkte $\hat{s}_{\mu k}$ ($\mu = 1, 2, 3, \ldots, m = 2^n$), ($n = 2, 3, 4, \ldots$) die Codeworte der Länge n bit. k ist die Taktschrittfolge. Zwischen zwei Signalpunkten z.B. $\hat{s}_{1k} = (x_1|y_1)$ und $\hat{s}_{2k} = (x_2|y_2)$ im Zustandsdiagramm ist der **euklidsche Symbolabstand**, s. z.B. Abb. 10.21.

$$\delta_{1,2} = \sqrt{(x_1 - x_2)^2 + (y_1 - y_2)^2} \tag{10.29}$$

Der Mindest-Symbolabstand δ_{min} eines solchen Signalcodes ist dann gleich dem Minimum aller Symbolabstände zwischen 2 beliebigen Signalpunkten im Zustandsdiagramm.

□ **Beispiel 10.19**
Ermittlung des euklidschen Symbolabstandes der 4PSK nach Abb. 10.21. Man ermittelt mit Gl. (10.29) $\delta_{1,2} = \sqrt{(x_1 - x_2)^2 + (y_1 - y_2)^2} = \sqrt{(1-0)^2 + (0-1)^2} = \sqrt{2}$ bzw. $\delta_{1,3} = 2 = \delta_{2,4}$. Weiter ist $\delta_{3,4} = \delta_{1,2} = \delta_{1,4} = \delta_{2,3} = \sqrt{2}$.

Allgemein gilt für die Symbolabstände in mPSK-Systemen

$$\delta_{i,j} = 2 \sin \frac{\Delta\alpha_z}{2} \tag{10.30}$$

mit $\Delta\alpha_z$ dem Zentriwinkel des Kreissektors zwischen beliebigen 2 Signalpunkten im Zustandsdiagramm.

Der euklidsche Symbolabstand δ_{ij} zwischen zwei Signalpunkten im Zustandsdiagramm von ASK, PSK- oder APK-Systemen ist eine feste Größe. Da die Signal-

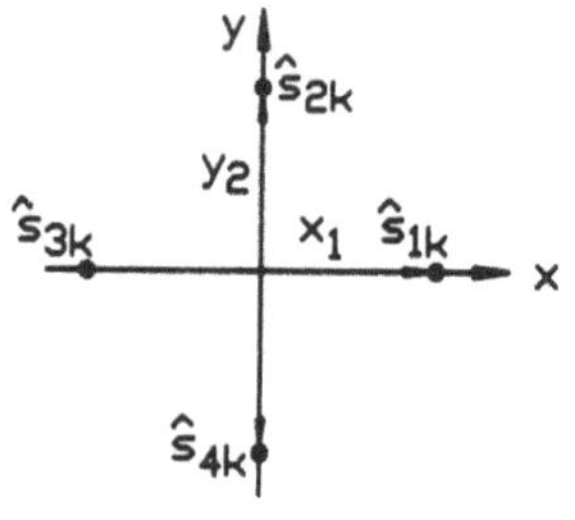

Abbildung 10.21: 4PSK-Zustandsdiagramm, definiert auf dem Einheitskreis ($y_1 = 0; x_2 = 0$)

punkte bei der Übertragung in zufälliger Folge erscheinen, ist die Kenntnis der verschiedenen Symbolabstände für die Auswahl von Symbolfolgen - letztere erfolgt im Faltungscodierer - nicht hinreichend. Man definiert deshalb die euklidsche Distanz D_{ij} zwischen Symbolfolgen, die einen mittleren euklidschen Symbolabstand zwischen zwei Symbolfolgen darstellt

$$D_{ij} = \sqrt{\sum_{k=-\infty}^{+\infty} |\hat{s}_{\mu k}^{(i)} - \hat{s}_{\mu k}^{(j)}|^2}. \tag{10.31}$$

Die Variable μ bezeichnet die Nummer des Signalpunktes im Zustandsdiagramm und k die Taktschrittfolge, i, j numerieren die beiden zu vergleichenden Folgen.

Ziel der Faltungscodierung ist es einerseits, die Anzahl der möglichen Symbolfolgen am Codiererausgang - man betrachtet hierbei Signalabschnitte der Codierer-Ausgangsfolge bestimmter Länge als Augenblickszustände - auf eine endliche Zahl zu beschränken und andererseits bei der Codierung die Symbolanordnung so vorzunehmen, daß die kleinste euklidsche Distanz, die auch **freie euklidsche Distanz** D_{free} genannt wird, zwischen allen möglichen Paaren von Symbolfolgen maximal wird. Die zulässigen Symbolfolgen eines Faltungscodierers sind im Trellis-Diagramm eingezeichnet. Bei der **Maximum-Likelihood-Decodierung** (Viterbi-Algorithmus) solcher Systeme wird hier, anstelle der Hamming-Distanz, als Metrik meist die euklidsche Distanz in der Form

$$D_{ij}^2 = Min\, |\tilde{r}_{\mu k}^{(i)} - \tilde{s}_{\mu k}^{(j)}|^2 \tag{10.32}$$

benutzt.

Wird eine bestimmte verfälschte Folge empfangen, z.B. $\tilde{r}_{\mu k}^{(i)}$, so wird diejenige Folge als richtig angenommen, die zu irgendeiner im Trellisdiagramm möglichen Folge $\tilde{s}_{\mu k}^{(j)}$ die kleinste euklidsche Distanz D_{ij}^2 aufweist. Diese Art der Decodierung unmittelbar mit den 4PSK-Symbolfolgen, deren Signalpunkte bei additivem Rauschen zu mehr als 4 verschiedenen reellen Werten degenerieren, nennt man häufig

Soft-Decision. Hierbei wird die empfangene Symbolfolge bei Einhaltung des Abtasttheorems einer Analog-Digital-Wandlung unterworfen. Die Entscheidung im Maximum-Likelihood-Detector über die mit größter Wahrscheinlichkeit gesendete Folge erfolgt damit feiner strukturiert. Führt man dagegen die Maximum-Likelihood-Decodierung mit den Entscheider-Ausgangssignalen - sie werden durch eine einfache Schwellenwert-Entscheidung gewonnen, wie in Beispiel 8.11 gezeigt - bei Verwendung der Hamming-Distanz als Metrik durch, s. Beisp. 10.18, dann spricht man von **Hard-Decision**. Der Gewinn an Signal-Rausch-Verhältnis der Soft-Decision gegenüber der Hard-Decision liegt bei ca. 1 - 2 dB.

Maximales D_{free} zwischen allen Folgen im Trellis-Diagramm eines Faltungscodierers garantiert hierbei - bei additivem weißem Rauschen - die geringsten Symbolfehler. Die Ermittlung von Codefolgen mit maximalem D_{free} und damit der Entwurf geeigneter Faltungscodierer erfolgt durch Computer-Simulation. Rechnerische Entwurfsmethoden, wie für die Blockcodes, existieren nicht [166, 171, 172].

□ **Beispiel 10.20**

Betrachtet werden 3 mögliche Symbolfolgen eines 4PSK-Systems, dem ein Rate-1/2-Faltungscodierer vorgeschaltet ist, s. Abb. 10.22a, Abb. 10.22b zeigt das 4PSK-Zustandsdiagramm und die möglichen Symbol-Abstände. Für die 3 Symbolfolgen soll die kleinste euklidsche Distanz $D_{min} = D_{free}$ ermittelt werden. Jedes Symbol $\hat{s}_{\mu k}$ charakterisiert 2 bit.

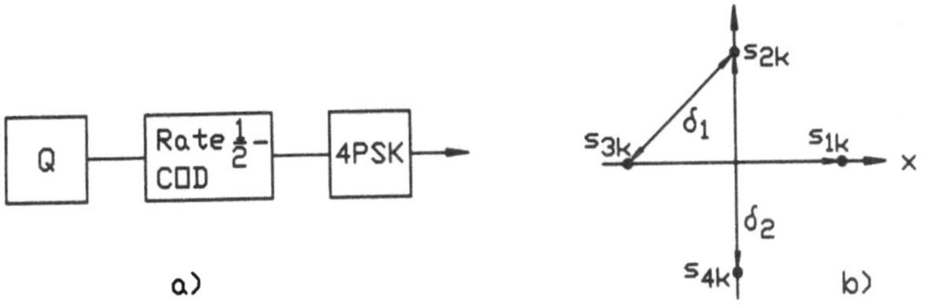

Abbildung 10.22: a) codiertes 4PSK-System; b) Symbol-Abstände bei der 4PSK

Die 3 Symbolfolgen lauten

$\tilde{s}_{\mu k}^{(1)} = \hat{s}_{11}^{(1)}, \hat{s}_{32}^{(1)}, \hat{s}_{43}^{(1)}$; $\tilde{s}_{\mu k}^{(2)} = \hat{s}_{21}^{(2)}, \hat{s}_{42}^{(2)}, \hat{s}_{23}^{(2)}$; $\tilde{s}_{\mu k}^{(3)} = \hat{s}_{41}^{(3)}, \hat{s}_{22}^{(3)}, \hat{s}_{43}^{(3)}$.

Mit den Symbol-Abständen aus Abb. 10.22b ermittelt man

$$D_{12} = \sqrt{|\hat{s}_{11}^{(1)} - \hat{s}_{21}^{(2)}|^2 + |\hat{s}_{32}^{(1)} - \hat{s}_{42}^{(2)}|^2 + |\hat{s}_{43}^{(1)} - \hat{s}_{23}^{(2)}|^2} = \sqrt{2\delta_1^2 + \delta_2^2} = 2,83.$$

$$D_{23} = \sqrt{|\hat{s}_{21}^{(2)} - \hat{s}_{41}^{(3)}|^2 + |\hat{s}_{42}^{(2)} - \hat{s}_{22}^{(3)}|^2 + |\hat{s}_{23}^{(2)} - \hat{s}_{43}^{(3)}|^2} = \sqrt{3\delta_2^2} = 3,46.$$

$$D_{13} = \sqrt{|\hat{s}_{11}^{(1)} - \hat{s}_{41}^{(3)}|^2 + |\hat{s}_{32}^{(1)} - \hat{s}_{22}^{(3)}|^2 + |\hat{s}_{43}^{(1)} - \hat{s}_{43}^{(3)}|^2} = \sqrt{2\delta_1^2} = 2.$$

Die minimale euklidsche Distanz der 3 betrachteten Folgen ist $D_{min} = D_{free} = 2$.

Eine weitere Erhöhung der minimalen euklidschen Distanz wird erreicht, wenn man eine sogenannte Partitionierung der Signalcodes vornimmt. Für ein codiertes 8PSK-System wird dies als "Mapping by Set Partitioning" in [171] gezeigt.

Abb. 10.23 zeigt den Verlauf der Bitfehlerquote bei uncodierter und codierter 4PSK über E_b/N_0, gemessen in Modem-Schleife. Bei Rate-1/2-Codierung sind

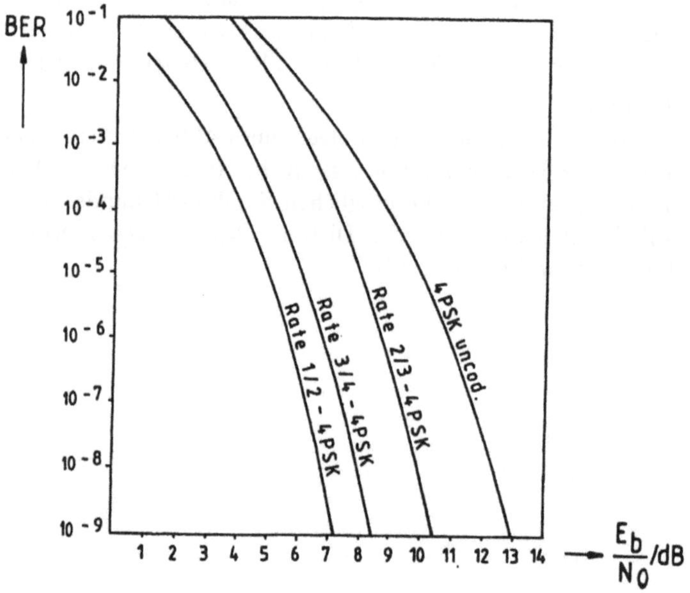

Abbildung 10.23: Bitfehlerquote bei trelliscodierter 4PSK

Codierungsgewinne von ca. 5 dB bei einer Bitfehlerquote von 10^{-7} erzielbar - allerdings muß dieser Gewinn durch eine Verdopplung der Bandbreite gegenüber dem uncodierten 4PSK-Signal erkauft werden. Die bandbreiteabhängige Gewinnspanne ist allerdings bei höherstufigen Modulationsverfahren, z.B. der codierten 8PSK, günstiger. Sie liegt bei der vorgenannten Bitfehlerquote bei ca. 4 - 5 dB, wobei lediglich die Bandbreite der uncodierten 4PSK benötigt wird [171].

Übungsaufgaben

Aufgabe 10.1

Ein linearer Hamming-Code habe in jedem Codewort 3 Prüfstellen (Paritiy, Prüfbits). Die Prüfmatrix H habe 7 Spalten.

a) Um welchen (n,k)-Blockcode handelt es sich ?

b) Geben Sie die Prüfmatrix H an und ermitteln Sie hieraus die Generatormatrix in systematischer Form.

Aufgabe 10.2

Eine Quelle erzeuge die Zahlen 0...9 in zufälliger Folge. In einem Quellencodierer werde die folgende binäre Zuordnung hergestellt: 0→ 00011; 1 → 11000; 2 → 10100; 3→ 01100; 4→ 10010; 5→ 01010; 6→ 00110; 7→ 10001; 8→ 01001; 9→ 00101 ($l_m = 5$ bit).

a) Wie lautet der Symbolsatz der Quelle, und wie groß ist ihre Entropie, wenn alle Dezimalzahlen gleichwahrscheinlich mit $p = 0,1$ auftreten ?

b) Aus wievielen Binärstellen muß die Binärcodierung mindestens bestehen (gleichlange Codeworte) ?

c) Geben Sie den Zeichensatz des Quellencodierers und seine maximale Entropie an

d) Welchen Wert erreicht die Effizienz, und wie groß ist die Redundanz am Codiererausgang bei der oben gezeigten Codierung ?

Aufgabe 10.3

Ein binärer zyklischer Hamming-Blockcode, systematisch codiert, werde mit dem Generator-Polynom $g(x) = x^4 + x + 1$ erzeugt.

a) Wieviele Binärstellen n hat ein Codewort ? Wie lang ist die Information k, und wieviele Prüfstellen $\nu = n - k$ enthält ein Codewort ?

b) Wie lautet die Information $\tilde{i} = (10110101000)$ in Polynomschreibweise $\tilde{i}(x)$ und wie das zugehörige Codewort-Polynom $\tilde{c}(x)$?

Aufgabe 10.4

Ein Rate 1/2-Codierer mit nur einem Speicher habe ausgehend vom Speicherzustand 0 das in Abb. 10.24 dargestellte Trellisdiagramm. Die Decodierung soll mit dem Viterbi-Algorithmus erfolgen. Bestimmen Sie die mit größter Wahrscheinlichkeit gesendete Folge, wenn die verfälschte Folge 00 10 00 empfangen wird.

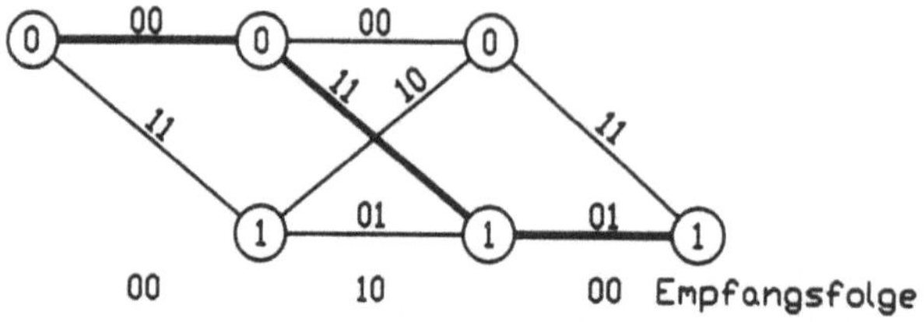

Abbildung 10.24: Trellisdiagramm eines Rate 1/2-Codierers

Lösungen

Aufgabe 10.1

a) (7,4)-Hamming-Code;

b) $H = \begin{pmatrix} 0 & 0 & 0 & 1 & 1 & 1 & 1 \\ 0 & 1 & 1 & 0 & 0 & 1 & 1 \\ 1 & 0 & 1 & 0 & 1 & 0 & 1 \end{pmatrix}$; $G = \begin{pmatrix} 1 & 0 & 0 & 0 & 0 & 1 & 1 \\ 0 & 1 & 0 & 0 & 1 & 0 & 1 \\ 0 & 0 & 1 & 0 & 1 & 1 & 0 \\ 0 & 0 & 0 & 1 & 1 & 1 & 1 \end{pmatrix}$.

Aufgabe 10.2

a) $X = \{0,1,2,3,4,5,6,7,8,9\}$; $H(X) = \sum_{\nu=1}^{4} p(x_\nu) ld\,[1/p(x_\nu)] = 3{,}32$ bit/Symbol.

b) Mindestens 4 bit/Symbol bei gleichlangen Codeworten.

c) $B = \{0, 1\}; H_0(B) = \mathrm{ld} 2 = 1$ bit/Symbol

d) $E = H(X)/l_m \cdot H_0(B) = 0{,}664$; $R = H_0(B) \cdot l_m - H(X) = 1{,}68$ bit/Codewort.

Aufgabe 10.3

a) $n = 15, k = 11, \nu = 4$.

b) $\tilde{i}(x) = x^{10} + x^8 + x^7 + x^5 + x^3$; $\tilde{c}(x) = x^{14} + x^{12} + x^{11} + x^9 + x^7 + x^3 + 1$.
$\tilde{c} = (101101010001001)$

Aufgabe 10.4

Die wahrscheinlichste Sendefolge ist durch den dick gezeichneten Pfad im Trellisdiagramm Abb. 10.24 gekennzeichnet.

Kapitel 11

Telekommunikationsnetze

Ein **Telekommunikationsnetz** (kurz Netz) besteht aus der Gesamtheit aller Endstellen (Teilnehmer), Leitungen und Vermittlungsstellen, die für die individuelle Kommunikation über große Entfernungen benötigt werden. Zur Beschreibung und Darstellung der topologischen Form von Netzen, die **Netzstruktur** genannt wird, benutzt man die *Graphentheorie*. Ein Netz wird abstrahiert als Graph aufgefaßt, der sich aus Knoten und Zweigen (Kanten) zusammensetzt. Eine kurze Einführung in die Graphentheorie findet man in [175]. Abb. 11.1 zeigt typische Netzstrukturen.

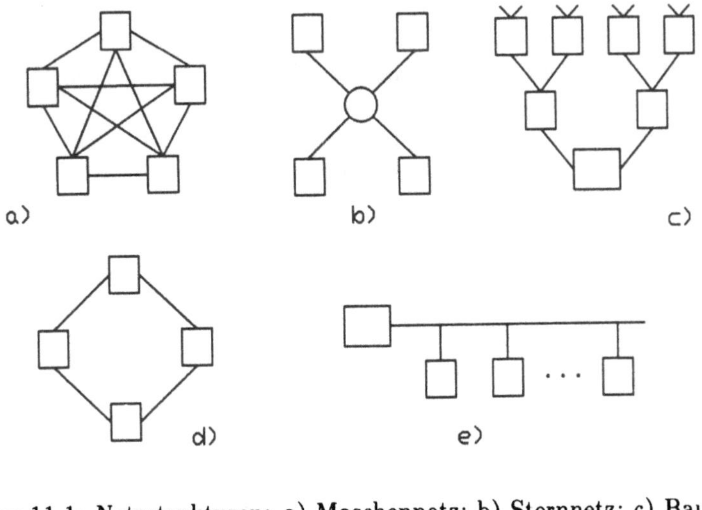

Abbildung 11.1: Netzstrukturen: a) Maschennetz; b) Sternnetz; c) Baumnetz; d) Ringnetz; e) Bus-Netz

Nach ihrer Funktion kann man Telekommunikationsnetze in **Vermittlungsnetze** und **Übertragungsnetze** unterteilen. In einem Vermittlungsnetz sind die Knoten die Vermittlungsstellen und die Zweige stellen physikalische oder logische Verbindungen zwischen den Vermittlungsstellen und den Teilnehmern (Endstellen) dar. Unter den Knoten eines Übertragungsnetzes versteht man Verstärker- und Signal-Umsetzstellen. Die Zweige sind hier die verbindenden physikalischen Grundleitungen.

Nimmt man zunächst an, das **Maschennetz** (Abb. 11.1a) sei ein nichtvermittelndes Netz, in dem die k Knoten die Teilnehmer darstellen, so benötigt man

$$\binom{k}{2} = \frac{k!}{2!(k-2)!} \tag{11.1}$$

Verbindungsleitungen, hier 10 wegen $k = 5$, damit jeder mit jedem kommunizieren kann. Aus Abb. 11.2 ist die rasch steigende Anzahl von Verbindungsleitungen ersichtlich. Bei einer großen Zahl von Teilnehmern würde eine solche Netzstruk-

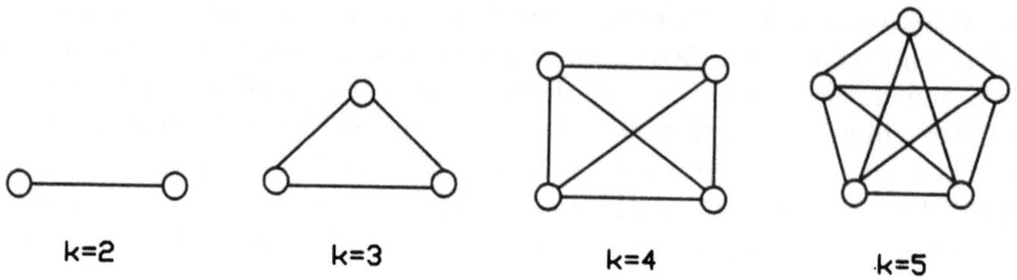

Abbildung 11.2: Verbindungsleitungen in einem nichtvermittelnden Maschennetz

tur - selbst beim Einsatz von Multiplextechniken (s. Kapitel 8) - eine riesige Zahl von Verbindungsleitungen erforden. Die Einführung von vermittelnden Netzknoten und verschiedenen Netz-Hierarchie-Ebenen (kurz Netzebenen) ist deshalb unerläßlich. In Abb. 11.3 ist dies in einfachster Form dargestellt. Die Knoten der beiden Netzebenen in Abb. 11.3 - KVSt-Ebene und EVSt-Ebene - werden durch eine beschränkte Zahl von physikalischen Leitungen verbunden, die immer kleiner ist als die Teilnehmerzahl, wobei zusätzlich Multiplex-Techniken zum Einsatz kommen. Der Aufbau einer gewünschten Verbindung zwischen 2 Teilnehmern erfolgt beispielsweise durch Nummernwahl zur Durchschaltung von verfügbaren Leitungen (z.B. beim Fernsprechen).

In einem **Sternnetz** gibt es mindestens 2 Netzebenen und damit 2 Rangstufen von Knoten. In einem Sternnetz mit 2 Rangstufen (s. Abb. 11.1b) sind mehrere Knoten der gleichen Rangsstufe ausschließlich über einen gemeinsamen Knoten (Sternpunkt, englisch Hub) der nächsthöheren Rangstufe verbunden. Die Vermittlung erfolgt zentral im Sternpunkt. Es entstehen u.U. hohe Leitungskosten, falls große Entfernungen überbrückt werden.

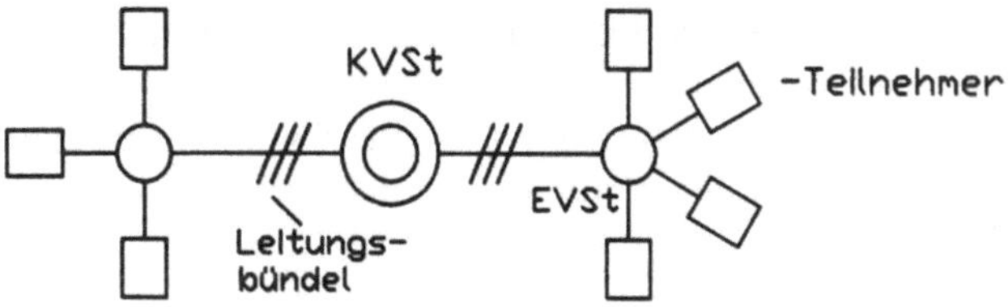

Abbildung 11.3 : Hierarchischer Netzaufbau mit zwei Netzebenen (KVSt= Knoten-Vermittlungsstelle; EVSt ≙ End-Vermittlungsstelle)

Beim **Baumnetz** (Abb. 11.1c) gibt es genau eine Verbindung zwischen zwei beliebigen Knoten, wobei das Netz zwar zusammenhängend ist, jedoch keine Maschen enthält. Der Ausfall eines Knotens in der Nähe der "Wurzel" des Baumes kann den Ausfall vieler anderer Knoten bzw. Verbindungen zur Folge haben.

Ein **Ringnetz** besteht aus einer einzigen Masche, entlang der die Knoten angeordnet sind (Abb. 11.1d). Es gibt nur zwei Übermittlungswege im Netz (rechtsherum oder linksherum), wobei die Vermittlung beim Teilnehmer selbst erfolgt. Die Leitungskosten sind gering. Wird die physikalische Verbindung an irgend einem Punkt des Netzes unterbrochen, so erfolgt bei einfach gerichteter Übertragung ein Teilausfall des Netzes.

Ähnlich wie im Ringnetz wird die Vermittlung im **Bus-Netz** beim Teilnehmer durchgeführt. Damit alle Teilnehmer kollisionsfrei das gemeinsame Übertragungsmedium nutzen können, sind Zugriffsverfahren (Media Acces Control, MAC) erforderlich. In Abschn. 8.7 sind Verfahren des Vielfachzugriffs auf Übertragungsmedien dargestellt. Weitere Methoden werden bei der Behandlung lokaler Netze vorgestellt (Abschn. 11.3.1.1).

Telekommunikationsnetze lassen sich auch nach *Diensten* ordnen, die im Netz angeboten werden. Man spricht von **Dienstintegration** - z.B. ISDN (Integrated Services Digital Network) - wenn im Netz verschiedenste Dienste (z.B. Fernsprechen, FAX, Daten-Übertragung, etc.) angeboten werden. Faßt man verschiedene physikalische Netze zusammen, so nennt man das Ergebnis **Netzintegration**.

Telekommunikationsnetze sind unübersichtliche Gebilde; besonders wenn sich das Gesamtnetz aus unterschiedlichen Teilnetzen mit verschiedenen Schnittstellen-Konfigurationen, Protokollen und Vermittlungsprinzipien zusammensetzt. **Schnittstellen** definieren Übertragungsstellen zwischen Geräten, Programmen oder einzelnen Abschnitten der Übertragung und Signal-Verarbeitung. Unter **Protokollen** sind Prozeduren zur Kommunikationssteuerung inklusive Vermittlung zu verstehen, und **Vermittlungsprinzipien** bezeichnen Arten des

Verbindungs-Aufbaus und -Abbaus sowie der Verkehrslenkung (Routing). Zur Strukturierung der Funktionen in digitalen Kommunikationsnetzen hat man deshalb auf internationaler Basis ein Schichtenmodell eingeführt, das OSI-Referenz-Modell (Open System Interconnection), in dem Kommunikationsaufgaben als *Schichten* dargestellt werden, denen nur wenige definierte Funktionen zugeordnet sind [4, 119, 175, 176, 178].

11.1 OSI-Referenzmodell

Das OSI-Referenzmodell (kurz OSI-Modell) ist ein Kommunikationsmodell, um die Eingabe, Ausgabe, Übertragung, Vermittlung und Verarbeitung von digitalen Nutzsignalen und die hierzu erforderliche Vielfalt an Steuerungs- und Sicherungsfunktionen zu ordnen. Es wurde 1983 als ISO-Norm (International Standardisation Organisation) unter dem Namen OSI-Referenz-Modell eingeführt.

Nutzsignale werden nachfolgend auch als *Anwender-Daten* bezeichnet. Da in Telekommunikationssystemen mehr und mehr Daten und Sprache gemeinsam übertragen werden, können Anwender-Daten auch digitalisierte Sprache enthalten. Der Begriff *Daten* alleine wird dann verwendet, wenn die Anwender-Daten mit einem Datenkopf (Header oder Overhead) aus weiteren Steuerungs- und Überwachungsfunktionen versehen worden sind.

Im Rahmen der folgenden Betrachtungen werden die Begriffe "Byte" und "Octett" synonym verwendet (1 Byte $\hat{=}$ 1 Octett= 8 Bit).

Im OSI-Modell werden bestimmte Kommunikationsaufgaben, die zur Nutzsignal-Übermittlung zwischen 2 Endsystemen, mit u.U. mehreren Anwendungen (Endstellen), z.B. PC, FAX, Spache, etc., erforderlich sind, in **7 Schichten** zusammengefaßt. Die Kommunikation kann hierbei über ein Transitsystem - dies ist ein Netz mit vermittelnden Netzknoten - oder unmittelbar über ein Medium erfolgen. Durch die Zusammenfassung aller Kommunikationsaufgaben in ein Modell aus mehreren Schichten soll Kompatibilität der Netzkomponenten herstellerunabhängig erreicht werden. Die zu den Schichten gehörenden Funktionen sind deshalb so definiert, daß die ihnen zugeordneten Subsysteme in Hard- bzw. Software einzeln realisiert werden können (Open Systems). Abb. 11.4a zeigt das Basis-Übermittlungssystem zur Definition des OSI-Modells und Abb. 11.4b dessen Schichtenaufbau.

Ähnlich wie in Programmen, in denen Unterprogramme durch Aufruf miteinander kommunizieren, erfolgt die Kommunikation im OSI-Modell zwischen **Einheiten** (auch Instanzen, *engl.* entities) verschiedener Schichten. Einheiten im OSI-Modell können Benutzer, Endgeräte, Modems oder auch Prozesse sein, die aktive Teile einer Schicht darstellen. Eine Einheit der Schicht N bietet den Einheiten der darüberliegenden Schicht N+1 Kommunikationsdienstleistungen an bzw. liefert

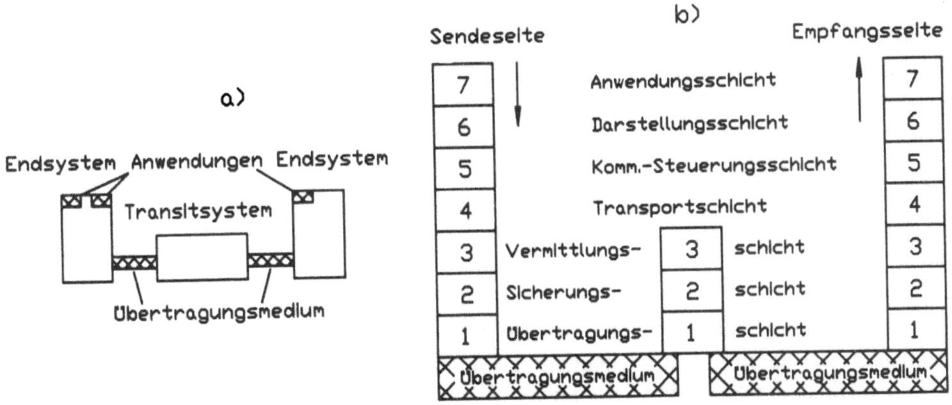

Abbildung 11.4: a) Basis-Referenzmodell; b) Schichtenaufbau des OSI-Referenz-Modells

bei diesen das Ergebnis einer erbrachten Dienstleistung ab. Umgekehrt nimmt sie mit Einheiten der darunterliegenden Schicht N-1 Verbindungen auf, indem sie deren Dienstleistungen in Anspruch nimmt. Informationen zwischen nicht benachbarten Schichten werden von Schicht zu Schicht durchgereicht. Verbindungen zwischen unterlagerten bzw. überlagerten Schichten sind grundsätzlich nichtphysikalischer Natur und werden über logische Dienstzugriffspunkte (Service Access Point, SAP) aufgebaut und abgewickelt.

Die Kommunikation zwischen Einheiten ist auf 4 **Dienstelemente** (auch Dienstprimitive genannt, *engl.* primitives) beschränkt, nämlich:

Request (Funktionsanforderung)
Eine Anforderung, die vom *Dienstbenutzer* ausgelöst wird, um eine Funktions-Prozedur anzustoßen.
Indication (Anzeige)
Ausgelöst vom *Diensterbringer*, um eine Melde-Prozedur anzustoßen, oder eine Anzeige, daß eine solche Prozedur beim *Dienstbenutzer* an einem SAP angestoßen wurde.
Response (Antwort)
Ausgelöst vom *Dienstbenutzer*, um eine Prozedur an einem SAP zu vollenden, die zuvor durch ein *Indication* am gleichen SAP angestoßen wurde.
Confirm (Bestätigung)
Ausgelöst vom *Diensterbringer*, um eine Prozedur an einem SAP zu vollenden und zu bestätigen, die zuvor durch ein *Request* am gleichen SAP angestoßen wurde.

□ **Beispiel 11.1**
Request
Auf der Sendeseite im OSI-Modell fordert eine N-Einheit (Dienstbenutzer) von der darunterliegenden (N-1)-Einheit (Diensterbringer) eine Dienstleistung. Mit dem (N-1)-Protokoll übermittelt letztere diese Anforderung an die empfangseitige (N-1)-Einheit.
Indication:
Empfangsseitig teilt die (N-1)-Einheit der ihr überlagerten N-Einheit mit, daß die gewünschte Dienstleistung erbracht werden soll.
Response
Als Reaktion auf das vorherige *Indication* übergibt die empfangsseitige N-Einheit eine Antwort an die darunterliegende (N-1)-Einheit, damit diese die Antwort zur (N-1)-Einheit der Sendeseite überträgt.
Confirm
Die (N-1)-Einheit auf der Sendeseite bestätigt der darüberliegenden N-Einheit, daß der von ihr angeforderte Dienst erbracht wurde.

Abb. 11.5ab zeigt schematisch die Übermittlung von Nachrichten über logische Verbindungen von Schicht zu Schicht und zwischen den Schichten der Sende- und Empfangsseite (Peer-to-Peer-Kommunikation).

Eine N-Einheit kann eine Dienstleistung, die von einer (N-1)-Einheit angeboten wird, über den SAP zwischen beiden Schichten abwickeln. Protokolle laufen zwischen gleichrangigen Schichten der beiden Endsysteme (physikalische Sende-und Empfangseite) ab, wobei über die physikalische Verbindung kommuniziert wird. Einheiten, SAPs und Verbindungsendpunkte im OSI-Modell sind eindeutig adressierbar .

Die Kommunikations-Dienstleistungen, angefordert durch Dienstelemente, werden in Form von Meldungen zwischen den Einheiten benachbarter Schichten ausgetauscht. Charakteristisch ist hierbei, daß auf der Sendeseite jede Schicht eine Meldung von der jeweils höheren übernimmt, Steuerinformationen (*Header*) der eigenen Schicht - u.U. auch Prüfstellen zur Fehlerentdeckung - hinzufügt und die so erstellte Meldung an die jeweils niedrigere Schicht weitergibt. Es entsteht die in Abb. 11.6a dargestellte Verschachtelung. Abb. 11.6b zeigt einen typischen Schicht-2-Rahmen, der im Informationsfeld (I) alle Datenböcke der höheren Schichten, gemäß Abb. 11.6a enthält und dessen eigener Header (D) aus dem Rahmen-Synchronwort (F, Flag) dem Adressfeld (Address-Field, Ad) und dem Steuerfeld (Control Field, C) besteht. Außerdem ist am Rahmenende eine Prüfsumme zur Fehlerentdeckung (Frame Check Sequence, FCS) eingefügt.

Die einer Schicht zugeordneten Steuerinformationen im jeweiligen Datenkopf (Header) werden in der Schicht gleicher Rangstufe auf der Empfangsseite nur von dieser ausgewertet und danach verworfen. Für die übrigen Schichten sind diese Steuerinformationen irrelevant. Naoh der Auswertung der jeweiligen Steuerinformationen

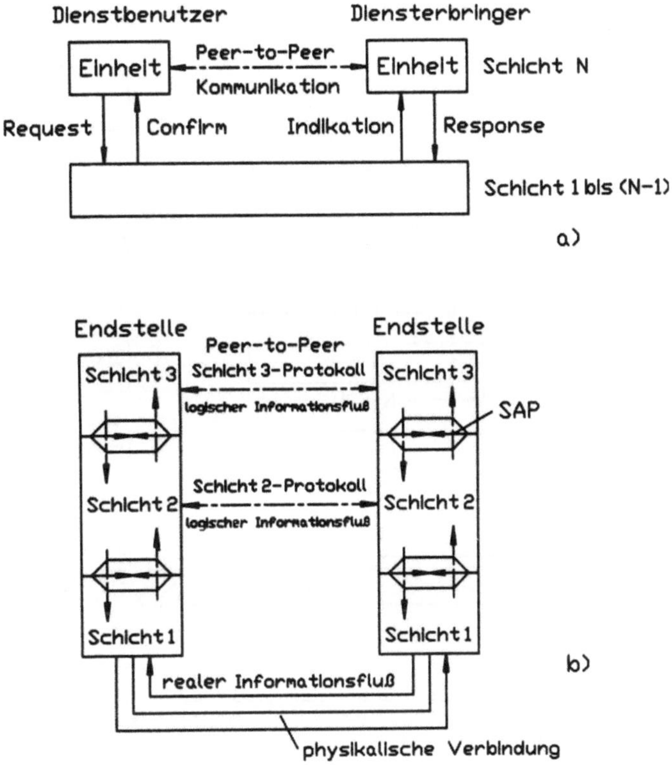

Abbildung 11.5: a) Funktion der Dienstelemente im OSI-Modell; b) Logischer und physikalischer Informationsfluß im OSI-Schichten-Modell (SAP = Service Access Point)

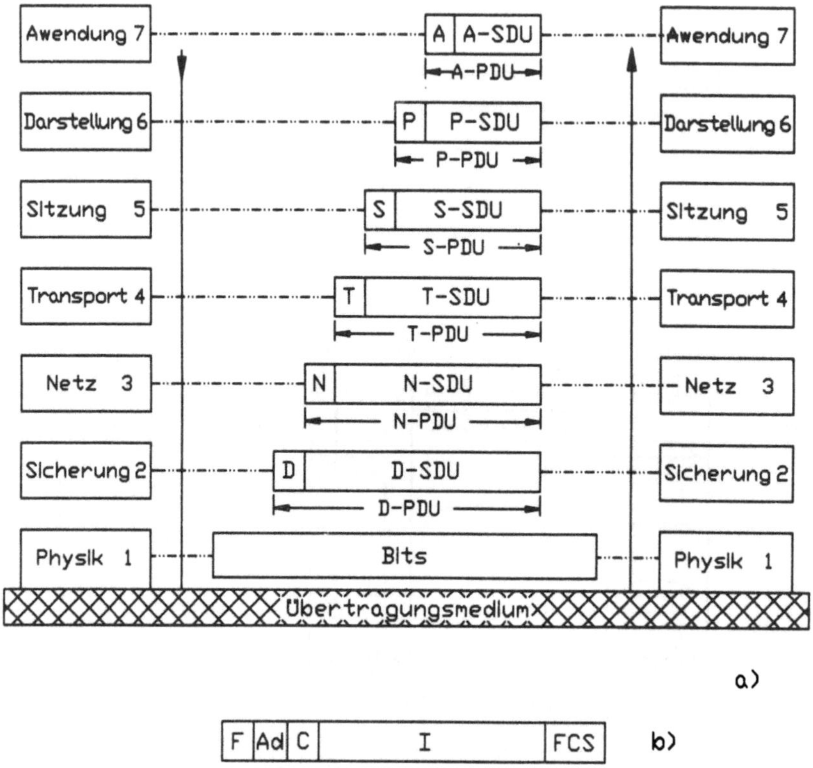

Abbildung 11.6: a) Verschachtelung von Daten im OSI-Modell (A = Application Header; P = Presentation Header; S = Session Header; T = Transport Header; N = Network Header; D = Daten-Sicherungsschicht; SDU = Service Data Unit; PDU = Protocol Data Unit). b) Typischer Schicht 2- Rahmen in der Praxis (F = Flag; Ad = Adress Field; C = Control Field; FCS = Frame Check Sequence; I = Information Field)

einer Schicht wird die zugehörige Meldung an die jeweils höhere Schicht weitergeleitet.

Im OSI-Modell werden Daten, die zwischen Einheiten ausgetauscht werden, als Service Data Unit (SDU) bezeichnet, s. Abb. 11.6a. SDUs werden mit einem Header versehen, der eine Zieladresse sowie weitere Steuerinformationen enthält.

Bei der **Segmentierung** von SDUs wird den Segmenten ebenfalls ein Header vorangestellt. Segementierung ist immer dann erforderlich, wenn SDUs zu lang werden - z.B. bei der Übertragung von Dateien. Jedes Segment enthält eine eigene Zieladresse und weitere Steuerinformationen, sowie eine eigene Folge zur Fehlerentdeckung (Prüfstellen). Wird ein Fehler im Bitstrom entdeckt, so kann unmittelbar eine Segment-Wiederholung eingeleitet werden.

Bei der **Fragmentierung** erhält zwar jedes Fragment ebenfalls einen Header mit den entsprechenden Steuerinformationen, jedoch keine Prüfstellen. Bei der Übertragungmuß der Empfänger warten, bis alle Fragmente eingetroffen sind, d.h. das gesamte Paket vorliegt um die Prüfsumme zu ermitteln.

Header werden im OSI-Modell als Protocol Control Information (PCI) bezeichnet. Das gesamte Paket aus Header und Daten, das aus mehreren Segmenten bzw. Fragmenten bestehen kann, heißt dann Protocol Data Unit (PDU). Bei fragmentierten SDU's erfolgt die Prüfsummenbildung zur Fehlerentdeckung über die PDU als Ganzes. Wird ein Fehler entdeckt, so muß die gesamte PDU neu angefordert und gesendet werden.

Allgemein wird die Summe aller PDU's als **Rahmen** oder **Paket** bezeichnet s. Abb. 11.6b.

Oft wird der Anfangsbuchstabe der Schicht zu dem die jeweilige SDU, PCI oder PDU gehört, vor die Abkürzung gestellt. So ist unter T-PDU, S-PDU und A-PDU eine Transport-PDU, eine Session-PDU und eine Application-PDU zu verstehen. Im OSI-Schichtenmodell entspricht eine PDU der Schicht N, einer SDU der Schicht N-1, s. Abb. 11.6a

Die ersten 4 Schichten im OSI-Modell werden transportorientiert genannt, da sie sich im wesentlichen mit dem Transport von Nachrichten befassen. Die Flußkontrolle - eine Funktion zur Steuerung des Datenverkehrs, die bei der Betrachtung von Schicht 2 erläutert wird - tritt in den Schichten 2, 3 und 4 in Erscheinung. Protokolle der Schichten 1 bis 4 heißen Transportprotokolle. Schicht 5 bis 7 sind anwendungsorientiert, ihre Protokolle sind deshalb Anwendungsprotokolle. Den einzelnen Schichten im OSI-Modell sind die folgenden Aufgaben bzw. Funktionen zugeordnet:

In **Schicht 1: Bitübertragungsschicht (Physikalische Schicht) (Physical Layer)** sind Funktionen zur Bereitstellung von physikalischen Verbindungen zur Digital-Übertragung (Bit-Übertragung) definiert. Im einzelnen sind dies:

- Bereitstellen der Medien (Cu-Kabel, LWL, Funk)
- Zusammenschaltung von Leitungsabschnitten
- Stromversorgung von Leitungsabschnitten
- Überwachung der physikalischen Verbindung
- Anzeige bei Ausfall der physikalischen Verbindung
- physikalische Aufbereitung der zu übertragenden Nachricht (Impulsformung, Modulation, Demodulation, Entzerrung, Leitungscodierung, Kanalcodierung).
- Synchronisation der Binär-oder Mehrstufensignale (Taktableitung, Trägerableitung).

Die Bitübertragungschicht als unterste Schicht im OSI-Modell befaßt sich mit den physikalischen Verbindungen zwischen kommunizierenden Systemen. So legt sie beispielsweise fest wie Übertragungseinrichtungen (z.B. Modems) über verschiedene Leitungsabschnitte miteinander physikalisch kommunizieren. Zur Schicht 1 gehören auch Aufgaben, wie die Normung von Steckverbindungen oder die Spezifizierung von Leitungen (Koaxialkabel, LWL, Satellitestrecken etc.). Das physikalische Medium selbst gehört nicht zum OSI-Modell, es liegt unterhalb von Schicht 1, s. Abb. 11.4b.

Die Funktionen und Aufgaben von Schicht 1 sind im wesentlichen in Kapitel 8 und Kapitel 10 dargestellt.

Zur **Schicht 2: Sicherungsschicht (Verbindungs- bzw. Datensicherungsschicht) (Data Link Layer)** gehören die Aufgaben:

a) Bereitstellung von Funktionen und Prozeduren zur sicheren Digital-Übertragung auf Teilstrecken LLC (Logical Link Control).
b) Koordinierung des Vielfachzugriffs MAC (Media Access Control) vieler Teilnehmer auf das physikalische Medium (z.B. Vielfachzugriff im Frequenzmultiplex oder Zeitmultiplex). Dazu gehören:

- Auf- und Abbau von gesicherten Verbindungen auf bereits physikalisch aufgebauten Teilstrecken.
- Gesicherte Digital-Übertragung (z.B. durch Fehlerentdeckung) auf Teilstrecken.
- Flußkontrolle, Übertragungssteuerung zwischen Endsystemen: Daten werden nur gesendet, wenn der Empfänger Startzeichen gibt. Einhaltung der richtigen Reihenfolge von Nachrichtenblöcken

- Meldung von Bitfehlern an die überlagerte Schicht, Fehlerverwaltung.
- Eliminierung von Prozedurfehlern und Wiederherstellung der Prozedur.
- Rahmenbildung und Rahmensynchronisation.
- Media Access Control (= Vielfachzugriff auf das Übertragungsmedium).
- Verwaltung gesicherter Verbindungen.
- Umsetzung von Nachrichten der Einheiten von Schicht 3 auf die gesicherten Strecken.
- Gewährleistung von Qualitätsmerkmalen, wie Restfehlerrate, Durchsatz und Verfügbarkeit.

Schicht 2 macht die zunächst ungesicherte Übertragung gemäß Schicht 1 - ungesichert im Hinblick auf Bitfehler - durch Erkennen von Bitfehlern zu einer gesicherten Übertragung. Hier wird auch die Flußkontrolle vorgenommen, die prinzipiell die Anpassung der Sendegeschwindigkeit an die Empfangsgeschwindikeit darstellt. Beispielsweise könnte ohne Flußkontrolle ein Sender Datenpakete schneller übertragen als der Empfänger sie verarbeiten kann; es würden somit Daten verloren gehen. Zur Durchführung der Flußkontrolle und Fehlerentdeckung und Korrektur wird der Datenstrom in Rahmen (Pakete) aufgeteilt (LLC-Teilschicht).

Physikalische Medien werden oft durch viele Nutzer gleichzeitig belegt. Damit der Zugriff auf die Übertragungsmedien reibungslos abläuft, sind Protokolle für den Vielfachzugriff (MAC-Teilschicht) erforderlich. In der MAC-Teilschicht sind Funktionen zur Überwachung des Zugriffs auf das physikalische Medium definiert, d.h. zwischen den zunächst unkoordiniert sendenden Stationen, die das gleiche Medium benutzen wollen, koordinieren die Funktionen der MAC-Schicht den Zugriff auf dasselbe.

Einige Methoden der Datensicherung sind in Kapitel 10 zu finden. Vielfachzugriffsverfahren sind in Abschn. 8.7 und Abschn. 11.3.1.1 dargestellt.

Die in **Schicht 3: Vermittlungsschicht (Netzschicht) (Network Layer)** definierten Funktionen regeln den Aufbau, das Erhalten und den Abbau von vermittelten physikalischen oder logischen Verbindungen. Diese sind:

- Auf- und Abbau von Verbindungen zwischen Endsystemen.
- Vermittlung von Digitalsignalen über Netzknoten zwischen Endsystemen.
- Netzbezogene Fehlermeldungen und deren Verwaltung.
- Multiplex- und Demultiplexbildung auf gesicherten Teilstrecken.
- Wegesuche, Leitweglenkung (Routing).

- Verwaltung von Netzverbindungen, z.B. güte- oder prioritätsbezogen.
- Flußregelung im Falle von Netz-Überlast oder Blockierung in den Knoten.

Die wichtigsten Aufgabe von Schicht 3 ist die Wegewahl (Wegesuche = Routing) im Netz zum Aufbau von physikalischen und logischen Verbindungen (s. Kapitel 12) zwischen Endstellen. Unter Routing versteht man meist die Wegesuche zum Aufbau logischer Verbindungen in Datennetzen. Die gewünschte Verbindung im Netz wird mit der Ziel- und Ursprungsadresse im Datenkopf (Header) und der in den Knoten (Vermittlungsstellen) gespeicherten Routing-Tabellen gefunden. Liegt eine feste Verbindung vor, so hat man "passives Routing", auch verbindungsorientierte Vermittlung genannt. Ein Beispiel hierfür ist die *virtuelle Verbindung* - s. hierzu Abschn. 8.2.3 und Kapitel 12 - ein nach Vollendung des Verbindungsaufbaus fester logischer Kanal zwischen zwei Endstellen. Im Gegensatz dazu steht das "aktive Routing", auch verbindungslose Vermittlung genannt, bei der mit Hilfe entsprechender Vorgaben im Header bzw. den Netzknoten das Suchen der kürzesten, schnellsten, billigsten oder nächstbesten Verbindung gefordert wird (s. Kapitel 12). Der Schicht 3 ist auch das Multiplexen von mehreren Endsystem-Verbindungen - ein Endsystem hat in der Regel mehrere Endstellen - über eine Zwischenverbindung zugeordnet. Die netzbezogene Flußregelung und Fehlerbehandlung befaßt sich mit der Auflösung von Überlastproblemen und den damit verbundenen Blockierungen in den Netzknoten sowie mit der Minimierung von Signalverzögerungen, die z.B. durch vermitteln über lange Wege auftreten. Routing und Flußkontrolle machen die Qualität (Dienstgüte) einer Verbindung aus (Quality of Service, QoS).

Die in Schicht 3 definierten Vermittlungsfunktionen sind im wesentlichen in Kapitel 12 beschrieben.

Schicht 4: Transportschicht (Transport Layer) sind Funktionen zur Bereitstellung von zuverlässigen transparenten logischen Verbindungen zwischen Schicht-Einheiten zur Verbesserung der Dienstgüte zugeordnet, nämlich:

- Auf- und Abbau von logischen Ende-zu-Ende- Transportverbindungen.
- Transparente Datenübertragung auf Ende-zu-Ende- Verbindungen.
- Ende-zu-Ende-Fehlerbehandlung und Verwaltung.
- Flußregelung zwischen den Endsystemen.
- Verschlüsselung von Meldungen zwischen den Endsystemen.
- Verwaltung von Transportverbindungen (güte- und prioritätsbezogen).
- Adreßumsetzungen.

Die Transportschicht unterstützt Verbindungen zwischen Anwendungsprozessen. Sie stellt hierbei für die höheren Schichten logische Verbindungen bereit, wobei besondere Aufgaben der Adreßumsetzung, der **transparenten Datenübertragung**, des Auf - und Abbaus von Duplex-Verbindungen der Verbindungsaufteilung und der Übertragungssicherung anfallen. Die Transportschicht kontrolliert und steuert so Schicht 3 beim Auf- und Abbau von Verbindungen. Normalerweise unterscheidet man bei der strukturierten Datenübertragung, die Rahmen für Rahmen abläuft, zwischen Steuerzeichen und den eigentlichen Nutzdaten. Bei der oben genannten transparenten Datenübertragung bzw. transparenten Verbindung ist keine Prüfung der Rahmen auf vorhandene Steuerzeichen erforderlich. Die Strukturierung des Bitstroms wird vernachlässigt. Im Bitstrom können beliebige Bitfolgen auftreten, ohne Rücksicht auf etwaige Übereinstimmungen mit Steuerzeichen im Nutzdatenteil.

In **Schicht 5: Sitzungsschicht (Kommunikationsteuerungschicht) (Session Layer)** sind Funktionen zur Synchronisation und Organisation miteinander kommunizierender Anwender-Einheiten (Sitzungen, sessions), unter Zuhilfenahme der Dienste von Schicht 4 definiert; im einzelnen sind dies die folgenden Funktionen:

- Auf- und Abbau von Kommunikationsbeziehungen zwischen Anwender-Einheiten.
- Umsetzung von Sitzungen auf Transportverbindungen (Schicht 4).
- Dialog-Synchronisierung sowie entsprechende Datenübermittlung und Verwaltung (z.B. Zuteilung der Sendeberechtigung) bei der Durchführung von Sitzungen.
- Fehlermeldung und Verwaltung.
- Verwaltung von Sitzungen (prioritäts- und gütebezogen).

Schicht 5 synchronisiert den Dialog kommunizierender Einheiten, d.h. sie stellt Funktionen zur Verfügung, die die Eröffnung einer Kommunikationsbeziehung zwischen Anwender-Einheiten (Sitzung, session) sowie deren ordentliche Abwicklung und Beendigung ermöglicht. Durch Einbau von Synchronisations-Bitmustern (Check Points) in den Datenstrom, erfolgt die Dialog-Synchronistation.

Die **Schicht 6: Darstellungsschicht (Präsentationsschicht) (Presentation Layer)** zugeordneten Funktionen definieren die einheitliche Darstellung von Daten der Anwenderdistanzen, damit eine reibungslose Schicht 5-Kommunikation zwischen Endsystemen möglich ist. Schicht-6-Funktionen sind:

- Vereinbarungen über systeminterne (syntaktische) Darstellungen von Daten (z.B. genormte Zeichensätze wie ASCII, ISO 8559).

- Umsetzung gehender Daten in eine neutrale Transfer-Syntax während einer Sitzung.

- Umsetzung ankommender Daten mit neutraler Transfer-Syntax während einer Sitzung in eine Darstellung, die die entsprechende Einheit versteht.

- Verschlüsselung von Meldungen zwischen den Endsystemen.

- Überprüfung der Einhaltung von Darstellungsvereinbarungen.

- Fehlerbehandlung und Verwaltung der Schicht 6 Funktionen.

Die Darstellungsschicht enthält Funktionen, damit kommunizierende Anwender-Distanzen sich auch verstehen, d.h. die verwendeten Begriffe eindeutig benannt werden. Hierzu werden international genormte Zeichensätze verwendet. Ein Protokoll legt die Regeln (Syntax) fest, wie die entsprechenden Daten in einer gemeinsamen Sprache darzustellen und auszutauschen sind.

Schicht 7: Anwendungsschicht (Verarbeitungsschicht) (Application Layer) schließlich stellt Funktionen für den Austausch von Anwenderprozessen zwischen Quelle und Senke der Kommunikation bereit, wie:

- Identifikation des Kommunikationspartners.

- Synchronisation der Anwendungsprozesse.

- File Transfer.

- Festlegung der Dienstgüte und Fehlerbehebung.

- Auswahl des Dialogverfahrens.

- Festlegung von Syntax-Beschränkungen.

- Festlegung von QoS-Parametern (Quality of Service)

In Schicht 7, der Anwendungsschicht des OSI-Modells, wird definiert wie zwei Kommunikationspartner - dies können Menschen oder Anwendungsprozesse sein - zusammenarbeiten. Die Hauptaufgabe dieser Schicht ist die Steuerung von Anwenderprozessen. Da die Anzahl der Anwendungen, die im Rahmen der Telekommunikation möglich sind, sehr groß ist, gibt es in dieser Schicht entsprechend viele unterschiedliche Protokolle [4, 119, 175, 176, 178].

11.2 Protokolle

Protokolle dienen der Steuerung, Sicherung und Vermittlung der zur Übertragung anstehenden Nutzsignale. Nutzsignale können hierbei z.B. Computer-Daten, digitalisierte Sprache oder auch andere Digitalsignale sein.

Zu unterscheiden sind Protokolle zur ***Übertragungssteuerung***, die im OSI-Modell der Schicht 2 zugeordnet sind und Protokolle zur ***Vermittlung*** - dem Verbindungsaufbau und -Abbau von Nutzsignalen. Letztere sind im OSI-Modell Schicht 3 zugeordnet.

Typische Protokolle, die ausschließlich der Übertragungssteuerung und Sicherung dienen, sind z.B. das ARQ-Verfahren (Automatic Repeat Request) oder das HDLC-Protokoll (High Level Data Link Control). Ein ARQ-Protokoll ist im HDLC-Protkoll enthalten.

Zur Daten-Übermittlung in leitungsvermittelnden Netzen - dies ist die Vermittlung durch gesteuerte Durchschaltung von physikalischen Leitungen (Nummernwahl) - wird das Protokoll X.21 benutzt.

Unter dem Begriff ***Übermittlung*** ist hierbei Vermittlung ***und*** Übertragung zu verstehen.

In paketvermittelnden Netzen zur Datenübermittlung - Vermittlung von Daten in Paketform, wobei beliebige physikalische Leitungen in Zielrichtung verwendet werden können - wird oft das Protokoll X.25 angewendet. Integriert in das X.25 Protokoll ist eine modifizierte HDLC-Prozedur, die Link Access Procedure Balanced (LAPB) genannt wird.

Ein Protokoll, das für die Vermittlung zwischen Netzknoten konzipiert ist, ist das Zeichengabe-System Nr. 7 (ZGS Nr. 7). Es benutzt unabhängig von den Kommunikationswegen der Nutzsignale einen eigenen Zeichengabekanal, in dem die Zeichengabe zum Verbindungsaufbau und -abbau, sowie verschiedene Wartungs- und Überwachungaufgaben abgewickelt werden.

Eine in Datennetzen weit verbreitete Protokollform ist das TCP/IP-Protokoll, (Transmission Transport Protocol/ Internet Protocol). Dies ist eine Protokoll-Familie zur Übermittlung verschiedenster Dienste, wie sie z.B. im **Internet** angeboten werden und über die auch Sprachübertragung möglich ist (Voice Over IP) [119, 175, 176, 178-183].

11.2.1 ARQ-Protokolle

Die Fehlerkorrektur durch wiederholte Aussendung von Codeworten auf Anforderung der Empfangsseite wurde bereits in Abschn. 10.2.2 einführend betrachtet.

Nachfolgend wird angenommen, es werden Rahmen eines strukturierten Bitstroms übertragen. Ein typischer Rahmenaufbau ist in Abb. 11.6b dargestellt.

Wird ein Rahmen richtig empfangen oder erkennt der Empfänger Fehler, so werden zum Sender bestimmte Quittierungsmeldungen zurückgesendet.

Beim ARQ-Verfahren unterscheidet man zwei Quittierungarten. *Positive Quittierung* mit der Meldung **ACK** (Acknowledge) zurück an den Sender. Diese Quittierung wird gesendet, wenn die im Rahmen enthaltene Fehlerentdeckungsprozedur - z.B. CRC (Cyclic Redundancy Check), s. Abschn. 10.2.5 - keine Fehler entdeckt. Im Rahmen nach Abb. 11.6b ist die CRC-Prüfsumme (=CRC-Signatur) durch FCS (Frame Check Sequence) gekennzeichnet.

Erhält der Sender innerhalb einer bestimmten Zeit, **time out** genannt, keine ACK-Quittierung, so wiederholt er den Rahmen unaufgefordert.

Wird im Empfänger ein Fehler entdeckt - z.B. Bitfehler durch Rauscheinfluß oder Synchronisationsfehler - so erfolgt oft auch eine *negative Quittierung* **NAK** (Negative Acknowledge) zurück zum Sender; der Empfänger fordert damit die nochmalige Aussendung des betreffenden Rahmens.

Das einfachste ARQ-Protokoll ist das sogenannte **Stop-and Wait-ARQ-Verfahren**. Eine Station A (Sender) sendet einen Rahmen an die Station B (Empfänger B) ab und wartet bis sie eine poistive oder negative Quittierung von ihr erhält. Abb. 11.7 zeigt die Aussendung des ν-ten Rahmens, sowie die entsprechenden Quittierungen (Q=ACK bzw. Q=NAK). Die Rahmenwiederholung

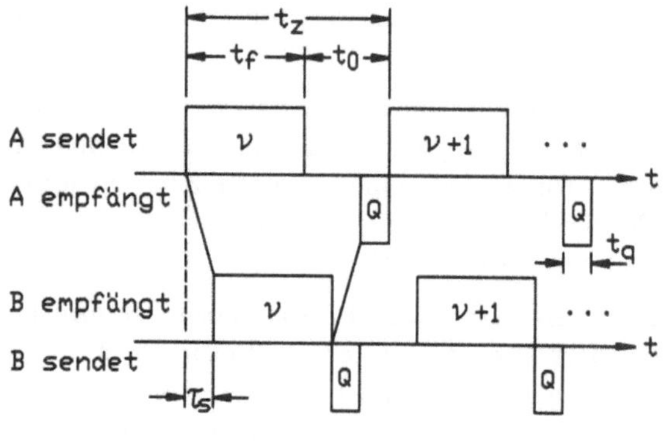

Abbildung 11.7: Prinzip des Stop-and-Wait-ARQ-Verfahrens; t_0 =time-out; τ_s =Signallaufzeit von A nach B bzw. umgekehrt; t_f =Rahmendauer; t_q =Dauer der Quittierung; t_z =Zyklusdauer

erfolgt so lange, bis die sendende Station A von der empfangenden Station B die Quittierung ACK erhält. Ein Rahmenverlust kann auftreten, wenn NAK in ACK verfälscht wird. Gehen die Quittierungen ACK und NAK verloren, so könnte der Sender im Wartezustand verharren. Nach der Zeit $t_0 = t_z - t_f$ (time-out) wird deshalb vom Sender der betreffende Rahmen nocheinmal gesendet. Für die Zykluszeit - dies ist die Zeit die vergeht bis der auf den Rahmen ν folgende Rahmen $\nu + 1$ gesendet werden kann - gilt mit t_f der Rahmendauer, t_q der Dauer einer Quittierung und τ_s der (einfachen) Signallaufzeit

$$t_z = t_f + 2\tau_s + t_q. \tag{11.2}$$

Ist q die Wahrscheinlichkeit, daß ein Rahmen oder eine Quittung verfälscht wird oder beim Empfänger nicht ankommt, so ist der Erwartungswert der Zeit (=Scharmittelwert) $E\{t_d\}$, die vergeht um einen Rahmen erfolgreich von Station A nach Station B zu übertragen

$$E\{t_d\} = t_z + \frac{q}{1-q}t_z = \frac{1}{1-q}t_z. \tag{11.3}$$

Die Reaktionszeiten von Sender und Empfänger werden bei den vorstehenden Betrachtungen nicht berücksichtigt [4, 175].

Ein verbessertes ARQ-Protokoll stellt das **Go-Back-n-ARQ**-Verfahren dar, das geringere Wartezeiten verursacht. Es ist das am weitesten verbreitete ARQ-Protokoll und arbeitet mit einem Fenstermechanismus. Man sendet innerhalb eines Fensters mehrere Rahmen, ohne auf die Quittierung nach jedem Rahmen zu warten. Die einzelnen Rahmen werden durchnummeriert. Der Empfänger quittiert die richtig empfangenen Rahmen (oder die falschen) innerhalb des Fensters insgesamt. Für die Durchnummerierung bzw. Zählung der Rahmen bedient man sich der zyklischen *modulo-m-Zählung*, da zur Nummerierung nicht beliebig lange Bitfolgen zur Verfügung stehen. Meist ist m=8 oder m=256. Zur Zählung stehen somit nur Zahlenkörper mit 8 (0 bis 7) bzw. 128 Zahlenelementen (0 bis 127) zur Verfügung. Man zählt von 0 bis 7 bzw. 0 bis 127 und beginnt dann wieder bei 0, ohne den Übertrag zu beachten. Im ersten Fall sind für die modulo-m-Zählung der Rahmen innerhalb des Fensters 3 bit erforderlich, im zweiten Fall reichen 7 bit aus. Die Anzahl der innerhalb der Zählung gesendeten bzw. empfangenen Rahmen bilden die *Sendenummer* N(S) bzw. *Empfangsnummer* N(R) (Quittierungen), die jeweils im Rahmen mitgesendet werden. Für die Fenstergröße n muß gelten $n < m$. In Abb. 11.8 ist das Prinzip der modulo-8-Zählung und die Erzeugung der Sende- und Empfangsnummern bei $n = 7$ wiedergegeben. Gemäß Abb. 11.8 können beide Stationen A und B sowohl senden als auch empfangen. Die Prozedur wird aus der Sicht der Station A erläutert. In Station B ist der Ablauf sinngemäß der gleiche.

Zur Flußregelung gemäß Abb. 11.8 hat jede der beiden Stationen A und B zwei Statuszähler, den Sendestatuszähler $V(S)$ und den Empfangsstatuszähler $V(R)$, die jeweils eine Zählung modulo-8 durchführen.

Der Zählerstand der Station A $V_A(S)$ bezeichnet die Sendenummer $N_A(S)$ des Rahmens, der als nächster in einer Folge auszusenden ist. Nach der Aussendung

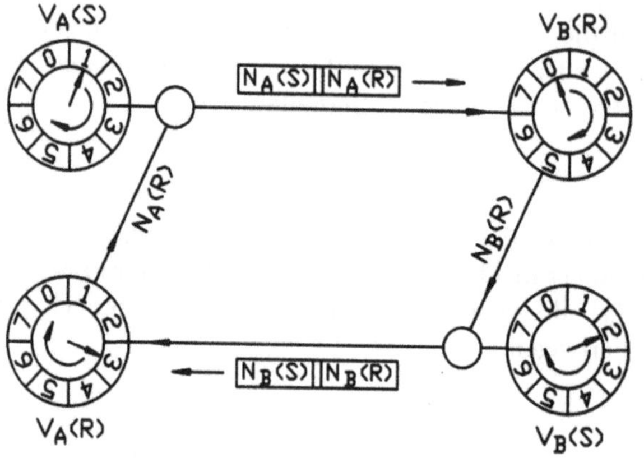

Abbildung 11.8: Modulo-8-Zählung von Rahmen und Quittungen

dieses Rahmens wird $V_A(S)$ um 1 erhöht. Der Empfangsstatuszähler $V_A(R)$ von Station A speichert die Sendenummern $N_B(S)$ des Rahmens, der als Nächster von der Station B erwartet wird. Entspricht die Sendenummer des Rahmens, der als Nächster von Station B ankommt der abgespeicherten, so wird der Zählerstand $V_A(R)$ ebenfalls um 1 erhöht, wenn der Rahmen fehlerfrei empfangen wird.

Sind die vorgenannten beiden Bedingungen erfüllt, dann wird der in Station A empfangene Rahmen mit einem eigenen Rahmen - oder falls keine Nutzdaten zur Übertragung vorliegen - mit einem Steuerrahmen (Ready Receive, RR) quittiert, der als Empfangsnummer $N_A(R)$ den neuen Zählerstand $V_A(R)$ enthält. $V_A(R)$ bzw. $N_A(R)$ sind identisch mit der Sendenummer $N_B(S)$ des nächsten Rahmens der von der Gegenstation A erwartet wird.

Liegt in dem von Station A empfangenen Rahmen ein Fehler vor, dann weist sie diesen Rahmen zurück, indem sie mit einem weiteren Steuerrahmen (Reject, REJ) der Station B antwortet. Die in diesem Steuerrahmen enthaltene zurückgemeldete Empfangsnummer $N_A(R)$ gibt in diesem Fall die Sendenummer $N_B(S)$ des letzten fehlerfrei empfangenen Rahmens an, da der Zählerstand $V_A(R)$ in Station A wegen der Zurückweisung des empfangenen Rahmens nicht um 1 erhöht wurde. Die Gegenstation B sendet nun alle die Rahmen noch einmal aus, die dem letzten fehlerfrei empfangenen folgen. Dies setzt voraus, daß alle noch nicht positiv quittierten Rahmen in der sendenden Station B gespeichert vorliegen.

Der Zählerstand $V_A(S)$, der die Sendenummern $N_A(S)$ des nächsten zu sendenden Rahmens angibt, darf die Empfangsnummer $N_A(R)$ des letzten empfangenen Rahmens nicht um mehr als die Fenstergröße $n = 7$ überschreiten. $n = 7$ gibt die Anzahl der Rahmen an, die ohne Quittierung ausgesendet werden dürfen. Bei modulo-8-Zählung ist die maximale Fenstergröße $n = m - 1 = 7$. Die Größe n kann auch kleiner, z.B. $n = 2$, vereinbart werden. Je größer n gewählt wird, umso größer ist der Durchsatz an Rahmen. Der jeweils erste innerhalb des Fensters $n = 7$ absendbare Rahmen hat in Station A die Sendenummer $N_A(S) = V_A(S)$, während der letzte Rahmen die Sendenummer $N_A(S) = V_A(S) + (n-1)$ modulo-m gezählt, gemäß Abb. 11.8 also, $N_A(S) = V_A(S) + 6$, erhält.

Beispiel 11.2
In der betrachteten Station A nach Abb. 11.8 sei zuletzt der Rahmen von Station B mit der Sendenummer $N_B(S) = 7$ empfangen worden. Der Empfangsstatuszähler $V_A(R)$ wird, da der Empfang fehlerfrei erfolgt ist, von $V_A(R) = 7$ um 1 erhöht. Der neue Zählerstand des Empfangsstatuszählers ist somit $V_A(R) = 1 + 7 = 0$ modulo-8. Dies ist damit auch die von Station A an Station B zur Quittierung auszusendende Empfangsnummer $N_A(R) = 0$. Der Sendestatuszähler stehe zur Aussendung des nächsten Rahmens auf $V_A(S) = 2$. Damit ist die Sendenummer des Rahmens, der als nächster auszusenden ist, $N_A(S) = 2$. Der letzte innerhalb des Fensters $n = 7$ absendbare Rahmen hat folglich die Sendenummer $N_A(S) = 2 + (7-1) = 0$ modulo-8 gezählt. Innerhalb des Fensters können somit von Station A die Rahmen mit den Sendenummern $N_A(S) = 2, 3, 4, 5, 6, 7, 0$ - ohne Quittierungen von Station B abzuwarten - gesendet werden. Treffen zwischenzeitlich von Station B Quittierungen ein, so erhöhen sie bei richtigem Empfang $V_A(R)$, ohne daß die Aussendung unterbrochen werden muß (Duplex-Verkehr).

Beim Go-Back-n-Verfahren werden nichtquittierte Rahmen verworfen. Dies hat eine wiederholte Aussendung dieser Rahmen und somit ebenfalls Wartezeiten zur Folge.

□ **Beispiel 11.3**
Der Rahmen in einem Stop-and-Wait ARQ-System zwischen zwei Stationen A und B enthalte 512 bytes Nutzinformation. Zur Übertragungssteuerung sind im Rahmen weitere 8 bytes enthalten. Die Quittierungen machen ebenfalls 8 bytes im Rahmen aus. Die Reaktionszeit der kommunizierenden Stationen sei jeweils 1 ms, und die reine Signallaufzeit - ohne die Reaktionszeiten der beiden Stationen - sei $\tau_s = 5$ ms bei einer Bitrate von 128 kbit/s.

Der Rahmen enthält damit insgesamt 512 bytes + 8 bytes + 8 bytes = 528 bytes und die Rahmenlänge ist $t_f = 528 \cdot 8$ bit/128 kbit/s=33 ms. Die Dauer einer Quittung ist t_q =8 bytes · 8/128 kbit/s = 0,5 ms. Die einfach gerichtete gesamte Signallaufzeit zwischen den beiden Stationen einschließlich der Reaktionszeiten wird $\tau_{ges} = 5$ ms + 1 ms+1 ms=7 ms. Für die Zykluszeit folgt damit t_z = 33 ms + 14 ms + 0,5 ms = 47,5 ms. Nimmt man an, ein Rahmen werde mit der Wahrscheinlichkeit $q = 10^{-3}$ verfälscht, so ist die Dauer um einen Rahmen erfolgreich von Station A nach Station B zu übertragen nach s. Gl. (11.3), $E\{t\} = 1/(1-10^{-3}) \cdot 47,5\text{ms} = 47,55$ ms. Der *Durchsatz* (bezogen auf die Nutzinformation) ist dann $D = 512 \cdot 8$ bit/47,55 ms = 86,14 kbit/s. Normiert auf die Bitrate erhält man für den Durchsatz $D_{norm} = 0,673$.

11.2.2 HDLC-Protokoll

Die HDLC-Prozedur (High Level Data Link Control) ist ein Verfahren zur Übertragungssteuerung, das eingebettet in verschiedenen anderen Protokollen vorkommt. So erscheint es in modifizierter Form als LAPB (Link Access Protocol Balanced) im X.25-Protokoll, wobei unter "Balanced-Mode" der Betrieb zwischen gleichberechtigten Stationen verstanden wird. Im "Unbalanced Mode" sind die kommunizierenden Stationen nicht gleichberechtigt. Der Sendebetrieb wird dann von einer Leitstation veranlaßt. Die HDLC-Prozedur ist für eine Vielzahl von Anwendungen geeignet wie

- wechselseitiger Betrieb (halbduplex)
- gleichzeitiger Betreib (duplex)
- Punkt-zu-Punkt-Verbindungen (Single Link Protocol)
- Mehrpunkt-Verbindungen (Multiple Link Protocol)

Man kennt 3 Grundtypen von Stationen. Eine **Leitstation** (Primary Station) kontrolliert und steuert einen Übermittlungsabschnitt im Netz. In Abb. 11.9 sind Übermittlungsabschnitte dargestellt. Die Leitstation (DEE) sendet Befehle (com-

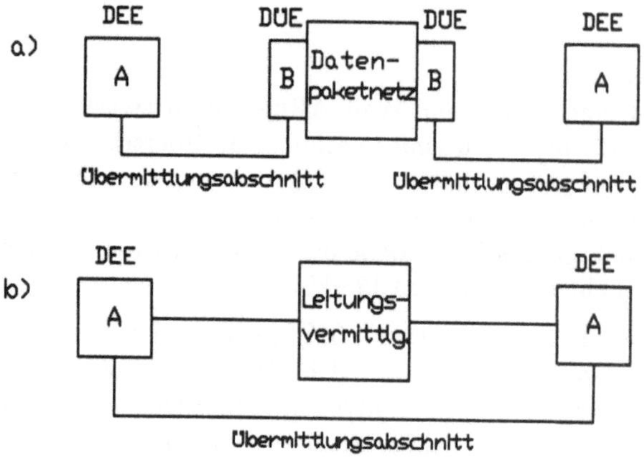

Abbildung 11.9: Übermittlungsabschnitte: a) Paketvermittlung; b) Leitungsvermittlung (DEE = Daten End-Einrichtung; DÜE = Daten-Übertragungs-Einrichtung)

mands) zur **Folgestation** (secondary station) und empfängt Meldungen (responses) von dort. Die Folgestation (DEE) arbeitet unter der Kontrolle der Leitstation.

Sie sendet Meldungen zur Leitstation und erhält Befehle von ihr. Von sich aus kann eine Folgestation nicht aktiv werden (senden/empfangen), sie benötigt grundsätzlich die Erlaubnis der Leitstation. Bei *Anforderungsbetrieb* (Normal Response Mode, NRM) darf die Folgestation nur senden, wenn sie die Erlaubnis der Leitstation hat. Die Sendung der Folgestation kann aus einem oder mehreren Rahmen bestehen. Das Ende der Sendung wird durch ein sogenanntes F-Bit (Final-Bit) im Control Field (C), s. Abb. 11.11, angezeigt. Die Sendeerlaubnis erlischt dann solange, bis die Leitstation durch das P-Bit (Poll-Bit) die Sendeerlaubnis wieder erteilt. *Spontanbetrieb* (Asynchronous Response Mode, ARM) ist eine Betriebsweise, bei der die Folgestation ohne Erlaubnis der Leitstation senden darf. Die asynchronen Aussendungen können aus Rahmen mit Nutzinformation oder reinen Steuerrahmen bestehen. *Gleichberechtigter Spontanbetrieb* (Link Access Protocol Balanced, LAPB) liegt bei der Telekommunikation zwischen **Hybrid-Stationen** (Combined Stations) vor. Jede Station sendet unabhängig Befehle und Meldungen zu einer anderen Hybrid-Station, von der sie ebenfalls Befehle und Meldungen erhalten kann. Da die Steuersignale der beiden gleichberechtigten Stationen in asynchroner Folge ankommen, spricht man auch vom *Asynchronous Balanced Mode, ABM*. Zur Übermittlung von Befehlen, Meldungen und Nutzinformation unterscheidet man zwischen *Steuerrahmen* (Control Frames) fester Länge, die nur Steuerinformation enthalten, und Rahmen variabler Länge *Informationsrahmen* (Information Frames), die auch Nutzinformation (Schicht 3 - Daten) enthalten . Variabel innerhalb der letztgenannten Rahmen ist die Nutzinformation, bei der lediglich eine maximal zulässige Länge, z.B. 2048 bytes, vereinbart wird, so daß in einem Informationsrahmen beliebige Nutzinformationsblöcke $\leq$ 2048 vorkommen können. In Abb. 11.10 sind beide Rahmenarten dargestellt. Zu Beginn und am

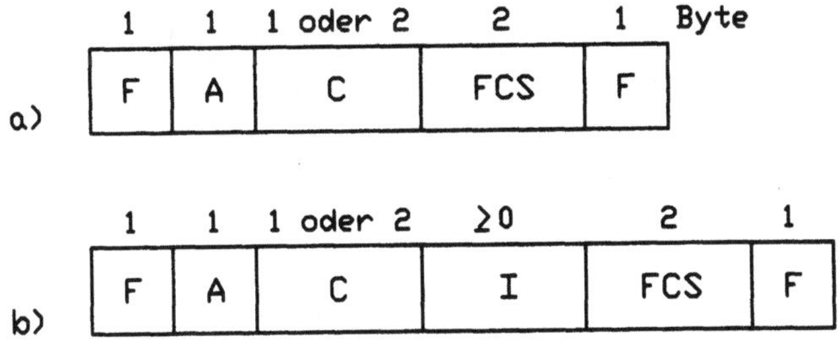

Abbildung 11.10: HDLC-Rahmen: a) Steuerrahmen; b) Informationsrahmen (F= Flag; A = Address Field; C = Control Field; FCS = Frame Check Sequence; I = Information)

Ende eines Rahmens wird das Flag-Byte (F) (Rahmenanfang bzw. Rahmenende) gesetzt, das oft die Form 01111110 hat. Damit keine Imitationen der Flags im Nutzdatenteil auftreten können, wird im auszusendenden Bitstrom nach 5 logischen Einsen eine redundante logische 0 mitübertragen, die auf der Empfangsseite wieder herausgenommen und verworfen wird. Damit kann das Flag im Nutzdatenstrom nicht auftreten, und Rahmenanfang und - ende können sicher erkannt werden. Dieses Verfahren, das unter dem Namen **Zero-Insertion** bekannt ist, garantiert somit auch *Bittransparenz*, da jede beliebige Bitfolge unabhängig davon ob, ihr Nutzdatenstrom Steuerzeichen als Immitationen enthält oder nicht, übertragen werden kann; siehe hierzu auch die Erläuterungen zu OSI-Schicht 4.

Jede im Übermittlungsabschnitt liegende Station hat eine Adresse, die im *Adressfeld A* des Rahmens 1 byte ausmacht. Beispielsweise enthält ein Befehl einer Leitstation die Adresse der angesprochenen Folgestation. Eine Meldung der Folgestation an die Leitstation enthält dagegen die Adresse der Folgestation. Die Adresse ermöglicht auch eine Unterscheidung zwischen Meldungen und Befehlen. Außerdem wird zwischen Adressen für die Daten-Übertragungs-Einrichtung und die Daten-End-Einrichtung unterschieden.

Im *Steuerfeld C* (Control Field), 1 byte oder 2 bytes lang, werden die Rahmentypen durch entsprechende Codierung gekennzeichnet. Abb. 11.11 zeigt die 3 möglichen Rahmen-Typen. Informationsrahmen (I-Rahmen)(Information Frames)

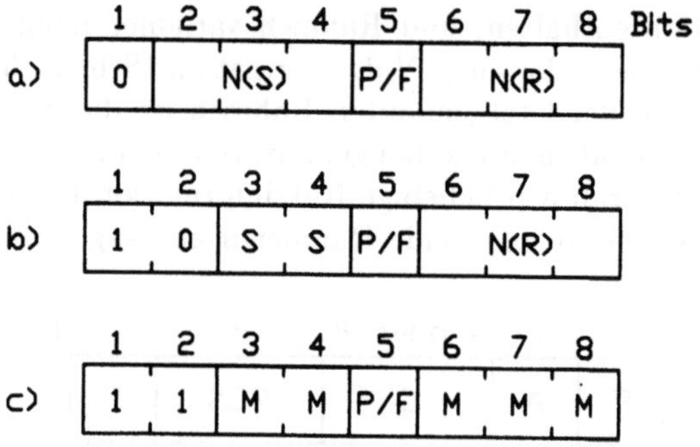

Abbildung 11.11: Steuerfeld (C) in HDLC-Rahmen: a) Informationsrahmen (Information Frame; b) numerierter Steuerrahmen (Supervisory Frame); c) unnumerierter Steuerrahmen (Unnumbered Frames) (N(S) = Sendefolgenummer; P/F = Poll/Final Bit; M = Modifier Function Bit; S = Supervisory Function Bit)

werden durch eine logische 0 am Anfang des Steuerfeldes gekennzeichnet, s. Abb. 11.11a. Steuerrahmen nach Abb. 11.10 sind unterteilt in ***unumerierte Steuerrahmen***, die durch eine binäre 10 am Steuerfeld-Anfang identifiziert sind, und ***unnumerierte Steuerrahmen***, die durch eine binäre 11 am C-Feld-Anfang gekennzeichnet sind. Numerierte Steuerrahmen dienen - neben der Anforderung einer Rahmenwiederholung, wenn ein Fehler empfangsseitig entdeckt wird - auch der Quittierung empfangener I-Rahmen. Meldungen bzw. Befehle werden mit den

S-Bits codiert. Unnumerierte Steuerrahmen enthalten die Zeichen zum Auf-und Abbau eines Übermittlungsabschnittes. Die im Steuerfeld dieser Rahmen enthaltenen M-Bits ermöglichen die Codierung entsprechender Befehle bzw. Meldungen. I-Rahmen dienen der Informationsübertragung, wobei die Nutzdaten im I-Feld enthalten sind. Die Abschnitte N(S) und N(R) im C-Feld sind Sendefolgenummer und Empfangsfolgenummer. I-Rahmen werden mit N(S) fortlaufend numeriert und gestatten zusammen mit N(R) die Quittierung empfangener Rahmen. Hierbei wird die bereits in Abschnitt 11.2.1 beschriebenen Modulo - 8 bzw. Modulo 128 - Zählung und Numerierung angewendet.

Das P/F-Bit (Poll/Final-Bit) wird von der Leitstation (P-Bit) und der Folgestation (F-Bit) benutzt. Das Poll-Bit dient der Leitstation zum Sendeaufruf, das Final-Bit einer Folgestation zur Anzeige, daß eine Meldung gesendet wird. Im LAPB-(Asynchronous) Mode zwischen Hybrid-Stationen erzwingt das auf logische 1 gesetzte P/F-Bit in einem Befehl eine Antwort der Gegenstation. In Tabelle 11.1 sind die wichtigsten Steuermeldungen und ihre Codierungen wiedergegeben. Die

Tabelle 11.1: Befehle und Meldungen der HDLC-Prozedur

Rahmentyp	Befehl	Meldung	Steuerfeld:(Bitnummer)[Belegung]
I-Rahmen	I	I	(1)[0]; (234)[N(S)]; (5)[P/F]; (678)[N(R)]
numerierte Steuerrahmen	RR	RR	(12)[10]; (34)[00]; (5)[P/F]; (678)[N(R)]
	RNR	RNR	(12)[10]; (34)[10]; (5)[P/F]; (678)[N(R)]
	REJ	REJ	(12)[10]; (34)[01]; (5)[P/F]; (678)[N(R)]
	SRES	-	(12)[10]; (34)[11]; (5)[P/F]; (678)[N(R)]
unnumerierter Steuerrahmen	SNRM	-	(12)[11]; (34)[00]; (5)[P]; (678)[001]
	SABM	-	(12)[11]; (34)[11]; (5)[P]; (678)[100]
	SABME	-	(12)[11]; (34)[11]; (5)[P]; (678)[110]
	DISC	-	(12)[11]; (34)[00]; (5)[P]; (678)[010]
	UI	-	(12)[11]; (34)[00]; (5)[P/F]; (678)[000]
	-	UA	(12)[11]; (34)[00]; (5)[F]: (678)[110]
	-	FRMR	(12)[11]; (34)[10]; (5)[F]; (678)[001]
	-	DM	(12)[11]; (34)[11]; (5)(F); (678)[000]
	XID	XID	(12)[11]; (34)[11]; (5)[P/F]; (678)[010]

Befehle und Meldungen haben die folgende Bedeutung:

- I Informationsrahmen
- RR (Receive Ready), empfangsbereit
- RNR (Receive Not Ready), nicht empfangsbereit
- REJ (Reject), wiederhole I-Rahmen
- SNMR (Set Normal Response Mode), arbeite im NMR-Mode

- SABM (Set Asynchronous Balanced Mode), arbeite im ABM-Mode
- SABME (Set Asynchronous Balanced Mode Extended) (modulo 128 Zählung)
- DISC (Disconnect), beende Betriebszustand und warte
- UI (Unnumbered Information), unnumerierter Steuerrahmen
- UA (Unnumbered Acknowledge), Quittierung einer UI
- FRMR (Frame Reject), Rahmen wird verworfen
- DM (Disconnect Mode), ich warte
- XID (Exchange Identification), Befehl/Meldung zum Verbindungsauf- und abbau, Wählverkehr

In den Rahmen nach Abb. 11.10 bezeichnet das FCS-Feld (Frame Check Sequence) die Signatur (Prüfsumme) (16 bit) zur Erkennung von Übertragungsfehlern nach dem CRC-Verfahren, s. Abschn. 10.2.5. Von ITU-T wird hierzu das Generator-Polynom $x^{16} + x^{12} + x^5 + 1$ empfohlen [47, 119, 175].

11.2.3 Protokoll/Schnittstelle X.21

Das X.21-Protokoll wird in Übertragungssystemen zur synchronen Datenübermittlung in leitungsvermittelnden Netzen eingesetzt. Es beschreibt, wie eine Daten-Endeinrichtung (DEE, engl. DTE, Data Terminal Equipment) eines Teilnehmers über die Daten-Übertragungseinrichtung (DÜE, engl. DCE, Data Circuit Terminating Equipment) des Netzbetreibers eine synchrone Datenverbindung mit einer Gegen-Endeinrichtung aufbaut, die anliegenden Daten überträgt und die Verbindung danach wieder abbaut. Das Prinzip eines X.21-Übermittlungssystems mit den zugehörigen Schnittstellen ist in Abb. 10.12 dargestellt.

Abbildung 11.12 Prinzip des X.21-Telekommunikationssystems (S_1 = Teilnehmerschnittstelle; S_2 = Netzschnittstelle

Die Schnittstelle S_1 ist die X.21-Schnittstelle beim Teilnehmer, deren physikalischer Aufbau in Abb. 11.13 dargestellt ist.

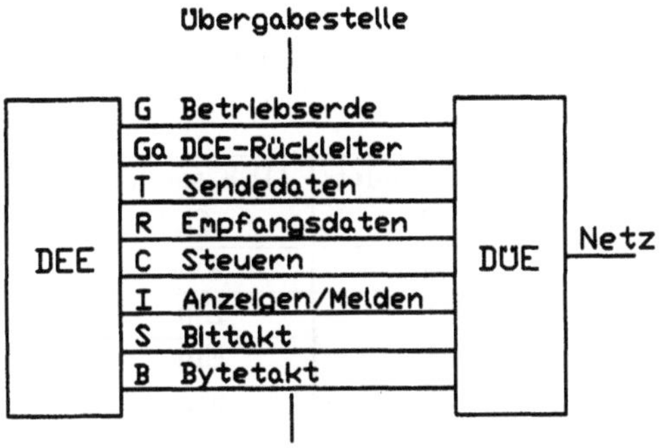

Abbildung 11.13: Physikalische X.21-Schnittstelle (S_1)

Im einzelnen sind dies die Datenübertragung (T, R; Transmit Receive), die Übertragungssteuerung (C, I; Control Indication) sowie die Taktversorgung (S, Schrittakt, Bittakt; B, Bytetakt). Die elektrischen Eigenschaften der Schnittstelle sind in ITU-T X.26 und X.27 festgehalten.

Beim Verbindungsaufbau, der Datenübertragung und dem Verbindungsabbau, nimmt die Schnittstelle verschiedene Signalzustände an. In Tabelle 11.2 ist ein typischer Kommunikationsablauf mit den hierbei erscheinenden Funktionen dargestellt. Tabelle 11.3 enthält den bei der X.21-Prozedur benutzten IA 5-Code (Internationales Alphabet Nr. 5 nach ITU-T 50), der internationalen Version des ASCII-Codes (American Standard Code for Information Interchange). Die Schnittstelle S_2 (Netzschnittstelle) wird durch die Eigenschaften des Netzes - abhängig vom "Netz-Provider" - (z.B. Telekom oder Arcor) bestimmt.

Zur Aufrechterhaltung des Synchronbetriebs erfolgt die Taktversorgung von der Netzseite (Taktableitung). Nutzbare Bitraten liegen im Bereich von 300 bit/s bis 2 Mbit/s. Neben dem Einsatz in leitungsvermittelnden Wählnetzen wird das X.21-Protokoll auch auf festgeschalteten Mietleitungen benutzt [47, 98, 119, 176, 184].

Erläuterungen zu Tabelle 11.2:

1) DEE, DÜE unbelegt bereit T=1, C=Aus, R=1, I=Aus.
2) DEE fordert Verbindung an, T=0, C=Ein, R=1, I=Aus.
3) Nach 3 s Wahlaufforderung von der DÜE an die DEE. (Netz aufnahmebereit), DÜE sendet 2 oder mehr SYN-Zeichen auf R (=IA 5-Zeichen 1 u. 6, s. Tab 11.2), danach Dauer-"+" (=IA 5-Zeichen 2 und 11), I=Aus.
4) 6s nach der Wahlaufforderung sendet die DEE, eingeleitet durch zweimal SYN Wählzeichen nach IA 5. Das Wahlende wird durch "+" (IA 5-Zeichen 2 und 11) gekennzeichnet.
5) Wahlende: DEE wartet, T=1.

Tabelle 11.2: X.21-Schnittstellen-Signalfolge (zeitlicher Ablauf)

		DEE sendet	DEE sendet	DÜE sendet	DÜE sendet
	Zustand	T	C	R	I
1)	unbelegt, bereit	1	Aus	1	Aus
2)	Verb.-Anford.	0	Ein	1	Aus
3)	Wahlauff.	0	Ein	SYN	Aus
		0	Ein	SYN	Aus
4)	Wählzeich.	SYN	Ein	SYN	Aus
		SYN	Ein	+	Aus
		IA5	Ein	⋮	Aus
		+	Ein	+	Aus
5)/6)	DEE/DÜE warten	1	Ein	SYN	Aus
		1	Ein	SYN	Aus
		1	Ein	⋮	Aus
7)	Dienstsig.	1	Ein	IA5	Aus
8)	DÜE wartet	1	Ein	SYN	Aus
		1	Ein	SYN	Aus
		1	Ein	SYN	Aus
		1	Ein	⋮	Aus
9)	Anschlußkenn.	1	Ein	IA5	Aus
10)	DÜE wartet	1	Ein	SYN	Aus
		1	Ein	SYN	Aus
		1	Ein	SYN	Aus
11)	Verb. Aufbau	1	Ein	1	Aus
12)	Verb. steht	1	Ein	1	Ein
13)	Datenüberm.	Daten	Ein	1	Ein
		Daten	Ein	1	Ein
		Daten	Ein	1	Ein
14)		Daten	Ein	Daten	Ein
		Daten	Ein	Daten	Ein
15)	Auslösung	0	Aus	Daten	Ein
		0	Aus	Daten	Ein
16)	Bestät. Auslös.	0	Aus	0	Aus
17)	DÜE unbel. bereit	0	Aus	1	Aus
18)	unbelegt, bereit	1	Aus	1	Aus

Tabelle 11.3: IA 5-Code

				b_7	0	0	0	0	1	1	1	1
				b_6	0	0	1	1	0	0	1	1
				b_5	0	1	0	1	0	1	0	1
b_4	b_3	b_2	b_1		0	1	2	3	4	5	8	7
0	0	0	0	0	NUL	DLE	SP	0	@	P		p
0	0	0	1	1	SOH	DC1	!	1	A	Q	a	q
0	0	1	0	2	STX	DC2	”	2	B	R	b	r
0	0	1	1	3	ETX	DC3	#	3	C	S	c	s
0	1	0	0	4	EOT	DC4	¤	4	D	T	d	t
0	1	0	1	5	ENQ	NAK	%	5	E	U	e	u
0	1	1	0	6	ACK	SYN	&	6	F	V	f	v
0	1	1	1	7	BEL	ETB	’	7	G	W	g	w
1	0	0	0	8	BS	CAN	(	8	H	X	h	x
1	0	0	1	9	HT	EM	)	9	I	Y	i	y
1	0	1	0	10	LF	SUB	*	:	J	Z	j	z
1	0	1	1	11	VT	ESC	+	;	K	[	k	{
1	1	0	0	12	FF	IS4	,	<	L	\	l	|
1	1	0	1	13	CR	IS3	—	=	M	]	m	}
1	1	1	0	14	SO	IS2	.	>	N	^	n	‾
1	1	1	1	15	SI	IS1	/	?	O	_	o	DEL

6) DÜE wartet und sendet dabei SYN-Folge zur Bestätigung des Wahlendes.
7) Die DÜE sendet Dienstsignale an die DEE nach IA 5, die Auskunft über den Zustand der Verbindung geben. Z.B. Endstelle gerufen, Teilnehmer besetzt oder geänderte Rufnummer, etc..
8) DÜE wartet, auf R wird SYN gesendet.
9) Die DÜE überträgt die aus dem Netz empfangenen Anschlußkennungen nach IA5 an die DEE
10) DÜE wartet, auf R wird SYN gesendet.
11) Verbindung wird aufgebaut. Die DÜE meldet dies durch I=Aus und R=1
12) Verbindung ist aufgebaut. Die DÜE sendet an DEE "bereit für den Datenaustausch" durch R=1 und I=Ein.
13) Datenübermittlung DEE → DÜE.
14) Datenübermittlung DÜE → DEE.
15) DEE sendet Auslösungsanforderung an DÜE durch T=0 und C=Aus.
16) DÜE bestätigt die Auslösung der Verbindung im Netz durch R=0 und I=Aus, nachdem ihre Datenübermittlung abgeschlossen ist.
17) DÜE geht auf bereit unbelegt, R=1, I=Aus.
18) DEE geht auf bereit unbelegt, T=1, C=Aus.

11.2.4 Protokoll X.25

Das Protokoll X.25 ist für paketvermittelnde Netze vorgesehen. Es ist für Bitraten zwischen 2,4 kbit/s und 64 kbit/s spezifiziert. Das grundsätzliche Konzept eines X.25-Übertragungssystems mit den Schnittstellen S_1 und S_2 ist ebenfalls durch Abb. 11.12 gegeben. Die Schnittstelle S_1 ist wie beim X.21-Protokoll die Teilnehmer-Schnittstelle. Die ITU-T-Empfehlung X.25 spezifiziert das X.25-Protokoll in Übereinstimmung mit den ersten 3 Schichten des OSI-Modells. In der physikalischen Schicht 1 übernimmt die Empfehlung X.25 die Empfehlung X.21 bzw. X.21bis, soweit sie den Ruhezustand (DEE, DÜE unbelegt bereit) und die Datenübermittlungsphase , Punkte 1) sowie 13) und 14) in Tab. 11.2 betrifft. Schicht 2 enthält die HDLC-LAPB-Prozedur für den Zugriff auf das Übertragungsmedium und die gesicherte Datenübertragung, s. Abschn. 11.2.2.

Für den Verbindungsauf- und Abbau ist im Protkoll X.25 OSI-Schicht 3 zuständig. Schicht-3-Meldungen dienen dem Aufbau von virtuellen Verbindungen (= logische Kanäle), s. Kapitel 12, zwischen 2 Endstellen über das paketvermittelnde Netz, dem Abbau dieser Verbindungen sowie der Flußkontrolle eines jeden logischen Kanals. Die Flußkontrolle erfolgt hierbei mit Hilfe der Fenstertechnik und modulo-8 bzw. modulo-128-Zählung, wie in Abschn. 11.2.1 bzw. 11.2.2 bereits erläutert.

Grundsätzlich unterscheidet man im Protokoll X.25 die Übertragung von *Nutzdatenpaketen* und *Steuerpaketen*. Numerierte und unnumerierte Steuerpakete , s. Abbn. 11.10 und 11.11, dienen dem Verbindungsaufbau und Abbau sowie der Quittierung. Nutzdatenpakete dienen der Übertragung von Daten und ebenfalls der Quittierung gemäß der oben erwähnten Flußkontrolle durch modulo-m-Zählung. In Abb. 11.14 ist dargestellt, wie Schicht-3-Meldungen in ein Schicht-2-Nutzdatenpaket (= Schicht-2-Nutzdatenrahmen) eingebettet werden. Im Schicht-

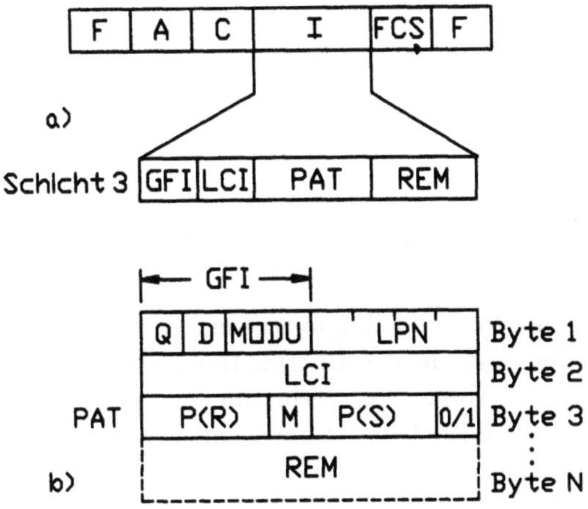

Abbildung 11.14: a) Schicht 3-Meldungen im Schicht-2-Paket; b) Datenformat (A = Address, C = Control, FCS = Frame Check Sequence, GFI = General Format Identifier, LCI = Logical Channel Number, PAT = Packet Type, REM = Reminder)

3-Feld GFI wird die Art der modulo-m-Zählung gekennzeichnet. So bedeutet in Binärdarstellung $MODU = 01_2$ modulo-8-Zählung, $MODU = 10_2$ modulo-128-Zählung. Ist D auf logisch 1 gesetzt, so bedeutet dies, daß eine Quittung von einer DEE vorliegt. Bei D=0 liegt eine Quittierung von einer DÜE vor. Das Q-Bit dient der Unterscheidung zwischen einem Steuerpaket (Q=1) und einem Nutzdatenpaket (Q=0).

Das Feld LCI kennzeichnet eine bestehende logische Verbindung. Die ersten 4 bit identifizieren das logische Bündel (Logical Path Number), die danach foglenden 8 bit den logischen Kanal (Logical Channel Number), s. hierzu auch Kapitel 6.

Die ersten 3 bit im Feld PAT stellen die Paket-Empfangsfolgenummer $P(R)$ dar. Ist das nachfolgende M-Bit auf binär 1 gesetzt, so wird hiermit signalisiert, daß alle folgenden Pakete zusammengehören. Die Paket-Sendefolgenummer $P(S)$ belegt 3 bit wie die Paket-Empfangsfolgenummer. Das letzte Bit im Feld PAT wird bei Steuerpaketen auf binär 1 und bei Nutzdatenpaketen auf binär 0 gesetzt. Im Feld REM werden die Nutzdaten übertragen. Bei Steuerpaketen erfolgt im Feld REM die Übertragung zusätzlicher Steuerinformationen.

Wie bereits in Absch. 11.2.1 und Abb. 11.11 dargestellt, enthalten unnumerierte Steuerpakete keine Folgenummern. Numerierte Steuerpakete dagegen haben eine Empfangsfolgenummer, die der Quittierung dient. Insgesamt gibt es eine Vielzahl von verschiedenen Steuerpaketen, deren Funktion im Feld PAT jeweils codiert wird. So wird beispielsweise eine "Verbindungsanforderung" (Call Request), gesendet von der DEE zur DÜE, durch 11010000 im Feld PAT codiert. Tritt eine Unterbrechung der Übermittlung ein, dann sendet die DÜE an die DEE die Meldung "DUE-Unterbrechung" (DCE Interrupt), welche durch 11000100 im Feld PAT gekennzeichnet wird. Maximal können $2^8 = 256$ verschiedene Steuerpakete codiert werden [47, 119, 176, 184].

11.2.5 Zeichengabe-System Nr. 7 (ZGS Nr. 7)

Das Zeichengabe-System Nr. 7 (= Signalisierungssystem Nr. 7 = Zeichengabe-Verfahren Nr. 7) ist ein System zur Übermittlung von vermittlungstechnischen Zeichen für den Auf- und Abbau von Verbindungen, der Übertragungssteuerung sowie der Aktivierung von Betriebsfunktionen und Diensten zwischen Netzknoten (Vermittlungsstellen). Es ist nicht an die Kommunikationswege der Nutzinformation gebunden, sondern benutzt einen eigenen zentralen Kanal für die Übertragung der vermittlungstechnischen Information (Außer-Band-Signalisierung). Als zentrale Zeichengabekanäle werden vorzugsweise 64 kbit/s-Kanäle belegt.

Für die Signalisierung im Teilnehmer-Anschlußbereich zwischen den jeweils teilnehmernächsten Vermittlungsstellen und den Teilnehmer-Endstellen wird ZGS Nr. 7 nicht verwendet.

Das ZGS Nr. 7 wurde zeitlich parallel mit dem OSI-Modell entwickelt. Es stimmt deshalb nur in Schicht 1 und Schicht 2 mit diesem überein. Ebene 3 des ZGS Nr. 7 Kommmunikationsmodells - zur Unterscheidung wird im ZGS Nr. 7 - Modell anstelle des Begriffs "Schicht" der Begriff "Ebene" benutzt - enthält lediglich einige Grundfunktionen aus OSI-Schicht 3. In Abb. 11.15 ist der Aufbau des ZGS Nr. 7 - Modells im Vergleich zum OSI-Modell wiedergegeben. Die im ZGS Nr. 7-Modell verwendeten Abkürzungen haben die folgende Bedeutung:

- DUP Data User Part
- ISDN-UP ISDN-User Part
- LCF Link Control Function
- MTP Message Transfer Part
- NSP Network Service Part
- OMAP Operational and Maintenance Operational Part
- SCCP Signalling Connection Control Part
- SDL Signalling Data Link
- SNF Signalling Network Funktion
- TC Transaction Capability

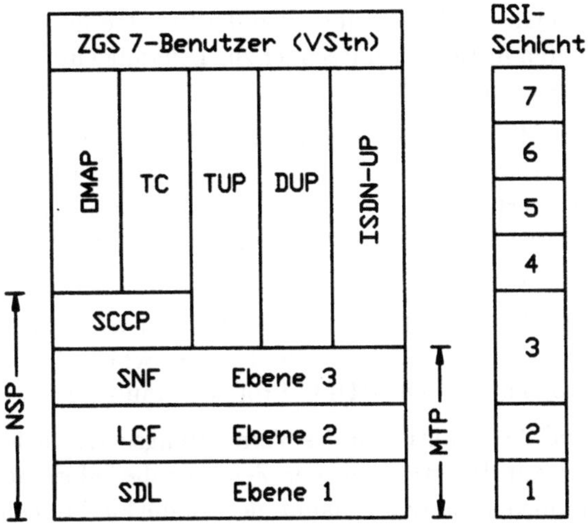

Abbildung 11.15: ZGS Nr. 7-Kommunikationsmodell und OSI-Modell

- TUP Telephon User Part
- VStn Vermittlungsstellen

Basis dieses Modells ist der Nachrichten-Übertragungsteil MTP, der einen für alle vermittlungstechnischen Zeichen einheitlichen Transportrahmen darstellt, in dem die Zeichengabe-Information eingebettet ist. Sie besteht aus netzspezifischen Benutzerteilen wie dem Fernsprech-Benutzerteil TUP, dem Daten-Benutzerteil DUP und dem ISDN-Benutzerteil ISDN-UP. Dem MTP überlagert ist eine Zeichengabe-Verbindungssteuerung SCCP, die ihre Dienste Teilen des ISDN-Up und den sogenannten Transaction Capabilities (TC) zur Verfügung stellt.

Mit Hilfe der in **SCCP** definierten Funktionen kann eine Ende-zu-Ende-Zeichengabe zwischen den teilnehmernächsten Vermittlungsstellen durchgeführt werden. SCCP übernimmt hierbei die Wegesuche (Routing) zur Übertragung der Zeichengabe-Information. Die SCCP-Informationen werden im Feld SIF des MSU-Rahmens, s. Abb. 11.16 übertragen. SCCP ergänzt das ZGS Nr. 7 auch dahingehend, logische Verbindungen herzustellen. Es gibt 16 verschiedene SCCP-Informationen, die dem Auf- und Abbau von Zeichengabeverbindungen dienen.

Die **TC**-Funktionen ermöglichen systemübergreifende Anwendungen wie Chipkarten-Identifizierung, Buchung, Rufnummernumwertung und weitere Funktionen. Mit Hilfe der TC's wird auch die GSM-Mobilfunk-Signalisierung (Mobile User Part, MUP) realisiert.

OMAP regelt betriebliche Vorgänge und Verfahrensweisen bei der System-Wartung und Verwaltung.

Die höchste Ebene im ZGS Nr. 7 Modell stellen die Benutzerfunktionen (**USER**) dar, die in den Netzknoten installierten Rechner zur Lenkung (Routing) und Steuerung des Telekommunikationsverkehrs.

Die **Ebene 1** (SDL) im MTP kennzeichnet die Funktionen der physikalischen Leitung über die die vermittlungstechnischen Zeichen übertragen werden. Sie enthält Funktionen für die Bitübertragung der vermittlungstechnischen Zeichen. In ihrer Realisierung werden hierzu meist 64 kbit/s-Kanäle eingesetzt - z.B. Zeitschlitz 16 in PCM-30-Systemen, s. Kapitel 8.

Die sichere Übertragung dieser Zeichen sowie die Flußkontrolle ist **Ebene 2** (LCF) zugeordnet. Die Funktionen der Ebene 2, die der OSI-Schicht 2 entsprechen, bestehen aus einem Protokoll, das dem HDLC-Protokoll ähnlich ist.

In **Ebene 3** (SNF) sind die Funktionen des Vermittlungsnetzes definiert, das ein eigenes separates Netz zur Übertragung der Zeichengabe-Information darstellt. MTP und SCCP zusammen auch NSP genannt, decken die Funktionen der Schichte 1 bis 3 im OSI-Modell vollständig ab.

In **Ebene 2** gibt es 3 unterschiedliche Transport-Rahmentypen. Abb. 11.16 zeigt die drei Transportrahmen des MTP. Die in Abb. 11.16 verwendeten Abkürzungen

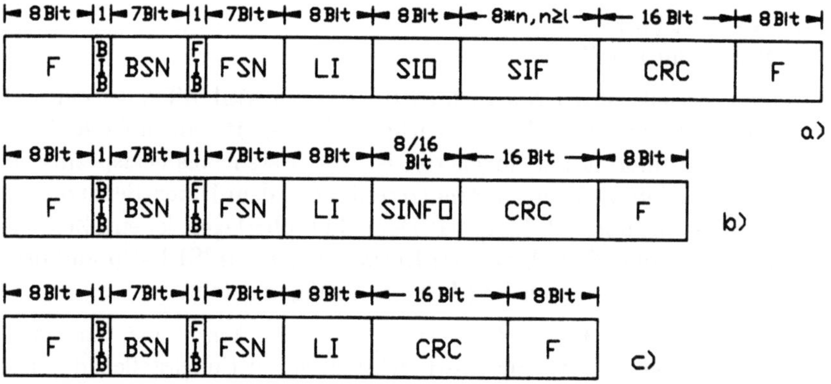

Abbildung 11.16: a) MSU-Rahmen; b) LSSU-Rahmen; c) FISU-Rahmen

sind sind wie folgt zu interpretieren:

- BIB Backward Indication Bit
- BSN Backward Sequence Number
- CRC Cyclic Redundancy Check
- F Flag
- FIB Foreard Indication Bit
- FISU Fill In Signalling Unit
- FSN Foreward Sequence Number

- LI Length Indicator
- LSSU Link Status Signal Unit
- MSU Message Signalling Unit
- SIO Service Information Octett
- SIF Signalling Information
- SINFO Status Information Field

Zur Übertragung von Meldungen, wie sie in OSI-Schicht 3 definiert sind, benutzt man den MSU Rahmen, der die vermittlungstechnischen Zeichen enthält. Meldungen, die den Zustand (Status) eines Zeichenkanal-Abschnitts angeben, werden mit dem LSSU-Rahmen übermittelt. Diese Meldungen werden zur Neusynchronisation bei Störungen benötigt. Der FISU-Rahmen enthält Füllzeichen ohne vermittlungstechnische Informationen oder Meldungen. Er wird zur Überbrückung von Wartezeiten ausgesendet und u. U. zur Quittierung benutzt.

F kennzeichnet den Anfang und das Ende eines Transportrahmens, wobei "Bittransparenz" durch Anwendung der "Zero-Insertion", s. Abschn. 11.2.2 erreicht wird.

Der Flußkontrolle dienen die Folgenummern FSN und BSN (je 7 bit). Sie durchlaufen zyklisch den Zahlenbereich 0-127 (Zählung modulo-128). Zählung und Flußkontrolle erfolgen wie für HDLC-Rahmen in Abschn. 11.2.2 beschrieben. Die Vorwärtsfolgenummer FSN ermöglicht die Kontrolle der Rahmenfolge im Empfänger, während mit der Rückwärtsfolgenummer BSN der Gegenstation die Nummer des empfangenen Rahmens zur Quittierung mitgeteilt wird.

Das Rückwärtsindikator-Bit BIB zeigt an, ob eine Nachricht richtig oder verfälscht beim Empfänger eintraf. Solange richtige vermittlungstechnische Zeichen eintreffen, bleibt BIB unverändert. Nach Empfang eines verfälschten Zeichens wird BIB beim Empfänger invertiert und mit dem nächsten Rahmen an die Gegenstation übermittelt. Das Vorwärtsindkator-Bit FIB hat zunächst denselben Zustand wie BIB. Der Sender erkennt im Fehlerfall aus der rückgesendeten Quittung, daß BIB von FIB abweicht. Er sendet dann das fehlerhafte vermittlungstechnische Zeichen und alle folgenden noch einmal aus, wobei er seinerseits FIB invertiert. Der Empfänger erkennt hieraus, daß es sich um eine Zeichenwiederholung handelt. Danach werden FIB und BIB wieder in denselben Zustand zurückversetzt.

Der Längen-Indikator LI (8 bit) gibt die Anzahl der nachfolgenden bytes ohne CRC an. Mit ihm wird auch angezeigt, um welchen Rahmentyp es sich handelt. Ist in Binärdarstellung LI=0, so liegt ein Füllrahmen (FISU) vor, LI=1 oder 2 kennzeichnet einen Zustandsmelde-Rahmen (LSSU), und enthält der Rahmen vermittlungstechnische Zeichen, so bewegt sich LI zwischen 3 und 63.

Das Dienstinformationsoktett SIO ist in ein Dienstkennzeichen (4 bit) und Subdienstfeld (4 bit) unterteilt. Das Dienstkennzeichen kennzeichnet die verschiedenen Dienste wie ISDN-UP oder TUP, während das Subdienst-Kennzeichen ergänzende Angaben, wie z.B. nationaler oder internationaler Verkehr, enthält.

Vor dem Flag am Rahmenende ist eine Prüfbitfolge (Prüfsumme) CRC (16 Bit) zur Datensicherung eingefügt. Zur Bildung der Prüfsumme wird nach ITU-Empfehlung das Generatorpolynom $g(x) = x^{16} + x^{12} + x^5 + 1$ benutzt, s. hierzu auch Abschn. 10.2.5.

Der Fernsprech-Benutzer-Teil **TUP** nach Abb. 11.15, der nachfolgend etwas genauer betrachtet wird, definiert den Aufbau der vermittlungstechnischen Zeichengabe, die in das Feld SIF des Ebene 2 - Transportrahmens eingebracht wird. s. Abb. 11.17. Nachfolgend sind die in Abb. 11.17 verwendeten Abkürzungen

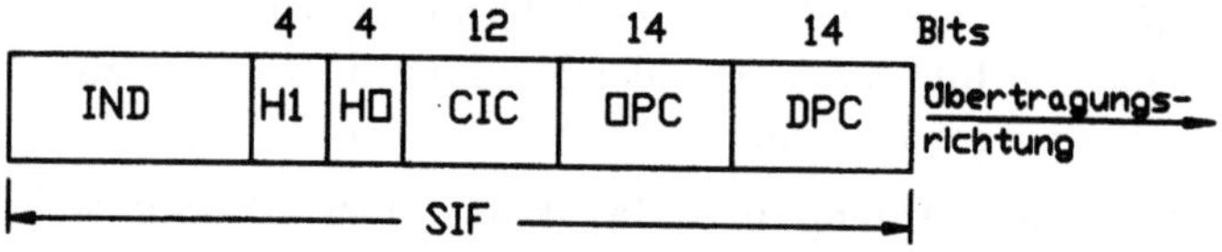

Abbildung 11.17: TUP-Signalisierungszeichen

erläutert:

- CIC Circuit Identification Code
- DPC Destination Point Code
- H_0, H_1 Art der Zeichengabe
- IND Indikatoren
- OPC Origination Point Code
- SIF Signalling Information

DPC kennzeichnet den Bestimmungsort, OPC den Ursprungsort der zu übertragenden Nutzinformation, z.B. Ferngespräch. CIC identifiziert den Sprechkreis innerhalb eines Bündels zwischen Netzknoten, für den die Zeichengabe-Information übertragen wird. H_0 und H_1 charakterisieren 50 unterschiedliche Zeichengabe-Informationen. Die darauffolgenden Indikatoren IND enthalten weitere Hinweise zur Fernsprechverbindung, wie z.B. Satellitenabschnitt in der Verbindung oder ankommende internationale Verbindung, digitale Verbindung etc..

Die Struktur der Zeichengabe-Information bei ISDN-Nutzern **ISDN-UP**, s. Abb. 11.15, die im Feld SIF übertragen wird, ist gegenüber der TUP-Signalisierung wesentlich umfangreicher. Dies ist verständlich, da ISDN-Teilnehmer neben dem Fernsprechen weitere Dienste nutzen. Neben den bereits unter TUP erläuterten im Adressenteil enthaltenen Feldern DPC und OPC werden im SIF die verschiedenen Typen von vermittlungstechnischen Zeichen durch Parameter fester oder variabler Länge ergänzt, sodaß die Zeichengabe-Information mehr als 200 byte lang werden kann [119, 176].

11.2.6 Protokoll-Familie TCP/IP

TCP/IP (Transmission Control Protocol/Internet Protocol) ist ein Satz von Protokollen (Protokoll-Familie), der auch im **Internet** verwendet wird. Das TCP/IP-Protocol wurde für die Vernetzung von Computern im ARPANET (Advanced Research Projects Agency Network) konzipiert. Vorgabe war hierbei, LANs (Local Area Networks), s. Abschn. 11.3.1, digitale mobile Funknetze (s. Abschn. 11.3.5) und Weitverkehrsnetze (Satelliten-Richtfunk- und Lichtwellenleiternetze) so in ein Netz zu integrieren, daß eventuelle Ausfälle in diesen Teilnetzen durch unterbrechungsfreie automatische Ersatzschaltung kompensiert werden können. Die Entwicklung führte auf eine Prokoll-Familie, die auf all diesen verschiedenen Übertragungssystemen und Netzformen einsetzbar ist. 1983 wurde TCP/IP für alle digitalen Netze des amerikanischen Verteidigungsministerium zum Standard erklärt.

Die Anwendungsbreite dieser Protokoll-Familie und ihre Eignung haben maßgeblich zu ihrer weiten Verbreitung - auch in vielen privaten Datennetzen - beigetragen [175, 178].

Durch die Integration erdumspannender Netze und Anwendung des TCP/IP-Protokolls hat sich das Internet entwickelt, s. Abschn. 11.3.4, das wegen der obengenannten Ersatzschaltungsforderungen keinerlei zentrale Knoten besitzt.

Das TCP/IP-Protokoll wurde ca. 10 Jahre vor dem OSI-Modell entwickelt, sodaß nur in bestimmten Bereichen Übereinstimmungen vorliegen. In Abb. 11.18 ist das OSI-Model im Vergleich zur TCP/IP-Protokoll-Familie dargestellt.

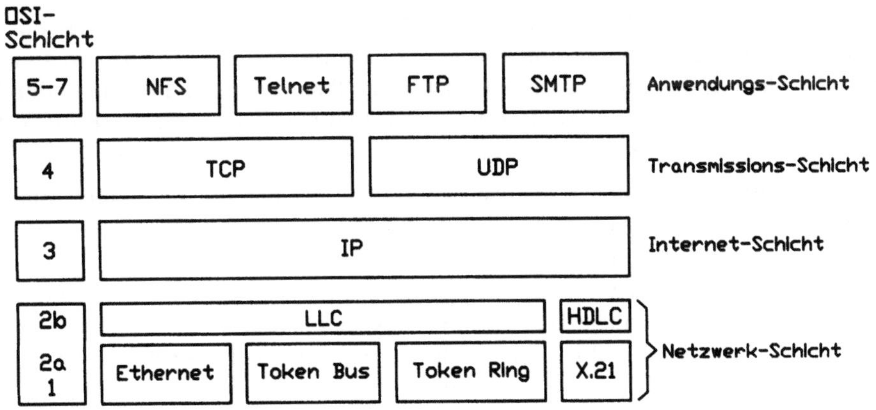

Abbildung 11.18: TCP/IP-Protokoll-Struktur und OSI-Modell

Die Abkürzungen in Abb. 11.18 haben die folgende Bedeutung:

- FTP File Transfer Protocol
- HDLC High Level Data Link Control
- IP Internet Protocol
- LLC Logical Link Control
- NFS Network File System
- SMTP Simple Mail Transfer Protocol
- UDP User Datagram Protocol

Das TCP/IP-Protokoll besteht aus 4 Schichten gegenüber den 7 Schichten des OSI-Modells. Die *Netzwerkschicht* (Schicht 1, 2a und 2b) enthält Teilnetze, die mit verschiedenen Protokollen (Ethernet, Token-Bus, Token-Ring, X.21 etc.) arbeiten. Überlagert ist eine Sicherungsschicht (LLC) bzw. (HDLC). Mit dem Internet-Protokoll der *Internet-Schicht* werden die LANs und anderen Teilnetze der Netzwerk-Schicht zu einem gemeinsamen Netz zusammengefaßt (Internet) in dem die verbindungslose Vermittlung von Datenpaketen (Datagrammen) möglich ist. Das Internet-Protokoll (IP) entspricht OSI-Schicht 3. Es ist in RFC-791 (Request For Comment) niedergelegt. RFCs sind Veröffentlichungen des IAB (Internet Activity Board), ein Zusammenschluß der Internet-Spezifizierer, die die Standards festlegen, mit denen im Internet kommuniziert wird.

Um einen zuverlässigen Datenaustausch zu gewährleisten - die Funktionen gemäß Teilschicht 2b reichen bei Datagramm-Diensten hierfür nicht aus - ist dem Internet-Protokoll das Transmission Control Protocol, TCP in Form der *Transmission-Schicht* überlagert. Es hat die Aufgabe, eine zuverlässige logische Ende-zu-Ende-Verbindung herzustellen. Für den verbindungslosen Datenaustausch zuständig ist das Protokoll UDP. TCP und UDP entsprechen ungefähr OSI-Schicht 4.

In der *Anwendungsschicht* sind die OSI-Schichten 5-7 zusammengefaßt. Diese oberste Schicht ermöglicht Anwendungen wie die Zusammenarbeit zwischen weit entfernten Rechnern, den Zugang zu Dateien (Datei-Transfer) mit FTP, e-mail durch Anwendung des Protokolls SMTP, sowie HTTP (Hyper Text Transfer Protocol), das die Basis des WWW (World Wide Web) darstellt (s. Abschn. 11.4).

Die Verbindung der Teilnetze der Netzwerk-Schicht untereinander erfolgt durch **IP-Router**, die in den Netzknoten vorhanden sind. Jedem Subnetz ist ein Router zugeordnet. Sie verbinden die Teilnetze gemäß OSI Schicht 3. Ihre wichtigste Funktion ist die Wegesuche (Routing). Die Router werten die Zieladresse der verbindungslos eintreffenden Datagramme aus und leiten sie dem betreffenden Teilnetz zu. In Abb. 11.19 ist eine solches prinzipiell wiedergegeben. Die Router kommunizieren mit dem Routing-Protokoll ständig miteinander. So werden Informationen ausgetauscht, wie Anzahl der Router in einer Verbindung, welche Verbindungen zwischen LANs existieren, sowie deren Auslastung, Fehlerrate, und in den Kopf (Header) der Datagramme eingetragen. So erkennt jeder Router, auch in einem großen Netz, über welchen Weg er ein anderes Subnetz am besten erreicht. Fällt eine Verbindung aus oder ist der Weg überlastet, wird automatisch

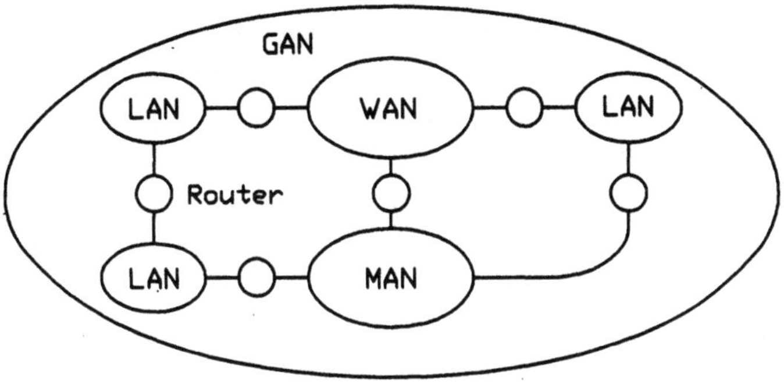

Abbildung 11.19: Zusammenführung von Teilnetzen mit Routern (LAN Local Area Network; MAN = Metropolitan Area Network; WAN =Wide Area Network; GAN = Global Area Network)

auf Ersatzwege umgeschaltet. Die Router übernehmen somit die Aufgaben von Vermittlungsstellen. Alle Rechner (Hosts) - die Hauptrechner in einem Rechnernetzwerk, die andere Rechner steuern und überwachen - liegen in den jeweiligen Teilnetzen. Die **Adresse** eines solchen Rechners besteht somit aus der Netzadresse für das Netz und der Adresse des Rechners (Host) im Teilnetz. Beide Adressen zusammen bilden die Adresse im Kopf eines Datagramms. Für eine IP-Adresse werden 32 bit verwendet; sie setzt sich zusammen aus der ***netid*** (Network Identity), der ***hostid*** (Host Identity) und der Codierung der Netzklassen. "netid" bezeichnet die Adress des Netzes, an den der Host mit seiner "hostid"(Nummer) angeschlossen ist. Ein IP-Knoten erkennt aus der hostid = 0, ob der adressierte Host im

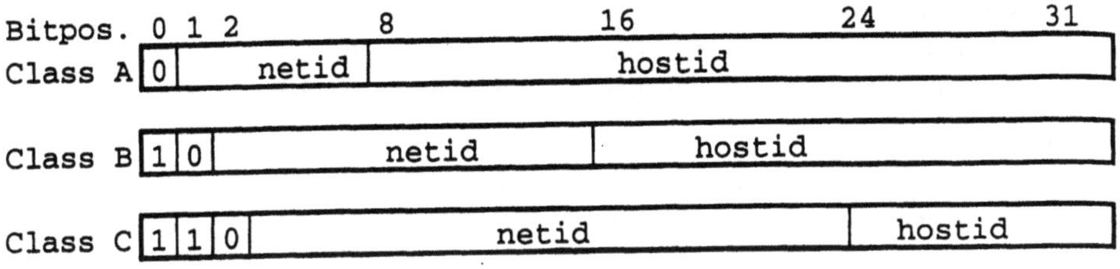

Abbildung 11.20: Aufbau von IP-Adressen

eigenen Teilnetz liegt. Das Internet-Protokoll kennt 3 verschiedene Adressentypen (Klassen).

- Klasse A, Subnetze, die eine große Zahl von Rechnern enthalten.
- Klasse B, Subnetze mit einer mittleren Anzahl von Rechnern.

- Klasse C, kleine Subnetze mit einer geringen Rechnerzahl.

Der netid-Teil der Klasse A ist 7 bit lang. Damit kann man insgesamt $2^7 = 128$ A-Subnetze mit jeweils $2^{24} = 16777216$ Millionen Rechnern (Hosts) identifizieren.

Klasse B unterscheidet mit der netid = 14 bit, $2^{14} = 16384$ B-Netze. Wegen der hostid = 16 bit enthalten diese Netze jeweils maximal $2^{16} = 65536$ Hosts.

Klasse C-Netze haben eine netid = 21 bit. Damit können höchstens $2^{21} = 2097152$ Netze erkannt werden. Mit der hostid = 8 bit enthält jedes Netz höchstens $2^8 = 256$ Hosts.

Üblicherweise erfolgt die Adressen-Darstellung durch byteweise Dezimal-Darstellung, wobei die Bytes durch Punkte getrennt werden (z.B. ein B-Netz: 10001101.01100011.10011000.00000011 = 141.99.152.3). Die Anfangsnummer 141 kennzeichnet ein B-Netz, die Netzadresse ist 141.99 und 152.3 bezeichnet einen bestimmten Host im Netz.

Sind alle 32 bit einer IP-Adresse auf logisch 1 gesetzt, dann werden alle an diesem Netz angeschlossenen Hosts angesprochen; es liegt "begrenzter Broadcast" vor. Von "gerichtetem Broadcast" spricht man, wenn nur die hostid auf logisch 1 gesetzt ist.

Jedes "physikalische" Netz wird durch eine netid gekennzeichnet und jeder daran angeschlossene Host kann durch die am Anfang seiner IP-Adresse befindliche hostid erkannt werden. Oft ist es sinnvoll ein Netz in mehrere Teilnetze (Subnets) zu unterteilen oder mehrere (kleine) physikalische Netze zu einem Netz mit nur einer netid zusammenzufassen; man spricht dann von "Subnetting". Da keine zusätzlichen Adreßbits vorhanden sind, unterteilt man die ursprüngliche hostid in einen Teil zur Identifizierung des Subnetzes der Rest verbleibt für die Subnetz-hostid. In einem B-Netz (hostid = 16 bit) könnten beispielsweise die ersten 8 bit (Most Significant Bits) der ursprünglichen hostid zur Kennzeichnung des Subnetzes und nur die danach folgenden 8 bit (Least Significant Bits) zur Identifikation der Subnetz-Hosts verwendet werden. Die Unterteilung erfolgt in der Praxis jedoch nicht so, sondern mit Hilfe einer Subnet-Maske. Jedes gesetzte Bit innerhalb dieser Maske gehört zu Subnetz-netid, jedes rückgesetzte Bit zur Subnetz-hostid [98].

Neben der IP-Adresse hat jeder an einer Kommunikationsbeziehung beteiligte Rechner eine eigene Schicht-2-Hardware-Adresse (MAC-Adresse), die durch Umsetzung aus der IP-Adresse gewonnen wird (s. ARP-Protokoll weiter unten).

Die Datenpakete, die von den Protokollen TCP bzw. UDP an das Internet-Protokoll übergeben werden, sind oft zu lang, da die in der Netzwerk-Schicht dargestellten Teil-Netze meist kleine Paketlängen (z.B. X.25) verwenden. Die langen Datenpakete werden deshalb durch **Fragmentierung** in kleiner Bruchstücke zerlegt. Von den empfangenen langen Datagrammen wird der Header entfernt, der Datenteil wird in mehrere Fragmente unterteilt, die nun ihrerseits durch Anfügung eines Headers zu Datagrammen ergänzt werden. Die Fragmentierung erfolgt hierbei so, daß die Länge aller Fragmente mit Ausnahme des letzten Vielfache von 8 bytes sind. In Abb. 11.21 ist der Aufbau eines IP-Datagramms aus IP-Kopf und Datenteil wiedergegeben.

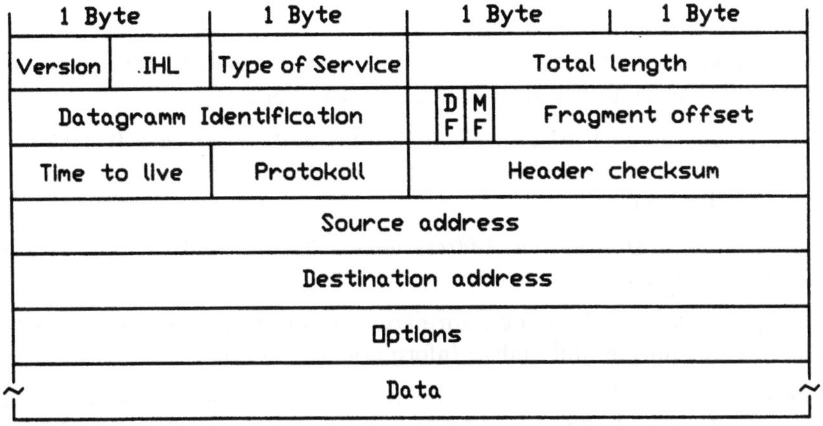

Abbildung 11.21: IP-Datagramm (IHL = Internet Header Length; MF = More Fragments; DF = Don't Fragment)

Version ist die Versionsnummer (4 bit) des verwendeten Internet-Protokolls zu der ein Datagramm gehört; heute wird meist das Internet Protocol Version 4, IPv4 verwendet. Die Angabe der Versionsnummer verhindert Fehlinterpretationen auf dem Weg durch das Netz. Zur Zeit befindet sich IP-Version IPv6 in der Einführung.

Internet Header Length, IHL (4 bit) gibt die Länge des Datagramm-Kopfes in Vielfachen von 32-Bit-Worten an; die Länge ist variabel.

Im Feld *Type of Service* erscheint die Klassifizierung der Pakete in Sprache oder Daten; außerdem kann es Qualitäts- und Prioritätsanforderungen an die Teil-Netze enthalten.

Total Length (16 bit) gibt die Gesamtlänge des Datagramms an, bestehend aus Header und Nutzdatenteil. Damit kann ein IP-Datagramm maximal $2^{16} = 65536 byte$ lang sein.

Mit der Eintragung von Zählnummern (Zählung modulo 2^{16}) in das Feld *Identification* wird verhindet, daß Fragmente unterschiedlicher Datagramme zusammengesetzt werden. Paketfragmente werden durchnummeriert. *More Fragments*, MF=1 zeigt eine Folge von Fragmenten an. *Don't Fragment* verhindert die Paket-Fragmentierung, selbst wenn das u.U. zu lange Paket verworfen werden muß. *Fragment Offset* kennzeichnet bei MF=1 die Anfangsposition eines Fragments im Nutzdatenteil des ursprünglich nichtfragmentierten Gesamt-Datagramms.

Time to Life, TTL (8 bit) gibt die verbleibende Lebensdauer (in Sekunden) eines Datagramms an. In jedem Router, den das Datagramm passiert, wird die Nummer TTL um 1 dekrementiert. Datagramme mit TTL=0 werden im nächsten Router verworfen; damit wird verhindert, daß fehlgeleitete Datagramme endlos im Netz umherirren.

Protocol kennzeichnet eines von ca. 50 möglichen Transport-Protokollen (OSI-Schicht 4); z.B. hat TCP den Wert 6 und oder UDP den Wert 17.

Header Checksum ist eine Prüfsumme zum Schutz des Headers gegen Bitfehler (z.B. CRC-Prüfsumme, s. Abschn. 10.2.5). Fehler im Header machen das betreffende Datagramm unbrauchbar.

Source Address und *Destination Address* jeweils 32 bit, sind die Adressen von Absender und Empfänger.

Im Feld *Options* können Routing-Informationen eingetragen werden; außerdem kann es Fehlermeldungen und andere Informationen enthalten.

Zur Unterstützung des IP-Protokolls sind weitere Protokolle erforderlich. Einige davon, wie die Protokolle TCP und UDP, wurden bereits erwähnt. Nachfolgend werden diese "Hilfs-Protokolle" etwas genauer betachtet.

Im **Internet Control Message Protocol, ICMP** sind Datagramme zur Störungssuche definiert. ICMP ist ein integraler Bestandteil des IP-Protokolls und wird als ein solches im Feld *Protocol* gekennzeichnet. IP-Knoten bzw. Router, die Störungen bemerken erzeugen ICMP-Datagramme, die verschiedene Meldungen bzw. Befehle enthalten können. Mit "Destination unreachable" meldet ein Router, daß er keinen Weg durch das Netz kennt. Die Meldung "Time Exceeded" heißt, daß das Time to Life Feld eines Datagramms den Wert Null erreicht hat und dieses verworfen wird. Erhält ein Absender die Meldung "Source Quench', Strecke überlastet, so muß er seinen Datenfluß reduzieren. Mit "Redirect" teilt ein Router einem Absender - der einen Weg durch das Netz in der Routing-Tabelle seines Datagramms eingetragen hat - mit, daß er einen besseren Weg durch das Netz kennt. Mit dem Befehl "Echo request/Echo reply" wird eine Gegenstation aufgefordert, ein "Echo" zurückzusenden. Der Signalumlauf wird zur Laufzeitmessung (Zeitstempel) eines Datagramms über diese Verbindung benutzt.

Ein Protokoll, welches das Internet-Protokoll ebenfalls unterstützt, ist das **Address Resolution Protocol (ARP)**, das zur Adreßkonvertierung benutzt wird. Hat ein Router ein Datagramm erhalten, das seinem Teil-Netz (LAN) zugeordnet ist (IP-Adresse), dann erreicht das Datagramm mit der IP-Adresse im Header den zugehörigen Host-Rechner im LAN erst nach einer Adreßkonvertierung. Zum Weitertransport im LAN muß eine entsprechende LAN-Adresse (Hardware-MAC-Adresse) aus der IP-Adresse gewonnen werden. Zur Konvertierung hat das ARP Konvertierungstabellen zur Verfügung. Ist damit keine Konvertierung möglich, dann wird im LAN eine Broadcast-Meldung abgegeben mit der Bitte um Rückmeldung, falls irgend jemand die zur IP-Adresse gehörende MAC-Adresse kennt. Meist kommt diese Rückmeldung dann vom betreffenden Host selbst. Der umgekehrte Vorgang - also die Adreßkonvertierung einer MAC-Adresse in eine IP-Adresse - erfolgt mit dem **ReverseAddressResolution Protocol, RARP** [98]

Das Internet-Protokoll ermöglicht durch die Übertragung von verbindungslosen Datagrammen zunächst nur einen unzuverlässigen Übertragungsbetrieb. Die der Internet-Schicht überlagerte Transmission-Schicht muß deshalb geeignete Mechanismen enthalten, um eine für den Anwendungsprozeß zuverlässige Verbindung zu schaffen. Dies leistet das **Transmission Control Protocol TCP**, indem es zwischen 2 Stationen für die Zeit der Kommunikation eine **virtuelle Verbindung** aufbaut (s. hierzu auch Kapitel 12). Es entdeckt Paketfehler, überwacht die Quittierungen und "time outs", behandelt Überlastprobleme oder Fehlrouting und führt eine Flußkontrolle durch. Das TCP übernimmt von der ihr überlagerten Anwendungsschicht Nutzdaten beliebiger Länge. Sie werden zunächst in Segmente von maximal 64 kbyte zerlegt und durch Hinzufügung des TCP-Headers in ein Datenpaket verpackt. Zur Einfügung in das Internet-Protokoll wird gegebenenfalls eine Fragmentierung vorgenommen, um die Paketlänge weiter zu reduzieren, wobei das erste Fragment neben dem TCP-Header mit einem IP-Header versehen wird. Die Folgenden Fragmente erhalten nur IP-Header, s. Abb. 11.22.

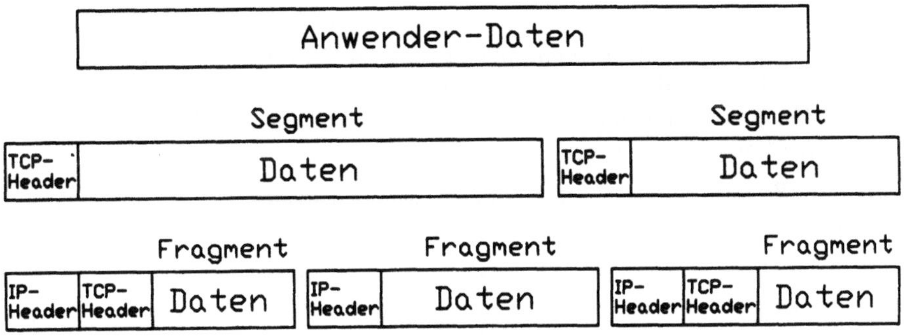

Abbildung 11.22: Segmentierung und Fragmentierung von Anwender-Nutzdaten (TCP = Transmission ControlProtocol; IP = Internet Protocol)

Der Aufbau eines TCP-Segments ist in Abb. 11.23 dargestellt. Die Länge des TCP-Headers ist, wie beim IP-Header auch, mindestens 20 byte.

Das Feld *Source Port* enthält die Adresse des Dienstes der Anwendungsschicht, von der die Nutzdaten kommen. Diese "Port Adresse" dient dem TCP zur konkreten Zuordnung eines Datenpaketes zu einem Anwenderprozeß, z.B. SMTP oder FTP, s. Abb. 11.22.

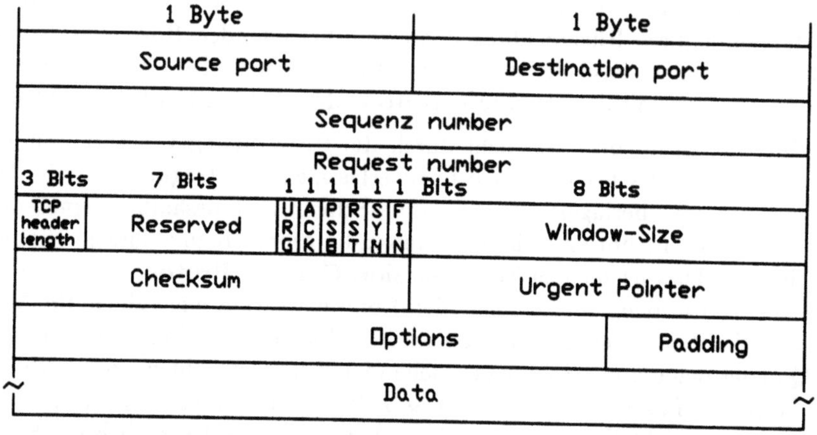

Abbildung 11.23: TCP-Segment (URG = Urgent Pointer; ACK = Acknowledge; PSH = Push ; RST = Reset , SYN = Synchronisation; FIN = Final

Destination Port enthält die Adresse des Dienstes der Anwendungsschicht, welcher das Datenpaket erhalten soll.

Mit der *Sequence Number* wird eine Durchnumerierung der TCP-Segmente vorgenommen, ähnlich den Folgenummeren im HDLC-Protokoll, s. Abschn. 11.2.2. Gerät die richtige Reihenfolge bei der Übertragung durcheinander, so ist das TCP des Ziel-Rechners aufgrund der Numerierung in der Lage, die Segmente wieder in die richtige Reihenfolge zu bringen.

Durch die *Request Number* bestätigt der Absender zugleich die bisher korrekt empfangenen Segmente.

TCP Header Length codiert die Länge des TCP-Headers in 32-Bit-Worten. Diese Angabe ist notwendig, da die Länge des Felds *Options*, das beispielsweise Informationen zur Wegesuche oder über die Maximalgröße von Segmenten oder sonstige Steuerinformationen enthalten kann, variabel ist. Liegen keine Optionen vor, so ist die Headerlänge $5 \cdot 32 bit$ bzw. 20 bytes.

URG Urgent Pointer Flag kennzeichnet Vorrangdaten, die gegenüber anderen Daten Priorität besitzen und deshalb vorrangig verarbeitet werden müssen. *ACK* Acknowledgement (ACK=1) zeigt an, daß die empfangene Quittungsnummer gültig ist. Ein *PSH* Push-Flag (PSH=1) fordert, daß das empfangene Datenpaket sofort dem Anwender (ohne Zwischenspeicherung) zu übermittteln ist. Mit *RST* Reset-Flag wird dem Empfänger mitgeteilt, daß ein Neustart der Verbindung notwendig ist. Durch das *SYN* Synchronisation-Flag zeigt ein Absender einem Empfänger an, daß er eine Verbindung aufbauen möchte. Ist das *FIN* Final-Flag gesetzt, so wird damit beim Empfänger angezeigt, daß der Abbau der Verbindung einzuleiten ist. Ist der Verbindungsabbau erfolgt, so bestätigt der Empfänger dies, indem er in seinem Sende-Datenpaket ebenfalls das Flag FIN setzt.

Mit dem Feld *Window-Size* gibt ein Absender an, wieviele Bytes sein Empfangspuffer momentan aufnehmen kann und somit die Gegenstation senden kann, ohne daß eine Quittierung notwendig ist (Flußregelung). Vergleichbar ist dieser Vorgang mit dem Fenstermechanismus bei Go-Back-n-ARQ-und HDLC-Protokoll, s. Abschn. 11.2.1 bzw. 11.2.2.

Das Feld *Checksum* enthält die Prüfsumme zur Fehler-Erkennung im TCP-Segment.

Der *Urgent-Pointer* markiert den Anfang einer Folge von Bytes im Nutzdatenteil (DATA), die vom Anwender vorrangig bearbeitet werden sollen. Dieses Feld ist nur auszuwerten, wenn das URG-Flag gesetzt ist.

Im *Padding-Field* werden Füllzeichen übertragen.

Um ein TCP-Paket zu transportieren, muß vorher eine virtuelle Verbindung aufgebaut werden. Bei sehr kurzen Paketen (wenig Daten von der Anwenderseite) ist diese Übertragung ineffizient, da der Durchsatz infolge notwendiger Steuerpakete die Übertragung der Nutzdaten verlangsamt (6 Pakete nur zur Steuerung bzw. zum Auf-und Abbau der Verbindung).

Bei Anwendung des **User Datagram Protocol UDP** vermeidet man diese Nachteile. Das UDP stellt einen verbindungslosen Nachrichtentransport mit Datagrammen zur Verfügung und ist von seiner Struktur her einfacher als das TCP. Ein UDP-Datagramm ist in Abb. 11.24 dargestellt. Im UDP-Header sind lediglich

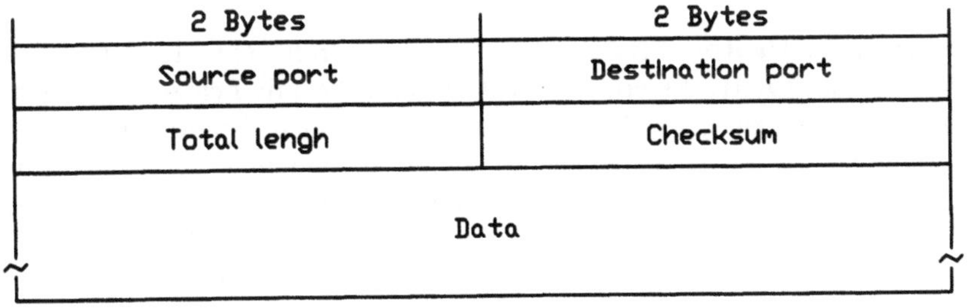

Abbildung 11.24: Struktur eines UDP-Datagramms

die Port-Adressen von Sender *Source Port* und Empfänger *Destination Port* enthalten, eine Längenangabe für das gesammte Datagramm *UDP-Length* sowie eine Prüfsumme *Checksum* (optional). UDP-Datagramme sind somit vereinfachte IP-Datagramme, deren Funktion im IP-Feld *Protocol* als solche gekennzeichnet wird. Typische Funktionen sind beispielsweise Alarm-Meldungen zur Verhinderung eines System-Absturzes oder die Durchführung von Strecken-Verfügbarkeitsmessungen.

Werden über diese Strecken TCP-Pakete übertragen, so ist einschränkend für eine Verfügbarkeitsmessung notwendig, daß die UDP-Pakete den gleichen Weg durch das Netz nehmen wie die TCP-Pakete.

Mit Hilfe des UDP- bzw. TCP-Protocols wird **Voice over IP, VoIP** realisiert. In Abb. 11.25 ist dargestellt, wie digitalisierte Sprache für ein Ethernet, s. hierzu Abschn. 11.3, in ein IP- bzw. Ethernet-Datagramm verpackt wird. Das **Real**

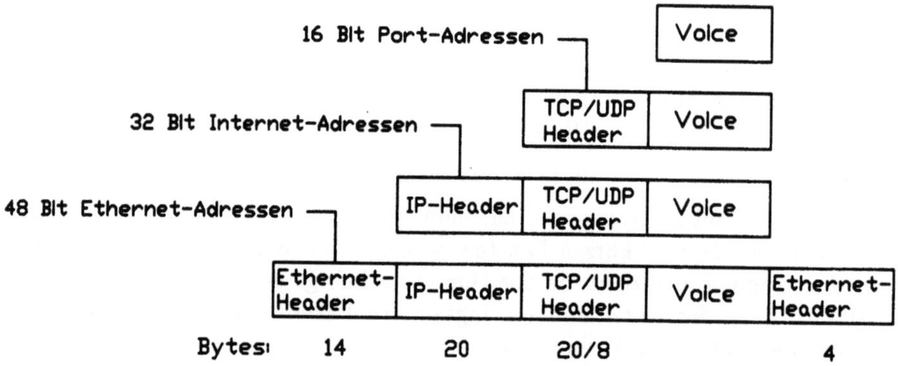

Abbildung 11.25: Einbettung von digitalisierter Sprache in ein IP-bzw.-Ethernet-Datagramm (TCP = Transmission Control Protocol; UDP = User Datagram Protocol; IP = Internet Protocol)

Time Transfer Protocol RTP ist im Internet-Draft RFC 1889 (Request for Comments) spezifiziert. Es ermöglicht Anwendungen mit Echtzeit-Eigenschaften wie sie zur Übertragung von Multi-Media-Datenströmen benötigt werden. Echtzeitanwendungen wie z.B. *Voice over IP* stellen besondere Anforderungen an das verwendete Kommunikationssystem. So sind geringe Verzögerungszeiten (< 250 ms) und in der Regel hohe Bandbreiten erforderlich. Das oben beschriebene TCP-Protokoll wird deshalb zur Übertragung in UDP-Datagramme eingebettet. Mit VoIP werden Sprechverbindungen PC-zu-PC möglich. Eine geeignete Software und Hardware im jeweiligen PC sorgt für die Verpackung der digitalisierten Sprache in IP-Datagramme. Die Aus- und Eingabe von Sprache erfolgt über Lautsprecher und Mikrofon oder sogenannte 'Headsets", die über eine Soundkarte mit dem PC verbunden sind. Auch die Variante der Telephonie zwischen einem PC und einem landläufigen Telephongerät kann realisiert werden. Die Verbindung wird hierbei über sogenannte Internet-Telephonie-Gateways hergestellt, wobei entsprechende Protokoll-Umsetzungen erforderlich sind. Bei VoIP-Verbindungen Telephongerät zu Telephongerät kommen auf beiden Seiten Internet-Telephonie-Gateways zum Einsatz [180-183].

Bedeutung hat VoIP inzwischen in sogenannten **Intranets** erlangt; letztere sind kleinere Privat-Netze in Firmen die das IP-Protokoll benutzen. Im Internet selbst scheint VoIP besonders in Zeiten hoher Verkehrsbelastung schwierig zu realisieren. Im Intranet haben die Betreiber die Kontrolle über die verfügbare Bandbreite und damit über die Qualität einer Sprachverbindung. Für den Transport im IP-Netzwerk wird ein digitalisiertes Sprachsignal oft nach der ITU-Empfehlung G.711 digitalisiert - PCM-Technik (Kapitel 8) der Bitrate 64 kbit/s - oder gemäß G.729 bzw. H.323 auf eine Bitrate von 8 kbit/s komprimiert. Durch den IP-Overhead erhöht sich die Bitrate im letztgenannten Fall auf 10 kbit/s. IP-Datagramme, die neben Nutzdaten auch Sprache enthalten, werden genauso vermittelt und übertragen wie IP-Datagramme, die nur Nutzdaten tragen [179].

Zur Protokollfamilie TCP/IP gehört auch das **Telnet-Protocol** (RFC 854), welches einem Client ermöglicht, eine TCP-Verbindung zu einem entfernten Server aufzubauen. Telnet überträgt die Tastatureingaben der Clientseite zum Server bzw. die Daten von der Serverseite so, als ob zwischen Client und Server eine unmittelbare physikalische Verbindung vorliegen würde. Es entsteht der Eindruck als wären die Client-Tastatur und der Server unmittelbar und nicht über ein Netzwerk (Internet) verbunden.

Ein weiteres häufig innerhalb von TCP/IP verwendetes Protokoll ist **FTP** (File Transfer Protocol) nach RFC 959; es ermöglicht den Zugriff bzw. den Austausch von Datenfiles über ein Netzwerk (Internet) zwischen entfernt voneinander liegenden Rechnern. Auch FTP verwendet hierzu eine TCP-Verbindung zwischen Client und Server.

Um größere TCP/IP-Netzwerke verwalten zu können, gibt es neben den oben angeführten eigentlichen Netzwerk-Protokollen "Netzwerk-Management-Protokolle" die es ermöglichen Fehler im Netzwerk zu entdecken - z.B. in Routern oder Rechnern die Protokoll-Standards verletzen. Das **SNMP-Protokoll** (Simple Network Management Protocol, RFC 1157) stellt für den Netzwerk-Administrator ein Werkzeug dar, alle Komponenten eines Netzes von seinem Host-Rechner aus zu überwachen, zu verwalten und im Fehlerfall geeignete Maßnahmen einzuleiten.

Die Version 4 Internet Protokolls (IPv4) ist seit ihrem Entstehen Ende der 70er Jahre fast unverändert geblieben. Seit dieser Zeit sind Prozessorleistung und Host-Anzahl um ein Vielfaches gestiegen. Die weiter ansteigende Zahl der an das Internet angeschlossenen Rechner führt bereits heute zu einem Engpaß bei der IP-Adressvergabe. Diese und weitere Gründe wie z.B. die Anforderungen neuer Dienste machen eine Hinentwicklung zu einer neuen IP-Version, der Version IPv6, erforderlich, welche sich u.a. durch einen größeren Adreßraum auszeichnet [98].

11.3 Netzklassen

Die derzeitige stürmische Entwicklung auf dem Netz-Sektor hat dazu geführt, Netzklassen in Abhängigkeit ihrer geographischen Ausdehnung zu definieren. In diese Klassifizierung lassen sich auch die klassischen Netze einordnen, wie das globale Fernsprechnetz, das Datennetz der Telekom Datex-P oder ISDN.

Das kleinste Netz dieser Art ist das Local Area Network (LAN). Ein LAN verbindet beispielsweise Endeinrichtungen in verschiedenen Gebäuden eines Unternehmens, zwischen denen damit ein schneller und unmittelbarer Datenaustausch möglich ist. LANs bilden die unterste Hierarchieebene. Merkmal dieser teilnehmernahen Netze ist oft die dezentrale Vermittlung beim Teilnehmer (PC-Endstelle, Computer-Arbeitsplatz, etc.) selbst. Die Vernetzung kann hierbei auch über Funkstrecken (Wireless-LAN) erfolgen [176, 184-186].

Ein Metropolitan Area Network (MAN) ist ein Stadtnetz oder regionales Netz mit Ausdehnungen in der Größenordnung von bis zu 100 km. Es besteht aus unterschiedlichen Teilnetzen, meist LANs, die beispielsweise über SDH-Netze hoher Bitrate (Backbone) miteinander verbunden sind. Merkmale solcher Netze sind Multimedia-Dienste wie Sprache, Daten, Video, u.s.w., die oft gemeinsam in Paketform übertragen werden [119, 184, 189, 190].

Liegen Filialen oder Niederlassungen von Firmen oder Institutionen weit auseinander, u.U. mehrere 100 km, so nennt man ein sie verbindendes Netz Wide Area Network (WAN); ein WAN stellt über Router und Gateways die Verbindung zwischen MANs und LANs her. Als typisches WAN kann das ISDN - gemäß dem derzeitigen Ausbauzustand - bezeichnet werden [119, 176, 184, 189, 190].

Das Global Area Network (GAN) ist ein erdumspannendes Netz, das internationale Seekabel und Satelliten als Übertragungsmedien benutzt. Ein typisches Beispiel für ein GAN ist das Internet. Ebenfalls als GAN zu bezeichen wäre das ISDN bei einem weltweiten Ausbau [98, 192, 207].

Abb. 11.26 gibt schematisch einen Überblick über die Vernetzung von LANs, MANs und WANs in ein GAN.

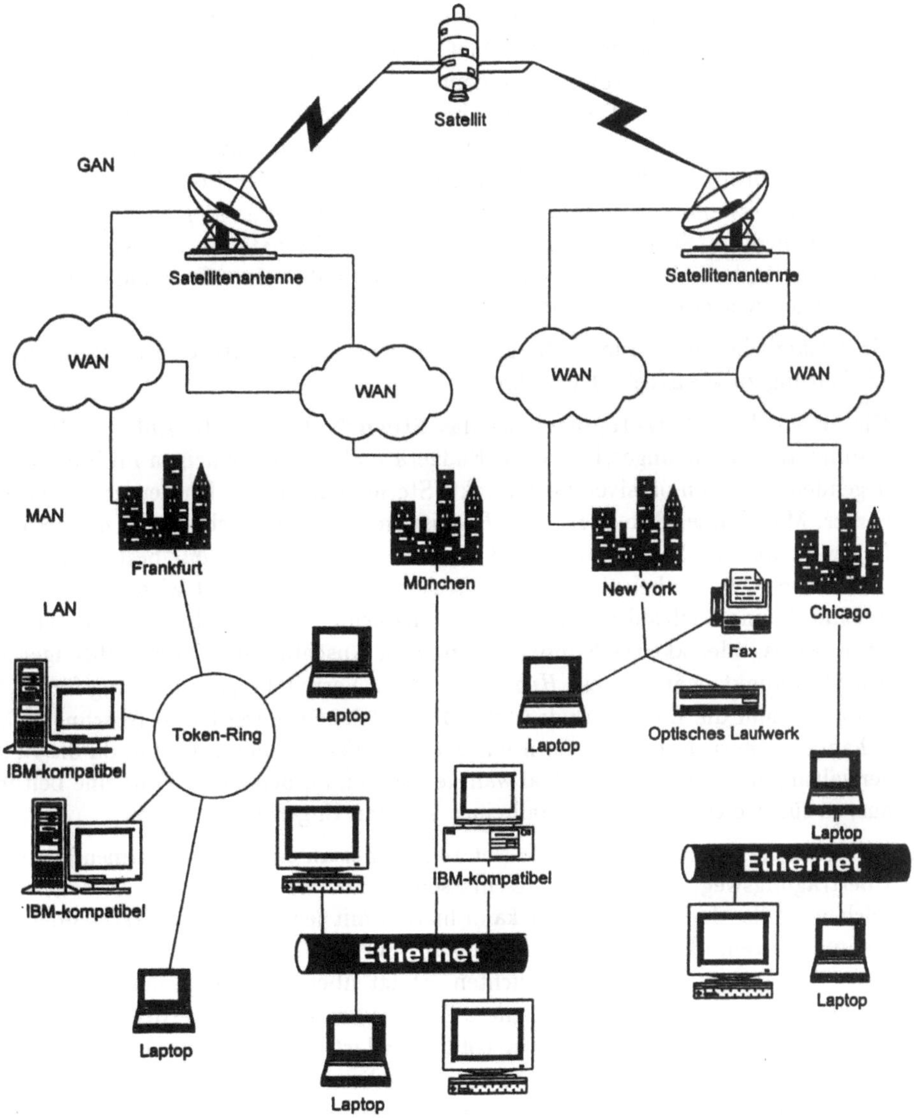

Abbildung 11.26: Zusammenwirkung von Netzklassen

11.3.1 Local Area Networks (LANs)

Ein lokales Netz verbindet eine bestimmte Anzahl von Datenendgeräten auf einem räumlich eng begrenzten Gebiet (Büro, Gebäude, Standort mit mehreren Gebäuden) unter Nutzung gemeinsamer Resourcen (Übertragungsmedium, Drucker, Server, etc.) Der *Server* übernimmt im LAN zentrale Aufgaben, wie z.B. das Senden, Empfangen oder Speichern von Daten. LANs werden meist nach ihrer Netzform charakterisiert (Ring-, Baum-, Bus- oder Stern-Topologie) oder nach dem verwendeten Verfahren für den Zugriff auf das oft gemeinsame Übertragungsmedium. Sie eignen sich besonders für die Vernetzung von Arbeitsplätzen (PC-Arbeitsplatz, Workstations) über die innerhalb kurzer Zeiträume große Datenmengen ausgetauscht werden.

Grundsätzliches zu den in LANs gebräuchlichen Netzstrukturen ist bereits in der Einführung zu **Kapitel 11** erwähnt.

Die älteste LAN-Netz-Topologie ist das **Stern-Netz**, s. z.B. Abb. 11.1b; dort kommunizieren die angeschlossenen Endgeräte über einen einzigen im Sternpunkt liegenden zentralen passiven Sternpunkt (Sternkoppler) oder Knotenrechner (Host, Server, Mainframe, Hub, etc.). Ein *Host* ist ein zentraler Rechner, der das gesamte Netzwerk und die Endgeräte steuert und überwacht. *Mainframe* bezeichnet einen Großrechner, wie er beispielsweise in Rechenzentren eingesetzt wird, an dem über *Terminals* eine Vielzahl von Anwendern angeschlossen sind. Ein *Sternkoppler* ist ein passives, oder aktives Koppelelement zum Anschluß der Endeinrichtungen an den Sternpunkt, während ein *Hub* eine zentrale Vermittlungseinrichtung für LAN-Segmente und die Endgeräte darstellt. Koppelelemente werden in Abschn. 11.3.2 behandelt. Stern-Netze erfordern nur geringen Verwaltungsaufwand, da die Netzverwaltung im Sternpunkt zentral wahrgenommen werden kann. Fällt eine Leitung aus, so führt dies nur zum Ausfall eines einzigen Engerätes.

Bei der **Bus-Topologie** sind alle Netzteilnehmer an einen gemeinsamen passiven Übertragungsweg, den *Bus*, angeschlossen. Abb. 11.1e zeigt das Prinzip eines solchen LANs. Jeder Teilnehmer kann hierbei mit jedem anderen Netzteilnehmer kommunizieren, ohne über weitere Knoten (Server, Hub, etc.) vermittelt zu werden. Die Auswertung der Nachrichten erfolgt über Adressen. Zur Vermeidung von Kollisionen im Bus sind geeignete Zugriffsverfahren erforderlich, die nachfolgend näher betrachtet werden. Ein Totalausfall ist nur in seltenen Fällen möglich, beispielsweise bei Ausfall des Übertragungsmediums. Allerdings können - um Kollisionen zu vermeiden - bei hohem Verkehrsaufkommen je nach dem verwendeten Zugriffsverfahren, Wartezeiten auftreten.

Die **Ring-Topologie** verwendet wie die Bus-Topologie eine gemeinsames passives Übertragungsmedium, das jedoch als geschlossener Ring ausgeführt ist, s. Abb. 11.1d. Jeder Teilnehmer im Ring hat seinen genau definierten Vorgänger und Nachfolger. Eine zu übertragende Information wird dem jeweils nächsten in Senderichtung liegenden Teilnehmer zugesendet. Dieser prüft, ob die Nachricht an ihn adressiert ist. Ist dies der Fall, dann übernimmt er sie, ansonsten sendet er sie dem nächsten Teilnehmer im Ring zu, der die gleiche Prüfung durchführt. Es gibt einfach gerichtete Ringe (unidirektionale Ringe) - die Sendung erfolgt nur rechts oder linksherum - und doppelt gerichtete Ringe (bidirektionale Ringe). Die letztgenannte Version hat den Vorteil, daß bei Ausfall einer Richtung im Ring der jeweils gegengerichtete verwendet werden kann, wenn zwei physikalische Übertragungsmedien vorhanden sind.

Die **Baum-Topologie**, s. Abb. 11.1c, kann als die hierarchische Weiterentwicklung der Bus-Topologie aufgefaßt werden. Sie nutzt deren Vorteil, wie z.B. das unterbrechungsfreie hinzufügen oder Entfernen von Komponenten. Allerdings führt ein Ausfall eines die verschiedenen Hierarchie-Ebenen verbindenden Stranges oder Knotens zum Ausfall der nachfolgenden Komponenten. Treten solche Ausfälle in "Wurzelnähe" auf, so kann dies zum Ausfall des gesamten Netzes führen.

Die **Maschen-Topologie**, Abb. 11.1a, hat die geringsten Aussfälle, da bei Wegfall einer Leitung die Verbindung zu den anderen Teilnehmern erhalten bleibt. Der Ausfall eines Endgeräts hat auf die anderen Endgeräte keinen Einfluß. Auch der Ausfall eines Netzknotens verhindert nicht den Verbindungsaufbau da weitere Verbindungswege und Knoten vorliegen. Der Aufwand an Schnittstellen ist bei dieser Netzform sehr hoch; bei n Teilnehmern sind n-1 Schnittstellen pro Teilnehmer erforderlich. Der Anschluß-und Verkabelungsaufwand ist damit extrem hoch, s. Gl. (11.1).

Neben den für Festnetz-LANs typischen Übertragungsmedien wie Koaxialkabel, symmetrische Kabel und Lichtwellenleiter kommen für Anwendungen in Büros oder zwischen Gebäuden auch sogenannte **Radio-LANs** (auch Wireless-LANs oder Funk-LANs genannt) zum Einsatz, deren Einrichtungen (Antennen, Endgeräte) portabel sind. Entsprechende Standardisierungen, die wesentliche Parameter dieser Funk-Systeme beschreiben liegen vor [98, 185, 186].

Innerhalb von LANs werden für die Übertragung zwischen Gebäuden oft auch optische Richtfunksysteme verwendet. Für Entfernungen in der Größenordnung von 300 m lassen sich mit diesen Systemen Bitraten von bis zu 16 Mbit/s übertragen [74] .

11.3.1.1 LAN-Zugriffsverfahren

Zugriffsverfahren sind in LANs grundsätzlich erforderlich, da hier einem Teilnehmer - im Gegensatz zu den vermittelnden hierarchisch angeordneten Netzen - meist die volle Bandbreite eines Übertragungsmediums im Zeitmultiplex zur Verfügung gestellt wird. Der Zugriff erfolgt mit Hilfe von Verfahren, die allgemein als *Zuteilungsverfahren* bezeichnet werden können.

Bei zentralen Zuteilungsverfahren wird der Zugriff auf das Übertragungsmedium durch Sendeaufruf (Polling) eines Teilnehmers entsprechender Kategorie (Leitstation, Master) eingeleitet. Dezentrale Zugriffsverfahren kommen in LANs mit gleichberechtigten Stationen zum Einsatz. Hierbei wird die Sendeberechtigung (Token) von Station zu Station weitergeleitet. Bei den dezentralen *Reservierungsverfahren* wird der Zugriff durch Anwendung der TDMA-, FDMA- oder CDMA-Technik, s. Abschn. 8. 7, erreicht. Dezentrale *Wettbewerbsverfahren* sind statistische Zeitmultiplex-Verfahren (stochastische Zugriffsverfahren), die nach Belieben oder nach einer bestimmten Strategie auf das Übertragungsmedium zugreifen, so daß bei entsprechender Verkehrsbelastung Kollisionen auftreten können. Die Zugriffsverfahren in LANs, sind der OSI-Schicht 2 (MAC-Schicht Medium Access Control) zugeordnet [98, 119, 175, 176].

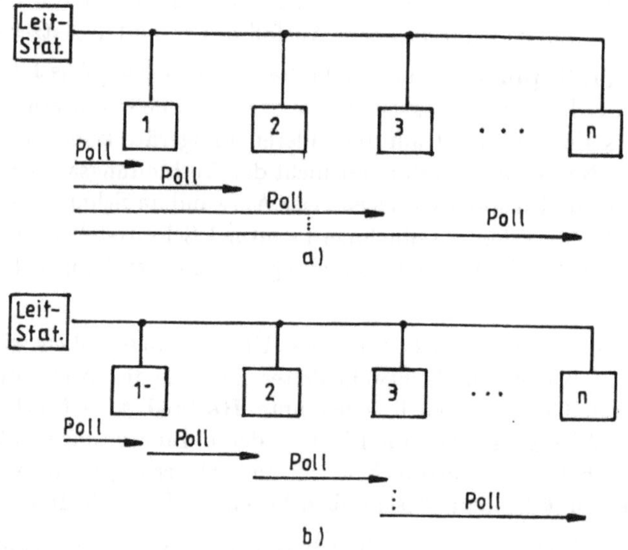

Abbildung 11.27: a) Sequential Polling; b) Hub Polling

Das Polling-Verfahren ist ein zentrales Zugriffsverfahren und wird oft in Bus- oder Baum-Netzen eingesetzt. Beim **Sequential Polling** fordert die Leitstation (Master) die einzelnen Folgestationen nacheinander durch Absenden der jeweiligen Adresse und "Poll" zum Senden auf. Eine aufgerufene Station sendet ihre Daten, falls vorhanden, (T Data) an die Leitstation oder meldet RSP (Response, No Data) an diese. Will die Leitstation an die Folgestationen Daten senden, dann übermittelt sie anstelle des Sendeaufrufs nur die Stationsadresse (Selection). Die adressierte Station antwortet mit RR (Receive Ready), sobald sie empfangsbereit ist, oder sie meldet RNR (Receive Not Ready), falls keine Empfangsbereitschaft vorliegt.

Bei der Variante des **Hub Polling** sendet die Leitstation den Sendeaufruf nur an die erste Station im Bus nach Abb. 11.27b. Hat diese keine Daten zur Übertragung vorliegen, so reicht sie den Sendeaufruf an die 2. Station weiter usw.. Liegen in einer Station Daten zur Übertragung vor, so wird die Datenübertragung abgewickelt und danach der Sendeaufruf an die nachfolgende Station geleitet.

Ein dezentrales deterministisches Zugriffsverfahren ist das **Token-Passing-Verfahren**. Das "Token" (*engl.* Staffelholz), die Sendeberechtigung, wird nach der Netz-Einschaltung zwischen gleichberechtigten Stationen von Station zu Station weitergereicht. Die ***Token-Passing-Methode*** bildet einen logischen Ring, wobei nach der Netz-Initialisierung das Token in einer festgelegten Reihenfolge übergeben wird; in Abb. 11.28 ist dies am Beispiel eines Ringnetzes gezeigt. Eine Monitor-

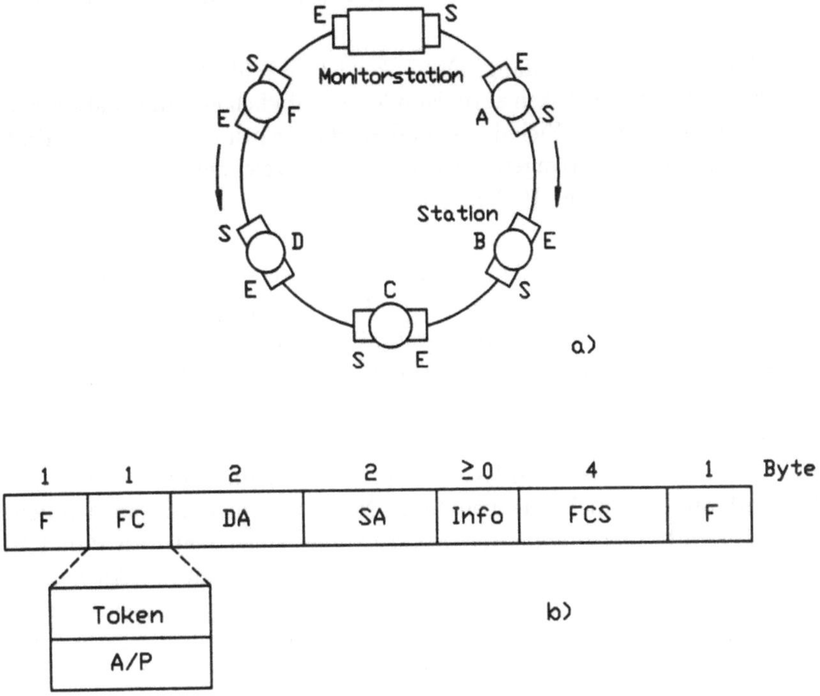

Abbildung 11.28: a) Token-(Passing)-Ring; b) Rahmenformat (F = Flag; FC = Frame Control; DA = Destination Address; SA = Source Address; Info = Nachricht; FCS = Frame Check Sequence; A/P = Token Aktiv/Passiv)

Station im Ring generiert das Token und überwacht dessen Weitergabe. Das Token läuft im Ring in der geschlossenen logischen Reihenfolge A, B, C, D, E, A, B, ..., wie im unidirektionalen Ring nach Abb. 11.28a gezeigt. Die logische Reihenfolge muß nicht mit der im Ring vorgegebenen physikalischen Reihenfolge übereinstimmen; vielmehr können sich logische und physikalische Reihenfolge unterscheiden.

Das Token kennzeichnet jeweils freie Sendezeitlücken. Nach dem Empfang des Token darf eine Station für eine gewisse Zeit (Token Holding Time) senden. An das Ende der übertragenen Nachricht setzt die Station das Token zur Weitergabe. Die Weitergabe erfolgt unmittelbar, wenn eine Station keine Daten zu übertragen hat.

Bei der Methode *Source Release* kopiert eine adressierte Empfangsstation ihre Daten in den Empfangsspeicher, ohne sie auf dem Ring zu löschen; die Löschung übernimmt die Station, die das Datenpaket gesendet hat.

Im Falle des *Destination Release* übernimmt die adressierte Empfangsstation ihre Daten und löscht sie dabei auch auf dem Ring.

In Abb. 11.28b ist die Rahmen-Struktur des Token-Passing-Verfahrens wiedergegeben.

F kennzeichnet den Rahmenanfang. Das Token ist im Feld FC enthalten zusammen mit einer Kennung ob das Token aktiv ist oder ob lediglich ein Informationsrahmen vorliegt. DA bezeichnet die Zieladresse und SA die Ursprungsadresse. Im Feld Info kann Nutzinformation übertragen werden. FCS kennzeichnet die Prüfsumme eines CRC-Verfahrens, s. Abschn. 10.2.5.

□ **Beispiel 11.4**
Auf einem typischen Koaxialkabel beträgt die Ausbreitungsgeschwindigkeit ca. $2 \cdot 10^8$ m/s. Bei einer Bitrate von $v_b = 16$ Mbit/s ergibt dies $2 \cdot (10^8 \text{ m/s})/16 \cdot 10^6 \text{ bit/s} = 12{,}5$ m/bit. Der Token-Passing-Rahmen bestehe aus 10 byte, Nutzdatenlänge = 90 byte. Damit ist die erforderliche Ringlänge $l = 100 \cdot 8 \text{ bit} \cdot 12{,}5 \text{ m/bit} = 10000$ m.

Ebenfalls dezentrale LAN-Zugriffsverfahren, jedoch ganz anderer Art, sind die ALOHA-Verfahren, die meist in einem Stern-Netz - in dem alle teilnehmenden Stationen nicht unmittelbar miteinander, sondern über einen zentralen Punkt (Hub) kommunizieren - oder in Bus-Netzen verwendet werden können. Auch hier sind mehrere Stationen an einen gemeinsamen Sternpunkt oder ein gemeinsames Übertragungsmedium (Bus) angeschlossen, wie bereits prinzipiell in Abschn. 8.7 beschrieben. Die Benutzung des Übertragungsmedium erfolgt jedoch nicht nach den in Abschn. 8.7 beschriebenen Reservierungsverfahren, die jedem Teilnehmer einen festgelegten Zeitschlitz (Vielfachzugriff im Zeitmultiplex), ein Frequenzband (Vielfachzugriff im Frequenzmultiplex) oder einen Orthogonal-Code (Vielfachzugriff im Codemultiplex) zuordnen, sondern der Zugriff wird nach Zufallsprinzipien (stochastische Zugriffsverfahren *engl.* Random Access) durchgeführt. Bei dem an der University of Hawaii entwickelten **Pure ALOHA-Verfahren** greifen die Stationen auf das Übertragungsmedium zu, sobald Daten zur Übertragung vorliegen. In Abb. 11.29a (ohne gestrichelt gezeichnete Taktversorgung) ist dies am Beispiel eines bidirektionalen Bus-Systems demonstriert, in dem jede Station die Pakete jeder anderen empfangen kann. Abb. 11.29b zeigt eine mögliche Momentaufnahme

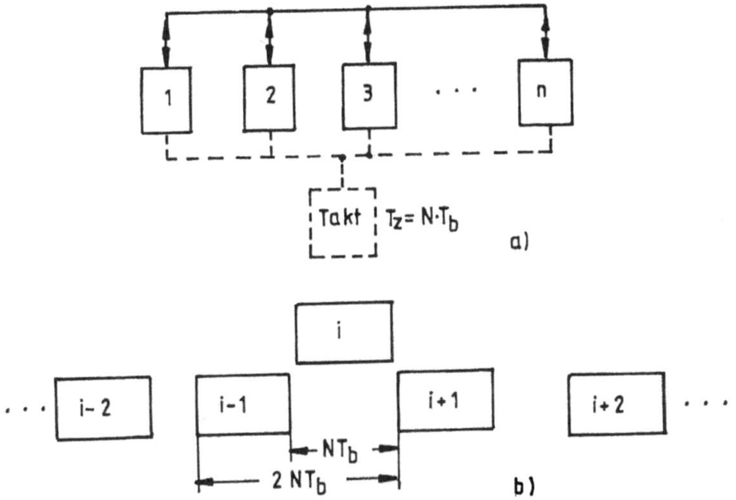

Abbildung 11.29: a) Bus-System; b) Datenblöcke auf dem Bus

des Zugriffs einer Station i auf den Bus. Vereinfachend wird hierbei angenommen, daß die von den Stationen ausgesendeten Datenblöcke (Pakete) gleich lang sind. Es sei die Länge eines Datenblocks N bit und die Bitdauer T_b. Der Datenblock i, der von der zugreifenden Station gesendet wird, kollidiert dann mit den bereits auf dem Bus vorhandenen aufeinanderfolgenden Datenblöcken $i+1$ und $i-1$ anderer Stationen, wenn die Lücke zwischen den Blöcken $< NT_b$ ist. Gezeichnet ist der Fall, daß das Paket der zugreifenden Station i gerade in die Lücke der Dauer NT_b (= Übertragungszeit) paßt. Der Zugriff der beteiligten Stationen auf den Bus wird als poissonverteilt vorausgesetzt. $1/NT_b$ ist die maximale Rate an Paketen, die über den Bus übertragbar ist, wenn alle Pakete ohne Zwischenraum aneinandergereiht werden, und $\lambda \leq 1/NT_b$ ist die mittlere Bus-Zugriffsrate der Stationen auf den Bus. Damit kann die Wahrscheinlichkeit, daß innerhalb der Zeitspanne $t \leq 2NT_b$ ein Zugriff erfolgt, durch $P\{t \leq 2NT_b\}$ beschrieben werden [98, 119].

$$P\{t \leq 2NT_b\} = 1 - e^{-2\lambda NT_b} \qquad (11.4)$$

Dies ist die Wahrscheinlichkeit, daß eine Kollision auftritt. Die Wahrscheinlichkeit P_w, daß keine Kollision auftritt, und der Durchsatz D sind dann

$$P_z = 1 - P\{t \leq 2NT_b\} = e^{-2\lambda NT_b}; \quad D = \lambda e^{-2\lambda NT_b} \qquad (11.5)$$

Der Durchsatz D erreicht für $NT_b = 1$ s bei λ =0,5/s sein Maximum, nämlich $D = 1/2e = 0{,}184$/s $\hat{=}$18,4 %. Ist $\lambda > 0{,}5$/s, so wird der Durchsatz wieder geringer, weil die Kollisions-Wahrscheinlichkeit zunimmt, s. Abb. 11.30a.

Der Zugriff zum Übertragungsmedium soll nun nicht ganz zufällig, sondern von allen Stationen im Sinne einer zentralen Taktfrequenz mit der Taktperiode $T_z = NT_b$

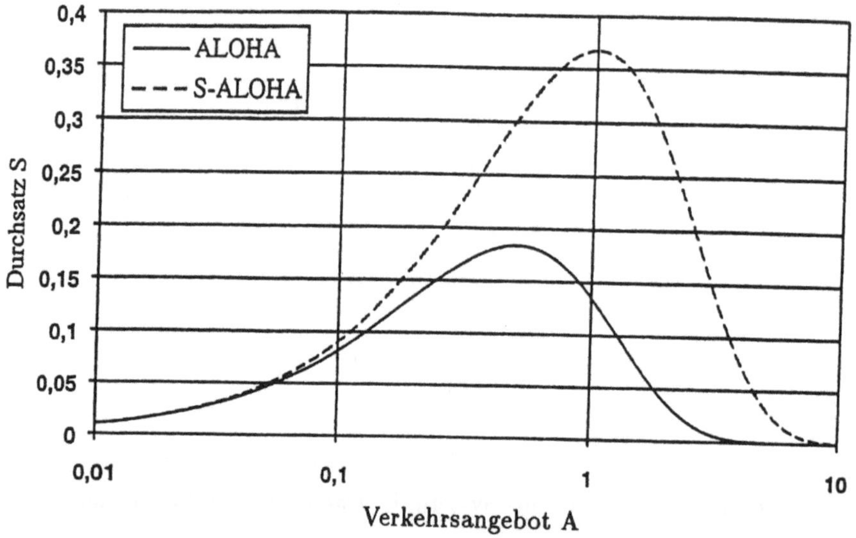

Abbildung 11.30: Durchsatz: a) Pure ALOHA; b) Slotted ALOHA

erfolgen. In Abb. 11.29a ist die Taktversorgung gestrichelt eingezeichnet. Diese Methode ist als **Slotted ALOHA** bekannt geworden. Infolge der Taktgabe können sich kollidierende Pakete zugreifender Stationen immer nur vollständig überlagern, niemals jedoch nur teilweise wie beim Pure ALOHA-Verfahren. $\lambda \leq 1/NT_b$ sei die Zugriffsrate der Stationen auf den Bus. Nimmt man an, die Zugriffsfolge der Stationen sei wiederum poissonverteilt, dann ist die Wahrscheinlichkeit P_z, daß bei einem Zugriff keine Kollision auftritt und der Durchsatz D bei diesem Verfahren

$$P_z = e^{-\lambda NT_b}; \quad D = \lambda e^{-\lambda NT_b}. \tag{11.6}$$

Die Kollisions-Wahrscheinlichkeit ist $P_k = 1 - P_z$. Der Durchsatz erreicht beim Slotted ALOHA-System für $NT_b = 1$ s sein Maximum $D = 1/e = 0{,}368$/s bei $\lambda =$ 1/s (= eine Ankunft/s), s. Abb. 11.30b. Gegenüber dem Pure ALOHA ist das also eine Verdopplung des Durchsatzes. Kollisionen werden z.B. durch Anwendung von CRC-Verfahren mit Hilfe der Prüfsumme erkannt, die in jedem Paket enthalten ist, so daß eine Paketwiederholung eingeleitet werden kann. Allerdings haben Paketwiederholungen eine weitere Kollisionserhöhung zur Folge hat. Zur Kollisionsauflösung gibt es verschiedene Strategien [98, 119, 175].

Um Kollisionen zu vermeiden werden oft Zugriffsverfahren verwendet, die vor dem Zugriff auf das Übertragungsmedium in dieses "hineinhören" um festzustellen ob ein kollisionsfreier Zugriff möglich ist. Solche Verfahren werden als **CSMA-Verfahren** (Carrier Sensing Multiple Access) bezeichnet. Der "Carrier" (Träger) ist in diesem Zusammenhang das Übertragungsmedium. Wird das Übertragungmedium ("der Kanal") abgehört und werden Kollisionen erkannt, so liegt ein *CSMA/CD-Verfahren* (Carrier Sensing Multiple Access/ Collision Detection) vor. Diese Methode läßt sich gut in einem Bus-Netz verwenden, da sich bei bidirektionalem Betrieb alle Stationen hören können. Eine Station darf nur dann über das Übertragungsmedium senden, wenn sie sich vorher vergewissert hat, daß der Zugriff kollisionsfrei erfolgen kann, der Kanal also nicht durch Pakete einer anderen Station belegt ist. Ist der Kanal frei darf eine zugreifende Station sofort senden.

Beim *Persistant CSMA* hört eine Station den Kanal ständig ab. Wird das Ende einer Kanalbelegung erkannt, so erfolgt der Zugriff und die Aussendung unmittelbar.

Benutzt eine Station die Methode *Non-Persistant-CSMA*, dann hört sie in den Kanal nur dann hinein, wenn bei ihr Daten zur Übertragung vorliegen. Ist das Abhören erfolglos, ermittelt sie nach einer Kollisionsauflösungs-Strategie eine bestimmte Wartezeit und hört danach erneut den Kanal ab. Diese Prozedur wird wiederholt, bis der Kanal als unbelegt ermittelt wird. In Abb. 11.31 ist das Ablaufdiagramm des Non-Persistant-CSMA wiedergegeben. Sobald im Sendespeicher

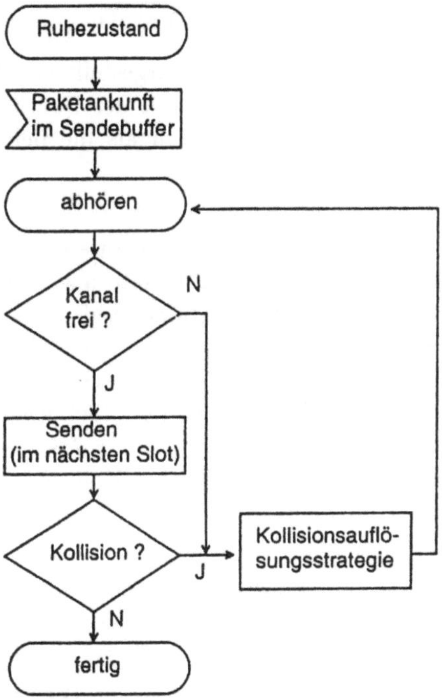

Abbildung 11.31: Non-Persistent-CSMA-Flußdiagramm

gemäß Abb. 11.31 ein abzusendendes Datenpaket erscheint, wird der Kanal abgehört. Ist der Kanal zum Abhörzeitpunkt unbelegt, so wird das Datenpaket im nächsten Zeitschlitz abgesendet. Ist der Kanal dagegen belegt, so ermittelt die Station mit einer Kollisionsauflösungs-Strategie eine bestimmte Wartezeit bevor sie das Paket absendet. Erfolgt danach eine Kollision, so wird wiederum die Kollisionsauflösungs-Strategie eingeleitet. Tritt dagegen keine Kollision auf, so belegt das Paket das Übertragungsmedium ungestört und kann erfolgreich übermittelt werden.

Beim **p-Persistant-CSMA** sendet die Station - falls der Kanal frei ist - nicht unmittelbar im nächsten Zeitschlitz, sondern ermittelt eine zufällige Wartezeit, bevor die Aussendung erfolgt.

Zur Berechnung des Durchsatzes und der mittleren Wartezeit wird nun ein **Non-Persistant-Slotted CSMA-System** betrachtet. Die getaktete Zugriffsfolge einschließlich der Wiederholungen sei poissonverteilt, und die mittlere Zugriffsrate auf den Kanal sei λ. Die von den beteiligten Stationen abgesendeten Pakete werden als gleichlang mit der Dauer $T_z = NT_b$ vorausgesetzt. Legt man diese Annahmen zugrunde, so erhält man für den Durchsatz [98, 119].

$$D = \frac{\lambda e^{-\lambda T_z}}{1 + N - Ne^{-\lambda T_z}} \qquad (11.7)$$

der in Abhängigkeit von λ in Abb. 11.30c dargestellt ist. Der Durchsatz nimmt beim Slotted-CSMA-System kontinuierlich mit der Zugriffsrate λ zu, zeigt also insgesamt ein sehr viel günstigeres Verhalten als die beiden ALOHA-Systeme, wenn man große Paketlängen voraussetzt.

□ **Beispiel 11.5**

In einem PURE-ALOHA-System betrage die Bitrate 64 kbit/s. Jede am System teilnehmende Station sendet pro Minute 2 Pakete jeweils bestehend aus 96 byte ab. Insgesamt nehmen am System 300 Stationen teil.

Die Ankunftsrate beträgt $\lambda = 300 \cdot 2/60\text{s} = 10/\text{s}$ (10 Pakete je Sekunde) und die Paketlänge = 96 byte · 8 bit/byte= 768 bit = N bit. Damit ist die Übertragungszeit je Paket $NT_b = 768$ bit/$64 \cdot 10^3$ bit/s= 12 ms. Für den Durchsatz erhält man hieraus $D = \lambda e^{-2\lambda NT_b} = (10/\text{s})e^{-2\cdot(10/\text{S})\cdot 12\cdot 10^{-3}\text{s}} = 7{,}867/\text{s}$ ($\approx$ 8 Pakete/s). Die Wahrscheinlichkeit, daß bei einem Zugriff keine Kollision erfolgt ist somit $P_z = e^{-2\lambda NT_b} = e^{-2\cdot(10/\text{S})12ms} = 0{,}787 \mathrel{\hat{=}} 78{,}7\ \%$.

□ **Beispiel 11.6**

Ein Slotted-ALOHA-System habe die gleichen Daten wie in Beispiel 11.5.

Die Ankunftsrate und die Übertragungszeit bleiben unverändert $\lambda = 10/\text{s}$ und $NT_b = 12$ ms. Der Durchsatz wird wegen $D = \lambda \cdot e^{-\lambda NT_b} = (10/s) \cdot e^{-(10/s)\cdot 12ms}$ =8,87/s ($\approx$ 9 Pakete/s) höher und die Wahrscheinlichkeit für einen erfolgreichen Zugriff erreicht ebenfalls einen höheren Wert, nämlich $P_z = e^{-\lambda NT_b} = 0{,}887$.

11.3.1.2 Token-Ring und Token-Bus

Das Token-Passing-Verfahren, s. Abschn. 11.3.1.1, findet in **Token-Ring**-Netzen Anwendung. Sein Prinzip-Aufbau entspricht Abb. 11.28a, wobei die Reihenfolge der Stationen sowohl im logischen als auch physikalischen Sinn übereinstimmen.

Die Paket-Kennzeichnung erfolgt bei diesen Verfahren durch das Token. Bei Aussendung einer Nachricht hängt eine sendende Station das Token an das letzte Paket an. Der Absender eines Pakets muß nach dessen Umlauf im Ring dasselbe auch wieder entfernen (Source Release). Fällt das Token infolge eines Fehlers aus, so erzeugt die Monitor-Station ein neues, nachdem sie festgestellt hat, daß innerhalb der Ring-Umlaufzeit das Token ausbleibt. Die Stationen im Token-Ring führen eine Signal-Regeneration durch. Jede Station schließt bei einem Ausfall den Ring kurz, sodaß kein System-Ausfall erfolgen kann. Als Übertragungsmedien werden verdrillte Doppeladern (twisted pair), Koaxial-Kabel und Lichtwellenleiter bei Übertragungsraten von bis zu 16 Mbit/s verwendet. Bei einer Gesamtlänge des Rings von max. 50 km können ca. 250 Stationen angeschlossen werden. Als Leitungscode wird der Differential Manchester Code, s. Abschn. 8.3.3.3, verwendet. Die Überwachung des Rings erfolgt durch die in Abb. 11.28a dargestellte Monitor-Station. Das Rahmenformat des Token-Rings nach IEEE 802.5 (*engl.* Institute of Electrical and Electronics Engineers), das von Abb. 11.28b nur geringfügig abweicht, ist in Abb. 11.32 dargestellt.

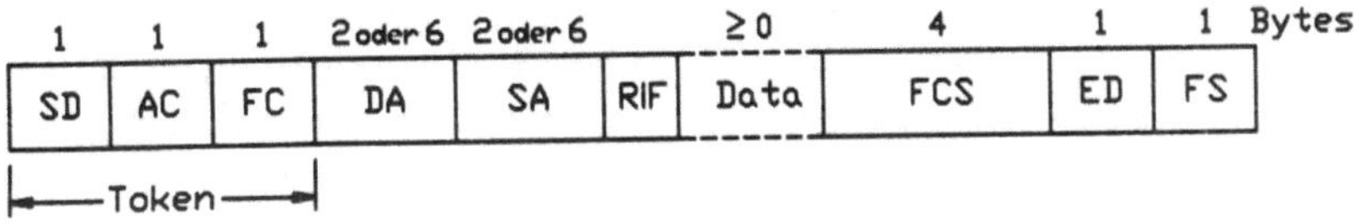

Abbildung 11.32: Token-Ring-Rahmenformat (= Paketformat) nach IEEE 802.5

Nachfolgend sind die in Abb. 11.32 benutzten Abkürzungen erklärt.

- AC Access Control
- DA Destination Address
- ED End Delimiter
- FC Frame Control
- FCS Frame Check Sequence
- FS Frame Status
- SD Start Delimiter
- RIF Routing Information

Der Rahmen des Token beginnt mit dem Feld SD der festen Startsequenz JK0JK000 (1 byte), wobei die Symbole J - kein Sprung am Bitanfang des codeverletzenden Bits im Differential-Manchester-Code - und K - ein codeverletzender Sprung am vorgenannten Bitanfang - nur im SD-Feld verwendet werden. Die Symbole J und K haben auch keinen Sprung in Bitmitte. Damit ist der Rahmenanfang im Signal auf dem Medium einfach zu finden. Im Feld AC (PPPTMRRR) wird mit dem Token-Bit T angezeigt, ob das Token frei (T = 0, free token) oder besetzt ist (T = 1, busy token). Drei bit PPP stehen zur Kennzeichnung von Meldungen verschiedener Priorität zur Verfügung. Das M-Bit dient der Signalisierung von Überwachungsfunktionen (Monitoring-Bit, M). Ein in der Monitor-Station neu erzeugter Rahmen wird auf M = 0 gesetzt. Gelangt ein Token-Rahmen zur Monitor-Station, so setzt sie stets M = 1. Macht ein solcher Rahmen einen weiteren Umlauf und gelangt zur Monitor-Station, so verwirft sie diesen Token-Rahmen und erzeugt einen neuen, wobei M = 0 gesetzt wird. Dadurch wird verhindert, daß ein Token mehrfach im Ring kreist. RRR sind Reserve-Bits für Anwendungen wie z.B. Festlegung von Prioritäten. FC kennzeichnet den Rahmentyp durch die Bitfolge FFRRZZZZ. $FF = 00$ (binär) bezeichnet einen Token-Rahmen, der auch Steuerinformation enthält. RR sind Reservebits, und mit den Bits ZZZZ wird die Steuerinformation übermittelt. DA ist die Adresse der Ziel-Empfangsstation und SA die Adresse der sendenden Ursprungsstation. Die Adressierung wird wie im Ethernet vorgenommen, das in Abschn. 11.3.1.3 beschrieben ist. Im optionalen Feld RIF ist eine entsprechende Routing-Information enthalten, wenn sich die Ziel-Empfangsstation in einem benachbarten LAN befindet, z.B. innerhalb eines MAN. Das Feld Data enthält Steuerinformationen oder Nutzdaten. Im darauffolgenden Feld FCS ist die CRC-Prüfsumme enthalten, sie schützt alle vor ihr liegenden Felder gegen Synchronisations- und Bitfehler (32-Bit-Sicherung) nach dem durch Gl. (10.27) beschriebenen Prinzip. ED bezeichnet das Rahmenende; dieses Feld enthält die Codeverletzungssymbole JK und lautet JK1JK1IE. Das I-Bit bezeichnet mit I = 0 den letzten Rahmen einer Rahmenfolge oder einen Einzelrahmen, und I = 1 sagt aus, daß der betreffende Rahmen zu einer Gruppe von Rahmen gehört. Das Bit E = 1 signalisiert der sendenden Station einen Rahmenfehler, den sie erkennt, wenn der Token-Rahmen wieder bei ihr erscheint. Das Statusfeld FS mit der zum Schutz gegen Verfälschungen doppelt ausgeführten Bitfolge ACRR, also ACRRACRR, dient speziellen Steuerungsfunktionen. Eine sendende Station setzt A = 0. Erkennt eine Station, daß der Rahmen an sie adressiert ist, so setzt sie A = 1. Hierdurch erkennt die Sendestation, daß die adressierte Station existiert, wenn der Rahmen wieder zu ihr zurückkommt. Der Sender eines Rahmens setzt auch C = 0. Sobald die empfangende Ziel-Station den Rahmen erhalten und kopiert hat, setzt sie C = 1 (und A = 1) und signalisiert damit dem Sender, daß sie die Meldung erhalten hat.

Ein weiterer Anwendungfall des Token-Passing-Verfahrens ist der **Token-Bus**, der in IEEE 802.4 spezifiziert ist. Obwohl physikalisch keine Ring-Strukur vorliegt, ist eine logische Ring-Struktur vorhanden. In Abb. 11.33 ist dieses Prinzip verdeutlicht.

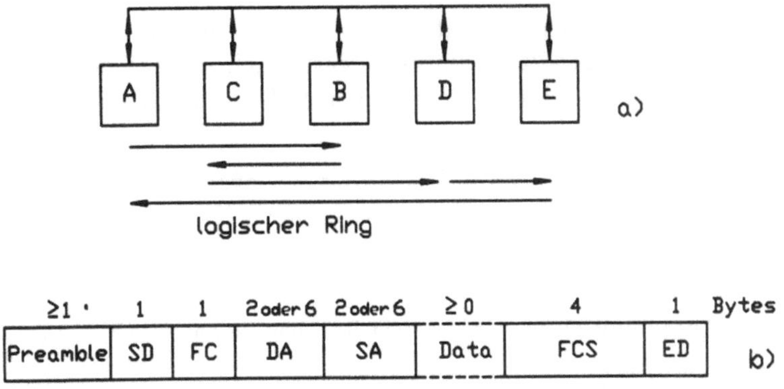

Abbildung 11.33: a) Token-Bus-Struktur; b) Rahmen-Format (Abkürzungen wie zu Abb. 11.32)

Zur Realisierung können Medien wie Twisted Pair, Koaxial-Kabel und Lichtwellenleiter bei Bitraten um 10 Mbit/s benutzt werden. Angewendet werden Basisband-Übertragung und Modulationsverfahren wie APK oder FSK, s. Abschn. 8.5.3 und 8.5.4. Der Rahmen-Aufbau des Token ist in Abb. 11.33b wiedergegeben. Die Preamble wird abhängig vom verwendeten Modulationsverfahren festgelegt, z.B. eine Dauer-1-Folge bestimmter Länge zur Trägerableitung, gefolgt von einer 10101010...-Folge zur Taktableitung. Auch SD wird nach dem verwendeten Modulationsverfahren festgelegt. Das Steuerfeld FC lautet bei einer Datenmeldung 01PPP000; 01 kennzeichnet den Rahmen als Nutzdatenrahmen, und PPP legt bestimmte Prioritäten fest. Bei einer Steuermeldung (MAC-Frame), die das Token beinhaltet, besteht das Steuerfeld aus 00CCCCCC, wobei 00 den Rahmen als Steuerrahmen ausweist und CCCCCC Steuerbits (CCCCCC = 001000 ist das Token) darstellen. Die Adressierung (DA, SA) und Fehler-Überwachung (FCS) entspricht der im Token-Ring.

Token-Ring-Netze steigerten ihre Übertragungsrate von 1986 (4 Mbit/s) ab 1989 auf 16 Mbit/s und erzielen derzeit im High Speed Token Ring HSTR Übertragungsraten von 100 Mbit/s. Das letztgenannte Verfahren ist in IEEE 802.5t spezifiziert, wobei Kompatibilität zur bestehenden Token-Ring-Technik vorliegt. Zukünftig sollen Übertragungsraten von 1 Gbit/s erreicht werden [215].

11.3.1.3 Ethernet

Das Ethernet, ein Bussystem, s. z.B. Abb. 11.1e oder Abb. 11.29, stellt eine Realisierung des CSMA/CD-Verfahrens dar; es ist das am weitesten verbreitete LAN überhaupt. Ethernet wurde von den US-amerikanischen Firmen DEC (*engl.* Digital Equipment Corporation), Intel und Xerox (DIX-Gruppe) entwickelt. Der

Standard IEEE 802.3 für persistent CSMA/CD (s. Abschn. 11.3.1.1) basiert auf dieser Entwicklung. Das Rahmenformat des Ethernet nach dem vorgenannten Standard ist in Abb. 11.34 dargestellt. Die in Abb. 11.34 verwendeten Abkürzun-

7	1	2 oder 6	2 oder 6	2	46-1500		4	Bytes
Preamble	SFD	DA	SA	Length	Data	PAD	FCS	

Abbildung 11.34: CSMA/CD-Rahmen gemäß IEEE 802.3

gen haben die folgende Bedeutung:

- DA Destination Address
- FCS Frame Check Sequence
- Length Länge des Feldes Data
- PAD Padding
- SA Source Address
- SFD Starting Frame Delimiter

Die Preamble besteht aus einer 7 byte langen 10101...-Folge zur Bittakt-Ableitung im Empfänger. Das Feld SFD (1 byte) identifiziert den Rahmen-Anfang durch 10101011. DA (2 oder 6 Bytes) bezeichnet die Zieladresse. Das erste Bit der Zieladresse zeigt an, ob eine Einzel- oder Gruppenadresse vorliegt. Das zweite Bit kennzeichnet globale oder lokale Verwaltung der Adressen. Mit den restlichen 46 bit einer 6 Byte-Adresse können $2^{46} \approx 7 \cdot 10^{13}$ Adressen definiert werden. Die Absender-Adresse SA ist die der Station im LAN zugewiesene Adresse. Zwei Bytes kennzeichnen im Feld Length die Länge des nachfolgenden Datenfeldes Data, das eine minimale Länge von 46 byte und eine maximale Länge von 1500 byte haben kann. Liegt die Datenlänge unter 46 byte, so wird mit Dummy-Bits im Feld PAD aufgefüllt. Das letzte Feld im Rahmen FCS enthält die Prüfsumme des CRC-32-Verfahrens, das bereits in Abschn. 10.2.5 erläutert wurde. Ethernet hat meist eine Bus-Struktur. In Abb. 11.35 ist die Kopplung zweier Ethernet-Segmente durch einen Repeater (Verstärker) dargestellt. Alle konventionellen Ethernet-Versionen verwenden Basisband-Übertragung bei einer Bitrate von 10 Mbit/s. Die Ethernet-Version 10Base2 (Thin Ethernet, Bus-Topologie) benutzt 50 Ω-Koaxialkabel, Segmentlänge max. 200 m für 30 Stationen. 10Base5 (Thick Ethernet) verwendet ebenfalls 50 Ω- Koaxial-Kabel und enthält höchstens 100 Stationen bei einer Segmentlänge von max. 500 m. 10BaseT (Stern-Topologie) benutzt verdrillte Adernpaare (twisted pair) bei einer Segmentlänge von ca. 100 m, max. Stationszahl 1024. Die Version 10BaseF (Stern/Baum-Topologie) überträgt auf Lichtwellenleitern bei einer Segmentlänge von max. 1000 m und einer max. Stationszahl von 1024 [119, 176, 187, 193, 194].

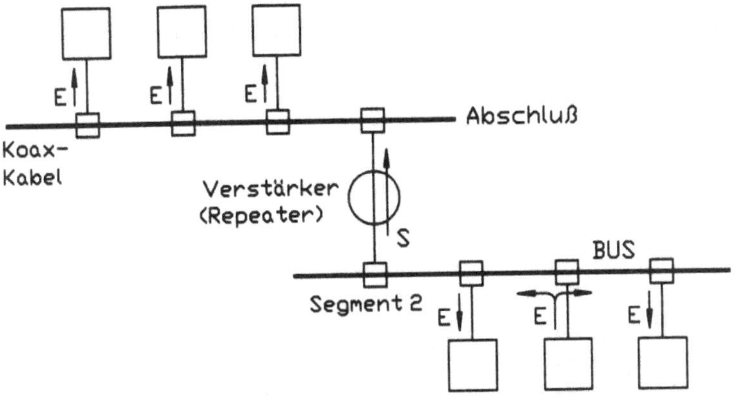

Abbildung 11.35: Ethernet aus 2 Segmenten (E = Empfänger; S = Sender)

Die **Fast Ethernet** Version 100BaseT arbeitet mit einer Bitrate von 100 Mbit/s, wobei das bei Ethernet IEEE 802.3 verwendete CSMA/CD-Zugriffsverfahren und Rahmenformat (Abb. 11.34) beibehalten wird. Im Fast-Ethernet sind - im Gegensatz zum Ethernet - alle Stationen über einen 100BaseT-Hub (Hub *engl.* Sternpunkt) mit Twisted Pair-Leitungen (UTP, *engl.* Unshielded Twisted Pair, 4 Adernpaare verdrillt oder LWL) sternförmig miteinander verbunden. In Abb. 11.36 ist die Netzstruktur dargestellt. Anstelle des "Hub" kann auch ein "Fast-

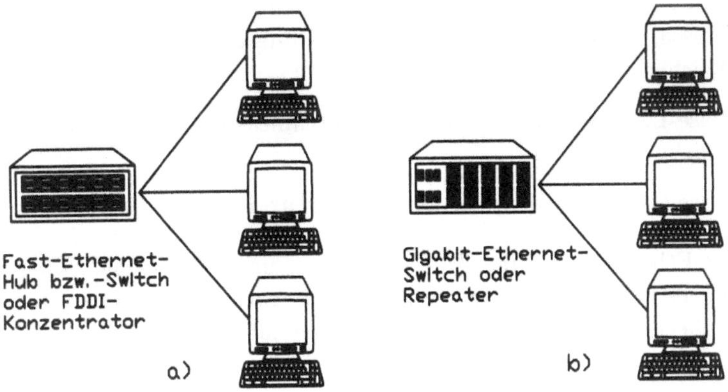

Abbildung 11.36: Netzstruktur des a) Fast-Ethernet und b) Gigabit-Ethernet

Ethernet-Switch", s. hierzu Abschn. 11.3.2 eingesetzt werden. Die Erhöhung der Bitrate um den Faktor 10 führt auf eine Leitungslängenbegrenzung von ca. 100 m (UTP-Kabel) oder ca. 210 m (LWL). Die Daten werden bei UTP-Leitungen (pro Adernpaar 25 Mbit/s) unidirektional übertragen. Der Hub stellt dabei für die

Dauer der Übertragung eine feste Verbindung zwischen den beiden Stationen her. 100BaseT wurde als ITU 802.3u zum internationalen Standard erhoben. Man unterscheidet hierbei Varianten, die sich durch die verwendeten Übertragungskabel unterscheiden, wie beispielsweise 100BaseTX (*engl.* Shielded Twisted Pair-Kabel STP), 100BaseT2 (2 UTP-Adernpaare je 50 Mbit/s UTP), 100BaseT4 (4 UTP-Adernpaare je 25 Mbit/s). Weitere Fast-Ethernet Varianten sind 100BaseVG, eine Art Verschmelzung von Ethernet und Token Ring [194].

Die Weiterentwicklung von Fast-Ethernet zu noch höheren Übertragungsraten hin führte 1998 auf die Spezifikation IEEE 802.3z von **Gigabit-Ethernet** mit einer Übertragungsrate von 1 Gbit/s. Die sternförmige Netzstruktur wird hierbei wie im Fast-Ethernet eingehalten, s. Abb. 11.36, wobei ein Gigabit-Ethernet-Switch als Sternpunkt eingesetzt wird, s. hierzu auch Abschn. 11.3.2. Der vorgenannte IEEE-Standard empfiehlt zur Übertragung im wesentlichen die Verwendung von Glasfaser-Kabeln - Mehrmodenfasern (MM) und Singlemodefasern (SM) [216]. Gigabit-Ethernet ist mit allen Ethernet-Arten kompatibel, wobei folgende Versionen bekannt sind:

- 1000Base-SX MM (Mehrmodenfasern, Wellenlänge 830 nm, Kerndurchmesser 62,5 μm, Reichweite 275 m)
- 1000Base-SX MM (Mehrmodenfaser, Kerndurchmesser 50 μm, Wellenlänge 830 nm, Reichweite 550 m),
- 1000Base-LX (Mehrmodenfaser, Kerndurchmesser 62,5 μm, Wellenlänge 1300 nm, Reichweite 550 m),
- 1000Base-LX (Mehrmodenfaser, Kerndurchmesser 50 μm, Wellenlänge 1300 nm, Reichweite 550 m),
- 1000Base-LX (Singlemodefaser, Kerndurchmesser 9 μm, Wellenlänge 1300 nm, Reichweite 5000 m)
- 1000Base-CX (Cu-Kabel, Twinax, Reichweite 25 m)

Mit Gigabit-Ethernet ist eine Halb-Duplex - und Voll-Duplex-Übertragung möglich, wobei das Ethernet-Rahmenformat nach Abb. 11.34 und das im Ethernet bzw. Fast-Ethernet übliche CSMA/CD-Zugriffsverfahren mit Kollisionserkennung benutzt werden.

Gigabit-Ethernet wird meist in großen Netzen mit hohem Verkehrsaufkommen (z.B. mehr als 500 Computer-Arbeitsplätze) eingesetzt. Bei solch großen Netzen bildet man oft in Form von **VLANs** Virtuell LANs virtuelle Benutzergruppen, die nur gemäß den in OSI-Schicht 2 definierten Funktionen (MAC-Schicht) miteinander kommunizieren können. Neben proprietären Verfahren zur VLAN-Bildung gibt es eine Spezifikation zur VLAN-Technik, die in IEEE 802.1q niedergelegt ist [215, 217].

11.3.2 Koppelelemente

Zur Verbindung von LAN-Segmenten bei gleichartigen LANs - z.B. Ethernet mit Ethernet - oder unterschiedlichen LANs - z.B. Ethernet mit Token Ring - sowie der LAN-Verbindung in räumlich ausgedehnten Netzen werden verschiedene Koppelelemente benutzt. Die Funktionen dieser Koppelelemente reichen von der einfachen Verstärkung der Signale bis hin zu "intelligenten" Vermittlungsfunktionen (Routing) und Protokoll-Umsetzungen.

Das einfachste Koppelelement ist der **Repeater**. Er wird in LANs zur Signalverstärkung eingesetzt und ermöglicht die Verbindung gleichartiger Netze. So erlaubt er in Form des *Remote Repeaters* eine Erhöhung der Kabellänge im LAN, z.B. Verlängerung von Segment 1 um Segment 2, s. Abb. 11.35, und die Umsetzung unterschiedlicher Kabeltypen - z.B. von symmetrischen Kabeln auf Lichtwellenleiter. Ein Remote Repeater besteht aus 2 Repeater-Hälften, die durch eine Leitung verbunden sind. Abb. 11.37 zeigt die Repeater-Funktionen gemäß dem OSI-Modell. Sie sind im OSI-Modell Schicht 1 der physikalischen Ebene zuzuord-

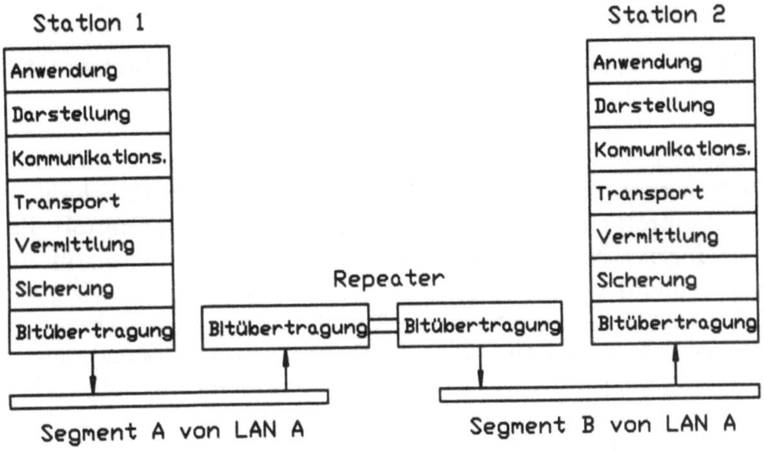

Abbildung 11.37: Repeater im OSI-Modell

nen. Die in den LAN-Segmenten verwendeten Protokolle sind für den Repeater ohne Bedeutung, da er die Signale lediglich verstärkt bzw. physikalisch umsetzt. Die zu koppelnden Segmente müssen jedoch gleichartig sein - z.B. Ethernet 1 und Ethernet 2, beide CSMA/CD gemäß IEEE 802.3, oder Token-Ring 1 und Token-Ring 2, beide Token-Passing gemäß IEEE 802.4. Hierbei ist zu beachten, daß die durch die Repeater verursachten Signal-Verzögerungen die Zugriffsverfahren (z.B. CSMA) nicht negativ beeinflussen. Eine logische Trennung oder Lasttrennung der Segmente erfolgt im Repeater nicht.

Mit **Bridges** (Brücken) lassen sich auch Netze mit unterschiedlichen Zugriffsverfahren verbinden. Der Standard IEEE 802 ermöglicht die Kopplung heterogener Netze. Eine Brücke teilt die zu verbindenden Netze in zwei voneinander unabhängige Subnetze z.B. LAN A (Ethernet, IEEE 802.3) und LAN B (Token-Ring, IEEE 802.5), s. Abb. 11.38. Brücken führen Funktionen aus, die in OSI-

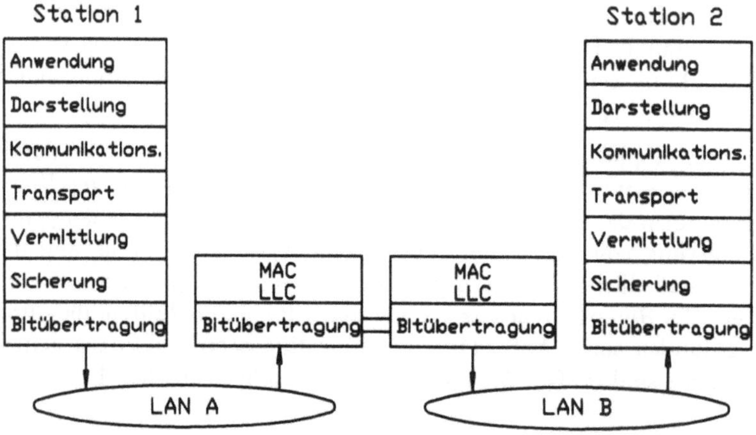

Abbildung 11.38: Kopplung von 2 Netzen mit einer Brücke (Bridge) (MAC = Media Access Control; LLC = Logical Link Control)

Schicht 2 allgemein definiert sind. Wie bereits in Abschn. 11.1 erwähnt, wird OSI-Schicht 2 in zwei Teilschichten unterteilt, nämlich die MAC-Schicht (*engl.* Media Access Control) und die LLC-Schicht (*engl.* Logical Link Control). Bei der Kopplung heterogener Netze sind die MAC-Funktionen (Vielfachzugriff auf das Übertragungsmedium) am Ein- und Ausgang der Brücke unterschiedlich, s. Abb. 11.38. Brücken existieren in verschiedenen Ausführungen. Die einfachste Form ist die *Local Bridge LBr*; sie besitzt 2 Ports (1 Eingang und 1 Ausgang), über die 2 heterogene Netze gekoppelt werden können. *Remote Bridges RBr* haben sehr viele Ports (u.U. 100 und mehr). Sie verbinden mit den Remote Ports räumlich weit auseinanderliegende Subnetze, ähnlich wie die Remote Repeater. Remote Ports können sowohl zur parallelen Übertragung als auch zur Verteilung auf mehrere Subnetze verwendet werden. Mit der *Multiport Bridge MBr*, die eine Erweiterung der Local Bridge darstellt, lassen sich mehrere LANs einfach verbinden, s. Abb. 11.39. Da die Funktionen einer Brücke der OSI-Schicht 2 entsprechen, ist sie in der Lage, fehlerhafte Pakete zu erkennen und deren Weiterleitung auf ein Subnetz zu verhindern; dies entspricht einer Netzentlastung. Die Endgeräte in LANs sind durch eine eindeutige Adresse (MAC-Adresse) gekennzeichnet. Das Weiterleiten von Daten-Paketen geschieht in der Brücke anhand dieser Adresse. Brücken sind damit in der Lage, Datenpakete nach vorgegebenen Kriterien zu filtern. Die Brücke erkennt, ob ein Paket zu ihrem (lokalen) LAN gehört oder ob es für ein entferntes Subnetz bestimmt ist. Liegt der erstgenannte Fall vor, so verhindert sie dessen Weiterleitung (Filterfunktion). Dies ist die wichtigste Funktion einer

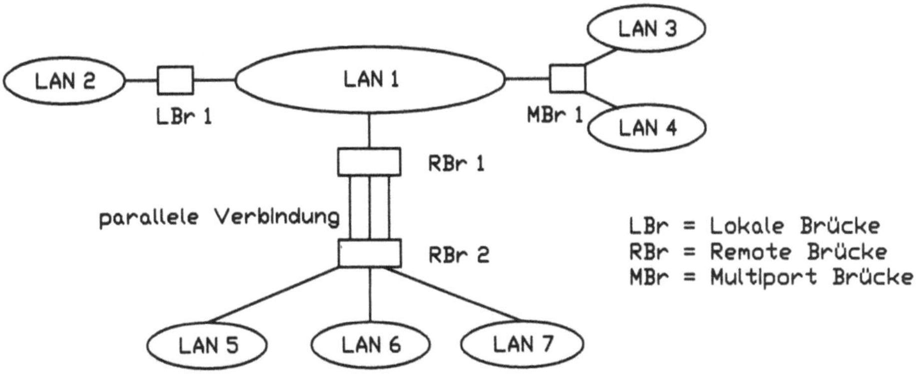

Abbildung 11.39: Netz-Verbindungen mit Brücken

Brücke, die eine Lasttrennung zur Folge hat, da eine unnütze Ausbreitung von Paketen im gesamten Netz verhindert wird.

Router haben Funktionen, die zu OSI-Schicht 3 gehören. Sie verbinden ebenfalls einzelne LANs miteinander. Router arbeiten im Gegensatz zur Brücke nicht protokolltransparent. Ein wesentliches Merkmal der Router ist ihre Fähigkeit, Schicht 3 - Protokolle zu verstehen und zu interpretieren. Die Verbindung der verschiedenen Netzwerke auf Protokollebene wird durch im Router vorhandene Protokoll-Speicher (Protocol Stacks) realisiert. Zentrale Funktion der Router ist die Wegesuche (Routing, OSI-Schicht 3) zur Verbindung einer Sende-Endstelle mit einer gewünschten Empfangs-Endstelle. Kommt ein Datenpaket bei einem Router an, so ermittelt er mit Hilfe einer Routing-Tabelle, die durch Signalisierung der Router im Netz ständig auf neuesten Stand gebracht wird und der Zieladresse im Paketkopf,den nächsten geeigneten Router in Zielrichtung; danach verpackt er die Schicht-3-Information und die Nutzdaten in einen neuen zielgerichteten Schicht-2-Rahmen (MAC-Rahmen) der die "Next-Hop"-Adresse enthält (= Adresse des nächsten geeigneten Routers in Zielrichtung) und sendet diesen ab. Mit Routern werden, z.B. im Internet, LAN-MAN-WAN-GAN-WAN-MAN-LAN-Verbindungen aufgebaut, s. Abb. 11.4 und Kapitel 12.In Abb. 11.40 ist der funktionelle Aufbau einer Verbindung zweier Netze über einen Multi Protocol Router dargestellt. Im Quell-Netz, das weitere Subnetze enthält - in Abb. 11.40 links dargestellt - werden die Protokolle Ethernet, TCP, IP, Telnet, etc. benutzt. Die im Router vorhandenen Protokoll-Speicher für diese Protokolle ermöglichen ihre parallele Verarbeitung und mit Hilfe der Routing-Funktion deren Weiterleitung zum Senken-Netz - in der Abb. rechts gezeichnet - das ebenfalls aus mehreren Subnetzen besteht, in denen die vorgenannten Protokolle benutzt werden. Ein Router erkennt - wie die Brücke - fehlerhafte Pakete gemäß Schicht 2 und Schicht 3 des OSI-Modells und verhindert deren Ausbreitung im Netz. Im Gegensatz zur Brücke, die ebenfalls

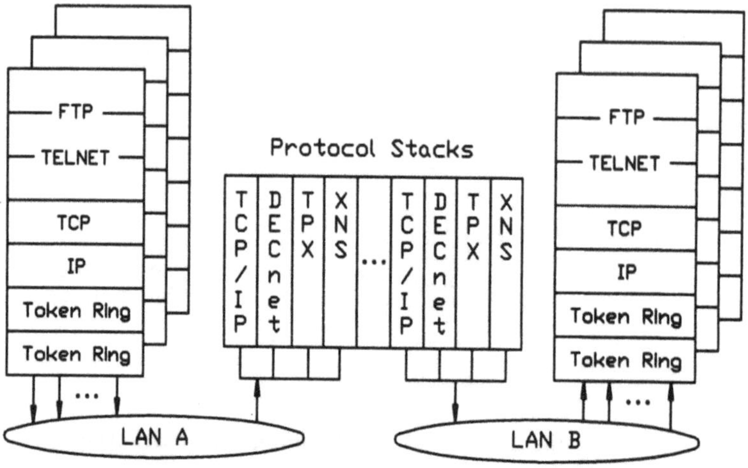

Abbildung 11.40: Multi Protocol Router

Schicht 2-Funktionen ausführt, kann ein Router Fehlermeldungen erzeugen und im Netz verbreiten. Wie die Brücke leitet ein Router keine Pakete weiter, die zu seinem lokalen Subnetz gehören, was eine Reduzierung der Netzlast zur Folge hat. In Kapitel 12 wird auf die im Internet benutzten Routing-Protokolle genauer eingegangen.

Gateways sind als Koppelelemente notwendig ,wenn sich die Protokolle der zu verbindenden Netze in den Schichten 4 bis 7 des OSI-Modells unterscheiden. Die Netze enthalten damit grundsätzlich inkompatible Kommunikationselemente. Gateways sind OSI-Schicht 7 zugeordnet. Sie enthalten Einrichtungen (Stacks), die Protokoll-Umsetzungen durchführen. Hierbei sind auf der Gateway-Eingangsseite alle Funktionen gemäß den OSI Schichten 7-1 und auf der Ausgangsseite die Funktionen gemäß den OSI Schichten 1-7 zu implementieren. Gateways kommen meist in WANs zum Einsatz. Ihr Durchsatz ist aufgrund der zu verarbeitenden Vielfalt von Funktionen geringer als beispielsweise bei Brücken . In Abb. 11.41 ist die funktionelle Kopplung zweier Netze über ein Gateway prinzipiell dargestellt. Beispiele von Gateway-Kopplungen sind die Verbindung des Fernsprechnetzes mit dem Internet oder ISDN-Internet. Auch zur Verbindung zweier LANs, die sich in den Schichten 4-7 unterscheiden, ist ein Gateway notwendig.

Ein aktiver **Hub** ist ein mit z.B. 6, 12 oder 24 Ethernet-Ports ausgestatteter "intelligenter" Sternkoppler, der als Konzentrationspunkt für eine sternförmige Verkabelung (Sternnetz) dient. Er adaptiert unterschiedliche LANs sowie verschiedene Übertragungsmedien und stellt ein Vermittlungssystem zwischen LAN-Segmenten und Endgeräten dar. Solche Hubs werden oft auch *Kabelkonzentratoren* genannt.

Als *modularen Hub* bezeichnet man die Zusammenfassung von Schnittstellen-

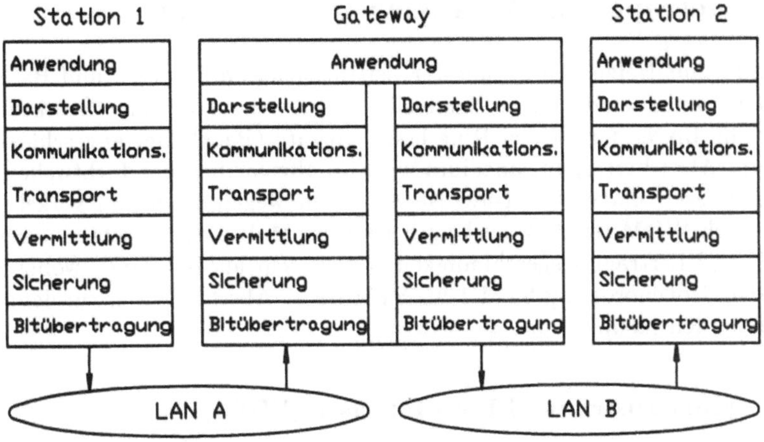

Abbildung 11.41: Kopplung von 2 Netzen über einen Gateway

Modulen, Netzwerk-Management-Modulen, Koppelelementen, usw.. Die interne Verbindung dieser Komponenten erfolgt über ein Hochleistungs-Bussystem (Backbone), das mehrere gleichzeitige Verbindungen zuläßt, wobei jede die volle Bandbreite des Übertragungsmediums nutzen kann (Switching-Hub).

Um den Ansprüchen bezüglich Übertragungsgeschwindigkeit (Bitrate) und Bandbreite-Ausnutzung der Übertragungsmedien gerecht zu werden, hat sich als Alternative zur "Shared Media Procedure" - ein Teilnehmer im Netz belegt lediglich einen Teil der Bandbreite eines gemeinsamen Übertragungsmediums - die "Switching-Technologie" entwickelt. **Switches**, die auch zur Daten-Paket-Vermittlung benutzt werden, sind als LAN-Koppelelemente in der Lage, gleichzeitig *mehrere* Datenpakete zu vermitteln, wobei jedem Teilnehmer durch geeignete Schalt-Operationen für die Dauer seiner Aussendung die *volle* Bandbreite des Übertragungsmediums zur Verfügung gestellt wird.

Solche Systeme arbeiten somit nach dem Prinzip des stochastischen Vielfachzugriffs im Zeitmultiplex, s. Abschn. 11.3.1.1, d.h. der Zugriff erfolgt auf das Übertragungsmedium zufällig und nicht über vorher vereinbarte Zeitschlitze.

Die "Switching-Technology" wird u. a. auch in den oben erwähnten *Switching-Hubs* eingesetzt. Sobald eine MAC-Adresse (*engl.* Media Access Control) einer Teilnehmerstation erkannt ist, wird für die Dauer der Übertragung eine Verbindung aufgebaut, die die Nutzung der Gesamtbandbreite des Übertragungsmediums zuläßt. Durch die innere Struktur eines Switching-Hub sind weitere gleichzeitige Verbindungen möglich. Auf diesem Prinzip basierende bekannt gewordene Technologien sind beispielsweise Switched Ethernet und ATM [119, 175, 178, 187, 193, 196-199].

11.3.3 Metropolitan Area Networks (MANs)

MANs sind Stadt-Netze, die in jüngster Zeit in vielen Metropolen und Ballungsgebieten entstanden sind. Solche Netze sind meist von ringförmiger Struktur und verbinden die LANs der an den Ring hoher Bitrate (Backbone) angeschlossenen Teilnehmer. Als Übertragungsmedium wird im allgemeinen der Lichtwellenleiter (Monomode-Faser) eingesetzt. Diese Netze, welche wegen des hohen Verkehrsaufkommens auch WDM (engl. Wavelength Division Multiplex) einsetzen, erreichen auf dem Ring Übertragungsgeschindigkeiten von mehr als 10 Gbit/s, wobei SDH-Systeme der Größenordnung STM-1 bis STM-64, s. Abschn. 8.2.2, auf dem Ring eingesetzt werden [200].

11.3.3.1 Fiber Distributed Data Interface (FDDI)

FDDI kennzeichnet ein Ringnetz, auf dem Bitraten von 100 Mbit/s übertragen werden und das in ISO IS 9314 genormt ist. Mit der Standardisierung wird der Anschluß von IEEE 802.X-Netzen an den Ring erreicht. In Abb. 11.42 ist dies in prinzipieller Form wiedergegeben.

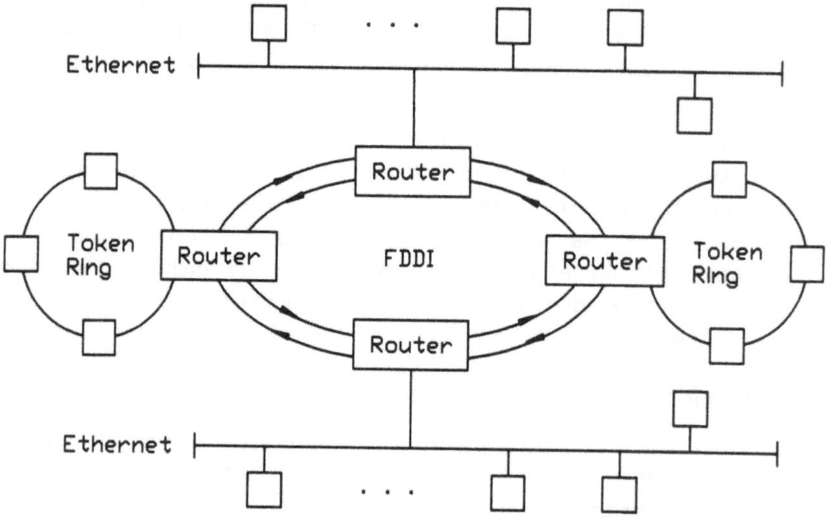

Abbildung 11.42: FDDI-Ring-Netz

Basis des Hochgeschwindigkeitsrings ist ein Lichtwellenleiter-Doppelring, auf dem die Sendeberechtigung der einzelnen Endstellen (Stationen) nach einem Token-Verfahren zugeteilt wird. Der Doppelring ist so ausgelegt, daß im Falle einer Störung die Störstelle kurzgeschlossen wird und der Betrieb über den verbleibenden Ring aufrecht erhalten wird. Die Länge eines FDDI-Rings liegt bei Anwendungen im MAN-Bereich zwischen 100 und 200 km, wobei bis zu 1000 Endstellen in verschiedenen LANs an ihn angeschlossen werden können. Die Dauer der Sendeberechtigung (*engl.* Token Holding Time, THT) einer Station ist lastabhängig. Beim Starten des Rings bestimmen die Stationen untereinander die Sollzeit für die Rotationsdauer (Zykluszeit) des Token TTRT (*engl.* Target Token Rotation Time), die von der Sendedauer einer jeden Station abhängt. Jede sendewillige Station im Ring mißt die Zykluszeit TRT (*engl.* Token Rotation Time) des Token und berechnet hieraus die Dauer ihrer Sendeberechtigung $THT = TTRT - TRT$. Das Verfahren wird deshalb auch *FDDI-Timed-Token-Protocol* genannt. Jede Station im FDDI-Ring überwacht den Ablauf des Protokolls, das den Schichten 1 und 2 im OSI-Modell zuzuordnen ist, so daß keine Monitor-Station wie im Token-Ring erforderlich ist. Nach einem Übertragungsfehler senden alle Stationen ihre Rahmen ab (*engl.* Claimed Token Prozess) und konkurrieren so um das Recht, das Token zu erzeugen. Diejenige Station, die hierbei den kleinsten TRT-Wert besitzt, darf das neue Token generieren. Im FDDI-Ring ist synchroner und asynchroner Verkehr möglich. Im asynchronen Fall wird die verfügbare Bandbreite nach Bedarf zugeteilt, während im synchronen Fall ein fester Zeitschlitz zugeordnet wird. In Abb. 11.43 ist der Rahmenaufbau im FDDI-System - der dem Token-Ring-Rahmen sehr ähnelt - bei variabler Rahmenlänge dargestellt. Die in Abb. 11.43

≥ 8	1	2 oder 6	2 oder 6	2 oder 6	≤ 4096	4	0,5	1,5	Bytes
PA	SD	FC	DA	SA	INFO	FCS	ED	FS	

Abbildung 11.43: FDDI-Rahmenstruktur

enthaltenen Abkürzungen sind nachfolgend erläutert.

- DA Destination Address
- ED End Delimiter
- FC Frame Control
- FCS Frame Check Sequence
- FS Frame Status
- INFO Nachricht (Data)
- PA Preamble
- SA Source Address
- SD Start Delimiter

PA bezeichnet eine Synchronisationsfolge ($\geq$ 8 Byte). SD kennzeichnet den Rahmenanfang. FC (2 oder 6 Byte), weist einen Rahmen als Token, Daten- oder Management-Rahmen aus. DA (2 bis 6 Byte), und SA (2 bis 6 Byte), bezeichnen Ziel- und Ursprungsadresse. Im Feld INFO steht die Nutzinformation variabler Länge von bis zu 4096 Byte. FCS (4 Byte) ist die Prüfsumme zur Fehlerentdeckung, und ED (4 oder 8 Bit) markiert das Rahmenende. Im Feld FS bestätigt man dem Absender nach einem Umlauf, daß der betreffende Rahmen gelesen bzw. kopiert wurde.

Neben der Version mit variabler Länge gibt es auch eine Version fester Rahmenlänge [119, 176, 201].

11.3.3.2 Distributed Queue Dual Bus (DQDB)

DQDB - eine Entwicklung der University of Western Australia und der australischen Telekom - ist in IEEE 802.6 spezifiziert. Während FDDI auch zur Verkopplung von LANs an verschiedenen Standorten dienen kann, ist DQDB ein typisches MAN für die Verknüpfung von Breitband-Nutzern mit hohem Verkehrsaufkommen innerhalb einer Großstadt. Über DQDB kann der Datentransport sowohl verbindunglos (Datagramme) als auch verbindungsorientiert (z.B. virtuelle Verbindung) durchgeführt werden.

Abb. 11.44 zeigt die typischen Netzstrukturen, die entweder einen offenen (Abb. 11.44a) oder geschlossenen Doppel-Bus (Abb. 11.44b) darstellen.

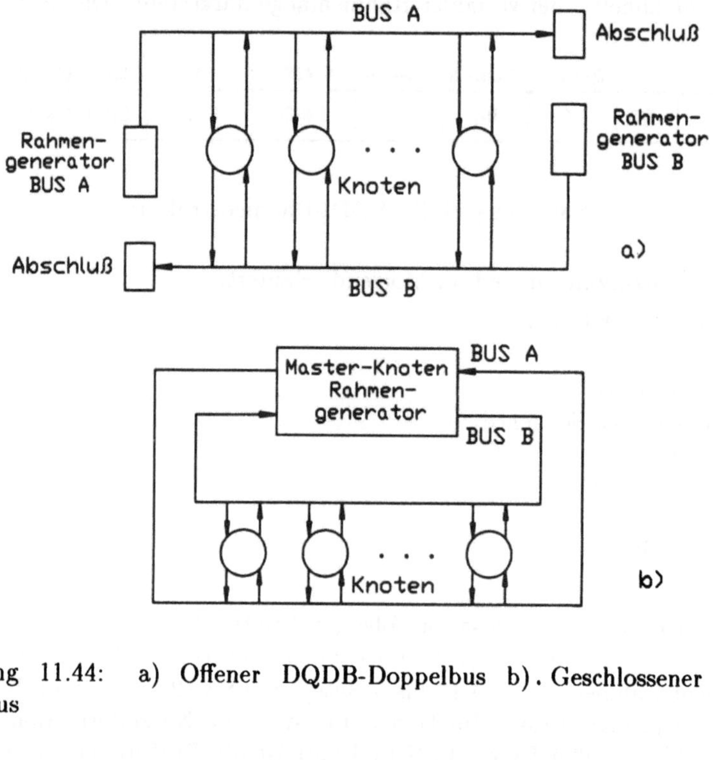

Abbildung 11.44: a) Offener DQDB-Doppelbus b). Geschlossener DQDB-Doppelbus

Bevorzugte Medien sind Lichtwellenleiter (Monomode-LWL) bei Bitraten bis zu

140 Mbit/s. Beim geschlossenen Doppelbus gehen von einer Kopfstation, die den Zeitrahmen der Aussendungen erzeugt (Master-Rahmen-Generator), zwei gegenläufige Busse A und B aus. Die Masterfunktion kann jede Station im Netz übernehmen. Die Kopfstation stellt damit lediglich eine logische Unterbrechung des Rings dar. Im offenen Doppel-Bus liegt eine physikalische Unterbrechung vor. Sowohl Bus A als auch Bus B enthalten eine Kopfstation, die den jeweiligen Sendezeitrahmen erzeugt. Die teilnehmenden Stationen sind über eine Zugriffssteuerung mit dem Bus durch Schreib- und Lese- Leitungen verbunden, s. Abb. 11.45. Die Rahmen auf den Bussen passieren die Zugriffssteuerung, wobei sie von den teilnehmenden Stationen gelesen werden. In Leerstellen der Rahmenfolge können die Teilnehmer-Stationen ihre abzusendenden Daten über die Zugriffssteuerung einblenden. Der Zugriff kann hierbei - im Falle der Datenübertragung - asynchron

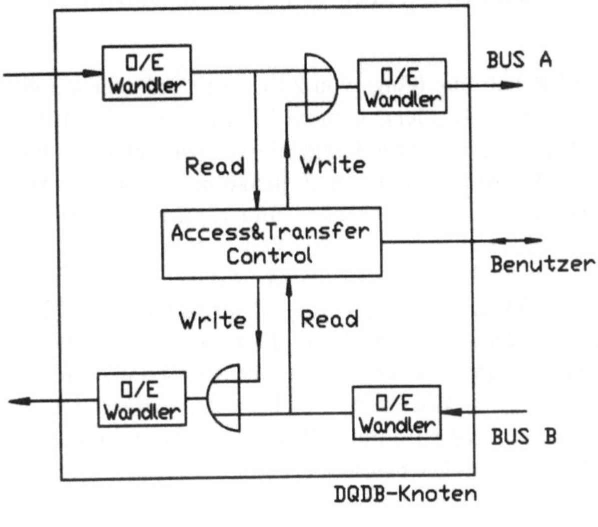

Abbildung 11.45: DQDB-Zugriffssteuerung

(zufällige Zeitschlitze, paketvermittelnd) oder bei Bild- und Sprachübertragung synchron (feste Zeitschlitze, leitungsvermittelnd) erfolgen. Die Datenübertragung erfolgt über Rahmen der Länge 125 μs, s. Abb. 11.46.

Die in Abb. 11.46 verwendeten Abkürzungen lauten:

- ACF Address Control Field
- FH Frame Header
- HCS Header Check Sum
- INFO Nachricht
- PT Payload Type
- SP Segment Priority
- VCI Virtual Channel Identifier

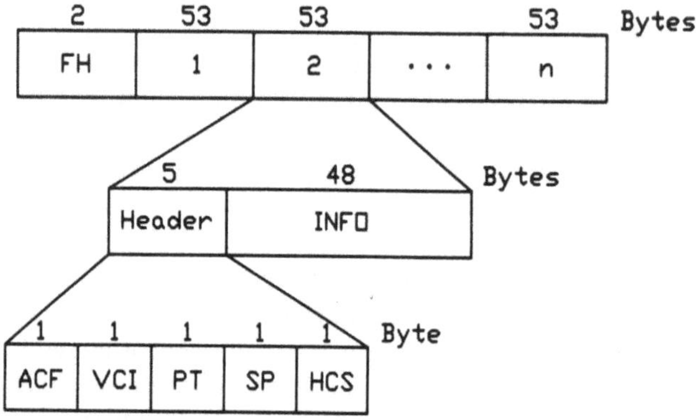

Abbildung 11.46: Zellenstruktur im DQDB-Bus

Der Rahmenkopf FH hat eine Länge von 2 byte und jede der n Zellen 53 Byte (48 byte Information, 5 byte Header), kompatibel mit einer ATM-Zelle, s. Abschn. 8.2.3. Die Anzahl n der Zeitschlitze hängt hierbei von der Übertragungsgeschwindigkeit der Busse ab. Am Anfang des Zellenkopfes steht das ACF, 1 byte. Es dient der Unterscheidung von synchronen und asynchronen Zellen (4 bit) sowie der Verwaltung der Warteschlange (4 bit). VCI (1 byte), dient der Numerierung logischer Kanäle. Im Feld PT (1 byte) wird zwischen Nutz- und Steuerinformation unterschieden. Mit SP (1 byte) werden Prioritäten bei der Verarbeitung von Daten-Segmenten festgelegt. HCS (1 byte) ist die Prüfsumme zur Fehlersicherung im Zellenkopf. Gemäß den vereinbarten Prioritäten im Feld SP entstehen für die sendewilligen Stationen Wartezeiten und damit Warteschlangen. Die verteilte Warteschlangen-Bearbeitung wird mit Hilfe eines Zählverfahrens durchgeführt, das in [119, 177, 184] näher beschrieben ist.

11.3.3.3 ATM-MAN

Das Verkehrsaufkommen in Stadtnetzen kann so groß werden, daß mehrere MANs eingerichtet werden müssen; in Großsstädten gibt es Beispiele hierfür [200]. Die einzelnen MANs können zwar über Bridges oder Router, die entsprechende Vermittlungsfunktionen wahrnehmen, verknüpft werden, jedoch sind solche Strukturen aufwendig.

Eine andere Möglichkeit bietet die Zusammenführung von MANs über einen gemeinsamen ATM-Sternpunkt (paketvermittelnder ATM-Switch); hierdurch ergibt sich eine übersichtliche Netzstruktur.

Unter Asynchronous Transfer Mode ATM ist hierbei ein Übertragungsverfahren zu verstehen, mit dem Pakete (Zellen) fester Länge asynchron im Zeitmultiplex übertragen werden. In Abschn. 8.2.3 ist das ATM-Verfahren und der Zellenaufbau erläutert.

In ATM-Netzen wird in der Regel eine verbindungsorientierte Vermittlung logischer Kanäle (Virtual Channels) durchgeführt; in Kapitel 12 wird u.a. diese Methode behandelt.

Die Übertragung von ATM-Zellen, die oft in Verbindung mit SDH erfolgt (s. Abschn. 8.2.2) ist in der Empfehlung ITU-T I.432 standardisiert. Sie kann über VC-4-Container erfolgen, in denen die Zellen byte-synchron verpackt werden, s. Abschn. 8.2.3.

Für das Breitband-ISDN (B-ISDN), s. Abschn. 11.3.4.2 wurde ein **ATM-Kommunikationsmodell** entwickelt, das die Kommunikationsabläufe in diesem Netz regelt, ähnlich dem OSI-Modell. Im Gegensatz zum OSI-Modell (s. Abb. 11.4) sind die Protokolle jedoch nicht in der Fläche übereinander geschichtet, sondern werden dreidimensional dargestellt.

Eine weitere Anwendung der ATM-Technik in MANs zeigt Abb. 11.47. Dort wird gezeigt, wie 3 MANs über einen ATM-Knoten (ATM-Sternnetz) zusammengeführt werden können. Die Zusammenführung solcher Netze ist besonders vor-

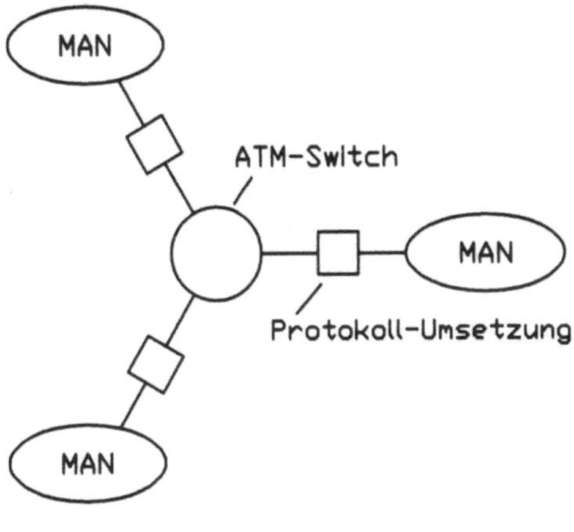

Abbildung 11.47: ATM-MAN-Sternnetz

teilhaft, wenn zwischen den einzelnen MANs und ATM weitgehende Kompatibilität herrscht. Diesen Vorteil weisen DQDB-MANs nach IEEE 802.6 auf, da sich DQDB- und ATM-Zellenaufbau nur geringfügig unterscheiden, s. Abb. 11.46.

Die Verbindung von LAN-Standards wie Ethernet (IEEE 802.3) oder Token-Ring (IEEE 802.5) mit ATM ist aufwendig und erfordert komplexere Netzübergänge.

Ein auf ATM basierendes weiteres MAN-Konzept stellt der **ATM-Ring** dar. Er besteht aus zwei gegenläufig gerichteten Glasfaserringen, wobei die Stationen jeweils unidirektional miteinander verbunden sind, s. Abb. 11.48. Auf den Ringen

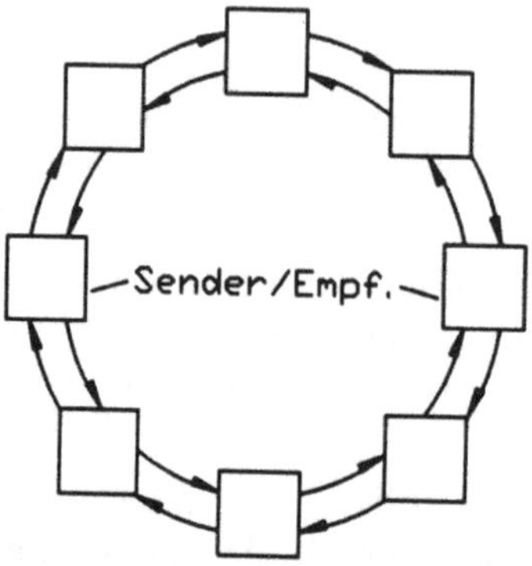

Abbildung 11.48: ATM-Ring

zirkulieren gefüllte und ungefüllte ATM-Zellen. Jede Station überprüft Zelle für Zelle, ob ihr Inhalt für sie bestimmt ist. Falls ja, leert sie die Zellen und füllt sie gegebenenfalls mit eigenen Daten auf. Ansonsten reicht sie die Leerzellen an die nachfolgende Station weiter. Jeder Station wird eine bestimmte Anzahl von Zellenbelegungen zugeteilt. Für jede gefüllte Zelle wird diese Anzahl um 1 verringert. Sind alle zugeteilten Zellenbelegungen erschöpft, so kann sie keine weiteren Zellen auffüllen, und andere Stationen beginnen mit der Zellenfüllung gemäß ihrem Guthaben an Zellenbelegungen. Durch diese Maßnahme wird verhindert, daß einzelne Stationen alle freien Zellen auffüllen, ohne Berücksichtigung der Sende-Bedürfnisse anderer, die in der Warteschlange weiter hinten stehen[175, 176, 197-199, 201-203].

11.3.4 Wide Area Networks (WANs)

WANs sind überregionale Netze, die geographisch weit voneinander entfernte (einige 100 km) Sub-Netze verbinden. Sie sind damit *Weitverkehrsnetze*. Eine Methode zur Realisierung solcher Weitverkehrsdatennetze ist die paketvermittelnde *Frame Relay - Technik*. Dieses Verfahren eignet sich besonders zur Übertragung von großen Datenmengen die - wie z.B. in LANs - unregelmäßig anfallen. Weitere typische WANs sind Netze wie das ISDN (*engl.* Integrated Service Digital Network), Datex-P und verschiedene Netze der mobilen Kommunikation.

11.3.4.1 Integrated Service Digital Network (ISDN)

Das ISDN kennzeichnet eine Zusammenfassung verschiedener Dienste in einem digitalen Netz. Durch Verwendung einheitlicher Technologien in Übertragungstechnik, Vermittlungstechnik und im Schnittstellenbereich lassen sich verschiedene Dienste kostengünstig im gleichen Netz realisieren. So haben beispielsweise die Endgeräte Telephon, FAX, PC und Terminal zur Datenübertragung die gleiche Teilnehmerschnittstelle. Die Ende-zu-Ende-Signalführung im ISDN erfolgt grundsätzlich digital mit vierdrähtigem Teilnehmeranschluß. Zum gegenwärtigen Zeitpunkt des Ausbaus ist das ISDN ein WAN, im Endausbau ein weltweites Netz (GAN).

Empfehlungen zur Errichtung des ISDN sind in den ITU-T-Spezifikationen der I-Reihe verankert. I.100 enthält das allgemeine ISDN-Konzept, die Struktur der Empfehlungen und die ISDN-Terminologie. In I.200 sind verschiedene Kategorien und Eigenschaften von Diensten beschrieben. I.300 enthält prinzipielle Funktionen des Netzes wie die Netzarchitektur, das Referenz-Modell sowie Nummerierung, Adressierung und Wegesuche. Im Abschnitt I.400 sind ISDN-Teilnehmer-Schnittstellen (Basisanschluß), Referenzkonfigurationen, Multiplexierung sowie OSI-Schicht 1, 2 und 3 Spezifikationen enthalten. Die Netz/Netz-Schnittstellen der ISDN-Knoten und zwischen dem ISDN und anderen Netzen sind im Abschnitt I.500 definiert. Schließlich enthält Abschnitt I.600 Prinzipien zum Betrieb und der Wartung des ISDN. Insgesamt haben die Spezifikationen (Stand 1992) einen Umfang von mehreren tausend Druckseiten. Die Basis für die Protokoll-Architektur im ISDN ist das OSI-Referenzmodell nach ITU-T X.200. Da das OSI-Modell (s. Abschn. 11.1) für die Datenkommunikation konzipiert ist, das ISDN jedoch auch Dienste wie digitale Sprach- und Bildübertragung mit Protokoll-Strukturen anbietet - die in Systemen zur reinen Datenübertagung nicht vorkommen - ist eine vollständige Orientierung am OSI-Modell bisher nicht möglich [119, 177, 184, 189, 190].

Die Definition der Funktionen in OSI-Schicht-1 gewährleisten die physikalische Bit-Übertragung für verschiedenartige End- und Übertragungsgeräte. Im analogen Fernsprechnetz sind die Fernsprechapparate der Teilnehmer über die zweiadrige Teilnehmer- Anschlußleitung angeschlossen, wobei gleichzeitig in gleicher Frequenzlage gesendet (sprechen) und empfangen (hören) wird. Die Entkopplung erfolgt hierbei mit einer Gabelschaltung, deren Prinzip in Abschn. 7.1 beschrieben ist. Da ISDN-Endgeräte über einen Vierdraht-Anschluß betrieben werden und derzeit viele Teilnehmer den oben erwähnten Zweidraht-Anschluß besitzen, sind **Richtungstrennungs-Verfahren** notwendig, um einen Vierdrahtbetrieb (Duplex) zu ermöglichen. Beim *Echo-Kompensationsverfahren* - ein Gleichlage-Verfahren wie im analogen Fall - wird der Vierdraht-Zweidraht-Übergang mit einer Gabelschaltung ergänzt durch ein Transversal-Filter erreicht, s. hierzu auch Abschn. 3.4.5.3. Abb. 11.49 zeigt die prinzipielle Wirkungsweise.

Gibt der Sender (S) ein Signal $x(t)$ ab, so wird ein bestimmter Signalanteil $y_1(t)$ über die Gabel (G) auf den Empfangszweig zurückgekoppelt. Das Transversalfilter (T) erzeugt nun aus $x(t)$ - durch geeignete Einstellung der Transversal-Filter-Koeffizienten - ein verzögertes Signal $y_2(t) \approx -y_1(t)$. Im Summenpunkt entsteht damit ein Restfehlersignal $e(t) = y_1(t) + y_2(t)$, das jedoch vernachlässigbar klein gemacht werden kann.

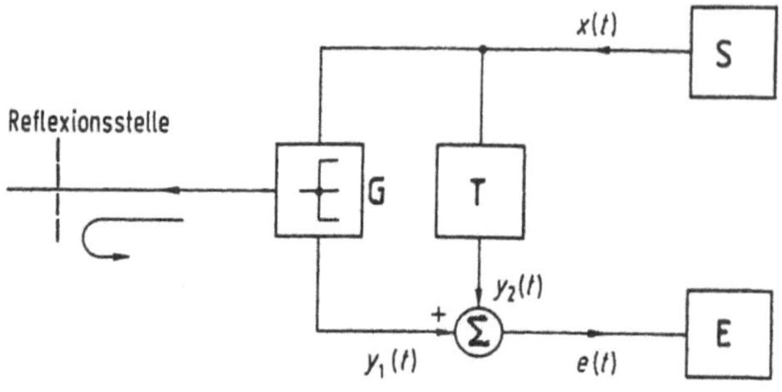

Abbildung 11.49: Adaptive Gabelschaltung (S = Sender, E = Empfänger)

Neben dem Störsignal $e(t)$ liegen weitere Störgrößen wie die Reflexion an Stoßstellen der Anschlußleitung und Fernechos vor, die kompensiert werden müssen.

Ein von der Zweidrahtseite kommendes Signal gelangt über die Gabel (G) (s. auch Abschn. 7.1, Abb. 7.4 und 7.7) und den Summenpunkt zum Empfänger (E) ohne den Sender (S) wesentlich zu beeinflussen, da in der Nachbildung die halbe Leistung vernichtet wird.

Weitere Methoden zur Richtungstrennnung sind das *Zeit-Getrenntlageverfahren* und das *Frequenz-Getrenntlageverfahren* [98, 176, 184].

11.3.4.2 Schnittstellen im ISDN

Endgeräte von ISDN-Einzelteilnehmern werden am Basis-Anschluß (Basic Access, BA) über die Teilnehmer-Schnittstelle S_0 angeschlosssen. Großkunden benutzen den Primär-Multiplexanschluß (Primary Rate Access, PRA) über die Schnittstelle S_{2M}. Jeder Anschluß ist über eine Rufnummer erreichbar. Abb. 11.50 zeigt den Teilnehmer-Anschlußbereich mit den ISDN-Schnittstellen und Netzabschlüssen [189, 190].

An der international standardisierten *Schnittstelle* S_0 (s. Tabelle 11.4) werden zwei 64 kbit/s-Kanäle - die B-Kanäle - und ein 16 kbit/s - der D-Kanal - zur Verfügung gestellt. Über die beiden B-Kanäle werden Sprach- oder Datensignale übertragen. Der D-Kanal dient der Zeichengabe (Signalsisierung). Die insgesamt 144 kbit/s aus den beiden B-Kanälen und dem D-Kanal werden ergänzt durch zusätzliche Synchronisationssignale, so daß die zu übertragende Bitrate auf 192 kbit/s ansteigt. Die S_0-Schnittstellenfunktionen sind in Tabelle 11.4 dargestellt.

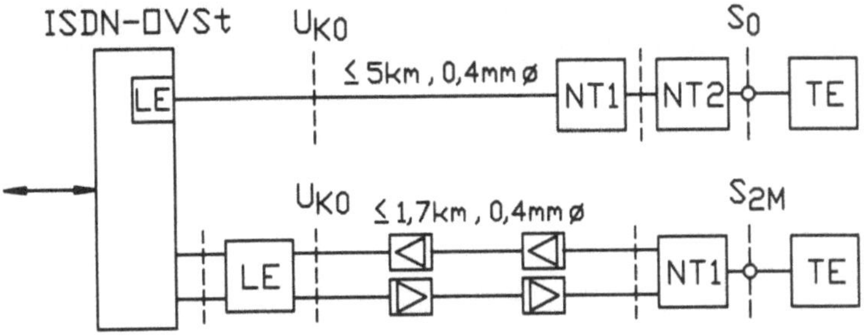

Abbildung 11.50: ISDN-Schnittstellen: LE = Leitungsendgerät; (*engl.* Line Equipment); TE = Teilnehmer-Endeinrichtung bzw. *engl.* Terminal Equipment; OVSt = Ortsvermittlungsstelle

Tabelle 11.4: Funktionen der S_0-Schnittstelle (TE = Terminal Equipment; NT 2 = Network Termination 2)

TE	Schnittstelle	NT2
2 B-Kanäle je 64 kbit/s	↔	
D-Kanal 16 kbit/s	↔	
Bittakt	↔	
Worttakt	↔	
Rahmensynchronisierung	↔	
Überrahmentakt	↔	OSI 2/3 Funktionen
Echokanal für Zugriffssteuerung	↔	
Fernspeisung	↔	
Aktivierung	↔	
Deaktivierung	↔	
TE und S_0	↔	

NT 1 (Network Termination 1) nach Abb. 11.50 enthält übertragungstechnische Funktionen wie Zweidraht-Vierdraht-Umsetzung, Leitungscodierung, Synchronisation, Multiplexierung, Stromversorgung, also insgesamt OSI-Schicht 1-Funktionen. In NT 2 sind neben OSI-Schicht 2-Funktionen auch vermittlungstechnische Funktionen (Verkehrskonzentration) gemäß OSI Schicht 3 (Multiplexbildung) vereinigt. Als Leitungscode zwischen S_0 und NT 2 wird ein modifizierter AMI-Code verwendet, s. hierzu auch Abschn. 8.3.3. Die Modifikation besteht darin, daß logisch 0 im Binärsignal im AMI-Signal alternierend als ± 1 ($\pm$ 750 mV) erscheint. Nach Tab. 11.4 wird der *Bittakt* aus dem im Terminal Equipment (TE) ankommenden, verwürfelten (Scrambler) AMI-Signal abgeleitet. Der *Worttakt* ist identisch mit der Abtastfrequenz von 8 kHz eines Sprachsignals gemäß ITU-T G. 711.

Die *Rahmensynchronisierung* wird durch eine AMI-Code-Verletzungsregel - zwei aufeinanderfolgende positive oder negative Impulse - erreicht, wie in Abb. 11.51 gezeigt.

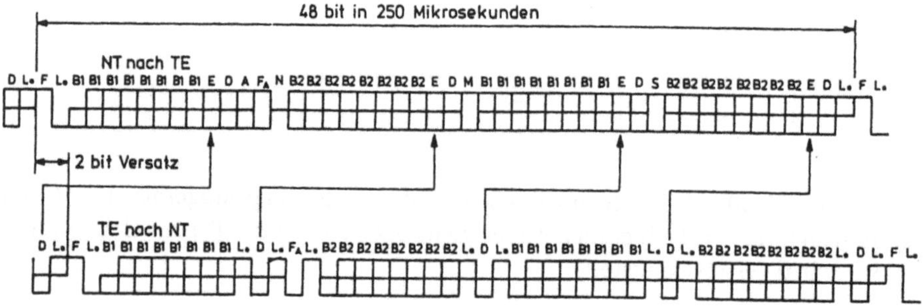

Abbildung 11.51: Rahmenaufbau an der S_0-Schnittstelle: a) NT 2 → TE; b) TE → NT 2

Die Abkürzungen in Abb. 11.51 haben die folgende Bedeutung:

- A Aktivierungskanal
- B_1 B_1-Kanal
- B_2 B_2-Kanal
- D D-Kanal
- E Echokanal
- F Rahmenkennung
- F_A Rahmenkennungszusatz, logisch 0
- L Parity
- M Überrahmenkennung
- N Anwendungskennung
- S freier Kanal, logisch 0

Die Rahmenlänge beträgt $T_f = 250\ \mu s$. Innerhalb dieses Zeitabschnitts sind 48 bit zu übertragen. Der Rahmen für die Übertragung NT 2 → TE weist einen Versatz von 2 bit gegenüber dem Rahmen TE → NT 2 auf. In Abb. 11.51 erkennt man die beiden B-Kanäle an den Bitfolgen $2 \cdot (B_1, B_1, B_1, B_1, B_1, B_1, B_1)$ und $2 \cdot (B_2, B_2, B_2, B_2, B_2, B_2, B_2, B_2)$. Bei einer Abtastfrequenz von 8 kHz (G.711) sind das jeweils 16 bit /250 μs =64 kbit/s. Die Bitrate des Multiplexsignals ist somit 48 bit/250 μs = 192 kbit/s. Im Rahmen erscheinen vier D-Bits (Zeichengabe), was einer Bitrate von 4/250 μs = 16 kbit/s (D-Kanal) entspricht. Zur Rahmensynchronisierung (TE → NT 2) mit Hilfe der erwähnten Code-Verletzungsregel wird das F-Bit (immer positiv) in Verbindung mit den D-Bits und den L-Bits so gesetzt, daß die Codeverletzung - 2 aufeinanderfolgende positive oder negative Impulse - erreicht wird. Der auf auf das F-Bit folgende Impuls ist immer negativ. Eine weitere Codeverletzung wird durch entprechendes Setzen der Bits F_A (immer negativ) und $L_.$ erzielt. Damit ist eine Synchronisierung auch dann möglich, wenn die Adern eines Adernpaars vertauscht werden. Durch geeignete Polarität der $L_.$-Bits - man bildet stets geradzahlige Rahmenabschnitte - wird die Gleichanteilfreiheit der jeweiligen Rahmenabschnitte sichergestellt.

In der Gegenrichtung (NT 2 → TE) wird die Codeverletzung mit dem F-Bit auf die gleiche Weise durchgeführt. Das darauffolgende N-Bit ist der invertierte Wert des F_A-Bits. Die $L_.$-Bits ermöglichen auch hier abschnittsweise Gleichanteilfreiheit. Letztere ist notwendig, da die Ankopplung der Endgeräte bzw. die Kopplung der Leitungsabschnitte zur galvanischen Trennung durch Übertrager erfolgt. Als *Überrahmenkennung* - der Überrahmen besteht aus 20 aufeinanderfolgenden Pulsrahmen der Dauer 250 μs - werden die Bits F_A, N und M verwendet.

An die S_0-Schnittstelle können bis zu 8 Teilnehmer-Endgeräte (Telefon, FAX, PC, etc.) über den S_0-Bus an 8 gleichartige Steckerbuchsen angeschlossen werden. Abb. 11.52 zeigt das Prinzip einer Hausverkabelung. Die Reichweite der Bus-

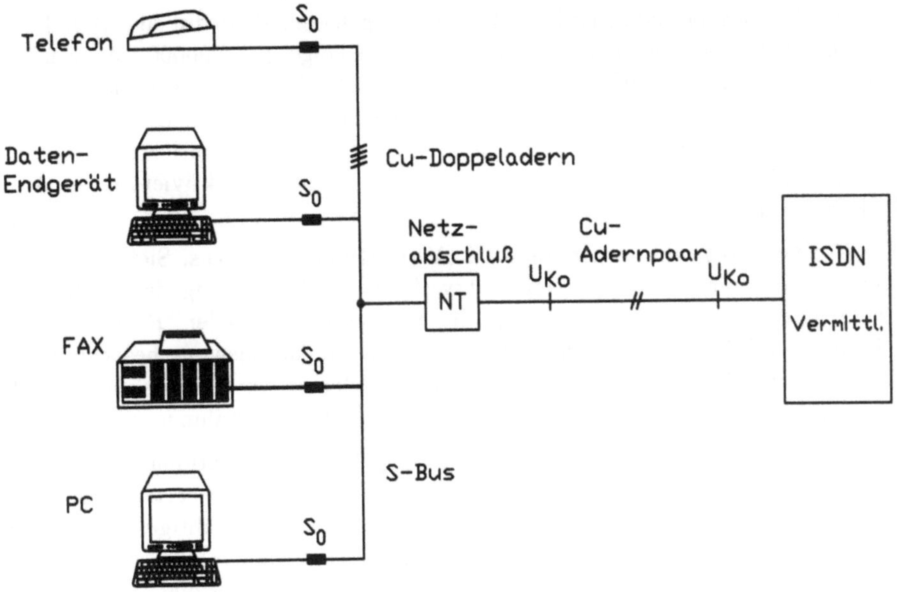

Abbildung 11.52: Beispiel einer Hausverkabelung

Konfiguration (verdrillte Cu-Kabel 0,6 mm ϕ nach VDE 0815) liegt bei ca. 150 m zwischen der S_0-Steckdose und dem am weitesten entfernten Endgerät von insgesamt 8. Wird nur ein Endgerät angeschlossen, so kann die Reichweite ca. 1000 m betragen.

Die *Zugriffssteuerung* regelt den Zugriff der TEs über den passiven Bus zum D-Kanal. An der S_0-Schnittstelle wird dies mit dem *Echokanal* (E-Kanal) erreicht. Die in NT 2 empfangene D-Kanal-Folge einer TE wird hierzu über den E-Kanal unmittelbar an die TE zum Mitlesen zurückgesendet. Stimmt eine gewisse Anzahl von anfänglichen D-Bits mit den entsprechenden zurückgesendeten E-Bits bei der Prüfung der zugreifenden TE überein, so wird der D-Kanal als frei angenommen, und der Zugriff bzw. die Zeichengabe (Signalisierung) kann durchgeführt werden (Carrier Sensing Collision Avoidance (CSMA-CA). Für den Zugriff können bestimmte Prioritäten vereinbart werden.

Die *Fernspeisung* der TE's erfolgt von NT 2 aus über den Phantomkreis der Vierdraht-Schnittstelle, wobei die Versorgungsspannung über die Mittelanzapfungen der Differential-Übertrager eingespeist wird. Die Stromversorgung erzeugt einen Stromfluß über die Adern des Phantomkreises, über die auch Digitalsignale geführt werden und nutzt damit den Kompensationseffekt dieser Schaltung ebenfalls aus [190].

Die *Aktivierung* bei einem Kommunikationsbedarf, die sowohl von der TE als auch von NT 2 ausgehen kann, läuft nach einer festgelegten Prozedur ab. Besteht ein Verbindungswunsch einer TE, so sendet sie die Folge + − 000000 (Weckruf) an NT 2. Wird der Weckruf erkannt, so werden dort alle Schaltungen aktiviert und NT 2 sendet den kompletten Rahmen, in dem die Kanäle B, D, E und A auf logisch 0 gesetzt werden. Durch diesen Rahmen wird die Endeinrichtung aktiviert. Die Aktivierung wird gegenseitig bestätig, wobei NT2 das Aktivierungsbit A auf logisch 1 setzt.

Die *Deaktivierung* geht immer von NT 2 (Vermittlungsstelle) aus. Sie schaltet nach einer bestimmten Wartezeit ohne Nutzverkehr auf der Leitung den Rahmen ab und geht in den Ruhezustand. Durch die Aussendung spezieller "Receive Ready" - Frames wird Aufnahmebereitschaft eines Kommunikationswunsches signalisiert. Die Endgeräte folgen diesem Vorgang. Leitet NT 2 eine Aktivierung ein, so sendet sie an die TE den vorgenannten modifizierten Aktivierungsrahmen unmittelbar.

Die **Schnittstelle** U_{K0} (Abb. 11.50) unterliegt keiner internationalen Standardisierung; sie wird vom Netzbetreiber spezifiziert. U_{K0} ist der übertragungstechnische Abschluß der Netzseite. Die Übertragung auf der zweidrähtigen Teilnehmer-Anschlußleitung zwischen dem Leitungsendgerät (LE) und NT 1 - NT 1 enthält wie LE Einrichtungen zur Codierung und Synchronisation - erfolgt im Basisband, wobei der ternäre MMS43-Leitungscode (Modified Monitored Sum 43) verwendet wird [148, 119, 176, 184, 189, 190].

An den Primär-Multiplex-Anschluß der **Schnittstelle** S_{2M} (Abb. 11.50) sind 30 B-Kanäle und ein D-Kanal mit jeweils 64 kbit/s anschließbar. Die sich hieraus ergebenden 1984 kbit/s werden durch einen zusätzlichen 64 kbit/s-Kanal zur Synchronisation auf 2,048 Mbit/s ergänzt. Die Schnittstelle basiert im wesentlichen auf den Empfehlungen ITU-T G.703, G. 704 und G.706. Die Funktionen, die an der Schnittstelle verfügbar sind, sind in Tab. 11.5 zusammengefaßt.

Tabelle 11.5: S_{2M}-Schnittstellen-Funktionen

TE	S_{2M}	NT1
30 B-Kanäle je 64 kbit/s	↔	
D-Kanal 64 kbit/s	↔	
Bittakt	↔	
Worttakt	↔	OSI Schicht 1-Funktionen
Rahmensynchronisierung	↔	
CRC-4-Verfahren	↔	
Betriebszustand	↔	
Speisung	↔	

Die Funktionen *Bittakt*, *Worttakt* und *Rahmensynchronisierung* sind bereits im Zusammenhang mit der S_0-Schnittstelle prinzipiell beschrieben worden. Zur Vermeidung von Fehlsynchronisationen und der Entdeckung von Bitfehlern wird das CRC-4-Verfahren (s Abschn. 10.2.5) verwendet.

Unter der Funktion *Betriebszustand* sind Meldungen zu verstehen, durch die entdeckte Fehler an die jeweilige Gegenseite übermittelt werden. Der Primärmultiplex-Anschluß wird stets aktiviert gehalten.

Die *Speisung* von NT 1 erfolgt von der TK-Anlage (Telekommunikationsanlage), dies ist eine Nebenstellenanlage zur Verbindung der Endgeräte (TEn) mit der Netzseite (NT 1).

Die 30 B-Kanäle des Primär-Multiplex-Anschlusses können jeweils mit den gleichen Endgeräten beschaltet werden wie ein Basisanschluß. Auch die Übertragung von Bitraten n · 64 kbit/s (z.B. $n = 6$ oder $n = 30$) ist möglich. Grundsätzlich wird vierdrähtig über die **Leitungsschnittstelle** U_{K2} im Basisband mit dem HDB_3-Leitungscode übertragen [148, 177, 176, 189, 190].

Die **Teilnehmer-Signalisierung im ISDN** - dies ist die Zeichengabe zum Verbindungsauf- und -abbau zwischen einer Teilnehmer-Einrichtung (TE) und der teilnehmernächsten Vermittlungsstelle (End-Vermittlungsstelle) mit der die TE über die Teilnehmeranschlußleitung verbunden ist - erfolgt sowohl beim Basisanschluß (D_{16} mit 16 kbit/s) als auch beim Primärmultiplex-Anschluß (D_{64} mit 64 kbit/s) über den D-Kanal. Zur Übertragung der Signalisierungsinformation kommen Protokolle gemäß OSI Schicht 2 und OSI Schicht 3 zur Anwendung.

Auf den D-Kanälen des Basis- und Primär-Multiplexanschlusses (D_{16} und D_{64}) wird jeweils das gleiche **Schicht 2 - Protokoll** verwendet, nämlich LABD **Link Access Procedure on the D-Channel**. Dieses Protokoll gemäß ITU-T I.440 und I.441, das im wesentlichen mit dem HDLC-Protokoll übereinstimmt, gewährleistet die gesicherte Übermittlung der vermittlungstechnischen Schicht 3 - Funktionen (Zeichengabe). Mit dem Protokoll können quittierte und unquittierte Nachrichten übermittelt und eine Flußregelung durchgeführt werden. Abb. 11.53 zeigt das Rahmenformat für LAPD-Meldungen. Die Abkürzungen in Abb. 11.53 sind

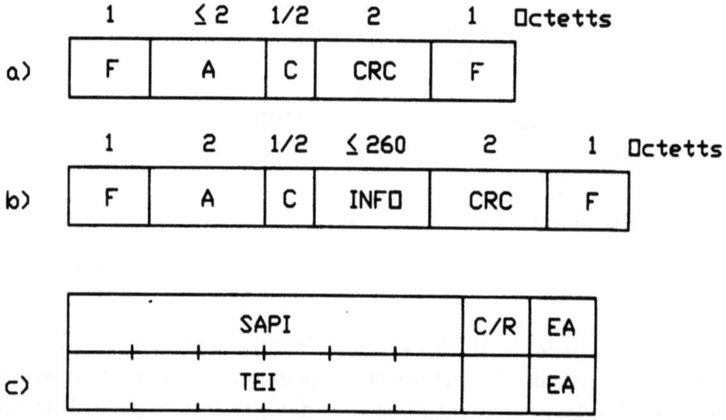

Abbildung 11.53: LAPD-Rahmen: a) Steuerrahmen; b) Informationsrahmen; c) Adresssfeld

nachfolgend erläutert.

- A Address Field
- C Control Field
- C/R Command/Response
- CRC Cyclic Redundancy Check
- EA Extended Address
- F Flag
- INFO Information (Nachricht)
- SAPI Service Access Point Identifier
- TEI Terminal Endpoint Identifier

Man unterscheidet *Steuerrahmen*, s. Abb. 11.53a, *Informationsrahmen*. s. Abb. 11.53b, und *unnumerierte Steuerrahmen* (nicht gezeichnet) mit Funktionen wie im HDLC-Protokoll, s. Abschn. 11.2.2. Nur Informationsrahmen enthalten Signalisierungsinformation (Zeichengabe). Der Rahmenanfang wird durch das Feld F, 1 Octett (= 1 byte) (01111110) angezeigt. Zur Gewährleistung der Bittransparenz wird die Methode des *Zero-Insertion*, s. Abschn. 11.2.2, benutzt. Stehen keine vermittlungstechnischen Daten zur Übertragung an, dann werden RR-Frames gesendet (RR Receive Ready), die die Aufnahme-Bereitschaft für einen Verbindungswunsch signalisieren. Der Zugriff zum D-Kanal erfolgt mit Hilfe des weiter oben beschriebenen E-Kanals. Das Adressfeld A (2 Octetts) besteht aus dem SAPI (6 bit) und dem TEI (1 Octett). Durch die beiden Angaben ist ein Dienstzugriffspunkt - gemäß den Darstellungen in Abschn. 5.1 - und ein Verbindungsendpunkt eindeutig definiert. Ist in Binärdarstellung SAPI = 0, so enthält der Rahmen Signalisierungsinformation, SAPI = 1 kennzeichnet eine Paketvermittlung nach ITU-T I.451, SAPI = 16 eine solche nach X.25, und SAPI = 63 identifiziert Wartungs- und Verwaltungsmeldungen. C/R unterscheidet in Befehle (Command) und Antworten (Response). C/R = 1 bezeichnet ein Kommando VSt→ Endgerät, C/R = 0 ein Kommando in umgekehrter Richtung. Eine Antwort VSt→Endgerät wird dementsprechend mit C/R = 0 und eine solche in umgekehrter Richtung durch C/R = 1 identifiziert. Im Feld EA (1 bit) zeigt EA = 0 an, daß ein weiteres Adress-Octett folgt, während EA=1 das letzte Octett einer Adresse kennzeichnet. TIE (7 bit) ist die Adresse des Endgerätes, für das der Rahmen bestimmt ist. Das Feld C (4 bit) enthält die Sende- und Empfangsfolgenummern N(S) und N(R) gemäß einer Modulo 128 - Zählung, wie in den Abschnitten 5.2.1 und 5.2.2 dargestellt. Im Datenteil INFO sind die vermittlungstechnischen Daten (Schicht 3) zum Verbindungs- aufbau und -abbau niedergelegt. Zwei bytes werden zur Einfügung der Prüfsumme im Feld CRC zur Fehlerentdeckung verwendet; hierzu wird das gleiche Generatorpolynom wie bei der HDLC-Prozedur benutzt. Auch die Prozeduren zum Verbindungsaufbau- und -abbau sowie zur Datenübermittlung entsprechen dem HDLC-Verfahren.

ISDN-Schicht 3 - Protokolle, die in den OSI-Schicht 2 - Rahmen eingebettet sind, sind in ITU-T Q.931 (I.451) spezifiziert. Dort sind die Grundlagen der ISDN-Verbindungssteuerung wiedergegeben. Tab. 11.6 zeigt die Struktur von Schicht 3 - Meldungen.

Tabelle 11.6: Aufbau von OSI-Schicht 3 - Meldungen

Octett	Function
1	Protocol Disciminator
2	0 0 0 0 Length of Call Reference
3	Call Reference Value
⋮	Message Type
≤ 260	Further Information Elements

Der Protocol Discriminator kennzeichnet das verwendete OSI-Schicht 3 -Protokoll (Protokoll-Kennung). Beispielsweise wird das Protokoll nach I.451 durch 0000 0001 codiert. Unterhalb der Protokoll-Kennung erscheint die Länge der Referenz-Nummer (Length of Call Reference Value). Sie beträgt 1 byte für den Basisanschluß und 2 byte für den Primär-Multiplex-Anschluß. Die Referenznummer selbst (Call Reference Value) gibt an, zu welchem Verbindungswunsch die Signalisierungsinformation gehört. Sie ermöglicht damit die eindeutige Zuordnung der Signalisierungsinformation zu einem Ruf. Das darunterliegende Octett kennzeichnet den Typ der Signalisierungsinformation (*engl.* Message Type). Man unterscheidet hierbei "Informationen für den Verbindungsaufbau- und -abbau, "Informationen während der Datenübertragungsphase" und "Spezielle Informationen". In Tab. 11.7 sind Beispiele für die vorgenannten Signalisierungsinformationen und ihre Codierung aufgeführt. Die Typen der Signalisierungsinformation werden durch

Tabelle 11.7: a) Signalisierungsinformationen für den Verbindungsaufbau- und -abbau; b) Signalisierungsinformationen während der Übertragungsphase; c) spezielle Informationen

a)		
SETUP	Setup	00000101
SETUP ACK	Setup Acknowledge	00001101
CAL PROC	Call Proceeding	00000010
ALERT	Alerting	00000001
CONN	Connect	00000111
CONN ACK	Connect Acknowledge	00001111
DISC	Disconnect	01000101
REL	Release	01001101
REL COM	Release Complete	01011010
b)		
USER INFO	User Information	00100000
SUSP	Suspend	00100101
SUSP ACK	Suspend Acknowledge	00101101
SUSP REJ	Suspend Reject	00100001
RES	Resume	00100010
RES ACK	Resume Acknowledge	00101110
RES REJ	Resume Reject	00100010
c)		
FAC	Facility	01100010
STATUS	Status	01111101
INFO	Information	01111011

Informationselemente (*engl.* Further Information Elements) ergänzt, die 1 byte oder auch mehrere Bytes ausmachen können. Beispielsweise wird mit dem Informationselement "Status" (1 byte) signalisiert, daß eine Statusmeldung folgt. Informationstypen und ergänzende Elemente der Signalisierungsinformation sind in der Empfehlung ITU-T Q.931 beschrieben [119, 176, 184, 189, 190].

Zur **Signalisierung zwischen Netzknoten** für den Verbindungsauf- und -abbau sowie weiteren Wartungs- und Verwaltungsfunktionen zwischen Netzknoten im ISDN wird als Protokoll das Signalisierungsverfahren Nr. 7 (Zeichengabesystem Nr. 7) benutzt, das bereits in Abschn. 11.2.5 beschrieben wurde. Es benötigt nicht die Kommunikationswege der Nutzinformation, sondern stellt durch Verwendung eines zentralen Signalisierungskanals ein eigenes "Signalisierungsnetz" dar. Die Signalisierungsfunktionen im ISDN (D-Kanäle) sind im ISDN-Benutzerteil (ISDN-UP) des ZGS Nr. 7 - Kommunikationsmodells, s. Abb. 11.15, definiert [176, 177, 184, 189, 190].

11.3.4.3 B-ISDN

Das im vorhergehenden Abschnitt betrachtete ISDN ist ein diensteintegrierendes Netz. Basierend auf der Grundbitrate 64 kbit/s werden im gleichen Netz und über einen gemeinsamen Netzanschluß (Schnittstelle S_0) die Dienste Telefon, Telefax, Internet-PC-Anschluß und andere Formen der Datenübertragung angeboten. Neben diesem Netz exisitieren eine Vielzahl von LANs, MANs, WANs und GANs privater Anbieter zur Datenübertragung und neuerdings unter dem Schlagwort "Voice over IP" auch zur Sprachübertragung. Als weitere separat existierende Netzformen sind die Verteilnetze für Rundfunk und Fernsehen zu betrachten. Ziel des B-ISDN (Breitband-ISDN) ist es, die Netzintegration der genannten Teilbereiche zu vollziehen. Dies könnte durch Errichtung breitbandiger LWL-Richtfunk- und Satelliten-Strecken nicht nur im Weitverkehr, sondern durch Weiterführung von breitbandigen LWL-Monomodefasern bis zum Teilnehmer erfolgen (*engl.* Fiber To The Home FTTH). Entsprechend könnten LWL-Breitbandsysteme für den Geschäfts-Datenverkehr in diesem Netz geführt werden (*engl.* Fiber To The Office FTTO). Diese Netzintegration, mit der eine Diensteintegration einher geht, eröffnet die Möglichkeit, digitale Breitband-Dienste wie HDTV (*engl.* High Definition Television), Bild-Telephon, Rundfunk und Daten (Multimedia-Dienste) fast beliebiger Bandbreite bis zum Teilnehmer in einem homogenen Netz zu transportieren. Derzeit bestehende Engpässe im Teilnehmer-Anschlußbereich, die in der gegenwärtigen Übergangsphase durch XDSL-Techniken wie ADSL und HDSL, s. Abschn. 8.6, gerade noch überwunden werden, könnten damit entfallen.

Basis des B-ISDN ist die ATM-Technik, die in Abschn. 8.2.3 bereits grundsätzlich erläutert wurde. ATM-Zellen fester Länge transportieren Signale beliebiger Bitrate über ***virtuelle Verbindungen***, s. Kapitel 12. Zur Multiplex-Bildung im Weitverkehrs-Transportnetz werden ATM-Pakete in Container der SDH-Technik "verpackt" und übertragen, s. Beispiele 8.6 bis 8.8.

In Anlehnung an das OSI-Kommunikationsmodell existiert für die Kommunikationsabläufe im ATM-B-ISDN ein eigenes Schichten-Modell. Im Gegensatz zum zweidimensionalen OSI-Modell sind die Protokolle im B-ISDN-Schichtenmodell als Kommunikationswürfel dargestellt. Der Würfel besteht aus Schichten wie im OSI-

Modell und Ebenen senkrecht zu diesen Schichten; prinzipiell ist dies somit die dreidimensionale Fortsetzung des OSI-Modells, s. Abb. 11.54. Die in Abb. 11.54

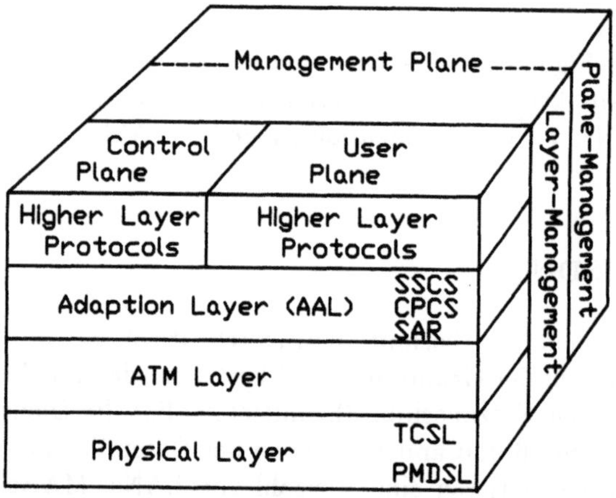

Abbildung 11.54: ATM-B-ISDN-Kommunikationsmodell

verwendeten Abkürzungen lauten wie folgt:

- CPCS Common Part Convergence Sublayer
- PMDSL Physical Medium Dependent Sublayer
- SAR Segmentation and Reassembly Sublayer
- SSCS Service Specific Convergence Sublayer
- TCSL Transmission Convergence Sublayer

Die Schicht **Higher Level Protocols** (Anwendungschicht) wird so in dreidimensionaler Fortsetzung durch die Ebenen *Control Plane* (Signalisierungsebene) und *User Plane* (Benutzerebene) unterschieden. Die Benutzerebene enthält alle Protokolle, die für eine Ende-zu-Ende-Verbindung über alle Schichten hinweg erforderlich ist. In der Signalisierungsebene sind alle Protokolle definiert, die für den Auf- und Abbau sowie die Überwachung von Verbindungen erforderlich sind.

Die Ebene **Layer-Management** (Schichten-Management) koordiniert das Zusammenwirken der Schichten. Sie koordiniert u.a. auch die sogenannte *Meta-Signalisierung.* Im B-ISDN ist kein fester Signalisierungskanal vorhanden. Aufgrund der Vielfalt von Diensten ist die Signalisierung im B-ISDN aufwendig, so daß eine Festlegung auf einen Signalisierungkanal wie den D-Kanal im Schmalband-ISDN nicht möglich ist. Mit Hilfe der Meta-Signalisierung, spezifiziert in ITU-T Q.2120 bzw. Q.2931, wird im B-ISDN für jedes Endgerät ein spezieller Signalisierungskanal bereitgestellt. Hierzu werden reservierte virtuelle Pfade bzw. virtuelle Kanäle benutzt. Die Signalisierungsinformation wird bei der Übertragung in eine ATM-Zelle verpackt. Neben den Meta-Signalisierungskanälen gibt es weitere Arten wie den ***Punkt-zu-Punkt-Signalisierungskanal*** und den ***Broadcast-Signalisierungkanal*** [197, 198, 203].

Zur Koordinierung der Ebenen (Signalisierungsebene, Benutzerebene, Layer-Management-Ebene) untereinander dient die Ebene **Plane-Management** (Ebenen-Management). Sie garantiert somit auch eine reibungslose Kommunikation zwischen den 4 Schichten.

Im **Physical Layer** (Physikalische Schicht) sind die Funktionen zur Anpassung des physikalischen Zellstroms der übergeordneten ATM-Schicht (*engl.* ATM-Layer) an das Übertragungsmedium definiert (s. ITU-T I.432). Die physikalische Schicht besteht aus 2 Unterschichten (*engl.* Sub Layer), dem Physical Medium Dependent Sublayer PMDSL und dem Transmission Convergence Sublayer TCSL. PMDSL ist zuständig für die Bitübertragung. Dies ist die niedrigste Schicht und charakterisiert das physikalische Medium (z.B. LWL, Koaxialkabel, etc). Die Schicht TCSL spezifiziert die Erzeugung der HEC-Prüfsumme (*engl.* Header Error Control), ihre Überprüfung im Empfänger, die Zellencodierung und Decodierung, die Verwerfung von fehlerhaften Zellen, das Einfügen von Leerzellen und das Entfernen derselben. Sie ist außerdem zuständig für die Adaption der ATM-Zellen an das zur Übertragung verwendete Multiplex-System (z.B. PDH 1. bis 4. Hierarchiestufe = E_1 bis E_4, SDH, FDDI, DQDB, etc.). Neben der ATM-Übertragung über bestimmte Multiplexsysteme gibt es auch die direkte ATM-Übertragung, die ebenfalls in I.432 spezifiziert ist. Um bestehende PDH-Netze in die ATM-Übertragung einzubinden, ist in ITU-T G.804 eine entsprechende Zellenanpassung für die Systeme E_1 bis E_4 definiert.

Die Übertragung in SDH-Netzen erfolgt grundsätzlich über VC-4-Container, wobei die Zellen byte-synchron in den VC-4-Container eingefügt werden, s. Beisp. 8.8.

Der **ATM-Layer** (ATM-Schicht) ist die Transportschicht des B-ISDN-Kommunikationsmodells. In ihr ist die Paketübertragung auf virtuellen Verbindungen und deren Überwachung definiert. Sie leitet die Daten des übergeordneten AAL-Layer (AAL-Schicht) (*engl.* ATM Adaptation Layer) an den Empfänger weiter. Zu ihren Aufgaben gehören insbesondere die Verkehrs- und Flußkontrolle der virtuellen Verbindungen. Bei der Übernahme einer Nachricht von der AAL-Schicht wird in der ATM-Schicht der Header erzeugt. Alle Header-Inhalte außer der Prüfsumme HEC, die wie erwähnt in der physikalischen Schicht erzeugt wird, werden hier generiert.

Der **ATM-Adaptation-Layer AAL** (AAL-Schicht) paßt die Daten der übergeordneten Schichten (Anwender) der ATM-Zellstruktur an. Um diesen unterschiedlichen Anforderungen der Anwendungsseite gerecht zu werden, hat man 4 Dienst-Klassen festgelegt, die 5 AAL-Typen zugeordnet sind [175]. Die 4 AAL-Typen werden weiter unten erläutert.

Klasse A:
Konstante Bitrate, verbindungsorientierte Vermittlung (virtuelle Verbindungen), echtzeitfähig.
Klasse B:
Variable Bitrate, verbindungsorientierte Vermittlung (virtuelle Verbindungen), echtzeitfähig.
Klasse C:
Variable Bitrate, verbindungsorientierte Vermittlung (virtuelle Verbindungen), nicht echtzeitfähig.
Klasse D:
Variable Bitrate, verbindungslose Vermittlung (Datagramme), nicht echtzeitfähig.

Zur *Klasse A* gehört beispielsweise die digitale Sprachübertragung mit 64 kbit/s. Zusammenfassend sind hier alle Dienste mit synchroner Bitübertragung einzuordnen.

Klasse B enthält ebenfalls alle Dienste mit Echtzeitanforderungen, erlaubt aber z.B. auch den Einsatz von redundanzmindernden Kompressionsverfahren wie ADPCM oder DM, s. hierzu auch Abschn. 8.1.5 und 8.1.6, bei Sprach- und Bildübertragung.

Klasse C charakterisiert die verbindungsorientierte Datenübertragung ohne Echtzeitanforderungen, d.h. die beim Empfänger eintreffenden ATM-Pakete dürfen in ihrer Übertragungszeit erheblich variieren. Typische C-Dienste sind beispielsweise die LAN-Vernetzung über einen ATM-Ring (Backbone), Emulation einer X.25-Verbindung, LAN-Emulation etc.. Unter **Emulation** versteht man in diesem Zusammenhang die Einbindung von X.25- oder LAN-Segmenten einschließlich der zugehörigen Endgeräte in ein ATM-Netz, ohne bereits installierte Komponenten zu verändern oder gar auszutauschen. Die LAN-Emulation wird in der Regel auf OSI-Schicht 2 abgewickelt.

Zur *Klasse D* gehören alle Dienste, die aufgrund ihrer verbindungslosen Vermittlung in Form von Datagrammen, s. Kapitel 12, nicht echtzeitfähig sein können. Typische Beispiele sind hier Dienste wie E-Mail, WWW, etc. im Internet, s. Abschn. 11.3.5

Der AAL-Layer ist in drei Sublayer unterteilt, nämlich in

- den Service Specific Convergence Sublayer SSCS,
- den Common Part Convergence Sublayer CPCS,
- den Segmentation And Reassembly Sublayer SAR.

Die *SAR*-Teilschicht übernimmt sendeseitig die Segmentierung der ihr überlagerten CPCS-Datenblöcke zur Übertragung über eine virtuelle Verbindung so, daß diese in die 48 Byte Nutzlast einer jeden ATM-Zelle passen. Auf der Empfangsseite werden die segmentierten CPCS-Daten wieder entsprechend zusammengesetzt. Der SAR-

Header enthält eine Folgenummer, damit verlorengegangene oder eingefügte Zellen erkannt werden, und eine CRC-Prüfsumme.

In der *CPCS-Teilschicht* werden Funktionen wie die Behandlung von Übertragungsfehlern, Zellverzögerungen etc. zur Verfügung gestellt. Die CPCS-Funktionen werden von allen Diensten innerhalb eines bestimmten AAL-Typs - es gibt 4 AAL-Typen mit den weiter unten formulierten Eigenschaften - gemeinsam benutzt.

Die Funktionen der darüberliegenden *SSCS-Teilschicht* sind demgegenüber für jeden Dienst innerhalb eines AAL-Diensttyps individuell gestaltet.

Der **AAL-Typ 1** (Dienst-Klasse A) ist für Anwendungen mit konstanter Bitrate unter Echtzeitbedingungen konzipiert. Die Übertragung erfolgt auf virtuellen Verbindungen. Der bei der Übertragung auftretende "Zellen-Jitter" - ein zeitvariabler Zellenversatz - wird kompensiert. Die Taktrückgewinnung erfolgt im Empfänger. Typische Dienste des AAL-Typs 1 sind ISDN-Dienste, Video-Übertragung sowie Anwendungen mit Schnittstellen der PDH-Hierarchie. Die SAR-PDU (*engl.* Protocol Data Unit) des AAL-Typs 1 besteht aus dem SAR-Header (1 Byte), der eine Folgenummer und ein Sequenznumerierungsfeld enthält, sowie einer Nutzlast von 47 byte. Die ATM-Nutzlast ist somit insgesamt wie erforderlich 48 Byte und wird der ATM-Schicht übergeben.

Im Unterschied zum AAL-Typ 1 sind beim **AAL-Typ 2** auch variable Bitraten zulässig (Klasse B). Wie in AAL-Typ 1 ist eine Segmentierung (Sender) und Zusammensetzung (Empfänger) vorgesehen. Im Empfänger erfolgt eine Taktableitung. Weitere Funktionen sind die Behandlung von Zellverzögerungen und falsch eingefügten oder verlorenen Zellen, die Fehlererkennung in Header und Nutzdatenfeld mit Hilfe einer CRC-Prüfsumme sowie die Rückgewinnung der Rahmenstruktur (Rahmentakt) im Empfänger. Die SAR-PDU enthält eine Folgenummer, die Sequenznumerierung, eine CRC-Prüfsumme, einen Längen-Indikator für die Nutzdaten und eine Kennzeichnung der Art der Information; insgesamt also ebenfalls 48 byte, die der ATM-Schicht übergeben werden.

Bei den **AAL-Typen 3 und 4** sollte zunächst zwischen verbindungsloser Vermittlung (Datagramme, Klasse D) und verbindungsorientierter Vermittlung (virtuelle Verbindungen, Klasse C) unterschieden werden. Da die funktionalen Unterschiede dieser beiden AAL-Typen jedoch sehr gering sind, wird keine getrennte Spezifizierung vorgenommen. Es können Daten mehrerer Anwendungen über einen einzigen virtuellen Kanal übermittelt werden. Der hierbei erforderliche Multiplex-Betrieb wird durch die SAR-Schicht unterstützt. Die Daten können hierbei als kontinuierlicher Datenstrom oder als abgeschlossener Datenblock vorliegen. Der AAL-Typ 3/4 Datenblock besteht ebenfalls aus insgesamt 48 Byte, die an die ATM-Schicht weitergegeben werden. Eine genaue Beschreibung des AAL-Typs 3/4 sowie der zugehörigen SAR-PDU, die sowohl einen Header (Datenkopf) als auch Trailer (Datenanhang) enthält, findet man in [197, 198, 201].

Der **AAL-Typ 5** (Klasse C, D) stellt eine Vereinfachung des AAL-Typs 3/4 dar; er weist jedoch einige Besonderheiten auf. So wird sowohl die verbindungslose Kommunikation der Klasse D als auch die verbindungsorientierte Kommunikation der Klasse C unterstützt. Multiplex-Betrieb ist für diesen AAL-Typ nicht spezifiziert. Der SAR-Sublayer dient lediglich der Segementierung und der empfangsseitigen Zusammensetzung der Segmente. Es erfolgt keine Rahmenbildung mit Header und Trailer wie in AAL-Typ 3/4. AAL-Typ 5 enhält im Rahmen eine sehr leistungsfähige CRC-32-Prüfsumme [175, 197, 198, 201] .

Zur Definition der Kommunikation in beliebigen ATM-Netzen (nicht B-ISDN) wird das **Allgemeine Schichtenmodell** benutzt, das einen Ausschnitt des zuvor behandelten B-ISDN-Kommunikationsmodells darstellt [198].

In Abb. 11.55 ist ein hierarchischer Aufbau eines möglichen B-ISDN-Netzprinzips mit Lichtwellenleitern bis zum Teilnehmer wiedergegeben.

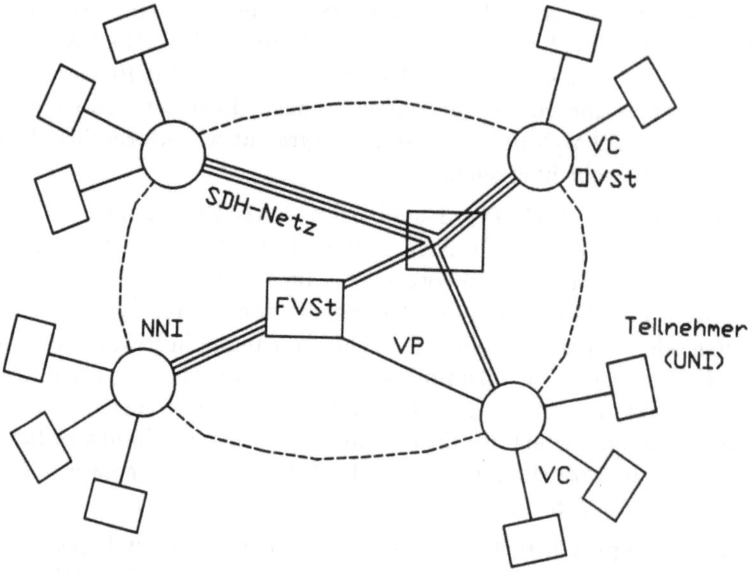

Abbildung 11.55: B-ISDN-Netzarchitektur: (FVSt = Fernvermittlungsstelle; VP = Virtual Path; VC = Virtual Channel; UNI = User Network Interface; NNI = Network Node Interface; OVSt = OrtsVermittlungstelle)

Das Netz enthält Fernvermittlungstellen (FVStn) und Ortsvermittlungstellen (OVStn) für die Pfad- und Kanalvermittlung virtueller Verbindungen, welche die Wegesuche mit Hilfe ihrer Routing-Tabellen sowie des VPI (*engl.* Virtual Path Identifier) und VCI (*engl.* Virtual Channel Identfier) im Header eines ATM-Pakets durchführen. Die in den Fernvermittlungsstellen (Cross-Connectoren) geschalteten virtuellen Pfade transportieren die in SDH-Containern verpackten ATM-Zellen.

Zwischen den vermittelnden Netzknoten können durch die 16 bit des VPI im NNI (Network Node Interface), s. Abb. 5.44, $2^{16} = 65536$ virtuelle Pfade und die 12 bit des VCI in jedem virtuellen Pfad $2^{12} = 4096$ virtuelle Kanäle identifiziert werden. Die OVStn und die FVStn sind über breitbandige Lichtwellenleiter oder entsprechende Funkstrecken (Richtfunk, Satelliten-Funk) verbunden. Die Cross-Connectoren in den FVStn des Transportnetzes werten im NNI nur den VPI aus und vermitteln so nur virtuelle Pfade, die zu den OVStn führen. Damit eine logische Verbindung zwischen zwei kommunizierenden Teilnehmern aufgebaut werden kann, muß in den OVStn sowohl VPI als auch VCI ausgewertet werden. In der untersten Netzebene liegen die Teilnehmer-Schnittstellen UNI, die an die OVStn ebenfalls über breitbandige Lichtwellenleiter in der typischen Sternstruktur angeschlossen sind. Funktionen des Network-Managements wie Netzüberwachung und Wartung sind im Netz ebenfalls verfügbar [175, 176, 209].

11.3.4.4 Frame-Relay-Netze

Die Frame-Relay-Technik ist ein paketorientiertes Übermittlungsverfahren, das ein Protokoll vergleichbar mit X.25 oder ATM benutzt. Frame Relay (FR) wurde ursprünglich zur Erweiterung des ISDN konzipiert, konnte sich dort jedoch als Standard nicht durchsetzen. X.25 wurde für Übertragungsstrecken entwickelt, die recht hohe Bitfehlerquoten aufweisen, wie beispielsweise die oft zur Digital-Übertragung benutzten (Stand)-Leitungen der Analogtechnik. Zur Fehlersicherung ist deshalb in das Protokoll X.25 das HDLC-Protokoll eingebettet. Die Bitfehlerraten heutiger LWL-Übertragungsstrecken sind sehr viel niedriger, und außerdem hat sich die Zuverlässigkeit der Endgeräte erhöht. Die Fehlersicherung wurde in FR-Systemen deshalb vom Netz (OSI-Schicht-3) in die Endgeräte verlegt (OSI-Schicht-2). Im Fall eines (recht unwahrscheinlichen) Übertragungsfehlers müssen nun nur noch die Endgeräte - nicht die Netzknoten - diesen Fehler erkennen und auf höheren Protokollschichten selbst beheben. Insgesamt entsteht so eine Erhöhung der Übertragungsrate und ein geringerer Geräteaufwand gegenüber X.25 und ATM. Dies hat dazu geführt, daß - unabhängig von ISDN - die FR-Technik als eigenständiges Weitverkehrssystem mit einer eigenen Protokollform eingesetzt wird. Aufgrund der Nähe zum ISDN basieren Protokoll und Signalisierung auf ISDN-Standards.

Die Vermittlung in FR-Netzen ist verbindungsorientiert (virtuelle Verbindungen). In Abb. 11.56 ist die Übermittlung zwischen zwei LAN-Endgeräten über das FR-Netz und die Schnittstellen FR-UNI (*engl.* Frame Relay User Network Interface) dargestellt. Das FR-Netz transportiert Rahmen (Frames), die der OSI-Schicht-2 zuzuordnen sind, von einem FR-UNI zum anderen über das FR-Netz. Kompatible Leitungsschnittstellen (OSI-Schicht-1) für den physikalischen FR-Netzzugang sind beispielsweise ITU-T X.21, G.703/704 und I.430.

Im X.25 - Protokoll ist das statistische Multiplexen zur Realisierung virtueller Verbindungen mit Hilfe des LCI (*engl.* Logical Channel Identifier) - der eine be-

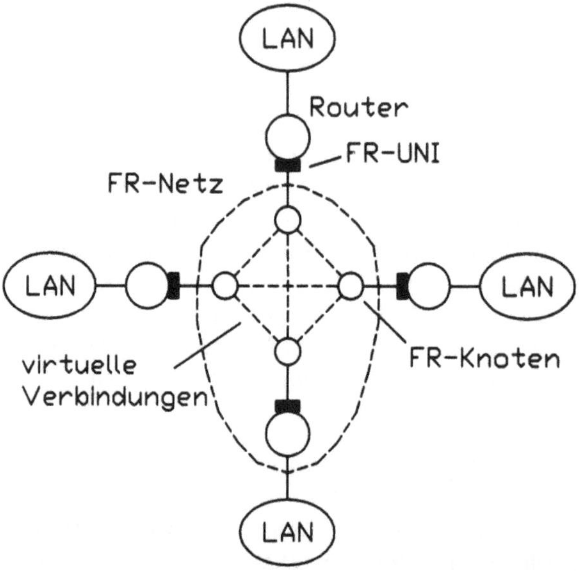

Abbildung 11.56: Schnittstellen und Knoten im FR-Netz (UNI = User Network Interface)

stehende logische Verbindung identifiziert - OSI-Schicht-3 zugeordnet. Im FR-Protokoll wird diese Aufgabe dem Data Link Connection Identifier (DLCI) gemäß OSI-Schicht-2 zugewiesen; er kennzeichnet eine bestehende virtuelle Verbindung und ist im Adreßfeld des FR-Rahmens enthalten. Hat bei der Auswertung in einem Netzknoten der DLCI im Adreßfeld einen zum Netz gehörenden Wert, so wird der Rahmen gemäß der Routing-Tabelle des Netzknotens weitergeleitet. In den FR-Endstellen werden ankommende Rahmen auf Fehlerfreiheit mit Hilfe eines CRC-Verfahrens überprüft. Fehlerhafte Rahmen werden verworfen. Abb. 11.57 zeigt den Aufbau eines FR-Rahmens. Nachfolgend sind die in Abb. 11.57 benutzten Abkürzungen erläutert.

- A Address
- BECN Backward Explicit Congestion Notification
- CRC Cyclic Redundancy Check
- C/R Command/Response
- DE Discard Eligibility
- EA Extended Address
- F Flag
- FECN Foreward Explicit Congestion Notification

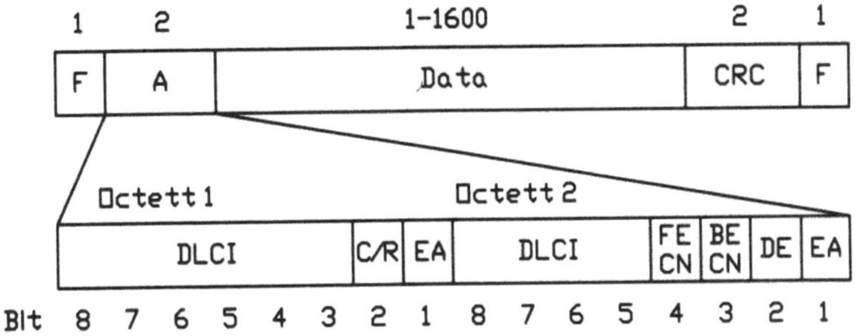

Abbildung 11.57: FR-Rahmenaufbau

Die Länge der FR-Rahmen - die den HDLC-Rahmen ähneln - ist variabel. Jeder beginnt und endet mit dem Flag (F) (0111110). Liegen keine Rahmen zur Übertragung vor, so werden ständig Flags gesendet, damit die Synchronisation auf dem Übertragungsabschnitt zwischen Sender, Netzknoten und Empfänger erhalten bleibt. Zur Vermeidung von Flag-Imitationen wird das in Abschn. 11.2.2 beschriebene Verfahren des *Zero-Insertion* benutzt. Das Adressfeld besteht aus 2 Octetts - optional kann die Länge auch 3 Octetts oder 4 Octetts betragen. Es enthält - wie bereits erwähnt - den DLCI, das C/R-Bit, das im FR-Netz transparent (ohne Veränderung und Auswertung) übertragen oder zur Unterscheidung von Steuer- und Nutzinformation auf dem betreffenden virtuellen Kanal im Endgerät verwendet wird. EA kennzeichnet eine Adreßfeld-Erweiterung, z.B. 3 Octetts oder 4 Octetts. FECN (1 bit) wird in den Knoten eines überlasteten Netzes auf logisch 1 gesetzt, um dem empfangenden Endgerät anzuzeigen, daß die für ihn bestimmten Rahmen über einen überlasteten Netzabschnitt vermittelt wurden. BECN (1 bit) ist eine rückwärtsgerichtete Überlastanzeige. Mit dem Bit DE = logisch 1 zeigt ein FR-Endgerät dem Netzknoten einer virtuellen Verbindung an, welche Daten im Falle einer Überlast bevorzugt verworfen werden können. Wichtigere Daten (DE=logisch 0) erreichen damit ihr Ziel mit höherer Wahrscheinlichkeit. Dem Adreßfeld folgt das Nutzdatenfeld Data von variabler Länge. Seine Mindestgröße ist 1 Octett, und die maximale Länge beträgt 1600 Octetts. Die CRC-Prüfsumme ermöglicht die Fehlerentdeckung in den FR-Endgeräten.

Wichtige Standardisierungen, weitergehende Details und Hinweise für Anwender der Frame-Relay-Technik findet man in [204-206].

11.3.4.5 Datex-P

Der Datenaustausch im DATEX-P-Netz der Telekom erfolgt in Paketform gemäß dem Protokoll bzw. der Empfehlung ITU-T X.25, s. hierzu auch Abschn. 11.2.4. Datex-P ist ein paketvermittelndes Wählnetz, das zur Kommunikation virtuelle Verbindungen benutzt, s. Kapitel 12. Abb. 11.58 zeigt die prinzipelle Struktur des Datex-P-Netzes. Paketorientierte Daten-Endeinrichtungen (z.B. Hosts) sind

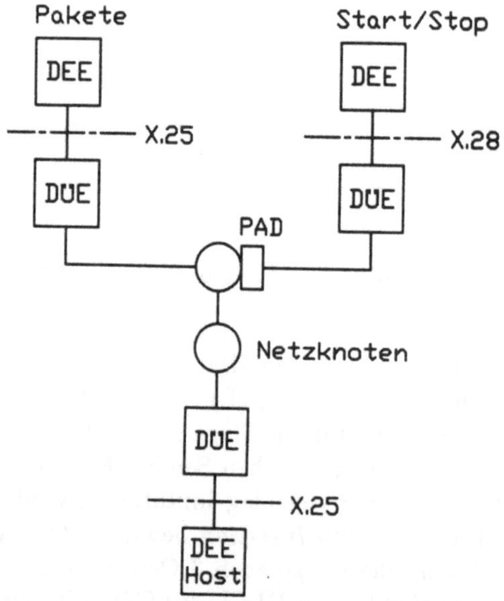

Abbildung 11.58: Datex-P-Netz (Prinzip)

an das Datex-P-Netz - nach den Schnittstellen-Empfehlungen X.25/X.21 - unmittelbar anschließbar. Daneben können auch Start/Stop-Systeme - z.B. Telex (Übertragung von Zeichen gemäß dem Internationalen Telegrafenalphabet Nr. 2, s. Tab. 11.3) - nach der Schnittstellen-Empfehlung X.28 angeschlossen werden. Im PAD (Packet Assembly Disassembly Facility) werden die asynchronen Start/Stop-Zeichen für den Weitertransport nach ITU-T X.29 paketiert bzw. empfangene Pakete entpaketiert. Der Paketaustausch zwischen Netzknoten ist in ITU-T X.75 spezifiziert [176].

11.3.4.6 Mobilfunknetze

Die mobile Kommunikation zwischen Personen in Autos (Auto-Telephon) oder Besitzern von tragbaren Funk-Telephoniegeräten (Handy's) über zellulare Funknetze hat nach der Einführung des digitalen **GSM-Netzes** (Global System for Mobile Communication) 1992 in West-Europa zu einem explosionsartigen Anwachsen der Teilnehmerzahlen geführt. Zu begründen ist diese Entwicklung durch Fortschritte auf Gebieten wie der Miniaturisierung von Komponenten (Handy), der digitalen Signalverarbeitung, der digitalen Modulation und des Vielfachzugriffs sowie der Entwicklung von Protokollen, die den Randbedingungen eines mobilen Funksystems gerecht werden [210].

Die Vorgängernetze - fast ausschließlich in Analogtechnik ausgeführt - wie das A-Netz (ab 1958), B-Netz (1972) und C-Netz (1986) konnten diese Technologie noch nicht oder nur teilweise nutzen (C-Netz). Die Anzahl der Teilnehmer blieb deshalb gering. Dagegen haben beispielsweise die zum GSM gehörenden deutschen D1- und D2-Netze inzwischen Teilnehmerzahlen in Millionenhöhe.

Außerdem haben weitere Mobilfunksysteme, wie **schnurlose Telephone** nach dem DECT-Standard (Digital Enhanced Cordless Telecommunications und **Wireless-LANs** [98, 185, 186, 211] als ergänzende Netzwerke zu den fest verdrahteten an Bedeutung gewonnen.

Das mit *Iridium* bezeichnete **mobile Satellitenfunknetz** wurde aus wirtschaftlichen Gründen - obwohl bereits betriebsfähig realisiert - nicht in Betrieb genommen.

Mit der Einführung des bei ETSI (European Telecommunications Standards Intitute) spezifizierten UMTS (Universal Mobile Telecommunications System), der europäischen Version des internationalen Systems IMT-2000 (International Mobile Telecommunications) der ITU, soll die Integration unterschiedlichster mobiler Funksysteme in ein weltweit universelles Telekommunikationsnetz erreicht werden. Über ein mobiles Endgerät (Handy) wäre damit eine weltweite Kommunikation möglich. UMTS wird gegenüber GSM aufgrund einer deutlich höheren Übertragungsrate von und zum mobilen Teilnehmer und geeigneter Protokolltechnik, neben der Telephonie eine Vielzahl neuer Dienste ermöglichen. Ein Schwerpunkt wird der drahtlose, mobile Internet-Zugang sein [96, 98, 99, 211, 214].

Mit DAB (Digital Audio Broadcasting) steht ein digitales Rundfunksystem zur Verfügung, das in Deutschland eingeführt werden soll und das außerdem eine große internationale Verbreitung gefunden hat [212, 213, 218].

Systemtechnische Zusammenhänge bezüglich der Funkwellenausbreitung in Mikrozellen sowie der Aufbau von zellularen Funknetzen sind in Abschn. 6.2.1 dargestellt.

Das **GSM-Netz** wurde von der CEPT-Arbeitsgruppe (Conference Europeen des Postes et des Telecommunications) Vorgänger des ETSI mit den Vorgaben spezifiert, das OSI-Kommunikationsmodell, das Zeichengabesystem Nr. 7 und die Kompatibilität mit dem ISDN zu berücksichtigen. Im Zeichengabesystem Nr. 7 ist ein spezieller Mobilfunk-Anwenderteil formuliert. Die GSM-Empfehlungen enthalten zum Teil Schnittstellen, die ITU-T X.25 entlehnt sind.

Als *Frequenzband* wurde für die Feststationen der Sende-Frequenzbereich 935 MHz bis 960 MHz - dies ist die Abwärtsstrecke zum Handy (down-link) - und der Empfangs-Frequenzbereich 890 MHz bis 915 MHz - dies ist die Aufwärtsstrecke (up-link) vom Handy - zugewiesen.

In den GSM-Spezifikationen wird das GSM-Gesamtsystem in drei Teilsysteme unterteilt, nämlich

- das *Radio-Subsystem (RSS)*, der Funkteilbereich mit den Mobilstationen (Handy oder Auto-Telephon) und den Basis-Feststationen (Base Station Subsystem),
- das *Network Switching Subsystem (NSS)* zur Durchführung der Vermittlung und Wegesuche,
- das *Operation Subsystem (OSS)* für die System-Überwachung und Wartung.

Abb. 11.59 zeigt den prinzipiellen Aufbau und die Schnittstellen des GSM-Systems. Die Abkürzungen in Abb. 11.59 lauten wie folgt:

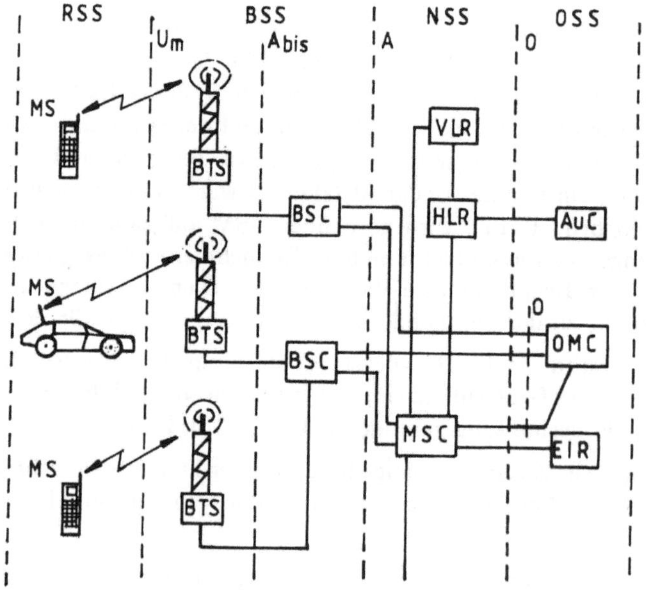

Abbildung 11.59: Aufbau des GSM-Mobilfunknetzes

- RSS Radio Subsystem
- BSS Base Station Subsystem
- NSS Network Switching Subsystem
- OSS Operation Sub System
- MS Mobil Station
- BTS Base Transceiver System
- BSC Base Station Controller
- MSC Mobile Switching Center
- VLR Visitor Location Register

- HLR Home Location Register
- AuC Authentication Center
- OMC Operation and Maintenance Center
- EIR Equipment Identity Register
- PDN Public Data Network
- PSTN Public Switched Telephone Network

Die Mobile Station (MS) das Teilnehmer-Endgerät (Handy, Ausgangsleistung 0,8 W oder 2 W; Auto-Telephon oder Portable, Ausgangsleistung jeweils 5 W oder 8 W) enthält den funktechnischen Teil (Antenne, Modulation/Demodulation, Vielfachzugriff, etc.) und die Teilnehmer-Schnittstelle, das Subscriber Identitiy Module (SIM). SIM kann im Endgerät fest eingebaut sein oder als Chip-Karte realisiert werden. Mit der Chip-Karte wird ein Teilnehmer und sein Endgerät für den Netzzugang identifiziert. Die teilenehmerspezifischen Daten werden in einem Festspeicher des SIM gehalten. Man unterscheidet in feste Daten wie:

- die Seriennummer des SIM, die den Kartenbesitzer identifiziert,
- die Liste der abonnierten Dienste,
- IMSI (International Mobile Station Identity), eine Nummer zur weltweiten Verwaltung der Mobilstation
- PIN (Personal Identitiy Number), eine 4- bis 8-stellige Geheimzahl mit der sich der Teilnehmer gegenüber seiner SIM-Karte identfiziert,
- PUK (PIN Unblocking Key), ebenfalls eine Geheimnummer, mit der sich der Teilnehmer bei dreimaliger Falscheingabe von PIN wieder freischalten kann,
- Authentication, die eindeutige Identifizierung eines Teilnehmers durch den Netzbetreiber, zur Vermeidung von Fehlern bei der Abrechnung und dynamische Daten, die wähend des Kommunikationsvorgangs permanent aktualisiert werden. Dies sind Aufenthaltsinformationen Temporary Mobil Station Identity (TMSI), Location Area Identifier (LAI), Schlüssel und Schlüssel-Nummer zur Daten-Verschlüsselung auf der Funkstrecke, die Liste gesperrter PLMNs (Public Land Mobile Networks), die Zeitdauer, die eine MS wartet, bevor sie sich in ein anderes Netz einbucht zur Auffindung eines gerufenen Teilnehmers, der beispeilsweise verreist ist und sich außerhalb seines Netzes befindet in dem er registriert ist (Roaming).

Das *Base Station Subsystem* (BSS) umfaßt den Funkbereich der Mobilen Station (MS) und die Feststationen. Zwischen den Mobil-Stationen und dem BSS besteht die Funkschnittstelle U_m, deren Struktur weiter unten betrachtet wird. Die Feststationen enthalten das Base Transceiver System (BTS) - Sende- und Empfangseinrichtungen, die wegen der nur begrenzt zulässigen Sendeleistung lediglich ein bestimmtes geographisches Gebiet (Zelle) versorgen. Innerhalb einer Funkzelle können zwei Teilnehmer frei kommunizieren. Die Zellengröße hängt von Parametern ab wie die Ausbreitungsverhältnisse der elektromagnetischen Funk-Welle und die Teilenehmerdichte, etc. s. Abschn. 6.2.1.

Bewegt sich eine MS aus dem Versorgungsbereich ihrer BSS heraus, muß die Verbindung über eine andere Basisstation geführt werden. Man bezeichnet diesen Vorgang als "Handover".

In einer BTS sind neben den rein übertragungstechnischen Transceiver-Einrichtungen auch Einrichtungen für die Signalisierung und Verbindungssteuerung (Protokoll-Technik) enthalten. Eine wichtige Komponente des BTS ist die TRAU (Transcoder/Rate Adapter Unit). Mit ihrer Hilfe wird die GSM-spezifische Sprachcodierung und die Datenraten-Adaption vorgenommen. Je nach Antennentyp versorgt eine BTS eine oder mehrere Zellen. Der Base Station Controller (BSC) verwaltet die Funktionen der Funkschnittstelle U_m einer oder mehrerer BTSs, wie z.B. die Reservierung und Freigabe von Funkkanälen, Handover-Umschaltung und die Übertragung von Signalisierungsdaten von und zum Mobile Switching Center (MSC).

Funktionen des Vermittlungsnetzes (Wegesuche) werden im *Network Switching Center (NSS)* wahrgenommen. Die Mobil-Vermittlungsstelle MSC hat die Eigenschaft eines Gateways (s. Abschn. 11.3.2) für den Übergang zwischen dem Funknetz und den öffentlichen Netzen, wie z.B. PSTN oder ISDN. Sie stellt außerdem Verbindungen zu anderen Mobilfunknetzen (PLMN) her. Das MSC ist eine digitale ISDN-Vermittlungsstelle, die mit dem Zeichengabesystem Nr. 7 arbeitet, s. Abschn. 11.2.5. Neben der Ruf-Vermittlung nimmt sie auch netzspezifische Verwaltungsaufgaben wie Verbindungsumlegung bei starken Störungen (Handover) sowie die Zuteilung und Aufhebung von Funkkanälen wahr. Datenübertragung wird mit Hilfe zusätzlicher Funktionseinheiten im MSC den Interworking Functions (IWF) realisiert. So verfügt die Data Service Unit (DSU) über Einrichtungen zur Bitraten-Anpasssung, Modem, Codierung/Decodierung (OSI-Schicht 1) und Protokoll-Abwicklung (OSI-Schicht-2/3). Die Heimatdatei Home Location Register (HLR) ist eine Datenbank, die alle signifikanten Informationen eines Mobilfunk-Teilnehmers enthält. Fest abgespeicherte Daten sind beispielsweise die Rufnummer, die Identitätsnummer der Mobilstation, die Geräteart, abonnierte Dienste und der Authentifikationsschlüssel. Neben festen Daten sind auch dynamische Daten im HLR enthalten wie der momentane Aufenthaltsort der Mobil-Station und die Mobil System Roaming Number (MSRN). Die dynamische Daten werden aktualisiert, sobald ein Teilnehmer seinen momentanen Aufenthaltsbereich verläßt. In der Regel ist das HLR im MSC untergebracht. Der Chip-Karten-Inhalt eines jeden Mobilfunk-Teilnehmers ist einmalig in der ihm zugeordneten Heimatdatei registriert. Die Besucherdatei das Visitor Location Register (VLR), ebenfalls eine dem MSC zugeordnete Datenbank, dient der Verwaltung der Teilnehmer, die sich im Bereich der gerade zuständigen MSC befinden. Sie speichert Daten, die sie von der Heimatdatei HLR übernimmt, wie z.B. Authentifikationsdaten zur Zugangssicherung, International Mobile Station Identity (IMSI) sowie die Rufnummer und versorgt so die Mobil-Vermittlungsstelle MSC mit Daten, die sie zum Verbindungsauf- und abbau benötigt. Gespeichert werden auch die MSRN die TMSI sowie der Aufenthaltsort Location Area (LA) der Mobilstation. Die Besucherdatei wurde eingerichtet um eine zu häufige Abfrage des HLR zu vermeiden.

Im *Operation Subsystem (OSS)* werden vom Netzbetreiber alle notwendigen Betriebs- und Wartungsfunktionen zur Aufrechterhaltung des Netzbetriebs wahrgenommen. Im einzelnen sind dies die Teilnehmerverwaltung (Subscriber Data Management), Netzbetrieb und Wartung (Network Operation and Maintenance) und die Mobilgeräte-Verwaltung (Mobile Equipment Management). Die Funktion der Zugangssicherung ist im Authentication Center (AuC). Im Equipment Identitiy Register (EIR) sind die Endgeräte in Form der International Mobil Equipment Identity (IMEI) registriert. Das Register enthält Informationen über funktionsfähige, nicht funktionsfähige oder gestohlene Endgeräte. Im Operations Maintenance Center (OMC) wird von zentraler Stelle aus die Überwachung des Netzes zur Aufrechterhaltung einer ausreichenden Dienstgüte durchgeführt. Das OMC ergreift hierbei Maßnahmen bei Alarmen, Störungsmeldungen und verwaltet Statusmeldungen. Es ist hierzu über eine X.25-Schnittstelle mit allem wichtigen Netzelementen verbunden. Durch entsprechende Kommandos können Eingriffe (z.B. Ersatzschaltungen) auf die genannten Netzelemente initialisiert werden. Zu den Verwaltungsaufgaben gehören auch die Gebührenabrechnung und die Auswertung von Daten über die Auslastung von Netzelementen.

Im GSM-system sind verschieden Schnittstellen wie U_m, A_{bis} A und die *Teilnehmerschnittstelle* definiert; letztere ist mit den Endgeräten und Netzabschlüssen in Abb. 11.60 wiedergegeben.

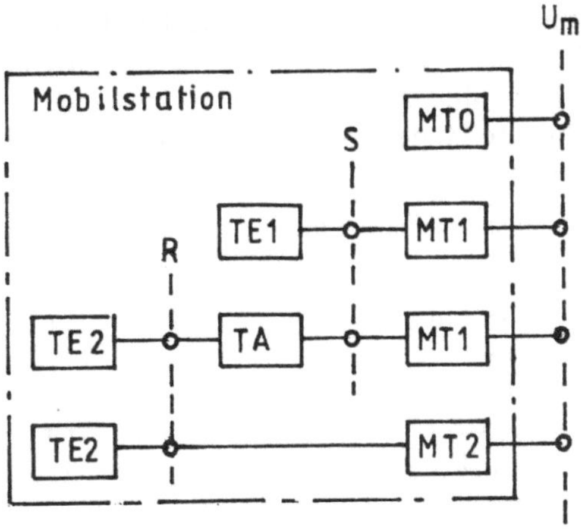

Abbildung 11.60: Teilnehmer-Schnittstelle einer Mobil-Station

In Abb. 11.60 bezeichnet MT0 (Mobile Termination Type 0) einen Netzabschluß, der Endgeräte zur Übertragung von Sprache und Daten unmittelbar über die Funk-Schnittstelle U_m enthält. MT1 ist ein mobiler Netzabschluß, an den über die ISDN-S-Schnittstelle (z.B. S_0) ein ISDN-Endgerät TE1 (Terminal Equipment 1) angeschlossen werden kann. Endgeräte der Art TE2 gemäß der ITU-T-V-Serie, s. Abschn. 11.4.1 können über die R-Schnittstelle und einen TA (Terminal Adapter) mit dem mobilen Netzanschluß MT1 verbunden werden. MT2 schließlich stellt einen Netzabschluß dar, an den Endgeräte TE2 der ITU-T-V-Serie und X-Serie anschließbar sind.

Über die *Funkschnittstelle* U_m findet die Kommunikation zwischen Mobilstation und Feststation statt. Sie ist durch die Parameter der digitalen Modulation des Vielfachzugriffs, des Frequenzbereichs und der Multiplextechnik charakterisiert. Der verfügbare Frequenzbereich der Aufwärtsstrecke (up-link) (MS→ BTS) liegt im Band 890-915 MHz. Für die Abwärtsstrecke /down-link) (BTS→ MS) wird der Bereich 935-960 MHz benutzt. Der HF-Kanalabstand beträgt 200 kHz. Als Modulationsverfahren wird GMSK mit BT=0,3, s. Abschn, 8.5.4.1, eingesetzt. In den GSM-Empfehlungen ist als Multiplex-Verfahren eine Kombination von Frequenzmultiplex (Frequency Division Multiplex, FDM) und Zeitmultiplex (Time Division Multiplex, TDM) spezifiziert. Der Vielfachzugriff auf einen physikalischen Kanal erfolgt damit durch ein hybrides TDMA/FDMA-Verfahren, auch als Multicarrier-TDMA (MC-TDMA) bezeichnet. Die Verfahren FDMA und TDMA sind in Abschn. 8.7 beschrieben. In Abb. 11.61 ist das Frequenzraster im up- und down-link sowie die TDMA-Rahmenstruktur wiedergegeben. Die verfügbaren Frequenzbänder der Breite 25 MHz im up- und down-link sind jeweils in 124 Frequenzmultiplex-Kanäle der Breite 200 kHz aufgeteilt; bei einem Schutzabstand von 200 kHz am Bandende also insgesamt $14 \cdot 200$ kHz$+200$ kHz $= 25$ MHz. Jeder Frequenzkanal Radio Frequency Channel (RFCH) hat eine eindeutige Nummer. Ein Kanalpaar gleicher Nummer in up- und down-link bildet einen Duplex-Kanal mit einem Duplex-Kanal-Abstand von 45 MHz. Ein TDMA-Rahmen besteht aus 8 Zeitschlitzen (Full-Rate Mode, Sprachcoder 13 kbit/s bzw. 12,2 kbit/s) oder 16 Zeitschlitzen (Half-Rate-Mode, Sprachcoder 5,6 kbit/s). Betrachtet wird im folgenden der Full-Rate-Mode.

Im Full-Rate-Mode teilen sich 8 Teilnehmer und im Half-Rate-Mode 16 Teilnehmer einen RF-Träger.

Bei einer festgelegten Zeitschlitz-Dauer von $156,25$ bit $\hat{=}$ $15/26$ ms $\approx$ 0,577 ms ist die TDMA-Rahmenlänge $15/26 \cdot 8 = 4,615$ ms, s. Abb. 11.61. Die Bitrate pro Zeitschlitz ist damit $156,25\,\text{bit}/(15/26)\,\text{ms} = 270,833$ kbit/s, und die Bitzahl im TDMA-Rahmen beträgt $8 \cdot 156,25$ bit $= 1250$ bit. Der TDMA-Rahmen ist im up-link gegenüber dem down-link um 3 Zeitschlitze verschoben, damit Sendezeitpunkt und Emfpangszeitpunkt nicht zusammenfallen. Genutzt wird jeder Zeitschlitz durch einen "Burst" (= Datenpaket) der Länge 148 bit. Ein Burst ist damit um 16,25 bit kürzer als ein Zeitschlitz. Damit hat man einen Schutzabstand

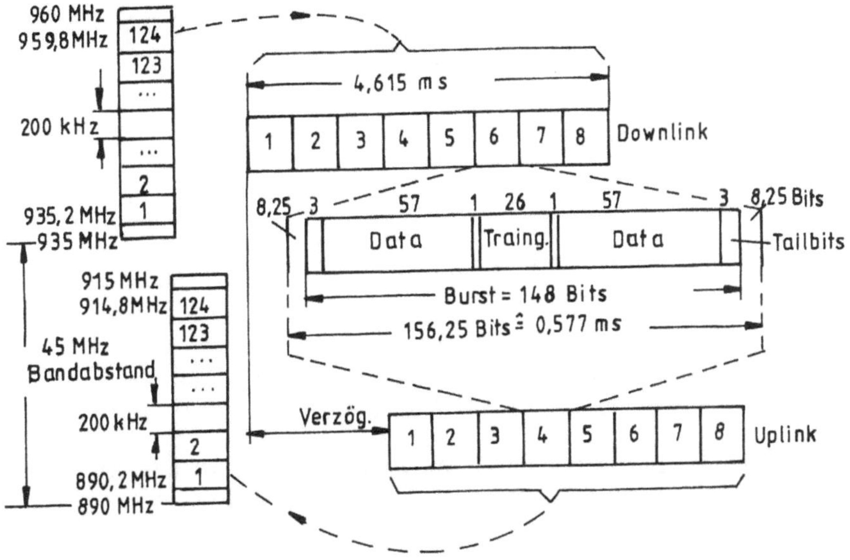

Abbildung 11.61: Frequenzraster und Rahmenaufbau im GSM-System

von 8,25 bit am Ende eines jeden Zeitschlitzes, so daß die Burst-Zeitlage innerhalb einer vorgegebenen "Zeitmaske"variieren kann.

Sind Nachrichten länger als ein Burst, so werden sie auf mehrere Bursts aufgeteilt. Insgesamt teilen sich die 148 bit eines Bursts auf in $2 \cdot 3 = 6$ Tailbits, 26 bit Trainingssequenz sowie 2 Toggle-Bits und $2 \cdot 114$ bit für die Nutznachrichten. Die Tailbits werden stets auf logisch 0 gesetzt. Sie geben die Zeitspanne an, während der im Bedarfsfalle die Sendeleistung in der Feststation hoch- oder heruntergeregelt wird. Die Trainingssequenz dient der Rahmensynchronisation und der Einstellung der Entzerrer-Parameter; letztere ist aufgrund der hohen Laufzeitunterschiede bei Mehrwege-Ausbreitung notwendig, s. Abschn. 6.2.1. Mit den 2 Toggle-Bits werden die jeweils 57 Datenbits als Nutzverkehrs- oder Zeichengabebits (Signalisierung) gekennzeichnet. Die Mittenfrequenz eines jeden Frequenzkanals ist die Trägerfrequenz worauf die periodisch mit der TDMA-Rahmenlänge (4,616 ms) erscheinenden Bursts moduliert werden. Jede Mobilstation sendet für die Dauer ihrer Kommunikation zyklisch im Abstand von 4,616 ms ihren Burst über den ihr zugewiesenen Zeitschlitz und Frequenzkanal. Insgesamt gibt es im GSM-System 5 Burst-Arten, die sich in ihrer Funktion unterscheiden, s. Abb. 11.62 In Abb. 11.62 lauten die Abkürzungen:

- TB TailBits
- TS Training Sequence

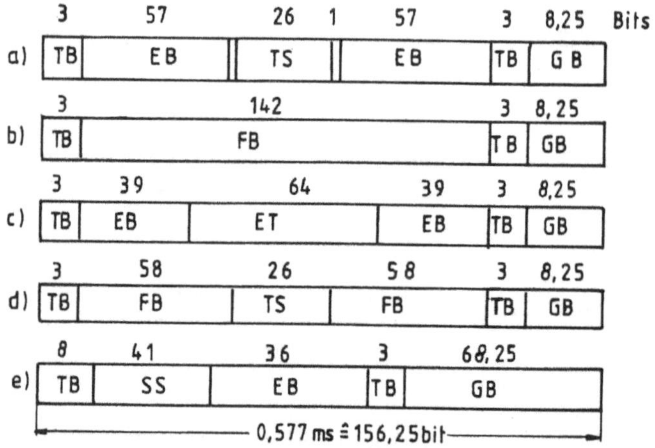

Abbildung 11.62: Burstarten im GSM-System: a) Normalburst; b) Frequency Correction Burst; c) Synchronisation Burst; d) Dummy Burst; e) Access Burst

- EB Encrypted Bits
- GB Guard Bits
- SS Synchronisation Sequence
- FB Fixed Bit Pattern
- ET Extended Training Sequence

Der Normal-Burst dient der Informations-Übertragung. Die Nachrichten- bzw. Steuerdaten erscheinen im Feld EB. Eine Feststation sendet eine Frequency Correction Burst, der lediglich 148 Nullbits enthält, zur Frequenzkorrektur in der Mobilstation. Da im Burst alle 148 bit auf logisch 0 gesetzt werden, wird infolge der GMSK-Modulation von der Feststation (BTS) ein unmodulierter Träger (Sinusschwingung) ausgesendet, auf den die Mobilstation synchronisiert. Der Synchronisation Burst wird ebenfalls von einer Feststation abgesendet. Er enthält eine besonders lange Trainingssequenz (64 bit) mit deren Hilfe die betreffende Mobilstation eine genaue Rahmen-Synchronisation durchführt. Dummy Bursts werden von einer Feststation auf speziell zugeteilten Frequenzen ausgesendet wenn keine anderen Bursts zur Absendung vorliegen. Die Mobilstation nutzt diese Bursts zur Leistungsmessung. Der Access Burst wird beim Erstzugriff (Random Access) einer Mobilstation auf den ihr zugewiesenen Zeitschlitz benötigt. Da beim Erstzugriff keine vollständige Synchronisation vorausgesetzt werden kann, ist der Access-Burst kürzer als die anderen Bursts. Sein Schutzabstand beträgt 68,25 bit $\hat{=}(1/270,833$ kbit/s$\cdot 68,25$ bit $= 0,25$ ms, eine Zeitspanne, die ausreicht um Überlappungen mit den beiden benachbarten Bursts zu vermeiden.

Mobilfunk-Frequenz-Kanäle werden durch Mehrwegeempfang und die damit verbundenen Überlagerungen und Auslöschungen (frequenzselektiver Schwund) gestört. Bei entsprechenden Ausbreitungsbedingungen wird mit zunehmendem Abstand von der Basis-Feststation und besonders an den Zellenrändern diese Störung besonders wirksam, s. Abschn. 6.2.1. Zur Verbesserung des Störabstandes wird deshalb optional ein Frequenzsprung-Verfahren (Frequency Hopping, FH) verwendet. Die Aktivierung dieses Verfahrens erfolgt nur bei starken Störungen. Bei dieser Methode wird jedem zu übertragenden Burst einer Mobilsstation oder Feststation rahmenperiodisch ein jeweils anderer Frequenzkanal zugeteilt. Die Sprungrate beträgt $1/4,615\,\mathrm{ms} \approx 217$ Frequenzspünge pro Sekunde entsprechend der TDMA-Rahmenlänge. Die Sprungfrequenzfolge wird nach einem in jeder Mobilstation implementierten Algorithmus ermittelt. Verwendet man als Sprungfrequenzfolge orthogonale PN-Folgen als Spreizsequenzen, s. hierzu auch Abschn. 8.7.3, so hat man ein zwar breitbandiges aber sehr störsicheres FH-CDMA-System [98]. Mit diesem Verfahren wird auch dann noch eine gute Signalqualität erreicht, wenn das Signal-Störungsverhältnis bzw. das Signal-Geräuschverhältnis (S/N) gering ist.

Gute Sprachqualität wird im GSM bei $S/N = 11$ dB erzielt. Wird das Frequenzssprung-Verfahren aktiviert, so hat man bereits bei $S/N = 9$ dB eine gute Sprachqualität.

Im GSM entstehen durch die Zuordnung beliebiger Zeitschlitze (unterschiedliche TDMA-Kanalnummern) zu physikalischen Frequenzkanälen *logische Kanäle*. Zeitlich sind logische Kanäle durch verschiedene Überrahmen organisiert. So bestehen "Multiframes"aus 51 oder 26 TDMA-Rahmen. Aus ihnen bildet man den "Superframe", der aus 51 oder 26 Multiframes erzeugt wird. Schließlich enthält ein "Hyperframe" 2048 Superframes. Mit Hilfe dieser Überrahmenstruktur erfolgt die Zuordnung unterschiedlicher Zeitschlitze (logische Kanäle) zu einem physikalischen Frequenzkanal, s. Abb. 11.63.

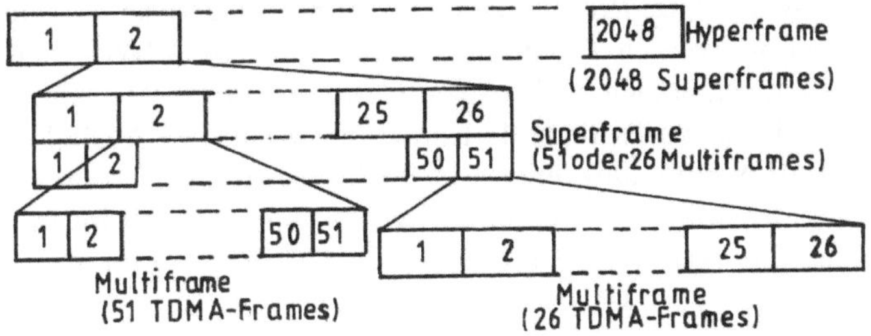

Abbildung 11.63: GSM-Überrahmenaufbau

Innerhalb dieser Rahmenstruktur sind Verkehrskanäle (Traffic Channels, TCH) - zur Übertragung der Nutzinformation - und Steuerkanäle (Control Channels, CCH) - zur Signalisierung (Zeichengabe) und Systemsteuerung - definiert. Näheres zur Definition dieser Kanäle und der Rahmenstruktur findet man in [95, 96, 98, 99, 211, 214].

Die in Abb. 11.59 gezeigte *Schnittstelle* A_{bis} ist eine PCM30-Schnittstelle gemäß ITU-T G. 732 (s. Abschn. 8.2.1) und die *Schnittstelle A* ist eine PCM30-ISDN-Schnittstelle die ebenfalls auf ITU-T 6.732 basiert. Schließlich ist die *OMC-Schnittstelle* O gemäß ITU-T X.25 definiert, s. Abschn. 11.2.4.

Mobilfunksysteme benötigen spezielle *Kommunikationsprotokolle*. So basiert die Signalisierung zwischen den in Abb. 11.59 dargestellten Netzknoten (BSS, MSC, HLR, AuC, EIR und OMC) auf dem Signalisierungsverfahren Nr. 7, s. Abschn. 11.2.5, gemäß ITU-T Q.700 - 795, das um den Mobilfunk-Anwenderteil (Mobile Application Part, MAP) erweitert wurde. Als Schicht-2-Protokoll zur Sicherung der Daten der übergeordneten Netzschicht (Schicht 3) nach dem OSI-Modell bzw. dem Zugriff auf das Übertragungsmedium - wird das $LAPD_m$-Protokoll (Link Access Procedure D_m-Channel) verwendet, das vom ISDN-LAPD-Protocol, s. Abschn. 11.4.3.1, abgeleitet wurde [211].

11.3.5 Global Area Networks (GANs)

Als globales Netz ist zunächst das internationale Fernsprechnetz zu bezeichnen. So kann man Fernsprech-Teilnehmer in allen Ländern, die am internationalen Selbstwähl-Ferndienst (SWFD) beteiligt sind, durch Wahl von "00" (bzw. einer Verkehrsausscheidungsziffer z.B. 9) einer "Landeskennzahl" (für Deutschland 49), der Vorwahlnummer ohne 0 und der Teilnehmernummer durch automatische Vermittlung erreichen. Meist wird anstelle von SWFD die international gebräuchliche Abkürzung PSTN (*engl.* Public Switched Telephon Network) benutzt.

Das inzwischen bekannteste GAN für die Datenkommunikation ist das **Internet**. Basierend auf dem TCP/IP-Protokoll (s. Abschn. 11.2.6) ist es "ungeplant" entstanden aus der weltweiten Zusammenfassung von unterschiedlichen internationalen, nationalen, regionalen und lokalen Computer-Netzen in ein vollständig vermaschtes Netz, das keinerlei zentrale Knoten aufweist. Der Ausfall eines Knotens kann die Weitervermittlung einer Nachricht damit nicht verhindern. Die Zusammenfassung der Teilnetze mit ihren Host-Rechnern erfolgt im Internet mit Routern, die auch die Vermittlung u.U. über viele Teilnetze zum Zielteilnehmer übernehmen [98].

11.3.5.1 Globales Fernsprechnetz

Als eines der ältesten Telekommunikationsnetze ist das globale Fernsprechnetz (*engl.* Public Switched Telephon Network) zu nennen; international oft auch durch die Bezeichnung Plain Old Telephon System, POTS charakterisiert. In den letzten Jahren ist dieses ursprünglich rein analoge Netz in ein digitales Netz umgestaltet worden. Die Digitalisierung hat mit der Einführung der Puls-Code-Modulation und der mit ihr verbundenen Zeitmultiplextechnik in den siebziger Jahren des letzten Jahrhunderts begonnen. Im *Weitverkehrsnetz* oberhalb der Ortsnetzebene, in der die Übertragung vierdrähtig erfolgt, ist die Digitalisierung vollzogen. Gegenwärtig wird die plesiochrone Zeitmultiplextechnik (PDH) bereits von der synchronen Zeitmultiplextechnik (SDH) in dieser Netzebene verdrängt. Im *Teilnehmeranschlußbereich* zwischen der teilnehmernächsten Vermittlungsstelle im Ortsnetz (End-Vermittlungsstelle) und dem Teilnehmer wird beim Fernsprechen gegenwärtig noch analog (zweidrähtig) übertragen, falls kein ISDN-Anschluß vorliegt. Im ISDN wird grundsätzlich digital übertragen. Die Signaltrennung erfolgt bei zweidrähtiger analoger Übertragung mit der in Abschn. 7.1 erwähnten Gabelschaltung. Für den ISDN-Anschluß wird bei einer zweidrähtigen Teilnehmeranschlußleitung eine Zweidraht-Vierdraht-Umsetzung durchgeführt, s. Abschn. 11.3.4.1, da ISDN-Endgeräte grundsätzlich vierdrähtig angeschlossen werden (Duplex-Verbindungen).

Maßnahmen zur Erhöhung der Bitraten im Teilnehmer-Anschlußbereich (ADSL, HDSL) sind in Abschn. 8.6 dargestellt.

Im analogen Fernsprechwählnetz werden seit Jahrzehnten neben der Übertragung analoger Sprachsignale auch Datensignale übermittelt. So kann ein Fernsprechteilnehmer beispielsweise auch Dienste wie Telefax, Internet PC-Anschluß oder Datendienste in Anspruch nehmen. Die Signalführung im Teilnehmer-Anschlußbereich erfolgt hierbei über die zweidrähtige Teilnehmeranschlußleitung. Ein Datenübertragungssystem besteht nach Abb. 11.12 aus den Daten-Endeinrichtungen (DEEn), dem Übertragungsmedium und den Daten-Übertragungseinrichtungen (DÜEn) sowie den Modems (Modulator-Demodulator-System). Durch Impulsformung und Wahl geeigneter Modulationsverfahren setzt das Modem die digitalen Signale zur Übertragung nach Methoden um, die in Kapitel 8 beschrieben sind. DEE und DÜE enthalten außerdem Einrichtungen zur Auswertung von Wählzeichen (Signalisierung). Die nutzbare Bandbreite der Teilnehmer-Anschlußleitung (Fernsprechkanal) beträgt nur ca. 2,5 kHz, wegen des ungünstigen Verlauf der linearen Verzerrungen des Kanals über der Frequenz. Bisher sind durch Anwendung hochstufiger digitaler Modulationsverfahren wie z.B. der APK, s. Abschn. 8.7.3, über den Fernsprechkanal bei Datenübertragung bis zu 56 kbit/s übertragbar. Die jeweiligen Verfahren zur bitseriellen Übertragung, Bitraten und Schnittstellen sind in den ITU-T-Empfehlungen der V-Serie definiert. Das funktionale Prinzip einer Schnittstelle der V-Serie ist in Abb. 11.64 wiedergegeben. Die Abkürzungen in Abb. 11.64 sind nachfolgend erklärt:

- D(Tx) Sendedaten
- D(Rx) Empfangsdaten
- S Steuerdaten
- M Meldedaten
- T Takt

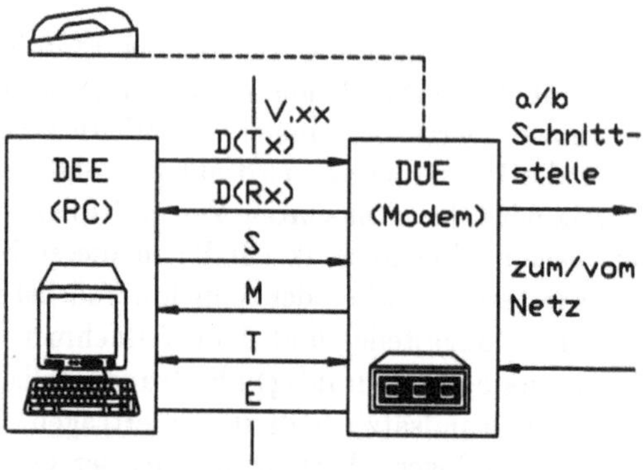

Abbildung 11.64: Schnittstellenprinzip der V-Reihe

- E Betriebserde

Tab. 11.8 enthält einige wichtige ITU-T-Empfehlungen der V-Reihe für die Datenübertragung auf Fernsprechleitungen. Die physikalischen Schnittstellen-

Tabelle 11.8: ITU-T-Empfehlungen der V-Reihe (Dx = Duplex; HDx = Halbduplex; a/s = asynchron/synchron)

ITU-T	v_b[kbit/s]	Modem	a/s	Richtg.	Dienst
V.17	2,4...14,4	APK	s	HDx	FAX
V.21	0,3	2FSK	a/s	Dx	DÜ
V.22bis	2,4	APK	a/s	Dx	DÜ
V.32bis,terbo	14,4; 19,2	APK	a/s	Dx	DÜ; FAX
V.33	2,4...14,4	APK+2FSK	s	Dx	DÜ
V.34	2,4...28,8	APK+2FSK	a/s	Dx	DÜ
V.90	56	PSK (APK)	-	-	DÜ

Bedingungen der in Tab. 11.8 aufgeführten Verfahren sind in ITU-T V.24 bzw. V.28 spezifiziert.

Für die Datenübertragung mit Bitraten > 56 kbit/s sind Übertragungswege mit höherer Bandbreite erforderlich. Beispiele für die Übertragung auf analogen Systemen sind die in ITU-T V.35 und V.36 für die Bitraten 48 kbit/s, 56 kbit/s und 72 kbit/s spezifizierten Übertragungsverfahren über Primärgruppen- bzw. Tertiärgruppen-Verbindungen der Trägerfrequenztechnik (TF-Technik), der Technik des analogen Weitverkehrsnetzes vor der Digitalisierung [47, 119]

11.3.5.2 Internet

Die Entstehung des Internet ist eng mit der Entwicklung des TCP/IP-Protokolls verknüpft, das für die Nachrichtenübermittlung in diesem weltweiten Datennetz eingesetzt wird. So werden - wie bereits in Abschn. 11.2.6 erwähnt IP-Pakete (OSI-Schicht 3) verbindungslos in Form von Datagrammen übermittelt, während TCP-Pakete verbindungorientiert über virtuelle Verbindungen geleitet werden. Beide Verbindungsarten sind logische Verbindungen. Auf dem Weg durch das Netz kann ein Datagramm viele verschiedene physikalische Streckenabschnitte zwischen Netzknoten (Routern) belegen also u.U. über viele Umwege sein Ziel ereichen. Eine virtuelle Verbindung dagegen erfordert vor der Absendung von TCP-Paketen zunächst den Aufbau einer logischen Verbindung und nach Abschluß der Kommunikation deren Abbau, s. Kapitel 12.

Der Aufbau des Internet und Netzzugänge sind in Abb. 11.65 wiedergegeben.

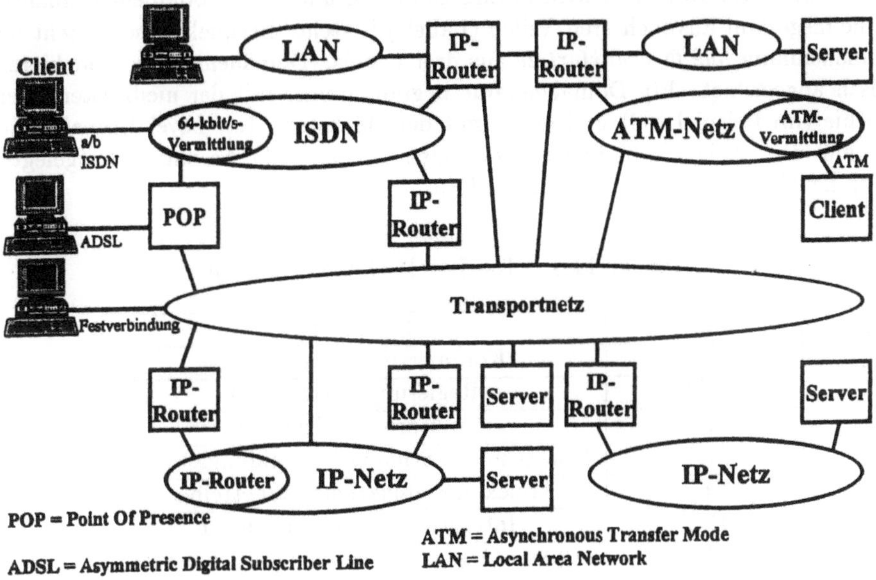

Abbildung 11.65: Aufbau des Internet und Netzzugänge[222]

Kernstück des Internet ist das Transportnetz, das in der Regel ein PDH oder SDH-Netz mit breitbandigen Übertragungsmedien für den weltweiten Verkehr wie Lichtwellenleiter, Richtfunk, Satellitenfunk und Lichtwellenleiter-Seekabel. Der Zugang zum Transportnetz erfolgt durch Internet Service Provider (ISP), z.B. T-Online, America Online (AOL), etc.. Die Internet Service Provider errichten oder (mieten) Points of Presence (POPs) oder errichten eigene Zugangsnetze. POPs verbinden Zugriffspunkte (Remote Access Nodes (RANs) des PSTN (Public Switched Telephone Network) oder ISDN über Router mit dem Internet-Transportnetz. Die Teilnehmer-Endstellen können hierbei ISDN-, ADSL-, Festverbindungs-, oder LAN-Anschlüsse haben, die über POPs bzw. Router mit dem Internet-Transportnetz verbunden werden.

Wenn ein Teilnehmer des PSTN oder ISDN (Kunde, Client) einen Internet-Anschluß einrichten möchte, wendet er sich an einen Internet Service Provider (ISP) der ihm sowohl den gewünschten Dienst als auch den Internet-Zugang verschafft. Vom ISP erhält er auch seine IP-Adresse. Art, Aufbau und Anwendung der IP-Adressen ist in Abschn. 11.2.6 dargestellt.

Für einen menschlichen Benutzer sind solche Adressen schwer handhabbar. Daher wurde als Alternative eine sogenannte "Domain-Notation" (Domain *engl.* Domäne) anstelle der IP-Adressen eingeführt. Staaten bilden hierbei die höchste Domäne, z.B. bezeichnet "ca" Kanada, "de" Deutschland, "uk" Großbritannien, usw. Jede dieser Domänen wird in Sub-Domänen unterteilt, sodaß ein Domänenname insgesamt aus mehreren Teilen (Labels) besteht. Beispielsweise besteht der Domänenname *fb2.fh-Frankfurt.de* aus drei Labels. Domänennamen sind hierarchisch angeordnet. Ein Domänenname beginnt immer mit der niedrigsten Hierarachie (im Beispiel fb2) und endet mit der Höchsten (Top Level Domain) (im Beispiel de). Neben dem Länder-Code gibt es eine Reihe besonders festgelegter "Top Level Domain Names", s. Tab. 11.9

Tabelle 11.9: "Top Level" Domänennamen

Domänenname	Bedeutung
COM	Kommerzielle Organisation
GOV	Regierungs-Institution
MIL	militärische Gruppen
EDU	Hochschulen, Schulen, Ausbildungsstätten
NET	Telekommunikationsnetzbetreiber
INT	Interntionale Organisationen
ORG	andere Organisationen als die genannten

Der Mechanismus der IP-Adressen im TCP/IP-Internet auf die hierarchisch strukturierten Host-Namen abbildet, ist das Domain Name System (DNS, RFC 1034).

Um ein IP-Datagramm an einen Host mit einem bestimmten Domänennamen senden zu können, muß sein IP-Adresse ermittelt werden. Diese Aufgabe übernehmen die der Domäne zugeordneten "Name Server". Dies sind Datenbanken welche die Zuordnung IP-Adresse $\leftrightarrow$ Domänenname enthalten.

Zum Austausch elektronischer Post im Internet *(E-Mail)* gibt es in der TCP/IP-

Protokoll-Familie das Simple Mail Transfer Protocol (SMTP) nach RFC 822. Dort ist das genaue Kommando- und Meldungsformat spezifiziert, das beim versenden von E-Mails eingehalten werden muß. Eine E-Mail-Adresse im Internet hat hierbei den folgenden Aufbau: *lokaler_teil@domain – name*, wobei der Domänenname der Name des Zielteilnehmers ist, der die E-Mail erhalten soll. *lokaler_teil* kennzeichnet die Adresse einer Mail-Box (= elektronisches Postfach) auf dem Zielrechner. Lautet eine E-Mail-Adresse beispielsweise *schmitt@firmameyer.de* dann würde die E-Mail an das Postfach *schmitt* in der Domäne *firmameier* in Deutschland gesendet.

Das *World Wide Web* (WWW) ist eine Datenbank die auf Initiative des CERN (Conseil Europeen por la Recherche Nucleaire) zurückzuführen ist. Ursprünglich wurde es zur Darstellung von wissenschaftlichen Texten entwickelt. Inzwischen hat WWW im TCP/IP-Internet eine weltweite Verbreitung gefunden. Über das Internet werden TCP-Verbindungen von Web-Browsern, dies sind graphische Bedienoberflächen/Darstellungsprogramme zur Darstellung von Internet-Nachrichten, zu einem Web-Server hergestellt, der die jeweils gewünschten Dokumente enthält, s. Abb. 11.66. Das Basisprotokoll des WWW ist das HTTP (Hypetext Transfer

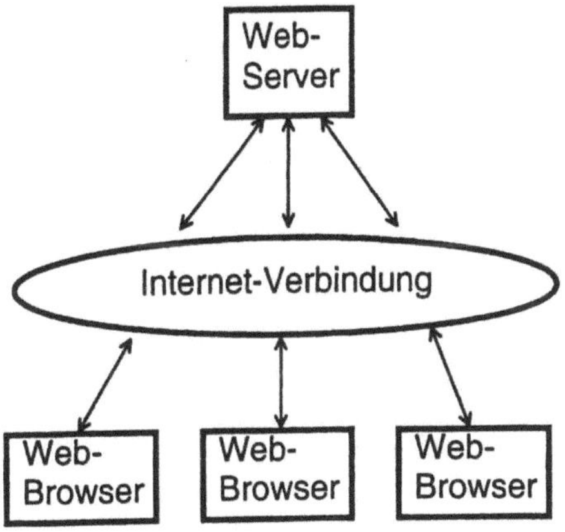

Abbildung 11.66: Prinzip einer WWW-Verbindung

Protocol), mit dem Verbindungen auf- und abgebaut und Dokumente angefordert werden. Die von einer WWW-Datenbank abzurufenden Web-Seiten werden durch eines spezielle Adresse, dem URL (Universal Resource Locator) angesprochen. Ein URL hat dabei immer den folgenden Aufbau: *http : //www.domäne/seitenname*. Beispielsweise zeigt der URL *http : //www.firmameyer.de/index.htm* auf die Seite die im Web-Server mit der Adresse *www.firmameyer.de* abgelegt ist. Die Kennung *http : //* kennzeichnet das verwendete File-Transfer-Protocol, in diesem Fall *http*. Web-Seiten werden in der Sprache HTML (Hypertext Markup Language) erstellt, welche verschiedene Formatierungsanweisungen enthält. Eine Besonderheit von HTML ist die Möglichkeit durch Verweise sogenannte "links" zu anderen Dokumenten, auch in anderen Web-Servern herzustellen (Internet-Surfen) [98].

Übungsaufgaben

Aufgabe 11.1

Beim Sequential-Polling-Verfahren, s. Abb. 11.27, betrage die Reaktionszeit der Zentralstation $t_z = 0,5$ ms. Das System enthalte 10 Peripheriestationen, die 10, 20, 30,..., 100 km von der Zentralstation entfernt sind. Die Reaktionszeit der Peripheriestationen sei ebenfalls $t_p = 0,5$ ms, und die Signallaufzeit betrage $t_L = 10$ μs/km. Jede Station habe eine Meldung (No Data) der Länge 48 bit bei einer Übertragungsrate von $v_b = 64$ kbit/s zu übertragen.

a) Welche Netto-Übertragungszeit t_B benötigt man für die 48 Bit-Meldung bei der genannten Übertragungsrate ?
b) Wie groß ist die Zeitspanne t_c, bis alle Peripheriestationen nach dem jeweiligen Poll-Befehl ihre Meldung gesendet haben und der Poll-Aufruf an die zuerst aufgerufene Station zurückkehrt (Zykluszeit) ?

Aufgabe 11.2

Ein Token-Ring-Netz, s. Abb. 11.28, der Länge $l = 10$ km enthalte 100 angeschlossene Stationen, die mit der Bitrate $v_b = 4$ Mbit/s arbeiten. Die Signallaufzeit im Ring sei $t_L = 4,2$ μs/km. Jede Station verursacht eine Verzögerung von $t_p = 0,25$ μs. Die Monitorstation erzeugt eine Verzögerung von $t_M = 6$ μs.

a) Wie groß ist die absolute Ring-Signallaufzeit ?
b) Wie groß ist die gesamte Verzögerungszeit t_v im Ring ?
c) Wie lange verbleibt eine Meldung der Länge 1024 Bytes im Ring ?

Aufgabe 11.3

In einem FDDI-Ring betrage die Bitrate 100 Mbit/s. Der Abstand zwischen zwei angeschlossenen Stationen sei 2 km bei 500 angeschalteten Stationen, und die Signallaufzeit im Ring sei $t_L = 10$ μs/km. Einfache Ringlänge $l_R = 100$ km. Jede Station verursacht eine Verzögerung von $t_p = 500$ ns.

a) Wie groß ist die maximale Signallaufzeit t_{max} zwischen 2 Stationen ?
b) Wie groß ist die Umlaufzeit t_T eines Token aus 11 Bytes ?

Aufgabe 11.4

Für die Signale an der ISDN-S_0-Schnittstelle wird als Leitungscode der modifizierte AMI-Code verwendet, s. Abschn. 11.3.4.2 und Abschn. 8.3.3. Für die Binärfolge $a_{bin} = \{101000011010001\}$ ist die zugehörige Folge a_{mod} nach dem vorgenannten Code anzugeben.

Lösungen

Aufgabe 11.1

a) $t_B = 48\text{bit}/64\text{kbit/s} = 0,75$ ms

b) $t_c = 10t_z + 10t_p + 2t_L \cdot \sum_{i=1}^{10} 10 \cdot i \cdot \text{km} + 2 \cdot 10 \cdot t_B = 36$ ms

Aufgabe 11.2

a) $t_R = 10km \cdot 4.2\mu\text{s} = 42\ \mu\text{s}$

b) $t_v = 100t_p + t_M + t_R = 73\ \mu\text{s}$

c) $t_{Me} = (1024 \cdot 8/4 \cdot 10^6) + 73\mu\text{s} = 2,121\ \mu\text{s}$

Aufgabe 11.3

a) $t_{max} = 2\text{km} \cdot 10\mu\text{s/km} = 20\ \mu\text{s}$

b) $t_T = (11 \cdot 8/100\text{Mbit/s}) + 500t_p + 100\text{km} \cdot 10\mu\text{s/km} = 1,251$ ms

Aufgabe 11.4

$a_{mod} = \{0; +1; 0; -1; +1; -1; +1, 0; 0; -1; 0; +1; -1; +1; 0\}$

Kapitel 12

Vermittlungstechnik

Die Vermittlungstechnik nahm ihren Anfang mit handvermittelten Netzknoten - einem Steckbuchsenfeld, wobei durch Stecken von Leitungen die Verbindung hergestellt wurde (1878 New Haven, USA; 1881 Berlin). Erste automatische Vermittlungsstellen wurden um 1900 in Betrieb genommen. Die Weiterentwicklung dieser Technik führte zum "Selbstwähl-Ferndienst", der die Möglichkeit bietet, in einem hierarchisch angelegten Netz auch Teilnehmer im Ausland durch Nummernwahl und automatische Vermittlung zu erreichen (1965). Die dazu verwendeten Wähleinrichtungen, die in manchen Netzen noch heute verwendet werden, sind rein mechanischer Natur (Motordrehwähler). Sie werden durch Nummernwahl (Zielvorgabe) entsprechend eingestellt.

Infolge der Einführung des ISDN (1987) begann die Ära rechnergesteuerter digitaler Vermittlungssysteme. Neben der klassischen **Leitungsvermittlung** (Durchschaltevermittlung), der Schaltung von Leitungen (physikalische Verbindung) in den Netzknoten mit Hilfe mechanischer Wähleinrichtungen, konnte nun auch die Durchschaltung von Kanälen in Form von Zeitschlitzen digitaler Zeitmultiplex-Systeme und die **Paketvermittlung (Speichervermittlung)** - die Umwandlung kontinuierlicher Nachrichtenströme in Pakete (z.B. ATM) - zum Einsatz kommen. Neben physikalischen Verbindungen sind bei der Paketvermittlung auch virtuelle (logische) Verbindungen und verbindungslose Datagramm-Dienste möglich.

Die Strategien zur Wegesuche (Routing) durch das Netz unterscheiden sich bei den beiden genannten Vermittlungsartengrundsätzlich. Neben dem Auf- und Abbau digitaler Kommunikationskanäle durch wählnummerngesteuerte Schaltung von physikalischen Leitungen und Zeitschlitzen der Zeitmultiplexsysteme, die auf den Leitungen geführt werden, wird deshalb die Paketvermittlung an den Beispielen ATM (Asynchronuos Transfer Mode) und Internet-Routing betrachtet.

Methoden der analogen Vermittlungstechnik mit ihren mechanischen Wähleinrichtungen, die teilweise aufgrund ihrer Robustheit auch heute noch im Einsatz sind, werden nicht betrachtet.

Zur Dimensionierung der Vermittlungssysteme sind mathematische Untersuchungen des Nachrichtenverkehrs und der Art der Vermittlung erforderlich. Die Grundlagen zur Behandlung dieser Fragen wurden wesentlich von dem dänischen Mathematiker A.K. Erlang mit den Veröffentlichungen "Theorie der Wartesysteme" (1908) und "Theorie der Verlustsyteme" (1917) gelegt. Hieraus entwickelte sich die **Nachrichten-Verkehrstheorie**, die inzwischen auch zur Dimensionierung von EDV-Systemen mit mehreren Computer-Arbeitsplätzen - in diesem Zusammenhang spricht man meist von **Bedientheorie** - angewendet wird [22, 119, 175].

Signalisierungsverfahren (=Zeichengabeverfahren) - die Datenübertragung von vermittlungstechnischen Zeichen zur Steuerung des Verbindungsauf- und abbaus - und Protokolle werden in diesem Kapitel nicht betrachtet, da die wichtigsten Methoden bereits in den Abschnitt 11.2 beschrieben wurden [47, 175, 176, 219].

12.1 Verkehrstheorie, Bedientheorie

In einem Telekommunikationssystem, wie z.B. das öffentliche Fernsprechnetz, ist die Belegung von Leitungen (Leitungsvermittlung), die Durchschaltung von Zeitschlitzen (Durchschaltevermittlung)- z.B. in einem PCM-30-System, die Zusammenstellung von Paketen (Speichervermittlung) oder die Belegung von Bedienplätzen einer EDV-Anlage infolge der Belegungswünsche von Teilnehmern in einem Netz ein Zufallsprozess, der als *stationär* angenommen werden kann. Ein Zufallsprozeß gilt als stationär, wenn Scharmittelwert, Varianz und alle Momente höherer Ordnung unabhängig vom Beobachtungszeitpunkt gleich sind. Als Zufallsgrößen können hierbei die Anzahl der belegten Leitungen (Leitungsvermittlung), die Anzahl der belegten Zeitschlitze (Durchschaltevermittlung), die Anzahl der notwendigen (nicht leeren) ATM-Zellen eines ATM-Systems oder die Anzahl der belegten Bedienplätze einer EDV-Anlage angenommen werden. Auch die Belegungsdauern und die Pausen, die Einfallsabstände der Anforderungen (Belegungswünsche), sind Zufallsgrößen. Das Zusammenwirken der vielen unabhängig voneinander handelnden Teilnehmer in einem Netz bedingen die statistische Struktur des Nachrichtenverkehrs. Oft handeln Teilnehmer nicht völlig unabhängig voneinander; z.B. kann die Kommunikation (z.B. Ferngespräch) zwischen 2 Teilnehmern eine ganze Reihe weiterer Verbindungsversuche beim gerufenen Teilnehmer zur Folge haben. Solche Korrelationen können jedoch im allgemeinen vernachlässigt werden. Zu berücksichtigen ist jedoch - beispielsweise bei der Bemessung von Leitungsbündeln (Anzahl von Leitungen) und der Dimensionierung der Netzknoten - daß sich den rein zufälligen Verkehrsänderungen periodisch wiederkehrende und damit im voraus angebbare Änderungen überlagern.

Vermittlungssyssteme arbeiten nach drei grundsätzlichen Strategien. So sind **Ver-**

lustsysteme Vermittlungs- bzw. Bediensysteme, bei denen die Anforderung (Kommunikationswunsch) eines Teilnehmers verloren geht, wenn in einem Netzknoten (= Vermittlungsstelle) kein freier Weg zum nächsten Knoten vorhanden ist oder der gerufene Teilnehmer gerade mit einem anderen Teilnehmer kommuniziert. Eine EDV-Anlage arbeitet nach dem Verlustprinzip, wenn alle Belegungswünsche abgewiesen werden, weil alle Bedienplätze (z.B. Computer-Arbeitsplätze) mit anderen Belegungen beschäftigt sind. Bei **Wartesystemen** wird der Belegungswunsch eines Teilnehmers solange in einem Netzknoten (Vermittlungsstelle) gespeichert, bis ein Weg zum nächsten Knoten frei wird oder der gerufene gerade kommunizierende Teilnehmer seine Belegung beendet. Wird eine EDV-Anlage als Wartesystem betrieben wird, so speichert sie den Belegungswunsch solange, bis ein Bedienplatz frei wird. Im Rahmen der Verkehrs- bzw. Bedientheorie wird dann angenommen, der Speicher zur Bildung einer Warteschlange rufender Teilnehmer sei unendlich groß. Ist die Speichergröße endlich, dann spricht man von **Warte-Verlust-Systemen**, bei denen ein Belegungswunsch verloren geht, sobald der Wartespeicher voll ist. Die Dimensionierung bzw. Spezifizierung eines Vermittlungssystem durch einen Netzbetreiber bzw. den Betreiber einer EDV-Anlage muß so erfolgen, daß nur bestimmte für die Teilnehmer akzeptable Prozentsätze an Verlusten bzw. Wartezeiten auftreten [119, 175, 220].

12.1.1 Statistik des Nachrichtenverkehrs

Wenn man die Belegungen von Leitungen eines Bündels oder die Belegung von Bedienplätzen in einem EDV-System über längere Zeit beobachtet, dann erkennt man Belegungen unterschiedlicher Dauer und unterschiedlich lange Einfallsabstände von Kommunikationswünschen. Die **Verteilung der Belegungsdauern** T_B kann durch eine negative Exponentialfunktion beschrieben werden. Dieser Belegungsprozeß bzw. **Bedienprozeß** kann als gedächtnisfrei (Markoff-Prozeß) vorausgesetzt werden. Er beschreibt die Wahrscheinlichkeit, daß eine Belegung $T_B > t$ bzw. $T_B \leq t$ ist.

$$P(T_B > t) = e^{-\mu t}; \quad P(T_B \leq t) = 1 - e^{-\mu t}. \tag{12.1}$$

Hierbei bezeichnet μ die mittlere **Endrate**, die Rate, mit der Belegungen zu Ende gehen, wenn nur *ein* Bedienplatz vorhanden ist (EDV-Anlage) bzw. *eine* Ausgangsleitung vorliegt (Vermittlungsstelle).

Abb. 12.1a zeigt den Verlauf $P(T_B > t)$ über der Zeit und in Abb. 12.1b ist das gemessene Belegungsverhalten in einer Ortsvermittlungsstelle wiedergegeben.

Zur Berechnung der **mittleren Dauer einer Belegung** benötigt man die **Wahrscheinlichkeitsdichte**, da der Nachrichtenverkehr einen kontinuierlichen Zufallsprozeß darstellt (s. auch Abschn. 2.2.2); sie folgt aus der Ableitung von

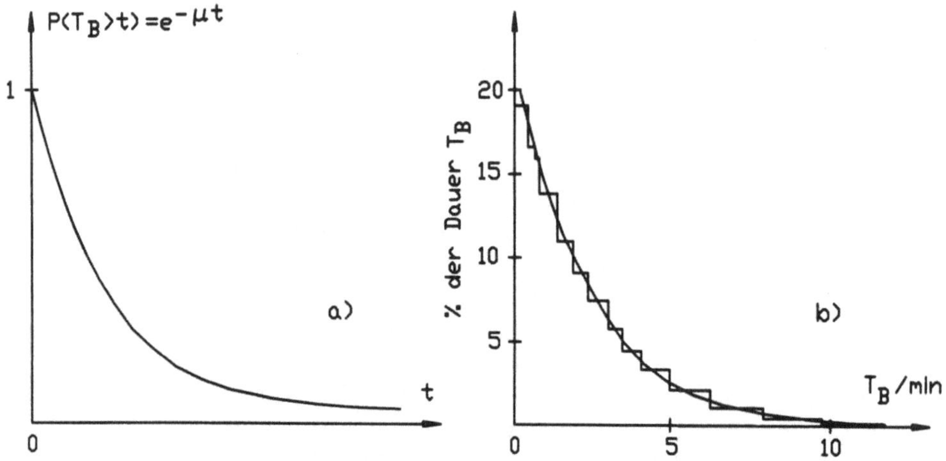

Abbildung 12.1: Verteilung der Belegungsdauern: a) theoretisch; b) gemessen in einer Ortsvermittlungsstelle

Gl. 12.1 zu

$$w(t) = \frac{dP(T_B \leq t)}{dt} = \mu e^{-\mu t}. \tag{12.2}$$

Der Erwartungswert $E\{T_B\}$ ergibt die mittlere Dauer einer Belegung

$$E\{T_B\} = t_m = \int_0^\infty t \cdot \mu e^{-\mu t} dt = \frac{1}{\mu}. \tag{12.3}$$

In der Verkehrstheorie bzw. Bedientheorie ist von Interesse wieviele Ausgangsleitungen eines Bündels einer Vermittlungsstelle bzw. wieviele Bedienplätze einer EDV-Anlage zu irgendeinem Zeitpunkt belegt sind. Da fortwährend Belegungen einfallen und welche zu Ende gehen, findet man beispielsweise das in Abb. 12.2 dargestellte Belegungsverhalten.

Bedeutsam sind periodisch wiederkehrende Belegungszeiten, von denen 3 Arten charakteristisch sind, nämlich die mit einer Jahres-, Wochen- und Tagesperiode. Abb. 12.3 zeigt das in einer Ortsvermittlungsstelle gemessene tages- und jahreszeitabhängige Verkehrsaufkommen. Wie zu erwarten ist an Werktagen nach Abb. 12.3a der Nachrichtenverkehr nachts sehr gering, steigt im Laufe des Vormittages stark an, erreicht seinen Höchstwert und fällt zur Mittagszeit wieder ab. Am Nachmittag beobachtet man eine weitere, jedoch schwächere Verkehrsspitze. Wegen der geringen Gebühren im Fernverkehr bildet sich am Abend noch eine Verkehrsspitze aus. An den Wochenendtagen zeigt sich tendenziell ein ähnliches Verhalten. Typisch für das jahreszeitliche Verhalten ist der Einbruch des Verkehrsaufkommens in den Urlaubsmonaten Juli-August, der periodisch im Jahresablauf wiederkehrt.

Bei der Bemessung von Vermittlungsnetzen bezieht man sich auf die sogenannte

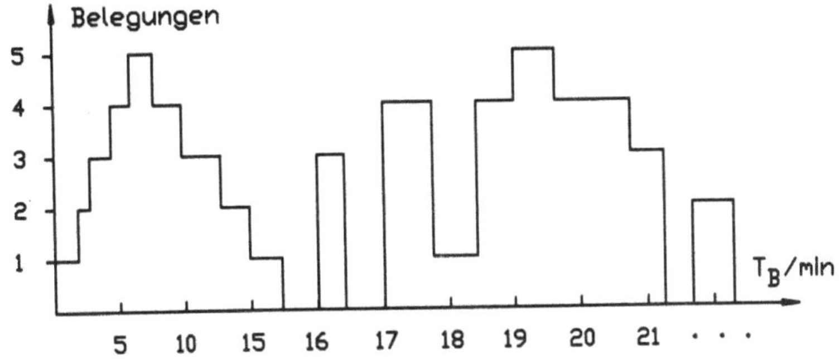

Abbildung 12.2: Belegungen in einem Bündel von 5 Leitungen (Vermittlungsstelle) bzw. Belegungen bei 5 Computer-Arbeitsplätzen (EDV-Analge)

Hauptverkehrsstunde (HVStd), die Spitzenbelastung von vier aufeinanderfolgenden Viertelstunden eines Tages, gemittelt über mehrere Tage.

Der Ankunftsprozeß, die **Verteilung der Einfallsabstände von Belegungen** kann durch die gleiche negativ exponentielle Funktion wie für die Verteilung der Belegungsdauern beschrieben werden. Die Wahrscheinlichkeit, daß ein Einfallsabstand T_A kleiner oder gleich einer beliebigen Zeit t ist, sei $P(T_A \leq t)$. $P(T_A > t) = 1 - P(T_A \leq t)$ ist dann die Gegenwahrscheinlichkeit,

$$P(T_A \leq t) = 1 - e^{-\lambda t}; \quad P(T_a > t) = e^{-\lambda t}; \tag{12.4}$$

hierbei ist $\lambda = \lambda_q \cdot m$ die **Einfallsrate** oder Ankunftsrate, wenn man m Teilnehmer (m Quellen) voraussetzt. λ_q ist die mittlere Ankunftsrate je Quelle. Mit der Wahrscheinlichkeitsdichte

$$w_a(t) = \lambda e^{-\lambda t} \tag{12.5}$$

findet man den **mittleren Einfallsabstand** $a_m = E\{T_A\} = 1/\lambda$ und für die **Varianz** ermittelt man $E\{T_A^2\} = 1/\lambda^2$.

Die Wahrscheinlichkeit $P_e(k)$ von k einfallenden Belegungswünschen innerhalb einer Zeitspanne T kann durch die *Poisson-Verteilung* beschrieben werden.

$$P_e(k) = \frac{\lambda^k T^k}{k!} e^{-\lambda T} \tag{12.6}$$

Die Poisson-Verteilung kann aus der negativ exponentiellen Verteilung hergeleitet werden [119]; sie ist deshalb ebenfalls als gedächtnislos vorauszusetzen.

□ **Beispiel 12.1**
An einer PCM-Koppelanordnung (z.B. 120 Eingänge) treffen im Mittel 12 Gesprächswünsche pro Minute ein. Die mittlere Dauer einer Belegung sei $t_m = 2$ min. Damit ist die Ankunftsrate $\lambda = 12/60\,\text{s} = 0,2$ Anrufe/s, und der mittlere Einfallsabstand ist $a_m = 1/\lambda = 5$ s. Die Endrate je Ausgangsleitung ist $\mu = 1/t_m =$

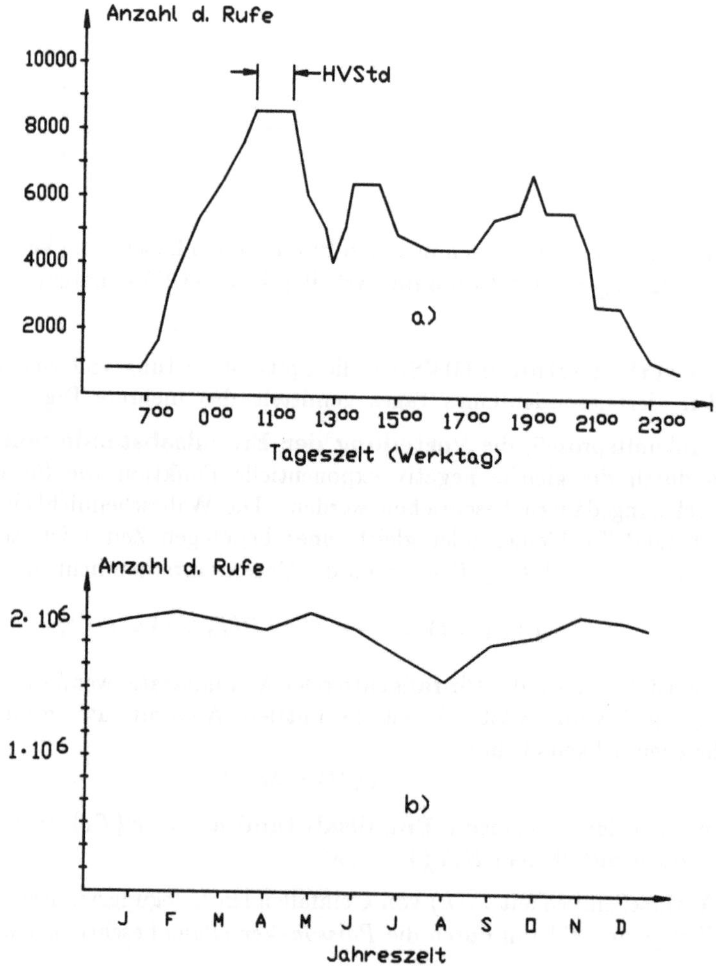

Abbildung 12.3: Verkehrsaufkommen in einer Orts-Vermittlungsstelle: a) tageszeitabhängig; b) jahreszeitabhängig

0,5/min. Für die Wahrscheinlichkeit, daß der Einfallsabstand $T_A > 20$ s wird, gilt dann mit Gl. (12.4) $P(T_A > 20\,\mathrm{s}) = e^{-\lambda t} = 0,0183 \hat{=} 1,83\%$. Die Wahrscheinlichkeit, daß eine Belegung länger als 3 min dauert, ist mit Gl. (12.1), $P(T_B > 180\,\mathrm{s}) = e^{-\mu t} = 0,223 \hat{=} 22,3\%$. Schließlich ermittelt man die Wahrscheinlichkeit, daß innerhalb einer Zeitspanne von $T = 3$ min $k = 20$ Belegungsversuche erfolgen, mit Gl. (12.6) zu $P_e(k) = [(\lambda^k T^k)/k!]e^{-\lambda T} = 1,27 \cdot 10^{-3} \hat{=} 0,127\%$.

12.1.2 Verlustsysteme

Verlust-Systeme (Vermittlungssysteme, EDV-Anlagen) arbeiten nach dem Verlustprinzip, d.h. alle Belegungsversuche werden abgewiesen und gehen verloren, wenn die gewünschte Belegung nicht hergestellt werden kann. Gründe hierfür sind beispielsweise eine Blockierung - alle Ausgänge oder Zwischenleitungen einer Koppelanordnung sind belegt - oder der gerufene Teilnehmer ist belegt. Verlustsysteme, welche die im vorhergehenden Abschnitt definierten Bedingungen erfüllen, werden als **M|M|n-Verlustsysteme** bezeichnet. Das erste M bezeichnet einen Markoffschen Ankunftsprozeß, das zweite M einen Markoffschen Bedienprozeß, und n kennzeichnet die Anzahl der Bedieneinheiten (EDV-Anlage) oder die Anzahl der Ausgangsleitungen bzw. Zeitschlitze (Vermittlungsstelle). Zur Darstellung solcher Systeme verwendet man das in Abb. 12.4 wiedergegebene Symbol. Die Ankunftsrate der einfallenden Belegungswünsche λ, bei insgesamt m Teil-

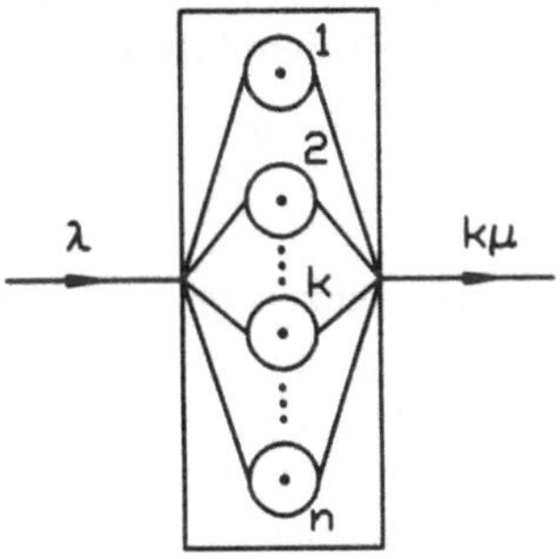

Abbildung 12.4: Symboldarstellung eines M|M|n-Verlust-Systems (k Leitungen bzw. Bedienplätze belegt)

nehmern (m Quellen) am Systemeingang hat am Systemausgang die Endrate $k\mu$ ($0 \leq k \leq n$) der abgewickelten Belegungen zur Folge.

Man unterscheidet allgemein zwischen den **angebotenen (einfallenden) Anforderungen** c_a - dies ist die Anzahl der Teilnehmer, die eine Belegung wünschen - und den tatsächlich erfolgreich abgewickelten Belegungen c_g. Ihre Differenz

$$c_v = c_a - c_g \tag{12.7}$$

ist die Anzahl der aus Mangel an freien Ausgangsleitungen einer Vermittlungstelle oder fehlenden Bedienplätzen einer EDV-Anlage auftretenden Verlustbelegungen.

Ist die mittlere Dauer einer Belegung t_m, dann ist die Belastung eines Leitungsbündels mit c_g Belegungen bzw. die Belastung einer EDV-Anlage mit c_g belegten Bedienplätzen die **Verkehrsmenge**

$$Y = c_g t_m. \tag{12.8}$$

Y hat die Dimension einer Zeit. Zur Kennzeichnung der Verkehrsmenge wird nach A.K. Erlang die Pseudoeinheit *Erlangstunde* = Erlh eingeführt. Dividiert man die Verkehrsmenge Y durch eine Beobachtungszeit T in Stunden, so erhält man den **Verkehrswert** $y = y_g$, auch Belastung genannt, gemessen in Erl=Erlang. Dies ist die Anzahl der im Mittel erfolgreich belegten Leitungen einer Vermittlungsstelle oder der im Mittel belegten Bedienplätze einer EDV-Anlage. Hierbei wird vorausgesetzt, daß jede der y Belegungen nach der mittleren Belegungsdauer t_m beendet wird. Das **Verkehrsangebot** A - die insgesamt einfallenden Anforderungen der Rate λ - ist der Verkehrswert, der auftreten würde, wenn alle Belegungsversuche erfolgreich wären.

$$A = \frac{c_a t_m}{T} = \frac{c_g t_m}{T} + \frac{c_v t_m}{T} = y_g + y_v = y + y_v \tag{12.9}$$

y_v ist hierbei der **Verlust-Verkehrswert**, der oft auch **Restverkehr** genannt wird. Die **Verlust-Wahrscheinlichkeit** B, die aus Mangel an Ausgangsleitungen (Vermittlungsstelle) bzw. Mangel an Bedienplätzen (EDV-Anlage) entsteht, ist damit

$$B = \frac{y_v}{A} = \frac{y_v}{y_v + y}. \tag{12.10}$$

Zur Berechnung der Verlustwahrscheinlichkeit geht man bei voller Erreichbarkeit - jede Eingangsleitung einer Koppelanordnung in einer Vermittlungsstelle kann mit jeder freien Ausgangsleitung verbunden werden bzw. jeder Bedienplatz einer EDV-Anlage kann mit jeder Eingangsleitung erreicht werden - von dem Zustand "k Leitungen belegt" bzw. "k Bedienplätze" belegt aus $(0 \leq k \leq n)$, s. Abb. 12.4. Zustandsübergänge werden durch das zufällige Eintreffen und Enden von Belegungen verursacht. Man definiert deshalb die **Übergangseingangsrate bei k Belegungen λ_k**

$$\lambda_k = (m - k)\lambda_q \tag{12.11}$$

m ist die Anzahl der angeschlossenen Teilnehmer (m Quellen) und λ_q die mittlere Einfallsrate pro Quelle. Für die **Übergangsendrate bei k Belegungen** gilt

$$\mu_k = k\mu \tag{12.12}$$

mit $\mu = 1/t_m$ der mittleren Endrate von Belegungen in einer Ausgangsleitung (Vermittlungstelle) bzw. eines Bedienplatzes (EDV-Anlage).

Ist die Anzahl m der Quellen endlich, so nennt man diese Art von Nachrichten- bzw. Bedienverkehr **Zufallsverkehr 2. Art**.

Abgeleitet von dem Geburt-Sterbe-Prozeß nach Poisson, ermittelt man mit den vorstehend definierten Übergangsraten die **Engset-Gleichung** bzw. **Erlang-Bernoulli-Formel**, genannt nach ihren Erfindern, welche unter den vorgenannten Randbedingungen die Wahrscheinlichkeit $P(k)$ angibt, daß bei m Quellen und insgesamt n möglichen Belegungen k Belegungen vorliegen.

$$P(k) = \frac{\binom{m}{k}\beta^k}{\sum_{i=0}^{n} \beta^i \binom{m}{i}} \tag{12.13}$$

Hierbei ist $\beta = \lambda_q t_m = \lambda_q/\mu$ der Verkehrswert pro Quelle bzw. die Belastung pro Quelle. Für den (Gesamt-) Verkehrswert erhält man bei Berücksichtigung der Engset-Gleichung

$$E\{k\} = y = \frac{c_g t_m}{T} = \sum_{k=0}^{n} kP(k). \tag{12.14}$$

Der Durchsatz S je Quelle - die Rate der erfolgreich abgewickelten Belegungen je Quelle - bei k Belegungen ist dann

$$S = \sum_{i=0}^{k-1} \lambda_{qi} P(i), \tag{12.15}$$

λ_{qi} ist die bei i Belegungen vorliegende Einfallsrate je Quelle

Die Anzahl der im Zustand "k Plätze belegt" ankommenden Belegungswünsche kann man bei m Quellen und Verkehr 2. Art durch

$$c_{ak} = \lambda_q (m-k) P(k) \tag{12.16}$$

bestimmen. Hieraus erhält man das Angebot

$$A = \frac{c_a t_m}{T} = \frac{t_m}{T} \sum_{k=0}^{n} c_{ak} = \lambda_q t_m \sum_{k=0}^{n} (m-k)P(k) = \lambda_q t_m (m-y). \tag{12.17}$$

Für den Verlust (Verkehrsrest) y_v und die Verlust-Wahrscheinlichkeit B folgt dann

$$y_v = R = \frac{c_v t_m}{T} = \lambda_q t_m (m-n) P(n); \quad B = \frac{y_v}{A} = \frac{m-n}{m-y} P(n). \tag{12.18}$$

Die Differenz $A - y_v$ der beiden vorgenannten Gleichungen liefert den Verkehrswert (=Belastung) y.

$$E\{k\} = y = A - y_v = \frac{\lambda_q t_m}{1 + \lambda_q t_m} [m - (m-n)P(n)] \tag{12.19}$$

In Fernsprech-Vermittlungssystemn ist oft die Anzahl m der Quellen (= Teilnehmer) sehr groß. Die Einfallsrate je Quelle ist dann sehr klein und kann im Mittel als konstant vorausgesetzt werden. Letzteres kann auch für die Endrate/Bedienplatz bzw. Leitung angenommen werden. Hat man in einem Vermittlungs- bzw. Bediensystem solche Bedingungen, dann spricht man von **Zufallsverkehr 1. Art**. Für das Angebot A bei m Quellen - den insgesamt einfallenden Verkehr - gilt dann einfach mit dem mittleren Verkehrswert je Quelle β

$$A = \beta m = \lambda_q m t_m = \lambda t_m = \frac{\lambda}{\mu}. \qquad (12.20)$$

Bei Berücksichtgung der Bedingungen für Zufallsverkehr 1. Art ($m \to \infty$ und $\mu \to 0$) folgt aus der Engest-Gleichung (12.13) die **Erlang-Verteilung**

$$P(k) = \frac{\frac{A^k}{k!}}{\sum_{i=0}^{n} \frac{A^i}{i!}}. \qquad (12.21)$$

$P(k)$ ist die Wahrscheinlichkeit, daß k von insgesamt n möglichen Belegungen bei einem bestimmten Angebot A vorliegen. Setzt man in der Erlang-Verteilung $k = n$, so erhält man die **Erlang-Verlustformel**

$$B = P(n) = \frac{\frac{A^n}{n!}}{1 + A + \frac{A^2}{2!} + \cdots + \frac{A^n}{n!}} = \frac{y_v}{A}; \qquad (12.22)$$

sie gibt die **Verlust-Wahrscheinlichkeit** B bei einem bestimmten Verkehrsangebot A (Verkehr 1. Art) und n Belegungsmöglichkeiten (z.B n Ausgangsleitungen einer Koppelanordnung oder n Bedienplätze einer EDV-Anlage) an. Außerdem wird vorausgesetzt, daß abgewiesene Belegungen nicht sofort wieder einfallen und der Einfall einer neuen Belegung bzw. das Ende einer Belegung in jedem Augenblick gleichwahrscheinlich ist. Die Wahrscheinlichkeit, daß ein einfallender Belegungswunsch nicht abgewiesen wird, ist $1 - B$. Für den Systemdurchsatz D bei Verkehr 1. Art und die Belastung y folgt somit

$$D = \lambda(1 - B); \quad E\{k\} = y = A(1 - B) \qquad (12.23)$$

[22, 47, 119].

□ **Beispiel 12.2**

Eine kleine Vermittlungsstelle (VSt) (Verkehr 2. Art) arbeite als Verlustsystem. Am Eingang der VSt seien unmittelbar 10 Endgeräte z.B. PC ($m = 10$) angeschaltet, die auf eine einzige Leitung am Ausgang der VSt ($n = 1$) vermittelt werden. Das Verkehrsaufkommen je Quelle sei $\beta = 0,04$ Erl. Die mittlere Belegungsdauer sei $t_m = 2$ min.

Mit der Engset-Gleichung ermittelt man die Wahrscheinlichkeit, daß die Ausgangsleitung ($k = n = 1$) belegt ist, zu $P(k) = 0,2857 \hat{=} 28,57\%$. Die mittlere Einfallsrate je Quelle ist $\lambda_q = \beta/t_m = 0,000333$ Erl/s. Mit Gl. (12.19) folgt für die

Belastung der VSt $y = \beta/(1+\beta)[m-(m-n)P(n)] = 0{,}2857$ Erl und das Angebot ist nach Gl. (12.17), $A = \beta(m-y) = 0{,}38857$ Erl. Der Verlust ergibt sich dann zu $y_v = A - y = 0{,}103$ Erl, und die Verlust-Wahrscheinlichkeit ist $B = [(m-n)/(m-y)]P(n) = y_v/A = 0{,}265 \mathrel{\hat{=}} 26{,}5\%$.

□ **Beispiel 12.3**
Einer Koppelanordnung mit $n = 5$ abgehenden Leitungen werde ein Angebot von $A = 4$ Erl zugeführt (Verkehr 1. Art). Mit der Erlangschen Verlustformel Gl. (12.22) ermittelt man $B = (4^5/5!)/(1+4+4^2/2!+4^3/3!+4^4/4!+4^5/5!) = 0{,}199 \approx 0{,}2 \mathrel{\hat{=}} 20\%$.

12.1.3 Wartesysteme

In Wartesystemen entsteht kein Verlust, d.h. alle einfallenden Anforderungen werden gespeichert und nach bestimmten Strategien abgewickelt; in Abschn. 12.1.5 wird hierauf noch eingegangen. Wartesysteme findet man in der Praxis in *Paketvermittlungssystemen*, z.B. ATM, in *EDV-Anlagen* und in Systemen der *Automatisierungstechnik*.

Nachfolgend werden **M|M|n-Wartesysteme** bei *Zufallsverkehr 1. Art* betrachtet. Ein M|M|n-Warte-System hat unendlich viele Speicherplätze (Warteplätze), $w \to \infty$, und n Ausgangsleitungen bzw. n abgehende Zeitschlitze (Kanäle) im Falle der Leitungs- bzw. Durchschaltevermittlung oder - wenn es sich um eine EDV-Analage handelt - n Bedienplätze. Ankunfts- und Bedienprozeß sind Markoff-Prozesse, die durch die negativ exponentiellen Wahrscheinlichkeitsdichten nach Gl. (12.5) bzw. (12.2) beschrieben werden.

Abb. 12.5 zeigt das Symbol eines M|M|n-Wartesystems; k ist darin die Anzahl der

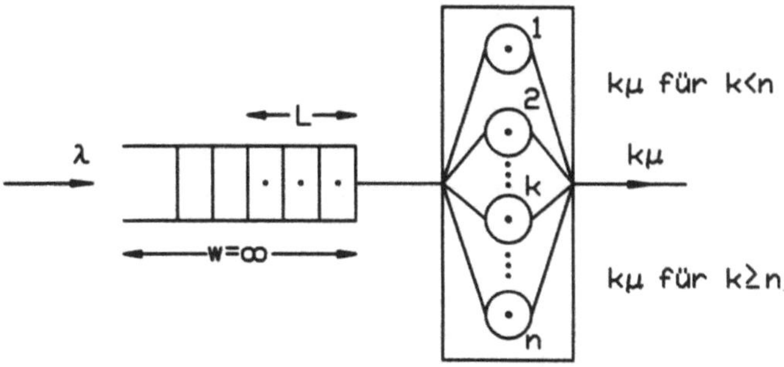

Abbildung 12.5: Symbol eines M|M|n-Wartesystems

vorliegenden Belegungen. Bei m Quellen erhält man mit der (Gesamt-) Ankunftsrate λ am Systemeingang und der Endrate μ eines Bedienplatzes die Übergangsraten

$$\mu_k = \mu \qquad (12.24)$$

$$\lambda_k = k\lambda \quad (0 \leq k \leq n) \qquad (12.25)$$

$$\lambda_k = n\lambda \quad (n \leq k \leq \infty). \qquad (12.26)$$

Setzt man Verkehr 1. Art voraus, dann ist das Angebot $A = \beta m = \frac{\lambda}{\mu} = \lambda_q t_m m$. Unter dieser Voraussetzung und $(A/n) < 1$ findet man die Wahrscheinlichkeit $P(k)$, daß im System k Bedienungen vorliegen, zu

$$P(k) = P(0)\frac{A^k}{k!} \quad (0 \leq k \leq n) \qquad (12.27)$$

$$= P(0)\frac{A^n}{n!}\left(\frac{A}{n}\right)^{k-n} \quad (n \leq k \leq \infty), \qquad (12.28)$$

mit

$$P(0) = \frac{1}{\sum_{i=0}^{n-1}\frac{A^i}{i!} + \frac{A^n}{n!}\frac{n}{n-A}} \qquad (12.29)$$

wegen der Bedingung $\sum_{k=0}^{\infty} P(k) = 1$. Die Forderung $(A/n) < 1$ ist notwendig, damit die Anzahl der wartenden Teilnehmer nicht andauernd ansteigt.

Die charakteristischen Verkehrsgrößen wie Angebot A, Verkehrsmenge Y, Verkehrswert (Belastung) y, etc. gelten auch in Wartesystemen. Da jedoch kein Verlust entstehen kann, ist die Belastung gleich dem Angebot. Die insgesamt im System vorliegenden Belegungswünsche stellen das Angebot dar.

$$y = A = \sum_{k=0}^{n-1} kP(k) + n\sum_{k=n}^{\infty} P(k) = \frac{\lambda}{\mu} = \lambda t_m \qquad (12.30)$$

Die erste Summe in der vorgenannten Gleichung stellt die mögliche Belastung (Verkehrswert) - Belegung aller Bedienplätze - und das zweite Glied den Verkehrswert der wartenden Teilnehmer dar. Hierbei ist λ die Gesamt-Einfallsrate und μ die Bedienrate je Bedienplatz.

Es sei c_a die Anzahl der am Systemeingang einfallenden Anforderungen. Da keine Anforderungen verloren gehen, sei c_w die Anzahl der wartenden Teilnehmer. Hieraus läßt sich die **Warte-Wahrscheinlichkeit** P_w (Erlangsche Warteformel) definieren.

$$P_w = \frac{c_w}{c_a} = \sum_{k=n}^{\infty} P(k) = \frac{A^n}{n!}\frac{n}{n-A}P(0) \qquad (12.31)$$

Neben der Wartewahrscheinlichkeit, die ebenfalls ein Maß für die Systembelastung darstellt, ist auch die Belastung der Wartespeicher, die mittlere **Warteschlangenlänge** L, von Interesse.

$$L = \sum_{k=n}^{\infty}(k-n)P(k) = \frac{A}{n-A}P_w \qquad (12.32)$$

Dividiert man die Warteschlangenlänge durch die Ankunftsrate λ, so erhält man die **mittlere Wartezeit** T_w.

$$T_w = \frac{L}{\lambda} = \frac{A}{\lambda(n-A)} P_w \tag{12.33}$$

Für die **mittlere Verweilzeit** T_v im System folgt mit der mittleren Belegungsdauer t_m

$$T_v = T_w + t_m. \tag{12.34}$$

In einem *M|M|1-Wartesystem* ($n = 1$) - z.B. eine EDV-Anlage mit nur einem Bedienplatz oder einer Vermittlungstelle mit nur einer Ausgangsleitung - ist unter der Annahme $\lambda < \mu$ das Angebot A identisch mit der Wahrscheinlichkeit, daß die Ausgangsleitung bzw. der Bedienplatz belegt ist.

$$y = A = \lambda t_m = \frac{\lambda}{\mu} = P_w \tag{12.35}$$

Abb. 12.6 zeigt das Symbol eines $M|M|1$-Wartesystems. Die Warteschlangenlänge

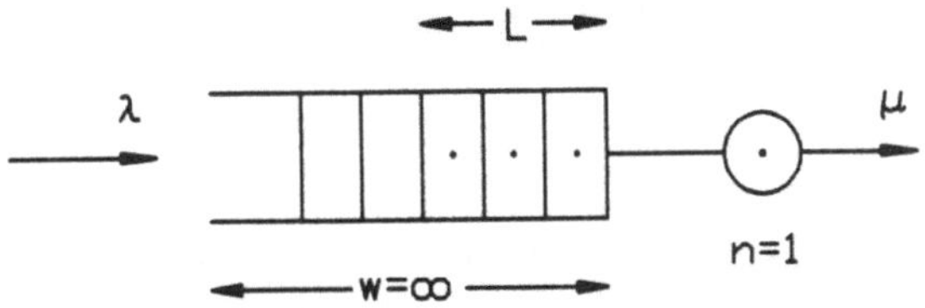

Abbildung 12.6: Symbol eines $M|M|1$-Wartesystems

L folgt aus Gl. (12.32) für $n = 1$ und $P_w = A$ zu

$$L = P_w \frac{A}{1-A} = \frac{A^2}{1-A} \tag{12.36}$$

Für die mittlere Wartezeit T_w und die Verweilzeit T_v gelten dann die Beziehungen

$$T_w = \frac{L}{\lambda}; \quad T_v = T_w + t_m. \tag{12.37}$$

Der Mittelwert der im System vorliegenden Anforderungen (Speicher + Bedienteil) ist

$$y_m = A + L = A + \frac{A^2}{1-A} = \frac{A}{1-A} \tag{12.38}$$

□ **Beispiel 12.4**
Ein Terminal-Arbeitsplatz ($n = 1$) sei mit einem Großrechner über ein Netzwerk verbunden (M|M|1-Warte-System). Die Ankunftsrate der Anforderungen sei $\lambda = 1/(12\,\text{min})$, und die mittlere Bearbeitungszeit eines Auftrags sei $t_m = 6\,\text{min}$.

Für die Belastung folgt dann $y = A = \lambda t_m = 0,5$ Erl. Die Wartewahrscheinlichkeit bestimmt man mit Gl. (12.31) zu $P_w = 0,5$, und die mittlere Länge der Warteschlange ist mit Gl. (12.32) $L = 0,5$. Die Gesamtzahl der Anforderungen - den Mittelwert der abgewickelten Aufträge im System - erhält man mit Gl. (12.38) als Summe der Anzahl der bedienten Aufträge A und der mittleren Anzahl der wartenden Aufträge $y_m = A + L = 0,5 + 0,5 = 1$. Im Mittel wird somit 1 Auftrag im System bearbeitet. Gl. (12.37) liefert die mittlere Wartezeit $T_w = 6$ min und die mittlere Verweilzeit im System $T_v = T_w + t_m = 12$ min.

12.1.4 Warte-Verlust-Systeme

Ein M|M|n-Warte-Verlust-System unterscheidet sich von einem $M|M|n$-Wartesystem nur durch die endliche Speicherlänge w. In solchen Systemen tritt immer dann ein Verlust auf, wenn der Wartespeicher voll ist. Das Symbol eines solchen Systems entspricht Abb. 12.5, wenn man w endlich annimmt. Für das Angebot gilt bei Warte-Verlust-Systemen und Verkehr 1. Art

$$A = y + L + y_v = \frac{\lambda}{\mu}. \tag{12.39}$$

mit L der mittleren Warteschlangenlänge, y dem Verkehrswert im Bedienteil und y_v dem Verlustverkehrswert.

Wie beim Warte-System kann man die **Warte-Wahrscheinlichkeit** P_w ermitteln; sie lautet in Abhängigkeit des Angebots A, der Speicherlänge w und der Anzahl n der Ausgangsleitungen (Vermittlungsstelle) bzw. Bedienplätze (EDV-System) sowie $(A/n) < 1$

$$P_w = \frac{A^n}{n!} \frac{1 - \left(\frac{A}{n}\right)^w}{1 - \left(\frac{A}{n}\right)} P(0); \quad P(0) = \frac{1}{\sum_{i=0}^{n-1} \frac{A^i}{i!} + \frac{A^n}{n!} \frac{1 - \left(\frac{A}{n}\right)^{w+1}}{1 - \left(\frac{A}{n}\right)}}. \tag{12.40}$$

Da bei vollem Speicher ein Verlust entsteht, kann man auch die Verlustwahrscheinlichkeit P_v ermitteltn.

$$P_v = \frac{A^n}{n!} \frac{A^w}{n^w} P(0) \tag{12.41}$$

Für die **mittlere Warteschlangenlänge** erhält man

$$L = \frac{A^n}{n!} \sum_{i=0}^{w} i \cdot \left(\frac{A}{n}\right)^i P(0) = a \frac{1 - a^w[w(1-a) + 1]}{(1-a)^2} \frac{A^n}{n!} P(0); \quad a = \frac{A}{n} \tag{12.42}$$

und die Wartezeit T_w sowie die Systemverweilzeit T_v findet man zu

$$T_w = \frac{L}{\lambda}; \quad T_v = T_w + t_m. \tag{12.43}$$

Ein **M|M|1-Warte-Verlust-System** hat w Warteplätze und einen Bedienplatz. Bedienplatz und Warteplätze ergeben zusammen $s = w + 1$ Plätze. Die Wahrscheinlichkeit, daß im System s Plätze belegt sind, ist die Verlust-Wahrscheinlichkeit P_v.

$$P_v(A) = A^s \frac{1 - A}{1 - A^{s+1}} \tag{12.44}$$

Die (Gegen-) Wahrscheinlichkeit, daß eine einfallende Anforderung einen Speicherplatz findet und somit kein Verlust auftritt oder - falls der Speicher leer ist - sofort bearbeitet wird, ist $1-P_v$. Hieraus folgt mit derEinfallsrateλ der Systemdurchsatz D zu

$$D = \lambda(1 - P_v). \tag{12.45}$$

Abb. 12.7 zeigt die Verlustwahrscheinlichkeit über dem Angebot $A = \lambda t_m = \lambda/\mu$. Mit zunehmender Speicherzahl bzw. Platzzahl $s = w + 1$ wird die Verlustwahr-

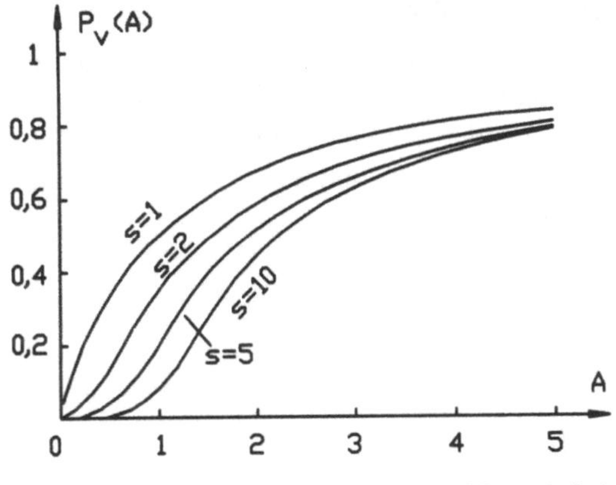

Abbildung 12.7: Verlust-Wahrscheinlichkeit in Abhängigkeit des Angebots $A = \lambda/\mu$

scheinlichkeit für $A < 1$ geringer. Wird $A > 1$, dann steigt die Verlustwahrscheinlichkeit wesentlich an.

□ **Beispiel 12.5**

Betrachtet werde ein M|M|1-Warte-Verlust-System mit $w = 8$ Speicherplätzen. Die Gesamt-Ankunftsrate sei $\lambda = 0,3/s$ und die Bedienrate je Bedienplatz $\mu = 0,6/s$. Damit ist das Angebot $A = \lambda/\mu = 0,3/0,6 = 0,5$ Erl. Die Verlustwahrscheilichkeit ergibt sich mit Gl. (12.44) zu $P_v = 0,000978 \hat{=} 0,0978\%$; für die Warteschlangenlänge findet man mit Gl. (12.32),.die als Näherung anwendbar ist, da der Verlust sehr gering ist, $L = 0,5$, und der Durchsatz erreicht mit Gl. (12.45) den Wert $D = 0,2997$ Erl/s.

12.1.5 Warteschlangen

Warteschlangen von Teilnehmern, die eine Belegung wünschen entstehen in Warte- und Warte-Verlustsystemen in den Eingangsspeichern. Hierbei kann die Abarbeitung dieser Warteschlangen nach verschiedenen Strategien erfolgen. Am häufigsten organisiert man Warteschlangen nach der **FIFO-Strategie** (*engl.* First In First Out). Bei dieser Strategie werden einfallende Anforderungen in einer bestehenden Warteschlange hinten angestellt und - beginnend mit der zuerst eingefallenen Belegung - der Reihe nach abgearbeitet.

Im Gegensatz zur FIFO-Strategie gibt jedoch auch eine **LIFO-Strategie** (*engl.* Last In First Out). Sie wird angewendet, wenn die Bedeutung des Inhalts der zu übermittelnden Nachricht mit der Zeit uninteressant wird. Der zuletzt einfallende Belegungswunsch wird deshalb an die erste Stelle der Warteschlange gesetzt und als erster bedient.

Bei der Strategie **Random-Queue** legt man einen einfallenden Belegungswunsch an irgend einer Stelle im Aufnahmespeicher abgelegt. Die Belegungen werden damit auch in zufälliger Reihenfolge abgearbeitet.

In Abb. 12.8 ist für ein M|M|1-Warte-Verlust-System der Verlauf der Wahrscheinlichkeit $P(T_w > t)$ dargestellt, daß eine Wartezeit T_w eine bestimmte Zeit t überschreitet. Zur Verbesserung der Anschaulichkeit wird die Normierung auf die Wahrscheinlichkeit $P(T_w > 0)$ vorgenommen. Die Zeit t wird auf die mittlere Belegungsdauer t_m normiert.

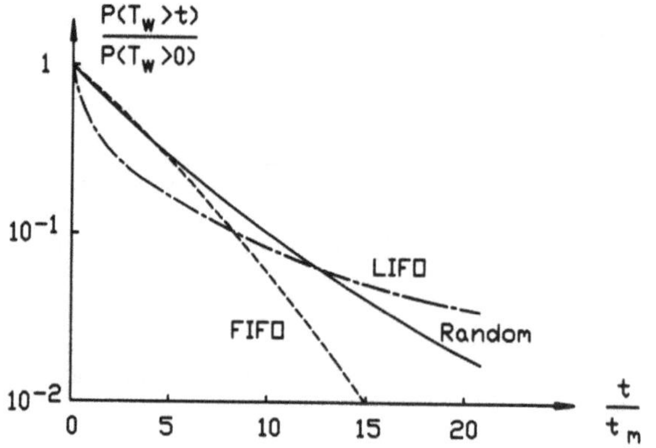

Abbildung 12.8: Wartewahrscheinlichkeit bei verschiedener Warteschlangenbearbeitung (Warte-Verlust-System, Verkehr 1. Art, $A = 0,8 Erl$))

Einige Eigenschaften dieser Strategien werden bei der Betrachtung von Abb. 12.8 bei $t/t_m = 15$ deutlich. Die Wahrscheinlichkeit, eine Zeitspanne $t = 15t_m$ warten zu müssen (z.B. $t = 45$ min bei $t_m = 3$ min) ist bei FIFO ungefähr 1%, bei LIFO ca. 8% und bei RANDOM ca. 7%. Die Wartezeiten sind bei LIFO für $t/t_m \gg 10$

wesentlich höher als bei FIFO, weil die Bearbeitung der bereits Wartenden durch neu einfallende Belegungswünsche zurückgeschoben wird. Bei kürzeren Belegungsdauern, z.B. $t = 10t_m$, sind alle Strategien ungefähr gleich günstig. Für alle Fälle $t \geq 15t_m$ ist offenbar die FIFO-Strategie wesentlich günstiger als die beiden anderen.

Häufig werden Belegungen nach ihrer Priorität abgearbeitet. Die Anforderungen enthalten vorher vereinbarte Prioritäten und werden - unabhängig von dem Platz, den sie in der Warteschlange einnehmen - entnommen und bearbeitet. Ist eine Anforderung höchster Priorität abgearbeitet, dann wird die Anforderung der nächst höheren Priorität behandelt. Man spricht dabei von ***nichtverdrängender Priorität*** im Gegensatz zur ***verdrängenden Priorität***, bei der ein einfallender Belegungswunsch höherer Priorität die Bedienung bzw. Kommunikation eines Teilnehmers niedrigerer Priorität unterbricht. Da der Belegungswunsch höhere Priorität hat wird er sofort abgewickelt. Danach wird die unterbrochene Belegung niedrigerer Priorität wieder aufgenommen und bis zum Ende fortgesetzt, falls zwischenzeitlich nicht wieder ein Belegungswunsch höherer Priorität einfällt.

Ein Beispiel nichtverdrängender Priorität ist die ATM-Paketvermittlung. Der ATM-Paketkopf (Header), der die Ziel- und Steuerinformation enthält, wird grundsätzlich mit höherer Priorität behandelt als die dem Header folgende Nutzinformation. Verdrängende Priorität hat man beispielsweise in Rechner-Systemen (PC, Mikro-Prozessoren), bei denen ein ***Interrupt-Befehl*** in jeder beliebigen Phase der Verarbeitung ein Programm unterbricht und ein anderes initialisiert [22, 119].

12.2 Durchschaltevermittlung

Vermittlungstechnische Vorgänge sind in den Knoten eines hierarchisch ausgelegten Netzes oder - wenn ein Vermittlungsmodul bei den Netzbenutzern eingerichtet ist - auch beim Teilnehmer selbst durchzuführen. In den Netzknoten lassen sich grundsätzlich zwei Betriebsweisen unterscheiden. Im ersten Fall werden feste Verbindungen (Mietleitungen, Standleitungen) über sogenannte *Cross-Connectoren* geschaltet, die beispielsweise an einen Nutzer vermietet werden. Die ist eigentlich keine Vermittlungsfunktion sondern lediglich eine Schaltaufgabe. In Stadtnetzen [200] erfolgt beispielsweise mit Cross-Connectoren die Ersatzschaltung von gestörten Leitungen von einer Betriebszentrale aus über Rechner, die das komplette Netz als Modell (Netzwerk-Management-System) mit Ersatzwegen enthalten. Der Operator erkennt so Netzausfälle und kann per Fernschaltung den Verkehr auf Ersatzwege umlegen. Abb. 12.9a zeigt das Prinzip eines Cross-Connectors.

Der in Abb. 12.9b dargestellte Knoten ist Teil eines Wählnetzes, in dem eine physikalische Verbindung mit Hilfe einer Rufnummer oder Adresse durch Ansteuerung der Koppelpunkte - dies sind schaltbare physikalische Verbindungen, z.B. Dioden oder Transistoren - hergestellt wird. In der Regel sind beide Funktionen in einem

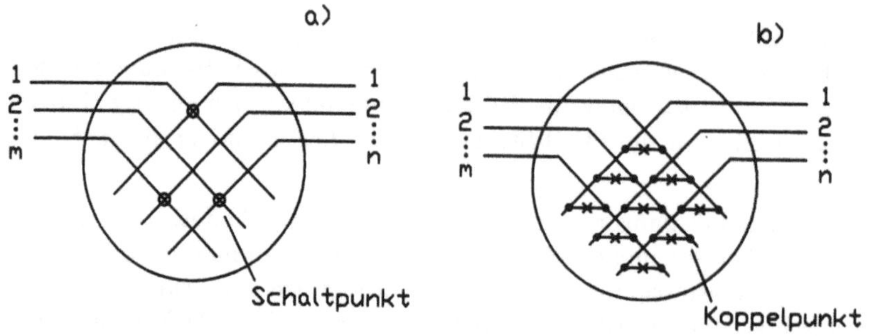

Abbildung 12.9: a) Cross-Connector; b) Netzknoten bei Leitungsvermittlung

Netzknoten vereinigt.

Ein durch Adressierung ansteuerbares Vermittlungsmodul eines Netzknotens nennt man *Koppelanordnung* oder auch Koppelnetz.

12.2.1 Koppelnetze für die Durchschaltevermittlung

Eine Koppelanordnung entsteht aus der geeigneten Zusammenschaltung von *Koppelvielfachen*. In Abb.12.10 sind einige Elemente von Koppelanordungen für die Durchschaltevermittlung dargestellt. Ein *Koppelpunkt* enthält schaltbare Verbin-

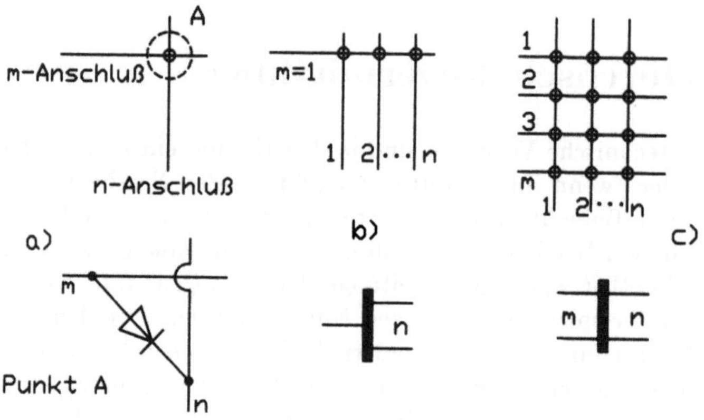

Abbildung 12.10: a) Koppelpunkt; b) Koppelreihe; c) Koppelvielfach

dungselemente für die Sende- und Empfangsrichtung. Er kann durch Ansteuerung (Wählinformation) einen m-Anschluß (Eingang) mit einem n-Anschluß (Ausgang) verbinden oder auslösen. Schaltet man Koppelpunkte zeilenweise zusammen, so erhält man eine *Koppelreihe*, Abb. 12.10b. Durch Bildung von Zeilen und Spalten aus Koppelpunkten entsteht ein *Koppelvielfach* - ein sogenanntes *Raumvielfach*,

Abb. 12.10c, mit m Eingängen und n Ausgängen. Ein Raum-Koppelvielfach hat damit $K = m \cdot n$ Koppelpunkte. Jeder Ausgang kann mit jedem Eingang verbunden werden.

Man erhält eine ***Raum-Koppelanordnung***, wenn man im einfachsten Fall mehrere Koppelvielfache spaltenweise anordnet. In Abb. 12.11 ist ein solches Koppelnetz dargestellt. Das Koppelnetz (= Koppelanordnung) nach Abb. 12.11 besteht

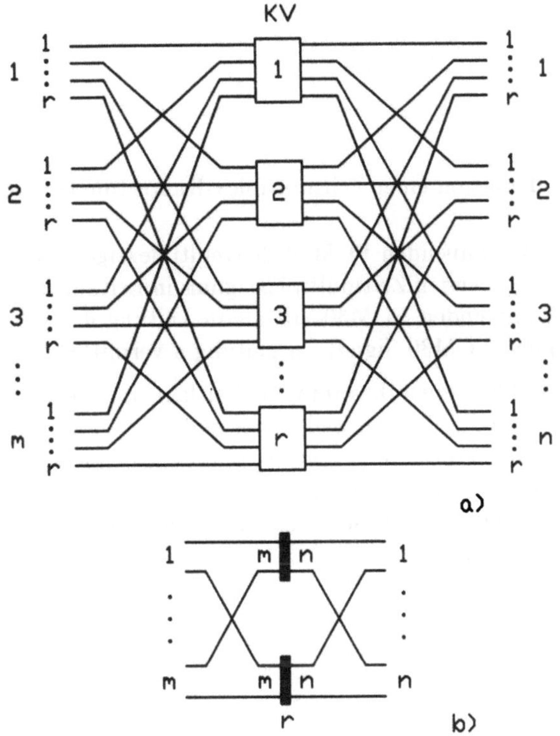

Abbildung 12.11: a) Raum-Koppelanordnung; b) Darstellung mit symbolischen Koppelvielfachen (KV=Koppelvielfach)

aus r Koppelvielfachen. Jedes Koppelvielfach hat m Eingänge und n Ausgänge. Die Koppelanordnung, die eine sogenannte ***Raumstufe*** darstellt, hat damit $m \cdot r$ Eingänge und $n \cdot r$ Ausgänge. Die Koppelpunktzahl ist $K = m \cdot n \cdot r$.

Bei Leitungs- bzw. Durchschaltevermittlung kann mit einer Raumstufe jede der $m \cdot r$ Eingangsleitungen mit einer der $n \cdot r$ Ausgangsleitungen verbunden werden. Betreibt man die Koppelanordnung beispielsweise als ***Zeitmultiplex-Raumstufe*** in Durchschaltevermittlung, so liegen am Eingang z.B. m PCM30-Systeme der jeweiligen Bitrate 2,048 Mbit/s (in Parallel-Darstellung) mit $r = 32$ Zeitlagen. Jeder Zeitschlitz der m ankommenden PCM30-Zeitmultiplexsignale kann mit der

Koppelanordnung auf jeden Zeitschlitz der *gleichen* Zeitlage der n abgehenden PCM30-Zeitmultiplexsignale (n abgehenden Leitungen) geschaltet werden. Abb. 12.12 zeigt dieses Prinzip schematisch für $m = 5$ und $n = 4$ dargestellt. So wird

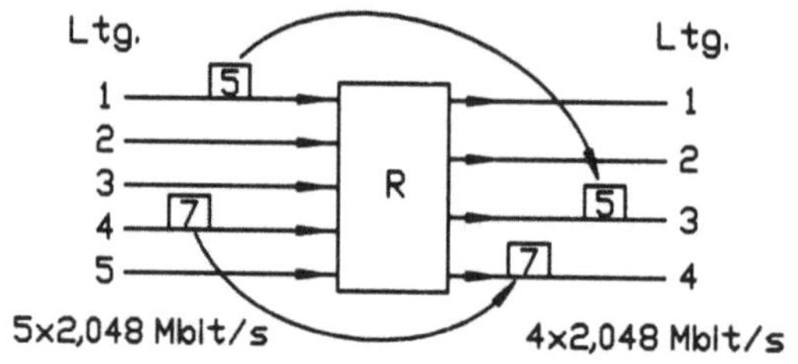

Abbildung 12.12: Funktion einer Zeitmultiplex-Raumstufe ($m = 5, n = 4$)

der Zeitschlitz 5 des ankommenden PCM30-Zeitmultiplexsignals in Leitung 1 auf den Zeitschlitz 5 des abgehenden Zeitmultiplexsignals in Leitung 3 geschaltet. Der Zeitschlitz 7 des ankommenden PCM30-Signals in Leitung 4 wird auf den Zeitschlitz 7 des abgehenden PCM30-Signals in Leitung 4 vermittelt.

Will man einen Zeitschlitz einer bestimmten Zeitlage in einem ankommenden PCM30-Zeitmultiplexsignal auf einen beliebigen anderen Zeitschlitz im abgehenden PCM30-Multiplexsignal derselben Leitung schalten, benötigt man ein *Zeitlagenvielfach*, auch Zeitstufe genannt. In Abb. 12.13a ist das Prinzip einer Zeitstufe wiedergegeben. Gemäß Abb. 12.13a werden r ankommende Zeitschlitze (PCM30

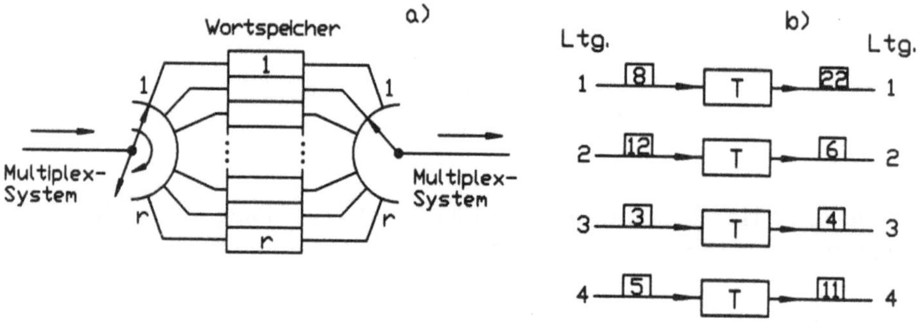

Abbildung 12.13: a) Prinzip des Zeitlagenvielfachs, b) Funktionsschema (4 Leitungen mit jeweils 2,048 Mbit/s)

$r = 32$; 8 bit/Wort) in einen Wortspeicher zyklisch eingelesen (Zyklusdauer 125 μs) und durch Adressierung antizyklisch ausgelesen. Abb. 12.13b zeigt schematisch, wie die Zeitschlitze 8, 12, 3 und 5 der vier ankommenden PCM30-Leitungen auf die Zeitschlitze 22, 6, 4 und 11 der gleichen vier abgehenden PCM30-Leitungen vermittelt werden.

Im Anwendungsfall kombiniert man häufig Zeit- und Raumstufen, damit sowohl eine Verschiebung der Zeitlagen (z.B. 64 kbit/s-Kanäle) als auch eine räumliche Durchschaltung (z.B. von PCM30-Leitungen) erreicht wird. Diese Anordnungen werden oft *Kombinationsvielfache* genannt. Die Anwendung der Kombinationsvielfache erfolgt in Form von R-Z (Raum-Zeit)-Stufen, Z-R-Stufen und Z-R-Z-Stufen. In Abb. 12.14 ist die Funktion einer Z-R-Stufe schematisch dargestellt. Der Zeit-

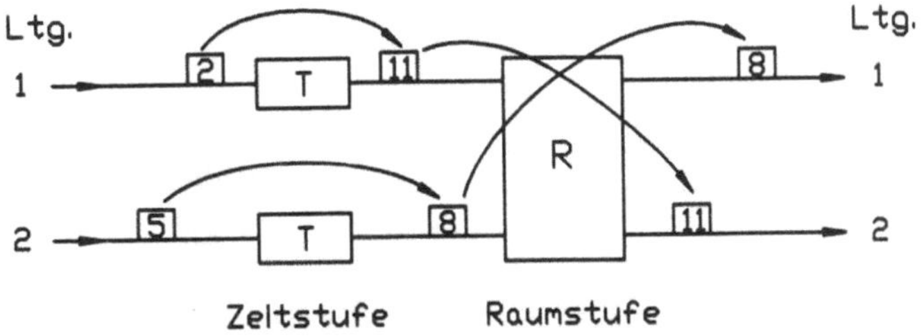

Abbildung 12.14: Durchschaltung von Zeitschlitzen in einer Z-R-Stufe

schlitz 2 der ankommenden PCM30-Leitung 1 wird zunächst in einer Zeitstufe in den Zeitschlitz 11 umgesetzt. In der darauffolgenden Raumstufe erfolgt die Umsetzung von Leitung 1 ankommend auf Leitung 2 abgehend bei gleicher Zeitlage. In der ankommenden PCM30-Leitung 2 wird in der Zeitstufe der Zeitschlitz 5 in den Zeitschlitz 8 verschoben und dieser in der Raumstufe von der ankommenden Leitung 2 auf die abgehende Leitung 1 geschaltet.

Für Raum-Zeit- bzw. Zeit-Raum-Koppelstufen lassen sich stets äquivalente Raumkoppelanordnungen angeben. Abb. 12.15 zeigt einige Beispiele hierzu. Die in Zeitstufen erforderlichen Speicher zur Verschiebung der Zeitschlitze sowie die Einrichtungen zur gesteuerten Durchschaltung von Koppelpunkten, sind in diesen äquivalenten Schaltungen nicht gezeichnet. Sie charakterisieren somit lediglich die Koppelanordnung nach der Umgruppierung der Zeitschlitze im Speicher der jeweiligen Zeitstufe. In Abb. 12.16ab sind zwei äquivalente Koppelanordnungen dargestellt, die durch Umgruppierung der Anschlüsse aus den Koppelanordnungen nach Abb. 12.15ab entstehen.

Sowohl Abb. 12.15a als auch Abb. 12.16a sind R-Z-Stufen, während es sich bei Abb. 12.15b um eine Z-R-Stufe handelt.

□ **Beispiel 12.6**

Die R-Z-Koppelstufe nach Abb. 12.15a bzw, 12.16a könnte einen Konzentrator darstellen mit einer Raumstufe aus $m = 4$ PCM30-Eingangsleitungen und $n = 2$ PCM30-Ausgangsleitungen. Die PCM-Eingangsrahmen haben $r = 32$ und die PCM-Ausgangsrahmen ebenfalls $r_1 = 32$ Zeitschlitze. Die eingangseitige Raumstufe hat somit $r \cdot m = 128$ Eingangsleitungen und $n \cdot r = 64$ Ausgangsleitungen, während die darauffolgende Zeitstufe $r \cdot n = 64$ Eingangsleitungen und $r_1 \cdot n = 64$ Ausgangsleitungen aufweist.

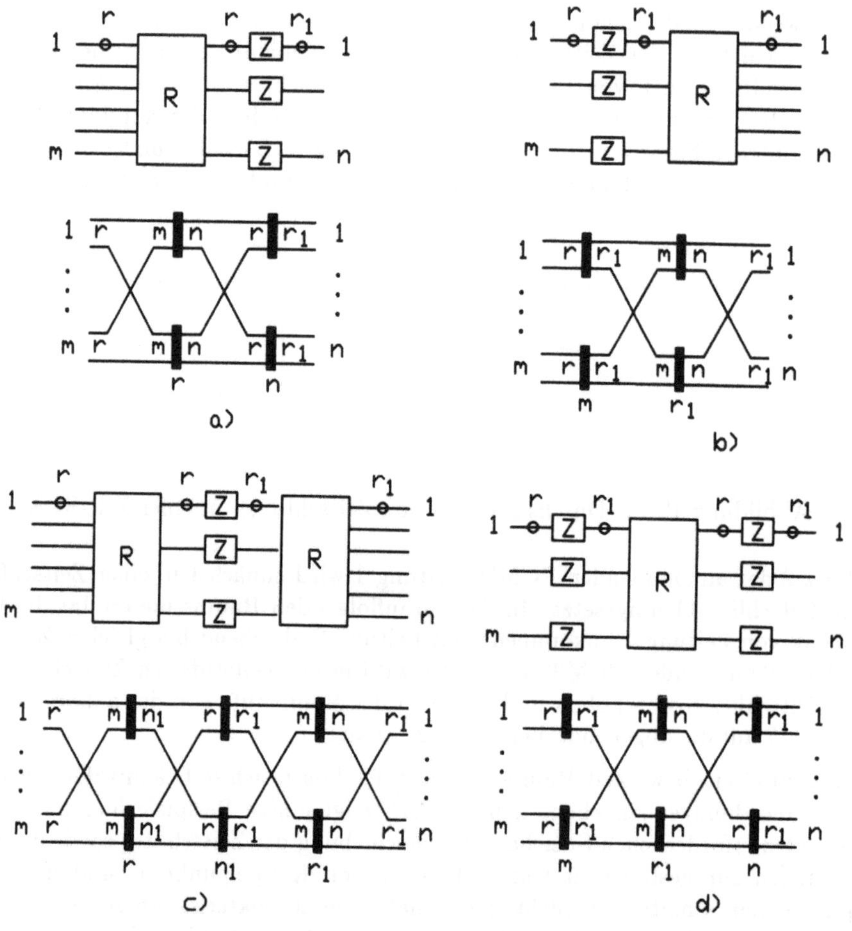

Abbildung 12.15: a) R-Z-Stufe; b) Z-R-Stufe; c) R-Z-R-Stufe; d) Z-R-Z-Stufe

Die umgekehrte Anordnung ergibt eine Z-R-Koppelstufe (Abb. 12.15b mit $m = 2$ und $r = 32$, $m \cdot r = 64$ Eingangsleitungen, und mit $n = 4$ und $r_1 = 32$, $n \cdot r_1 = 128$ Ausgangsleitungen.

Die Koppelanordnung nach Abb. 12.16c ist ein Spezialfall. Obwohl die jeweiligen Koppelvielfache mit r Eingängen und r Ausgängen blockierungsfrei sind, ist die Koppelanordnung aus 2 gleichen Stufen nicht blockierungsfrei. Von jedem Koppelvielfach der 1. Stufe führt nur ein Weg zu jedem der r Koppelvielfache der 2. Stufe. Ist dieser Weg jeweils belegt, so kann kein weiterer Weg zwischen diesen beiden Koppelvielfachen geschaltet werden.

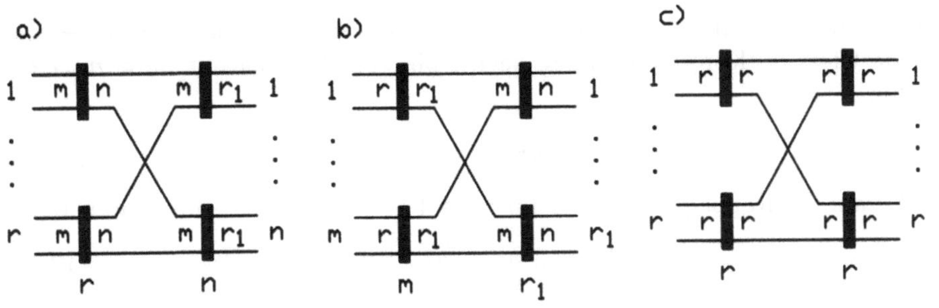

Abbildung 12.16: Zweistufige Koppelanordnungen: a) R-Z-Stufe; b) Symmetrische Stufe

In mehrstufigen Koppelanordnungen können Blockierungen auftreten. Entsteht die Blockierung, weil in der Eingangsstufe mehr Eingänge als Ausgänge vorhanden sind und alle Ausgänge belegt sind, so spricht man von ***Eingangsblockierung***. Hat eine Ausgangsstufe mehr Ausgänge als Eingänge und sind alle Eingänge belegt, so liegt eine ***Ausgangsblockierung*** vor. Liegt weder Eingangs- noch Ausgangsblockierung vor, und man findet trotzdem keinen Weg durch die Koppelanordnung, so hat man eine ***Zwischenleitungsblockierung***, z.B. in einer dreistufigen Koppelanordnung, in der die Zwischenleitungen Eingangs- bzw. Ausgangs- und mittlere Stufe verbinden. Zwischenleitungsblockierung kann durch geeignete Verknüpfungen der Wege (Permutationsnetzwerke) minimiert werden [176].

Mit einer dreistufigen Koppelanordnung, bestehend aus der Eingangsstufe A, der mittleren Stufe B und der Ausgangstufe C, s. Abb. 12.17, kann bei Einhaltung bestimmter Bedingungen Blockierungsfreiheit erreicht werden. Wählt man nämlich nach C. Clos (amerik. Ingenieur) die Anzahl der Koppelvielfache der mittleren Stufe B zu

$$n = 2m - 1, \tag{12.46}$$

so hat man eine blockierungsfreie "Clossche Koppelanordnung". Die Koppelan-

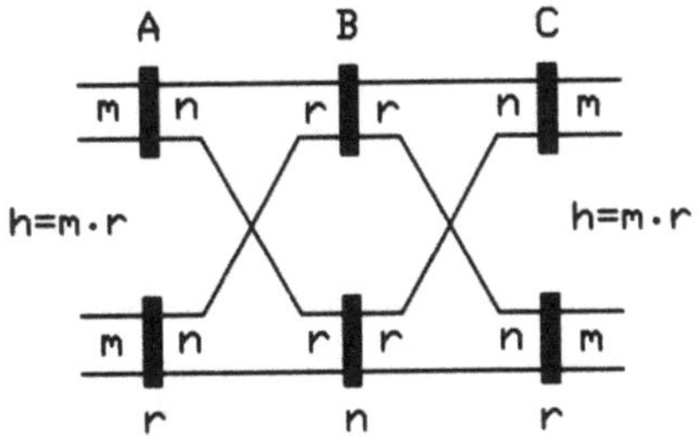

Abbildung 12.17: Dreistufige Koppelanordnung nach C. Clos

ordnung hat $h = m \cdot r$ Eingänge (Stufe A) und ebensoviele Ausgänge (Stufe C) und ihre Koppelpunktzahl ist allgemein $K = mnr + r^2n + mnr = 2mnr + r^2n$. Für die Clossche Koppelanordnung nach Abb. 12.17 gelten mit $m = m_{opt}$ die Zusammenhänge

$$h = mr; \quad m = \sqrt{\frac{h}{2}}. \tag{12.47}$$

Die Anzahl der Koppelpunkte wird für $m \gg 1$ und $n = 2m - 1$ minimal, nämlich

$$K_{min} = 4h\left(\sqrt{2h} - 1\right). \tag{12.48}$$

Von jedem Koppelvielfach der Eingangsstufe A bzw. der Ausgangsstufe C führt nur eine einzige Zwischenleitung zu jedem mittleren Koppelvielfach B.

Das Prinzip läßt sich fortsetzen, wenn man jedes der mittleren Koppelvielfache nach Abb. 12.17 wieder in eine Clossche Anordnung auflöst. So entsteht eine ingesamt blockierungsfreie 5-stufige Koppelanordnung, aus dieser dann eine 7-stufige u.s.w..

□ **Beispiel 12.7**

Nachweis der Blockierungsfreiheit einer Closschen Koppelanordnung für $m = 2$, $r = 2m = 4$ und $n = 2m - 1 = 3$. In Abb. 12.18 ist die zugehörige Koppelanordnung wiedergegeben. Vom Koppelvielfach A_1 (links oben) soll eine Ver-

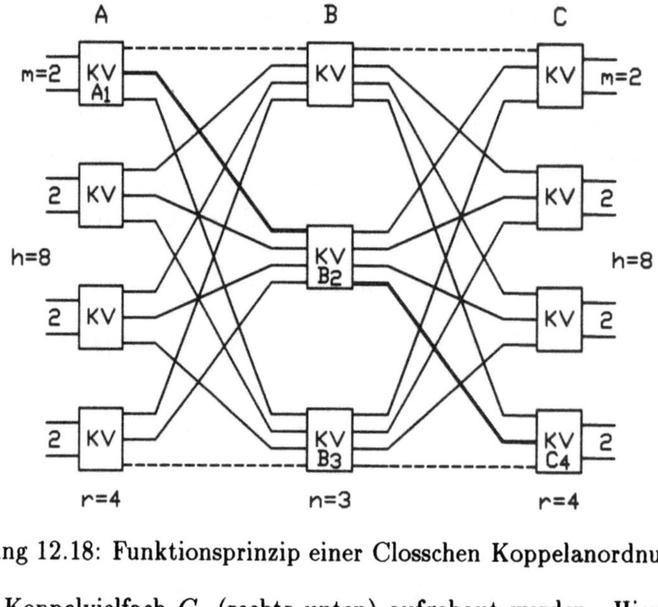

Abbildung 12.18: Funktionsprinzip einer Closschen Koppelanordnung

bindung zum Koppelvielfach C_4 (rechts unten) aufgebaut werden. Hierbei wird als ungünstigster Fall angenommen, daß von jeder dieser beiden Koppelvielfachen bereits eine Verbindung zu einem anderen Koppelvielfach besteht (gestrichelt gezeichnet). Es sei damit die Zwischenleitung 1 von A_1 abgehend belegt. Die Zwischenleitungen 2 und 3 von A_1 abgehend werden als frei angenommen, sie führen zu den Koppelvielfachen B_2 und B_3. Die Zwischenleitung 4 von B_3 nach C_4 sei ebenfalls belegt, d.h. für das Koppelvielfach C_4 (ankommend) wird die gleiche Belegungssituation angenommen wie für A_1 (abgehend). Die letztmögliche Belegung zwischen A_1 und C_4 (dick gezeichnet) findet somit noch eine Zwischenleitungsverbindung über das Koppelvielfach B_2 der mittleren Stufe.

Sind in einer Closschen Koppelanordnung $m-1$ Zwischenleitungen eines Koppelvielfachs der Stufe A und $m-1$ Zwischenleitungen eines Koppelvielfachs der Stufe C belegt, so besteht immer eine letztmögliche Verbindungsmöglichkeit zwischen A und C, wenn die Stufe B (mittlere Stufe) aus $n = 2(m-1)+1 = 2m-1$ Koppelvielfachen besteht.

Wenn man nun die Anzahl der mittleren Koppelvielfachen einer Closschen Koppelanordnung auf $n' < 2m-1$ reduziert, so geht die Blockierungsfreiheit verloren, es entsteht ein Verlust. Setzt man gleiche Belegungswahrscheinlichkeit p_B für die Ein- und Ausgänge einer Koppelanordnung voraus, dann läßt sich die Belegungswahrscheinlichkeit der Zwischenleitungen p' durch

$$p' = \frac{m}{n'} \cdot p_B \tag{12.49}$$

angeben. Die Verlustwahrscheinlichkeit (=Blockierungswahrscheinlichkeit) für solche dreistufigen Koppelanordungen ermittelt man dann aus

$$B = (1-(1-p')^2)^{n'} \tag{12.50}$$

Die Blockierungseigenschaften einer Koppelanordnung erkennt man aus dem sogenannten *Wegegraph*. Er veranschaulicht die möglichen Wege zwischen je einem Eingang und einem Ausgang der Koppelanordnung. Meist reicht aus Symmetriegründen die Betrachtung eines Verbindungsgraphen zwischen einem Eingang und einem Ausgang aus. In Beispiel Abb. 12.19 ist ein Wegegraph für eine dreistufige Koppelanordnung dargestellt [176].

□ **Beispiel 12.8**

Die Clossche Koppelanordnung nach Abb. 12.17 habe $h = 512$ Ein- bzw. Ausgänge. Die Belegungswahrscheinlichkeit der Ein- und Ausgänge sei $p_B = 0,7$.

Mit Gl. (12.48) ermittelt man die minimale Koppelpunktzahl zu $K_{min} = 4h(\sqrt{2h}-1) = 63488$. Bestünde die Koppelanordnung aus einer einstufigen Koppelmatrix, so wäre die Koppelpunktzahl $K = h^2 = 262144$, also wesentlich höher und damit unwirtschaftlicher. Gemäß Gl. (12.47) und Gl. (12.46) gilt für die Koppelvielfache an Eingang und Ausgang $m = \sqrt{h/2} = 16$, $n = 2m-1 = 31$. Für die Koppelvielfachen der mittleren Stufe liefert Gl. (12.47) $r = h/m = 32$. Verändert man die Anzahl der mittleren Koppelvielfache auf $n' = 22$, dann reduziert sich die Anzahl der Koppelpunkte auf $K' = 2mrn' + n'r^2 = 45056$. Die Belegungswahrscheinlichkeit der Zwischenleitungen ist damit nach Gl. (12.49)

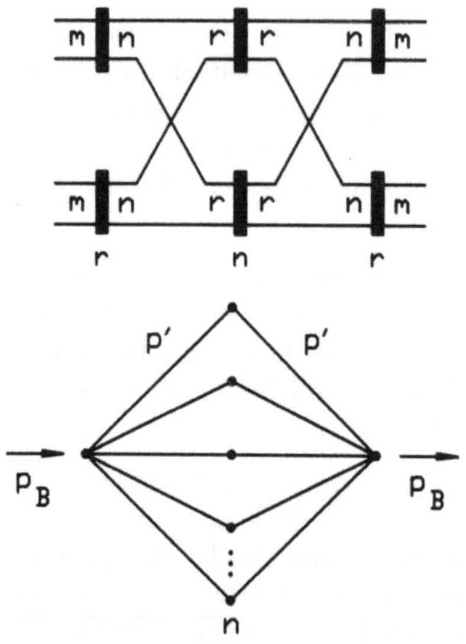

Abbildung 12.19: Clossche Koppelanordnung und ihr Wegegraph

$p' = (m/n')p_B = 0,509$, und die Verlustwahrscheinlichkeit, Gl. (7.50) erreicht lediglich den Wert $B = (1-(1-p')^2)^{n'} = 0,0023 \hat{=} 0,23\%$. Das ist ein nur geringer Verlust, der den praktischen Betrieb kaum beeinflußt. Abb. 12.19 zeigt die Koppelanordnung und ihren Wegegraph.

12.2.2 Wegesuche bei Durchschaltevermittlung

Vor der Herstellung einer Kommunikationsbeziehung muß in einem hierarchisch angeordneten Netz durch die mehrstufigen Koppelanordnungen der Netzknoten (Vermittlungsstellen) zunächst ein freier Verbindungsweg gefunden werden. Dies ist die Aufgabe der Wegesuchsysteme. Kriterien zur Wegesuche (Routing) sind hierbei u.a. die Verzögerungszeit der Nachricht, das aktuelle Verkehrsaufkommen, die verfügbaren Leitungen im entsprechenden Bündel und die Kosten.

Die Ermittlung des ***optimalen*** Weges durch Anwendung aufwendiger mathematischer Algorithmen zur Wegesuche ist theoretisch möglich [175], angewendet in der Praxis werden solche Verfahren bisher jedoch kaum.

Bei Durchschaltevermittlung stehen zwischen den Netzknoten Leitungsbündel und somit mehrere physikalische Wegemöglichkeiten zur Verfügung. Die Suchen nach einem freien Leitungsweg nennt man deshalb ***Punkt-Bündel-Wegesuche***.

Bei der Durchschaltevermittlung von Zeitschlitzen - z.B. eines PCM 30-Systems - in Zeitmultiplex-Vermittlungstufen verwendet man häufig die *weitspannende Wegesuche*. Diese Methode ist dadurch gekennzeichnet, daß ein Übertragungsweg erst dann belegt wird, wenn alle Wegabschnitte einer möglichen Verbindung zwischen den beteiligten Netzknoten frei sind. Um dies zu gewährleisten, muß jeder Netzknoten die Belegungszustände der Leitungsbündel (z.B. PCM30-Leitungen) zwischen Ursprung und Ziel kennen. Sie werden in einem *Signalisierungssystem* - ein spezielles Datenübertragungsystem zur Übertragung vermittlungstechnischer Zeichen, s. z.B. Abschn. 11.2.5 - das die einzelnen Netzknoten miteinander verbindet, übermittelt und in den Netzknoten gespeichert. Da der Vorgang der Wegesuche in einem Netzknoten in prozessorgesteuerten Speichern abläuft, spricht man oft von der *Wegesuche im Speicher*. In *Beispiel 12.9* ist der Vorgang der Wegesuche im Speicher dargestellt.

□ **Beispiel 12.9**
Betrachtet wird ein Netzknoten, der die in Abb. 12.20a dargestellte dreistufige Koppelanordnung mit der Eingangsstufe A, der mittleren Stufe B und der Ausgangsstufe C enthält. Die Belegungszustände der Zwischenleitungen zwischen den Stufen A und B sowie B und C werden in Speichern geführt. In Abb. 12.20b ist die "Wegesuche im Speicher" durch die Zwischenleitungen von A nach B bzw. von B nach C der Koppelanordnung Abb. 12.20a wiedergegeben. Für jedes Koppelvielfach der Stufen A und C ist ein Register vorhanden, das die Belegungszustände der zugehörigen Zwischenleitungen enthält. Jeder Zwischenleitung wird im zugehörigen Register ein Bit zugeordnet. Hat dort eine Registerzelle den Zustand logisch 1, so bedeutet dies "Zwischenleitung frei" ist dagegen eine "Zwischenleitung belegt", so enthält die zugehörige Registerzelle logisch 0. Zur Wegesuche werden die Zwischenleitungsbits eines Ursprungskoppelvielfach A - im Bild z.B. Koppelvielfach A_1 links oben- und eines Zielkoppelvielfach C - im Bild z.B. Koppelvielfach C_{20} rechts unten - in je ein Register (I und II) eingelesen und Bit für Bit einer UND-Verknüpfung unterworfen. Das Ergebnis der UND-Verknüpfung wird in ein weiteres Register (III) übernommen. Ergibt die so durchgeführte UND-Verknüpfung in Register III eine logische 1, dann ist die zugehörige Zwischenleitungsverbindung zwischen A und B sowie B und C frei. Beginnt man die Suche einer freien Zwischenleitungsverbindung in Register III von links, dann findet man die erste freie Zwischenleitungsverbindung in Zelle 3 [176].

Unterstellt man zyklische oder zufällige Wegesuchverfahren (z.B. Wegesuche im Speicher), so kann man die Zeit abschätzen, die im Mittel zur Auffindung eines freien Weges erforderlich ist. Zwischen einem Eingang und einem Ausgang einer Koppelanordnung sei n die Anzahl der belegbaren Wege. Die Wahrscheinlichkeit, daß ein Weg belegt ist, sei p_w. Im Mittel (Scharmittelwert) sind dann

$$\bar{k} = \frac{1 - p_w^n}{1 - p_w} \tag{12.51}$$

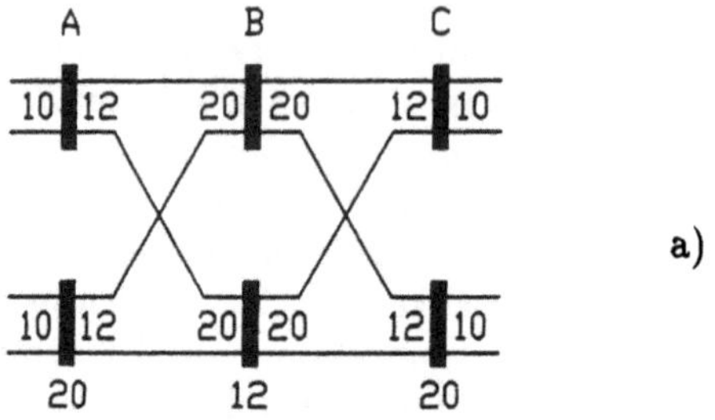

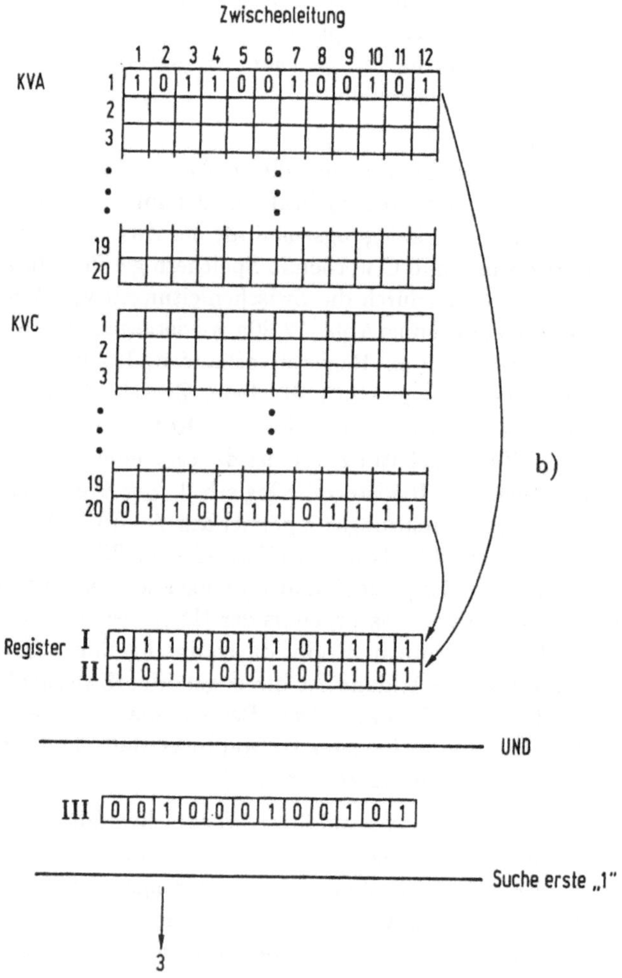

Abbildung 12.20: a) Dreistufige Modell-Koppelanordnung; b) Zwischenleitungswegesuche im Speicher (KVA,C= Koppelvielfach A,C)

Belegungsversuche notwendig, bis ein freier Weg gefunden wird. Die hierfür erforderliche Zeit ist dann im Mittel $t_w = \bar{k}t$ mit der Zeitdauer t für einen Suchvorgang [119].

□ **Beispiel 12.10**
In einer modifizierten Closschen Koppelanordnung ($m = 64, r = 128, n' = 64 \neq 2m-1$) sei die Belegungswahrscheinlichkeit der Aus- und Eingänge der Koppelanordnung $p_B = 0,75$. Die Belegungswahrscheinlichkeit der Zwischenleitungen ist dann gemäß Gl. (12.49), $p' = (m/n')p_B = 0,75$. Die Wahrscheinlichkeit, daß eine Zwischenleitungsverbindung frei ist, ist somit $1-0,75 = 0,25$. Die Wahrscheinlichkeit, daß ein Eingang frei ist, ist ebenfalls $1-0,75 = 0,25$. Damit ist ein Weg mit der Wahrscheinlichkeit $q = 0,25 \cdot 0,25 = 0,0625$ (Multiplikationsgesetz der Wahrscheinlichkeitsrechnung) frei und mit der Wahrscheinlickeit $p_w = 1 - q = 0,9375$ belegt. Im Mittel sind somit bei der Wegesuche $\bar{k} = (1 - p_w^{n'})/(1 - p_w) \approx 16$ Versuche notwendig, bis ein freier Verbindungsweg gefunden wird.

12.2.3 Vermittlungssystem zur Durchschaltervermittlung (Prinzip)

Eine digitale (Fernsprech-) Vermittlungstelle, s. Abb. 12.21, besteht aus dem Koppelnetz (Koppelanordnung), an das die Teilnehmer (Tln) über die periphere Teilnehmerschaltung (TS) - das Bindeglied zwischen den Eingangsleitungen und dem Koppelnetz - angeschaltet sind sowie dem Steuerwerk und den ausgangsseitigen peripheren Verbindungssätzen (VS). Das Steuerwerk ist für den Verbindungsauf-

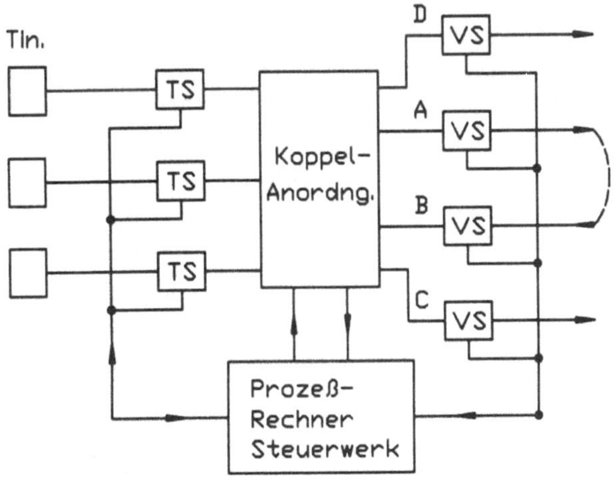

Abbildung 12.21: Rechnergesteuerte Vermittlungsstelle (Prinzip)

und -abbau sowie die Überwachung von Verbindungen erforderlich. Es führt durch die Signalisierung eingeleitete Vermittlungsfunktionen aus. Steuerwerke sind Mikroprozessoren oder Prozeßrechner, welche die einfallenden Signalisierungszeichen unmittelbar (Echtzeitbetrieb) in entsprechende Vermittlungsfunktionen umsetzen. Eine *zentrale Steuerung* liegt vor, wenn alle einfallenden Kommunikationswünsche und Verwaltungsfunktionen einer Vermittlungsstelle durch ein einziges Steuerwerk bedient werden. In *verteilten Steuerungen* können einzelne kleinere Steuerwerke hierarchisch angeordnet sein. Das Steuerwerk fragt die Peripherie der Vermittlungsstelle zyklisch nach einfallenden Kommunikationswünschen oder Verwaltungsaufgaben (Signalisierungszeichen) ab. Angeregt durch einen Signalisierungsvorgang, der von der Peripherie kommend in der Vermittlungstelle einfällt, veranlaßt das Steuerwerk eine entsprechende vermittlungstechnische Funktion oder initialisiert einen Verwaltungsvorgang (z.B. netzbezogene Fehlermeldung).

Erkennt das Steuerwerk z.B. Wählimpulse, Meldungen über den Belegungszustand von Ausgangssleitungen der Vermittlungsstelle und weitere Verwaltungsinformationen von den peripheren Einrichtungen, so werden diese ausgewertet. Als Folge dieser Auswertung gibt das Steuerwerk Anweisungen, wie z.B. das Durchschalten eines Weges durch das Koppelnetz über die den Teilnehmern zugeordneten Verbindungssätze (VS), Anschaltung des Besetzttons, Auflösung einer Verbindung, Nichtbenutzung gestörter Leitungen, usw. zurück an die peripheren Einrichtungen. Infolge der vielfältigen Aufgaben eines solchen Steuerwerks kann es wegen der endlichen Verarbeitungsgeschwindigkeit des Prozeßrechners zur Überlastung kommen. Häufig werden deshalb - wie oben erwähnt - bestimmte Funktionen, wie z.B. die Aufnahme von Wählimpulsen separaten Steuerwerken zugeordnet, die zu einer Entlastung des Zentralrechners führen.

Im Falle einer *Internverbindung* - sowohl der rufende (z.B. Tln A) als auch der gerufene Teilnehmer (z.B. Tln. B) sind am gleichen Netzknoten und damit am gleichen Koppelnetz angeschlossen (Ortsnetzbereich) - wird die Verbindung über den Verbindungssatz (VS), dem Bindeglied zwischen dem Koppelnetz und den Ausgangsleitungen der Teilnehmer A und B, geschaltet (gestrichelt gezeichnet).

Bei einer *Externverbindung* - beide Teilnehmer sind an verschiedenen Netzknoten angeschlossen - wird die Verbindung zwischen den Verbindungssätzen VS-A bzw. VS-D (gehend) und VS-B bzw. VS-C (kommend) hergestellt.

Bekannte Systeme der Durchschaltevermittlung sind EWSD (Elektronisches Wähl-System Digital, Siemens), ein System mit im wesentlichen zentraler Steuerung und Alcatel 1000 S 12, ein Vermittlungssystem mit dezentraler Steuerung [176, 219].

12.3 Paketvermittlung (Speichervermittlung)

In Netzen mit Paketvermittlung werden die zur Übertragung und Vermittlung anstehenden Bitströme in Pakete variabler (z.B. Internet s. Abschn. 11.3.5.2) oder fester Länge (z.B. ATM, s. Abschn. 8.2.3 und 11.3.4.3) umgesetzt. Da die Pakete in den vermittelnden Knoten gespeichert werden können, ist sowohl eine verbindungslose als auch eine verbindungsorientierte Paketvermittlung möglich. Die Übermittlung erfolgt hierbei nicht über physikalisch für die Dauer des Informationsaustauschs festgeschaltete Verbindungen wie bei der Leitungsvermittlung, sondern über logische Verbindungen.

Zur verbindungslosen Übermittlung werden *Datagramme* benutzt (s. z.B. Abschn. 11.2.6 die IP-Datagramme im Internet). Durch Eintragung bestimmter Zielvorgaben im Datagrammkopf kann ein Datagramm über verschiedene Wege zum Zielteilnehmer gelangen.

Die verbindungsorientierte Übermittlung verwendet ***virtuelle Verbindungen*** wie z.B. im X.25-Protokoll, s. Abschn. 11.2.4 oder im TCP-Protokoll des Internet, s. Abschn. 11.2.6. Beim Aufbau einer virtuellen Verbindung unterscheidet man zwischen der ***Pfadvermittlung*** (*engl.* Virtual Path, VP) und der ***Kanalvermittlung*** (*engl.* Virtual Channel, VC).

12.3.1 Prinzip der Paketvermittlung

Beim verbindungslosen **Datagrammverfahren** kann jedes Paket unabhängig von den jeweils anderen über einem beliebigen Weg durch das Netz vermittelt werden. In Abb. 11.21 ist der Aufbau eines IP-Datagramms dargestellt. Abb. 11.24 zeigt ein UDP-Datagramm. Der Datagrammkopf enthält u.a. Ursprungs- und Zieladresse sowie eine Paketnummer. In den Netzknoten werden die Pakete gespeichert. Der Paketkopf wird ausgewertet (Routing), und die Pakete entsprechend ihrer Zielvorgabe weitergeleitet. Sie können über verschiedene Wege beim jeweiligen Teilnehmer eintreffen. Durch Auswertung der Paketnummer (Datagram Identification) im Paketkopf kann die richtige Paket-Reihenfolge wiederhergestellt und der kontiniuierlich ablaufende Bitstrom wiedergewonnen werden. In Beispiel 12.11 ist vereinfacht dargestellt, wie ein Stapel von 5 Datagrammen durch ein Netz übermittelt werden kann.

□ **Beispiel 12.11**
In Abb. 12.22a ist die Ausgangssituation einer Datagramm-Übermittlung dargestellt. Teilnehmer A beabsichtigt, Teilnehmer B fünf Datagramme, die in einem Speicher gestapelt sind, zu übermitteln. Die Übermittlungsphase ist in den Abbn. 12.22b bis 12.22i dargestellt. Abhängig von den Belegungszuständen im Netz (Netzlast) gelangen die Datagramme durch Wegvorgaben, die in den Netzknoten jeweils in den Paketkopf neu eingetragen werden (Routing-Tabellen), über verschiedene Wege unterschiedlicher Länge zum Teilnehmer B. Aufgrund unterschiedlicher Wege und damit Laufzeiten durch das Netz wird angenommen, daß die 5 Datagamme in der Folge 1,2,4,3,5 im Speicher des Teilnehmers B eintreffen. Durch Auswertung der Paketnummer im Datagrammkopf erfolgt dort die richtige

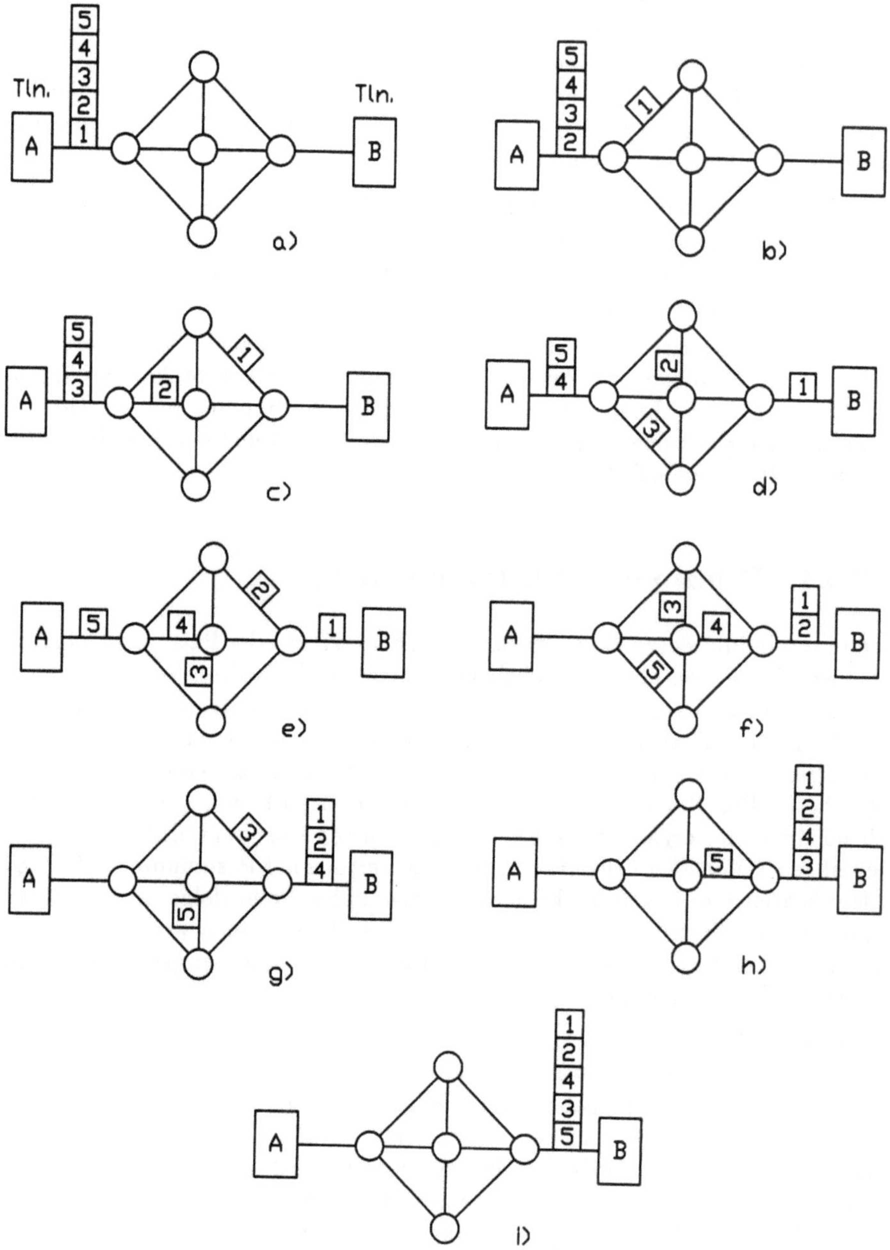

Abbildung 12.22: Prinzip der Datagramm-Übermittlung

Umsetzung in einen kontinuierlich abgehenden Bitstrom.

Die Übermittlung von Paketen wird häufig auch mit Hilfe von **virtuellen Verbindungen** durchgeführt. In Abb. 11.23 ist der Aufbau eines TCP-Segmentes dargestellt, wie es in virtuellen Verbindungen im Internet benutzt wird.

Zur einfacheren Erläuterung des Prinzips werde jedoch zunächst ein ATM-Netz, s. z.B. Abb. 8.21, betrachtet. Bei einer virtuellen Verbindung wird unterschieden in den *Virtual Path* VP und den *Virtual Channel VC*. Ein VP ist ein logisches Leitungsbündel aus mehreren VCs. Virtuelle Verbindungen sind somit logische Verbindungen. Bei einer logischen Verbindung sind die Wegabschnitte zwischen den Netzknoten nicht physikalisch fest geschaltet, sondern die zu übertragenden Pakete gelangen über virtuelle Kanäle (VCs) innnerhalb eines von einem Knoten abgehenden logischen Leitungsbündels (VP) u.U. über verschiedene physikalische Leitungen eines physikalischen Leitungsbündels zum Zielteilnehmer. VCs und VPs werden beim Aufbau einer virtuellen Verbindung durch Eintragung entsprechender Nummern in den Netzknoten im jeweiligen Paketkopf, Virtual Path Identifier VPI, sowie Virtual Channel Identifier VCI, festgelegt. In Abb. 8.23 ist der Aufbau einer ATM-Zelle dargestellt, und Abb. 8.22 zeigt schematisch ein Breitbandmedium (z.B. Lichtwellenleiter), in dem VPs und VCs geführt werden.

Eine virtuelle Verbindung bleibt für die Dauer einer Belegung (z.B. Ferngespräch) bestehen, wobei die Paketübertragung zwischen einem Teilnehmer A und einem Teilnehmer B in festgelegter Reihenfolge abgewickelt wird. Eine Paketnummer wie im Datagrammverfahren ist bei einer virtuellen Verbindung deshalb nicht erforderlich. Jedoch ist eine Flußkontrolle (Paketzählung) notwendig. Die Flußkontrolle erfolgt hierbei ähnlich wie im HDLC-Protokoll, s. Abschn. 11.2.2. Die einzelnen Pakete können zwar durch die Speicherung unterschiedlicher Dauer in den Netzknoten Verzögerungen erfahren, die Reihenfolge des Transports über die virtuelle Verbindung bleibt jedoch erhalten; die Pakete treffen deshalb asynchron beim Ziel-Teilnehmer ein. In Beispiel 12.12 wird der Verbindungsaufbau und die Paketübertragung einer virtuellen Verbindung in vereinfachter Form demonstriert.

□ **Beispiel 12.12**

Betrachtet wird die Übertragung von 4 Paketen über eine virtuelle Verbindung, die zunächst aufgebaut werden muß. Abb. 12.23a zeigt die Ausgangssituation. Im Speicher des Teilnehmers A sind 4 Pakete gespeichert, die über eine virtuelle Verbindung zum Teilnehmer B gesendet werden sollen. Zur Einrichtung der virtuellen Verbindung sendet Teilnehmer A die Signalisierungsinformation S an den Teilnehmer B, siehe Abb. 12.23bc. Sie enthält die Sender- und Empfängeradresse und weitere Informationen, die dem Verbindungaufbau dienen, s. z.B. das X.25-Protkoll in Abschn. 11.2.4. Dadurch wird die virtuelle Verbindung (dick gezeichnet) aufgebaut. Liegt die Signalisierungsinformation bei Teilnehmer B vor, dann bestätigt dieser den Verbindungsaufbau, indem er seinerseits an Teilnehmer A über die nun bestehende virtuelle Verbindung ein Signalisierungspaket sendet,

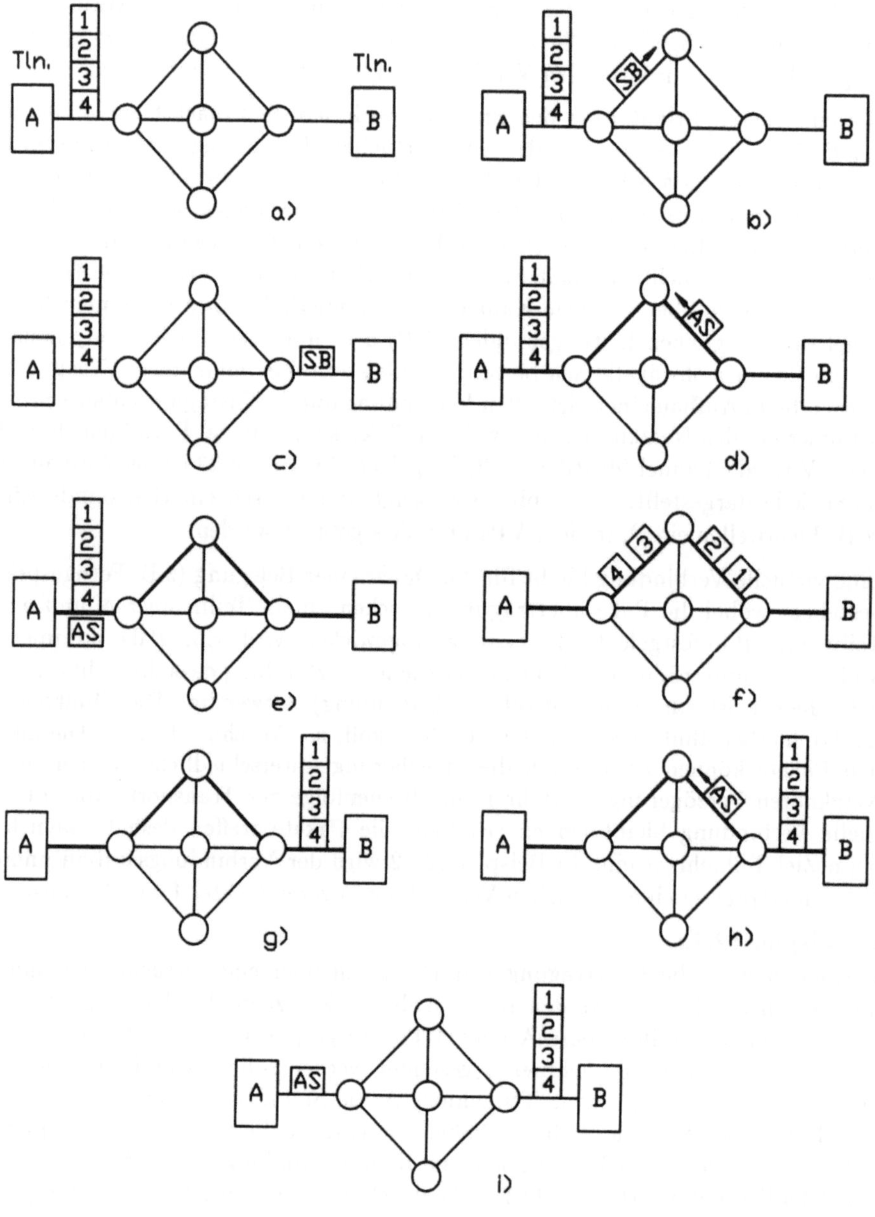

Abbildung 12.23: Paketübermittlung über eine virtuelle Verbindung

s. Abb. 12.23d. In den Netzknoten wird dadurch die virtuelle Verbindung als endgültig aufgebaut angenommen, Abb. 12.23e. Sobald Teilnehmer A die Bestätigung erhält, sendet er seine Pakete aufeinanderfolgend ab, beginnend mit der Nr. 1. Sie treffen damit auch in der Reihenfolge 1,2,3,4 bei Teilnehmer B ein, s. Abb. 12.23fg. Nach dem richtigen Empfang der 4 Pakete löst Teilnehmer B die virtuelle Verbindung auf, indem er an A eine entsprechende Signalisierungsinformation sendet, Abb. 12.23hi, die die Auflösung der Verbindung in den Knoten veranlaßt.

In Abschn. 12.3.1 wird die Paketvermittlung (Routing) in den Netzknoten genauer beschrieben.

12.3.2 Koppelnetze zur Paketvermittlung

Bei Paket-Übermittlungssystemen gibt es bezüglich der Art der Vermittlung zwei grundsätzlich unterschiedliche Netzformen. So gibt es Netze, bei denen die **Vermittlungssysteme unmittelbar beim Teilnehmer** eingerichtet sind. Typische Netzformen sind hier Ring-, Bus- oder Baumnetznetze (z.B. Token-Ring), wie sie häufig in LANs benutzt werden, s. Abschn. 11.3. In solchen Netzen sind die Koppelpunkte sogenannte Ports (1 Port ist ein Eingang plus ein Ausgang), über die der Netzzugriff erfolgt. Auch Koppelnetze mit Gitterstruktur werden verwendet, s. Abb. 12.24a. Ein solches Netz hat die Form eines ebenen quadratischen Gitters,

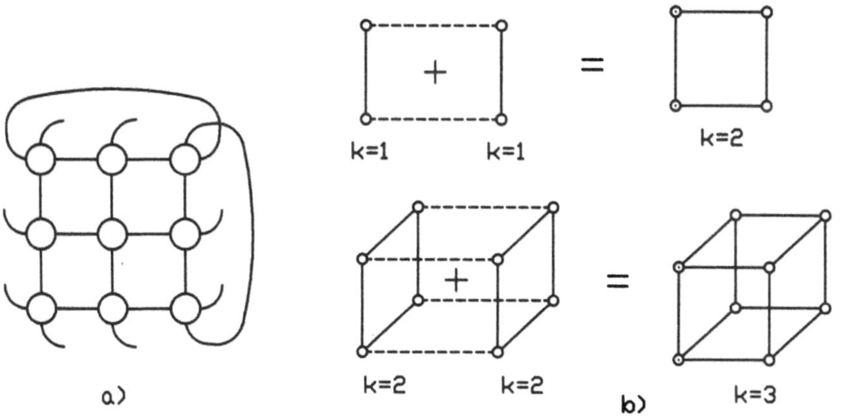

Abbildung 12.24: a) Gitter als Koppelnetz; b) Koppelnetz in Form von "Hypercubes" (○ = Teilnehmereinrichtung plus Vermittlung)

wobei die Teilnehmer und die beim Teilnehmer befindlichen Vermittlungseinrichtungen über die "Stäbe" der Gitter und durch ringförmige Verbindungen der Stäbe verbunden sind. Jeder der $n = 9$ Teilnehmer im Netz nach Abb. 12.24 und damit jedes Vermittlungsmodul hat im i. allg. 4 doppelt gerichtete Ports. Ein Fortsetzung dieser Struktur stellen die sogenannten "Hypercubes" dar, s. Abb. 12.24b. Teilnehmer in einem Hypercube werden nach dem folgenden Gesetz paarweise miteinander verbunden: Ein Hypercube der Dimension $k = 1$ besteht aus 2 Teilnehmern und einer Verbindungsleitung. Verbindet man ein Paar dieser Kategorie durch 2 Leitungen, so erhält man einen Hypercube der Dimension $k = 2$ (Quadrat). Aus 2 Hpercubes der Dimension $k = 2$ wird ein Hypercube der Dimension $k = 3$ (Würfel) gebildet usw. [176].

In hierarchisch strukturierten Netzen sind die **Vermittlungseinrichtungen in den Netzknoten** untergebracht, an die Teilnehmer u.U. über weitere Knoten angeschlossen werden. Die einfachste Form eines solchen Netzes ist ein Sternnetz, wobei der Sternpunkt die Vermittlungseinrichtung enthält, an die Teilnehmer angeschlossen sind. Bei Paketvermittlung lassen sich die Koppelanordnungen in den Netzknoten dieser Netze gegenüber der Leitungs- bzw. Durchschaltevermittlung vereinfachen. Die Koppelanordnung mit ihren Schaltelementen (Koppelvielfachen) - in der Praxis häufig als *Switch* bezeichnet - hat bei Paketvermittlung oft eine Busstruktur. Abb. 12.25a zeigt eine solche Bus-Koppelanordunung. Der Bus wird durch virtuelle Verbindungen oder Datagramme belegt.

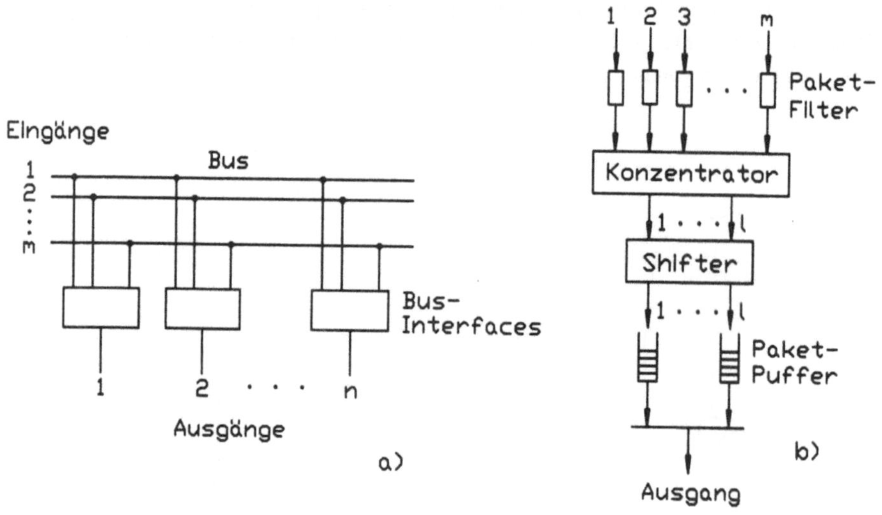

Abbildung 12.25: a) Paketvermittlung über einen Bus; b) Knockout-Switch

Eine Schnittstellen-Einrichtung ($\hat{=}$ Koppelvielfach) für den Buszugriff ist beispielsweise der in Abb. 12.25 dargestellte "Knockout Switch". Die Paket-Zwischenspeicherung erfolgt bei dieser Anordnung in ausgangsseitig angeordneten Paket-Puffern. Jede Schnittstellen-Einrichtung enthält m Paketfilter (logische Filter), die die Koppelfunktionen übernehmen und damit die Pakete sortieren. Da in der Regel nicht gleichzeitig die Maximalzahl von m Paketen über ebensoviele Leitungen einfallen, ist ein Konzentrator eingefügt, der die m möglichen Eingangspakete auf $l < m$ mögliche Ausgänge verteilt. Im Überlastfall, wenn die Zahl von l Paketen überschritten wird, gehen Pakete verloren (Knockout). Der Shifter verteilt die l Pakete am Konzentratorausgang gleichmäßig auf die Paket-Puffer. Kommt es in den Puffern zum Überlauf (Ausgangsstau), dann können ebenfalls Paketverluste auftreten [176].

Die Koppelanordnung nach Abb. 12.25a ist i. allg. wenigstufig und enthält große Bus-Koppelvielfache (z.B. Knockout-Switch). Es gibt jedoch auch Koppelanordnungen für die Paketvermittlung, die vielstufig sind und aus sehr kleinen Koppelvielfachen - sogenannten Beta-Elementen - aufgebaut sind. Ein Beta-Element hat lediglich 2 Eingänge und 2 Ausgänge. Es kann ausgehend von einem beliebigen Eingang entweder *parallel* oder *überkreuz* durchgeschaltet werden, wie in Abb. 12.26 dargestellt. Da es nur zwei Schaltfunktionen gibt, können Beta-Elemente

Abbildung 12.26: Beta-Element (symbolisch)

mit nur einem Bit gesteuert werden (Koppelvielfach-Steuerung). Sie eignen sich deshalb für Koppelnetze bei "Self-Routing", durch die sich die Pakete - mit einer entsprechenden Routing-Information im Header - selbständig ihren Weg durch die Koppelanordnung suchen. In Abschn. 12.3.3.2 wird ein solches Koppelnetze vorgestellt. Jede Stufe einer Koppelanordnung muß über Zwischenleitungen verbunden werden. In Koppelanordnungen aus Beta-Elementen nennt man die Zwischenleitungen **Permutationsnetzwerke**. Beim *Perfect Shuffle-Permutationsnetzwerk* teilt man die Anzahl der Eingänge in zwei Hälften (obere Hälfte und untere Hälfte). Nun mischt man die beiden Hälften so, daß in der Ausgangsstufe C bzw. mittleren Stufe B regelmäßig am Eingang eines jeden Beta-Elements nach einer Verbindung der oberen Hälfte eine Verbindung der unteren Hälfte erscheint. Auf der Basis der Perfect-Shuffle Konfiguration ist das *Omega-Netz* aufgebaut, s. Abb. 12.27a.

Beim *Banyan-Netz* (Banyan = Feigenbaum) verwendet man die *Butterfly-Zwischenleitungsverdrahtung*. Es setzt sich ebenfalls aus Teilnetzen zusammen. In jedem Beta-Element wird die Entscheidung getroffen, ob ein Paket in das jeweils obere oder untere Teilnetz zu leiten ist. Abb. 12.27b zeigt ein vierstufiges Banyan-Netz mit der regelmäßigen Butterfly-Zwischenleitungsverdrahtung.

Im nächsten Abschnitt werden Schaltelemente (Koppelvielfache) und Koppelanordnungen (Switches) vorgestellt, wie sie in ATM-Netzen Verwendung finden.

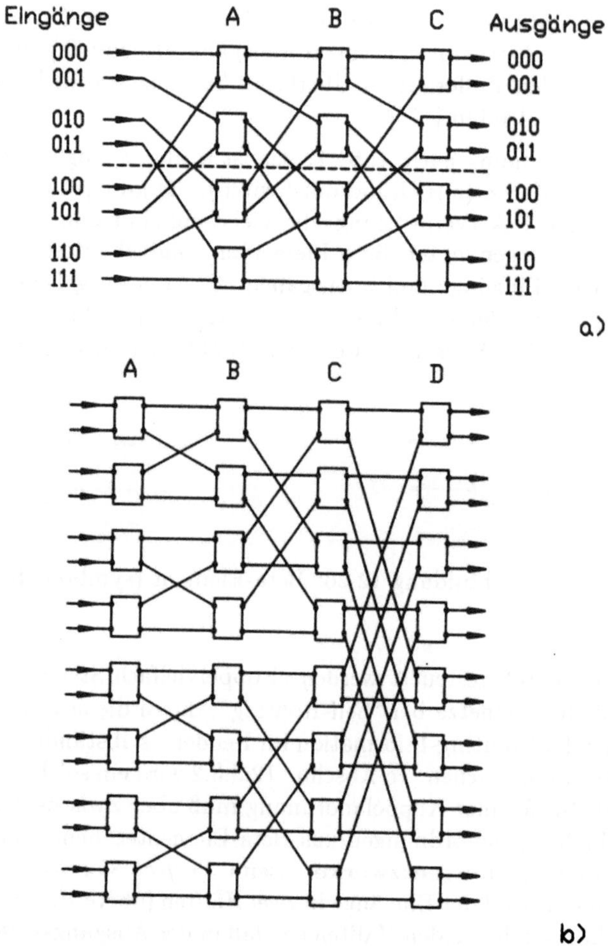

Abbildung 12.27: a) 3-stufiges Omega-Netz; b) Banyan-Netz (– Trennung der Teilnetze)

12.3.2.1 ATM-Switch

Die Netzknoten eines ATM-Netzes können entweder "ATM-Switches", "ATM-Cross-Connectoren" oder beide Einrichtungen enthalten. Beide haben die Aufgabe durch entsprechende Schaltungen die in einem Knoten eintreffenden ATM-Zellen in Richtung Ziel-Teilnehmer weiterzuleiten. Im Abschnitt 12.3.3 wird dargestellt, wie die Pfad- und Kanalvermittlung durchgeführt wird.

Ein ATM-Switch, d.h. eine **ATM-Koppelanordnung**, besteht i. allg. aus Speichern, den Schaltelementen (Koppelvielfache), den Zwischenleitungen, die die Schaltelemente verbinden sowie geeigneten Steuer- und Adressierungseinrichtungen. Die Schaltelemente können als Raumstufen (Matrixstruktur) oder Zeitstufen (Busstruktur, z.B. Abb. 12.25a) ausgeführt sein.

Bei der *Matrixstruktur* (Raumstufe) werden - wie in der Leitungsvermittlung - alle Eingänge des Schaltelements (Koppelvielfach) mit allen Ausgängen verbunden. In Abb. 12.28 ist ein solches Schaltelement dargestellt. Die ATM-Zellen

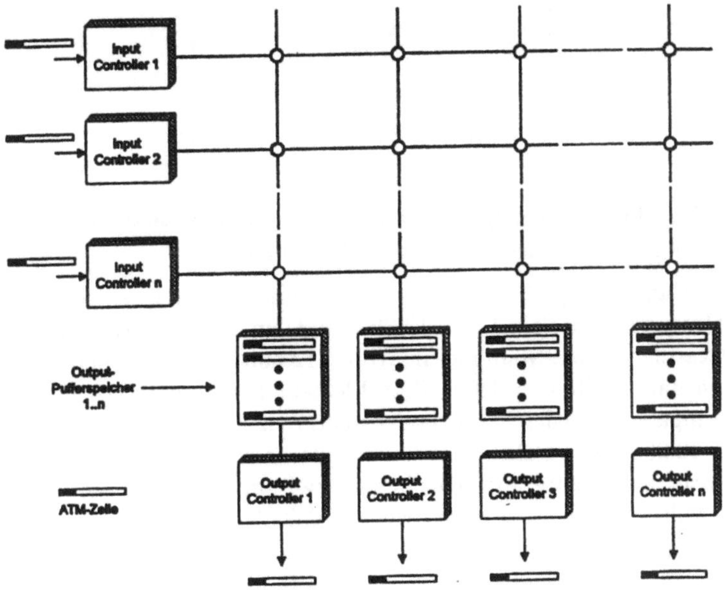

Abbildung 12.28: Schaltmatrix (Koppelvielfach)

werden parallel an den Eingang des Koppelvielfachs herangeführt und gleichzeitig, synchron mit einem lokalen Takt, an die freien Ausgänge durchgeschaltet. Um Blockierungen (Paketstaus) zu vermeiden, sind an den Ein- und Ausgängen oder den Koppelpunkten - den schaltbaren Verbindungen - Pufferspeicher einzurichten.

Schaltelemente mit *Busstruktur*, wie z.B. die Knockout-Switch s. Abb. 12.25b, arbeiten nach dem TDM-Verfahren (Time Division Multiple), s. hierzu auch Abschn. 8.2; sie enthalten einen Bus, der im Zeitmultiplex mit ATM-Zellen belegt wird. In Abb. 12.29 ist dies in vereinfachter Form dargestellt.

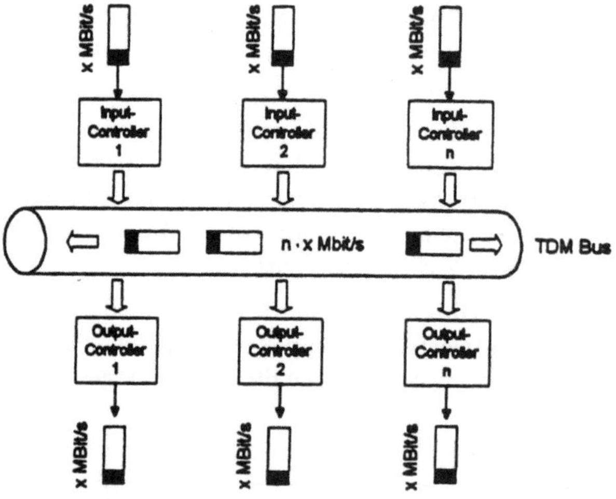

Abbildung 12.29: Bus-Struktur

Wird der Bus durch eine ringförmige Leitungsführung ersetzt, so erhält man eine effizientere Ausnutzung des verfügbaren Zeitrahmens.

Eine Koppelanordnung (Switch) aus Beta-Elementen ist beispielsweise der sogenannte **Banyan-Switch**. Abb. 12.30a zeigt ein zweistufiges Banyan-Netzwerk aus 4 Beta-Elementen, während in Abb. 12.30b ein dreistufiges aus 12 Beta-Elementen dargestellt ist. Jedes Beta-Element kann ein Paket am oberen bzw. unteren Eingang entweder parallel oder überkreuz an den Ausgang durchschalten, s. Abb. 12.26. Zwei Pakete, eines am unteren und eines am oberen Eingang, können nicht gleichzeitig auf den oberen bzw. unteren Ausgang geschaltet werden. In Abb. 12.30b ist gezeigt, wie ATM-Zellen durch ein Banyan-Netzwerk gelangen, ohne sich zu behindern. So können zwei ATM-Zellen nicht gleichzeitig über den gestrichelten und durchgezogenen Pfad in Abb. 12.30b vermittelt werden. Erscheint beispielsweise am Eingang 8 in Abb. 12.30b bei Self-Routing eine ATM-Zelle mit der Routing-Information 110 im Header, so wird das Paket dem Ausgang 4 zugeleitet, wie durch den strichpunktierten Weg und die eingezeichneten Schaltfunktionen gezeigt. Behinderungen in Banyan-Netzwerken werden vermieden, wenn in einem separaten Netzwerk zunächst eine Sortierung nach den erwünschten Ausgangsleitungen erfolgt (Sorter). Ein hierauf folgendes Netzwerk (Trap) ermittelt die ATM-Zellen, die für dieselbe Ausgangsleitung bestimmt sind, s. Abb. 12.31. Gemäß einer festgelegten Priorität wird eine dieser ATM-Zellen

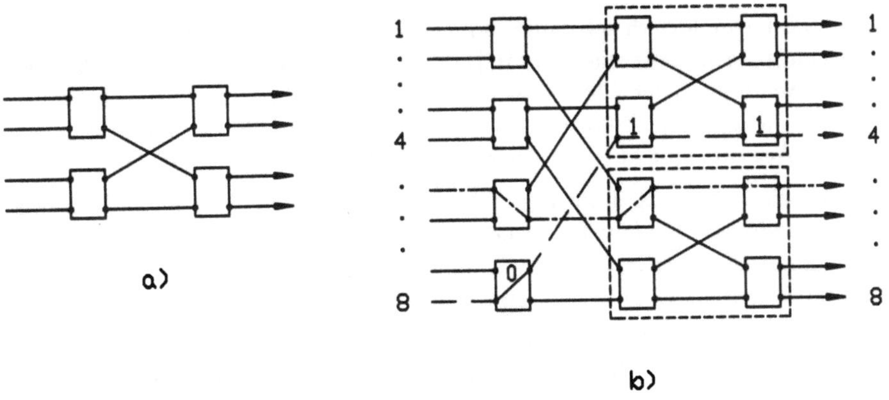

Abbildung 12.30: Banyan-Switch: a) zweistufig; b) dreistufig

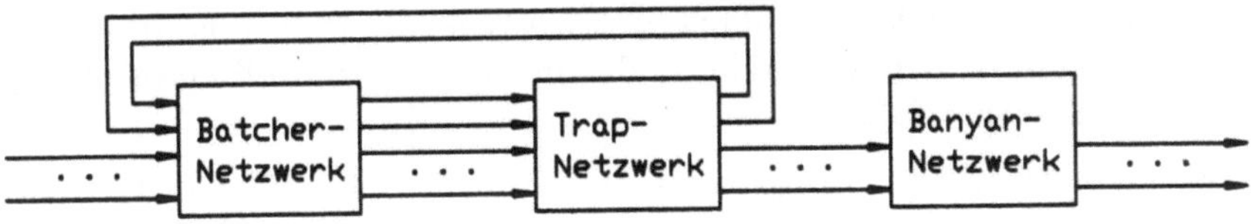

Abbildung 12.31: Banyan-Switch mit Sortierer

zum Banyan-Netzwerk weitergeleitet, während den anderen ATM-Zellen erhöhte Priorität erteilt wird, bevor sie auf den Eingang des Sortierers zurückgekoppelt und wiederum einer Sotierung unterworfen werden. Die zum Banyan-Netzwerk gelangenden Zellen können so ohne Behinderung die ihnen zugeordnete Ausgangsleitung erreichen [175, 176].

12.3.3 Routing (Wegesuche) bei Paketvermittlung

In einem Netz gibt es zwischen zwei Teilnehmern (Endstellen) i. allg. mehrere Wege, auf denen eine Nachricht vom Sender (Ursprungsteilnehmer) zum Empfänger (Zielteilnehmer) gelangen kann. Um die zu übermittelnden Pakete zwischen dem Ursprungs- und dem Zielteilnehmer auf einem möglichst kurzen oder sonst günstigen Weg durch das Netz zu transportieren, ist eine Wegesuche (*engl.* Routing) erforderlich. Kriterien für die Wegesuche sind u.a. das aktuelle Verkehrsaufkommen im Netz, die Kapazität der die Knoten verbindenden physikalischen Grundleitungen, die Kosten, der Durchsatz, etc.. Die Ermittlung des "optimalen Weges", ausgewählt anhand der vorgenannten Kriterien ist mathematisch und technologisch sehr aufwendig. Einige Algorithmen, mit denen solche Optimierungen erreichbar sind, sind in [175] dargestellt. Ein wesentliches Problem bei der Anwendung dieser Algortihmen ist das sich ständig ändernde Verkehrsaufkommen im Netz und der Netzzustand (Ausfälle) mit der Folge, daß der gefundene günstigste Weg nur sehr kurzzeitig wirklich günstig ist.

Als praktisch relevantes Routing-Verfahren hat sich das sogenannte **Table-Routing** erwiesen. Im Idealfall erhält hierbei jeder Netzknoten durch entsprechende Signalisierung (z.B. ZGS Nr. 7) Informationen über die oben formulierten Auswahlkriterien zur Wegesuche. Ein solches System ist sehr kostspielig.

Kostengünstiger sind Routing-Verfahren, die nur Kenntnis über die Wegesuch-Kriterien der jeweils benachbarten Knoten haben. Jeder Knoten (Router) enthält eine Routing-Tabelle mit Informationen über die Ziele, die er über benachbarte Knoten erreichen kann. Damit die jeweils benachbarten Knoten ständig auf dem neuesten Stand sind, wird jede Änderung der Wegesuchkriterien in einem Knoten den Nachbarn mitgeteilt (Signalisierung). Diese Methode ist zeitaufwendig und kann zur Bildung von Schleifen führen. Das vorgenannte Prinzip ist im Routing Information Protocol RIP verwirklicht, das in das IP-Protokoll eingebettet ist (Internet), s. Abschn. 12.3.3.3.

Einen Kompromiß stellen Routing-Verfahren dar, die Kenntnis über die Wegesuchkriterien des gesamten Weges vom Ursprung bis zum Ziel haben (weitspannende Wegesuche). Diese Methode erfordert eine Bewertung verschiedener Strecken, bis die günstigste gefunden ist. In den Routing-Tabellen der Netzknoten ist dann auch Information über die Belastung der Gesamtstrecke enthalten. Änderungen der Wegesuchkriterien in einem Knoten erfordert nicht mehr die Information aller Nachbarn, sondern nur noch das "Updating" der Knoten der Gesamtstrecke. Solche Verfahren konvergieren sehr schnell. Ein typisches Protokoll dieser Art ist die ebenfalls in Verbindung mit dem IP-Protokoll verwendete Methode Open Shortest Path First OSPF, s. Abschn. 12.3.3.3.

Ein Algorithmus, abgeleitet von der Methode, wie Ameisen in den vielen verschlungenen Wegen eines Ameisenhaufens den jeweils kürzesten Weg von einem Punkt zu einem anderen finden, ist unter dem Begriff "Ant Colony Optimization" bekannt geworden. Dieses adaptive Optimierungsverfahren, angewendet auf das Routing-Problem in Computernetzen, scheint die günstigsten Ergebnisse zu liefern [221].

12.3.3.1 ATM-Table-Routing

Trifft beim ATM-Table-Routing ein zu vermittelndes ATM-Paket (= ATM-Zelle) in einem Netzknoten ein, so wird es zunächst gespeichert. VPI (Virtual Path Identifier) und VCI (Virtual Channel Identifier) im Header werden gelesen (ausgewertet). Der ATM-Zellenaufbau ist in Abb. 8.21 dargestellt. Grundsätzlich unterscheidet man die ATM-Pfadvermittlung (VPs) und die ATM-Kanalvermittlung (VCs). Führt der Netzknoten nur eine ***Pfadvermittlung*** mit Hilfe von Cross-Connectoren durch, so werden die an einem Knoten ankommenden VPs beendet und mit allen darin befindlichen VCs in einem anderen abgehenden VP weitergeführt. Dies geschieht ohne Beeinflussung der einzelnen VPs, s. Abb. 12.32a.

In den abgehenden ATM-Paketen werden die VPIs und VCIs entsprechend geändert, wie in Abb. 12.32a gezeigt. Führt der Netzknoten auch eine ***Kanalvermittlung*** durch, so werden dort sowohl VPs als auch VCs beendet und in abgehende VPs bzw. VCs umgeleitet, s. Abb. 12.32b. Wird ein VC in einem Knoten beendet - er liegt somit im Zielbereich der Verbindung - so bedeutet dies immer auch die Beendigung des VP, in dem der betreffende VC geführt wird.

Ähnlich wie bei der "Wegesuche im Speicher" der Leitungsvermittlung enthält der vermittelnde Netzknoten eine Verbindungstabelle, die nach dem Aufbau der virtuellen Verbindung eingerichtet wird. Durch die Verknüpfung des Tabelleninhalts mit VCI und VPI ermittelt man Adressen für jede Stufe der Koppelanordnung (ATM-Switch), mit deren Hilfe das betreffende ATM-Paket zu einer zielrichtigen Ausgangsleitung durchgeschaltet wird. In den Zellenkopf werden danach neue VPI- und VCI- Werte eingetragen, s. Abb. 12.32. In Abb. 12.33 ist die stufenweise Durchschaltung am Beispiel eines vierstufigen (Stufen A, B, C und D) Banyan-Netzwerks gezeigt. Vor jedem Schaltelement (Koppelvielfach, z.B. Beta-Element) der Stufen A, B, C und D gemäß Abb. 12.33 wird eine Pfad- bzw. Kanalidentifikation vorgenommen. Beispielsweise bedeutet in Abb. 12.33 die Adresse A1,B, in der Stufe A am betreffenden Beta-Element den unteren Eingang parallel durchzuschalten. C0,D dagegen in der Stufe C im zugehörigen Beta-Element den unteren Eingang überkreuz durchzuschalten usw.. In Abb. 12.33b sind die Schaltfunktionen der Beta-Elemente der einzelnen Stufen definiert.

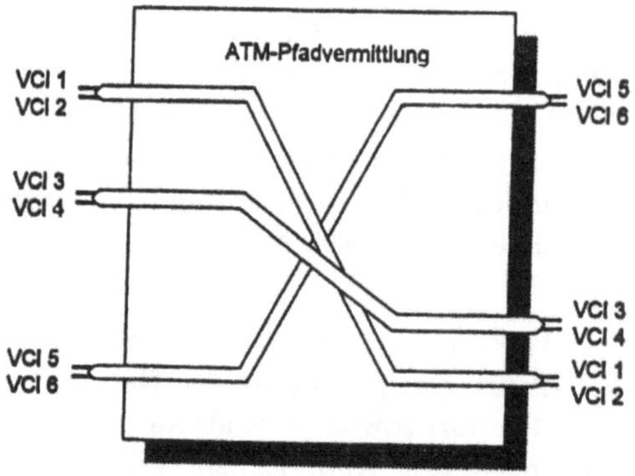

a)

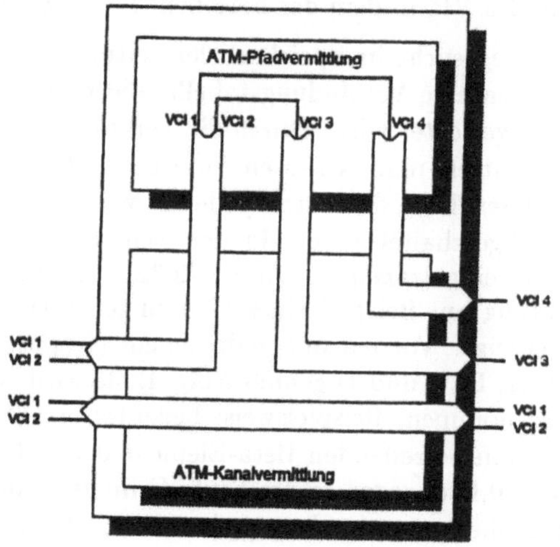

b)

Abbildung 12.32: a) ATM-Pfadvermittlung; b) ATM-Kanalvermittlung

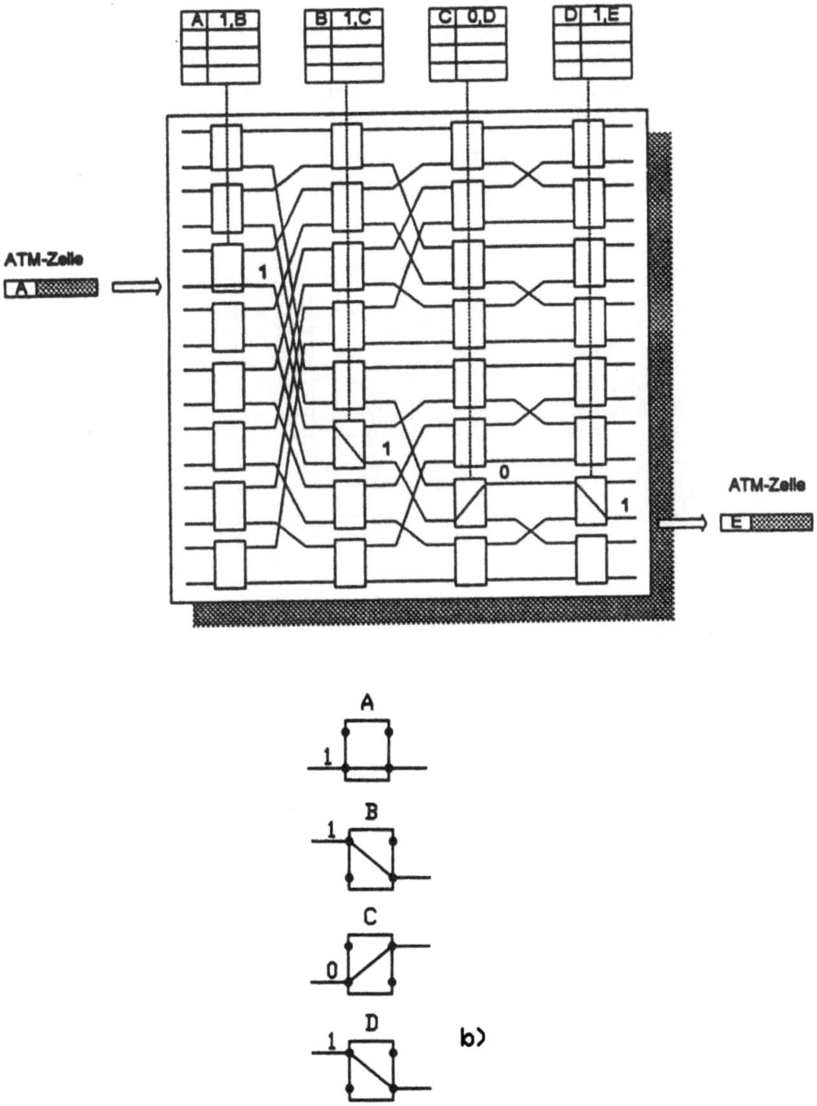

Abbildung 12.33: a) Koppelanordnung bei Table Routing (stufenweise Durchschaltung); b) Schaltfunktionen der Beta-Elemente der Stufen A bis D

12.3.3.2 ATM-Selfrouting

Eine weitere Methode der Wegefindung durch eine Koppelanordnung ist das Selfrouting. Anstelle der stufenweisen Durchschaltung wird aus der Verknüpfung der VPI- bzw. VCI-Werte mit der Verbindungstabelle das im Knoten angekommene ATM-Paket durch einen internen schaltspezifischen Header ergänzt, der den zu benutzenden Weg durch die Koppelanordung in codierter Form enthält. In Abb. 12.34a ist dies an einem vierstufigen Banyan-Netz prinzipiell dargestellt. Entsprechend der Anzahl der Schaltstufen der Koppelanordnung (A, B, C, D)

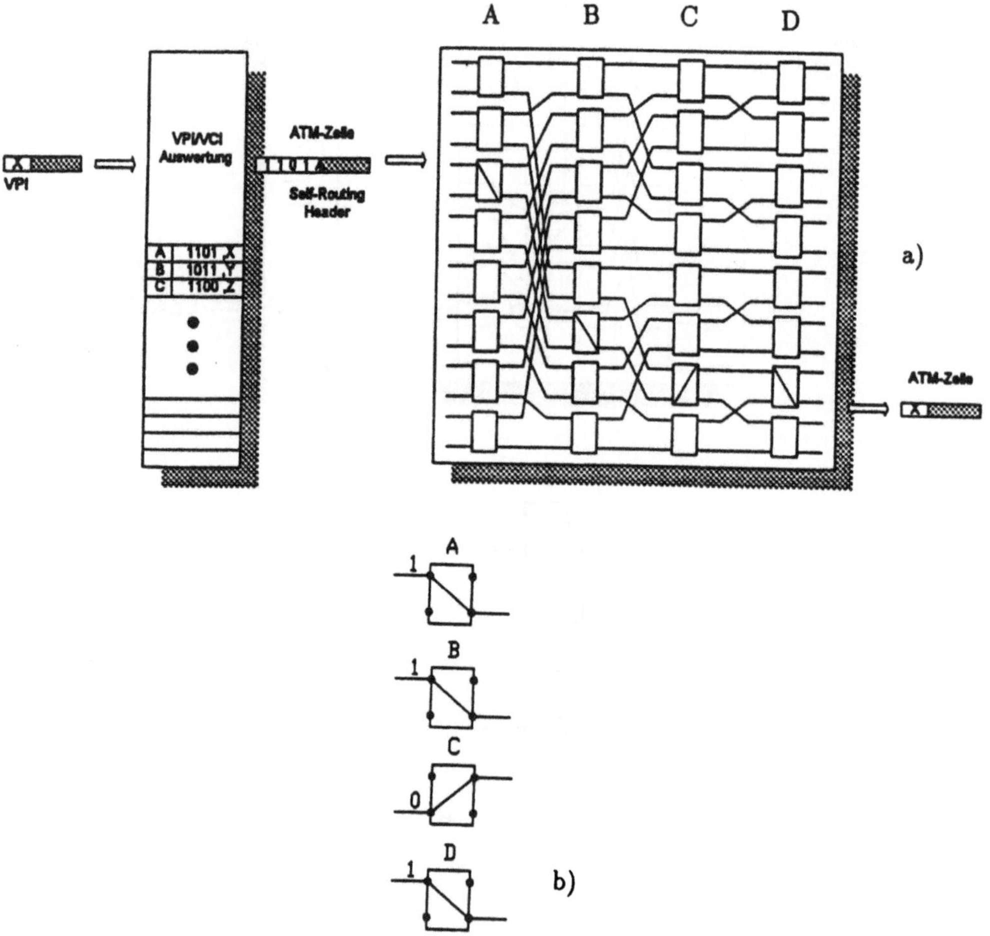

Abbildung 12.34: a) Prinzip des Selfrouting; b) Schaltfunktionen der betreffenden Beta-Elemente der Stufen A bis D

hat der Selfrouting-Header die Länge 4 bit (hier 1101). Gemäß der Definition der Schaltfunktionen der Beta-Elemente, s. Abb. 12.34b, durchläuft ein ATM-Paket wie in Abb. 12.34a dargestellt die Koppelanordnung. Durch das Anfügen des schaltspezifischen Routing-Headers muß die lokale Taktfrequenz entsprechend erhöht werden. Am Ausgang der letzten Stufe der Koppelanordnung ist der interne Routing-Header abgearbeitet und wird dann verworfen.

12.3.3.3 Internet-Routing

Das Internet setzt sich aus vielen physikalischen Netzen (Teilnetze) zusammen, die wie bereits gezeigt über Router (Netzknoten) miteinander verbunden sind. IP-Router haben die Vermittlungsaufgabe Datenpakete (Datagramme) gemäß ihrer Zielvorgabe von einem Teilnetz zu einem anderen zu leiten. Die Router enthalten IP-Router-Tabellen, in denen mögliche Zielnetze und die Wege zu diesen vermerkt sind. Die Zielvorgabe ist im Header des jeweiligen Datagramms enthalten. Der Aufbau von Routing-Tabellen wird weiter unten betrachtet.

Betrachtet wird das Internet-Routing im Zusammenhang mit der verbindungslosen Datagramm-Vermittlung. Bei der Einrichtung von virtuellen Verbindungen (verbindungsorientierte Vermittlung), z.B. zur Übertragung von TCP-Paketen, werden zum Verbindungsaufbau und -abbau die gleichen Routing-Algorithmen wie bei der Datagramm-Vermittlung benutzt.

Wenn in einem großen Netz wie das Internet jede Routing-Tabelle die Ziel-Informationen aller Teilnetze enthalten würde, so hätte diese Tabelle bei der Größe des Internet einen riesigen Umfang; sie wäre derzeit in den Routern weder zu speichern noch könnte sie auf neuestem Stand gehalten werden. Das Internet-Routing basiert deshalb auf dem Prinzip des ***Next-Hop-Routings***. Ein Router muß bei dieser Methode nicht den kompletten Weg von einem Teilnetz A zu einem Teilnetz B "wissen", sondern nur die Adresse des nächsten Routers in Zielrichtung; dieser "kennt" dann den nächsten Router auf dem Weg zum Zielnetz und übergibt ihm das Datagramm wonach jener das Datagramm einem ihm bekannten übernächsten Router in Zielrichtung übermittelt, usw..

In den Routing-Tabellen sind die Netzadressen N enthalten, die ein Router über einen benachbarten Router R erreichen kann; sie sind als Paare (N,R) abgespeichert. Selbst diese Routing-Information könnte nicht für alle Teilnetze des Internet in jedem Router gehalten werden. Die IP-Routing-Prozedur beinhaltet deshalb das Konzept der ***Default Routes***. Wenn ein Router für ein bestimmtes Ziel-Teilnetz keine Route ermitteln kann, weil in seiner Routing-Tabelle hierüber kein Eintrag vorliegt, dann sendet der betreffende Router sein Datagramm an ihm zugeordneten ***Default Router***, der dann versucht das Datagramm weiter zu vermitteln. Findet auch dieser keinen Weg, verfährt er genauso und übermittelt das Datagramm seinem Default-Router; diese Prozedur wird solange fortgesetzt bis sich schließlich ein Router findet der das Ziel-Teilnetz in seiner Routing-Tabelle hat. Auf diese Art und Weise wird schließlich ein Router erreicht, der mit dem Ziel-Teilnetz (z.B. Ethernet) unmittelbar verbunden ist. Dieser erzeugt nun mit Hilfe von ARP, s. Abschn. 11.2.6, die MAC-Adresse des Ziel-Hosts im Ziel-Teilnetz, baut einen Schicht-2-MAC-Rahmen auf, bettet das Datagramm in diesen Rahmen ein und sendet es über das Teilnetz zum Ziel-Host.

Liegen Quelle und Ziel eines Datagramms im selben physikalischen Teilnetz - es sind dann keine Router an der Vermittlung beteiligt - dann sendet der Quell-Host sein Datagramm direkt zum Ziel-Host. Der Quell-Host erkennt anhand des netid-Teils der Ziel-IP-Adresse (bzw. mit der Subnetting-Maske), daß der Ziel-Host im selben Teilnetz liegt. Mit ARP ermittelt er die physikalische Hardware-Adresse (MAC-Adresse) des Ziel-Hosts verpackt das Datagramm in einen MAC-Rahmen und sendet es zum Ziel-Host.

Beispiel 12.13
Abb. 12.35 zeigt das Internet, aus dem drei Teilnetze separiert wurden (10.0.0.0; 20.0.0.0 und 30.0.0.0), welche über die IP-Router R1, R2 und R3 untereinander und mit dem Rest-Internet verbunden sind. Jeder Router enthält die jeweiligen ihm zugeordneten Next Hop-Adressen. So hat der Router R1 die Next-Hop-Adressen 10.0.0.3 im Teilnetz 10.0.0.0 und 30.0.0.1 im Teilnetz 30.0.0.0. Router R2 sind die Next Hop-Adressen 20.0.0.9 im Teilnetz 20.0.0.0 und 30.0.0.2 im Teilnetz 30.0.0.0 zugeordnet. Schließlich hat Router R3 die Next Hop-Adresse 30.0.0.3 im Teilnetz 30.0.0.0 und ist an den Rest des Internet angeschlossen. Letzteres zeichnet ihn als Default-Router für die Router R1 und R2 aus, denn über ihn sind alle anderen IP-Adressen nach dem Next-Hop-Prinzip im Rest-Internet erreichbar.

Gelangt also beispielsweise zum Router R1 ein Datagramm mit einer IP-Adresse im Ziel-Teilnetz 10.0.0.0, so benötigt er keine Next Hop-Adresse, da er mit diesem Netz unmittelbar verbunden ist. Entsprechendes gilt für ein Datagramm mit einer IP-Adresse im Teilnetz 30.0.0.0. Hat jedoch ein Datagramm eine Zieladresse, die z.B. im Teilnetz 20.0.0.0 liegt, so verwendet R1 die Next Hop-Adresse 30.0.0.2 mit der er zum Router R2 gelangt, der mit 20.0.0.0 unmittelbar verbunden ist. Liegt die Zieladresse des im Router R1 einfallenden Datagramms im Rest-Internet so benutzt er Router R3 mit der Next Hop-Adresse 30.0.0.3 als Default-Router. Die Router R2 und R3 führen bei Einfall eines Datagramms, je nachdem für welches Ziel-Teilnetz sie bestimmt sind, entsprechende Vermittlungsabläufe durch. In Tab. 12.35 sind die Routing-Tabellen der Router R1 und R2 wiedergegeben.

Zur Erstellung ihrer Router-Tabellen kommunizieren die Router untereinander und tauschen Informationen ("Advertisments") über die Teilnetze aus, die sie erreichen können. Wichtigste Information ist dabei mit wievielen Next Hops ein Teilnetz jeweils erreichbar ist.

Zum Informationsaustausch zwischen Routern gibt es verschiedene Router-Protokolle. Zunächst wurde das sogenannte **Gateway-to-Gateway Protocol**

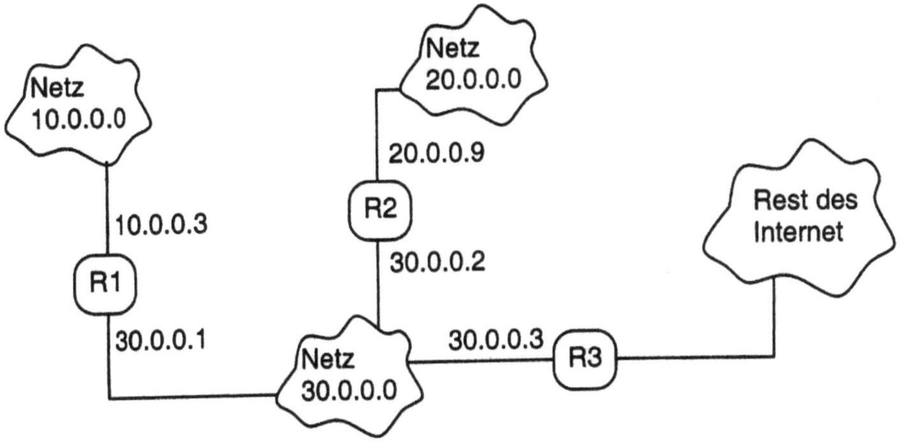

Abbildung 12.35: IP-Netz mit 3 Routern

Tabelle 12.1: Routing-Tabellen der Router R1 und R2 in Abb. 12.35

Router R1		Router R2	
Zielnetz	Next Hop	Zielnetz	Next Hop
10.0.0.0	direkt verb.	10.0.0.0	30.0.0.1
20.0.0.0	30.0.0.2	20.0.0.0	direkt verb.
30.0.0.0	direkt verb.	30.0.0.0	direkt verb.
Default	30.0.0.3	Default	30.0.0.3

(GGP) im Internet benutzt. Abb. 12.36 zeigt den Aufbau des ursprünglichen Internet. Verschiedene Teilnetze wurden über sogenannte "Core-Router" mit dem Transportnetz (Backbone) verbunden.

Das Protokoll GGP enthält eine *Routing Update Message*, eine Bestätigungsmeldung dafür sowie eine Echo-Anfrage und Antwort. Die Routing Update Message enthält eine Liste von Teilnetzen, die betreffende Router mit einer bestimmten Anzahl von Next Hops erreichen kann. GGP verwendet den Vector-Distance-Routing-Algorithmus (Bellma-Ford) [175], um mit Hilfe der "Advertisments" Routing-Tabellen zu erstellen. Ein Router verwendet die jeweils einfallenden "Routing Update Messages" um seine Routing-Tabelle so abzugleichen, daß er die für ihn in Frage kommenden Teilnetze über kürzeste Wege erreicht.

Infolge der enormen Vergrößerung des Internet genügte GGP den Anforderungen nicht mehr und es wurde das sogenannte **Exterior Gatway Protocol (EGP)**

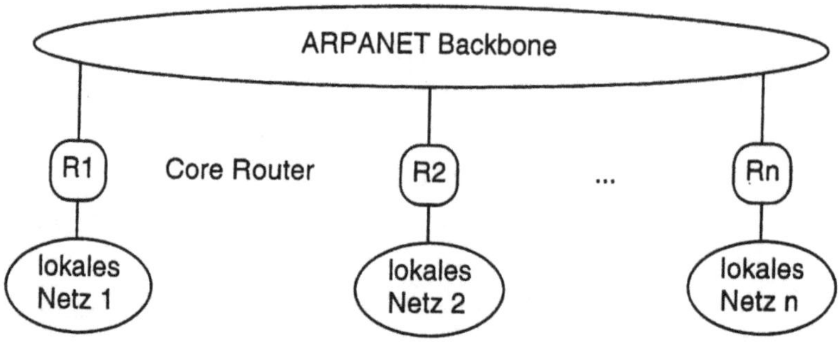

Abbildung 12.36: Netzaufbau des urspünglichen Internet

eingeführt. EGP basiert auf dem Konzept "Autonomer Systeme". Ein Autonomes System (AS) ist eine Gruppe von Teilnetzen die mit Routern verbunden sind und die einheitlich verwaltet werden. An der grundsätzlichen Internet-Netzstruktur hat sich zwar wenig geändert, jedoch wurden die Teilnetze im ursprünglichen Internet durch Autonome Systeme ersetzt, s. Abb. 12.37.

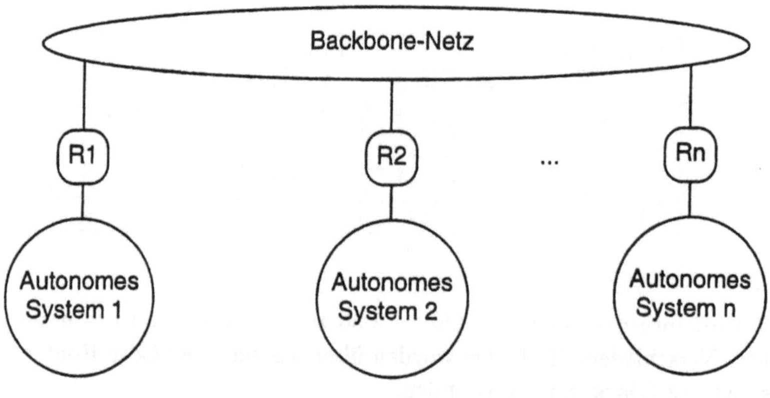

Abbildung 12.37: Internet-Aufbau aus "Autonomen Systemen"

Innerhalb eines Autonomen Systems gibt es mindestens einen Router (Peer-Router) der die "Routing Updates" aller Router im AS sammelt und sie als "EGP-Routing-Update" mit dem EGP an Peer-Router benachbarter Autonomer Systeme weiterleitet. Innerhalb der Autonomen Systeme werden andere Protokolle verwendet, die **Interior Gateway Protocols (IGPs)** genannt werden. Die jeweiligen Peer-Router müssen neben EGP auch das in ihrem AS verwendte IGP verstehen. Abb. 12.38 zeigt das Prinzip.

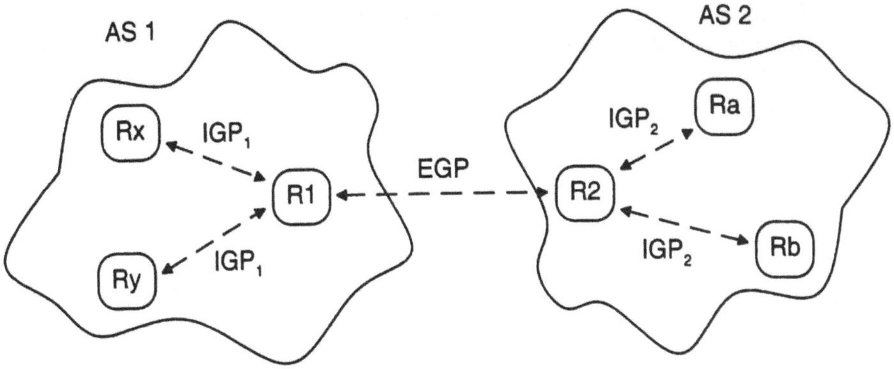

Abbildung 12.38: Informationsaustausch zwischen internen (IGP) und externen Routern (EGP)

Ein Beispiel für ein IGP ist das **Routing Information Protocol (RIP)**. RIP basiert ebenfalls auf dem Bellman-Ford-Algorithmus bei dem die Routing-Update-Information aus der Teilnetzadresse und der zugehörigen Next Hop-Zahl besteht. Die Router eines Autonomen Systems erstellen mit dieser Information ihre Routing-Tabellen. Die Routing Update-Information wird von den Peer-Routern mit dem RIP alle 30 s im Broadcast-Mode an alle Router eines AS versendet (Abb. 12.38), wobei jede Routing-Update-Information mit einem Zeitstempel versehen wird um fehlerhafte Verbindungen zu entdecken; wird nämlich eine Route nicht innerhalb von 3 min erneut durch eine Routing-Update-Information gemeldet, so gilt sie als gestört (z.B. Routerausfall) und der betreffende Eintrag wird in den Routing-Tabellen der Router gelöscht.

Ein gegenüber RIP noch leistungsfähigeres AS-internes Protokoll ist **Open Shortes Path First (OSPF)** nach RFC 1583. Im Gegensatz zu RIP wird hier nicht der Bellman-Ford-Algorithmus verwendet, sondern der SPF-Algorithmus (Shortes Path First). Mit SPF läßt sich basierend auf einer netztopologischen Datenbank mit Hilfe der Graphentheorie die genaue Struktur eines Netzes beschreiben und der jeweils kürzeste Weg zwischen zwei Knoten (Routern) bestimmen. OSPF verwendet hierzu sogenanne Pfadmetriken; dies sind Zahlenangaben, die den Aufwand für die Benutzung eines bestimmen Pfades einer Route angeben; für eine Route zwischen Ursprung und Ziel gibt es mehrere Pfade durch das AS. SPF minimiert die Summe der Metriken einer bestimmten Route über mehrere mögliche Pfade und wählt den günstigsten Pfad aus. Der notwendige Aufwand einer Pfadmetrik beinhaltet hierbei Kriterien wie die Verzögerungszeit, das Verkehrsaufkommen bzw. den Durchsatz, u.a..

Das EGP das auf (unsicherer) IP-Datagramm-Basis arbeitet wird zur Zeit durch das sogenannte **Border Gateway Protocol** (RFCs 1163/1267/1654) abgelöst. BGP basiert auf einer zuverlässigen TCP-Verbindung zwischen den Peer-Routern der Autonomen Systeme [98].

Übungsaufgaben

Aufgabe 12.1

Am Eingang einer Zeitmultiplex-Raumstufe (Verlustsystem, Verkehr 1. Art) liegen 4 PCM30-Leitungen (jeweils 2,048 Mbit/s). Der Verkehr wird wegen geringen Verkehrsaufkommens auf 2 PCM30-Leitungen am Ausgang der Koppelanordnung konzentriert (Konzentrator). Das Verkehrsaufkommen eines jeden Teilnehmers, der am Eingang angeschlossen ist, sei $\beta = 0,17$ Erl.

a) Wie groß ist das Gesamtangebot und die Verlust-Wahrscheinlichkeit ?

b) Wie hoch ist die Belastung (= Verkehrswert) der Koppelanordnung, und welchen Wert erreicht der Verlust (= Restverkehr) ?

c) Da nur 120 Quellen vorliegen ($4 \cdot 30 = 120$ Eingänge), scheint es angemessener Verkehr 2. Art zu unterstellen. Wie hoch ist die Verlustwahrscheinlichkeit dann ? (Hinweis: Zur näherungsweisen Berechnung von $n!$ kann für $n \gg 1$ die *Stirling-Formel* $n! \approx (n/e)^n \sqrt{2\pi n}$ benutzt werden).

Aufgabe 12.2

Eine DV-Anlage mit $n = 4$ Bedienplätzen habe so viele Warteplätze, daß sie näherungsweise als Wartesystem angenommen werden kann. Die mittlere Wartezeit eines Teilnehmers soll $T_w = 1$ min nicht überschreiten. Ermitteln Sie die Warteschlangenlänge L und die Einfallsrate λ, wenn die mittlere Belastung der DV-Anlage $y = 3$ Erl beträgt.

Aufgabe 12.3

Die Koppelvielfache der Eingangs- und Ausgangsstufe einer Closschen Koppelanordnung haben jeweils 20 Ein-und Ausgänge.

a) Dimensionieren Sie die Koppelanordnung und bestimmen Sie die Koppelpunktzahl.

b) Wie groß wird die Verlustwahrscheinlichkeit B, wenn die Anzahl der mittleren Koppelvielfache auf $n' = n - 4$ reduziert und die Ein- und Ausgänge der Koppelanordnung mit der Wahrscheinlichkeit $p_B = 0,5$ belegt werden ?

Aufgabe 12.4

Über eine Koppelanordnung sollen 100 PC-Arbeitsplätze an eine DV-Anlage, die 50 Eingänge hat, angeschlossen werden, s. Abb. 12.39. Entwerfen Sie ein dreistufiges Koppelnetz, wenn die 2 : 1-Konzentration in der mittleren Stufe erfolgen soll und jedes Koppelvielfach der 1. und 3. Stufe 10 Ein- und Ausgänge hat. Bestimmen Sie die Koppelpunktzahl.

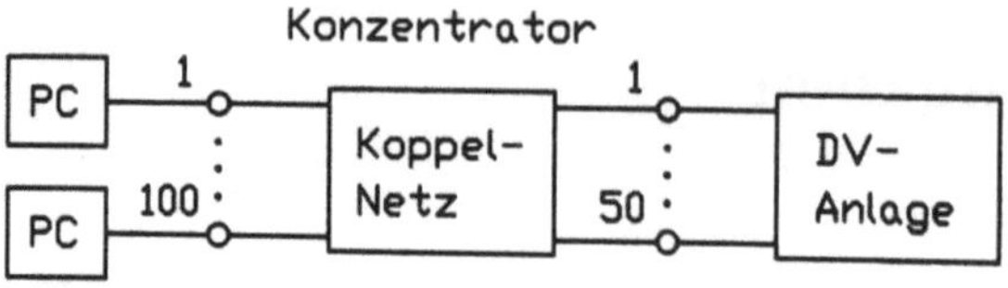

Abbildung 12.39: Anschaltung von PC's an eine DV-Anlage über ein Koppelnetz

Lösungen

Aufgabe 12.1

a) $A = 120\,\text{Quellen} \cdot 0,17\,\text{Erl/Quelle} = 20,4\,\text{Erl}$; $B = (A^n/n!)/\sum_{i=0}^{n}(A^i/i!) \approx 0,01 \hat{=} 1\%$.

b) $y = A(1-B) = 20,196\,\text{Erl}$; $R = y_v = A - y = 0,204\,\text{Erl}$.

c) $P(n) = \beta^n \binom{m}{n} / \sum_{i=0}^{n} \beta^i \binom{m}{i} = 0,00091 \hat{=} 0,091\%$

Aufgabe 12.2

$y = A = 3\,\text{Erl}$; $L = P_w A/(n-A) = 1.528\,\text{Erl}$; $P_w = (A^n/n!)(n/(n-A))P(0) = 0,509$; $\lambda = L/T_w = 0,0255\,\text{Erl/s}$.

Aufgabe 12.3

a) $h = 2m^2 = 800$; $r = h/m = 40$; $n = 2m - 1 = 39$; $K_{min} = 4h(\sqrt{2h} - 1) = 124800$.

b) $n' = 35$; $p' = p_B(m/n') = 0,286$, $B = (1 - (1 - p')^2)^{n'} = 1,41 \cdot 10^{-11}$.

Aufgabe 12.4

a) siehe Abb. 12.40.

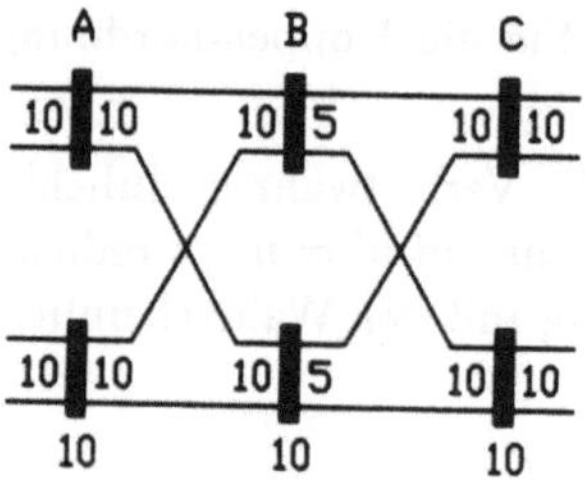

Abbildung 12.40: Dreistufige Konzentrator-Koppelanordnung

b) $K = 10 \cdot 10 \cdot 10 + 10 \cdot 5 \cdot 10 + 10 \cdot 10 \cdot 5 = 2000$.

Anhang A

Korrespondenzen der Fourier-Transformation

$f(t)$	$F(j\omega)$
$\delta(t)$	1
1	$2\pi\delta(\omega-\omega_0)$
$e^{j\omega_0 t}$	$2\pi\delta(\omega-\omega_0)$
$\cos(\omega_0 t)$	$\pi[\delta(\omega+\omega_0)+\delta(\omega-\omega_0)]$
$\sin(\omega_0 t)$	$j\pi[\delta(\omega+\omega_0)-\delta(\omega-\omega_0)]$
$\mathrm{sign}(t)$	$2/(j\omega)$
$\sigma(t)$	$\pi\delta(\omega)+(1/j\omega)$
$e^{-at}\cdot\sigma(t)$	$1/(a+j\omega) \quad (a>0)$
$t^n\cdot e^{-at}\cdot\sigma(t)$	$n!/(a+j\omega)^{n+1} \quad (a>0, n=0,1,2,\ldots)$
$e^{-at}\cos(\omega_0)\cdot\sigma(t)$	$(a+j\omega)/[(a+j\omega)^2+\omega_0^2] \quad (a>0)$
$e^{-at}\sin(\omega_0 t)\cdot\sigma(t)$	$\omega_0/[(a+j\omega)^2+\omega_0^2] \quad (a>0)$
$e^{-a\lvert t\rvert}$	$2a/(a^2+\omega^2) \quad (a>0)$
e^{-at^2}	$\sqrt{(\pi/a)}e^{-(\omega^2/4a)}$

Anhang B

Korrespondenzen der Laplace-Transformation

$f(t)$	$F(p)$
$\delta(t)$	1
$\delta(t-T)$	e^{-pT} (T reell)
$\delta^n(t)$	p^n $(n=0,1,2,\ldots)$
$\sigma(t)$	$1/p$ $(Re\{p\}>0)$
$t^n \cdot \sigma(t)$	$n!/p^{n+1}$ $(Re\{p\}>0,\ n=0,1,2,\ldots)$
$e^{-at}\cdot\sigma(t)$	$1/(p+a)$ $(Re\{p\}>-a)$
$(1-e^{-at})\cdot\sigma(t)$	$a/[p(p+a)]$ $(Re\{p\}>\max\{0,-a\})$
$\sin(\omega_0 t)\cdot\sigma(t)$	$\omega_0/(p^2+\omega_0^2)$ ($R\{p\}>0$, ω_0 reell)
$\cos(\omega_0 t)\cdot\sigma(t)$	$p/(p^2+\omega_0^2)$ ($Re\{p\}>0$, ω_0 reell)
$t\cdot\sin(\omega_0 t)\cdot\sigma(t)$	$2\omega_0 p/(p^2+\omega_0^2)^2$ ($Re\{p\}>0$, ω_0 reell)
$t\cdot\cos(\omega_0 t)\cdot\sigma(t)$	$(p^2-\omega_0^2)/(p^2+\omega_0^2)^2$ ($Re\{p\}>0$, ω_0 reell)
$e^{-at}\cdot\cos(\omega_0 t)\cdot\sigma(t)$	$(p+a)/[(p+a)^2+\omega_0^2)]$ ($Re\{p\}>-a$, ω_0 reell)
$e^{-at}\sin(\omega_0 t)\cdot\sigma(t)$	$\omega_0/[(p+a)^2+\omega_0^2]$ ($Re\{p\}>-a$; ω_0 reell)

Anhang C

Korrespondenzen der z-Transformation

f(k)	F(z)	
$\delta(k)$	1	
$\sigma(k)$	$z/(z+1)$	$(\lvert z\rvert > 1)$
$k \cdot \sigma(k)$	$z/(z-1)^2$	$(\lvert z\rvert > 1)$
$k^2 \cdot \sigma(k)$	$z(z+1)/(z-1)^3$	$(\lvert z\rvert > 1)$
$e^{-ak} \cdot \sigma(k)$	$z/(z-e^{a})$	$(\lvert z\rvert > e^{-a}, a > 0)$
$k \cdot e^{-ak} \cdot \sigma(k)$	$z \cdot e^{-a}/(z-e^{-a})^2$	$(\lvert z\rvert e^{-a}, a > 0)$
$k^2 \cdot e^{-ak} \cdot \sigma(k)$	$[ze^{-a}(z+e^{-a})]/(z-e^{-a})^3$	$(\lvert z\rvert > e^{-a}, a > 0)$
$a^k \cdot \sigma(k)$	$z/(z-a)$	$(\lvert z\rvert > a > 0)$
$k \cdot a^k \cdot \sigma(k)$	$az/(z-a)^2$	$(\lvert z\rvert > a > 0)$
$k^2 \cdot a^k \cdot \sigma(k)$	$[az(z+a)]/(z-a)^3$	$(\lvert z\rvert > a > 0)$
$a^{k-1} \cdot \sigma(k-1)$	$1/(z-a)$	$(\lvert z\rvert > a > 0)$
$\cos(k\omega_0 T) \cdot \sigma(k)$	$\{z[z-\cos(\omega_0 T)]\}/[z^2 - 2z\cos(\omega_0 T) + 1]$	$(\lvert z\rvert > 1)$
$\sin(k\omega_0 T) \cdot \sigma(k)$	$[z\sin(\omega_0 T)]/[z^2 - 2z\cos(\omega_0 T) + 1]$	$(\lvert z\rvert > 1)$
$(1/k!) \cdot \sigma(k)$	$e^{(1/z)}$	$(\lvert z\rvert > 0)$

Anhang D

Umrechnung der Vierpol-Parameter

	$\underline{U}_1=\underline{Z}_{11}\underline{I}_1+\underline{Z}_{12}\underline{I}_2$ $\underline{U}_2=\underline{Z}_{21}\underline{I}_1+\underline{Z}_{22}\underline{I}_2$ $\det\underline{Z}=\underline{Z}_{11}\underline{Z}_{22}-\underline{Z}_{12}\underline{Z}_{21}$		$\underline{I}_1=\underline{Y}_{11}\underline{U}_1+\underline{Y}_{12}\underline{U}_2$ $\underline{I}_2=\underline{Y}_{21}\underline{U}_1+\underline{Y}_{22}\underline{U}_2$ $\det\underline{Y}=\underline{Y}_{11}\underline{Y}_{22}-\underline{Y}_{12}\underline{Y}_{21}$		$\underline{U}_1=\underline{A}_{11}\underline{U}_2+\underline{A}_{12}(-\underline{I}_2)$ $\underline{I}_1=\underline{A}_{21}\underline{U}_2+\underline{A}_{22}(-\underline{I}_2)$ $\det\underline{A}=\underline{A}_{11}\underline{A}_{22}-\underline{A}_{12}\underline{A}_{21}$		$\underline{U}_1=\underline{H}_{11}\underline{I}_1+\underline{H}_{12}\underline{U}_2$ $\underline{I}_2=\underline{H}_{21}\underline{I}_1+\underline{H}_{22}\underline{U}_2$ $\det\underline{H}=\underline{H}_{11}\underline{H}_{22}-\underline{H}_{12}\underline{H}_{21}$	
	$\underline{Z}$		$\underline{Y}$		$\underline{A}$		$\underline{H}$	
$\underline{Z}$	$\underline{Z}_{11}$	$\underline{Z}_{12}$	$\frac{\underline{Y}_{22}}{\det\underline{Y}}$	$\frac{-\underline{Y}_{12}}{\det\underline{Y}}$	$\frac{\underline{A}_{11}}{\underline{A}_{21}}$	$\frac{\det\underline{A}}{\underline{A}_{21}}$	$\frac{\det\underline{H}}{\underline{H}_{22}}$	$\frac{\underline{H}_{12}}{\underline{H}_{22}}$
	$\underline{Z}_{21}$	$\underline{Z}_{22}$	$\frac{-\underline{Y}_{21}}{\det\underline{Y}}$	$\frac{\underline{Y}_{11}}{\det\underline{Y}}$	$\frac{1}{\underline{A}_{21}}$	$\frac{\underline{A}_{22}}{\underline{A}_{21}}$	$\frac{-\underline{H}_{21}}{\underline{H}_{22}}$	$\frac{1}{\underline{H}_{22}}$
$\underline{Y}$	$\frac{\underline{Z}_{22}}{\det\underline{Z}}$	$\frac{-\underline{Z}_{12}}{\det\underline{Z}}$	$\underline{Y}_{11}$	$\underline{Y}_{12}$	$\frac{\underline{A}_{22}}{\underline{A}_{12}}$	$\frac{-\det\underline{A}}{\underline{A}_{12}}$	$\frac{1}{\underline{H}_{11}}$	$\frac{-\underline{H}_{12}}{\underline{H}_{11}}$
	$\frac{-\underline{Z}_{21}}{\det\underline{Z}}$	$\frac{\underline{Z}_{11}}{\det\underline{Z}}$	$\underline{Y}_{21}$	$\underline{Y}_{22}$	$\frac{-1}{\underline{A}_{12}}$	$\frac{\underline{A}_{11}}{\underline{A}_{12}}$	$\frac{\underline{H}_{21}}{\underline{H}_{11}}$	$\frac{\det\underline{H}}{\underline{H}_{11}}$
$\underline{A}$	$\frac{\underline{Z}_{11}}{\underline{Z}_{21}}$	$\frac{\det\underline{Z}}{\underline{Z}_{21}}$	$\frac{-\underline{Y}_{22}}{\underline{Y}_{21}}$	$\frac{-1}{\underline{Y}_{21}}$	$\underline{A}_{11}$	$\underline{A}_{12}$	$\frac{-\det\underline{H}}{\underline{H}_{21}}$	$\frac{-\underline{H}_{11}}{\underline{H}_{21}}$
	$\frac{1}{\underline{Z}_{21}}$	$\frac{\underline{Z}_{22}}{\underline{Z}_{21}}$	$\frac{-\det\underline{Y}}{\underline{Y}_{21}}$	$\frac{-\underline{Y}_{11}}{\underline{Y}_{21}}$	$\underline{A}_{21}$	$\underline{A}_{22}$	$\frac{-\underline{H}_{22}}{\underline{H}_{21}}$	$\frac{-1}{\underline{H}_{21}}$
$\underline{H}$	$\frac{\det\underline{Z}}{\underline{Z}_{22}}$	$\frac{\underline{Z}_{12}}{\underline{Z}_{22}}$	$\frac{1}{\underline{Y}_{11}}$	$\frac{-\underline{Y}_{12}}{\underline{Y}_{11}}$	$\frac{\underline{A}_{12}}{\underline{A}_{22}}$	$\frac{\det\underline{A}}{\underline{A}_{22}}$	$\underline{H}_{11}$	$\underline{H}_{12}$
	$\frac{-\underline{Z}_{21}}{\underline{Z}_{22}}$	$\frac{1}{\underline{Z}_{22}}$	$\frac{\underline{Y}_{21}}{\underline{Y}_{11}}$	$\frac{\det\underline{Y}}{\underline{Y}_{11}}$	$\frac{-1}{\underline{A}_{22}}$	$\frac{\underline{A}_{21}}{\underline{A}_{22}}$	$\underline{H}_{21}$	$\underline{H}_{22}$

Literaturverzeichnis

[1] Shannon C. A.: A Mathematical Theory of Communication, Bell System Technical Journal Vol. 27, pp 379-423 and pp 623-656, 1948

[2] Meyer-Eppler, W.: Grundlagen und Anwendungen der Informationstheorie, 2. Auflage, Springer, Berlin, 1969

[3] Heise W., Quattrochi P.: Informations- und Codierungstheorie , 3. Auflage, Springer, Berlin, Heidelberg, 1995

[4] Kaderali F.: Digitale Kommunikationstechnik I, Vieweg, Wiesbaden, 1991

[5] Schwarz R., Poisl H.: Nachrichtenübertragung 1 u. 2, Oldenbourg, München, 1995

[6] Topsoe F.: Informationstheorie, Teubner, Stuttgart, 1974

[7] Klimant H., Piotraschke R.: Informations- und Kodierungstheorie, Teubner, Stuttgart, 1996

[8] Rohling H.: Einführung in die Informations- und Codierungstheorie, Teubner, Stuttgart, 1995

[9] Küpfmüller K.: Die Entropie der deutschen Sprache, Fernmeldetechnische Zeitschrift, Bd. 7, S. 265-272, 1954

[10] Küpfmüller K.: Die Systemtheorie der elektrischen Nachrichtentechnik, Hirzel, Stuttgart, 1974

[11] Marko H.: Nachrichtentechnik Bd. 1: Methoden der Systemtheorie, 2. Auflage, Springer, Berlin, Heidelberg, 1982

[12] Schüßler H.W.: Netzwerke, Signale und Systeme, Bd. I und II, Springer Berlin, Heidelberg, 1988 und 1990

[13] Fliege N.: Systemtheorie, Teubner, Stuttgart, 1991

[14] Unbehauen R.: Systemtheorie, 5. Auflage, Oldenbourg, München 1990

[15] Mildenberger O.: System- und Signaltheorie, Vieweg, Wiesbaden, 1988

[16] Scheithauer R.: Signale und Systeme, Teubner, Stuttgart, 1998

[17] Girod B., Rabenstein R., Stenger A.: Einführung in die Systemtheorie, Teubner, Stuttgart, 1997

[18] Lüke H.D.: Signalübertragung, Springer, Berlin, Heidelberg, 1992

[19] Moeller F., Frohne H., Löcherer K.H.: Grundlagen der Elektrotechnik, Teubner, Stuttgart, 1998

[20] Doetsch G.: Anleitung zum praktischen Gebrauch der Laplace-Transformation und der z-Transformation, Oldenbourg, München, 1981

[21] Bachmann W.: Signalanalyse, Vieweg, Wiesbaden, 1992

[22] Herter E., Lörcher W.: Nachrichtentechnik, Hanser, München, 2000

[23] Weber H.: Einführung in die Wahrscheinlichkeitsrechnung für Ingenieure, Teubner, Stuttgart, 1983

[24] Gellert W., Küstner H., Hellwich M., Kästner M.: Großes Handbuch der Mathematik, Buch und Zeit, Köln, 1969

[25] Börjesson P.O., Sundberg C.W.: Simple Approximations for the Error Function $Q(x)$ for Communications Applications, IEEE Transactions on Communications, VOL, COM-27, NO. 3, March 1979, pp 640-643

[26] Lochmann D.: Digitale Nachrichtentechnik, Band I, VEB Technik, Berlin, 1990

[27] Kammeyer K.D., Kroschel K.: Digitale Signalverarbeitung, 4. Aufl. Teubner, Stuttgart, 1998

[28] Götz B.: Einführung in die digitale Signalverarbeitung, Teubner, Stuttgart, 1997

[29] Gerdsen P., Kröger P.: Digitale Signalverarbeitung in der Nachrichtenübertragung, Springer, Berlin, Heidelberg, 1993

[30] Wunsch G.: Theorie und Anwendung linearer Netzwerke, Teil I, 1961, Teil II 1964, Akademische Verlagsgesellschaft Geest und Portig KG

[31] Rupprecht W.: Netzwerksynthese, Springer, Berlin Heidelberg, 1972

[32] Unbehauen R.: Elektrische Netzwerke, 3. Auflage, Springer, Berlin, Heidelberg, 1990

[33] Wolf, H.: Lineare Systeme und Netzwerke (Hochschultext), Springer, Berlin, Heidelberg, 1971

[34] Mitra S.J.: Analysis und Synthesis of Linear Active Networks, Wiley, New York, 1969

[35] Guillemin E.A.: Synthesis of Passive Networks, Wiley, New York, 1957

[36] Bode H.W.: Network analysis and feedback amplifier design, Wiley, New York, 1957

[37] Hütte, Des Ingenieurs Taschenbuch, Fernmeldetechnik, 28. Auflage, von Wilhelm Ernst und Sohn, Berlin, München, 1962

[38] Fricke H., Vaske P.: Elektrische Netzwerke, 17. Auflage, Teubner, Stuttgart, 1982

[39] Klein W.: Vierpoltheorie, Bibliographisches Institut Mannheim, 1972

[40] Freitag, H.: Einführung in die Zweitortheorie, 4. Auflage, Teubner, Stuttgart, 1990

[41] Brühl G., Jansen W., Vogt H.-J.: Nachrichtenübertragungstechnik I, Berliner Union GmbH, Stuttgart, Kohlhammer, Stuttgart, Berlin, Köln, Mainz, 1979

[42] Pollakowski M., Wellhausen H.-W,: Eigenschaften symmetrischer Ortsanschlußkabel im Frequenzbereich bis 30 kHz. Der Fernmeldeingenieur, Heft 9/10, 49. Jahrgang, September/Oktober 1995

[43] Berger E.R.: Vorlesung "Fernmeldetechnik I und II", TU Berlin, SS 1974

[44] Vaske P.: Übertragungsverhalten elektrischer Netzwerke, 4. Auflage, Teubner, Stuttgart, 1986

[45] Führer A., Heidemann K., Nerreter W.: Grundgebiete der Elektrotechnik, Band 2, Hanser, München, Wien, 1988

[46] Klein W.: Zur Definition der kapazitiven Imviererkopplungen, NTZ, Heft 10, 1972, S. 426-429

[47] Bergmann, Lehrbuch der Fernmeldetechnik, Band I und II, 5. Auflage, Schiele u. Schön GmbH, Berlin, 1986

[48] Feldtkeller R.: Einführung in die Siebschaltungstheorie der elektrischen Nachrichtentechnik, 3. Auflage, Hirzel, Stuttgart, 1950

[49] Mahr H.: Eine Mehrwege-Frequenzweiche für den Tonfrequenzbereich, NTZ, Heft 6, 1973, S. 244-249

[50] Unbehauen R.: Netzwerk- und Filtersynthese, 4. Auflage, Oldenbourg, München, Wien, 1993

[51] Tietze U., Schenk Ch.: Halbleiter-Schaltungstechnik, Springer, Berlin, Heidelberg, 1989

[52] Pfitzenmayer, G.: Tabellenbuch Tiefpässe, Unversteilerte Tschebyscheff- und Potenz-Tiefpässe, Siemens AG, Berlin, München, 1971

[53] Saal, R.: Handbuch zum Filterentwurf, Elitera, Berlin, 1979

[54] Pelz F.: Vorlesung "Theorie der elektrischen Schaltungen I und II, TU Berlin, SS 1975

[55] Kirschbaum H.D.: Transistorverstärker, Band I, Technische Grundlagen, 1989; Band II Schaltungstechnik Teil 1, 1992; Band III, Schaltungstechnik Teil 2, 1992, Teubner, Stuttgart

[56] Geißler R., Kammerloher W., Schneider H.W.: Berechnungs- und Entwurfsverfahren der Hochfrequenztechnik 1, Viewig, Brauschweig/Wiesbaden, 1993

[57] Tobey G., et. al.: Operational Amplifieres. McGraw Hill, New York, 1971

[58] Bergtold F.: Umgang mit Operationsverstärkern; Schaltungen mit Operationsverstärkern I u. II, Oldenbourg, München, 1973

[59] Rupprecht W.: RC-aktive Filter mit Kapazitäten gleicher Größe, NTZ, Heft 4, 1972, S. 169-173

[60] Fliege N.: Eigenschaften und Entwurf aktiver Filter, NTZ, Heft 9, 1973, S. 423-433

[61] Rötter, J., Schmidt W.: Datenleitungsentzerrer in RC-aktiver Technik mit unabhängiger Einstellbarkeit von Dämpfungs- und Gruppenlaufzeitverläufen, NTZ, Heft 7, 1977, S. 579-582

[62] Gerdsen P.: Digitale Nachrichtenübertragung, Teubner, Stuttgart, 1996

[63] Zinke O., Brunswick H. et. al.: Lehrbuch der Hochfrequenztechnik, Springer, Berlin, Heidelberg, 1986, Band 1 und Band 2

[64] Meinke H., Gundlach F.W.: Taschenbuch der Hochfrequenztechnik, Band 1-3, Springer, Berlin, Heidelberg, 1986

[65] Zimmer G.: Hochfrequenztechnik, Lineare Modelle, Springer, Berlin, Heidelberg, 2000

[66] Tri T. Ha: Digital Satellite Communications, Macmillan Publishing Company, New York, 1986

[67] Berger E.R.: Vorlesung "Fernmeldetechnik", TU Berlin, 1973

[68] Geißler, R., Kammerloher W., Schneider H.W.: Berechnungs- und Entwurfsverfahren der Hochfrequenztechnik 2, Vieweg, Braunschweig, Wiesbaden, 1994

[69] Stocker H.: Spektrumformende Oberflächenwellenfilter für Digital-Richtfunksysteme, Siemens telecom report, 5/83, 6. Jahrgang, Oktober 1983

[70] Best R.: Theorie und Anwendungen des Phase Locked Loop, AT Verlag, Aarau, Schweiz, 1987

[71] Gardner, F.M: Phaselock Techniques, Wiley, 2nd edition, New York, 1979

[72] Bronstein, I.N., Semendjajew K.A.: Taschenbuch der Mathematik, Harri Deutsch, Frankfurt, 1973

[73] Bartsch H.J.: Mathematische Formeln, Buch- und Zeit-Verlag, Köln, 1970

[74] Polcher K., Naim M.: Einsatz von Richtfunksystemen zur firmeninternen Datenübertragung, Dipl. Arb. FH Frankfurt, SS 2001

[75] Unger H.G.: Optische Nachrichtentechnik Teil I: Optische Wellenleiter, Hüthig, Heidelberg, 1984, Teil II: Komponenten, Systeme, Meßtechnik, Hüthig, Heidelberg, 1985

[76] Grau G.: Optische Nachrichtentechnik, Springer, Berlin, Heidelberg, 2. Aufl., 1986

[77] Geckeler S.: Lichtwellenleiter für die optische Nachrichtentechnik, Springer, Berlin, Heidelberg, 1986

[78] Börner M., Trommer G.: Lichtwellenleiter, Teubner, Stuttgart, 1989

[79] Heinlein W.: Grundlagen der faseroptischen Übertragungstechnik, Teubner, Stuttgart, 1985

[80] Herter E., Graf M.: Optische Nachrichtentechnik, Hanser, München, 1994

[81] Schwarz R., Poisel H.: Nachrichtenübertragung 2, Oldenbourg, München, 1995

[82] Löcherer K.-H.: Halbleiterbauelemente, Teubner, Stuttgart, 1992

[83] Wagemann H.-G., Schmidt A.: Grundlagen der optischen Halbleiterbauelemente, Teubner, Stuttgart, 1998

[84] Paul R.: Optoelektronische Halbleiterbauelemente, Band 1 und Band 2, Teubner, Stuttgart, 1992

[85] Harth W., Grothe H.: Sende- und Empfangsdioden für die optische Nachrichtentechnik, Teubner, Stuttgart, 1998

[86] Oestreich U.: Aufbau der Lichtwellenleiterkabel, Siemens telcom report 4 (1981), S. 203-208

[87] Mayr E. et al: Lichtwellenleiterkabel für Nachrichtenweitverkehrsverbindungen, Siemens telecom report 6 (1983), Beiheft "Nachrichtenübertragung mit Licht", S. 40-43

[88] Kersten R. Th.: Einführung in die optische Nachrichtentechnik, Springer, Berlin, Heidelberg, 1983,

[89] Faßhauer P.: Optische Nachrichtensysteme, Eigenschaften und Projektierung, Hüthig, Heidelberg, 1984

[90] Grimm E., Nowak W.: Lichtwellenleiter-Technik, Hüthig, Heidelberg, 1984

[91] Kief, K.: Weitverkehrstechnik, Vieweg, Braunschweig, Wiesbaden, 1991

[92] Mija, K.: Satellite Communications Engineering, Lattice Co., Tokyo, 1975

[93] Feher, K.: Digital Communications, Satellite/Earth Station Engineering, Prentice-Hall Inc. Englewood Cliffs, New Yersey, 1983

[94] Herter, E., Rupp, H.: Nachrichtenübertragung über Satelliten, 2. Auflage, Springer, Berlin, Heidelberg, 1983

[95] David K., Benkner T.: Digitale Mobilfunksysteme, Teubner, Stuttgart, 1996

[96] Eberspächer J., Vögel, H.-J.: GSM Global System for Mobil Communication, 2. Auflage, Teubner Stuttgart Leipzig, 1999

[97] Kühn R.R.: Funktechnik, Vieweg, Braunschweig, 1963

[98] Weidenfeller H., Benkner, T.: Telekommunikationstechnik, J. Schlembach Fachverlag, Weil der Stadt, 2002

[99] Benkner T., Stepping Ch.: UMTS, Universal Mobile Telecommunications System, J. Schlembach Fachverlag, Weil der Stadt, 2002

[100] Hölzler E., Thierbach D.: Nachrichtenübertragung, Springer, 1966

[101] Panter F.: Modulation, Noise, and Spectral Analysis, McGraw-Hill, 1965

[102] Mäusl R.: Analoge Modulationsverfahren, 2. Auflage, Hüthig, 1988

[103] Fettweis A.: Digital Filters related to Classical Filter Networks, AEÜ, 25 (2), S. 79-89, 1971

[104] Johann J.: Modulationsverfahren, Springer, 1992

[105] Kühne F.: Modulationssysteme mit Sinusträger, Teil I, Allgemeine Theorie, AEÜ Band 24 (1970) Heft 3

[106] Weaver D.K.: A Third Method of Generation and Detection of Single-Sideband Signals, Proc. IRE, Vol 44 (1956) pp 1703-1705

[107] Bedrosian E.: The Analytic Signal Representation of Modulated Waveforms, Proc. IRE (1962) Vol. 50, pp 2071-2076

[108] Kühne F.: Modulationssysteme mit Sinusträger, Teil II: Spezielle Modulationssysteme, AEÜ Band 25 (1971) Heft 3, S. 117-128

[109] Ruopp G.: Frequenzdemodulation durch Verzögerung, ntz, Band 30, Heft 7, 1977, S. 571-577

[110] Zschunke W.: Einige neue Prinzipien für Frequenzdiskriminatoren bei Datenübertragung, Frequenz 27, 1973, Heft 7

[111] Weidenfeller H., Vlcek A.: Digitale Modulationsverfahren mit Sinusträger, Springer, Berlin, Heidelberg, 1996

[112] Kammeyer K.D.: Nachrichtenübertragung, Teubner, Stuttgart, 1996

[113] Lochmann D.: Digitale Nachrichentechnik, Verlag Technik, Berlin, 2. Auflage, 1997

[114] Mildenberger O.: Übertragungstechnik, Grundlagen analog und digital, Vieweg, Wiesbaden, 1997

[115] Kurz K., Wagener W.: Signalprozessoren-Praxis, Franzis, München, 1991

[116] Borucki L.: Digitaltechnik, 4. Auflage, Teubner, Stuttgart, 1996

[117] Siemens Taschenbuch, Digitale Nachrichtenübertragung, Basisinformation, Berlin, München, 1989

[118] Bernard A., Patacchini A., Weidenfeller H.: Use of 32 kbit/s ADPCM with TDMA/DSI, 7th International Conference on Digital Satellite Communications, München, 1986, May 12-16, pp 97-104

[119] Kaderali F.: Digitale Kommunikationstechnik II, Vieweg, Wiesbaden, 1995

[120] Riggert W.: ATM-Technik und Einführung, bhv Verlags-GmbH, Kaarst, 1998

[121] de Prycker M.: ATM - die Lösung für Breitband-ISDN, Prentice Hall, New York, 1993

[122] Siegmund G.: ATM - Die Technik des Breitband-ISDN, R. v. Deckers-Verlag, Heidelberg, 1993

[123] Kyas O., Heim T.: ATM-Netzwerke, Aufbau-Funktion-Performance, Datacom, 1996

[124] Dupraz J., de Prycker M.: Grundlagen und Vorteile des ATM-Verfahrens, Elektrisches Nachrichtenwesen, Band 64, Nr. 2/3, 1990, S. 116-123

[125] Bennet W.R., Davey J.R.: Data Transmission, Mc Graw-Hill, New York, 1965

[126] Lucky R.W., Salz J., Weldon, E.J.: Principles of Data Communications, McGraw-Hill, New York, 1968

[127] Bocker, P.: Datenübertragung, Springer, Berlin, Heidelberg, 1977

[128] Rupprecht, W.: Signale und Übertragungssysteme, Springer, Berlin, Heidelberg, 1993

[129] Söder G., Tröndle K.: Digitale Übertragungssysteme, Springer, Berlin, Heidelberg, 1985

[130] Wellhausen H.-W.: Die Übertragung pseudoternärer Leitungssignale über Koaxialkabel, Tech. Bericht FI/FTZ, 44 TBr 35, Okt. 1972

[131] Nyquist H.: Certain Topics in Telegraph Transmission Theory, Trans. AIEE 47, 1928, pp 617-644

[132] Sunde E.: Theoretical Fundamentals of Pulse Transmission, The Bell System Technical Journal, May 1954, pp 721-788

[133] Poklemba J.J.: Pole-Zero-Approximation of raised cosine filter family, Comsat Technical Review Volume 17, Number 1, Spring 1987, pp 127-157

[134] Faßhauer P.: Zur Optimierung digitaler Sendesignale bei bandbegrenzter Übertragung, AEÜ, Band 32, Heft 11, Nov. 1978, S. 425-430

[135] Morgenstern G.: Zusammenstellung binärer Leitungscodes, Tech. Bericht FI/FTZ 44 TBr 116, März 1993

[136] Morgenstern G., Wellhausen H.W.: Drei- und mehrstufige Leitungscodes für die Digitalsignalübertragung, Der Fernmeldeingenieur, 41. Jahrgang, Heft 3, März 1987

[137] Wellhausen H.-W.: Beitrag zur Übertragung digitaler Basisbandsignale über Koaxialkabel, Der Fernmeldeingenieur 26 (1972) Heft 1, S. 1-35

[138] Faßhauer P.: Optische Nachrichtensysteme, Hüthig, Heidelberg, 1984

[139] Lutz E., Tröndle K.: Systemtheorie der optischen Nachrichtentechnik, Oldenbourg, München, 1983

[140] Marko H., Neidlinger S., Derr F.: Optische Übertragung - Innovation durch Überlagerungsempfang, Siemens Zeitschrift 4/90, S. 30-32

[141] Uhl, M.: Kompensation der chromatischen Dispersion mit "gechirpten" Bragg-Faser-Gittern, Dipl. Arb. FH Frankfurt/M., SS 1997

[142] Siemens Taschenbuch, Digitale Nachrichtenübertragung Teil 3, Leitungsausrüstung für LWL-Übertragungssysteme, Siemens AG, 1988

[143] hps-Systemtechnik, Training in Technology, 2. Auflage, 1990

[144] Mäusl R.: Digitale Modulationsverfahren, Band 2, 2. Aufl. Hüthig, Heidelberg, 1988

[145] Klostermeyer, R.: Digitale Modulation, Vieweg, Wiesbaden, 2001

[146] Röder H.F.: Ein Modell zur Analyse othogonaler Modulationsverfahren für die Digitalsignalübertragung, Tech. Bericht FI/FTZ 445 TBr 23, Januar 1985

[147] Mazo J.E., Salz J.: Theory of Error Rates for Digital FM, The Bell System Technical Journal, Nov. 1966, pp 1511-1535

[148] Wellhausen H.-W., Heuser S.: Effiziente Nutzung vorhandener Kupfer-Ortsanschlußleitungsnetze, Der Fernmeldeingenieur 47. Jahrgang, Heft 8/9, August/September 1993

[149] Kafka G.: Goldene Zeiten für das Kupferkabel, IK, Ingenieur der Kommunikationstechnik, Berlin 48 (1998) Nr. 2, S. 14-19

[150] Schmücking D., Schenk M., Wörner A., Hasholzner R., Ruge I.: Ein Modell für den VDSL-Kanal, ntz, Heft 2/1996, S. 20-27

[151] Bury R., Macq D., Rottfors L.: Moderne VLSI-Chips für ADSL, Alcatel Telecom Rundschau, 4. Quartal, 1997, S. 287-293

[152] Verbiest W.: Der schnelle Internetzugang mit ADSL, Alcatel Telecom Rundschau, 4. Quartal, 1997, S. 280-286

[153] Tannhäuser A, Jahrreis O.: Kupfer flott gemacht, TK, Telekommunikation, Sept. 1999, S. 18-19

[154] Fluhr J., Gosteli E., Marending P.: Lichtwellenleiter zum Teilnehmer, Siemens telecom report, 13 (1990) Heft 3, S. 92-95

[155] Kohl G.: Lichtwellenleiter im Teilnehmeranschlußbereich, Nachrichtentechnik, Elektronik, Berlin 40 (1990), S. 332-334

[156] Weidenfeller H.: Frequenzmultiplexsystem für Satellitenübertragung, ntz, 34 (1981), Heft 10, S. 679-682

[157] Weidenfeller H.: Digitale Signalübertragung über Satelliten, Bergmann: Lehrbuch der Fernmeldetechnik, S. 1176-1191, Schiele und Schön, Berlin, 1982

[158] Weidenfeller H.: TDMA/DSI: Digitale Satellitenübertragungsvefahren im Zeitmultiplex, ntz, 34 (1981), S. 698-703

[159] Dixon R.C.: Spread Spectrum Systems, Wiley, New York, 1976

[160] "CDMA: Princiles of Spread Spectrum Communication, Addison Wesley, Readin, 1995

[161] Scherer D., The "Art" of Phase Noise Measurement, RF and Microwave Measurement Symposium and Exhibition, Hewlett and Packard, May 1983

[162] Weidenfeller H.: Bitfehler-Wahrscheinlichkeit und ISDN-Qualitätsparameter, telekom praxis, 7/93, Band 70, S. 40-44

[163] Bell T.C., Cleary J.G.: Witten I.H.: Text Compression, Prentice Hall, Englewood Cliffs, New Yersey, 1990

[164] Nelson M.: The Data Compression Book, M and T-Books, 1991

[165] Held G.: Data Compression, John Wiley, New York, 1991

[166] Bossert M.: Kanalcodierung, Teubner, Stuttgart, 1992

[167] Tzschach H., Haßlinger G.: Codes für den störsicheren Datentransfer, Oldenbourg, München, 1993

[168] Friedrichs H.: Kanalcodierung, Springer, Berlin, Heidelberg, 1996

[169] Swoboda J.: Codierung zur Fehlerkorrektur und Fehlererkennung, Oldenbourg, 1973

[170] Sweeney P.: Codierung zur Fehlererkennung und Fehlerkorrektur, Hanser, Prentice Hall, München, 1992

[171] Ungerboeck G.: Trellis-Coded Modulation with Redundant Signal Sets, Part I: Introduction, Part II: State of the Art, IEEE Communications Magazine, Vol. 25, No. , February 1987, pp 5-21

[172] Huber J.: Trelliscodierung, Springer, Berlin, Heidelberg, 1993

[173] McLintock R.W., Harrison N.: Introduction of a Cyclic Redundancy Check Procedure int the 2048 kbit/s Basic Frame Structure, Britisch Teleconunication Engineering, Vol. 6, January 1988, pp 218-224

[174] Beierer M.: CRC-Verfahren zur Überwachung der PCM-Schnittstellen digitaler Vermittlungsstellen, Fernmelde Praxis, Bd. 65, 7/88, S. 245-264

[175] Bossert M.:, Breitbach M.: Digitale Netze, Teubner, Stuttgart, 1999

[176] Gerke P.R.: Digitale Kommunikationsnetze, Springer, Berlin, Heidelberg, 1991

[177] Doblinger G.: Signalprozessoren, J. Schlembach Fachverlag, Weil der Stadt, 2000

[178] Tanenbaum A.S.: Computer Networks, Prentice Hall, Englewood Cliffs, 1996

[179] ITU-T Rec. H. 323, Packed-Based Mukltimedia Communication System, 1997

[180] Eißler U., Furdin T.: Voice over IP, Diplomarbeit FH Frankfurt/M., WS 1999/2000

[181] Rose M., Stotz M.: Integration von Sprache und Daten in IP-Netzen, Diplomarbeit FH Frankfurt/M., SS 1999

[182] Goodwins R.: Telefonieren im IP-Netz - Auf in ein neues Zeitalter, PC Professional, Nov. 1998, S. 2-16

[183] Alcatel Telecom-Rundschau, mehrere Beiträge zu IP, Ausgabe 2/1999

[184] Georg O.: Telekommunikationstechnik, Springer, Berlin, Heidelberg, 1996

[185] Reder B.: Abschied vom Kabel ? Elektronik 3/1992, S. 58-65

[186] PC-Netze 8/1994, Schwerpunkt drahtlose Netze, Datacom-Verlag, Bergheim

[187] Kauffels F.-J.: Lokale Netze, 11. Auflage, Datacom, Bonn, 1988

[188] Döding R., Varhan A.: HDSL-Technik bei einem Citynetz-Betreiber, Erfahrungen aus Bielefeld, ntz, Heft 1-2/1998, S. 80-83

[189] Kahl P.: ISDN, Das neue Fernmeldenetz der Deutschen Telekom, R. v. Deckers, Heidleberg, 1990

[190] Bocker P.: ISDN, Das dienstintegrierende digitale Nachrichtennetz, 3. Auflage, Springer, Berlin, Heidelberg, 1990

[191] Heiß J.: Regionales ATM-Netz entsteht in Südwestdeutschland, ntz, Heft 12/1997, S. 52-54

[192] Beuermann W.S., Yanoff S.: Internet: Kurz und fündig, 2. Auflage, Addison Wesley (Deutschland), 1997

[193] Zenk A.: Lokale Netze, Kommunikationsplattform der 90er, 4. Auflage, Addison Wesley (Deutschland), 1996

[194] Zapp H.: LAN-Protokolle - Migration mit Fast Ethernet, ntz, Heft 12/1997, S. 18-19

[195] Berg S.: Sanfte Migration mit Gigabit-Ethernet zum High-Speed-Netz, ntz, Heft 12/1997, S. 30

[196] Dracker J., Heuschkel M.: Brücken und Router im Token-Ring, Diplomarbeit FH Frankfurt/M., WS 1993/94

[197] Diehl D., Maleis M.: Experimentelle Untersuchung von Redundanz- und Ausfallssicherheitskonzepten im ATM-Netz unter Einbeziehung des SDH-Grundnetzes als Trägersystem, Diplomarbeit FH Frankfurt/M., WS 1996/97

[198] Reichl M.; Schneider R.: Interoperabilitätstests von ATM-Komponenten verschiedener Hersteller, sowie Kopplungmöglichkeiten bestehender Netze an ATM mittels heterogener Zugangssysteme, Diplomarbeit FH Frankfurt/M., WS 1995/96

[199] Experimentelle Untersuchung von Konzepten zur Sprachintegration in ATM-Systemen, Diplomarbeit FH Frankfurt/M., SS 1996

[200] Liebig S.: Wellenlängen-Multiplexer in Stadtnetzen, Diplomarbeit FH Frankfurt/M., SS 2000

[201] Badach A, Hoffmann E., Knauer O.: High Speed Interworking, Grundlagen und Konzepte für den Einsatz von FDDI und ATM, Addison Wesley (Deutschland), 1994

[202] Kauffels F.-J.: Datacom Spezial-Zukunft der LANs, Datacom, Bergheim, 1994

[203] Kyas O.: ATM Netzwerke Aufbau-Funktion-Performance, 3. Aufl. Datacom, Bergheim, 1996

[204] Turner S.E.: Frame Relay - ein technischer Überblick, ntz, Bd. 45 (1992), Heft 12, S. 952-960

[205] Kafka G.: Schnellere Paketvermittlung mit Frame Relay, ntz Bd. 45 (1992), S. 962-968

[206] Weppler G.: Frame-Relay-Netze, Technik, Netzdesign, Anwendungen, VDE-Verlag, Berlin, Offenbach, 1997

[207] Alcatel Telecom Rundschau 4. Quartal 1997, (Schwerpunkt Internet)

[208] De Prycker M., Pirot J.: Die Alcatel-IP-Netzstrategie: Entwicklung des mehrwertdienstetauglichen Internet, Alcatel Telecom Rundschau 2/1999, S. 82-91

[209] Elektrisches Nachrichtenwesen Band 64 Nr. 2/3, Schwerpunkt ATM und B-ISDN, 1990

[210] Hellwig K., Koch W., Weinsziehr D.: Mobilfunk: Systemintegration für GSM-Endgeräte, ntz, Bd. 46 (1993) Heft 8, S. 596-601

[211] Walke B.: Mobilfunknetze und ihre Protokolle Band 1: 3. Auflage 2001, und Band 2: 2. Aufl. 2000, Teubner, Wiesbaden

[212] Müller-Römer F.: Stand der Einführung von DAB in Deutschland und weltweit, telekom praxis 3/98, S. 12-18

[213] Schneeberger G.: Datendienste mit DAB, Schriftenreihe der DAB-Plattform, Heft 18, 1996

[214] Walke B., Althoff M-P. Seidenberg, P.: UMTS - Ein Kurs, J. Schlembach Fachverlag, Weil der Stadt, 2001

[215] Beierer A., et al: Hochgeschwindigkeit kostet kein Vermögen, ntz, Heft 12/200ß, S. 24-29

[216] Lentzen H.J.: Mit modernen Gradientenfasern fit für Gigabit-Ethernet, ntz, Heft 9/2000, S. 28-29

[217] Rech J.: Volldampf voraus ..., Die Technik von Gigabit-Ethernet, c't 1998, Heft 13, S. 212-223

[218] Ergun S., Yaman M.: Verbesserung der Empfangseigenschaften einer DAB-L-Band-Antenne, Diplomarbeit FH Frankfurt/M., SS 2002

[219] Haaß W.-D.: Handbuch der Kommunikationsnetze, Springer, Berlin, Heidelberg, 1996

[220] Hartmann H.L.: Stochastische Prozesse in Nachrichtensystemen, ntz Bd. 31 (1978) Heft 11, 12 u., Bd. 32 (1979), Heft 1 bis 12, Arbeitsblätter 11-24

[221] Di Carlo G., Dorige M.: AntNet: A Mobile Agents Approach to Adaptive Routing, IRIDIA, Universite' de Brussels, Belgium, Technical Report IRIDIA 97-12, pp 1 to 25

[222] Trick U.: Vorlesung "Übertragungstechnik", FH Frankfurt/M., SS 2001

Index

A

Absorption, 371
Abtastsysteme, 66
Abtastung, 67
Abtast
    Theorem, 67, 69, 70
Addition (Subtraktion)
    modulo-2, 626, 630
    modulo $x^n - 1$, 637
Add/Drop-Multiplexer (ADM), 475
ADSL, 553
Äquivokation, 10
Akzeptanzwinkel, 353
Akkumulator, 467
Algorithmus
    Viterbi-, 650
Aliasing, 70
ALOHA
    Pure-, 710
    Slotted-, 712
Amplitudenmodulation, 428
Amplitudenstufe, 4
Amplitudenzustand, 4
Amplitudenbetragsdichte, 23
Anforderungsbetrieb, 679
Angebot, 778
Anisotrop, 209
Ankunftsrate, 775
Anwendungsschicht, 672
Anpassung
    Scheinleistungs-, 118
    Wirkleistungs-, 116
Anpassungsfaktor, 234
Antenne
    Aperturfläche, 335
    Cassegrain-, 341
    Dipol-, 314, 322
    Diversity, 411
    Doppelspiegel-, 341
    Empfangs-, 330
    Flächen-, 338
    Gregory-, 341
    Hornparabol-, 341
    Langdraht-, 335
    log. periodische, 337
    Monopol-, 326
    Muschel-, 341
    Öffnungswinkel, 404
    Parabol-, 338
    Rahmen-, 331
    Richt-, 334
    Rhombus-, 335
    Schlitz-, 333
    Wirkfläche, effektive 335
    Wirkungsgrad, 324
Application Layer, 672
Apertur, numerische, 353
ARP, 698
ASCII, 683
ATM, 480, 730
    -MAN, 730
    -Switch, 809
    -Zelle, 482
    -Kommunikationsmodell, 744
    -Ring, 732
    -Sternnetz, 731
    -Table Routing, 815
    -Self Routing, 816

-Pfadvermittlung, 814
-Kanalvermittlung, 814
Atmosphäre, 391
Dämpfungserscheinungen, 392
Reflektierende Schichten, 393
Augendiagramm, 488, 489, 490
-Messung, 570

B

Bändermodell, 370
Balanced Mode, 678
Bandbreite, 25, 215, 219
-Längen-Produkt, 361, 507, 508
Nyquist-, 25, 486
Bandfilter, 224
zweikreisiges, 224
Bandbreite-Reichweiten-Produkt, 361
Bandspreizung, 564
Banyan
-Netz, 808
-Switch, 811
Bedientheorie, s. Verkehrstheorie
Beta-Element, 807
Besetzungsinversion, 376
Betriebsdämpfungsmaß, komplexes, 119
Betriebsübertragungfaktor, 119
Betriebsspannungsdämpfung, 121
Beugung, 394
Bit
als Maß, 2
-Rate, 3, 491, 511, 523
-Takt, 492,
-Taktableitung, 494
-Fehlerquote, 503, 653
-Fehlerquote, Messung, 573
-Fehlerwahrscheinlichkeit, 502
-Stopfen, 472
-Übertragungsschicht, 667
-Transparenz, 671
Poll/Final-, 681
B-ISDN, 743
-Kommunikationsmodell, 744
-Netzarchitektur, 748
Blockcode
linearer, 630
zyklischer, 634
Blockierung
Eingangs-, 793
Ausgangs-, 793
Zwischenleitungs-, 793
Bode-Diagramm, 114
Brechungsgesetz, 211, 352
Brechzahl, 352
-Differenz, normierte, 356
Bridge (Brücke)
Local-, 721
Remote-, 722
Multiport-, 722
Bündel, 775
Bus
unidirektionaler, 515
Daten-, 516, 660

C

Carson-Formel, 443
Cluster, 413
Code
idealer, 613
optimaler, 613
Block-, 622, 630
Präfix-, 613
Komma-, 613
Faltungs-, 622, 645
-Baum, 615, 649
Huffman-, 616
-Umschaltung, 617
-Transparenz, 495
AMI-, 498
HDB_3- 498
RZ-, 500
NRZ-, 500
CMI-, 500
Differential Manchester-, 500
-Rate, 622

-Wort, 622
-Wortlänge, mittlere, 613
-Vorrat, 622
Parity-, 626
Hamming-, linearer, 631
Hamming-, zyklischer, 639
Abramson-, 640
BCH-,645
Reed-Solomon-, 645
-Tabelle, 648
IA 5-, 685
ASCII-, 683
Codec, 624, 642
Codierung, 609
zustandsabhängige, 617
Lauflängen-, 618
Leitungs-, 494
Partial-Response-, 500
Phasen-Differenz-, 532
Kanal-, 621
nichsystematische, 638
systematische, 639
Faltungs-, 645
Rate 1/2-, 647
Rate 2/3-, 647
Codierungsgewinn, 656
Container,
virtueller, 476
Nutzlast-, 476
SDH-, 479
CRC-Verfahren, 643
Cross-Connector, 788
CSMA, 712
Persistent-, 713
Non-Persistent-, 713
p-Persistent-, 714

D

Dämpfung
atmosphärische, 392, 400
LWL-, 364
Sendebezugs-, 424
Empfangsbezugs-, 424
Dämpfungsfaktor, 108
Darlington-Schaltung, 170
Darstellungsschicht, 671
Data-Link-Layer, 668
Datex-P, 751
Decision
Soft-, 655
Hard-, 655
Decodierung
Maximum Likelihood-, 624, 648
Minimum Distance-, 624
von Faltungscodes, 648
DECT, 753
Demodulation
kohärente, 434, 520, 527, 538
inkohärente, 431, 522
durch Quadrierung, 521
Quadratur-,527
synchrone, 433
Demodulator
2PSK-, 528
4PSK-, 530
FM-, 440
Quadratur-, 527
Differenz-, 441
PLL-, 441
Detektor
Hüllkurven-, 432
Maximum-Likelihood-, 648
Dienstelemente, 663
Dienstintegration, 661
Digitalfilter
rekursive, 584
nichtrekursive, 584
kanonische, 585
Dipol, 322
-Antenne (s. Antenne)
Hertzscher-, 318
Elementar-, 321
Falt-, 326
-Linie, 335
-Wand, 335

-Zeile, 335
Dispersion
chromatische, 361
Moden-, 357, 363
Material-, 357, 360, 507
Profil-, 363
Wellenleiter-, 358, 361
Dopplereffekt, 411
Doppelleitung
verlustbehaftete, 96
DQDB, 728
Dunkelstrom, 381
Durchsatz, 711, 780

E

Echofaktor, 122, 124
Echodämpfungsmaß, 124
Effizienz, 613
Eigenschwingungen, 84
Eigenwellen, 208, 355
Eigenwert, 84
Einfügungsdämpfungsmaß, 121
Einheitsimpuls, 71
Einheitssprung, 26, 72
Emission
induzierte, 371
spontane, 371
stimulierte 371
Energiedichte, spektrale, 28
Energiesignal, 27, 28, 33, 46
Energieverwischung, 496
Entropie, 3
maximale, 3
Rückschluß- 10
Verbund-, 10, 13
Streu-, 10
Entscheidungsgehalt, 5
Entscheider, 182, 491, 493
Entscheidungsgrenze, 501, 522, 531
Entwürfelung, 497
Entzerrer
adaptiver-, 192
Amplituden-, (passiver) 157
Echo-, 190
Dämpfungs-, (aktiver), 187
Gruppenlaufzeit-, (aktiver) 189
Gruppenlaufzeit-, (passiver) 159
System-, (passiver) 157
Transversal-, 190
Ereignis
zufälliges, 37
unabhängiges, 38
Erwartungswert, 38, 42
Ethernet, 717
Fast-, 719
Gigabit-, 720
Euklidsche Distanz, 652

F

Fading, 398, 411
Raleigh-, 411
Rice-, 411
Faltungsintegral, 56
Faltungscodes, 645
Faltung, diskrete, 71
Faserparameter, 354
Faserverstärker, 387
Fehlersatz, 124
Feldwellenwiderstand, 205, 208
Fenstermechanismus, 675
Feld
elektromagnetisches, 202
Fern-, 315
Nah-, 315
Feldeffekttransistor
HF-, 267
Grundschaltungen, 270
Fernsprech
-Apparat, 421
-Übertragungstechnik, 421
FDDI, 726
Flächenemitter, 373
Flußregelung (Flußkontrolle), 669, 686
Fiber To The Home, 554

Filter
Allpaß-, 159
antimetrische, 137, 146
Bandpaß-, 136
Bandsperren-, 136
Bessel-, 150, 154
-Betriebsverhalten von, 142
Betriebsparameter-, (passive) 144
Betriebsparameter-, (aktive) 183
Butterworth-, 147, 154
digitale, 582
Hochpaß-, 136
-Ketten, 142
Mikrowellen-, 262
Oberflächenwellen-, 263
symmetrische, 137, 146
-Synthese (aktive), 183
Tiefpaß-,136, 138
Transversal-, 584
Tschebyscheff-, 150, 154
Wellenparameter-, 136
Folgestation (Secondary Station), 678
FIR-Filter, 584, 596
Fragmentierung, 667, 696
Frame-Relay, 749
Frequenzgang, 591
Freiraumdämpfung, 396
Frequenz
-Diskriminator, 547
-Hub, 439, 543
komplexe, 83
normierte, 138, 147
Eigen-, 218
-Modulation, 439
-Umsetzung, 304
-Vervielfachung, 304, 306
-Bandbegrenzung, 12
-Hub, 439
-Teilung, 308
Frequency Hopping, 567
Frequenztransformation, 140, 155
Fresnelzone, 1., 397
Fourier
-Analyse, 20
-Koeffizienten, 20
-Reihe, 21
-Transformation, 23
diskrete, 71, 73
FTP, 703
Full-Response-Signalling, 550
Funktion
Spektral-,
Übertragungs-,
Zeit-,
Freie Schwingungen, 84

G

Gabelschaltung, 423, 427
GAN, 762
Globales Fernsprechnetz, 762
Internet, 765
Gateway, 724
Gaußsches Fehlerintegral, 43
Gegenkopplung, 171
Generator
Matrix, 630
Polynom, 636, 638, 643
Giacoletto-Ersatzbild, 267
GMSK, 550
Go-Back-n-ARQ, 675
GSM
-System, 752
-Aufbau, 754
-Kommunikationsprotokolle, 762
-Schnittstellen, 754
-Funkschnittstelle, 758
-Zugriffsverfahren, 758
-Bursts, 760
Güte
Kondensator-, 215
Schwingkreis-, 215, 219
Spulen-, 215
Gyromagnetisch, 263
Gyrotrop, 209

H

Hamming-Distanz, 623
Hamming-Fenster, 600
Hanning-Fenster, 601
Handover, 756
Hauptfrequenzbereich, 78
Hauptstrahlrichtung, 324
Hauptverkehrsstunde, 775
HDLC, 678
HDSL, 551
Heterodyn-Empfang, 512
Hohlleiter, 208, 248
  Rechteck-, 248
  Rund-, 252
Homodyn-Empfang, 512
Hornstrahler, 338
Host, 706
hostid, 695
HTML, 767
HTTP, 767
Hub, 706, 724
Hybrid-Station, 679

I

IA 5-Code, 685
ICMP, 698
IIR-Filter, 584, 601
Implementierungsspanne, 503, 523
Impuls
  -Antwort, 53, 63
  -Dauer, 21
  Dirac-, 25
  Elementar-, 19
  -Formung, 487
  Gauß-, 21
  Nyquist-, 21, 24
  Rechteck-, 21
  -Verbreiterung, 357
Information, 1
  relevante, 2
  irrelevante, 2
Informationsfluß, 3
Informationsgehalt, 2
Internet
  Schicht, 693
  Activity Board, 694
  Aufbau, 765
  Routing, 817
Intranet, 703
Inversion, 241
IP (Internet Protocol)
  -Adressen, 695
  -Router, 694
  -Klassen, 695
  -Datagramm, 697
  -Routing, 817
IPv6, 703
Irrelevanz, 10, 13
ISDN
  -Konzept, 733
  -Terminologie, 733
  -Richtungstrennungsverfahren, 733
  -Schnittstellen, 734
  -Schicht 2-Protokoll, 739
  -Schicht 3-Protokoll, 741
  B-, 743

J

Jitter, 488

K

Kabel
  Koaxial-, 133
  Glasfaser-, 367
Kanal, 7
  Nachrichten-, 7
  diskreter, 7
  kontinuierlicher, 12
  symmetrischer, 9
  gaußscher, 12
  zeit- und wertkontinuierlicher, 12
  Binär-, 9
Kanalcodierungstheorem, 626
Kanalkapazität, 10, 14

Kanalmatrix, 8
Kantenemitter, 373
Kennlinie
A-, 463
13-Segment-, 464
μ-, 464
Kennwiderstand, 214, 218
Kettenbruch
-Entwicklung, 89
-Abzweigschaltung, 89
Kettenmatrix, 94
Kleinsignal-Parameter, 163
Klirrfaktor, 171
Kollision, 711
Kompandierung, 463
Komparator, 180
Kontrollmatrix, 631
Koppel
-Anordnung, 789
-Netz, 788
-Punkt, 788
-Reihe, 788
-Vielfach, 788
-Anordnung, Clossche, 793
Kopplung
galvanische, 128
kapazitive, 129, 226, 228
kritische, 226
induktive, 129, 228
normierte, 225
transformatorische, 228
überkritische, 226
unterkritische, 226
Korrekturfähigkeit, 625
Korrelationsfunktion, 31, 45
Auto-, 32, 47
Kreuz-, 31, 47
Kraft-McMillan-Ungleichung, 613
Kugelstrahler, isotroper, 317
Kurzwellen, 413

L

LABD, 739
LAN, 706
Langwellen, 415
LAPB, 678
Laplace-Transformation, 27
Laser
-Diode, 374
gewinngeführter, 377
indexgeführter, 376
-Strahlungscharakteristik, 378
-Strom-Leistungskennlinie, 378
Laufzeit
Gruppen-, 59, 100, 357
Phasen-, 58, 99
Lautsprecher (Hörer), 423
Leap Frog-Verfahren, 185
LED, s. auch Lumineszenz-Diode
in Heterostruktur, 373
in Homostruktur, 373
-Kennlinien, 374
-Strahlungscharakteristik, 374
Leistungsdichte
spektrale, 28, 31, 32, 34, 546, 550
Rausch-, 44
spektale, Messung, 572
Leistungssignal, 27, 28, 46
Leistungsspektrum, s. spektrale Leistungsdichte
Leitstation, 678
Leitung
Exponential-, 257
HF-, 229
inhomogene, 257
koaxiale, 132, 213, 229, 258
kurzgeschlossene, 235
leerlaufende, 236
Reaktanz-, 236
Stamm-, 127
Streifen-, 229, 246
symmetrische, 125, 229, 258
unsymmetrische, 127
verlustlose, 232

unsymmetrische, 127
Phantom-, 127
Leitungsbeläge, 98
Leitungsresonator, 237
Leitungsdiagramme
Buschbeck-, 238
Smith-, 239
Leitungsvermittlung (Durchschaltevermittlung)
Koppelnetze für die-, 788
Wegesuche bei-, 796
Leitstation, 678
Licht
kohärentes, 351
monochromatisches, 351
polarisiertes, 351
-Quant, 370
Lichtwellenleiter (LWL),
-Akzeptanzwinkel, 353
numerische Apertur, 353
-Dämpfung, 364
-Dispersion, 357, 363
-Kopplung, 383
Stufenprofil-, 353, 508
Gradientenprofil-, 362, 508
Einmoden-, 360, 506
-Herstellung, 366
-Impulsübertragung, 504
Mehrmoden-, 357
-Modulationsverfahren, 509
-Sende- und Empfangselemente, 369
-Spleiße, 368
-Steckverbinder, 368
-Verstärker, 384
LLC, Logical Link Control 668
logarithmische Maße, 112
Lumineszenzdiode, 372

M

MAC, Media Access Control, 668
MAN, Metropolitan Area Network, 726
Mainframe, 706
Maximum-Likelihood-Decodierung, 624, 650, 654
Maxwellsche Gleichungen, 201
Mehrwegeausbreitung, 398, 411
Meldewort, 471
Minimal-Distanz, 623
Minimum-Distance-Decoding, 624
Mischung, 309
Mitkopplung, 171
Mittelwellen, 414
Mittelwert, 13
Mobilfunk
Strecken, 410
Netze, 752
Moden, 355
Modenparameter, 354
Modem, 539
Modulo
-2, 495, 626
-$(x^n - 1)$, 638
-$g(x)$, 640
-m, 675
Modulation,
Amplituden-, 428
Einseitenband, 434
Frequenz-, 439
Puls-Amplituden- (PAM), 455
Puls-Code- (PCM), 460
Puls-Dauer-, 456
Puls-Frequenz-, 459
Puls-Phasen-, 458
ADPCM, 465
Delta-, 466
Intensitäts-, 509
Leistungs-, 509
optische, kohärente, 511
Sinusträger-, 518
Phasendifferenz-, 532
Continuos Phase-, 550
codierte, 652
Phasen-, 437
Restseitenband-, 436
trelliscodierte, 653

Winkel-, 437
Modulationsgrad, 429
Modulationsintervall, 518, 544
Modulationsindex, 439, 543
Modulator
mASK-, 519
mPSK-, 525, 527
mAPK-, 540
mCPFSK-, 543
Quadratur-, 527
Ring-, 312
Monopol, 326
MSK, 534, 544
Multiplex (s. auch Vielfachzugriff)
Frequenz- (FDM), 419
Zeit- (TDM), 467
Code- (CDM), 453
Multivibrator, astabiler, 181

N

Nebensprechen, 125
Nah-, 128
Fern-, 128
netid, 695
Network Layer, 669
Netz
Stern-, 517, 659
-Struktur, 659
Übertragungs-,660
Vermittlungs-, 660
Maschen-, 660
Baum-, 661
Bus-, 661
Ring-, 661
Weitverkehrs-, 420
Netzintegration, 661
NNI, 482
Nyquist
-Rate, 486
-Bandbreite, 486
-Kriterien, 489, 490

O

Offset-4PSK, 533
Omega-Netz, 808
Operationsverstärker, 175
differenzierender, 180
integrierender, 180
invertierender, 178
nichtinvertierender, 180
summierender, 180
Optik
-Grundlagen, 350
Orthogonalität, 530, 631
Ortskurve, 111
OSI
-Referenzmodell, 662
-Einheiten (entities), 662
Oszillator
Colpitts-, 295
Meißner-, 293
Pierce-, 297
Quarz-, 298
spannungsgesteuerter, 299
Vierpol-, 292
Zweipol-, 290
Tunneldioden-, 291

P

Paket, s. Rahmen
Paketvermittlung
Prinzip, 801
bei Datagramm-Verbindungen, 801
bei virtuellen Verbindungen, 803
Koppelnetze für die, 805
Wegesuche bei, 811
Parität
Block-, 628
Spalten-, 628
Zeilen-, 629
Partialbruchschaltung
Widerstand-, 87, 89
Leitwert-, 87
Partial-Response-Signalling, 550

Path Overhead, 477
Peer-to-Peer, 665
Pegel
  absoluter-, 113
  relativer, 113
  Leistungs-, 113
  Spannungs-, 113
Phantomkreis, 127
Phasen
  -Hub, 437, 430, 544
  -Dichte, spektrale, 23
  -Geschwindigkeit, 99
  -Impuls, 550
  -Koeeffizient, kritischer, 248
  -Laufzeit, 99
  -Regelschleife (PLL) 301, 306
  -Übergangsdiagramm, 545
Phase Locked Loop (PLL), 301, 306
Photodioden, 379
  Empfindlichkeit, 380
  -Betrieb, 381
  PIN-, 381
  Avalanche-, 382
Photoelementbetrieb, 381
Photonen, 380, 510
Physikalische Schicht, 667
Piezoeffekt, 221
Pixel, 618
Plancksches Wirkungsquantum, 372
PDH, 469
PDU, 666
PN-Folge, 564, 573
Permutationsnetzwerk, 807
Polling, 708
Pointer, 476
Poyntingscher Vektor, 205, 316
Polarisation, 209
  duale, 209
  Kreuz-, 210
Polynom
  Generator-, 636
  normiertes, 636
  primitives, 636
  Minimal-, 636
  Informations-, 636
  Codewort-, 637
  Prüf-, 638
  -Multiplikation, 640
  -Division, 640
  Syndrom-, 639
Potential
  magnetisches, 208
  elektrisches, 207
Prädiktor, 466
Presentation Layer, 671
Protokoll, 661
  HDLC-, 678
  ARQ-, 673
  X.21, 682
  X.25, 686
  TCP/IP, 693
Proximity-Effect, 231
Prozess
  stochastischer, 46
  ergodischer, 46
  stationärer, 46
Prüfmatrix, 631
Prüfsumme, 644
Pseudo-Noise-Folge s. PN-Folge
pseudoternär, 498
PSTN, 766
Puls-Amplituden-Modulation, 68

Q

Quality of Service (QoS), 672
Quantisierungs-
  -Intervall,460
  -Stufe, 460
  -Fehler, 461
  -Verzerrung, 461
  -Rauschen, 461
Quantisierung, 67
  lineare, 461
  nichtlineare, 462
quasiternär, 498

Quelle, 2
binäre, 4
quaternäre, 4
diskrete, 2, 12, 612
kontinuierliche, 2, 12, 612
stationäre, 2
gedächtnislose, 6
Markoff-, 6
Quellencodierer, 612
Quittierung, 674
Quarz, 422
-Ersatzbild, 222
-Serienresonanzfrequenz, 223
-Parallelresonanzfrequenz, 223

R

Rahmen
Schicht 2-, 666
Steuer-, 679
Informations-, 679
Synchronisierung, 471
Schlupf, 470
-Kennungswort, 471
RARP, 699
Raum
-Koppelanordnung, 789, 799
-Stufe, 799
Rauschen
gaußverteiltes (weißes), 12, 43, 277
additives, 501, 522, 531
thermisches, 510
Quanten-, 510
Schrot-, 510
Rauschleistungsdichte, 44
Rauschspannung, 44
Rauschleistung, 44
Rauschvierpol, 278
Rauschzahl, 278
Rauschtemperatur, 278
Reaktanzleitung, 236
Redundanz, 3
relative, 3
Reflexionsfaktor, 122, 234, 255
Reflexionsdämpfungsmaß, 123
Reflexionsgesetz, 211
Regenerator
-Feldlänge, 485
Repeater, 721
Request For Comment (RFC), 694
Resonator
Hohlraum, 261
Leitungs-, 237, 260
optischer, 376
Topfkreis-, 260
Resonanz, 214
-Kreisfrequenz
Restklassensystem, 637
Richtkoppler, 259
Koppeldämpfung, 260
Richtdämpfung, 260
Richtcharakteristik, 324
Richtfunkstrecken, 396
Roll-Off-Factor, 25, 490
Roaming, 755
Router
im OSI-Modell, 723
Protokolle, 817
Routing
Next Hop-, 817
-Tabelle, 819
Default-, 817
Table-, 815
Self-, 816
RTP, 702
R-Z-Stufe, 792
R-Z-R-Stufe, 792

S

Satelliten
-Strecken, 399
-Antennenöffnungswinkel, 404
-Azimutwinkel, 404
-Bahn, 402
-Ausleuchtgebiete, 402

-Bahnhöhe, 403
-Elevationswinkel, 404
Schalter-Kondensator-Filter, 193
Scharmittelwert, 38, 42
Schmitt-Trigger, 181
Schnittstelle, 661
X.21, 682
X.25, 686
S_0, 734
U_{K0}, 738
U_{K2}, 739
S_{2M}, 738
V-Reihe, 764
Schwingkreis, 214
aperiodischer Grenzfall, 85
-Güte, 215
Parallel-, 218
Reihen-, 214
schwach gedämpfter, 85
stark gedämpfter, 85
ungedämpfter, 85
-Verlustfaktor, 215, 219
Schwund
frequenzselektiver, 398, 411
zeitvarianter, 398, 411
Scrambler/Descrambler, 495
Section-Overhead, 477
Segementierung, 667
Server, 706
SAP, 665
SDU, 666
Session Layer, 671
Sicherungschicht, 668
Signal
-Abtastung, 68
binäres, 4, 35
determiniertes, 19, 20
finites, 74
-Flußdiagramm, 185
-Multiplikation, 63
Pseudo-, 502
-Punkt, 522
quaternäres, 4, 35
-Rausch-Verhältnis, 533, 542, 549
-Spitzenleistung, 501
symmetrisches, 501
unsymmetrisches, 501
-Verarbeitung, 581
zeitdiskretes, 71
zufälliges, 19, 35
Signatur, s. Prüfsumme
Signalisierung
Teilnehmer-, 739
zwischen Netzknoten, 688, 743
Meta-, 744
B-ISDN-, 744
Signalisierungssystem Nr. 7, 688
Sitzungsschicht, 671
Skineffekt, 212, 230
SNMP, 703
SMTP, 767
Session Layer, 671
Solitonen, 505
Speichervermittlung, s. Paketvermittlung
Spektralfunktion, 23, 28, 521
Spektrum
Phasen-, 22
Betrags-, 22
LED-, 375
Laser-, 379
Sperrtopf, $\lambda/4$-, 259
Spleiße, 368
Spontanbetrieb, 679
Spreizcode, 564
Spreizfolgen, 564
Spreizspektrumtechnik, 564
Spreizfaktor, 564
Sprungantwort, 53
Sprungfunktion, 26
Stabilität
Kurzschluß-, 84
Leerlauf-, 84
strenge, 84
erweiterte, 84
Standardabweichung, 38, 42, 46

Stecker, 368
Sternkoppler, 515
Stichleitung, 242
Strahlungs-
 Leistungsdichte, 319
 Leistung, 320
 Widerstand, 321
Stop-and-Wait-ARQ, 674
Stopfbit, 472
Stoßfaktor, 123
Stoßdämpfungsmaß, 123
Stoßfunktion, 25
Streuausbreitung, 398
Streuentropie, 10
Streumatrix, 253
Streuung, 38, 42
Stromverdrängung, 212, 230
Struktrukonstante, 354
Subnetting, 696
Switch, 725, 806
Symbol
 -Interferenz, 490
 -Rate, 484
 -Takt, 494
 -Abstand, euklidscher, 653
Synchronbahn, 399
SDH, 475
STM, 475
Syndrom, 631, 639
Synthesizer, PLL-, 306
System
 -Analyse, 62
 kausales, 51
 zeitinvariantes, 51
 lineares, 49
 stabiles, 51
 Übertragungsfunktion-, 52, 65
 Tiefpaß-, 57, 59, 485
 Bandpaß-, 57, 59
 ideales Übertragungs-, 57
 Restklassen-, 637
 zeitdiskretes, 71
Szintillation, 401

T

T-Koppler, 515
Taper-Prinzip, 515
Tastung
 Amplituden-, (ASK), 518
 Phasenum-, (PSK) 524
 Phasen-Amplituden-, 536
 harte, 520
 weiche, 520
 Frequenzum-, (FSK), 542
TCP
 Segmentkopf, 700
Teilnehmer
 -Anschlußbereich, 551
 -Anschlußleitung, 551
Telegraphenalphabet Nr. 2, 619
Telnet, 703
Time-Out, 674
Token
 -Passing, 709
 -Ring, 715
 -Bus, 716
Toplogie
 Stern-, 706
 Bus-, 706
 Ring-, 706
 Baum-, 707
 Maschen-, 707
Totalreflexion, 212, 352
Transformation
 bilineare, 602
 impulsinvarinate 602
 z-, 588
Transmission-Schicht, 693
Transportschicht, 670
Transport Layer, 670
Transformator
 $\lambda/4$-, 256
Transinformation, 10, 13
 maximale, 14
Trägerfrequenz-Technik, 419, 445

Transisitor, bipolarer
Aufbau, 161
Kennlinien, 162
Kleinsignalparameter, 163
Grundschaltungen, 165
Trellis-Diagramm, 649
Tributaries, 476, 478

U

UDP, 609
Datagrammformat, 701
Übermittlungsabschnitt, 678
Übertrager, 134
-Ersatzbild, 134, 135
-Kopplung, 135
Übertragung
Basisband-, 50, 484
modulierte, 50
binäre, 492
NF-, 426
quaternäre, 492
Daten-, transparente, 671
Übertragungsfaktor
Betriebs-, 119, 255
Koppel-, 260
Rückwärts-, 255
Durchgangs-, 260
Isolations-, 260
Übertragungsfunktion
System-, 52, 65, 589
Vierpol-, 108
stabile, 109
instabile, 109
Übertragungskonstante, 96
Übertragungssystem
verzerrungsfreies, 58
Basisband-, 64, 485, 487
UMTS, 753
UNI, 482
Unsymmetriedämpfungsmaß, 128

V

Varianz, 38, 42, 46
VC, Virtual Channel, 481
Verbindung
virtuelle, 802
Datagramm-, 804
Intern-, 800
Extern-, 800
Verkehrsangebot, s. Angebot
Verkehrstheorie, Bedientheorie
Nachrichtenverkehr, 773
Belegungsdauer, 773
Bedienprozeß, 773
Endrate, 773
Verteilung der Belegungen, 774
Verteilung der Einfallsabstände, 775
Einfallsrate, 775
Verlustsystem
M|M|n-Verlustsystem, 777
Verkehrsmenge, 778
Verkehrswert, 778
Verlust-Wahrscheinlichkeit, 778
Restverkehr, 778
Zufallsverkehr 2. Art, 779
Erlang-Verteilung, 780
Erlang-Verlustformel, 780
Zufallsverkehr 1. Art, 780
Vermittlungsschicht, 669
Vermittlungstechnik, 771
Vermittlungssystem, 799
Verseilung
Bündel-, 131
Dieselhorst-Martin-, 131
Lagen-, 131
paarige, 130
Sternvierer, 130
Vierer-, 130
Verstärker
A-, 173
B-, 174
Bandfilter-, 276
C-, 285
Differenz-, 180

Großsignal-, 173
Halbleiter-Leistungs-, 288
HF-Kleinsignal, 271
HF-Großsignal, 283
NF-Kleinsignal-, 160
in Basisschaltung, 169
in Emitterschaltung, 165
in Kollektorschaltung, 168
Operations-, 175
optische, 385
parametrischer, 280
Reflexions-, 280
rauscharmer, 277, 280
RC-, 271
Schwingkreis-, 272
selektiver, 273
Wanderfeldröhren-, 286
Verstimmung, relative, 215, 219
Verteilung
Bernoulli-, 40
Binomial-, 40
Gauß, 42
Gleich-, 39
Normal-, 45
Poisson-, 41
Verteilungsfunktion, 38
Verwürfelung, 497
Verzerrungen
Dämpfungs- (= Amplituden), 188
Gruppenlaufzeit-, 189
nichtlineare, 287, 289
VHDSL, 553
Vielfachzugriff
im Frequenzmultiplex (FDMA), 555
im Zeitmultiplex (TDMA), 559
im Codemultiplex (CDMA), 563
Reservierungsverfahren, 708
Wettbewerbsverfahren, 708
Zuteilungsverfahren, 707
Vierpol
-Betriebsgrößen, 119
-Dämpfungsfaktor, 108
-Dämpfungsmaß, 109
-Dämpfungswinkel, 109
-Komponenten, passive, 125
Mindestphasen-, 158
-Phasenmaß, 109
-Übertragungsmaß, 109
Vierpole, 90
längssymmetrische, 96
übertragungssymmetrische, 96
widerstandsymmetrische, 96
Vierpolgleichungen
in hybrider Form, 93
in Leitwertform, 91
in Kettenform, 94
in Widerstandsform, 92
in Wellenparameterform, 96
Viterbi-Algorithmus, 650
VP, Virtual Path, 481
VLAN, Virtuell LAN, 720
VoIP (Voice over IP), 702

W

WAN, Wide Area Network, 732
Wahrscheinlichkeit
Ausgangs-, 8
Belegungs-, 795
Verbund- 3,
unbedingte, 37
bedingte, 38
Übergangs-,6, 8
Fehler-, 9
Bitfehler-, 502, 627
Symbolfehler-, 501, 522, 531, 540
Restfehler-, 625
Wahrscheinlichkeitslehre, 37
Wartesystem
M|M|n-Wartesystem, 781
Warte-Wahrscheinlichkeit, 782
Warteschlangenlänge, 782
Wartezeit, 783
Verweilzeit, 783
Warte-Verlust-System
Warte-Wahrscheinlichkeit, 784

Warteschlangenlänge, mittlere, 784
Warteschlangenbearbeitung, 786
Wechselwirkungsdämpfungsmaß, 123
Wegegraph, 796
Wegesuche
Punkt-Bündel-, 796
weitspannende, 797
im Speicher, 798
Weichen, 144
Welle,
ablaufende, 253
Boden-, 393
Direkt-, 395
elektromagnetische, 201
E-, 207
ebene, 205, 206
Eigen-, 208, 355
Grund-, 251
H-, 208
hinlaufende, 100
Kugel-, 205
L-, 207
rücklaufende, 100
Raum-, 391
stehende, 314
TE-, 208, 355
TEM-, 206
TM-, 207, 355
zulaufende, 253
Wellen
-Ausbreitung, 205, 391
-Dämpfungskonstante, 98
-Dämpfungsmaß, 98
-Gleichung, 97
-Größe, 253
Kurz-, 413
Lang-,415
-Länge, kritische, 248
Mittel-, 414
-Parameter, 96, 101, 105, 126
-Phasenkonstante, 98, 99
-Phasenmaß, 98
stehende, 234, 314
-Übertragungskonstante, 98
-Übertragungsmaß, 98
-Widerstand, 99, 234
Wellenlängen-Multiplex, 513
Multiplexer, 514
Filter, 514
Wellenleiter
dielektrischer, 229, 353
Oberflächenwellen-, 230
Welligkeitsfaktor, 234
Wiederverwendungsabstand, 413
W-LAN (Wireless-LAN), 753
WWW, World Wide Web, 767

Y

Y-Ersatzbild, 266

Z

Zeichengabesystem Nr. 7, 688
Kommunkationsmodell, 689
Zeitmittelwert
linearer, 31, 45
quadratischer, 31, 45
Zeitlagen-Vielfach, 790
Zeitmultiplex-Raumstufe, 790
Zeit-Bandbreite-Produkt, 60
Zellulares Netz, 412
Zero-Insertion, 680
Zirkulator, 264
Z-R-Stufe, 791, 792
Z-R-Z-Stufe, 792
z-Transformation, 71, 588
Zugriffsverfahren, s. Vielfachzugriff
Zustandsdiagramm , 6, 649, 525, 538
-Messung, 570
Zustandsgraph, s. Zustandsdiagramm
Zufallssignal, 35
diskretes. 36
kontinuierliches, 41
Zufallsprozess, 12, 46
Zweidraht-Vierdraht-Umsetzung, 427
Zweipole, 82

duale, 82
Reaktanz-, 86
Zweipol
-Impedanzfunktion, 82
- Addmittanzfunktion, 82
Zwischenleitung, 797, 807

MIX
Papier aus verantwortungsvollen Quellen
Paper from responsible sources
FSC® C105338

If you have any concerns about our products,
you can contact us on
ProductSafety@springernature.com

In case Publisher is established outside the EU,
the EU authorized representative is:
Springer Nature Customer Service Center GmbH
Europaplatz 3, 69115 Heidelberg, Germany

Printed by Libri Plureos GmbH
in Hamburg, Germany